普通高等教育"十一五"规划教材
PUTONG GAODENG JIAOYU SHIYIWU GUIHUA JIAOCAI

Design for Building Structure

JIANZHUJIEGOU SHEJI

建筑结构设计

主　编　李碧雄
副主编　傅昶彬
编　写　李章政　贾正甫
主　审　王　珊

http://jc.cepp.com.cn

内 容 提 要

本书为普通高等教育“十一五”规划教材。全书共七章，主要内容包括建筑结构设计概述、梁板结构、混凝土单层厂房结构、轻型门式刚架结构设计、多层框架结构、混合结构房屋设计以及钢屋盖等。本书将钢筋混凝土、钢结构及砌体结构三种建筑结构进行整合，强调基本概念和基本原理的应用，重点突出，内容深入浅出，并辅以实例。同时，每章都配有思考题和习题。

本书可作为高等院校土木工程专业教材，也可作为从事土木工程设计、施工、监理的工程技术人员参考用书。

图书在版编目（CIP）数据

建筑结构设计/李碧雄主编. —北京：中国电力出版社，2008.2（2014.2 重印）

普通高等教育“十一五”规划教材

ISBN 978-7-5083-6745-3

Ⅰ.建… Ⅱ.李… Ⅲ.建筑结构-结构设计-高等学校-教材 Ⅳ.TU318

中国版本图书馆 CIP 数据核字（2008）第 017281 号

中国电力出版社出版、发行

（北京市东城区北京站西街 19 号 100005 http://jc.cepp.com.cn）

航远印刷有限公司印刷

各地新华书店经售

*

2008 年 2 月第一版 2014 年 2 月北京第四次印刷

787 毫米×1092 毫米 16 开本 31.25 印张 769 千字

定价 **45.00** 元

前　言

为贯彻落实教育部《关于进一步加强高等学校本科教学工作的若干意见》和《教育部关于以就业为导向深化高等职业教育改革的若干意见》的精神，加强教材建设，确保教材质量，中国电力教育协会组织制订了普通高等教育“十一五”教材规划。该规划强调适应不同层次、不同类型院校，满足学科发展和人才培养的需求，坚持专业基础课教材与教学急需的专业教材并重、新编与修订相结合。本书为新编教材。

作为“结构设计原理”的后续课程，“建筑结构设计”是土木工程专业的专业类核心课程，也是建筑工程课群组的必修课程。为了适应大土木工程专业整合后专业培养方案的需要，本书对原有的结构设计类课程进行了重新整合，以结构设计过程为体系，将原来的混凝土结构、钢结构和砌体结构的结构设计有机地组织在一起，突出设计方法的介绍。

本书根据我国现行的结构设计规范编写，在编写过程中，力求尊重学习规律和教学规律，强调基本概念和基本原理的应用，重点突出，内容深入浅出，并辅以实例帮助读者学习和理解。同时，每章都配有思考题和习题，并注意题目的综合性和实践性。

全书第一、二、五章及附录由四川大学李碧雄编写，第三章由李章政编写，第四、七章由傅昶彬编写，第六章由贾正甫编写，全书由李碧雄统稿。北方工业大学王珊教授审阅了全书。

本书在编写过程中，参考并引用了一些公开出版或发表的文献，在此谨向作者表示衷心的感谢。

本书的出版得到了四川大学的资助。

由于编者水平有限，错误之处在所难免，敬请读者批评指正。

编　者

2008 年 1 月于四川大学

目　录

第一章 建筑结构设计概述

第一节 建 筑 结 构

建筑结构是房屋建筑的骨架，该骨架是由若干基本构件通过一定连接方式构成的整体，能安全可靠地承受并传递各种荷载和间接作用。

在房屋建筑结构中，由板、梁形成的梁板结构、用杆件做成的桁架或网架结构等组成房屋的水平承重结构，一般作为房屋的楼盖和屋盖。由柱、墙或用墙围成的井筒组成房屋的竖向承重结构，房屋上的所有作用都由它承受并通过基础传到地基中去，因此竖向承重结构是房屋的主体结构。以上两部分构成了房屋的上部结构。房屋的下部结构——地下室和基础既可以做成水平方向结构，如伐板基础、联合基础、条形基础等；也可做成竖向结构，如柱下单独基础、深入坚实土层或岩层的桩基础；还可以做成兼有水平和竖向结构的箱形基础。

房屋的水平承重结构和竖向承重结构密切相关。竖向结构的间距越大，其所用建筑材料越少，但因水平方向结构的跨度随之增大，相应地后者所需的截面高度就会加大，所用材料必然增多。因此，一个好的结构设计应该综合考虑水平结构和竖向结构之间的协调，以获得良好的使用功能性及经济性。

图 1-1 为某建筑结构的受力示意图。合理的结构体系必须具有荷载传递路径明确、直接。一般地，荷载的传递途径如下：①楼面竖向荷载—板—梁—柱—柱下基础—地基，或楼面竖向荷载—板—墙—墙下基础；②水平风荷载—外墙（纵墙）—楼盖—横墙—横墙基础—地基，或水平风荷载—外墙（纵墙）—外纵墙基础—地基。

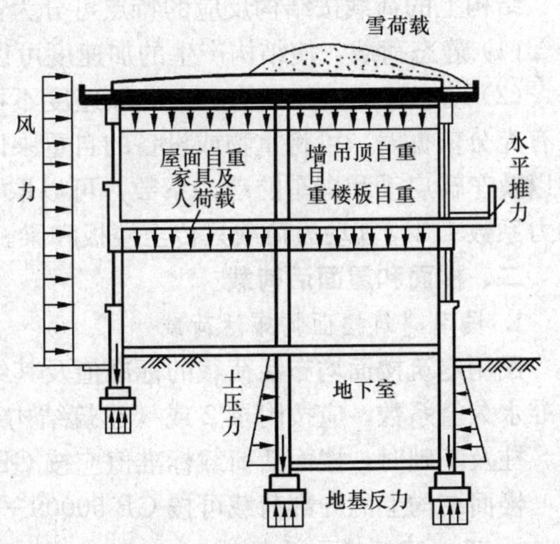

图 1-1 建筑结构受力图

建筑物有不同的使用功能和不同的建筑规模，故有多种结构类型。

建筑结构按构件组成结构的方式（即结构承重体系）不同，可分为框架结构、混合结构、排架结构、框架—剪力墙结构、剪力墙结构、筒体结构等。

按所采用结构材料的不同，建筑结构可分为钢筋混凝土结构、钢结构、砌体结构、木结构及组合结构等。

根据建筑的规模及用途的不同，有单层厂房、多层轻工业厂房、多层民用建筑、高层建筑、大跨度结构和其他特种结构之分。

各种类型结构的设计都要贯彻执行国家的技术经济政策，做到技术先进、经济合理、安全适用、确保质量。结构设计时，应从工程实际出发，合理选用材料、结构方案和构造措施。

第二节 建筑结构的荷载

所有能使结构产生内力和变形的原因统称为作用。除了直接以力的形式出现的作用会在结构中产生内力或变形，其他如温度的变化、混凝土收缩、基础不均匀沉降也可在结构中产生内力和变形。直接以力的形式出现的作用称为直接作用，即荷载；其他作用则称为间接作用。建筑结构设计应根据使用过程中在结构上可能同时出现的荷载，按承载能力极限状态和正常使用极限状态分别进行设计。间接作用对结构的影响在结构设计过程中也应予以考虑。

一、荷载的分类

结构上的荷载按作用时间的变异性可分为：

(1) 永久荷载，在结构设计基准期内其值不随时间而变化，或变化值与平均值相比可以忽略不计的荷载。例如，结构自重、土压力、固定设备重、预应力混凝土中的预应力等。对于由材料自身重量产生的荷载，即结构自重标准值，可按结构构件的设计尺寸与材料单位体积的容重计算确定，常用建筑材料自重见附录 1。

(2) 可变荷载，在结构设计基准期内其值随时间而变化，且其变化值与平均值相比不可忽略的荷载。例如，楼面活荷载、屋面活荷载和积灰荷载、吊车荷载、风荷载、雪荷载等。可变荷载的标准值一般应按《建筑结构荷载规范》(GB 50009—2001) 中的相关规定确定。

(3) 偶然荷载，在设计基准期内不一定出现，而一旦出现其值很大且持续时间很短的作用。例如爆炸力、撞击力等。

结构上的荷载按结构反应的特点可分为：

(1) 静态荷载，使结构产生的加速度可以忽略不计的荷载。

(2) 动态荷载，使结构产生的加速度不可忽略不计的荷载。建筑结构设计的动力计算，在有充分依据时，可将重物或设备的自重乘以动力系数后，按静力计算设计。搬运和装卸重物以及车辆启动和刹车的动力系数，可以取 1.1～1.2；直升机在屋面上的荷载，也应乘以动力系数 1.4，其动力荷载只传至楼板和梁。

二、楼面和屋面活荷载

1. 民用建筑楼面均布活荷载

民用建筑楼面均布活荷载的标准值及其组合值、频遇值、准永久值及相应的频遇值系数和准永久值系数，应按附录 2 或《建筑结构荷载规范》4.1.1 条的规定采用。设计楼面梁、墙、柱及基础时，楼面活荷载标准值应按 GB 50009—2001 要求乘以规定的折减系数。

楼面结构上的局部荷载可按 GB 50009—2001 附录 B 的规定，换算为等效均布荷载。

2. 工业建筑楼面活荷载

工业建筑楼面在生产使用或安装检修时，由设备、管道、运输工具及可能拆移的隔墙产生的局部荷载，均应按实际情况考虑，可采用等效均布活荷载代替。

工业建筑楼面上无设备区域的操作荷载，包括操作人员、一般工具、零星原料和成品的自重，可按均布活荷载考虑，采用 $2.0kN/m^2$。

3. 屋面活荷载

房屋建筑屋面水平投影面上的屋面均布活荷载，应按表 1-1 采用。屋面均布活荷载不应与雪荷载同时进行组合。

表 1-1　**屋面均布活荷载**

项次	类　别	标准值 (2.0kN/m²)	组合值系数 ψ_c	频遇值系数 ψ_f	准永久值系数 ψ_q
1	不上人的屋面	0.5	0.7	0.5	0
2	上人的屋面	2.0	0.7	0.5	0.4
3	屋顶花园	3.0	0.7	0.6	0.5

注　1. 不上人屋面，当施工或检修荷载较大时，应按实际情况采用；对不同结构应按有关设计规范的规定，将标准值作 0.2kN/m² 的增减；

2. 上人屋面，当兼作其他用途时，应按相应的楼面活荷载采用；

3. 对于因屋面排水不畅、堵塞等引起的积水荷载，应采取构造措施加以防止；必要时，应按积水的可能深度确定屋面活荷载；

4. 屋顶花园活荷载不包括花圃土石等材料自重。

设计生产中有大量排灰的厂房及其相邻近建筑时，对于具有一定除尘设施和保证清灰制度的机械、冶金、水泥等的厂房屋面，其水平投影面上的屋面积灰荷载应分别按荷载规范的相关规定或本书附表 2-2 采用。积灰荷载应与雪荷载或不上人的屋面均布活荷载两者中的较大值同时考虑。

4. 施工和检修荷载及栏杆水平荷载

设计屋面板、檩条、钢筋混凝土挑檐、雨篷和预制小梁时，施工或检修集中荷载（人和小工具的自重）应取 1.0kN，并应在最不利位置处进行验算。当计算宽度较大的挑檐、雨篷承载力时，应沿板宽每隔 1.0m 取一个集中荷载；在验算挑檐、雨篷倾覆时，可根据实际可能的情况，增加集中荷载间距，沿板宽每隔 2.5～3.0m 取一个集中荷载。

楼梯、看台、阳台和上人屋面等的栏杆顶部水平荷载，应按荷载规范的有关规定采用。

当采用荷载准永久组合时，可不考虑施工和检修荷载及栏杆水平荷载。

5. 雪荷载

屋面上水平投影面上的雪荷载标准值，应按下式计算

$$s_k = \mu_r s_0 \tag{1-1}$$

式中　s_k——雪荷载标准值，kN/m²；

μ_r——屋面积雪分布系数，应根据不同类别的屋顶形式，按附录 3 或《建筑结构荷载规范》的规定采用；

s_0——基本雪压，kN/m²，可按附录 8 或《建筑结构荷载规范》附录 D.4 中附表 D.4 给出的 50 年一遇的雪压采用。

雪荷载的组合值系数可取 0.7；频遇值系数可取 0.6；准永久值系数应按雪荷载分区Ⅰ、Ⅱ、Ⅲ的不同，分别取 0.5、0.2 和 0，具体情况见附录 8。

设计建筑结构及屋面的承重构件时，积雪的分布情况可按下列规定采用：

(1) 屋面板和檩条按积雪不均匀分布的最不利情况采用；

(2) 屋架和拱壳可分别按积雪全跨均匀分布情况、不均匀分布的情况和半跨的均匀分布情况采用；

(3) 框架和柱可按积雪全跨的均匀分布情况采用。

三、风荷载

空气流动形成的风遇到建筑物时，在建筑物表面产生的压力或吸力即建筑物上的风荷载。风载的大小主要与近地风的性质、风速、风向有关，和建筑物所在地区的地貌和周围环境有关，同时和建筑物本身的高度、形状以及表面状态有关。

（一）风荷载标准值

垂直于建筑物表面上的风荷载标准值，应按下述公式计算：

（1）当计算主要承重结构时，应为

$$w_k = \beta_z \mu_z \mu_s w_0 \tag{1-2}$$

式中 w_k——风荷载标准值，kN/mm^2；

β_z——z 高度处的风振系数；

μ_z——z 高度处的风压高度变化系数；

μ_s——风载体型系数；

w_0——基本风压，kN/mm^2。

（2）当计算围护结构时，应为

$$w_k = \beta_{gz} \mu_z \mu_{s1} w_0 \tag{1-3}$$

式中 β_{gz}——z 高度处的阵风系数；

μ_{s1}——局部风压体型系数。

风荷载的组合值、频遇值和准永久值系数可分别取 0.6、0.4 和 0。

1. 基本风压 w_0

基本风压按附录 9 或《按建筑结构荷载规范》附录 D.4 中附表 D.4 给出的风压采用，且不得小于 $0.3kN/mm^2$。基本风压 w_0 是根据全国各气象台站历年来的最大风速记录，将不同风速仪高度统一换算为离地 10m 高，自记式风速仪 10min 平均最大风速。根据该风速记录，经统计分析确定重现期为 50 年的基本风速 v_0，作为当地的基本风速。再按公式 $w_0 = \frac{1}{2}\rho v_0^2$ 确定基本风压，ρ 为所在地的空气密度。

对于对风荷载比较敏感的高层建筑和高耸结构，以及自重较轻的钢木主体结构，其基本风压仍可由各结构设计规范，根据结构的自身特点，考虑适当提高重现期；对于这类结构的围护结构，其重要性比主体结构低，仍可取 50 年。

2. 风压高度变化系数 μ_z

风速的大小与离地面高度有关，一般近地面处的风速较小，越向上风速逐渐加大，而且风速的变化还与地貌及周围环境有关。因此，风压高度变化系数应根据地面粗糙度类别按表 1-2 确定。

地面粗糙度可分为 A、B、C、D 四类：

A 类指近海海面和海岛、海岸、湖岸及沙漠地区；

B 类指田野、乡村、丛林、丘陵以及房屋比较稀疏的乡镇和城市郊区；

C 类指有密集建筑群的城市市区；

D 类指有密集建筑群且房屋较高的城市市区。

表 1-2　风压高度变化系数 μ_z

离地面或海平面高度	地面粗糙度类别			
	A	B	C	D
5	1.17	1.00	0.74	0.62
10	1.38	1.00	0.74	0.62
15	1.52	1.14	0.74	0.62
20	1.63	1.25	0.84	0.62
30	1.80	1.42	1.00	0.62
40	1.92	1.56	1.13	0.73
50	2.03	1.67	1.25	0.94
60	2.12	1.77	1.35	0.93
70	2.20	1.86	1.45	1.02
80	2.27	1.95	1.54	1.11
90	2.34	2.02	1.62	1.19
100	2.40	2.09	1.70	1.27
150	2.64	2.38	2.03	1.61
200	2.83	2.61	2.30	1.92
250	2.99	2.80	2.54	2.19
300	3.12	2.97	2.75	2.45
350	3.12	3.12	2.94	2.68
400	3.12	3.12	3.12	2.91
≥450	3.12	3.12	3.12	3.12

对于山区的建筑物，风压高度变化系数可按平坦地面的粗糙度类别，由表 1-2 确定，但应考虑地形条件的修正，修正系数 η 分别按下述规定采用：

(1) 对于山峰和山坡，其顶部 B 处的修正系数可按下述公式采用

$$\eta_B=\left[1+\kappa\tan\alpha\left(1-\frac{z}{2.5H}\right)\right]^2 \tag{1-4}$$

式中　$\tan\alpha$——山峰或山坡在迎风面一侧的坡度；当 $\tan\alpha>0.3$ 时，取 $\tan\alpha=0.3$；

κ——系数，对山峰取 3.2，对山坡取 1.4；

H——山顶或山坡全高，m；

z——建筑物计算位置离建筑物地面的高度（m），当 $z>2.5H$ 时，取 $z=2.5H$。

对于山峰和山坡的其他位置，可按图 1-2 所示，取 A、C 处的修正系数 η_A、η_C 为 1，AB 间和 BC 间的修正系数按线性插值确定。

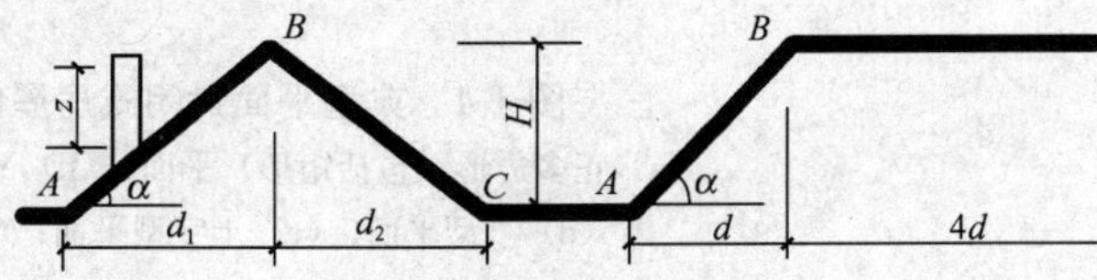

图 1-2　山峰和山坡示意

(2) 山间盆地、谷地等闭塞地形　$\eta=0.75\sim0.85$

(3) 对于与风向一致的谷口、山口　$\eta=1.20\sim1.50$

对于远海海面和海岛的建筑物或构筑物，风压高度变化系数可按 A 类粗糙度类别，由表 1-2 确定，但应考虑表 1-3 中给出的修正系数。

表 1-3　　**远海海面和海岛的修正系数 η**

距海岸距离（m）	η
<40	1.0
40～60	1.0～1.1
60～100	1.1～1.2

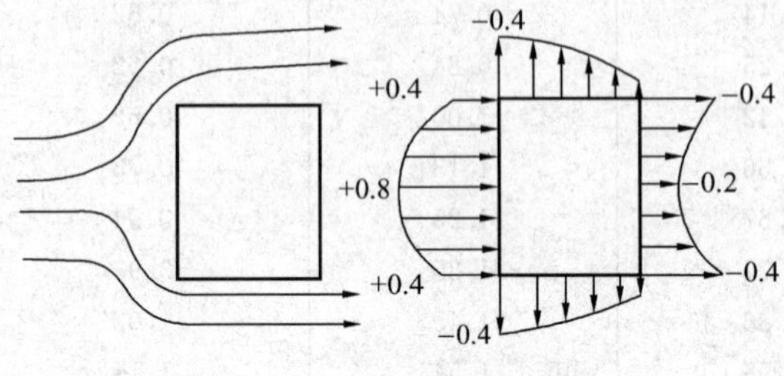

图 1-3　风对建筑物的影响

3. 风载体型系数 μ_s

风载体型系数是指风作用在建筑物表面上所引起的实际压力（或吸力）与风的速度压的比值，描述了建筑物表面在稳定风压作用下的静态压力分布规律，主要与建筑物的体型和尺度有关，也周围环境和地面粗糙度有关。图 1-3 表示流经建筑物的风对建筑物的作用，迎风面为压力（体型系数用＋号表示），侧风面及背风面为吸力（体型系数用－号表示）。

计算风荷载对建筑物的整体作用时，只需按各个表面的平均风压计算，即采用各个表面的平均风载体型系数计算。图 1-4 给出了一些典型平面封闭式房屋和构筑物的风载体型系数；图 1-5 为封闭式双坡屋面和封闭式带天窗双坡屋面的风载体型系数；其他情况参看荷载规范。当无参考资料可借鉴，或对于重要且体型复杂的房屋和构筑物，应由风洞试验确定。

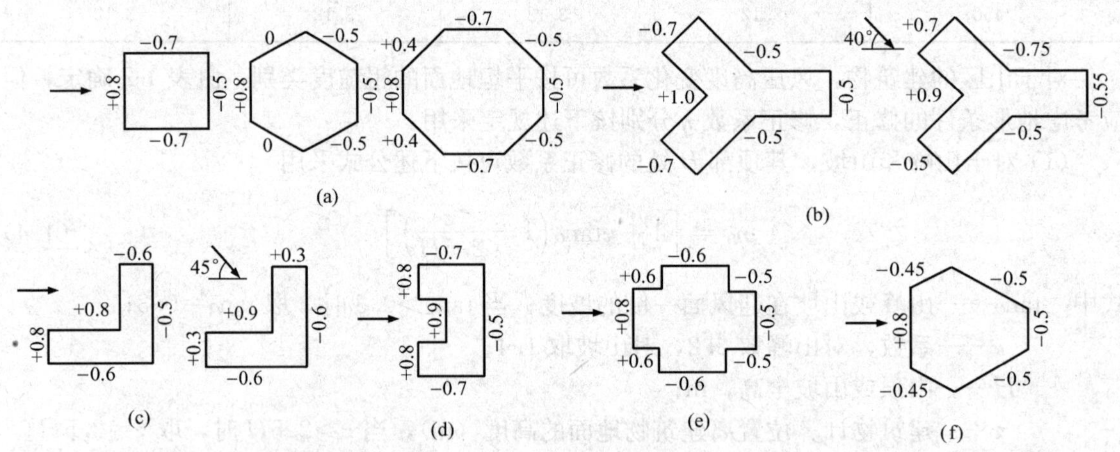

图 1-4　典型平面封闭式房屋的风载体型系数

（a）正多边形（包括矩形）平面；（b）Y 型平面；（c）L 型平面；
（d）⊓型平面；（e）十字型平面；（f）截角三边形平面

4. 局部风载体型系数

在角隅、檐口、边棱处和附属结构的部位，如阳台、雨篷等外挑构件处，局部风压会超过按荷载规范表 7.3.1 中风载体型系数所算的平均风压。因此，验算围护构件及其连接的强度时，应按下列规定采用局部风压体型系数：

（1）外表面。正压区：按荷载规范表 7.3.1 采用。负压区：对墙面，取－1.0；对墙角边，取-1.8；对周边和屋面坡度大于$10°$的屋脊部位取-2.2；对檐口、雨篷、遮阳板等突出板件，取-2.0。

(2) 内表面。对封闭式建筑物，按外表面风压的正负情况取-0.2或0.2。

5. 风振系数β_z

风作用是不规则的，风压随着风速、风向的紊乱变化而不停地改变。通常将风作用的平均值看成稳定风压，即平均风压。实际风压是在平均风压上下波动着。平均风压使建筑物产生一定的侧移，而波动风压则使建筑物在该侧移附近左右摇晃。因此，这种波动风压会在建筑物上产生一定的动力效应。

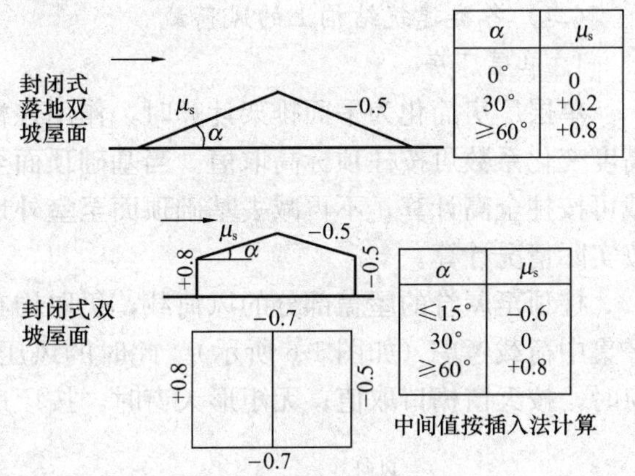

图 1-5 坡屋面的风载体型系数

实测分析表明，风载波动是周期性的，基本周期往往很长，甚至超过60s。而一般多层钢筋混凝土结构的自振周期大约0.4～1s，两者周期相差很大。因而风对一般低层和多层建筑造成的动力效应不大。但是，风载中的短周期成分对高度较大或刚度较小的高层建筑可能会产生一些不可忽略的动力效应，在设计中应予以考虑。

荷载规范规定，对于基本自振周期T_1大于0.25s的工程结构，如大跨度屋盖结构及各种高耸结构，以及对于高度大于30m且高宽比大于1.5的房屋，均应考虑风振系数，风振系数的确定参见《高层建筑混凝土结构技术规程》、《高耸结构设计规范》等。其他情况则取$\beta_z=1.0$。

6. 阵风系数β_{gz}

计算直接承受风压的幕墙构件风荷载时的阵风系数按表1-4确定。

表 1-4　　阵风系数 β_{gz}

离地面高度（m）	地面粗糙度类别			
	A	B	C	D
5	1.69	1.88	2.30	3.21
10	1.63	1.78	2.10	2.76
15	1.60	1.72	1.99	2.54
20	1.58	1.69	1.92	2.39
30	1.54	1.64	1.83	2.21
50	1.51	1.58	1.73	2.01
60	1.49	1.56	1.69	1.94
70	1.48	1.54	1.66	1.89
80	1.47	1.53	1.64	1.85
90	1.47	1.52	1.62	1.81
100	1.46	1.51	1.60	1.78
150	1.43	1.47	1.54	1.67
200	1.42	1.44	1.50	1.60
250	1.40	1.42	1.46	1.55
300	1.39	1.41	1.44	1.51

(二) 各类建筑结构上的风荷载

1. 单层厂房

单层厂房简化为平面排架计算时，作用在柱顶以下墙面上的风荷载按均布考虑，其风压高度变化系数可按柱顶标高取值。当基础顶面至室外地坪的距离不大时，为简化计算，风荷载可按柱全高计算，不再减去基础顶面至室外地坪那些多算的荷载。若基础埋置较深，则应按实际情况计算。

柱顶至屋脊的屋盖部分的风荷载，仍取均布的，但其对排架的作用则按作用在柱顶的水平集中荷载考虑（如图 1-6 所示）。此时的风压高度变化系数可按下述情况确定：有矩形天窗时，按天窗檐口取值；无矩形天窗时，按厂房檐口标高取值。

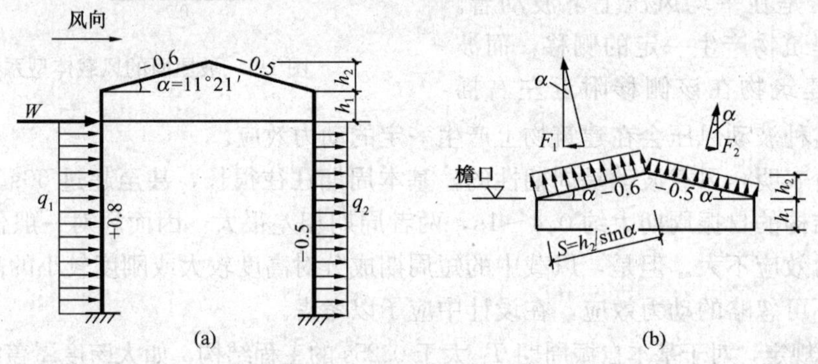

图 1-6 单层厂房的风荷载

2. 砌体结构

对于单层刚性方案房屋，风荷载包括作用于屋面上和墙面上的风荷载。屋面上（包括女儿墙上）的风荷载一般简化为作用在屋架和墙体连接处的集中荷载，而刚性方案房屋的屋面风荷载已通过屋盖直接传至横墙，再由横墙传至基础后传给地基，所以在纵墙上不产生内力。纵墙墙面上的风荷载为均布荷载，如图 1-7 所示。

对于多层刚性方案房屋，每层高度范围内的风荷载可按均布荷载考虑。

3. 多层多跨框架结构

作用于多层多跨框架结构上的风荷载一般简化为作用于框架节点上的集中水平力（如图 1-8 所示）。

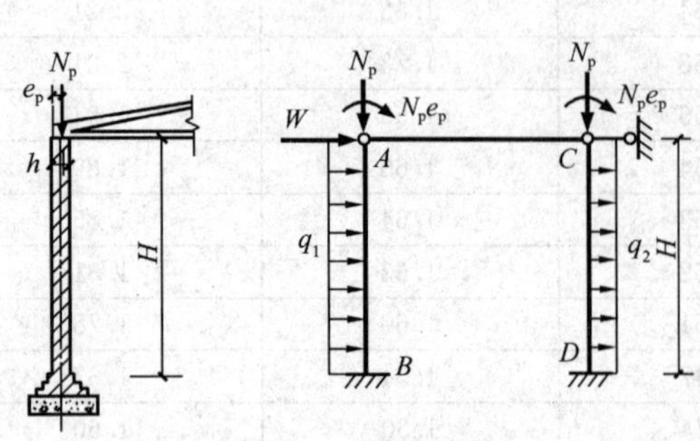

图 1-7 单层砌体结构的风荷载

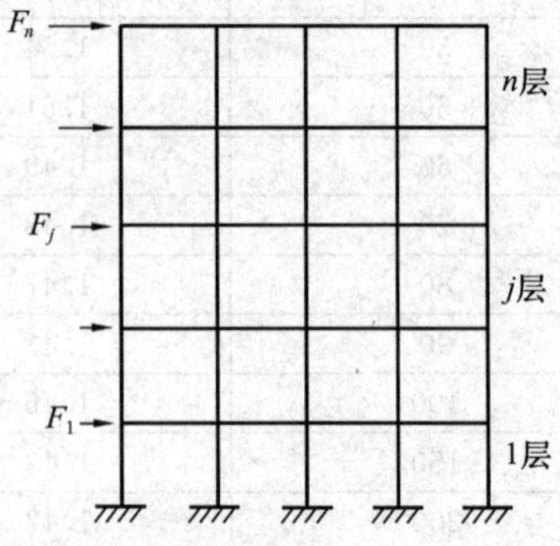

图 1-8 多层多跨框架上的风荷载

四、荷载效应组合

荷载效应是各种荷载在结构中产生的内力、变形和裂缝的统称。对于各种不同类型的结构，它们的计算模型不同，内力和变形的分析方法亦不同。有关内力和变形分析方法在结构力学中已作介绍。各种结构的计算模型（计算简图）将在后面各章逐一介绍。

设计中的极限状态往往以结构的某种荷载效应，如内力、应力、变形、裂缝等超过相应规定的标志为依据。根据设计中要求考虑的结构功能，结构的极限状态可分为两大类，即承载能力极限状态和正常使用极限状态。对于承载能力极限状态，一般以结构的内力超过其承载能力为依据；对于正常使用极限状态，一般以结构的变形、裂缝、振动参数超过设计允许的限值为依据。

对所考虑的极限状态，在确定其荷载效应时，各种荷载可能同时作用在结构上，但是出现的概率不同。因此，应按照概率统计和可靠度理论将可能出现的各种荷载效应按一定规律加以组合，这就是荷载效应组合。

进行承载能力极限状态设计时，应考虑荷载效应的基本组合，必要时还应考虑荷载效应的偶然组合。进行正常使用极限状态计算时，应根据不同的设计目的，分别选用标准组合、频遇组合、准永久组合，并应取各自的最不利的效应组合进行计算。

对于一般的排架、框架结构，基本组合应按下列组合值中取最不利值确定：

(1) 由可变荷载效应控制的组合

$$S=\gamma_G S_{Gk}+\gamma_{Q1}S_{Q1k} \tag{1-5}$$

$$S=\gamma_G S_{Gk}+0.9\sum_{i=1}^{n}\gamma_{Qi}S_{Qik} \tag{1-6}$$

(2) 由永久荷载效应控制的组合

$$S=\gamma_G S_{Gk}+\sum_{i=1}^{n}\gamma_{Qi}\psi_{ci}S_{Qik} \tag{1-7}$$

式中　γ_G——永久荷载的分项系数，当其效应对结构不利时，对于由可变荷载控制的组合应取1.2，对于由永久荷载控制的组合应取1.35，当其效应对结构有利时，一般情况下取1.0，对结构进行倾覆、滑移或飘浮验算时取0.9；

γ_{Qi}——第 i 个可变荷载的分项系数，一般情况下取1.4；对标准值大于 4kN/m^2 的工业房屋楼屋面结构的活荷载取1.3；

S_{Gk}——按永久荷载标准值 G_k 计算的荷载效应值；

S_{Qik}——按可变荷载标准值 Q_{ik} 计算的荷载效应值，其中 S_{Q1k} 为诸可变荷载效应中最大者，当对 S_{Q1k} 无法明显判断其效应设计值为诸可变荷载效应设计值中最大者时，可轮次以各可变荷载效应为 S_{Q1k}，选取其中最不利的荷载效应组合；

ψ_{ci}——可变荷载 Q_i 的组合值系数，根据可变荷载的类型按荷载规范采用；

n——参与组合的可变荷载数。

砌体结构按承载能力极限状态设计时，应按下列公式中的最不利组合进行计算

$$S=\gamma_0(1.2S_{Gk}+1.4S_{Q1k}+\sum_{i=2}^{n}\gamma_{Qi}\psi_{ci}S_{Qik}) \tag{1-8}$$

$$S=\gamma_0(1.35S_{Gk}+1.4\sum_{i=1}^{n}\psi_{ci}S_{Qik}) \tag{1-9}$$

当楼面活荷载标准值大于 $4kN/m^2$ 时，式中系数 1.4 应改为 1.3。

当砌体结构作为一个刚体，需验算整体稳定时，例如倾覆、滑移、漂浮等，应按下式验算

$$0.8S_{G1k}-\gamma_0(1.2S_{G2k}+1.4S_{Q1k}+\sum_{i=2}^{n}S_{Qik})\geqslant 0 \tag{1-10}$$

式中 S_{G1k}——起有利作用的永久荷载标准值的效应；

S_{G2k}——起不利作用的永久荷载标准值的效应。

第三节 建筑结构的耐火设计

火灾是建筑物较常遭遇的意外灾害。我国平均每年发生的火灾次数近 4 万次。火灾给国家、企业和人民的财产造成很大损失，严重地威胁着人们的生命安全。图 1-9 为美国世贸大厦受到撞击后发生火灾的情形。

图 1-9 世贸大厦受到撞击后的情形

建筑防火涉及到防火分区设计、安全疏散设计、建筑灭火系统、火灾自动报警系统、结构耐火设计、装修防火设计等诸多方面。根据《建筑结构可靠度设计统一标准》(GB 50068—2001)，火灾是一种偶然作用，结构耐火设计就是为了保证火灾发生时及发生后结构的整体稳定性，不至于整体倒塌，从而为人员的疏散赢得时间，为消防人员扑救创造安全环境，为灾后修复提供条件。

一、结构构件的耐火性能

判定建筑材料高温性能的指标有 5 个：燃烧性能、力学性能、发烟性能、毒气性能和隔热性能。衡量结构构件耐火性能有两个指标：燃烧性能和耐火极限。

1. 构件的燃烧性能

结构构件的燃烧性能取决于结构材料的燃烧性能，反映了结构构件遇火或高温时的燃烧特点。结构材料的燃烧性能共分为三类：不燃烧体、难燃烧体和燃烧体，其分类根据标准燃烧试验确定。不燃烧体在空气中受到火烧或高温作用时，不起火、不微燃、不碳化。难燃烧体在空气中受到火烧或高温作用时，难起火、难微燃、难碳化，当火源移走后，燃烧或微燃立即停止。燃烧体在明火或高温作用下，能立即着火燃烧，且火源移走后仍能继续燃烧或微燃。常用结构构件的燃烧性能见表 1-5。

表 1-5 常用结构构件的燃烧性能及耐火极限

构 件 名 称	截面最小尺寸(mm)	耐火极限(h)	燃烧性能
承重普通粘土砖墙、混凝土墙	120	2.5	不燃烧体
	240	5.5	
	370	10.5	

续表

构件名称			截面最小尺寸(mm)	耐火极限(h)	燃烧性能
混凝土柱			300×300	1.4	不燃烧体
			300×500	3.5	
			370×370	5.0	
			直径 300 圆柱	3.0	
			直径 450 圆柱	4.0	
钢柱	无防护层		—	0.25	不燃烧体
	有 120 厚普通粘土砖耐火层		—	2.85	
	有 100 厚 C20 混凝土耐火层		—	2.85	
	有 50 厚 C20 混凝土耐火层		—	2.0	
	有 25 厚 M5 水泥砂浆钢丝网耐火层		—	0.8	
	有 50 厚 M5 水泥砂浆钢丝网耐火层		—	1.3	
	有 7 厚薄涂型防火涂料保护层		—	1.5	
	有 30 厚厚涂型防火涂料保护层		—	2.0	
	有 50 厚厚涂型防火涂料保护层		—	3.0	
混凝土梁	非预应力,保护层厚度 25		—	2.0	不燃烧体
	非预应力,保护层厚度 50		—	3.5	
	预应力,保护层厚度 25		—	1.0	
	预应力,保护层厚度 50		—	2.0	
钢梁	无防护层		—	0.25	不燃烧体
	有 7.5 厚薄涂型防火涂料保护层		—	1.5	
	有 50 厚厚涂型防火涂料保护层		—	3.0	
混凝土板	连续板	保护层厚度 10	80	1.4	不燃烧体
			100	2.0	
		保护层厚度 15	80	1.45	
			100	2.0	
		保护层厚度 20	80	1.50	
			100	2.1	
	四边简支板	保护层厚度 10	70	1.4	
		保护层厚度 15	80	1.45	
		保护层厚度 20	80	1.5	
	预应力空心板	保护层厚度 10	—	0.4	
		保护层厚度 15	—	0.7	
		保护层厚度 20	—	0.85	

2. 耐火极限

构件的耐火极限是指在标准耐火试验中，从构件受到火的作用起，到失去支持能力或完整性被破坏或失去隔火作用时为止的时间，以小时表示。

构件的耐火极限通过在燃烧试验炉中明火加热来测定。构件的耐火极限除了与材料本身的性能有关外，还与升温过程、受火条件有关，要确定耐火极限，还涉及到失去稳定性、完整性和绝热性的判别条件。

标准耐火试验采用火灾标准升温曲线，炉内温度随时间的变化由下式控制

$$T - T_0 = 345\lg(8t + 1) \tag{1-11}$$

式中 t——试验经历的时间，min；

T——在 t 时间的炉内温度，℃；

T_0——试验开始时的炉内温度，应控制在5～40℃。

为了模拟火灾发生时结构构件的实际受火状态，应对不同部位的构件采用不同的受火条件。

墙：一面受火；

楼板：下面受火；

梁：两侧和底面三面受火；

柱：所有垂直面受火。

判别构件达到耐火极限的三个条件中，失去稳定性是指构件在试验中失去支撑能力或抗变形能力。如试验中发生坍塌，则表明构件失去支撑能力；对于梁、板等受弯构件，当试件的最大挠度超过跨度的1/20，则认为失去抗变形能力；对于柱子，试件的轴向变形速率超过$3H$（mm/min），则表明试件失去抗变形能力，其中H为试件在试验炉内的受火高度，以m计。

失去完整性是指当构件的一面受火作用时，出现穿透性裂缝或穿火孔隙，使其背火面可燃物燃烧起来，从而使构件失去阻止火焰和高温气体穿透或失去阻止其背火面出现火焰的性能。

失去绝热性是指构件失去隔绝过量热传导的性能，试验中以背火面测点平均温度超过初始温度140℃，或背火面任一测点温度超过初始温度180℃为标志。

《建筑构件耐火试验方法》对耐火极限的判定分三类构件：分隔构件、承重构件和具有承重、分隔双重功能的构件。

建筑物中不同结构构件和非结构构件的功能不同，因此，它们达到耐火极限的判别依据也不同。隔墙、吊顶、门窗等分隔构件并不承重，故以完整性和绝热性两个控制条件作为判别依据；梁、柱、屋架等承重构件因不具备割断火焰和过量热的功能，因此，以稳定性单一条件作为判别依据；承重墙、楼板等承重分隔构件以稳定性、完整性和绝热性三个控制条件作为判别依据。

常用构件的耐火极限见表1-5。

3. 影响耐火极限的因素

对于承重构件，耐火性能主要与稳定性有关，其影响因素有：

(1) 构件材料的燃烧性能。

(2) 有效荷载量值。所谓有效荷载量值是指构件受火时所承受的实际重力荷载。有效荷载大，产生的内力大，构件容易失去稳定性，故而耐火性差。

(3) 钢材品种。不同品种的钢材，在温度作用下的强度下降幅度不同，高强度钢丝最差，普通碳素钢其次，普通低合金钢最优。

(4) 材料强度。材料强度高，耐火性能好。

(5) 截面形状和尺寸。表面积大的形状，受火面大，内部温度更容易升高，耐火性相对较差；构件截面尺寸大，热量不容易传入内部，因而耐火性相对较好。

(6) 配筋方式。当大直径钢筋放置内部，小直径钢筋放置外部，则较多的钢筋处于温度较低的区域，钢筋损伤小，耐火性相对较好。

(7) 配筋率。由于高温对钢筋的损伤大于混凝土，所以配筋率高的构件耐火性较差。

(8) 表面保护。抹灰、防火涂料等可以提高构件的耐火性能。

(9) 受力状态。轴心受压构件的耐火性优于小偏心受压柱，小偏心受压柱优于大偏心受压柱。

(10) 结构形式和计算长度。连续梁等超静定结构因受火灾后可产生塑性内力重分布，降低控制截面的内力，故其耐火性优于静定结构；受压构件的计算长度越大，侧向弯曲越容易发生，耐火性越差。

4. 提高耐火性的措施

提高结构构件耐火极限的有效措施可以分为两大类：设计构造和防护层。

在设计方面，适当增加构件的截面尺寸对提高构件的耐火性非常有效。对于混凝土构件，也可采用增加保护层厚度的措施。混凝土构件的耐火性能主要取决于钢筋的强度变化，增加保护层厚度可以增加热量传递到钢筋所需要的时间，使钢筋的强度不至于下降过快，从而提高构件的耐火能力。

通过改善结构的细部构造，也可起到提高耐火性能的作用。如，增加构件的约束来减小挠曲；加强或避免易受高温影响的部位（凸角、薄腹等）；增加钢筋的锚固长度或改变锚固方式（如将直线锚固改为吊钩、弯钩或机械锚固）；处理好构件之间的接缝，防止发生穿透性缝隙。

构件的防护层大致有三类：耐火保护层、耐火吊顶和防火涂料。钢构件的耐火性能较差，未加任何保护措施的钢构件的耐火极限一般仅为 0.25h，无法满足防火设计要求，因此，钢结构一般需要做防护层。

常用的耐火保护层有四种做法：钢构件四周浇筑混凝土，见图 1-10（a）；用钢丝网砂浆作保护层，见图 1-10（b）；用矿物纤维做保护层，见图 1-10（c）；用防火板材做保护层，见图 1-10（d）。

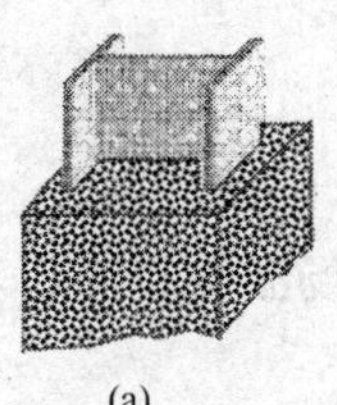
(a)

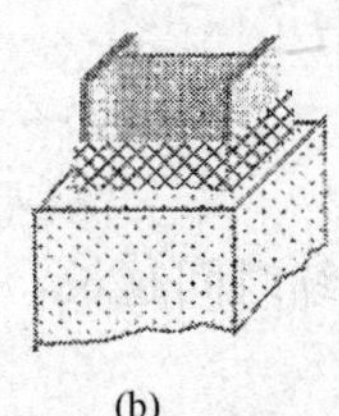
(b)

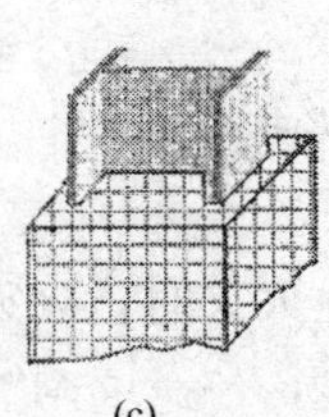
(c)

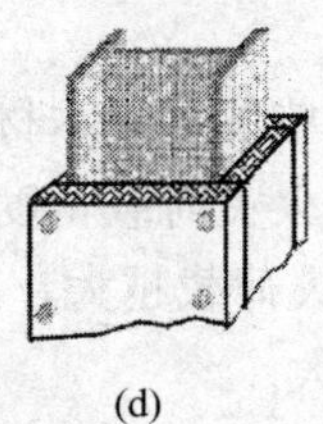
(d)

图 1-10 常用耐火保护层的种类

（a）用现浇混凝土做耐火保护层；（b）用钢丝网砂浆或灰胶泥做耐火保护层；（c）用矿物纤维做耐火保护层；（d）用防火板材做耐火保护层

对于网架、屋架之类的钢构件，可以通过设防火吊顶来延缓钢材的升温。

防火涂料的工作原理是：在火焰高温下防火涂料能迅速膨胀发泡，形成较为坚实和致密的海绵状隔热泡沫层或空心泡沫层，使火焰不能直接作用于基材上，从而有效阻止火焰在基材上的传播和蔓延，达到阻止火灾发展的作用。

防火涂料的种类很多，根据涂层厚度可以分为薄涂层和厚涂层。薄涂层厚度一般为 2～7mm，用于钢构件时，耐火极限可以达到 0.5～1.5h；厚涂层厚度一般为 8～50mm，耐火极限可以达到 0.5～3.0h。

二、耐火设计方法

我国目前采用的耐火设计方法是根据建筑设计防火规范，确定与建筑物耐火等级相应的所有结构构件应具有的耐火时间，要求所设计的结构构件的耐火极限大于应具有的耐火时间。

1. 确定建筑耐火等级的主要因素

防火规范根据建筑物的重要性、火灾的危险性、建筑物的高度、火灾荷载等将建筑物的耐火等级分为四级。

建筑物的重要性决定了一旦发生火灾所造成的经济、政治和社会等各方面负面影响的大小程度，是确定建筑物耐火等级的重要因素。对于生命线工程，重要文物、资料的存放场所来说，火灾带来的危害是灾难性的和不可弥补的，故而耐火等级应高些。

火灾危险性的大小意味着火灾发生的可能性的大小。在工业建筑中，存放易燃、易爆物品的建筑物，火灾的危险性大；在民用建筑中，一般住宅的火灾危险性小，而人员密集的大型公共建筑的危险性大。火灾危险性也是确定建筑耐火等级的主要依据。

建筑物的高度越高，火灾发生时人员的疏散和火灾扑救越困难，火灾所带来的损失也就越大。故高度越高的建筑物耐火等级应越高。

火灾荷载是衡量建筑物室内所容纳可燃物数量多少的一个参数。建筑物内的可燃物分为固定可燃物和容载可燃物。前者是指墙壁、楼板等结构材料和装修材料所用的可燃物以及固定家具采用的可燃物；后者是指室内存放的可燃物。可燃物的种类很多，为了有一个统一的衡量标准，将各种可燃物根据燃烧热量换算成等效发热量的木材。火灾范围内单位地板面积的等效可燃物木材的重量定义为火灾荷载，用 q 表示。火灾荷载的单位与一般荷载相同。

火灾荷载的大小常用火灾荷载密度来衡量。火灾荷载的密度定义为房间中所有可燃物完全燃烧所产生的总热量与房间的特征参考面积之比。房间的特征参考面积可采用地板面积或室内总表面积。当采用地板面积时，火灾荷载密度与火灾荷载有如下关系

$$q_{\mathrm{F}} = qH_0 \tag{1-12}$$

式中 H_0——单位重量木材的发热量；

q_{F}——火灾荷载密度。

显然，火灾荷载越大，发生火灾时，火灾持续时间越长，火场温度越高，对建筑物的破坏作用也就越大。

2. 建筑物的耐火等级

工业建筑的耐火等级除考虑建筑物的规模大小和高度等因素外，还要根据生产过程的火灾危险性分类和储存物品的火灾危险性分类确定。生产和储存物品的火灾危险性分成甲、乙、丙、丁、戊五类。一般情况下，甲、乙类生产厂房应采用一、二耐火等级的建筑；丙类生产厂房的耐火等级不应低于三级。

民用建筑耐火等级主要按建筑物的重要性和使用功能来确定。重要的公共建筑应采用一、二级耐火等级；一般的民用建筑可以采用三级、四级耐火等级。

高层建筑的耐火等级分为一、二级。

3. 构件耐火极限值的选定

各类构件耐火等级确定均以楼板为参照构件，根据各构件的重要性确定其耐火等级比楼板的等级高还是低。如梁、柱、承重墙的耐火等级比楼板高；而隔墙、吊顶等的耐火等级比楼板低。

楼板的耐火等级是在调查、统计的基础上，经分析确定的。火灾统计表明，我国 95%

的火灾延续时间在2h以内，其中在1h之内扑灭的火灾占80%，1.5h之内扑灭的占90%。另一方面，建筑中大量使用的混凝土空心板的保护层厚度多为10mm，耐火极限为1.0h；现浇混凝土楼板的耐火极限在1.5h以上。因此，将二级耐火等级建筑物的楼板耐火极限值确定为1.0h；一级耐火等级建筑物的楼板耐火极限值确定为1.5h；三、四级分别为0.5h和0.25h。梁比楼板重要，对于二级耐火等级建筑物，梁的耐火极限值为1.5h；柱、墙比梁更重要，耐火极限值为2.5～3.0h。

不同耐火等级各类构件的耐火极限值见表1-6。

表1-6　建筑构件的燃烧性能要求和耐火极限值要求

构件名称 \ 耐火等级		一级	二级	三级	四级
墙	防火墙	不燃烧体 4.0h	不燃烧体 4.0h	不燃烧体 4.0h	不燃烧体 4.0h
	承重墙、楼梯间墙、电梯井墙	不燃烧体 3.0h	不燃烧体 2.5h	不燃烧体 2.5h	难燃烧体 0.5h
	非承重外墙，疏散走道两侧的隔墙	不燃烧体 1.0h	不燃烧体 1.0h	不燃烧体 0.5h	难燃烧体 0.25h
	房间隔墙	不燃烧体 0.75h	不燃烧体 0.5h	难燃烧体 0.5h	难燃烧体 0.25h
柱	支承多层的柱	不燃烧体 3.0h	不燃烧体 2.5h	不燃烧体 2.5h	难燃烧体 0.5h
	支承单层的柱	不燃烧体 2.5h	不燃烧体 2.0h	不燃烧体 2.0h	燃烧体
梁		不燃烧体 2.0h	不燃烧体 1.5h	不燃烧体 1.0h	难燃烧体 0.5h
楼板		不燃烧体 1.5h	不燃烧体 1.0h	燃烧体 0.5h	难燃烧体 0.25h
屋顶承重构件		不燃烧体 1.5h	不燃烧体 0.5h	燃烧体	燃烧体
疏散楼梯		不燃烧体 1.5h	不燃烧体 1.0h	不燃烧体 1.0h	燃烧体
吊顶		不燃烧体 0.25h	难燃烧体 0.25h	难燃烧体 0.15h	燃烧体

第四节　建筑结构的设计程序

（一）准备设计资料

（1）建筑工程的性质及建筑物的安全等级；

（2）工程地质条件；

（3）地震设防烈度；

（4）基本雪压；

（5）基本风压及地面粗糙度类型；

（6）使用荷载的标准值及其分布；

（7）环境温度变化状况。

（二）确定结构体系方案

根据拟建建筑物的功能要求，选用经济合理的结构体系。结构体系包括水平承重体系、竖向承重体系和基础体系，水平承重体系有梁板体系和无梁体系，屋盖结构也有各种不同类型；竖向承重结构体系有框架、排架、刚架、剪力墙、筒体等多种体系，基础有柱下独立基础、条形基础、伐板基础、箱形基础、桩基础之分。

结构选型的基本原则有以下几点。

(1) 满足使用要求；

(2) 受力性能好；

(3) 施工简便；

(4) 经济合理。

（三）确定结构布置

确定结构形式后，要进行结构布置，即考虑梁、板、柱或墙、基础如何布置的问题。结构布置的基本原则是：

(1) 在满足使用要求的前提下，沿结构的平面和竖向应尽可能简单、规则、均匀、对称，避免突变；

(2) 荷载传递路径明确，结构计算简图简单并易于确定；

(3) 结构的整体性好，受力可靠；

(4) 方便施工；

(5) 经济合理。

1. 变形缝的设置

如果房屋的长度过长，当气温变化时，将使结构内部产生很大的温度应力，严重的可使墙面、屋面和构件拉裂，影响正常使用。为了减小结构中的温度应力，可设置温度缝将过长的结构划分成几个长度较小的独立伸缩区段。温度缝应从基础顶面开始，将两个温度区段的上部结构构件完全分开，并留有一定的宽度缝隙。温度区段的长度取决于结构类型和温度变化情况，建筑物伸缩缝的最大间距见表 1-7。

表 1-7　建筑伸缩缝的最大间距　m

<table>
<tr><th colspan="4">结构类别</th><th>间距</th></tr>
<tr><td rowspan="10">混凝土结构</td><td rowspan="2">排架</td><td rowspan="2">装配式</td><td>室内或土中</td><td>100</td></tr>
<tr><td>露天</td><td>70</td></tr>
<tr><td rowspan="4">框架</td><td rowspan="2">装配式</td><td>室内或土中</td><td>75</td></tr>
<tr><td>露天</td><td>50</td></tr>
<tr><td rowspan="2">现浇式</td><td>室内或土中</td><td>55</td></tr>
<tr><td>露天</td><td>35</td></tr>
<tr><td rowspan="4">剪力墙</td><td rowspan="2">装配式</td><td>室内或土中</td><td>65</td></tr>
<tr><td>露天</td><td>40</td></tr>
<tr><td rowspan="2">现浇式</td><td>室内或土中</td><td>45</td></tr>
<tr><td>露天</td><td>30</td></tr>
<tr><td rowspan="7">砌体结构</td><td colspan="2" rowspan="2">整体式或装配整体式钢筋混凝土结构</td><td>屋盖、楼盖有保温或隔热层</td><td>50</td></tr>
<tr><td>屋盖、楼盖无保温或隔热层</td><td>40</td></tr>
<tr><td colspan="2" rowspan="2">装配式无檩体系钢筋混凝土结构</td><td>屋盖、楼盖有保温或隔热层</td><td>60</td></tr>
<tr><td>屋盖、楼盖无保温或隔热层</td><td>50</td></tr>
<tr><td colspan="2" rowspan="2">装配式有檩体系钢筋混凝土结构</td><td>屋盖、楼盖有保温或隔热层</td><td>75</td></tr>
<tr><td>屋盖、楼盖无保温或隔热层</td><td>60</td></tr>
<tr><td colspan="3">瓦材屋盖、木屋盖或楼盖、轻钢屋盖</td><td>100</td></tr>
<tr><td rowspan="2">钢结构</td><td colspan="3">采暖厂房和采暖地区的厂房</td><td>220</td></tr>
<tr><td colspan="3">热车间及采暖地区的非采暖厂房</td><td>180</td></tr>
</table>

当地基为均匀分布的软土，而房屋长度较长时，或地基土层分布不均匀、土质差别较大时，又或房屋体型复杂或高差较大时，都有可能产生过大的不均匀沉降，从而在结构中产生

附加内力。不均匀沉降过大时，会导致房屋开裂，甚至会危及到结构的安全。为了消除不均匀沉降对房屋造成的危害，可采用设沉降缝的办法。沉降缝应从屋盖、墙体、楼盖到基础全部分开，以保证缝两边的结构能独立沉降。

为了避免因建筑物不同部位的质量或刚度不同，在地震发生时具有不同的振动频率而相互碰撞导致破坏，在建筑物的适当部位应设置防震缝。防震缝的宽度应按《抗震规范》所作的相应规定来确定。

当房屋需要同时设置伸缩缝、沉降缝、防震缝时，应尽可能将三缝合一。

2. 单层厂房

根据其生产和使用要求，选用合理的柱网尺寸。

3. 砌体结构

墙体的布置，尤其是承重墙体的布置是砌体结构布置的重要内容。

4. 框架结构

柱网的尺寸，楼盖的结构布置。

（四）确定构件的截面形式、初估截面尺寸

对于砌体结构就是初估墙体的厚度和壁柱的截面尺寸。对于框架结构，需初步确定梁、柱的截面尺寸。

（五）荷载

确定各项荷载的标准值及其分布情况。

（六）选取计算单元、确定计算简图

不同类型的结构，应根据结构本身的实际情况，选取具有代表性的计算单元，然后再根据计算单元抽象出既能反映结构的实际情况，又方便计算的计算简图。

由长度大于3倍截面高度的构件所组成的结构，可按杆系结构进行分析。

杆系结构的计算图形宜按下列方法确定：杆件的轴线宜取截面几何中心的连线；现浇钢筋混凝土结构和装配整体式结构的梁柱节点、柱和基础连接处等可作为刚接；梁板与其支承构件非整体浇筑时，可作为铰接；杆件的计算跨度或计算高度宜按其两端支承长度的中心距或净距确定，并根据支承节点的连接刚度或支承反力的位置加以修正；杆件间连接部分的刚度远大于杆件中间截面的刚度时，可作为刚域插入计算图形。

钢筋混凝土杆系结构中杆件的截面刚度应按以下规定确定：截面惯性矩可按均质的混凝土全截面计算，混凝土的弹性模量应按混凝土结构规范采用；T形截面杆件的截面惯性矩宜考虑翼缘的有效宽度进行计算，也可由截面矩形部分面积的惯性矩作修正后确定；不同受力状态杆件的截面刚度，宜考虑混凝土开裂、徐变等因素的影响予以折减。

（七）进行各种荷载作用下的内力和变形分析

计算各种荷载作用下，构件的控制截面的内力。结构分析时，宜根据结构类型、构件布置、材料性能和受力特点等选择下列方法：

(1) 线弹性分析方法：可用于混凝土结构、钢结构的承载能力极限状态及正常使用极限状态的荷载效应的分析。

(2) 考虑塑性内力重分布的分析方法：房屋建筑中的钢筋混凝土连续梁和连续单向板，宜采用考虑塑性内力重分布的分析方法，其内力值可由弯矩调幅法确定。

(3) 塑性极限分析方法又称极限平衡法：此法在我国主要用于周边有梁或墙支承的双向

板设计。

（八）内力组合

确定控制截面的最不利内力，以用于截面设计。

（九）构件及连接的设计

基本构件的设计在《结构设计原理》中已作阐述。为保证组成结构的各构件能作为一个整体抵抗外荷载的作用，连接的设计也同样重要。

（十）构造及绘制施工图

思考题

1. 何谓建筑结构？有哪些类型？
2. 作用于建筑结构上的荷载有哪些？
3. 进行结构分析时，如何确定各项荷载标准值？
4. 为何要进行荷载效应组合？如何组合？
5. 作用于各类建筑结构上的风荷载如何简化？
6. 判别结构构件耐火极限的标准是什么？如何提高结构构件的耐火极限？
7. 建筑结构设计包括哪些环节？

第二章　梁　板　结　构

第一节　概　　述

一、梁板结构的概念和类型

梁板结构是由板和支承板的梁组成的一种结构形式，在工业与民用建筑物和构筑物中应用普遍，例如建筑物的楼盖和屋盖、筏板基础、挡土墙、储液池的底板和顶盖，楼梯、阳台和雨篷，桥梁结构和水工结构等。因此，对梁板结构的设计原理和构造要求进行介绍具有普遍的意义。

梁板结构的形式有多种。按施工方法来分，可分为现浇式、装配式和装配整体式三种。与后两种相比，现浇式楼屋盖的整体性好，刚度大，抗渗性好，且易于适应各种特殊的设计要求，如平面形状不规则、承受较大的集中设备荷载、或者开有较复杂的洞孔等。由于现浇楼屋盖需要现场支模、铺设钢筋、浇筑和养护混凝土，所需的工期长，模板用量大，施工时受冬季和雨季的影响。

装配式楼屋盖由预制构件在现场安装连接而成，可以实现构件工厂预制和模板定型化，具有混凝土质量容易保证，施工进度快，便于工业化生产和机械化施工等优点，但结构的整体性和刚度较差，而且预制构件运输及吊装时需要较大设备，故使用范围受到了一定限制。在地震区，装配式梁板结构已基本被整体式梁板结构所取代。

装配整体式楼屋盖是将各预制梁或板（包括叠合梁、叠合板中的预制部分）在现场吊装就位后，通过整结措施构成整体。装配整体式的整体性和刚度比装配式的好，同时比现浇式的支模工作量少，但是装配整体式的焊接工作量往往较大，而且需要二次浇筑混凝土，这将为施工进度和工程造价带来不利影响。

按结构型式来分，在整体式混凝土梁板结构中，有梁有板称为梁板结构（作楼屋盖时亦称为肋梁楼屋盖），如图 2-1 所示；有板无梁则称为板柱结构或无梁楼盖，如图 2-2 所示。

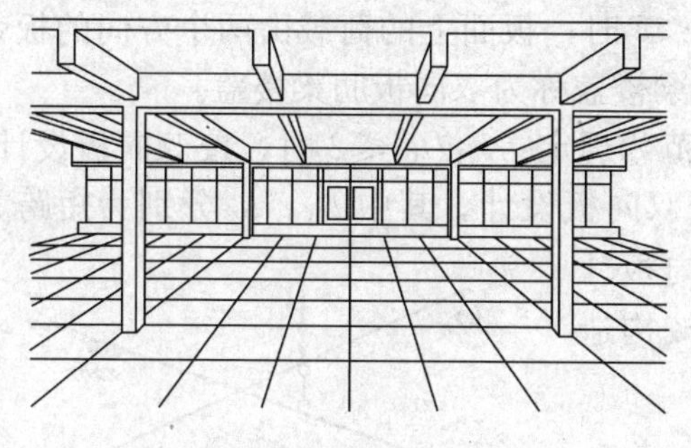

图 2-1　钢筋混凝土肋梁楼盖

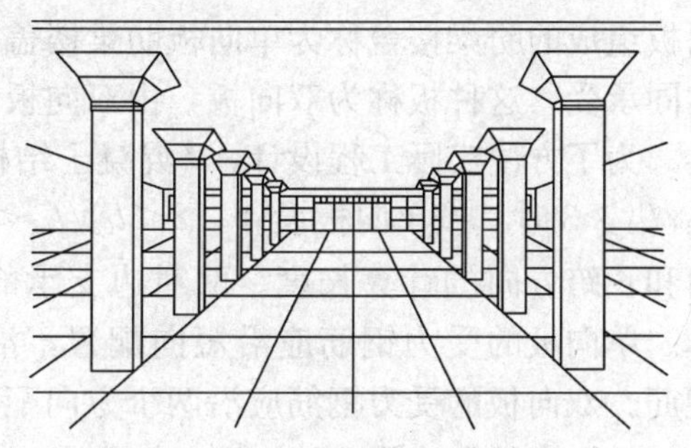

图 2-2　钢筋混凝土无梁楼盖

二、单向板肋梁楼盖和双向板肋梁楼盖

楼盖、屋盖的结构形式主要有单向板肋梁楼盖、双向板肋梁楼盖、无梁楼盖和井式楼盖

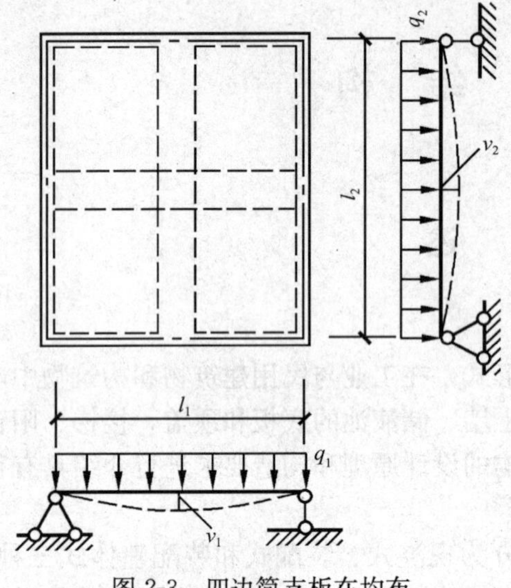

图 2-3 四边简支板在均布荷载作用下的受力情况

四种。对于两对边支承的板，板面上的竖向荷载将主要通过板的单向受弯传到两对边的支承梁或墙上；对于四边支承的板，板面上的荷载则通过板的双向受弯传给四周的支承。荷载向两个方向传递的比例，主要取决于板区格两个方向的计算跨度的比值 l_1/l_2。

图 2-3 所示为一均布荷载作用下整体式梁板结构中的四边支承板。从板的跨中取出两个单位宽度的正交板带，若不考虑板带之间剪切力的相互影响，则各板带所受荷载根据跨中变形协调条件来进行分配。设 q_1 为沿短跨 l_1 方向传递的荷载，q_2 为沿长跨 l_2 方向传递的荷载，则四边支承板上的均布荷载为

$$q = q_1 + q_2 \tag{2-1}$$

两板带在跨中的挠度为

$$f_1 = f_2 = \alpha_1 \frac{q_1 l_1^4}{EI} = \alpha_2 \frac{q_2 l_2^4}{EI} \tag{2-2}$$

$$\frac{q_2}{q_1} = \frac{\alpha_1}{\alpha_2}\left(\frac{l_1}{l_2}\right)^4 \tag{2-3}$$

由式（2-1）和式（2-3）可得两个方向板带所分配的荷载

$$q_1 = \frac{\alpha_2 l_2^4}{\alpha_1 l_1^4 + \alpha_2 l_2^4} q;\ q_2 = \frac{\alpha_1 l_1^4}{\alpha_1 l_1^4 + \alpha_2 l_2^4} q \tag{2-4}$$

式中 α_1、α_2——板带的支承条件对跨中挠度的影响系数；

EI——板带截面抗弯刚度。

由于两个方向板带的支撑条件、板厚均相同，即 $\alpha_1 = \alpha_2$。若取长边和短边的跨度之比 $l_2/l_1 = 3$，则两个方向所分配的荷载比值为 $q_2/q_1 = 1.23\%$，即 $q_1/q = 98.78\%$，$q_2/q = 1.22\%$，即此时沿长跨方向传递的荷载很小。因此，对于整体式梁板结构中的四边支承板，结构分析时可近似认为 $l_2/l_1 \geqslant 3$，作用于板上的荷载主要为短跨方向的板带承受，长跨方向板带所承受的荷载可忽略不计。荷载由短跨方向板带承受的四边支承板称为单向板，由单向板组成的肋梁楼盖称为单向板肋梁楼盖。当 $l_2/l_1 < 3$ 时，板面上的荷载由两个方向的板带共同承受，这种板称为双向板，由双向板组成的肋梁楼盖称为双向板肋梁楼盖。

为了方便实际工程设计，《混凝土结构设计规范》规定：$l_{02}/l_{01} \leqslant 2$ 时，按双向板设计；$l_{02}/l_{01} \geqslant 3$ 时，按单向板设计；$2 < l_{02}/l_{01} < 3$，宜按双向板设计。其中 l_{01}、l_{02} 分别为短跨方向和长跨方向的计算长度。两对边支承的板按单向板计算。单向板的受力钢筋应沿短向配置，沿长向仅按构造配筋。双向板的受力钢筋应沿两个方向配置。

三、主梁和次梁

在整体式梁板结构中，如图 2-4 所示两个方向正交的 x、y 梁系。设有集中荷载作用于 x、y 梁系在跨中相交处，则根据变形协调条件，各向梁所承受的荷载分别为

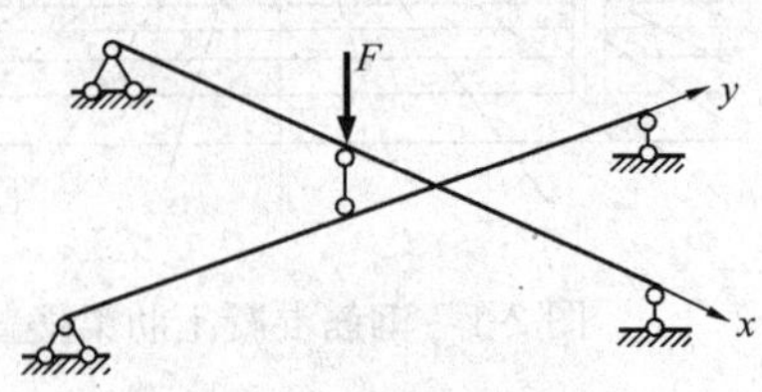

图 2-4 正交梁系在集中荷载作用下的计算简图

$$F_x + F_y = F \tag{2-5}$$

$$f_x = f_y = \frac{\alpha_x F_x l_x^3}{EI_x} = \frac{\alpha_y F_y l_y^3}{EI_y} \tag{2-6}$$

假设梁均为矩形截面，截面宽度相同，且支承条件相同，即 $\alpha_x=\alpha_y$，则

$$\frac{F_y}{F_x} = \left(\frac{h_y/l_y}{h_x/l_x}\right)^3 = \left(\frac{l_x/h_x}{l_y/h_y}\right)^3 \tag{2-7}$$

式中　F——正交 x、y 梁交点上所承受的集中荷载；

F_x、F_y——x 向和 y 向梁分配的荷载；

l_x、l_y——x 向和 y 向梁的计算跨度；

f_x、f_y——x 向和 y 向梁在跨中处的位移；

α_x、α_y——x 向和 y 向梁支承条件对位移的影响系数；

EI_x、EI_y——x 向和 y 向梁的截面抗弯刚度。

由此可见，两向梁分配的荷载与两向梁的跨高比 l_x/h_x 和 l_y/h_y 的比值有关。若 x 方向梁的跨高比 $l_x/h_x=8$，y 方向梁的跨高比 $l_y/h_y=16$，则$F_y/F_x=0.125$，$F_x/F=0.89$，$F_y/F=0.11$。若 x 方向梁的跨高比 l_x/h_x 远小于 y 方向梁的跨高比，则荷载主要由 x 方向梁承受，y 方向梁承受的荷载很小，可以忽略不计。x 方向梁称为主梁，y 方向梁称为次梁。由于荷载主要由主梁承受，因此可认为主梁是次梁的支座。

在单向板梁板结构中，梁可分为次梁和主梁；双向板梁板结构中，梁可能是主、次梁，也可能是双向梁系，即井式楼盖，如图 2-5 所示。

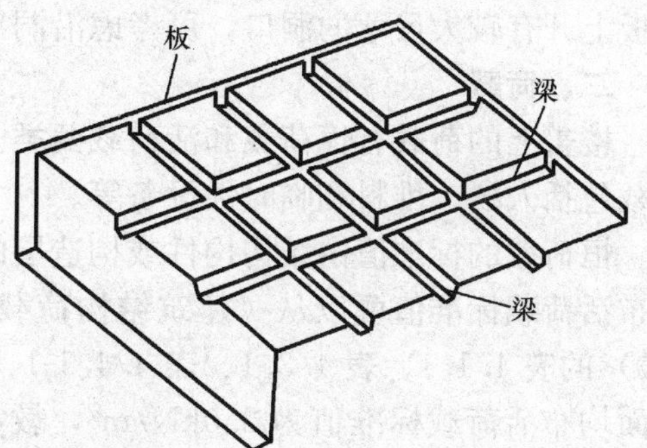

图 2-5　钢筋混凝土井式楼盖

第二节　单向板梁板结构

单向板肋梁楼盖（亦称整体式单向板梁板结构）是由单向板、次梁和主梁组成的水平结构。在单向板肋梁楼盖中，次梁承受板传来的荷载，并将荷载传递到主梁上；主梁作为次梁的不动支点承受次梁传来的荷载，并将荷载传递给主梁的支承——墙或柱。梁板结构中的主梁可以是连续梁，也可以是框架结构中的框架梁。

单向板肋梁楼盖的设计步骤为：

（1）结构平面布置，并初步拟定板厚和主梁、次梁的截面尺寸；

（2）荷载计算；

（3）确定梁、板的计算简图；

（4）梁、板的内力计算；

（5）截面设计及构造处理；

（6）绘制结构施工图。

一、结构平面布置及梁板基本尺寸确定

单向板肋梁楼盖中，次梁的间距决定了板的跨度，主梁的间距决定了次梁的跨度，柱距则决定了主梁的跨度。进行结构平面布置时，应综合考虑建筑功能、造价及工程条件等，合

理确定梁的平面布置。对于平面尺寸不大的楼盖，可不设柱子，当需设柱时，柱网一般应布置成矩形或正方形，梁、板一般均应布置成等跨或接近等跨。根据工程实践，单向板的经济跨度为1.7～2.5m，一般不宜超过3.0m，荷载较大时宜取较小值；次梁的经济跨度为4～6m；主梁的经济跨度为5～8m。

当次梁沿房屋纵向布置、主梁沿横向布置时，主梁和柱可形成横向框架，框架可获得较大的侧向刚度，有利于抵抗水平荷载。各榀横向框架间由纵向框架梁和次梁联系，故房屋的整体性较好。此外，由于主梁布置在横向方向，外纵墙上的窗户可以采用较大的高度，对室内采光有利。当横向框架柱距大于纵向柱距较多时，也可以沿纵向布置主梁，这样可减小主梁的截面高度，以获得较大的室内净高。

考虑梁格布置时，应避免将梁直接搁置于门窗洞口上，特别是主梁，应置于窗间墙或柱上。工业建筑的楼面上往往有机器设备或悬吊装置，民用建筑的楼面上可能布置有隔墙等，此时应在楼盖的相应位置设梁，以避免由板直接承受较大的集中荷载或较大的线荷载。如遇楼板上开有较大尺寸的洞口，可考虑沿洞口周围布置小梁。

二、荷载

楼盖上的荷载有恒荷载和活荷载两类。恒荷载包括自重、构造层重、固定设备重等。活荷载包括人群、堆料和临时性设备等。

恒荷载的标准值由结构构件或构造层的尺寸和材料的容重来确定。民用建筑楼屋面上的均布活荷载标准值可以从《建筑结构荷载规范》（GB 50009—2006）（以下简称《荷载规范》）的表4.1.1、表4.3.1、表4.4.1-1、表4.4.1-2中，根据房屋类别查得。例如，住宅楼面均布活荷载标准值为2.0kN/m^2，教室为2.0kN/m^2，一般书库为5.0kN/m^{2}等。工业建筑楼面活荷载，在生产、使用或检修、安装时，由设备、管道、运输工具等产生的局部荷载，均应按实际情况考虑，可采用等效均布活荷载代替。《荷载规范》附录C中列出了部分车间的楼面等效均布活荷载标准值，可直接查用。

对于民用建筑，《荷载规范》所给出的楼面活荷载标准值并不表示这一活荷载同时满布在整个楼面上，当楼面梁的从属面积增加时（从属面积是指向梁两侧各延伸1/2梁间距的范围内的实际楼面面积），则活荷载满布程度将减小。因此，在设计楼面梁、墙、柱及基础时，应按《荷载规范》4.1.2的要求将规范表4.1.1中的楼面活荷载标准值乘以相应的折减系数。

当按《荷载规范》中附录B确定工业建筑楼面活荷载时，因表中已对板、次梁和主梁分别列出等效均布活荷载的标准值，故不应再考虑以上折减系数。

图2-6为承受均布荷载的单向板肋梁楼盖，板可取1m宽度板带作为计算单元。由图2-6可知，板和次梁承受均布荷载，而主梁则承受由次梁传来的集中荷载，图中阴影部分分别为梁、板的受荷范围。

三、钢筋混凝土连续梁、板按弹性理论的分析方法

钢筋混凝土连续梁、板按弹性方法的内力计算有以下两种：①按弹性方法计算；②按考虑内力重分布方法计算。按弹性方法计算时，梁、板的内力可按《结构力学》中的方法进行。

（一）计算简图

对整体式肋梁楼盖的板、次梁和主梁进行内力分析时，必须首先确定结构的计算简图。连续梁、板的计算简图的确定，主要应解决支承条件的简化、计算跨数和计算跨度的确定这三个问题。

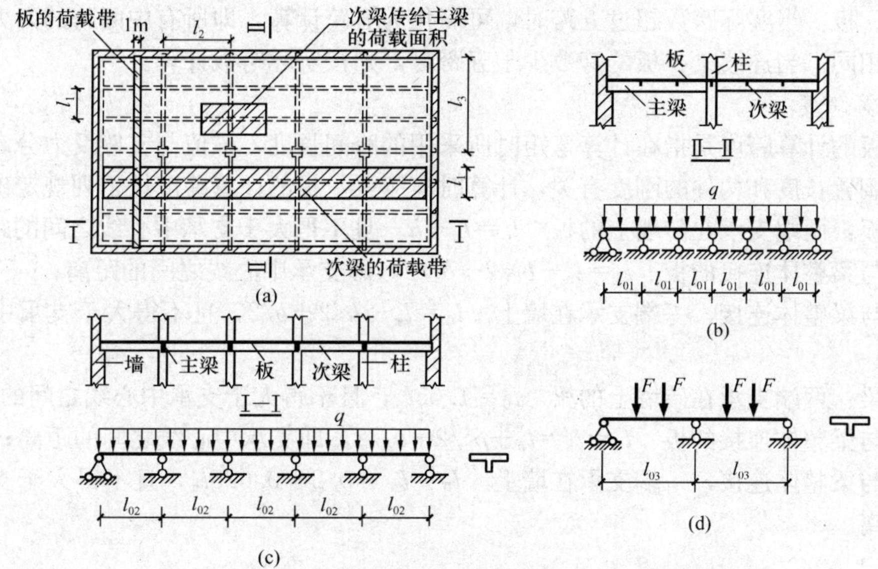

图 2-6　单向板肋梁楼盖梁、板的计算单元和计算简图

（a）单向板肋梁楼盖结构布置图；（b）板计算简图；（c）次梁计算简图；（d）主梁计算简图

1. 支承条件

对于板和次梁，不论其支承在砌体墙柱上还是钢筋混凝土梁上，均可简化成集中于一点的支承链杆，即次梁或板在支承处能自由转动，且忽略支承构件的竖向变形，即认为支座无沉降。

主梁可支承于砖柱上，也可与钢筋混凝土柱整体现浇或装配在一起。对于前者，可视为铰支承，对于后者，应根据梁和柱的线刚度比值而定，一般情况当梁柱线刚度比 $i_b/i_c \geqslant 5$ 时，可将主梁视为铰支于钢筋混凝土柱上的连续梁，否则应按框架横梁计算。

上述将支座看成铰支承所引起的误差，可以通过适当调整板和次梁的荷载设计值以及梁的支座截面弯矩设计值和剪力设计值的方法来弥补，详细介绍见下述。

2. 计算跨数

对连续梁、板的某一跨来说，与其距离两跨以上的其余跨上的荷载，对该跨内力的影响已很小，如图 2-7 所示第 4 跨上的荷载对第 1 跨内力的影响很小。所以对于等刚度、等跨度

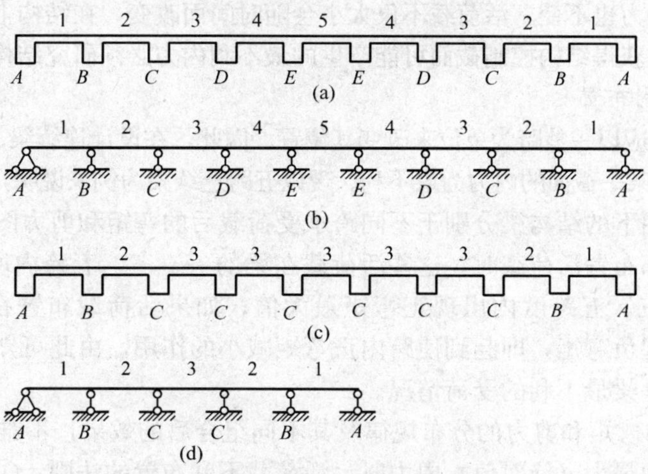

图 2-7　多跨连续梁、板的计算跨数

的连续梁、板，当实际跨数超过五跨时，可简化为五跨计算，即所有中间跨的内力和配筋均与第三跨相同。当连续梁、板的跨数少于五跨时，则按实际跨数计算。

3. 计算跨度

梁、板的计算跨度是指在计算弯矩时所采用的跨间长度，该值与支座反力分布有关，也与构件的搁置长度和构件的刚度有关，计算时连续梁、板的计算跨度按下列规定确定。

（1）板：两端支承在砖墙上的板 $l_0=l_n+h$，且不得大于支承中心线之间的距离；

两端与梁整体连接的板 $l_0=l_n+b_1/2+b_2/2$，即支承中心线之间的距离；

一端与梁整体连接，一端支承在墙上 $l_0=l_n+h/2+b/2$，且不得大于支承中心线之间的距离。

（2）梁：两端支承在砖墙上的梁 $l_0=1.05l_n$，且不得大于支承中心线之间的距离；

两端与梁整体连接的板 $l_0=l_c=l_n+b_1/2+b_2/2$，即支承中心线之间的距离；

一端与梁整体连接，一端支承在墙上 $l_0=l_n+b/2+0.025l_n$，且不得大于支承中心线之间的距离。

以上各式中

l_c——支座中心线间的距离；

l_0——梁、板的计算跨度；

l_n——梁、板的净跨度；

h——板的厚度；

b、b_1、b_2——梁、板的支座宽度。

在混凝土工程结构设计中，通常取支座中心线间的距离作为计算跨度。当结构支座宽度较小时，此种取值方法对结构分析产生的误差一般在允许的误差范围内。

（二）活荷载不利布置和内力包络图

结构在荷载作用下各截面内力不同，结构有无数个截面，哪些截面对结构的设计起控制作用，这是结构设计时首先要确定的。控制截面的确定取决于截面的内力和抗力的比值M/M_u（M为截面的广义内力，M_u为截面的广义抗力），截面的M/M_u比值大者，即为结构的控制截面。由多跨连续梁、板结构分析和设计可知：梁、板的各支座截面和跨中截面为其控制截面。

梁、板的内力是由恒荷载和活荷载共同作用下产生的。恒荷载的作用位置和荷载值不变，在结构中产生的内力也不变。活荷载不仅大小会随时间而改变，在结构上出现的位置也可以发生变化，因此，要获得结构控制截面可能产生的最不利内力必须研究结构的最不利荷载布置。

1. 活荷载不利布置

活荷载的布置应以一整跨为单位来改变其位置，因此，在设计连续梁、板时，应考虑活荷载如何布置将使梁内某一截面的内力为最不利。现以五跨连续梁为例来说明，如图 2-8 所示。

根据荷载作用下的结构梁分别于不同跨承受荷载后的弯矩和剪力图可以看出，当连续梁的一、三、五跨都布置活荷载时，这些活荷载在梁的一、三、五跨内所引起的都是正弯矩，从而使梁在一、三、五跨度内出现正弯矩最大值；如果活荷载布置在二、四跨，会在一、三、五跨度内引起负弯矩，即起到使跨内正弯矩减小的作用，由此可知，活荷载在连续梁各跨满布时，并不是梁最不利的受荷情况。

分析图 2-8 的弯矩和剪力的分布规律及其不同组合后的效果，不难得出确定梁、板的跨内截面及支座截面最大（绝对值）内力时，活荷载不利布置的法则：①求某跨跨内最大正弯矩时，应在该跨布置活荷载，然后向其左右，每隔一跨布置活荷载；②求某跨跨内最大负弯矩时（即最小弯矩），该跨不应布置活荷载，而在两相邻跨布置活荷载，然后每隔一跨布置；③求某支座最大负弯矩时，应在该支座左右两跨布置活荷载，然后每隔一跨布置；④求某支座截面最大剪力，其活荷载布置与求该支座最大负弯矩时的布置相同。例如，对上述五跨连续梁，当求一、三、五跨跨内最大正弯矩时，应将活荷载布置在一、三、五跨，而求其跨中最小弯矩，则应将活荷载布置在二、四跨；求 B 支座最大负弯矩时，应将活荷载布置在一、二、四跨。恒荷载应按实际情况布置。

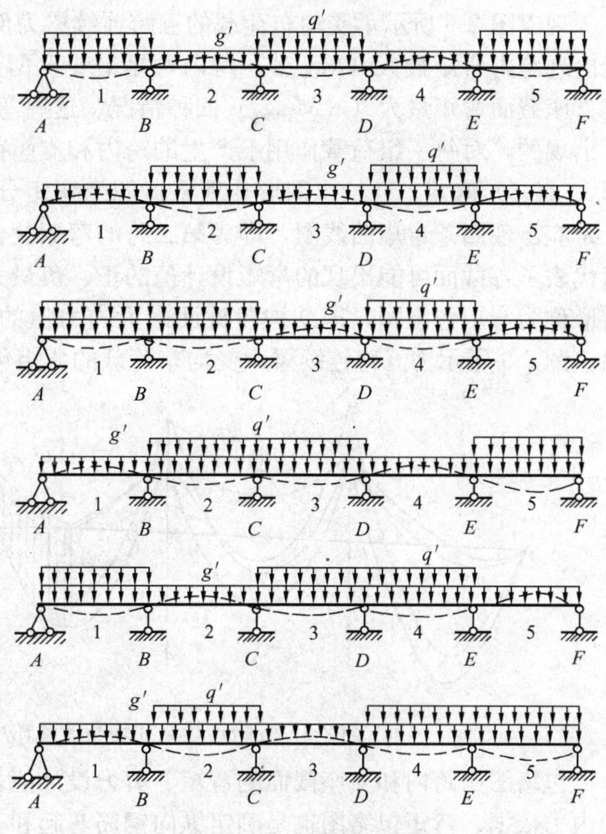

图 2-8　活荷载不利布置

考虑活荷载不利布置的目的是为了求出各截面可能出现的最不利内力值（包括 $\pm M$ 及 $\pm V$），以便按此最不利内力值进行梁、板的截面配筋计算和配筋构造。在确定设计内力时，应将恒荷载及活荷载在各截面所产生的内力，按第一章所述进行荷载效应组合，确定梁各截面可能出现的最不利内力的设计值。当活荷载不利布置明确后，等跨连续梁板的内力可由附录 4 查出相应的弯矩系数和剪力系数，利用下列公式计算跨内或支座截面的最大内力

$$M = k_1 g l^2 + k_2 q l^2 \tag{2-8}$$

$$V = k_3 g l + k_4 q l \tag{2-9}$$

式中　g——单位长度上的均布恒荷载设计值；

q——单位长度上的均布活荷载设计值；

k_1、k_2、k_3、k_4——附录 4 中相应表中的内力系数。

按上述计算公式确定梁板内力时应注意，此时应按折算后的荷载进行内力计算，折算荷载见下面的介绍。

对于跨度相对差值小于 10%的不等跨连续梁、连续板，其内力计算可近似按等跨结构进行。计算支座截面弯矩时，采用相邻两跨计算跨度的平均值；计算跨内截面弯矩时，采用各自跨的计算跨度。

2. 内力包络图

通过上述介绍的结构内力计算可以得到各种荷载（或荷载布置）作用下结构构件的内力分布，为了保证结构构件的安全可靠性，各控制截面的设计应按其可能出现的最不利内力荷载效应组合进行。若结构上有几组不同时作用于结构的荷载时，每一组荷载作用下会在结构中产生一组内力图，即弯矩图和剪力图。将这些内力以同样的比例画在一幅图上，即得内力叠合图。

现以图 2-9 所示承受均布荷载的五跨连续梁为例来说明，研究其中的第二跨。第二跨可能出现跨内弯矩最大（M_{2max}）、跨内弯矩最小（M_{2min}）、左支座截面弯矩最大（$-M_{左max}$）、右支座截面弯矩最大（$-M_{右max}$）四种情况。这些弯矩值都是在各不相同的活荷载不利布置下出现的，对每一组荷载作用下产生的跨内和支座截面弯矩值都可以按结构力学的方法或利用式（2-8）确定，并绘出图形。现将这四个弯矩分布图以同样比例画在同一基线上，则第二跨应出现四条弯矩曲线图，即为第二跨的弯矩叠合图。弯矩叠合图的外包线所对应的弯矩值代表了各截面可能出现的弯矩设计值的正、负最大值，由弯矩叠合图形的外包线所构成的图形称为弯矩包络图，即结构各截面最大内力值的连线。用类似的方法可以绘制剪力包络图。图 2-9 所示为五跨连续梁承受均布荷载的弯矩包络图。

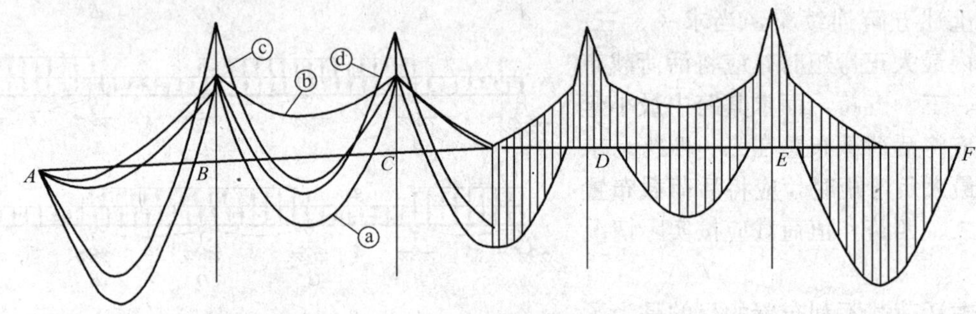

图 2-9　五跨连续梁在均布荷载作用下的叠合图和包络图

包络图中跨内和支座截面的弯矩、剪力设计值，是连续梁相应截面进行受弯承载力计算的内力依据；弯矩包络图也是确定纵向钢筋弯起和截断位置的依据；剪力包络图是确定箍筋直径和间距变化的依据。

对于混凝土梁板结构，为保证结构所有截面均能安全可靠地工作，除必须知道结构所有截面的最大内力值外，还必须知道结构所有截面所具有的承载力值。结构各截面承载力值的连线即为结构的抵抗内力图，亦称材料图，如材料抵抗弯矩图、材料抵抗剪力图。材料图的绘制详见结构设计原理。为保证所有截面均具有足够的承载力，结构的材料抵抗图必须将设计内力包络图包在里面。

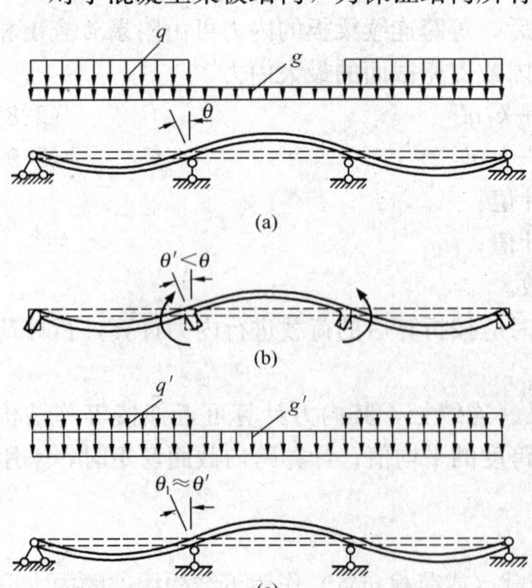

图 2-10　整体式梁板结构的支座转动

（a）简化为铰支座时支座转动情况；（b）实际的支座转动情况；（c）使用折算荷载后支座转动情况

（三）折算荷载和弯矩、剪力的设计值

在计算简图中，通常把与支座整体浇筑的梁、板假定为铰支承，计算跨度取为支承中心线间的距离。这样处理会使计算和实际情况存在一定差异，尤其是考虑活荷载的不利布置时。如图 2-10 所示，单向板在各跨布置的活荷载作用下，支座次梁将发生转动，与板整体浇筑在一起的次梁将产生扭转抵抗而约束板在支座处引起的转动。这样，简化为铰支座与实际情况会存在一定的差异。同样的情况也发生在次梁和主梁以及主梁和柱之间。针对此种情

况，使用折算荷载和调整支座截面弯矩、剪力设计值的方法给予适当的弥补。

1. 折算荷载

对于等跨连续板，板在支承处的转动主要由活荷载的不利布置引起。因此，为了考虑次梁抗扭对连续板内力分布的影响，可采用增大恒荷载并相应的减小活荷载的方式来修正，即按弹性理论计算连续板内力时，采用折算恒荷载 g' 和折算活荷载 q' 进行计算。次梁和主梁同理。

连续板 $g' = g + q/2 \quad q' = q/2$ (2-10)

连续梁 $g' = g + q/4 \quad q' = 3q/4$ (2-11)

式中 g、q——实际作用于结构上的恒荷载、活荷载设计值；

g'、q'——按弹性理论进行结构分析时采用的折算恒荷载、活荷载设计值。

当板或梁搁置在砌体结构上时，荷载不进行调整。

2. 弯矩和剪力的设计值

由于计算跨度取至支承中心，忽略了支座宽度，故所得支座截面负弯矩和剪力值都是在支座中心位置的。板梁柱整浇时，支座中心处截面的高度较大，所以危险截面应在支座边缘，内力设计值应按支座边缘处确定（见图 2-11），即取

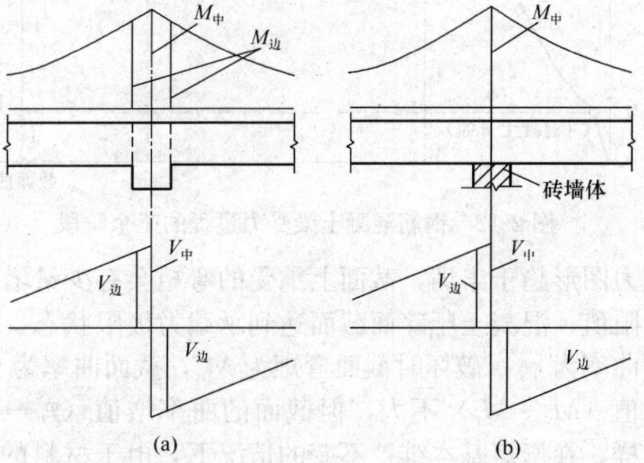

弯矩设计值 $M = M_c - V_c b/2$

剪力设计值：

均布荷载 $V = V_c - (g+q)b/2$

集中荷载 $V = V_c$

式中 M_c、V_c——支承中心的弯矩、剪力设计值；

V_c——按简支梁计算的支座剪力设计值（取绝对值）；

b——支承宽度。

图 2-11 支座边缘处的内力设计值

（a）板梁柱整体现浇；（b）梁搁支在砖墙、柱上

四、连续梁、板按塑性理论的分析方法

钢筋混凝土连续梁、板按弹性理论分析时，存在着两个主要问题：①当计算简图和荷载确定以后，各截面间弯矩、剪力等内力的分布规律始终不变；②只要任何一个截面的内力达到其承载力极限状态，就认为整个结构达到其承载能力极限状态。事实上，在钢筋混凝土连续梁、板加载的全过程中，由于混凝土是一种弹塑性材料，钢筋屈服时也会发生很大的塑性变形，因此钢筋混凝土具有明显的弹塑性性质，各截面间内力的分布规律是变化的，这种情况称为内力重分布。另外，由于是超静定结构，即使连续梁或板中某个截面的受拉钢筋达到屈服进入截面受弯的第Ⅲ阶段，因整个结构不是几何可变体系，仍有一定的承载能力。

这里要注意内力重分布与应力重分布的区别。在结构设计原理中介绍过应力重分布，是指构件截面上各纤维间应力的分布，不论静定钢筋混凝土结构还是超静定钢筋混凝土结构都会产生应力重分布。内力重分布则是针对截面间内力的关系而言的，只有超静定结构才具有内力重分布现象。由于内力重分布。超静定钢筋混凝土结构的实际承载能力往往比按弹性方

法分析的高，故按考虑内力重分布方法设计，可进一步发挥结构的承载力储备，节约材料；同时研究和掌握内力重分布的规律，能更好地确定结构在正常使用阶段的变形和裂缝开展情况，以便更合理地评估结构使用阶段的性能。

（一）钢筋凝凝土结构的塑性铰

结构设计原理曾介绍过，钢筋混凝土受弯构件正截面的应力状态，从开始加载到截面破坏，经历了三个受力阶段，即第Ⅰ阶段——从开始加载到受拉混凝土即将开裂；第Ⅱ阶段——从混凝土开裂到受拉钢筋即将屈服；第Ⅲ阶段——从钢筋屈服到受压区混凝土达到极限压应变。图 2-12 给出了实验得到的截面 $M-\phi$ 曲线，ϕ 为截面的曲率。研究受弯构件在第Ⅲ阶段的受力和变形情况，由于受拉钢筋已屈服，塑性应变增大而钢筋应力维持不变，混凝土受压区高度减小，应力图形趋于丰满，截面上承受的弯矩会有少量增加，最后因受压区边缘纤维的压应变达到极限值，混凝土压碎而截面达到承载力极限状态。设受拉钢筋屈服时的截面弯矩为 M_y，截面曲率为 φ_y；破坏时截面弯矩为 M_u，截面曲率为 ϕ_u。这一阶段的主要特点是：截面弯矩的增值（M_u-M_y）不大，但截面的曲率增值（$\phi_u-\phi_y$）却很大，在 $M-\phi$ 图上接近水平线。这样，在弯矩基本维持不变的情况下，由于材料的塑性变形和混凝土裂缝开展，截面曲率激增，截面发生较大幅度的转动，犹如形成一个“铰”，如图 2-13 所示，称之为塑性铰，也可以

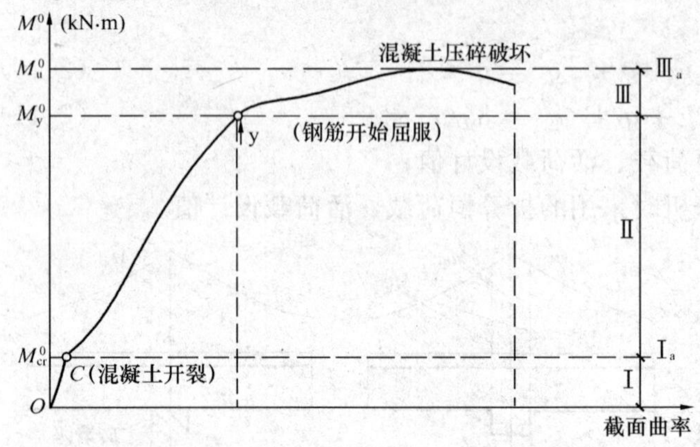

图 2-12 钢筋混凝土梁受力过程的三个阶段

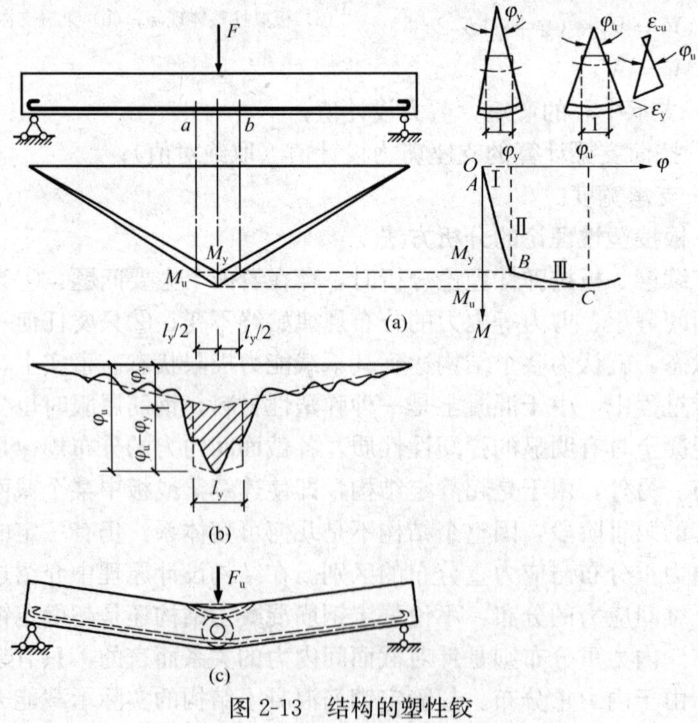

图 2-13 结构的塑性铰

理解为截面受弯“屈服”。

试验表明，上述截面“屈服”并不仅限于受拉钢筋首先屈服的那个截面，实际上钢筋会在一定长度上屈服，受压区混凝土的塑性变形也在一定区域内发展，混凝土和钢筋之间局部可能发生粘结破坏，裂缝也会不断开展。将这一非弹性变形集中产生的区域理想化为集中于某一截面上，即为塑性铰。

将塑性铰与力学中的理想铰相比，两者有以下三点主要区别：①理想铰不能承受任何弯矩，塑性铰则能承受一定的弯矩 M_u；②理想铰在两个方向都可产生无限的转动，而塑性铰却是单向铰，只能沿弯矩 M_u 作用方向作有限的转动，当塑性铰的转动幅度超过塑性极限转动角度时，塑性铰因转动能力耗尽而破坏；③理想铰集中于一点，塑性铰则有一定长度。

（二）钢筋混凝土超静定结构的内力重分布

为了阐明内力重分布的概念，现研究一两跨连续梁从开始加载到破坏的全过程。梁的工作大致可分为三个阶段：

第一阶段：集中力 F_1 很小，混凝土尚未开裂，梁各截面抗弯刚度的比值基本不变，结构接近弹性体系，此时的弯矩分布如图 2-14（b）所示。

第二阶段：随着荷载增大，中间支座（截面 B）受拉区混凝土先开裂，该处截面抗弯刚度降低，但跨内截面 1 尚未开裂，支座与跨内截面抗弯刚度的比值 B_B/B_1 相对于开裂前改变，致使支座截面弯矩 M_B 的增长低于跨内截面弯矩 M。加载继续增加，当跨内截面 1 也出现裂缝时，两截面抗弯刚度的比值接近开裂的情况，M_B 的增长加快。图 2-15 为支座与跨内截面在混凝土开裂前后弯矩 M_1 和 M_B 的变化情况。

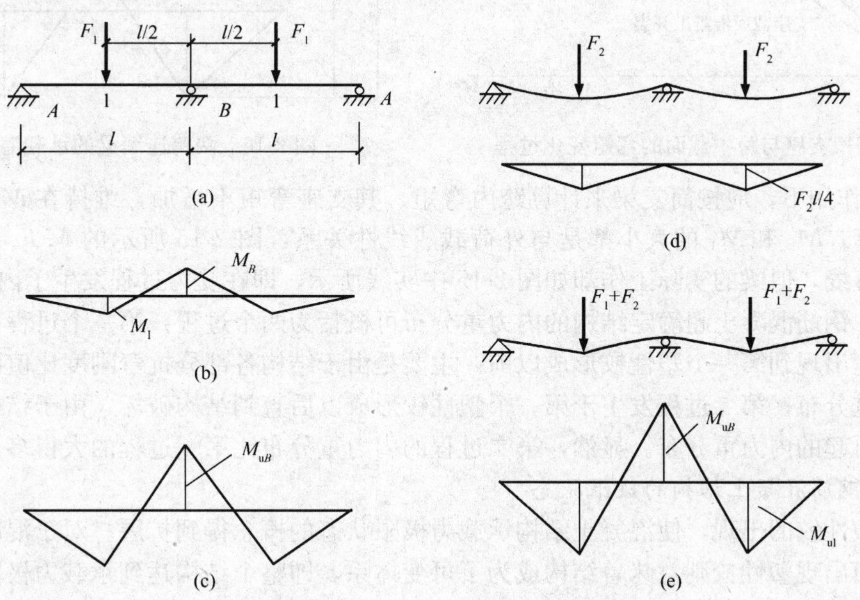

图 2-14 梁中各截面弯矩分布及破坏机构的形成

第三阶段：当荷载增加到支座截面 B 的受拉钢筋屈服，支座出现塑性铰，此时支座截面能承担的弯矩为 M_{uB}，相应的荷载值为 F_1。由于塑性铰的出现，可以认为梁从一次超静定连续梁转变成了两根简支梁，如图 2-14（c）、（d）所示。因跨内截面承载力尚未耗尽，仍可继续增加荷载，整个结构直至跨内截面 1 也出现塑性铰，如图 2-14（e）所示，梁成为几何可变体系而告破坏。设支座出现塑性铰后增加的那部分荷载为F_2，则梁承受的总荷载为$F=F_1+F_2$。

图 2-16 所示为一两跨的等跨连续梁，在跨度中点作用有集中荷载 F。按弹性理论计算，支座弯矩 $M_e=-0.188Fl$，跨中弯矩 $M_1=0.156Fl$。设支座和跨中截面的抗弯承载力均为 30kN/m^2，跨度 $l=6\text{m}$，则支座截面出现塑性铰时，梁所承受的集中荷载 $F_1=26.6\text{kN}$。跨中截面已产生的弯矩 $M_1=0.156Fl=0.156\times26.6\times6=24.9\text{kN}\cdot\text{m}$。此后，相当于两根简支梁继续承受荷载，跨中还能承受的弯矩 $M_2=30-M_1=5.1\text{kN}\cdot\text{m}$。梁上承受的集中荷载可以增加 $F_2=4M_2/l=4\times5.1/6=3.4\text{kN}$。因此，按弹性理论计算时，梁能承受的荷载为 26.6kN；按塑性理论计算时，梁能承受荷载则为 30kN。

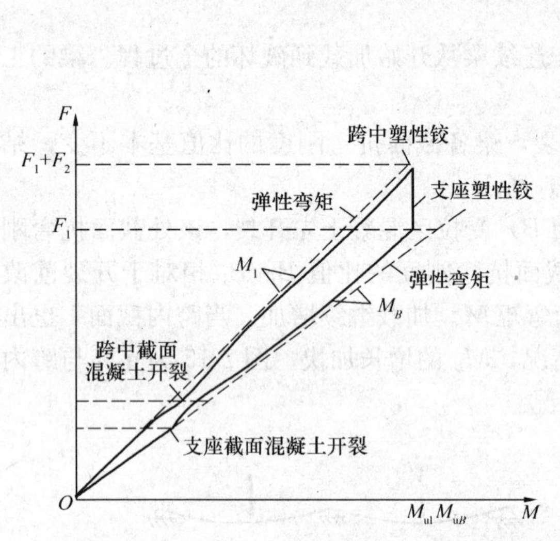

图 2-15 支座与跨中截面的弯矩变化过程

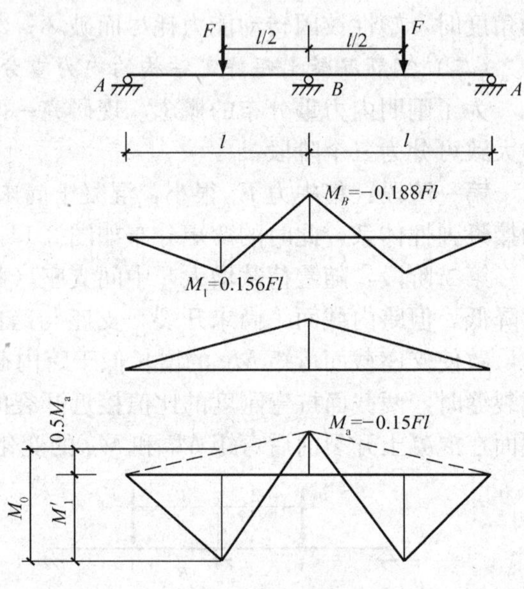

图 2-16 两跨连续梁的承载潜力

在 F_2 作用下，应按简支梁来计算跨内弯矩，其支座弯矩不增加，维持在 M_{uB}。若按弹性方法计算，M_B 和 M_1 的大小都是与外荷载成线性关系，图 2-15 所示的 M-F 关系曲线应为两条虚直线，但梁的实际工作却如图 2-15 中实线所示，即在受力过程发生了内力重分布。

综上，钢筋混凝土超静定结构的内力重分布可概括为两个过程：第一个过程发生在受拉混凝土裂缝出现到第一个塑性铰形成以前，主要是由于结构各部分抗弯刚度比值的改变而引起的内力重分布；第二过程发生于第一个塑性铰形成以后直到结构破坏，由于结构计算简图的改变而引起的内力重分布。显然，第二过程的内力重分布比第一过程的大得多。

（三）钢筋混凝土结构的极限状态

结构塑性铰的出现，使混凝土结构承载力极限状态的概念得到扩展。对于混凝土静定结构，某截面出现塑性铰则意味着结构成为了可变体系，即整个结构达到承载力极限状态。但对于超静定结构，只有当结构出现足够数量的塑性铰使结构或结构的某一部分成为可变体系时，结构才达到承载力极限状态。因此，塑性理论分析方法将极限状态的概念从弹性理论的某一截面的承载力极限状态扩展到整个结构的承载力极限状态，有利于挖掘结构的承载潜力，使结构设计更加经济、合理。

按照弹性方法计算，上例中连续梁所能承受的极限荷载为 F_1，但考虑内力重分布时，结构的极限荷载增大为 $F=F_1+F_2$。这表明钢筋混凝土超静定结构从出现第一个塑性铰到破坏机构形成，其间还有相当的承载潜力可以利用。

此外，按塑性理论进行设计，可降低支座截面弯矩的设计值，避免支座截面配筋过于拥挤，改善施工条件。

（四）影响内力重分布的因素

若超静定结构中各塑性铰均具有足够的转动能力，保证结构加载后能按照预期的顺序先后形成足够数目的塑性铰，以致最后形成可变体系而破坏，这种情况称为充分的内力重分布。但是，塑性铰的转动能力受到材料极限应变值的限制，如果完成充分的内力重分布过程所需要的转角超过了塑性铰的转动能力，则在尚未形成预期的破坏机构以前，早出现的塑性铰已经因为受压混凝土达到极限压应变而“过早”被压碎，这种情况属于不充分的内力重分布。例如，上述连续梁，若支座截面 B 的塑性铰缺乏足够的转动能力，混凝土“过早”压碎致使结构破坏，这时跨内截面 1 的承载能力尚未被完全利用，这就是不充分的内力重分布；又如，多跨连续梁中，在使连续梁整体形成机动体系的最后一个塑性铰形成以前，如果某一跨的左、右支座截面和跨内截面都出现了塑性铰，于是该跨已成为机动体系，造成结构局部达到承载力极限状态，这也属于不充分的内力重分布。因此，要实现充分的内力重分布，除了塑性铰要有足够的转动能力外，还要求塑性铰出现的先后顺序不会导致结构的局部破坏。

塑性铰的转动能力和内力重分布：塑性铰的转动能力主要取决于纵筋的配筋率、钢材品种和混凝土的极限压应变值。

试验研究表明，塑性铰的转动能力，随配筋的提高而降低，或者说随着截面相对受压区高度 ξ 的增大而降低。钢材品种也影响截面的延性，普通热轧钢筋均为软钢，具有明显的屈服台阶，对于实现塑性铰的充分转动是有利的。

由于混凝土梁斜截面的剪切均为脆性破坏，要想实现预期的内力重分布，其前提条件是在结构破坏机构形成前，不能发生因为斜截面承载能力不足而引起的破坏。国内外的研究表明，支座出现塑性铰后，连续梁的受剪承载能力比塑性铰出现前低。因此，为了保证连续梁内力重分布能充分发展，结构构件必须具有承受足够的受剪承载能力。

在考虑内力重分布时，应对塑性铰的允许转动量予以控制，即控制内力重分布的幅度。如果塑性铰转动幅度过大，塑性铰附近截面的裂缝开展过宽，结构的挠度过大，可能超出正常使用极限状态对裂缝宽度和变形的要求。

（五）用弯矩调幅法设计连续梁、板

在实际工程设计中考虑连续梁、板内力重分布的方法有极限平衡法、塑性铰法、弯矩调幅法以及非线性全过程分析法等，其中，弯矩调幅法概念清晰、使用方便，因此一直为许多国家的规范所采用。

通过了长期的工程实践和大量的研究，我国于 1993 年制订了《钢筋混凝土连续梁和框架考虑内力重分布设计规程》（CECS 51：93），以下简称为《设计规程》，下面介绍该规程所建议的弯矩调幅法。

1. 弯矩调幅法的概念和计算的基本规定

弯矩调幅法简称调幅法，它是在弹性弯矩的基础上，根据需要适当调整某些截面的弯矩值。通常是对那些弯矩绝对值较大的截面弯矩进行调整，然后，按调整后的内力进行截面设计和配筋构造。

弯矩调幅系数可用下式表示

$$\delta=(M_e-M_a)/M_e \tag{2-12}$$

式中 δ——弯矩调幅系数；

M_e——按弹性方法计算得的弯矩；

M_a——调幅后的弯矩。

在上例中，按弹性方法计算，支座弯矩 $M_e=-0.188Fl$，跨中弯矩 $M_1=0.156Fl$，现将支座弯矩调整为 $M_a=-0.15Fl$，则支座弯矩调整系数 $\delta=(0.188-0.15)/0.188=0.202$，即调幅系数为 20.2%。支座下调的弯矩值 $\Delta M=(0.188-0.15)Fl=0.038Fl$，这相当于在原来弹性弯矩图形上叠加上一个高度为 $\Delta M_B=0.038Fl$ 的倒三角形，如图 2-16 所示。此时跨度中点的弯矩变成

$$M'_1=M_1+\frac{1}{2}\Delta M_B=0.156Fl+\frac{1}{2}\times0.038Fl=0.175Fl$$

设 M_0 为按简支梁确定的跨度中点弯矩，由 $M'_1+\frac{1}{2}\Delta M_a=M_0$ 可变换成

$$M'_1=M_0-\frac{1}{2}\Delta M_a=\frac{1}{4}Fl-\frac{1}{2}\times0.15Fl=0.175Fl$$

可见，两者的计算结果完全相同。由此可知，调整支座弯矩后，相应的（指同一荷载组合下）跨内弯矩要有相应的变动。因此，用弯矩调幅法确定调幅后相应的跨内弯矩 M 时，应满足静力平衡条件，即连续梁任一跨调幅后的两端支座弯矩 M_A 和 M_B（绝对值）的平均值，加上调整后的跨度中点的弯矩 M'_1之和，应不小于该跨按简支梁计算的跨度中点弯矩 M_0。《设计规程》要求满足下列关系

$$M=1.02M_0-(M_A+M_B)/2 \tag{2-13}$$

综合考虑影响内力重分布的几个主要因素后，按弯矩调幅法进行结构承载能力极限状态计算时，应遵循下述规定：

（1）钢材宜采用 HPB235、HRB335、HRB400、RRB400 级热轧钢筋，宜采用强度等级为 C20～C45 的混凝土。

（2）截面的弯矩调幅系数 δ 不宜超过 25%。

（3）调幅截面的相对受压区高度 ξ 不应超过 0.35，也不宜小于 0.1；如果截面配有受压钢筋，计算 ξ 时可以考虑受压钢筋的作用。当采用冷拉钢筋时，ξ 不宜大于 0.3。弯矩调幅系数 β 不宜超过 25%。

（4）连续梁、单向连续板各跨两个支座弯矩的平均值加跨度中点弯矩不得小于该跨简支梁跨中弯矩的 1.02 倍，且各控制截面的弯矩不宜小于简支梁跨中弯矩的 1/3。

（5）考虑内力重分布后，结构构件必须有足够的抗剪能力。因此，应将按《混凝土结构设计规范》（GB 50010—2002）中斜截面受剪承载力计算所需的箍筋数量，增大 20%，增大的范围为：对集中荷载，取支座边至最近一个集中荷载之间的区段；对均布荷载，取至距支座边为 $1.05h_0$ 的区段，此处 h_0 为梁的有效高度。

（6）此外，为了减少构件发生斜拉破坏的可能性，当 $V>0.7f_tbh_0$ 时，配置受剪箍筋的下限值尚应满足下式要求

$$\rho_{sv}=A_{sv}/bs>0.03f_c/f_{yv} \tag{2-14}$$

并且应注意，经过弯矩调幅以后，结构在正常使用阶段不应出现塑性铰，同时，构件在正常使用极限状态的变形和裂缝宽度应符合现行国家标准的相关规定。

2. 用弯矩调幅法计算等跨连续梁、板

考虑上述弯矩调幅法的基本规定，并照顾到设计方便，对均布荷载或承受间距相同、大小相等的集中荷载的多跨连续梁，其内力可按下列公式计算：

等跨连续梁各跨跨内及支座截面的弯矩设计值

承受均布荷载时

$$M=\alpha(g+q)l_0^2 \tag{2-15}$$

承受间距相同、大小相等的集中荷载时

$$M=\eta\alpha(G+Q)l_0 \tag{2-16}$$

式中 g——沿梁单位长度上的永久荷载设计值；

q——沿梁单位长度上的可变荷载设计值；

G——一个集中永久荷载设计值；

Q——一个集中可变荷载设计值；

α——连续梁考虑塑性内力重分布的弯矩系数，按表 2-1 确定；

η——集中荷载修正系数，依据一跨内集中荷载的不同情况按表 2-2 确定；

l_0——计算跨度，按下述规定确定。.

当两端与梁或柱整体连接时，取 $l_0=l_n$，l_n 为净跨；当两端搁支在墙上时，取 $l_0=1.05l_n$，并不得大于支座中心线间的距离；当一端与梁或柱整体连接，另一端搁置在墙上时，取 $l_0=1.025l_n$，并不得大于净跨加墙支承宽度的 1/2。

表 2-1 连续梁考虑塑性内力重分布的弯矩系数 α

端支座支承情况	截面					
	端支座	边跨跨中	离端第二支座	离端第二跨跨中	中间支座	中间跨跨中
	A	Ⅰ	B	Ⅱ	C	Ⅲ
搁置在墙上	0	$\frac{1}{11}$	$-\frac{1}{10}$（用于两跨连续梁） $-\frac{1}{11}$（用于多跨连续梁）	$\frac{1}{16}$	$-\frac{1}{14}$	$\frac{1}{16}$
与梁整体连接	$-\frac{1}{24}$	$\frac{1}{14}$				
与柱整体连接	$-\frac{1}{16}$	$\frac{1}{14}$				

表 2-2 集中荷载修正系数 η

荷载情况	截面					
	A	Ⅰ	B	Ⅱ	C	Ⅲ
当在跨中中点处作用一个集中荷载时	1.5	2.2	1.5	2.7	1.6	2.7
当在跨中三分点处作用两个集中荷载时	2.7	3.0	2.7	3.0	2.9	3.0
当在跨中四分点处作用三个集中荷载时	3.8	4.1	3.8	4.5	4.0	4.8

等跨连续梁剪力设计值

承受均布荷载时

$$V=\beta(g+q)l_n \tag{2-17}$$

承受间距相同、大小相等的集中荷载时

$$V=n\beta(G+Q) \tag{2-18}$$

式中 l_n——净跨，各跨取各自的净跨；

n——一跨内集中荷载的个数；

β——梁的剪力系数，按表 2-3 确定。

表 2-3 连续梁考虑塑性内力重分布的剪力系数 β

荷载情况	端支座支承情况	截面				
		A 支座内侧	B 支座外侧	B 支座内侧	C 支座外侧	C 支座内侧
		A_{in}	B_{ex}	B_{in}	C_{ex}	C_{in}
均布荷载	搁置在墙上	0.45	0.60	0.55	0.55	0.55
	梁与梁或梁与柱整体连接	0.50	0.55			
集中荷载	搁置在墙上	0.42	0.65	0.60	0.55	0.55
	梁与梁或梁与柱整体连接	0.50	0.60			

承受均布荷载的等跨连续单向板，各跨跨中及支座截面的弯矩设计值

$$M=\alpha(g+q)l_0^2 \tag{2-19}$$

式中 g，q——沿板单位长度上的永久荷载设计值、可变荷载设计值；

α——弯矩系数，按表 2-4 确定；

l_0——计算跨度，按下列规定确定。

当两端与梁整体连接时，取净跨；当两端搁支在墙上时，取净跨加板厚，并不得大于支座中心线间的距离；当一端与梁整体连接，另一端搁支在墙上时，去净跨加 1/2 板厚，并不得大于净跨加墙支承宽度的 1/2。

表 2-4 连续板考虑塑性内力重分布的弯矩系数 α

端支座支承情况	截面					
	端支座	边跨跨中	离端第二支座	离端第二跨跨中	中间支座	中间跨跨中
	A	Ⅰ	B	Ⅱ	C	Ⅲ
搁置在墙上	0	$\frac{1}{11}$	$-\frac{1}{10}$（用于两跨连续板）	$\frac{1}{16}$	$-\frac{1}{14}$	$\frac{1}{16}$
与梁整体连接	$-\frac{1}{16}$	$\frac{1}{14}$	$-\frac{1}{11}$（用于多跨连续板）			

表 2-1、表 2-4 中的弯矩系数，适用于荷载比 g/q 大于 0.3 的等跨连续梁（板）；

表 2-1、表 2-4 中的弯矩系数也适用于跨度相差不大于 10%的不等跨连续梁（板）。此时，计算跨中弯矩时取本跨的跨度值，支座弯矩则按相邻两跨的较大跨度值计算。

现以承受均布荷载的五跨连续梁为例，用弯矩调幅法来阐明表 2-1、表 2-4 中的弯矩系数的确定方法。设次梁的边支座为砖墙。

取 $q/g=3$，可以写成

$$g+q=q/3+q=4/3q \text{ 或 } g+q=g+3g=4g$$

于是 $$q=\frac{3}{4}(g+q),\ g=\frac{1}{4}(g+q)$$

次梁的折算荷载 $$g'=g+1/4q=\frac{1}{4}(g+q)+\frac{3}{16}(g+q)=0.437(g+q)$$

$$q'=\frac{3}{4}q=\frac{3}{4}\times\frac{3}{4}(g+q)=0.563(g+q)$$

按弹性方法，边跨支座 B 弯矩最大时（绝对值），活荷载应布置在一、二、四跨。查附录 4 得

$$M_{B\max}=-0.105g'l^2-0.119q'l^2=-0.1129(g+q)l^2$$

考虑调幅 20%（不超过允许最大调幅值 25%），则

$$M_B=0.8M_{B\max}=-0.09032(g+q)l^2$$

表 2-1 中取 $M_B=-1/11(g+q)l^2=-0.0909(g+q)l^2$，相当于支座调幅值为 19.5%。

支座弯矩调整后，相应的跨中弯矩应满足静力平衡条件来确定。跨内最大弯矩值出现在距端支座 $x=0.409l$ 处，其值为

$$M_1=(g+q)(0.409l)^2-0.5(g+q)(0.409l)^2=0.0836(g+q)l^2$$

按照弹性理论的分析方法，根据活荷载不利布置的基本原则，当活荷载布置的一、三、五跨时，相应的第一跨内最大弯矩值为

$$M_{1\max}=0.078g'l^2+0.1q'l^2=0.0903(g+q)l^2$$

故有 $$M_{1\max}>M_1=0.0836(g+q)l^2$$

即第一跨跨内弯矩最大值仍应按 $M_{1\max}$ 计算，为使用方便，取 $M_{1\max}=1/11(g+q)l^2$。

其余系数可按类拟方法确定。

3. 用弯矩调幅法计算不等跨连续梁、板

对不等跨连续梁或各跨荷载相差较大的等跨连续梁，按考虑内力重分布方法计算时，可按下列步骤进行：

(1) 根据弹性方法分别求出恒载和各种活荷载最不利布置作用下的弯矩图，经组合叠加后形成弹性弯矩包络图，以此作为弯矩调幅的依据。

(2) 在弹性弯矩包络图上，降低连续梁各支座截面的弯矩，其调幅系数 β 不宜超过 0.20。

(3) 在进行正截面受弯承载能力计算时，连续梁各支座截面的弯矩设计值 M 可按下列公式计算：

当连续梁搁支在墙上时

$$M=(1-\beta)M_e$$

当连续梁两端与梁或柱整体连接时

$$M=(1-\beta)M_e-V_cb/3$$

式中 V_c——按简支梁计算的支座剪力设计值；

b——支座宽度。

(4) 调幅后各控制截面的剪力设计值，可按荷载最不利布置，根据调整后的支座弯矩用静力平衡条件计算，也可近似取用考虑荷载最不利布置按弹性方法算得的剪力值。

不等跨连续板的计算步骤可以采用与连续梁相同的步骤。根据工程经验，当判断结构的变形和裂缝宽度均能满足设计要求时，可按下列步骤进行内力重分布计算：

从较大跨度开始，其跨中弯矩值在下列范围内选定

边跨 $$(g+q)l_0^2/11 \geqslant M \geqslant (g+q)l_0^2/14 \tag{2-20}$$

中间跨 $$(g+q)l_0^2/16 \geqslant M \geqslant (g+q)l_0^2/20 \tag{2-21}$$

按照所选定的跨内弯矩值，遵照各跨静力平衡条件，可确定出该较大跨度板的两端支座弯矩值，再以两端的支座弯矩为已知值，利用上述步骤和条件确定邻跨的跨中和另一支座的弯矩设计值。

【例题 2-1】 一等跨等截面的三跨连续梁，计算跨度 $l_0=4.5$m，承受均布恒荷载 $g=8$kN/m；均布活荷载：第一跨 $q_1=24$kN/m，第二、第三跨 $q_2=q_3=18$kN/m。试采用弯矩调幅法确定该梁的内力。

解 梁的计算简图见图 2-17。现对各跨的跨内及支座截面分别考虑活荷载最不利组合，将所得弹性弯矩列于表 2-5，弯矩叠合图见图 2-18。

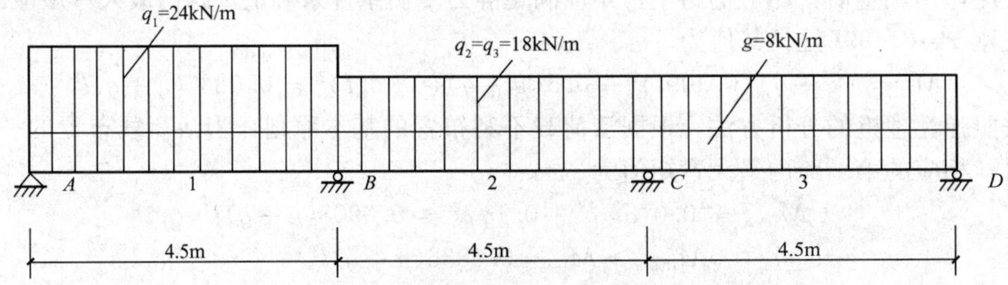

图 2-17 梁的计算简图

表 2-5 各种不利组合下的弹性弯矩值

	最不利荷载组合作用	截面 1	截面 2	截面 3	截面 B	截面 C
①	M_{1max}、M_{3max}、M_{2min}	61.12	−19.16	48.83	−42.56	−36.49
②	M_{2max}、M_{1min}、M_{3min}	6.69	31.38	6.69	−34.43	−34.43
③	$-M_{Bmax}$	50.96	11.53	9.92	−66.99	−42.69
④	$-M_{Cmax}$	5.03	16.39	39.67	−40.62	−58.85

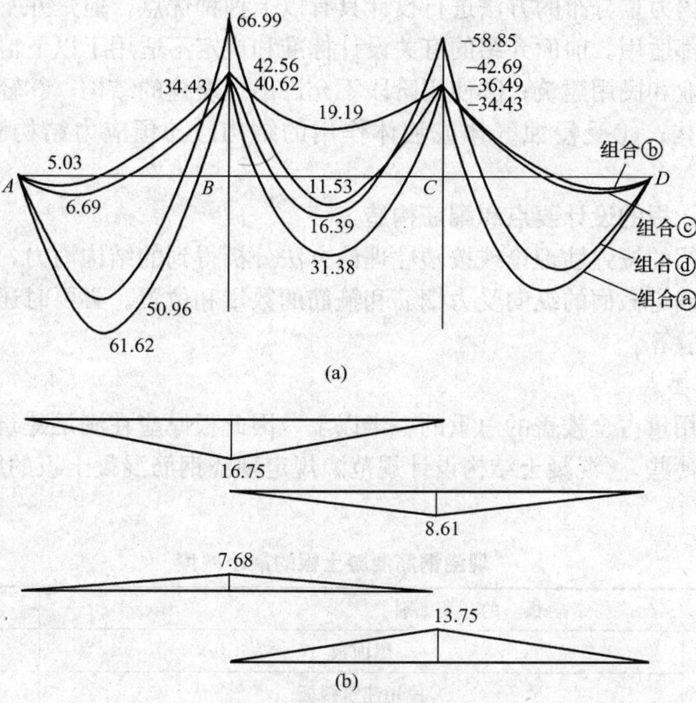

图 2-18　弯矩包络图

由表 2-5 可以看出，梁上各控制截面最大弹性弯矩相对应的荷载组合各不相同，因此调整弯矩时，要尽量使各控制截面的配筋能同时被充分利用，为了方便施工，还应尽量使两支座或两边跨内的配筋相同或相近。

调整支座弯矩：使支座边截面的最大弯矩降低 25%，并使 B、C 两支座截面调幅后的弯矩最大值相等。调幅后的 B 支座弯矩为

$$M_B = -66.99 + 0.25 \times 66.99 = -66.99 + 16.75 = -50.24\text{kN} \cdot \text{m}$$

相应的跨中弯矩　　　　$M_1 = 56.46\ \text{kN} \cdot \text{m}$

调整 $-M_{C\max}$，使调整后 C 支座和 B 支座的弯矩值相同，则须调整的值为

$$\Delta M_C = 58.85 - 50.24 = 8.61\text{kN} \cdot \text{m}$$

即调幅系数　　　　$\delta = \dfrac{8.61}{58.85} = 14.6\% < 25\%$

相应的跨中弯矩　　　　$M_3 = 42.41\text{kN} \cdot \text{m}$

从以上计算结果可以看出，支座弯矩调整后，相应荷载组合作用下的跨中弯矩要增加，但增大后的跨中弯矩仍小于最不利荷载组合作用下的跨中弯矩，即

$$M_1 = 56.46\text{kN} \cdot \text{m} < M_{1\max} = 61.12\text{kN} \cdot \text{m}$$

$$M_3 = 42.41\text{kN} \cdot \text{m} < M_{3\max} = 48.83\text{kN} \cdot \text{m}$$

因此，截面设计时可直接按最不利组合的中间跨的跨内弯矩进行。

虽然按考虑内力重分布的方法进行设计具有以上种种优点，但是并不是对所有的钢筋混凝土超静定结构都适用。前面介绍的有关设计标准和规定不适用于以下情况：①直接承受动力荷载作用的工业和民用建筑；②使用阶段不允许出现裂缝的结构；③轻质混凝土结构和其他特种混凝土结构；④受侵蚀气体或液体作用的结构；⑤预应力结构和二次受力的叠合结构。

五、连续梁、板的设计要点和配筋构造

根据上述介绍的按弹性理论或按塑性理论方法分析得到的结构内力，即可进行结构控制截面的设计，以确定截面的纵向受力钢筋和箍筋的数量和位置。必要时还应进行结构的刚度验算和裂缝控制验算。

1. 板的计算要点

板的混凝土用量占全楼盖的总重的一半以上，因此板厚应在满足建筑功能和方便施工的条件下，尽可能薄些。《混凝土结构设计规范》规定现浇钢筋混凝土板的厚度不应小于表2-6的规定。

表 2-6 现浇钢筋混凝土板的最小厚度

板的类别		最小板厚
单向板	屋面板	60
	民用建筑楼板	60
	工业建筑楼板	70
	行车道下的楼板	80
双向板		80
密肋板	肋间距小于或等于 700mm	40
	肋间距大于 700mm	50
悬臂板	板的悬臂长度小于或等于 500mm	60
	板的悬臂长度大于 500mm	80
无梁楼板		150

单向板的常用纵筋配筋率应控制在 0.3%～0.8%。一般情况下，板的厚度较大而外荷载较小时，对于一般的工业和民用建筑的楼屋盖，仅混凝土就可以承担剪力，可不必进行斜截面受剪承载力的计算。但对于跨高比l_0/h较小，荷载很大的板，如人防顶板、筏板基础中的板等，应进行板的受剪承载力计算。

连续单向板支座截面在负弯矩作用下，上部截面受拉，下部截面受压；板跨中截面在正弯矩作用下，下部截面受拉，上部截面受压。当支座和跨中受拉区混凝土开裂后，受压区混凝土呈现拱的形式，如果“拱”的周边有梁，则能有效约束竖向荷载作用下“拱”的支座水平位移，即能提供一定的水平推力，在板中形成具有一定矢高的内拱，如图 2-19 所示。内拱效应将以轴心压力的形式直接传递一部分竖向荷载，使板以受弯、受剪形式传递的竖向荷载减小，即减小了板在竖向荷载作用下的跨中截面弯矩。因此

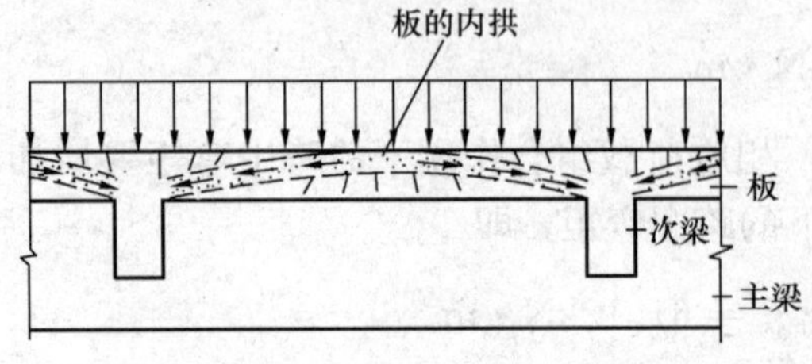

图 2-19 板中的内拱作用

对于那些四周都与梁整体连接的板区格（整浇连续板的内区格即属此种情况），其弯矩设计值可减少 20%。

单向板肋梁楼盖中，当楼盖的四周支承在砌体上时，其内区格板的弯矩设计值（或纵向受力钢筋截面面积）可减少 20%；对于边区格板，它们三边与梁浇筑在一起，角区格仅两边与梁浇筑，弯矩一律不予折减。

2. 板的配筋构造

为了保证混凝土肋梁楼盖安全可靠地工作，除按上述要求进行截面设计外，还要根据结构的内力包络图及材料抵抗图确定钢筋的弯起和截断，以及钢筋伸入支座的锚固长度。

（1）板中受力钢筋。板中受力钢筋一般采用 HPB235 级、HRB335 级钢筋，为了便于施工架立，板面宜采用较大直径钢筋。板中受力钢筋的间距：当板厚 $h<150$mm 时，不宜大于 200mm；当板厚 $h\geqslant150$mm 时，不宜大于 $1.5h$，且不宜大于 250mm。

连续板的配筋方式有两种：弯起式和分离式。当采用弯起式配筋时，首先根据承载力的要求确定跨中截面钢筋的直径和间距，各跨跨中间距应相同，然后由支座两侧各弯起一半的钢筋，最后考虑支座截面承载力的要求，结合跨中配筋情况确定支座截面配筋。弯起角度一般为30°，当 $h>120$mm 时，可以采用弯起角度45°。下部伸入支座的钢筋至少要保持 1/3 跨内受力钢筋的截面面积。

板中正弯矩钢筋宜全部伸入支座，伸入支座的锚固长度不应小于 $5d$，d 为下部纵向钢筋的直径。当连续板内温度、收缩应力较大时，伸入支座的锚固长度宜适当增加。支座承受负弯矩的钢筋向跨内的延伸长度应覆盖负弯矩图并满足钢筋锚固的要求。

对于均布荷载作用下的钢筋混凝土连续板，若板的计算跨度相对差值不超过 20%或板的各跨荷载相差不大时，决定钢筋的弯起和截断时可不做结构内力包络图和材料图，而采用如图 2-20 所示的配筋方案。

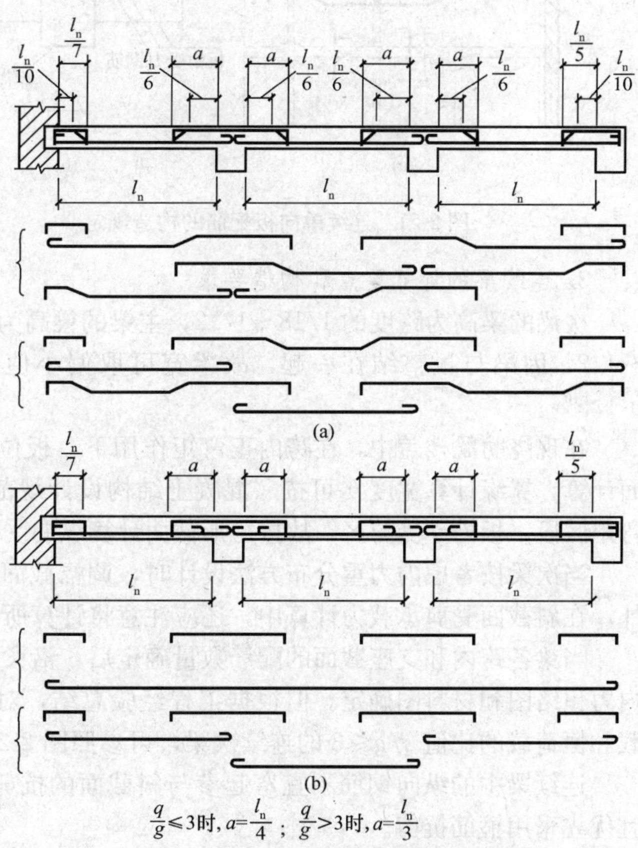

图 2-20 等跨连续单向板的配筋方案

（2）板中构造钢筋。分布钢筋：单向板除沿弯矩方向布置受力钢筋外，尚应在垂直于受力钢筋的方向布置分布钢筋。分布钢筋可以起到以下作用：①浇筑混凝土时固定受力钢筋的位置；②抵抗收缩或温度变化所产生的内力；③承担并分布板上局部荷载引起的内力；④对四边支承的单向板，可承担在长跨板内实际存在的弯矩。

分布钢筋应配置在受力钢筋的内侧，单位长度上分布钢筋的截面面积不宜少于受力钢筋截面面积的15%，且不宜小于该方向板截面面积的0.15%；分布钢筋的间距不宜大于250mm，直径不宜小于6mm；对于集中荷载较大的情况，分布钢筋的截面面积应适当增加，其间距不宜大于200mm。此外，在受力钢筋的每一弯折点内侧也应布置分布钢筋。对于无防寒或隔热措施屋面板和外露结构，分布钢筋可适当加密。

嵌入承重砌体墙内的板面附加钢筋：板在砌体上的支承长度应不小于120mm。板在靠近墙体处由于墙体的嵌固作用而产生负弯矩，因此应在板上部设置承受负弯矩作用的构造钢筋，如图2-21（a）所示。从墙边算起伸入板内的长度不宜小于板短边跨度的1/7；在两边嵌固于墙内的板角部分，应配置双向上部构造钢筋，该钢筋伸入板内的长度从墙边算起不宜小于板短边跨度的1/4。沿板受力方向配置的上部构造钢筋，其截面面积不宜小于单位宽度上受力钢筋截面面积的1/3；沿非受力方向配置的上部构造钢筋，可根据经验适当减少。

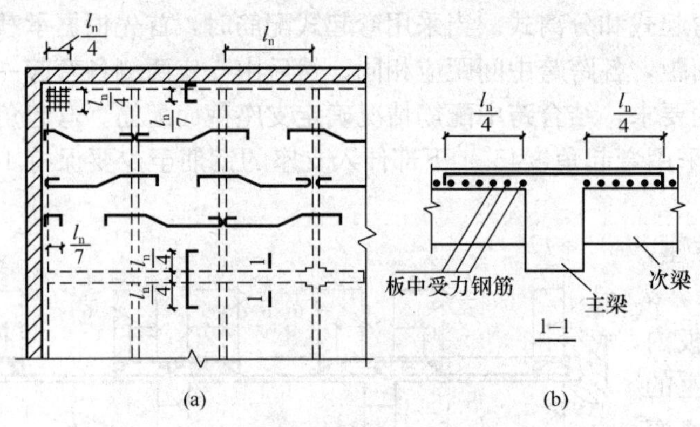

图2-21 连续单向板配筋的构造规定

垂直于主梁的板面构造钢筋：单向板的长跨方向虽然受力很小，但在板和主梁连接处仍存在一定的负弯矩。因此，应在该处板边上部设置垂直于板边的构造钢筋，截面面积不宜小于板跨中受力钢筋截面面积的1/3，该钢筋自梁边伸入板内的长度不宜小于板短跨方向计算跨度的1/4，如图2-21（b）所示。

3. 连续梁的计算要点和构造要求

次梁的梁高为跨度的1/18～1/12，主梁的梁高为跨度的1/15～1/10。梁宽为梁高的1/3～1/2，因梁与板整结在一起，故梁宽可取偏小值，纵向钢筋经济配筋率一般为0.6%～1.5%。

在现浇肋梁楼盖中，在跨内正弯矩作用下，板位于受压区，故梁的跨内截面按T形截面计算，翼缘计算宽度b_f'可按《混凝土结构设计规范》的有关规定确定。在支座附近的负弯矩区段，板处于受拉区，故按矩形截面计算纵向受拉钢筋。

当次梁按考虑内力重分布方法设计时，调幅截面的相对受压区高度应满足$\xi \leqslant 0.35$。此外，在斜截面受剪承载力计算中，还应注意将计算所需的箍筋面积增大20%。

当梁各跨内和支座截面的配筋数量确定后，沿梁长纵向钢筋的弯起和截断，原则上应按内力包络图和材料图确定。但根据工程经验总结，对于相邻跨跨度相差不超过20%，活荷载和恒荷载的比值$q/g \leqslant 3$的连续次梁，可参照图2-22布置钢筋。

连续梁中的纵向钢筋不宜弯起参与斜截面的抗剪工作，《混凝土结构设计规范》规定，宜优先采用箍筋抗剪。

在主梁支座处，主梁和次梁截面上的上部纵筋相互交叉和重叠（见图2-23），致使主梁承受的负弯矩的纵筋的位置下移，梁的有效高度减小。所以计算主梁支座截面的纵筋时，截面的有效高度可取：

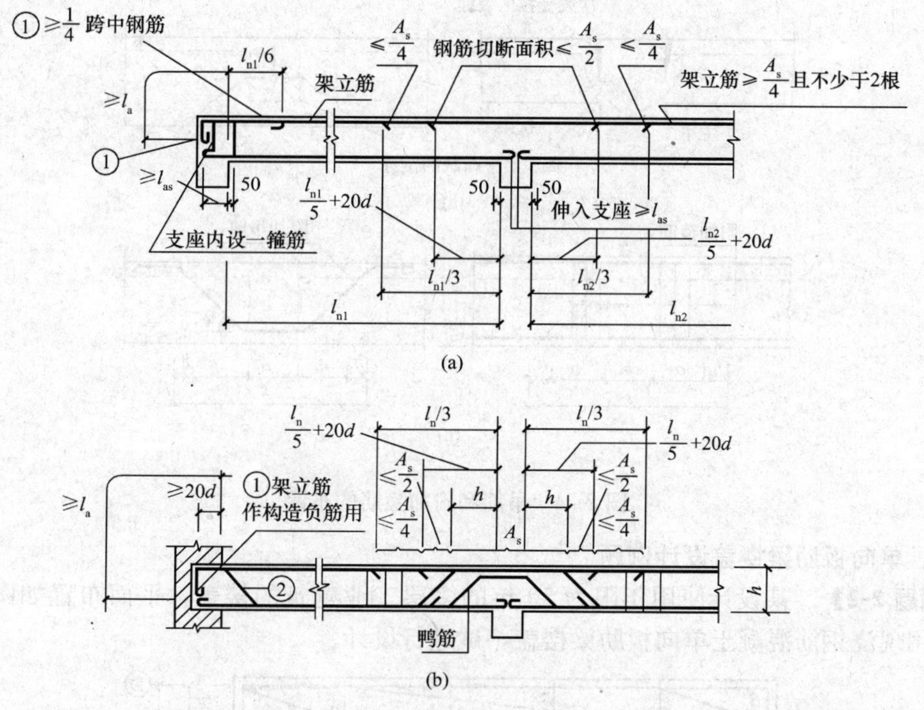

图 2-22　等跨连续次梁配筋构造规定

单排钢筋　$h_0=h-$（50～60）mm

双排钢筋　$h_0=h-$（70～80）mm

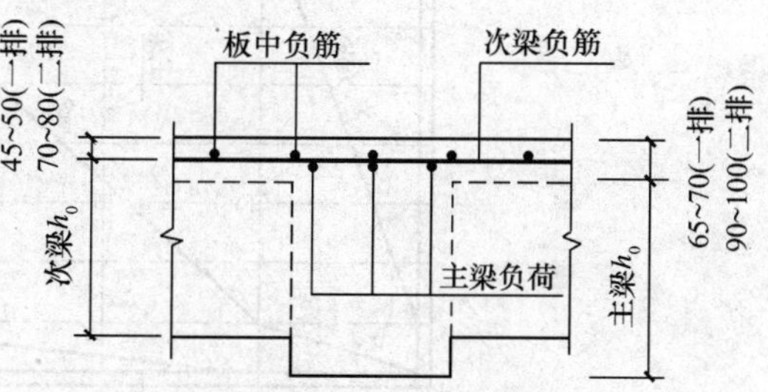

图 2-23　主次梁相交处主梁截面有效高度的取值

在主次梁相交处，次梁在负弯矩作用下截面上部受拉使混凝土出现裂缝，如图 2-24 所示，因此次梁的支座反力以集中荷载的形式自主梁截面高度的中、下部传递给主梁，主梁在次梁传来的集中荷载作用下，其下部混凝土可能产生斜裂缝，进而发生冲切破坏。因此，此处应设置附加横向钢筋（箍筋、吊筋）承担全部集中荷载，附加横向钢筋宜采用箍筋。

箍筋应布置在长度 $s=2h_1+3b$ 的范围内（见图 2-24），以便能充分的发挥横向钢筋作用。当采用吊筋时，其弯起段应伸至梁的上边缘，且末端水平段长度不应小于规范的相关规定。

附加横向钢筋所需的总截面面积按下式计算

$$A_{sv}=\frac{F}{f_{yv}\sin\alpha} \tag{2-22}$$

式中　A_{sv}——承受集中荷载所需的附加横向钢筋总截面面积，采用附加吊筋时，A_{sv}应为左、右弯起段截面面积之和；

F——作用于梁的下部或梁截面高度范围内的集中荷载设计值；

α——附加横向钢筋与梁轴线间的夹角。

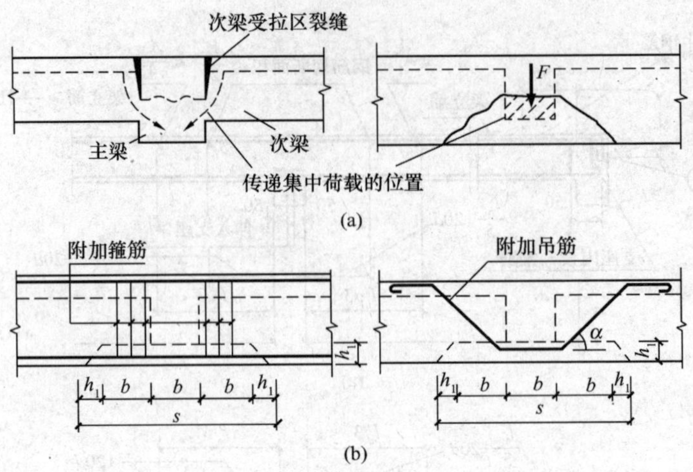

图 2-24 吊筋和附加箍筋的布置

六、单向板肋梁楼盖设计例题

【例题 2-2】 某设计使用年限为 50 年的多层工业建筑的楼盖，平面布置如图 2-25 所示，采用现浇钢筋混凝土单向板肋梁楼盖，试进行设计。

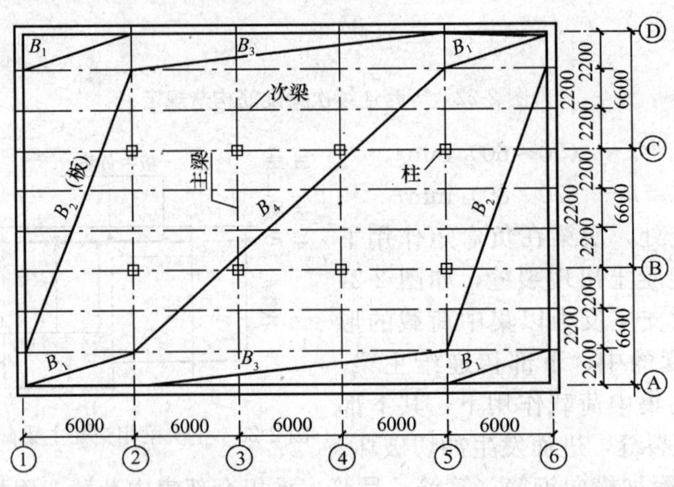

图 2-25 梁板结构平面布置图

解

1. 设计资料

（1）楼面做法：20mm 的水泥砂浆面层，钢筋混凝土板 80mm，20mm 的石灰砂浆天棚抹灰。

（2）楼面活荷载标准值：6.0kN/m^2。

（3）按可变荷载起控制作用的荷载组合，恒载分项系数 1.2；活荷载分项系数取 1.3（因楼面活荷载标准值大于 4kN/m^2）。

（4）材料：混凝土强度等级 C25（f_c=11.9N/mm^2，f_t=1.27N/mm^2，梁内受力纵筋为 HRB335 级（f_y=300N/mm^2），其他钢筋为 HPB235 级（f_y=210N/mm^2）。

2. 构件截面尺寸的确定

根据结构平面布置，主梁的跨度为6.6m，次梁6.0m，主梁每跨跨内布置两根次梁，板的跨度为2.20m。

板厚：$h \geqslant l/40 = 2200/40 = 55$，对工业建筑的楼盖板$h \geqslant 80$mm，取$h = 80$mm。

次梁的梁高$h = l/(18 \sim 12) = 6000/(18 \sim 12) = 333 \sim 500$mm，考虑到活荷载较大，取$h = 500$mm，梁宽$b = 200$mm。

主梁的梁高$h = l/(15 \sim 10) = 6600/(15 \sim 10) = 440 \sim 660$mm，取$h = 600$mm，梁宽$b = 250$mm。

3. 板的计算

考虑内力重分布，设计规范要求单向板的长宽比≥3，本例中$l_2/l_1 = 2.73 < 3$，宜按双向板设计，按单向板设计时，应沿长边方向布置足够数量的构造钢筋。本例按单向板进行设计。

(1) 荷载计算。板的荷载标准值：

20mm 水泥砂浆面层　　$0.02 \times 20 = 0.4\text{kN/m}^2$

80mm 钢筋混凝土板　　$0.08 \times 25 = 2.0\text{kN/m}^2$

20mm 石灰砂浆　　$0.02 \times 17 = 0.34\text{kN/m}^2$

小 计	2.74kN/m^2
活荷载标准值	6.0kN/m^2
恒荷载设计值	$g = 2.74 \times 1.2 = 3.29\text{kN/m}^2$
活荷载设计值	$q = 6.00 \times 1.3 = 7.8\text{kN/m}^2$
荷载总设计值	$g + q = 11.09\text{kN/m}^2$

取：11.1kN/m^2

(2) 计算简图。次梁截面 200×500，板在墙上的支承宽度 120mm，如图 2-26 (a) 所示。

边跨　　$l_n + b/2 = 1980 + 120/2 = 2040\text{mm}$

$l_{01} = 1.025 l_n = 2030\text{mm} < 2040\text{mm}$

中间跨　　$l_{02} = l_n = 2200 - 200 = 2000\text{mm}$

跨度相差小于10%，工程上可以按等跨计算，满足工程设计要求，取1m宽板带作为计算单元，计算简图如图 2-26 所示。

(3) 弯矩设计值。由表 2-4 知，单向板的弯矩系数：边跨跨中 1/11；离端第二支座 −1/11；中间跨跨中 1/16；中间支座 −1/14，因而有如下计算：

$$M_1 = -M_B = (g+q)l_{01}^2/11 = 11.1 \times 2.03^2/11 = 4.16\text{kN} \cdot \text{m}$$

$$M_C = -(g+q)l_{02}^2/14 = -11.1 \times 2.00^2/14 = -3.17\text{kN} \cdot \text{m}$$

$$M_2 = (g+q)l_{02}^2/16 = 11.1 \times 2.00^2/16 = 2.78\text{kN} \cdot \text{m}$$

(4) 正截面受弯承载力计算。板厚 80mm，$h_0 = 80 - 20 = 60$mm。C25 混凝土 $\alpha_1 f_c = 11.9\text{N/mm}^2$，HPB235 钢筋 $f_y = 210\text{N/mm}^2$。板配筋计算见表 2-7。

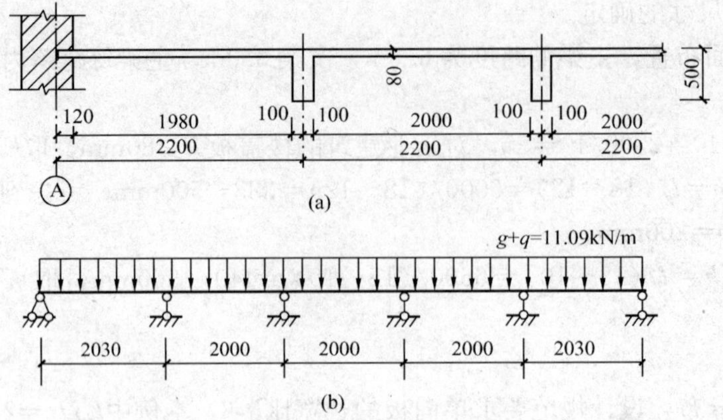

图 2-26 单向板的计算简图

表 2-7 **连续板各截面的配筋计算**

板带部位 截面	边缘板带（①～②，⑤～⑥轴线间）				中间板带（②～⑤轴线间）			
	边跨跨内	离端 第二支座	离端第二 跨跨中 中间跨 跨中	中间支座	边跨跨中	离端 第二支座	离端第二 跨跨中 中间跨 跨中	中间支座
M（kN·m）	4.16	4.16	2.78	−3.17	4.16	4.16	2.224	2.536
$\alpha_s=\frac{M}{\alpha_1 f_c b h_0^2}$	0.097	0.097	0.065	0.074	0.097	0.097	0.052	0.059
ξ	0.102	0.102	0.068	0.077	0.102	0.102	0.054	0.061
$A_s=\xi b h_0 \alpha_1 f_c/f_y$（$mm^2$）	347	347	231	261	347	347	184	207
选配钢筋	ϕ 8/10 @180	ϕ 8/10 @180	ϕ 8@180	ϕ 8@180	ϕ 10@200	ϕ 8/10 @200	ϕ 8@200	ϕ 8@200
实配钢筋面积（mm^2）	358	358	279	279	393	322	251	251

对轴线②～⑤间的板带，因各板区格的四周均与梁整体连接，各跨跨内和中间支座可考虑板的内拱作用，将其弯矩设计值可减少 20%。

4. 次梁的计算

按考虑内力重分布设计，根据本楼盖的实际使用情况，楼盖的次梁和主梁的活荷载一律不考虑梁从属面积的荷载折减。

(1) 荷载设计值。

板传来恒荷载 3.29×2.2＝7.24kN/m

次梁自重 0.2×（0.5−0.08）×25×1.2＝2.52kN/m

次梁粉刷 （0.5−0.08）×0.02×17×1.2×2＝0.34kN/m

恒荷载设计值 g＝10.1kN/m

活荷载设计值（由板传来） $q=7.8\times2.2=17.16\text{kN/m}$

荷载总设计值 $g+q=27.26\text{kN/m}$

（2）计算简图。次梁在砖墙上支承长度为240mm。主梁截面250mm×600mm。按塑性理论计算次梁的内力，取计算跨度为：

边跨 $l_{n1}=6000-120-250/2=5755\text{mm}$

$$l_{01}=l_{n1}+a/2=5755+240/2=5875\text{mm}$$

又 $1.025l_{n1}=1.025\times5755=5899\text{mm}>5875\text{mm}$

应取 $l_{01}=5875\text{mm}$

中间跨 $l_0=l_n=6000-250=5750\text{mm}$

跨度差 $(5875-5750)/5750=2.2\%<10\%$

故可按等跨连续梁计算。次梁的计算简图见图2-27。

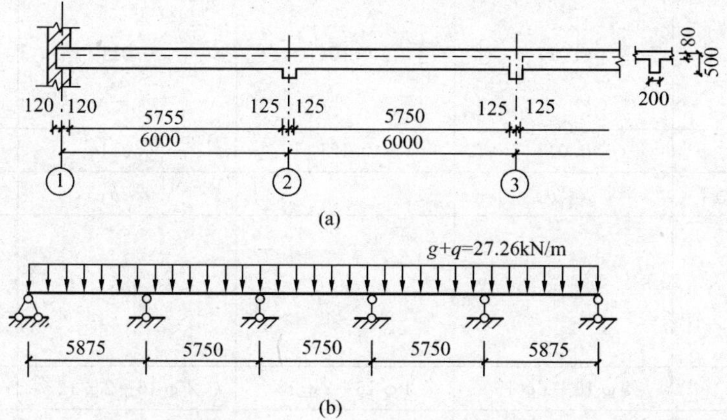

图2-27 次梁的尺寸和计算简图

（3）内力计算。次梁各截面的弯矩及剪力设计值分别见表2-8和表2-9。

表2-8 连续次梁的弯矩计算

截　面	边跨跨中	离端第二支座	离端第二跨跨中、中间跨跨中	中间支座
弯矩计算系数 α	$\frac{1}{11}$	$-\frac{1}{11}$	$\frac{1}{16}$	$-\frac{1}{14}$
$M=\alpha(g+q)l_0^2$	85.54	−85.54	56.33	−64.38

表2-9 连续次梁的剪力计算

截　面	端支座内侧	离端第二支座外侧	离端第二支座内侧	中间支座内、外侧
剪力计算系数 β	0.45	0.6	0.55	0.55
$V=\beta(g+q)l_n$	70.60	94.13	86.21	86.21

（4）各截面承载力计算。进行正截面受弯承载力计算时，考虑板的作用，跨中截面按T形截面计算，翼缘计算宽度取：

边跨 $b'_f=l_0/3=5875/3=1958\text{mm}$

又 $b+s_n=200+2000=2200\text{mm}>1958\text{mm}$，故取 $b'_f=1960\text{mm}$。

离端第二跨、中间跨 $b'_f=l_0/3=5750/3=1917\text{mm}$，故取 $b'_f=1920\text{mm}$。

所有截面纵向受拉钢筋均布置成一排。梁高 $h=500\text{mm}$，$h_0=500-35=465\text{mm}$。翼缘厚 $h'_f=80\text{mm}$。

连续次梁正截面抗弯承载力计算见表 2-10。

表 2-10　连续次梁的正截面抗弯承载力计算

截　　面	边跨跨内	离端第二支座	离端第二跨跨内、中间跨跨内	中间支座
M（kN·m）	85.54	−85.54	56.33	−64.38
$\alpha_s=\dfrac{M}{\alpha_1 f_c b'_f h_0^2}$ $\left(\alpha_s=\dfrac{M}{\alpha_1 f_c b h_0^2}\right)$	0.017	0.166	0.011	0.125
ξ	0.017	0.181	0.011	0.135
判断 T 形截面类型	$x<h'_f$		$x<h'_f$	
$A_s=\xi b'_f h_0 \alpha_1 f_c/f_y$ （$A_s=\xi b h_0 \alpha_1 f_c/f_y$）（mm²）	615	668	390	498
选配钢筋	2Φ16+1Φ18	1Φ16+2Φ18	1Φ16+2Φ12	1Φ16+2Φ14
实配钢筋面积（mm²）	656.5	710	427	509.1
验算最小配筋率 $\rho_{min}=0.2\%$	0.66%	0.71%	0.43%	0.51%

斜截面受剪承载力计算按以下步骤进行：

1）验算截面尺寸。

$$h_w=h_0-h_f=465-80=385\text{mm}$$

$$h_w/b=385/200=1.925<4$$

故 $0.25\beta_c f_c b h_0=0.25\times1\times11.9\times200\times465=276675\text{N}>V_{max}=94.13\text{kN}$

即截面尺寸满足要求。

$$0.7f_t b h_0=0.7\times1.27\times200\times465=82677\text{N}$$

除端支座内侧，其他支座边缘均需按计算配置腹筋。

2）计算所需腹筋。《混凝土结构设计规范》规定，对于截面高度≤800mm 的梁，箍筋直径不宜小于 6mm。采用Φ8 双肢箍筋，计算离端第二支座外侧截面，$V=94.13\text{kN}$。

由
$$V\leqslant0.7f_t b h_0+1.25f_{yv}\frac{A_{sv}}{s}h_0$$

可得到所需箍筋间距

$$s\geqslant\frac{1.25f_{yv}A_{sv}h_0}{V_{bl}-0.7f_t b h_0}=\frac{1.25\times210\times2\times50.3\times465}{94130-0.7\times1.27\times200\times465}=1071\text{mm}$$

如前所述，考虑弯矩调幅确定弯矩设计值时，应在梁塑性铰范围内将计算的箍筋面积增大20%。现调整箍筋间距

$$s = 0.8 \times 1071 = 857\text{mm}$$

根据箍筋最大间距要求，取箍筋间距 s=200mm。

3）验算箍筋下限值。弯矩调幅时要求的配箍率下限值为

$$\rho_{\text{svmin}} = 0.03\frac{f_c}{f_{yv}} = 0.03 \times \frac{11.9}{210} = 0.17\%$$

实际配箍率 $$\rho_{\text{sv}} = \frac{A_{\text{sv}}}{bs} = \frac{2 \times 50.3}{200 \times 200} = 0.25\% > \rho_{\text{svmin}}$$

满足要求。沿梁全长按Φ 8@200 配箍。

5. 主梁的计算

主梁的内力可按弹性理论计算。

（1）荷载设计值。为简化计算，主梁的自重按集中荷载考虑。

次梁传来恒荷载 10.1×6.0=60.6kN

主梁自重 0.25×（0.6−0.08）×2.2×25×1.2=8.58kN

主梁粉刷 （0.6−0.08）×2×2.2×0.34×1.2=0.93kN

恒荷载设计值 G=70.11kN

活荷载设计值 Q=17.16×6.0=103.0kN

（2）计算简图。梁两端支承在砖墙上，支承长度为370mm，中间支承在400mm×400mm的钢筋混凝土柱上（图2-28）。墙、柱作为主梁的铰支座，主梁按连续梁计算。

计算跨度

边跨 $$l_{n1} = 6600 - 120 - 400/2 = 6280\text{mm}$$

$$l_{01} = l_n + b/2 + 0.025l_n = 6280 + 200 + 0.025 \times 6280 = 6637\text{mm}$$

取 $$l_{01} = 6.640\text{m}$$

中间跨 $$l_0 = 6.6\text{m}$$

因跨度相差小于10%，故可利用附录4按等跨连续梁计算内力。主梁的计算简图见图2-28。

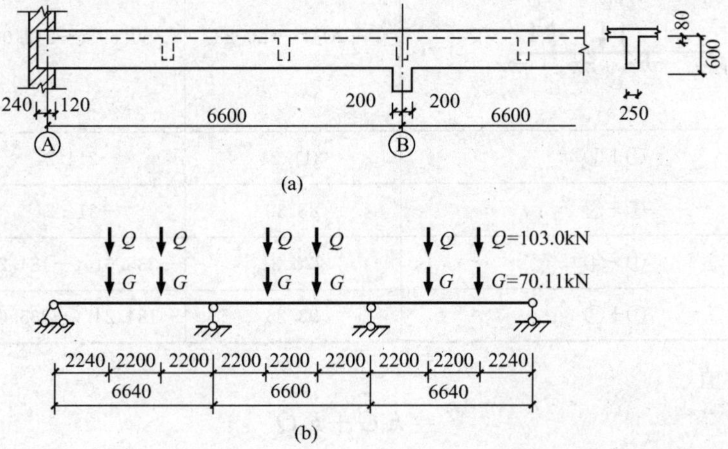

图2-28 主梁的尺寸及计算简图

(3) 弯矩、剪力计算值及内力包络图。

1) 弯矩设计值：弯矩 $M=k_1Gl_0+k_2Ql_0$

式中系数 k_1，k_2 由附表 4 中相应栏内查得。具体计算结果及最不利荷载组合见表 2-11。

表 2-11　主梁的弯矩计算

序号	计算简图	边跨跨内 $\frac{k}{M_1}$	中间支座 $\frac{k}{M_B(M_C)}$	中间跨跨内 $\frac{k}{M_2}$
①	G G G G G G; A 1 B 2 C 3 D	$\frac{0.244}{113.59}$	$\frac{-0.267}{-123.55}$	$\frac{0.067}{31.0}$
②	Q Q Q Q; l_0 l_0 l_0	$\frac{0.289}{197.65}$	$\frac{-0.133}{-90.69}$	$\frac{-0.133}{-90.69}$
③	Q Q	$\frac{1}{3}M_B=-30.23$	$\frac{-0.133}{-90.69}$	$\frac{0.200}{135.96}$
④	Q Q Q Q	$\frac{0.229}{156.62}$	$\frac{-0.311\ (-0.089)}{-212.06\ (-60.69)}$	$\frac{0.170}{115.57}$
⑤	Q Q Q Q	$\frac{1}{3}M_B=-20.23$	−60.69 (−212.06)	115.57
最不利荷载组合	①+②	311.24	−214.24	−59.69
	①+③	83.36	−214.24	166.96
	①+④	270.21	−335.61 (−184.24)	146.57
	①+⑤	93.36	−184.24 (−335.61)	146.57

2) 剪力设计值

$$V=k_3G+k_4Q$$

式中系数 k_3，k_4 由附录 4 中相应栏内查得，具体计算结果及最不利荷载组合见表 2-12。

表 2-12　　主梁的剪力计算

序号	计算简图	端支座	中间支座	
		$\frac{k}{V_{Ain}}$	$\frac{k}{V_{B左}\ (V_{B右})}$	$\frac{k}{V_{C左}\ (V_{C右})}$
①		$\frac{0.733}{51.39}$	$\frac{-1.267\ (1.000)}{-88.83\ (70.11)}$	$\frac{-1.000\ (1.267)}{-70.11\ (88.83)}$
②		$\frac{0.866}{89.20}$	$\frac{-1.134}{-116.80}$ (0)	$0\left(\frac{1.134}{116.80}\right)$
④		$\frac{0.689}{70.79}$	$\frac{-1.311}{-135.03}\left(\frac{1.222}{125.87}\right)$	$\frac{-0.778}{-80.13}\left(\frac{0.089}{9.17}\right)$
⑤		−9.17	−9.17 (80.13)	−125.87 (135.03)
最不利荷载组合	①+②	140.59	−205.63 (70.11)	−70.11 (205.63)
	①+④	122.18	−223.86 (195.98)	−150.24 (98.0)
	①+⑤	42.22	−98.0 (150.24)	−195.98 (223.86)

3）弯矩、剪力包络图。由表 2-11 的荷载组合情况和表内的弯矩值来绘制弯矩叠合图。将以上最不利荷载组合下的四种弯矩图及三种剪力图分别叠画在同一坐标图上，即可得弯矩叠合图和剪力叠合图。叠合图的外包线分别为弯矩包络图和剪力包络图，见图 2-29。

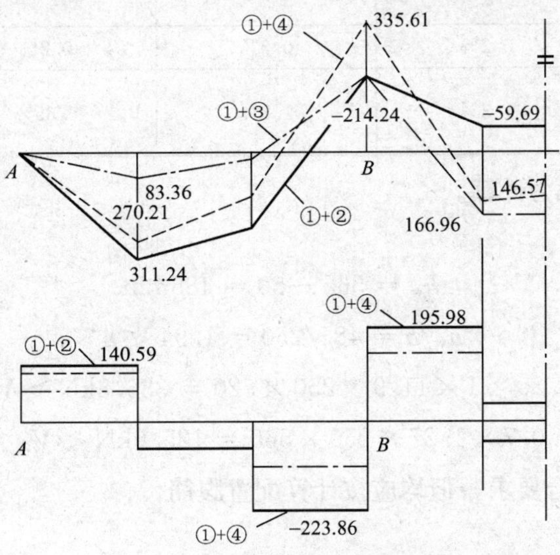

图 2-29　主梁的弯矩包络图和剪力包络图

（4）主梁的截面承载力计算：

1）正截面抗弯承载力计算。跨内按T形截面计算，因 $h'_f/h=80/565=0.14>0.1$，所以翼缘计算宽度取 $b'_f=l/3=6.6/3=2.2\text{m}<b+s_n$，取 $b'_f=2.2\text{m}$ 计算，$h_0=600-35=565\text{mm}$。支座截面按矩形截面计算，考虑到支座负弯矩较大，采用双排配筋，$h_0=600-80=520\text{mm}$。主梁的正截面承载力计算见表2-13。

表2-13　主梁的正截面承载力计算

截　面	边跨跨内	中间支座	中间跨跨内	
M（kN·m）	311.24	−335.61	166.96	−59.69
$V_0\dfrac{b}{2}$		21.66		
$M-V_0\dfrac{b}{2}$（kN·m）		313.95		
$\alpha_s=\dfrac{M}{\alpha_1 f_c b'_f h_0^2}$ $\left(\alpha_s=\dfrac{M}{\alpha_1 f_c b h_0^2}\right)$	0.037	0.390	0.020	0.063
ξ	0.037	0.53	0.02	0.065
是否超筋（$\xi_b=0.55$）	否	否	否	否
判断T形截面类型	$x<h'_f$		$x<h'_f$	
$A_s=\xi b'_f h_0\alpha_1 f_c/f_y$ （$A_s=\xi b h_0\alpha_1 f_c/f_y$）（mm²）	1824	2733	986	353
选配钢筋	4Φ25	4Φ25+2Φ16	2Φ25	2Φ16
实配钢筋面积（mm²）	1964	2768	982	402
纵筋最小配筋率 ρ_{min}	0.2%	0.2%	0.2%	0.2%
$\rho=\dfrac{A_s}{bh}$	1.3%	1.8%	0.65%	0.27%

2）斜截面抗剪承载力计算。

a. 验算截面尺寸

$$h_w=565-80=485\text{mm}$$

$$h_w/b=485/250=1.94<4$$

$$0.25\beta_c f_c b h_0=0.25\times1\times11.9\times250\times520=386.8\text{kN}>V_{max}=223.86\text{kN}$$

$$0.7f_t b h_0=0.7\times1.27\times250\times565=125.6\text{kN}<V_A=140.6\text{kN}$$

由此可见，截面尺寸符合要求，但均应按计算配置腹筋。

b. 计算所需腹筋：

采用Φ10@200mm双肢箍筋

$$V_{cs} = 0.7 f_t b h_0 + 1.25 f_{yv} h_0 A_{sv/s}$$
$$= 0.7 \times 1.27 \times 250 \times 520 + 1.25 \times 210 \times 520 \times 2 \times 78.5/200$$
$$= 222723\text{N} \begin{cases} > V_A = 140590\text{N} \\ > V_{Br} = 195980\text{N} \\ < V_{Bl} = 223860\text{N} \end{cases}$$

故支座 B 左侧应按计算配置弯起钢筋，所需弯起钢筋面积

$$A_{sb} = (V_{Bl} - V_{cs})/0.8 f_y \sin\alpha$$
$$= (223860 - 222723)/0.8 \times 300 \times 0.707$$
$$= 67\text{mm}^2$$

按45°弯起 1Φ25，$A_{sb} = 490.9\text{mm}^2 > 67\text{mm}^2$。因主梁剪力图呈矩形，故在支座 B 截面左边 2.2m 长度内应布置两道弯起钢筋，以覆盖此最大的剪力区段，分两批弯起 1Φ25。

3）次梁两侧附加横向钢筋计算：

次梁传来集中力　　$F_l = 60.6 + 103 = 163.6\text{kN}$

主次梁的高度差　　$h_1 = 600 - 500 = 100\text{mm}$

附加箍筋布置的长度 $s = 2h_1 + 3b = 2 \times 100 + 3 \times 200 = 800\text{mm}$

取附加箍筋　Φ8@200mm 双肢，则在长度 s 内可布置附加箍筋排数

$$m = 1000/200 = 5 \text{ 排}$$

次梁两侧各布置 3 排，共 6 排。另加吊筋 1Φ18，$A_{sb} = 254.5\text{mm}^2$，附加钢筋的承载力为

$$2 f_y A_{sb} \sin\alpha + m n f_{yv} \alpha_{sv1} = 2 \times 300 \times 254.5 \times 0.707 + 6 \times 2 \times 210 \times 50.3$$
$$= 234715\text{N} > 163600\text{N}$$

主梁边支座下设现浇垫块，砌体局部受压验算从略。

6. 绘制施工图

板、次梁和主梁的施工图分别见图 2-30、图 2-31 和图 2-32。

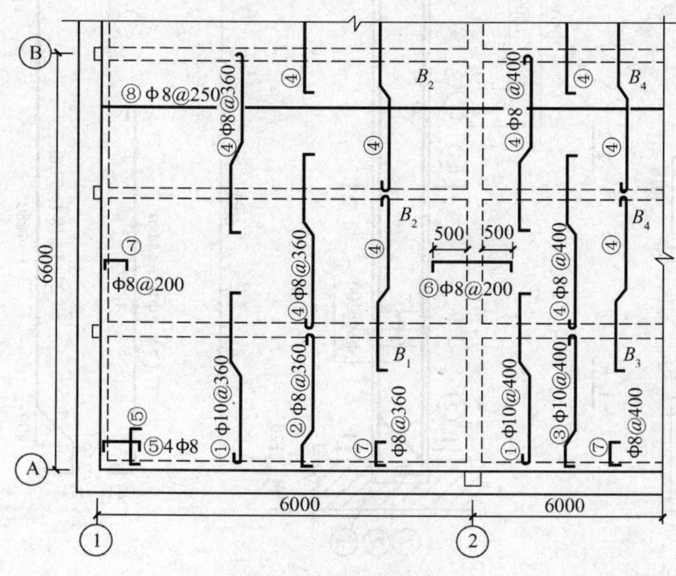

图 2-30　板的配筋图

1–1
2–2
3–3
4–4
5–5
2Φ10
1Φ18
2Φ16
2Φ18
1Φ16
2Φ14
Φ8@200
⑧ Φ8L=1300
6000
⑦ 2Φ10 L=4480
③ 2Φ18 L=4100
⑥ 2Φ12 L=14200
② 1Φ18 L=5330
⑤ 1Φ16
⑤ 1Φ16 L=9530
① 2Φ16 L=6180
④ 2Φ14 L=6090
④ 2Φ14

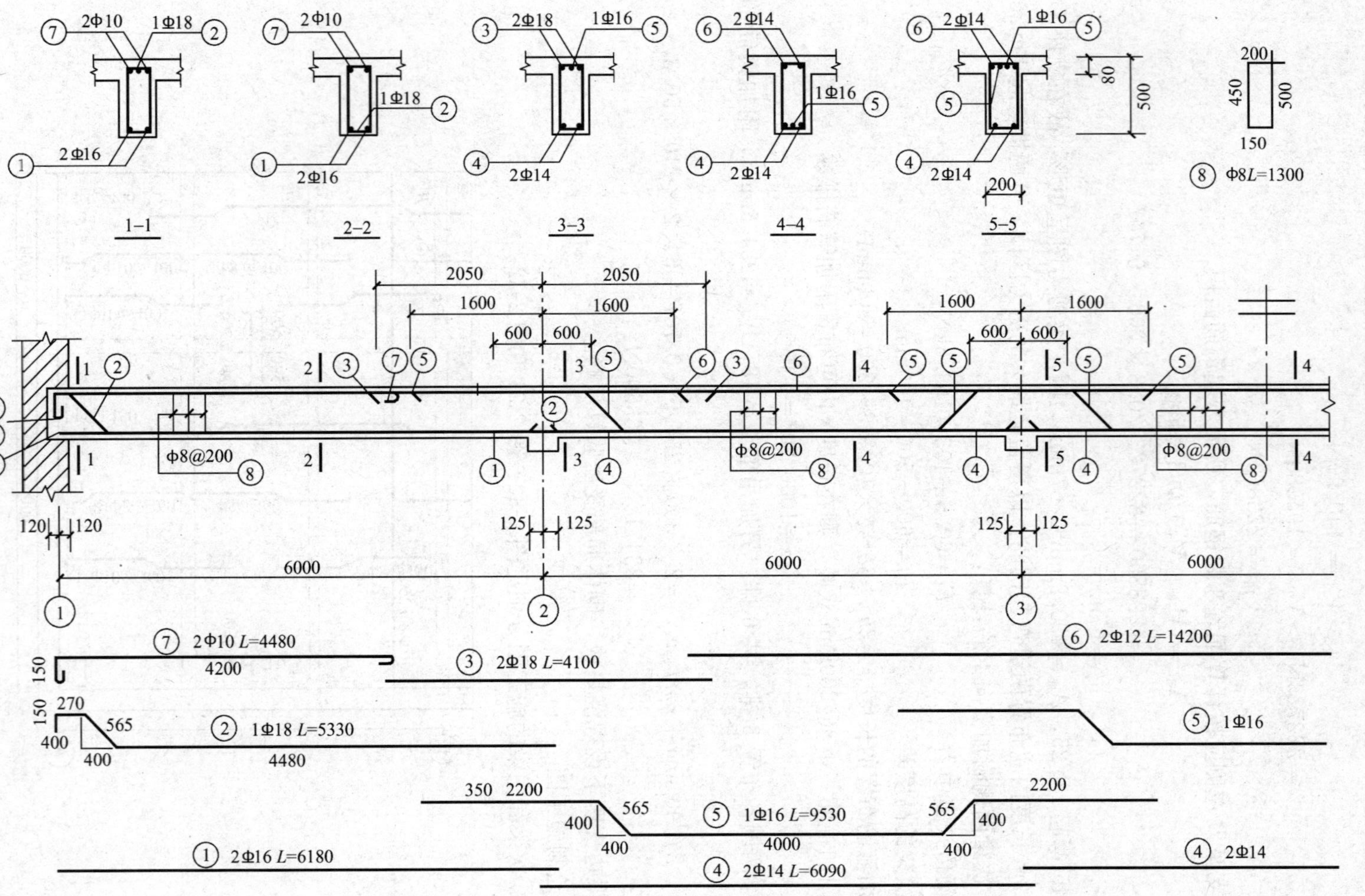

图 2-31 次梁配筋图

1-1
2-2
3-3
4-4
650
80
1Φ25
2Φ12
2Φ16
2Φ25
250
630
200
580
⑤ Φ10 L=1660
Φ10@200
6600
6600
3000
120
240
150
⑦ 2Φ16 L=19800
⑨ 2Φ16 L=2190
③ 1Φ25 L=9470
② 1Φ25 L=9620
① 2Φ25 L=6920
⑥ L=6800
⑧ 2Φ18 L=2600
④ 2Φ25 L=6680

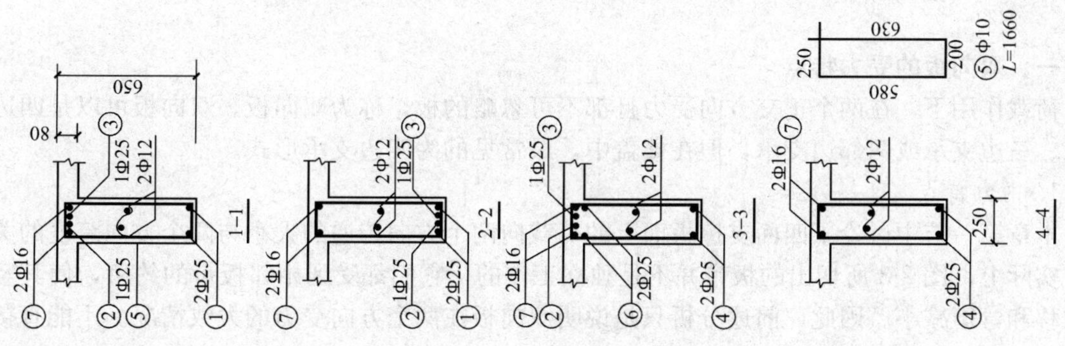

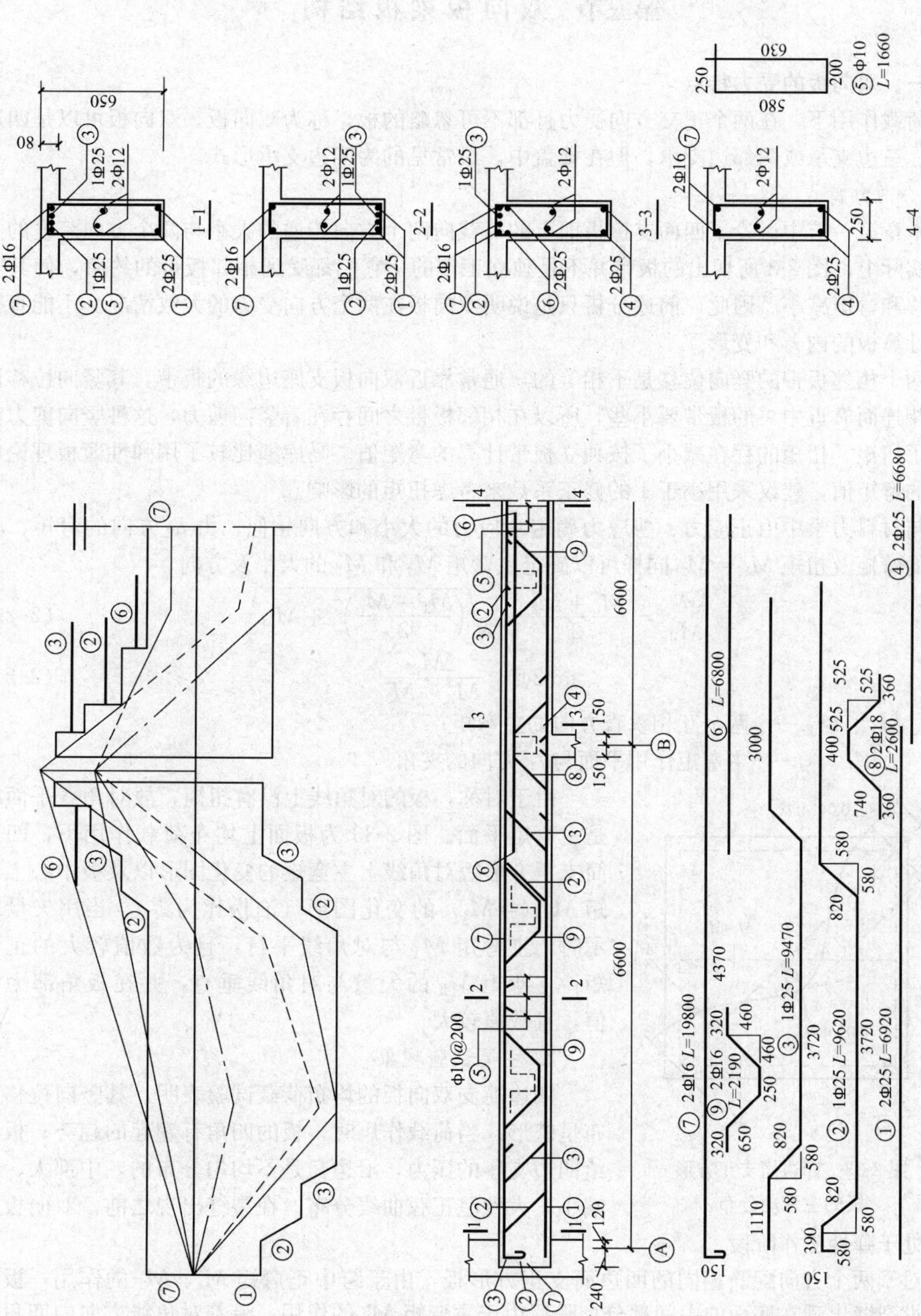

图 2-32　主梁配筋图

第三节 双向板梁板结构

一、双向板的受力特点

荷载作用下，在两个正交方向受力且都不可忽略的板，称为双向板。双向板可以是四边支承、三边支承或两邻边支承，但在楼盖中，最常见的为四边支承形式。

1. 内力特点

本章第一节中讨论了四面支撑板面上的荷载向两个方向传递的大小与两个方向跨度的关系。实际上，图 2-3 所切出的板带并不是独立工作的，它们都受到相邻板带的约束，使其竖向位移和弯矩减小。因此，前述分析只是说明双向板在两个方向受力的大致情况。不能直接按此计算板的内力和变形。

两个相邻板带的竖向位移是不相等的，通常靠近双向板支座边缘的板带，其竖向位移比与它相连而靠近中央的板带要小些，所以在相邻板带之间存在着竖向剪力，这种竖向剪力就构成了扭矩。扭矩的存在减小了按独立板带计算的弯矩值。马库斯比较了用弹性薄板理论所求得的弯矩值，建议采用小于 1 的修正系数来考虑扭矩的影响。

与材料力学中由正应力、剪应力确定主应力的大小和方向相似，由 l_{01} 方向的弯矩、l_{02} 方向的弯矩及扭矩 $M_{12}=M_{21}$ 同样可以确定主弯矩 M_{I} 和 M_{II} 的大小及方向

$$\begin{matrix} M_{\mathrm{I}} \\ M_{\mathrm{II}} \end{matrix} = \frac{M_1 + M_2}{2} \pm \sqrt{\left(\frac{M_1 - M_2}{2}\right)^2 + M_{12}^2} \tag{2-23}$$

$$\tan 2\varphi = \frac{2M_{12}}{M_1 - M_2} \tag{2-24}$$

式中 M_{I}、M_{II}——两个互相垂直方向的主弯矩；

φ——主弯矩作用平面与 l_1 方向的夹角。

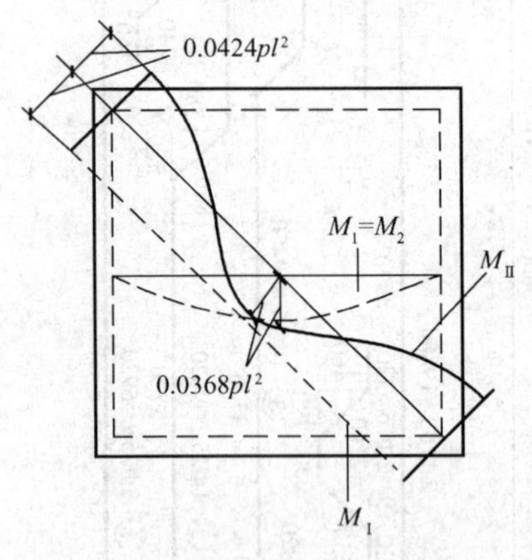

图 2-33 四边简支正方形板的主弯矩分布

由于对称，板的对角线上没有扭矩，故对角线平面就是主弯矩平面。图 2-33 为板面上均布荷载作用下，四边简支正方形板对角线上主弯矩的变化图形以及板中心上弯矩 M_1（$=M_2$）的变化图形（泊松比为零）。当用矢量表示时，主弯矩 M_{I} 与对角线平行，且为数值较大的正弯矩；主弯矩 M_{II} 的矢量与对角线垂直，并在板角部为负值，且数值较大。

2. 主要试验现象

四边简支双向板的均布荷载试验表明，其竖向位移分布呈蝶形。当荷载作用时，板的四角有翘起的趋势；板传给四边支座的压力，沿边长是不均匀分布的，中部大、两端小，大致呈正弦曲线分布。在裂缝出现之前，双向板基本上处于弹性工作阶段。

对于两个方向配筋相同的四边简支正方形板，由于跨中正弯矩 M_1、M_2 的作用，板的第一批裂缝出现在底面的中间部分，随后由于主弯矩 M_{I} 的作用，沿着对角线方向向四角发展，如图 2-34（a）所示。荷载不断增加，板底裂缝继续向四角扩展，直至因板的底部钢筋受拉屈服。当接近破坏时，由于主弯矩 M_{II} 的作用，板顶面靠近四角附近，出现了垂直于对

角线方向的、大体上呈圆弧形的裂缝。板面裂缝的出现，促进了板底对角线方向裂缝进一步的扩展。

两个方向配筋相同的四边简支矩形板底的第一批裂缝，出现在板的中部，平行于长边方向，这是由于短跨跨中的正弯矩 M_1 大于长跨跨中的正弯矩 M_2 所致。随着荷载的增加，板底的跨中裂缝逐渐延长，并沿 45°斜向向板的四角扩展（由于主弯矩 M_{I} 的作用），如图 2-34（b）所示。由于主弯矩 M_{II} 的作用，板顶四角也出现大体呈圆形的裂缝，如图 2-34（c）所示。最终因板底裂缝处受力钢筋屈服而破坏。

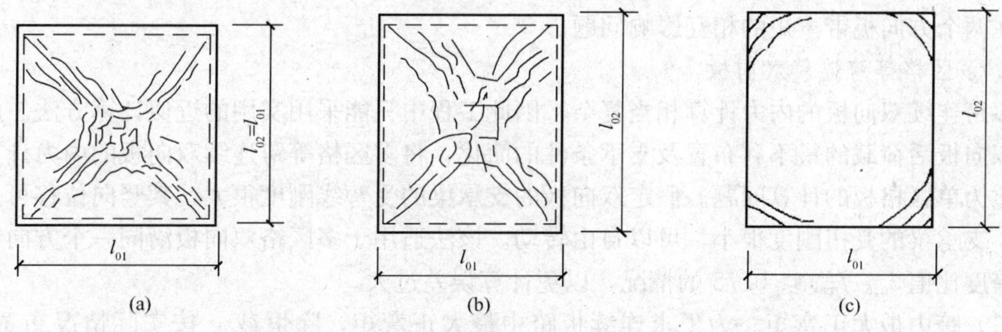

图 2-34 均布荷载作用下双向板中的裂缝分布

二、双向板按弹性理论的内力计算

双向板的内力分析有两种方法：一种将混凝土视为弹性体，按弹性理论的分析方法求解板的内力和变形；另一种视混凝土为弹塑性材料，按塑性理论的方法求解板的内力和配筋。弹性理论设计方法简便且偏于安全，在实际工程中使用较多。

1. 单区格双向板

对于工程应用而言，可采用根据弹性薄板理论的内力和变形计算结果编制的表格，进行双向板的内力和变形计算。本书给出六种不同支承条件的双向板（见图 2-35）在均布荷载作用下的弯矩系数，可供查用，见附录 5。

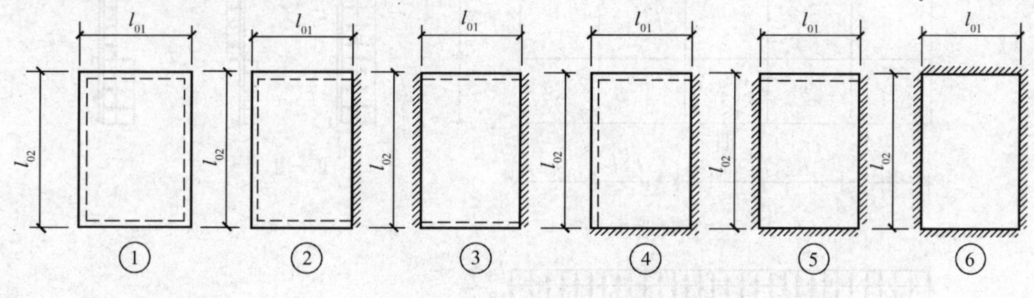

图 2-35 双向板的计算简图

工程设计时，只须根据支承情况和短跨与长跨的比值，直接查出弯矩系数，即可算得双向板的最大弯矩和挠度值

$$m = 表中系数 \times pl_{01}^2 \tag{2-25}$$

式中 m——跨中或支座单位板宽内的弯矩设计值，kN·m/m；

p——均布荷载设计值，kN/m²；

l_{01}——短跨方向的计算跨度，m；计算方法与单向板计算时相同。

必须指出，附录5是根据材料的泊松比$\mu=0$制定的。当$\mu\neq0$时，可按下式计算

$$m_1^{\mu}=m_1+\mu m_2 \tag{2-26}$$

$$m_2^{\mu}=m_2+\mu m_1 \tag{2-27}$$

式中 m_1^{μ}、m_2^{μ}——考虑双向弯矩相互影响后两个方向的跨中或支座单位板宽内的弯矩设计值；

m_1、m_2——按附表查得的两个方向的跨中或支座单位板宽内的弯矩设计值。

对混凝土，可取$\mu=0.2$。对于支座截面弯矩值，由于另一个方向板带弯矩等于零，故不存在两个方向板带弯矩的相互影响问题。

2. 多区格等跨连续双向板

多跨连续双向板的内力计算相当复杂，因此工程中只能采用实用的近似计算方法。此法通过双向板活荷载的最不利布置及支承条件的简化，将多区格等跨连续双向板的内力计算问题转化为单区格板的计算问题。假定双向板的支承梁的受弯线刚度很大，其竖向位移可忽略不计；支承梁的受扭刚度很小，可以自由转动。该法适用于多区格双向板沿同一个方向相邻区格跨度比值$l_{min}/l_{max}\geqslant0.75$的情况，以免计算误差过大。

(1) 跨中最大正弯矩。为了求连续板跨中最大正弯矩，除恒载g按实际情况布置外，活荷载应按图2-36所示的棋盘式布置。

为了利用单区格双向板的内力及变形系数表，计算多区格板连续双向板时，可以采用下列方法近似分析内力：将棋盘式布置的活荷载分解成满布荷载$\frac{q}{2}$和棋盘式反对称布置荷载

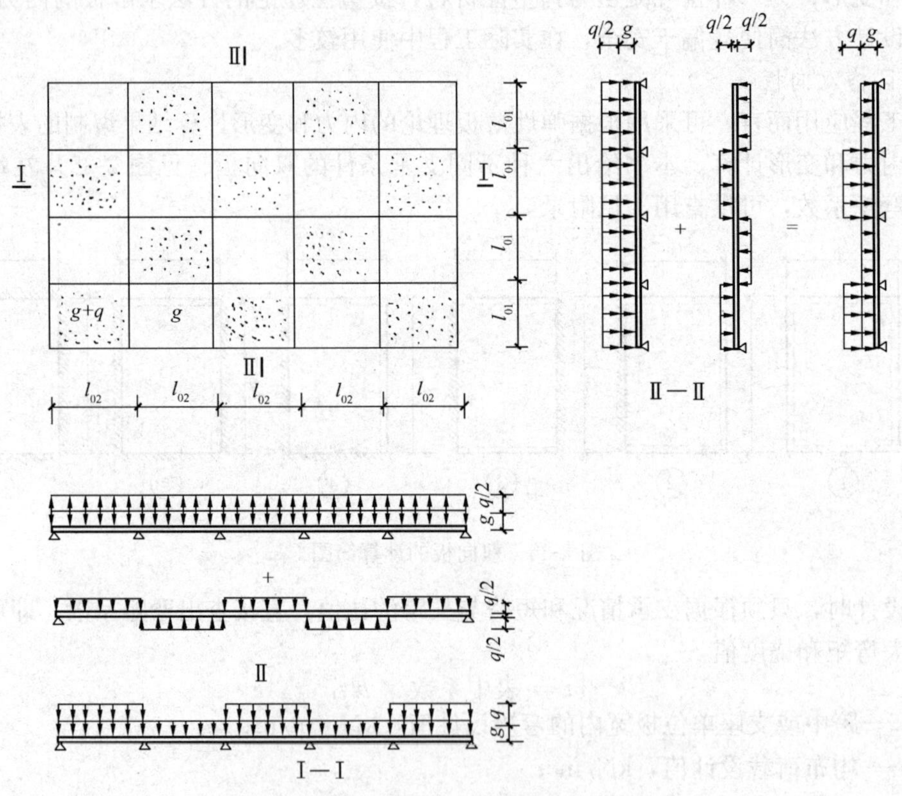

图2-36 多区格双向板活荷载的最不利布置

$\pm \frac{q}{2}$，如图 2-36 所示。

在满布荷载 $g+\frac{q}{2}$ 作用下，所有中间支座两侧的荷载均相同，可近似认为中间支座无转动，即认为各区格板都固定支承在中间支座上。对于边区格和角区格板的外边界支承条件按实际情况确定。如楼盖支承与砌体墙上时，简化为铰支座，则角区格板可简化为两邻边简支、另两邻边固定的双向板；边区格板可简化为一边简支、三边固定的双向板。

在棋盘式反对称布置 $\pm \frac{q}{2}$ 作用下，因中间支承梁两侧板承受的荷载相差很大，梁会发生较大转动，可近似地认为各区格板在中间支座处都简支，忽略中间支座截面弯矩，中间区格板均视为四边简支的双向板。边区格和角区格板的外边界支承条件按实际支承条件确定。

最后，对这两种荷载情况按附录 5 求出其跨中弯矩，而后叠加，即得各区格板的跨中最大弯矩。

（2）支座最大负弯矩。支座最大负弯矩可近似地按满布活荷载确定。在满布荷载 $g+q$ 作用下，认为各区格板都固定在中间支座上，楼盖周边仍按实际支承条件考虑。然后按单区格双向板计算出各支座的负弯矩。当相邻区格板分别求得的同一支座负弯矩不相等时，取绝对值较大者作为该支座最大负弯矩。

三、双向板按塑性理论的内力计算

由于混凝土为弹塑性材料，因此，双向板按弹性理论分析方法所得内力与实验结果有较大的差异。双向板是超静定结构，在受力过程中将产生塑性内力重分布。为了更好地反映双向板的实际受力状态，应考虑混凝土的塑性性能确定双向板的内力。

双向板按塑性理论的计算方法有很多，这里只介绍塑性铰线法，又称极限平衡法。在板面上的荷载作用下，混凝土板面的上部或下部将产生许多裂缝，裂缝将双向板分割成许多板块。随着荷载的增加，裂缝处的钢筋受拉达到屈服强度。此后，裂缝截面在一定的弯矩作用下能发生较大的转动，类似于梁中出现的塑性铰。由于发生于板式结构中，此混凝土裂缝线即为塑性铰线。双向板在荷载作用下相继出现若干塑性铰线后，各板块可沿塑性铰线转动，当出现足够的塑性铰线使板成为可变体系时，即标志着双向板达到了承载能力极限状态，此时板上所承受的荷载为极限荷载。

按塑性铰线法设计双向板时，首先要假定板的破坏图式——由一些塑性铰线使双向板构成一个几何可变体系，然后求出此时板所承受的极限荷载。极限荷载是根据虚功原理用塑性铰线上的受弯承载力来表达的。当极限荷载为已知，则可求出各塑性铰线上的受弯承载力，以此作为各截面的弯矩设计值进行配筋。

1. 塑性铰线法的假定

塑性铰和塑性铰线两者的概念相仿，但前者发生在杆系结构中，后者发生在板式结构中。通常裂缝出现在板面上部的称为负塑性铰线，裂缝出现在板面下部的称为正塑性铰线。塑性铰线法的假定有：

（1）双向板达到承载力极限状态时，最大弯矩处形成塑性铰线，将整块板分割成若干块，形成几何可变体系。

（2）均布荷载下，塑性铰线是直线，塑性铰线的位置与板的形状、尺寸、边界条件、荷载形式、配筋情况等有关。

(3) 板块的弹性变形远小于塑性铰线处的变形，故板块可视为刚性板，双向板的变形集中在塑性铰线上，板达到承载力极限状态时，各板块均绕塑性铰线转动。

(4) 双向板满足几何条件和平衡条件的塑性铰线位置有多种可能，在所有可能的破坏模式中，必有一种是最危害的，其极限荷载为最小。

(5) 塑性铰线上，钢筋屈服，截面具有一定值的极限弯矩（受弯承载力）。其他内力忽略不计。

2. 双向板的极限荷载

确定塑性铰线的位置可以依据以下几个原则进行（见图 2-37)：

(1) 对称结构具有对称的塑性铰线分布；

(2) 正弯矩部位出现正塑性铰线，负弯矩部位出现负塑性铰线。如板的负塑性铰线出现在板上部的固定边界处，板的正塑性铰线出现在板下部的正弯矩处；

(3) 塑性铰线应满足转动要求，每一条塑性铰线都是两相邻板块的公共边界，因而塑性铰线必须通过相邻板块转动轴的交点；

(4) 塑性铰线的数量应使整块板成为一个几何可变体系。

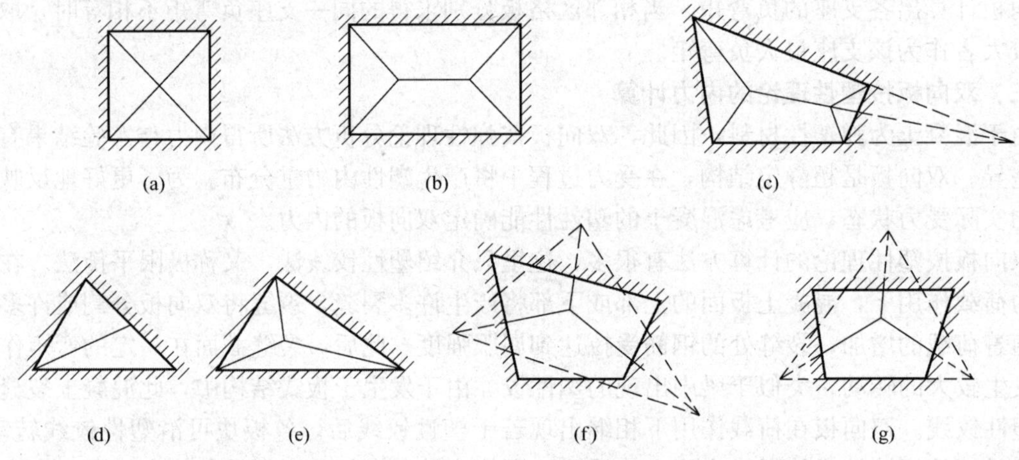

图 2-37 板块的塑性铰线

现在来分析连续双向板楼盖中，中间区格双向板在均布荷载作用下的破坏图式。在极限荷载 p 作用下，双向板发生如图 2-38 所示的破坏模式。即板的支座处出现负塑性铰线，板跨内下部出现正塑性铰线。为了简化，对跨内斜向正塑性铰线与板边的夹角，可近似取为45°。五条正塑性铰线将板分割成四块，每个板块均应满足静力平衡条件，根据板块的平衡条件即可求得板的极限荷载 p_u。

设 w 为该板形成破坏机构瞬间跨中的竖向位移，p_u 为极限均布荷载值，l_{01}、l_{02} 分别为板的短跨和长跨的计算跨度（其取值方法与单向板相同）。短跨方向支座截面总的受弯承载力分别为 M'_{1u} 和 M''_{1u}，长跨方向支座截面总的受弯承载力分别为 M'_{2u}、M''_{2u}。正塑性铰线上，短跨度方向每单位长度的截面受弯承载力为 m_{1u}，总的受弯承载力 $M_{1u}=m_{1u}l_{02}$；长跨方向每单位长度的截面受弯承载力为 m_{2u}，总的受弯承载力 $M_{2u}=m_{2u}l_{01}$。

根据虚功原理，外力所做的功等于内力所做的功。内力所做的功等于各条塑性铰线上的

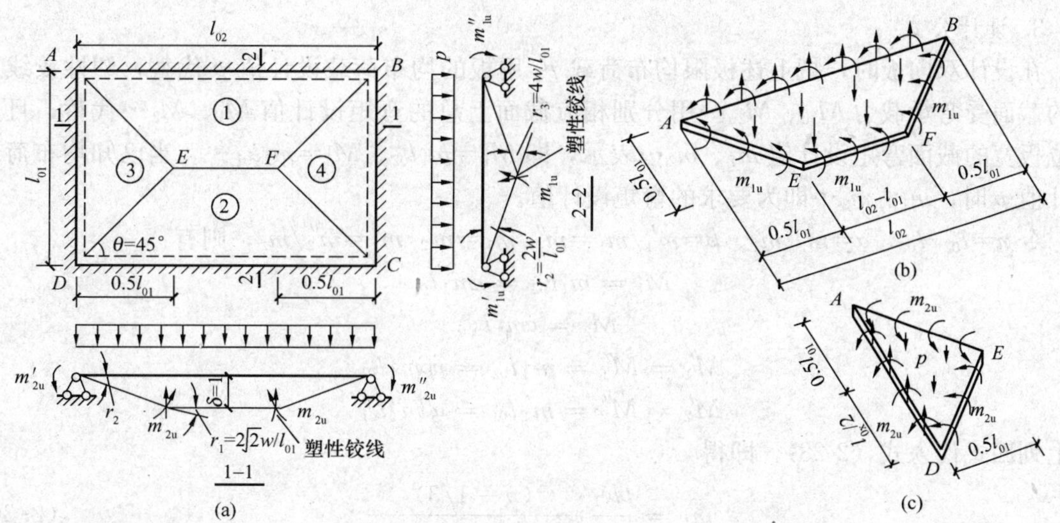

图 2-38 四边固定双向板的计算模式

弯矩向量与转角向量相乘的总和。据此，可以确定形成破坏机构时，板上所承受的极限均布荷载 p_u。

外功等于 p_u 乘高度为 w 的倒角锥体体积

$$p_u V = p_u\left(\frac{l_{01}w}{2}\times l_{02}-2\times\frac{l_{02}w}{2}\times\frac{1}{3}\times\frac{l_{01}}{2}\right)=\frac{p_u l_{01}}{6}(3l_{02}-l_{01})w$$

由图 2-38 所示的几何关系知，支座塑性铰线的转角均为$2w/l_{01}$，板块①与②的相对转角为$4w/l_{01}$，其他板块间的相对转角均为$2\sqrt{2}w/l_{01}$［见图 2-38（a）中剖面 1-1］。

沿 45°斜塑性铰线，每单位长度上截面的受弯承载力

$$m_u=\frac{m_{1u}}{\sqrt{2}\sqrt{2}}+\frac{m_{2u}}{\sqrt{2}\sqrt{2}}=0.5(m_{1u}+m_{2u})$$

因此，内功为

$$\begin{aligned}\sum M_u^x\theta &=(l_{02}-l_{01})m_{1u}\frac{4}{l_{01}}w+4\frac{\sqrt{2}l_{01}}{2}\times 0.5(m_{1u}+m_{2u})\frac{2\sqrt{2}}{l_{01}}w\\&\quad+[(m'_{1u}+m''_{1u})l_{02}+(m'_{2u}+m''_{2u})l_{01}]\frac{2w}{l_{01}}\\&=\frac{2w}{l_{01}}(2M_{1u}+2M_{2u}+M'_{1u}+M''_{1u}+M'_{2u}+M''_{2u})\end{aligned}$$

令 $p_u V=\sum M_u^x\theta$，即得

$$2M_{1u}+2M_{2u}+M'_{1u}+M''_{1u}+M'_{2u}+M''_{2u}=\frac{p_u l_{01}^2}{12}(3l_{02}-l_{01}) \tag{2-28}$$

式（2-28）即为四边固定时均布荷载作用下连续双向板按塑性铰线法计算的基本公式，它反映了双向板内塑性铰线上的总的截面受弯承载力与极限荷载 p_u 之间的平衡关系。若为四边简支板，由于支座处弯矩为零，则其极限平衡方程为

$$M_{1u}+M_{2u}=\frac{p_u l_{01}^2}{24}(3l_{02}-l_{01}) \tag{2-29}$$

3. 设计公式

在设计双向板时，把上述极限均布荷载 p_u 用板的均布荷载设计值 p 代替，塑性铰线上总的截面受弯承载力 M_{1u}、M_{2u}…用分别相应截面上总的弯矩设计值 M_1、M_2…代替，且用单位板宽的截面弯矩设计值 m_1、m_2…表示，即 $M_1=m_1l_{02}$、$M_2=m_2l_{01}$…。当已知均布荷载设计值 p 时，m_1、m_2…即为要求的弯矩设计值。

令 $n=l_{02}/l_{01}$、$\alpha=m_2/m_1$、$\beta=m'_1/m_1=m''_1/m_1=m'_2/m_2=m''_2/m_2$，则有

$$M_1=m_1l_{02}=nm_1l_{01}$$

$$M_2=\alpha m_1l_{01}$$

$$M'_1=M''_1=m'_1l_{02}=n\beta m_1l_{01}$$

$$M'_2=M''_2=m'_2l_{01}=\alpha\beta m_1l_{01}$$

将上列四式代入式（2-28），即得

$$m_1=\frac{pl_{01}^2}{8}\frac{(n-1/3)}{[n\beta+\alpha\beta+n+\alpha]} \tag{2-30}$$

$$p=\frac{8m_1}{l_{01}^2}\frac{[n\beta+\alpha\beta+n+\alpha]}{(n-1/3)} \tag{2-31}$$

进行双向板设计时，通常荷载设计值 p 与长短跨跨度比 n 已知，若再指定 α 与 β 值，即可由式（2-30）求得 m_1 和其余的截面弯矩设计值。考虑到 α 的取值应尽量使得按塑性铰线法得出的两个方向跨中正弯矩的比值与按弹性理论得出的比值相接近，以期在使用阶段跨中两个方向的截面应力较接近，因此宜取 $\alpha=1/n^2$；同时考虑到节约钢材及配筋方便，根据经验，宜取 $\beta=1.5\sim2.5$，通常取 $\beta=2$。

参考按弹性理论的内力分析结果，通常将两个方向的跨中正弯矩钢筋，均在距支座 $l_{01}/4$ 处弯起一半，弯起的钢筋可以承担部分支座负弯矩。这样在距支座 $l_{01}/4$ 以内的跨中塑性铰线上单位板宽的极限弯矩分别为 $m_1/2$ 与 $m_2/2$，故此时两个方向的跨中总弯矩分别为

$$M_1=m_1\left(l_{02}-\frac{l_{01}}{2}\right)+\frac{m_1}{2}\frac{l_{01}}{2}=m_1\left(n-\frac{1}{4}\right)l_{01} \tag{2-32}$$

$$M_2=m_2\frac{l_{01}}{2}+\frac{m_2}{2}\frac{l_{01}}{2}=\frac{3}{4}m_2l_{01}=\frac{3}{4}\alpha m_1l_{01} \tag{2-33}$$

支座上负弯矩钢筋沿全长均匀分布，亦即各支座塑性铰线上的总弯矩值不变。将各式代入式（2-28）即得

$$\left[n\beta+\alpha\beta+\left(n-\frac{1}{4}\right)+\frac{3}{4}\alpha\right]m_1l_{01}=\frac{pl_{01}^3}{8}\left(n-\frac{1}{3}\right)$$

即

$$m_1=\frac{pl_{01}^2}{8}\frac{(n-1/3)}{\left[n\beta+\alpha\beta+\left(n-\frac{1}{4}\right)+\frac{3}{4}\alpha\right]} \tag{2-34}$$

或

$$p=\frac{8m_1}{l_{01}^2}\frac{\left[n\beta+\alpha\beta+\left(n-\frac{1}{4}\right)+\frac{3}{4}\alpha\right]}{(n-1/3)} \tag{2-35}$$

式（2-34）即为四边固定连续双向板在距支座 $l_{01}/4$ 处将跨中正弯矩钢筋弯起一半时的设计公式。

对于具有简支边的连续双向板，则需将下列不同情况的支座及跨中弯矩表达式代入式(2-29)，即得相应情况时的设计公式。

4. 其他破坏图式的防止

在连续板中，为了满足支座负弯矩的需要，跨中承担正弯矩的钢筋往往弯起一部分。这时如果过早地弯起或弯起数量过多时，剩下的钢筋可能承受不了该处的正弯矩，从而可能使该处先于跨度中央出现塑性铰线，形成“倒锥台形”破坏模式，如图2-39所示。验算表明，若在距支座$l_{01}/4$处弯起一半，取$\alpha=1/n^2$、$\beta=1.5\sim2.5$，将不会产生这种破坏。

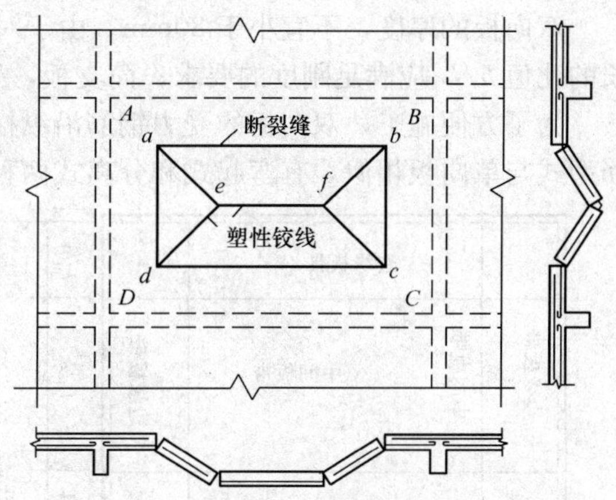

图2-39　双向板的“倒锥台形”破坏模式

如果双向板楼盖承受的活荷载相对较大，且按棋盘形间隔布置时，对于没有活荷载的区格板，如支座负弯矩钢筋在某处过早截断，余下的钢筋可能不能承受该处的弯矩，因而出现负弯矩塑性铰线，发生“正锥台形”破坏。研究表明，当双向板采用一般配筋形式，支座负筋在距支座边$l_{01}/4$处截断时，一般不会发生这种破坏模式。

四、双向板的截面设计与构造要点

（一）截面设计

1. 截面的弯矩设计值

对于周边与梁整体连结的双向板，由于两个方向受到支座的约束，导致在板的平面内存在穹顶作用，即周边支承梁对板产生水平推力，使板的跨中弯矩减小。因此，截面设计时所采用的弯矩可以考虑这一有利影响。对于四边都与梁整结的板，其弯矩设计值可按下列情况予以减小：

(1) 中间跨的跨中截面及中间支座处截面，减少20%。

(2) 边跨的跨中截面及楼板边缘算起的第二支座处截面，当$l_b/l_0<1.5$时，减少20%；当$1.5\leqslant l_b/l_0\leqslant2.0$时，减少10%，式中$l_0$为垂直于楼板边缘方向板的计算跨度；$l_b$为沿楼板边缘方向板的计算跨度。

(3) 楼板的角区格不折减。

2. 截面有效高度

由于短跨方向的弯矩比长跨方向的大，故应将短跨方向的跨中受拉钢筋放在长跨方向受拉钢筋的外侧，以获得较大的截面有效高度。通常分别取值如下：

短跨l_{01}方向　　$h_{01}=h-20$ mm

长跨l_{02}方向　　$h_{02}=h-30$ mm

式中　h——板厚。

3. 配筋计算

由单位宽度内截面弯矩设计值m，按下式计算单位板宽内受拉钢筋的截面积

$$A_s=\frac{m}{\gamma_s h_0 f_y}$$

式中 γ_s——可近似取0.9～0.95。

4. 构造要求

双向板的厚度，不宜小于80mm。由于对板的挠度不另作验算，双向板的板厚与短跨跨长的比值h/l_{01}应满足刚度的要求；简支板，$h/l_{01}\geqslant 1/45$；连续板，$h/l_{01}\geqslant 1/50$。

为了方便施工，双向板的受力钢筋沿纵横两个方向布置。采用绑扎钢筋时，双向板的配筋型式与单向板相似，有弯起式和分离式两种。目前，工程较多采用分离式配筋。

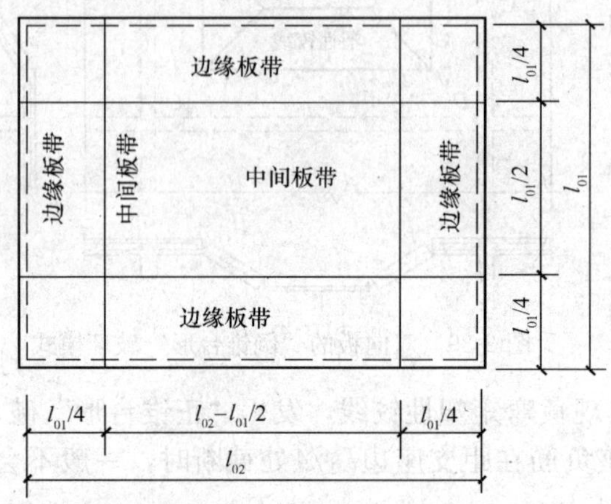

图2-40 板带的划分

按弹性理论计算内力时，所求得的跨中正弯矩钢筋数量，是指板的中央处的数量，靠近支座，其数量可逐渐减少。考虑到施工方便，当短跨跨度$l_{01}>2.5$m时，受拉钢筋可按下述方法配置：将板在l_{01}和l_{02}方向各分为三个板带，如图2-40所示。两个方向的边缘板带宽度均为$l_{01}/4$，其余则为中间板带。在中间板带上，按跨中最大正弯矩求得的单位板宽内的钢筋数量均匀配置；而在边缘板带上，按中间板带单位板宽内的钢筋数量的一半均匀配置。

支座上承受负弯矩的钢筋，按计算值沿支座均匀配置。

按塑性铰线法计算时，其配筋应符合内力计算的假定，跨中钢筋及支座截面的配筋应均匀配置。

沿墙边、墙角处的构造钢筋，与单向板楼盖中相同。

五、双向板支承梁的设计

整体式双向板肋梁楼盖中，支承梁的结构布置和截面尺寸、结构计算简图、控制截面及截面设计等，均与单向板肋梁结构相同。但单向板传递给次梁的荷载可近似为均布，而双向板上的荷载传递相对较为复杂。通常采用沙堆法或塑性铰线法确定荷载在两个方向的分配。支承梁承受的荷载范围，可近似认为，以45°等分角线为界，分别传至两相邻支座。这样，沿短跨方向的支承梁，承受板面传来的三角形分布荷载；沿长跨方向的支承梁，承受板面传来的梯形分布荷载，如图2-41所示。

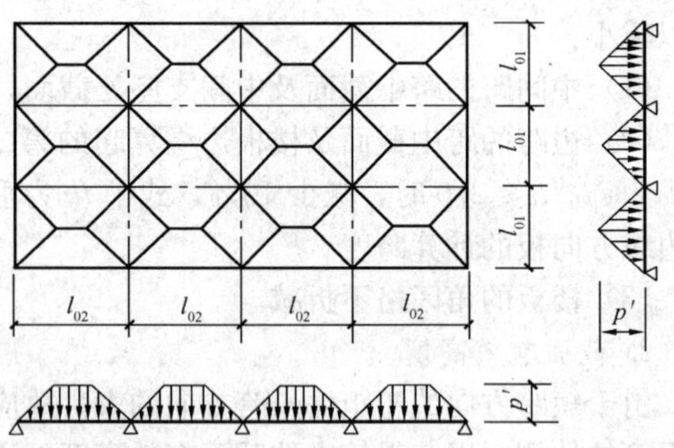

图2-41 双向板支承梁的计算简图

双向板的支承梁可按弹性理论或塑性理论进行内力分析。按弹性理论计算时，可采用支座弯矩等效的原则，用等效均布荷载p_e代替三角形荷载和梯形荷载计算支承梁的支座弯矩。p_e的取值如下

当三角形荷载作用时 $$p_e=\frac{5}{8}p' \tag{2-36}$$

当梯形荷载作用时 $$p_e=(1-2\alpha_1^2+\alpha_1^3)p' \tag{2-37}$$

$$p'=p\cdot\frac{l_{01}}{2}=(g+q)\cdot\frac{l_{01}}{2}$$

$$\alpha_1=\frac{l_{01}}{2l_{02}}$$

式中 g、q——为板面均布恒载和活载；

l_{01}、l_{02}——为双向板的短跨和长跨的计算跨度。

计算支承梁的内力仍应考虑活荷载的最不利布置。

当按塑性理论计算支承梁内力时，可在弹性理论求得的支座弯矩基础上，进行调幅确定支座弯矩，再按实际荷载求出跨中弯矩。

支承梁中纵筋的弯起和截断应按连续梁的内力包罗图和材料图确定。其他构造要求与单向板支承梁相同。

六、双向板设计例题

【例题 2-3】 某厂房双向板肋梁楼盖的结构布置如图 2-42 所示，支承梁截面为 200mm × 500mm。设计资料为：楼面活载 q_k = 6.0kN/m²，板厚选用 100mm，加上面层、粉刷等重量，楼板恒载 g_k = 3.06kN/m²，混凝土强度等级采用 C20，板中钢筋采用 HPB235 级钢筋。试计算板的内力，并进行截面设计。

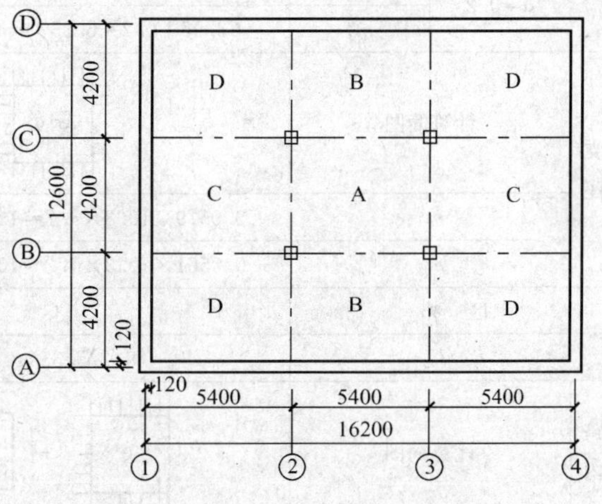

图 2-42 结构平面布置图

解 1. 按弹性理论设计

(1) 设计荷载为

$$q=1.3\times6=7.8\text{kN/m}^2$$

$$g=1.2\times3.06=3.672\text{kN/m}^2$$

$$g+\frac{q}{2}=3.672+7.8/2=7.572\text{kN/m}^2$$

$$q/2=3.9\text{kN/m}^2$$

$$g+q=3.672+7.8=11.472\text{kN/m}^2$$

(2) 计算跨度：直接取轴线间距离 $l_0=l_c$

(3) 弯矩计算：如前所述，计算跨中最大正弯矩时，内支座固定，$g+\frac{q}{2}$ 作用下中间支座固定；$\frac{q}{2}$ 作用下中间支座铰支。跨中最大正弯矩为以上两种荷载产生的弯矩值之和。本题考虑泊松比的影响。支座最大负弯矩为当中间支座固定时 $g+q$ 作用下的支座弯矩值。

各区板格的计算跨度值列于表 2-14。

表 2-14　　双向板各截面的弯矩计算

区　格			A	B
l_{01}/l_{02}			4.2/5.4=0.78	4.13/5.4=0.77
跨内	计算简图		g' + q'	g' + q'
跨内	$\mu=0$	m_1	(0.0281×7.05+0.0585×3.25)×4.2 =6.85kN·m/m	(0.0218×7.05+0.0569×3.25)×4.13 =5.78kN·m/m
		m_2	(0.0138×7.05+0.0327×3.25)×4.2 =3.59kN·m/m	(0.0327×7.05+0.0324×3.25)×4.13 =5.73kN·m/m
	$\mu=0.2$	m_1^{μ}	(6.85+0.2×3.59)=7.57kN·m/m	(5.78+0.2×5.73)=6.93kN·m/m
		m_2^{μ}	(3.95+0.2×6.85)=4.96kN·m/m	(5.73+0.2×5.78)=6.89kN·m/m
支座	计算简图		$g+q$	$g+q$
	m_1'		0.0679×10.3×4.2=12.34kN·m/m	0.0811×10.3×4.13=14.25kN·m/m
	m_2'		0.0561×10.3×4.2=10.19kN·m/m	0.0720×10.3×4.13=12.65kN·m/m
区　格			C	D
l_{01}/l_{02}			4.2/5.33=0.79	4.13/5.33=0.78
跨内	计算简图		g' + q'	g' + q'
跨内	$\mu=0$	m_1	(0.0318×7.05+0.0573×3.25)×4.2 =7.24kN·m/m	(0.0322×7.05+0.0585×3.25)×4.13 =7.12kN·m/m
		m_2	(0.0145×7.05+0.0331×3.25)×4.2 =3.70kN·m/m	(0.0143×7.05+0.0327×3.25)×4.13 =5.53kN·m/m
	$\mu=0.2$	m_1^{μ}	(7.24+0.2×3.70)=7.98kN·m/m	(7.12+0.2×3.53)=7.83kN·m/m
		m_2^{μ}	(3.70+0.2×7.24)=5.15kN·m/m	(3.53+0.2×7.12)=4.95kN·m/m
支座	计算简图		$g+q$	$g+q$
	m_1'		0.0728×10.3×4.2=13.23kN·m/m	0.0905×10.3×4.13=15.90kN·m/m
	m_2'		0.0570×10.3×4.2=10.36kN·m/m	0.0753×10.3×4.13=13.23kN·m/m

由表 2-14 可见，板间支座弯矩是不平衡的，实际应用时可取相邻两区格支座弯矩的较大值作为支座的弯矩设计值。

(4) 截面设计：截面有效高度：按前述方法确定。

截面设计用的弯矩：考虑到区格 A 的四周与梁整体连接，对上表中求得的弯矩值乘以折减系数 0.8，作为区格 A 跨中和支座弯矩设计值。为了便于计算，可近似取 $A_s=\dfrac{m}{\gamma_s h_0 f_y}$ 式中 $\gamma_s=0.95$。截面配筋计算结果及实际配筋，列于表 2-15。

2. 按塑性铰线法的设计

(1) 弯矩计算：首先假定边缘板带跨中配筋率与中间板带相同，支座截面配筋率不随板带而变，取同一数值。跨中钢筋在离支座处$l_{01}/4$间隔弯起。对所有区格，均取 $\alpha=0.60\approx\dfrac{1}{n^2}$。考虑内力折减。

①A 区格板为

$$l_{01}=4.2-0.2=4.0\text{m}$$

$$l_{02}=5.4-0.2=5.2\text{m}$$

$$n=\frac{l_{02}}{l_{01}}=\frac{5.2}{4.0}=1.3$$

$$M_1=m_1\left(l_{02}-\frac{l_{01}}{4}\right)=m_1\left(5.2-\frac{4.0}{4}\right)=4.2m_1$$

$$M_2=\frac{3}{4}\alpha l_{01}m_1=\frac{3}{4}\times0.6\times4.0m_1=1.8m_1$$

$$M'_1=M''_1=\beta l_{02}m_1=2\times5.2m_1=10.4m_1\text{（支座总弯矩取绝对值计算，下同）}$$

$$M'_2=M''_2=\alpha\beta l_{01}m_1=0.6\times2\times4.0m_1=4.8m_1$$

将上列各值代入双向板总弯矩极限平衡方程式 (2-28)

$$2M_1+2M_2+M'_1+M''_1+M'_2+M''_2=\frac{pl_{01}^2}{12}(3l_{02}-l_{01})$$

即得

$$2\times4.2m_1+2\times1.8m_1+2\times10.4m_1+2\times4.8m_1=\frac{0.8\times11.472\times4.0^2\times(3\times5.2-4.0)}{12}$$

解得

$$m_1=3.35\text{kN}\cdot\text{m/m}$$

$$m_2=0.6\times3.35=2.01\text{kN}\cdot\text{m/m}$$

$$m'_1=m''_1=2\times3.35=6.7\text{kN}\cdot\text{m/m}$$

$$m'_2=m''_2=2\times2.01=4.02\text{kN}\cdot\text{m/m}$$

②B 区格板为

$$l_{01}=4.2-\frac{0.2}{2}-0.12+\frac{0.1}{2}=4.03\text{m}$$

$$l_{02}=5.4-0.2=5.2\text{m}$$

$$n=\frac{l_{02}}{l_{01}}=\frac{5.2}{4.03}=1.29$$

由于 B 区格为边区格，内力不折减，由于长边支座弯矩已知，$m'_1=6.7\text{kN}\cdot\text{m/m}$，则有

$$M_1=m_1\left(l_{02}-\frac{l_{01}}{4}\right)=m_1\left(5.2-\frac{4.03}{4}\right)=4.19m_1$$

$$M_2 = \frac{3}{4}\alpha l_{01} m_1 = \frac{3}{4} \times 0.6 \times 4.03 m_1 = 1.81 m_1$$

$$M'_1 = 6.7 \times 5.2 = 34.84\text{kN} \cdot \text{m}, M''_1 = 0$$

$$M'_2 = M''_2 = 0.6 \times 2 \times 4.03 m_1 = 4.84 m_1$$

将上列各值代入双向板总弯矩极限平衡方程式（2-28），即得

$$2 \times 4.19 m_1 + 2 \times 1.81 m_1 + 34.84 + 2 \times 4.84 m_1 = \frac{11.472 \times 4.03^2 \times (3 \times 5.2 - 4.03)}{12}$$

解得

$$m_1 = 6.7\text{kN} \cdot \text{m/m}$$

$$m_2 = 0.6 \times 6.7 = 4.02\text{kN} \cdot \text{m/m}$$

$$m'_2 = m''_2 = 2 \times 4.02 = 8.04\text{kN} \cdot \text{m/m}$$

③C 区格板，亦按同理进行计算，详细过程从略。

$$m_1 = 4.93\text{kN} \cdot \text{m/m}$$

$$m_2 = 0.6 \times 4.93 = 2.96\text{kN} \cdot \text{m/m}$$

$$m'_1 = m''_1 = 2 \times 4.93 = 9.86\text{kN} \cdot \text{m/m}$$

④D 区格板

$$m_1 = 8.05\text{kN} \cdot \text{m/m}$$

$$m_2 = 0.6 \times 8.05 = 4.83\text{kN} \cdot \text{m/m}$$

（2）截面设计：对各区格板的截面计算与配筋，列于表 2-15，配筋图见图 2-43。

表 2-15　　板的配筋计算

截面			m/（kN·m）	h_0/（mm）	A_s/（mm²）	选配钢筋	实配面积/（mm²）
跨中	A 区格	l_{01}方向	3.35	80	210	Φ 8@200	252
		l_{02}方向	2.01	70	144	Φ 8@200	252
	B 区格	l_{01}方向	6.7	80	410	Φ 10@200	393
		l_{02}方向	4.02	70	288	Φ 10@200	393
	C 区格	l_{01}方向	4.93	80	309	Φ 10@170	393
		l_{02}方向	2.96	70	212	Φ 8@200	252
	D 区格	l_{01}方向	8.05	80	467	Φ 10@170	462
		l_{02}方向	4.83	70	346	Φ 10@200	393
支座	A-B		6.7	80	421	Φ 10@200 Φ 8@400	519
	A-C		4.02	80	252	Φ 8@200 Φ 8@400	376
	B-D		8.04	80	510	Φ 10@200 Φ 8@400	519
	C-D		9.86	80	618	Φ 10@170 Φ 8@340	610

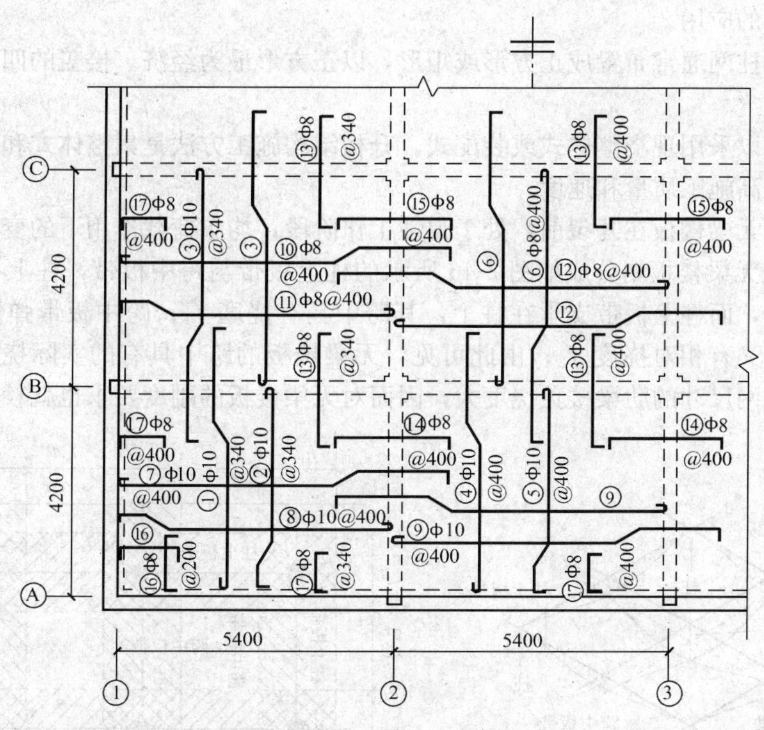

图 2-43　双向板配筋图

第四节　整体式无梁楼盖

一、概述

无梁楼盖是由板和柱组成的板柱框架结构体系。钢筋混凝土平面楼板直接支承在柱上，故与相同柱网尺寸的肋梁楼盖相比，其板厚要大些。为了提高柱顶处平板的受冲切承载力以及降低平板中的弯矩，往往在柱顶设置柱帽。通常柱和柱帽的截面形状为矩形，也有由于建筑功能要求而取圆形截面的。柱帽的主要形式如图 2-44 所示。柱网尺寸较小以及荷载较小时，也可以是无柱帽的。对于厚度较大的无梁楼板，如用于荷载较小的房屋，显然是不经济的。根据以往经验，当楼面可变荷载标准值在 5kN/m^2 以上，柱距在 6m 以内时，无梁楼盖比肋梁楼盖较为经济。另外，无梁楼盖的结构层较小，平滑的板底可大大改善采光、通风和卫生条件，节省模板，简化施工。所以无梁楼盖在多层的工业与民用建筑中常被采用，如面粉厂、冷藏库、商场、书库、仓库以及地下水池的顶盖等。随着升板结构的推广，无梁楼盖

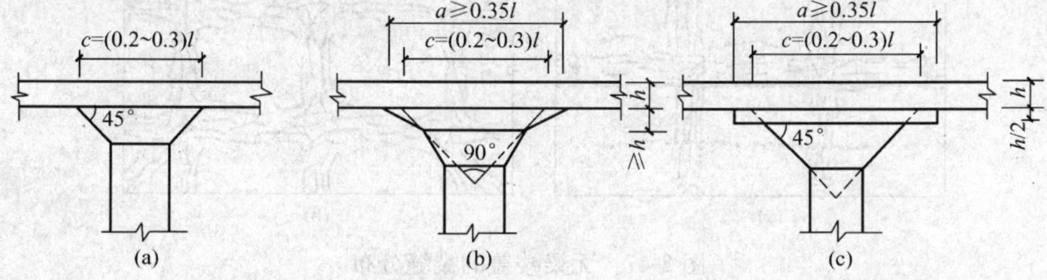

图 2-44　柱帽的主要形式

得到了更为广泛的应用。

无梁楼盖的柱网通常布置成正方形或矩形，以正方形最为经济。楼盖的四周可支承在墙上或边梁上。

无梁楼盖可以采用现浇整体式或装配式。升板结构施工方法是集整体式和装配式无梁楼盖的优点，以提高施工质量和速度。

试验表明，无梁楼板在开裂前，处于弹性工作阶段，均布荷载作用下的变形曲线，如图2-45所示。如把无梁楼板划分成如图2-46所示的柱上板带与跨中板带，柱上板带成了跨中板带的弹性支座，而柱上板带支承在柱上，其跨中具有挠度 f_1；跨中板带弹性支承在柱上板带上，其跨中又有相对挠度 f_2；由此可见，无梁楼板的跨中具有的实际挠度为 f_1+f_2。此挠度较相同柱网尺寸的肋梁楼盖挠度大，因而对无梁楼板的刚度要求也就较高。

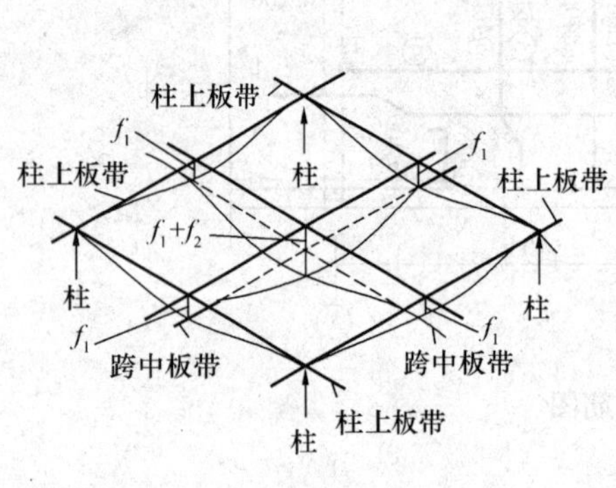

图2-45　无梁楼盖的弹性变形曲线

图2-46　无梁楼盖的柱上板带和跨中板带

试验也表明，无梁楼板的第一批裂缝在柱帽顶面出现，继续加荷，在柱帽顶面边缘的板上，出现沿柱列轴线的裂缝。随着荷载的增长，楼板顶裂缝不断发展，在跨中1/3跨度范围内，相继出现成批的板底裂缝，这些裂缝相互正交，且平行于柱列轴线。即将破坏时，在柱帽顶上和柱列轴线上的板底裂缝以及跨中的板底裂缝处会形成一些的主裂缝，与这些裂缝相交的受拉钢筋屈服，受压混凝土达极限压应变，最终导致楼板破坏。破坏时的板顶裂缝分布情况如图2-47（a）所示；板底裂缝分布情况如图2-47（b）所示。

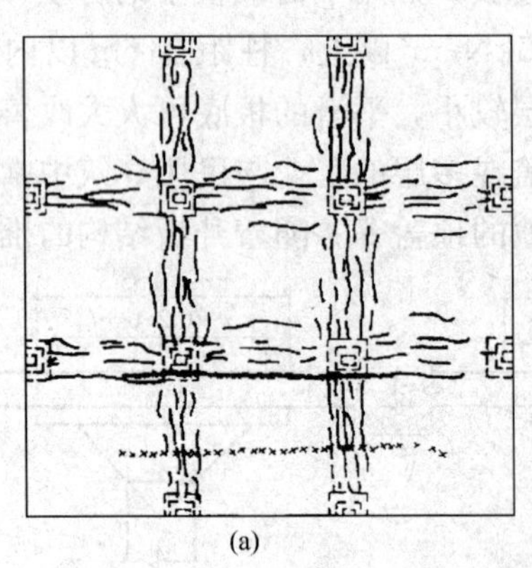

(a)

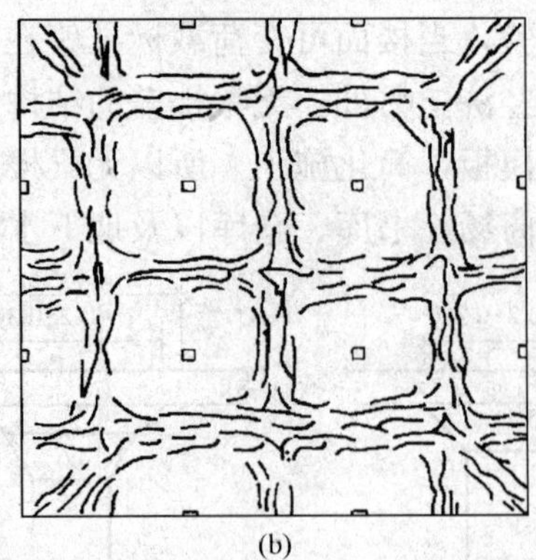

(b)

图2-47　无梁楼盖的裂缝分布

（a）板面裂缝；（b）板底裂缝

二、无梁楼盖的内力分析

无梁楼盖计算方法也有按弹性理论和按塑性铰线法两种计算方法。按弹性理论的计算方法中，有精确计算法、等代框架法、经验系数法等。本节仅介绍工程设计中常用的等代框架法和经验系数法。

1. 经验系数法

经验系数法是在试验研究和实践经验的基础上，提出了一整套弯矩分配系数。计算时先算出板的总弯矩，再乘以弯矩分配系数即可得到各控制截面的弯矩设计值。使用经验系数法必须满足下列条件：

(1) 无梁楼盖中每个方向至少应有三个连续跨；

(2) 无梁楼盖中同一方向上的最大跨度与最小跨度之比应不大于 1.2，且两端跨的跨度不大于相邻的跨度；

(3) 无梁楼盖中任意区格内的长跨与短跨之比不大于 1.5；

(4) 无梁楼盖中可变荷载不大于永久荷载的 3 倍；

(5) 为了保证无梁楼盖本身不承受水平荷载产生的弯矩作用，在无梁楼盖的结构体系中应具有抗侧力支撑或剪力墙。

无梁楼盖在纵横两方向包括四种类型的板带，即中间区格的柱上板带和跨中板带，边缘区格的半边柱上板带和跨中板带，如图 2-48 所示。无梁楼盖的经验系数法以中间板区格为基础，边缘板带则在此基础上乘以相应的修正系数而求得。

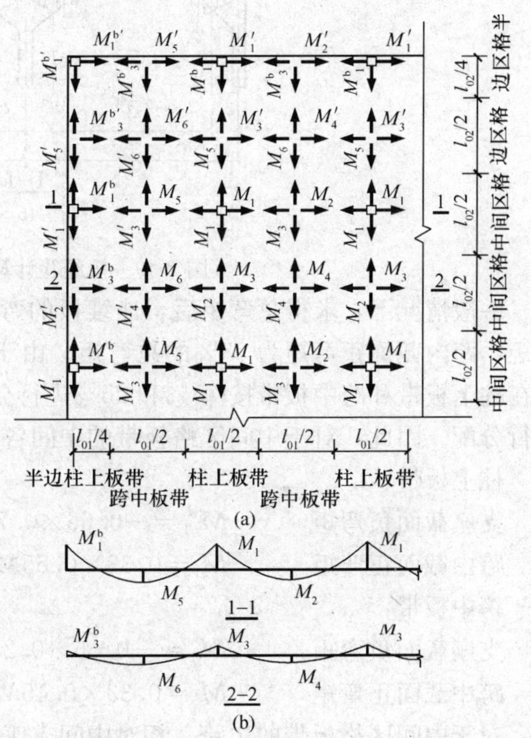

图 2-48 经验系数法的板带弯矩分配

取一条宽相当于柱网宽度，以一列柱为支座的中间板区格作为计算单元，如图 2-49 所示。纵横两个方向板带计算单元的计算跨度分别为 $l_{01}-\frac{2}{3}c$ 和 $l_{02}-\frac{2}{3}c$，其中 c 为柱帽计算宽度范围。柱上及跨中板带支座控制截面为柱帽 $c/3$ 处，跨内控制截面为跨内某截面处，图 2-49 所示。

经验系数法中，假定永久荷载和可变荷载满布在整个板面上。因此，上述计算单元即可简化为一连续多跨板，按简支板算得的跨中总弯矩为

板区格的短跨方向

$$M_{01}=\frac{1}{8}(g+q)l_{02}\left(l_{01}-\frac{2}{3}c\right)^2$$

板区格的长跨方向

$$M_{02}=\frac{1}{8}(g+q)l_{01}\left(l_{02}-\frac{2}{3}c\right)^2$$

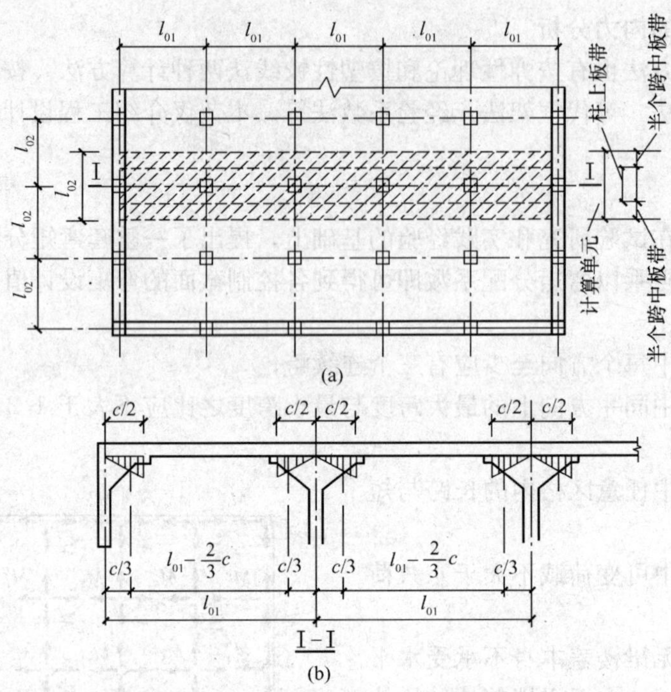

图 2-49　按经验计算法的结构计算单元

一般情况下，求得总弯矩后，连续板的弯矩分配大致为：支座截面负弯矩为 66％的总弯矩，跨内截面正弯矩为 33％的总弯矩。由于柱上板带的支座截面刚度较大，故支座负弯矩在柱上板带和跨中板带按 75％和 25％进行分配；跨中正弯矩在两板带之间按 55％和 45％进行分配。因此，对于中间区格板带的中间各跨沿短跨方向两个板带的弯矩分配如下：

柱上板带：

支座截面负弯矩　　$M'_1=-0.66\times0.75M_{01}=-0.5M_{01}$

跨中截面正弯矩　　$M_1=0.33\times0.55M_{01}=0.18M_{01}$

跨中板带：

支座截面负弯矩　　$M'_1=-0.66\times0.25M_{01}=-0.17M_{01}$

跨中截面正弯矩　　$M_1=0.33\times0.45M_{01}=0.15M_{01}$

对于中间区格板带的边跨，相对中间支座，边缘支座的刚度较小，故而边支座的弯矩减少，相应边跨跨内的弯矩增大。一般取边支座截面负弯矩为 53％的总弯矩，边跨跨内截面正弯矩为 40％的总弯矩。同时，又因为柱上板带有边柱约束，刚度相对较大，而跨中板带只有边梁约束，刚度较小，故边支座负弯矩在柱上和跨中板带按 90％和 10％分配。因此，对于中间区格板带的边跨沿短跨方向两个板带的弯矩分配如下：

柱上板带：

边支座截面负弯矩　　$M'_1=-0.90\times0.53M_{01}=-0.48M_{01}$

边跨中截面正弯矩　　$M_1=0.55\times0.4M_{01}=0.22M_{01}$

跨中板带：

边支座截面负弯矩　　$M'_1=-0.10\times0.53M_{01}=-0.05M_{01}$

边跨中截面正弯矩　　$M_1=0.45\times0.40M_{01}=0.18M_{01}$

对于边缘区格平行于边梁的半边柱板带和跨中板带的截面弯矩，由于楼盖沿外边缘设有边梁，一部分板面荷载有边梁承受。一般可按下述方法确定：柱上板带截面每米宽的正、负弯矩，为中间区格柱上板带相应弯矩的50%；跨中板带截面每米宽的正、负弯矩为中间区格板带相应弯矩的80%。

沿板区格长跨方向各板带的控制截面的弯矩设计值计算与上述方法相同。

与前述单向板楼盖和双向板楼盖的弹性计算方法类似，在进行截面设计时，要考虑空间结构内拱的作用，将中间板区格的计算弯矩乘以0.8的折减系数。

2. 等代框架法

在不满足经验系数法计算无梁楼盖的适用条件时，一般采用等代刚度法。等代刚度法的适用范围为任一区格的长跨与短跨之比不大于2。

等代框架法是把整个结构分别沿纵、横柱列两个方向划分，并将其视为纵向等代框架与横向等代框架来分析。其中等代框架梁就是各层的无梁楼板，故等代框架梁的高度就是板的厚度；等代框架梁的宽度为：当竖向荷载作用时，取与梁跨方向相垂直的板跨中心线间的距离；当水平荷载时，取该板跨中心线间距离的一半较为适宜。等代框架梁的跨度，分别取$l_{01}-\frac{2}{3}c$与$l_{02}-\frac{2}{3}c$。等代框架柱的计算高度：对于楼层取层高减去柱帽的高度；对于底层，取基础面至该层楼板底面的高度减去柱帽的高度。

当仅有竖向荷载时，等代框架可近似地按分层法计算（详见第五章）。

按等代框架计算时，应考虑活荷载的不利组合。若活荷载不超过3/4的恒荷载，可按整个楼盖满布活荷载考虑。

经框架内力分析得出的柱的内力，即可用于柱的截面设计；而梁的内力，则需根据实际受力情况分配给不同板带，即将梁的各部位弯矩乘以表2-16中的相应系数，得出柱上板带和跨中板带的各相应部位的弯矩。

表2-16 等代框架梁的弯矩分配系数

截面		柱上板带	跨中板带
内跨	支座截面负弯矩	0.75	0.25
	跨内截面正弯矩	0.55	0.45
边跨	边支座截面负弯矩	0.90	0.10
	跨内截面正弯矩	0.55	0.45
	第一内支座截面负弯矩	0.75	0.25

三、柱帽

无梁楼盖的全部楼面荷载是通过板柱连接面上的剪力传给柱的。在板柱连接处，可能因承载力不足而发生冲切破坏。为了增大板柱连接面积，提高受冲切承载力，应在柱顶设置柱帽。柱帽可以减少板的计算跨度及增加楼面的刚度，但会给施工带来诸多不便。对于跨度较小的无梁楼盖可以不设柱帽，板受冲切承载力不足时，可通过在板内设置钢梁或在柱顶板内加设箍筋或弯起钢筋的办法防止冲切破坏。

柱帽尺寸及配筋，应满足柱帽边缘处平板的受冲切受载力要求。当满布荷载时，无梁楼盖中的内柱柱帽边缘处平板，可认为承受中心冲切（见图2-50）。

1. 试验结果

平板的中心冲切，属于在局部荷载下，具有均布反压力的冲切情况。这种冲切情况的试验表明：

（1）冲切破坏时，形成破坏锥体的锥面与平板面大致呈45°的倾角。

（2）受冲切承载力与混凝土轴心抗拉强度、局部荷载作用范围的周界长度（柱或柱帽周

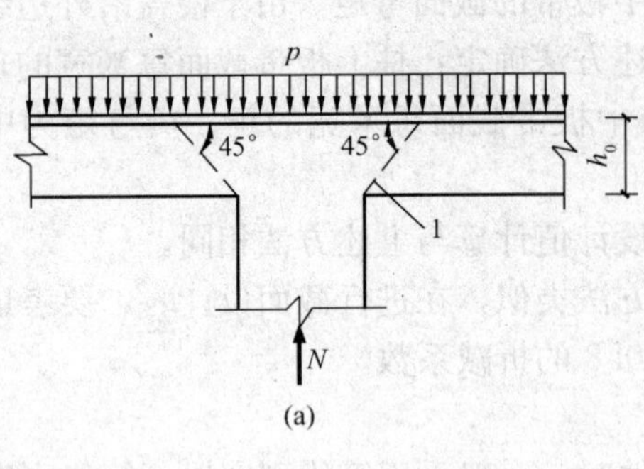

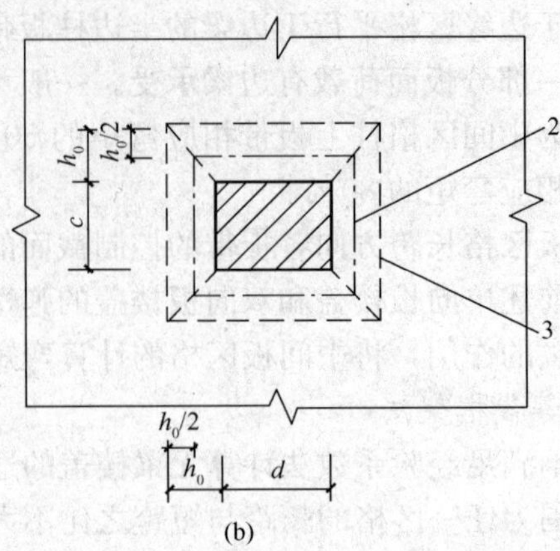

图 2-50 板受冲切承载力计算

1—冲切破坏锥体的斜面；2—距荷载面积周边$h_0/2$处的周长；3—冲切破坏锥体的底面线

长）及板的纵横两个方向的配筋率，均大体呈线性关系；受冲切承载力与板的厚度，大体呈抛物线关系。

（3）配有弯起钢筋与箍筋的平板，可较大提高受冲切承载力。

2. 冲切承载力计算公式

根据冲切承载力试验结果并参照国内外有关资料，《混凝土结构设计规范》规定：

（1）集中反力作用下不配箍筋或弯起钢筋的板，其受冲切承载力应符合下列要求

$$F_l \leqslant 0.7\beta_h f_t \eta u_m h_0 \tag{2-38}$$

$$F_l = N - p(c + 2h_0)(d + 2h_0)$$

式中 F_l——受冲切承载力，即柱所承受的轴向力设计值的层间差值减去柱顶冲切破坏锥体范围内的荷载设计值；

u_m——距柱帽周边 $h_0/2$ 处的板垂直截面最不利周长；

f_t——混凝土抗拉强度设计值；

h_0——板冲切破坏锥体的有效高度；

β_h——截面高度影响系数：当 $h \leqslant 800$mm 时，取 $\beta_h = 1.0$，当 $h \geqslant 2000$mm 时，$\beta_h = 0.9$，其间按线性插值法取用；

η—应按下列两个公式计算，并取其中较小值

$$\eta_1 = 0.4 + \frac{1.2}{\beta_s}$$

$$\eta_2 = 0.5 + \frac{\alpha_s h_0}{4u_m}$$

η_1——局部荷载或集中反力作用面积形状的影响系数；

η_2——临界截面周长与板截面有效高度之比的影响系数；

β_s——局部荷载或集中反力作用面积为矩形时的长边与短边尺寸的比值，β_s 不宜大于 4，当 $\beta_s < 2$ 时，取 $\beta_s = 2$，当面积为圆形时，取 $\beta_s = 2$；

α_s——板柱结构中柱类型的影响系数：对中柱，取 $\alpha_s = 40$，对边柱，取 $\alpha_s = 30$，对角柱，取 $\alpha_s = 20$。

（2）当冲切承载力不能满足式（2-38）的要求，且板厚 $h\geqslant150$mm 并受到限制时，可配置箍筋或弯起钢筋。为了防止板厚过小，抗冲切钢筋数量过多，避免在使用阶段因冲切发生的斜裂缝开展过宽，必须满足下列条件

$$F_l\leqslant1.05f_t\eta u_m h_0 \tag{2-39}$$

无梁楼盖配置箍筋或弯起钢筋受冲切承载力应符合下列规定：

当配置箍筋时

$$F_t\leqslant0.3f_t\eta u_m h_0+0.8f_{yv}A_{svu} \tag{2-40}$$

当配置弯起钢筋时

$$F_t\leqslant0.3f_t\eta u_m h_0+0.8f_{yv}A_{sbu}\sin\alpha \tag{2-41}$$

式中　A_{svu}——呈 45°冲切破坏锥体斜截面相交的全部箍筋截面积；

A_{sbu}——呈 45°冲切破坏锥体斜截面相交的全部弯起钢筋截面积；

α——弯起钢筋与板底面的夹角。

对于配置受冲切的箍筋或弯起钢筋的冲切破坏锥体以外的截面，仍应按式（2-38）进行受冲切承载力的验算。此时，取冲切破坏锥体以外 $0.5h_0$ 处的最不利周长计算。

3. 柱帽配筋构造要求

计算所需的箍筋及相应的架立钢筋应配置在与 45°冲切破坏锥体相交的范围内。且从集中荷载作用面或柱截面边缘向外分布长度不应小于 $1.5h_0$；箍筋应做成封闭式，直径不应小于 6mm，其间距不应大于 $h_0/3$，如图 2-51（a）所示。

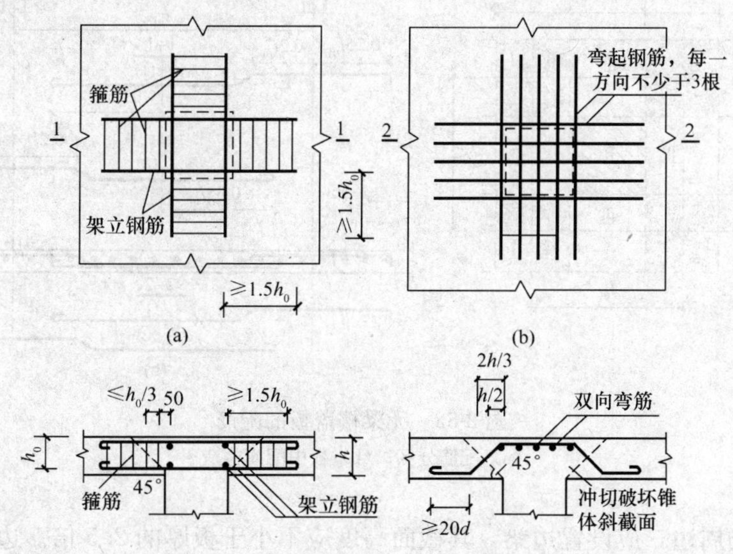

图 2-51　板中抗冲切钢筋的布置

（a）用箍筋作抗冲切钢筋；（b）用弯起钢筋作抗冲切钢筋

计算所需的弯起钢筋的弯起角可根据板的厚度在 30°～45°之间选取；弯起钢筋的倾斜段应与冲切破坏锥面相交，其交点应在离集中反力作用面或柱截面边缘以外 $h/2\sim2h/3$ 的范围内，如图 2-51（b）所示。弯起钢筋的直径不应小于 12mm，且每一方向不宜少于三根。

四、截面设计与构造要求

1. 板厚及板的截面有效高度

无梁楼板通常是等厚的。对板厚的要求，满足承载要求外，还必须满足刚度的要求，即

在荷载作用下的挠度满足正常使用的要求。由于目前对其挠度尚无完善的计算方法，所以用板厚 h 与长跨 l_{02} 的比值来控制其挠度。即设计板厚宜遵守下列规定：

有帽顶板时 $$h \geqslant \frac{l_{02}}{35}$$

无帽顶板 $$h \geqslant \frac{l_{02}}{32}$$

无柱帽时，柱上板带可适当加厚，加厚部分的宽度可取相应板跨的30%。

板的截面有效高度取值，与双向板类同。同一部位的两个方向弯矩同号时，由于纵横钢筋叠置，应分别取各自的截面有效高度。当为正方形区格时，为了方便，可取两个方向截面有效高度的平均值。

2. 板的配筋

板的配筋通常采用绑扎钢筋的双向配筋方式。采用一端弯起、另一端直线段的弯起式配筋时，钢筋弯起、切断点的位置，必须满足图2-52的构造要求。为减少钢筋类型，又便于施工，通常采用分离式配筋。对于支座承受负弯矩的钢筋，为使其在施工阶段具有一定的刚性，其直径不宜小于12mm。

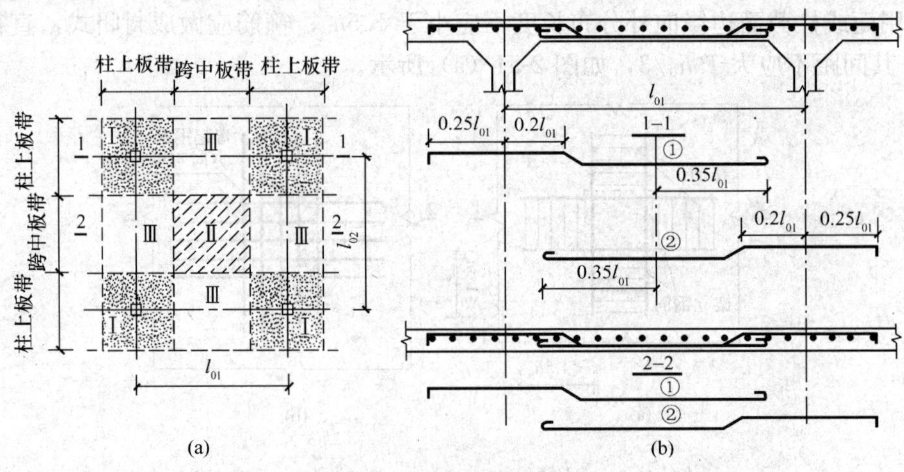

图2-52　无梁楼盖板的配筋
(a) 配筋分区；(b) 板中配筋构造

3. 边梁

无梁楼盖的周边，应设置边梁，其截面高度应不小于板厚的2.5倍。边梁除与半个柱上板带一起承受弯矩外，还须承受未计及的扭矩，所以应设置抗扭构造钢筋。

第五节　装配式梁板结构

设计装配式梁板结构时，一方面应注意合理地进行楼盖结构布置和预制构件选型；另一方面要处理好预制构件间的连接以及预制构件和墙（柱）的连接。

装配式楼盖主要有铺板式、密肋式和无梁式等，其中铺板式应用最广。铺板式楼盖的主要构件是预制板和预制梁。各地大量采用的是本地区的通用定型构件，由各地预制构件厂供应，当有特殊要求，或施工条件受到限制时，才进行专门的构件设计。

铺板式楼盖的设计步骤为：

（1）根据建筑平面图中墙、柱位置，确定楼盖结构布置方案，排列预制板、梁；

（2）选择预制板、梁的型号，并对个别非标准构件进行设计，或局部采用现浇处理；

（3）绘制施工图，处理好楼盖构件的连接构造。

一、预制板和预制梁

1. 预制板的形式

我国常用的预制铺板有空心板、正（倒）槽形板、平板和T形板等（见图 2-53）。为了节约材料，提高构件刚度，预制板应尽可能做成预应力的。

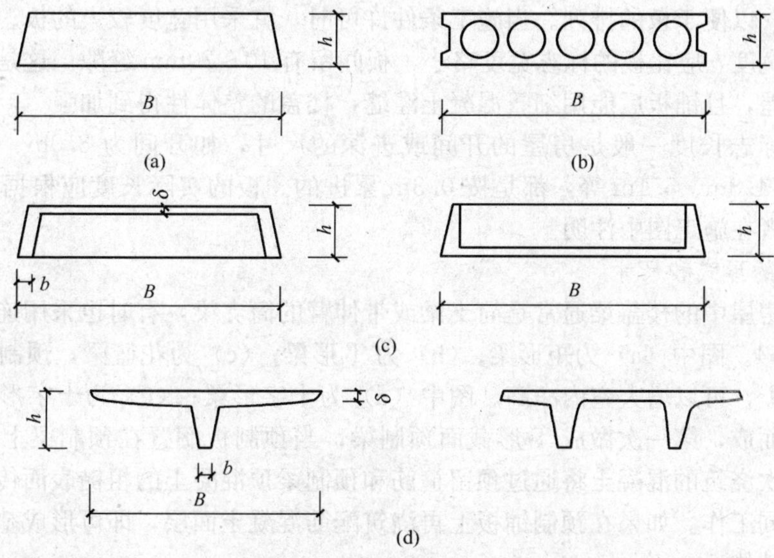

图 2-53 预制板的截面形式

实心平板见图 2-53（a），制作简单，上、下表面平整，利于地面及顶棚处理。但是自重较大且材料消耗较多，故仅适用于小跨度板。如走道板、管沟盖板等（跨度在 1.5m 以内）。

当板的跨度加大时，为减轻构件重量，可将截面受拉区和中部的部分混凝土挖去，这样就形成了空心板和槽形板。空心板和正（倒）槽形板在受弯工作时，可分别按折算的工字形截面和T形（倒T形）截面计算。板的截面高度通常根据刚度要求确定。

空心板见图 2-53（b），板面平整，地面及天顶容易处理，且隔声隔热效果较好，已大量应用于楼盖、屋盖中，其缺点是板面不能任意开洞且混凝土用量仍较高。

槽形板见图 2-53（c），混凝土用量较少，当板助向下搁置时可以较好地利用板面混凝土受压，但却不能提供平整的天棚，使用时常常需要另做顶棚。槽形板除可用于民用建筑楼盖外，由于板上开洞较自由，在工业建筑中应用较多，也适用于厕所、厨房的楼板。

T形板见图 2-53（d），有单T形板和双T形板，是梁板合一的构件，具有良好的受力性能，能跨越较大的空间。可用于工业与民用建筑作为屋面板，又可作为墙板。缺点是板之间的连接比较弱。

此外，还有夹心板。夹心板往往做成自防水保温屋面板，它在两层混凝土中间填充泡沫混凝土等保温材料，将承重、保温、防水三者结合在一起。

2. 预制板的尺寸

板厚：板的厚度应满足施工和使用阶段承载能力、刚度及裂缝控制的要求，并且应和砌体的皮数相匹配。通常根据刚度要求，由高跨比来确定最小截面高度，必要时再进行变形和裂缝宽度（或抗裂度）验算。

实心板一般取板厚 $h=l/30$（l 为板的跨度），常用板厚 60～120mm。

预应力混凝土空心板 $h=l/30\sim l/35$，常用截面高度有 120mm、180mm 和 240mm。预应力混凝土的耐火极限较小。

钢筋混凝土空心板取板厚 $h=l/20\sim l/25$。

板宽：板的宽度应根据板的制作、运输、起吊的具体条件而定，并且应考虑到本地区常用房间的尺寸，以便于板的排列。当施工条件许可时，宜采用宽度较大的板。

板的实际宽度 b 应比板的标志宽度略小，板间留有 10～20mm 缝隙。这是考虑预制板制造时的允许误差，且铺板后能用细石混凝土灌缝，楼盖的整体性得到加强。

预制板的标志长度一般是房屋的开间或进深的尺寸，如开间为 3.0m、3.3m、3.6m、3.9m；进深为 4.8m、5.1m 等，都是按 0.3m 累进的。板的实际长度应根据板的具体搁置情况，由设计者在施工图中注明。

3. 预制梁的形式和尺寸

混合结构房屋中的楼盖梁通常是简支梁或带伸臂的简支梁，有时也采用连续梁。梁的截面形式见图 2-54。图中（a）为矩形梁；（b）为 T 形梁；（c）为花篮梁，预制板搁置在梁侧挑出的小牛腿上，可以增大室内净高。图中（d）为十字形梁；（e）为十字形叠合梁，分两次浇筑混凝土而成，第一次做成 T 形截面预制梁，当预制板搁置在预制梁上后再第二次浇筑混凝土，两次浇筑的混凝土将通过预留箍筋和预制梁顶混凝土的粗糙表面传递剪力使其结合成整体而共同工作。如果在预制铺板上再浇筑配筋混凝土面层，即可形成整体性较好的装配整体式梁板结构。

两端简支楼盖梁的截面高度一般取 1/14～1/18 跨度。

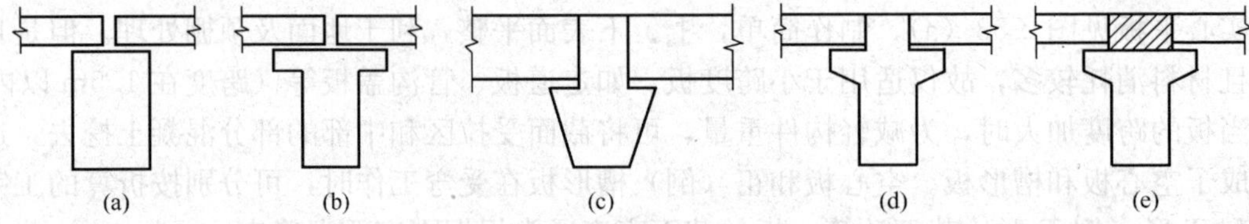

图 2-54　预制梁的截面形式

二、预制构件的计算要点

预制构件和现浇构件一样，应按规定进行承载能力极限状态计算和正常使用条件下的变形和裂缝宽度验算，以确定构件的截面尺寸和配筋。对于预制构件，还要求分别按施工阶段和使用阶段进行计算和构造，并对构件的承载力、变形和裂缝宽度进行结构检验。

进行吊装验算时，首先要确定吊装方案，根据构件上的吊点位置计算内力。并应在施工图上绘出吊装简图。

对构件在运输、堆放时的工作状态，以及预应力混凝土构件在预应力筋放张时的受力状况也应重视，必要时应采取某些构造措施，以防止构件开裂或过早开裂。

进行施工吊装验算时应考虑以下因素：

（1）动力系数：预制构件自身吊装验算时，应将构件自重乘以动力系数。动力系数可取

1.5，但根据构件吊装时的受力情况，可适当增减。

（2）预制构件在施工阶段的安全等级，可较其使用阶段的安全等级降低一级，但不得低于三级。对于安全等级为三级的结构构件，结构构件的重要性系数 $\gamma_0=0.9$。

（3）吊环计算：为了吊装方便，预制构件一般应埋设吊环。吊环应采用 HPB235 级、HRB335 级或 HRB400 级钢筋制作，严禁使用冷加工钢筋以防脆断。吊环埋入构件内的锚固长度不应小于 $30d$（d 为吊环钢筋直径），并应焊接或帮扎在钢筋骨架上。每个吊环可按两个截面受力计算，在构件的自重标准值作用下，吊环钢筋的容许应力不应大于 50N/mm^2，计算式为

$$\sigma_s = G/2nA_s \leqslant 50\text{N/mm}^2 \tag{2-42}$$

式中　G——构件自重标准值（不考虑构件自重动力系数）；

A_s——每根吊环钢筋的截面面积；

n——受力吊环的数目，当一个构件上设有四个吊环时，计算中仅考虑三个同时发挥作用。

三、预制梁、板结构布置

建筑平面和墙体布置确定后，就可以进行楼盖布置。预制板、预制梁应按标准图说明选用，只要计算出作用于梁、板上的均布荷载值，即可选用标准图集中的梁和板；对于非均布荷载作用的情况，一般应根据结构弯矩和剪力值按标准图集中梁、板受弯、剪承载力进行选用，必要时应对梁、板变形和裂缝宽度进行验算。

铺板式楼盖的布置主要视墙体布置或柱网尺寸而异，通常有铺板设在横墙上、铺板设在纵墙上和铺板设在梁上等三种布置方案，如图 2-55 所示。确定布置方案时，除重视铺板材料用量的经济指标外，还应注意在施工条件许可范围内选用较宽的板，且型号不宜过多。

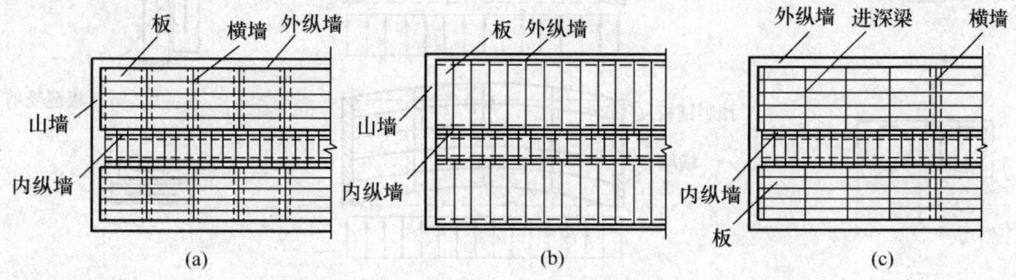

图 2-55　铺板式楼盖的结构平面布置

楼盖结构布置除解决大量有代表性的单元布置外，还应处理好局部区域的布置。经常遇到的有以下一些情况：

（1）铺板布置时一般选用一种基本型号，再以其他型号的板补充，排板时允许板间存在 10～20mm 的空隙。预制板的长边在任何情况下，均不得搁置、嵌固在承重墙体内，一方面可以防止板边被墙体压坏，另一方面也可防止因楼板变形致使墙体出现裂缝。当排板后的剩余宽度小于 120mm 时，可采用沿墙跳砖的方法处理；若剩余宽度较大，则可处理成现浇板带，配筋数量按计算确定，可采用吊模施工。

（2）当遇有较大直径竖管穿越楼面时，可局部改用槽形板，这样板面凿洞比较方便。如凿洞过多，可将有洞范围内的部分楼板改为现浇。如沿墙有暖气立管时，往往在铺板与非支承墙间预留 60～80mm 的现浇混凝土带，以便施工时穿越立管。

(3) 当楼盖水平面内需敷设较粗的动力、照明管道时，可降低该房间的楼盖结构标高，加厚板面混凝土找平层以便将管道埋设在找平层中；也可采取加宽预制板间隔的办法，待管道敷设后再灌以混凝土。

(4) 当楼盖结构上设置非承重隔墙，且隔墙垂直于板跨度方向布置时，应根据结构内力按板的承载力选用预制板的型号，隔墙下设构造钢筋。如隔墙平行于板跨度方向布置时，当荷载或板的跨度较大，板的受弯或受剪承载力不足时，可在隔墙下设置预制梁或现浇梁。采用轻质隔墙时，也可在隔墙下设置现浇板带，采用现浇板带时应进行承载力计算，并进行变形和裂缝宽度验算。

四、装配式梁板结构的连接构造

装配式梁板结构的结构设计除满足下述各项要求外，还要使预制构件之间、预制构件和竖向承重结构之间具有可靠的连接，以保证楼盖本身的整体性，保证楼盖与其竖向结构的共同作用，使整体房屋结构具有良好的静力工作性能和空间刚度。在水平荷载作用下，如何保证墙体和楼盖共同工作，并将力可靠在传递至基础，具有更重要的意义。

不论对于混合结构或钢筋混凝土多层结构房屋，在水平荷载作用下，楼盖会在自身平面内弯曲，如图 2-56 所示，从而产生弯曲正应力和剪应力。因此，预制板缝间的连接应能承担这些应力以保证装配式楼盖水平方向的整体性。对于多层混合结构，在水平荷载作用下，楼盖作为纵墙的指点，起着将水平荷载传递各横墙的作用，故楼盖和纵、横墙间都应可靠的连接才能保证此水平反力的传递。

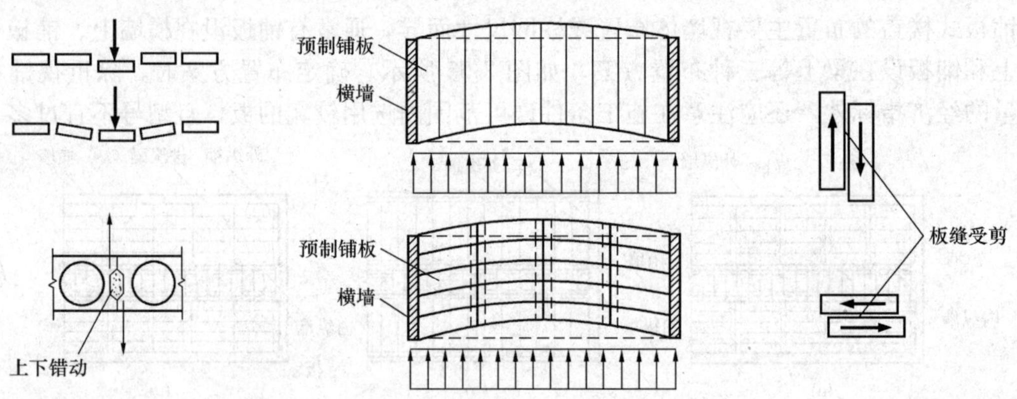

图 2-56 水平荷载作用下楼盖的受力状态

对于竖向荷载，特别是局部的竖向荷载作用下，加强各预制板间的连接，对于改善各单块预制板的工作也是有利的。

装配式梁板结构的连接包括板与板间、板与墙（梁）之间以及梁与墙的连接。

1. 位于非抗震设防地区的连接构造

(1) 板与板的连接：为了使预制板间的灌缝混凝土起到传递竖向及水平方向剪力的作用，预制空心板侧边均应做成凹形，预制板间下部缝宽约 20mm，上部缝宽稍大，一般应采用不低于 C20 的细石混凝土灌实。

(2) 板与支承墙或支承梁的连接：预制板直接搁置在墙、梁上时，其支承面应铺设 10～20mm 厚度的水泥砂浆找平层，并有足够的支承长度。板在砖砌体上的支承长度应不少于 100mm，在混凝土梁上应不少于 80mm。空心板两端的孔洞应用混凝土或砖块堵实。为了防止空心板端部被压坏，当搁置在承重墙上时，房屋高度及层数要有一定的限制；为了防止墙体对板的嵌固作用过大，空心板的支承长度不宜大于 120mm。为了加强预制板与墙、梁的连接，保证传力及承受负弯矩作用，在预制板支承处板的上部设置构造钢筋，如图 2-57 所示。

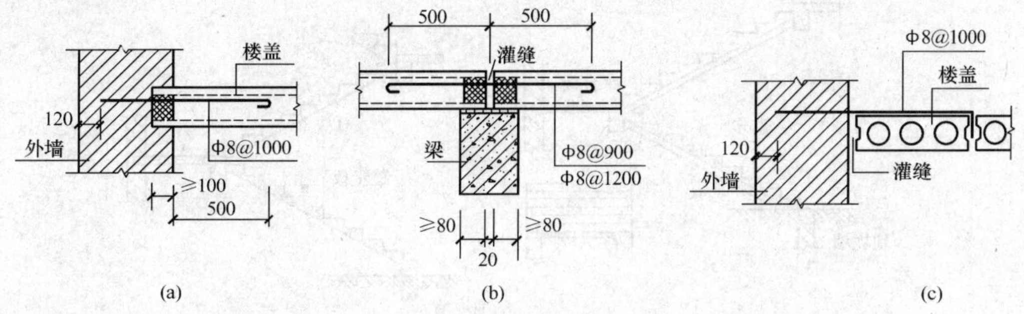

图 2-57　板与墙、梁的连接构造

（3）板与非支承墙的连接：一般采用细石混凝土灌缝见图 2-57（c），当沿墙有现浇带时更有利于加强板与墙的连接。板与非支承横墙的连接不仅起着将水平力传给横墙的作用，还起着保证横墙稳定的作用。因此，当预制板的跨度大于 4.8m 时，往往在板的跨中附近加设拉筋以加强其与横墙的连接。当非承重横墙上有圈梁时，可将灌缝部分与圈梁连成整体。

（4）梁与墙的连接：梁在砖墙上的支承长度不得小于 180mm，还应考虑梁内受力纵筋在支座处的锚固要求，并满足支承下砌体局部受压承载力的要求。当砌体局部受压承载力不足时，应按计算设置梁垫。预制梁与墙、梁与梁垫、梁垫与墙体间应设 10～20mm 厚度的水泥砂浆找平层。预制梁的跨度较大时，梁与梁垫、梁垫与墙体间应设拉结锚固钢筋。

2. 位于有抗震设防地区的连接构造

对位于有抗震设防地区的多层砌体房屋，当采用装配式梁板结构时，在结构布置上应尽量采用横墙承重方案或纵、横墙混合承重方案，因为一般纵墙承重时，横墙间距往往较大，对抗震不利。

多层砖房楼（屋）盖的连接应符合下列要求：

（1）当圈梁未设在预制板的同一标高时，板端伸进外墙的长度不应小于 120mm，伸进内墙的长度不宜小于 100mm，且不应小于 80mm，在梁上不应小于 80mm。

（2）当板的跨度大于 4.8m，并与外墙平行时，靠外墙的预制板侧边应与墙或圈梁拉结，板缝用 C20 细石混凝土灌实。

（3）房屋端部大房间的楼盖，8 度设防时，若圈梁设在板底，预制板应相互拉结，并应与梁、墙或圈梁拉结。

（4）如遇圈梁位于预制板边的情况，此时应先搁置预制板，然后在浇筑圈梁。

第六节　整体式楼梯和雨篷

楼梯、雨篷、阳台等是建筑物的重要组成部分，也属于梁板结构。楼梯是斜向结构，雨篷、阳台和挑檐是悬挑结构。本节主要讲述楼梯和雨篷的结构计算及构造要点。

一、楼梯

楼梯的平面布置、踏步尺寸、栏杆形式等由建筑设计确定。但楼梯的结构形式由结构设计确定，板式楼梯和梁式楼梯是最常见的现浇楼梯，宾馆和公共建筑有时也采用一些特种楼梯，如螺旋板式楼梯和悬挑式楼梯（也称剪刀式），如图 2-58 所示，前两种为平面结构体系，后两种属于空间结构体系。此外也有采用装配式楼梯的。

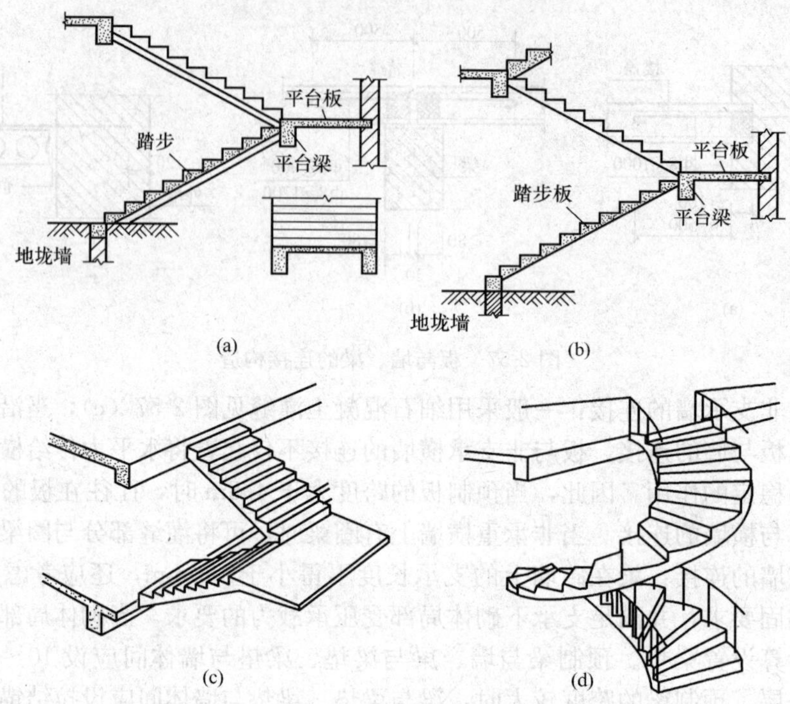

图 2-58 整体式楼梯的结构形式

楼梯的结构设计包括以下内容：

(1) 根据建筑要求和施工条件，确定楼梯的结构形式和结构布置；

(2) 根据建筑类别，按《荷载规范》确定楼梯的活荷载标准值。需要注意的是楼梯的活荷载往往比所在楼面的活荷载大。生产车间楼梯的活荷载可按实际情况确定，但不宜小于 $3.5kN/m^2$（按水平投影面计算）。除以上竖向荷载外，设计楼梯栏杆时尚应按规定考虑栏杆顶部水平荷载 0.5kN/m（对于住宅、医院、幼儿园等）或 1.0kN/m（对于学校、车站、展览馆等）。

(3) 进行楼梯各部件的内力计算和截面设计。

(4) 绘制结构施工图，特别应注意处理好连接部位的配筋构造。

1. 板式楼梯

板式楼梯由梯段板、休息平台和平台梁组成（见图 2-58）。梯段是一块带踏步的斜板，支承在平台梁上和楼层梁上，底层下端一般支承在地垅墙或基础梁上。平台梁一般支承于楼梯间两侧的承重墙体上。平台板支承于平台梁和墙体上。

板式楼梯的优点是下表面平整，施工支模较方便，外观比较轻巧。缺点是斜板较厚，约为梯段斜板长的 1/25～1/30，其混凝土和钢材用量都较多，一般适用于梯段的水平跨度不超过 3m 的情况。

(1) 梯段板。梯段斜板计算时，取 1m 宽的斜向板带作为结构及荷载计算单元，按斜放的简支梁计算（见图 2-59）。

设楼梯单位水平长度上的竖向均布荷载 $p=g+q$（表示为↓），则沿斜板单位斜长上的竖向均布荷载 $p'=p\cos\alpha$（表示为↓），如图 2-60 所示，此处 α 为梯段板与水平面间的夹角，将 p'分解为

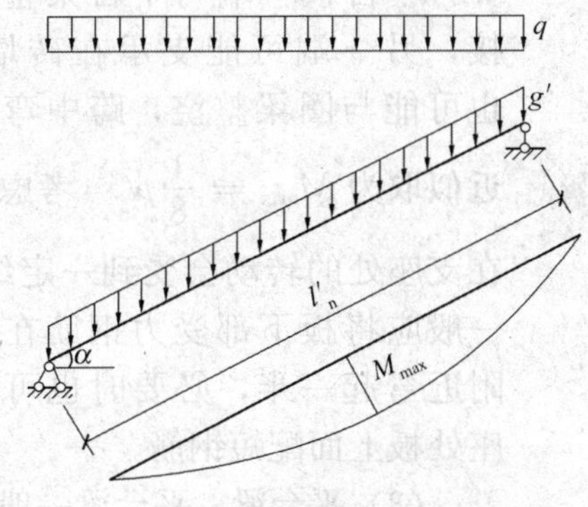

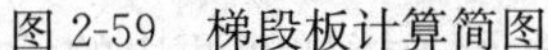

图 2-59　梯段板计算简图

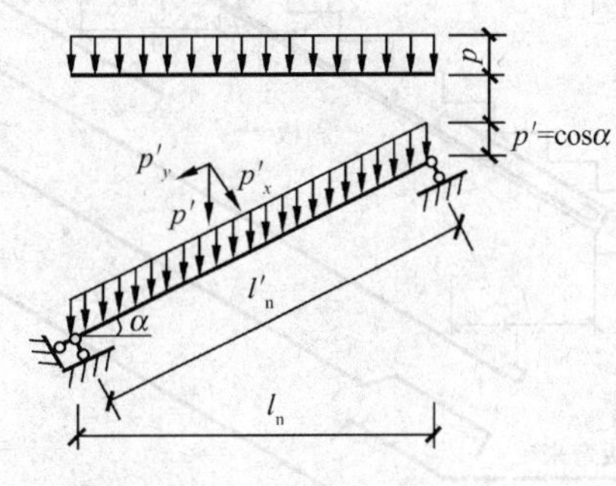

图 2-60　梯段上的受力分解

$$p'_x = p'\cos\alpha = p\cos\alpha \cdot \cos\alpha$$
$$p'_y = p'\sin\alpha = p\cos\alpha \cdot \sin\alpha$$

此外 p'_x、p'_y 分别为 p'在垂直于斜板方向及平行于斜板方向的分力，忽略 p'_y对梯段板的影响，只考虑 p'_x对梯段板的弯曲作用。

设 l_n 为梯段板的水平净跨长，l'_n为其斜向净跨长。

因

$$l_n = l'_n\cos\alpha$$

故，斜板弯矩

$$M_{max} = \frac{1}{8}p'_x\,(l'_n)^2 = \frac{1}{8}p\cos^2\alpha \times (l_n/\cos\alpha)^2 = \frac{1}{8}pl_n^2 \tag{2-43}$$

斜板剪力

$$V_{max}\ \frac{1}{2}p'_x l'_n = \frac{1}{2}p\cos^2\alpha \times (l_n/\cos\alpha) = \frac{1}{2}pl_n \times \cos\alpha \tag{2-44}$$

因此，简支斜板（梁）计算具有以下特点：

1）简支斜板在竖向均布荷载 p（沿单位水平长度）作用下的最大弯矩，等于其水平投影长度的简支梁在 p 作用下的最大弯矩；

2）简支斜板在竖向均布荷载 p 的最大剪力等于水平投影长度的简支梁在 p 作用下的最大剪力值乘以 $\cos\alpha$。

虽然斜板按简支计算，但由于梯段与平台梁整浇，平台对斜板的变形有一定约束作用，故计算板的跨中弯矩时，也可以近似取 $M_{max}=\frac{1}{10}pl_n^2$。

梯段斜板按矩形截面计算，截面计算高度应取垂直于斜板的最小高度。斜板受力钢筋数量按跨中截面弯矩确定。为避免板在支座处产生裂缝，应在板上面配置一定量钢筋，其数量一般可以取跨中配筋截面的 1/2，伸入跨内的水平长度为 $l_n/4$。分布钢筋可采用φ 8，每级踏步一根。斜板一般不必进行斜截面受剪承载力计算。斜板的配筋可采用弯起式或分离式，

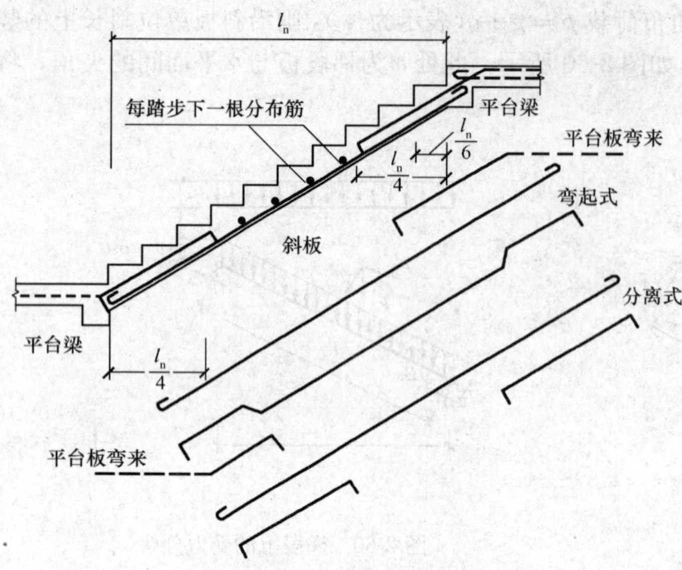

图 2-61　板式楼梯斜板配筋方案

如图 2-61 所示。

(2) 平台板。平台板一般都是单向板，可取 1m 宽板带进行计算，平台板一端与平台梁整体连接，另一端可能支承在砖墙上，也可能与圈梁整浇，跨中弯矩可近似取为 $M_{\max}=\frac{1}{8}pl_n^2$。考虑到板在支座处的转动会受到一定约束，一般应将板下部受力钢筋在支座附近弯起一半，必要时也可在支座处板上面配短钢筋。

(3) 平台梁。平台梁一般两端支承于楼梯间两边的承重墙上。平台梁承受梁自重、抹灰荷载、平台板传来的均布荷载，以及梯段板传来的荷载。一般可按简支梁计算其内力及配筋。

2. 梁式楼梯

梁式楼梯由踏步板、斜梁和平台板、平台梁组成（见图 2-58）。

(1) 踏步板。踏步板由斜板和三角形踏步组成，踏步几何尺寸由建筑设计确定。斜板厚度一般取 30～50mm。计算时一般取一个踏步作为计算单元，踏步板为梯形截面，板的计算高度可近似取平均高度 $h=\frac{c}{2}+\frac{t}{\cos\alpha}$（见图 2-62），按两端简支在斜梁上的单向板考虑，作用于踏步板上的荷载有恒载和活荷载。配筋按单筋矩形截面进行计算，每一踏步需配置不少于 2Φ 8 的受力钢筋，沿斜向布置间距不大于 250mm 的Φ 8 分布钢筋。

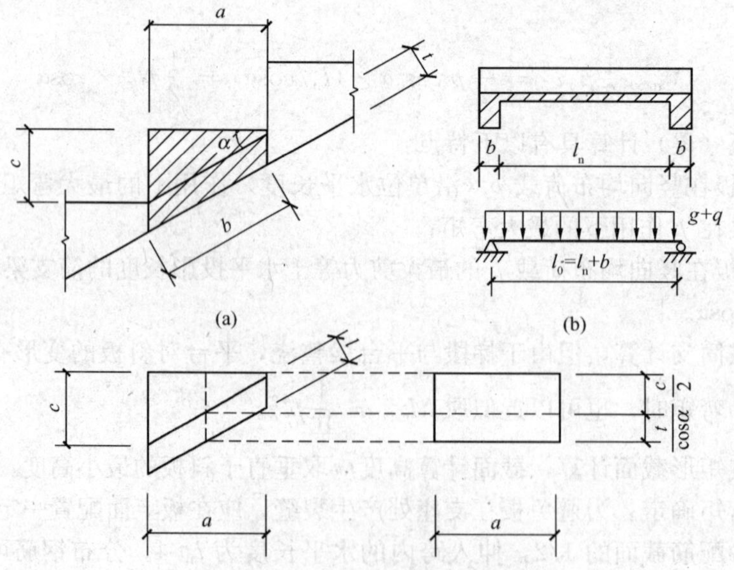

图 2-62　梯段踏步办计算截面及简图

（2）斜边梁。斜边梁不做刚度验算时，斜梁高度通常取 $h=(1/10-1/14)l_0$，l_0 为斜梁水平方向的计算跨度。斜边梁的内力计算特点与梯段板相同。踏步板可能位于斜梁截面高度的上部，也可能位于下部，计算时可近似取为矩形截面。图 2-63 为斜边梁的配筋构造图。

（3）平台梁。平台梁主要承受斜边梁传来的集中荷载（由上、下跑楼梯斜梁传来）和平台板传来的均布荷载，平台梁一般按简支梁计算。

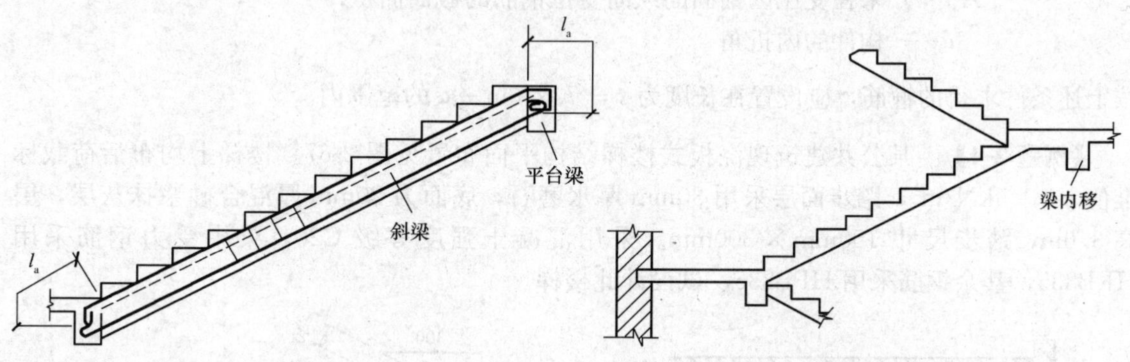

图 2-63　楼梯斜梁的配筋构造　　图 2-64　楼层梁内移的情况

3. 现浇楼梯的一些构造处理

（1）当楼梯下净高不够，可将楼层梁向内移动（见图 2-64），这样板式楼梯的梯段就成为折线形。对此设计中应注意两个问题：①梯段中的水平段，其板厚应与梯段相同，不能处理成和平台板同厚；②折角处的下部受拉纵筋不允许沿板底弯折，以免产生向外的合力将该处的混凝土崩脱，应将此处纵筋断开，各自延伸至上面再行锚固。若板的弯折位置靠近楼层梁，板内可能出现负弯矩，则板上面还应配置承担负弯矩的短钢筋（见图 2-65）。

（2）若为折线形斜梁，梁内折角处的受拉纵向钢筋应分开配置，并各自延伸以满足锚固要求，同时还应在该处增设箍筋。该箍筋应足以承受未伸入受压区域的纵向受拉钢筋的合力，且在任何情况下不应小于全部纵向受拉钢筋合力的 35%。由箍筋承受的纵向受拉钢筋的合力，可按下式计算（见图 2-66）。

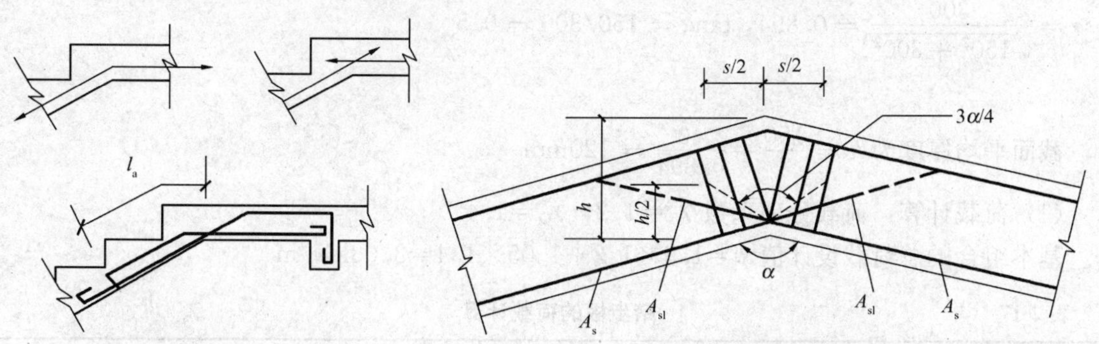

图 2-65　板内折角处配筋要求　　图 2-66　斜梁内折角处配筋

未在受压区锚固的纵向受拉钢筋的合力

$$N_{s1}=2f_yA_{s1}\cos\frac{\alpha}{2} \tag{2-45}$$

全部纵向受拉钢筋合力的35%为

$$N_{s2}=0.7f_yA_s\cos\frac{\alpha}{2} \tag{2-46}$$

以上两式中 A_s——全部纵向受拉钢筋的截面面积；

A_{s1}——未在受压区锚固的纵向受拉钢筋的截面面积；

α——构件的内折角。

按上述条件求得的箍筋，应设置在长度为 $s=h\times\tan\frac{3}{8}\alpha$ 的范围内。

【例题 2-4】 某公共建筑现浇板式楼梯结构平面布置见图 2-67。楼梯上均布活荷载标准值 $q=3.5\text{kN/m}^2$，踏步面层采用 30mm 厚水磨石，底面为 20mm 厚混合砂浆抹灰层，层高 3.6m，踏步尺寸 150mm × 300mm。采用混凝土强度等级 C20，梁中受力钢筋采用 HRB335，其余钢筋采用 HPB235。试设计此楼梯。

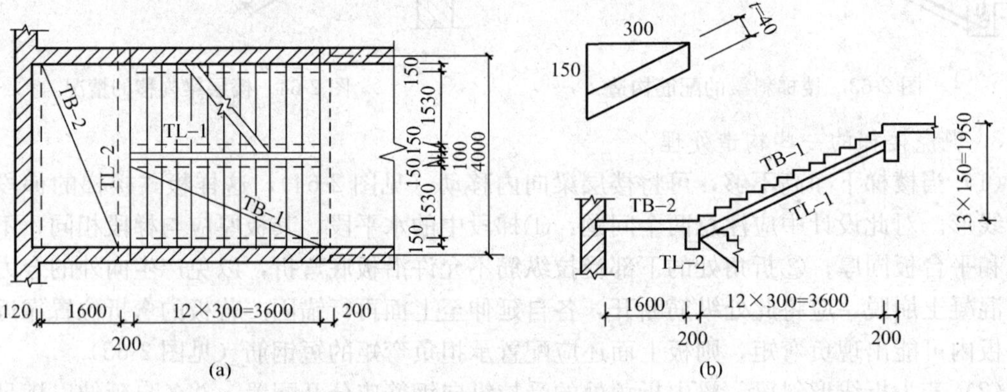

图 2-67 楼梯的结构布置及剖面图

1. 踏步板计算

踏步尺寸 150mm × 300mm，斜板厚度取 $t=40\text{mm}$，设斜板与水平面的夹角为 α，则

$$\cos\alpha=\frac{300}{\sqrt{150^2+300^2}}=0.894，\tan\alpha=150/300=0.5$$

截面平均厚度为 $h=\frac{150}{2}+\frac{40}{0.894}=120\text{mm}$

(1) 荷载计算：荷载分项系数 $\gamma_G=1.2$，$\gamma_Q=1.4$

基本组合的总荷载设计值 $p=1.3\times1.2+1.05\times1.4=3.03\text{kN/m}$

表 2-17 **踏步板的荷载计算**

荷载种类		荷载标准值 (kN/m)
恒 载	水磨石面层	$0.12\times0.3\times25=0.9$
	踏步板自重	$(0.3+0.15)\times0.65=0.29$
	踏步板底抹灰重	$0.2\times\frac{1}{0.894}\times0.03\times17=0.11$
	小计	1.30
活 荷 载		$3.5\times0.3=1.05$

（2）内力分析：斜梁的截面尺寸采用 $b\times h=200\text{mm}\times300\text{mm}$，则踏步板的计算跨度为

$$l_0=l_n+b=1.53+0.2=1.73\text{ m}$$

踏步板的跨中弯矩为

$$M=\frac{1}{8}pl_0^2=\frac{1}{8}\times3.03\times1.73^2=1.13\text{kN}\cdot\text{m}$$

（3）截面设计：

$$h_0=120-20=100\text{mm}$$

$$\alpha_s=\frac{M}{\alpha_1 f_c bh_0^2}=\frac{1.13\times10^6}{1\times9.6\times300\times100^2}=0.039$$

$$\gamma_s=0.980$$

$$A_s=\frac{M}{\gamma_s f_y h_0}=\frac{1.13\times10^6}{0.98\times210\times100}=55\text{mm}^2$$

踏步板按构造配筋，每级踏步板下配 2Φ8（$A_s=101\text{mm}^2$），沿斜向设置分布筋Φ8@250的分布钢筋，踏步板配筋见图 2-68。

2. 楼梯斜梁

（1）荷载计算（见表 2-18）。

表 2-18 斜梁的荷载计算

荷载种类		荷载标准值（kN/m）
恒载	踏步板传来	$\frac{1}{2}\times1.3\times(1.53+2\times0.2)\times\frac{1}{0.3}=4.18$
	斜梁自重	$(0.3-0.04)\times0.2\times25\times\frac{1}{0.894}=1.45$
	斜梁抹灰重	$2\times(0.3-0.04)\times0.02\times17\times\frac{1}{0.894}=0.20$
	小　计	5.83
活荷载	踏步板传来	$\frac{1}{2}\times1.05\times(1.53+2\times0.2)\times\frac{1}{0.3}=3.38$

基本组合的总荷载设计值 $p=5.83\times1.2+3.38\times1.4=11.73\text{kN/m}$

（2）内力分析：平台梁的截面尺寸采用 $b\times h=200\text{mm}\times400\text{mm}$，则斜梁的计算跨度为

$$l_0=l_n+b=3.6+0.2=3.8\text{m}$$

斜梁的跨中弯矩为

$$M=\frac{1}{8}pl_0^2=\frac{1}{8}\times11.73\times3.8^2=21.17\text{kN}\cdot\text{m}$$

$$V=\frac{1}{2}pl_n\cos\alpha=\frac{1}{2}\times11.73\times3.6\times0.894=18.87\text{kN}$$

（3）截面设计：斜梁按倒 L 形截面进行配筋计算，$h_0=300-35=265\text{mm}$

有效翼缘宽度为 $b'_f=633\text{mm}$

$$M_1=\alpha_1 f_c bh'_f\left(h_0-\frac{h'_f}{2}\right)=9.6\times200\times40\times\left(265-\frac{40}{2}\right)=18.82\text{kN}\cdot\text{m}<M=21.17\text{kN}\cdot\text{m}$$

故应按第二类 T 形截面计算

$$A_{s1}=\frac{M_1}{f_y\left(h_0-\frac{h'_f}{2}\right)}=\frac{18.82\times10^6}{300\times(265-20)}=256\text{mm}^2$$

$$M_2=M-M_1=21.17-18.82=2.35\text{kN}\cdot\text{m}$$

$$\alpha_s=\frac{M_2}{\alpha_1 f_c b h_0^2}=\frac{2.35\times10^6}{1\times9.6\times200\times265^2}=0.017$$

$$\gamma_s=0.992$$

$$A_{s1}=\frac{M}{\gamma_s f_y h_0}=\frac{2.35\times10^6}{0.992\times300\times265}=30\text{mm}^2$$

所需受拉钢筋的面积为：$A_s=A_{s1}+A_{s2}=256+30=286\text{mm}^2$

选用 2Φ14（$A_s=308\text{mm}^2$），配筋率

$$\rho=\frac{A_s}{bh}=\frac{308}{200\times300}=0.5\%>\rho_{min}$$

选用 2Φ10 作为架立钢筋。

验算是否需要按计算配箍筋。

$$0.7f_t bh_0=0.7\times1.1\times200\times265=41\text{kN}>V$$

故不需要按计算配箍。根据构造要求选用双肢箍，Φ8@200

斜梁配筋见图 2-68。

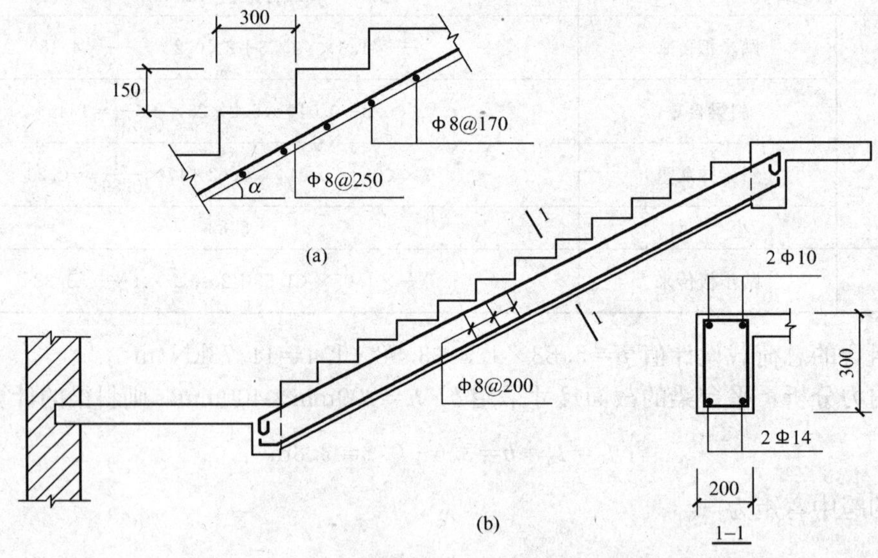

图 2-68 梁式楼梯踏步板和斜梁的配筋图

3. 平台板和平台梁的计算

从略。

二、雨篷

雨篷、外阳台、挑檐是建筑工程中常见的悬挑构件，它们的设计除与一般梁板结构相似外，悬挑构件还存在倾覆翻倒的危险，因此应进行抗倾覆验算。根据悬挑长度，其结构布置有两种方案：悬挑长度较大时，采用悬挑梁板结构；悬挑长度较小时，采用悬挑板结构。现以雨篷为例，介绍其计算特点。

（一）雨篷的一般要求

整体式雨篷一般由雨篷板和雨篷梁组成，如图 2-69 所示。雨篷梁除支承雨篷板外，还兼有门窗洞口过梁的作用。雨篷梁的宽度一般取与墙厚相同，梁的高度应按承载能力要求确定。梁两端伸进砌体的长度应考虑抗倾覆的因素确定，不宜小于 370mm。一般雨篷板的挑出长度为 0.6～1.2m 或更大，视建筑要求而定。现浇雨篷板多数做成变厚度的，一般取根部板厚为 1/10 挑出长度，但不小于 70mm，板端不小于 60mm。雨篷板周围往往设置凸沿以便能有组织地排泄雨水。

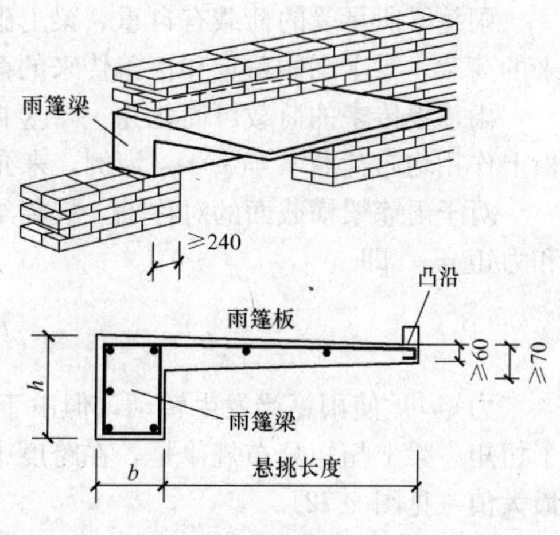

图 2-69 雨篷的结构组成及配筋构造

雨篷计算包括三方面内容：①雨篷板的正截面抗弯承载力计算；②雨篷梁在弯矩、剪力、扭矩共同作用下的承载力计算；③雨篷抗倾覆验算。

（二）雨篷板和雨篷梁的承载能力计算

1. 雨篷板的计算

雨篷板上的荷载有恒载（包括自重、粉刷等）、雪荷载、雨篷板上的均匀荷载以及施工和检修集中荷载。《荷载规范》规定施工集中荷载为：在进行雨篷板承载力计算时，在每延米范围内为 1.0kN，在进行雨篷抗倾覆验算时为每 2.5～3.0m 范围内为 1.0kN。上述三种活荷载不同时考虑，按其中最不利的情况进行设计。

雨篷板的内力分析，当无边梁时，其受力特点和一般悬臂板相同，如图 2-70 所示，应分别按上述荷载组合作用，取较大的弯矩值进行正截面受弯承载力计算，计算截面取在梁截面外边缘。构造上应保证板中纵向受拉钢筋在雨篷梁内有足够的受拉锚固长度。施工时应经常检查钢筋，注意维持雨篷板截面的有效高度，特别是板根部的纵筋，应防止被踩下沉。

对于有边梁的雨篷，其受力特点与一般梁、板体系的构件相同。

2. 雨篷梁的计算

雨篷梁的截面高度一般可取 1/8～1/12 梁的计算跨度。

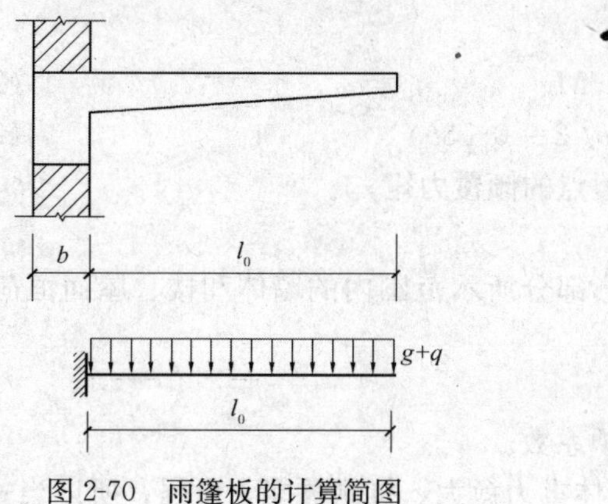

图 2-70 雨篷板的计算简图

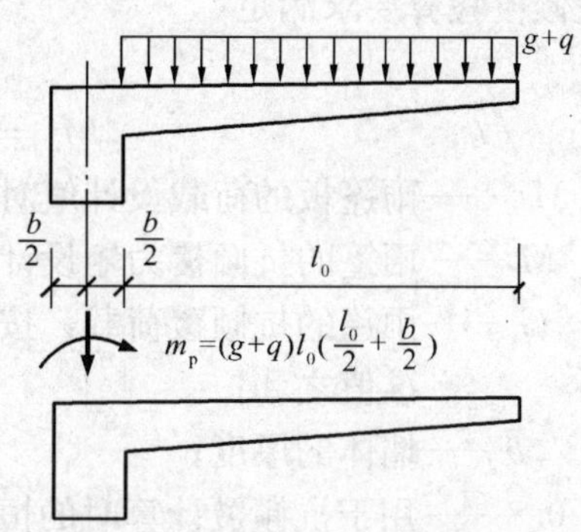

图 2-71 雨篷梁承受的扭矩

雨篷梁所承受的荷载有自重、梁上砌体重、可能计入的楼盖传来的荷载，以及雨篷板传来的荷载。梁上砌体重量和楼盖传来的荷载应按过梁荷载的规定计算，见砌体部分的介绍。

雨篷板传来的荷载可简化为一个竖向线荷载和一个线扭矩荷载，如图 2-71 所示。雨篷板上作用均布荷载 $p = g + q$ 为例，来介绍雨篷梁的扭矩问题。

对于雨篷梁横截面的对称轴，板传给梁的内力有沿板宽每 1m 的竖向力 $V = pl_0$（kN/m）和力矩 m_p，即

$$m_p = pl_0\left(\frac{b+l_0}{2}\right)\text{kN}\cdot\text{m/m} \tag{2-47}$$

力矩 m_p 使雨篷梁发生转动，但由于梁两端嵌固于墙体内可阻止梁转动，故在梁中产生了扭矩。梁上扭矩分布规律是，在跨度中点处为零，按直线规律向两端增大直至梁支座处达最大值（见图 2-72）。

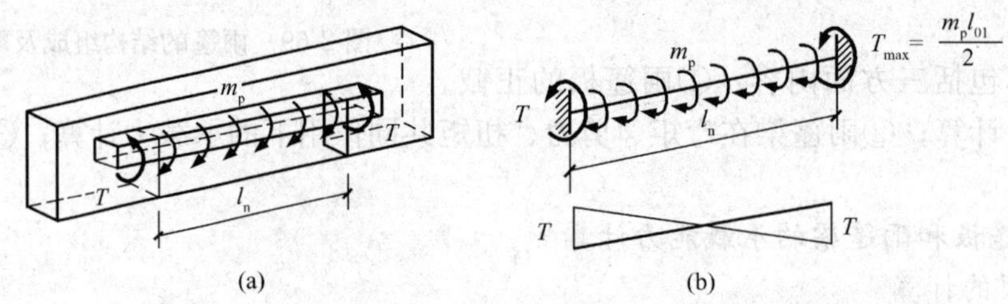

图 2-72 雨篷梁扭矩计算简图

根据平衡条件，在梁两嵌固端所产生的大小相等、方向相反的扭矩值为

$$T = m_p l_{01}/2 \tag{2-48}$$

式中 l_{01} 为雨篷梁的跨度，可近似取为 $l_{01} = 1.05 l_n$（l_n 为梁的净跨）。

雨篷梁在自重、梁上砌体重等荷载作用下，产生弯矩和剪力，在雨篷板传来的荷载作用下，产生扭矩，因此雨篷梁是受弯、剪、扭的构件。

雨篷梁应按弯、剪、扭构件确定所需纵向钢筋和箍筋的数量，并满足有关构造要求。

3. 雨篷抗倾覆验算

雨篷板上的荷载可能使整个雨篷绕雨篷梁底的计算倾覆点转动而倾倒（见图 2-73），但是梁的自重，梁上砌体重等却有阻止雨篷倾覆的作用。《砌体规范》取雨篷的计算倾覆点位于墙外边缘 O 点的内侧，其距离为 $x_o = 0.13b$。为了保证结构整体作为刚体不致失去平衡，结构抗倾覆验算要求满足

$$M_r \geqslant M_{ov} \tag{2-49}$$

$$M_r = 0.8G_r(b/2 - 0.13b) \tag{2-50}$$

式中 M_{ov}——雨篷板的荷载设计值对计算倾覆点的倾覆力矩；

M_r——雨篷的抗倾覆力矩设计值；

G_r——雨篷的抗倾覆荷载，按图中阴影部分所示范围内的墙体和楼、屋面恒荷载标准值之和；

b——墙体的厚度；

0.8——用于抗倾覆计算时的恒荷载分项系数。

雨篷梁两端埋入砌体愈长，压在梁上的砌体重力愈大，抗倾覆能力愈强，所以当式（2-

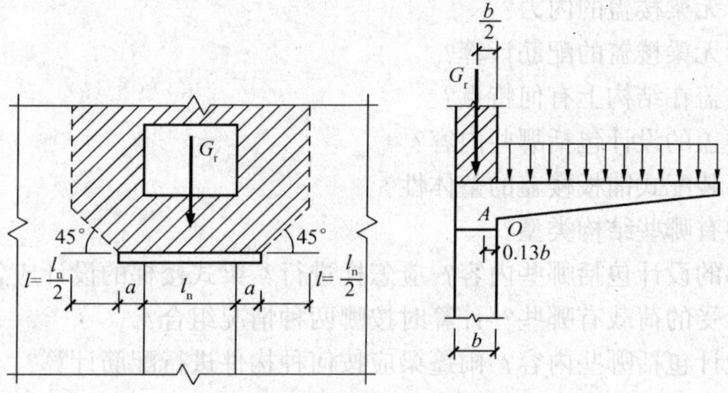

图 2-73　雨篷的倾覆及抗倾覆荷载计算范围

49）不满足时，可以增大雨篷梁的支承长度，或者采用其他拉结措施。

思　考　题

1. 钢筋混凝土梁板结构有哪些基本形式？

2. 何谓单向板或双向板？

3. 整体式肋形楼盖的结构布置应遵循哪些基本原则？

4. 荷载在整体式单向板梁板结构的板、次梁和主梁中是如何传递的？

5. 单向板肋梁楼盖按弹性理论计算时，板、次梁、主梁的计算简图如何确定？在按弹性理论和塑性理论计算时两者的计算简图有何区别？

6. 单向板肋梁楼盖按弹性理论计算时，为什么要进行荷载最不利组合？荷载最不利组合的原则是什么？

7. 用弹性理论计算单向板肋形楼盖中的连续板和次梁时，为什么用折算荷载代替计算荷载？如何折算？

8. 何谓塑性铰？塑性铰和理想铰有什么不同？

9. 塑性内力重分布的概念是什么？塑性内力重分布可分为哪两个阶段？塑性内力重分布与塑性铰截面的转动能力有什么关系？

10. 何谓弯矩调幅？多跨连续梁、板考虑塑性内力重分布计算截面配筋时，为什么对塑性铰截面要满足 $\xi \leqslant 0.35$ 的要求？

11. 哪些结构不宜考虑塑性内力重分布来进行设计，为什么？

12. 整体式现浇楼盖的单向板中应配置哪些钢筋，分别应满足哪些构造规定？

13. 单向板跨中弯矩设计值为何可进行折减？

14. 双向板肋形楼盖在结构布置上有何特点？

15. 按弹性理论如何计算单区格双向板的内力？

16. 按弹性理论如何计算多跨连续双向板的内力？

17. 如何计算多跨连续双向板支撑梁的内力？支撑上的受荷情况如何？

18. 如何计算双向板的配筋？配筋构造有何要求？

19. 无梁楼盖在受力上有何特点？

20. 如何计算无梁楼盖的内力？
21. 如何进行无梁楼盖的配筋计算？
22. 装配式楼盖在结构上有何特点？
23. 装配式楼盖的设计包括哪些内容？
24. 如何提高装配式铺板楼盖的整体性？
25. 现浇楼梯有哪些结构类型？
26. 板式楼梯的设计包括哪些内容？应怎样进行？梁式楼梯的设计应怎样进行？
27. 雨篷板承受的荷载有哪些？计算时按哪两种情况组合？
28. 雨篷的设计包括哪些内容？雨篷梁应按何种构件进行配筋计算？
29. 如何进行搁置砌体墙中雨篷的抗倾覆验算？

习 题

1. 某多层工业厂房楼盖设计题。

（1）设计任务。

某多层工业厂房，采用钢筋混凝土内框架承重，外墙为370mm砖砌承重。设计时，若只考虑竖向荷载（自重和楼屋面活荷载）作用，要求完成钢筋混凝土整体现浇楼盖的结构设计。

（2）设计内容。

1）结构布置。确定柱网尺寸、主次梁结构布置、柱截面尺寸、梁和板截面尺寸，按结构施工图的要求绘制楼盖结构布置图。

2）板设计。要求按塑性方法计算单向板的内力，根据计算确定的各控制截面的最不利内力进行板的截面设计，根据本章所介绍的内容或《混凝土结构设计规范》的相关规定考虑构造处理，并绘制板配筋图。

3）次梁设计。按塑性方法计算次梁的内力，根据计算确定的各控制截面的最不利内力进行正截面抗弯承载力和斜截面抗剪承载力计算，考虑各项构造规定，绘制次梁的配筋图。

4）主梁的设计。按弹性方法计算主梁在各种荷载布置下的内力，绘制主梁的弯矩图、剪力叠合图和包络图，根据包络图确定各控制截面的最不利内力，进行正截面抗弯和斜截面抗剪承载力计算，绘制主梁的抵抗弯矩图，根据弯矩包络图和抵抗弯矩图确定钢筋弯起和截断的位置，考虑各项构造规定，绘制主梁的配筋图。

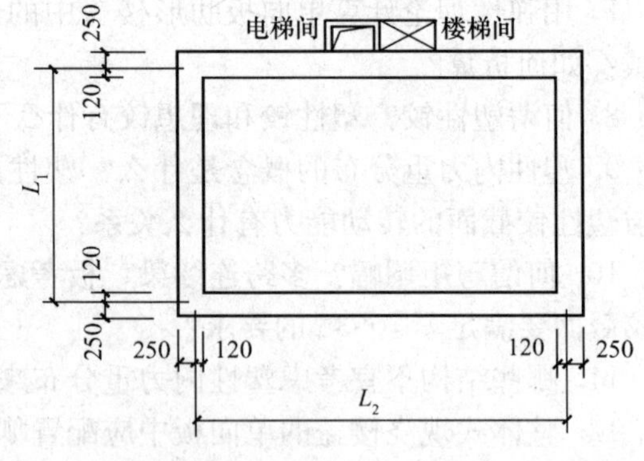

图 2-74 习题1图建筑平面尺寸

（3）设计条件。

1）建筑平面尺寸见图2-74和表2-19。

2）学生由教师指定题号。

3）楼面做法：20mm厚水泥砂浆地面，钢筋混凝土现浇板，15mm厚石灰砂浆抹底。

表 2-19 学生的设计题号

$L_1 \times L_2$（m）	可变荷载（kN/m²）						
	4.5	5	5.5	6	6.5	7	7.5
22.5×30.0	1	8	15	22	29	36	43
21.6×28.5	2	9	16	23	30	37	44
21.4×27.5	3	10	17	24	31	38	45
19.8×27.3	4	11	18	25	32	39	46
19.6×25.0	5	12	19	26	33	40	47
18.0×24.8	6	13	20	27	34	41	48
17.1×24.0	7	14	21	28	35	42	49

4）荷载：永久荷载，包括梁、柱、板及构造层的自重，钢筋混凝土重度 25kN/m³，水泥砂浆重度 20kN/m³，石灰砂浆重度 17kN/m³，分项系数 $\gamma_G=1.2$。可变荷载，楼面均布荷载标准值见表 2-19。分项系数 $\gamma_Q=1.3$ 或 1.4。

（4）材料。

梁、板混凝土强度等级为 C25。

主梁、次梁纵向受力钢筋采用 HRB335 级钢筋，其他均用 HPB235 级钢筋。其余没详细说明处，请按现行规范的要求确定。

2. 某多层民用建筑，采用砖混结构，楼盖结构平面如图 2-75 所示，要求按双向板肋梁楼盖进行设计。

（1）楼面构造层引起的恒载标准值为 1.33kN/m²，楼面活荷载标准值为 4.0kN/m²。

（2）混凝土强度等级为 C30。

（3）梁中纵向受力钢筋采用 HRB400，其余均采用 HPB235。

要求对该楼盖进行结构平面布置，采用弹性方法计算板和支撑梁的内力，然后进行各构件各截面的配筋计算，绘制支撑梁的材料图，绘制楼盖的结构施工图。

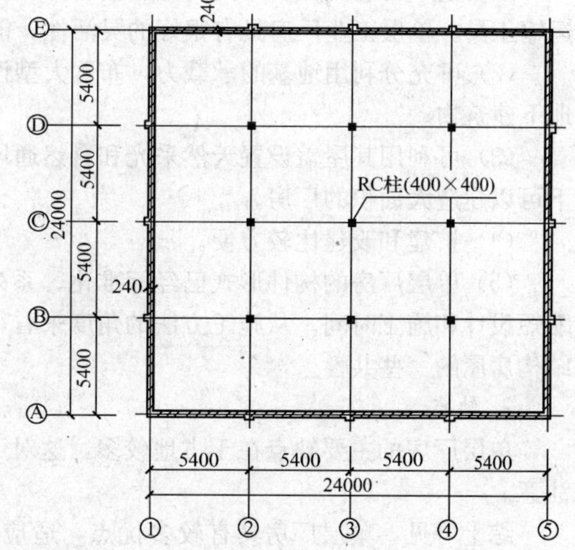

图 2-75 习题 2 图楼盖结构平面布置

第三章　混凝土单层厂房结构

第一节　单层厂房概述

单层工业厂房，简称单层厂房，它是满足工业生产过程中各种需要的建筑空间，该空间的承重骨架就是单层厂房结构。本章仅介绍混凝土单层排架工业厂房结构的设计计算和构造要求。

一、单层厂房的特点

单层厂房与多层厂房、民用建筑等比较，具有下列优缺点。

1. 优点

(1) 生产工艺流程和车间内部运输容易组织。厂房中一般安装有吊车，作为水平和竖直运输工具。单层工业厂房具有很好的灵活性，能满足不同工艺要求。

(2) 可充分利用地基的承载力，布置大型设备基础，并可比较自由地布置地坑、地沟等地下建筑物。

(3) 可利用其屋盖设置天然采光和自然通风设施。在不采用人工照明和机械通风的情况下可以建造大面积的厂房。

(4) 扩建和改建比较方便。

(5) 单层厂房的构件形式已经标准化、系列化、通用化，便于定型设计和机械化施工，缩短设计和施工时间。从施工方法的角度来看，单层厂房属于装配式结构，它还具有装配式结构房屋的一些共性。

2. 缺点

单层厂房的主要缺点在于占地较多，这对于用地紧张的大、中城市不利，设计时应予以注意。

综上可见，单层厂房具有较多优点，适应性广泛。冶金、矿山、机械制造、机修、纺织、交通运输和建材等工业部门的许多车间以及大型实验室、物流仓库均适宜采用单层厂房。

二、单层厂房结构分类

单层厂房可按不同方式进行分类。按厂房车间的生产规模大小可分为大型厂房、中型厂房和小型厂房。按结构材料又可分为混合结构厂房、混凝土结构厂房和钢结构厂房。

对无吊车或吊车吨位不超过 50t，跨度在 15m 以内，柱距在 6m 以内，无特殊要求的小型厂房，一般采用混凝土或轻钢屋架，承重砖柱作为主要承重构件。对有重型吊车（如 150t 以上的吊车），跨度在 36m 以上，或有特殊的工艺要求（如有 10t 以上锻锤的车间）的大型厂房，常选用钢屋架、混凝土柱或全钢结构。其他类型的厂房，一般采用混凝土结构。

按结构形式或受力特点，单层厂房结构可分为排架结构、门式刚架结构、V 形折板及 T 形板结构、拱结构等几种结构类型。

(1) 排架结构。排架结构由屋架（或屋面梁）、柱和基础组成，柱与屋架铰接、与基础

图 3-1　排架类型

刚结。按照跨数的多少，可分为单跨排架和多跨排架；按厂房高度不同，又可分为等高排架和不等高排架。如图 3-1（a）所示为等高排架，如图 3-1（b）所示为不等高排架。排架结构是单层工业厂房的基本结构形式，其跨度可超过 30m，高度可达 20～30m，吊车吨位可达 150t 以上。这种结构的特点在于传力明确，构造简单，施工方便。

排架结构的另一类形式是锯齿形，如图 3-2 所示，它多用于单向采光的纺织厂。这种结构形式既能避免阳光直射到车间内，又能充分利用自然光。

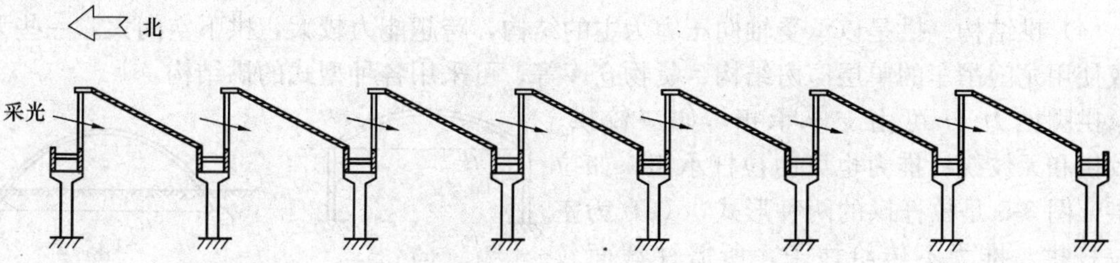

北

采光

图 3-2　锯齿形厂房

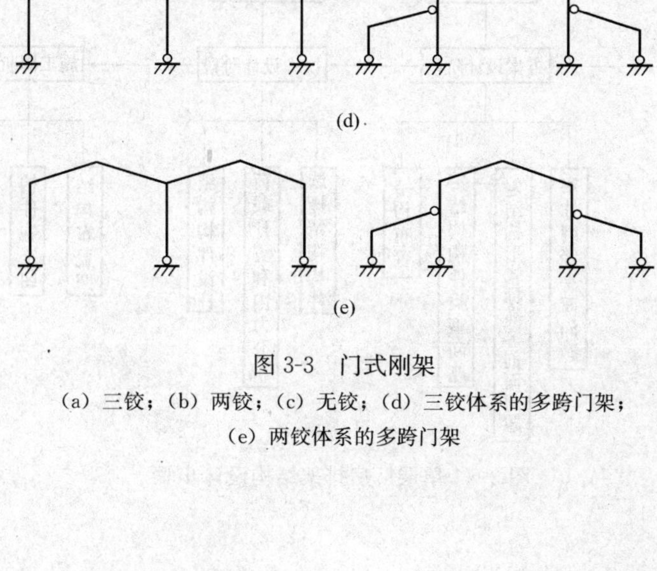

(a)　(b)　(c)

(d)

(e)

图 3-3　门式刚架

（a）三铰；（b）两铰；（c）无铰；（d）三铰体系的多跨门架；

（e）两铰体系的多跨门架

（2）门式刚架结构。门式刚架是一种梁柱合一的结构，常作为中小型厂房的主体结构，跨度一般为9～21m，吊车起吊质量（吨位）不超过10t为宜。门式刚架有三铰刚架、两铰刚架和无铰刚架三种形式，可以做成单跨结构，也可以做成多跨结构，如图3-3所示。

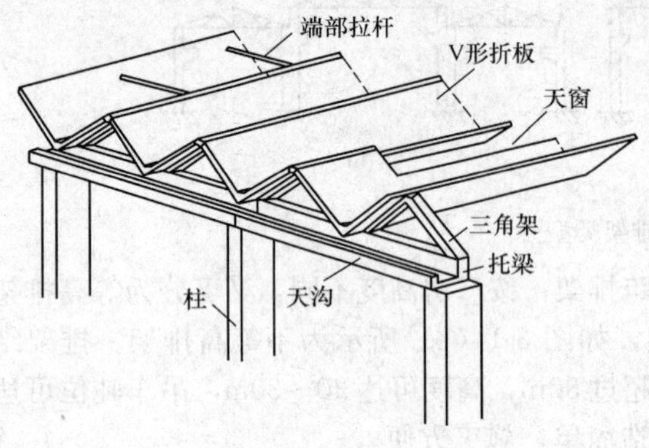

图3-4　V形折板结构

（3）V形折板及T形板结构。这两种结构的屋盖均具有板梁合一（屋面板与屋架合一）、受力合理、施工方便、经济指标好的特点。V形折板可直接搁置在墙上，也可放置在三角架、托架上，如图3-4所示。T形板分单T板和双T板两种。它们适用于跨度较小、无吊车或吊车吨位小于3t的中小型厂房，对于跨度较大的厂房尚处于研制试用阶段。

（4）拱结构。拱是以承受轴向压力为主的结构，跨越能力较大，拱下空间大。一些无吊车或使用龙门吊车的单层厂房结构、货物仓库等，可采用各种型式的拱结构。

拱脚推力 H 可由支座承担，如三铰拱、两铰拱和无铰拱；推力也可由拉杆承担，如拉杆拱。图3-5是拉杆拱的两种形式，（a）为室内拉杆拱，推力不传给柱子，所需柱截面较小；（b）为落地拉杆拱，推力在结构内自平衡，不对地基产生影响。

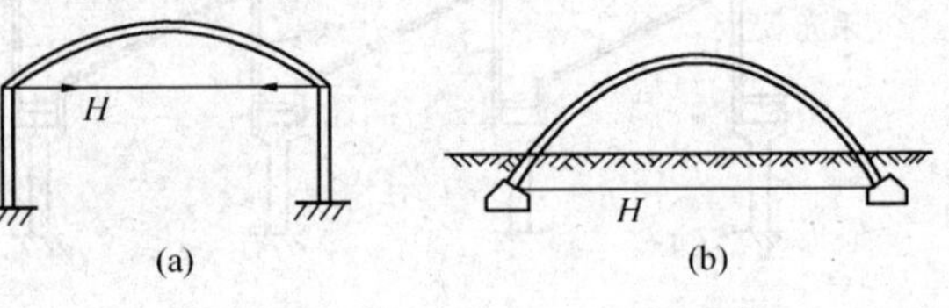

图3-5　带拉杆的拱

三、排架结构设计步骤

根据工艺设计要求，可依次进行单层厂房的三阶段设计：方案设计、技术设计和施工图设计。方案设计阶段主要是进行结构选型和结构布置，技术设计阶段主要是进行结构分析和结构设计，施工图设计阶段主要是绘制结构的施工图。整个设计步骤如图3-6所示。

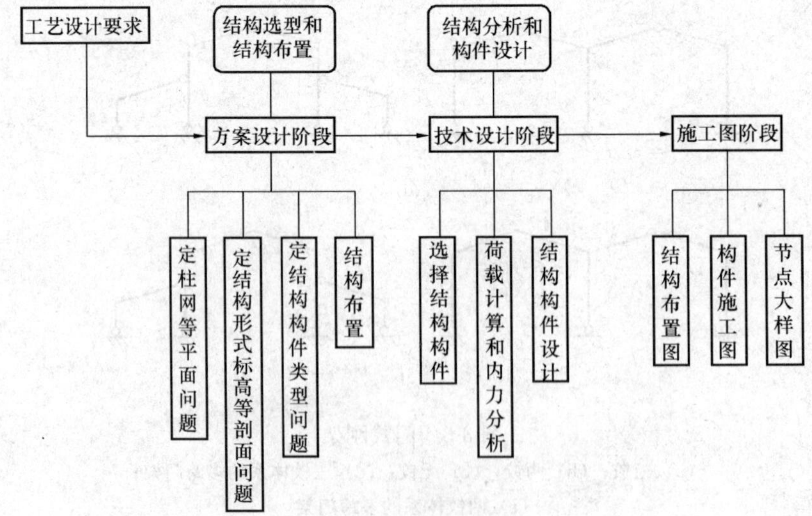

图3-6　单层厂房排架结构设计步骤

第二节　单层厂房结构的组成与布置

一、结构组成

排架结构单层厂房主要由屋盖系统、梁柱系统、基础、支撑系统和围护系统组成，如图3-7 所示。

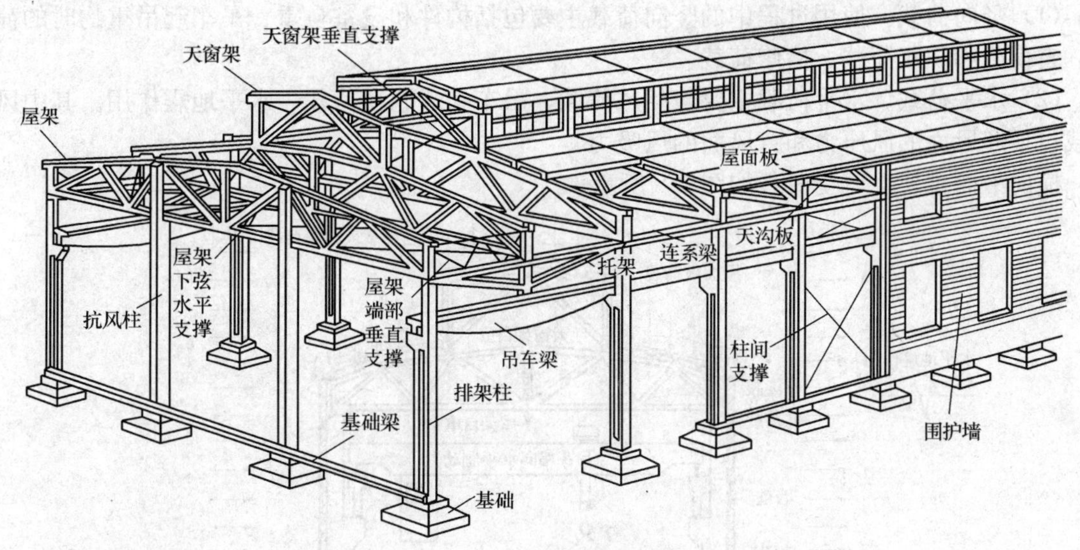

图 3-7　排架结构单层厂房组成

1. 屋盖系统

屋盖系统由屋面板、天沟板、天窗架、屋架（或屋面大梁）、托架等组成，可分为无檩屋盖体系和有檩屋盖体系两类。凡大型屋面板直接支承在屋架上者，为无檩屋盖体系；而小型屋面板支承在檩条上，檩条支承在屋架上，这样的结构体系称为有檩屋盖体系。屋面板起覆盖、围护作用；屋架又称为屋面承重结构，它除承受自重外，还承担屋面活荷载，并将其传到排架柱。天窗架也是一种屋面承重结构，主要用于设置通风、采光天窗。

2. 梁柱系统

梁柱系统由排架柱、抗风柱、吊车梁、基础梁、连系梁、过梁、圈梁构成。其中，屋架和横向柱列构成横向平面排架，是厂房的基本承重结构；由纵向柱列、连系梁、吊车梁和柱间支撑组成纵向平面排架，其主要作用是保证厂房结构纵向稳定和刚度，并承受相应的纵向荷载。吊车梁简支在柱牛腿上，承受吊车荷载，并将其传至横向或纵向平面排架。

3. 基础

基础包含柱下独立基础和设备基础。柱下独立基础承受柱、基础梁传来的荷载；设备基础承受设备荷载。

4. 支撑系统

支撑系统包括屋盖支撑和柱间支撑。其中，屋盖支撑又分为上弦横向水平支撑、下弦横向水平支撑、纵向水平支撑、垂直支撑及系杆。支撑的主要作用是加强结构的空间刚度，保证结构构件在安装和使用阶段的稳定和安全。

5. 围护系统

围护系统包括纵墙、横墙（山墙）、连系梁、抗风柱和基础梁等组成的墙架。

二、荷载和传力路径

1. 荷载类型

作用在单层厂房结构上的荷载有竖向荷载和水平荷载。竖向荷载主要由横向平面排架承担，水平荷载则由横向平面排架和纵向平面排架共同承担。

（1）竖向荷载。使用过程中的竖向荷载主要包括构件和设备自重、吊车起吊重物时的荷载、雪荷载和积灰荷载、检修荷载。

（2）水平荷载。水平荷载主要包括风荷载、吊车水平制动荷载、水平地震作用。其中风荷载包括迎风面的风压力和背风面的风吸力。

横向平面排架上所受荷载如图 3-8 所示。

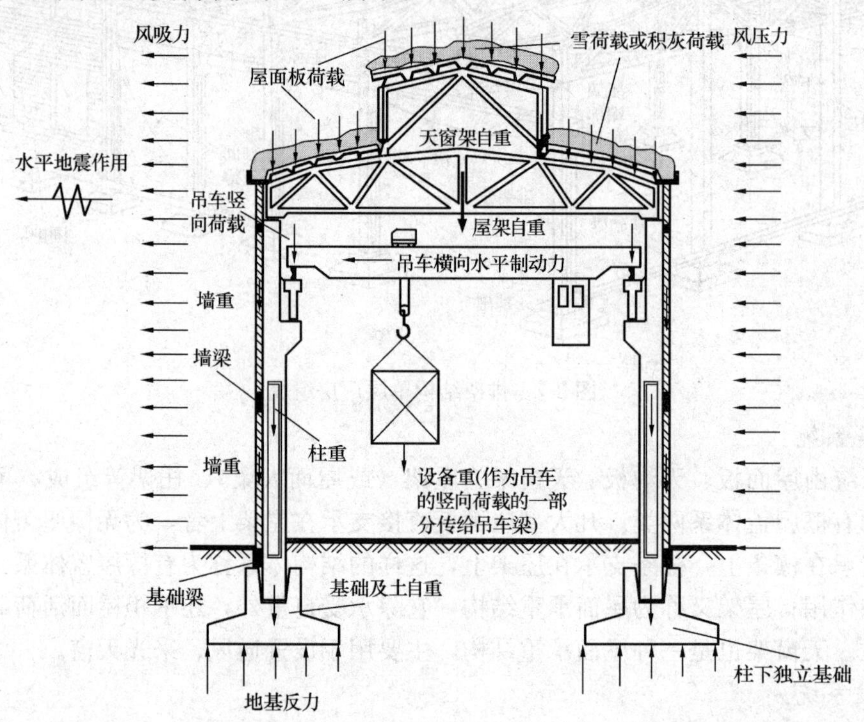

图 3-8 作用荷载

2. 传力路径

单层厂房结构上之荷载传递路线如图 3-9 所示。各种荷载大部分传递给排架柱，再由柱传给基础及地基，柱和基础是主要承重构件。在有吊车的厂房中，吊车梁承受吊车和起吊物之重量，它也是主要承重构件。因此，在设计过程中，对柱、基础、吊车梁应予以充分重视。

三、承重结构构件布置

1. 柱网布置

厂房承重柱（或承重墙）的定位轴线，在平面排列所形成的网络，称为柱网。纵向定位轴线之间的距离称为跨度，横向定位轴线之间的距离称为柱距。柱网布置就是确定跨度和柱距尺寸，它既是确定柱的位置，也是确定屋面板、屋架和吊车梁等构件跨度的依据，并涉及

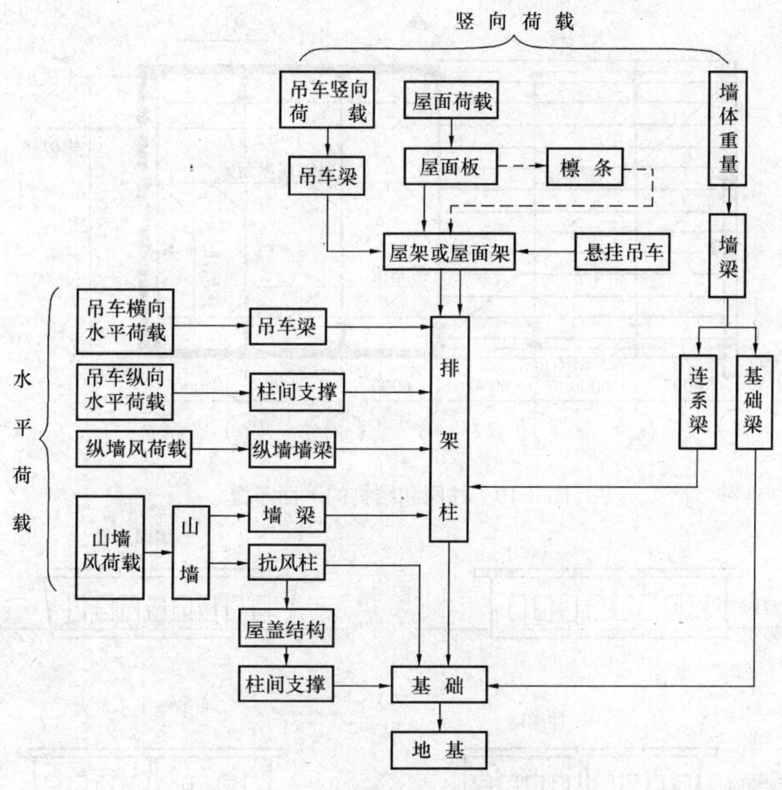

图 3-9　荷载传递路线

结构构件布置。柱网布置恰当与否，将直接影响厂房的经济合理性和安全性，对生产使用也有密切关系。

为了保证构件标准化、定型化，主要尺寸和标高应符合统一模数。中华人民共和国国家标准：《厂房建筑模数协调标准》（GBJ 6—1986）规定的统一协调模数制，以 100mm 为基本单位，用 M 表示。并规定建筑的平面和竖向协调模数的基数值均应取扩大模数 3M，即 300mm。

厂房建筑构件的截面尺寸，宜按 M/2（50mm）或 1M（100mm）进级。

当厂房的跨度不超过 18m 时，跨度应取 30M（3m）的倍数；当厂房的跨度超过 18m 时，跨度应取 60M（6m）的倍数；当工艺布置有明显的优越性时，跨度允许采用 21m、27m 和 33m。厂房的柱距一般取 6m 或 6m 的倍数，个别厂房也可以采用 9m 的柱距。但从经济指标、材料用量和施工条件等方面来衡量，一般厂房采用 6m 柱距比 12m 柱距优越。

单层厂房自室内地坪至柱顶和牛腿面的高度应为扩大模数 3M（300mm）的整倍数。

柱网和结构的平面布置图如图 3-10 所示。

2. 变形缝

变形缝包括伸缩缝、沉降缝和防震缝。

（1）伸缩缝。伸缩缝将厂房结构分成若干独立的温度区段，其主要作用是减小结构中的温度应力，防止屋面、墙面或构件因温度变化而拉裂，如图 3-11 所示。

伸缩缝应从基础顶面开始，将两个温度区段的上部结构完全分开，并留出一定缝隙宽度。伸缩缝的做法可参见《房屋建筑学》；伸缩缝的最大间距不应超过有关规范的规定值，

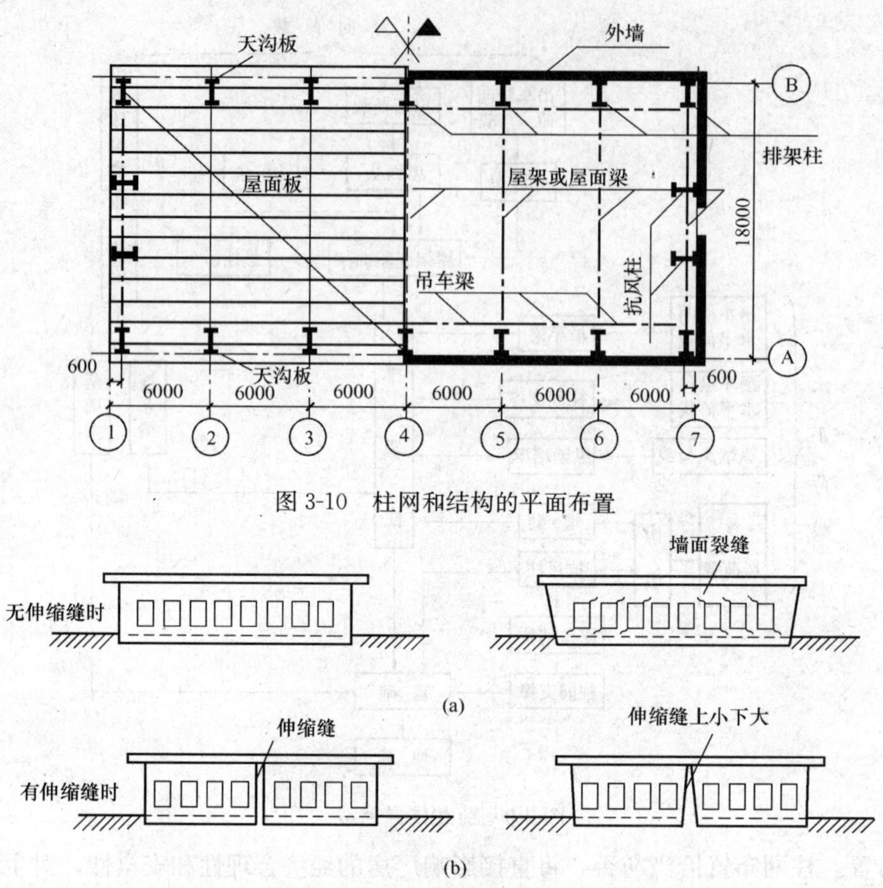

图 3-10　柱网和结构的平面布置

图 3-11　温度变化引起的裂缝

如果超过了规定值，则应验算温度应力。

(2) 沉降缝。为了避免因基础沉降不均匀引起的结构开裂和破坏，应在适当部位用沉降缝将厂房分为若干刚度较好的单元，沉降缝始自基础。一般单层厂房可不做沉降缝，但当相邻跨厂房高度相差悬殊、地基土的压缩性有显著差异、厂房结构类型有明显不同时，应设置沉降缝。沉降缝可兼作伸缩缝。

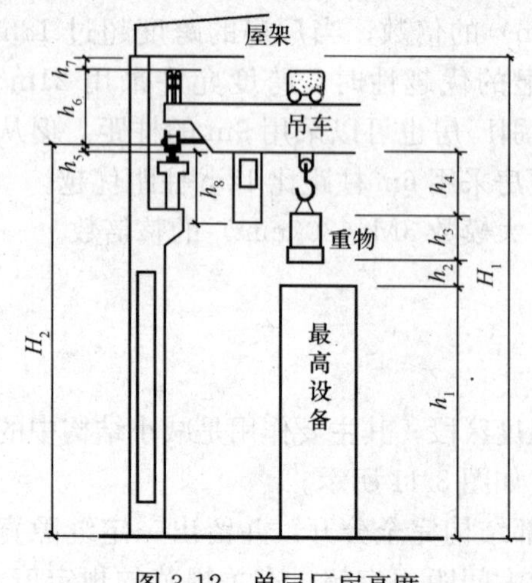

图 3-12　单层厂房高度

(3) 防震缝。当相邻跨厂房高度差悬殊、厂房结构类型和刚度有明显不同时，为了防止地震中由于结构不同部分的变形不同而引起的破坏，应设置防震缝。

伸缩缝和防震缝的基础可以不分开，但沉降缝的基础必须断开。抗震设防区的伸缩缝和沉降缝均应符合防震缝要求。

3. 厂房高度

厂房高度一般由屋架下弦底面的标高 H_1 和吊车轨顶标高 H_2 来表示，如图 3-12 所示。无吊车厂房 H_1 由设备高度和生产需要的使用高度确定；有吊车厂房，H_1 由下式确定：

$$H_1 = \max\begin{cases} h_1 + h_2 + h_3 + h_4 + h_5 + h_6 + h_7 \\ h_1 + h_2 + h_8 + h_5 + h_6 + h_7 \end{cases} \tag{3-1}$$

式中　h_1——厂房内最高设备高度，由工艺要求确定；

h_2——超越安全高度，一般不小于 500mm；

h_3——最大起吊重物高度；

h_4——最小吊索高度；

h_5——吊车底至吊车轨顶高度；

h_6——吊车轨顶至吊车顶部高度；

h_7——吊车行驶安全高度，一般不小于 220mm；

h_8——司机室底至吊车底的高度。

轨顶标高按式（3-2）确定

$$H_2 = H_1 - h_6 - h_7 \tag{3-2}$$

4. 天窗布置

天窗通常采用纵向布置。在屋架或屋面梁的中部架设天窗架作为天窗的承重构件，沿着房屋的纵向把中部的屋面板抬高，两侧安装垂直于厂房宽度方向的天窗扇形成纵向天窗，见图 3-13（a）、（b）。纵向天窗能满足各类厂房的通风和采光要求，但构件种类多，自重大，造价高。为了减少构件的种类，可将部分屋架或屋面梁抬高，利用错落的屋架设置平行于跨度方向的天窗扇，形成横向天窗，见图 3-13（a）、（c）。横向天窗采光均匀、通风良好。但屋面高低变化频繁，对防水、清灰、检修不利。

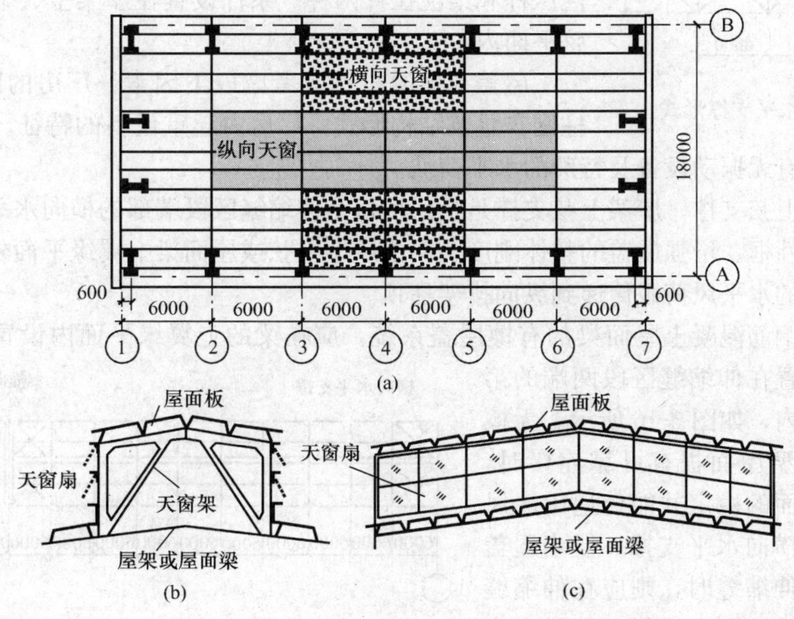

图 3-13　天窗布置

5. 基础布置

单层厂房排架柱和抗风柱下一般采用钢筋混凝土独立基础（杯口基础）。围护墙下一般不另设基础，而是在柱下独立基础的顶面搁置基础梁，将围护墙的重量传给柱基础。厂房中的大型设备，还要专门设置设备基础。单层单跨厂房的基础布置如图 3-14 所示。

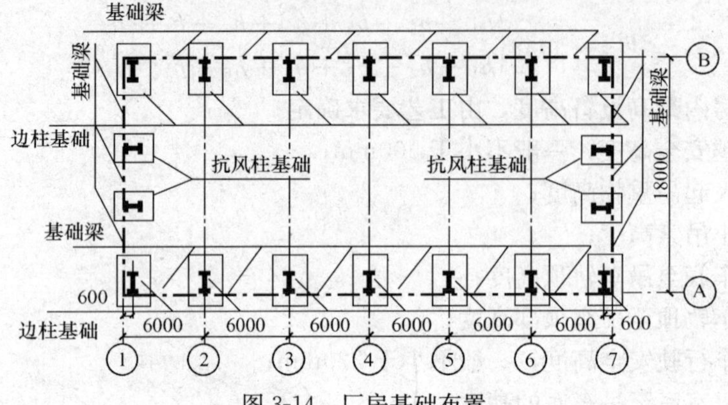

图 3-14 厂房基础布置

四、支撑的作用和布置

厂房支撑分屋盖支撑和柱间支撑两类。其作用是保证结构构件的稳定和正常工作，增强厂房的整体稳定性和空间刚度，把有些水平荷载传递到主要承重构件上。在施工安装阶段，还需要设置某些临时支撑，以保证施工时结构构件的稳定。

1. 屋盖支撑

屋盖支撑通常包括上弦水平支撑、下弦水平支撑、垂直支撑和纵向水平系杆。屋盖上、下弦水平支撑是布置在屋架上、下弦平面内以及天窗架上弦平面内的水平支撑，杆件一般采用十字交叉形式布置，倾角为 30°～60°，如图 3-15 所示。屋盖垂直支撑是指布置在屋架间和天窗架间的支撑。系杆分刚性压杆和柔性拉杆两种。系杆设置在屋架上、下弦及天窗上弦平面内。

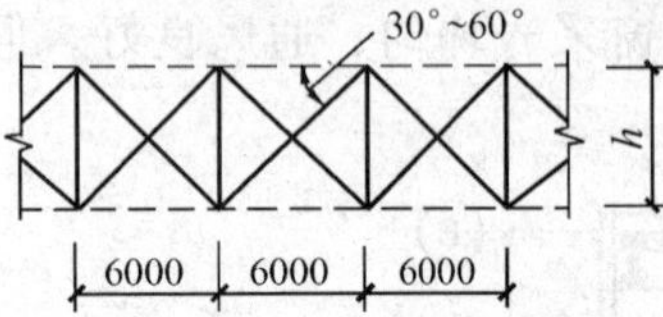

图 3-15 水平支撑形式

屋盖支撑的布置应考虑以下因素：厂房的跨度及高度；柱网布置及结构形式；厂房内起重设备的特征、起重量大小及工作等级；有无振动设备及特殊的水平荷载。

(1) 屋架上弦支撑。屋架上弦支撑是指厂房每个伸缩缝区段端部的横向水平支撑，其作用是：构成刚性框、增强屋盖的整体刚度、保证屋架上弦或屋面梁上翼缘平面外稳定，同时将抗风柱传来的水平风荷载传递到纵向排架柱顶。

对于采用钢筋混凝土屋面梁的有檩屋盖系统，应在梁的上翼缘平面内设置横向水平支撑。支撑应布置在伸缩缝区段两端的第一或第二柱距内，如图 3-16 所示。无檩屋盖体系，大型屋面板有可靠连接时，能保证屋盖平面的稳定并能传递山墙风荷载，可不设横向水平支撑；但当屋盖上的天窗通过伸缩缝时，则应在伸缩缝两侧天窗下面的柱距内设置上弦横向水平支撑。

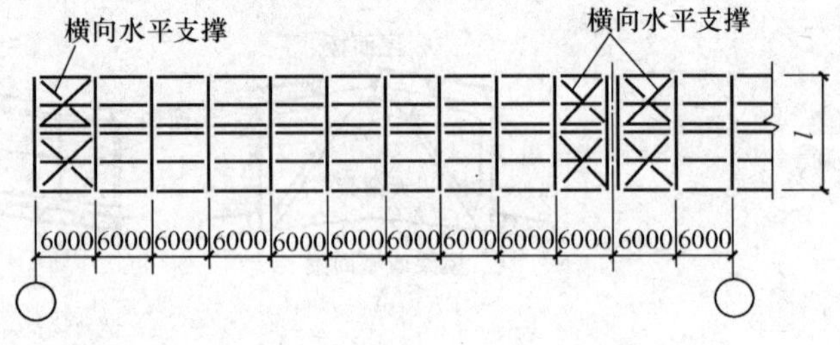

图 3-16 屋架上弦水平支撑

(2) 屋架下弦支撑。下弦横向水平支撑的作用是承受垂直支撑传来的荷载，并将山墙风荷载传递至两旁柱上。当厂房跨度不小于 18m 时，下弦横向水平支撑应布置在每一伸缩缝区段端部的第一个柱距内，如图 3-17 所示。当厂房跨度小于 18m 时且山墙上的风荷载由屋架上弦传递时，可不设屋盖下弦水平支撑。当设有屋盖下弦纵向水平支撑时，为保证厂房空间刚度，必须同时设置相应的下弦横向水平支撑。

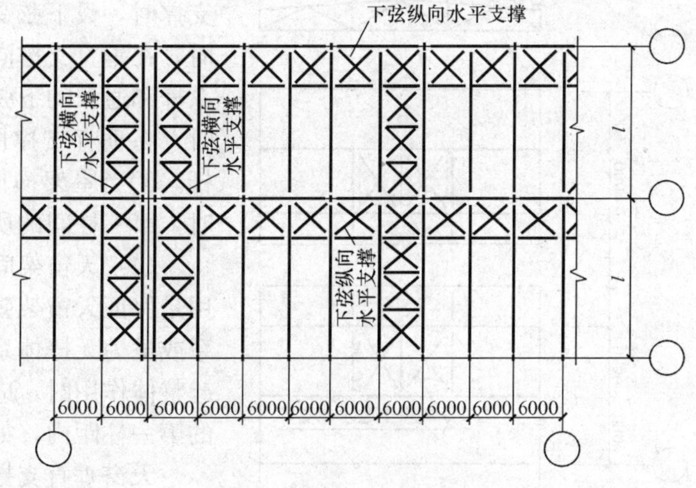

图 3-17 屋架下弦水平支撑

下列情况应设置下弦横向水平支撑：山墙抗风柱与屋架下弦连接，纵向水平力通过屋架下弦传递时；有纵向运行的悬挂吊车（或电葫芦），且吊点设在屋架下弦时，这时可在悬挂吊车轨道尽头的柱间设置；厂房内有较大振动源，如设有硬钩桥式吊车或 5t 以上的锻锤时。

屋架下弦纵向水平支撑能提高厂房的空间刚度，增强排架间的空间作用，保证横向水平力的纵向分布。当厂房柱距为 6m，具有下列情况之一时，应设置纵向水平支撑：①厂房内有托架时，在托架所在柱间以及两端各延伸一个柱间设置。②厂房内设有软钩桥式吊车，但厂房高大、吊车的起重量较大时。这时，等高多跨厂房一般可沿边列柱的屋架下弦端部各布置一道通长的纵向水平支撑，跨度较小的单跨厂房可沿下弦中部布置一道通长的纵向水平支撑。③厂房内设有硬钩桥式吊车或 5t 及以上的锻锤时，可沿中间柱列适当增加纵向水平支撑。

纵向水平支撑和横向水平支撑应尽量连接成封闭的水平支撑系统。

（3）屋架垂直支撑和水平系杆。垂直支撑除保证屋盖系统的空间刚度和屋架安装时结构的安全以外，还将屋架上弦平面内的水平荷载传递到屋架下弦平面内。所以，垂直支撑应与屋架下弦横向水平支撑布置在同一柱间内。在有檩体系屋盖中，上弦纵向水平系杆则是用来保证屋架上弦或屋面梁受压翼缘的侧向稳定（防止局部失稳）及上弦杆的计算长度。

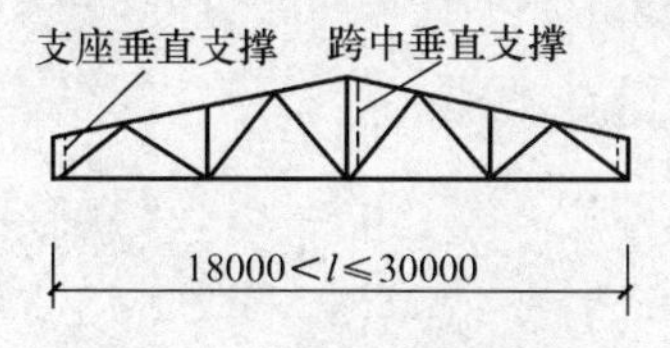

图 3-18 屋架垂直支撑

垂直支撑由角钢杆件与屋架的直腹杆或天窗架的立柱组成垂直桁架，如图 3-18 所示。垂直支撑一般设置在伸缩缝区段两端的屋架端部或跨中。布置原则为：屋架端部（或天窗架）的高度（外包尺寸）大于 1.2m 时，屋架端部（或天窗架）两端各设一道垂直支撑；屋架中部的垂直支撑，可按表 3-1 设置，表中 L 为屋架的跨度。

表 3-1　　屋架中部垂直支撑数量

$L=12\sim18$m	$18\text{m}<L\leqslant24$m	$24\text{m}<L\leqslant30$m		$30\text{m}<L\leqslant36$m	
		端部不设	端部设	端部不设	端部设
不设	一道	两道	一道	三道	两道

系杆是单根的连系杆件。既能承受拉力又能承受压力的系杆称为刚性系杆，只能承受拉力的系杆称为柔性系杆。系杆一般沿通长布置，布置原则是：①有上弦横向水平支撑时，设

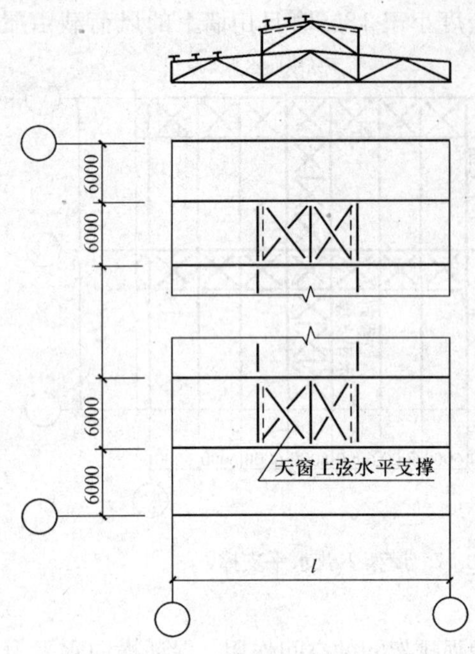

图 3-19 天窗上弦水平支撑

上弦受压系杆。②有下弦横向水平支撑或纵向水平支撑时，设下弦受压系杆。③屋架中部有垂直支撑时，在垂直支撑同一铅垂面内设置通长的上弦受压系杆和通长的下弦受拉系杆；屋架端部有垂直支撑时，在垂直支撑同一铅垂面内设置通长的受压系杆。④当屋架横向水平支撑设置在端部第二柱间时，第一柱间的所有系杆均应为刚性系杆。

（4）天窗架间的支撑。天窗上弦水平支撑的作用是保证天窗架弦杆平面外稳定。当屋盖为有檩体系或虽为无檩体系但大型屋面板与屋架的连接不能起整体作用时，应将上弦水平支撑布置在天窗端部的第一柱距内，如图 3-19 所示。

天窗垂直支撑的作用除保证天窗架安装时的稳定以外，还将天窗端壁上的风荷载传递至屋架上弦水平支撑。所以，天窗的垂直支撑应与屋架上弦水平支撑布置在同一柱距内，一般沿天窗的两侧设置，如图 3-20（a）所示。为了便于天窗的开启，也可设置在天窗斜杆平面内，如图 3-20（b）所示。通风天窗设有挡风板时，在天窗端部的第一柱距内应设置挡风板柱的垂直支撑。

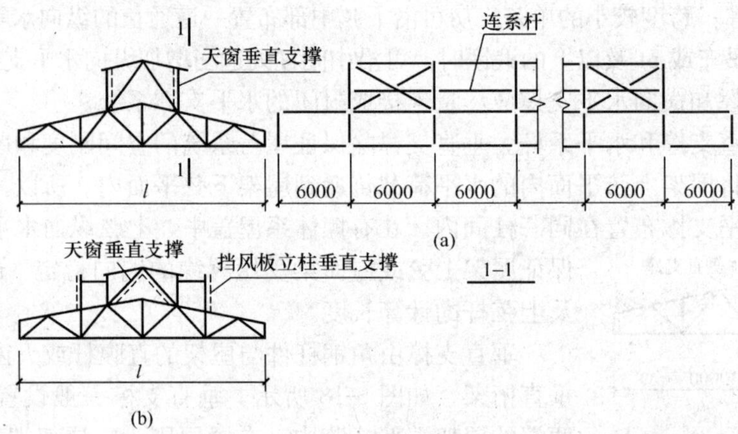

图 3-20 天窗垂直支撑

2. 柱间支撑

柱间支撑的作用是保证厂房结构的纵向刚度和稳定，并将水平荷载传至基础。柱间支撑分上部柱间支撑和下部柱间支撑。柱间支撑的形式可分为六类，如图 3-21 所示。通常采用十字交叉形支撑，因为它具有构造简单、传力直接、刚度较大的特点。

单层厂房有下列情形之一时，应设置柱间支撑：

（1）设有工作级别为 A6、A7 的吊车或 A1～A5 的吊车但起重质量≥10t。

（2）厂房的跨度≥18m，或柱高≥8m。

（3）纵向柱的总数每排在七根以下。

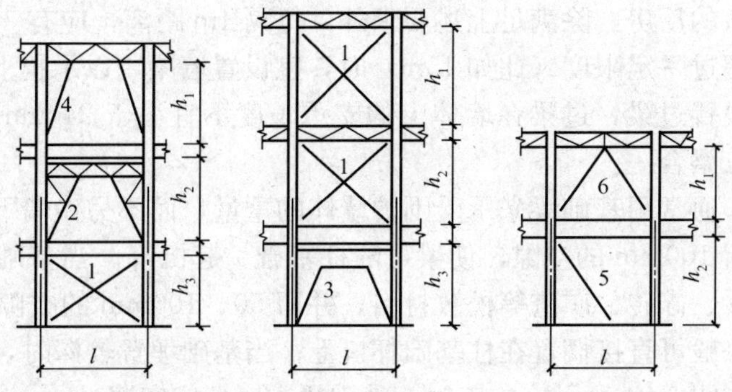

图 3-21　柱间支撑形式

1—十字交叉形支撑；2—空腹门形支撑；3—实腹门形支撑；4—八字形支撑；5—斜柱形支撑；6—人字形支撑

（4）设有起重质量≥3t 的悬挂吊车。

（5）露天吊车的柱列。

柱间支撑应布置在伸缩缝区段的中央或临近中央（上部柱间支撑在厂房两端第一柱距内也应同时设置），这样有利于温度变化或混凝土收缩时，厂房可较自由变形而不致产生较大的温度或收缩应力，并在柱顶设置通长刚性连系杆来传递水平荷载，如图 3-22 所示。

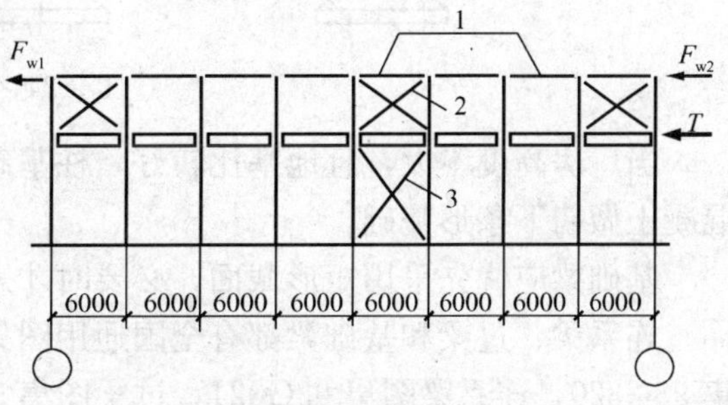

图 3-22　柱间支撑

1—柱顶系杆；2—上部柱间支撑；3—下部柱间支撑

五、围护结构布置

围护结构中的墙体一般沿厂房四周布置，墙体中一般还要布置圈梁、过梁、墙梁和基础梁等。

圈梁是在平面内封闭的钢筋混凝土梁，其作用是增强厂房结构的整体性。圈梁宜连续地设在同一水平面上，并形成封闭状；当圈梁被门窗洞口截断时，应在洞口上部增设相同截面的附加圈梁。附加圈梁的搭接长度不应小于 1m，且不应小于其垂直间距离的两倍，如图 3-23 所示。圈梁的宽度宜与墙厚相同，当墙厚 $h \geqslant 240$mm 时，其宽度不宜小于 $2h/3$；圈梁高度不应小于 120mm。圈梁的纵向钢筋不宜少于 4Φ 10，箍筋直径一般为Φ 6，间距不宜大于 300mm。纵向钢筋绑扎接头的搭接长度按受拉钢筋考虑。

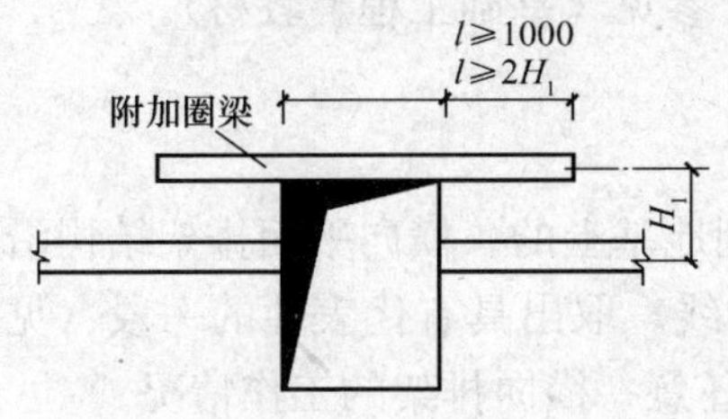

图 3-23　附加圈梁构造要求

对无桥式吊车的厂房，圈梁应按下列原则布置：

（1）房屋檐口高度不足 8m 时，应在檐口附近设置一道圈梁；

（2）房屋檐口高度大于 8m 时，宜在墙体适当部位增设一道圈梁。

对有桥式吊车的厂房，圈梁应按下列原则布置：

（1）除在檐口或窗顶处设一道圈梁外，应在吊车标高或墙体适当部位增设一道圈梁；

（2）外墙高度在 15m 以上时，除檐口设置圈梁外还应根据墙体高度适当增设圈梁；

(3) 有振动设备的厂房，除满足上述要求外，每隔 4m 距离，应有一道圈梁。

当厂房的高度超过一定限度（比如 15m）时，宜设置墙梁，以承担上部墙体的重量。

门窗洞口处应设置过梁，过梁在墙体上的支承长度不宜小于 240mm。设计时应尽量使圈梁、墙梁、过梁三梁合一。

在一般厂房中，通常用基础梁来承受围护墙体的重量，而不另做墙下基础。基础梁底部距地基土表面应预留 100mm 的空隙，使梁可随柱基础一起沉降。当基础下有冻胀土时，应在梁下铺设一层干砂、碎砖、矿渣等松散材料，并留 50～100mm 的空隙，可防止土冻胀时将梁顶裂。基础梁一般可直接搁置在柱基础杯口上；当基础埋置较深时，可放置在基础上面的混凝土垫块上，如图 3-24 所示。施工时，基础梁支座处应座浆。

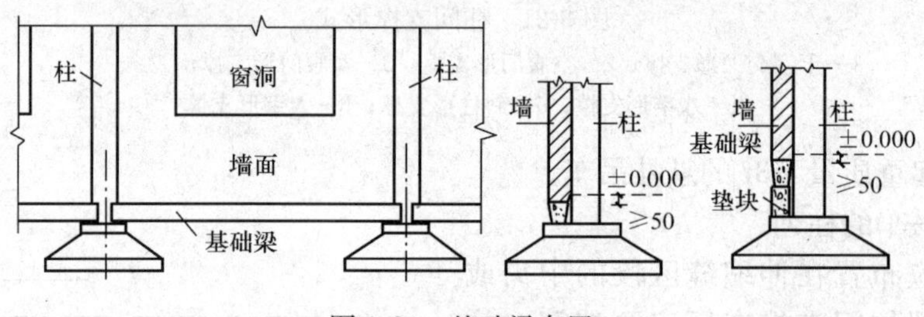

图 3-24 基础梁布置

当厂房高度不大，且地基比较好，柱基础埋置又较浅时，也可不设基础梁而用砖、石或混凝土做墙下条形基础。

基础梁应优先采用矩形截面，必要时才采用梯形截面。

连系梁、过梁和基础梁都有全国通用图集，设计时可直接查用。图集代号为：基础梁图集 93G320，连系梁图集 93G321，过梁图集 93G322。

第三节 排架结构内力计算

排架结构内力计算的目的在于求出排架柱在各种荷载作用下控制截面的最不利内力，作为柱配筋计算、验算裂缝宽度、刚度的依据（参见《结构设计原理》课程）；求出柱子传给基础的最不利内力，作为基础设计的依据（基础设计部分，参见《基础工程》教材）。

一、结构计算简图

1. 计算单元

单层厂房排架结构的荷载主要是通过横向平面排架传到地基上的。横向平面排架结构沿纵向一般按 6m 的柱距排列，因此可通过相邻纵向柱距的中线，取出具有代表性的一段（见图 3-25 阴影部分）作为计算单元。它基本上能反映厂房中任意一横向排架的工作情况。

2. 基本假定

根据单层厂房排架结构的构造情况，作如下假定：

(1) 柱下端固结于基础顶面，屋面梁或屋架铰接在柱顶；

(2) 屋面梁或屋架没有轴向变形（即拉压刚度无穷大）。

由于柱插入基础杯口一定深度，并用细实混凝土灌注，与基础形成一体，且地基变形有限制，基础转动一般很小，故假定（1）通常是符合实际的。但若土质较差，或地面大面积

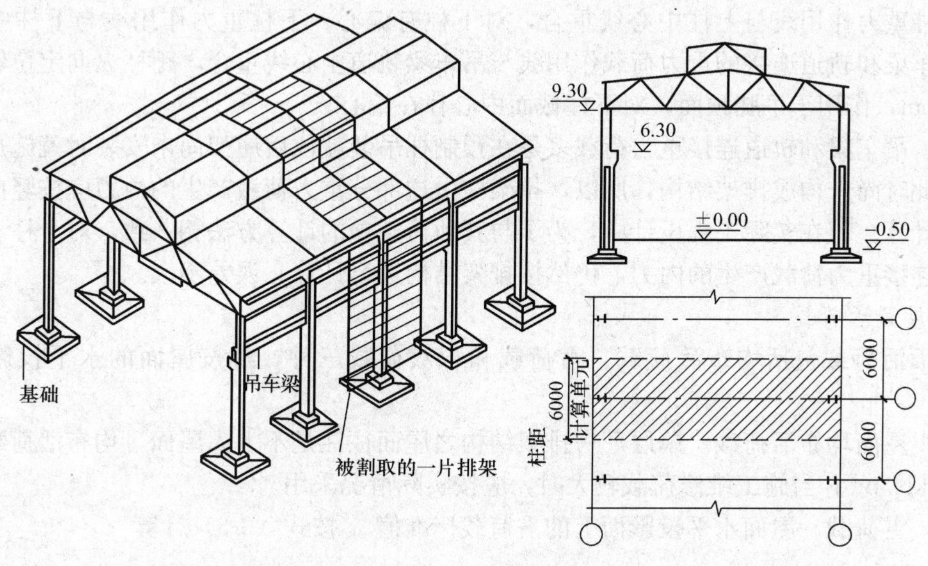

图 3-25　横向排架计算单元

堆料，则应考虑基础平移和转动对排架内力和位移的影响。

由假定（2）可知，横梁或屋架两端的水平位移相等。这对于屋面梁或大多数下弦杆刚度较大的屋架是适用的；对于组合式屋架或两铰拱、三铰拱屋架则应考虑其轴向变形对排架变形和内力的影响。

3. 计算简图

排架结构计算简图如图 3-26 所示。排架柱的高度由固定端算至柱顶铰接点处。排架的轴线为柱的几何中心线。当柱为变截面时，排架柱的轴线为一折线。上柱高 H_u，下柱高 H_l，全柱高 H。上柱截面惯性矩为 I_u，下柱截面惯性矩为 I_l。排架的跨度以厂房的轴线为准，屋面梁或屋架用一根没有轴向变形的刚性杆代替。

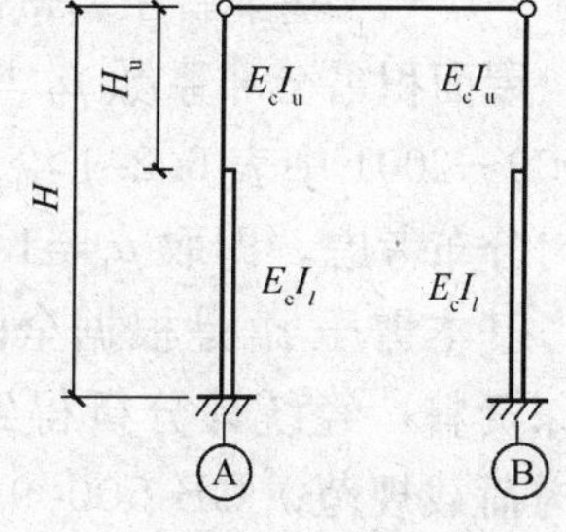

图 3-26　排架结构计算简图

二、荷载计算

作用于排架结构上的荷载有永久荷载和可变荷载两类（偶然荷载，即地震作用，在《结构抗震》课程中讲授）。永久荷载即指结构自重，通常又称为重力荷载或恒载；可变荷载包括屋面均布荷载、雪荷载和积灰荷载、吊车荷载、风荷载等。

屋盖上的各种竖向荷载都以集中力的形式施加于柱顶，其作用点位于屋架上、下弦几何中心线交汇处（对标准屋架，通常在纵向定位轴线内侧 150mm 处），如图 3-27 所示。它对上柱偏心 e_1，对下柱再偏心 e_2，相应的偏心力矩为 m_1＝荷载值×e_1，m_2＝荷载值×e_2。

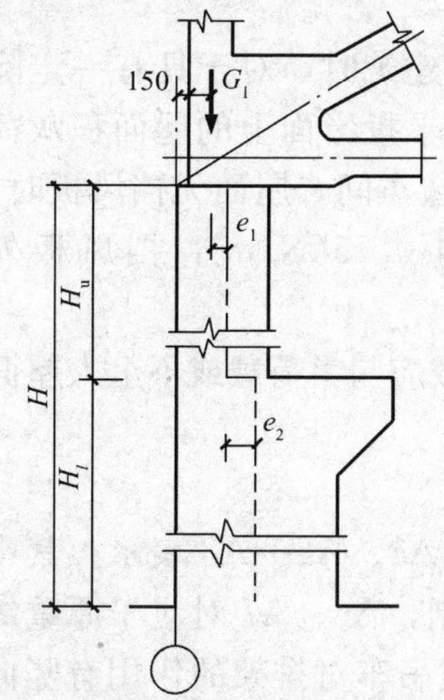

图 3-27　屋盖竖向荷载作用位置

1. 恒载（结构自重）

各种恒载的数值可按材料容重（单位体积重量）和各构件的尺寸计算得到，标准构件可以从标准图集中直接查得。

上柱重力作用线与上柱中心线重合，对下柱有偏心；下柱重力作用线与下柱中心线重合；吊车梁和轨道连接的重力荷载作用线与吊车梁轨道中心线重合，距柱纵向定位轴线一般为750mm，作用于牛腿顶面，对下柱截面中心存在偏心。

柱、吊车梁和轨道连接重力荷载多是在预制柱吊装就位后屋架尚未安装时就施加于柱子上的，此时尚未构成排架结构，所以，排架柱由这部分重力荷载产生的内力应按竖向悬臂构件进行计算。但在实际工程设计中，为了与其他荷载项的计算方法相一致，对于柱、吊车梁和轨道连接重力荷载产生的内力，仍然按排架结构进行计算，误差不大。

2. 屋面活荷载

屋面活荷载包括均布活荷载、雪荷载和积灰荷载三种，都按屋面的水平投影面积计算。

(1) 屋面均布活荷载。单层厂房排架结构之屋面往往是不上人屋面，均布活荷载标准值为0.50kN/m²；当施工维修荷载较大时，应按实际情况采用。

(2) 雪荷载。屋面水平投影面上的雪荷载标准值 s_k 按式（3-3）计算

$$s_k = \mu_r s_0 \tag{3-3}$$

式中 s_k——雪荷载标准值，kN/m²；

μ_r——屋面积雪分布系数；

s_0——基本雪压，kN/m²。

屋面积雪分布系数 μ_r 与屋面形式、朝向及风力等因素有关。《建筑结构荷载规范》GB 50009—2001中表6.2.1给出了8种类型屋面的积雪分布系数；排架计算时，可按积雪全跨均匀分布考虑，即取 $\mu_r=1.0$。

基本雪压 s_0 是根据全国672个地点的气象台（站）从建站到1995年的最大雪压或雪深资料，经统计分析得到的50年一遇最大雪压，以此值作为当地的基本雪压。《建筑结构荷载规范》GB 50009—2001给出了全国各地基本雪压分布表和分布图，可直接查取。

山区的雪荷载应通过实际调查后确定。当无实测资料时，可按当地邻近空旷平坦地面的雪荷载值乘以系数1.2采用。

(3) 屋面积灰荷载。设计生产中有大量排灰的厂房及其邻近建筑时，对于具有一定除尘设施和保证清灰制度的机械、冶金、水泥等的厂房屋面，其水平投影面上的屋面积灰荷载，应分别按规范表4.1.1-1和表4.1.1-2采用。比如机械厂铸造车间，屋面无挡风板时，屋面积灰荷载标准值为0.50kN/m²；有挡风板时，挡风板内0.75kN/m²，挡风板外0.30kN/m²。

排架计算时，屋面均布活荷载不与雪荷载同时组合；积灰荷载应与雪荷载或不上人屋面均布活荷载两者中的较大值同时考虑。

3. 吊车荷载

根据利用等级和荷载状态，吊车共分8个工作级别，分别用A1、A2…A8表示。其中A1、A2、A3对应于原轻级工作制，A4、A5对应于原中级工作制，A6、A7对应于原重级工作制，A8对应于原超重级工作制。吊车荷载属可变荷载。桥式吊车对排架的作用有竖向荷载和水平荷载两种。

（1）吊车竖向荷载标准值。桥式吊车由大车（桥架）和小车组成，大车在吊车梁的轨道上沿厂房纵向行驶，小车在大车桥架的轨道上沿横向左右运行，带有吊钩的起重卷扬机安装在小车上。

如图 3-28 所示，当小车吊有额定起吊质量运行到大车某一极限位置时，在这一侧的每个大车轮压称为吊车的最大轮压 P_{max}，在另一侧的轮压称为最小轮压 P_{min}，最大轮压与最小轮压同时发生。P_{max}可根据吊车型号、规格等查阅专业标准《起重机基本参数和尺寸系列》。表 3-2 列出了原机械工业部于 1978 年公布的《起重机产品样本》中跨度为 16.5m 的桥式吊车的一些参数，可供教学时参考使用。

表 3-2　　桥式吊车技术参数

吊车跨度 $L_k=16.5$m

额定起吊质量 Q（t）	吊车宽度 B（m）	轮　距 K（m）	小车质量 Q_1（t）	最大轮压 P_{max}（kN）	最小轮压 P_{min}（kN）
5	4.3	3.4	2.28	74	18
10	5.0	4.1	2.99	101	22.5
15/3	5.16		6.61	148	34.5
20/3	5.16		7.01	183	29.5

若 G 为大车质量(t)，Q_1 为小车质量(t)，Q 为吊车额定起吊质量(t)，则对于四轮吊车应有关系 $2(P_{max}+P_{min})=(G+Q_1+Q)g$，其中 g 为重力加速度，可取 10m/s^2；轮压 P_{max}、P_{min}的单位为 kN。

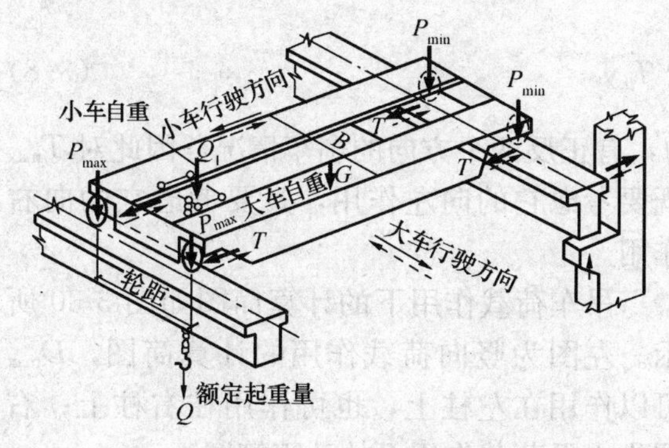

图 3-28　产生 P_{max}、P_{min}时小车位置

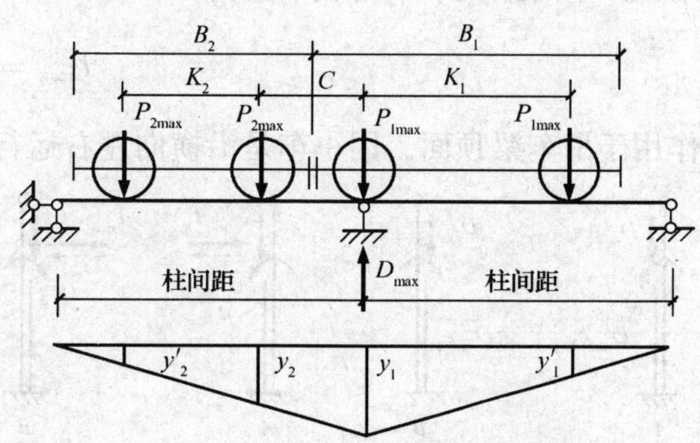

图 3-29　简支梁支座反力影响线

吊车是移动的，必须用吊车梁的支座反力影响线来计算由 P_{max}产生的支座最大反力 D_{max}，而在另一侧排架上则由 P_{min}产生反力 D_{min}。D_{max}、D_{min}就是作用在排架上的吊车竖向荷载标准值，两者同时发生。由图 3-29 所示的简支梁反力影响线可得

$$D_{max}=\sum P_{imax}y_i$$
$$D_{min}=\sum P_{imin}y_i \tag{3-4}$$

D_{max}、D_{min} 可以发生在左柱，也可以发生在右柱，应分别考虑。D_{max}、D_{min} 对下柱都是偏心压力，设偏心距为 e_4，则相应的力矩为

$$\begin{aligned} M_{max} &= D_{max}e_4 \\ M_{min} &= D_{min}e_4 \end{aligned} \tag{3-5}$$

（2）吊车水平荷载标准值。吊车的水平荷载分纵向和横向两种，分别由吊车的大车和小车的运行机构在启动或制动时引起的惯性力产生，它通过车轮与钢轨间的摩擦传递给厂房结构。

吊车的横向水平总荷载按下式取值

$$T_t = \alpha(Q + Q_1)g \tag{3-6}$$

式中 α——横向水平荷载系数（或小车制动力系数）

对于软钩吊车 $Q \leqslant 10$t 时， $\alpha = 0.12$

$Q = 16 \sim 50$t 时， $\alpha = 0.10$

$Q \geqslant 75$t 时， $\alpha = 0.08$

对于硬钩吊车 $\alpha = 0.20$

T_t 应等分于桥架的两端，分别由轨道上的车轮平均传至轨道，对于四轮桥式吊车，每个车轮传递的水平荷载标准值 T 为

$$T = \frac{1}{4}T_t = \frac{1}{4}\alpha(Q + Q_1)g \tag{3-7}$$

同样，吊车横向水平荷载也是移动荷载，仍需利用图 3-29 中的影响线来求出吊车对排架柱产生的最大水平荷载 T_{max} 为

$$T_{max} = \sum T_i y_i \tag{3-8}$$

作用于吊车梁顶面。因小车是沿横向左右运行的，有正反两个方向的刹车情况，因此对 T_{max} 既要考虑它的向左作用，又要考虑它的向右作用。

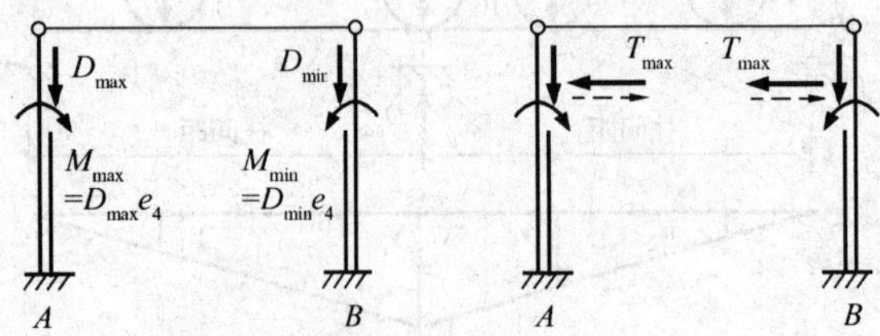

图 3-30 吊车荷载作用下计算简图

吊车荷载作用下的计算简图如图 3-30 所示。左图为竖向荷载作用的计算简图，D_{max} 可以作用在左柱上，也可作用在右柱上；右图为水平荷载作用下的计算简图。

横向平面排架结构计算时，不考虑吊车纵向水平荷载。

（3）多台吊车组合。考虑竖向荷载时，对一层吊车单跨厂房之每个排架，参与组合的吊车台数不宜多于 2 台；对一层吊车的多跨厂房的每个排架，不宜多于 4 台。考虑多台吊车水平荷载时，参与组合的吊车台数不应多于 2 台。

考虑到多台吊车对排架同时出现极端荷载的可能性较小，按式（3-4）、式（3-8）求得 D_{max}、D_{min} 和 T_{max} 以后，还应乘上一个荷载折减系数 β。β 取值见表 3-3。

表 3-3　**多台吊车的荷载折减系数 β**

参与组合的吊车台数	吊车工作级别	
	A1～A5	A6～A8
2	0.90	0.95
3	0.85	0.90
4	0.80	0.85

注　对于多层吊车的单跨或多跨厂房，计算排架时，参与组合的吊车台数及荷载的折减系数，应按实际情况考虑。

【例题 3-1】　有一单跨厂房，跨度 18m，柱距 6m，设计时考虑两台 10t 桥式吊车，工作级别为 A4 级。已知吊车桥架跨度 $L_k=16.5$m，求 D_{max}、D_{min} 和 T_{max}。

解

(1) 按影响线计算。

查表 3-2，吊车桥架宽度 $B=5.0$m，轮距 $K=4.1$m，小车质量 $Q_1=2.99$t，吊车最大轮压 $P_{max}=101$kN，最小轮压 $P_{min}=22.5$kN。吊车梁的支座反力影响线及吊车布置如图 3-31 所示。由式 (3-4) 得

$$D_{max}=\Sigma P_{imax}y_i=101\times\left(1+\frac{1.9+5.1+1.0}{6}\right)=235.67\text{kN}$$

$$D_{min}=\Sigma P_{imin}y_i=22.5\times\left(1+\frac{1.9+5.1+1.0}{6}\right)=52.50\text{kN}$$

再由式 (3-7)、式 (3-8) 可得

$$T=\frac{1}{4}\alpha(Q+Q_1)g=\frac{1}{4}\times0.12\times(10+2.99)\times10=3.90\text{kN}$$

$$T_{max}=\Sigma T_iy_i=3.90\times\left(1+\frac{1.9+5.1+1.0}{6}\right)=9.10\text{kN}$$

(2) 考虑荷载折减系数。

查表 3-3 得，$\beta=0.90$，所以

$$D_{max}=0.90\times235.67=212.10\text{kN}$$

$$D_{min}=0.90\times52.50=47.25\text{kN}$$

$$T_{max}=0.90\times9.10=8.19\text{kN}$$

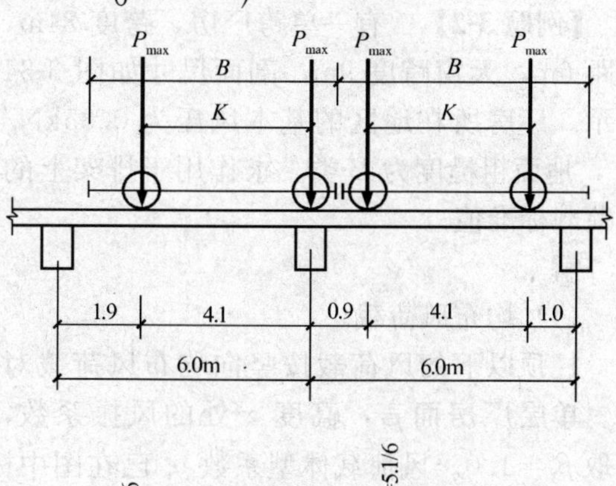

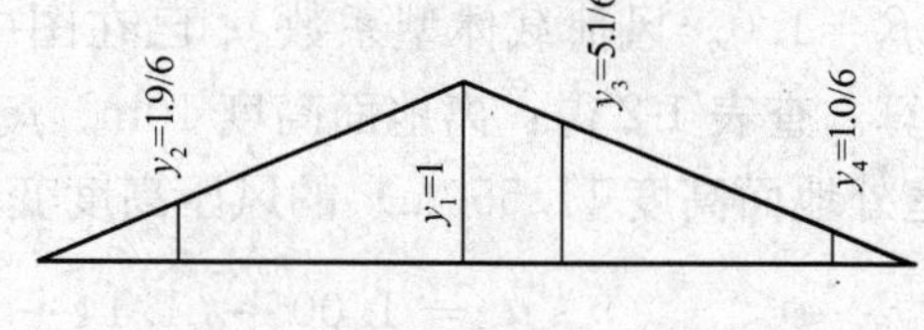

图 3-31　[例题 3-1] 图

4. 风荷载

当计算主要承重结构时，垂直于建筑物表面的风荷载标准值应按下式计算

$$w_k=\beta_z\mu_s\mu_zw_0 \tag{3-9}$$

式中　w_k——风荷载标准值，kN/m²；

β_z——高度 z 处的风振系数：对单层厂房，可取 $\beta_z=1.0$；

μ_s——风荷载体型系数，如图 3-32 所示；

μ_z——风压高度变化系数，可由表 1-2 取值；

w_0——基本风压，kN/m²。

当计算围护结构时，w_k 计算公式为

$$w_k=\beta_{gz}\mu_s\mu_zw_0 \tag{3-10}$$

式中　β_{gz}——高度 z 处的阵风系数。

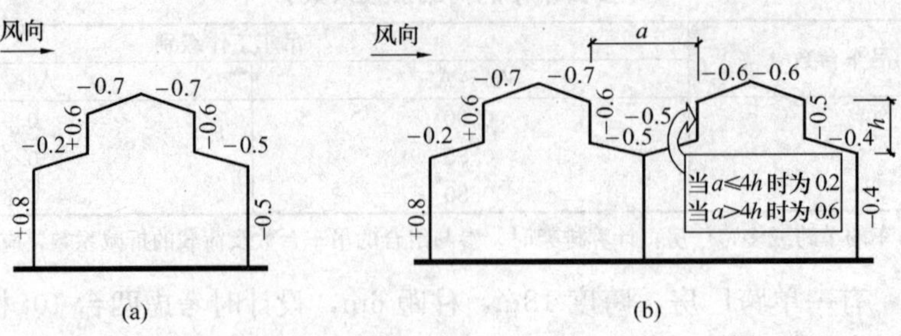

图 3-32 风荷载体型系数

作用于单层厂房排架结构上的风荷载分为两部分：

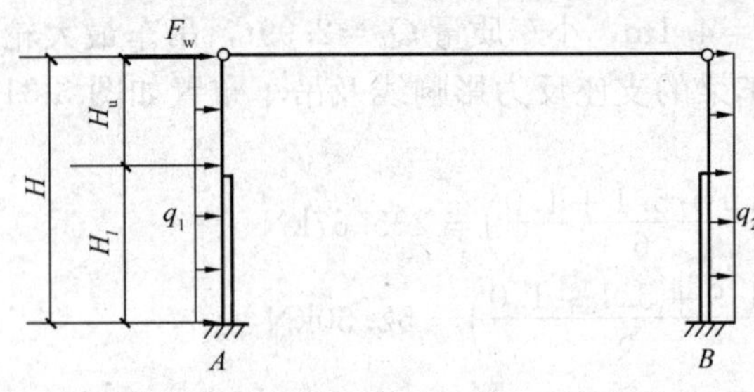

图 3-33 风荷载作用下的计算简图

(1) 柱顶以下的风荷载，可近似地按竖向均布荷载计算，风压高度变化系数 μ_z 偏安全地按柱顶标高计算。

(2) 柱顶（屋架下弦）以上的风荷载，通过屋架以集中力 F_w 的形式作用于排架柱顶。这时的风压高度变化系数按下述情况确定：有矩形天窗时，按天窗檐口标高取值；无矩形天窗时，按厂房檐口标高取值。计算简图如图 3-33 所示，排架柱上作用有均布荷载 q_1（迎风面压力）、q_2（背风面吸力）和集中荷载 F_w。

【例题 3-2】 有一单跨厂房，跨度 24m，柱距 6m，天窗跨度 9m，剖面尺寸如图 3-34 所示。厂房所在地区的基本风压为 0.35kN/m²，地面粗糙度为 B 类。求作用于排架上的风荷载标准值。

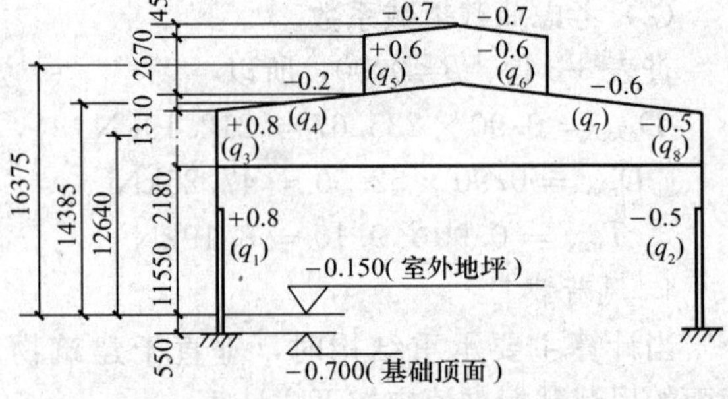

图 3-34 ［例题 3-2］图

解

(1) 均布风荷载。

柱顶以下的风荷载按竖向均布风荷载对待。单层厂房而言，高度 z 处的风振系数，可取 $\beta_z=1.0$。风荷载体型系数 μ_s 已在图中标出。风压高度变化系数 μ_z 按柱顶离地面的高度计算。查表 1-2 得：离地面高度 10m、$\mu_z=1.00$，离地面高度 15m、$\mu_z=1.14$，故柱顶处（离室外地面高度 11.550m）的风压高度变化系数依据内插法计算

$$\mu_z=1.00+(1.14-1.00)\times\frac{11.550-10}{15-10}=1.04$$

所以

$$q_1=1.0\times0.8\times1.04\times0.35\times6=1.75\text{kN/m}$$

$$q_2=1.0\times0.5\times1.04\times0.35\times6=1.09\text{kN/m}$$

(2) 集中风荷载。

作用于屋架下弦以上的风荷载，通过屋架以集中力的形式施加于排架柱顶。风压高度变

化系数可按天窗檐高度（离室外地面高度 17.560）计算（偏于保守）

$$\mu_z = 1.14 + (1.25 - 1.14) \times \frac{17.560 - 15}{20 - 15} = 1.196$$

所以

$$\begin{aligned} F_{\mathrm{w}} &= 1.0 \times [2.180 \times (0.8 + 0.5) + 1.310 \times (-0.2 + 0.6) \\ &\quad + 2.670 \times (0.6 + 0.6)] \times 1.196 \times 0.35 \times 6 \\ &= 16.48\mathrm{kN} \end{aligned}$$

三、剪力分配法计算等高排架

作用于排架上的荷载分析清楚后，就可以计算排架内力。对于等高排架，可用“剪力分配法”计算。

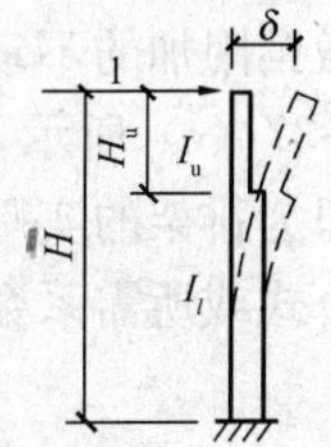

图 3-35　单阶悬臂柱抗剪刚度

图 3-35 所示单阶悬臂柱，当单位水平力作用于柱顶时，柱顶水平位移由结构力学可得：

$$\delta = \frac{H^3}{3E_c I_l}\left[1 + \lambda^3\left(\frac{1}{n} - 1\right)\right] = \frac{H^3}{C_0 E_c I_l} \tag{3-11}$$

$$\lambda = H_{\mathrm{u}}/H$$

$$n = I_{\mathrm{u}}/I_l$$

$$C_0 = \frac{3}{1 + \lambda^3\left(\frac{1}{n} - 1\right)}$$

δ 称为侧移柔度系数。而 $1/\delta$ 为刚度系数，称为柱的“抗剪刚度”或“抗侧刚度”。

1. 柱顶作用水平集中力 F

如图 3-36 所示，等高排架在柱顶受水平集中力 F 作用，不计横梁轴向变形，各柱顶水平位移相等。平衡关系和几何条件可表示如下

$$F = V_a + V_b + V_c$$

$$\Delta = \Delta_a = \Delta_b = \Delta_c \tag{3-12}$$

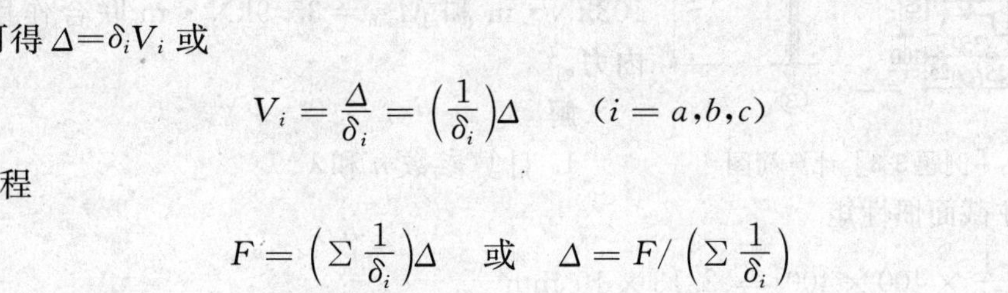

图 3-36　柱顶作用水平集中力

由图 3-36 可得 $\Delta = \delta_i V_i$ 或

$$V_i = \frac{\Delta}{\delta_i} = \left(\frac{1}{\delta_i}\right)\Delta \quad (i = a, b, c) \tag{3-13}$$

代入平衡方程

$$F = \left(\Sigma \frac{1}{\delta_i}\right)\Delta \quad 或 \quad \Delta = F/\left(\Sigma \frac{1}{\delta_i}\right) \tag{3-14}$$

式（3-14）代入式（3-13）得各柱顶剪力

$$V_i = \frac{(1/\delta_i)}{(\Sigma 1/\delta_i)}F = \eta_i F \tag{3-15}$$

式中 $\eta_i=(1/\delta_i)/(\Sigma 1/\delta_i)$ 称为柱 i 的剪力分配系数，它等于自身的抗剪刚度与所有柱总抗剪刚度的比值，且 $\Sigma\eta_i=1$。柱顶总剪力按抗剪刚度分配给各个柱顶，这个方法称为剪力分配法。

各柱柱顶剪力求出后，可按独立悬臂柱计算其内力。

2. 任意荷载作用于排架

可利用剪力分配法对任意荷载作用下的排架（如图 3-37（a）所示排架）进行计算。为此，将计算过程分为两个步骤：第一步，先在排架柱顶附加不动铰支座以阻止水平位移，并求出不动铰支座的水平反力 R，按静定结构计算此时的内力，如图 3-37（b）所示；第二步，撤销附加的不动铰支座，在此排架柱顶加上反向作用的 R，以恢复到原来的实际情况，如图 3-37（c）所示，用剪力分配法计算此排架内力。这样，叠加上述两个步骤中求出的内力，即为排架的实际内力。各种荷载作用下的不动铰支座反力 R 可从附录 6 中查得相应的计算公式或所需系数。

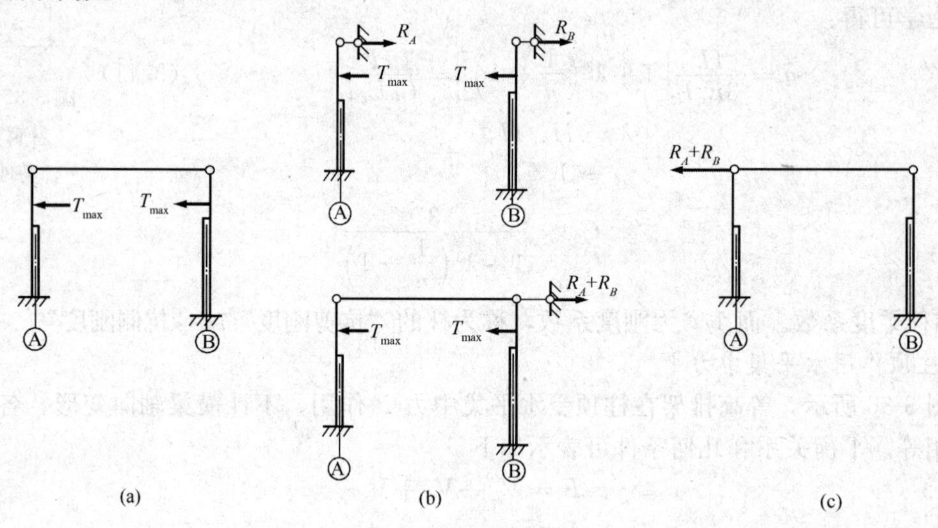

图 3-37　任意荷载作用时的剪力分配

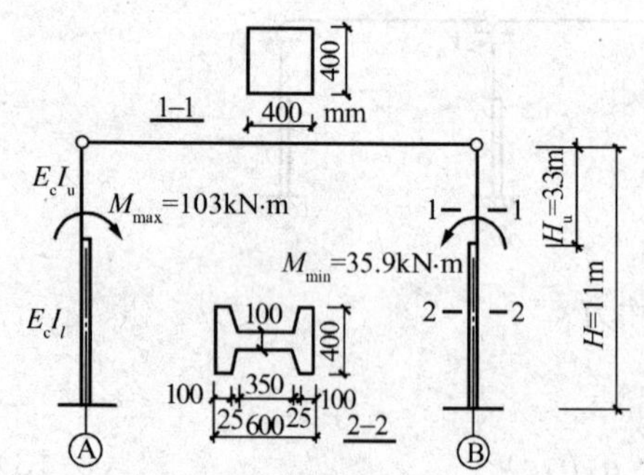

图 3-38　［例题 3-3］计算简图

这里规定，柱顶剪力、柱顶水平集中力和柱顶不动铰支座反力，凡自左向右作用者取正号，反之则取负号。

【例题 3-3】　图 3-38 所示为某金工车间的排架计算简图。A 柱与 B 柱形状和尺寸相同，求在 $M_{max}=103\text{kN}\cdot\text{m}$ 和 $M_{min}=35.9\text{kN}\cdot\text{m}$ 联合作用下的排架内力。

解

1. 计算参数 n 和 λ

上、下柱截面惯性矩

$$I_u=\frac{1}{12}\times 400\times 400^3=2.13\times 10^9\text{mm}^4$$

$$I_l\approx\frac{1}{12}\times 400\times 600^3-\frac{1}{12}\times 300\times 350^3-2\times\frac{1}{2}\times 300\times 25\times\left(175+\frac{25}{3}\right)^2$$

$$= 5.88 \times 10^9 \text{mm}^4$$

所以

$$n = \frac{I_u}{I_l} = \frac{2.13 \times 10^9}{5.88 \times 10^9} = 0.36$$

$$\lambda = \frac{H_u}{H} = \frac{3300}{11000} = 0.3$$

2. 求不动铰支座反力 R_A、R_B 和相应柱顶剪力

在 A 柱和 B 柱柱顶附加不动铰支座，如图 3-39（a）所示。查附录 6 的附图 6-3 得系数 C_3

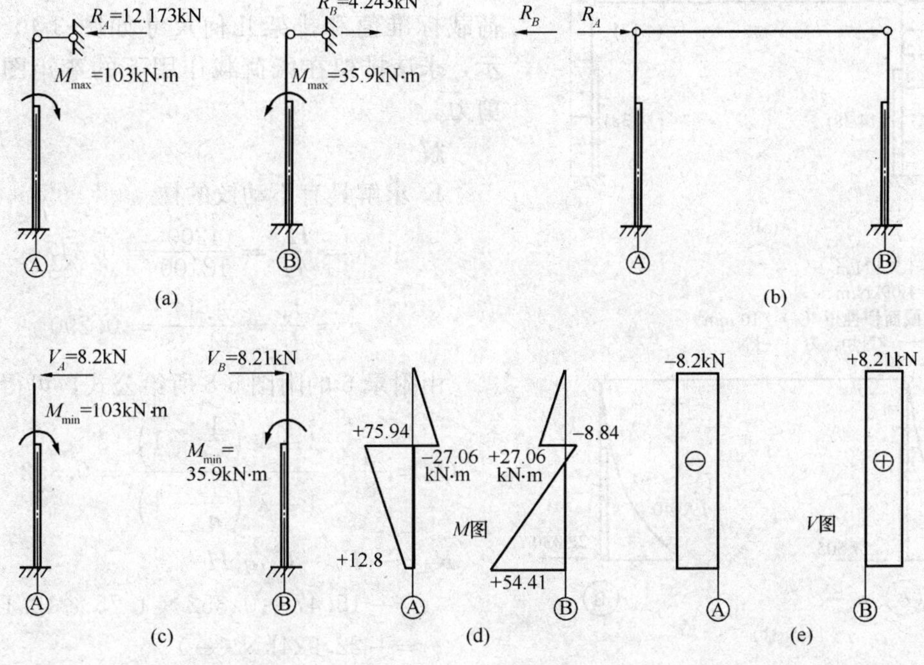

图 3-39　［例题 3-3］计算过程和内力图

$$C_3 = \frac{1.5 \times (1 - \lambda^2)}{1 + \lambda^3 \left(\frac{1}{n} - 1\right)} = \frac{1.5 \times (1 - 0.3^2)}{1 + 0.3^3 \times \left(\frac{1}{0.36} - 1\right)} = 1.3$$

因此，不动铰支座反力为

$$R_A = \frac{M_{max}}{H} C_3 = \frac{-103}{11} \times 1.3 = -12.17\text{kN}(\leftarrow)$$

$$R_B = \frac{M_{min}}{H} C_3 = \frac{35.9}{11} \times 1.3 = 4.24\text{kN}(\rightarrow)$$

此时柱顶剪力为

$$V_{A,1} = R_A = -12.17\text{kN}(\leftarrow)$$

$$V_{B,1} = R_B = 4.24\text{kN}(\rightarrow)$$

3. 计算各柱顶剪力

为了恢复实际情况，在排架柱顶施加 $-R_A$ 和 $-R_B$，如图 3-39（b）所示。因为 A 柱与

B柱相同，所以剪力分配系数相等 $\eta_A=\eta_B=0.5$，所以在 $-R_A$ 和 $-R_B$ 作用下各柱顶分配的剪力为

$$V_{A,2}=V_{B,2}=0.5(-R_A-R_B)=0.5\times(12.17-4.24)=3.97\text{kN}(\rightarrow)$$

总的柱顶剪力为

$$V_A=V_{A,1}+V_{A,2}=-12.17+3.97=-8.2\text{kN}(\leftarrow)$$

$$V_B=V_{B,1}+V_{B,2}=4.24+3.97=8.21\text{kN}(\rightarrow)$$

4. 绘制内力图

排架的弯矩图和剪力图分别如图 3-39（d）、（e）所示。

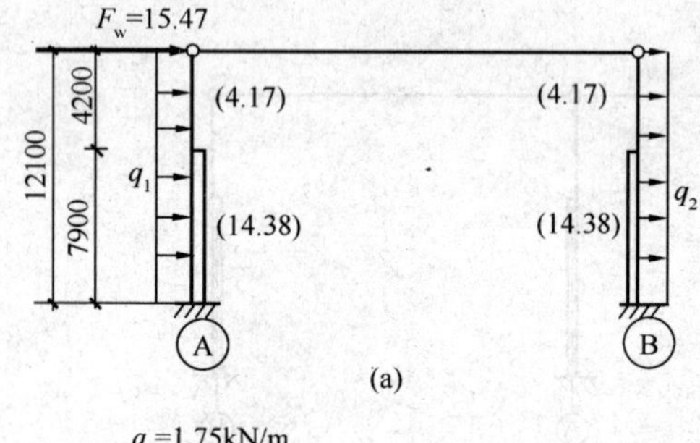

q_1=1.75kN/m
q_2=1.09kN/m
柱截面惯性矩（ ）$\times10^9$mm^4
M——kN·m，力——kN

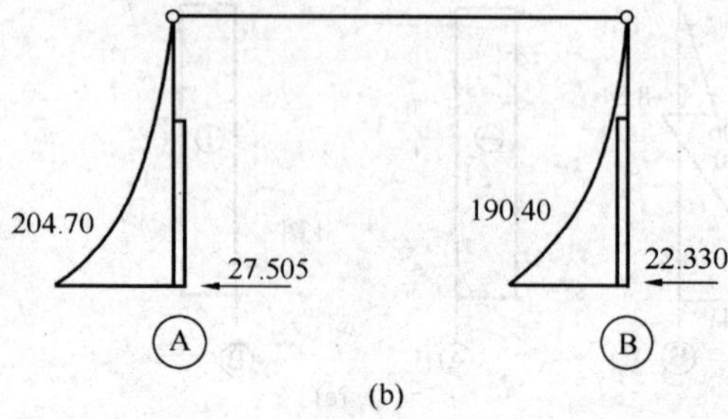

图 3-40 ［例题 3-4］图

【例题 3-4】 某单跨排架承受风荷载作用，荷载标准值和排架几何尺寸如图 3-40（a）所示，求该排架在风荷载作用下的弯矩图和柱底剪力。

解

1. 求解具有不动铰的柱

$$\lambda=\frac{H_u}{H}=\frac{4200}{12100}=0.347$$

$$n=\frac{I_u}{I_l}=\frac{4.17}{14.38}=0.290$$

由附录 6 的附图 6-8 所给公式，可得

$$C_{11}=\frac{3}{8}\times\frac{1+\lambda^4\left(\frac{1}{n}-1\right)}{1+\lambda^3\left(\frac{1}{n}-1\right)}=0.352$$

$$\begin{aligned}R_A&=-F_w-C_{11}q_1H\\&=-15.47-0.352\times1.75\times12.1\\&=-22.924\text{kN}\ (\leftarrow)\end{aligned}$$

$$\begin{aligned}R_B&=-C_{11}q_2H=-0.352\times1.09\times12.1\\&=-4.643\text{kN}\ (\leftarrow)\end{aligned}$$

相应柱顶剪力

$$\begin{aligned}V_{A,1}&=R_A+F_w=-22.924+15.47\\&=-7.454\text{kN}\ (\leftarrow)\end{aligned}$$

$$V_{B,1}=R_B=-4.643\text{kN}\ (\leftarrow)$$

2. 将－（R_A+R_B）作用于排架柱顶，解各柱顶剪力

由于两柱截面完全相同，故剪力分配系数均为 0.5，因此

$$\begin{aligned}V_{A,2}=V_{B,2}&=\eta(-R_A-R_B)\\&=0.5\times(22.924+4.643)\\&=13.784\text{kN}(\rightarrow)\end{aligned}$$

3. 各柱柱顶剪力

$$V_{A顶}=V_{A,1}+V_{A,2}$$

$$=-7.454+13.784=6.330\text{kN}(\rightarrow)$$

$$V_{B顶}=V_{B,1}+V_{B,2}=-4.643+13.784=9.141\text{kN}(\rightarrow)$$

4. 绘排架弯矩图，并求柱底剪力

排架弯矩图如图 3-40（b）所示，柱底剪力也同时标注在该图中。由此可以看出，在风荷载作用下，柱底弯矩值最大，故风荷载在单层厂房排架结构内力分析中是一种主要荷载。

四、不等高排架内力计算

1. 不等高排架计算简图

不等高排架低跨的屋架支承于高跨排架柱（中柱）的牛腿上。屋架和牛腿通过预埋钢板焊接连接。所以，可将屋架和高跨柱牛腿的连接点简化成一半铰接点，采用图 3-41 所示的计算简图。

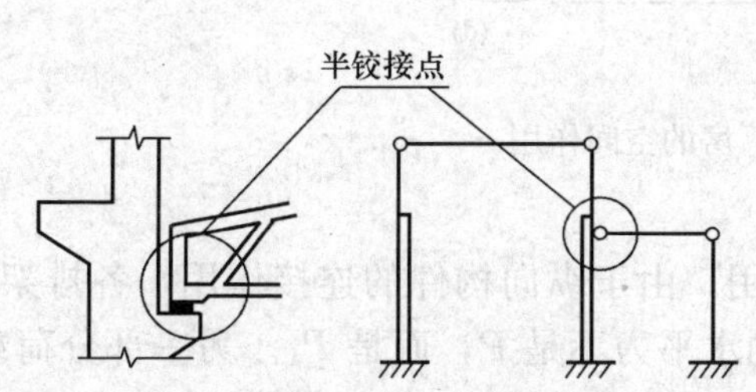

图 3-41　不等跨排架的连接构造和计算简图

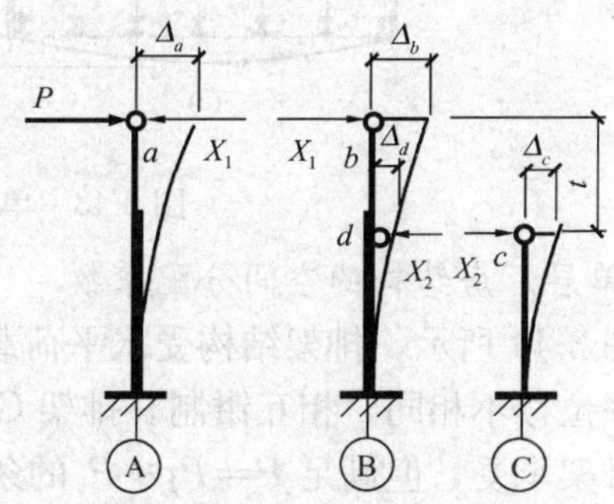

图 3-42　不等高排架内力计算

2. 内力计算

排架内力可以用力法进行计算。图 3-42 所示，高跨柱顶 a、b 的相对位移为零，高低跨 c、d 的相对位移为零。X_1、X_2 为超静定之多余反力，可由力法典型方程

$$\delta_{11}X_1+\delta_{12}X_2+\Delta_{1P}=0$$

$$\delta_{21}X_1+\delta_{22}X_2+\Delta_{2P}=0 \tag{3-16}$$

解出 X_1、X_2。根据 X_1、X_2 以及柱间外荷载，可方便地得出排架的内力。

不等高排架的内力也可借助计算机计算，这时一般采用矩阵位移法或杆系结构有限元法，它对于排架上作用的任意荷载都能比较精确地计算。这方面的计算原理和方法，详见另一门课程《结构分析程序设计》。

五、整体空间作用的概念

1. 单层厂房空间作用

用一平面排架来代替整个排架结构进行结构内力分析，对图 3-43（a）所示的情况是适合的。因为各排架所产生的位移皆等于 Δ_a，排架之间无相互制约作用。但是，对于图 3-43（b）、（c）、（d）三种情况，排架之间有相互制约作用，各排架的柱顶位移不相等。此时，用平面排架来计算就显得保守。

当单层厂房各榀排架之间的刚度不同，或各榀排架所受的荷载不同，它们各自在荷载作用下的位移就会受到其他排架的制约。这种排架之间相互制约的作用称为单层厂房结构的空间作用。

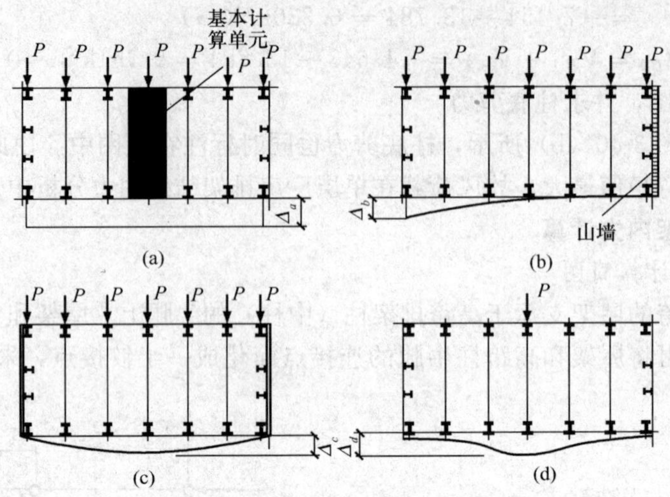

图 3-43 单层工业厂房的空间作用

2. 单层厂房结构的空间分配系数

如图 3-44 所示，排架结构受水平荷载 P 作用。由于纵向构件的连接作用，各排架所产生的水平位移不相同，相互钳制。排架 C 所受的水平力不是 P，而是 P_1。另一部分荷载 P_2 由其他排架承受，但满足 $P=P_1+P_2$ 的条件。排架的空间分配系数定义为

$$m=\frac{P_1}{P}=\frac{\Delta_1}{\Delta} \tag{3-17}$$

式中 Δ_1——水平荷载 P 作用下排架 C 柱顶的实际位移；

Δ——水平荷载 P 作用下单榀排架 C 柱顶的位移。

空间作用分配系数 m 与屋盖刚度、排架刚度、厂房跨度、厂房长度、温度区段内有无山墙以及吊车的吨位和台数等因素有关。具体数字可查阅有关表格。空间作用分配系数针对水平荷载，若不予考虑，则内力计算结果偏于安全（保守型）。

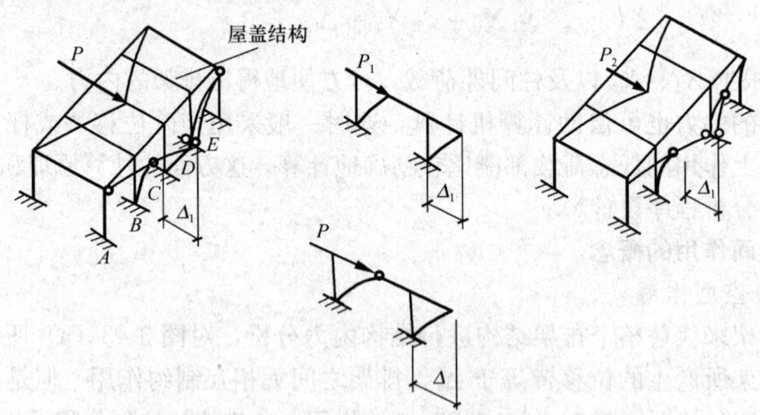

图 3-44 水平荷载作用下单层厂房的位移

六、内力组合

排架上的荷载除自重为永久荷载以外，屋面活荷载、吊车荷载、风荷载等均为可变荷载。可变荷载，不一定同时出现。永久荷载和可变荷载进行不同组合，可求出截面的最不利

内力，以此作为设计的依据。

1. 控制截面

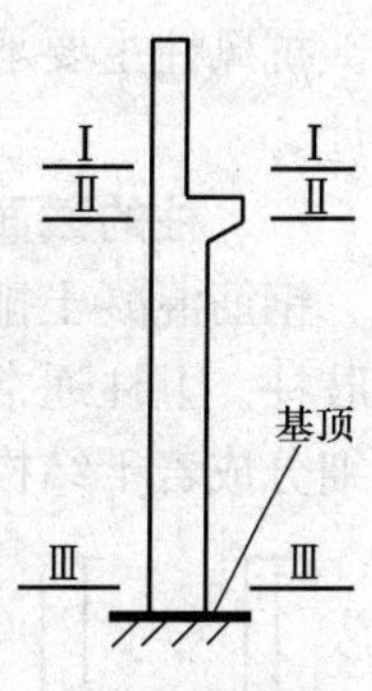

图 3-45　柱的控制截面

图 3-45 所示的排架柱，上部截面的配筋是相同的，而上柱与牛腿交界的截面Ⅰ-Ⅰ中内力最大，因此取截面Ⅰ-Ⅰ为上柱的控制截面。下柱牛腿顶面截面Ⅱ-Ⅱ和柱底截面Ⅲ-Ⅲ的内力较大，且截面Ⅲ-Ⅲ的内力值同时也是基础设计的依据，所以，取截面Ⅱ-Ⅱ和Ⅲ-Ⅲ为下柱的控制截面。

2. 荷载组合

对于承载能力计算，应用基本组合或偶然组合。基本组合分由可变荷载控制的组合与永久荷载控制的组合两种，有吊车的单层厂房结构，一般由可变荷载控制的组合控制结构设计。一般排架结构、框架结构可按下面方式进行组合。

(1) 1.2 永久荷载 + 1.4 风荷载；

(2) 1.2 永久荷载 + 1.4 吊车荷载；

(3) 1.2 永久荷载 + 1.4 活荷载；

(4) 1.2 永久荷载 + 0.9×1.4（吊车荷载 + 风荷载 + 活荷载）；

(5) 1.2 永久荷载 + 0.9×1.4（吊车荷载 + 风荷载）；

(6) 1.2 永久荷载 + 0.9×1.4（吊车荷载 + 活荷载）；

(7) 1.2 永久荷载 + 0.9×1.4（活荷载 + 风荷载）。

3. 内力组合

矩形、Ⅰ字形截面的排架柱是偏心受压构件，其配筋计算主要取决于轴向力 N 和弯矩 M，根据可能出现的最大的截面配筋量，一般考虑以下四种内力组合：

(1) $+M_{max}$及相应的 N 和 V；

(2) $-M_{max}$及相应的 N 和 V；

(3) N_{max}及相应的 M 和 V；

(4) N_{min}及相应的 M 和 V。

当柱截面对称配筋及采用对称基础时，第（1）、（2）两种内力组合可合并为一种，即 $|M|_{max}$及相应的 N 和 V。

4. 注意点

在进行内力的最不利组合时，应注意：

(1) 永久荷载任何情况下都存在。

(2) 吊车竖向荷载有最大轮压分别作用在一跨两个柱子上的两种情况，每次只选其中一种参加组合。

(3) 有吊车水平荷载时，必有竖向荷载；反之则不一定。

(4) 吊车水平荷载有两个方向，每次只选其中一项参加组合。

(5) 风有左来风和右来风两种情况，每次只选其中一项参加组合。

第四节　单层厂房柱设计

单层厂房中的柱有排架柱和抗风柱两种。根据上一节排架内力分析结果，可设计排架柱。抗风柱主要承受山墙传来的风荷载，由风荷载下抗风柱的内力分析结果，可进行抗风柱设计。

一、柱的截面形式

钢筋混凝土排架柱一般由上柱、下柱和牛腿组成。其结构形式可概括为两类：单肢柱和双肢柱。上柱通常为矩形截面或圆环截面。下柱的截面形式较多，根据下柱截面形式又可将柱细分成若干结构形式，如图 3-46 所示。

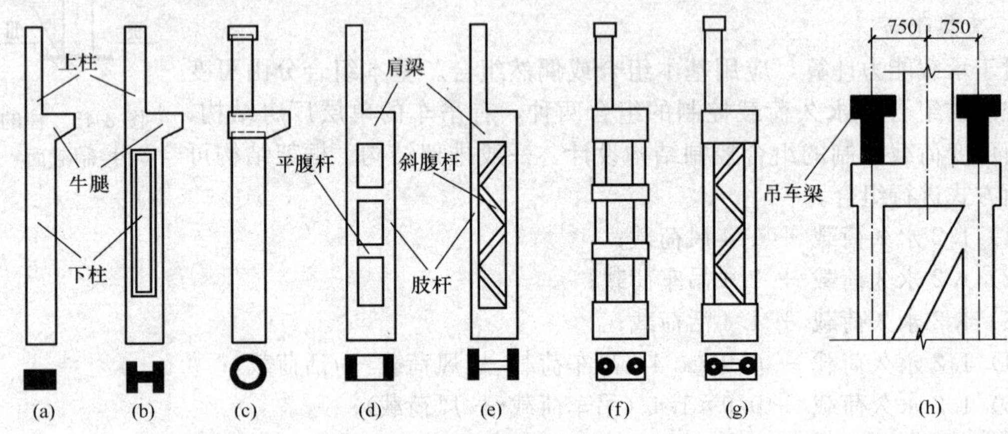

图 3-46 排架柱的结构形式

1. 矩形截面柱

矩形截面柱一般指单肢柱，见图 3-46（a）。其缺点是耗费材料较多，自重大。但由于构造简单、施工方便，在小型工业厂房中仍被采用。矩形截面柱的截面高度一般在 700mm 以内。

2. Ⅰ形截面柱

Ⅰ形截面柱（即工字形截面柱）一般为单肢柱，见图 3-46（b）。在单层厂房中应用普遍。其截面形状合理，能充分利用混凝土的抗压能力抵抗柱中的偏心受压荷载，整体性能好，施工简单，是一种较好的柱形。Ⅰ形截面柱的截面高度一般为 800～1600mm。

3. 双肢柱

双肢柱的下柱一般由肢杆、腹杆和肩梁组成，如图 3-46（d）、（e）所示。由于杆件布置比较合理，能充分利用混凝土的强度。构件用料省、自重轻。当吊车吨位较大时，可将吊车梁支承在柱肢的轴线上，改善肩梁的受力情况，如图 3-46（h）所示。双肢柱的截面高度一般超过 1600mm。水平荷载较大时，宜采用斜腹杆的双肢柱，如图 3-46（e）所示。

4. 管柱

管柱有圆管柱和方管柱两种，可制成单肢柱、双肢柱和四肢柱，如图 3-46（c）、（f）、（g）所示，但应用较多的还是双肢管柱。管件通常在离心式制管机成型，亦可用钢管抽芯或用胶囊成型。管柱的混凝土质量好、机械化程度高、自重轻。但目前受离心制管机械的限制，尚难推广。除此以外，管柱的节点构造亦较复杂，这也制约了它的广泛使用。

抗风柱一般由上柱和下柱组成，无牛腿。上柱为实心矩形截面，下柱为Ⅰ形截面。

根据经验，目前对预制柱可按截面高度 h 确定截面形式：

当 $h \leqslant 600$mm 时，宜采用矩形截面；

当 h=600～800mm 时，宜采用Ⅰ字形或矩形截面；

当 h=900～1400mm 时，宜采用Ⅰ字形截面；

当 h>1400mm 时，宜采用双肢柱。

管柱及其他柱型可根据实践经验和工程具体条件选用。

对于设有悬臂吊车的柱宜采用矩形截面；易受撞击及设有壁行吊车的柱宜采用矩形或腹板厚度≥120mm、翼缘高度≥150mm 的Ⅰ形柱；当采用双肢柱时，则在安装壁行吊车的局部区段宜做成实腹形。

二、矩形、Ⅰ字形柱设计

柱的设计内容一般包括确定外形构造尺寸和截面尺寸，根据各控制截面的最不利组合内力进行截面设计、施工吊装运输阶段的承载力和裂缝宽度验算，与屋架、吊车梁等构件的连接构造和绘制施工图等；当有吊车时，还应设计牛腿。

1. 截面尺寸和外形构造

柱截面尺寸主要按厂房的横向刚度要求来确定。一般情况下，6m 柱距厂房柱或露天栈桥柱的最小截面尺寸，可按表 3-4 确定。

表 3-4　　6m 柱距实腹截面尺寸参考表

柱的类型	截面尺寸			
	b	h		
		$Q\leqslant$10t	10t<$Q\leqslant$30t	30t<$Q\leqslant$50t
有吊车的厂房下柱	$\geqslant H_l/25$	$\geqslant H_l/14$	$\geqslant H_l/12$	$\geqslant H_l/10$
露天吊车柱	$\geqslant H_l/25$	$\geqslant H_l/10$	$\geqslant H_l/8$	$\geqslant H_l/7$
单跨无吊车厂房	$\geqslant H/30$	$\geqslant 1.5H/25$		
多跨无吊车厂房	$\geqslant H/30$	$\geqslant 1.25H/25$		
山墙抗风柱（仅承受风荷载和自重）	$\geqslant H_b/40$	$\geqslant H_l/25$		
山墙抗风柱（风载、自重、连系梁传来的墙重）	$\geqslant H_b/30$	$\geqslant H_l/25$		

注　H_l—基础顶至装配式吊车梁底或现浇式吊车梁顶的柱下部分高度；
H—从基础顶面算起的柱全高；
H_b—山墙抗风柱基础顶至平面外（柱宽 b 方向）支撑点的距离。

Ⅰ字形的翼缘厚度不宜小于 100mm，腹板厚度不宜小于 80mm。当有高温或侵蚀性介质时，则翼缘和腹板尺寸均应适当增大。Ⅰ字形柱的腹板可以开孔洞（在孔洞周边宜设置 2～3 根直径不小于 8mm 的封闭钢筋）。当孔的横向尺寸小于柱截面高度的一半、孔的竖向尺寸小于相临两孔之间的净距时，柱的刚度可按实腹Ⅰ字形柱计算，但在计算承载力时应扣除孔洞的削弱部分。当开孔尺寸超过上述规定时，柱的刚度和承载力应按双肢柱计算。

Ⅰ字形柱的外形构造尺寸见图 3-47。

2. 计算长度

实际排架结构中，排架柱上部为铰接，下部虽简化为固定支座，但由于地基土是可压缩的，所以这种简化具有近似性。另外，与柱相连的还有连系梁、吊车梁、圈梁等。因此，柱的计算长度的确定方法，不能硬套材料力学理论。单层厂房柱的计算长度见表 3-5。

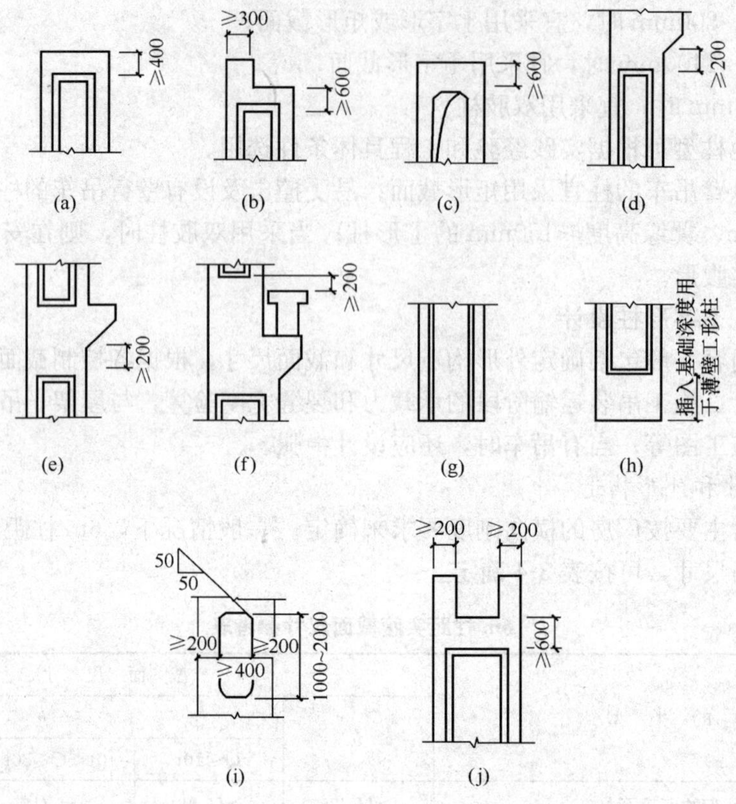

图 3-47 Ⅰ字形柱的外形尺寸

表 3-5 刚性屋盖单层厂房排架柱、露天吊车柱和栈桥柱的计算长度 l_0

柱的类别		l_0		
		排架方向	垂直排架方向	
			有柱间支撑	无柱间支撑
无吊车房屋柱	单跨	$1.5H$	$1.0H$	$1.2H$
	两跨及多跨	$1.25H$	$1.0H$	$1.2H$
有吊车房屋柱	上柱	$2.0H_u$	$1.25H_u$	$1.5H_u$
	下柱	$1.0H_l$	$0.8H_l$	$1.0H_l$
露天吊车柱和栈桥柱		$2.0H_l$	$1.0H_l$	—

注 1. 表中 H 为从基础顶面算起的柱子全高；H_l 为从基础顶面至装配式吊车梁底面或现浇式吊车梁顶面的柱子下部高度；H_u 为从装配式吊车梁底面或从现浇式吊车梁顶面算起的柱子上部高度。

2. 表中有吊车房屋排架柱的计算长度，当计算中不考虑吊车荷载时，可按无吊车房屋柱的计算长度采用，但上柱的计算长度仍可按有吊车房屋采用。

3. 表中有吊车房屋排架柱的上柱在排架方向的计算长度，仅适用于 $H_u/H_l \geqslant 0.3$ 的情况，当 $H_u/H_l < 0.3$ 时，计算长度宜采用 $2.5H_u$。

3. 截面设计

根据排架计算得到的控制截面最不利组合内力 M 和 N，按偏心受压构件进行截面计算，或配筋计算、裂缝宽度验算。

4. 运输、吊装验算

钢筋混凝土矩形和Ⅰ形截面柱制作完成并经过一段时间养护后，一般都将其翻身侧向放置，以便运输和吊装。柱一般采用单点或双吊点吊装，吊点设在牛腿根部的变截面处和柱底位置。因此，运输和吊装验算是对图 3-48 所示计算简图的 1-1、2-2 和 3-3 截面进行承载力和裂缝宽度验算。验算时应注意下列问题。

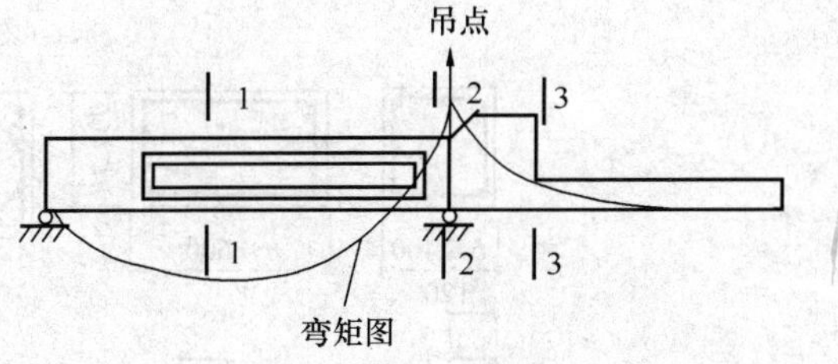

图 3-48　柱的吊装验算简图

(1) 柱承受的荷载主要为柱的自重，且应乘以动力系数 1.5；

(2) 吊装验算系临时性的，构件的安全等级可较使用阶段的安全等级降低一级；

(3) 当柱变阶处的配筋不足时，可在该区域局部加配短钢筋。

5. 构造要求

矩形截面柱的混凝土强度等级不宜低于 C20，Ⅰ形截面柱的混凝土强度等级不宜低于 C25。

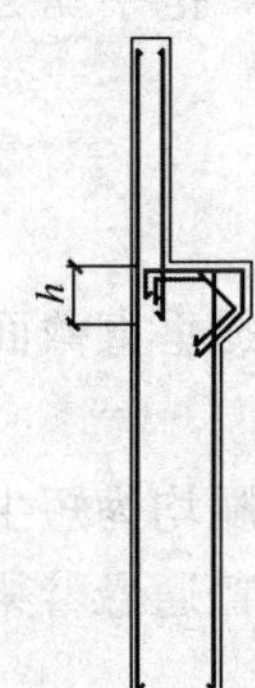

图 3-49　柱和牛腿中的纵向钢筋

柱中纵向受力钢筋的直径不应小于 12mm，纵筋间的间距应大于等于 50mm，但不得大于 350mm。上、下柱的纵向钢筋应在牛腿面以下搭接，搭接长度 l_1 根据位于同一连接区段内钢筋的搭接百分率，按下式计算

$$l_1 = \zeta l_a \tag{3-18}$$

且 $l_1 \geqslant 300$mm（受拉时），$l_1 \geqslant 200$mm（受压时）。

式中　l_a——受力钢筋的锚固长度；

ζ——钢筋搭接长度修正系数，其值按表 3-6 取用。

伸入根部的牛腿纵向受力钢筋与弯筋的下弯位置不应与上、下柱的纵向受力钢筋相重合。牛腿的纵向受力钢筋与弯筋宜放在上、下两排，如图 3-49 所示。柱截面高度大于等于 600mm 时，在侧面应设直径为 10～16mm 的纵向构造钢筋，并应设相应的附加箍筋或拉筋。

柱中箍筋的构造要求和一般偏心受压构件类似。在柱内纵向钢筋搭接长度范围内，箍筋的直径不宜小于搭接钢筋直径的 1/4 倍，且应对箍筋进行加密。当搭接钢筋为受拉钢筋时，加密箍筋的间距不应大于 $5d$（d 为纵向钢筋的最小直径）和 100mm 两者之间的小者；当搭接钢筋为受压钢筋时，加密箍筋的间距不应大于 $10d$（d 为纵向钢筋的最小直径）和 200mm 两者之间的小者；当受压钢筋的直径大于 25mm 时，应在搭接接头两个端面外 50mm 范围内各设两个箍筋。图 3-50 给出了柱中箍筋的一些构造要求。

表 3-6　纵向受力钢筋搭接长度修正系数

纵向钢筋搭接接头面积百分率（%）	≤25	50	100
ζ	1.2	1.4	1.6

三、牛腿设计

在单层厂房中，常采用柱侧伸出的牛腿来支撑屋架（或屋面梁）、托架和吊车梁等构件。这些构件多是负荷较大或有动力作用，所以，牛腿虽小，却是一个重要部件。

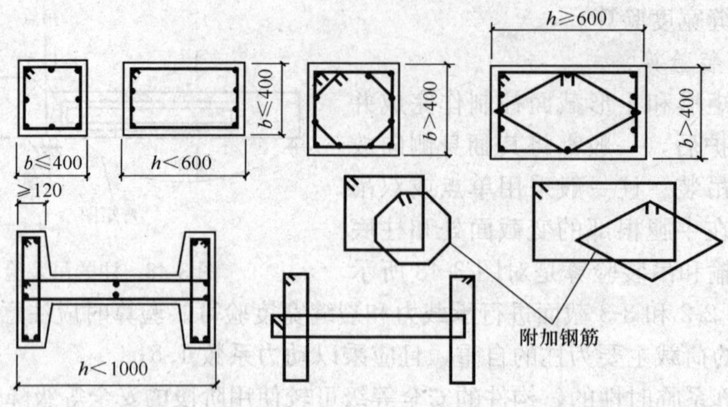

图 3-50　箍筋的构造要求

1. 牛腿分类

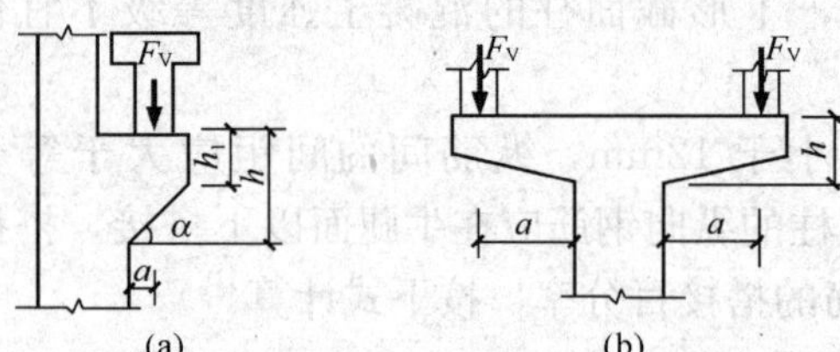

图 3-51　牛腿分类

根据牛腿竖向荷载 F_v 作用点至下柱边缘的水平距离 a 的大小，如图 3-51 所示，把牛腿分成两类：

(1) 短牛腿 $a \leqslant h_0$；

(2) 长牛腿 $a > h_0$。

此处 h_0 为牛腿与下柱交接处牛腿垂直截面的有效高度。

长牛腿的受力特点与悬臂梁相似，可按悬臂梁设计。支承吊车梁等构件的牛腿均为短牛腿，以下简称牛腿。短牛腿实际上是一变截面深梁，其受力特点和破坏特性都与普通悬臂梁不同。

2. 牛腿破坏形态

根据对竖向荷载作用下牛腿的破坏试验观察，随 a/h_0 取值的不同，牛腿主要有如下三种破坏形态：

(1) 剪切破坏。当 a/h_0 值很小（≤0.1）或 a/h_0 值虽较大但边缘高度 h_1 较小时，可能发生沿加载板内侧接近垂直截面的剪切破坏，其特征是在牛腿与下柱交接面上出现一系列短斜裂缝，最后牛腿沿此裂缝从上切下而遭破坏，如图 3-52（a）所示。这时牛腿内纵向钢筋应力较低。

(2) 斜压破坏。大多发生在 $a/h_0 = 0.1 \sim 0.75$ 范围内，发生斜压破坏。其特征是首先出现斜裂缝①，加载至极限荷载的 70%～80%时，在该裂缝外侧整个压杆范围内，出现较多短小斜裂缝，当这些斜裂缝逐渐贯通时，压杆内混凝土剥落崩出，牛腿即告破坏，图 3-52

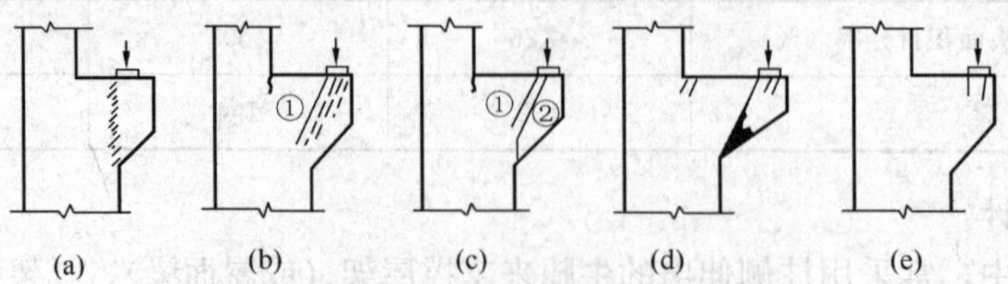

图 3-52　牛腿的破坏形态

(b) 所示。也有少数牛腿在裂缝①发展到相对稳定后，加载到某级荷载时，突然从加载板内侧出现一条通长斜裂缝②，然后即沿此斜裂缝破坏，见图 3-52 (c)。

(3) 弯压破坏。当 $a/h_0>0.75$ 和纵向受力钢筋配筋率较低时，一般发生弯压破坏。其特征就是当出现裂缝①后，随荷载增加，该裂缝不断向受压区延伸，纵向钢筋应力也随之增大并逐渐达到屈服强度，这时，裂缝①外侧部分牛腿下部与柱交接点转动，致使受压区混凝土压碎而引起破坏，见图 3-52 (d)。

此外，还有由于加载板过小而导致加载板下混凝土局部压碎破坏［图 3-52 (e)］和由于纵向受力钢筋锚固不良而被拔出等破坏形态。

3. 牛腿的截面尺寸

牛腿的截面宽度通常与柱等宽，因此牛腿的截面尺寸主要是指牛腿的截面高度。因为牛腿的破坏都是发生在斜裂缝形成和展开以后，所以，牛腿的截面高度以斜截面的抗裂度为控制条件。牛腿的截面尺寸应符合图 3-53 的构造要求和下式计算的抗裂要求

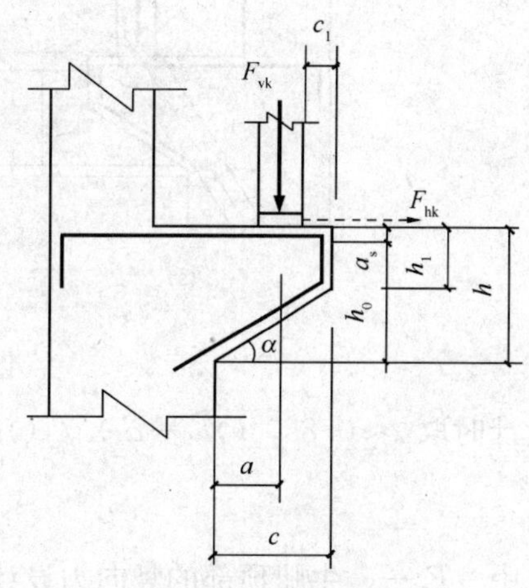

图 3-53　牛腿的截面尺寸

$$F_{vk}\leqslant\beta\left(1-0.5\frac{F_{hk}}{F_{vk}}\right)\frac{f_{tk}bh_0}{0.5+\dfrac{a}{h_0}} \tag{3-19}$$

式中　F_{vk}——作用于牛腿顶部按荷载效应标准组合计算的竖向力值；

F_{hk}——作用于牛腿顶部按荷载效应标准组合计算的水平拉力值；

β——裂缝控制系数：对支承吊车梁的牛腿，取 0.65；对其他牛腿，取 0.80；

f_{tk}——混凝土抗拉强度标准值；

a——竖向力的作用点至下柱边缘的水平距离，此时应考虑安装偏差 20mm；当考虑 20mm 安装偏差后的竖向力作用点仍位于下柱截面以内时，取 $a=0$；

b——牛腿宽度；

h_0——牛腿与下柱交接处的垂直截面有效高度：$h_0=h_1-a_s+c\tan\alpha$，$\alpha>45°$时，取 $\alpha=45°$；

c——下柱边缘到牛腿外边缘的水平长度。

牛腿的外边缘高度 h_1 不应小于 $h/3$，且不应小于 200mm。在牛腿顶面的受压面上由 F_{vk} 所引起的局部压应力不应超过规定值，即 $F_{vk}/A\leqslant0.75f_c$。

4. 牛腿的配筋设计和构造要求

牛腿的纵筋按计算确定。若牛腿的纵筋用量适中，裂缝②出现后，随着裂缝的发展，裂缝外侧的混凝土形成一斜压短柱。当混凝土斜压短柱被压碎时，牛腿便宣告破坏，见图 3-54 (a)。因此，可采用图 3-54 (b) 所示的计算简图来确定牛腿的纵筋。

对图 3-54 (b) 所示的 A 点取矩，则有

$$A_sf_y\gamma h_0=F_va+F_h(\gamma h_0+a_s)$$

$$A_s=\frac{F_va}{\gamma f_yh_0}+\frac{F_h(\gamma h_0+a_s)}{\gamma f_yh_0}$$

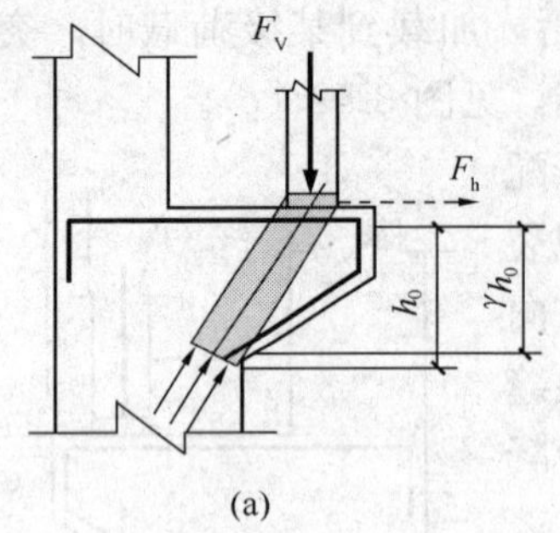

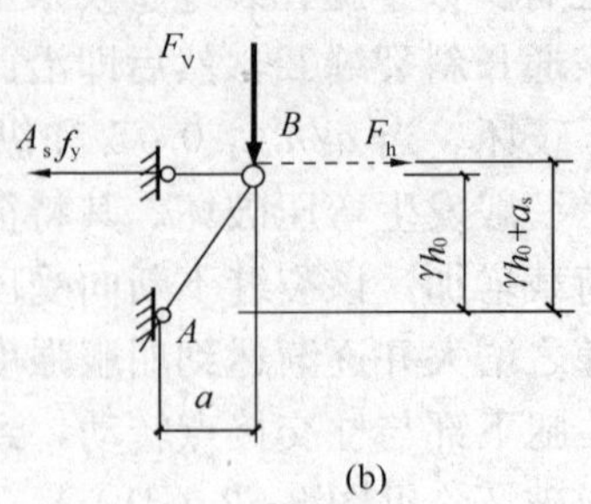

图 3-54　牛腿的计算简图

设计时取 $\gamma\approx0.85$，$(\gamma h_0+a_s)/(\gamma h_0)\approx1.2$，则得到纵筋的计算公式为

$$A_s \geqslant \frac{F_v a}{0.85 f_y h_0}+1.2\frac{F_h}{f_y} \tag{3-20}$$

式中　F_v——牛腿顶部的竖向力设计值；

F_h——牛腿顶部的水平拉力设计值。

此外 $a<0.3h_0$ 时，取 $a=0.3h_0$。

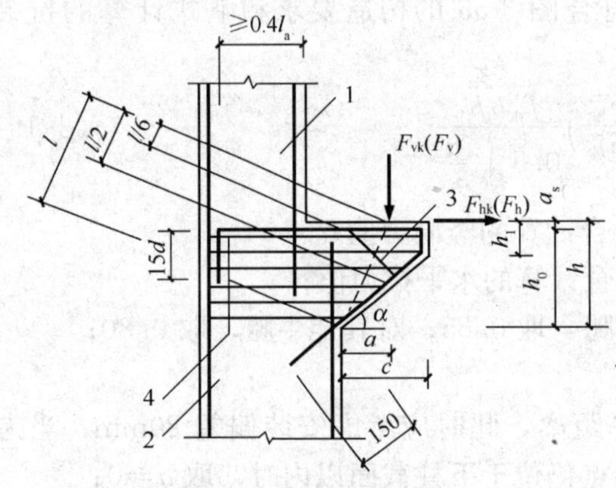

图 3-55　牛腿的配筋构造

1—上柱；2—下柱；3—弯起钢筋；4—水平钢筋

纵筋宜采用 HRB335 或 HRB400（RRB400）级钢筋。承受竖向力的纵向受拉钢筋按全截面计算的最大配筋率为 0.6%，最小配筋率为 0.2%和 $0.45f_t/f_y$ 中的大者。纵筋不得少于 4 根，直径不应小于 12mm，不得兼作弯筋。纵筋伸入上柱内的锚固长度，当采用直线型锚固时，不得小于 l_a（GB 50010—2002 第 9.3.1 条确定）；当上柱截面较小，不能采用直线型锚固时，应满足图 3-55 的要求。牛腿面上的水平力 F_h 通过预埋件与纵筋焊接直接传递给纵筋。抵抗水平力的纵筋不得少于 2 根，钢筋直径不得小于 12mm。

牛腿中的箍筋按构造要求配置。箍筋的直径为 $\phi6\sim\phi12$，间距为 100～150mm，配筋范围为整个牛腿。牛腿上部 $2h_0/3$ 范围内，水平箍筋的总截面面积不应小于承受 F_v 的受拉钢筋总截面面积的 1/2。

当 $a/h_0\geqslant0.3$ 时，牛腿中应设弯筋。弯筋应采用 HRB335 或 HRB400 级钢筋；钢筋的直径应不小于 12mm；弯筋的截面面积不应小于受拉钢筋截面面积的 1/2，且不应小于 $0.001bh$；弯筋的根数不少于 2 根。弯筋的配筋范围为牛腿上部 $l/6\sim l/2$ 之间的范围内。

四、双肢柱设计要点

双肢柱的内力按单跨多层框架或桁架来进行分析。

平腹杆双肢柱的肢杆按偏心受压构件设计，腹杆按受弯构件设计。斜腹杆基本上为轴心受压或轴心受拉构件。肩梁当 $a\leqslant h_{t0}$时，按倒牛腿设计；当 $a>h_{t0}$时，按梁设计（h_{t0}为肩梁截面的有效高度）。

双肢柱混凝土的强度等级不宜小于 C30。肢杆纵筋的配筋率宜在 0.4%～3%之间。腹杆受拉纵筋的配筋率宜在 0.55%～2%之间。

对于绑扎钢筋骨架，箍筋的间距应同时满足下列要求：

（1）箍筋间距≤$5d$；

（2）当 h_c 或 h_w≤300mm 时，箍筋间距≤200mm；

（3）当 300mm＜h_c（h_w）＜500mm 时，箍筋间距≤300mm；

（4）当 h_c（h_w）≥500mm 时，箍筋间距≤350mm。

腹杆中纵向钢筋在肢杆中的锚固如图 3-56 所示。

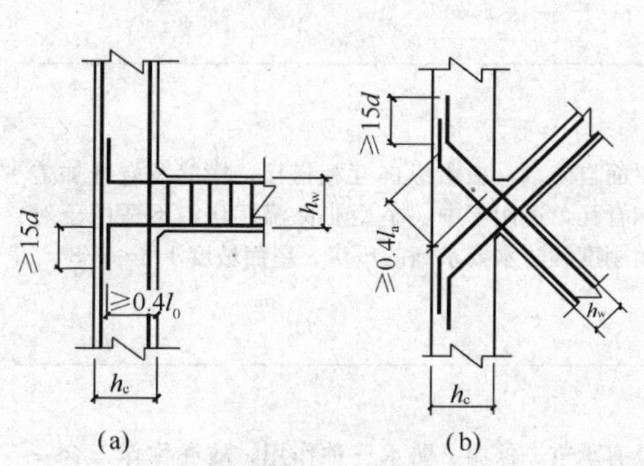

图 3-56　腹杆纵向受力钢筋的锚固

（a）平腹杆；（b）斜腹杆

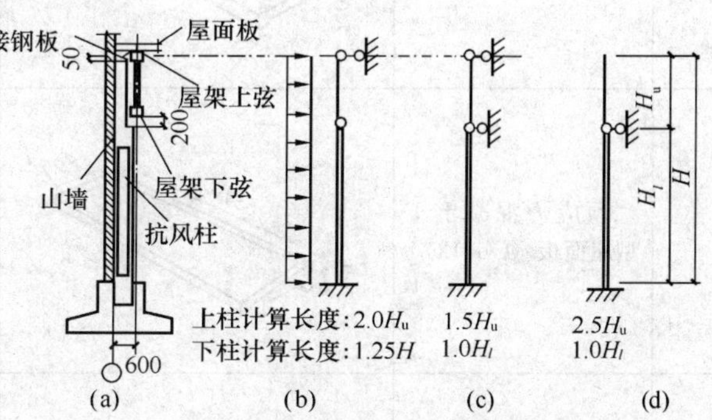

图 3-57　抗风柱的计算简图

（a）抗风柱和屋架的关系；（b）和上弦连接；（c）和上、下弦连接；（d）和下弦连接

五、抗风柱设计

抗风柱的截面尺寸按表 3-4 选用。同时需注意以下两点：

（1）柱顶标高低于屋架上弦中心线 50mm，柱顶对屋架的作用力就可以通过弹簧钢板传至上弦中心线不使屋架上弦杆受扭［见图 3-57（a）］。

（2）上、下柱交接处的标高应低于屋架下弦边缘 200mm（或排架柱顶标高减 100mm），避免屋架发生扰度时与抗风柱相碰［见图 3-57（a）］。

抗风柱柱顶一般视为不动铰支座，柱底视为固定支座。根据柱顶和屋架的不同连接情况，抗风柱的计算简图分别如图 3-57（b）、（c）、（d）所示。

有墙传来荷载时，抗风柱按偏心受压构件设计。无墙传来荷载时，抗风柱主要承受风荷载，按受弯构件设计。不同支座条件下的计算长度按图 3-57 中的数据确定。

第五节　屋盖结构设计

单层厂房的屋盖结构可分为无檩体系和有檩体系两种。前者系将大型屋面板直接支承在屋面梁或屋架上，广泛用于工业厂房中；后者则将一些小型屋面板或瓦材支承在檩条上，檩条支承在屋面梁或屋架上，一般用于小型厂房或临时性的厂房建筑。屋盖结构主要由屋面构件、屋面梁或屋架、天窗架和托架组成。这些构件大多都可套用标准图集，不需要进行设计计算。

一、屋面构件

1. 屋面板

单层厂房中常用的屋面板形式、特点和适用条件列于表 3-7，其中，序号 1～3 适用于无檩体系，序号 4 用于有檩体系，序号 5 用于粘土瓦屋面而不需另设檩条。

表 3-7 常用屋面板表

序号	构件名称	形式	特点及适用条件
1	预应力混凝土屋面板（G410、CG411）	5970~8970；1490；240.300	有卷材防水和非卷材防水两种。屋面水平刚度好，适用于大、中型和振动较大，对屋面刚度要求较高的厂房。屋面坡度：卷材防水最大 1/5，非卷材防水 1/4
2	预应力混凝土 F 型屋面板（CG412）	5370；1490；200	屋面自防水，板沿纵向互相搭接，横缝及脊缝加盖瓦和脊瓦，适用于中、小型非保温厂房，不适用于对屋面刚度和防水要求高的厂房。屋面坡度 1/4～1/8
3	预应力混凝土夹心保温屋面板（三合一板）	130；1490；5950	具有承重、保温、防水三种作用，故亦称作三合一板。适用于一般保温厂房，不适用于气候寒冷、冻融频繁地区和有腐蚀性气体和湿度大的厂房。屋面坡度 1/8～1/12
4	预应力混凝土槽瓦	3300~3900；900；100	在檩条上互相搭接，沿横缝及脊缝加盖瓦和脊瓦。可在长线台座上叠层制作，材料省，屋面较轻。刚度较差，如构造和施工不当，易渗漏。一般适用于非保温、积灰少的中小型厂房，有腐蚀介质和振动较大的厂房不宜使用。屋面坡度 1/3～1/5
5	钢筋混凝土挂瓦板	100~150；835；2380~5980	挂瓦板密排在屋架上，其上铺粘土瓦，有平整的平顶。适用于采用粘土瓦的小型厂房和仓库。屋面坡度 1/2～1/2.5

在设计中一般应尽量采用标准尺寸的屋面板，尽量减少非标准板的类型，以利施工。对于 1.5m×6m 和 3m×6m 的屋面板及檐口板，应优先采用预应力混凝土结构。当嵌缝板或檐口板（不包括挑出部分）的宽度小于 1m 时，且挠度能满足要求时，可采用钢筋混凝土结构。天沟板一般采用钢筋混凝土结构。

预应力混凝土屋面板由面板、横（小）肋和纵（主）肋组成。就结构作用而言，它与肋形楼盖相当，其中板、横肋和纵肋相当于楼盖中的板、次梁和主梁。而板按双向板计算，横、纵肋按 T 形截面简支梁计算。一般荷载下采用 C30 混凝土，荷载较大时，采用 C40 混

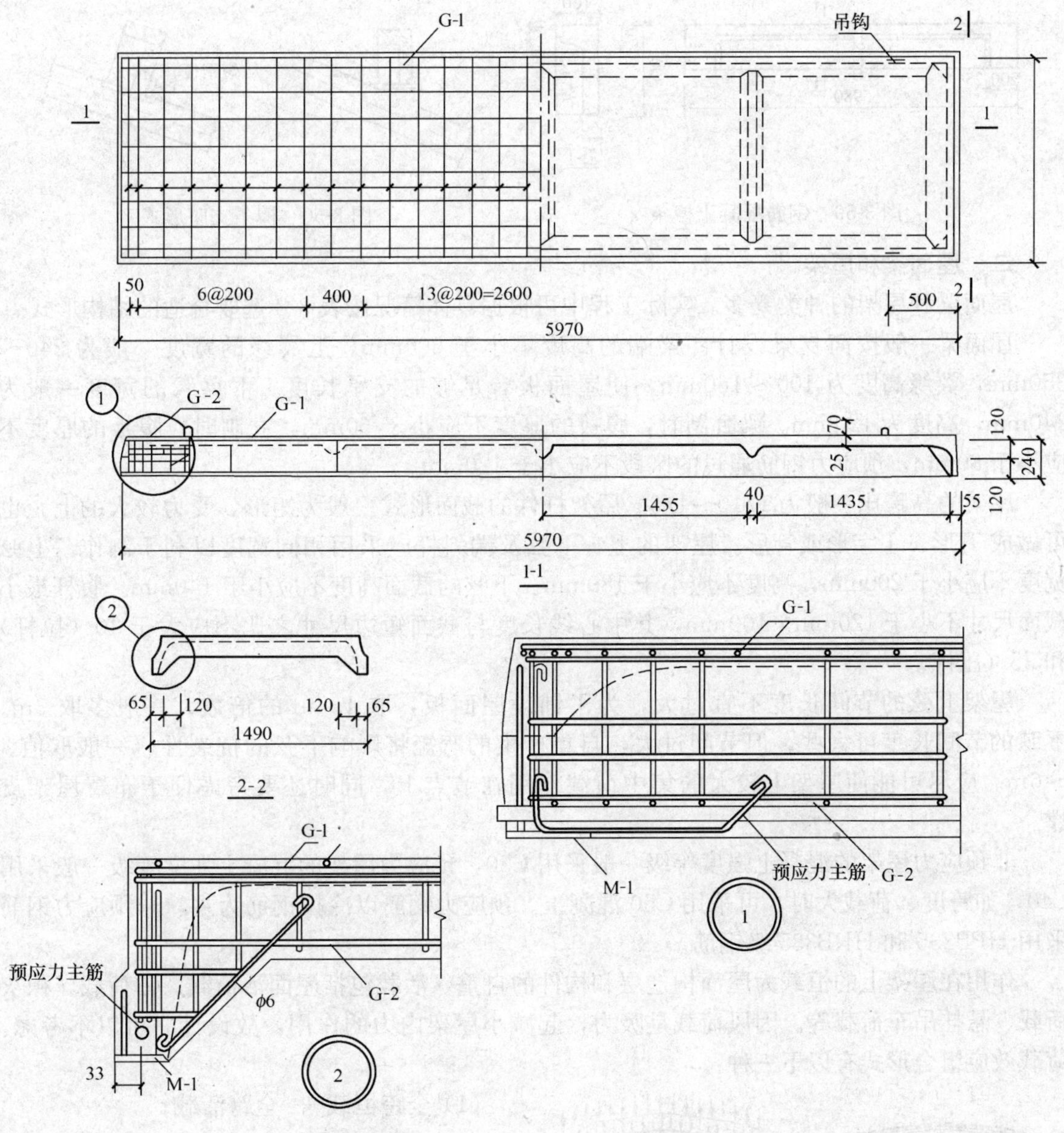

图 3-58 预应力混凝土屋面板的配筋图

凝土。配筋图如图 3-58 所示。

2. 檩条

檩条支承小型屋面板，并将屋面荷载传递到屋架。它与屋架应牢固连接，并与支承构件组成整体，以保证厂房的空间刚度，并可靠地传递水平力。

檩条的跨度一般为 4m 和 6m，也有 9m 的。目前应用较为普遍的是钢筋混凝土或预应力混凝土檩条，如图 3-59 所示。工程上也有上弦为钢筋混凝土、腹杆和下弦为钢材的组合式檩条及轻钢檩条。钢筋混凝土或预应力混凝土檩条可按一般简支梁设计。

檩条在屋架上可正置和斜置，如图 3-60 所示，左为正置、右为斜置。正置中要在屋架上弦设水平支托，斜置者往往需要在支座处的屋架上焊接钢板，以防倾覆。

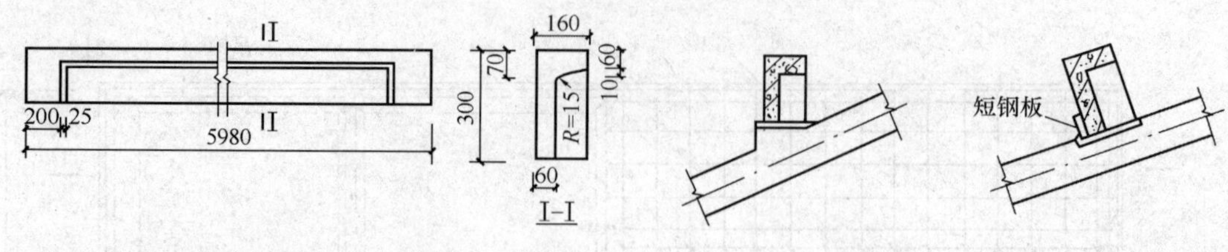

图 3-59 钢筋混凝土檩条

图 3-60 檩条支座形式

二、屋面梁和屋架

屋面梁和屋架的种类繁多。实际工程中可根据具体情况按表 3-8 选取合适的结构形式。

屋面梁一般按简支梁设计。梁端的高度不小于 600mm。上翼缘的宽度一般为 240～350mm，翼缘高度为 100～160mm，使屋面板有足够的支承长度。下翼缘的宽度一般为 240mm，高度为 120mm。梁卧制时，腹板的厚度不应小于 60mm，立制时，腹板的厚度不应小于 80mm，预应力钢筋通过的区段不应小于 120mm。

屋架的高跨比一般为 1/10～1/6。屋架杆件的截面形式一般为矩形，受力较大的上弦也可做成 T 形、I 字形或管形。屋架的上、下弦及端斜杆应采用相同宽度以利于制作。上弦宽度不应小于 200mm，高度不应小于 180mm。下弦的截面高度不应小于 140mm。腹杆最小截面尺寸不小于 120mm×100mm，其中心线长度与截面短边尺寸之比不应大于 40（拉杆）和 35（压杆）。

屋架上弦的节间长度不宜过大，为了铺设屋面板，取 1.5m 的倍数，一般多取 3m。下弦的节间长度可大些，但节间过大，自重产生的弯矩将影响下弦的抗裂性，一般取值 4～6m。应尽可能使屋架上较大的集中荷载作用在节点上，同时还要考虑便于布置屋架支撑。

非预应力屋架的混凝土强度等级一般采用 C30，预应力屋架的混凝土强度等级一般采用 C40，如跨度、荷载大时，可采用 C50 混凝土。预应力钢筋以冷拉钢筋为主，非预应力钢筋采用 HPB235 和 HRB335 级钢筋。

作用在屋架上的恒载为屋面构造层和构件的自重，活载包括屋面活荷载、雪荷载、积灰荷载、悬挂吊车荷载等。因风荷载是吸力，起减小屋架内力的作用，故设计时可以不考虑。荷载效应组合形式有以下三种：

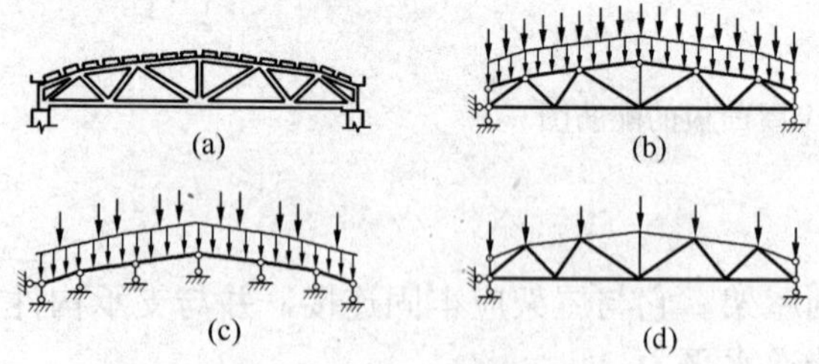

图 3-61 屋架的内力计算简图

（1）全跨恒载 ＋ 全跨活载；

（2）全跨恒载 ＋ 半跨活载；

（3）屋架（含支撑）自重 ＋ 半跨屋面板自重 ＋ 半跨屋面活载（施工阶段的情况）。

屋架的实际受力情况如图 3-61（a）所示，计算简图如图 3-61（b）所示。其上弦还承受有节间荷载，为此可将内力分为两部分计算：

（1）上弦按连续梁计算，求出上弦中的弯矩，如图 3-61（c）。

（2）屋架杆件中的轴力按节点荷载作用下的桁架计算，如图 3-61（d）所示。节点的荷载取上弦连续梁的支座反力。该反力也可按简支梁近似求得。

表 3-8　**常用的屋面梁和屋架**

序号	构件名称（通用图集号）	构件形式	跨度（m）	材料用量 允许荷载（kg/m^2）	混凝土（cm/m^2）	钢材（kg/m^2）	特点及适用条件
1	预应力混凝土单坡屋面梁（G414）		9 12	450	2.13 2.32	4.83 4.96	高度小，重心低，侧向刚度好，施工方便，但自重大，经济指标较差。适用于有较大振动和腐蚀介质的厂房。屋面坡度为1/8～1/12
2	预应力混凝土双坡屋面梁（G414）		12 15 18	450	2.43 2.64 3.37	4.80 5.82 6.14	
3	钢筋混凝土两铰拱屋架（G310，CG311）		9 12 15	300	1.08 1.49 1.93	2.50 3.25 3.88	上弦为钢筋混凝土，下弦为角钢，自重较轻，适用于中、小型厂房，应防止下弦受压。屋面坡度：卷材防水1/5，非卷材防水1/4
4	钢筋混凝土三铰拱屋架（G312，CG313）		9 12 15	300	1.00 1.29 1.60	2.85 3.51 3.80	顶节点为铰接；其他同上
5	预应力混凝土三铰拱屋架（CG424）		9 12 15 18	300	0.68 1.01 1.21 1.49	2.04 2.60 3.33 4.09	上弦为先张法预应力，下弦为角钢；其他同上
6	钢筋混凝土组合式屋架（CG315）		12 15 18	300	1.02 1.39 1.36	4.00 5.20 6.00	上弦及受压腹杆为钢筋混凝土，下弦及受拉腹杆为角钢。自重较轻，适用于中、轻型厂房。屋面坡度1/4
7	钢筋混凝土三角形屋架（原G145：1966年编制的图集）		12 15	300	1.67 1.89	4.14 4.00	屋架上设檩条或挂瓦板。自重较大。适用于有檩体系中的中、小型厂房。屋面坡度1/2～1/3
8	钢筋混凝土折线形屋架（G314）	1/5　1/15	15 18	350	2.03 2.00	4.92 5.76	外形较合理，屋面坡度合适，适用于卷材防水屋面的厂房

续表

序号	构件名称（通用图集号）	构件形式	跨度（m）	材料用量			特点及适用条件
				允许荷载（kg/m²）	混凝土（cm/m²）	钢材（kg/m²）	
9	预应力混凝土折线形屋架（G415）（卷材防水）	1/5 1/15	18 21 24 27 30	400 350 350 350 350	2.24 2.70 2.86 3.00 4.14	4.43 5.10 5.47 6.00 6.15	适用于卷材防水屋面的大、中型厂房；其他同上
10	预应力混凝土折线形屋架（CG423）（非卷材防水）		18 21 24	350	1.71 2.10 2.30	3.80 4.46 5.04	外形较合理，自重较轻，适用于非卷材防水屋面的中型厂房；屋面坡度 1/4
11	预应力混凝土梯形屋架（CG417）		18～30	350	2.50	5.10	自重较大，刚度好。适用于卷材防水屋面的高温及采用井式或横向天窗的中、重型厂房，屋面坡度 1/10～1/12
12	预应力混凝土直腹杆屋架		15～36	250	2.19	4.69	构造较简单，但端部坡度较陡；适用于采用井式或横向天窗的厂房

屋架上弦有节间荷载时，按偏心受压构件计算。屋架上弦无节间荷载时，按轴心受压构件计算。上弦杆的计算长度 l_0 按下述原则确定：屋架平面内取为节间的距离；对有檩体系屋盖，屋架平面外的计算长度可取横向支撑与屋架上弦连接点之间的距离；对无檩体系屋盖，如屋面板的宽度大于 3m，计算长度可取为 3m。

下弦杆一般忽略自重产生的弯矩，按拉杆设计。非预应力屋架裂缝的控制等级为三级，要求裂缝宽度 $w_{max} \leqslant 0.2$mm；预应力屋架的裂缝控制等级为二级。

腹杆为轴心受拉或受压构件。按压杆设计时，计算长度的取值为：平面内，端斜杆 $l_0 = l$（l 为节点间的距离），其他腹杆 $l_0 = 0.8l$；平面外，$l_0 = l$。按拉杆设计时，需要验算裂缝宽度，要求 $w_{max} \leqslant 0.2$mm。

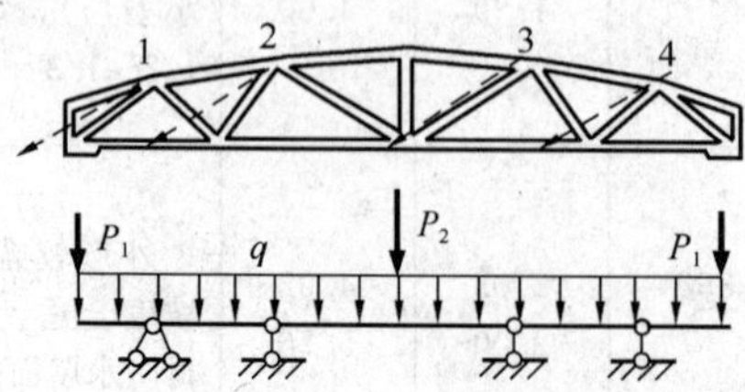

图 3-62 屋架扶直时的计算简图

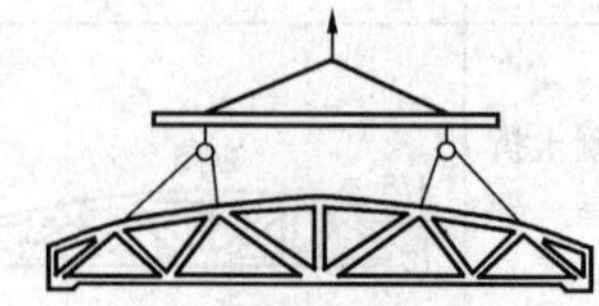

图 3-63 屋架吊装示意图

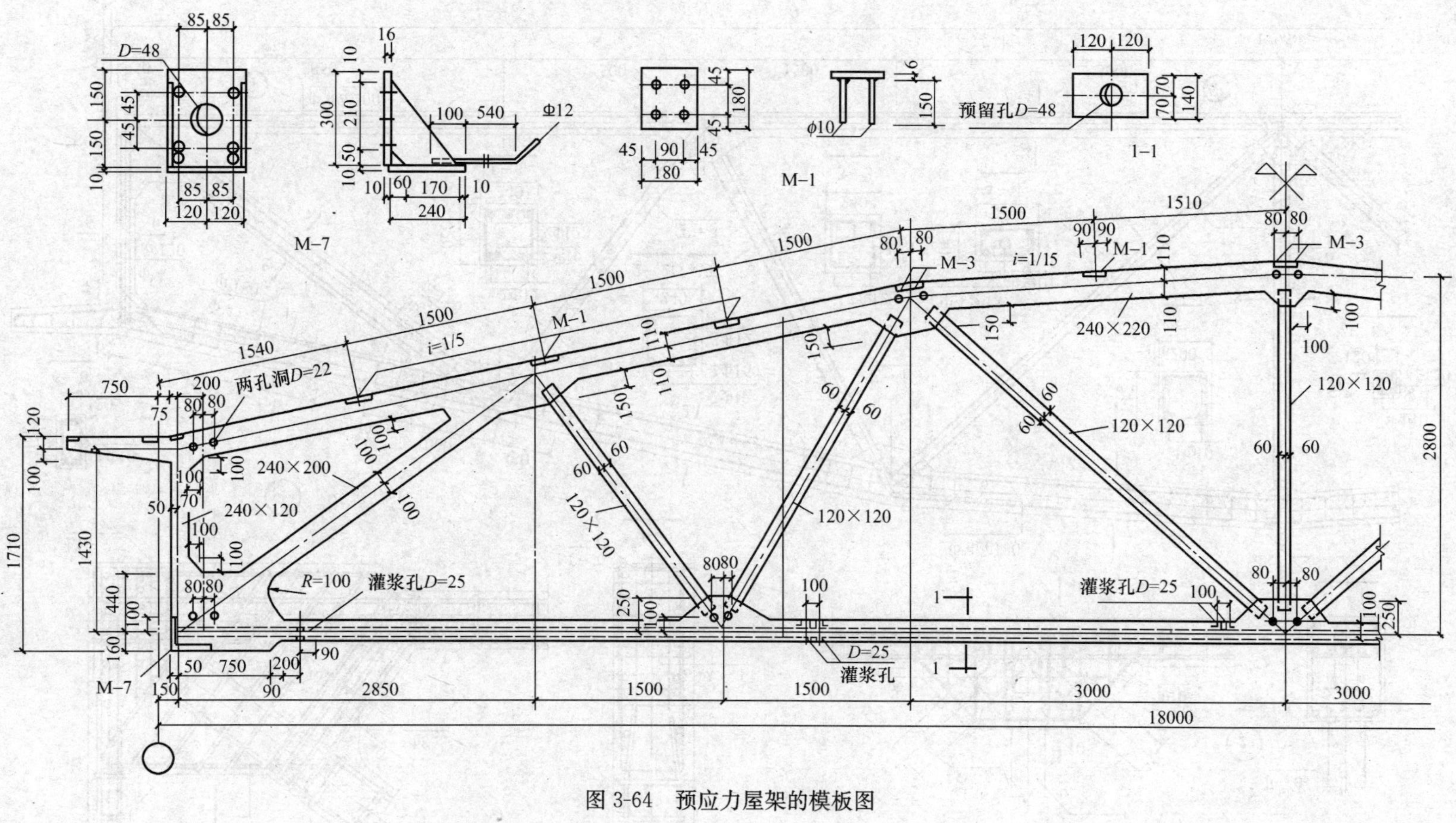

图 3-64　预应力屋架的模板图

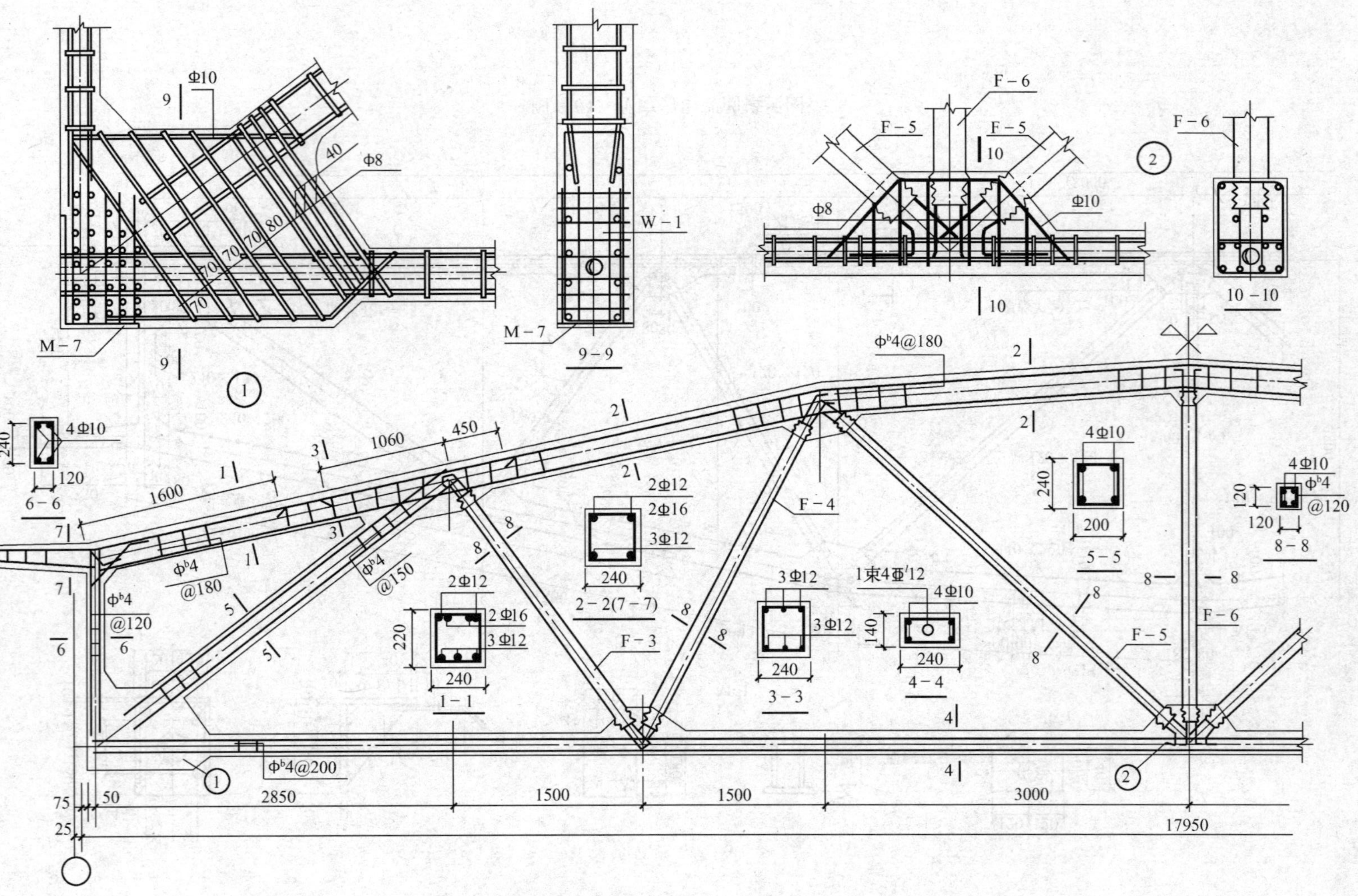

图 3-65 预应力屋架的配筋图

按图 3-61（c）、（d）所示计算得到的屋架内力称为屋架的主内力。实际上，各种钢筋混凝土屋架的节点均由混凝土整体浇筑而成，节点具有一定的刚性，与铰接点的假定有出入。对于承受节间荷载的屋架上弦节点，与连续梁的节点也不完全一样，也有位移。屋架受载后，因节点的刚性作用产生的内力，以及因节点位移产生的内力都称为次内力或次应力。为考虑次内力或次应力的影响，对跨度小于 30m 的屋架，当按图 3-61（c）、（d）所示计算屋架内力时，计算截面的承载力应乘以强度降低系数 α。α 的数值可按下列原则取用：

预应力混凝土多边形和梯形屋架的上弦杆：$\alpha=0.9\sim1.0$；

钢筋混凝土多边形和梯形屋架的上弦杆：$\alpha=0.8\sim0.9$；

上述屋架的受压腹杆：$\alpha=0.8\sim0.9$；

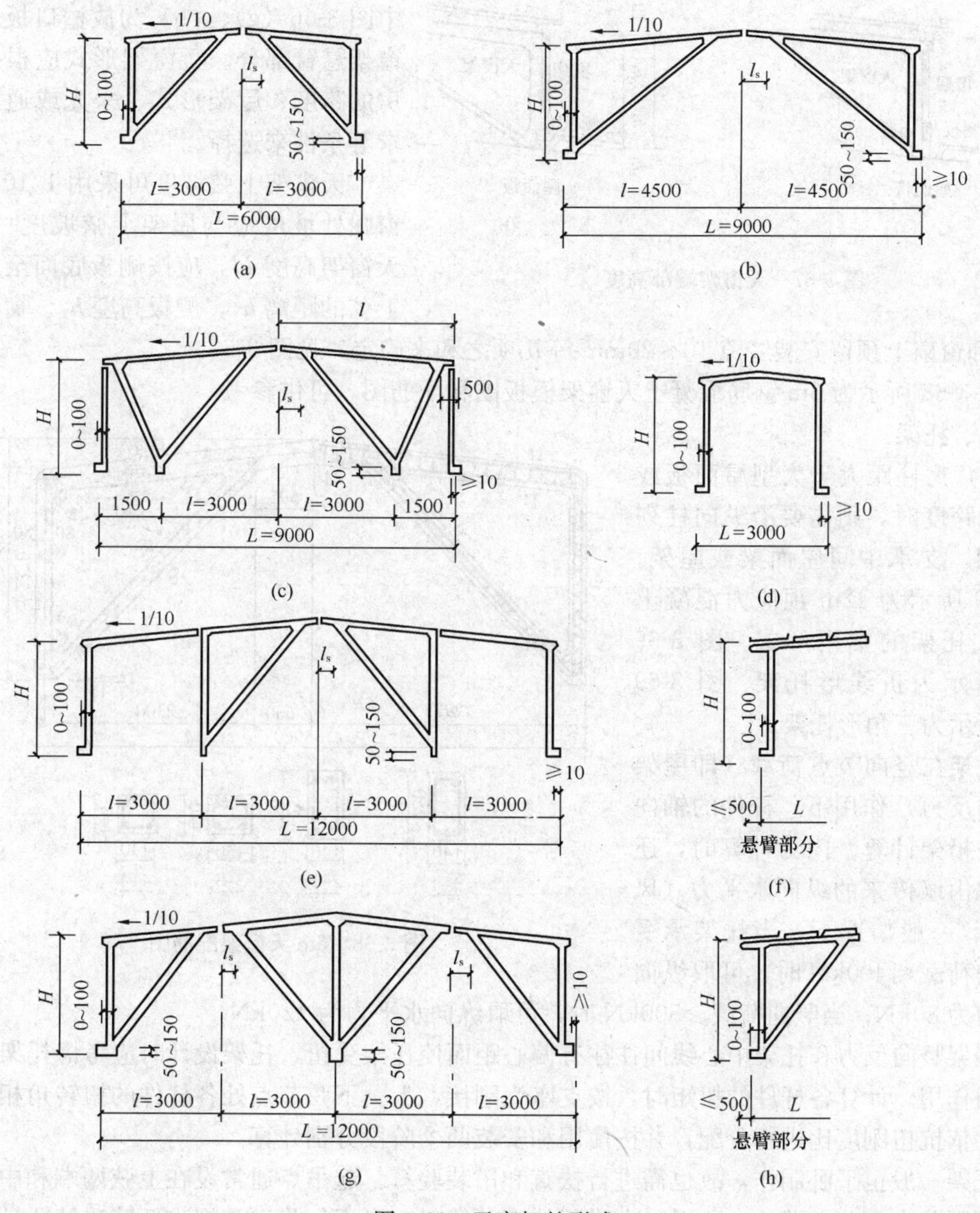

图 3-66　天窗架的形式

受拉腹杆和下弦拉杆：$\alpha=1.0$。

屋架一般平卧浇制，吊装前应先将屋架扶直。如图 3-62 所示，根据屋架的实际情况，设置 4 个起吊点，扶直时屋架绕下弦转起，并使下弦不离地面，上弦以起吊点为支点，承受上弦自重和腹杆重量的一半。应对屋架进行扶直验算，动力系数取 1.5。

屋架吊装时，受力情况和使用阶段不同。如图 3-63 所示，上弦受拉，应进行吊装验算。其他构件可以不作验算。

图 3-64 和图 3-65 给出了某一预应力混凝土屋架的模板图和配筋图，供参考。

三、天窗架

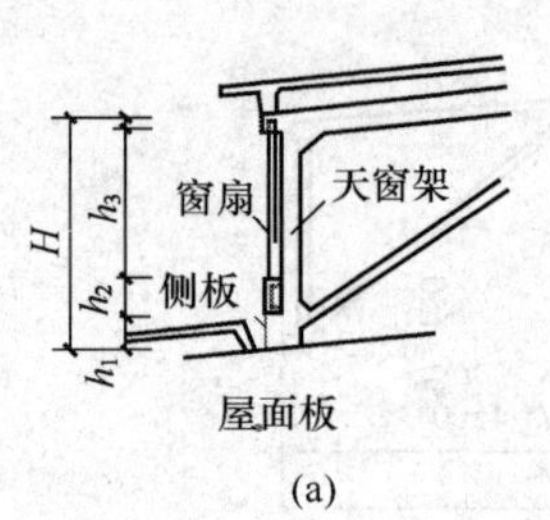

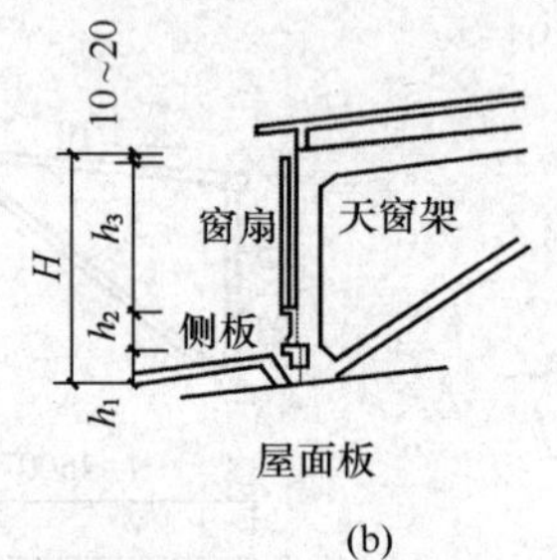

图 3-67 天窗架端部高度

天窗架的形式如图 3-66 所示，其中图 3-66（g）、（h）为放檐口板的天窗架悬臂部分。天窗架形式应根据厂房的跨度、屋架形式、采光或通风要求等条件来选择。

天窗架上弦坡度可采用 1/10，天窗腿处坡度应与屋架上弦坡度一致。天窗架高度 H，应按侧板底面至屋架上弦的距离 h_1、侧板高度 h_2、窗扇高度 h_3 和窗扇上预留安装缝隙 10～20mm 等几项之和来确定，见图 3-67。

图 3-68 所示为 6m 钢筋混凝土天窗架模板图和配筋图，可供参考。

四、托架

当厂房柱距大于大型屋面板或檩条的跨度时，则需要沿纵向柱列设托架，支承中间屋面梁或屋架。图 3-69 所示为 12m 预应力混凝土桁架式托架的常用形式。图 3-69（a）所示为折线形托架、图 3-69（b）所示为三角形托架。

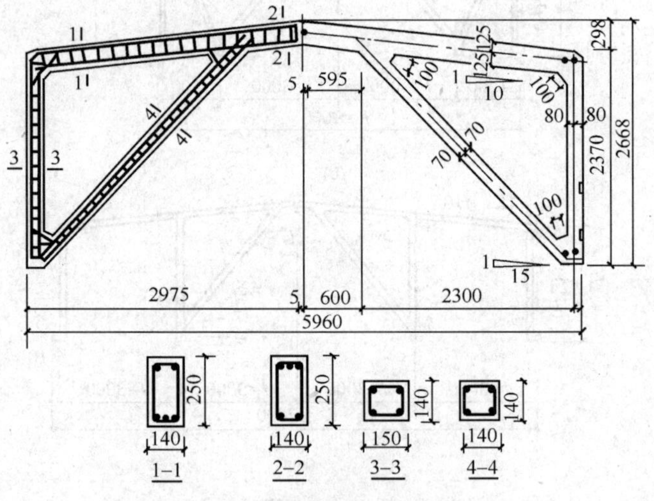

图 3-68 6m 天窗架配筋图

托架在竖向节点荷载（即屋架的竖向反力）作用下，杆件的轴向力可按桁架计算。内力计算时，还应考虑山墙传来的纵向水平力（风荷载）。一般情况下，当托架承受的竖向荷载≤400kN 时，可取纵向水平力为 80kN；当竖向荷载≥500kN 时，可取纵向水平力为 120kN。

屋架竖向反力和托架中心线间往往有偏心距而使托架受扭，托架设计时应考虑托架的整体受扭作用。计算各杆件的扭矩时，按支座为刚接，上、下弦节点处各杆件的扭转角相等的条件，依抗扭刚度比进行分配，并按使用和安装两个阶段分别计算。

托架一般也平卧制作，故也需进行扶直和吊装验算。起吊点通常设在上弦两端和中间节点，而下弦中间节点着地，所以，在进行扶直验算时，可近似将上弦视作两跨连续梁计算。

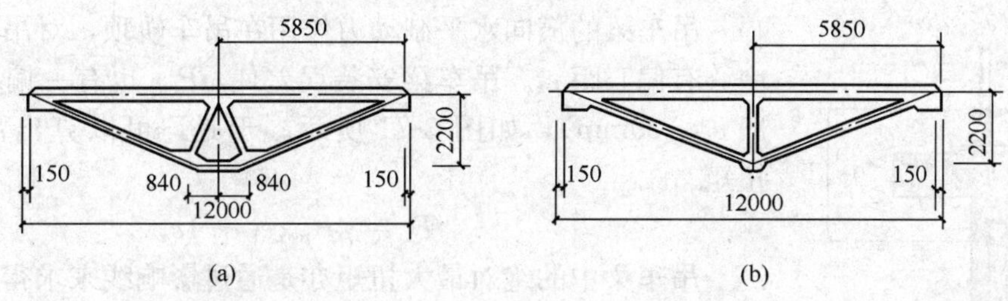

图 3-69　托架形式

托架的挠度可按结构力学方法进行计算，其允许挠度值应不大于 $l/500$（l 为托架跨度）。

托架的配筋构造及其与柱、屋架等构件的连接构造，可参阅全国通用图集 G433。

第六节　吊车梁和基础梁设计

一、吊车梁设计

1. 作用在吊车梁上的荷载

吊车梁除了承受自身及吊车轨道的重力以外，主要承担吊车传来的荷载。吊车荷载具有如下特点：

（1）一组移动的集中荷载；

（2）具有冲击和振动作用；

（3）重复荷载（交变荷载）；

（4）在吊车梁上产生扭矩。

因此，在吊车梁设计时，要考虑移动荷载对其内力的影响、考虑荷载的动力作用、考虑构件的疲劳和扭转等问题。

当吊车梁跨度≤12m 时，如同一跨内有两台以上的吊车，计算吊车梁承载力、抗裂度、变形及裂缝时，用较大吨位的相邻两台吊车；验算疲劳时，按最大吨位的一台吊车考虑，且不考虑横向水平荷载。

当计算吊车梁及其连接的强度时，吊车竖向荷载应乘以动力系数。对悬挂吊车（包括电动葫芦）及工作级别为 A1～A5 的软钩吊车，动力系数可取 $\mu=1.05$；对工作级别为 A6～A8 的软钩吊车、硬钩吊车和其他特种吊车，动力系数可取为 $\mu=1.1$。

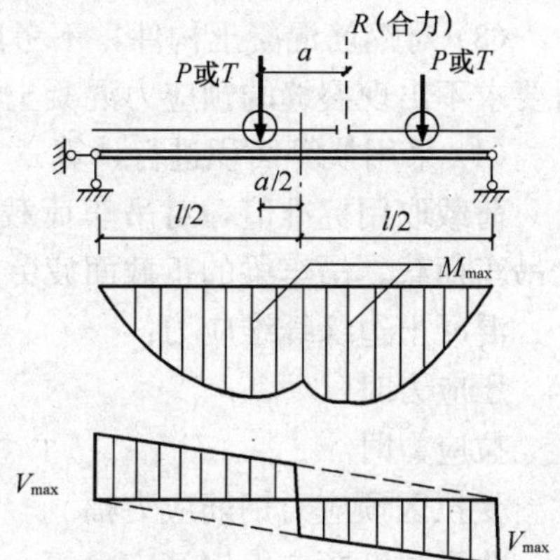

图 3-70　吊车梁的弯矩、剪力包络图

2. 吊车梁的内力计算

吊车梁中的最大弯矩和剪力，需用影响线来计算，并作内力包络图，如图 3-70 所示。在两台吊车作用时，弯矩包络图一般呈"鸡心形"，即绝对最大弯矩不在跨度中央，从绝对最大弯矩截面至支座的那段弯矩包络图可近似地取为二次抛物线。支座和跨中截面的剪力包络图形，可近似地按直线取用。

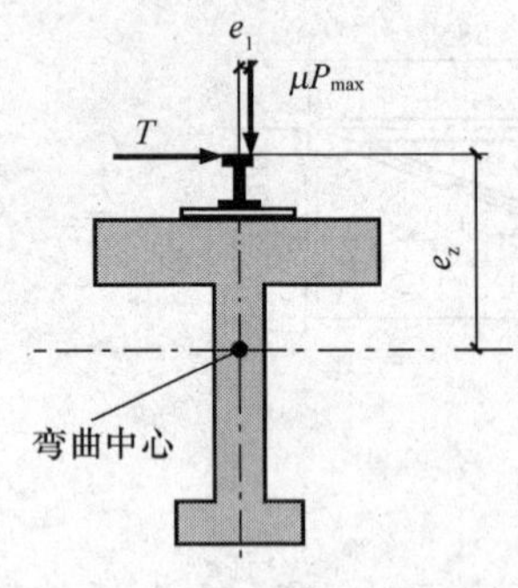

图 3-71 吊车梁上荷载

吊车梁的横向水平制动力作用在吊车轨顶，对吊车梁的弯曲中心有偏心距 e_z。吊车梁安装误差使 μP_{max} 也有一偏心距 e_1（一般 $e_1 \leqslant 20$mm），如图 3-71 所示。于是，可以算出吊车梁中的扭矩

$$T_1 = \mu P_{max} e_1 + T e_z \tag{3-21}$$

吊车梁中的绝对最大扭矩亦是通过影响线来求得的，吊车梁的绝对最大扭矩发生在支座附近。

3. 吊车梁配筋设计和构造要求

求得吊车梁的内力后，可按一般弯、剪、扭构件的设计方法，进行吊车梁的配筋计算。

对于钢筋混凝土吊车梁，混凝土的强度等级应不小于 C30；对预应力混凝土吊车梁，混凝土的强度等级应不小于 C40。非预应力钢筋一般采用 HRB400 或 RRB400 级。

吊车梁一般设计成 I 形截面，且上翼缘在吊车水平制动力 T 作用下受弯。为保证吊车梁有足够的刚度，截面尺寸可按下列原则确定

$$h = (1/10 \sim 1/5)l; \quad b'_f = (1/15 \sim 1/10)l$$
$$h'_f = (1/8.5 \sim 1/4)l; \quad b = (1/7 \sim 1/4)l$$

吊车梁端与牛腿焊接处，由于混凝土收缩、徐变、温差等因素的影响，将出现拉应力，一般应设置钢筋网。

4. 疲劳验算

吊车梁主要承受吊车传来的荷载。当吊车位于该吊车梁时，梁所受的荷载达到最大值；当吊车驶离该梁时，梁上的荷载达最小值。因此，吊车梁有疲劳问题，需要对其进行疲劳验算。对吊车梁进行疲劳验算时，通常假定下列情况：

(1) 梁截面保持为平面；

(2) 受压区混凝土的法向应力分布图形均为三角形；

(3) 对钢筋混凝土构件，不考虑受拉区混凝土的抗拉强度，拉力全部由纵向钢筋承受；对要求不出现裂缝的预应力混凝土构件，受拉区混凝土的法向应力图形取为三角形；

(4) 采用换算面积进行计算。

荷载取用标准值，对吊车荷载应乘以动力系数。跨度≤12m 的吊车梁，可取用一台最大吊车荷载。吊车梁的正截面疲劳应符合下列规定：

混凝土边缘纤维应力：

压应力时 $\sigma^f_{cc,max} \leqslant f^f_c$

拉应力时 $\sigma^f_{ct,max} \leqslant f^f_t$

受拉区预应力钢筋应力幅 $\Delta\sigma^f_p \leqslant \Delta f^f_{py}$

非受拉区预应力钢筋应力幅 $\Delta\sigma^f_s \leqslant \Delta f^f_{sy}$

吊车梁的斜截面混凝土的主拉应力应符合 $\sigma^f_{tp} \leqslant f^f_t$

各量的意义和计算方法详见《混凝土结构设计规范》(GB 50010—2002) 7.9 节：疲劳验算。

二、基础梁设计

基础梁置于基础的顶部，用于支撑上部围护墙体，并将墙体的荷载传递给基础，如图

3-72 所示。基础梁优先选用矩形截面，但也可采用梯形截面。梯形截面的尺寸可按下列原则初步确定：墙厚为 240mm 时，b＝300mm，b_1＝ 200mm；墙厚为 370mm 时，b＝400mm，b_1＝300mm；h＝（1/10～1/15）l。混凝土的强度等级一般取 C20。梁中的纵向受力钢筋采用 HRB335 级。梁和保护层厚度取为 35mm。

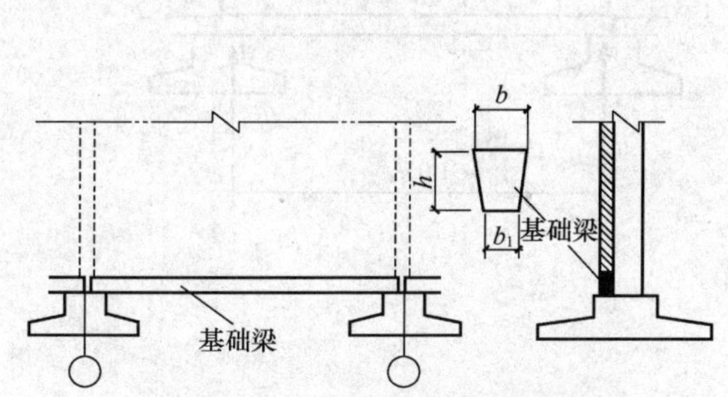

图 3-72　基础梁的位置和截面形式

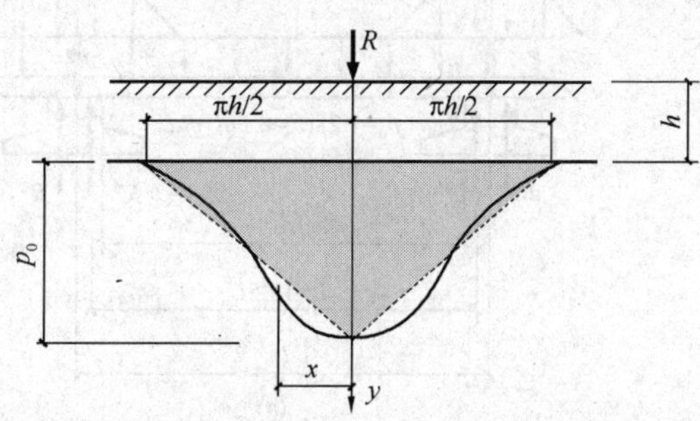

图 3-73　集中力作用下半无限弹性体内的应力

基础梁的内力分析比较复杂，一般按弹性地基梁来计算基础梁上的荷载，再按简支梁求梁的内力。将墙体看成是半无限体的弹性地基，支座反力看成是集中荷载，用弹性力学方法求出基础梁顶面处墙体内的应力分布，并以此分布作为施加在基础梁上的荷载。

如图 3-73 所示，由弹性力学的理论可知，一集中力 R 作用在弹性半无限平面的边界上，如平面的宽度为 b，则离边界 h 处任意点的竖向应力为

$$\sigma_{y}=\frac{2Rh^{3}}{\pi b\left(h^{2}+x^{2}\right)^{3}} \tag{3-22}$$

当 x＝0 时，最大应力为

$$\sigma_{y\max}=p_{0}=\frac{2R}{\pi bh}=\frac{0.64R}{bh} \tag{3-23}$$

σ_y 的分布为对称的曲线分布，不便于计算。为了简化计算，将其等效为等腰三角形。等效的原则是 p_0 的大小不变，应力分布曲线的面积不变，于是等腰三角形的底边长度为 πh。

将钢筋混凝土梁等效成砌体，折算的梁高为

$$h_{0m}=0.9h_{c}\sqrt[3]{\frac{E_{c}}{E_{m}}} \tag{3-24}$$

式中　h_{0m}——基础梁折算成相应砌体后的梁高；

E_c——基础梁混凝土的弹性模量；

E_m——砌体的弹性模量；

h_c——基础梁的梁高。

根据计算得到的 h_{0m}，由式（3-23）可方便地确定基础梁的荷载分布，计算简图如图 3-74（a)所示。

对整体砌筑的墙，墙体的重量大致沿 45°线传递，即 45°线以外的墙体重量直接传递给基础，见图 3-74（b）。所以，对于无门窗洞口的墙，或门窗洞口的位置在 45°线范围以外时，可只考虑基础梁的自重 q 和 45°线范围内的墙体重量，且 45°线范围内的墙重可按 $l_0/3$

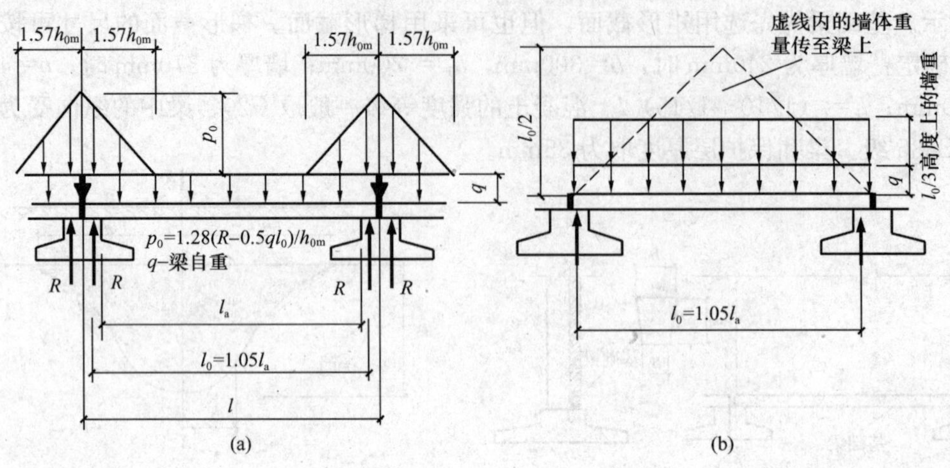

图 3-74 基础梁的计算简图

高的墙体等效均布荷载计算。基础梁的弯矩按图 3-74（b）所示的简图计算。对有门窗洞口的墙，按图 3-74（a）所示的简图计算梁中弯矩。

无论何种情况，梁中的剪力均按图 3-74（a）所示的简图计算。

算得梁中内力以后，梁的配筋设计和按一般钢筋混凝土梁相同。

第七节 单层厂房排架柱设计计算实例

一、基本情况

南方一平原微丘地区新建某工厂之机械加工车间，设计为单层单跨钢筋混凝土厂房，现场如图 3-75 所示。已知跨度为 18m，柱距 6m，共 11 个柱列，长度为 60m。柱顶标高 14.4m，轨顶标高 12.2m。混凝土地面，室内外高差 150mm。生产需要配置两台吊车，工作级别为 A4，起吊质量分别为 5t、20/3t。设天窗通风采光，屋面采用防水卷材（六层作法：二毡三油上铺小石子）。

当地的基本风压 w_0＝0.30kN/m^2，基本雪压 s_0＝0.25kN/m^2。屋面不上人，积灰荷载取 0.5kN/m^2。砂卵石天然地基，承载力特征值 f_a＝250kN/m^2，地下水位位于基底以下。厂址位于城市郊区，地面粗糙度为 B 类。

二、排架构件

横剖面剖切出的厂房一榀排架如图 3-76 所示。屋面构件和吊车梁均已选好，排架柱的材料、尺寸也初步确定。

1. 屋面板

采用表 3-7 所给出的 1 号构件，即尺寸为 1.5m×6m 的预应力混凝土屋面板，图集号 G410（一）、（二）。板自重 1.3kN/m^2，嵌缝板重 0.1kN/m^2，沿屋架上弦斜面方向。

2. 天沟板

天沟板采用标准图集 G410（三），尺寸如图 3-77 所示。自重 17.4kN/块（含天沟内积水重）。

3. 天窗架

图 3-75　单层厂房排架柱

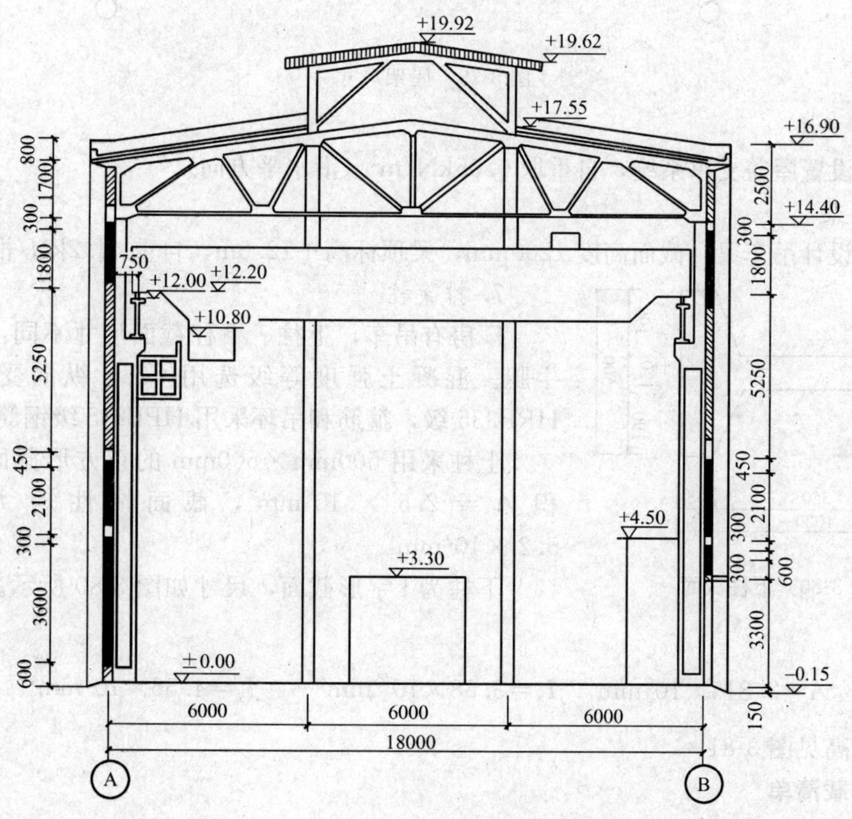

图 3-76　厂房横剖面图

钢筋混凝土天窗架，采用标准图集 G316，结构组成示意图如图 3-78 所示。每根天窗架支柱传到屋架上的重力荷载为 26.2kN。

4. 屋架

选用表 3-8 中第 9 号预应力混凝土折线型屋架，图集号 G415（一）。该屋架的轴线尺寸如图 3-79 所示，自重 60.5kN/榀。

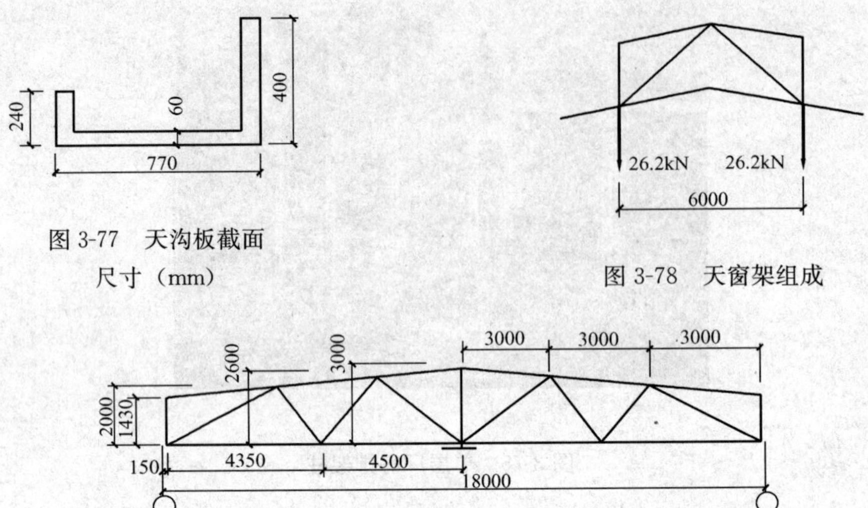

图 3-77 天沟板截面尺寸（mm）

图 3-78 天窗架组成

图 3-79 屋架尺寸

5. 屋盖支撑

按要求设置屋盖支撑系统，自重取 0.05kN/m^2（沿水平方向）。

6. 吊车梁

已单独设计吊车梁，截面高度 1200mm，梁顶标高＋12.0m，自重 44.2kN/根。

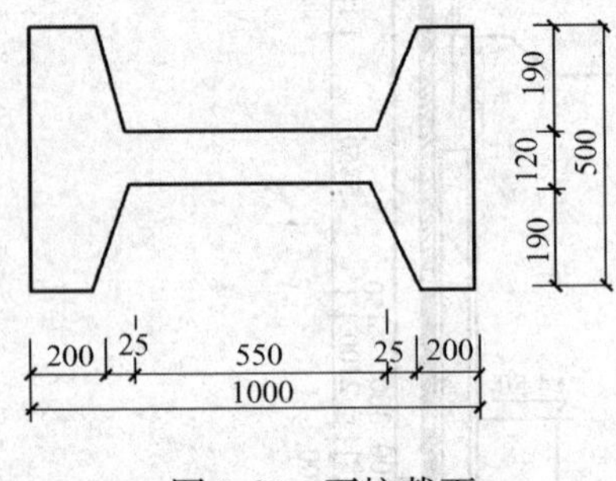

图 3-80 下柱截面

7. 排架柱

厂房有吊车，上柱、下柱截面尺寸不同，过渡区有牛腿。混凝土强度等级选用 C25，纵向受力钢筋为 HRB335 级，箍筋和吊环采用 HPB235 级钢筋。

上柱采用 500mm×500mm 的正方形截面，截面面积 $A=2.5\times10^5\text{mm}^2$，截面惯性矩 $I_x=I_y=5.2\times10^9\text{mm}^4$。

下柱为 I 字形截面，尺寸如图 3-80 所示。几何性质参数为

$$A=2.815\times10^5\text{mm}^2 \quad I_x=3.58\times10^{10}\text{mm}^4 \quad I_y=4.56\times10^9\text{mm}^4$$

排架柱的标高见图 3-81。

三、荷载清单

1. 基本数据

钢筋混凝土自重　　25kN/m^3

钢轨及垫层等重　　0.6kN/m

二毡三油防水层重　　0.35kN/m^2（沿斜面方向）

找平层自重　　0.4kN/m^2（沿水平方向）

屋面活荷载（不上人）　　0.5kN/m^2（沿水平方向）

屋面积灰荷载　　0.5kN/m^2（沿水平方向）

2. 永久荷载（恒载）

（1）屋盖部分传来的恒载 P_{1G}：

天窗重	26.2×2＝ 52.4kN
屋面板重	1.3×6×18.27＝ 142.5kN
嵌缝重	0.1×6×18.27＝ 11.0kN
防水层重	0.35×6×18.27＝ 38.4kN
找平重	0.4×6×18＝ 43.2kN
屋盖支撑重	0.05×6×18＝ 5.4kN
屋架重	60.5kN
	353.4kN
每块天沟板重	17.4kN

$$P_{1G} = \frac{353.4}{2} + 17.4 = 194.1\text{kN}$$

（2）柱自重 P_{2G} 和 P_{3G}：

上柱重 P_{2G}＝ 25×0.5×0.5×3.6＝ 22.5kN

下柱重：柱身　25×［0.2185×（10.8−0.4−0.4−0.4）＋0.5×1×（0.2＋ 0.4）］＝75.1kN

牛腿

$$25 \times \left(\frac{1+1.2}{2} \times 0.2 + 1.2 \times 0.4\right) \times 0.5 = 8.75\text{kN}$$

$$P_{3G} = 75.1 + 8.75 = 83.85\text{kN}$$

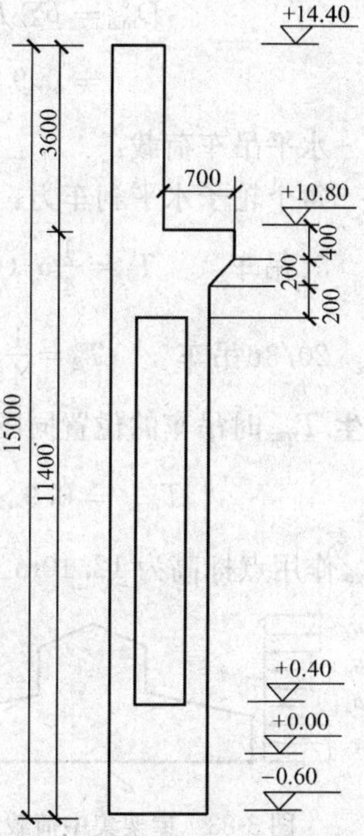

图 3-81　排架柱标高

（3）混凝土吊车梁及轨道重 P_{4G}

$$P_{4G} = 44.2 + 0.6 \times 6 = 47.8\text{kN}$$

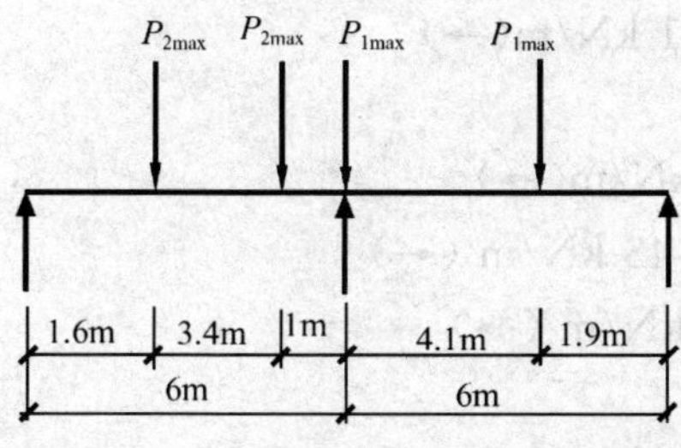

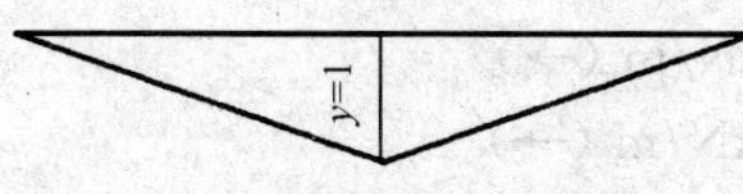

图 3-82　吊车影响线最不利加载

3. 活荷载

（1）屋面活荷载 P_{1Q}。排架计算雪荷载标准值可取基本雪压 0.25kN/m²，屋面积灰荷载 0.5kN/m²，屋面活荷载 0.5kN/m²。《建筑结构荷载规范》规定：屋面积灰荷载与雪荷载或屋面均布荷载中的较大值同时考虑，所以

$$P_{1Q} = (0.5 + 0.5) \times 6 \times \frac{18}{2} = 54\text{kN}$$

P_{1Q} 的作用位置同 P_{1G}。

（2）吊车荷载。竖向吊车：

荷载由图 3-82 所示影响线计算，重车轮子之一 P_{1max} 置于影响线顶点，所得荷载最大。吊车参数查表 3-2。吊车工作级别为 A4，两台吊车组合荷载折减系数由表 3-3 得 β=0.9。

$$D_{max} = \beta \sum P_{imax} y_i$$

$$= 0.9 \times \left[74 \times \frac{1.6+5}{6} + 183 \times \left(1 + \frac{1.9}{6}\right)\right] = 290.1\text{kN}$$

$$D_{min}=\beta\sum P_{imin}y_i$$
$$=0.9\times\left[18\times\frac{1.6+5}{6}+29.5\times\left(1+\frac{1.9}{6}\right)\right]=52.8\text{kN}$$

水平吊车荷载：

每个轮子水平刹车力：

5t 吊车 $T_1=\frac{1}{4}\alpha\ (Q+Q_1)\ g=\frac{1}{4}\times0.12\times\ (5+2.28)\ \times10=2.18\ \text{kN}$

20/3t 吊车 $T_2=\frac{1}{4}\alpha\ (Q+Q_1)\ g=\frac{1}{4}\times0.1\times\ (20+7.01)\ \times10=6.75\ \text{kN}$

产生 T_{max}时吊车的位置同图 3-82，所以有

$$T_{max}=0.9\times\left[2.18\times\frac{1.6+5}{6}+6.75\times\left(1+\frac{1.9}{6}\right)\right]=10.2\text{kN}$$

T_{max}作用点标高为 12.10m（通过连接件传递）。

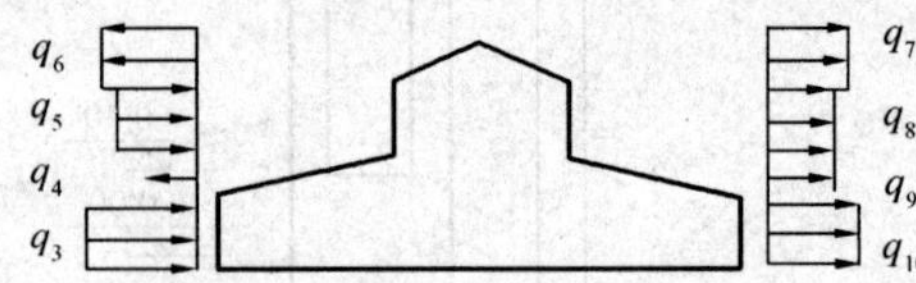

图 3-83 屋架集中荷载计算简图

（3）风荷载。风载体型系数按图 3-32（a）取值。风压高度变化系数依据所处位置离室外地坪的高度按表 1-2 线性插值计算。

柱顶离室外地坪高度为 14.4＋0.15＝14.55m，$\mu_z=1.127$；

屋架檐口离室外地坪的高度为 16.9－0.4＋0.15＝16.65m，$\mu_z=1.176$；

天窗、屋架交界处离室外地坪的高度为 17.55＋0.15＝17.7m，$\mu_z=1.199$；

天窗檐口离室外地坪的高度为 19.62＋0.15＝19.77m，$\mu_z=1.245$；

天窗顶离室外地坪的高度为 19.92＋0.15＝20.07m，$\mu_z=1.252$。

均布风荷载

$$q_1=0.8\times1.127\times0.30\times6=1.62\ \text{kN/m}\ (\rightarrow)$$
$$q_2=0.5\times1.127\times0.30\times6=1.01\ \text{kN/m}(\rightarrow)$$

按图 3-83 计算屋盖传到排架柱顶的集中风荷载 F_w

$$q_3=0.8\times1.176\times0.30\times6=1.69\ \text{kN/m}(\rightarrow)$$
$$q_4=-0.2\times1.199\times0.30\times6=-0.43\ \text{kN/m}\ (\leftarrow)$$
$$q_5=0.6\times1.245\times0.30\times6=1.34\ \text{kN/m}\ (\rightarrow)$$

q_6 与 q_7在水平方向相互抵消，不必计算

$$q_8=0.6\times1.245\times0.30\times6=1.34\ \text{kN/m}\ (\rightarrow)$$
$$q_9=0.6\times1.199\times0.30\times6=1.29\ \text{kN/m}\ (\rightarrow)$$
$$q_{10}=0.5\times1.176\times0.30\times6=1.06\ \text{kN/m}\ (\rightarrow)$$

$$F_w=(q_3+q_{10})\times(16.65-14.55)+(q_4+q_9)\times(17.7-16.65)$$
$$+(q_5+q_8)\times(19.77-17.7)$$
$$=5.78+0.90+5.55=12.23\ \text{kN}\ (\rightarrow)$$

集中风荷载 F_w 作用点标高 14.40m。

排架的计算简图和荷载作用位置示于图 3-84。

四、内力分析

由于本排架结构的对称性，所以内力分析和后面的承载力计算只针对 A 柱进行。

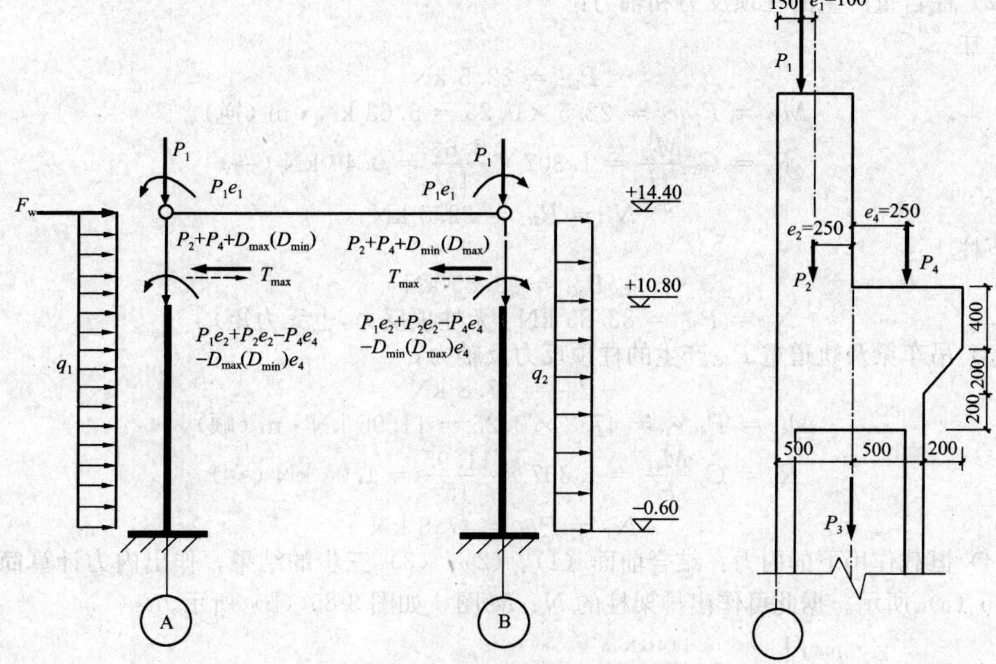

图 3-84　排架荷载作用简图

1. 恒载作用下的排架内力

(1) 屋盖重 P_{1G} 产生的柱顶反力和轴力：

$$P_{1G} = 194.1 \text{ kN}$$

$$M_{11} = P_{1G}e_1 = 194.1 \times 0.1 = 19.41 \text{ kN} \cdot \text{m}\ (\text{逆})$$

$$M_{12} = P_{1G}e_2 = 194.1 \times 0.25 = 48.53 \text{ kN} \cdot \text{m}\ (\text{逆})$$

$$n = \frac{I_u}{I_l} = \frac{5.2 \times 10^9}{3.58 \times 10^{10}} = 0.145, \lambda = \frac{H_u}{H} = \frac{3.6}{15} = 0.24$$

由附录 6 的相应公式计算柱顶反力

M_{11} 作用下

$$C_1 = 1.5 \times \frac{1-\lambda^2\left(1-\frac{1}{n}\right)}{1+\lambda^3\left(\frac{1}{n}-1\right)} = 1.858$$

$$R_{11} = C_1 \frac{M_{11}}{H} = 1.858 \times \frac{19.41}{15} = 2.40 \text{ kN}\ (\rightarrow)$$

M_{12} 作用下

$$C_3 = 1.5 \times \frac{1-\lambda^2}{1+\lambda^3\left(\frac{1}{n}-1\right)} = 1.307$$

$$R_{12} = C_3 \frac{M_{12}}{H} = 1.307 \times \frac{48.53}{15} = 4.23 \text{ kN}\ (\rightarrow)$$

叠加得到

$$R_1 = R_{11} + R_{12} = 2.40 + 4.23 = 6.63 \text{ kN}\ (\rightarrow)$$

$$N_1 = P_{1G} = 194.1 \text{ kN}$$

(2) 柱自重产生的柱顶反力和轴力：

上柱

$$P_{2G}=22.5\ \text{kN}$$

$$M_{22}=P_{2G}e_2=22.5\times0.25=5.63\ \text{kN}\cdot\text{m}\ (\text{逆})$$

$$R_2=C_3\frac{M_{22}}{H}=1.307\times\frac{5.63}{15}=0.49\ \text{kN}\ (\rightarrow)$$

$$N_2=P_{2G}=22.5\ \text{kN}$$

下柱

$$P_{3G}=83.85\ \text{kN}$$

$$N_3=P_{3G}=83.85\ \text{kN}\ (\text{无柱顶反力，也无力矩})$$

(3) 吊车梁及轨道重 P_{4G} 产生的柱顶反力及轴力：

$$P_{4G}=47.8\ \text{kN}$$

$$M_{44}=P_{4G}e_4=47.8\times0.25=11.95\ \text{kN}\cdot\text{m}\ (\text{顺})$$

$$R_4=C_3\frac{M_{44}}{H}=1.307\times\frac{11.95}{15}=1.04\ \text{kN}\ (\leftarrow)$$

$$N_4=P_{4G}=47.8\ \text{kN}$$

(4) 恒载作用下的内力：结合前面 (1)、(2)、(3) 三步的结果，作出内力计算简图如图 3-85 (a) 所示。据此可作出排架柱的 N、M 图，如图 3-85 (b) 所示。

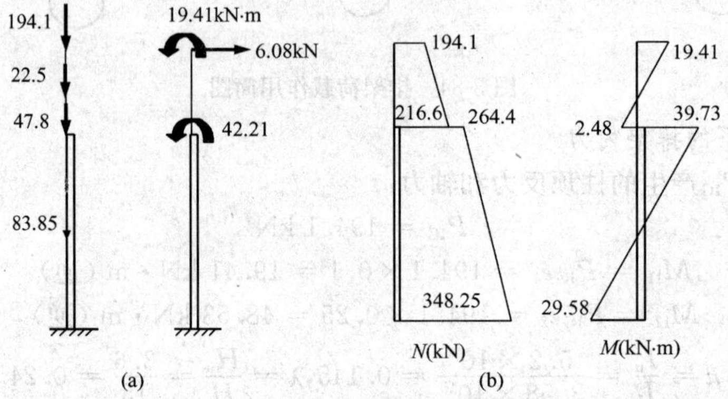

图 3-85　恒载作用下排架 A 柱内力

(a) 计算简图；(b) 内力

2. 屋面活载作用下排架内力

屋面活载 P_{1Q} 与屋盖恒载 P_{1G} 的作用位置相同，反力、内力与荷载之间成比例，利用这一关系进行计算。

$$P_{1Q}=54\ \text{kN}$$

$$R=6.63\times\frac{54}{194.1}=1.84\ \text{kN}\ (\rightarrow)$$

$$M_{11}=19.41\times\frac{54}{194.1}=5.4\ \text{kN}\cdot\text{m}\ (\text{逆})$$

$$M_{12}=48.53\times\frac{54}{194.1}=13.5\ \text{kN}\cdot\text{m}\ (\text{逆})$$

$$N=P_{1Q}=54\ \text{kN}$$

排架柱在活荷载作用下的内力计算简图及内力图如图 3-86 所示。

3. 吊车荷载作用下排架内力

(1) 最大轮压作用于 A 柱：

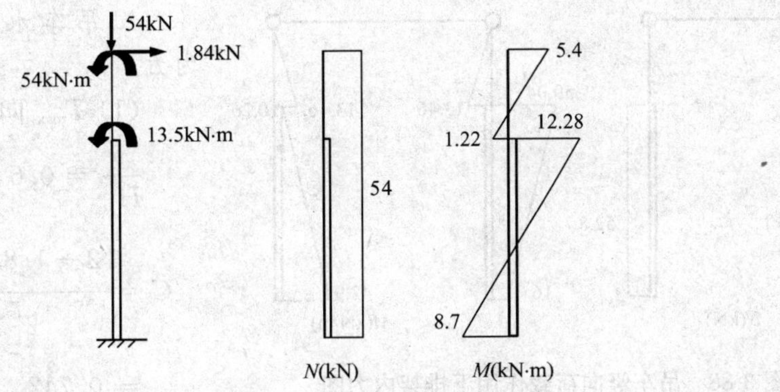

图 3-86　活载作用下排架 A 柱内力

$$M_A = D_{max}e_4 = 290.1 \times 0.25 = 72.5 \text{ kN} \cdot \text{m}（顺）$$

$$M_B = D_{min}e_4 = 52.8 \times 0.25 = 13.2 \text{ kN} \cdot \text{m}（逆）$$

计算简图如图 3-87 所示。

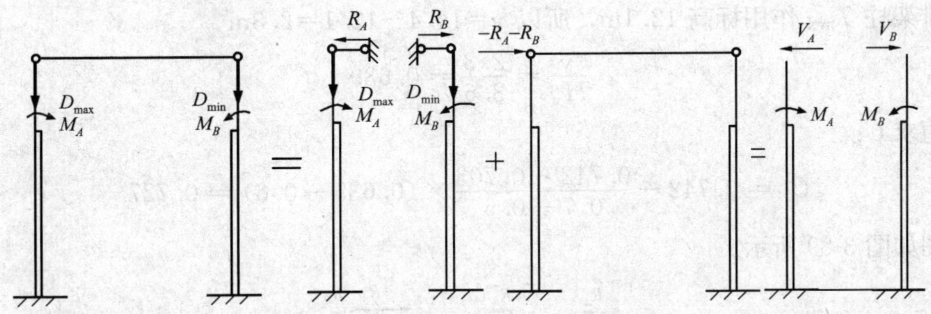

图 3-87　吊车竖向荷载作用下计算简图

柱顶反力为

$$R_A = -C_3\frac{M_A}{H} = -1.307 \times \frac{72.5}{15} = -6.32 \text{ kN}（\leftarrow）$$

$$R_B = C_3\frac{M_B}{H} = 1.307 \times \frac{13.2}{15} = 1.15 \text{ kN}（\rightarrow）$$

A、B 柱的刚度相同，剪分配系数相等 $\eta_A = \eta_B = 0.5$，故 A、B 两柱柱顶剪力为

$$\begin{aligned} V_A &= R_A - \eta_A(R_A + R_B) \\ &= -6.32 - 0.5 \times (-6.32 + 1.15) = -3.74 \text{ kN}（\leftarrow） \\ V_B &= R_B - \eta_A(R_A + R_B) \\ &= 1.15 - 0.5 \times (-6.32 + 1.15) = 3.74 \text{ kN}（\rightarrow） \end{aligned}$$

排架的 N、M 图如图 3-88 所示。

（2）最大轮压作用于 B 柱。最大轮压作用于 B 柱时，A 柱的内力同最大轮压作用于 A 柱时 B 柱内力，图 3-88 所示可资利用。

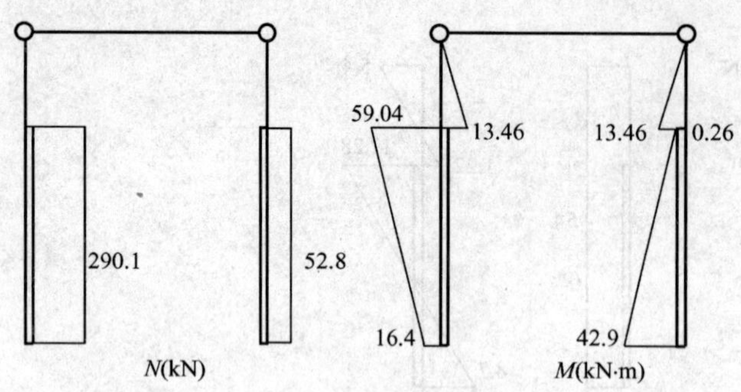

图 3-88 吊车竖向荷载作用下排架内力图

4. 吊车水平制动力作用下排架内力

(1) T_{max} 向左作用：

$\frac{y}{H_u}=0.6$ 时

$$C_5=\frac{2-1.8\lambda+\lambda^3\left(\frac{0.416}{n}-0.2\right)}{2\left[1+\lambda^3\left(\frac{1}{n}-1\right)\right]}$$

$$=0.742$$

$\frac{y}{H_u}=0.7$ 时

$$C_5=\frac{2-2.1\lambda+\lambda^3\left(\frac{0.243}{n}+0.1\right)}{2\left[1+\lambda^3\left(\frac{1}{n}-1\right)\right]}=0.703$$

本排架柱 T_{max} 作用标高 12.1m，所以 $y=14.4-12.1=2.3\text{m}$

$$\frac{y}{H_u}=\frac{2.3}{3.6}=0.639$$

直线插值求 C_5

$$C_5=0.742-\frac{0.742-0.703}{0.7-0.6}\times(0.639-0.6)=0.727$$

计算简图如图 3-89 所示。

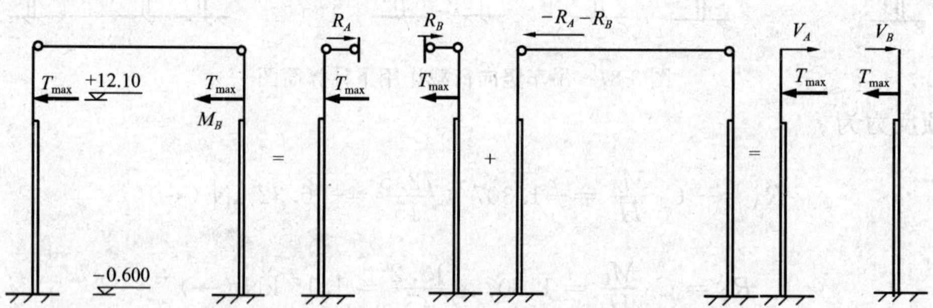

图 3-89 吊车水平荷载作用下排架计算简图

$$R_A=R_B=C_5T_{max}=0.727\times10.2=7.42\text{ kN}$$

$$V_A=R_A-\eta_A(R_A+R_B)=7.42-0.5\times(7.42+7.42)=0$$

$$V_B=R_B-\eta_A(R_A+R_B)=7.42-0.5\times(7.42+7.42)=0$$

排架在 T_{max} 向左作用时的弯矩图如图 3-90 所示。

(2) T_{max} 向右作用

由结构的对称性，可画出 T_{max} 向右作用时的 M 图，如图 3-90 虚线所示。

5. 风荷载作用下排架内力

(1) 左来风。计算简图如图 3-91 所示。

$$C_{11}=\frac{3\left[1+\lambda^{4}\left(\frac{1}{n}-1\right)\right]}{8\left[1+\lambda^{3}\left(\frac{1}{n}-1\right)\right]}=0.354$$

$$R_1=-C_{11}q_1H=-0.354\times1.62\times15=-8.60\ \text{kN}\ (\leftarrow)$$

$$R_2=-C_{11}q_2H=-0.354\times1.01\times15=-5.36\ \text{kN}\ (\leftarrow)$$

柱顶剪力

$$V_A=R_1+\eta_A(-R_1-R_2+F_w)$$
$$=-8.60+0.5\times(8.60+5.36+12.23)$$
$$=4.50\ \text{kN}\ (\rightarrow)$$
$$V_B=R_2+\eta_B(-R_1-R_2+F_w)$$
$$=-5.36+0.5\times(8.60+5.36+12.23)=7.74\ \text{kN}\ (\rightarrow)$$

排架柱弯矩图见图 3-92。

图 3-90　吊车水平力作用下排架的 M 图

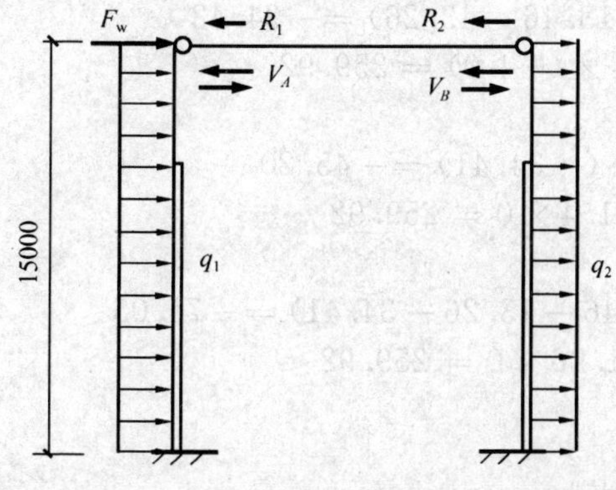

图 3-91　风荷载作用下排架计算简图

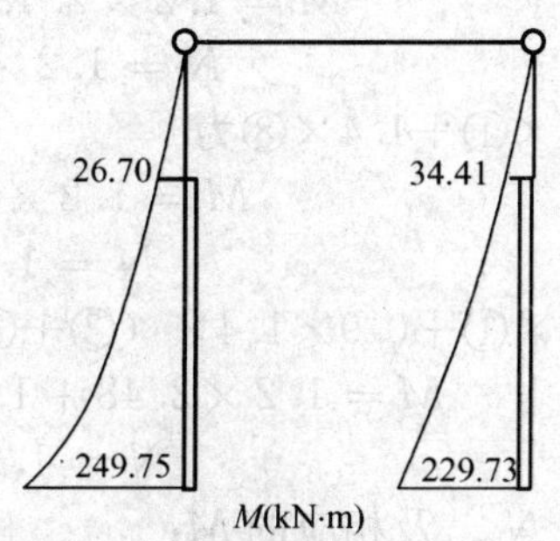

图 3-92　风荷载作用下排架的弯矩图

（2）右来风。由结构的对称性，利用左来风 B 柱的结果便可确定右来风 A 柱的弯矩。

五、内力组合

前面关于 A 柱内力计算的结果，汇总于表 3-9，内力的正方向如表中图所示，即轴力 N 以压为正，剪力 V 以绕脱离体顺时针转者为正，弯矩 M 以使柱外侧纤维受拉者为正。

表 3-9　**A 柱内力计算结果**　kN，或 kN · m

截面	内力	恒载	活载	竖向吊车荷载 最大轮压作用于		水平吊车荷载 水平力作用方向		风荷载	
				A	B	向左	向右	左来风	右来风
		①	②	③	④	⑤	⑥	⑦	⑧
Ⅰ-Ⅰ	M	2.48	1.22	−13.46	−13.46	−13.26	13.26	26.70	−34.41
	N	216.6	54	0	0	0	0	0	0
Ⅱ-Ⅱ	M	−39.73	−12.28	59.04	−0.26	−13.26	13.26	26.70	−34.41
	N	264.4	54	290.1	52.8	0	0	0	0
Ⅲ-Ⅲ	M	29.58	8.7	16.4	−42.9	−129.54	129.54	249.75	−229.73
	N	348.25	54	290.1	52.8	0	0	0	0
	V	6.08	1.84	−3.74	−3.74	−10.2	10.2	28.80	−22.89

依据表3-9汇总的各种荷载标准值作用下分别引起的排架A柱的内力值，就可进行内力的最不利组合。以下计算中轴力、剪力的单位kN和弯矩的单位kN·m省略不写，做默认处理。

1. Ⅰ-Ⅰ截面内力组合

(1) M_{max}及相应的N。

1.2×①+1.4×⑦为

$$M = 1.2 \times 2.48 + 1.4 \times 26.70 = 40.36$$

$$N = 1.2 \times 216.6 + 1.4 \times 0 = 259.92$$

1.2×①+0.9×1.4×（②+⑦）为

$$M = 1.2 \times 2.48 + 1.26 \times (1.22 + 26.70) = 38.16$$

$$N = 1.2 \times 216.6 + 1.26 \times (54 + 0) = 327.96$$

(2) M_{min}及相应的N：

1.2×①+1.4×（③+⑤）为

$$M = 1.2 \times 2.48 + 1.4 \times (-13.46 - 13.26) = -34.43$$

$$N = 1.2 \times 216.6 + 1.4 \times (0 + 0) = 259.92$$

1.2×①+1.4×⑧为

$$M = 1.2 \times 2.48 + 1.4 \times (-34.41) = -45.20$$

$$N = 1.2 \times 216.6 + 1.4 \times 0 = 259.92$$

1.2×①+0.9×1.4×（③+⑤+⑧）为

$$M = 1.2 \times 2.48 + 1.26 \times (-13.46 - 13.26 - 34.41) = -74.05$$

$$N = 1.2 \times 216.6 + 1.26 \times 0 = 259.92$$

(3) N_{max}及相应的M：

1.2×①+1.4×②为

$$M = 1.2 \times 2.48 + 1.4 \times 1.22 = 4.68$$

$$N = 1.2 \times 216.6 + 1.4 \times 54 = 335.52$$

1.2×①+0.9×1.4×（②+③+⑤+⑧）为

$$M = 1.2 \times 2.48 + 1.26 \times (1.22 - 13.46 - 13.26 - 34.41) = -72.51$$

$$N = 1.2 \times 216.6 + 1.26 \times (54 + 0 + 0 + 0) = 327.96$$

(4) N_{min}及相应的M：

1.2×①+0.9×1.4×（③+⑤+⑧）为

$$M = 1.2 \times 2.48 + 1.26 \times (-13.46 - 13.26 - 34.41) = -74.05$$

$$N = 1.2 \times 216.6 + 1.26 \times 0 = 259.92$$

2. Ⅱ-Ⅱ截面内力组合

(1) M_{max}及相应的N：

1.2×①+1.4×（③+⑥）为

$$M = 1.2 \times (-39.73) + 1.4 \times (59.04 + 13.26) = 53.54$$

$$N = 1.2 \times 264.4 + 1.4 \times (290.1 + 0) = 723.42$$

1.2×①+0.9×1.4×（③+⑥+⑦）为

$$M = 1.2 \times (-39.73) + 1.26 \times (59.04 + 13.26 + 26.70) = 77.06$$

$$N = 1.2 \times 264.4 + 1.26 \times (290.1 + 0 + 0) = 682.81$$

(2) M_{min} 及相应的 N：

1.2×①+1.4×⑧为

$$M = 1.2 \times (-39.73) + 1.4 \times (-34.41) = -95.85$$

$$N = 1.2 \times 264.4 + 1.4 \times 0 = 317.28$$

1.2×①+0.9×1.4×（②+④+⑤+⑧）为

$$M = 1.2 \times (-39.73) + 1.26 \times (-12.28 - 0.26 - 13.26 - 34.41) = -123.54$$

$$N = 1.2 \times 264.4 + 1.26 \times (54 + 52.8 + 0 + 0) = 451.85$$

(3) N_{max} 及相应的 M：

1.2×①+1.4×③为

$$M = 1.2 \times (-39.73) + 1.4 \times 59.04 = 34.98$$

$$N = 1.2 \times 264.4 + 1.4 \times 290.1 = 723.42$$

1.2×①+0.9×1.4×（②+③+⑤+⑧）为

$$M = 1.2 \times (-39.73) + 1.26 \times (-12.28 + 59.04 - 13.26 - 34.41) = -48.82$$

$$N = 1.2 \times 264.4 + 1.26 \times (54 + 290.1 + 0 + 0) = 750.85$$

(4) N_{min} 及相应的 M：

1.2×①+1.4×⑧，与 M_{min} 及相应的 N 第一项重合。

3. Ⅲ-Ⅲ截面内力组合

(1) M_{max} 及相应的 N、V：

1.2×①+1.4×⑦为

$$M = 1.2 \times 29.58 + 1.4 \times 249.75 = 385.15$$

$$N = 1.2 \times 348.25 + 1.4 \times 0 = 417.90$$

$$V = 1.2 \times 6.08 + 1.4 \times 28.80 = 47.62$$

1.2×①+0.9×1.4×（②+③+⑥+⑦）为

$$M = 1.2 \times 29.58 + 1.26 \times (8.7 + 16.4 + 129.54 + 249.75) = 545.02$$

$$N = 1.2 \times 348.25 + 1.26 \times (54 + 290.1 + 0 + 0) = 851.46$$

$$V = 1.2 \times 6.08 + 1.26 \times (1.84 - 3.74 + 10.2 + 28.8) = 54.04$$

(2) M_{min} 及相应的 N、V：

1.2×①+1.4×⑧为

$$M = 1.2 \times 29.58 + 1.4 \times (-229.73) = -286.13$$

$$N = 1.2 \times 348.25 + 1.4 \times 0 = 417.90$$

$$V = 1.2 \times 6.08 + 1.4 \times (-22.89) = -24.75$$

1.2×①+0.9×1.4×（④+⑤+⑧）为

$$M = 1.2 \times 29.58 + 1.26 \times (-42.9 - 129.54 - 229.73) = -471.24$$

$$N = 1.2 \times 348.25 + 1.26 \times (52.8 + 0 + 0) = 484.42$$

$$V = 1.2 \times 6.08 + 1.26 \times (-3.74 - 10.2 - 22.89) = -39.11$$

(3) N_{max} 及相应的 M、V：

1.2×①+1.4×③为

$$M = 1.2 \times 29.58 + 1.4 \times 16.4 = 58.46$$

$$N = 1.2 \times 348.25 + 1.4 \times 290.1 = 824.04$$

$$V = 1.2 \times 6.08 + 1.4 \times (-3.74) = 2.06$$

1.2×①+0.9×1.4×（②+③）为

$$M = 1.2 \times 29.58 + 1.26 \times (8.7 + 16.4) = 67.12$$

$$N = 1.2 \times 348.25 + 1.26 \times (54 + 290.1) = 851.47$$

$$V = 1.2 \times 6.08 + 1.26 \times (1.84 - 3.74) = 4.90$$

分析上述组合情况可知，三个截面都属于偏心受压。上柱Ⅰ-Ⅰ截面可选 M 最大（绝对值）而 N 较小的一组内力参加截面设计，如 $M=-74.05\text{kN}\cdot\text{m}$，$N=259.92\text{kN}$。下柱存在Ⅱ-Ⅱ和Ⅲ-Ⅲ两个截面，但就组合的最不利内力来看，Ⅲ-Ⅲ截面的内力值明显大于Ⅱ-Ⅱ截面的内力值，故Ⅲ-Ⅲ截面为实际控制截面，取弯矩较大的两组内力参与截面设计：

(a) $M = 545.02\text{kN}\cdot\text{m}$　　(b) $M = -471.24\text{kN}\cdot\text{m}$

$N = 851.46\text{kN}$　　$N = 484.42\text{kN}$

$V = 54.04\text{kN}$　　$V = -39.11\text{kN}$

Ⅲ-Ⅲ截面的内力，还是排架柱基础设计的依据。

六、排架柱截面设计

1. 基本参数

截面尺寸：上柱　正方形 500mm×500mm

下柱　工字形 $b=120\text{mm}$，$h=1000\text{mm}$；$b'_f=b_f=500\text{mm}$，$h'_f=h_f=200\text{mm}$

材料强度：混凝土 C25 $f_c=11.9\text{N/mm}^2$，$f_t=1.27\text{N/mm}^2$，$f_{tk}=1.78\text{N/mm}^2$

受力钢筋 HRB335 $f_y=f'_y=300\text{N/mm}^2$

箍筋、吊环 HPB235 $f_y=210\text{N/mm}^2$，$[\sigma_s]=50\text{N/mm}^2$

其他数据：$\alpha_1=1.0$，$\zeta_b=0.550$，$a_s=a'_s=35\text{mm}$

计算长度：上柱　排架平面内　2×3.6=7.2m

排架平面外　1.5×3.6=5.4m

下柱　排架平面内　1×11.4=11.4m

排架平面外　1×11.4=11.4m

2. 配筋计算

采用对称配筋方式，即 $A_s=A'_s$。

(1) 上柱配筋。内力 $M=-74.05\text{kN}\cdot\text{m}$，$N=259.92\text{kN}$，计算时弯矩用绝对值代入相关公式。

$$e_0=\frac{M}{N}=\frac{74.05\times 10^3}{259.92}=285\text{mm}$$

$$e_a=\max(h/30,20)=\max(500/30,20)=20\text{mm}$$

$$e_i=e_0+e_a=285+20=305\text{mm}$$

$$\zeta_1=\frac{0.5f_cA}{N}=\frac{0.5\times 11.9\times 2.5\times 10^5}{259.92\times 10^3}=5.72>1.0,\text{取}\ \zeta_1=1.0$$

$$\frac{l_0}{h}=\frac{7200}{500}=14.4<15,\text{取}\ \zeta_2=1.0$$

$$\eta=1+\frac{1}{1400e_i/h_0}\left(\frac{l_0}{h}\right)^2\zeta_1\zeta_2=1+\frac{1}{1400\times 305/465}\times 14.4^2\times 1.0\times 1.0$$

$$=1.226$$

$$x=\frac{N}{\alpha_1 f_c b}=\frac{259.92\times10^3}{1.0\times11.9\times500}=43.7\text{mm}$$

$$<\xi_b h_0=0.550\times465=255.8\ \text{mm}\ 属于大偏心受压$$

$$x=43.7\text{mm}<2a'_s=2\times35=70\text{mm},取\ x=2a'_s=70\text{mm}$$

$$e'=\eta e_i-h/2+a'_s=1.226\times305-500/2+35=158.9\text{mm}$$

$$A_s=A'_s=\frac{Ne'}{f_y(h_0-a'_s)}=\frac{259.92\times10^3\times158.9}{300\times(465-35)}=320\text{mm}^2$$

按最小配筋率要求

$$\rho=\frac{A_s+A'_s}{A}=\frac{2A_s}{A}\geqslant\rho_{\min}=0.6\%$$

$$A_s=A'_s\geqslant0.3\%A=0.3\%\times2.5\times10^5=750\ \text{mm}^2$$

受力纵筋可选配 2 Φ 22（$A_s=760\text{mm}^2$）。按构造要求，纵筋间的间距不得大于 350mm，500mm 的边长需要在各边设置 1 Φ 12 的构造钢筋（共 4 根，面积 452mm^2）才能满足这一要求。采用复合式箍筋，按构造配置 Φ 6@200，截面配筋如图 3-93 所示。

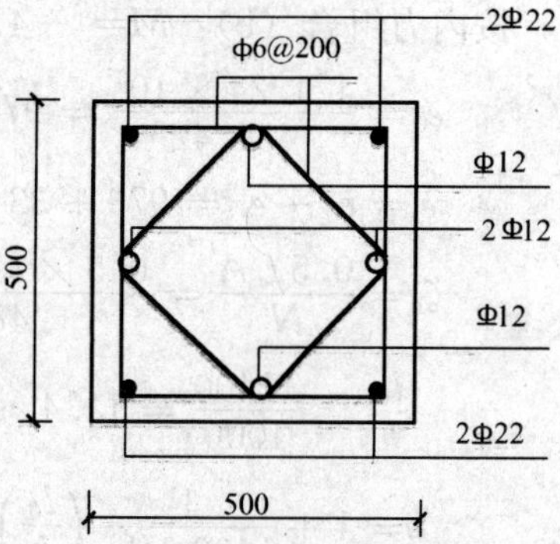

图 3-93　排架上柱截面配筋

平面外承载力验算。

平面外按轴心受压计算，所有纵筋都属于受压钢筋（构造钢筋不计入）。

$$\frac{l_0}{b}=\frac{5400}{500}=10.8,查表知\ \varphi=0.968$$

$$\begin{aligned}N_u&=0.9\varphi(f_cA+f'_yA'_s)\\&=0.9\times0.968\times(11.9\times2.5\times10^5+300\times760\times2)\\&=2989\ \text{kN}>N=259.92\text{kN}\ 满足要求\end{aligned}$$

而且 $N_u=2989\text{kN}>N_{\max}=335.52\text{kN}$

（2）下柱配筋

$$N'_f=\alpha_1 f_c b'_f h'_f=1.0\times11.9\times500\times200\ \text{N}=1190\text{kN}$$

Ⅲ-Ⅲ截面的最大轴力不超过此值，所以柱截面变形时中和轴始终位于受压区翼缘以内。且已知 $A=2.815\times10^5\text{mm}^2$，$I_y=4.56\times10^9\text{mm}^4$。

按内力组合（a）：$M=545.02\text{kN}\cdot\text{m}$，$N=851.46\text{kN}$ 计算钢筋用量

$$e_0=\frac{M}{N}=\frac{545.02\times10^3}{851.46}=640\ \text{mm}$$

$$e_a=\max(1000/30,20)=33\ \text{mm}$$

$$e_i=e_0+e_a=640+33=673\ \text{mm}$$

$$\zeta_1=\frac{0.5f_cA}{N}=\frac{0.5\times11.9\times2.815\times10^5}{851.46\times10^3}=1.97>1.0,取\ \zeta_1=1.0$$

$$\frac{l_0}{h}=\frac{11400}{1000}=11.4<15,取\ \zeta_2=1.0$$

$$\eta=1+\frac{1}{1400e_i/h_0}\left(\frac{l_0}{h}\right)^2\zeta_1\zeta_2=1+\frac{1}{1400\times673/965}\times11.4^2\times1.0\times1.0$$

$= 1.133$

$$x = \frac{N}{\alpha_1 f_c b'_f} = \frac{851.46 \times 10^3}{1.0 \times 11.9 \times 500} = 143.1\ \text{mm}$$

$< \xi_b h_0 = 0.550 \times 965 = 530.8$ mm 属于大偏心受压

且 $x = 143.1\text{mm} > 2a'_s = 2 \times 35 = 70$ mm

$$e = \eta e_i + h/2 - a_s = 1.133 \times 673 + 1000/2 - 35 = 1227.5\ \text{mm}$$

$$A_s = A'_s = \frac{Ne - \alpha_1 f_c b'_f x(h_0 - 0.5x)}{f_y(h_0 - a'_s)}$$

$$= \frac{851.46 \times 10^3 \times 1227.5 - 1.0 \times 11.9 \times 500 \times 143.1 \times (965 - 0.5 \times 143.1)}{300 \times (965 - 35)}$$

$= 1020\text{mm}^2$

按内力组合（b）：$M = -471.24\text{kN} \cdot \text{m}$，$N = 484.42\text{kN}$ 计算钢筋用量

$$e_0 = \frac{471.24 \times 10^3}{484.42} = 973\ \text{mm}$$

$$e_i = e_0 + e_a = 973 + 33 = 1006\ \text{mm}$$

$$\zeta_1 = \frac{0.5 f_c A}{N} = \frac{0.5 \times 11.9 \times 2.815 \times 10^5}{484.42 \times 10^3} = 3.46 > 1.0\text{，取 } \zeta_1 = 1.0$$

$$\frac{l_0}{h} = \frac{11400}{1000} = 11.4 < 15\text{，取 } \zeta_2 = 1.0$$

$$\eta = 1 + \frac{1}{1400 e_i / h_0}\left(\frac{l_0}{h}\right)^2 \zeta_1 \zeta_2 = 1 + \frac{1}{1400 \times 1006/965} \times 11.4^2 \times 1.0 \times 1.0$$

$= 1.089$

$$x = \frac{N}{\alpha_1 f_c b'_f} = \frac{484.42 \times 10^3}{1.0 \times 11.9 \times 500} = 81.4\ \text{mm}$$

$< \xi_b h_0 = 0.550 \times 965 = 530.8$ mm 属于大偏心受压

且 $x = 81.4\text{mm} > 2a'_s = 2 \times 35 = 70$ mm

$$e = \eta e_i + h/2 - a_s = 1.089 \times 1006 + 1000/2 - 35 = 1560.5\ \text{mm}$$

$$A_s = A'_s = \frac{Ne - \alpha_1 f_c b'_f x(h_0 - 0.5x)}{f_y(h_0 - a'_s)}$$

$$= \frac{484.42 \times 10^3 \times 1560.5 - 1.0 \times 11.9 \times 500 \times 81.4 \times (965 - 0.5 \times 81.4)}{300 \times (965 - 35)}$$

$= 1105\text{mm}^2$

按最小配筋率要求计算钢筋用量

$$\rho = \frac{A_s + A'_s}{A} = \frac{2A_s}{A} \geqslant \rho_{\min} = 0.6\%$$

$$A_s = A'_s \geqslant 0.3\% A = 0.3\% \times 2.815 \times 10^5$$

$= 845\ \text{mm}^2$

三种计算结果 1020mm^2、1105mm^2、845mm^2，据此受力纵筋可选配 4 Φ 20（$A_s = 1257\text{mm}^2$）。按构造要求，设置纵向构造钢筋 6 Φ 12。箍筋按构造配置Φ 6@ 200，截面配筋如图 3-94 所示。

平面外承载力验算

$$i=\sqrt{\frac{I_y}{A}}=\sqrt{\frac{4.56\times10^9}{2.815\times10^5}}=127.3$$

$$\frac{l_0}{i}=\frac{11400}{127.3}=89.6\text{，查表知 }\varphi=0.60$$

$$N_u=0.9\varphi(f_cA+f'_yA'_s)$$
$$=0.9\times0.60\times(11.9\times2.815\times10^5+300\times1257\times2)\text{ N}$$
$$=2216\text{ kN}>N=484.42\text{kN 满足要求}$$

而且 $N_u=2216\text{kN}>N_{max}=851.47\text{kN}$

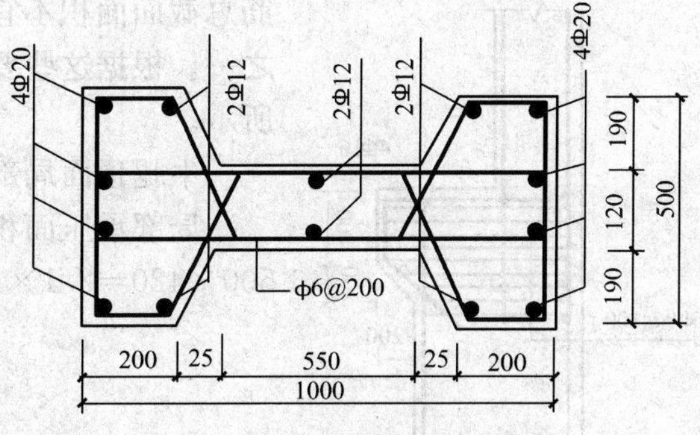

图 3-94　排架下柱截面配筋

3. 牛腿计算

吊车梁与牛腿的位置关系如图 3-95 所示，牛腿面上没有水平力作用，竖向力标准值和设计值分别为

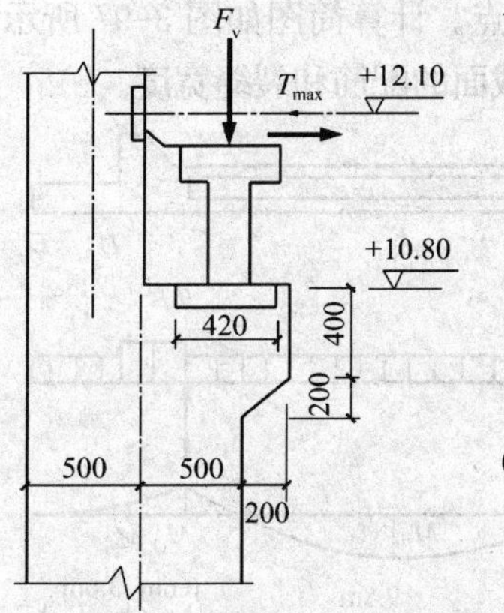

图 3-95　吊车梁和牛腿的关系

$$F_{vk}=P_{4G}+D_{max}=47.8+290.1$$
$$=337.9\text{ kN}$$
$$F_v=1.2P_{4G}+1.4D_{max}$$
$$=1.2\times47.8+1.4\times290.1$$
$$=463.5\text{ kN}$$

按式（3-19）验算牛腿的截面高度（抗裂要求）。已知 $\beta=0.65$，$h_1=400\text{mm}$，$a=0$，$b=500\text{mm}$，$c=200\text{mm}$，$\alpha=45°$。

$$h_0=h_1-a_s+c\tan\alpha$$
$$=400-35+200\tan45°=565\text{ mm}$$

$$\beta\left(1-0.5\frac{F_{hk}}{F_{vk}}\right)\frac{f_{tk}bh_0}{0.5+\dfrac{a}{h_0}}=0.65\times(1-0.5\times0)\times\frac{1.78\times500\times565}{0.5+0}$$
$$=653.7\times10^3\text{ N}=653.7\text{ kN}>F_{vk}=337.9\text{ kN}$$

满足要求

由式（3-20）计算纵筋，$a=0<0.3h_0$，这里取 $a=0.3h_0$

$$A_s\geqslant\frac{F_va}{0.85f_yh_0}+1.2\frac{F_h}{f_y}=\frac{0.3F_v}{0.85f_y}$$
$$=\frac{0.3\times463.5\times10^3}{0.85\times300}=545\text{ mm}^2$$

按最小配筋率计算纵筋，即

$$0.45f_t/f_y=0.45\times1.27/300=0.19\%$$
$$\rho_{min}=\max(0.45f_t/f_y,0.2\%)=0.2\%$$
$$A_s\geqslant\rho_{min}bh=0.2\%\times500\times600=600\text{ mm}^2$$

构造上还要求牛腿的纵筋不宜少于 4 根，直径不宜小于 12mm。综合上述条件，选用 4 Φ 16（$A_s=804\text{mm}^2$）。因为 $a/h_0<0.3$，所以可不设置弯起钢筋。

水平箍筋的直径宜为 6～12mm，间距宜为 100～150mm，且在上部 $2h_0/3$ 范围内水平箍

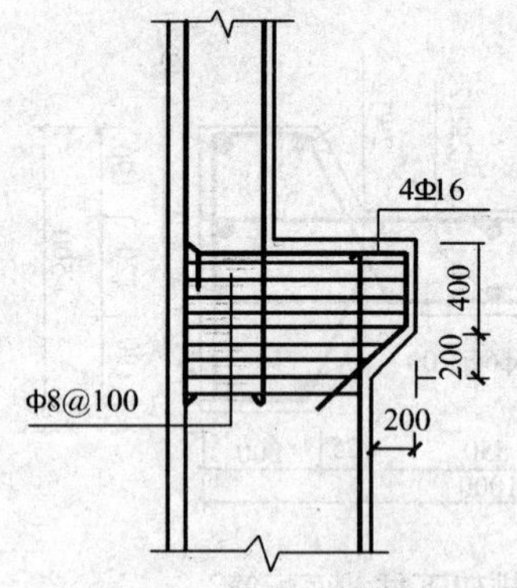

图 3-96 牛腿配筋图

筋总截面面积不宜小于承受竖向力的受拉钢筋截面面积的二分之一。根据这些要求，箍筋选Φ 8@100。牛腿的配筋如图 3-96 所示。

牛腿顶面局部受压验算

局部承压面积取柱宽乘以吊车梁端承压板宽度，即取 $A=500\times420=2.1\times10^5\ \text{mm}^2$

$$\frac{F_{\text{vk}}}{A}=\frac{337.9\times10^3}{2.1\times10^5}=1.61\ \text{N/mm}^2<0.75f_{\text{c}}$$
$$=0.75\times11.9=8.93\ \text{N/mm}^2$$

满足要求

4. 吊装验算

排架柱采用平卧预制，翻身起吊的方式验算，吊点在 A、C 两点。计算简图如图 3-97 所示，属于受弯构件，需要验算下柱跨中 F 截面、牛腿 C 截面和上柱 D 截面的配筋和裂缝宽度。

(1) 荷载。考虑动力系数 1.5、结构重要性系数 0.9（吊装属于临时受力）后，线荷载标准值（kN/m）为

$$q_{1\text{k}}=0.9\times1.5\times(25\times0.5\times1)=16.88$$
$$q_{2\text{k}}=0.9\times1.5\times(25\times0.2815)=9.5$$
$$q_{3\text{k}}=0.9\times1.5\times(25\times0.5\times1.2)=20.25$$
$$q_{4\text{k}}=0.9\times1.5\times(25\times0.5\times0.5)=8.44$$

(2) 反力和弯矩。

反力标准值（kN）：$R_{\text{Ak}}=51.22$，$R_{\text{Ck}}=101.5$

弯矩标准值（kN·m）：$M_{F\text{k}}=104.7$，$M_{C\text{k}}=76.56$，$M_{D\text{k}}=54.69$

弯矩设计值（kN·m）：$M_F=125.64$，$M_C=91.81$，$M_D=65.62$

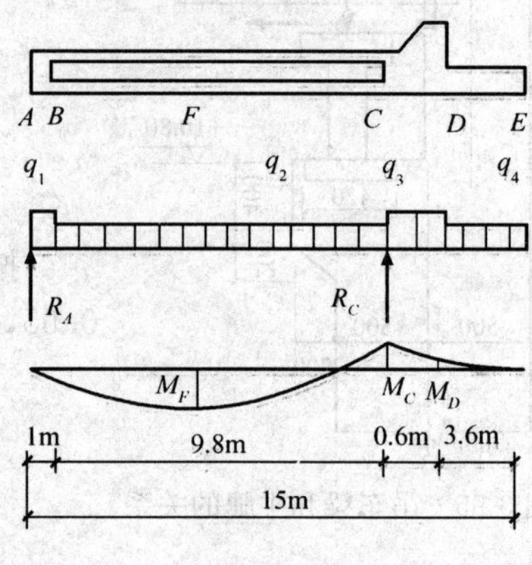

图 3-97 排架柱吊装计算简图

下柱 C 截面弯矩明显小于 F 截面的弯矩，故下柱只对 F 截面进行验算即可。

(3) 配筋验算。按双筋截面，已知受压钢筋且压筋不屈服的情况，计算受拉钢筋面积，计算公式如下

$$A_{\text{s}}=\frac{M}{f_{\text{y}}(h_0-a'_{\text{s}})}$$

下柱 F 截面

$$A_{\text{s}}=\frac{M}{f_{\text{y}}(h_0-a'_{\text{s}})}=\frac{125.64\times10^6}{300\times(965-35)}=450\ \text{mm}^2$$

受拉一侧已有 4 Φ 20 的受力钢筋（$A_{\text{s}}=1257\text{mm}^2$），能满足要求

上柱 D 截面

$$A_{\text{s}}=\frac{M}{f_{\text{y}}(h_0-a'_{\text{s}})}=\frac{65.62\times10^6}{300\times(465-35)}=509\ \text{mm}^2$$

受拉一侧已有 2 Φ 22，$A_{\text{s}}=760\text{mm}^2$，能满足要求

(4) 裂缝宽度验算。按一类环境，三级裂缝控制等级考虑，最大裂缝宽度限值为 $w_{\text{lim}}=0.3\text{mm}$。

下柱 F 截面

$$A_{te}=0.5bh+(b_f-b)h_f=0.5\times120\times1000+(500-120)\times200=1.36\times10^5\text{mm}^2$$

$$\rho_{te}=\frac{A_s}{A_{te}}=\frac{1257}{1.36\times10^5}=0.924\%<0.01，取\ \rho_{te}=0.01$$

$$d_{eq}=\frac{d}{\nu}=\frac{20}{1.0}=20\text{ mm}$$

$$\sigma_{sk}=\frac{M_{Fk}}{0.87h_0A_s}=\frac{104.7\times10^6}{0.87\times965\times1257}=99.2\text{ N/mm}^2$$

$$\psi=1.1-0.65\frac{f_{tk}}{\rho_{te}\sigma_{sk}}=1.1-0.65\times\frac{1.78}{0.01\times99.2}$$

$$=-0.066<0.2，取\ \psi=0.2$$

$$w_{max}=2.1\psi\frac{\sigma_{sk}}{E_s}\left(1.9c+0.08\frac{d_{eq}}{\rho_{te}}\right)=2.1\times0.2\times\frac{99.2}{2.0\times10^5}\left(1.9\times25+0.08\times\frac{20}{0.01}\right)$$

$$=0.043\text{mm}<w_{lim}=0.3\text{mm}\ 满足要求$$

上柱 D 截面

$$A_{te}=0.5bh=0.5\times500\times500=1.25\times10^5\text{mm}^2$$

$$\rho_{te}=\frac{A_s}{A_{te}}=\frac{760}{1.25\times10^5}=0.6\%<0.01，取\ \rho_{te}=0.01$$

$$d_{eq}=22\text{ mm}$$

$$\sigma_{sk}=\frac{M_{Dk}}{0.87h_0A_s}=\frac{54.69\times10^6}{0.87\times465\times760}=177.9\text{ N/mm}^2$$

$$\psi=1.1-0.65\frac{f_{tk}}{\rho_{te}\sigma_{sk}}=1.1-0.65\times\frac{1.78}{0.01\times177.9}=0.450$$

$$w_{max}=2.1\psi\frac{\sigma_{sk}}{E_s}\left(1.9c+0.08\frac{d_{eq}}{\rho_{te}}\right)$$

$$=2.1\times0.450\times\frac{177.9}{2.0\times10^5}\left(1.9\times25+0.08\times\frac{22}{0.01}\right)=0.188\text{mm}<w_{lim}=0.3\text{mm}$$

满足要求

5. 吊环设计

柱中吊环采用 HPB235 钢筋，允许应力法设计。设计荷载采用排架柱的自重标准值(不考虑动力系数和结构主要性系数)，故吊环受力 N 为

$$N_A=\frac{R_{AK}}{1.5\times0.9}=\frac{51.22}{1.35}=37.94\text{ kN}$$

$$N_C=\frac{R_{CK}}{1.5\times0.9}=\frac{101.5}{1.35}=75.19\text{ kN}$$

吊环截面面积

$$A\ 处吊环：A_s=\frac{N_A}{2[\sigma_s]}=\frac{37.94\times10^3}{2\times50}=379.4\text{mm}^2$$

可选 1Φ22 做成 1 个环，$A_s=380\text{mm}^2$

$$C\ 处吊环：A_s=\frac{N_C}{2[\sigma_s]}=\frac{75.19\times10^3}{2\times50}=751.9\text{mm}^2$$

可选 2Φ22 做成两个环，$A_s=760\text{mm}^2$。

思 考 题

1. 单层厂房屋盖结构体系有几种？各适用于什么情况？

2. 纵向排架、横向排架分别由哪几种构件组成？荷载如何在这些构件中传递？

3. 单层厂房定位轴线的布置原则是什么？柱网尺寸中的柱距和跨度通常取何值？

4. 单层厂房变形缝的种类有哪些？设计原则是什么？

5. 单层厂房圈梁、连系梁和基础梁应如何布置？

6. 排架柱与抗风柱在单层厂房中的作用和构造有何异同？

7. 柱间支撑的作用是什么？应布置在什么位置？

8. 单层厂房结构中什么需要设置托架？托架起什么作用？

9. 在有檩体系屋盖中，檩条起什么作用？支承于屋架上弦杆的檩条应如何搁置？

10. 作用于单层厂房排架结构上的风荷载可分为两部分，即柱顶以下的风荷载（分布力）和柱顶以上风荷载通过屋架传给排架柱顶的荷载（集中力），计算这两部分荷载时，如何确定风压高度变化系数 μ_z？

11. 多台吊车荷载作用时，要求进行荷载折减，原因何在？如有两台吊车，吊车荷载如何折减？

12. 牛腿如何分类？分哪几类？

13. 厂房柱牛腿的破坏形式有哪几种？配筋构造要求有哪些？

14. 牛腿的计算简图是怎样简化得到的？其纵向受力钢筋如何计算？

15. 等高排架柱顶作用水平集中力 F 时，a 柱柱顶剪力公式为

$$V_a = \frac{\frac{1}{\delta_a}}{\sum \frac{1}{\delta_i}} F = \eta_a F$$

（1）该公式是在什么条件下建立的？

（2）公式中 $1/\delta_i$、η_a 的物理意义是什么？

16. 何谓等高排架？柱顶标高不同，但柱顶由倾斜横梁相连的是否为等高排架？

17. 在厂房排架柱截面设计中，对于一阶变截面柱的控制截面通常取哪几个？为什么这样取？

18. 预制柱吊装验算有哪些内容和具体要求？

习 题

1. 某单层单跨厂房，跨度 18m，柱距 6m，设有两台软钩桥式吊车。试求排架柱承受的吊车竖向荷载 D_{max}、D_{min} 和横向水平荷载 T_{max}。吊车跨度 L_K＝16.5m，其余参数如表 3-10 所示。

表 3-10 **习题 3 表**

额定起吊重量 Q（kN）	小车重量 g（kN）	吊车宽度 B（mm）	吊车轮距 K（mm）	最大轮压 P_{max}（kN）	最小轮压 P_{min}（kN）
245	70	5660	4400	185	92.5

2. 试用剪力分配法计算如图 3-98 所示的两跨排架在风荷载作用下的各柱内力。厂房位于城市郊区，平原微丘地形，基本风压 0.40kN/m²。风载体型系数已标注在图中，柱截面惯性矩为：$I_1=2.15\times10^9\text{mm}^4$，$I_2=14.4\times10^9\text{mm}^4$，$I_3=7.26\times10^9\text{mm}^4$，$I_4=19.8\times10^9\text{mm}^4$。

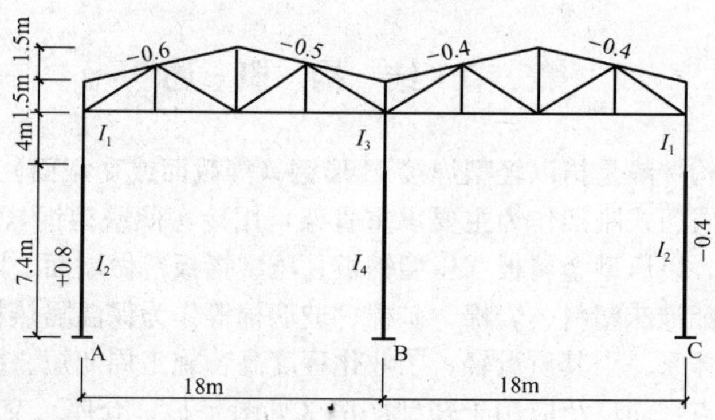

图 3-98　习题 2 图

3. 图 3-99 所示的两跨排架，在 A 柱牛腿顶面处作用的力矩标准值 $M_{max}=240\text{kN}\cdot\text{m}$，在 B 柱牛腿顶面处作用的力矩标准值 $M_{min}=140\text{kN}\cdot\text{m}$，柱的截面惯性矩 $I_1=2.25\times10^9\text{mm}^4$，$I_2=15.8\times10^9\text{mm}^4$，$I_3=6.16\times10^9\text{mm}^4$，$I_4=18.4\times10^9\text{mm}^4$，求此排架的内力标准值。

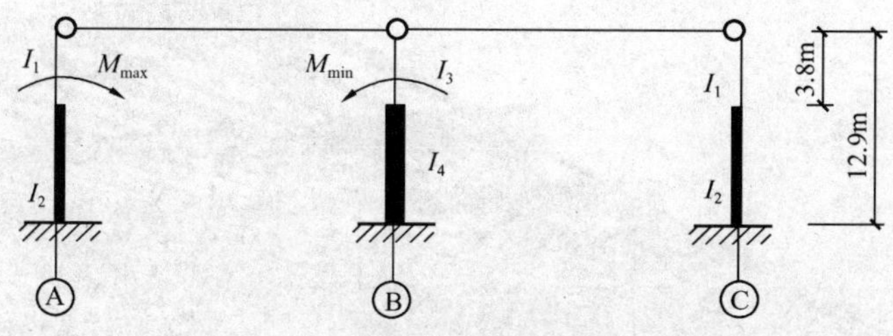

图 3-99　习题 3 图

4. 已知一钢筋混凝土单层厂房上柱的截面尺寸为 $b\times h=300\text{mm}\times400\text{mm}$，要求对称配筋，受力钢筋采用 HRB400 级，混凝土为 C35，柱的偏心增大系数 $\eta=1$，该柱的控制截面中作用有两组内力，其设计值分别为：第一组内力 $N=580\text{kN}$，$M=152\text{kN}\cdot\text{m}$；第二组内力 $N=325\text{kN}$，$M=145\text{kN}\cdot\text{m}$。试先判断哪一组内力为最不利内力，并进行配筋计算。

5. 图 3-100 所示牛腿，已知竖向力设计值 $F_v=345\text{kN}$，水平力设计值 $F_h=82\text{kN}$，采用 C25 混凝土，HRB335 级钢筋。试计算牛腿的纵向受力钢筋。

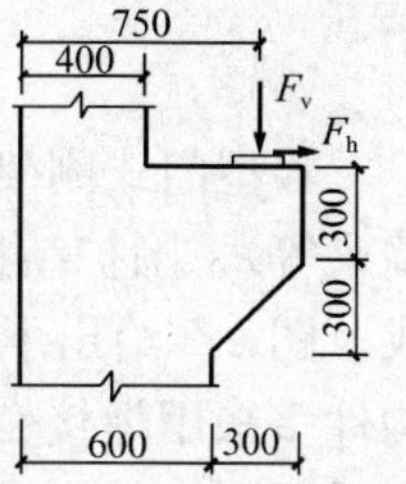

图 3-100　习题 5 图

6. 本章第七节单层厂房排架柱设计计算实例中，将已知条件局部修改为：基本风压 0.45kN/m²，基本雪压 0.35kN/m²，无积灰荷载，厂房仅设置 1 台 20/3t 软钩吊车。试设计排架柱。

第四章 轻型门式刚架结构设计

第一节 结 构 概 述

轻型门式刚架结构一般是指以轻型焊接H形钢（等截面或变截面）或热轧H形钢（等截面）等构成的实腹式门式刚架作为主要承重骨架，用冷弯薄壁型钢（槽形、卷边槽形、Z形等）做檩条、墙梁，以压型金属板（压型钢板、压型铝板）做屋面、墙面，采用聚苯乙烯泡沫塑料、硬质聚氨酯泡沫塑料、岩棉、矿棉、玻璃棉等作为保温隔热材料并适当设置支撑的一种轻型房屋结构体系。因其质量轻、工业化程度高、施工周期短、综合经济效益高、柱网布置比较灵活等优点，而广泛应用于轻型厂房（见图4-1）、仓库、交易市场、大型超市、体育馆、展览厅、活动房屋、加层建筑等工业和民用建筑。轻型门式刚架房屋结构在我国的应用大约始于20世纪80年代初期。近十多年来特别是中国工程建设标准化协会编制的《门式刚架轻型房屋钢结构技术规程》（CECS 102：2002）（以下简称《规程》）颁布实行后，其应用得到了迅速的发展。

图4-1 施工中的轻型门式刚架结构厂房

轻型门式刚架结构体系由主结构（如横向刚架、支撑体系等）、次结构（如屋面檩条和墙梁等）、围护结构（如屋面板和墙面板）、辅助结构（如楼梯、平台、扶栏等）和基础组成。图4-2给出了轻型门式刚架组成的图示说明。在目前的工程实践中，门式刚架的梁、柱构件多采用焊接变截面的H形截面（有桥式吊车时一般采用等截面），单跨刚架的梁-柱节点采用刚接，多跨者大多刚接和铰接并用。柱脚可与基础刚接或铰接（有5t以上桥式吊车时宜用刚接）。围护结构采用压型钢板的居多。

门式刚架分为单跨、双跨、多跨刚架以及带挑檐的和带毗屋的刚架等形式，多跨刚架中间柱与斜梁的连接可采用铰接，多跨刚架宜采用双坡或单坡屋盖，必要时也可采用由多个双

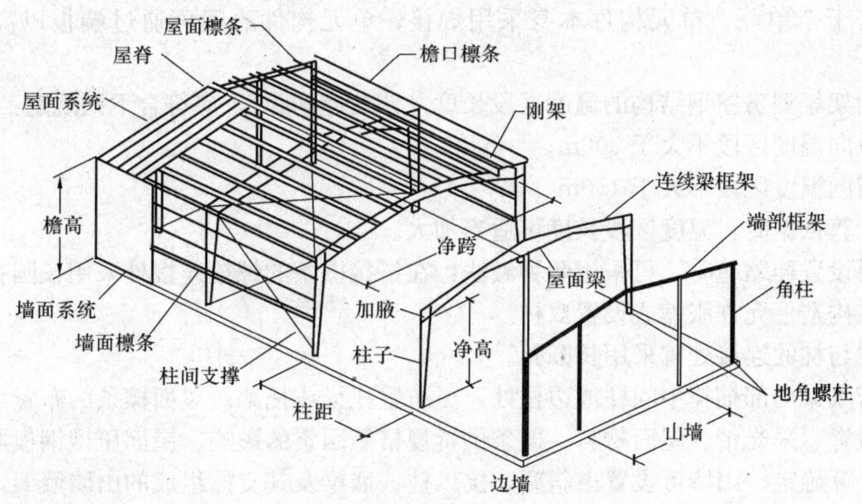

图 4-2　轻型门式刚架组成

坡屋盖组成的多跨刚架形式（见图 4-3）。对于多跨刚架，在相同跨度条件下，多脊多坡与单脊双坡的刚架用钢量大致相当，常作成一个屋脊的大双坡屋面。这是因为金属压型板屋面为长坡面排水创造了条件。而多脊多坡刚架的内天沟容易产生渗漏及堆雪现象。不等高刚架这一问题更为严重，在实际工程中应尽量避免这种刚架形式。单脊双坡多跨刚架，用于无桥式吊车房屋中，当刚架柱不是特别高且风荷载也不很大时，中柱宜采用两端铰接的摇摆柱，中间摇摆柱和梁的连接构造简单，而且制作和安装都省工。这些柱不参与抵抗侧力，截面也比较小。但是在设有桥式吊车的房屋中，中柱宜为两端刚接，以增加刚架的侧向刚度。边柱和梁形成刚架，承担全部抗侧力的任务（包括传递水平荷载和防止门架侧移失稳）。由于边柱的高度相对比较小（亦即长细比比较小），材料能够比较充分地发挥作用。

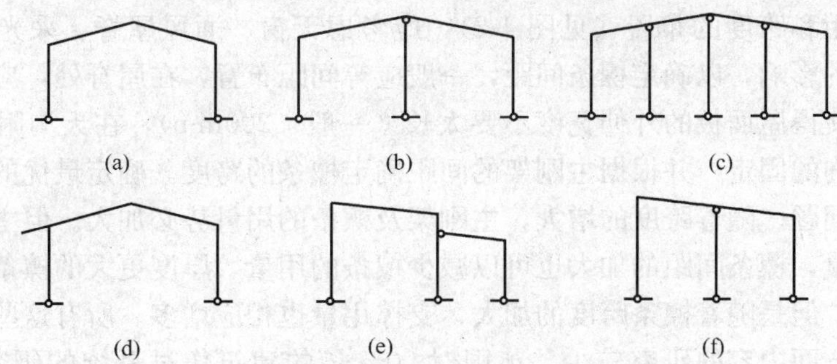

图 4-3　门式刚架形式示例
（a）单跨刚架；（b）双跨刚架；（c）多跨刚架；
（d）带挑檐刚架；（e）带毗屋架刚；（f）单坡刚架

主刚架斜梁下翼缘和刚架柱内翼缘出平面的稳定性，由与檩条或墙梁相连接的隅撑来保证。主刚架间的交叉支撑可采用张紧的圆钢。

门式刚架轻型房屋的屋面坡度宜取 1/8～1/20，在雨水较多的地区宜取其中的较大值。

门式刚架可由多个梁、柱单元构件组成。柱一般为单独的单元构件，斜梁可根据运输条件划分为若干个单元。单元构件本身采用焊接，单元构件之间可通过端板以高强度螺栓连接。

门式刚架轻型房屋钢结构的温度区段长度（伸缩缝间距），应符合下列规定：

（1）纵向温度区段不大于300m；

（2）横向温度区段不大于150m。

当有计算依据时，温度区段长度可适当加大。

当需要设置伸缩缝时，可采用两种做法：在搭接檩条的螺栓连接处采用长圆孔，并使该处屋面板在构造上允许胀缩或设置双柱。

吊车梁与柱的连接处宜采用长圆孔。

在多跨刚架局部抽掉中间柱或边柱处，可布置托梁或托架。屋面檩条的布置，应考虑天窗、通风屋脊、采光带、屋面材料、檩条供货规格等因素的影响。屋面压型钢板厚度和檩条间距应按计算确定。山墙可设置由斜梁、抗风柱、墙梁及其支撑组成的山墙墙架，或采用门式刚架。

门式刚架的跨度取横向刚架柱间的距离，跨度宜为9～36m，宜以3m为模数，但也可不受模数限制。当边柱宽度不等时，其外侧应对齐。门式刚架的高度应取地坪柱轴线与斜梁轴线交点的高度，宜取4.5～9m，必要时可适当放大。门式刚架的高度应根据使用要求的室内净高确定，有吊车的厂房应根据轨顶标高和吊车净空的要求确定。柱的轴线可取柱下端（较小端）中心的竖向轴线，工业建筑边柱的定位轴线宜取柱外皮。斜梁的轴线可取通过变截面梁段最小端中心与斜梁上表面平行的轴线。

门式刚架的合理间距应综合考虑刚架跨度、荷载条件及使用要求等因素，一般宜取6m、7.5m、或9m。

挑檐长度可根据使用要求确定，宜为0.5～1.2m，其上翼缘坡度取与刚架斜梁坡度相同。

屋面檩条间距和跨度的布置（见图4-2），应考虑天窗、通风屋脊、采光带、屋面材料及檩条供货规格的影响，以确定檩条间距，一般应等间距布置，在屋脊处，应沿屋脊两侧各布置一道檩条，使得屋面板的外伸宽度不要太长（一般＜200mm），在天沟附近应布置一道檩条，以便于天沟的固定，并根据主刚架的间距确定檩条的跨度。确定最优的檩条跨度和间距是一个复杂的问题。随着跨度的增大，主刚架及檩条的用量势必加大。但主刚架榀数的减少可以降低用钢量，檩条间距的加大也可以减少檩条的用量。厚度更大的檩条也可以降低单位用钢量的价格。但是随着檩条跨度的加大，支撑用量也相应增多。所有这些因素需要综合考虑。我国对这方面内容的研究较少。英国对90m长的建筑作过系统的研究，结果显示，对于跨度超过20m的门式刚架，7.5m的刚架间距是最优的；对于跨度小于20m的刚架，4.5m的刚架间距是最优的。这个结果在我国只能参考使用。

侧墙墙梁的布置，应考虑设置门窗、挑檐、遮雨篷等构件和围护材料的要求。当采用压型钢板作围护面时，墙梁宜布置在刚架柱的外侧，其间距由墙板板型和规格确定，且不大于由计算确定的数值。

轻型门式刚架房屋钢结构属于典型的平面结构，必须在纵向设置支撑和刚性系杆。其支撑设置应符合下列要求：

（1）在每个温度区段或分期建设的区段中，应分别设置能独立构成空间稳定结构的支撑体系。

(2) 在设置柱间支撑的开间，宜同时设置屋盖横向支撑，以组成几何不变体系。

支撑和刚性系杆的布置宜符合下列规定：

(1) 屋盖横向支撑宜设在温度区间端部的第一个或第二个开间。当端部支撑设在第二个开间时，在第一个开间的相应位置应设置刚性系杆。

(2) 柱间支撑的间距应根据房屋纵向柱距、受力情况和安装条件确定。当无吊车时宜取30～45m；当有吊车时宜设在温度区段中部，或当温度区段较长时宜设在三分点处，且间距不宜大于60m。

(3) 当建筑物宽度大于60m时，在内柱列宜适当增加柱间支撑。

(4) 当房屋高度相对于柱间距较大时，柱间支撑宜分层设置。

(5) 在刚架转折处（单跨房屋边柱柱顶和屋脊，以及多跨房屋某些中间柱柱顶和屋脊）应沿房屋全长设置刚性系杆。

(6) 由支撑斜杆等组成的水平桁架，其直腹杆宜按刚性系杆考虑。

(7) 在设有带驾驶室且起重量大于15t桥式吊车的跨间，应在屋盖边缘设置纵向支撑桁架。当桥式吊车起重量较大时，尚应采取措施增加吊车梁的侧向刚度。

刚性系杆可由檩条兼作，此时檩条应满足对压弯杆件的刚度和承载力要求。当不满足时，可在刚架斜梁间设置钢管、H型钢或其他截面的杆件。

轻型门式刚架房屋钢结构的支撑，可采用带张紧装置的十字交叉圆钢支撑。圆钢与构件的夹角应在30°～60°范围内，宜接近45°。当设有起重量不小于5t的桥式吊车时，柱间宜采用型钢支撑。在温度区段端部吊车梁以下不宜设置柱间刚性支撑。当不允许设置交叉柱间支撑时，可设置其他形式的支撑；当不允许设置任何支撑时，可设置纵向刚架。

第二节　计算模型、作用及作用效应组合

一、计算模型

轻型门式刚架钢结构功能的形成原理可表示为：梁和柱通过高强螺栓连接→平面门式刚架支撑＋系杆→空间刚架→围护材料＋基础→轻型钢建筑。

计算模型的简化和建立，必须符合实际结构的受力特点；反过来，实际结构的设计也必须考虑应用现有理论能够分析其计算模型。忽略实际结构的蒙皮效应后，可以得到由空间梁系组成的空间刚架；忽略空间刚架的空间共同工作效应后，可以得到由平面梁系组成的平面门式刚架；忽略结构柱脚与基础之间连接的弹性刚度后，可以得到理想的铰接或刚接的结构支座条件。由实际门式刚架结构提取计算模型的过程如图4-4所示。

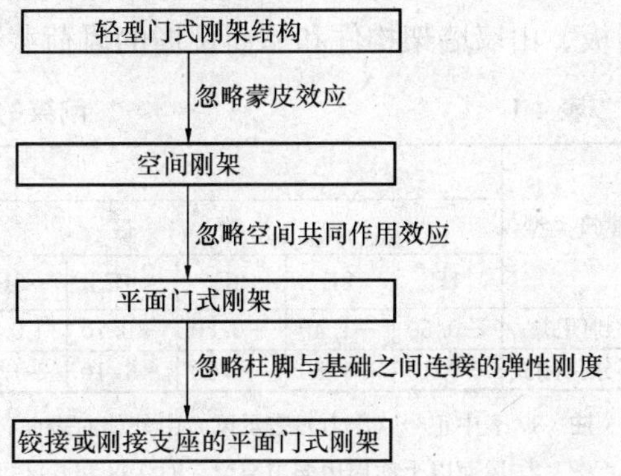

图4-4　轻钢门架结构的计算模型建立

二、所受作用

轻钢门架钢结构上所受作用包括永久作用和可变作用，除《规程》有专门规定者外，一律按现行国家标准《建筑结构荷载规范》(GB 50009)（以下简称《荷载规范》）采用。

永久作用即恒载，包括结构构件的自重和悬挂在结构上的非结构构件的重力荷载，如屋面、檩条、支撑、吊顶、墙面构件和刚架自身等。

可变作用有以下内容：

(1) 屋面活荷载　包括屋面均布活载、检修集中荷载。其中，《规程》规定均布活载的标准值（按投影面积算）取 0.5kN/m²；检修集中荷载标准值取 1.0kN 或实际值。

(2) 屋面雪荷载和积灰荷载　屋面雪荷载和积灰荷载的标准值应按《荷载规范》的规定采用，设计屋面板、檩条时并应考虑在屋面天沟、阴角、天窗挡风板内和高低跨连接处等的荷载增大系数或不均匀分布系数。

(3) 吊车荷载　包括竖向荷载和纵向及横向水平荷载，按照《荷载规范》的规定采用。但吊车的组合一般不超过两台。

(4) 地震作用　按现行国家标准《建筑抗震设计规范》(GB 50011) 的规定计算。

(5) 温度　按实际环境温差考虑。

(6) 风荷载　垂直于轻型门式刚架房屋表面的风荷载应按下列公式计算

$$w_k = \mu_s \mu_z w_0 \tag{4-1}$$

式中　w_k——风荷载标准值（kN/m²）；

w_0——基本风压，按照《荷载规范》的规定值乘以 1.05 采用；

μ_z——风荷载高度变化系数，按照《荷载规范》的规定采用，当高度小于 10m 时，应按 10m 高度处的数值采用；

μ_s——风荷载体型系数，考虑内、外风压最大值的组合，且含阵风系数，当其屋面坡度 α 不大于 10°、屋面平均高度不大于 18m、房屋高宽比不大于 1、檐口高度不大于房屋的最小水平尺寸时，按表 4-1 的规定采用（表中分区如图 4-5 所示）。

另外，针对轻型门式刚架檩条的风荷载体型系数应按表 4-9 采用，针对墙梁、屋面板、墙板、山墙墙架构件和屋面挑檐的风荷载体型系数，应按《规程》附录 A 的规定确定。

表 4-1　刚架的风荷载体型系数

建筑类型	分区											
	端区						中间区					
	1E	2E	3E	4E	5E	6E	1	2	3	4	5	6
封闭式	−0.50	−1.40	−0.80	−0.70	+0.90	−0.30	+0.25	−1.00	−0.65	−0.55	+0.65	−0.15
部分封闭式	+0.10	−1.80	−1.20	−1.10	+1.00	−0.20	−0.15	−1.40	−1.05	−0.95	+0.75	−0.05

注　1. 表中正号（压力）表示风力由外朝向表面；负号（吸力）表示风力自表面向外离开；
2. 屋面以上的周边伸出部位，对 1 区和 5 区可取 +1.3，对 4 区和 6 区可取 −1.3，这些系数包括了迎风面和背风面影响；
3. 当端部柱距不小于端区宽度时，端区风荷载超过中间区的部分，宜直接由端刚架承受；
4. 单坡屋面的风荷载体型系数，可按双坡屋面的两个半边处理（见图 4-5）。

上述风荷载体型系数的取值方法主要是参考美国金属房屋制造商协会（MBMA）编制

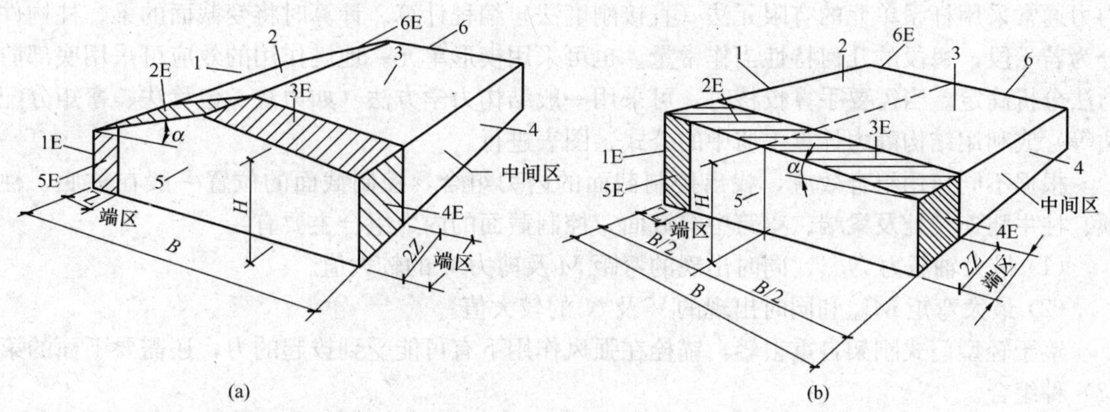

图 4-5　刚架的风荷载体型系数分区
(a) 双坡刚架；(b) 单坡刚架

的《低层房屋系统手册》(1996) 中的相关内容给出的，较《荷载规范》的规定详细合理。对多脊多坡屋面的风荷载体型系数，MBMA 手册中没有给出，《规程》规定仍按现行国家标准《荷载规范》的有关条文采用。

三、作用效应组合

针对轻型门式刚架，《规程》给出下列组合原则：

(1) 屋面均布活荷载不与雪荷载同时考虑，应取两者中的较大值；

(2) 积灰荷载应与雪荷载或屋面均布活荷载中的较大值同时考虑；

(3) 施工或检修集中荷载不与屋面材料或檩条自重以外的其他荷载同时考虑；

(4) 多台吊车的组合应符合《荷载规范》的规定；

(5) 当需要考虑地震作用时，风荷载不与地震作用同时考虑。

在进行刚架内力分析时，所需考虑的荷载效应组合主要有：

(1) 1.2×永久荷载＋0.9×1.4×［积灰荷载＋max（屋面均布活荷载，雪荷载）］＋0.9×1.4×（风荷载＋吊车竖向及水平荷载）；

(2) 1.0×永久荷载＋1.4×风荷载。

组合 (1) 用于截面强度和构件稳定性计算。在进行效应叠加时，起有利作用者不叠加，但必须注意所叠加各项有可能同时发生。为此，不能在计入吊车水平荷载效应的同时略去竖向荷载效应。组合 (2) 用于锚栓抗拉计算，其永久荷载的抗力分项系数取 1.0。当为多跨有吊车框架时，在组合 (2) 中还应考虑邻跨吊车水平力的作用。

由于门式刚架结构的自重较轻，地震作用产生的荷载效应一般较小。设计经验表明：当抗震设防烈度为 7 度而风荷载标准值大于 0.35kN/m^2，或抗震设防烈度为 8 度而风荷载标准值大于 0.45kN/m^2 时，地震作用的组合一般不起控制作用。

轻型门式刚架结构的内力计算，对于变截面门式刚架应采用弹性分析方法确定各种内力，仅在梁柱全部为等截面时才允许采用塑性分析方法，但后一种情况在实际工程中已很少采用。考虑应力蒙皮效应可以提高刚架结构的整体刚度和承载力，但对压型钢板的连接有较高的要求。进行内力分析时，通常把刚架当作平面结构对待，一般不考虑蒙皮效应，只是把它当作安全储备。当有必要且有条件时，可考虑屋面板的应力蒙皮效应。变截面门式刚架的内力通常采用杆系单元的有限元法（直接刚度法）编程计算。计算时将变截面的梁、柱构件分为若干段，每段的几何特性当作常量，也可采用楔形单元。地震作用的效应可采用底部剪力法分析确定。当需要手算校核时，可采用一般结构力学方法（如力法、位移法、弯矩分配法等）或利用结构静力计算手册中的公式、图表进行。

根据不同作用组合效应，找出控制截面的内力组合，控制截面的位置一般在柱底、柱顶、柱牛腿连接处及梁端、梁跨中等截面，控制截面的内力组合主要有：

（1）最大轴压力 N_{max}、同时出现的弯距 M 及剪力 V 的较大值。

（2）最大弯矩 M_{max} 和同时出现的 V 及 N 的较大值。

鉴于轻型门式刚架自重很轻，锚栓在强风作用下有可能受到拔起的力，还需要下面的第（3）种组合。

（3）最小轴压力 N_{min} 和相应的 M 及 V，出现在永久荷载和风荷载共同作用下，当柱脚铰接时 $M=0$。

轻型门式刚架结构的侧移计算，变截面门式刚架的柱顶侧移及受弯构件的挠度应采用弹性分析方法确定。计算时荷载取标准值，且可不考虑螺栓孔引起的截面削弱。侧移计算可以和内力分析一样在计算机上进行。《规程》给出柱顶侧移的简化公式，可以在初选构件截面时估算侧移刚度，以免因刚度不足而需要重新调整构件截面。单层门式刚架的柱顶位移设计值不应大于表 4-2 规定的限值；受弯构件的挠度与其跨度的比值不应大于表 4-3 规定的限值；由柱顶位移和构件挠度产生的屋面坡度改变值不应大于坡度设计值的 1/3。

如果最后验算时刚架的侧移不满足要求，即需要采用下列措施之一进行调整：放大柱或梁的截面尺寸；改铰接柱脚为刚接柱脚；把多跨框架中的个别摇摆柱改为上端和梁刚接。

表 4-2　刚架柱顶位移设计值的限值

吊车情况	其他情况	柱顶位移限值
无吊车	当采用轻型钢墙板时	$h/60$
	当采用砌体墙时	$h/100$
有桥式吊车	当吊车有驾驶室时	$h/400$
	当吊车由地面操作时	$h/180$

注　表中 h 为刚架柱高度。

表 4-3　受弯构件的挠度限值

类型	构件类别	构件挠度限值
竖向挠度	门式刚架斜梁	
	仅支承压型钢板屋面和冷弯型钢檩条	$L/180$
	尚有吊顶	$L/240$
	有悬挂起重机	$L/400$
	檩条	
	仅支承压型钢板屋面	$L/150$
	尚有吊顶	$L/240$
	压型钢板屋面板	$L/150$
水平挠度	墙板	$L/100$
	墙梁	
	仅支承压型钢板墙	$L/100$
	支承砌体墙	$L/180$ 且≤50mm

注　1. 表中 L 为构件跨度；

2. 对悬臂梁，按悬伸长度的 2 倍计算受弯构件的跨度。

第三节　主刚架设计

轻型门式刚架结构的主刚架由斜梁和柱构件组成，平面内受力与连续梁相似，即主要利用梁、柱截面受弯来承受荷载，所以，常常采用变截面形式来近似与弯距图合理匹配（见图 4-6）。一般斜梁和柱均按压弯构件设计，梁柱连接采用高强螺栓连接（见图 4-7），柱脚分铰接和刚接，一般采用锚栓连接（见图 4-8）。主刚架的设计次序为：根据建筑功能要求确定外形尺寸→初估构件截面尺寸并确定节点形式→荷载简图→内力计算及控制截面内力组合→门式刚架的刚度计算→构件承载力计算（强度和稳定）→节点连接承载力计算→满足构造要求并绘制施工图。

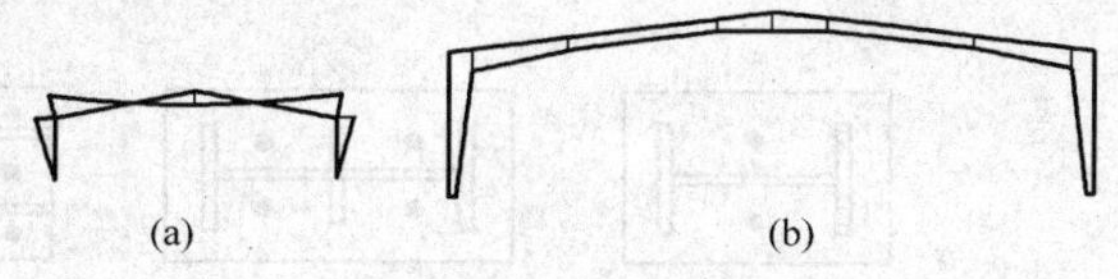

图 4-6　典型主刚架

(a) 弯矩包络图；(b) 变截面形式

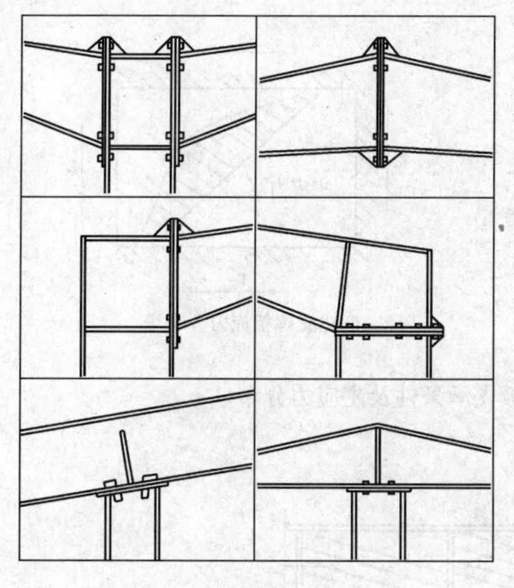

图 4-7　主刚架典型连接节点

梁、柱截面尺寸与门架高度、跨度、荷载形式和大小等因素有关，刚架横梁截面高度一般可按跨度的 1/30～1/40 确定，当刚架跨度较大时，刚架横梁采用变截面形式，刚架柱截面高度一般可按与梁相同采用。

对于荷载简图、内力计算、控制截面内力组合及门式刚架的刚度计算等内容应按本章第二节所述原则处理，限于篇幅本节不再赘述。

现主要将构件承载力和节点连接承载力计算的问题介绍于后。

一、构件截面的强度设计

根据局部稳定计算的等强原则，当翼缘宽厚比 $b/t \leqslant 15\sqrt{235/f_y}$ 时，翼缘不会发生局部失稳。为了节省钢材，设计时允许腹板局部失稳，但考虑到刚度及制作要求，对腹板的高厚比应作一定要求，《规程》规定 $h_w/t_w \leqslant 250\sqrt{235/f_y}$（截面尺寸见图 4-9）。

根据薄壁结构理论，腹板在 $h_w/t_w \leqslant 250\sqrt{235/f_y}$ 时也会发生屈曲，因此确定腹板有效面积的抗剪和抗弯承载力成为确定工字形构件截面强度的关键。

（一）腹板抗剪承载力 V_u

V_u 取决于腹板两侧翼缘及横向加劲肋之间形成的四面支承矩形区域的剪切屈曲应力 τ_{cr}（见图 4-10）。构件腹板的主应力场分布如图 4-11 所示。在这个模型中横向加劲肋相当于桁架中的受压腹杆。适当增加横向加劲肋的数量，可以改变腹板应力场的分布情况，提高区隔的临界应力 τ_{cr}，从而提高腹板的抗剪承载力 V_u。

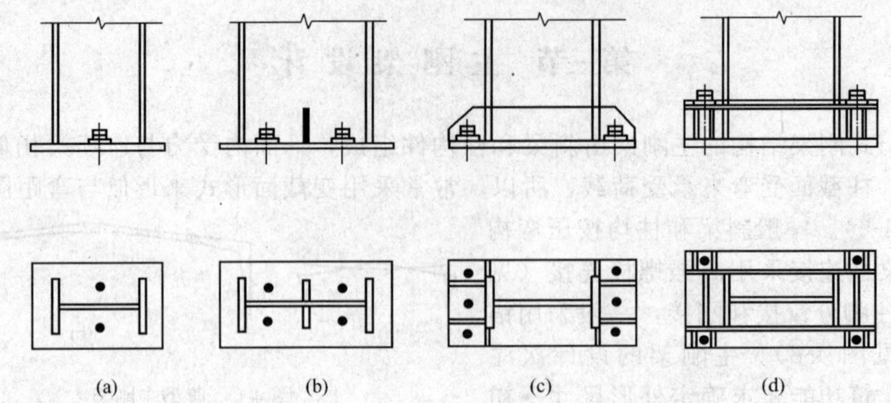

图 4-8 轻型门式刚架钢结构柱脚

(a) 一对锚栓的铰接柱脚；(b) 两对描栓的铰接柱脚；

(c) 带加劲肋的刚接柱脚；(d) 带靴梁的刚接柱脚

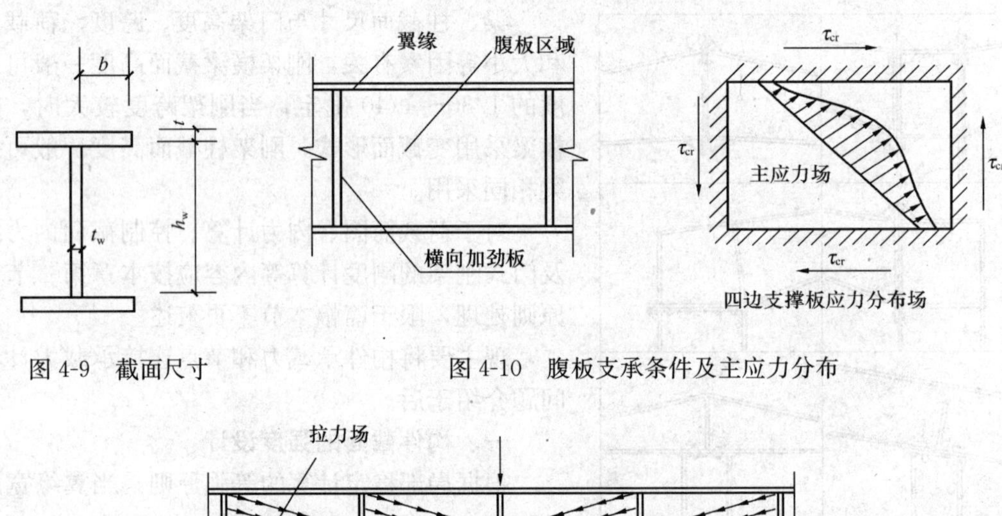

图 4-9 截面尺寸

图 4-10 腹板支承条件及主应力分布

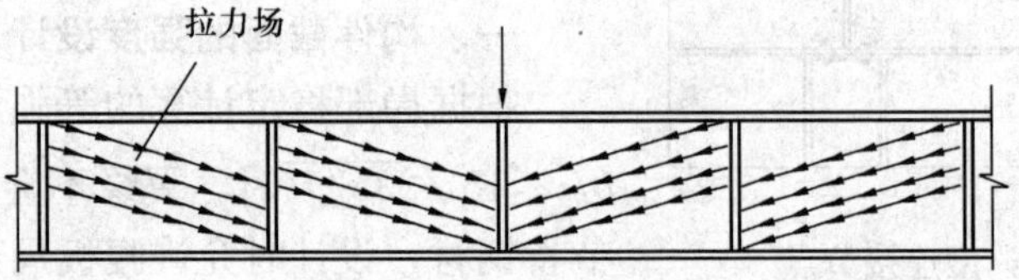

图 4-11 腹板剪切屈曲的分析模型

《规程》中利用简化公式把临界应力 τ_{cr} 用一个只与横向加劲肋间距 a 有关的换算高厚比 λ_w 代替，腹板的抗剪承载力 V_u 根据腹板截面积和 λ_w 计算得到，即

$$V_u = S_w f(\lambda_w) \tag{4-2}$$

$$\lambda_w = K_v \cdot h_w / t_w$$

$$K_v = K_v(a)$$

式中 S_w——腹板截面面积；

λ_w——腹板的换算高厚比；

K_v——换算系数（当不设置加劲肋时，K_v 取屈曲系数 5.34）；

a——横向加劲肋间距。

（二）腹板的抗弯承载力 M_u

M_u 取决于腹板截面屈曲后正应力的分布形状。当构件截面的高厚比在一定限值内时，截面的抗弯曲线可以按照图 4-12 中的 $i-k-j-p$ 进行。j 点时截面应力分布如图 4-13（d）所示，截面弯矩达弹性临界值 M_y；经过 j 点截面进入强化阶段，截面应力分布如图 4-13（e）所示，抗弯承载力有所提高，并使最终的弯矩承载力 M'_u 大于边缘屈服弯矩 M_y。当板件的高厚比较大时，$M-\theta$ 曲线沿 $i-k-g$ 进行，即截面边缘应力小于屈服应力 f_y 时截面就发生了屈曲。随着屈曲面积的扩大，应力呈非线性分布，如图 4-13（a）、（b）、（c）所示。在截面出现屈曲后，由于薄膜效应，截面的承载力也能得到提高，但最终的临界弯矩承载力 M_u 一般低于屈服弯矩材 M_y。

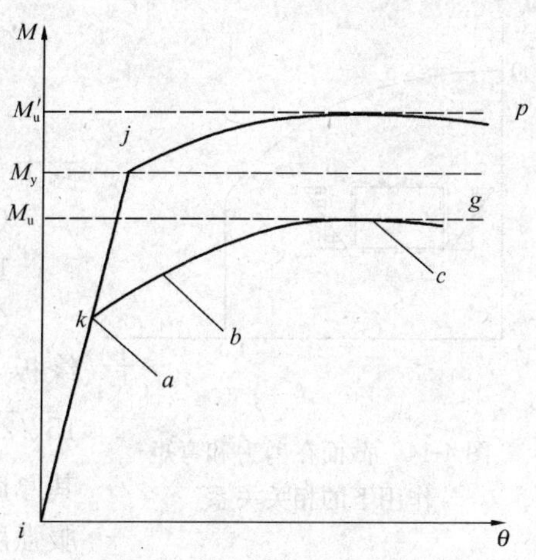

图 4-12　截面的 $M-\theta$ 曲线

《规程》采用有效面积法，把应力分布规律由图 4-13（c）简化为图 4-13（c′），并引入换算高厚比 λ_ρ，来确定有效面积及其分布。屈曲后截面弯矩承载力 M_u 的计算公式

$$M_u = W_e f \tag{4-3}$$

$$\beta = \sigma_1 / \sigma_2$$

式中　f——强度设计值；

W_e——有效截面最大压应力处的截面模量，该模量取决于截面正应力分布情况，即 $W_e = W(\lambda_\rho)$（表示 W_e 为 λ_ρ 的函数，为定性表示，下面 K_ρ 与 β 同理）；

λ_ρ——换算高厚比，$\lambda_\rho = K_\rho \cdot h_w/t_w$，$h_w/t_w$ 为腹板高厚比；

K_ρ——换算系数，$K_\rho = K(\beta)$；

β——截面正应力比值；

σ_1、σ_2——板件上的最大和最小正应力值。

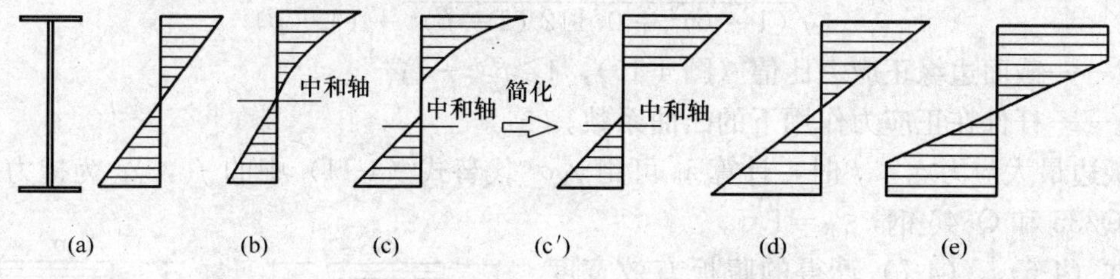

图 4-13　截面在各阶段的正应力分布

（三）弯矩、剪力共同作用下的承载力计算

实际构件一般受弯矩、剪力的共同作用，这时薄腹构件截面的受力情况比较复杂，可以用弯矩剪力的相关曲线表示（见图 4-14）。《规程》参照截面纯剪临界承载力 V_u 和纯弯线性临界承载力 M_u 的计算结果，把剪力作为弯矩承载力的一个削弱因素进行考虑，进而得到修正后的抗弯承载力 M_{uk}。

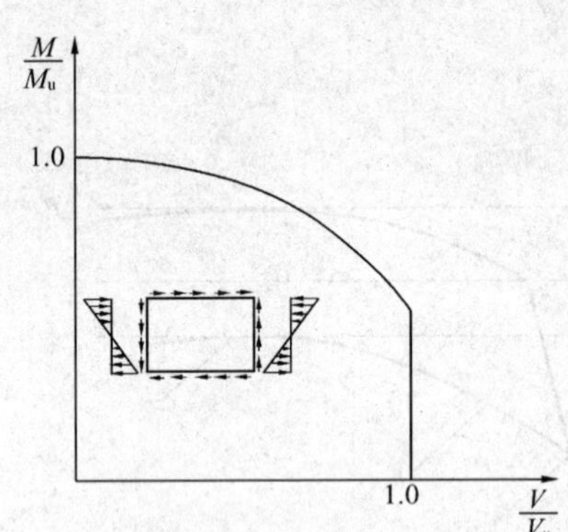

图 4-14 截面在剪力和弯矩作用下的相关关系

$$M_{uk}=M_u \quad (V\leqslant 0.5V_u) \tag{4-4}$$

$$M_{uk}=K_uM_u \quad (0.5V_u<V\leqslant V_u) \tag{4-5}$$

$$K_u=1-\left(\frac{V}{0.5V_u}-1\right)^2$$

式中 K_u——剪力影响系数。

（四）《规程》中构件强度计算要求

1. 板件最大宽厚比和屈曲后强度

(1) 梁柱板件的宽厚比限制 工字形截面构件受压翼缘板自由外伸宽度 b 与其厚度 t 之比，不应大于 $15\sqrt{235/f_y}$；工字形截面梁、柱构件腹板的计算高度 h_w 与其厚度 t_w 之比，不应大于 $250\sqrt{235/f_y}$。此处 f_y 为钢材屈服强度。

(2) 腹板的有效宽度 当工字形截面构件腹板受弯及受压板幅利用屈曲后强度时，应按有效宽度计算截面特性。有效宽度应取：

当截面全部受压时
$$h_e=\rho h_w \tag{4-6}$$

当截面部分受拉时，受拉区全部有效，受压区有效宽度应取
$$h_e=\rho h_c \tag{4-7}$$

当 $\lambda_\rho\leqslant 0.8$ 时
$$\rho=1 \tag{4-8}$$

当 $0.8<\lambda_\rho\leqslant 1.2$ 时
$$\rho=1-0.9(\lambda_\rho-0.8) \tag{4-9}$$

当 $\lambda_\rho>1.2$ 时
$$\rho=0.64-0.24(\lambda_\rho-1.2) \tag{4-10}$$

$$\lambda_\rho=\frac{h_w/t_w}{28.1\sqrt{k_\sigma}\sqrt{235/f_y}} \tag{4-11}$$

式中 h_c——腹板受压区宽度；

ρ——有效宽度系数；

λ_ρ——与板件受弯、受压有关的参数。

$$k_\sigma=\frac{16}{\sqrt{(1+\beta)^2+0.112\,(1-\beta)^2}+(1+\beta)} \tag{4-12}$$

式中 β——截面边缘正应力比值（图 4-15），$1\geqslant\beta\geqslant-1$；

k_σ——杆件在正应力作用下的凸曲系数。

当板边最大应力 $\sigma_1<f$ 时，计算 λ_ρ 可用 $\gamma_R\sigma_1$ 代替式（4-11）中的 f_y，γ_R 为抗力分项系数。对 Q235 和 Q345 钢，$\gamma_R=1.1$。

按式（4-6）、（4-7）算得的腹板有效宽度 h_e，沿腹板高度应按下列规则分布（见图4-15）：

当截面全部受压，即 $\beta>0$ 时
$$h_{e1}=2h_e/(5-\beta) \tag{4-13}$$
$$h_{e2}=h_e-h_{e1} \tag{4-14}$$

当截面部分受拉，即 $\beta<0$ 时
$$h_{e1}=0.4h_e \tag{4-15}$$
$$h_{e2}=0.6h_e \tag{4-16}$$

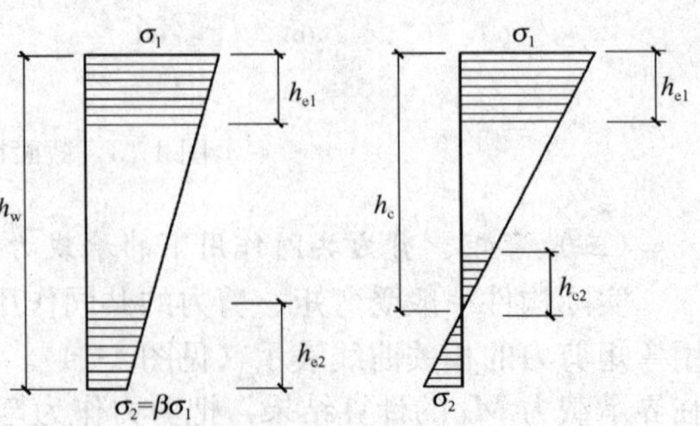

图 4-15 有效宽度的分布

（3）受剪板幅抗剪承载力设计值　工字形截面构件腹板的受剪板幅，当腹板高度变化不超过60mm/m时可考虑屈曲后强度（宜取横向加劲肋间距 $a=h_w \sim 2h_w$），其抗剪承载力设计值应按下列公式计算

$$V_d = h_w t_w f'_v \tag{4-17}$$

当 $\lambda_w \leqslant 0.8$ 时
$$f'_v = f_v \tag{4-18}$$

当 $0.8 < \lambda_w < 1.4$ 时
$$f'_v = [1-0.64(\lambda_w - 0.8)]f_v \tag{4-19}$$

当 $\lambda_w \geqslant 1.4$ 时
$$f'_v = (1-0.275\lambda_w)f_v \tag{4-20}$$

$$\lambda_w = \frac{h_w / t_w}{37\sqrt{k_\tau}\sqrt{235/f_y}} \tag{4-21}$$

式中　f_v——钢材抗剪强度设计值；

f'_v——腹板屈曲后抗剪强度设计值；

h_w——腹板高度，对楔形腹板取板幅平均高度；

λ_w——与板件受剪有关的参数。

当 $a/h_w < 1$ 时
$$k_\tau = 4 + 5.34/(a/h_w)^2 \tag{4-22}$$

当 $a/h_w \geqslant 1$ 时
$$k_\tau = 5.34 + 4/(a/h_w)^2 \tag{4-23}$$

式中　k_τ——受剪板件的凸曲系数；当不设横向加劲肋时，取 $k_\tau = 5.34$；

a——加劲肋间距。

2. 刚架构件的强度计算和加劲肋设置

（1）工字形截面压弯构件在剪力 V 和弯矩 M 共同作用下的强度，应符合下列要求：

当 $V \leqslant 0.5V_d$ 时
$$M \leqslant M_e \tag{4-24}$$

当 $0.5V_d \leqslant V < V_d$ 时

$$M \leqslant M_f + (M_e - M_f)\left[1-\left(\frac{V}{0.5V_d}-1\right)^2\right] \tag{4-25}$$

当截面为双轴对称时

$$M_f^N = A_f(h_w + t)f \tag{4-26}$$

式中　M_f——两翼缘所承担的弯矩；

M_e——构件有效截面所承担的弯矩，$M_e = W_e f$；

W_e——构件有效截面最大受压纤维的截面模量；

A_f——构件翼缘的截面面积；

V_d——腹板抗剪承载力设计值，按式（4-17）计算。

（2）工字形截面压弯构件在剪力 V、弯矩 M 和轴压力 N 共同作用下的强度，应符合下列要求：

当 $V \leqslant 0.5V_d$ 时
$$M \leqslant M_e^N \tag{4-27}$$

$$M_e^N = M_e - NW_e/A_e \tag{4-28}$$

当 $0.5V_d \leqslant V < V_d$ 时

$$M \leqslant M_f^N + (M_e^N - M_f^N)\left[1-\left(\frac{V}{0.5V_d}-1\right)^2\right] \tag{4-29}$$

当截面为双轴对称时

$$M_f^N = A_f(h_w + t)(f - N/A) \tag{4-30}$$

式中 A_e——有效截面面积；

M_f^N——兼承压力 N 时两翼缘所能承受的弯矩。

(3) 梁腹板应在与中柱连接处、较大集中荷载作用处和翼缘转折处设置横向加劲肋。梁腹板利用屈后强度时，其中间加劲肋除承受集中荷载和翼缘转折产生的压力外，还应承受拉力场产生的压力。该压力应按下列公式计算

$$N_s = V - 0.9 h_w t_w \tau_{cr} \tag{4-31}$$

当 $0.8 < \lambda_w \leqslant 1.25$ 时

$$\tau_{cr} = [1 - 0.8(\lambda_w - 0.8)] f_v \tag{4-32}$$

当 $\lambda_w > 1.25$ 时

$$\tau_{cr} = f_v / \lambda_w^2 \tag{4-33}$$

式中 N_s——拉力场产生的压力；

τ_{cr}——利用拉力场时腹板的屈曲剪应力；

λ_w——参数，按式（4-21）确定。

当验算加劲肋稳定性时，其截面应包括每侧 $15t_w\sqrt{235/f_y}$ 宽度范围内的腹板面积，计算长度取 h_w。

轻型刚架结构构件的强度问题，只计算在刚架平面内的强度，且柱应按压弯构件、斜梁可按压弯构件、刚架外伸挑檐梁及其他水平梁按受弯构件考虑。

变截面柱下端铰接时，应验算柱端的受剪承载力。当不满足承载力要求时，应对该处腹板进行加强。

当斜梁上翼缘承受集中荷载处不设横向加劲肋时，除应按现行国家标准《钢结构设计规范》(GB 50017)（以下简称《钢规》）的规定验算腹板上边缘正应力、剪应力和局部压应力共同作用时的折算应力外，尚应满足下列要求

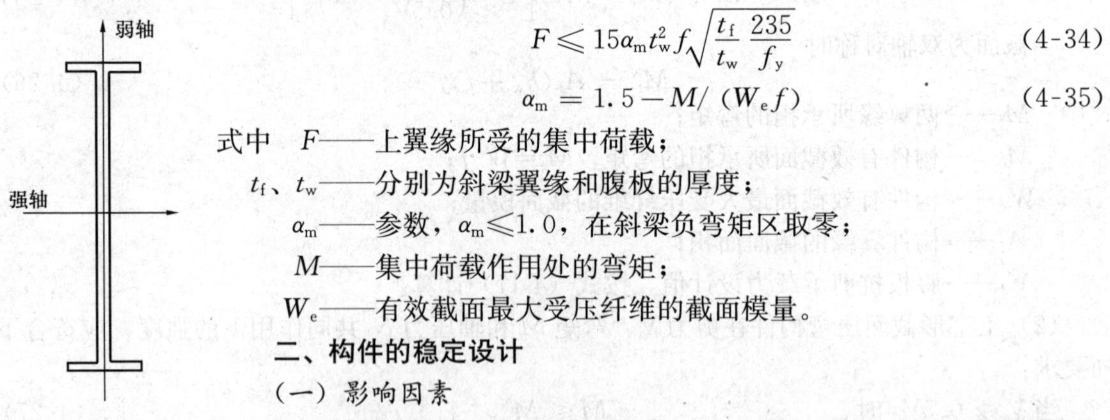

$$F \leqslant 15\alpha_m t_w^2 f \sqrt{\frac{t_f}{t_w}\frac{235}{f_y}} \tag{4-34}$$

$$\alpha_m = 1.5 - M/(W_e f) \tag{4-35}$$

式中 F——上翼缘所受的集中荷载；

t_f、t_w——分别为斜梁翼缘和腹板的厚度；

α_m——参数，$\alpha_m \leqslant 1.0$，在斜梁负弯矩区取零；

M——集中荷载作用处的弯矩；

W_e——有效截面最大受压纤维的截面模量。

二、构件的稳定设计

（一）影响因素

图 4-16 受弯构件的横截面

轻型门式刚架结构的边柱和梁以受弯为主，主结构是平面承载体系，平面内荷载在构件设计中起控制作用。这些构件截面绕强轴的抗弯能力相对绕弱轴具有较大的优势（见图 4-16），这样的截面可以提高强度承载能力，达到节省用钢量的目的。针对这类绕弱轴抗弯性能较差的截面，在稳定设计中，平面外的稳定性能成为控制因素，能否提高构件平面外的稳定性能成为能否最大限度地发挥截面稳定承载能力的关键。

对于工字形截面压弯构件，据《钢规》，平面外稳定计算公式为$\frac{N}{\varphi_y A}+\frac{\beta_{1x}M_x}{\varphi_b W}\leqslant f$，其中$\varphi_y$为平面外轴压整体稳定系数，可根据平面外支撑间距与截面回转半径之比，即长细比λ查表得到。φ_b为均匀弯曲的受弯构件整体稳定系数，主要取决于平面外支撑间距l_1与截面回转半径的比值。从该公式可以看出，在构件平面外抗弯性能较差（回转半径较小）的情况下，适当减小平面外支撑间距l_1，可以有效地提高平面外的稳定性能。

构件平面外的支撑形式和布置决定了平面外支撑间距l_1，也就决定了构件的稳定临界荷载值。中柱通常为轴压构件，柱顶的水平位移值决定了构件的计算长度。通过对受弯构件平面外支撑和中柱柱顶水平位移的控制，可以达到控制刚架稳定临界荷载的目的。

（二）边柱和梁的稳定控制

在受压为主的构件中，受压翼缘的稳定决定了构件在工作状态下是否失效。当上翼缘受压时，屋面檩条连同屋面板对上翼缘起着有效的平面外支撑作用。檩条和上翼缘的连接可以看做对翼缘面外方向位移的约束，因此檩条间距可以看做上翼缘的支撑长度。但这类连接的构造使用的是普通螺栓且数量少，孔隙也比较大［见图 4-17（a）］，这就决定了该类约束仅针对平面外位移而不能阻止截面向面外扭转。当下翼缘承受压力时，仅有檩条支撑的梁可能会发生图 4-17（b）中虚线表示的变形从而失稳。压力作用下的下翼缘通常靠隅撑作为平面外支撑，截面变位后［见图 4-17（c）的虚线部分］不会发生平面外的扭转。因此隅撑的间距可作为下翼缘的面外支撑长度（见图 4-18）。

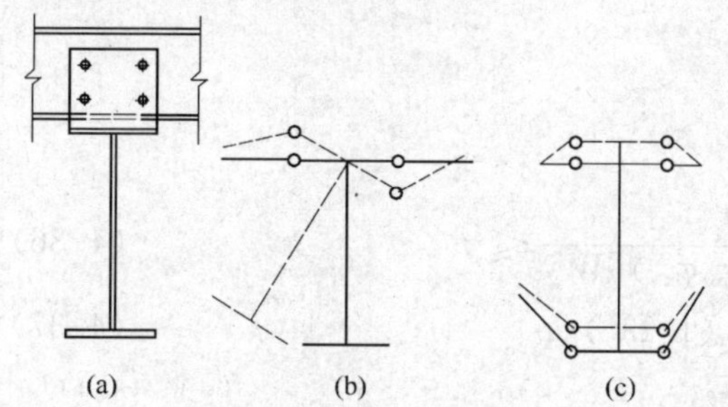

图 4-17　檩条对截面的支撑作用（一）

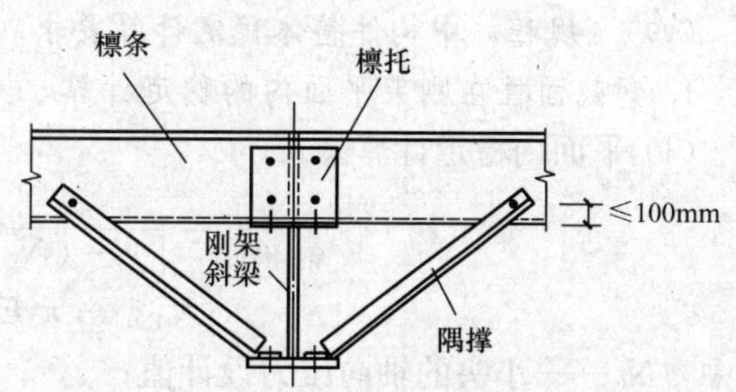

图 4-18　隅撑与刚架斜梁受压下翼缘连接

如果从外观角度考虑不允许设置隅撑，理论上受压下翼缘的计算长度就是整个受压梁段的长度，这会导致设计结果不经济。事实上，在对檩条与上翼缘连接做适当加强后，可以考虑檩条连接对下翼缘稳定的贡献。理想的做法是把上翼缘的连接改造成为刚接，如图 4-19（a)所示，使用檩条套管、高强度螺栓并增加螺栓个数可以改进该连接的性能，但完全能阻止面外水平位移和截面扭转的檩条节点，实际上是很难做到的，一般只能为半刚接［见图 4-19（b）］，在檩条连接处增加额外加劲肋可以使约束力更好地传递到下翼缘［见图 4-19（c）］中，这种构造可以替代隅撑的作用。

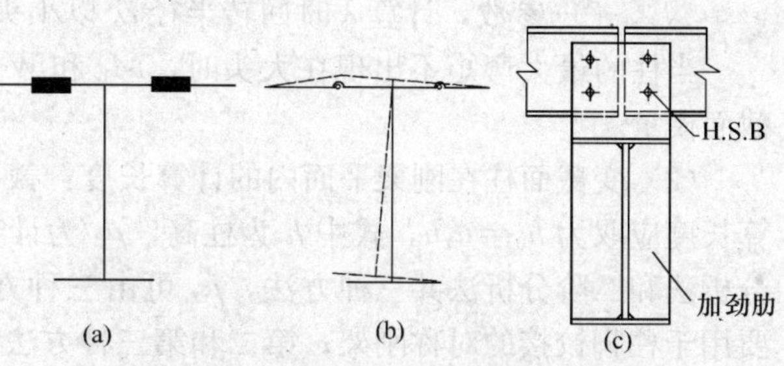

图 4-19　檩条对截面的支撑作用（二）

当构件长度较长且不允许设置足够的檩条或墙梁隅撑时，可以在构件中部设置撑杆。撑杆应该设置在受压翼缘一侧，或使用桁架形式支承两侧翼缘（见图 4-20）。

（三）中柱的稳定

在跨度满足使用功能的前提下，设置中柱可以有效地分担刚架的竖向力，从而减小斜梁的截面高度。中柱平面内外的支撑条件相差不大，因此通常选用两个主轴刚度相似的截面类型，如圆管、方钢、宽翼缘工字钢等。中柱在平面内的计算模型（见图 4-21）中 K_m 是刚架提供的抗侧刚度。中柱的计算长度系数随 K_m 的值而变化，但当 K_m 大于中柱的欧拉力 $\pi^2 EI/L^2$ 时，可以把中柱看做无侧移的上下铰接柱，把计算长度系数取为 1.0。

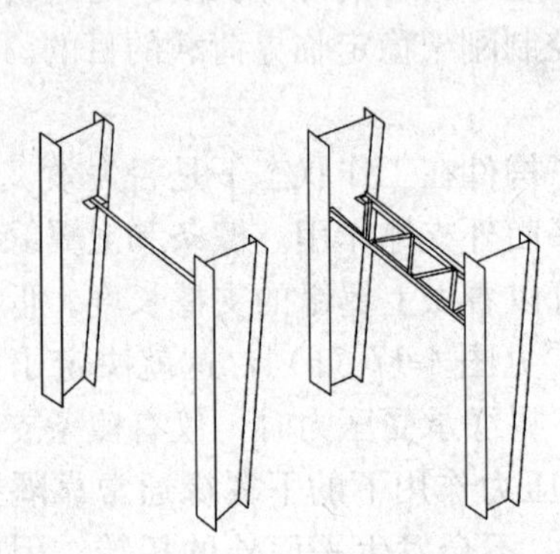

图 4-20 撑杆设置

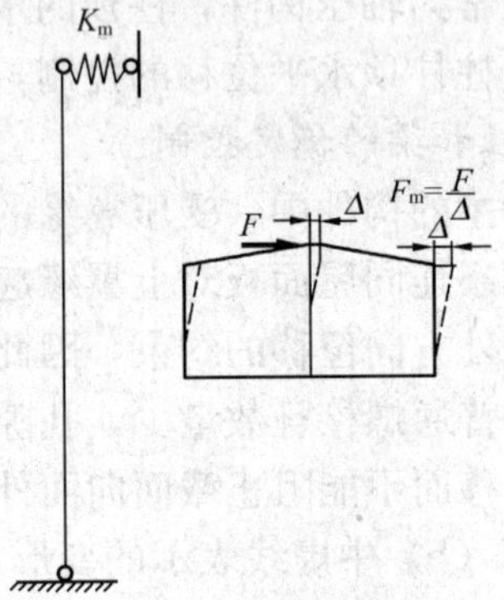

图 4-21 中柱模型

（四）《规程》中构件整体稳定计算要求

1. 变截面柱在刚架平面内的稳定计算

(1) 平面内稳定计算公式

$$\frac{N_0}{\varphi_{x\gamma}A_{e0}}+\frac{\beta_{mx}M_1}{[1-(N_0/N'_{Ex0}\varphi_{x\gamma})]W_{e1}}\leqslant f \tag{4-36}$$

$$N'_{Ex0}=\pi^2 EA_{e0}/(1.1\lambda^2) \tag{4-37}$$

式中 N_0——小头的轴向压力设计值；

M_1——大头的弯矩设计值；

A_{e0}——小头的有效截面面积；

W_{e1}——大头有效截面最大受压纤维的截面模量；

$\varphi_{x\gamma}$——杆件轴心受压稳定系数，按楔形柱确定其计算长度，取小头截面的回转半径，由《钢规》查得；

β_{mx}——等效弯矩系数，由于轻型门式刚架都属于有侧移失稳，故取 $\beta_{mx}=1.0$；

N'_{Ex0}——参数，计算 λ 时回转半径 i_0 以小头截面为准，计算长度同样按楔形柱确定。

当柱的最大弯矩不出现在大头时，M_1 和 W_{e1} 分别取最大弯矩和该弯矩所在截面的有效截面模量。

(2) 变截面柱在刚架平面内的计算长度：截面高度呈线性变化的柱，在刚架平面内的计算长度应取为 $h_0=\mu_\gamma h$，式中 h 为柱高，μ_γ 为计算长度系数。《规程》给出了查表法、一阶分析法和二阶分析法共三种方法，μ_γ 可由三种方法之一确定。第一种方法适合于手算，主要用于柱脚铰接的对称刚架；第二和第三种方法都适合于计算机计算。限于篇幅，现只介绍查表法。查表法适合于柱脚铰接且屋面坡度不大于 1∶5 的情况。

1）柱脚铰接单跨刚架楔形柱的 μ_γ，当 $I_{c0}/I_{c1}\leqslant 0.2$ 时，可由表 4-4 查得；当 $I_{c0}/I_{c1}>0.2$ 时，可由《冷弯薄壁型钢结构技术规范》（GB 50018—2002）（以下简称《冷规》）附表 A.3.2 查得之值乘以 $0.85\sqrt{I_{c0}/I_{c1}}$ 确定。

柱的线刚度 K_1 和梁的线刚度 K_2，应分别按下列公式计算

$$K_1 = I_{c1}/h \tag{4-38}$$

$$K_2 = I_{b0}/(2\psi s) \tag{4-39}$$

$$\gamma_1 = \frac{d_1}{d_0} - 1$$

$$\gamma_2 = \frac{d_2}{d_0} - 1$$

表 4-4　　柱脚铰接楔形柱的计算长度系数 μ_γ

K_2/K_1		0.1	0.2	0.3	0.5	0.75	1.0	2.0	≥10.0
$\frac{I_{c0}}{I_{c1}}$	0.01	0.428	0.368	0.349	0.331	0.320	0.318	0.315	0.310
	0.02	0.600	0.502	0.470	0.440	0.428	0.420	0.411	0.404
	0.03	0.729	0.599	0.558	0.520	0.501	0.492	0.483	0.473
	0.05	0.931	0.756	0.694	0.644	0.618	0.606	0.589	0.580
	0.07	1.075	0.873	0.801	0.742	0.711	0.697	0.672	0.650
	0.10	1.252	1.027	0.935	0.857	0.817	0.801	0.790	0.739
	0.15	1.518	1.235	1.109	1.021	0.965	0.938	0.895	0.872
	0.20	1.745	1.395	1.254	1.140	1.080	1.045	1.000	0.969

以上表及式中

I_{c0}、I_{c1}——分别为柱小头和大头的截面惯性矩；

I_{b0}——梁最小截面惯性矩；

s——半跨斜梁长度；

ψ——斜梁换算长度系数（见图 4-22），当梁为等截面时 $\psi=1.0$，在图 4-22 中，γ_1 和 γ_2 分别为第一、二楔形段的楔率；

d_1、d_2——两段式斜梁左、右段截面大头的高度；

d_0——斜梁中部截面小头的高度。

2）多跨刚架的中间柱为摇摆柱且屋面坡度不大于 1∶5 时(图 4-23),边柱计算长度应取

$$h_0 = \eta\mu_\gamma h \tag{4-40}$$

$$\eta = \sqrt{1+\frac{\sum(P_{li}/h_{li})}{\sum(P_{fi}/h_{fi})}} \tag{4-41}$$

式中　μ_γ——计算长度系数，由表 4-4 查得，但式（4-39）中的 s 取与边柱相连的一跨横梁的坡面长度 l_b，如图 4-23 所示；

η——放大系数；

P_{li}——摇摆柱承受的荷载；

P_{fi}——边柱承受的荷载；

h_{li}——摇摆柱高度；

h_{fi}——刚架边柱高度。

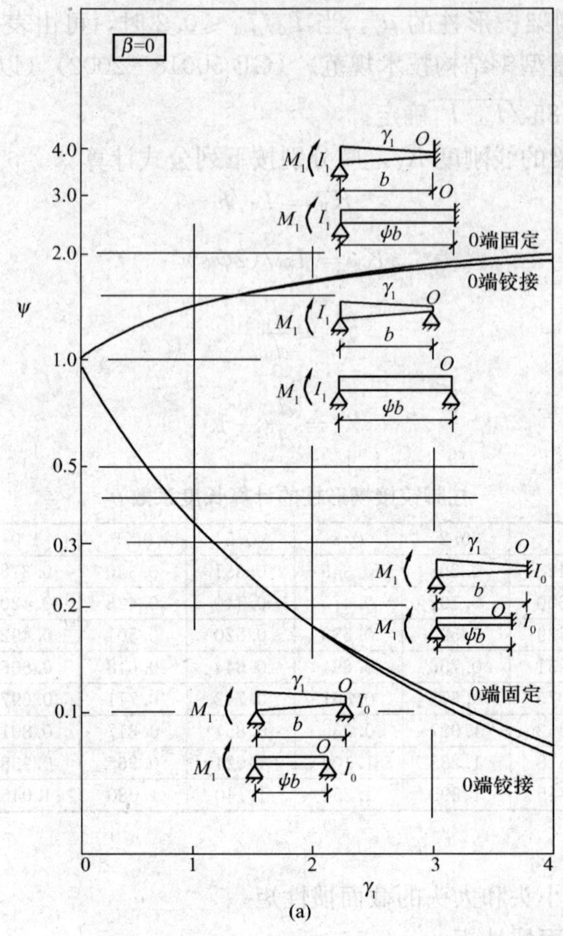

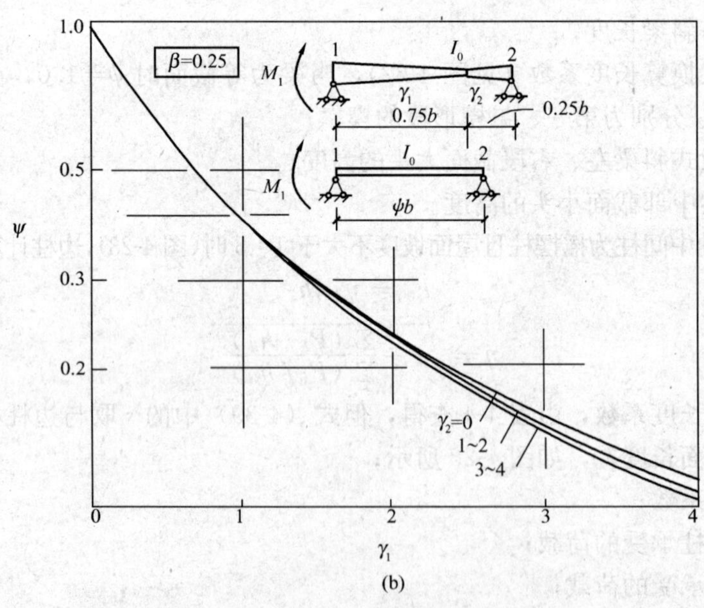

图 4-22　楔形梁在刚架平面内的换算长度系数（一）

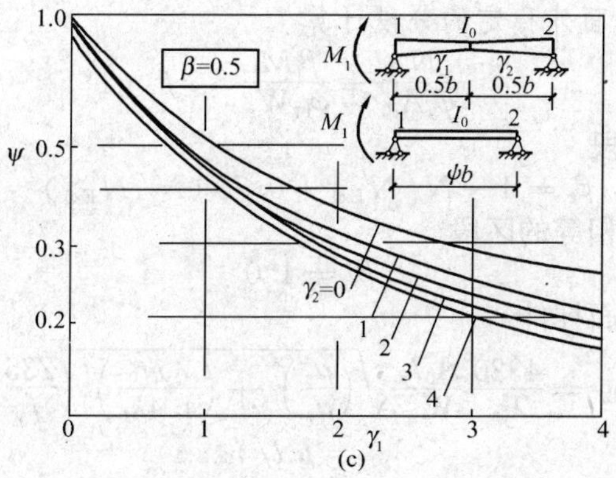

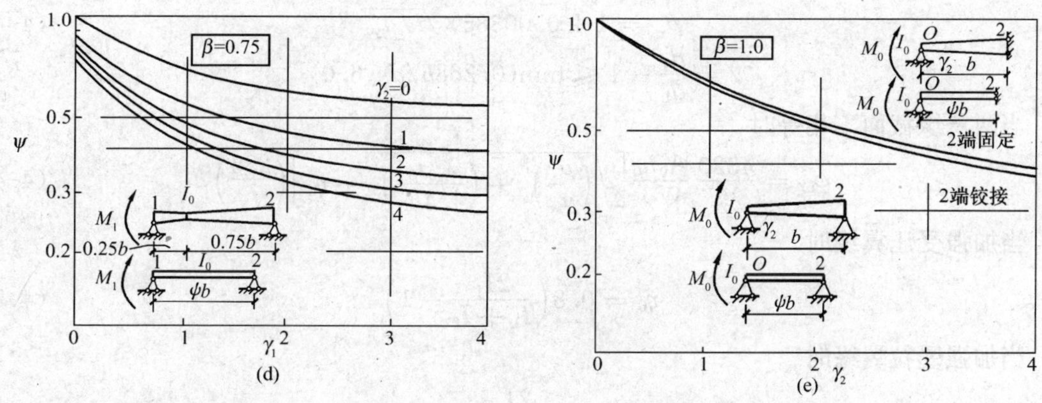

图 4-22　楔形梁在刚架平面内的换算长度系数（二）

(a) $\beta=0$；(b) $\beta=0.25$；(c) $\beta=0.5$；(d) $\beta=0.75$；(e) $\beta=1.00$

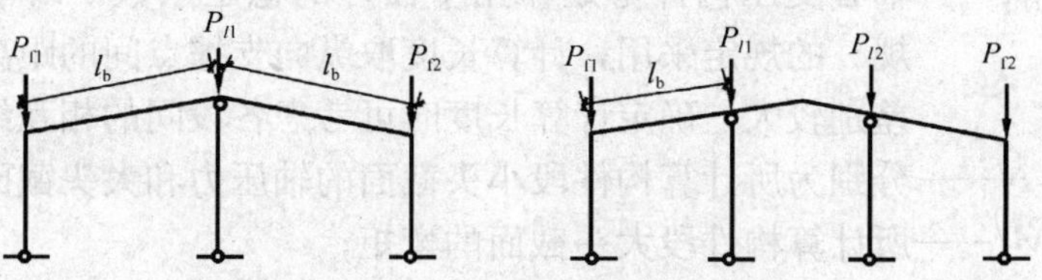

图 4-23　计算边柱时的斜梁长度

引进放大系数的原因是：当框架趋于侧移或有初始侧倾时，不仅框架柱上的荷载 P_{fi} 对框架起倾覆作用，摇摆柱上的荷载 P_{li} 也同样起倾覆作用。也就是说，图 4-23 中所示框架边柱除承受自身荷载的不稳定效应外，还要加上中间摇摆柱荷载效应。因此，需要根据比值 $\Sigma(P_{li}/h_{li})/\Sigma(P_{fi}/h_{fi})$ 对边柱计算长度做出调整。

摇摆柱的计算长度系数 μ_γ 取 1.0。

对于屋面坡度大于 1∶5 的情况，在确定刚架柱的计算长度时应考虑斜梁轴向力对柱刚度的不利影响。此时应按刚架的整体弹性稳定分析通过电算来确定变截面刚架柱的计算长度。

对于带毗屋的刚架［见图 4-3（e）］，可近似地将毗屋柱视为摇摆柱，此时主刚架柱的系数 μ_γ 可由表 4-4 查得，并应乘以按式（4-41）计算的系数 η。计算 η 时，P_1 为毗屋柱承受的竖向荷载，P_f 为主刚架柱承受的荷载。

2. 变截面柱在刚架平面外稳定的分段计算

$$\frac{N_0}{\varphi_y A_{e0}} + \frac{\beta_t M_1}{\varphi_{b\gamma} W_{e1}} \leqslant f \tag{4-42}$$

对一端弯矩为零的区段

$$\beta_t = 1 - N/N'_{Ex0} + 0.75(N/N'_{Ex0})^2 \tag{4-43}$$

对两端弯曲应力基本相等的区段

$$\beta_t = 1.0 \tag{4-44}$$

双轴对称的工字形截面杆件

$$\varphi_{b\gamma} = \frac{4320}{\lambda_{y0}^2}\frac{A_0 h_0}{W_{x0}}\sqrt{\left(\frac{\mu_s}{\mu_w}\right)^4 + \left(\frac{\lambda_{y0} t_0}{4.4h_0}\right)^2}\left(\frac{235}{f_y}\right) \tag{4-45}$$

$$\lambda_{y0} = \mu_s l / i_{y0} \tag{4-46}$$

$$\mu_s = 1 + 0.023\gamma\sqrt{lh_0/A_f} \tag{4-47}$$

$$\mu_w = 1 + 0.00385\gamma\sqrt{l/i_{y0}} \tag{4-48}$$

$$\gamma = \frac{d_1}{d_0} - 1 \leqslant \min(0.268h/d_0, 6.0)$$

当两翼缘截面不相等时

$$\varphi_{b\gamma} = \frac{4320}{\lambda_{y0}^2}\frac{A_0 h_0}{W_{x0}}\left[\sqrt{\left(\frac{\mu_s}{\mu_w}\right)^4 + \left(\frac{\lambda_{y0} t_0}{4.4h_0}\right)^2} + \eta_b\right]\left(\frac{235}{f_y}\right) \tag{4-49}$$

当加强受压翼缘时

$$\eta_b = 0.8\left(\frac{2I_1}{I_1 + I_2} - 1\right) \tag{4-50}$$

当加强受拉翼缘时

$$\eta_b = \frac{2I_1}{I_1 + I_2} - 1 \tag{4-51}$$

以上各式中

φ_y——轴心受压构件弯矩作用平面外的稳定系数，以小头为准，按《钢规》的规定采用，计算长度取纵向支撑点间的距离。若各段线刚度差别较大，确定计算长度时可考虑各段间的相互约束；

N_0、N——分别为所计算构件段小头截面的轴压力和大头截面的轴力；

M_1——所计算构件段大头截面的弯矩；

β_t——等效弯矩系数；

N'_{Ex0}——在刚架平面内以小头为准的柱的参数，按式（4-37）计算；

$\varphi_{b\gamma}$——均匀弯曲楔形受弯构件的整体稳定系数；

A_0、A_{e0}、h_0、W_{e1}、W_{x0}、t_0——分别为构件小头的截面面积、小头的有效截面面积、截面高度、大头有效截面最大受压纤维的截面模量、截面模量、受压翼缘截面厚度；

A_f——受压翼缘截面面积；

i_{y0}——受压翼缘与受压区腹板1/3高度组成的截面绕 y 轴的回转半径；

l——楔形构件计算区段的平面外计算长度，取支撑点间的距离；

η_b——截面不对称影响系数；

γ——构件的楔率；

d_0、d_1——分别为柱小头和大头的截面高度；

h——柱高度；

I_1、I_2——分别为受拉翼缘和受压翼缘对 y 轴的惯性距。

当按式（4-45）或式（4-49）算得的 $\varphi_{b\gamma}$ 值大于 0.6 时，应按式（4-52）计算出的 φ'_b 代替 $\varphi_{b\gamma}$ 值

$$\varphi'_b = 1.07 - \frac{0.282}{\varphi_{b\gamma}} \leqslant 1.0 \tag{4-52}$$

当不能满足式（4-42）要求时，应设置侧向支撑点（隅撑，见图 4-24），并验算每段的平面外稳定。

3. 实腹式刚架斜梁在平面外应按压弯构件计算稳定

斜梁的出平面计算长度，应取侧向支承点间的距离。当斜梁两翼缘侧向支承点间的距离不等时，应取最大受压翼缘侧向支承点间的距离。

斜梁不需计算整体稳定性的侧向支承点间最大长度，可取斜梁受压翼缘宽度的$16\sqrt{235/f_y}$倍。

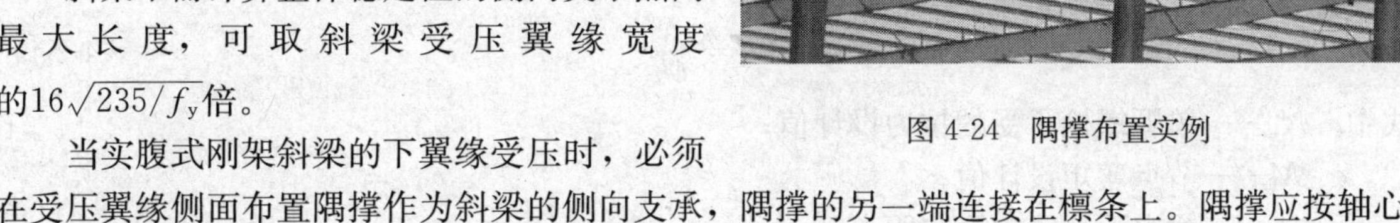

图 4-24　隅撑布置实例

当实腹式刚架斜梁的下翼缘受压时，必须在受压翼缘侧面布置隅撑作为斜梁的侧向支承，隅撑的另一端连接在檩条上。隅撑应按轴心受压构件设计，轴心力 N 可按下列公式计算：

$$N = \frac{Af}{60\cos\theta}\sqrt{\frac{f_y}{235}} \tag{4-53}$$

式中　A——实腹斜梁被支撑翼缘的截面面积；

f——实腹斜梁钢材的强度设计值；

f_y——实腹斜梁钢材的屈服强度；

θ——隅撑与檩条轴线的夹角。

当隅撑成对布置时，每根隅撑的计算轴压力可取按式（4-53）计算值之半。

三、主刚架节点设计

轻型门式刚架结构中的主要节点为梁、柱连接节点及柱脚节点。当有桥式吊车时，刚架柱上还有牛腿节点的计算和构造。

1. 斜梁与柱的连接及斜梁拼接

斜梁与柱的刚接连接可采用端板竖放[图 4-25(a)]、端板斜放[图 4-25(b)]和端板平放[图 4-25(c)]三种形式。斜梁拼接时宜使端板与构件边缘垂直[图 4-25(d)]。为了保证端板连接节点必要的强度和足够的转动刚度，应采用高强度螺栓对端板进行连接。高强度螺栓直径可根据需要选用，通常采用 M16～M24 螺栓。端板连接应按所受最大内力设计。当内力较小时，端板连接应按能够承受不小于较小被连接截面承载力的一半设计。高强度螺栓连接可以是摩擦型或承压型的。摩擦型连接按剪力大小决定端板与柱翼缘接触面的处理方法。当剪力较小时(剪力小于其抗滑移承载力，抗滑移系数为 0.3)，摩擦面可不做专门处理。

端板螺栓应成对的对称布置。在受拉翼缘和受压翼缘的内外两侧各设一排，并宜使每个

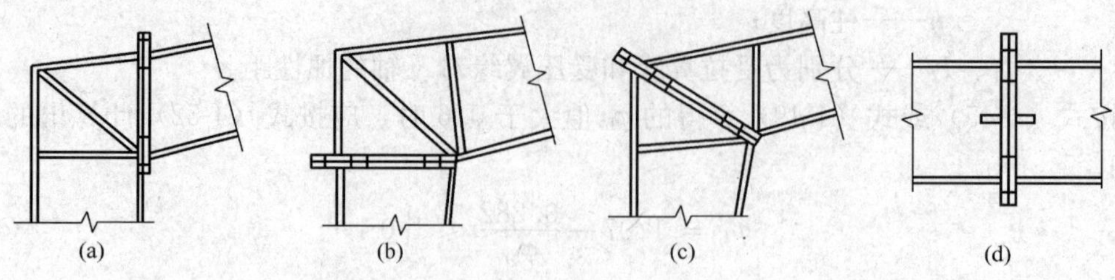

图 4-25 刚架斜梁的连接

(a)端板竖放；(b)端板横放；(c)端板斜放；(d)斜梁拼接

翼缘的四个螺栓的中心与翼缘的中心重合。为此，将端板伸出截面高度范围以外形成外伸式连接[图 4-25(a)]，以免螺栓群的力臂不够大。但若把端板斜放，因斜截面高度大，受压一侧端板可不外伸[图 4-25(c)]。分析研究表明，外伸式连接转动刚度可以满足刚性节点的要求。外伸式连接在节点负弯矩作用下，可假定转动中心位于下翼缘中心线上。如图 4-26 所示上翼缘两侧对称设置 4 个螺栓时，每个螺栓承受下面公式表达的拉力，并依此确定螺栓直径

$$N_t = \frac{M}{4h_1} \tag{4-54}$$

式中 N_t——单颗螺栓承受的拉力设计值；

M——节点弯矩设计值；

h_1——梁上下翼缘中至中距离。

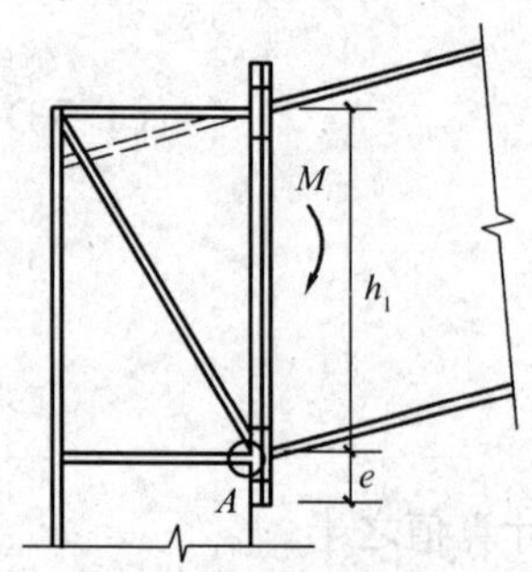

图 4-26 节点计算简图

力偶M/h_1的压力由端板与柱翼缘间承压面传递，端板从下翼缘中心伸出的宽度应不小于

$$e = \frac{M}{h_1} \cdot \frac{1}{2bf} \tag{4-55}$$

式中 b——端板宽度；

f——端板钢材的抗压强度设计值。

为了减小力偶作用下的局部变形，有必要在梁上下翼缘中线处设置加劲肋。

当受拉翼缘两侧各设一排螺栓不能满足承载力要求时，可以在翼缘内侧增设螺栓(图4-27)。按照绕下翼缘中心 A(见图 4-26)的转动保持在弹性范围内的原则，此第三排螺栓的拉力可取$N_t h_3/h_1$，h_3 为 A 点至第三排螺栓的距离，两个螺栓可承弯矩 $M=2N_t h_3^2/h_1$。

节点上剪力可以认为由上边二排抗拉螺栓以外的螺栓承受，第三排螺栓拉力未用足，可以和下面二排(或二排以上)螺栓共同抗剪。

螺栓排列应符合构造要求，图 4-27 中的 e_w、e_f 应满足扣紧螺栓时的施工要求，不宜小于 35mm，螺栓端距不应小于 2 倍螺栓孔径，两排螺栓之间的最小距离为 3 倍螺栓直径，最大距离不应超过 400mm。

端板的厚度 t 可根据支承条件(图 4-27)按下列公式计算，但不应小于 16mm，和梁端端板相连的柱翼缘部分应与端板等厚度。

(1)伸臂类端板

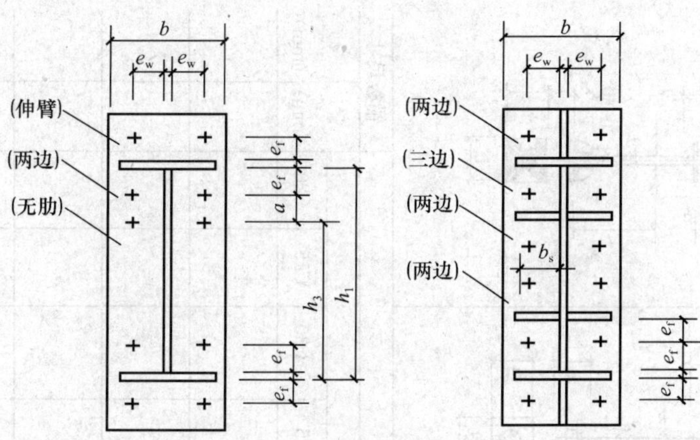

图 4-27　端板的支承条件

$$t \geqslant \sqrt{\frac{6e_f N_t}{bf}} \tag{4-56}$$

(2)无加劲肋类端板

$$t \geqslant \sqrt{\frac{3e_w N_t}{(0.5a + e_w)f}} \tag{4-57}$$

(3) 两边支承类端板：

当端板外伸时
$$t \geqslant \sqrt{\frac{6e_f e_w N_t}{[e_w b + 2e_f(e_f + e_w)]f}} \tag{4-58}$$

当端板平齐时
$$t \geqslant \sqrt{\frac{12e_f e_w N_t}{[e_w b + 4e_f(e_f + e_w)]f}} \tag{4-59}$$

(4) 三边支承类端板
$$t \geqslant \sqrt{\frac{6e_f e_w N_t}{[e_w(b + 2b_s) + 4e_f^2]f}} \tag{4-60}$$

式中　N_t——单颗高强度螺栓受拉承载力设计值；

e_w、e_f——分别为螺栓中心至腹板和翼缘板表面的距离；

b、b_s——分别为端板和加劲肋板的宽度；

a——螺栓的间距；

f——端板钢材的抗拉强度设计值。

斜梁与柱相交的节点域，应按下列公式验算剪应力

$$\tau \leqslant f_v \tag{4-61}$$

$$\tau = \frac{M}{d_b d_c t_c} \tag{4-62}$$

式中　d_c、t_c——分别为节点域柱腹板的宽度和厚度；

d_b——斜梁端部高度或节点域高度；

M——节点承受的弯矩，对多跨刚架中间柱处，应取两侧斜梁端弯矩的代数和或柱端弯矩；

f_v——节点域柱腹板的抗剪强度设计值。

当不满足式(4-61)的要求时，应加厚腹板或设置斜加劲肋。

刚架构件的翼缘与端板的连接应采用全熔透对接焊缝，腹板与端板的连接应采用角焊缝。在端板设置螺栓处，应按下列公式验算构件腹板的强度

表 4-5

Q235钢、Q345钢锚栓选用表

1	2	3	4				5		6		7			8			
锚栓直径 d (mm)	有效面积 A_e (cm^2)	抗拉承载力设计值 N_t^a (kN)	连接尺寸 (mm)				锚固长度及细部尺寸										
							Ⅰ型		Ⅱ型		Ⅲ型			Ⅳ型			
			单螺母		双螺母		锚固长度 l (mm) 当基础混凝土的强度等级为：									锚板尺寸	
			a	b	a	b	C15	C20	C15	C20	C20	C25	≥C30	C15	C20	c (mm)	t (mm)
16	1.57	22.0/28.3	40	70	55	85	580/740	420/560									
18	1.92	26.9/34.6	45	75	60	90	650/830	470/630									
20	2.45	34.3/44.1	45	75	60	90	720/920	520/700									
22	3.03	42.4/54.5	45	75	65	95	790/1010	570/770									
24	3.53	49.4/63.5	50	80	70	100	860/1100	620/840	840/990	720/960	840/990	720/960	600/840				

续表

1	2	3	4				5		6		7			8			
锚栓直径 d (mm)	有效面积 A_e (cm²)	抗拉承载力设计值 N_t^a (kN)	连接尺寸 (mm)				锚固长度及细部尺寸										
			单螺母		双螺母		锚固长度 l (mm) 当基础混凝土的强度等级为：									锚板尺寸	
			a	b	a	b	C15	C20	C15	C20	C20	C25	≥C30	C15	C20	c (mm)	t (mm)
27	4.59	64.3/82.6	50	80	75	105			950/1220	810/1080	950/1220	810/1080	680/950				
30	5.61	78.5/101.0	55	85	80	110			1050/1350	900/1200	1050/1350	900/1200	750/1050				
33	6.94	97.2/125.0	55	90	85	120			1160/1490	990/1320	1100/1490	990/1320	830/1160				
36	8.17	114.4/147.1	60	95	90	125			1260/1620	1080/1440	1260/1620	1080/1440	900/1260				
39	9.76	136.6/175.7	65	100	95	130			1370/1760	1170/1560	1370/1760	1170/1560	980/1370				
42	11.21	156.9/201.8	70	105	100	135			1470/1890	1260/1680	1470/1890	1260/1680	1050/1470	1260/1680	1050/1470	140	20
45	13.06	182.8/235.1	75	110	105	140			1580/2030	1350/1800	1580/2030	1350/1800	1130/1580	1350/1800	1130/1580	140	20
48	14.73	206.2/265.1	80	120	110	150			1680/2160	1440/1920	1680/2160	1440/1920	1200/1680	1440/1920	1200/1680	200	20
52	17.58	246.1/316.4	85	125	120	160			1820/2340	1560/2080	1820/2340	1560/2080	1300/1820	1560/2080	1300/1820	200	20
56	20.30	284.2/365.4	90	130	130	170			1960/2520	1680/2240	1960/2520	1680/2240	1400/1960	1680/2240	1400/1960	200	20

续表

1	2	3	4				5		6		7			8			
锚栓直径 d (mm)	有效面积 A_e (cm^2)	抗拉承载力设计值 N_t^a (kN)	连接尺寸 (mm)				锚固长度及细部尺寸										
			单螺母	双螺母			锚固长度 l (mm)									锚板尺寸	
							当基础混凝土的强度等级为：										
			a	b	a	b	C15	C20	C15	C20	C20	C25	≥C30	C15	C20	c (mm)	t (mm)
60	23.62	$\frac{330.7}{425.2}$	95	135	140	180			$\frac{2100}{2700}$	$\frac{1800}{2400}$	$\frac{2100}{2700}$	$\frac{1800}{2400}$	$\frac{1500}{2100}$	$\frac{1800}{2400}$	$\frac{1500}{2100}$	240	25
64	26.76	$\frac{374.6}{481.7}$	100	145	150	195			$\frac{2240}{2880}$	$\frac{1920}{2560}$	$\frac{2240}{2880}$	$\frac{1920}{2560}$	$\frac{1600}{2240}$	$\frac{1920}{2560}$	$\frac{1600}{2240}$	240	25
68	30.55	$\frac{427.7}{549.9}$	105	150	160	205			$\frac{2380}{3060}$	$\frac{2040}{2720}$	$\frac{2380}{3060}$	$\frac{2040}{2720}$	$\frac{1700}{2380}$	$\frac{2040}{2720}$	$\frac{1700}{2380}$	280	30
72	34.60	$\frac{484.4}{622.8}$	110	155	170	215			$\frac{2520}{3240}$	$\frac{2160}{2880}$	$\frac{2520}{3240}$	$\frac{2160}{2880}$	$\frac{1800}{2520}$	$\frac{2160}{2880}$	$\frac{1800}{2520}$	280	30
76	38.89	$\frac{544.5}{700.0}$	115	160	180	225			$\frac{2660}{3420}$	$\frac{2280}{3040}$	$\frac{2660}{3420}$	$\frac{2280}{3040}$	$\frac{1900}{2660}$	$\frac{2280}{3040}$	$\frac{1900}{2660}$	320	30
80	43.44	$\frac{608.2}{785.5}$	120	165	190	235								$\frac{2400}{3200}$	$\frac{2000}{2800}$	350	40
85	49.48	$\frac{692.7}{890.6}$	130	180	200	250								$\frac{2550}{3400}$	$\frac{2130}{2980}$	350	40
90	55.91	$\frac{782.7}{1006.4}$	140	190	210	260								$\frac{2700}{3600}$	$\frac{2250}{3150}$	400	40
95	62.73	$\frac{878.2}{1129.1}$	150	200	220	270								$\frac{2850}{3800}$	$\frac{2380}{3330}$	450	45
100	69.95	$\frac{979.3}{1259.1}$	160	210	230	280								$\frac{3000}{4000}$	$\frac{2500}{3500}$	500	45

注 1. 锚栓抗拉承载力设计值按下式算得 $N_t^a = A_e f_t^a$；

2. 连接尺寸中的“a”仅包括垫圈、螺母厚度及预留偏差尺寸，“b”为锚栓螺纹部分的长度；

3. 表中的抗拉承载力设计值和锚固长度，分子数为 Q235 钢，分母数为 Q345 钢。

当 $N_{t2} \leqslant 0.4P$ 时

$$\frac{0.4P}{e_w t_w} \leqslant f \tag{4-63}$$

当 $N_{t2} > 0.4P$ 时

$$\frac{N_{t2}}{e_w t_w} \leqslant f \tag{4-64}$$

式中　N_{t2}——翼缘内第二排一个螺栓的轴向拉力设计值；

P——高强度螺栓的预拉力；

e_w——螺栓中心至腹板表面的距离；

t_w——腹板厚度；

f——腹板钢材的抗拉强度设计值。

当不满足式(4-63)、式(4-64)的要求时，可设置腹板加劲肋或局部加厚腹板。

2. 柱脚

门式刚架的柱脚，一般采用平板式铰接柱脚[图 4-8(a)、(b)]，当有桥式吊车或刚架侧向刚度过弱时，则应采用刚接柱脚[图 4-8(c)、(d)]。

柱脚锚栓应采用 Q235 或 Q345 钢材制作。锚栓的锚固长度应符合现行国家标准《建筑地基基础设计规范》(GB 50007)的规定，锚栓端部按规定设置弯钩或锚板。柱脚锚栓一般可直接按表 4-5 采用。

在已有的钢筋混凝土结构上加层的轻型门式刚架结构，对于柱脚锚栓的设置，设计者应提出正确可行的植筋方案，并与专业植筋公司配合完成。

计算风荷载作用下柱脚锚栓的上拔力时，应计入柱间支撑的最大竖向分力，此时，不考虑活荷载(或雪荷载)、积灰荷载和附加荷载的影响，同时永久荷载的分项系数 1.0。锚栓直径不宜小于 24mm，且应采用双螺帽以防松动。

柱脚锚栓不宜用于承受柱脚底部的水平剪力。此水平剪力可由底板与混凝土基础之间的摩擦力(摩擦系数可取 0.4)或设置抗剪键承受。

3. 牛腿

当有桥式吊车时，需在刚架柱上设置牛腿，牛腿与柱焊接连接(见图 4-28)，牛腿根部所受剪力 V、弯矩 M 按下式确定。

$$V = P = 1.2P_D + 1.4D_{max} \tag{4-65}$$

$$M = Pe \tag{4-66}$$

式中　P_D——吊车梁及轨道在牛腿上产生的反力；

D_{max}——吊车最大轮压在牛腿上产生的最大反力。

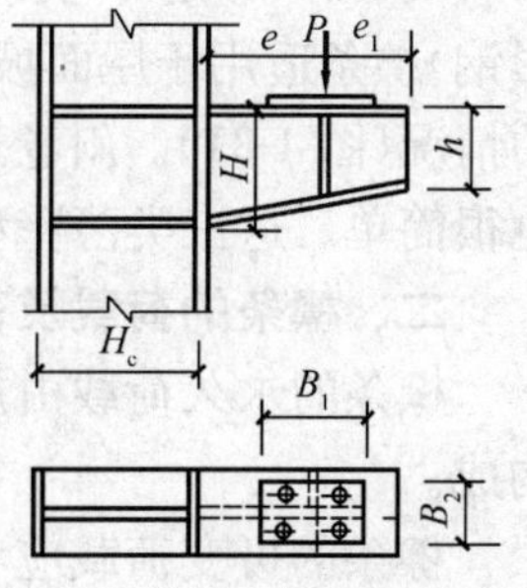

图 4-28　牛腿构造

牛腿截面一般采用焊接工字形截面，根部截面尺寸根据 V 和 M 确定，做成变截面牛腿时，端部截面高度不宜小于 $H/2$。在吊车梁下对应位置应设置支承加劲肋。

吊车梁与牛腿的连接宜设置长圆孔。高强度螺栓的直径可根据需要选用，通常采用 M16～M24 螺栓。牛腿上翼缘及下翼缘与柱的连接焊缝均采用熔透的对接焊缝。牛腿腹板与柱的连接一般采用角焊缝，焊脚尺寸由剪力 V 确定。

4. 摇摆柱与斜梁的连接

摇摆柱只考虑承受竖向荷载，计算模型上下端均按铰接考虑，因此与斜梁的连接比较简单，一般采用梁贯通形式(图 4-29)。

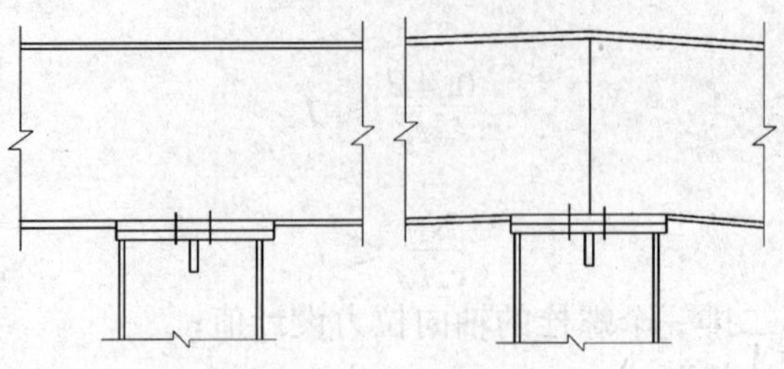

图 4-29 摇摆柱与斜梁的连接构造

第四节 檩 条 设 计

一、檩条的截面形式

檩条属于屋盖系统，是轻型门式刚架结构的一个分体系。檩条的截面形式可分为实腹式和格构式两种。檩条宜优先采用实腹式构件(图 4-30)，当檩条跨度超过 9m 时，宜采用格构式构件(详见第七章钢屋盖)。

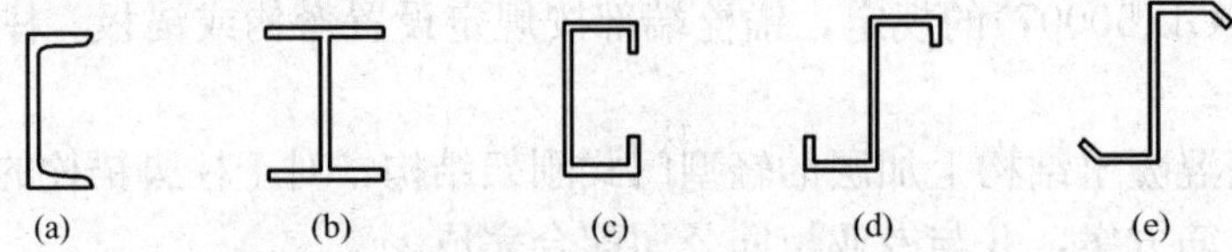

图 4-30 实腹式檩条的截面形式

图 4-30(a)所示为普通热轧槽钢或轻型热轧槽钢截面，因板件较厚，用钢量较大，目前已不在工程中采用。图 4-30(b)所示为高频焊接 H 型钢截面，具有抗弯性能好的特点，适用于檩条跨度较大的场合，但 H 型钢截面的檩条与刚架斜梁的连接构造比较复杂。图 4-30(c)、(d)、(e)是冷弯薄壁型钢截面，在工程中的应用都很普遍(图 4-31)。卷边槽钢(亦称 C 形钢)檩条适用于屋面坡度 $i \leqslant 1/3$ 的情况，直卷边和斜卷边 Z 形檩条适用于屋面坡度 $i > 1/3$ 的情况(图 4-31)。斜卷边 Z 形钢存放时可叠层堆放，占地少。做成连续梁檩条时，构造上也很简单。这三类薄壁型钢的规格和截面特性见表 4-6～表 4-8。

二、檩条的荷载及荷载组合

檩条的永久荷载由屋面板(多为压型钢板，单层或双层夹保温层)、檩条和悬挂物自重构成。

檩条的可变荷载应考虑屋面活荷载、雪荷载、积灰荷载、施工检修集中荷载(一般取 1.0kN，当施工检修荷载大于 1.0kN 时，应按实际情况取用)和风荷载。当按单槽口截面受弯构件设计屋面板时，需要按下列公式将作用在一个波距上的集中荷载折算成板宽度方向上的线荷载(图 4-32)。

$$q_{re} = \eta F / b_{pi} \tag{4-67}$$

式中 b_{pi}——压型钢板的波距；

F——集中荷载；

q_{re}——折算线荷载；

η——折算系数，由实验确定，无实验依据时，可取 $\eta = 0.5$。

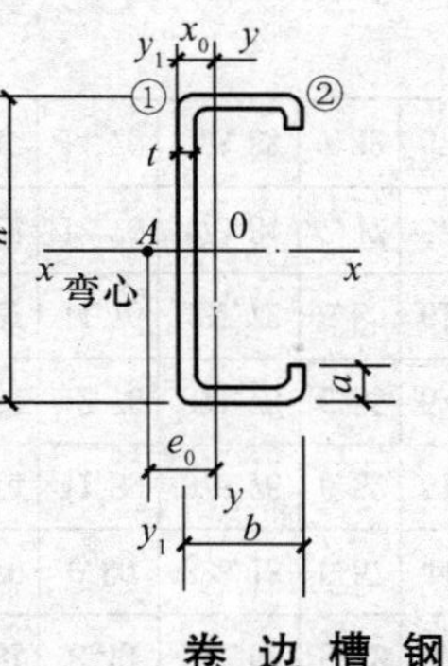

表 4-6　卷边槽钢

尺寸 (mm) h	b	a	t	截面面积 (cm^2)	每米长质量 (kg/m)	x_0 (cm)	$x-x$ I_x (cm^4)	i_x (cm)	W_x (cm^3)	$y-y$ I_y (cm^4)	i_y (cm)	W_{ymax} (cm^3)	W_{ymin} (cm^3)	y_1-y_1 I_{y1} (cm^4)	e_0 (cm)	I_t (cm^4)	I_ω (cm^6)	k (cm^{-1})	$W_{\omega 1}$ (cm^4)	$W_{\omega 2}$ (cm^4)
80	40	15	2.0	3.47	2.72	1.452	34.16	3.14	8.54	7.79	1.50	5.36	3.06	15.10	3.36	0.0462	112.9	0.0126	16.03	15.74
100	50	15	2.5	5.23	4.11	1.706	81.34	3.94	16.27	17.19	1.81	10.08	5.22	32.41	3.94	0.1090	352.8	0.0109	34.47	29.41
120	50	20	2.5	5.98	4.70	1.706	129.40	4.65	21.57	20.96	1.87	12.28	6.36	38.36	4.03	0.1246	660.9	0.0085	51.04	48.36
120	60	20	3.0	7.65	6.01	2.106	170.68	4.72	28.45	37.36	2.21	17.74	9.59	71.31	4.87	0.2296	1153.2	0.0087	75.68	68.84
140	50	20	2.0	5.27	4.14	1.590	154.03	5.41	22.00	18.56	1.88	11.68	5.44	31.86	3.87	0.0703	794.79	0.0058	51.44	52.22
140	50	20	2.2	5.76	4.52	1.590	167.40	5.39	23.91	20.03	1.87	12.62	5.87	34.53	3.84	0.0929	852.46	0.0065	55.98	56.84
140	50	20	2.5	6.48	5.09	1.580	186.78	5.39	26.68	22.11	1.85	13.96	6.47	38.38	3.80	0.1351	931.89	0.0075	62.56	63.56
140	60	20	3.0	8.25	6.48	1.964	245.42	5.45	35.06	39.49	2.19	20.11	9.79	71.33	4.61	0.2476	1589.8	0.0078	92.69	79.00
160	60	20	2.0	6.07	4.76	1.850	236.59	6.24	29.57	29.99	2.22	16.19	7.23	50.83	4.52	0.0809	1596.28	0.0044	76.92	71.30
160	60	20	2.2	6.64	5.21	1.850	257.57	6.23	32.20	32.45	2.21	17.53	7.82	55.19	4.50	0.1071	1717.82	0.0049	83.82	77.55
160	60	20	2.5	7.48	5.87	1.850	288.13	6.21	36.02	35.96	2.19	19.47	8.66	61.49	4.45	0.1559	1887.71	0.0056	93.87	86.63
160	70	20	3.0	9.45	7.42	2.224	373.64	6.29	46.71	60.42	2.53	27.17	12.65	107.20	5.25	0.2836	3070.5	0.0060	135.49	109.92
180	70	20	2.0	6.87	5.39	2.110	343.93	7.08	38.21	45.18	2.57	21.37	9.25	75.87	5.17	0.0916	2934.34	0.0035	109.50	95.22
180	70	20	2.2	7.52	5.90	2.110	374.90	7.06	41.66	48.97	2.55	23.19	10.02	82.49	5.14	0.1213	3165.62	0.0038	119.44	103.58
180	70	20	2.5	8.48	6.66	2.110	420.20	7.04	46.69	54.42	2.53	25.82	11.12	92.08	5.10	0.1767	3492.15	0.0044	133.99	115.73
200	70	20	2.0	7.27	5.71	2.000	440.04	7.78	44.00	46.71	2.54	23.32	9.35	75.88	4.96	0.0969	3672.33	0.0032	126.74	106.15
200	70	20	2.2	7.96	6.25	2.000	479.87	7.77	47.99	50.64	2.52	25.31	10.13	82.49	4.93	0.1284	3963.82	0.0035	138.26	115.74
200	70	20	2.5	8.98	7.05	2.000	538.21	7.74	53.82	56.27	2.50	28.18	11.25	92.09	4.89	0.1871	4376.18	0.0041	155.14	129.75
220	75	20	2.0	7.87	6.18	2.080	574.45	8.54	52.22	56.88	2.69	27.35	10.50	90.93	5.18	0.1049	5313.52	0.0028	158.43	127.32
220	75	20	2.2	8.62	6.77	2.080	626.85	8.53	56.99	61.71	2.68	29.70	11.38	98.91	5.15	0.1391	5742.07	0.0031	172.92	138.93
220	75	20	2.5	9.73	7.64	2.070	703.76	8.50	63.98	68.66	2.66	33.11	12.65	110.51	5.11	0.2028	6351.05	0.0035	194.18	155.94

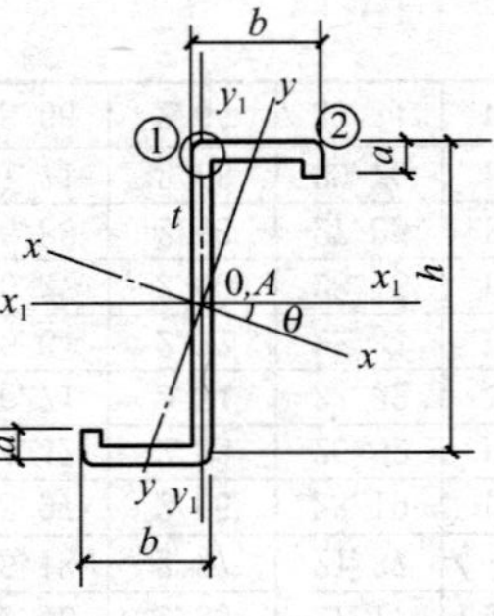

表 4-7 **卷边Z形钢**

尺寸 (mm) h	b	a	t	截面面积 (cm^2)	每米长质量 (kg/m)	θ (°)	x_1-x_1 I_{x1} (cm^4)	i_{x1} (cm)	W_{x1} (cm^3)	y_1-y_1 I_{y1} (cm^4)	i_{y1} (cm)	W_{y1} (cm^3)	$x-x$ I_x (cm^4)	i_x (cm)	W_{x1} (cm^3)	W_{x2} (cm^3)	$y-y$ I_y (cm^4)	i_y (cm)	W_{y1} (cm^3)	W_{y2} (cm^3)	I_{x1y1} (cm^4)	I_t (cm^4)	I_ω (cm^6)	k (cm^{-1})	$W_{\omega1}$ (cm^4)	$W_{\omega2}$ (cm^4)
100	40	20	2.0	4.07	3.19	24.1	60.04	3.84	12.01	17.02	2.05	4.36	70.70	4.17	15.93	11.94	6.36	1.25	3.36	4.42	23.93	0.0542	325.0	0.0081	49.97	29.16
100	40	20	2.5	4.98	3.91	23.46	72.10	3.80	14.42	20.02	2.00	5.17	84.63	4.12	19.18	14.47	7.49	1.23	4.07	5.28	28.45	0.1038	381.9	0.0102	62.25	35.03
120	50	20	2.0	4.87	3.82	24.3	106.97	4.69	17.83	30.23	2.49	6.17	126.06	5.09	23.55	17.40	11.14	1.51	4.83	5.74	42.77	0.0649	785.2	0.0057	84.05	43.96
120	50	20	2.5	5.98	4.70	23.50	129.39	4.65	21.57	35.91	2.45	7.37	152.05	5.04	28.55	21.21	13.25	1.49	5.89	6.89	51.30	0.1246	930.9	0.0072	104.68	52.94
120	50	20	3.0	7.05	5.54	23.36	150.14	4.61	25.02	40.88	2.41	8.43	175.92	4.99	33.18	24.80	15.11	1.46	6.89	7.92	58.99	0.2116	1058.9	0.0087	125.37	61.22
140	50	20	2.5	6.48	5.09	19.25	186.77	5.37	26.68	35.91	2.35	7.37	209.19	5.67	32.55	26.34	14.48	1.49	6.69	6.78	60.75	0.1350	1289.0	0.0064	137.04	60.03
140	50	20	3.0	7.65	6.01	19.12	217.26	5.33	31.04	40.83	2.31	8.43	241.62	5.62	37.76	30.70	16.52	1.47	7.84	7.81	69.93	0.2296	1468.2	0.0077	164.94	69.51
160	60	20	2.5	7.48	5.87	19.59	288.12	6.21	36.01	58.15	2.79	9.90	323.13	6.57	44.00	34.95	23.14	1.76	9.00	8.71	96.32	0.1559	2634.3	0.0048	205.98	86.28
160	60	20	3.0	8.85	6.95	19.47	336.66	6.17	42.08	66.66	2.74	11.39	376.76	6.52	51.48	41.08	26.56	1.73	10.58	10.07	111.51	0.2656	3019.4	0.0058	247.41	100.15
160	70	20	2.5	7.98	6.27	23.46	319.13	6.32	39.89	87.74	3.32	12.76	374.76	6.85	52.35	38.23	32.11	2.01	10.53	10.86	126.37	0.1663	3793.3	0.0041	238.87	106.91
160	70	20	3.0	9.45	7.42	23.34	373.64	6.29	46.71	101.10	3.27	14.76	437.72	6.80	61.33	45.01	37.03	1.98	12.39	12.58	146.86	0.2836	4365.0	0.0050	285.78	124.26
180	70	20	2.5	8.48	6.66	20.22	420.18	7.04	46.69	87.74	3.22	12.76	473.34	7.47	57.27	44.88	34.58	2.02	11.66	10.86	143.18	0.1767	4907.9	0.0037	294.53	119.41
180	70	20	3.0	10.05	7.89	20.11	492.61	7.00	54.73	101.11	3.17	14.76	553.83	7.42	67.22	52.89	39.89	1.99	13.72	12.59	166.47	0.3016	5652.2	0.0045	353.32	138.92

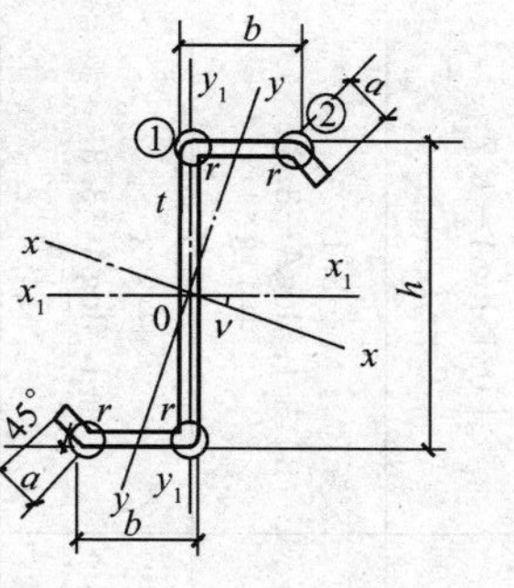

表 4-8　　斜卷边Z型钢

尺寸 (mm)				截面面积	每米长质量	θ	x_1-x_1			y_1-y_1			$x-x$				$y-y$				I_{x1y1}	I_t	I_ω	k	$W_{\omega1}$	$W_{\omega2}$
h	b	a	t	(cm^2)	(kg/m)	(°)	I_{x1} (cm^4)	i_{x1} (cm)	W_{x1} (cm^3)	I_{y1} (cm^4)	i_{y1} (cm)	W_{y1} (cm^3)	I_x (cm^4)	i_x (cm)	W_{x1} (cm^3)	W_{x2} (cm^3)	I_y (cm^4)	i_y (cm)	W_{y1} (cm^3)	W_{y2} (cm^3)	(cm^4)	(cm^4)	(cm^6)	(cm^{-1})	(cm^4)	(cm^4)
140	50	20	2.0	5.392	4.233	21.986	162.065	5.482	23.152	39.363	2.702	6.234	185.962	5.872	30.377	22.470	15.466	1.694	6.107	8.067	59.189	0.0719	1298.621	0.0046	118.281	59.185
140	50	20	2.0	5.909	4.638	21.998	176.813	5.470	25.259	42.928	2.695	6.809	202.926	5.860	33.352	24.544	16.814	1.687	6.659	8.823	64.638	0.0953	1407.575	0.0051	130.014	64.382
140	50	20	2.5	6.676	5.240	22.018	198.446	5.452	28.349	48.154	2.686	7.657	227.828	5.842	37.792	27.598	18.771	1.667	7.468	9.941	72.659	0.1391	1563.520	0.0058	147.558	71.926
160	60	20	2.0	6.192	4.861	22.104	246.830	6.313	30.854	60.271	3.120	8.240	283.680	6.768	40.271	29.603	23.422	1.945	8.018	9.554	90.733	0.0826	2559.036	0.0035	175.940	82.223
160	60	20	2.2	6.789	5.329	22.113	269.592	6.302	33.699	65.802	3.113	9.009	309.891	6.756	44.225	32.367	25.503	1.938	8.753	10.450	99.179	0.1095	2779.796	0.0039	193.430	89.569
160	60	20	2.5	7.676	6.025	22.128	303.090	6.284	37.886	73.935	3.104	10.143	348.487	6.738	50.132	36.445	28.537	1.928	9.834	11.775	111.642	0.1599	3098.400	0.0044	219.605	100.26
180	70	20	2.0	6.992	5.489	22.185	356.620	7.141	39.624	87.417	3.536	10.514	410.315	7.660	51.502	37.679	33.722	2.196	10.191	11.289	131.674	0.0932	4643.994	0.0028	249.609	111.10
180	70	20	2.2	7.669	6.020	22.193	389.835	7.130	43.315	95.518	3.529	11.502	448.592	7.648	56.570	41.226	36.761	2.189	11.136	12.351	144.034	0.1237	5052.769	0.0031	274.455	121.13
180	70	20	2.5	8.676	6.810	22.205	438.835	7.112	48.759	107.460	3.519	12.964	505.087	7.630	64.143	46.471	41.208	2.179	12.528	13.923	162.307	0.1807	5654.157	0.0035	311.661	135.81
200	70	20	2.0	7.392	5.803	19.305	455.430	7.849	45.543	87.418	3.439	10.514	506.903	8.281	56.094	43.435	35.944	2.205	11.109	11.339	146.944	0.0986	5882.294	0.0025	302.430	123.44
200	70	20	2.2	8.109	6.365	19.309	498.023	7.837	49.802	95.520	3.432	11.503	554.346	8.268	61.618	47.533	39.197	2.200	12.138	12.419	160.756	0.1308	6403.010	0.0028	332.826	134.66
200	70	20	2.5	9.176	7.203	19.314	560.921	7.819	56.092	107.462	3.422	12.964	624.421	8.249	69.876	53.596	43.962	2.189	13.654	14.021	181.182	0.1912	7160.113	0.0032	378.452	151.08
220	75	20	2.0	7.992	6.274	18.300	592.787	8.612	53.890	103.580	3.600	11.751	652.866	9.038	65.085	51.328	43.500	2.333	12.829	12.343	181.661	0.1066	8483.845	0.0022	383.110	148.38
220	75	20	2.2	8.769	6.884	18.302	648.520	8.600	58.956	113.220	3.593	12.860	714.276	9.025	71.501	56.190	47.465	2.327	14.023	13.524	198.803	0.1415	9242.136	0.0024	421.750	161.95
220	75	20	2.5	9.926	7.792	18.305	730.926	8.581	66.448	127.443	3.583	14.500	805.086	9.006	81.096	63.392	53.283	2.317	15.783	15.278	224.175	0.2068	10347.65	0.0028	479.804	181.87
250	75	20	2.0	8.592	6.745	15.389	799.640	9.647	63.791	103.580	3.472	11.752	856.690	9.985	71.976	61.841	46.532	2.327	14.553	12.090	207.280	0.1146	11298.92	0.0020	485.919	169.98
250	75	20	2.2	9.429	7.402	15.387	875.145	9.634	70.012	113.223	3.465	12.860	937.579	9.972	78.870	67.773	50.789	2.321	15.946	14.211	226.864	0.1521	12314.34	0.0022	535.491	184.53
250	75	20	2.5	10.676	8.380	15.385	986.898	9.615	78.952	127.447	3.455	14.500	1057.30	9.952	89.108	76.584	57.044	2.312	18.014	16.169	255.870	0.2224	13797.02	0.0025	610.188	207.38

图 4-31 冷弯薄壁型钢檩条图片

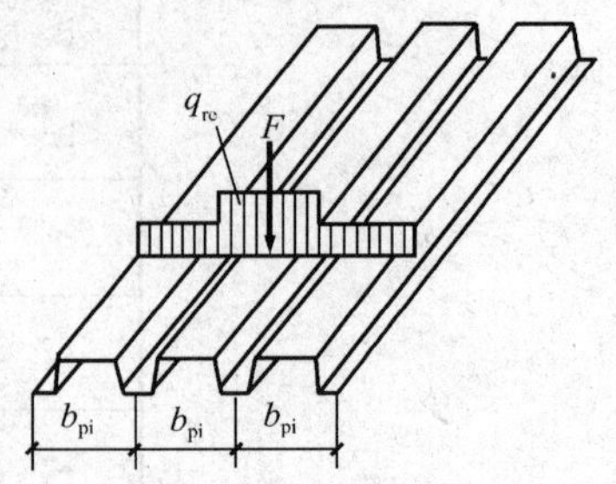

图 4-32 折算线荷载

进行上述换算，主要是考虑到相邻槽口的共同工作作用提高了板承受集中荷载的能力。折算系数取 0.5，则相当于在单槽口的连续梁上，作用了一个 $0.5F$ 的集中荷载。

檩条的风荷载体型系数不同于刚架计算，应按表 4-9 取用(表中分区详图 4-5 所示)。

表 4-9 檩条的风荷载体型系数

结构构件	分区	有效受风面积(m^2)	封闭式建筑	部分封闭式建筑
檩条	中间区①	$A \leqslant 1$ $1 < A < 10$ $A \geqslant 10$	-1.3 $+0.15\log A - 1.3$ -1.15	-1.7 $+0.15\log A - 1.7$ -1.55
	边缘带②	$A \leqslant 6.3$ $6.3 < A < 10$ $A \geqslant 10$	-1.7 $+1.5\log A - 2.9$ -1.4	-2.1 $+1.5\log A - 3.3$ -1.8
	角部③	$A \leqslant 1$ $1 < A < 10$ $A \geqslant 10$	-2.9 $+1.5\log A - 2.9$ -1.4	-3.3 $+1.5\log A - 3.3$ -1.8

檩条的荷载组合应按下列项次进行：

(1) 1.2×永久荷载+1.4×max(屋面均布活荷载，雪荷载)；

(2) 1.2×永久荷载+0.9×1.4×[积灰荷载+max(屋面均布活荷载，雪荷载)]；

(3) 1.2×永久荷载+1.4×施工检修集中荷载换算值。

当需考虑风吸力对屋面压型钢板的受力影响时，还应进行下式的荷载组合

1.0×永久荷载+1.4×风吸力荷载。

三、檩条的内力分析及强度计算

设置在刚架斜梁上的檩条在垂直于地面的均布荷载作用下，沿截面两个形心主轴方向都有弯矩作用，属于双向受弯构件。在进行内力分析时，首先要把均布荷载 q 分解为沿截面形心主轴方向的荷载分量 q_x、q_y(见图 4-33)：

$$q_x = q\sin\alpha_0 \tag{4-68}$$

$$q_y = q\cos\alpha_0 \tag{4-69}$$

式中 α_0——竖向均布荷载设计值 q 和形心主轴 y 轴的夹角。

从图 4-33 中不难发现，在屋面坡度不大的情况下，卷边 Z 形钢的 q_x 指向上方(屋脊)，而卷边槽钢和 H 型钢的 q_x 总是指向下方(屋檐)。

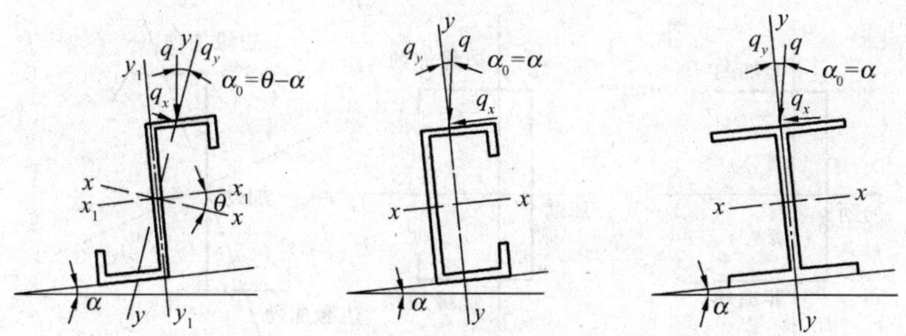

图 4-33　实腹式檩条截面的主轴和荷载

对设有拉条的简支檩条，由 q_x、q_y 分别引起的 M_x 和 M_y 可按表 4-10 计算。

表 4-10　**檩条的内力计算(简支梁)**

拉条设置情况	由 q_x 产生的内力		由 q_y 产生的内力	
	M_{ymax}	V_{ymax}	M_{xmax}	V_{xmax}
无拉条	$\frac{1}{8}q_xl^2$	$0.5q_xl$	$\frac{1}{8}q_yl^2$	$0.5q_yl$
跨中有一道拉条	拉条处负弯矩$\frac{1}{32}q_xl^2$ 拉条与支座间正弯矩$\frac{1}{64}q_xl^2$	$0.625q_xl$	$\frac{1}{8}q_yl^2$	$0.5q_yl$
三分点处各有一道拉条	拉条处负弯矩$\frac{1}{90}q_xl^2$ 跨中正弯矩$\frac{1}{360}q_xl^2$	$0.367q_xl$	$\frac{1}{8}q_yl^2$	$0.5q_yl$

注　在计算 M_y 时，将拉条作为侧向支承点，按双跨或三跨连续梁计算。

对于多跨连续梁，在计算 M_y 时，不考虑活荷载的不利组合，跨中和支座弯矩都近似取$q_yl^2/10$。

檩条的强度计算，当合理设置拉条或屋面板与檩条可靠连接，屋面能阻止檩条的失稳和扭转时，可按下列公式验算截面强度：

$$\frac{M_x}{W_{enx}}+\frac{M_y}{W_{eny}}\leqslant f \tag{4-70}$$

式中　M_x、M_y——对截面 x 轴和 y 轴的弯矩；

W_{enx}、W_{eny}——对两个形心主轴的有效净截面模量。

四、有效截面的确定

冷弯薄壁型钢构件板件宽而薄，在压应力作用下，截面板件容易产生凸曲变形，发生局部失稳。但是板件在局部失稳后并不立即丧失承载能力，而仍能承担一定的荷载增量直至构件整体失效，这个过程称为屈曲后强度的利用。一般采用有效截面来利用板件或截面的屈曲后强度。

1. 有效宽度的概念

冷弯薄壁型钢构件的屈曲后强度，因不同边缘支承的板件屈曲应力和屈曲后的性能不同，截面内板件一般按图 4-34 分类为加劲板件、非加劲板件和部分加劲板件三类。

对于均匀受压板件，有效宽度对称分布在加劲板件的两侧，分布在非加劲板件中加劲边的一侧，根据卷边加劲刚度按比例分布在边缘加劲板件两侧；对于非均匀受压板件，受拉区全截面有效，受压区根据应力分布按比例分布在板件受压区两边。图 4-35 给出了有效宽度

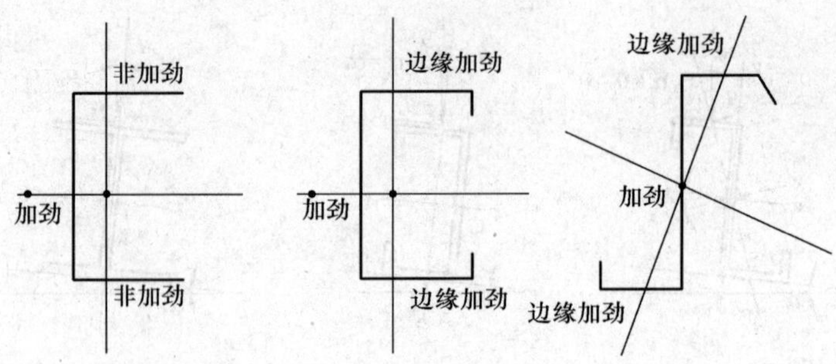

图 4-34 截面板件的分类

的分布示意。显然，由毛截面扣除超出部分(图中不带斜线部分)即为有效截面。

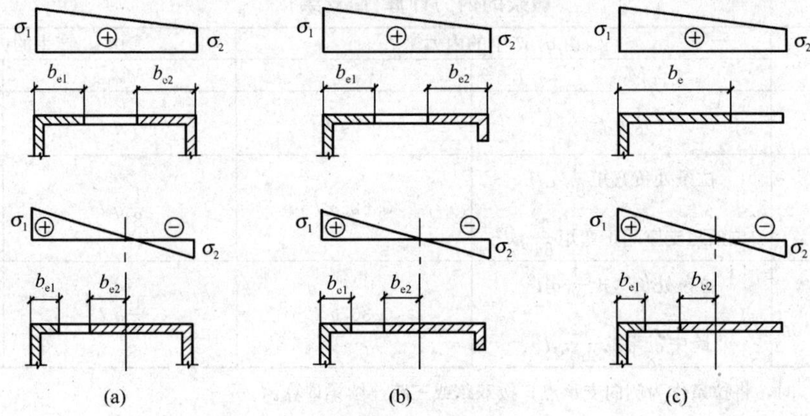

图 4-35 各种类型板件的有效宽度分布示意图

(a)加劲板件；(b)部分加劲板件；(c)非加劲板件

2. 有效宽度计算

《冷规》对各类板件的有效宽度表示如下：

当$\dfrac{b}{t}\leqslant 18\alpha\rho$时
$$\frac{b_e}{t}=\frac{b_c}{t} \tag{4-71}$$

当$18\alpha\rho<\dfrac{b}{t}<38\alpha\rho$时
$$\frac{b_e}{t}=\left(\sqrt{\frac{21.8\alpha\rho}{\dfrac{b}{t}}}-0.1\right)\frac{b_c}{t} \tag{4-72}$$

当$\dfrac{b}{t}\geqslant 38\alpha\rho$时
$$\frac{b_e}{t}=\frac{25\alpha\rho}{\dfrac{b}{t}}\cdot\frac{b_c}{t} \tag{4-73}$$

$$\alpha=1.15-0.15\psi \tag{4-74}$$

$$\psi=\sigma_{\min}/\sigma_{\max}$$

当$\psi\geqslant 0$时
$$b_c=b \tag{4-75}$$

当$\psi<0$时
$$b_c=\frac{b}{1-\psi} \tag{4-76}$$

$$\rho=\sqrt{\frac{205k_1k}{\sigma_1}} \tag{4-77}$$

式中　b——板件宽度；

t——板件厚度；

b_e——板件有效宽度；

α——计算系数，当 $\psi<0$ 时，取 $\alpha=1.15$；

ψ——压应力分布不均匀系数；

σ_{min}、σ_{max}——受压板件边缘最大压应力和另一边缘的应力，以受压为正，受拉为负；

b_c——板件受压区宽度，按式(4-75)、式(4-76)确定；

ρ——计算系数，按式(4-77)确定；

σ_1——板件最大设计应力，可根据下述情况取用；

(1)轴心受压构件，根据等稳原则，$\sigma_1=\Phi f$，Φ 为根据构件毛截面的最大长细比求得的稳定系数，f 为钢材强度设计值；

(2)压弯构件，根据等强原则，$\sigma_1=f$；

(3)拉弯构件和受弯构件，由内力 M、N 按毛截面计算最大压应力 σ_1；

(4)板件的受拉部分全部有效。

k_1——板组约束系数，按式(4-86)～式(4-88)确定(对加劲板 $k_1\leqslant1.7$，对部分加劲板 $k_1\leqslant2.4$，对非加劲板 $k_1\leqslant3$；若不计相邻板件的约束作用，可取 $k_1=1$)；

b、c——分别为计算板件和相邻板件宽度；

k、k_c——分别为计算板件和相邻板件为单板时的受压稳定系数，按式(4-78)～式(4-85)确定。

单板受压稳定系数可按以下情况取用(当 $\psi<-1$ 时，k 值均按 $\psi=-1$ 确定)：

(1) 加劲板件

当 $0<\psi\leqslant1$ 时　$k=7.8-8.15\psi+4.35\psi^2$　(4-78)

当 $-1\leqslant\psi\leqslant0$ 时　$k=7.8-6.29\psi+9.78\psi^2$　(4-79)

(2) 部分加劲板件

最大压应力在支承边[图 4-36(a)]：

当 $-1\leqslant\psi$ 时　$k=5.89-11.59\psi+6.68\psi^2$　(4-80)

最大压应力在部分加劲边[图 4-36(b)]：

当 $-1\leqslant\psi$ 时　$k=1.15-0.22\psi+0.045\psi^2$　(4-81)

(3) 非加劲板件

最大压应力在支承边[图 4-36(c)]：

当 $0<\psi\leqslant1$ 时　$k=1.70-3.025\psi+1.75\psi^2$　(4-82)

当 $-0.4<\psi\leqslant0$ 时　$k=1.7-1.75\psi+55\psi^2$　(4-83)

当 $-1\leqslant\psi\leqslant-0.4$ 时　$k=6.07-9.51\psi+8.33\psi^2$　(4-84)

最大压应力在自由边[图 4-36(d)]：

当 $-1\leqslant\psi$ 时　$k=0.567-0.213\psi+0.071\psi^2$　(4-85)

板组约束系数应按以下情况取用：

当 $\xi\leqslant1.1$ 时　$$k_1=\frac{1}{\sqrt{\xi}}\tag{8-86}$$

当 $1.1<\xi$ 时　$$k_1=0.11+\frac{0.93}{(\xi-0.05)^2}\tag{8-87}$$

$$\xi=\frac{c}{b}\sqrt{\frac{k}{k_{c}}} \tag{8-88}$$

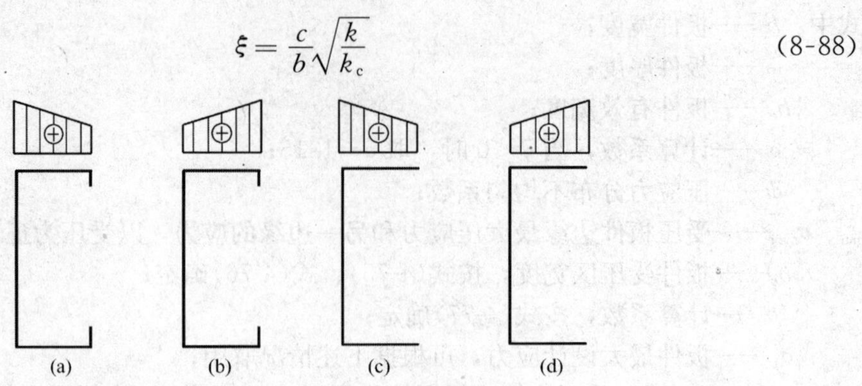

图 4-36 部分加劲板件和非加劲板件的应力分布示意

3. 有效宽度分布

有了构件的有效宽度，还必须知道有效宽度的分布，图 4-35 中的有效宽度分布按以下公式计算确定：

对加劲板件

当 $0\leqslant\psi$ 时
$$b_{e1}=\frac{2b_{e}}{5-\psi},b_{e2}=b_{e}-b_{e1} \tag{4-89}$$

当 $\psi<0$ 时
$$b_{e1}=0.4b_{e},b_{e2}=0.6b_{e} \tag{4-90}$$

对非加劲板件和部分加劲板件

$$b_{e1}=0.4b_{e},b_{e2}=0.6b_{e} \tag{4-91}$$

五、檩条的整体稳定计算

(1) 当屋面不能阻止檩条的侧向失稳和扭转时[如采用扣合式屋面板，如图 4-37(b)所示]，应按下列公式验算构件稳定

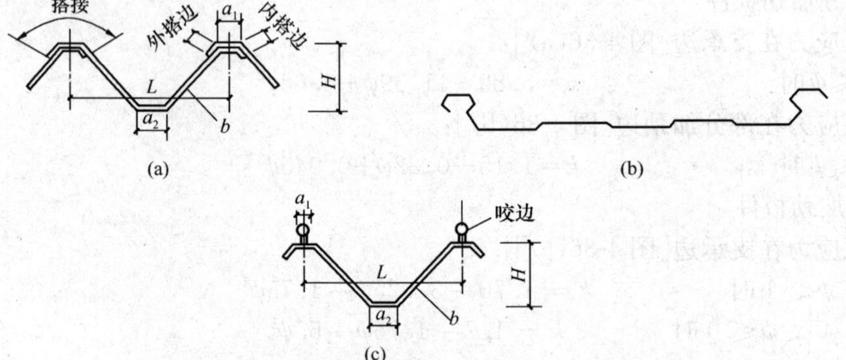

图 4-37 压型钢板的侧向连接方式

(a)搭接式；(b)扣合式；(c)咬合式

$$\frac{M_{x}}{\varphi_{bx}W_{ex}}+\frac{M_{y}}{W_{ey}}\leqslant f \tag{4-92}$$

$$\varphi_{bx}=\frac{4320Ah}{\lambda_{y}^{2}W_{x}}\xi_{1}\left(\sqrt{\eta^{2}+\zeta}+\eta\right)\left(\frac{235}{f_{y}}\right) \tag{4-93}$$

$$\eta = 2\xi_2 e_a / h \tag{4-94}$$

$$\zeta = \frac{4I_\omega}{h^2 I_y} + \frac{0.156 I_t}{I_y}\left(\frac{l_0}{h}\right)^2 \tag{4-95}$$

式中　W_{ex}、W_{ey}——对两个形心主轴的有效截面模量；

φ_{bx}——梁的整体稳定系数；

λ_y——梁在弯矩作用平面外的长细比；

A——毛截面面积；

h——截面高度；

l_0——梁的侧向计算长度，$l_0=\mu_b l$，其中 l 为梁的跨度，μ_b 为梁的侧向计算长度系数，μ_b 按表 4-11 采用；

ξ_1、ξ_2——系数，当檩条为均布荷载作用时，按表 4-11 采用；当为其他荷载作用形式时，按《冷规》附录 A 表 A.2.1 采用；

e_a——横向荷载作用点到弯心的垂直距离：对于偏心压杆或当横向荷载作用在弯心时 $e_a=0$；当荷载不作用在弯心且荷载方向指向弯心时 e_a 为负，而离开弯心时 e_a 为正；

W_x——对 x 轴的受压边缘毛截面模量；

I_ω——毛截面扇形惯性矩；

I_y——对 y 轴的毛截面惯性矩；

I_t——扭转惯性矩。

表 4-11　　简支檩条的 ξ_1、ξ_2 和 μ_b 系数

系　数	跨间无拉条	跨中一道拉条	三分点两道拉条
μ_b	1.0	0.5	0.33
ξ_1	1.13	1.35	1.37
ξ_2	0.46	0.14	0.06

如按式(4-93)算得甲 φ_{bx} 值大于 0.7，则应以 φ'_{bx} 值代替 φ_{bx}，φ'_{bx} 值应按式(4-96)计算

$$\varphi'_{bx} = 1.091 - \frac{0.274}{\varphi_{bx}} \leqslant 1.0 \tag{4-96}$$

(2) 在风吸力作用下，当屋面不能阻止上翼缘侧移和扭转时，受压下翼缘可按式(4-92)验算稳定性。在风吸力作用下，当屋面能阻止上翼缘侧移和扭转时，也可偏保守地按式(4-92)验算稳定性，若验算无法满足时，则可考虑屋面板对檩条整体失稳的约束作用，按《规程》附录 E 的规定对受压下翼缘的稳定性进行验算，但验算公式比较复杂，在此不作介绍。

六、檩条的变形计算

实腹式檩条应验算垂直于屋面方向的挠度。

(1) 卷边槽形截面的两端简支檩条的挠度，应按下列公式进行验算

$$v_y = \frac{5q_{ky}l^4}{384EI_x} \leqslant [v] \tag{4-97}$$

式中　q_{ky}——沿 y 轴作用的分荷载标准值；

I_x——对 x 轴的毛截面惯性矩；

$[v]$——檩条挠度限值，详见表 4-3。

(2) 对 Z 形截面的两端简支檩条的挠度，应按下列公式进行验算。

$$v_y = \frac{5q_k l^4 \cos\alpha}{384EI_{x1}} \leqslant [v] \tag{4-98}$$

式中　α——屋面坡度；

I_{x1}——Z 形截面对平行于屋面的形心轴的毛截面惯性矩。

七、檩条的构造要求

《规程》要求：当檩条跨度大于 4m 时，应在檩条间跨中位置设置拉条。当檩条跨度大于 6m 时，应在檩条跨度三分点处各设置一道拉条。拉条的作用是防止檩条侧向变形和扭转，并且提供檩条的中间支点。此中间支点的力需要传到刚度较大的构件上。为此，需要在屋脊和檐口处设置斜拉条和刚性撑杆(图 4-38)。

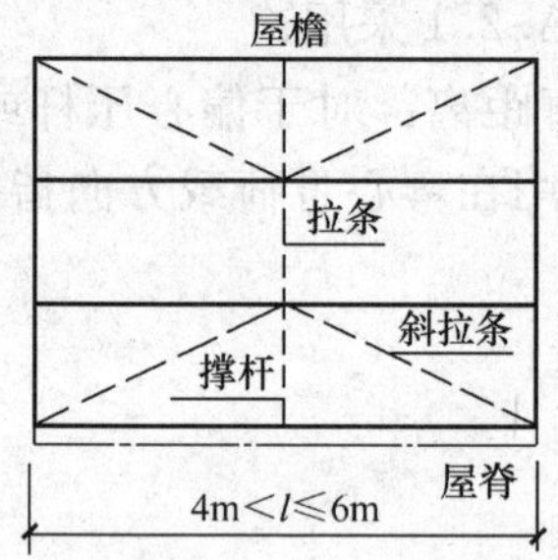

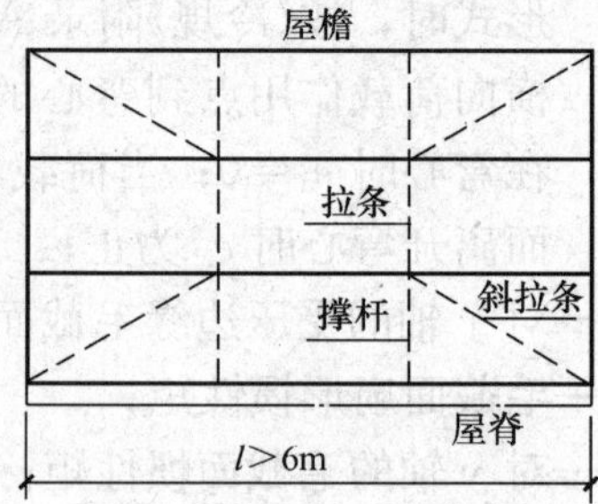

图 4-38　拉条和撑杆的布置

拉条通常用圆钢做成，圆钢直径不宜小于 10mm。圆钢拉条可设在距檩条上翼缘 1/3 腹板高度范围内(开孔位置宜与图 4-35 所示腹板受压区的扣除部位一致)。当在风吸力作用下檩条下翼缘受压时，屋面宜用自攻螺钉直接与檩条连接，拉条宜设在下翼缘附近。为了兼顾无风和有风两种情况，可在上、下翼缘附近交替布置。当采用扣合式屋面板时，拉条的设置根据檩条的稳定计算确定。刚性撑杆可采用钢管、方钢或角钢做成，通常按压杆的刚度要求$[\lambda]\leqslant 200$ 来选择截面。当设置拉条和撑杆防止下翼缘失稳时，实腹檩条间距一般不大于 1.5m。

实腹式檩条可通过檩托与刚架斜梁连接，檩托可用角钢和钢板做成，檩条与檩托的连接螺栓不应少于 2 个，并沿檩条高度方向布置。设置檩托的目的是为了阻止檩条端部截面的扭转，以增强其整体稳定性。

限于篇幅，有关轻型门式刚架结构的墙梁、支撑、屋面板及墙板等构件的设计和构造可参考其他文献。

第五节　轻型门式刚架结构设计实例

一、主刚架设计实例

1. 设计资料

门式刚架车间柱网布置：长度 60m，柱距 6m，跨度 18m。刚架檐高：6m。屋面坡度 1∶10。屋面材料：夹芯板。墙面材料：夹芯板。天沟：钢板天沟。基础混凝土强度等级

C25，f_c=11.9N/mm²。钢材选用 Q235-B，f=215N/mm²，f_v=125N/mm²。

2. 荷载取值(标准值)

恒载为 0.2kN/m²(不包括刚架自重)；活载为 0.5kN/m²；基本雪压 S_0=0.2kN/m²；基本风压 w_0=0.55kN/m²，地面粗糙度 B 类，风载体型系数如图 4-39 所示。

3. 荷载组合

(1) 1.2×恒载+1.4×活载；

(2) 1.0×恒载+1.4×风载；

(3) 1.2×恒载+1.4×活载+1.4 × 0.6×风载；

(4) 1.2×恒载+1.4 风载+1.4 ×0.7 活载。

图 4-39 风载体型系数示意图

4. 内力计算

采用同济大学的 3D3S6.0 钢结构辅助设计软件计算结构内力。

(1) 计算模型：如图 4-40 所示。

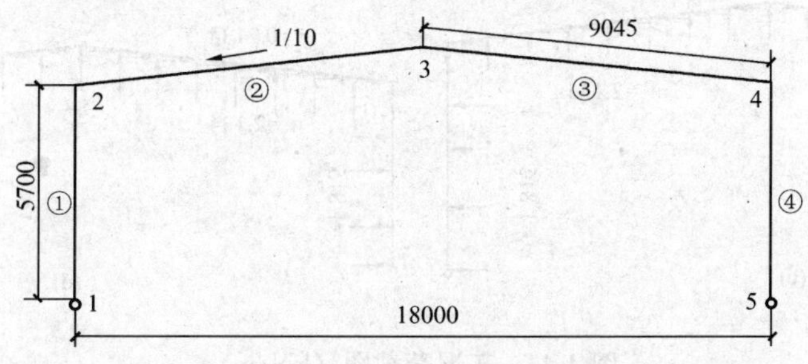

图 4-40 计算模型示意图

斜梁截面高度取$L/40$=18000/40=450mm，各单元信息见表 4-12（梁柱截面形心轴定义详图 4-42)。

(2) 工况荷载：如图 4-41 所示。

(3) 各工况内力：各工况刚架 M、N、V 如图 4-43～图 4-45 所示。

(4) 组合内力：选取 1.2×恒载+1.4×活载这种工况下的构件内力值进行验算。该工况下组合内力值见表 4-13。

表 4-12 **单元信息表**

单元号	截面名称	长度 (mm)	面积 (mm²)	绕 y 轴惯性矩 (×10⁴mm⁴)	绕 x 轴惯性矩 (×10⁴mm⁴)
1	Z250～450×180 ×8×10	5700	5440 7040	973 974	5998 22728
2	L450×180×8×10	9045	7040	974	22728
3	L450×180×8×10	9045	7040	974	22728
4	Z250～450×180 ×8×10	5700	5440 7040	973 974	5998 22728

注 表中面积和惯性矩的上下行分别对应变截面构件小头和大头的值。

表 4-13　　组合内力表

单元号	小节点轴力 N（kN）	小节点剪力 Q_2（kN）	小节点弯矩 M（kN·m）	大节点轴力 N（kN）	大节点剪力 Q_2（kN）	大节点弯距 M（kN·m）
1	−67.97	23.16	0.00	−56.89	−23.16	132.03
2	−28.71	−54.30	−132.03	−23.05	−2.30	−103.14
3	−23.05	−2.30	103.14	−28.71	−54.30	132.03
4	−56.89	−23.16	−132.03	−67.97	23.16	0.00

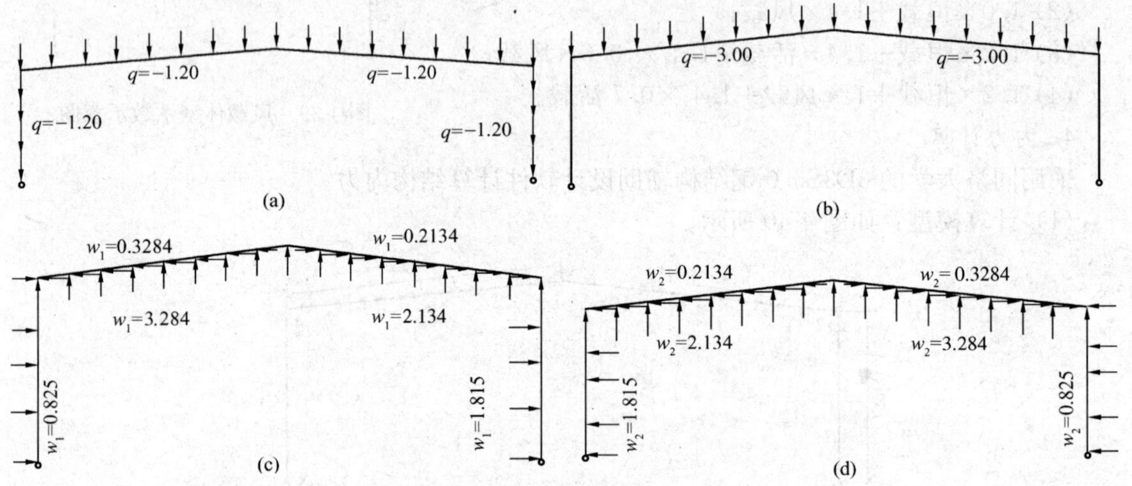

图 4-41　工况荷载图（kN/m）

（a）恒载；（b）活载；（c）左风；（d）右风

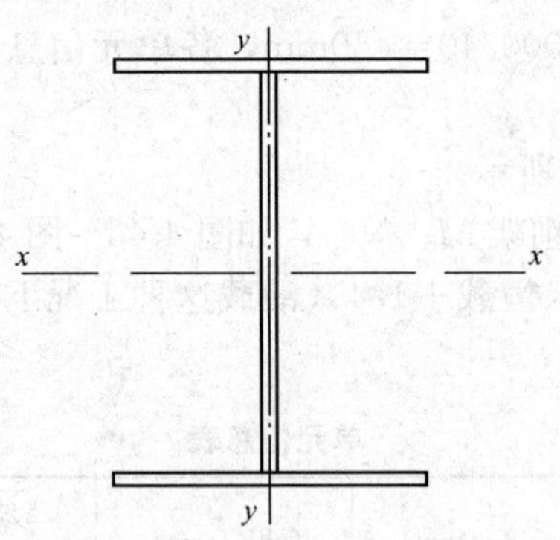

图 4-42　梁柱截面示意图

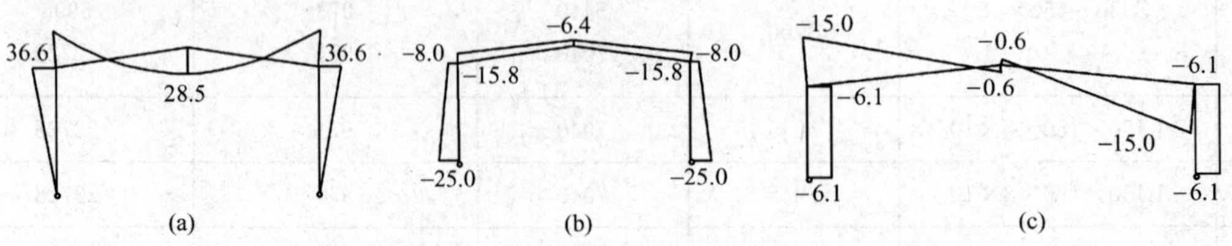

图 4-43　恒载作用下的刚架 M、N、V 图

（a）M 图（单位：kN·m）；（b）N 图（单位：kN）；（c）V 图（单位：kN）

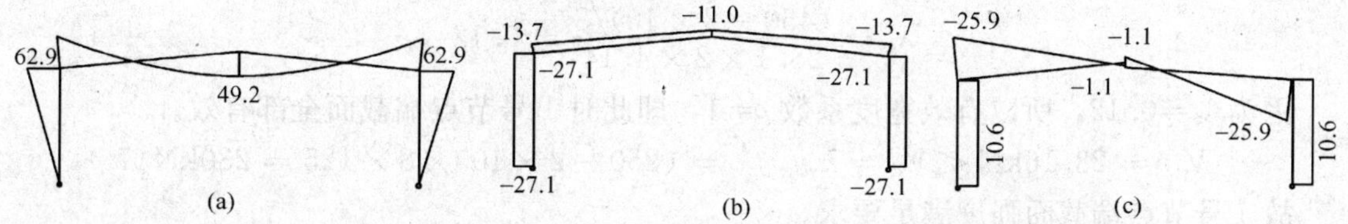

图 4-44　活载作用下的刚架 M、N、V 图

(a) M 图（单位：kN・m）；(b) N 图（单位：kN）；(c) V 图（单位：kN）

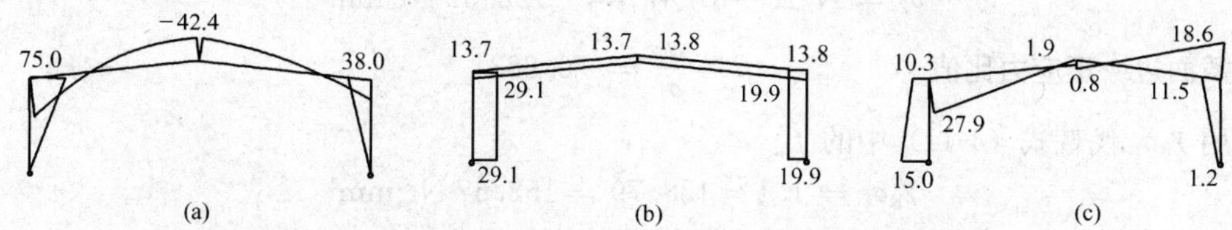

图 4-45　左风作用下的刚架 M、N、V 图

(a) M 图（单位：kN・m）；(b) N 图（单位：kN）；(c) V 图（单位：kN）

5. 构件截面验算

首先，作板件最大宽厚比验算：

翼缘板自由外伸宽厚比　$\dfrac{b}{t}=\dfrac{(180-8)/2}{10}=8.6<15$，满足要求。

腹板宽厚比　$\dfrac{h_w}{t_w}=\dfrac{450-2\times10}{8}\approx54<250$，满足要求。

腹板屈曲后强度的抗剪承载力设计值按如下考虑：腹板高度变化率(450－250)/5.7＝35mm/m＜60mm/m，故腹板抗剪可以考虑屈曲后强度。加劲肋间距取为 $2h_w$，则其抗剪承载力设计值为 $V_d=h_w t_w f'_v$，由于 $a/h_w=2>1$，$k_\tau=5.34+4/(a/h_w)^2=5.34$，所以

$$\lambda_w=\frac{h_w/t_w}{37\sqrt{k_\tau}\sqrt{235/f_y}}=\frac{54}{37\times\sqrt{5.34}\times1}=0.632<0.8$$

所以
$$f'_v=f_v=125\ \text{N/mm}^2$$

(1) 1 号单元（柱）的截面验算：

①组合内力值：

1 号节点端　$M_{12}=0.00\text{kN}\cdot\text{m}$，$N_{12}=-67.97\text{kN}$，$V_{12}=23.16\text{kN}$。

2 号节点端　$M_{21}=132.03\text{kN}\cdot\text{m}$，$N_{21}=-56.89\text{kN}$，$V_{21}=23.16\text{kN}$。

②强度验算：

先计算 1 号节点端

$$\sigma_1=N/A=67.97\times10^3/5440=12.49\ \text{N/mm}^2<f=215\ \text{N/mm}^2$$

弯矩为 0，故截面边缘正应力比值 $\beta=1.0$。

用 $\gamma_R\sigma_1$ 代替式 (4-11) $\lambda_\rho=\dfrac{h_w/t_w}{28.1\sqrt{k_\sigma}\sqrt{235/f_y}}$中的 f_y

$$\gamma_R\sigma_1=1.1\times12.49=13.74\ \text{N/mm}^2$$

根据式(4-12)$k_\sigma=\dfrac{16}{\sqrt{(1+\beta)^2+0.112(1-\beta)^2}+(1+\beta)}$求得 $k_\sigma=4.0$，进而得到

$$\lambda_\rho=\frac{(450-2\times10)/8}{28.1\times2\times4.14}=0.12$$

因为 $\lambda_\rho=0.12$，所以有效宽度系数 $\rho=1$，即此时 1 号节点端截面全部有效。

$$V_{12}=23.16\text{kN}<V_\text{d}=h_\text{w}t_\text{w}f'_\text{v}=(250-2\times10)\times8\times125=230\text{kN}$$

故 1 号节点端截面强度满足要求。

再验算 2 号节点端

$$\sigma_1=N/A+M/W_x=138.79\text{ N/mm}^2<f=215\text{ N/mm}^2$$
$$\sigma_2=N/A-M/W_x=-122.62\text{ N/mm}^2$$

截面边缘正应力比值 $\beta=\dfrac{\sigma_2}{\sigma_1}=-0.883$

用 $\gamma_\text{R}\sigma_1$ 代替式（4-11）中的 f_y

$$\gamma_\text{R}\sigma_1=1.1\times138.79=152.67\text{ N/mm}^2$$

根据式（4-12）求得 $k_\sigma=21.11$，进而得到 $\lambda_\rho=0.336$。

因为 $\lambda_\rho=0.336$，所以有效宽度系数 $\rho=1$，即此时 2 号节点端截面全部有效。

2 号节点端同时受到压弯作用，又

$$V_{21}<0.5V_\text{d}=0.5h_\text{w}t_\text{w}f'_\text{v}=0.5\times(450-2\times10)\times8\times125=215\text{kN}$$

$$M_\text{e}^N=M_\text{e}-NW_\text{e}/A_\text{e}=(f-N/A_\text{e})W_\text{e}$$
$$=(215-56890/7040)\times1010133=209.02\text{kN}\cdot\text{m}$$
$$M_{21}=132.03\text{kN}\cdot\text{m}<M_\text{e}^N$$

故 2 号节点端截面强度满足要求。

③稳定验算：对 1 号单元（柱）进行验算。

已知柱平面外在柱高 4m 处设置柱间支撑，即平面外计算长度 $l_{0y}=4000\text{mm}$。

首先，根据式（4-36）作变截面柱在平面内的稳定验算：

柱小头截面面积 $A_2=5440\text{mm}^2$，柱小头惯性矩 $I_{c0}=5998\times10^4\text{mm}^4$，柱大头惯性矩 $I_{c1}=22728\times10^4\text{mm}^4$，$I_{c0}/I_{c1}=0.264$。梁最小截面惯性矩 $I_{b0}=22728\times10^4\text{mm}^4$，梁为等截面，取斜梁换算长度系数 $\psi=1.0$。

对于横梁 $K_2=\dfrac{I_{b0}}{2\psi s}=\dfrac{22728\times10^4}{2\times1.0\times9045}=12564$

对于柱 $K_1=\dfrac{I_{c1}}{h}=\dfrac{22728\times10^4}{5700}=39874$

故 $\dfrac{K_2}{K_1}=\dfrac{12564}{39874}=0.315$

查《冷规》附表 A.3.2，将所得值乘以 $0.85\sqrt{I_{c0}/I_{c1}}$ 可得 $\mu_\gamma=1.429$，平面内计算长度 $l_{0x}=\mu_\gamma l=1.429\times5700\approx8150\text{mm}$。

$$\lambda=\lambda_x=\frac{l_{0x}}{\sqrt{I_{c0}/A_2}}=\frac{8150}{\sqrt{5998\times10^4/5440}}=78$$

查《钢规》表 C-2 得 $\varphi_{x\gamma}=0.701$

有侧移刚架柱 $\beta_{mx}=1.0$

$$N'_{\text{Ex}0}=\frac{\pi^2EA_{e0}}{1.1\lambda^2}=\frac{3.14^2\times206\times10^3\times5440}{1.1\times78^2}=1651\text{kN}$$

$$N_0 = N_{12} = 67.97\text{kN}$$

$$M_1 = M_{21} = 132.03\text{kN} \cdot \text{m}$$

$$W_{e1} = \frac{I_{c1}}{y} = \frac{22728 \times 10^4}{\frac{450}{2}} = 1010 \times 10^3 \text{mm}^3$$

$$\frac{N_0}{\varphi_{x\gamma} A_{e0}} + \frac{\beta_{mx} M_1}{\left(1 - \frac{N_0}{N'_{Ex0}} \varphi_{x\gamma}\right) W_{e1}}$$

$$= \frac{67.97 \times 10^3}{0.701 \times 5440} + \frac{1.0 \times 132.03 \times 10^6}{\left(1 - \frac{67.97 \times 10^3}{1651 \times 10^3} \times 0.701\right) \times 1010 \times 10^3}$$

$$= 17.82 + 134.6 = 152.42 \text{ N/mm}^2 < f = 215 \text{ N/mm}^2 \quad \text{满足要求。}$$

再根据式（4-42）作变截面柱在平面外的稳定验算

$$\lambda_y = \frac{l_{0y}}{\sqrt{I_{c0y}/A_2}} = \frac{4000}{\sqrt{973 \times 10^4 / 5440}} = 95$$

查《钢规》表 C-2 得 $\varphi_y = 0.588$，楔率为 $\gamma = \frac{d_1}{d_0} - 1 = 0.8$。1 号单元柱一端弯矩为 0，

故
$$\beta_t = 1 - \frac{N_{12}}{N'_{Ex0}} + 0.75\left(\frac{N_{12}}{N'_{Ex0}}\right)^2 = 1 - \frac{67.97}{1651} + 0.75 \times \left(\frac{67.97}{1651}\right)^2 = 0.96$$

$$l = 4000\text{mm}$$

$$\mu_s = 1 + 0.023\gamma\sqrt{\frac{lh_0}{A_f}} = 1 + 0.023 \times 0.8 \times \sqrt{\frac{4000 \times 250}{180 \times 10}} = 1.433$$

$$i_{y0} = \sqrt{\frac{10 \times 180^3 / 12}{10 \times 180 + 230 \times 8/3}} \approx 44.88\text{mm}$$

$$\mu_w = 1 + 0.00385\gamma\sqrt{\frac{l}{i_{y0}}} = 1 + 0.00385 \times 0.8 \times \sqrt{\frac{4000}{44.88}} = 1.029$$

$$\lambda_{y0} = \frac{\mu_s l}{i_{y0}} = \frac{1.433 \times 4000}{44.88} = 127.72$$

$$\varphi_{b\gamma} = \frac{4320}{\lambda_{y0}^2} \frac{A_0 h_0}{W_{x0}} \sqrt{\left(\frac{\mu_s}{\mu_w}\right)^4 + \left(\frac{\lambda_{y0} t_0}{4.4 h_0}\right)^2} \left(\frac{235}{f_y}\right)$$

$$= \frac{4320}{127.72^2} \times \frac{5440 \times 250}{4798.4 \times 10^2} \sqrt{\left(\frac{1.433}{1.029}\right)^4 + \left(\frac{127.72 \times 10}{4.4 \times 250}\right)^2} \times \left(\frac{235}{345}\right)$$

$$= 1.156 > 0.6$$

$$\varphi'_b = 1.07 - \frac{0.282}{\varphi_{b\gamma}} = 1.07 - \frac{0.282}{1.156} = 0.826 < 1.0$$

取
$$\varphi_{b\gamma} = \varphi'_b = 0.826$$

$$\frac{N_0}{\varphi_y A_{e0}} + \frac{\beta_t M_1}{\varphi_{b\gamma} W_{e1}} = \frac{67.92 \times 10^3}{0.588 \times 5440} + \frac{0.96 \times 132.03 \times 10^6}{0.826 \times 1010 \times 10^3}$$

$$= 173.16 \text{ N/mm}^2 < f = 215 \text{ N/mm}^2 \quad \text{满足要求。}$$

(2) 2 号单元(梁)的截面验算：

①组合内力值：

2 号节点端　$M_{23} = 132.03\text{kN} \cdot \text{m}$，$N_{23} = -28.71\text{kN}$，$V_{23} = 54.30\text{kN}$。

3 号节点端　$M_{32}=103.14\text{kN}\cdot\text{m}$，$N_{32}=-23.05\text{kN}$，$V_{32}=2.30\text{kN}$。

②强度验算：

先计算 2 号节点端

$$\sigma_1 = N/A + M/W_x = 134.78\ \text{N/mm}^2 < f$$
$$\sigma_2 = N/A - M/W_x = -126.63\ \text{N/mm}^2$$

故截面边缘正应力比值 $\beta=-0.94$。

用 $\gamma_R\sigma_1$ 代替式(4-7)中 f_y

$$\gamma_R\sigma_1 = 1.1\times134.78 = 148.26\ \text{N/mm}^2$$

根据式(4-12)求得 $k_\sigma=22.47$，进而得到 $\lambda_\rho=0.321$。

因为 $\lambda_\rho=0.321$，所以有效宽度系数 $\rho=1$，即此时 2 号节点端截面全部有效。

2 号节点端同时受到压弯作用，又因为

$$V_{23} < 0.5V_d = 0.5\times(450-2\times10)\times8\times125 = 430\text{kN}$$
$$M_e^N = M_e - NW_e/A_e = (f-N/A_e)W_e$$
$$= (215-28710/7040)\times1010133 = 213.06\text{kN}\cdot\text{m}$$
$$M_{23} = 132.03\text{kN}\cdot\text{m} < M_e^N$$

故 2 号节点截面强度满足要求。

再验算 3 号节点端

$$\sigma_1 = N/A + M/W_x = 105.38\ \text{N/mm}^2 < f$$
$$\sigma_2 = N/A - M/W_x = -98.83\ \text{N/mm}^2$$

故截面边缘正应力比值 $\beta=-0.938$。

用 $\gamma_R\sigma_1$ 代替式（4-11）中的 f_y

$$\gamma_R\sigma_1 = 1.1\times105.38 = 115.92\ \text{N/mm}^2$$

根据式（4-12）求得 $k_\sigma=22.42$，进而得到 $\lambda_\rho=0.284$。

因为 $\lambda_\rho=0.284$，所以有效宽度系数 $\rho=1$，即此时 3 号节点端截面全部有效。

3 号节点端同时受到压弯作用，又因为

$$V_{32} < 0.5V_d = 0.5\times(450-2\times10)\times8\times125 = 215\text{kN}$$
$$M_e^N = M_e - NW_e/A_e = (f-N/A_e)W_e$$
$$= (215-23050/7040)\times1010133 = 213.87\text{kN}\cdot\text{m}$$
$$M_{32} = 103.14\text{kN}\cdot\text{m} < M_e^N$$

故 3 号节点截面强度满足要求。

③稳定验算：斜梁为等截面，按《钢规》压弯构件平面外稳定公式验算。

已知梁平面外侧向支撑点间距为 3000mm，即平面外计算长度 $l_{0y}=3000\text{mm}$。梁最小截面惯性矩 $I_{b0y}=974\times10^4\text{mm}^4$。

$$\lambda_y = \frac{l_{0y}}{\sqrt{I_{b0y}/A}} = 81$$

查《钢规》表 C-2 得 $\varphi_y=0.681$，又因为 $\beta_{tx}=1.0$

$$\varphi_b = 1.07 - \frac{\lambda_y^2}{44000}\times\frac{f_y}{235} = 0.92$$

按 2 号节点端的受力验算构件平面外稳定性

$$N = N_{23} = 28.71\text{kN}$$
$$M_x = M_{23} = 132.03\text{kN}\cdot\text{m}$$

$$W_{1x}=\frac{I_{b0x}}{y}=\frac{22728\times10^4}{225}=1010\times10^3\text{mm}^3$$

$$\frac{N}{\varphi_y A}+\frac{\beta_{tx}M_x}{\varphi_{by}W_{1x}}=\frac{28.71\times10^3}{0.681\times7040}+\frac{1.0\times132.03\times10^6}{0.92\times1010\times10^3}$$

$$=148\text{N/mm}^2<f=215\text{N/mm}^2\quad\text{满足要求。}$$

6. 连接节点计算

(1) 梁柱节点：采用如图 4-46 所示的连接形式。

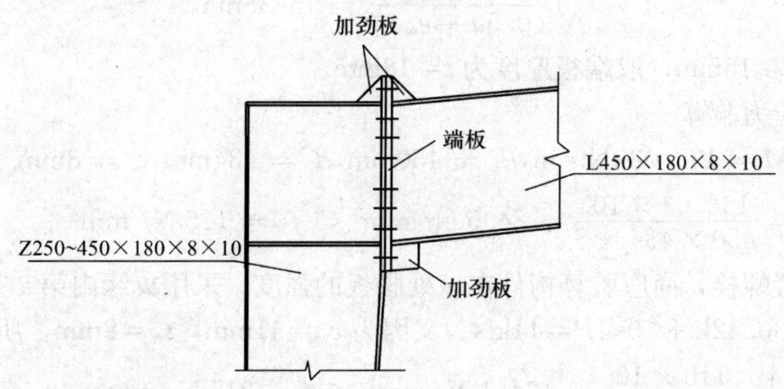

图 4-46　梁柱连接节点示意图

连接处组合内力值：$M=132.03\text{kN}\cdot\text{m}$，$N=-28.71\text{kN}$，$V=54.3\text{kN}$。

①螺栓验算：若采用 8.8 级 M20 摩擦型高强度螺栓连接，连接表面用钢丝刷除锈，摩擦面的抗滑移系数 $\mu=0.3$，每个螺栓抗剪承载力为 $N_v^b=0.9n_f\mu P=0.9\times1\times0.3\times110=29.7\text{kN}$。抗剪需用螺栓数量 $n=54.3/29.7=2$，初步采用 16 个 M20 高强螺栓。螺栓群布置如图 4-47 所示。

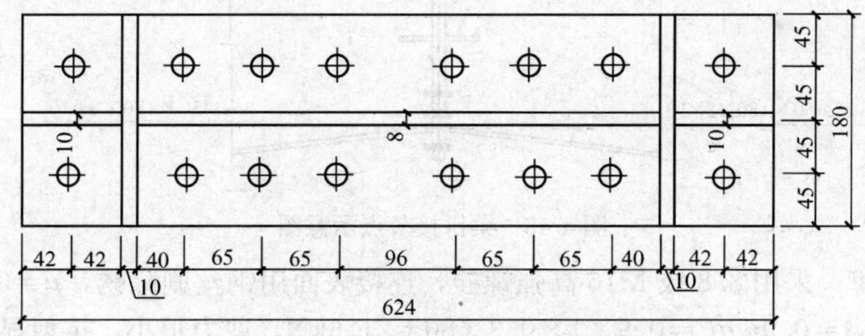

图 4-47　梁柱连接节点螺栓群布置图

螺栓承受的最大拉力值

$$N_1=\frac{N}{n}+\frac{My_1}{\sum y_i^2}=\frac{-28.71}{16}+\frac{132.03\times0.27}{4\times(0.048^2+0.113^2+0.178^2+0.27^2)}$$

$$=72.69\text{kN}<0.8P=88\times110=88\text{kN}\quad\text{满足要求。}$$

②连接板设计：端板厚度 t 根据支承条件计算确定。

在本例中有两种计算类型，即两边支承类端板（端板平齐）和无加劲肋端板，分别按照这两种类型计算各个板区的厚度值，然后取最大的板厚作为最终值。

两边支承类端板（端板平齐）

$e_f = 42\text{mm}, e_w = 40\text{mm}, N_t = N_1 = 72.69\text{kN}, b = 180\text{mm}, f = 215\text{N/mm}^2$

$$t \geqslant \sqrt{\frac{12e_f e_w N_t}{[e_w b + 4e_f(e_w + e_f)]f}} = 18.0\text{mm}$$

无加劲肋类端板

$$a = 65\text{mm}, e_w = 41\text{mm}, N_t = N_1 \frac{y_3}{y_1} = 72.69 \times \frac{113}{270} = 30.42\text{kN}$$

$$t \geqslant \sqrt{\frac{3e_w N_t}{(0.5a + e_w)f}} = 15.38\text{mm}$$

因构造要求 $t \geqslant 16\text{mm}$，取端板厚度为 $t=18\text{mm}$。

③节点域剪应力验算

$$M = 132.03\text{kN} \cdot \text{m}, d_b = 450\text{mm}, d_c = 434\text{mm}, t_c = 8\text{mm}$$

$$\tau_c = \frac{M}{d_b d_c t_c} = \frac{132.03 \times 10^6}{450 \times 434 \times 8} = 84.5\ \text{N/mm}^2 < f_v = 125\ \text{N/mm}^2 \quad \text{满足要求。}$$

因在端板设置螺栓，尚应验算构件在该处腹板的强度。采用翼缘内第二排一个螺栓的拉力设计值：$N_{t2}=30.42\text{kN}<0.4P=44\text{kN}$。又因为 $e_w=41\text{mm}$，$t_w=8\text{mm}$，所以

$$\frac{0.4P}{e_w t_w} = \frac{0.4 \times 110 \times 10^3}{41 \times 8} = 134.1\ \text{N/mm}^2 < f = 215\ \text{N/mm}^2 \quad \text{满足要求。}$$

(2) 梁拼接节点：

梁拼接方式如图 4-48 所示。连接处组合内力值为：$M_{32} = 103.14\text{kN} \cdot \text{m}$，$N=-23.05\text{kN}, V=2.30\text{kN}$。其计算方法与梁柱连接节点计算方法相似。

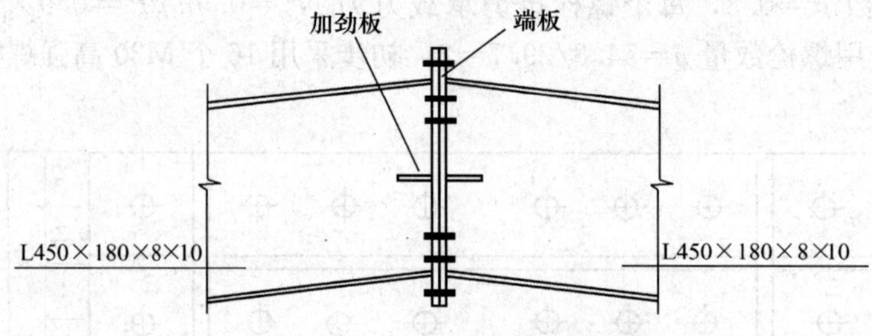

图 4-48 梁拼接节点示意图

① 螺栓验算：采用 8.8 级 M16 高强螺栓，连接表面用钢丝刷除锈，$\mu=0.3$，每个螺栓抗剪承载力为 $N_v^b=0.9n_f\mu P=0.9\times1\times0.3\times80=21.6\text{kN}$，剪力很小，抗剪显然满足。初步采用 12 个 M16 高强螺栓，螺栓群布置如图 4-49 所示。

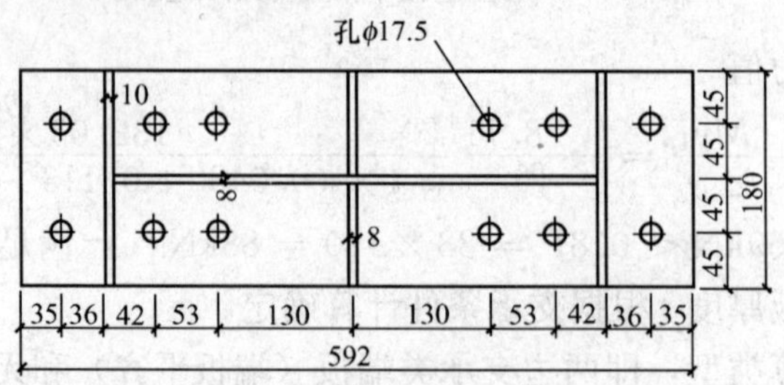

图 4-49 梁拼接节点螺栓群布置图

螺栓承受的最大拉力值

$$N_{t1}=\frac{N}{n}+\frac{My_1}{\sum y_i^2}=\frac{-23.5}{12}+\frac{103.14\times0.261}{4\times(0.13^2+0.183^2+0.261^2)}=54.83\text{kN}<$$

$$0.8P=0.8\times80=64\text{kN}\qquad 满足要求。$$

②连接板设计：端板厚度 t 可根据支承条件计算确定。

支承共有三种计算类型，即伸臂类端板、两边支承类端板（端板平齐）和无加劲肋端板，现分别计算各个板区的厚度值，然后取最大值。

伸臂类端板

$$e_f=36\text{mm},N_t=54.9\text{kN},t=180\text{mm},f=215\text{N/mm}^2。$$

$$t\geqslant\sqrt{\frac{6e_fN_t}{bf}}=17.5\text{mm}$$

两边支承板（端板平齐）

$$e_f=32\text{mm},e_w=41\text{mm},N_t=N_{t1}\frac{h_2}{h_1}=54.83\times\frac{403}{440}=50.22\text{kN},b=180\text{mm},f=215\text{N/mm}^2$$

$$t\geqslant\sqrt{\frac{12e_fe_wN_t}{[e_wb+4e_f(e_w+e_f)]f}}\approx14.83\text{mm}$$

无加劲肋端板

$$a=53\text{mm},e_w=41\text{mm},N_t=N_{t1}\frac{h_3}{h_1}=54.83\times\frac{350}{440}=43.61\text{kN}$$

$$t\geqslant\sqrt{\frac{3e_wN_t}{(0.5a+e_w)f}}=19.23\text{mm}$$

故可取端板厚度为 t=20mm。

根据以上主刚架计算结果即可绘制施工图。

二、檩条设计实例

1. 设计资料

封闭式轻型门式刚架建筑，屋面材料为双层压型钢板夹保温层，屋面坡度 1/10（α=5.71°），冷弯薄壁卷边槽钢简支檩条跨度 6m，于檩条跨度 1/2 处设一道拉条（拉条直径 12mm，位置设在腹板高度距上翼缘板边缘 1/3 范围内，开孔直径 13mm）；水平檩距 1.5m。檐口距地面高度 8m，屋脊距地面高度 9.2m。钢材 Q235。屋面活荷载标准值 0.5 kN/m²，基本风压 w_0=0.3kN/m²，地面粗糙度为 B 类，雪荷载 0.35kN/m²，检修集中荷载 1.0kN，不考虑积灰荷载。

2. 荷载标准值（对水平投影面）

（1）永久荷载：

压型钢板（双层含保温）	0.25 kN/m²
檩条自重（包括拉条）	0.05 kN/m²
	0.30kN/m²

（2）可变荷载：

屋面均布活荷载 0.5 kN/m²，雪荷载 0.35 kN/m²，计算时取两者的较大值 0.5 kN/m²。

基本风压 w_0=0.3kN/m²，检修集中荷载 1.0kN。

3. 荷载组合

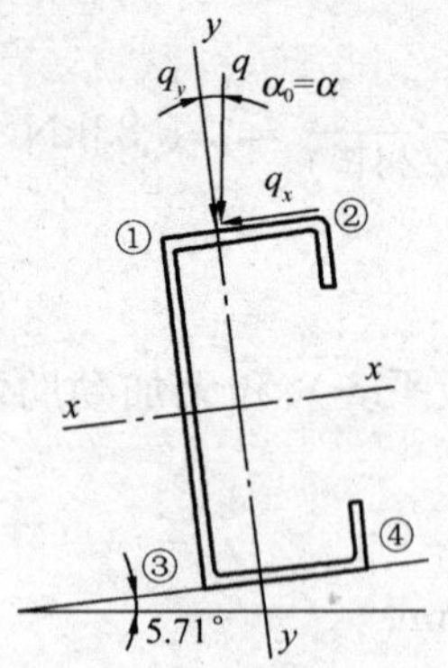

图 4-50 檩条截面力系图

简单计算可知，检修集中荷载（最不利位置在檩条跨中）对檩条任一截面的荷载效应比屋面活荷载的荷载效应小。因此，只考虑以下两种组合：

（1）永久荷载与屋面活荷载组合：

檩条线荷载 $q_k=(0.3+0.5)\times1.5=1.20\text{ kN/m}$

$$q=(1.2\times0.3+1.4\times0.5)\times1.5=1.59\text{ kN/m}$$

$$q_x=q\sin5.71°=0.158\text{ kN/m}$$

$$q_y=q\cos5.71°=1.582\text{ kN/m}$$

（2）永久荷载与风吸力荷载组合：查《荷载规范》，地面粗糙度为B类，房屋高度小于10m，风压高度变化系数 $\mu_z=1.0$；檩条的有效受风面积 $A=1.5\times6=9\text{m}^2$（$6.3\text{m}^2<A<10\text{m}^2$），查表 4-9，边缘带风荷载体型系数 $\mu_s=1.5\log A-2.9=-1.47$，垂直屋面的风荷载标准值：

$$w_k=\mu_s\mu_z w_0=-1.47\times1.0\times(1.05\times0.3)=-0.463\text{ kN/m}^2$$

檩条线荷载

$$q_x=1.0\times0.3\times1.5\times\sin5.71°=0.045\text{ kN/m}$$

$$q_y=1.0\times0.3\times1.5\times\cos5.71°-1.4\times0.463\times1.5=-0.525\text{ kN/m}$$

4. 内力计算

（1）永久荷载与屋面活荷载组合下

$$M_x=\frac{q_y l^2}{8}=\frac{1.582\times6^2}{8}=7.12\text{kN}\cdot\text{m}$$

$$M_y=\frac{q_x l^2}{8}=\frac{0.158\times6^2}{8}=0.18\text{kN}\cdot\text{m}$$

（2）永久荷载与风吸力荷载组合下（采用受压下翼缘不设拉条的方案）

$$M_x=\frac{q_y l^2}{8}=\frac{-0.525\times6^2}{8}=-2.36\text{kN}\cdot\text{m}$$

$$M_y=\frac{q_x l^2}{8}=\frac{0.045\times6^2}{8}=0.2\text{kN}\cdot\text{m}$$

5. 截面选择及截面特性

（1）选用C180×70×20×2.2（图 4-50），毛截面特性

$A=7.52\text{cm}^2$，$I_x=374.90\text{cm}^4$，$W_x=41.66\text{cm}^3$，$I_y=48.97\text{cm}^4$，$W_{y_{\max}}=23.19\text{cm}^3$，$W_{y_{\min}}=10.02\text{ cm}^3$，$I_t=0.1213\text{ cm}^4$，$I_\omega=3165.62\text{cm}^6$，$i_x=7.06\text{cm}$，$i_y=2.55\text{cm}$，$x_0=2.11\text{cm}$，$e_0=5.14\text{cm}$

先按毛截面计算图 4-50 中①～④点的截面应力为［图 4-51（a）］

$$\sigma_1=\frac{M_x}{W_x}+\frac{M_y}{W_{y_{\max}}}=\frac{7.12\times10^6}{41.66\times10^3}-\frac{0.18\times10^6}{23.19\times10^3}=163.2\text{ N/mm}^2 \quad（压）$$

$$\sigma_2=\frac{M_x}{W_x}+\frac{M_y}{W_{y_{\min}}}=\frac{7.12\times10^6}{41.66\times10^3}+\frac{0.18\times10^6}{10.02\times10^3}=188.87\text{ N/mm}^2 \quad（压）$$

$$\sigma_3=-\frac{M_x}{W_x}-\frac{M_y}{W_{y_{\max}}}=-\frac{7.12\times10^6}{41.66\times10^3}-\frac{0.18\times10^6}{23.19\times10^3}=-178.7\text{ N/mm}^2 \quad（拉）$$

$$\sigma_4=\frac{M_x}{W_x}+\frac{M_y}{W_{y_{\min}}}=-\frac{7.12\times10^6}{41.66\times10^3}+\frac{0.18\times10^6}{10.02\times10^3}=-152.9\text{ N/mm}^2 \quad（拉）$$

（2）受压板件的稳定系数：

1）腹板。腹板为加劲板件，$\psi=\sigma_{min}/\sigma_{max}=-178.7/163.2=-1.09<-1$，在计算板件受压稳定系数 k 时，取 $\psi=-1$，由式（4-79）有

$$k=7.8-6.29\psi+9.78\psi^2=7.8-6.29\times(-1)+9.78\times(-1)^2=23.87$$

2）上翼缘板。上翼缘板为最大压应力作用的部分加劲板件

$$\psi=\sigma_{min}/\sigma_{max}=163.2/188.87=0.86>-1,\text{由式(4-81)有}$$

$$k=1.15-0.22\psi+0.045\psi^2=1.15-0.22\times0.86+0.045\times0.86^2=0.99$$

（3）受压板件的有效宽度：

1）腹板

$k=23.87$，$k_c=0.99$，$b=180\text{mm}$，$c=70\text{mm}$，$t=2.2\text{mm}$，$\sigma_1=163.2\text{N/mm}^2$，由式(4-88)有

$$\xi=\frac{c}{b}\sqrt{\frac{k}{k_c}}=\frac{70}{180}\sqrt{\frac{23.87}{0.99}}=1.91>1.1$$

按式（4-87）计算的板组约束系数为

$$k_1=0.11+\frac{0.93}{(\xi-0.05)^2}=0.11+\frac{0.93}{(1.91-0.05)^2}=0.38$$

按式（4-77）有

$$\rho=\sqrt{\frac{205k_1k}{\sigma_1}}=\sqrt{\frac{205\times0.38\times23.87}{163.2}}=3.38$$

由于 $\psi=-1.09<0$，则 $\alpha=1.15$，$b_c=b/(1-\psi)=180/(1+1.09)=86.12\text{mm}$，$b/t=180/2.2=81.82$，$18\alpha\rho=18\times1.15\times3.38=69.97$，$38\alpha\rho=38\times1.15\times3.38=69.97=147.71$，所以 $18\alpha\rho<b/t<38\alpha\rho$，按式（4-72）计算的截面有效宽度为

$$b_e=\left(\sqrt{\frac{21.8\alpha\rho}{\frac{b}{t}}}-0.1\right)b_c=\left(\sqrt{\frac{21.8\times1.15\times3.38}{81.82}}-0.1\right)\times86.12=79.03\text{mm}$$

由式（4-90）有

$$b_{e1}=0.4b_e=0.4\times79.03=31.61\text{mm},b_{e2}=0.6b_e=0.6\times79.03=47.42\text{mm}$$

2）上翼缘板

$$k=0.99,k_c=23.87,b=70\text{mm},c=180\text{mm},\sigma_1=188.87\text{N/mm}^2,$$

$$\xi=\frac{c}{b}\sqrt{\frac{k}{k_c}}=\frac{180}{70}\sqrt{\frac{0.99}{23.87}}=0.524<1.1$$

$$k_1=\frac{1}{\sqrt{\xi}}=\frac{1}{\sqrt{0.524}}=1.38$$

$$\rho=\sqrt{\frac{205k_1k}{\sigma_1}}=\sqrt{\frac{205\times1.38\times0.99}{188.87}}=1.22$$

由于 $\psi>0$，$\alpha=1.15-0.15\psi=1.15-0.15\times0.86=1.02$，$b_c=b=70\text{mm}$，$b/t=70/2.2=31.82$，$18\alpha\rho=18\times1.02\times1.22=22.4$，$38\alpha\rho=38\times1.02\times1.22=47.29$，所以 $18\alpha\rho<b/t<38\alpha\rho$，按式（4-72）计算的截面有效宽度为

$$b_e=\left(\sqrt{\frac{21.8\alpha\rho}{\frac{b}{t}}}-0.1\right)b_c=\left(\sqrt{\frac{21.8\times1.02\times1.22}{31.82}}-0.1\right)\times70=57.63\text{mm}$$

由式（4-90）有

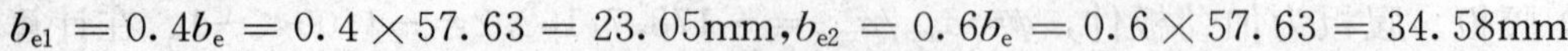

$$b_{e1}=0.4b_e=0.4\times57.63=23.05\text{mm},b_{e2}=0.6b_e=0.6\times57.63=34.58\text{mm}$$

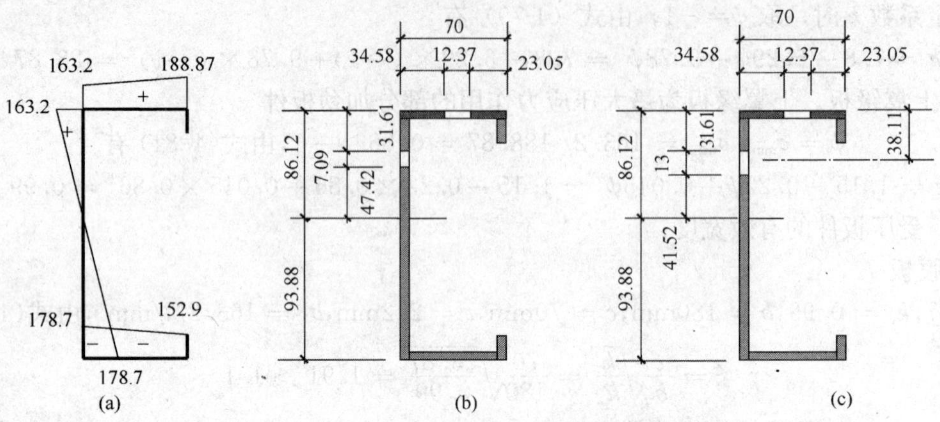

图 4-51　檩条受压板件有效宽度分布图

(a) σ分布图（N/mm²）；(b) 计算有效宽度分布图（mm）；(c) 考虑开孔的有效宽度分布图（mm）

3）下翼缘板

下翼缘板全截面受拉，全部有效。

（4）有效净截面特性。上翼缘板的扣除面积宽度为：70−57.63=12.37mm，腹板的扣除面积宽度为：86.12−82.59=3.53mm［图 4-51（b）］，同时在腹板的计算截面有直径为13mm 的拉条连接孔，孔口宽度大于 3.53mm，所以腹板的扣除面积宽度按 13mm 计算，取孔心位置距上翼缘边 39mm＜180/3=60mm［图 4-51（c）］。

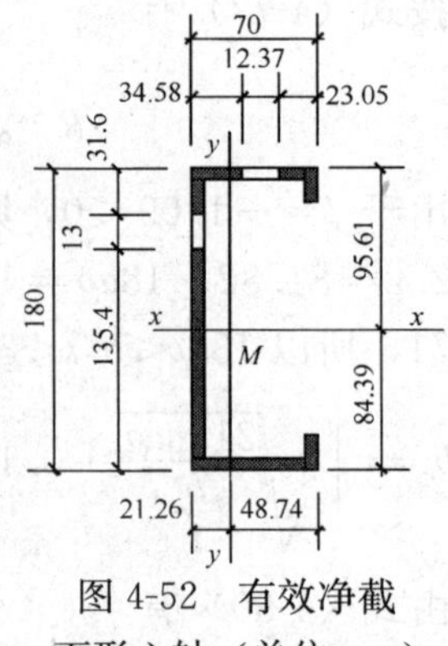

图 4-52　有效净截面形心轴（单位 mm）

前面已知檩条毛截面特性 $A=7.52\text{cm}^2$，$I_x=374.90\text{cm}^4$，$I_y=48.97\text{cm}^4$，$x_0=2.11\text{cm}$。

有效净截面特性（形心轴定位参数如图 4-52 所示）为

$$A_{ne}=752-(12.37+13)\times2.2=696.19\text{mm}^2$$

$$y_1=\frac{752\times90-13\times2.2\times141.9-12.37\times2.2\times178.9}{696.19}=84.39\text{mm}$$

$$y_2=180-84.39=95.61\text{mm}$$

$$x_1=\frac{752\times21.2-12.37\times2.2\times40.77-13\times2.2\times1.1}{696.19}=21.26\text{mm}$$

$$x_2=70-21.26=48.74\text{mm}$$

$$W_{enx\max}=\frac{374.90\times10^4+752\times5.61^2-\left(\dfrac{2.2\times13^3}{12}+2.2\times13\times57.51^2+12.37\times2.2\times94.51^2\right)}{84.39}$$

$$=4.07\times10^4\text{mm}^3$$

$$W_{enx\min}=\frac{4.07\times10^4\times84.39}{95.61}=3.6\times10^4\text{mm}^3$$

$$W_{wnymax}=\frac{48.97\times10^4+752\times0.16^2-\left(\frac{2.2\times12.37^3}{12}+2.2\times12.37\times40.765^2+2.2\times13\times1.1^2\right)}{21.26}$$

$$=2.09\times10^4\text{mm}^3$$

$$W_{enymin}=\frac{2.09\times10^4\times21.26}{48.74}=0.91\times10^4\text{mm}^3$$

6. 强度验算

屋面能阻止檩条侧向失稳和扭转，显然，最大应力点在图 4-50 的②点

$$\sigma_2=\frac{M_x}{W_{enxmin}}+\frac{M_y}{W_{enymin}}=\frac{7.12\times10^6}{36\times10^3}+\frac{0.18\times10^6}{9.1\times10^3}=217.55\ \text{N/mm}^2>f=205\ \text{N/mm}^2$$

不满足要求。若檩条仍用 Q235 钢，则需改变檩条间距或改变檩条截面尺寸重算。现将檩条钢牌号改为 Q345，$f=300\text{N/mm}^2$，则强度满足要求。

7. 稳定性验算

（1）有效截面模量。永久荷载与风吸力组合下的弯矩较永久荷载与屋面可变荷载组合下的弯矩小很多，按前述计算方法截面全部有效，同时不计孔洞削弱，则

$$W_{ex}=W_x=41.66\text{cm}^3, W_{ey}=W_{eymin}=10.02\text{cm}^3$$

屋面能阻止檩条上翼缘侧移和扭转，在风吸力作用下可按式（4-92）计算檩条的稳定性。由于均布风荷载方向离开弯心，故 e_a 取正值。

$$e_a=\sqrt{\left(\frac{h}{2}\right)^2+e_0^2}=\sqrt{\left(\frac{180}{2}\right)^2+51.4^2}=103.64\text{mm}$$

因在下翼缘附近未设拉条，查表 4-11，$\mu_b=1.0$，$\xi_1=1.13$，$\xi_2=0.46$，$l_0=\mu_b l=1.0\times6000=6000\text{mm}$

$$\eta=2\xi_2 e_a/h=2\times0.46\times103.64/180=0.53$$

$$\zeta=\frac{4I_\omega}{h^2I_y}+\frac{0.156I_t}{I_y}\left(\frac{l_0}{h}\right)^2=\frac{4\times3165.62\times10^6}{180^2\times48.97\times10^4}+\frac{0.156\times1213}{48.97\times10^4}\times\left(\frac{6000}{180}\right)^2$$

$$=1.227$$

$$\lambda_y=\frac{l_0}{i_y}=\frac{6000}{25.5}=235.29$$

$$\varphi_{bx}=\frac{4320Ah}{\lambda_y^2W_x}\xi_1\left(\sqrt{\eta^2+\zeta}+\eta\right)\left(\frac{235}{f_y}\right)$$

$$=\frac{4320\times752\times180}{235.29^2\times41660}\times1.13\times\left(\sqrt{0.53^2+1.227}+0.53\right)\times\frac{235}{345}=0.343<0.7$$

验算位置取图 4-50 中④点

$$\frac{M_x}{\varphi_{bx}W_{ex}}+\frac{M_y}{W_{ey}}=\frac{2.36\times10^6}{0.343\times41.66\times10^3}+\frac{0.20\times10^6}{10.02\times10^3}$$

$$=185.12\ \text{N/mm}^2<f=300\ \text{N/mm}^2\quad 满足要求$$

计算表明由永久荷载与风吸力组合不起控制作用。

8. 挠度验算

按式（4-97）验算，挠度限值查表 4-3

$$v_y=\frac{5q_{ky}l^4}{384EI_x}=\frac{5\times1.2\times\cos5.71°\times6000^4}{384\times206\times10^3\times374.90\times10^4}$$

$= 26.09\text{mm} < l/150 = 40\text{mm}$ 满足要求。

9. 构造要求

$$\lambda_x = \frac{6000}{70.6} = 85, \lambda_y = \frac{3000}{25.5} = 117.6 < [\lambda] = 200$$

故此檩条在平面内、外均满足要求。

思　考　题

1. 轻型门式刚架结构体系是如何构成的？其主刚架一般有哪些形式？

2. 当门式刚架为两跨或两跨以上时，在什么情况下中柱设计为上下铰接的摇摆柱？为什么要这样设计？

3. 为什么不设桥式吊车的轻型门式刚架结构梁、柱截面一般采用变截面形式而设桥式吊车时门架柱一般采用等截面形式？

4. 实腹式轻型门式刚架结构梁、柱连接节点有哪些形式？柱脚节点又有哪些形式？

5. 实腹式轻型门式刚架结构梁、柱构件承载力计算应按什么受力构件考虑？

6. 冷弯薄壁型钢檩条有哪些截面形式？在屋面坡度较小时一般采用哪种截面形式？在屋面坡度较大时一般又采用哪种截面形式？为什么？

7. 设计檩条时要考虑哪几种荷载组合？在什么情况下荷载效应由永久荷载与吸风荷载组合起控制作用？

8. 何谓“有效截面”？何谓“有效净截面”？

9. 为什么实腹式檩条一般要设置拉条？拉条如何设置？

习　题

1. 如图 4-53 所示单跨门式刚架，柱为楔形柱，梁为等截面梁，截面尺寸及刚架几何尺寸（单位：mm）如图所示，刚架梁、柱毛截面几何特性如表 4-16 所示，材料为 Q235-B. F。已知楔形柱大头截面的内力：$M_1=199.4\text{kN}\cdot\text{m}$，$N_1=63.5\text{kN}$，$V_1=28.4\text{kN}$；柱小头截面内力：$N_0=86.1\text{kN}$，$V_0=30.5\text{kN}$。试验算该刚架柱的强度及整体稳定是否满足设计要求。

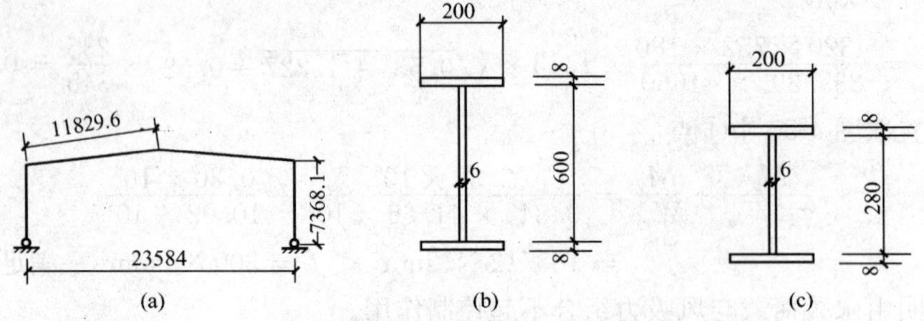

图 4-53　刚架几何尺寸、柱截面尺寸

(a) 刚架几何尺寸；(b) 梁、柱大头截面尺寸；(c) 柱小头截面尺寸

2. 一轻型门式刚架结构的屋面，檩条采用冷弯薄壁卷边槽钢，截面尺寸为 C160×60×

20×2.2，钢材牌号为Q235。水平檩距1.2m，檩条跨度6m，屋面坡度8%（$\alpha=4.57°$），檩条跨中设置一道拉条（图4-54），试验算该檩条的承载力和挠度是否满足要求。已知该檩条承受的荷载为（见表4-14）：

表 4-14　刚架梁、柱的毛截面几何特性

构件名称	截面	A (mm^2)	I_x ($\times10^4mm^4$)	I_y ($\times10^4mm^4$)	W_x ($\times10^3mm^3$)	i_x (mm)	i_y (mm)
刚架梁	2-2	6800	40375	1068	1311	243.1	39.6
刚架柱	1-1	6800	40375	1068	1311	243.1	39.6
	0-0	4880	7733	1067	52.25	125.9	46.8

（1）1.2×永久荷载+1.4×屋面活荷载

荷载标准值　$q_k=0.96kN/m$

荷载设计值　$q_1=1.272kN/m$

$$q_x=q_1\sin4.57°=0.101kN/m$$

$$q_y=q_1\cos4.57°=1.268kN/m$$

（2）1.0×永久荷载+1.4×风吸力荷载设计值

$$q_x=0.029kN/m$$

$$q_y=-0.419kN/m$$

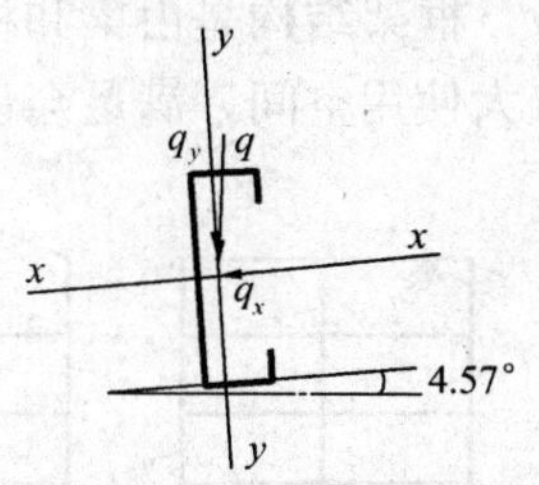

图 4-54　檩条截面

第五章 多层框架结构

第一节 框架结构的结构组成和布置

一、框架结构的组成

框架结构是由梁和柱组成的一种建筑结构体系，其特点是建筑平面布置灵活，可以形成较大使用空间，满足会议室、餐厅、车间、商场、教室等的使用功能要求。

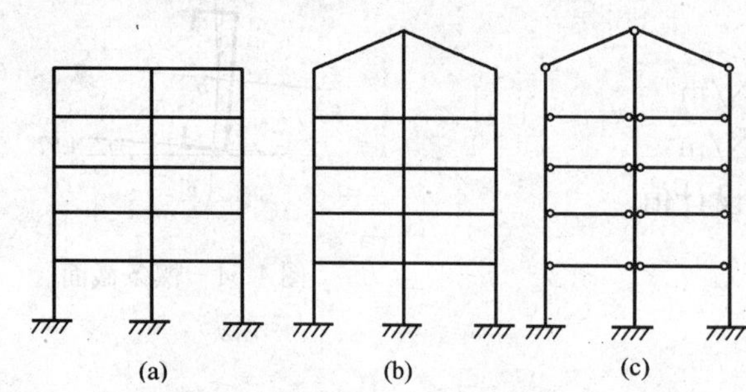

图 5-1 框架结构的梁柱连接

梁柱连接处一般为刚性连接，但有时为了便于施工或考虑构造要求，也可将部分节点做成铰节点，如图 5-1 所示。柱和基础的连接一般为固结，也可以设计成铰支座以满足某些特殊需要。

二、框架结构分类

框架结构按梁柱所用材料的不同，可分为钢结构、混凝土结构和组合结构。

由于钢结构建筑具有重量轻、抗震性能好、施工周期短、工业化程度高、环保效果好等优点，符合国民经济可持续发展的要求，近年来得到了越来越广泛的应用。但也存在用钢量大、造价高、耐火性能差以及维修费用高等缺点。钢框架结构一般在工厂预制钢梁和钢柱，运送至现场再拼接成整体。

钢筋混凝土框架结构因其具有较好的可模性、耐久性、耐火性和整体性，且易于就地取材、造价低廉，在我国得到了广泛的应用。近年来，钢—混凝土组合框架结构在建筑工程中已得到越来越广泛的应用。这种组合框架具有工厂化制作、装配化施工、施工工期短、承载力高、延性好、综合经济性能好等特点。

为满足不同的建筑功能和建筑造型的要求，框架结构一般可分为单层单跨、单层多跨和多层多跨等结构形式。如图 5-2 所示。

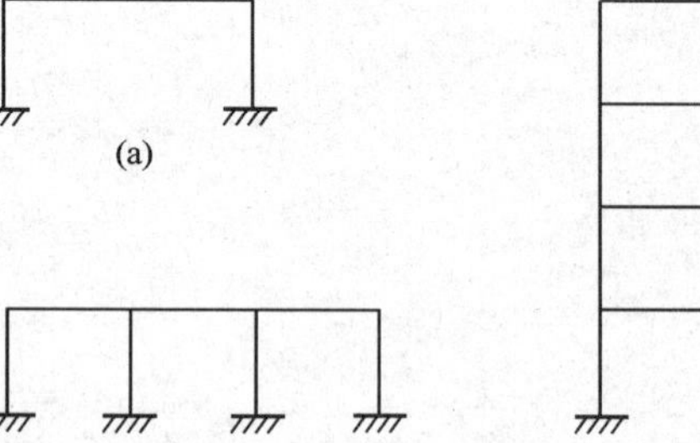

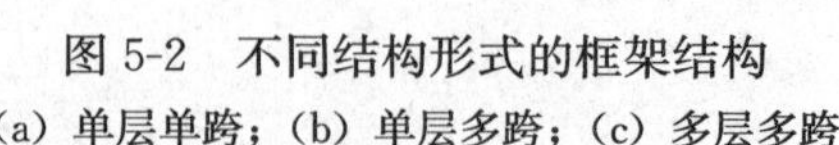

图 5-2 不同结构形式的框架结构

(a) 单层单跨；(b) 单层多跨；(c) 多层多跨

钢筋混凝土框架结构按施工方法的不同，可分为现浇式，见图 5-3 (c)，装配式，见图 5-3 (a) 和装配整体式等，如图 5-3 (b) 所示。

现浇式框架即梁、柱、楼盖均为现浇钢筋混凝土，或其中楼板为预制。一般是每一层的柱与其上部的梁板同时支模、绑扎钢筋，然后一次浇捣混凝土。全现浇式框架结构的整体性好、抗震性能好，但因其现场施工的工作量大，故工期长，且需要大量的模板。对于楼板为预制板的情况，因大大减小了现场混凝土的浇筑量，节省了大量模板，故能

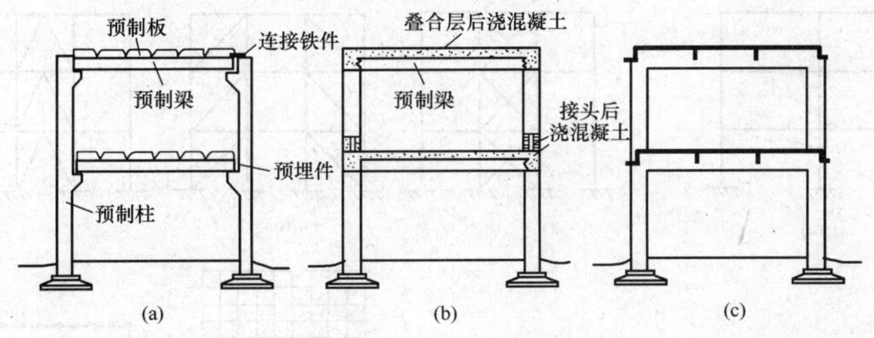

图 5-3　混凝土框架结构的不同施工方法

提高工作效率，降低工程成本。

装配式框架结构是指梁、柱、楼板均为预制，然后通过焊接拼装连接成整体的框架结构。由于所有构件均为预制，可实现标准化、工厂化、机械化生产。因此，装配式框架施工速度快、效率高。但由于在焊接接头处均必须预埋连接件，增加了整个结构的用钢量。此外，装配式框架结构的整体性较差，抗震能力弱，不适于在地震区使用。

装配整体式框架是指梁、柱、楼板均为预制，吊装就位后，焊接或绑扎节点区钢筋，通过浇筑混凝土，形成框架节点，从而将梁、柱、楼板连成整体的框架结构。装配整体式框架结构既具有良好的整体性和抗震能力，又可采用预制构件，减少现场混凝土的浇筑量。因而兼有现浇式和装配式的优点，但节点区的施工很复杂。

根据结构构件形式的不同，钢框架结构有实腹式框架、格构式框架和横梁为格构式而立柱为实腹式的组合式框架，见图 5-4。实腹式框架外形简洁美观，制造简单，安装省工，但钢材的有效利用率较低。格构式框架刚度较大，用钢省，其外形和净空的布置比实腹式框架灵活得多，但制作加工和安装都较为复杂。在跨度较大的框架中采用格构式比实腹式为好。组合式框架的目的主要是减轻横梁自重，增加结构刚度。

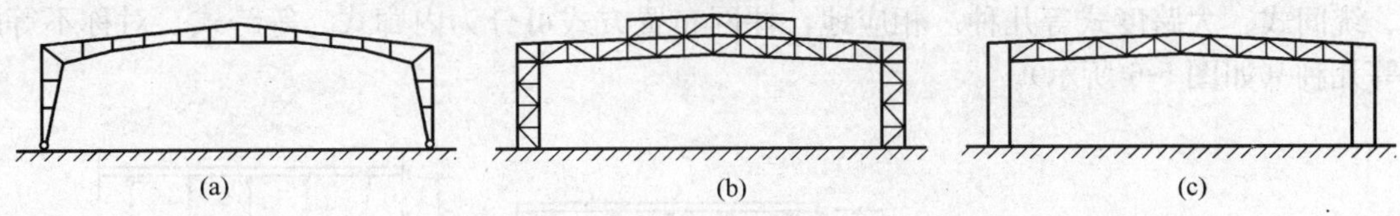

图 5-4　钢框架形式

（a）实腹式框架；（b）格构式框架；（c）组合式框架

根据结构抗侧力体系的不同，钢结构框架还可以分为纯框架、中心支撑框架、偏心支撑框架和框筒，见图 5-5。

纯框架结构的延性好，但抗侧刚度较差；中心支撑框架通过支撑提高框架的侧向刚度，但支撑受压会屈曲，支撑屈曲会导致原结构的承载力降低；偏心支撑框架可通过偏心梁段剪切屈曲限制支撑的受压屈曲，从而保证结构具有稳定的承载能力和良好的耗能性能，结构的抗侧能力则介于纯框架和中心支撑框架之间；框筒实际上是密柱深梁结构，梁跨小，刚度大，使周围柱构成一个整体受弯的薄壁筒体，具有较大的抗侧能力和承载力，框筒结构主要用于高层建筑。

另外，根据是否施加预应力可将钢框架结构分为普通钢框架和预应力钢框架，给钢框架

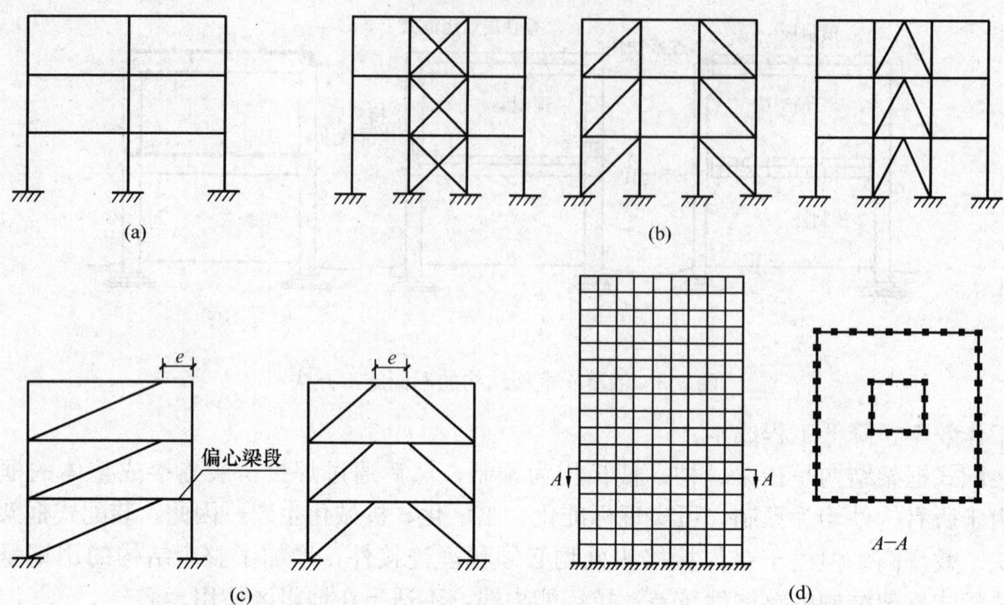

图 5-5　钢框架的立面形式

（a）纯框架结构；（b）各种中心支撑框架结构；（c）偏心支撑框架结构；（d）框筒结构

施加预应力是为了改善构件在使用荷载作用下的受力状态，以减小构件的截面尺寸。

本章主要介绍多层多跨的钢筋混凝土框架和钢框架的设计。

三、框架结构布置

（一）柱网布置

框架结构的柱网布置既要满足生产工艺和建筑平面布置的要求，又要使结构受力合理，施工方便。

在多层多跨工业厂房设计中，生产工艺的要求是厂房平面设计的主要依据，主要有内廊式、统间式、大跨度式等几种。相应地，柱网布置方式可分为内廊式、等跨式、对称不等跨式等几种（如图 5-6 所示）。

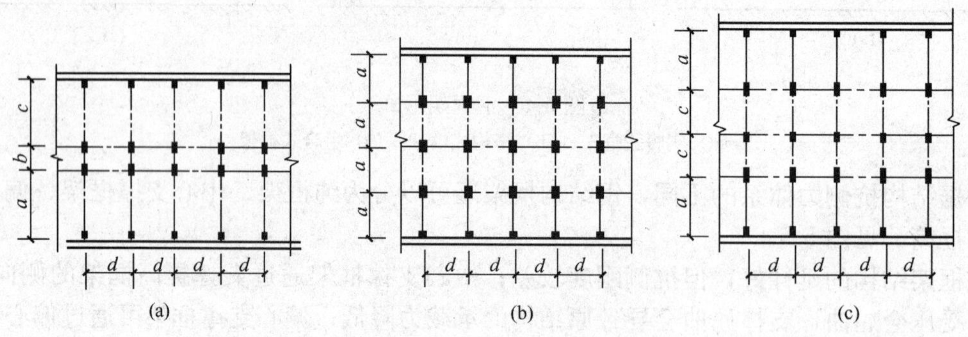

图 5-6　柱网布置方式

在宾馆、办公楼等民用建筑中，柱网布置应与建筑分隔墙布置相协调，一般常设四行柱而形成三跨框架。当建筑平面宽度较小，层数较少时，也可设三行柱而成两跨框架。

柱网布置要使结构受力合理。多层框架柱主要承受竖向荷载，柱网布置时应考虑到在竖向荷载作用下内力分布均匀合理，各构件材料强度均能得到充分利用。如图 5-7 所示的两种框架结构，在竖向荷载作用下，显然框架 A 的梁跨中最大弯矩、梁支座最大负弯矩及柱端弯矩均比框架 B 大。纵向柱列的布置对结构受力也有影响，框架柱距一般可取建筑开间。但当开间很小，层数又少时，柱截面设计时常按构造配筋，材料强度不能充分利用。同时过小的柱距也使建筑平面难以布置，为此，可考虑柱距为两个开间，如图 5-8 所示。

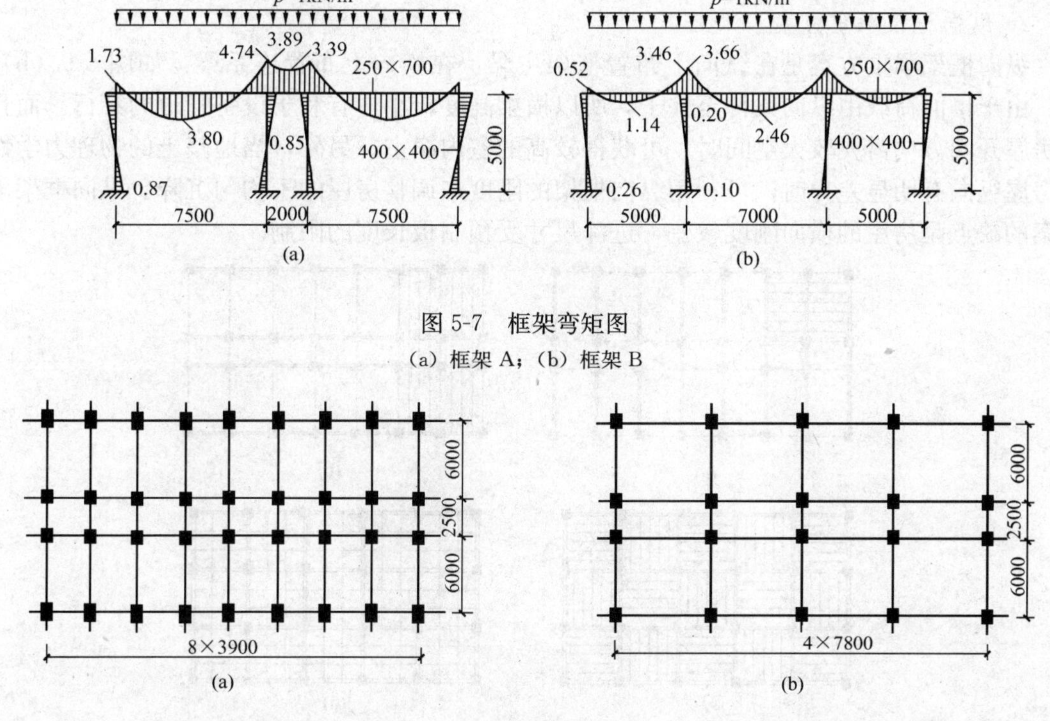

图 5-7　框架弯矩图

(a) 框架 A；(b) 框架 B

图 5-8　纵向柱列布置

另外，柱网布置应考虑到施工方便，以加快施工速度，降低工程造价。例如，对于装配式结构，既要考虑到构件的最大长度和最大重量，使之满足吊装、运输设备的限制条件，又要考虑到构件尺寸的模数化、标准化，并尽可能减小规格种类，以满足工业化生产的要求，提高生产效率。现浇框架结构可不受建筑模数和构件标准的限制，但在结构布置时亦应尽量使梁板布置简单规则，以方便施工。

（二）承重框架的布置

柱网确定以后，用梁把柱联系起来，即形成框架结构。在一般情况下两个方向均应有梁拉结。因此，实际的框架结构是一个空间受力体系。但为了计算方便起见，可将实际框架结构看成纵横两个方向的平面框架。沿建筑物长向的称为纵向框架，沿建筑物短向的称为横向框架。纵向和横向框架分别承受各自方向上的水平力，而楼面上的竖向荷载则依楼盖结构布置方式而按不同的方式传递：如为现浇平板楼盖，则向距离较近的梁上传递；对于预制板楼盖，则传至搁置预制板的梁上。一般应该在承受较大楼面竖向荷载的方向上布置主梁，而另一方布置的梁则称为次梁。

按楼板布置方式的不同，框架的布置方案有横向框架承重，纵向框架承重和纵横向框架混合承重等几种。

1. 横向框架承重方案

横向框架承重方案是在横向布置框架主梁，而在纵向布置连系梁，如图 5-9（a）所示。横向框架往往跨数较少，主梁沿横向布置有利于提高建筑物的横向抗侧刚度。而纵向框架则往往跨数较多，所以在纵向仅需按构造要求布置较小的连系梁，这也有利于房屋室内采光和通风。

2. 纵向框架承重方案

纵向框架承重方案是在纵向上布置框架主梁，在横向上布置连系梁，如图 5-9（b）所示。由于楼面荷载由纵向梁传至柱子，所以横梁高度较小，有利于设备管道的穿行。而且当在房屋开间方向需要较大空间时，可获得较高的室内净空。另外，当地基土的物理力学性质在房屋纵向有明显差异时，可利用纵向框架的刚度来调整房屋的不均匀沉降。纵向框架承重方案的缺点是房屋的横向刚度较差，进深尺寸受预制板长度的限制。

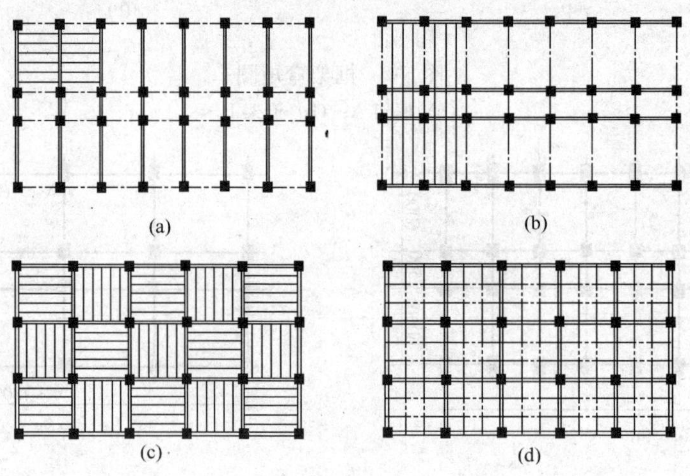

图 5-9 承重框架布置方案

3. 纵横向框架混合承重方案

纵横向框架混合承重方案是在两个方向上均需布置框架主梁以承受楼面荷载。当采用预制板楼盖时其布置如图 5-9（c）所示，当采用现浇板楼盖时，其布置如图 5-9（d）所示。当楼面上作用有较大荷载、楼面有较大开洞或当柱网布置为正方形或接近正方形时，常采用这种方案。纵横向混合承重方案具有较好的整体工作性能，框架柱均为双向偏心受压构件，为空间受力体系。

（三）变形缝的设置

变形缝有伸缩缝、沉降缝、防震缝三种。在多层及高层建筑结构中，应尽量少设缝或不设缝，以便简化构造、方便施工、降低造价、增强结构整体性和空间刚度。为防止由于温度变化、不均匀沉降、地震作用等因素所引起的结构或非结构的损坏，应从以下几点着手：在建筑设计时，应通过调整平面形状、尺寸、体型等措施；在结构设计时，应通过选择节点连接方式，配置构造钢筋、设置刚性层等措施；在施工方面，应通过分阶段施工、设置后浇带、做好保温隔热层等措施。

当建筑物平面较长、平面复杂、不对称或各部分刚度、高度、重量相差悬殊且上述措施都无法解决时，则应设伸缩缝、沉降缝或防震缝。在非地震区的沉降缝，可兼作伸缩缝；在地震区如设伸缩缝或沉降缝，应符合沉降缝的要求；当仅需设置防震缝时，则基础可不分开，但在防震缝处基础应加强构造和连接。

伸缩缝的设置，主要与结构的长度及环境有关，混凝土结构设计规范对钢筋混凝土框架结构伸缩缝的最大间距作了规定，如表 5-1 所示。当结构单元的长度超过规范容许值时，应采取相应的构造措施。

表 5-1　钢筋混凝土框架结构伸缩缝的最大间距　m

结构类别	室内或土中	露　天	结构类别	室内或土中	露　天
装配式	75	50	现浇式	55	35

注　1. 装配整体式结构房屋的伸缩缝间距宜按表中现浇式的数值取用。
2. 当屋面无保温或隔热措施时，伸缩缝的间距宜按表中露天栏的数值取用。
3. 现浇挑檐、雨罩等外露结构的伸缩缝间距不宜大于 12m。

沉降缝的设置，主要与基础受到的上部荷载及场地的地质条件有关。当上部荷载差异较大，或地基土的物理力学指标相差较大时，应设沉降缝，沉降缝的做法如图 5-10 所示。

伸缩缝和沉降缝的宽度一般不宜小于 50mm。

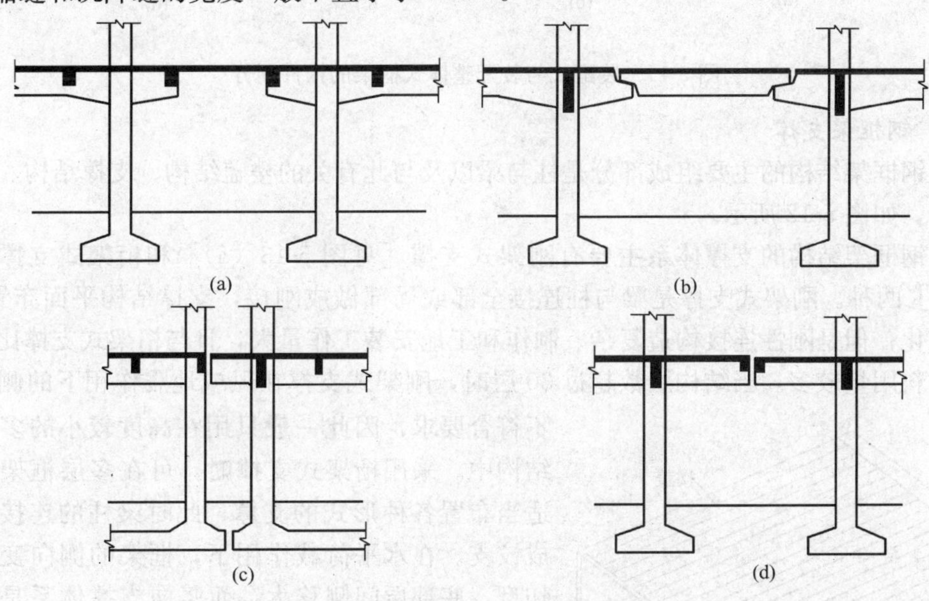

图 5-10　沉降缝构造
(a) 简支板式；(b) 简支梁式；(c) 单悬挑式；(d) 双悬挑式

（四）装配式和装配整体式框架的梁柱接头布置

装配式与装配整体式框架梁柱的接头位置确定，应考虑到构件的生产、吊装和运输能力，还要考虑施工方便、构造简单、受力合理。构件的划分通常有以下几种。

1. 单梁短柱式

梁按跨度、柱按层高划分单个构件见图 5-11 (a)。这种方案构件小，便于制作、堆放、运输和吊装。其缺点是接头数量多，且接头均应位于框架节点处，为结构内力最大的部位，不利于结构受力。

2. 单梁长柱式

梁按跨度划分，柱子每二层或数层为一个构件见图 5-11（b）。这样可减少接头数量，减少吊装次数，提高房屋整体性。其缺点是柱子吊装、运输困难，柱内配筋量常由于吊装、运输的要求而增加。

3. 框架式

将整个框架结构划分成若干个小刚架，见图 5-11（c）、（d）。接头的位置可以在框架节点处，也可以在弯矩较小的梁跨中及柱的层高中点。这样可以减少节点数量，减少吊装次数，提高房屋整体性。缺点是构件大而复杂，制作、运输、吊装均较困难。

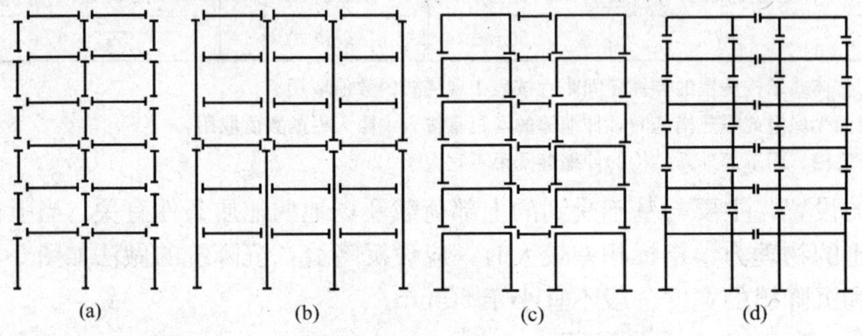

图 5-11　装配式与装配整体式框架的构件划分

（五）钢框架支撑

多层钢框架结构的主要组成部分是柱与梁以及与此有关的楼盖结构、支撑结构、墙板或墙架结构，如图 5-12 所示。

多层钢框架结构的支撑体系主要有刚架式支撑［见图 5-13（a）］和桁架式支撑［见图 5-13（b）］两种。刚架式支撑是梁与柱连接全部或局部做成刚接，支撑结构平面布置灵活，构件标准化；但是刚性连接构造复杂、制作和工地安装工作量大，且与桁架式支撑比较刚度较小，材料用量较多。当结构层数超过 30 层时，刚架式支撑在风或地震作用下的侧移往往不符合要求，因此一般只用在高度较小的多层框架结构中。采用桁架式支撑时，可在多层框架结构中适当布置各种形式的支撑，此时梁柱的连接都可做成铰支。在水平荷载作用下，框架的侧向变形呈剪切型，底部层间侧移大，而竖向支撑体系是弯曲型构件，底部层间侧移小，两者结合在一起协同工作，可以明显减小建筑物下层的层间位移。上述两种抗侧力体系也可混合使用，纵向用框架，横向用斜撑体系。

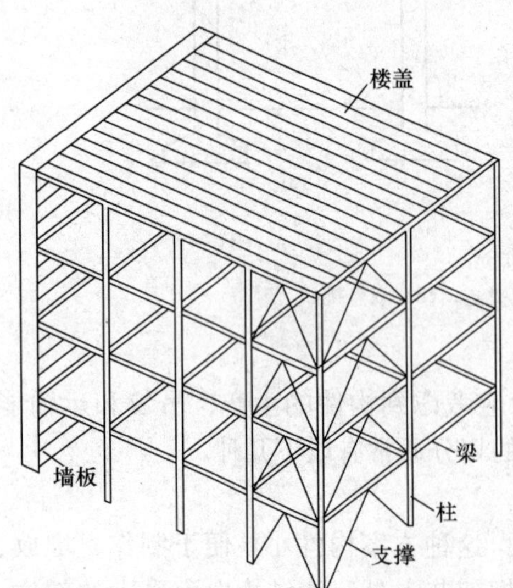

图 5-12　多层多跨框架的结构组成

多层框架支撑布置的要求是：承受各个方向的水平荷载，保证结构的整体稳定和安装过程中的局部和整体稳定；避免结构出现较大的次应力和温度应力。支撑布置在多层框架的纵向和横向，并最好与框架的主轴对称，以便承受任意方向的水平荷载

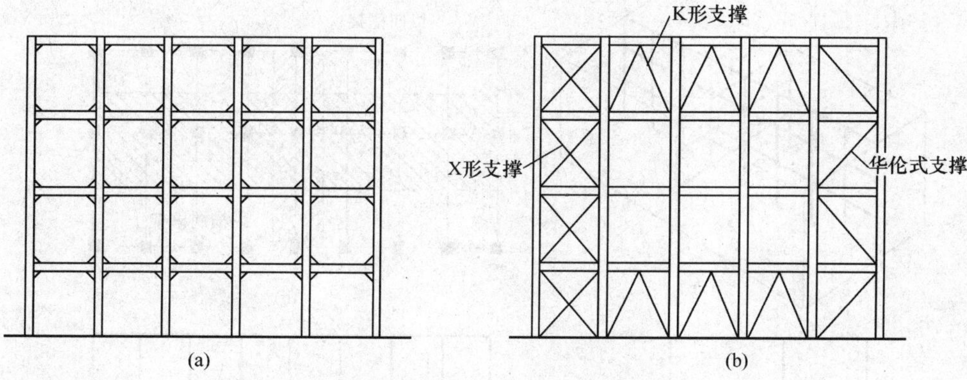

图 5-13 多层多跨框架支撑的形式
(a) 刚架式支撑；(b) 桁架式支撑

和扭矩，减小偏心。

当结构平面为正方形时，桁架式支撑可布置在房屋中央和四角；在长方形平面中，桁架式支撑则宜布置在短边两端及中部，以提高短边方向的刚度，在长边方向可布置少量支撑。

沿高度布置支撑时，最好从上到下贯通，如果桁架式支撑不能这样布置时，可将支撑移到相邻的区格中，并搭接一层以确保水平力传递。

桁架式支撑形式基本上有三种：即 X 形支撑、K 形支撑和华伦式支撑，见图 5-13 (b)。

X 形支撑不仅可以设计成能同时承受拉力和压力作用的刚性支撑，而且可以设计成只承受拉力的柔性支撑。但因为两根交叉斜杆都必须承受全部楼层的水平力，会导致材料用量增加，而且还有次应力。K 形支撑抗挠曲比较有效，基本上无次应力。华伦式支撑最有效，受压斜杆与柱一起参与承受竖向荷载，但结构分析比较困难。

四、框架结构计算简图

1. 计算单元的确定

框架结构是一个空间受力体系，但在工程设计中，一般都简化为平面结构进行计算，即忽略结构纵向和横向之间的联系，将纵横向框架分别按平面框架进行分析（见图 5-14)。计算图形只考虑平行于水平荷载作用方向的各榀框架参加工作，其平面外的刚度则不考虑。按弹性方法计算结构的内力和位移，各平面框架通过楼板而协同工作；连接各平面框架的楼板，在其自身平面内的刚度无穷大，而其平面外的刚度则不考虑，楼板只作刚体移动而不变形，相应地设计时要求楼板在自身平面内的挠度小于 1/12000，以认为满足上述要求。各榀框架承担的总水平荷载的分配量，与其自身平面内刚度大小成正比，竖向荷载则按楼屋盖结构的布置方案确定。

框架结构的内力和位移计算，在非地震区可只计算主要承受竖向荷载的横向框架结构；在地震区应按横向和纵向框架分别计算。

2. 节点的简化

框架节点一般为三向受力，但当按平面框架进行结构分析时，则节点应作相应的简化。根据施工方案和结构构造措施的不同，可简化为刚接节点、铰接节点和半铰接节点。在现浇

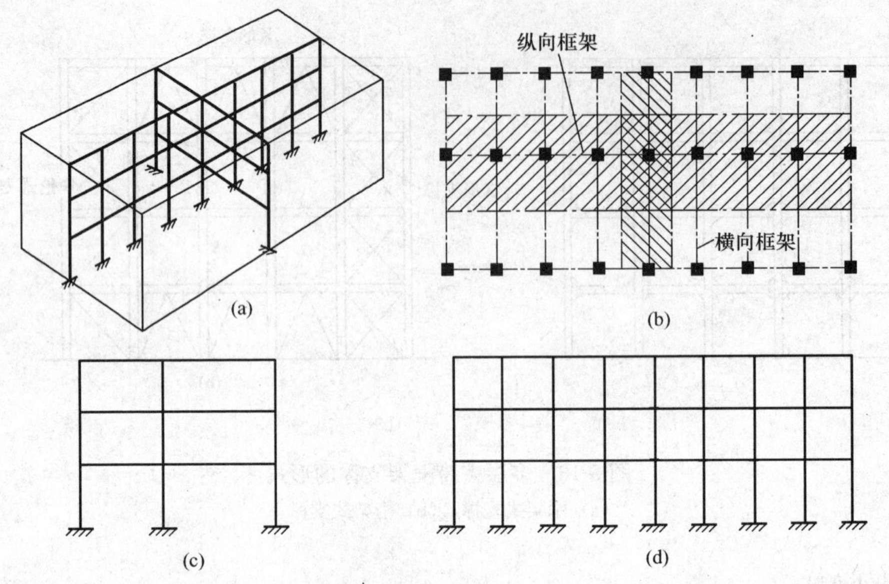

图 5-14 框架结构的计算假定

的钢筋混凝土框架结构中，梁和柱的纵向受力钢筋都将穿过节点或锚入节点区，这时应简化为刚性节点（见图 5-15）。

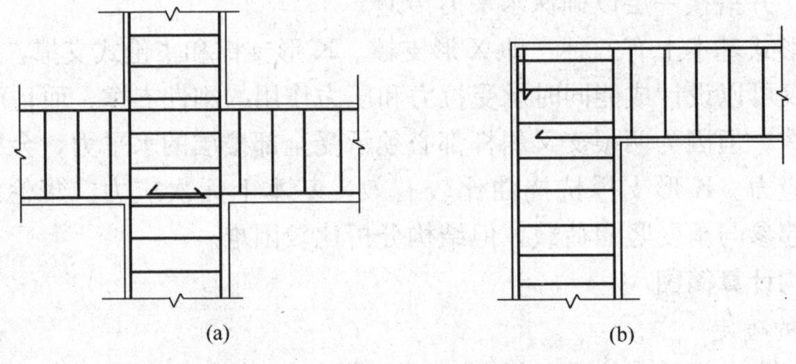

图 5-15 现浇框架梁柱节点

装配式钢筋混凝土框架结构则是在梁柱安装就位后再将梁底和柱子的预埋钢板焊接起来（见图 5-16），结构受力后难以保证梁柱间无相对转动，故常将这类节点简化为铰节点。

装配整体式钢筋混凝土框架结构中，梁柱中的钢筋在节点处或为焊接或为搭接，现场再浇部分混凝土将梁柱整体浇筑在一起（见图 5-17）。节点左右梁端均可有效地传递弯矩，因此可认为是刚性节点。当然这种节点的刚性不如现浇式框架好，节点处梁端的实际负弯矩要小于计算值。

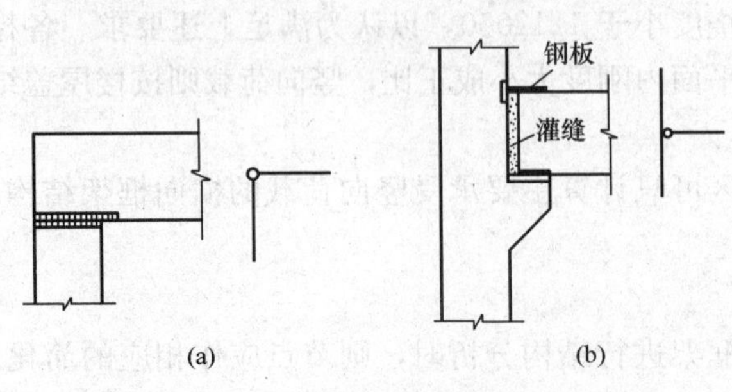

图 5-16 装配式框架梁柱节点

钢框架中梁与柱的连接通常采用的是柱贯通型的连接形式，按梁对柱的约束程度可简化为三类：铰接连接、半刚性连接

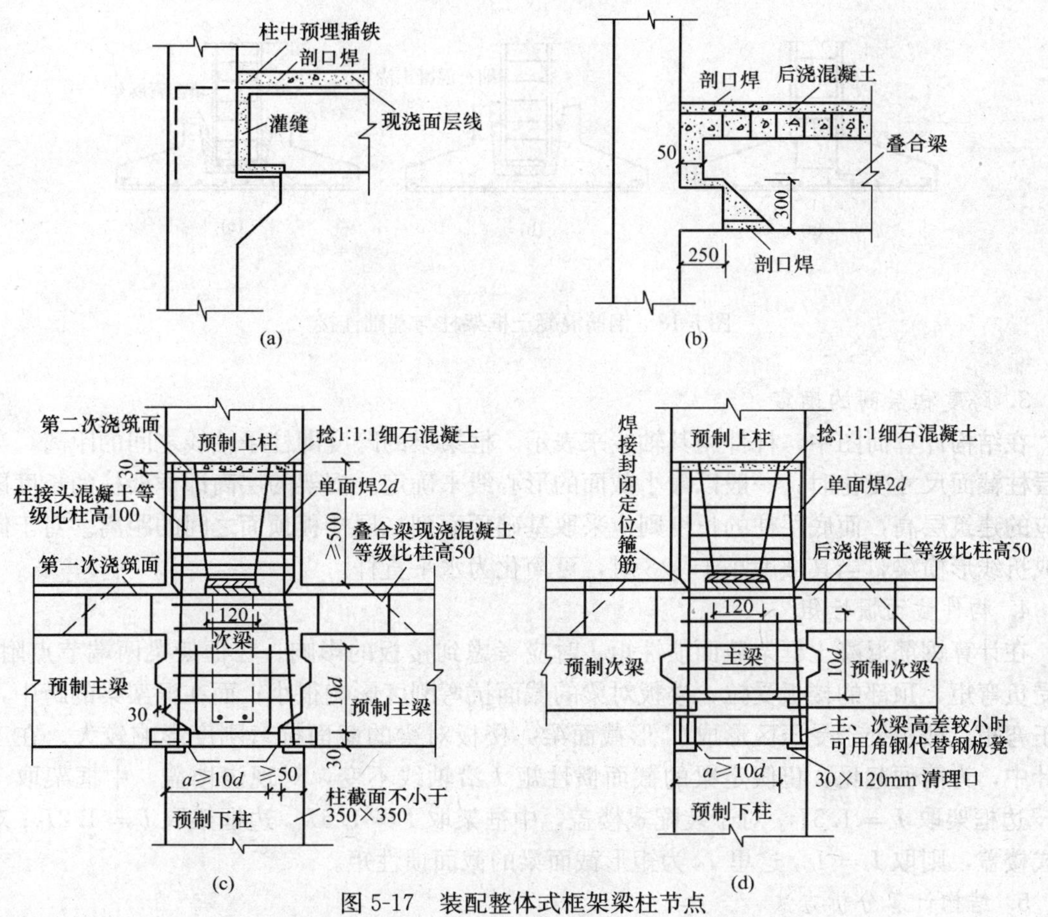

图 5-17　装配整体式框架梁柱节点

和刚性连接。

(1) 铰接连接。铰接连接是指节点连接在外力作用下，梁柱轴线夹角改变量将达到理想铰接转角的 80%以上，例如仅将横梁腹板通过角钢用高强度螺栓与柱连接。由于节点只能承受很小的弯矩，设计时一般可视为铰接。

(2) 刚性连接。刚性连接是指节点连接在外力作用下，对转动约束能达到理想刚接的 90%以上，例如梁翼缘和腹板均与柱焊接。在无支撑框架中要求其梁柱节点具有较强的抗弯刚度及抗侧能力，都采用刚接。

(3) 半刚性连接。半刚性连接是指其转动约束性能介于以上两者之间的情况，例如梁端焊以端板并用高强度螺栓连于柱翼缘。

从连接手段来看，框架的梁与柱节点可以采用焊缝连接、高强度螺栓连接或栓焊混合连接。

为了简化计算，特别是简化对整个结构体系的设计计算，通常假定梁与柱的连接节点为铰接连接或刚性连接两种。

钢筋混凝土框架支座可分为固定支座和铰支座，当为现浇钢筋混凝土柱时，一般设计成固定支座[见图 5-18(a)]，当为预制柱杯形基础时，则应视构造措施的不同分别简化为固定支座[见图 5-18(b)]和铰支座[见图 5-18(c)]。

钢框架的柱脚可简化为铰接和刚接两类。

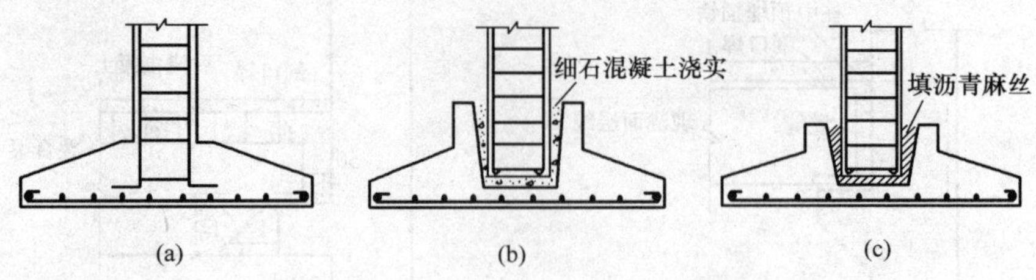

图 5-18　钢筋混凝土框架柱与基础连接

3. 跨度和层高的确定

在结构计算简图中，杆件用其轴线来表示。框架梁的跨度即柱子轴线之间的距离，当上下层柱截面尺寸变化时，一般以最小截面的形心线来确定。框架的层高即框架柱的长度即为相应的建筑层高，而底层柱的长度则应采取基础顶面到二层楼板顶面之间的距离。对于倾斜的或折线形横梁，当其坡度小于 1/8 时，可简化为水平直杆。

4. 构件截面惯性矩

在计算钢筋混凝土框架截面惯性矩 I 时应考虑到楼板的影响。在框架梁两端节点附近，梁受负弯矩，顶部的楼板受拉，楼板对梁的截面抗弯刚度影响很小；而在框架梁的跨中，梁受正弯矩，楼板处于受压区形成 T 形截面梁，楼板对梁的截面抗弯刚度影响较大。在工程设计中，为简便起见，仍假定梁的截面惯性矩 I 沿轴线不变，对现浇楼盖，中框架取 $I=2I_0$，边框架取 $I=1.5I_0$；对于装配式楼盖，中框架取 $I=1.5I_0$，边框架取 $I=1.2I_0$；对装配式楼盖，则取 $I=I_0$，这里 I_0 为矩形截面梁的截面惯性矩。

5. 结构计算分析方法

多层多跨框架结构计算分析方法有两大类：弹性设计方法和塑性设计方法。对于钢筋混凝土框架结构，用弹性方法求得结构内力后，宜采用考虑塑性内力重分布的方法，对梁端弯矩进行调幅，并确定相应的梁跨中弯矩。

进行钢框架结构分析时，一般还应考虑到 P-Δ 效应。当多层框架布置支撑体系后，结构的水平刚度大于 5 倍无支撑体系的结构水平刚度，则可以认为这种框架是有支撑框架结构，此时，框架柱可按承受一阶弯矩和轴力计算，设计支撑时应考虑二阶效应。

第二节　多层多跨框架结构内力与位移的近似计算方法

平面框架的内力分析方法很多，如竖向荷载作用常采用力矩分配法、迭代法和分层计算法等，水平荷载作用常采用迭代法、无剪力分配法、反弯点法和 D 值法等。

一、竖向荷载作用下的分层法

多层多跨框架在竖向荷载作用下，侧移比较小，计算时可按无侧移刚架来处理。此外，当某层梁上作用有竖向荷载时，在该层梁及相邻柱子中产生较大的内力，而在其他楼层的梁、柱中所产生的内力，在经过柱子的传递和节点分配后，其值将随着传递和分配次数的增加而快速衰减，且梁的线刚度越大，衰减越快。

图 5-19 所示为一两等跨三层框架，梁柱的相对线刚度 i 均等于 1。用力矩分配法计算时，按下列步骤进行：

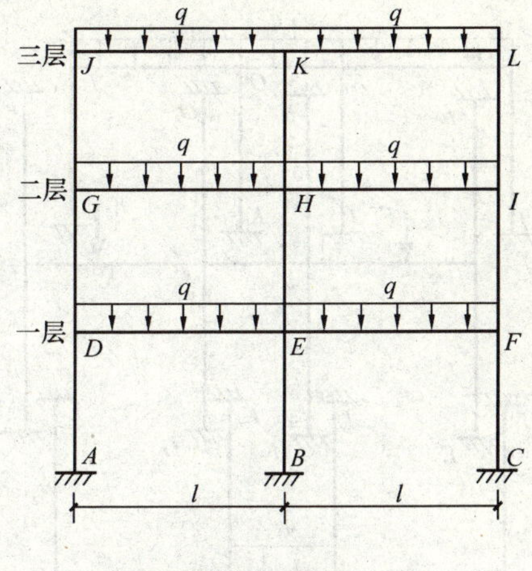

图 5-19　两等跨三层框架的计算简图

第一步，各层分别进行力矩分配，传递，再分配……直至平衡。

例如，单独对第一层分配传递，其计算简图如图 5-20 所示。因对称，E 点无转角，可看成固定端，则 D 点作一次分配传递后就可得到该点各杆端力矩。此处设 m_{ED} 为 DE 梁 D 端的固端弯矩，因分配系数为 1/3，$M_{DG}=\frac{1}{3}m_{ED}$。

第二步，层与层之间进行传递，传递系数为 1/2，$M_{GD}=\frac{1}{2}M_{DG}=\frac{1}{6}m_{ED}$。

第三步，重复第一步。例如，对第二层 G 点来说，分配 D 点传来的力矩 M_{GD} 时，梁 GH 和柱 GJ 的 G 端分配到的力矩均为 $\frac{1}{3}M_{GD}=\frac{1}{18}m_{ED}$。

从该运算过程可看出，每层梁上的荷载对其他层的梁的内力影响是很小的。

为减少计算工作量，分层计算法作了两个假定：

(1) 在竖向荷载作用下，刚架的侧移忽略不计；

(2) 每层梁上的荷载对其他层梁内力的影响忽略不计。

根据上述假定，多层多跨框架在竖向荷载作用下可分层计算。例如图 5-21 所示的框架可分成图 5-22 所示的三个计算简图分别进行计算。

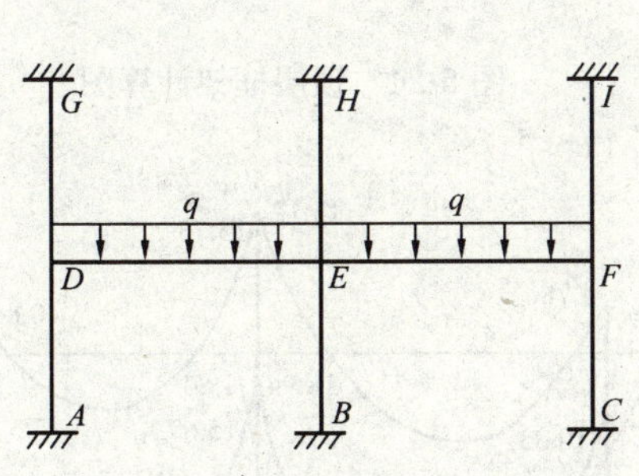

图 5-20　分层计算时某一层的计算简图

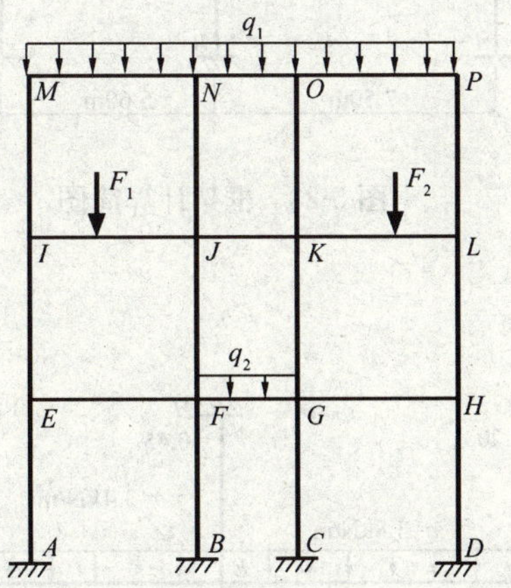

图 5-21　某三层框架计算简图

分层计算所得的梁的弯矩即为其最后的弯矩，柱的弯矩为上下两层计算弯矩的叠加。

由于分层计算时，假定上下柱的远端为固定端，而实际上是弹性支撑。为了减小因此引起的误差，除底层以外，其他各层柱子的线刚度乘以系数 0.9，柱子的传递系数

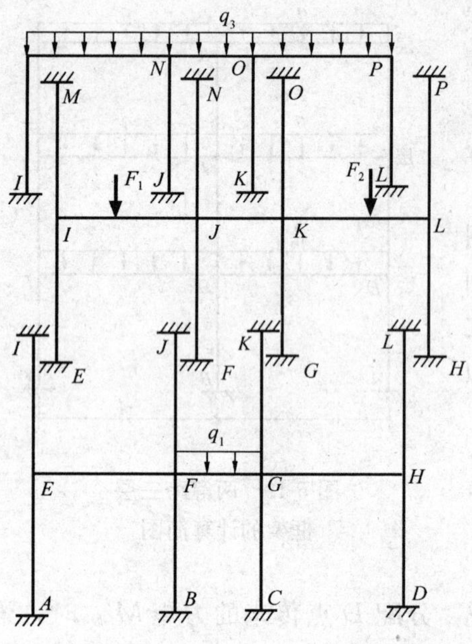

图 5-22　采用分层法的计算简图

取 1/3。

由分层法计算所得的框架节点处的弯矩之和常常不等于零，若有需要，可对节点不平衡弯矩再作一次弯矩分配。

【例题 5-1】　图 5-23 所示为一两跨两层框架，用分层法计算其内力 M。括号内的数字为梁柱的相对线刚度 i。

解　分两层计算，各层的计算简图如图 5-24 和图 5-25 所示，图中的数字为分层计算求得的杆端弯矩（kM·m）。

最后的计算结果如图 5-26 所示，可以看出图中各节点的弯矩均不平衡。图 5-27 给出了该框架的精确解。图中不带括号的数值为不考虑节点线位移时的杆端弯矩，括号内的数值为考虑节点线位移时的杆端弯矩。结果表明，分层法计算所得梁的弯矩误差较小，但柱的弯矩误差较大。

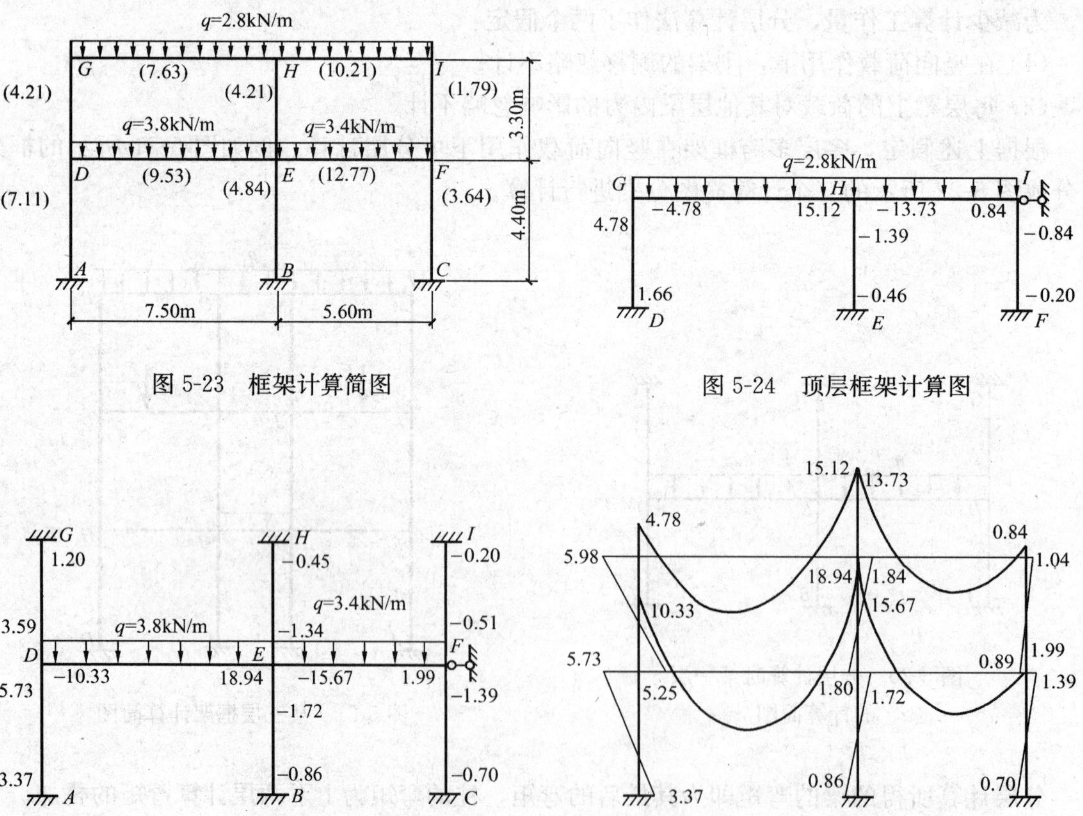

图 5-23　框架计算简图

图 5-24　顶层框架计算图

图 5-25　底层框架计算图

图 5-26　分层法算得的框架梁、柱弯矩图

二、水平荷载作用下的反弯点法

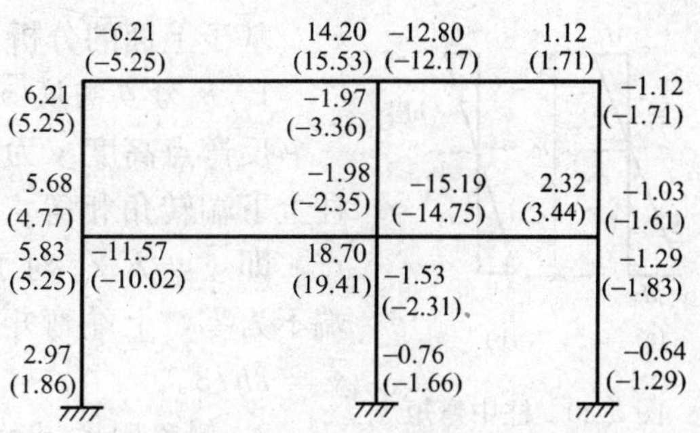

图 5-27 框架梁、柱弯矩的精确解

框架所受的水平荷载主要是风力和水平地震作用，它们都可简化为作用在框架节点上的水平集中力，如图 5-28 所示。由结构力学精确分析法可知，框架结构在节点水平集中力作用下弯矩图和水平变形图如图 5-28 所示。各杆的弯矩图均为直线，且一般均有一零弯矩点，称为反弯点，该点有剪力。如果能确定出这些剪力及反弯点高度 $\overline{y}$，那么就可以计算出各柱的杆端弯矩，进而根据节点平衡确定梁端弯矩及整个框架的其他内力。

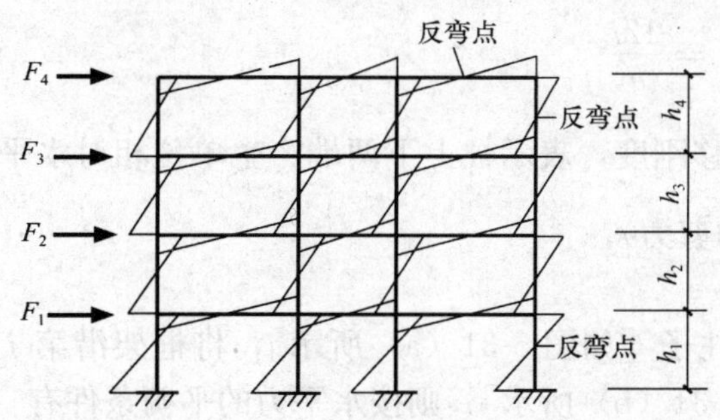

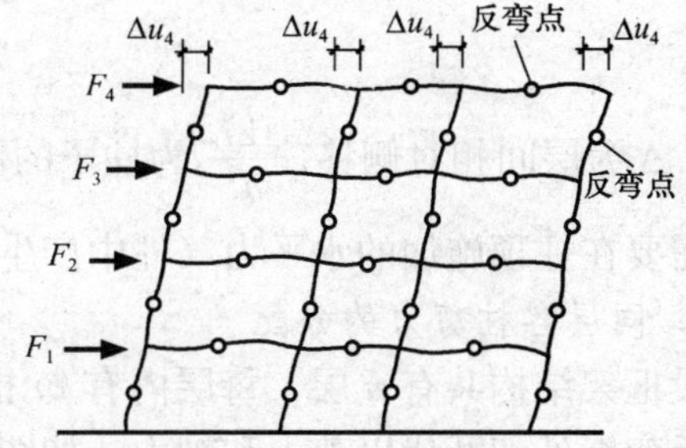

图 5-28 水平荷载作用下框架的内力和侧移

反弯点法的主要工作有两个：

(1) 每层以上的水平荷载按某一比例分配给该层的各柱；

(2) 确定反弯点高度 $\overline{y}$。

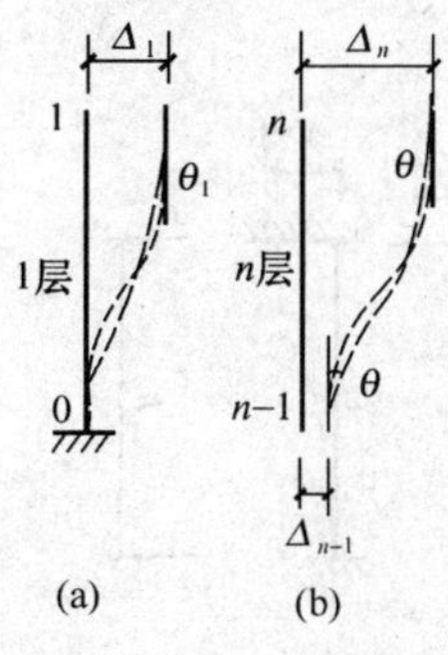

图 5-29 水平荷载作用下柱的变形

为了解决这两个问题，先观察整个框架在水平荷载作用下的变形情况，图 5-29 中所示的变形呈以下几个特点：

(1) 固定柱脚处，线位移和角位移为零；

(2) 如不考虑梁轴向变形的影响，则上部同一层的各节点水平位移相等；

(3) 上部各节点均有转角。

当梁的线刚度比柱的线刚度大得多时（如 $i_b/i_c>3$），上述节点转角很小，而邻近节点转角可近似地认为相等。因此，在整个框架结构中柱的变形情况可分为两类，如图 5-29 所示。

根据转角位移方程，可得图 5-30 所示的内力与图 5-29 所示的位移关系如下

$$M_0=-\frac{6i_c}{h}\Delta_1+2i_c\theta_1 \quad M_n=M_{n-1}=-\frac{6i_c}{h}(\Delta_n-\Delta_{n-1})+6i_c\theta \tag{5-1}$$

$$M_1=-\frac{6i_c}{h}\Delta_1+4i_c\theta_1 \tag{5-2}$$

$$V_1=\frac{12i_c}{h^2}\Delta_1-\frac{6i_c}{h}\theta_1 \quad V_n=\frac{12i_c}{h^2}(\Delta_n-\Delta_{n-1})-\frac{12i_c}{h}\theta \tag{5-3}$$

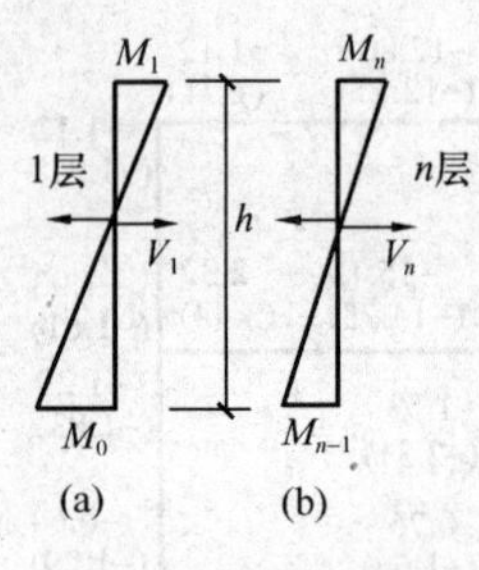

图 5-30 柱中弯矩分布情况

基于上面的分析，反弯点法的各项计算内容可按下列方法确定：

1. 反弯点高度 $\overline{y}$ 的确定

反弯点高度 $\overline{y}$ 为反弯点至柱下端的距离。对上部各层柱，假定各柱上下端转角相等，那么柱上下端弯矩相等，则反弯点在柱高的中点，即 $\overline{y}=h/2$。对于底层柱（柱脚为固定时），柱下端转角为零，上端不为零，上端弯矩比下端小，反弯点偏离柱高中点往上，故假定 $\overline{y}=2h/3$。

2. 侧移刚度 d 的确定

在多层框架中，由于梁的线刚度比柱的大，在水平荷载作用下，各柱端转角很小，如假定节点转角为零，那么从式（5-3）可得出

$$\frac{V}{\Delta}=\frac{12i_c}{h^2} \tag{5-4}$$

式中：Δ 为层间相对侧移；$\frac{12i_c}{h^2}$ 为柱子的侧移刚度，表示柱上下两端产生单位相对水平侧移时，需要在柱顶施加的水平力（柱中产生的剪力）。

3. 同层各柱剪力的分配

设框架结构共有 n 层，每层内有 m 根柱子［如图 5-31（a）所示］，将框架沿第 j 层各柱的反弯点处切开代以剪力和轴力［如图 5-31（b）所示］，则按水平力的平衡条件有

$$V_{Fj}=V_{j1}+\cdots+V_{jk}+\cdots+V_{jm}=\sum_{k=1}^{m}V_{jk}=\Sigma F \tag{5-5}$$

式中 V_{Fj} ——外荷载 F 在第 j 所产生的楼层剪力；

V_{jk} ——第 j 层第 k 柱所承受的剪力；

m——第 j 层的柱子数；

ΣF——第 j 层以上所有水平荷载总和。

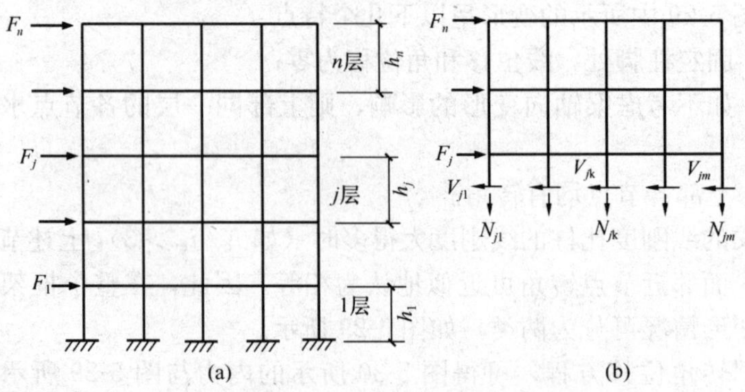

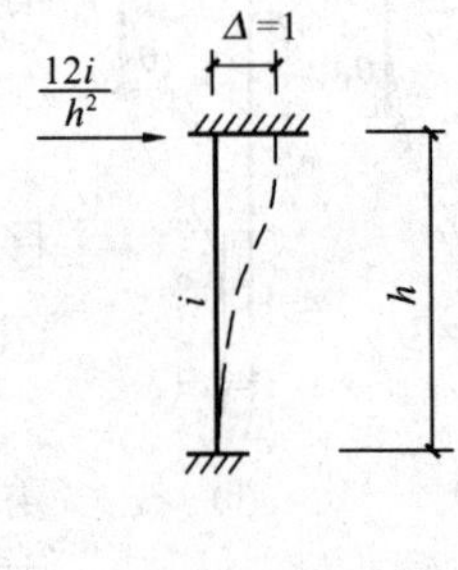

图 5-31 剪力分配的计算简图

由框架的位移特点可知，若忽略梁的轴向变形，则同层各柱柱端相对水平位移相等，均为Δ，根据侧移刚度的定义，有

$$V_{j1}=d_{j1}\Delta$$
$$V_{j2}=d_{j2}\Delta$$
$$V_{jk}=d_{jk}\Delta$$

$$V_{jm}=d_{jm}\Delta \tag{5-6}$$

代入式（5-5）得

$$\Delta=\frac{\Sigma F}{d_{j1}+d_{j2}+\cdots+d_{jm}}=\frac{\Sigma F}{\sum_{k=1}^{m}d_{jk}} \tag{5-7}$$

将式（5-7）代入式（5-6），即得各柱所承受的剪力

$$V_{jk}=d_{jk}\Delta=\frac{d_{jk}}{\sum_{k=1}^{m}d_{jk}}\Delta \tag{5-8}$$

4．柱端弯矩的确定

确定了各柱所承受的剪力和反弯点位置后，便可求柱端弯矩。

柱下端弯矩 $$M_{jk下}=V_{jk}\overline{y}_{jk} \tag{5-9}$$

柱上端弯矩 $$M_{jk上}=V_{jk}(h_{jk}-\overline{y}_{jk}) \tag{5-10}$$

式中 $\overline{y}_{jk}$ ——第 j 层第 k 柱的反弯点高度；

h_{jk} ——第 j 层第 k 柱的高度。

5．梁端弯矩的确定

在求得梁端弯矩后，由节点的弯矩平衡条件，即可求得梁端弯矩

节点左侧梁端弯矩

$$M_{\mathrm{b}}^{l}=\frac{i_{\mathrm{b}}^{l}}{i_{\mathrm{b}}^{l}+i_{\mathrm{b}}^{\mathrm{r}}}(M_{\mathrm{c}}^{\mathrm{t}}+M_{\mathrm{c}}^{\mathrm{b}}) \tag{5-11}$$

节点右侧梁端弯矩

$$M_{\mathrm{b}}^{\mathrm{r}}=\frac{i_{\mathrm{b}}^{\mathrm{r}}}{i_{\mathrm{b}}^{l}+i_{\mathrm{b}}^{\mathrm{r}}}(M_{\mathrm{c}}^{\mathrm{t}}+M_{\mathrm{c}}^{\mathrm{b}}) \tag{5-12}$$

式中 $M_{\mathrm{c}}^{\mathrm{t}}$、$M_{\mathrm{c}}^{\mathrm{b}}$ ——节点上下的柱端弯矩；

i_{b}^{l}、$i_{\mathrm{b}}^{\mathrm{r}}$ ——节点左右的梁的线刚度。

梁的两端弯矩求得后，则可根据各根梁上承受荷载的情况，确定其跨中弯矩。

各杆件的其他内力用结构力学的方法确定。即以各梁为脱离体，利用脱离体的力矩平衡便求得梁两端的剪力。自上而下逐层叠加节点左右的梁端剪力，即可得到柱内轴向力。

综上所述，反弯点法的要点，一是确定反弯点的高度，一是确定同层各柱的剪力分配。确定反弯点高度时，除底层外假定柱上下两端节点转角相等。在确定剪力分配时，认为梁的线刚度无穷大，假定节点转角为零。以上假设，对于层数不多的框架，误差不会太大。但对于多高层框架，由于柱截面增大，梁柱相对线刚度比值相应减小，用反弯点法进行内力分析的误差较大。

【例题 5-2】 作图 5-32 所示刚架的弯矩图。图中括号内数字为每杆的相对线刚度。

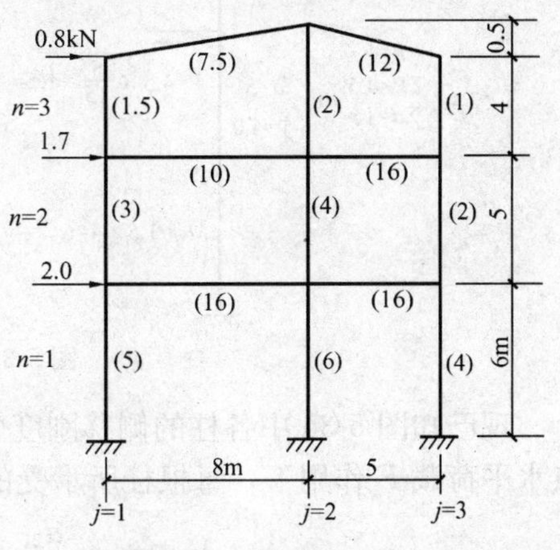

图 5-32 ［例题 5-2］图

解 根据侧移刚度的大小分配各层剪力时，因

$d=\frac{12i_c}{h^2}$，当同层各柱 h 相同时，d 可直接用 i_c 表示。这里只有第 3 层第 2 根柱的高度与同层其他柱的高度不同，为了使用 i_c，对该柱的线刚度作如下变换

$$i'_c=\frac{4^2}{4.5^2}i_c=\frac{16}{20.3}\times 2=1.6$$

计算过程见图 5-33，力的单位为 kN，长度单位为 m。

最后的弯矩图见图 5-34，括号内的数字为精确解。

在框架中，由于实际需要，有时一层或数层横梁不完全贯通，如图 5-35 所示。此时在水平荷载作用下的内力仍可采用反弯点法，但对于横梁没有贯通的层，柱子的侧移刚度要做相应的处理。

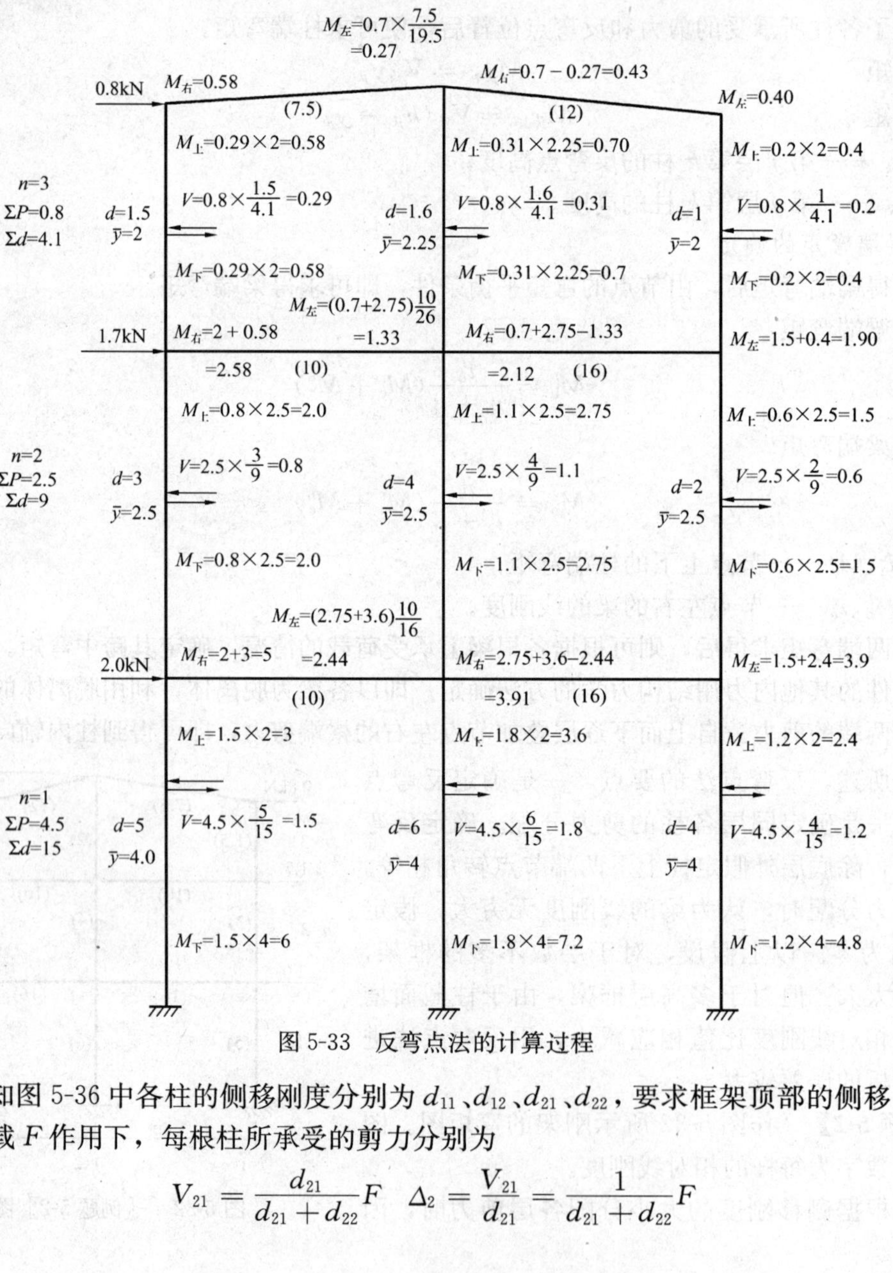

图 5-33 反弯点法的计算过程

现已知图 5-36 中各柱的侧移刚度分别为 d_{11}、d_{12}、d_{21}、d_{22}，要求框架顶部的侧移 Δ。在节点水平荷载 F 作用下，每根柱所承受的剪力分别为

$$V_{21}=\frac{d_{21}}{d_{21}+d_{22}}F \quad \Delta_2=\frac{V_{21}}{d_{21}}=\frac{1}{d_{21}+d_{22}}F$$

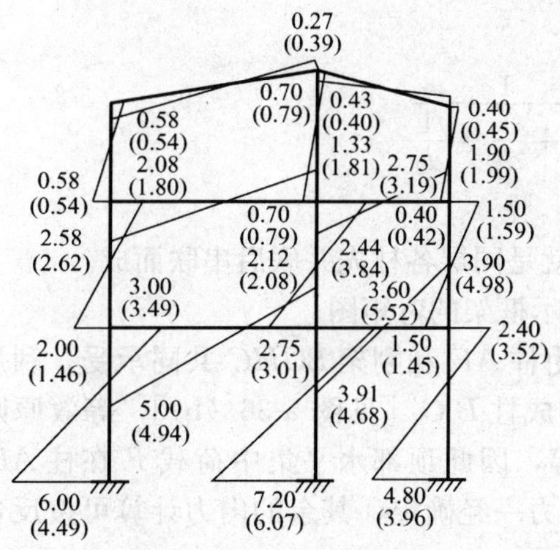

图 5-34　梁柱弯矩分布图

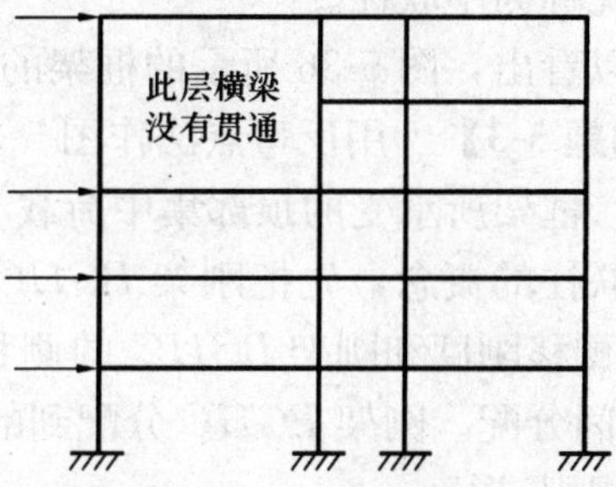

此层横梁没有贯通

图 5-35　某横梁没有贯通的刚架

同理
$$V_{11}=\frac{d_{11}}{d_{11}+d_{12}}F \quad \Delta_1=\frac{V_{11}}{d_{11}}=\frac{1}{d_{11}+d_{12}}F$$

故有
$$\Delta=\Delta_1+\Delta_2=\frac{1}{d_{11}+d_{12}}F+\frac{1}{d_{21}+d_{22}}F$$

框架的侧移刚度 d 为

$$d=\frac{F}{\Delta}=\frac{1}{\dfrac{1}{d_{11}+d_{12}}+\dfrac{1}{d_{21}+d_{22}}} \tag{5-13}$$

为了便于记忆和应用，下面引进串联柱和并联柱的概念。

数柱并联：同层若干平行的柱（见图 5-37）其总侧移刚度为各柱侧移刚度之和，即

$$d=\frac{F}{\Delta}=d_1+d_2+d_3 \tag{5-14}$$

这种情况称为“并联柱”。

数柱串联：承受相同剪力的数柱串联（见图 5-38），因

$$\Delta=\Delta_1+\Delta_2+\Delta_3=\frac{1}{d_1}F+\frac{1}{d_2}F+\frac{1}{d_3}F$$

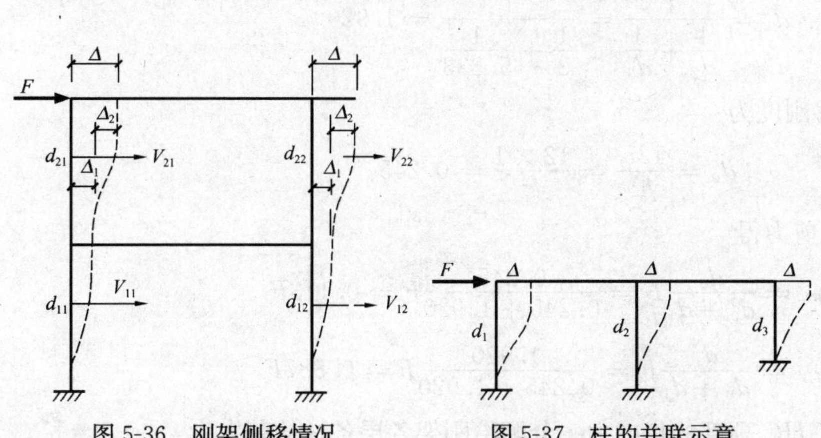

图 5-36　刚架侧移情况　　图 5-37　柱的并联示意

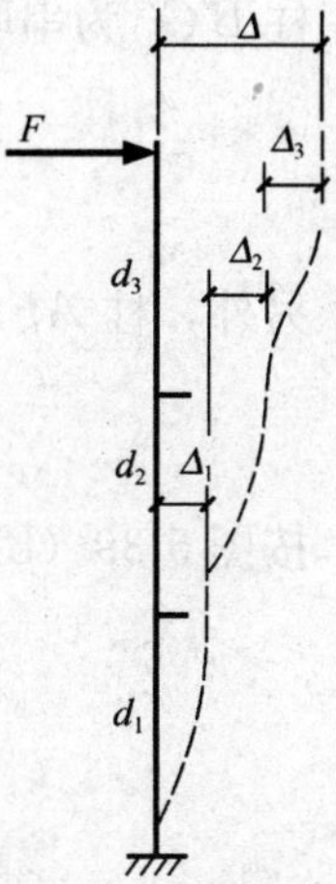

图 5-38　柱的串联示意

故串联各柱的总侧移刚度为

$$d=\frac{F}{\Delta}=\frac{1}{\dfrac{1}{d_1}+\dfrac{1}{d_2}+\dfrac{1}{d_3}} \tag{5-15}$$

这种情况称为串联柱。

可以看出，图 5-36 所示的框架的侧移刚度就是同层各柱先并联后串联而成。

【例题 5-3】 用反弯点法作图 5-39（a）所示框架的弯矩图。

解 框架所承受的顶部集中荷载 F 可看成由柱 AF 和刚架 $BGHC$ 共同承受。利用串联柱和并联柱的概念，先把刚架 $BGHC$ 等效转换成柱 $B'G'$［见图 5-36（b）］，等效原则是柱 $B'G'$ 的侧移刚度和刚架 $BGHC$ 的侧移刚度相等，因此顶部水平集中荷载 F 在柱 AF 和柱 $B'G'$ 之间分配。刚架 $BGHC$ 分配到的顶部集中力一经确定，其余的内力计算可按反弯点法的一般规则进行。

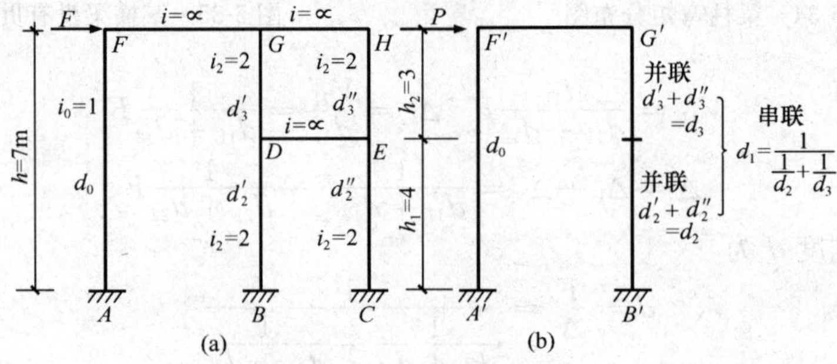

图 5-39 柱子串并联示意

柱 BD 和柱 CE 为并联柱，并联后的总侧移刚度为

$$d_2=d_2'+d_2''=2\left(\frac{12i_2}{h_1^2}\right)=2\times\frac{12\times2}{4^2}=3$$

柱 DG 和柱 EH 亦为并联柱，总侧移刚度

$$d_3=d_3'+d_3''=2\left(\frac{12i_3}{h_2^2}\right)=2\times\frac{12\times2}{3^2}=5.333$$

柱 $B'G'$ 为串联柱，串联后的总侧移刚度为

$$d_1=\frac{1}{\dfrac{1}{d_2}+\dfrac{1}{d_3}}=\frac{1}{\dfrac{1}{3}+\dfrac{1}{5.333}}=1.920$$

另外，柱 AF 的侧移刚度为

$$d_0=\frac{12i_0}{h^2}=\frac{12\times1}{7^2}=0.245$$

按图 5-39（b）分配剪力得

$$V_{FA}=\frac{d_0}{d_0+d_1}F=\frac{0.245}{0.245+1.920}F=0.113F$$

$$V_{G'B'}=\frac{d_1}{d_0+d_1}F=\frac{1.920}{0.245+1.920}F=0.887F$$

$V_{G'B'}$ 即为作用在刚架 $BGHC$ 顶部的集中力。分配给刚架各层各柱的剪力为

$$V_{GD}=V_{HE}=\frac{1}{2}V_{G'B'}=0.444F$$

$$V_{DB}=V_{EC}=\frac{1}{2}V_{G'B'}=0.444F$$

至此，各柱的剪力均已求得，由于横梁 $i=\infty$，各节点均无转角，所以各柱反弯点高度均在该柱柱高中点。最后得弯矩图如图 5-40 所示。

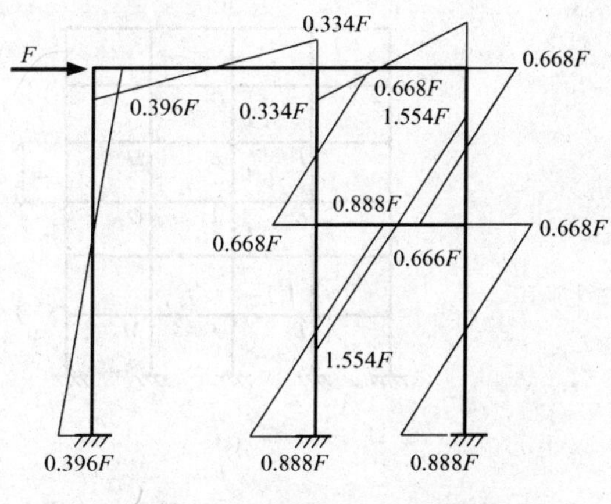

图 5-40　［例题 5-3］弯矩图

三、水平荷载作用下的 D 值法

反弯点法在确定柱子的侧移刚度 d 时，假定节点转角为零，即假设横梁的刚度为无穷大。对于层数较多的框架，由于柱的轴力大，所需柱的截面尺寸随之加大，梁柱相对线刚度比较接近，甚至于有时柱的线刚度反而比梁大，此时上述假设将产生较大误差。另外，反弯点法确定反弯点高度时，假设柱上下节点转角相等，这样也会带来较大误差，尤其在最上和最下数层。日本武藤清教授在分析多层框架的受力特点和变形特点的基础上，对框架在水平荷载作用下的计算，提出了修正柱的侧移刚度和调整反弯点高度的方法。修正后的柱侧移刚度用 D 表示，故称为 D 值法。

（一）修正后的柱侧移刚度 D

如前所述，柱的抗侧移刚度是当柱上下端产生单位相对侧移时，柱子所承受的剪力，其大小不仅与柱的线刚度和层高有关，而且还与梁的线刚度等因素有关。在考虑柱上下端节点的弹性约束作用后，柱的抗侧移刚度 D 值为

$$D=\alpha\frac{12i_c}{h^2} \tag{5-16}$$

式中：α 是考虑柱上下端节点弹性约束的修正系数，下面以某中柱为例，导出 α 的计算公式。从某多层多跨框架结构中取第 j 层中的 k 柱 AB（见图 5-41）来进行分析。根据转角位移方程，有

$$V=\frac{12i_c}{h^2}\Delta-\frac{6i_c}{h}(\theta_A+\theta_B) \tag{5-17}$$

从式（5-17）可以看出，影响 D 值的因素很多，主要有：

(1) 该柱本身的刚度 i_c；

(2) 上下梁的刚度 i_b；

(3) 上下层柱的高度；

(4) 上下层剪力（水平荷载的分布情况）；

(5) 柱所在楼层的位置。

由于计算 D 值主要用来分配同层各柱的剪力，而对于同层各柱来说，上述的 3、4、5 项影响是相同的，对剪力分配影响不大。所以此处确定 D 值时，主要考虑柱本身刚度和梁刚度的影响。

为了简化，假定图 5-41 中：

(1) 柱 AB 及与其上下相邻的柱子的线刚度均为 i_c；

(2) 柱 AB 及与其上下相邻柱的层间位移均为 Δ；

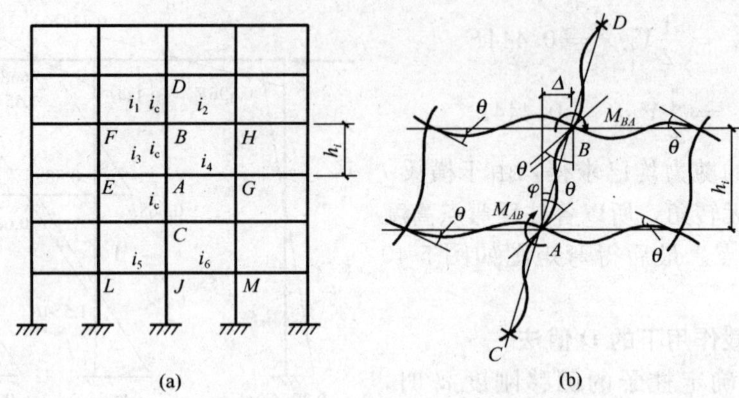

图 5-41 柱端节点转角位移情况

(3) 柱 AB 两端节点及与其上下左右相邻的各节点的转角均为 θ；

(4) 与柱 AB 相交的横梁的线刚度分别为 i_1、i_2、i_3、i_4；

(5) 柱 AB 及与其上下相邻柱的转角均为 $\varphi\left(\varphi=\dfrac{\Delta}{h}\right)$。

这样，根据杆端位移，可写出节点 A 和节点 B 的力矩平衡方程

$$4(i_3+i_4+i_c+i_c)\theta+2(i_3+i_4+i_c+i_c)\theta-6(i_c\varphi+i_c\varphi)=0$$

$$4(i_1+i_2+i_c+i_c)\theta+2(i_1+i_2+i_c+i_c)\theta-6(i_c\varphi+i_c\varphi)=0$$

将以上两式相加，化简后可得

$$\theta=\frac{2}{2+\dfrac{\sum i_b}{2i_c}}\varphi=\frac{2}{2+\bar{i}}\varphi=\frac{2}{2+\bar{i}}\frac{\Delta}{h}$$

$$\sum i_b=i_1+i_2+i_3+i_4$$

上式反映了 θ 与 Δ 之间的关系，将它代入式 (5-17) 有

$$V=\frac{12i_c}{h^2}\Delta-\frac{6i_c}{h}(\theta_A+\theta_B)=\frac{12i_c}{h^2}\Delta-\frac{12i_c}{h^2}\Delta\left(\frac{2}{2+\bar{i}}\right)=\frac{\bar{i}}{2+\bar{i}}\frac{12i_c}{h^2}\Delta \tag{5-18}$$

表 5-2 侧移刚度修正系数 α 表

楼层		简图	$\bar{i}$	α
一般层		① i_2, i_c, i_4, h；② i_1 i_2, i_c, i_3 i_4	情况① $\bar{i}=\dfrac{i_2+i_4}{2i_c}$ 情况② $\bar{i}=\dfrac{i_1+i_2+i_3+i_4}{2i_c}$	$\alpha=\dfrac{\bar{i}}{2+\bar{i}}$
底层	固接	① i_2, i_c, h；② i_1 i_2, i_c	情况① $\bar{i}=\dfrac{i_2}{i_c}$ 情况② $\bar{i}=\dfrac{i_1+i_2}{i_c}$	$\alpha=\dfrac{0.5+\bar{i}}{2+\bar{i}}$

续表

楼层		简图	$\bar{i}$	α
底层	铰接	① i_2, i, h　② i_1 i_2, i_c	情况① $\bar{i}=\frac{i_2}{i_c}$ 情况② $\bar{i}=\frac{i_1+i_2}{i_c}$	$\alpha=\frac{0.5\bar{i}}{1+2\bar{i}}$
	铰接有连梁	① i_2, i, i_4, h　② i_1 i_2, i_c, i_3 i_4	情况① $\bar{i}=\frac{i_2+i_4}{2i_c}$ 情况② $\bar{i}=\frac{i_1+i_2+i_3+i_4}{2i_c}$	$\alpha=\frac{\bar{i}}{2+\bar{i}}$

式（5-18）中令 $\alpha=\frac{\bar{i}}{2+\bar{i}}$，即确定了上部各层柱的侧移刚度 D。底层柱的抗侧移刚度修正系数可同理导得。表 5-2 列出了各种情况下的 α 及相应的 $\bar{i}$ 值的计算公式。

$$V_{jk}=\frac{D_{jk}}{\sum_{k=1}^{m}D_{jk}}\Sigma F \tag{5-19}$$

式中　V_{jk}——第 j 层第 k 柱所承受的剪力；

m——第 j 层的柱子数；

ΣF——第 j 层以上所有水平荷载总和。

利用 D 值，也可以近似计算各层层间相对水平侧移 Δ_j

$$\Delta_j=\frac{\Sigma F}{\sum_{k=1}^{m}D_{jk}} \tag{5-20}$$

顶层绝对位移 δ_n

$$\delta_n=\sum_{j=1}^{n}\Delta_j \tag{5-21}$$

（二）修正后的柱反弯点高度

当梁的线刚度与柱的线刚度之比不是很大时，柱子两端的转角相差较多，尤其在最上和最下数层，其反弯点并不在柱高中点处，而偏向于转角较大一端，即偏向于约束较小一端。影响梁端节点转角的主要因素（即影响反弯点位置）有：

（1）梁柱线刚度比值；

（2）结构的总层数和该柱所在楼层的位置；

（3）上下梁相对线刚度的比值；

（4）上、下层层高的变化；

（5）水平外荷载作用的形式。

为了分析上述因素对反弯点高度的影响，可假定框架在节点水平荷载作用下，同层各节点的转角相等，即假定同层各横梁的反弯点均在各横梁跨度的中点而该点又无竖向位移。这样，图 5-42（a）所示的框架就可以变为图 5-42（b）所示的框架，而图 5-42（b）所示的框架又可叠合成图 5-42（c）所示的合成框架。在合成框架中，柱的线刚度等于原框架同层各柱线刚度之和；梁的线刚度等于原框架同层各梁线刚度之和再乘以 4。

下面分别对这些因素的影响加以讨论。

1. 楼层位置的影响，标准反弯点高比 y_n

假定框架横梁的线刚度、框架柱的线刚度和层高沿框架高度保持不变，则按图 5-42 可求出各层柱的反弯点高度 y_nh，其值与结构总层数 m、该柱所在的楼层 j、框架梁柱线刚度比 $\bar{i}$ 及侧向荷载的形式有关，可由表 5-3 或 5-4 查得。$\bar{i}$ 值的计算同前面。

表 5-3　均布水平荷载作用下各层柱标准反弯点高比 y_n

m	n \ $\bar{i}$	0.1	0.2	0.3	0.4	0.5	0.6	0.7	0.8	0.9	1.0	2.0	3.0	4.0	5.0
1	1	0.80	0.75	0.70	0.65	0.65	0.60	0.60	0.60	0.60	0.55	0.55	0.55	0.55	0.55
2	2	0.45	0.40	0.35	0.35	0.35	0.35	0.40	0.40	0.40	0.40	0.45	0.45	0.45	0.45
	1	0.95	0.80	0.75	0.70	0.65	0.65	0.65	0.60	0.60	0.60	0.55	0.55	0.55	0.50
3	3	0.15	0.20	0.20	0.25	0.30	0.30	0.30	0.35	0.35	0.35	0.40	0.45	0.45	0.45
	2	0.55	0.50	0.45	0.45	0.45	0.45	0.45	0.45	0.45	0.45	0.45	0.50	0.50	0.50
	1	1.00	0.85	0.80	0.75	0.70	0.70	0.65	0.65	0.65	0.60	0.55	0.55	0.55	0.55
4	4	−0.05	0.05	0.15	0.20	0.25	0.30	0.30	0.35	0.35	0.35	0.40	0.45	0.45	0.45
	3	0.25	0.30	0.30	0.35	0.35	0.40	0.40	0.40	0.40	0.45	0.45	0.50	0.50	0.50
	2	0.65	0.55	0.50	0.50	0.45	0.45	0.45	0.45	0.45	0.45	0.50	0.50	0.50	0.50
	1	1.10	0.90	0.80	0.75	0.70	0.70	0.65	0.65	0.65	0.60	0.55	0.55	0.55	0.55
5	5	−0.20	0.00	0.15	0.20	0.25	0.30	0.30	0.30	0.35	0.35	0.40	0.45	0.45	0.45
	4	0.10	0.20	0.25	0.30	0.35	0.35	0.40	0.40	0.40	0.40	0.45	0.45	0.50	0.50
	3	0.40	0.40	0.40	0.40	0.40	0.45	0.45	0.45	0.45	0.45	0.50	0.50	0.50	0.50
	2	0.65	0.55	0.50	0.50	0.50	0.50	0.50	0.50	0.50	0.50	0.50	0.50	0.50	0.50
	1	1.20	0.95	0.80	0.75	0.75	0.70	0.70	0.65	0.65	0.65	0.55	0.55	0.55	0.55
6	6	−0.30	0.00	0.10	0.20	0.25	0.25	0.30	0.30	0.35	0.35	0.40	0.45	0.45	0.45
	5	0.00	0.20	0.25	0.30	0.35	0.35	0.40	0.40	0.40	0.40	0.45	0.45	0.50	0.50
	4	0.20	0.30	0.35	0.35	0.40	0.40	0.40	0.45	0.45	0.45	0.45	0.50	0.50	0.50
	3	0.40	0.40	0.40	0.45	0.45	0.45	0.45	0.45	0.45	0.45	0.50	0.50	0.50	0.50
	2	0.70	0.60	0.55	0.50	0.50	0.50	0.50	0.50	0.50	0.50	0.50	0.50	0.50	0.50
	1	1.20	0.95	0.85	0.80	0.75	0.70	0.70	0.65	0.65	0.65	0.55	0.55	0.55	0.55
7	7	−0.35	−0.05	0.10	0.20	0.20	0.25	0.30	0.30	0.35	0.35	0.40	0.45	0.45	0.45
	6	−0.10	0.15	0.25	0.30	0.35	0.35	0.35	0.40	0.40	0.40	0.45	0.45	0.50	0.50
	5	0.10	0.25	0.30	0.35	0.40	0.40	0.40	0.45	0.45	0.45	0.45	0.50	0.50	0.50
	4	0.30	0.35	0.40	0.40	0.40	0.45	0.45	0.45	0.45	0.45	0.50	0.50	0.50	0.50
	3	0.50	0.45	0.45	0.45	0.45	0.45	0.45	0.45	0.45	0.45	0.50	0.50	0.50	0.50
	2	0.75	0.60	0.55	0.50	0.50	0.50	0.50	0.50	0.50	0.50	0.50	0.50	0.50	0.50
	1	1.20	0.95	0.85	0.80	0.75	0.70	0.70	0.65	0.65	0.65	0.55	0.55	0.55	0.55

续表

m	n \ $\bar{i}$	0.1	0.2	0.3	0.4	0.5	0.6	0.7	0.8	0.9	1.0	2.0	3.0	4.0	5.0
8	8	-0.35	-0.15	0.10	0.10	0.25	0.25	0.30	0.30	0.35	0.35	0.40	0.45	0.45	0.45
	7	-0.10	0.15	0.25	0.30	0.35	0.35	0.40	0.40	0.40	0.40	0.45	0.50	0.50	0.50
	6	0.05	0.25	0.30	0.35	0.40	0.40	0.40	0.45	0.45	0.45	0.45	0.50	0.50	0.50
	5	0.20	0.30	0.35	0.40	0.40	0.45	0.45	0.45	0.45	0.45	0.50	0.50	0.50	0.50
	4	0.35	0.40	0.40	0.45	0.45	0.45	0.45	0.45	0.45	0.45	0.50	0.50	0.50	0.50
	3	0.50	0.45	0.45	0.45	0.45	0.45	0.45	0.45	0.50	0.50	0.50	0.50	0.50	0.50
	2	0.75	0.60	0.55	0.55	0.50	0.50	0.50	0.50	0.50	0.50	0.50	0.50	0.50	0.50
	1	1.20	1.00	0.85	0.80	0.75	0.70	0.70	0.65	0.65	0.65	0.55	0.55	0.55	0.55
9	9	-0.40	-0.05	0.10	0.20	0.25	0.25	0.30	0.30	0.35	0.35	0.45	0.45	0.45	0.45
	8	-0.15	0.15	0.25	0.30	0.35	0.35	0.35	0.40	0.40	0.40	0.45	0.45	0.50	0.50
	7	0.05	0.25	0.30	0.35	0.40	0.40	0.40	0.45	0.45	0.45	0.45	0.50	0.50	0.50
	6	0.15	0.30	0.35	0.40	0.40	0.45	0.45	0.45	0.45	0.45	0.50	0.50	0.50	0.50
	5	0.25	0.35	0.40	0.40	0.45	0.45	0.45	0.45	0.45	0.45	0.50	0.50	0.50	0.50
	4	0.40	0.40	0.40	0.45	0.45	0.45	0.45	0.45	0.45	0.45	0.50	0.50	0.50	0.50
	3	0.55	0.45	0.45	0.45	0.45	0.45	0.45	0.45	0.50	0.50	0.50	0.50	0.50	0.50
	2	0.80	0.65	0.55	0.55	0.50	0.50	0.50	0.50	0.50	0.50	0.50	0.50	0.50	0.50
	1	1.20	1.00	0.85	0.80	0.75	0.70	0.70	0.65	0.65	0.65	0.55	0.55	0.55	0.55
10	10	-0.40	-0.05	0.10	0.20	0.25	0.30	0.30	0.30	0.30	0.35	0.40	0.45	0.45	0.45
	9	-0.15	0.15	0.25	0.30	0.35	0.35	0.40	0.40	0.40	0.40	0.45	0.45	0.50	0.50
	8	0.00	0.25	0.30	0.35	0.40	0.40	0.40	0.45	0.45	0.45	0.45	0.50	0.50	0.50
	7	0.10	0.30	0.35	0.40	0.40	0.40	0.45	0.45	0.45	0.45	0.50	0.50	0.50	0.50
	6	0.20	0.35	0.40	0.40	0.45	0.45	0.45	0.45	0.45	0.45	0.50	0.50	0.50	0.50
	5	0.30	0.40	0.40	0.45	0.45	0.45	0.45	0.45	0.45	0.50	0.50	0.50	0.50	0.50
	4	0.40	0.40	0.45	0.45	0.45	0.45	0.45	0.45	0.45	0.50	0.50	0.50	0.50	0.50
	3	0.55	0.50	0.45	0.45	0.45	0.50	0.50	0.50	0.50	0.50	0.50	0.50	0.50	0.50
	2	0.80	0.65	0.55	0.55	0.55	0.50	0.50	0.50	0.50	0.50	0.50	0.50	0.50	0.50
	1	1.30	1.00	0.85	0.80	0.75	0.70	0.70	0.65	0.65	0.65	0.60	0.55	0.55	0.55
11	11	-0.40	0.05	0.10	0.20	0.25	0.30	0.30	0.30	0.35	0.35	0.40	0.45	0.45	0.45
	10	-0.15	0.15	0.25	0.30	0.35	0.35	0.40	0.40	0.40	0.40	0.45	0.45	0.50	0.50
	9	0.00	0.25	0.30	0.35	0.40	0.40	0.40	0.45	0.45	0.45	0.45	0.50	0.50	0.50
	8	0.10	0.30	0.35	0.40	0.40	0.45	0.45	0.45	0.45	0.45	0.50	0.50	0.50	0.50
	7	0.20	0.35	0.40	0.45	0.45	0.45	0.45	0.45	0.45	0.45	0.50	0.50	0.50	0.50
	6	0.25	0.35	0.40	0.45	0.45	0.45	0.45	0.45	0.45	0.45	0.50	0.50	0.50	0.50
	5	0.35	0.40	0.40	0.45	0.45	0.45	0.45	0.45	0.45	0.45	0.50	0.50	0.50	0.50
	4	0.40	0.45	0.45	0.45	0.45	0.45	0.45	0.45	0.45	0.45	0.50	0.50	0.50	0.50
	3	0.55	0.50	0.50	0.50	0.50	0.50	0.50	0.50	0.50	0.50	0.50	0.50	0.50	0.50
	2	0.80	0.65	0.60	0.55	0.55	0.50	0.50	0.50	0.50	0.50	0.50	0.50	0.50	0.50
	1	1.30	1.00	0.85	0.80	0.75	0.70	0.70	0.65	0.65	0.65	0.55	0.55	0.55	0.55

续表

m	n \ $\bar{i}$	0.1	0.2	0.3	0.4	0.5	0.6	0.7	0.8	0.9	1.0	2.0	3.0	4.0	5.0
12以上	自上1	−0.40	−0.05	0.10	0.20	0.25	0.30	0.30	0.30	0.35	0.35	0.40	0.45	0.45	0.45
	2	−0.15	0.15	0.25	0.30	0.35	0.35	0.40	0.40	0.40	0.40	0.45	0.45	0.50	0.50
	3	0.00	0.25	0.30	0.35	0.40	0.40	0.40	0.45	0.45	0.45	0.50	0.50	0.50	0.50
	4	0.10	0.30	0.35	0.40	0.40	0.45	0.45	0.45	0.45	0.45	0.50	0.50	0.50	0.50
	5	0.20	0.35	0.40	0.40	0.45	0.45	0.45	0.45	0.45	0.45	0.50	0.50	0.50	0.50
	6	0.25	0.35	0.40	0.45	0.45	0.45	0.45	0.45	0.45	0.45	0.50	0.50	0.50	0.50
	7	0.30	0.40	0.40	0.45	0.45	0.45	0.45	0.45	0.50	0.50	0.50	0.50	0.50	0.50
	8	0.35	0.40	0.45	0.45	0.45	0.45	0.45	0.50	0.50	0.50	0.50	0.50	0.50	0.50
	中间	0.40	0.40	0.45	0.45	0.45	0.45	0.50	0.50	0.50	0.50	0.50	0.50	0.50	0.50
	4	0.45	0.45	0.45	0.45	0.50	0.50	0.50	0.50	0.50	0.50	0.50	0.50	0.50	0.50
	3	0.60	0.50	0.50	0.50	0.50	0.50	0.50	0.50	0.50	0.50	0.50	0.50	0.50	0.50
	2	0.80	0.65	0.60	0.55	0.55	0.50	0.50	0.50	0.50	0.50	0.50	0.50	0.50	0.50
	自下1	1.30	1.00	0.85	0.80	0.75	0.70	0.70	0.65	0.65	0.55	0.55	0.55	0.55	0.55

2. 上下梁刚度变化时的反弯点高比修正值 y_1

当某层柱相邻的上下梁线刚度不相同时，相对于标准反弯点高度，则该层柱的反弯点位置将向横梁刚度较小的一侧偏移，反弯点位置的修正值为 y_1h。y_1 按图 5-42 各柱承受等剪力情况分析得出，y_1 值可查表 5-5。查表时注意，当上梁线刚度之和 (i_1+i_2) 小于下梁的线刚度之和 (i_3+i_4) 时，$\alpha_1=(i_1+i_2)/(i_3+i_4)$，$y_1$ 取正值，反弯点向上移；反之，当上梁线刚度较大时，$\alpha_1=(i_3+i_4)/(i_1+i_2)$，$y_1$ 取负值，反弯点向下移。

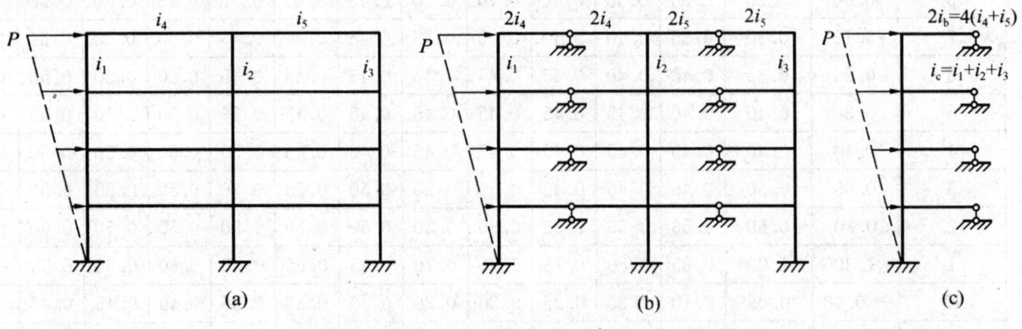

图 5-42　框架简化为半刚架的过程示意

3. 层高变化时的反弯点高比修正值 y_2 和 y_3

若某柱所在层的层高与相邻上层或下层的层高不同，则该柱的反弯点位置就不同于标准反弯点位置而需要修正。若上层较高时，反弯点向上移，移动值为 y_2h，由上层层高对该层层高比值 α_2 及 $\bar{i}$ 由表 5-6 查得，如图 5-43（a）所示，若下层较高时，反弯点向下移，移动值为 y_3h，由下层层高对该层层高比值 α_3 及 $\bar{i}$ 由表 5-6 查得，如图 5-43（b）所示。对于顶层柱不考虑修正值 y_2，即取 $y_2=0$；对于底层柱不考虑修正值 y_3，即取 $y_3=0$。

综上所述，各层柱的反弯点高比 y 由式（5-22）算得

$$y = y_n + y_1 + y_2 + y_3 \quad (5\text{-}22)$$

求得框架柱的抗侧移刚度 D，以及各柱的反弯点高度后，与反弯点法一样，就可求得各柱端弯矩，根据节点平衡进而可求得梁端弯矩。

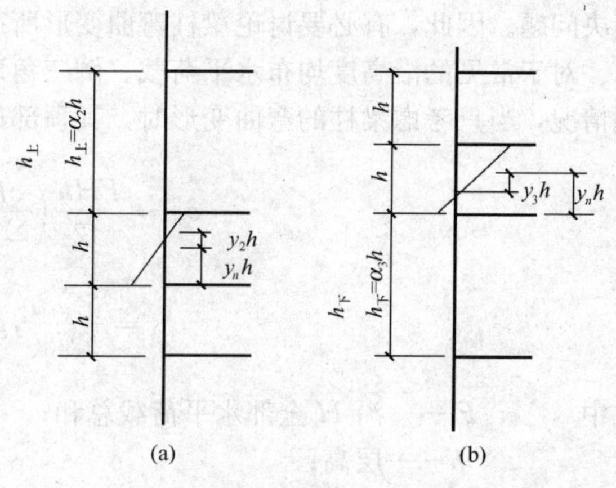

图 5-43　层高变化情况示意

四、水平荷载作用下侧移的近似计算

控制框架结构侧移要计算两部分内容：一是计算层间相对侧移，其值过大，将使填充墙出现裂缝；二是计算顶层最大位移，其值过大，将影响结构的承载力、稳定性和使用条件。框架结构的侧移主要由水平荷载的作用引起，本节介绍水平荷载作用下侧移的近似计算方法。

《材料力学》已介绍过一根悬臂柱在均布荷载作用下弯矩和剪力所引起的侧移情况，如图 5-44 所示，两者引起的侧移变形曲线是不相同的。图 5-44（a）的虚线为剪力所引起的侧移曲线，呈剪切型。图 5-44（b）中的虚线为弯矩所引起的侧移曲线，呈弯曲型。框架结构在水平荷载作用下的侧移由两部分组成，即梁柱弯曲变形引起的侧移和柱子轴向变形、剪切变形引起的侧移。梁柱弯曲变形引起的侧移呈剪切型，占框架侧移的比例较大。柱子轴向变形引起的侧移呈弯曲型，在低层框架结构中，这一部分侧移很小，不予考虑。但对于高层框架，柱子的轴力引起的侧移所占比例较大，此时就不能再忽略了。框架结构在水平荷载作用下的侧移曲线如图 5-45 所示，呈剪切型。

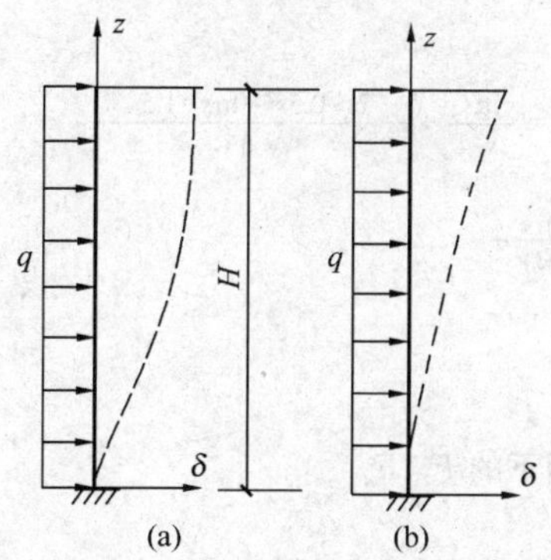

图 5-44　悬臂柱的侧移

(a) $\delta = \dfrac{\mu q}{GA}(2Hz - z^2)$—由剪力引起的侧移；(b) $\delta = \dfrac{qz^2}{24BI}(z^2 + 6H^2 - 4Hz)$—由弯矩引起的侧移

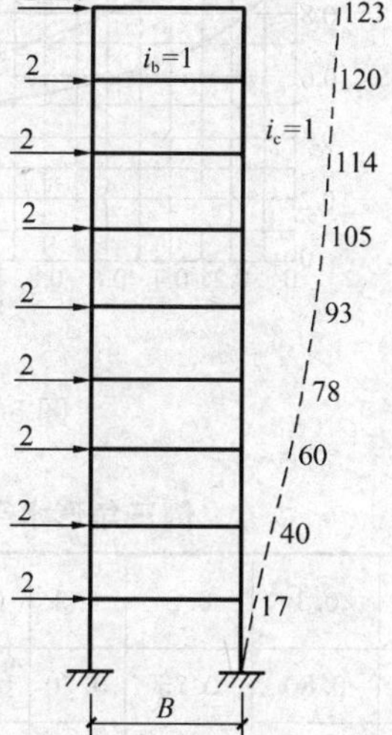

图 5-45　框架的侧移示意

下面讨论考虑梁、柱弯曲变形引起的侧移的近似计算方法。

前面已提到了求层间相对位移和顶层绝对位移的计算公式，见式（5-20）和式（5-21）。在那里需要计算各层各柱的 D 值，才能算出该层的相对位移。在初步设计阶段，为了确定结构布置方案或构件截面尺寸，往往需要采用一些简单近似计算方法进行估算，以便快速地解决问题。因此，有必要讨论梁柱弯曲变形所产生顶层侧移的进一步简化计算方法。

对于常见的沿高度均布水平荷载、倒三角形分布的水平荷载及顶部受集中荷载等三种荷载情况，当只考虑梁柱的弯曲变形时，其顶部最大侧移均可按式（5-23）计算

$$\delta_m = \frac{FHh}{12}\left(\frac{F_s}{\sum i_{c底}} + \frac{F_g}{\sum i_{b底}}\right) \tag{5-23}$$

$$s = \frac{\sum i_{c顶}}{\sum i_{c底}}, g = \frac{\sum i_{b顶}}{\sum i_{b底}}$$

式中 F——沿 H 全部水平荷载总和；

h——层高；

H——框架总高度；

F_s、F_g——s、g 的函数，可从图 5-46 直接查得；

$\sum i_{c底}$、$\sum i_{c顶}$——框架底层和顶层各柱线刚度总和；

$\sum i_{b底}$、$\sum i_{b顶}$——框架底层和顶层各梁线刚度总和。

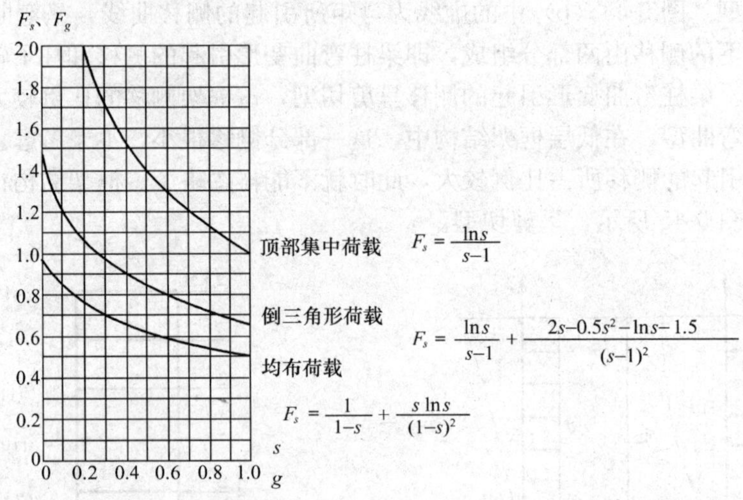

图 5-46 各种荷载作用下的 F_s、F_g

表 5-4 倒三角形水平荷载作用下各层柱标准反弯点高比 y_n

m	n \ $\bar{i}$	0.1	0.2	0.3	0.4	0.5	0.6	0.7	0.8	0.9	1.0	2.0	3.0	4.0	5.0
1	1	0.80	0.75	0.70	0.65	0.65	0.60	0.60	0.60	0.60	0.55	0.55	0.55	0.55	0.55
2	2	0.50	0.45	0.40	0.40	0.40	0.40	0.40	0.40	0.40	0.45	0.45	0.45	0.45	0.50
	1	1.00	0.85	0.75	0.70	0.70	0.65	0.65	0.65	0.60	0.60	0.55	0.55	0.55	0.55
3	3	0.25	0.25	0.25	0.30	0.30	0.35	0.35	0.35	0.40	0.40	0.45	0.45	0.45	0.50
	2	0.60	0.50	0.50	0.50	0.50	0.45	0.45	0.45	0.45	0.45	0.50	0.50	0.55	0.55
	1	1.15	0.90	0.80	0.75	0.75	0.70	0.70	0.65	0.65	0.65	0.60	0.55	0.55	0.55

续表

m	n \ $\bar{i}$	0.1	0.2	0.3	0.4	0.5	0.6	0.7	0.8	0.9	1.0	2.0	3.0	4.0	5.0
4	4	0.10	0.15	0.20	0.25	0.30	0.30	0.35	0.35	0.35	0.40	0.45	0.45	0.45	0.45
	3	0.35	0.35	0.35	0.40	0.40	0.40	0.40	0.45	0.45	0.45	0.45	0.50	0.50	0.50
	2	0.70	0.60	0.55	0.50	0.50	0.50	0.50	0.50	0.50	0.50	0.50	0.50	0.50	0.50
	1	1.20	0.95	0.85	0.80	0.75	0.70	0.70	0.70	0.65	0.65	0.55	0.55	0.55	0.50
5	5	−0.05	0.10	0.20	0.25	0.30	0.30	0.35	0.35	0.35	0.35	0.40	0.45	0.45	0.45
	4	0.20	0.25	0.35	0.35	0.40	0.40	0.40	0.40	0.40	0.45	0.45	0.50	0.50	0.50
	3	0.45	0.40	0.45	0.45	0.45	0.45	0.45	0.45	0.45	0.45	0.50	0.50	0.50	0.50
	2	0.75	0.60	0.55	0.55	0.50	0.50	0.50	0.50	0.50	0.50	0.50	0.50	0.50	0.50
	1	1.30	1.00	0.85	0.80	0.75	0.70	0.70	0.65	0.65	0.65	0.65	0.55	0.55	0.55
6	6	−0.15	0.05	0.15	0.20	0.25	0.30	0.30	0.35	0.35	0.35	0.40	0.45	0.45	0.45
	5	0.10	0.25	0.30	0.35	0.35	0.40	0.40	0.40	0.45	0.45	0.45	0.50	0.50	0.50
	4	0.30	0.35	0.40	0.40	0.45	0.45	0.45	0.45	0.45	0.45	0.50	0.50	0.50	0.50
	3	0.50	0.45	0.45	0.45	0.45	0.45	0.45	0.45	0.45	0.50	0.50	0.50	0.50	0.50
	2	0.80	0.65	0.55	0.55	0.55	0.55	0.50	0.50	0.50	0.50	0.50	0.50	0.50	0.50
	1	1.30	1.00	0.85	0.80	0.75	0.70	0.70	0.65	0.65	0.65	0.60	0.55	0.55	0.55
7	7	−0.20	0.05	0.15	0.20	0.25	0.30	0.30	0.35	0.35	0.35	0.45	0.45	0.45	0.45
	6	0.05	0.20	0.30	0.35	0.35	0.40	0.40	0.40	0.40	0.45	0.45	0.50	0.50	0.50
	5	0.20	0.30	0.35	0.40	0.40	0.45	0.45	0.45	0.45	0.45	0.50	0.50	0.50	0.50
	4	0.35	0.40	0.40	0.45	0.45	0.45	0.45	0.45	0.45	0.45	0.50	0.50	0.50	0.50
	3	0.55	0.50	0.50	0.50	0.50	0.50	0.50	0.50	0.50	0.50	0.50	0.50	0.50	0.50
	2	0.80	0.65	0.60	0.55	0.55	0.55	0.50	0.50	0.50	0.50	0.50	0.50	0.50	0.50
	1	1.30	1.00	0.90	0.80	0.75	0.70	0.70	0.70	0.65	0.65	0.60	0.55	0.55	0.55
8	8	−0.20	0.05	0.15	0.20	0.25	0.30	0.30	0.35	0.35	0.35	0.45	0.45	0.45	0.45
	7	0.00	0.20	0.30	0.35	0.35	0.40	0.40	0.40	0.40	0.45	0.45	0.50	0.50	0.50
	6	0.15	0.30	0.35	0.40	0.40	0.45	0.45	0.45	0.45	0.45	0.50	0.50	0.50	0.50
	5	0.30	0.45	0.40	0.45	0.45	0.45	0.45	0.45	0.45	0.45	0.50	0.50	0.50	0.50
	4	0.40	0.45	0.45	0.45	0.45	0.45	0.45	0.50	0.50	0.50	0.50	0.50	0.50	0.50
	3	0.60	0.50	0.50	0.50	0.50	0.50	0.50	0.50	0.50	0.50	0.50	0.50	0.50	0.50
	2	0.85	0.65	0.60	0.55	0.55	0.55	0.50	0.50	0.50	0.50	0.50	0.50	0.50	0.50
	1	1.30	1.00	0.90	0.80	0.75	0.70	0.70	0.70	0.65	0.65	0.60	0.55	0.55	0.55

续表

m	n \ $\bar{i}$	0.1	0.2	0.3	0.4	0.5	0.6	0.7	0.8	0.9	1.0	2.0	3.0	4.0	5.0
9	9	−0.25	0.00	0.15	0.20	0.25	0.30	0.30	0.35	0.35	0.40	0.45	0.45	0.45	0.45
	8	0.00	0.20	0.30	0.35	0.35	0.40	0.40	0.40	0.40	0.45	0.45	0.50	0.50	0.50
	7	0.15	0.30	0.35	0.40	0.40	0.45	0.45	0.45	0.45	0.45	0.50	0.50	0.50	0.50
	6	0.25	0.35	0.40	0.40	0.45	0.45	0.45	0.45	0.45	0.50	0.50	0.50	0.50	0.50
	5	0.35	0.40	0.45	0.45	0.45	0.45	0.45	0.45	0.50	0.50	0.50	0.50	0.50	0.50
	4	0.45	0.45	0.45	0.45	0.45	0.50	0.50	0.50	0.50	0.50	0.50	0.50	0.50	0.50
	3	0.65	0.50	0.50	0.50	0.50	0.50	0.50	0.50	0.50	0.50	0.50	0.50	0.50	0.50
	2	0.80	0.65	0.65	0.55	0.55	0.55	0.55	0.50	0.50	0.50	0.50	0.50	0.50	0.50
	1	1.35	1.00	1.00	0.80	0.75	0.75	0.70	0.70	0.65	0.65	0.60	0.55	0.55	0.55
10	10	−0.25	0.00	0.15	0.20	0.25	0.30	0.30	0.35	0.35	0.40	0.45	0.45	0.45	0.45
	9	−0.05	0.20	0.30	0.35	0.35	0.40	0.40	0.40	0.40	0.45	0.45	0.50	0.50	0.50
	8	0.10	0.30	0.35	0.40	0.40	0.40	0.45	0.45	0.45	0.45	0.50	0.50	0.50	0.50
	7	0.20	0.35	0.40	0.40	0.45	0.45	0.45	0.45	0.45	0.50	0.50	0.50	0.50	0.50
	6	0.30	0.40	0.40	0.45	0.45	0.45	0.45	0.45	0.45	0.50	0.50	0.50	0.50	0.50
	5	0.40	0.45	0.45	0.45	0.45	0.45	0.45	0.50	0.50	0.50	0.50	0.50	0.50	0.50
	4	0.50	0.45	0.45	0.45	0.50	0.50	0.50	0.50	0.50	0.50	0.50	0.50	0.50	0.50
	3	0.60	0.55	0.50	0.50	0.50	0.50	0.50	0.50	0.50	0.50	0.50	0.50	0.50	0.50
	2	0.85	0.65	0.60	0.55	0.55	0.55	0.55	0.50	0.50	0.50	0.50	0.50	0.50	0.50
	1	1.35	1.00	0.90	0.80	0.75	0.75	0.70	0.70	0.65	0.65	0.60	0.55	0.55	0.55
11	11	−0.25	0.00	0.15	0.20	0.25	0.30	0.30	0.30	0.35	0.35	0.45	0.45	0.45	0.45
	10	−0.05	0.20	0.25	0.30	0.35	0.40	0.40	0.40	0.40	0.45	0.45	0.50	0.50	0.50
	9	0.10	0.30	0.35	0.40	0.40	0.40	0.45	0.45	0.45	0.45	0.50	0.50	0.50	0.50
	8	0.20	0.35	0.40	0.40	0.45	0.45	0.45	0.45	0.45	0.45	0.50	0.50	0.50	0.50
	7	0.25	0.40	0.40	0.45	0.45	0.45	0.45	0.45	0.45	0.50	0.50	0.50	0.50	0.50
	6	0.35	0.40	0.45	0.45	0.45	0.45	0.45	0.50	0.50	0.50	0.50	0.50	0.50	0.50
	5	0.40	0.45	0.45	0.45	0.45	0.50	0.50	0.50	0.50	0.50	0.50	0.50	0.50	0.50
	4	0.50	0.50	0.50	0.50	0.50	0.50	0.50	0.50	0.50	0.50	0.50	0.50	0.50	0.50
	3	0.65	0.55	0.50	0.50	0.50	0.50	0.50	0.50	0.50	0.50	0.50	0.50	0.50	0.50
	2	0.85	0.65	0.60	0.55	0.55	0.55	0.55	0.50	0.50	0.50	0.50	0.50	0.50	0.50
	1	1.35	1.50	0.90	0.80	0.75	0.75	0.70	0.70	0.65	0.65	0.60	0.55	0.55	0.55
12以上	自上1	−0.30	0.00	0.15	0.20	0.25	0.30	0.30	0.30	0.35	0.35	0.40	0.45	0.45	0.45
	2	−0.10	0.20	0.25	0.30	0.35	0.40	0.40	0.40	0.40	0.40	0.45	0.45	0.45	0.50
	3	0.05	0.25	0.35	0.40	0.40	0.40	0.45	0.45	0.45	0.45	0.45	0.50	0.50	0.50
	4	0.15	0.30	0.40	0.40	0.45	0.45	0.45	0.45	0.45	0.45	0.45	0.50	0.50	0.50
	5	0.25	0.30	0.40	0.45	0.45	0.45	0.45	0.45	0.45	0.45	0.50	0.50	0.50	0.50
	6	0.30	0.40	0.40	0.45	0.45	0.45	0.45	0.50	0.50	0.50	0.50	0.50	0.50	0.50
	7	0.35	0.40	0.40	0.45	0.45	0.45	0.50	0.50	0.50	0.50	0.50	0.50	0.50	0.50
	8	0.35	0.45	0.45	0.45	0.50	0.50	0.50	0.50	0.50	0.50	0.50	0.50	0.50	0.50
	中间	0.45	0.45	0.45	0.45	0.45	0.50	0.50	0.50	0.50	0.50	0.50	0.50	0.50	0.50
	4	0.55	0.50	0.50	0.50	0.50	0.50	0.50	0.50	0.50	0.50	0.50	0.50	0.50	0.50
	3	0.65	0.55	0.50	0.50	0.50	0.50	0.50	0.50	0.50	0.50	0.50	0.50	0.50	0.50
	2	0.70	0.70	0.60	0.55	0.55	0.55	0.55	0.50	0.50	0.50	0.50	0.50	0.50	0.50
	自下1	1.35	1.05	0.70	0.80	0.75	0.70	0.70	0.70	0.65	0.65	0.60	0.55	0.55	0.55

表 5-5 上下梁相对线刚度变化时修正值 y_1

α_1 \ $\bar{i}$	0.1	0.2	0.3	0.4	0.5	0.6	0.7	0.8	0.9	1.0	2.0	3.0	4.0	5.0
0.4	0.55	0.40	0.30	0.25	0.20	0.20	0.20	0.15	0.15	0.15	0.05	0.05	0.05	0.05
0.5	0.45	0.30	0.20	0.20	0.15	0.15	0.15	0.10	0.10	0.10	0.05	0.05	0.05	0.05
0.6	0.30	0.20	0.15	0.15	0.10	0.10	0.10	0.10	0.05	0.05	0.05	0.05	0.00	0.00
0.7	0.20	0.15	0.10	0.10	0.10	0.05	0.05	0.05	0.05	0.05	0.05	0.00	0.00	0.00
0.8	0.15	0.10	0.05	0.05	0.05	0.05	0.05	0.05	0.05	0.00	0.00	0.00	0.00	0.00
0.9	0.05	0.05	0.05	0.05	0.00	0.00	0.00	0.00	0.00	0.00	0.00	0.00	0.00	0.00

注 对于底层柱不考虑值 α_1，所以不作此项修正。

表 5-6 上下层柱高度变化时的修正值 y_2 和 y_3

α_2	α_3 \ $\bar{i}$	0.1	0.2	0.3	0.4	0.5	0.6	0.7	0.8	0.9	1.0	2.0	3.0	4.0	5.0
2.0		0.25	0.15	0.15	0.10	0.10	0.10	0.10	0.10	0.05	0.05	0.05	0.05	0.00	0.00
1.8		0.20	0.15	0.10	0.10	0.10	0.05	0.05	0.05	0.05	0.05	0.05	0.00	0.00	0.00
1.6	0.4	0.15	0.10	0.10	0.05	0.05	0.05	0.05	0.05	0.05	0.05	0.00	0.00	0.00	0.00
1.4	0.6	0.10	0.05	0.05	0.05	0.05	0.05	0.05	0.05	0.05	0.00	0.00	0.00	0.00	0.00
1.2	0.8	0.05	0.05	0.05	0.00	0.00	0.00	0.00	0.00	0.00	0.00	0.00	0.00	0.00	0.00
1.0	1.0	0.00	0.00	0.00	0.00	0.00	0.00	0.00	0.00	0.00	0.00	0.00	0.00	0.00	0.00
0.8	1.2	-0.05	-0.05	-0.05	0.00	0.00	0.00	0.00	0.00	0.00	0.00	0.00	0.00	0.00	0.00
0.6	1.4	-0.10	-0.05	-0.05	-0.05	-0.05	-0.05	-0.05	-0.05	-0.05	-0.05	0.00	0.00	0.00	0.00
0.4	1.6	-0.15	-0.10	-0.10	-0.05	-0.05	-0.05	-0.05	-0.05	-0.05	-0.05	0.00	0.00	0.00	0.00
	1.8	-0.20	-0.15	-0.10	-0.10	-0.10	-0.05	-0.05	-0.05	-0.05	-0.05	-0.05	0.00	0.00	0.00
	2.0	-0.25	-0.15	-0.15	-0.10	-0.10	-0.10	-0.10	-0.05	-0.05	-0.05	-0.05	-0.05	0.00	0.00

第三节 控制截面的内力组合

一、控制截面及其最不利内力类型

控制截面是指对配筋起控制作用的截面。对于框架横梁，其两端支座截面常常是最大负弯矩及最大剪力作用处，在水平荷载参与组合的情况下，端截面还可能出现正弯矩。而跨中截面常常是最大正弯矩作用处。因此，梁的控制截面为柱边缘处截面和跨中截面。为了计算简便，一般不用求极值的方法确定最大正弯矩控制截面，而直接以梁的跨中截面为控制截面。

对于柱子，其内力弯矩、剪力、轴力沿柱高基本呈线性变化，弯矩最大值发生在柱两端，而剪力、轴力在同一楼层内沿柱高变化很小。因此，柱的控制截面为上、下两个端截面。

还应指出，在截面配筋计算时应采用构件端部截面的内力，而不是轴线处的内力，如图 5-47 所示。

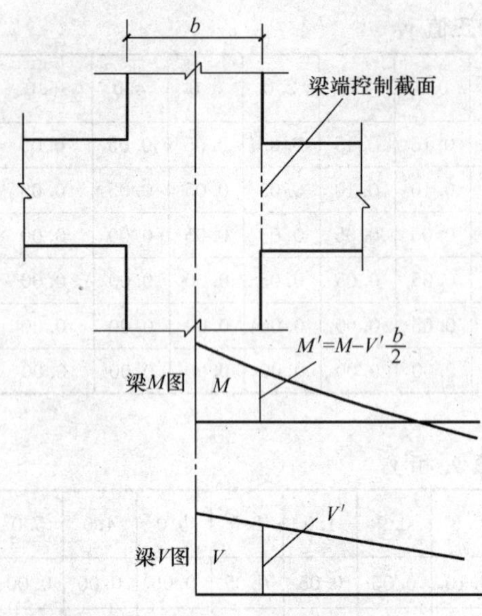

图 5-47 梁端控制截面弯矩及剪力

各种荷载单独作用下的内力计算在前面已作介绍。由于各种荷载的性质不同，发生的概率和对结构的影响也不同。因此，建筑结构设计时，对所考虑的极限状态，应采用相应的结构作用效应的最不利组合。荷载组合的基本原则在第一章中已作介绍。

最不利内力组合就是在控制截面处对截面配筋起控制作用的组合。对于梁端，需找出最大负弯矩以确定梁端上部的配筋，找出最大的正弯矩以确定梁端下部的配筋，确定最大的剪力以便进行梁端受剪承载力计算；对于梁跨中，需确定最大正弯矩以确定梁跨内受拉钢筋。框架柱的最不利内力组合与单层厂房柱相同。故框架结构梁、柱的最不利内力组合有：

梁端截面 $+M_{max}$，$-M_{max}$，V_{max}；

梁跨中截面 $+M_{max}$；

柱端截面：

(1) $|M|_{max}$ 及相应的 N、V；

(2) N_{max} 及相应的 M；

(3) N_{min} 及相应的 M；

(4) $|M|$ 比较大（不是最大），但 N 比较小（大偏心）或 N 比较大（小偏心）。

在某些情况下，最大或最小的内力不见得是最不利的。对于大偏心受压构件，偏心矩 $e_0=M/N$ 越大，截面所需要的配筋越多。因此有时 M 虽不是最大，但相应的 N 较小，此时 e_0 最大，也能成为最不利内力；对于小偏心受压构件，当 N 可能不是最大，但相应的 M 比较大时，配筋反而需要得多一些，也会成为最不利内力。因此，组合常常要考虑第四种情况，并且这种情况通常最为危险。

柱子还要组合最大剪力 V_{max}。

二、荷载布置

作用于框架结构上的竖向荷载有恒载和活荷载两种。恒载是长期作用在结构上的重力荷载，因此应按实际情况全部作用在结构上计算构件的内力。活载是指暂时作用在结构上的荷载，如使用荷载、雪荷载等。它们可能有多种荷载布置方式，理论上应当按影响线分析原理，按最不利的方式布置荷载。这里，介绍考虑活荷载最不利布置的分跨计算组合法、最不利荷载位置法、分层组合法和满布荷载法等四种方法，设计时应酌情选用。

1. 分跨计算组合法

将活荷载逐层逐跨单独作用在结构上，分别计算出整个结构的内力，根据不同的构件、不同的截面、不同的内力种类，组合出最不利内力。因此，对于一个多层多跨框架，共有（跨数×层数）种不同的活荷载布置方式，需要计算（跨数×层数）次结构的内力，故计算工作量很大。但求得这些内力以后，就可求任意截面上的最不利内力，计算过程较为简单。在运用计算机进行内力组合时，常采用这一方法。

为了减少计算工作量，可不考虑屋面活荷载的最不利分布而按满布考虑。

2. 最不利荷载位置法

根据影响线方法，直接确定某一指定截面产生最不利内力的活荷载布置。例如，要确定图 5-48（a）中 AB 跨梁跨中 C 截面出现最大正弯矩 M_C 的活荷载最不利布置，可先作 M_C 的影响线，即解除 M_C 相应的约束，将 C 点改为铰接，代之以正向约束力，使结构沿正向约束力的方向产生单位虚位移 $\theta_C=1$，由此可得到整个结构的虚位移图，如图 5-48（b）所示。

根据虚位移原理，为求梁跨中 AB 最大正弯矩，则需在图 5-48（b）中，凡产生正向虚位移的跨间都布置活荷载，如图 5-48（c）所示棋盘形间隔布置方式。可以看出，当 AB 跨达到跨中弯矩最大时的活荷载最不利布置，也正好使其他布置活荷载跨的跨中弯矩达到最大值。因此，只需进行二次棋盘形活荷载布置，便可求得整个框架中所有梁的跨中最大正弯矩。

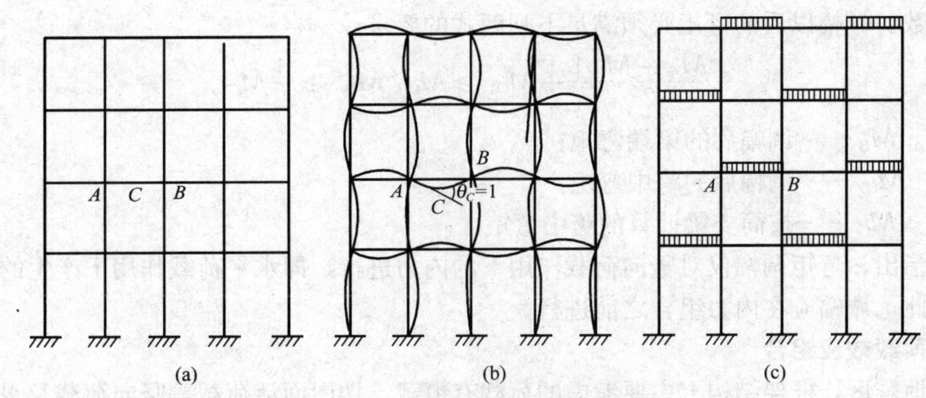

图 5-48 多层框架荷载的最不利布置和影响线

梁端最大负弯矩和柱端最大弯矩的活荷载最不利布置，也可采用上述方法得到。

柱最大轴向力的活荷载最不利布置，是在该柱以上的各层中，与该柱相邻的梁跨内都布置活荷载。

3. 分层组合法

分层组合法以分层法为依据，对活荷载的不利布置作如下简化：

(1) 对于梁。只考虑本层活荷载的不利布置，而不考虑其他层活荷载的影响。因此，其布置方法和连续梁的最不利布置方法相同。

(2) 对于柱端弯矩，只考虑相邻上下层的活荷载的影响，而不考虑其他层活荷载的影响。

(3) 对于柱最大轴力，则必须考虑在该层以上所有层中与该柱相邻梁的活荷载的情况，但对于与柱不相邻的上层活荷载，仅考虑其轴向力的传递而不考虑其弯矩的作用。

4. 满布荷载法

当活荷载产生的内力远小于恒载及水平荷载产生的内力时，可不考虑活荷载的最不利布置，而将活荷载同时作用于所有的框架梁上，这样求得的内力在支座处与按最不利荷载位置法求得的内力极为接近，可直接用以进行内力组合。但求得的跨中弯矩却比最不利荷载位置法的计算结果要小，因此对梁跨中弯矩应乘以 1.1～1.2 的系数予以增大。

对于作用在结构上的水平荷载——风荷载及地震作用应按正、反两个方向分别考虑，按最不利情况进行组合。

三、内力调整

钢筋混凝土系弹塑性材料，结构中局部出现开裂或塑性铰后，会导致塑性内力重分布。

在竖向荷载作用下，梁端截面往往有较大负弯矩，负钢筋配置过于拥挤，影响施工。设计时允许进行弯矩调幅，降低负弯矩，以减少配筋面积。对于装配式或装配整体式框架，节点并非绝对刚性，梁端实际弯矩小于其弹性计算值，进行弯矩调幅更能反映其内力的实际情况。此外，对位于抗震设防地区的框架结构，应设计成延性结构，即在地震作用下希望在梁端出现塑性铰。

对于现浇框架，支座弯矩调幅系数为 0.8～0.9。对于装配整体式框架，支座调幅系数可采用 0.7～0.8。

支座弯矩降低后，经过塑性内力重分配，跨中弯矩将增大，跨中弯矩可乘以 1.1～1.2 的放大系数。调幅以后的弯矩必须满足下列两式的要求

$$\frac{|M_A+M_B|}{2}+M_{C0}\geqslant M_C;\ M_{C0}\geqslant\frac{1}{2}M_C \tag{5-24}$$

式中 M_A、M_B ——调幅后的梁端弯矩；

M_{C0} ——调幅后的跨中弯矩；

M_C ——按简支梁计算的跨中弯矩。

必须指出，弯矩调幅仅对竖向荷载作用下的内力进行，即水平荷载作用下产生的弯矩不调幅。因此，调幅应在内力组合之前进行。

四、荷载效应组合

在非地震区，框架结构上主要考虑的荷载有恒载、楼屋面活荷载等竖向荷载及水平风荷载。按第一章介绍的荷载组合情况确定各控制截面的最不利内力。

第四节 抗震结构的延性要求及延性框架

一、延性结构及抗震构造措施等级

1. 截面或构件的延性指标

在第二章曾以钢筋混凝土梁为例介绍了钢筋混凝土塑性铰的概念。影响延性的主要因素有钢筋种类、纵筋配筋率和混凝土的极限压缩变形能力。框架结构的塑性铰在梁柱中均有可能出现，塑性铰的转动能力或者说构件截面的延性除与上述因素有关外，还与构件的受力特性有关。

图 5-49 中分别表示截面的两种破坏形态的 $M-\phi$ 关系曲线。对于受弯的适筋梁或大偏心受压构件，截面破坏开始于受拉钢筋屈服，钢筋屈服后随截面曲率的增大，受压区高度减小，最后以受压区混凝土压碎而告破坏。从受拉钢筋屈服到受压区破坏，发生了较大的塑性变形，$M-\phi$ 关系曲线上有较长的水平段，说明截面具有较好的延性。对于受弯的超筋梁和小偏心受压构件，截面破坏开始于受压区混凝土的压碎，此时受拉钢筋或远离轴向力一侧的钢筋并没

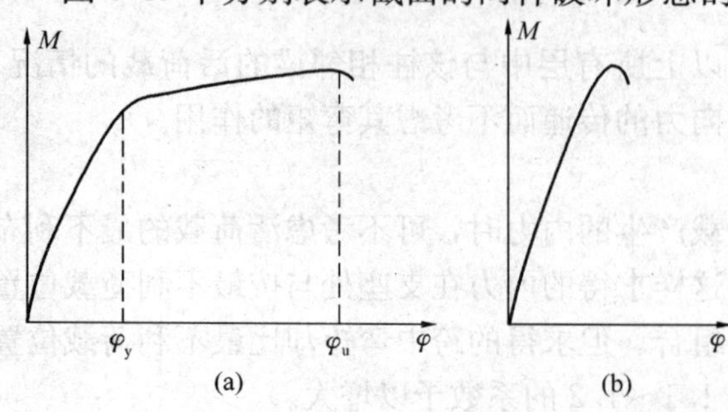

图 5-49 截面的 $M-\phi$ 关系曲线

(a) 延性破坏；(b) 脆性破坏

屈服，破坏过程中截面发生的塑性变形很小，呈脆性破坏形态，即截面延性较差。

截面和构件的塑性变形能力常用延性比来衡量，延性比定义为

截面的曲率延性比 $\mu_\phi = \phi_u / \phi_y$

构件的位移延性比 $\mu_f = f_u / f_y$

式中：ϕ_y、f_y 分别表示截面屈服时的曲率与跨中挠度（见图 5-50）；ϕ_u、f_u 分别表示截面的极限曲率和极限变形（见图 5-50）。

2. 结构的延性指标

对于框架结构而言，弹性状态是指外荷载与结构位移成线性关系的状态；当结构的某些部位出现塑性铰后，荷载和位移将呈现非线性关系；当荷载增加很少而位移增加迅速增加时，可认为结构屈服，当承载力明显下降或结构处于不稳定状态时，认为结构已达到承载力极限状态，此时的位移为极限位移。结构的延性常用定点位移延性比来衡量

$$\mu = \Delta_u / \Delta_y \tag{5-25}$$

式中：Δ_y、Δ_u 分别表示结构进入塑性状态时的位移和结构达到承载能力时的侧向位移（见图 5-51）。

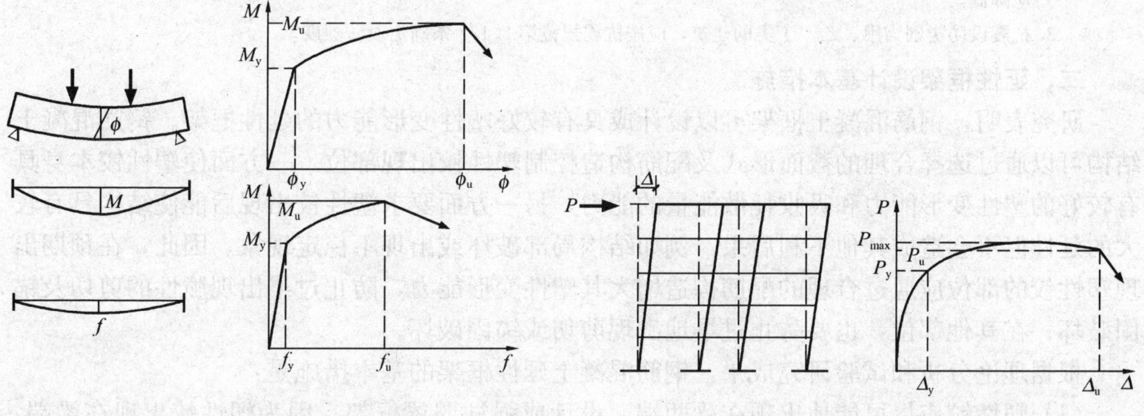

图 5-50 梁的弯曲变形情况　　图 5-51 水平荷载和结构侧移的关系

3. 结构延性的作用

对于钢筋混凝土结构，结构设计除了满足承载能力极限状态和正常使用极限状态的有关要求以外，还应使所设计的结构具有必要的塑性变形能力，即具有一定的延性。结构延性的作用主要体现在以下几方面：

（1）防止脆性破坏。钢筋混凝土结构的脆性破坏是突发性的，没有预兆。为了保障生命、财产的安全，除了对构件发生脆性破坏时的可靠指标有较高的要求以外，还应尽可能地使结构或构件在破坏前有足够的变形。

（2）能承受某些偶然因素的作用。结构通常要承受常规设计中一般未考虑的偶然因素的作用，如偶然的超载、基础不均匀沉降、温度变化和收缩作用引起的体积变化等。延性结构的变形能力，可作为钢筋混凝土超静定结构在发生上述意外时所产生内力和变形的安全储备。

（3）实现塑性内力重分布。延性结构允许构件的某些临界截面有一定的转动能力，形成塑性铰区域，使钢筋混凝土超静定结构能按塑性方法进行设计，产生内力重分布，使配筋合理，方便施工。

（4）有利于结构抗震。在地震作用下，延性结构通过塑性铰区域的变形有效地吸收和耗散

地震能量。同时塑性变形降低了结构的刚度，从而减小结构的地震反应。因此，延性结构具有较强的抗震能力。抗震规范规定，抗震的钢筋混凝土结构都应按延性结构的要求进行设计。

4. 抗震构造措施等级

不同的抗震设防烈度、不同的结构型式以及不同的房屋高度，对结构抗震性能的要求是不相同的。例如，在其他条件相同的情况下，多层房屋的地震反应比高层房屋小，多层房屋的抗震延性要求就可低于后者。抗震规范将抗震构造措施分为四个等级，进行截面设计时首先应按表 5-7 确定结构的抗震构造措施等级。

表 5-7 框架结构抗震等级

设防烈度	6		7		8		9
房屋高度（m）	≤30	>30	≤30	>30	≤30	>30	<25
抗震等级	四	三	三	二	二	一	一

注 1. 表内所有的高度均指室外地面到主要屋面板板顶的高度（不包括局部突出屋顶部分）。
2. 建筑场地为Ⅰ类时，除 6 度外可按表内降低一度所对应的抗震等级采取抗震构造措施，但相应的计算要求不应降低。
3. 抗震设防类别为甲、乙、丁类的建筑，应按抗震规范第 3.1.3 条确定设防烈度。

二、延性框架设计基本措施

研究表明，钢筋混凝土框架可以设计成具有较好塑性变形能力的延性框架。钢筋混凝土结构可以通过选择合理的截面形式及配筋构造控制塑性铰出现部位。一方面使塑性铰本身具有较好的塑性变形能力和吸收耗散能量的能力，另一方面要求塑性铰出现后能使结构具有较大的延性但不会造成其他不利后果，例如结构局部破坏或出现不稳定现象。因此，在预期出现塑性铰的部位应通过合理的配筋构造增大其塑性变形能力，防止过早出现脆性的剪切及锚固破坏；在其他部位，也要防止过早地出现剪切或锚固破坏。

根据理论分析和试验研究成果，钢筋混凝土延性框架的基本措施是：

(1) 塑性铰应尽可能地出现在梁两端，设计成强柱弱梁框架。因为塑性铰出现在梁端，不易形成破坏机构，可能出现的塑性铰数量多，耗能部位分散。如塑性铰出现在柱上，很容易形成机构。柱通常都承受较大的轴力，在高轴压比下，钢筋混凝土柱很难具有高延性性能，而梁是受弯构件，较易实现高延性比。此外，柱是主要的承重构件，出现较大的塑性变形后难以修复，柱子破坏可能引起整个结构的倒塌。

(2) 为避免梁柱过早剪坏，在可能出现塑性铰的区段内，应设计成强剪弱弯。梁柱的剪切破坏是脆性的，延性很小。对于抗震设计的延性框架，不仅要求框架梁柱在塑性铰出现之前不会剪坏，而且还要求在塑性铰出现之后也不要过早剪坏。为此，要求延性框架梁柱的抗剪承载力大于其抗弯承载力。

(3) 为避免出现节点区破坏及钢筋的锚固破坏，要设计成强节点、强锚固。这是因为如果节点区破坏或变形过大，梁、柱构件就不再能形成有抗侧力的框架结构了。

第五节 框架梁柱的设计

一、非抗震框架梁柱的设计要点和构造要求

非抗震设计时，框架梁的设计应按《混凝土结构设计原理》中的方法进行，按受弯构件

正截面承载力和斜截面承载力来确定纵筋和箍筋的数量，同时应满足正常使用极限状态对于挠度和裂缝宽度的要求，纵筋的弯起和截断原则上应根据弯矩包络图和材料图确定；框架柱的设计按偏心受力构件正截面承载力和斜截面承载力来确定纵筋和箍筋的数量。

钢筋和混凝土材料的选择、保护层厚度的确定、最小和最大配筋率的取值等应满足《混凝土结构设计规范》的相关规定。

梁柱的连接构造是框架结构设计一个重要内容。只有确保构件连接的质量，才能保证梁柱作为一个整体共同工作。现浇框架的梁柱节点都应做成刚性节点。在节点处，柱的纵向钢筋应连续穿过中间层节点，梁下部的纵向钢筋应伸入节点有足够的锚固长度。梁与柱的连接、柱与柱的连接构造分述如下

1. 中间层端节点

框架梁上部纵向钢筋伸入节点的锚固长度，当采用直线锚固形式时，不应小于 l_a，且伸过柱中心线不宜小于 $5d$；当柱截面尺寸不足时，梁上部纵筋应伸至节点边缘后向下弯折，包含弯弧段在内的水平投影长度不应小于 $0.4l_a$，包含弯弧断在内的竖向投影长度应不小于 $15d$，如图 5-52 所示。梁下部纵筋在端节点的锚固长度要求与中间节点相同。

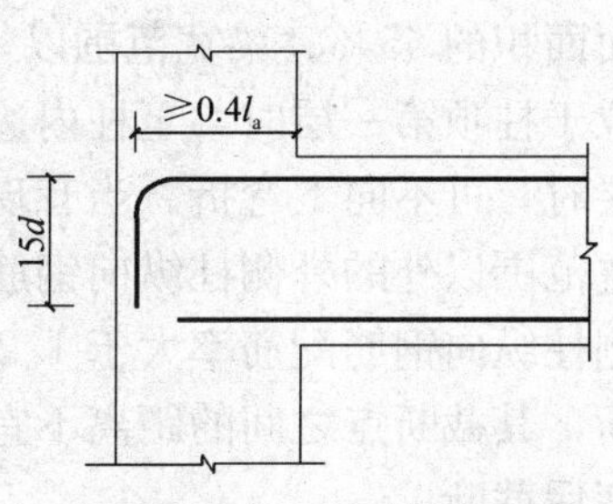

图 5-52　梁上部纵筋在框架中间层端节点内的锚固

2. 中间层中间节点

框架梁上部纵筋应贯穿中间节点，钢筋的截断位置与连续梁的负弯矩钢筋的截断要求相同，详见《混凝土结构设计原理》或《混凝土结构设计规范》。

框架梁下部的纵向钢筋在中间节点的锚固视钢筋的受力情况而定。当计算中不利用该钢筋的强度时，锚固长度应满足下列要求

变形钢筋　　$l_{as} \geqslant 12d$

光面钢筋　　$l_{as} \geqslant 15d$

当计算充分利用该钢筋的抗拉强度时，若采用直线锚固形式，钢筋锚固长度 $l_{as} > l_a$［图 5-53 (a)］；也可采用带 90°弯折的形式，此时水平投影长度不小于 $0.4l_a$，竖直段应为 $15d$［图 5-53 (b)］；下部钢筋也可伸过节点，在梁中弯矩较小处设置搭接接头［见图 5-53 (c)］。

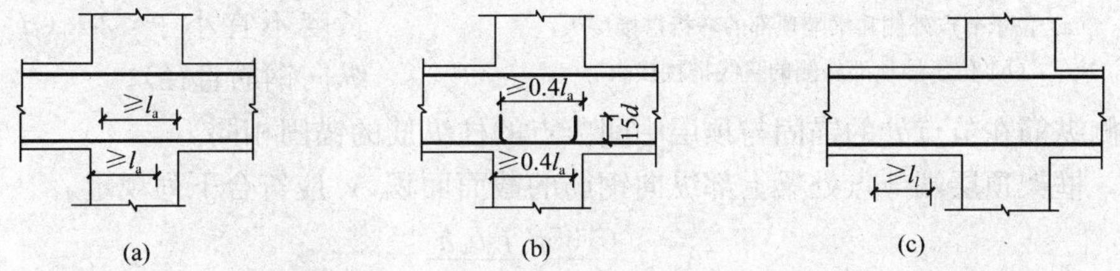

图 5-53　梁下部纵筋受拉时在中间节点的锚固

当计算充分利用钢筋的抗压强度时，直线锚固段的长度按受压钢筋的锚固长度确定，不应小于 $0.7l_a$。

3. 顶层中间节点

柱中纵向钢筋可用直线形式伸入顶层节点，其锚固长度自梁底标高算起不小于 l_a。若顶层节点处梁截面高度不足，柱纵向钢筋应伸至柱顶并向节点内水平弯折。弯折后的水平投影

长度不宜小于 $12d$，弯折前的竖向投影长度在充分利用纵筋的抗拉强度时，不宜小于 $0.5l_a$。当柱顶有现浇板且板厚不小于 80mm、混凝土强度等级不低于 C20 时，柱纵筋也可向外弯折，弯折后的水平投影长度不宜小于 $12d$。

框架梁的纵筋在顶层节点的锚固与中间层节点要求相同。

4. 顶层端节点

在框架顶层端节点处，可将柱外侧纵筋的相应部分弯入梁内作为梁上部纵向钢筋使用，也可将梁上部纵筋与柱外侧纵筋在顶层端节点及其附近部位搭接。搭接可采用两种方式。

第一种方式如图 5-54（a）所示，搭接接头沿顶层端节点外侧及梁端顶部布置，搭接长度不应小于 $1.5l_a$，其中，伸入梁内的外侧柱纵向钢筋截面面积不宜小于外侧柱纵向钢筋截面面积的 65%；梁宽范围以外的外侧柱纵向钢筋宜沿节点顶部伸至柱内边，当柱纵向钢筋位于柱顶第一层时，至柱内边后宜向下弯折不小于 $8d$ 后截断；当柱纵向钢筋位于柱顶第二层时，可不向下弯折。当有现浇板且板厚不小于 80mm、混凝土强度等级不低于 C20 时，梁宽范围以外的外侧柱纵向钢筋可伸入现浇板内，其长度与伸入梁内的柱纵向钢筋相同。当外侧柱纵向钢筋配筋率大于 1.2%时，伸入梁内的柱纵向钢筋应满足以上规定，且宜分两批截断，其截断点之间的距离不宜小于 $20d$。梁上部纵筋应伸至节点外侧并向下弯至梁下边缘高度后截断。

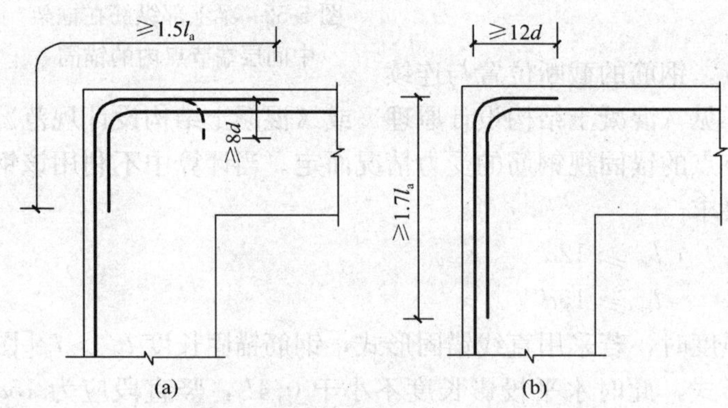

图 5-54 梁上部纵向钢筋与柱外侧纵向钢筋在顶层端节点的搭接

（a）位于节点外侧和梁端顶部的弯折搭接接头；

（b）位于柱顶部外侧的直线搭接接头

第二种方式如图 5-54（b）所示，搭接接头沿柱顶外侧布置，此时，搭接长度竖直段不应小于 $1.7l_a$。当梁上部纵向钢筋的配筋率大于 1.2%时，弯入柱外侧的梁上部纵向钢筋应满足以上规定的搭接长度，且宜分两批截断，其截断点之间的距离不宜小于 $20d$（d 为梁上纵筋直径）。柱外侧纵向钢筋伸至柱顶后宜向节点内水平弯折，弯折段的水平投影长度不宜小于 $12d$（d 为柱外侧纵向钢筋直径）。

柱内侧纵筋在节点处的锚固与顶层中间节点的柱纵筋的锚固相同。

此外，框架顶层端节点处梁上部纵向钢筋的截面面积 A_s 应符合下列规定

$$A_s \leqslant \frac{0.35\beta_c f_c b_b h_0}{f_y}$$

式中 b_b ——梁腹板宽度；

h_0 ——梁截面有效高度。

二、抗震框架梁的破坏形态及影响延性的因素

（一）框架梁的破坏形态

抗震设计时，框架梁除了满足强度要求，还应具有较好的延性。钢筋混凝土抗震框架梁的破坏大多发生在梁端节点附近。在地震和竖向荷载的共同作用下，梁端弯矩、剪力均为最

大且反复受力，从而导致靠近柱边的梁顶面和底面出现贯通的竖向裂缝或交叉的斜裂缝，形成梁端塑性铰。如箍筋数量较多，纵筋相对较少，裂缝呈竖向贯通，为弯曲破坏；如纵筋布置较多，箍筋较少，则发生如图 5-55 中所示的剪切破坏。

（二）影响框架梁延性的主要因素

1. 相对受压区高度 $\xi = x/h_0$

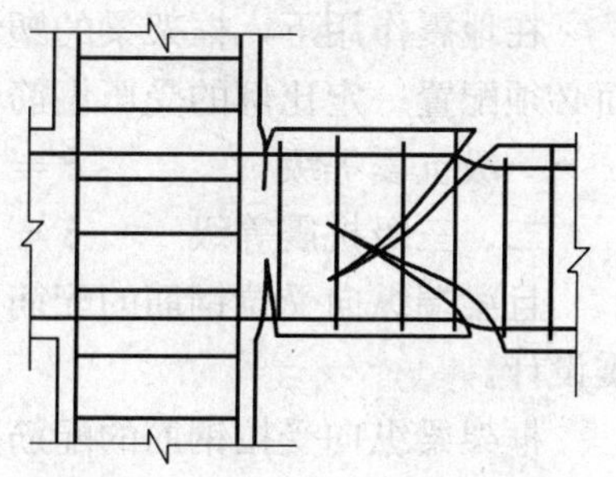

图 5-55　框架节点的破坏情况

在适筋梁范围内，梁的塑性变形能力主要与相对受压区高度有关，ξ 减小时梁的塑性变形能力加大。试验表明，当 $\xi = 0.20 \sim 0.35$ 时，梁的延性系数可达 3～4。而混凝土相对受压区高度又与下列因素有关：

（1）纵筋配筋率：受拉钢筋数量越少，压区高度也随之减小；

（2）受压钢筋的数量：增加受压钢筋的数量可减小压区高度；

（3）截面形状：T 形或 I 形截面可减小压区高度。

2. 剪压比

剪压比即为梁截面上的名义剪应力 V/bh_0 与混凝土轴心抗压强度 f_c 的比值。试验表明，梁塑性铰区的截面剪压比对梁的延性、耗能能力及保持梁的强度、刚度的能力有明显的影响。当剪压比大于 0.15 时，梁的强度和刚度有明显的退化现象，剪压比愈高则退化愈快，混凝土破坏愈早，这时既使增加箍筋的用量也已不能发挥作用。因此必须限制截面的剪压比，即截面尺寸不能过小。

3. 跨高比

梁的跨高比（即梁跨与梁截面高度之比）对梁的抗震性能有明显的影响。随着跨高比的减小，剪力的影响加大，剪切变形占全部位移的比重亦加大。试验结果表明，当梁的跨高比小于 2 时，极易发生以斜裂缝为表征的破坏形态。一旦主斜裂缝形成，梁的承载力就急剧下降，呈现出极差的延性性能。因此，设计时要求梁净跨不宜小于截面高度的 4 倍。当梁跨较小时，如梁的设计内力较大，宜首先考虑加大梁的宽度，这样虽然会增加纵筋的用量，但对于提高梁的延性十分有效。

4. 塑性铰区箍筋的配置情况

塑性铰区内配置足够数量的封闭式箍筋对提高塑性铰的转动能力效果明显。足够数量的箍筋可以防止梁中受压纵筋过早压屈，提高塑性铰区混凝土的极限压应变值，并可阻止斜裂缝的开展，这些都有利于充分发挥梁塑性铰的变形和耗能能力。因此，梁端塑性铰区内箍筋必须加密。

三、抗震框架梁的配筋计算

（一）梁正截面受弯承载力计算

框架梁的正截面受弯承载力计算方法在《结构设计原理》中已作介绍。但当考虑地震作用组合时，应当考虑相应的承载力抗震调整系数 γ_{RE}。

为了避免设计成超筋梁，不考虑地震作用时要求

$$\xi = x/h_0 \leqslant \xi_b \tag{5-26}$$

$$\xi_b = \frac{\beta_1}{1 + \frac{f_y}{E_s \varepsilon_{cu}}} \tag{5-27}$$

在地震作用下，框架梁的塑性铰出现在梁端，为保证塑性铰的延性，设计时要求端部截面必须配置一定比例的受压钢筋，即采用双筋截面，并控制受压区混凝土的相对高度如下：

一级抗震等级 $\xi = x/h_0 \leqslant 0.25 \quad A'_s/A_s \geqslant 0.5$

二、三级抗震等级 $\xi = x/h_0 \leqslant 0.35 \quad A'_s/A_s \geqslant 0.3$

且梁端纵向受拉钢筋的配筋百分率不应大于2.5%。跨中截面的受压区高度控制同非抗震设计。

框架梁纵向受拉钢筋的配筋率应满足表5-8中最小配筋率的要求。

表5-8 框架梁纵向受拉钢筋的最小配筋百分率（%）

抗震等级	梁中位置	
	支座	跨中
一级	0.4和80 f_t/f_c 中的较大值	0.3和65 f_t/f_c 中的较大值
二级	0.3和65 f_t/f_c 中的较大值	0.25和55 f_t/f_c 中的较大值
三、四级	0.25和55 f_t/f_c 中的较大值	0.2和45 f_t/f_c 中的较大值

（二）斜截面受剪承载力计算

1. 框架梁斜截面受剪承载力计算公式

在地震的反复作用下，钢筋混凝土构件斜截面受剪承载力要降低，其主要原因是混凝土剪压区剪切强度降低，以及斜裂缝间混凝土咬合力及纵向钢筋销栓力的降低。箍筋承载力降低不明显。

（1）一般的框架梁：

无地震作用组合时 $$V_b \leqslant 0.7 f_t b h_0 + 1.25 f_{yv} \frac{A_{sv}}{s} h_0 \tag{5-28}$$

有地震作用组合时 $$V_b \leqslant \frac{1}{\gamma_{RE}} (0.42 f_t b h_0 + 1.25 f_{yv} \frac{A_{sv}}{s} h_0) \tag{5-29}$$

（2）集中荷载作用下的框架梁（包括有多种荷载、其中集中荷载对结构边缘产生的剪力值占总剪力值的75%以上的情况）

无地震作用组合时 $$V_b \leqslant \frac{1.75}{\lambda + 1} f_t b h_0 + f_{yv} \frac{A_{sv}}{s} h_0 \tag{5-30}$$

有地震作用组合时 $$V_b \leqslant \frac{1}{\gamma_{RE}} \left(\frac{1.05}{\lambda + 1} f_t b h_0 + f_{yv} \frac{A_{sv}}{s} h_0 \right) \tag{5-31}$$

式中 λ——计算截面的剪跨比，可取 $\lambda = a/h_0$，a 为集中荷载作用点至节点边缘的距离；当 $\lambda < 1.5$ 时，取 $\lambda = 1.5$；当 $\lambda > 3$ 时，取 $\lambda = 3$；

V_b——梁的剪力设计值。

2. 梁的剪力设计值 V_b

为体现延性框架中强剪弱弯的要求，即尽可能地避免梁端塑性铰区在充分塑性转动之前发生脆性剪切破坏，V_b 应按下列规定计算。

9度设防烈度的各类框架和一级抗震等级的框架结构

$$V_b = 1.1\frac{(M_{bua}^l + M_{bua}^r)}{l_n} + V_{Gb} \tag{5-32}$$

且不小于按式（5-33）求得的 V_b 值。

一级抗震等级 $$V_b = 1.3\frac{(M_b^l + M_b^r)}{l_n} + V_{Gb} \tag{5-33}$$

二级抗震等级 $$V_b = 1.2\frac{(M_b^l + M_b^r)}{l_n} + V_{Gb} \tag{5-34}$$

三级抗震等级 $$V_b = 1.1\frac{(M_b^l + M_b^r)}{l_n} + V_{Gb} \tag{5-35}$$

$$M_{bua} \approx \frac{1}{\gamma_{RE}} f_{yk} A_s (h_0 - a'_s) \tag{5-36}$$

四级抗震等级，取组合下的最不利剪力设计值。

式中　M_{bua}^l、M_{bua}^r——框架梁左、右端按实配钢筋截面面积、材料强度标准值，且考虑承载力抗震调整系数的正截面抗震受弯承载力所对应的弯矩值；

M_b^l、M_b^r——考虑地震作用组合的框架梁左、右端弯矩设计值；

V_{Gb}——考虑地震作用组合时的重力荷载代表值产生的剪力设计值，可按简支梁计算确定；

l_n——梁的净跨。

在式（5-32）中，M_{bua}^l 与 M_{bua}^r 之和，应分别按顺时针和逆时针方向进行计算，并取其较大值，如图 5-56 所示。式（5-34）和式（5-35）中 M_b^l 与 M_b^r 之和，也应分别按顺时针和逆时针方向进行计算，并取其较大值。对于一级抗震等级，当两端弯矩均为负弯矩时，绝对值较小的弯矩值应取零。

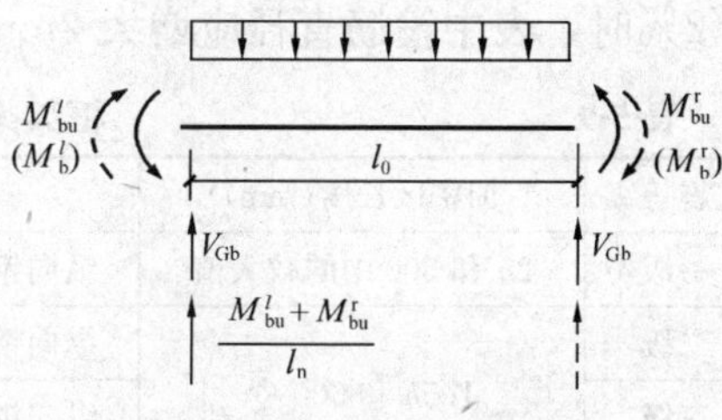

图 5-56　确定的剪力设计值计算简图

塑性铰区以外的截面，仍按照弹性计算所得的剪力，计算所需箍筋数量和间距。

3. 受剪截面的限制条件

当梁的截面尺寸太小或混凝土强度等级太低时，按受剪承载力计算公式计算的箍筋数量会很多。而试验结果表明，配箍太多并不能充分发挥作用。因此，需限制梁截面上的平均剪应力，使配箍数量不至于过多，即不超过最大配箍率，同时也可限制使用阶段的斜裂缝宽度。

对于无地震作用参与组合的框架梁，受剪截面应符合下列条件

当 $h_w/b \leqslant 4$ 时 $$V \leqslant 0.25\beta_c f_c b h_0 \tag{5-37}$$

当 $h_w/b \geqslant 6$ 时 $$V \leqslant 0.2\beta_c f_c b h_0 \tag{5-38}$$

当 $4 < h_w/b < 6$ 时，式中系数按线性内插法确定。

考虑地震作用组合的框架梁，当跨高比 $l_0/h > 2.5$ 时，受剪截面应符合下列条件

$$V_b \leqslant \frac{1}{\gamma_{RE}}(0.2\beta_c f_c b h_0) \tag{5-39}$$

式中　β_c——混凝土强度影响系数：当混凝土强度等级不超过 C50 时，取 $\beta_c = 1.0$；当混凝土强度等级为 C80 时，取 $\beta_c = 0.8$；其间按线性内插法确定。

不满足上述关系时，可采用提高混凝土强度等级，或加宽梁截面宽度等办法。由于延性框架要求强柱弱梁，故不宜采用加大梁高的办法。

四、框架梁的构造要求

1. 截面尺寸

框架梁截面高度 h_b 可按跨度的 1/12 ～ 1/18 确定，框架主梁的截面宽度不应小于 250mm，其他梁的截面宽度不应小于 200mm，以保证框架梁对框架节点的约束。梁截面的高宽比不大于 4，以防止框架梁发生侧向失稳。梁净跨与截面高度之比不小于 4。

2. 纵向钢筋

沿梁长顶面和底面至少应各配置两根通长的纵向钢筋，对一、二级抗震等级，钢筋直径不应小于 14mm，且分别不应少于梁两端顶面和底面纵向受力钢筋中较大截面面积的 1/4；对三、四级抗震等级，钢筋直径不应小于 12mm。

一、二级抗震等级框架梁内贯通中柱的每根纵向钢筋直径，对于矩形截面柱，不宜大于柱在该方向截面尺寸的 1/20；对于圆形截面柱，不宜大于纵向钢筋所在位置柱截面弦长的 1/20。

3. 箍筋

按强剪弱弯原则设计的箍筋主要配置在梁端塑性铰区，即称为箍筋加密区。梁端箍筋加密区长度、箍筋最大间距和箍筋最小直径，应按表 5-9 采用，当梁端纵向受拉钢筋配筋率大于 2%时，表中箍筋直径应增大 2mm。

表 5-9　框架梁梁端箍筋加密区的构造要求

抗震等级	加密区长度(mm)	箍筋最大间距(mm)	箍筋最小直径(mm)
一级	$2h$ 和 500 中的较大值	纵向钢筋直径的 6 倍，梁高的 1/4 和 100 中的最小值	10
二级	$1.5h$ 和 500 中的较大值	纵向钢筋直径的 8 倍，梁高的 1/4 和 100 中的最小值	8
三级		纵向钢筋直径的 8 倍，梁高的 1/4 和 150 中的最小值	8
四级		纵向钢筋直径的 6 倍，梁高的 1/4 和 100 中的最小值	6

注　表中为截面高度。

梁端设置的第一个箍筋应距框架节点边缘不大于 50mm。非加密区箍筋的间距不大于加密区箍筋间距的 2 倍。沿梁全长箍筋的配箍率 ρ_{sv} 应符合下列规定：

一级抗震等级　$$\rho_{sv} \geqslant 0.30 \frac{f_t}{f_{yv}} \tag{5-40}$$

二级抗震等级　$$\rho_{sv} \geqslant 0.28 \frac{f_t}{f_{yv}} \tag{5-41}$$

三、四级抗震等级　$$\rho_{sv} \geqslant 0.26 \frac{f_t}{f_{yv}} \tag{5-42}$$

非抗震设计　$$\rho_{sv} \geqslant 0.24 \frac{f_t}{f_{yv}} \tag{5-43}$$

梁端箍筋加密区长度内的箍筋肢距：一级抗震等级，不宜大于 200mm 和 20 倍箍筋直径的较大值；二、三级抗震等级，不宜大于 250mm 和 20 倍箍筋直径的较大值；四级抗震等级，不宜大于 300mm。

五、抗震框架柱的破坏形态

在国内外历次大地震中，因钢筋混凝土柱破坏造成的震害很多。柱破坏一般在柱头较严重，如唐山地震时新华旅馆的柱子震害，柱头混凝土全部压碎，钢筋压屈（见图 5-57）。1967 年委内瑞拉地震中，加拉加斯市发现一些高层建筑底层柱子压坏。大量震害还表明，钢筋混凝土短柱和角柱是薄弱部位，破坏较多。1968 年日本腾冲地震中发现大量短柱被剪切破坏，这些由于窗裙梁较高而形成的短柱，几乎全部出现 X 形剪切裂缝。在委内瑞拉地震中，加拉加斯市有两幢相邻的高层公寓，几乎都在角柱发生破坏。

虽然在框架设计过程中，强调了“强柱弱梁”的设计原则，尽可能使柱子处于弹性阶段，但由于实际地震作用的不确定性，不可能绝对防止在柱中出现塑性铰。为了使柱中有安全储备，要求柱子也应具有一定的延性。例如，在美国圣菲南多地震中遭受严重破坏的奥立弗医疗中心主楼的底层柱子，采用延性较好的螺旋配箍构造，虽然结构出现了大约 60cm 的侧向变形，但结构没有倒塌，而主楼旁边的裙房结构采用普通配箍柱，混凝土全部破碎。

图 5-57　柱头破坏

归纳起来，柱子的破坏形态大致可分为弯曲型、剪切型及粘结型三种类型，它们的破坏形态是：

（1）弯曲破坏。通常在柱顶或柱底产生水平裂缝，随裂缝的扩展，受拉钢筋屈服，最后由于受压区混凝土压碎，受压纵筋屈服而丧失承载力。

（2）剪切受压破坏。荷载作用下，水平弯曲裂缝斜向发展，形成斜裂缝。如箍筋数量较多，斜裂缝不会迅速开展，但在弯剪作用下压区混凝土剪切错动，混凝土挤碎而丧失承载力。

（3）剪切受拉破坏。剪跨比较小且配箍率较低的构件，在受拉纵筋屈服后，随着荷载反复次数的增加或变形加大，可能突然产生一条宽度较大的主斜裂缝，箍筋很快屈服，构件承载力急剧下降，柱子被剪坏。

（4）剪切斜拉破坏。一般出现在短柱中，斜裂缝往往沿柱对角线出现，箍筋达到屈服甚至被剪断，承载力突然下降，但纵筋没屈服。

（5）粘结开裂破坏。一种粘结型破坏是由于钢筋锚固不足而被拔出。另一种是在弯曲裂缝或弯剪裂缝出现后，在反复荷载作用下沿着纵向钢筋产生细微斜裂缝，使混凝土沿纵筋酥裂脱落，承载力降低，柱子破坏。后者常发生于受拉纵筋配筋率偏大、根数偏少、剪跨比较小的构件中。

以上几种破坏形态极限承载力不同，极限变形能力也不同。剪切斜拉和剪切受拉破坏属于脆性破坏，变形能力极差，在设计中应当加以避免；粘结型破坏延性较差，也应当避免；弯曲破坏及剪切受压破坏都是属于延性破坏，但它们延性的大小还受到其他因素的影响。

六、影响抗震框架柱延性的因素

1. 剪跨比 λ

剪跨比是反映柱截面所承受的弯矩和剪力相对大小的一个参数，

$$\lambda = \frac{M}{Vh_c} \tag{5-44}$$

式中　M、V——柱端截面的弯矩和剪力；

h_c——柱截面高度。

剪跨比是影响钢筋混凝土柱破坏形态的最重要因素。试验研究表明，当剪跨比$\lambda>2$时，称为长柱，多数发生弯曲破坏，但需要配置足够的受剪箍筋。剪跨比$1.5\leqslant\lambda\leqslant2$时，称为短柱，多数会发生剪切破坏，但当提高混凝土强度等级并配有足够的抗剪箍筋后，可能会出现稍有延性的剪切受压破坏。剪跨比$\lambda<1.5$时，称为极短柱，一般都会发生剪切斜拉破坏，几乎没有延性。对于一般的抗震框架结构，柱内弯矩以地震作用产生的弯矩为主，可近似地假定反弯点在柱高中点。为了设计方便，常常用柱的长细比近似表示剪跨比。令

$$\lambda=\frac{M}{Vh_c}=\frac{Vl/2}{Vh_c}=\frac{l}{2h_c}$$

$$\frac{l}{h_c}>4 \text{ 为长柱}$$

$$3\leqslant\frac{l}{h_c}\leqslant4 \text{ 为短柱}$$

$$\frac{l}{h_c}<3 \text{ 为极短柱}$$

式中 l——柱子净高。

在进行抗震结构的结构方案和结构布置时，应尽量避免形成极短柱。

2. 轴压比 n

轴压比是指柱的轴向压应力设计值与混凝土轴心抗压强度的比值，即

$$n=\frac{N}{f_cb_ch_c} \tag{5-45}$$

式中 N——柱所受的轴向压力设计值；

b_c——柱截面宽度；

f_c——混凝土轴心抗压强度。

轴压比是影响钢筋混凝土柱承载力和延性的另一个重要参数。试验表明，随着轴压比的增大，柱的极限抗弯能力、耗散地震能量的能力都降低。究其原因，轴压比较小时，即柱的轴向压力设计值较小，相应地柱截面受压区高度较小，构件发生受拉钢筋首先屈服的大偏心受压破坏，破坏时构件有较大的变形；反之，当轴压比较大时，柱截面受压区高度大，如$x/h_{c0}>\xi_b$则属小偏心受压破坏，破坏时，受拉钢筋（或压力较小侧的钢筋）并没屈服，破坏时构件的变形很小。试验所得的轴压比与曲率延性比的关系如图 5-58 所示。

试验还表明，轴压比的大小对短柱的影响更大，在短柱中，轴压比的增大甚至会改变柱的破坏形态。图 5-59 所示轴压比的大小对长柱和短柱的不同影响。配箍率增大到 0.15 以上时，$V_u/f_cb_ch_c$不再继续增长，说明抗剪能力有一个极限值。因此，设计时要控制轴压比，以改善柱抗剪性能及推迟斜裂缝出现的时间。

3. 箍筋

钢筋混凝土柱中的箍筋可以起到抵抗剪力、约束核心混凝土、防止纵筋压屈等作用。无论是抗震结构还是非抗震结构，都要通过抗剪计算配置箍筋。为了起到防止纵筋压屈的作用，设计时要控制箍筋的最大间距。

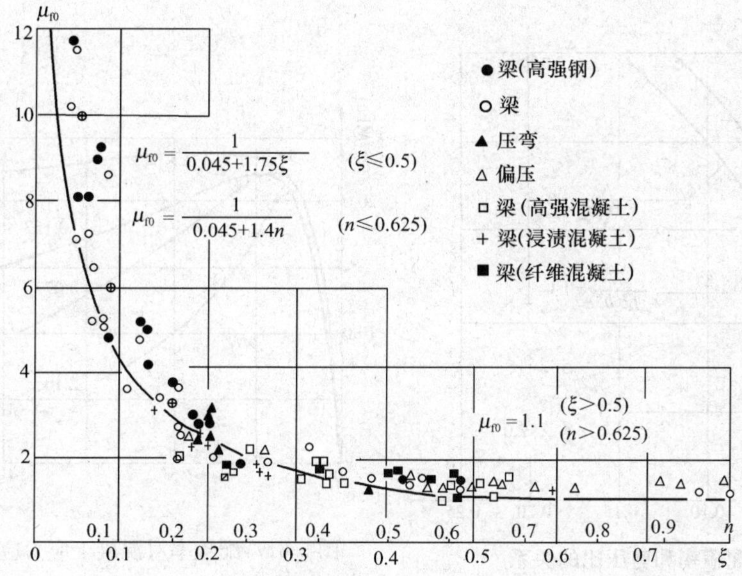

图 5-58 延性比随轴压比的变化（清华大学）

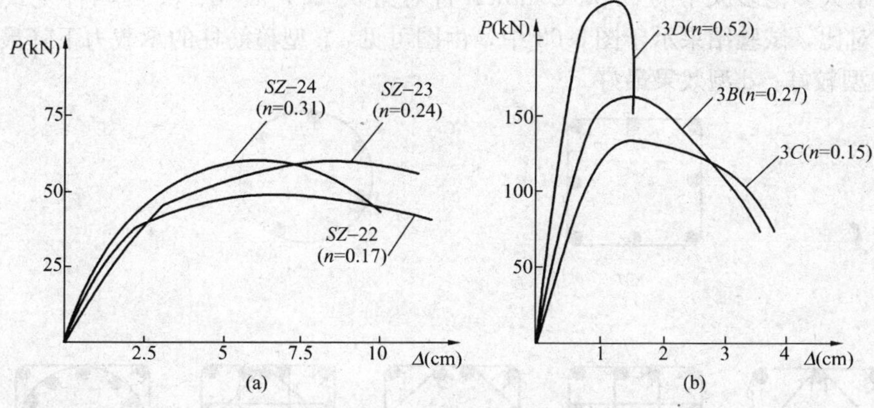

图 5-59 轴压比对柱承载力及变形性能的影响（西安柱试验小组）

（a）长柱；（b）短柱

此处重点讨论箍筋对混凝土的约束作用。大量试验和震害实例表明，增加箍筋可以改善柱的延性和抗震性能。

衡量箍筋对混凝土的约束程度时，通常用体积配箍率 ρ_v 来表示，ρ_v 等于箍筋内表面范围内单位混凝土核心体积所含箍筋的体积。也可用配箍特征值反映箍筋的数量。

$$\lambda_v=\rho_v f_{yv}/f_c \tag{5-46}$$

式中 f_{yv}——箍筋或拉筋抗拉强度设计值，超过 360N/mm^{2}时，应取 360N/mm^{2}计算；

f_c——混凝土轴心抗压强度设计值，强度等级低于 C35 时，应按 C35 计算。

图 5-60 反映了配箍率和抗剪承载力（或剪压比）的关系。图 5-61 反映了配箍特征值 λ_v 对混凝土应力—应变曲线的影响。当 λ_v 增大时，混凝土峰值应力和峰值应变都略有增大，最明显的是下降段平缓了，混凝土的极限压应变也有明显的提高。由试验及理论分析可知，这是箍筋提高柱延性的根本原因。

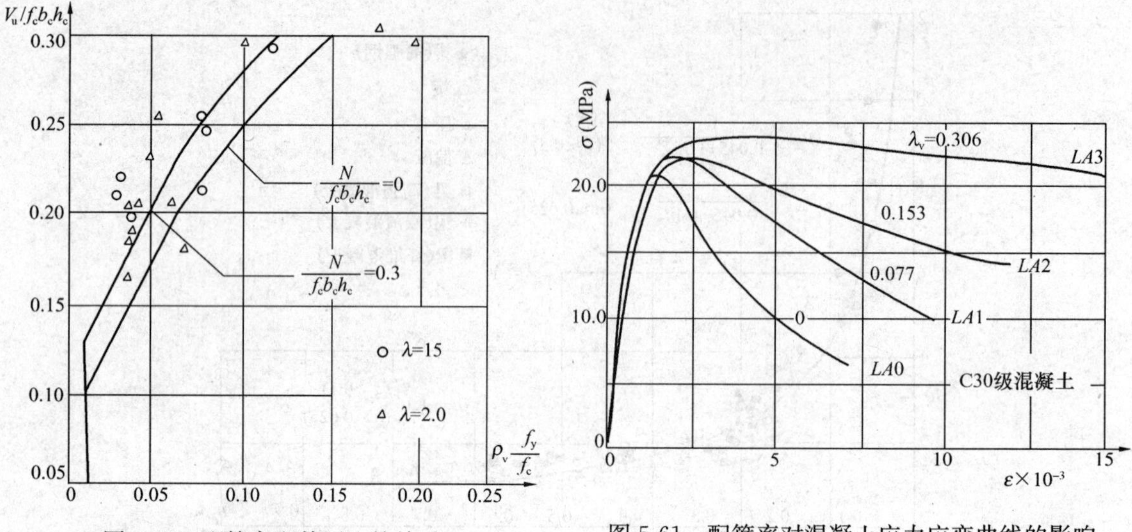

图 5-60 配箍率和剪压比的关系

图 5-61 配箍率对混凝土应力应变曲线的影响

各种不同形式的箍筋对混凝土核心的约束作用是不同的。图 5-62 给出了一些常用的箍筋形式。加拿大多伦多大学的 S. M. Uzumeri 曾对图 5-62 中 a、b、c、d 四种复式箍筋形式进行了试验对比，试验结果示于图 5-63 中，由图可见，a 型箍筋柱的承载力下降最快，延性最小；b、c 型较好；d 型效果最好。

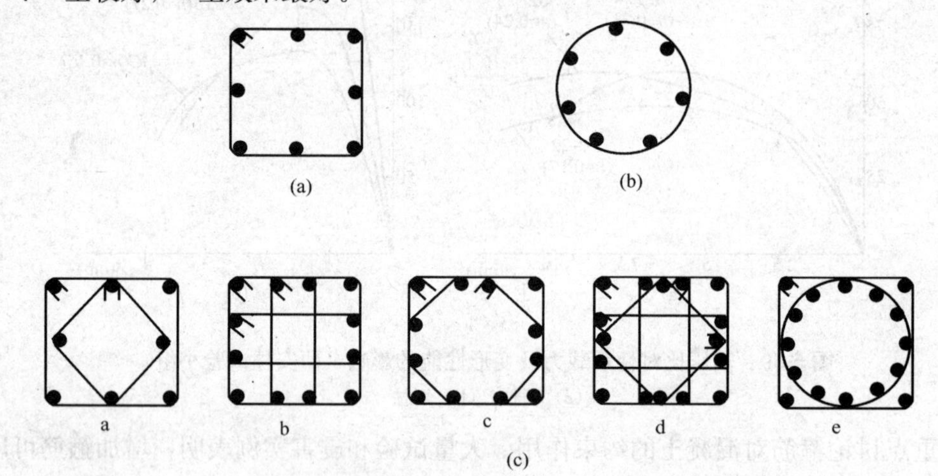

图 5-62 箍筋形式

(a) 普通矩形箍；(b) 螺旋箍；(c) 复式箍

清华大学抗震抗爆工程研究室研究了在不同轴压比下各种箍筋对改善柱延性的作用。轴压比的大小用相对受压区高度 $\xi=x/h_0$ 表示。图 5-64 是一组具有复合箍、螺旋箍及普通方箍柱的试验结果，所有柱的 ξ 值相同。试验结果表明，随着 λ_v 值加大，构件的延性比都提高了，但各种箍筋效果不同：复式箍柱的延性最好；螺旋箍次之；普通方箍最差。

图 5-65 是根据试验结果得到的在不同轴压比下箍筋对柱延性影响的情况。从图中曲线可见，ξ 值愈小，曲线倾斜度愈大，即表示 λ_v 增加时，延性比提高愈快；当 $\xi=0.6$ 时，曲线已很平稳，这表示在大轴压比下，增加箍筋的数量对改善柱延性的作用很小。

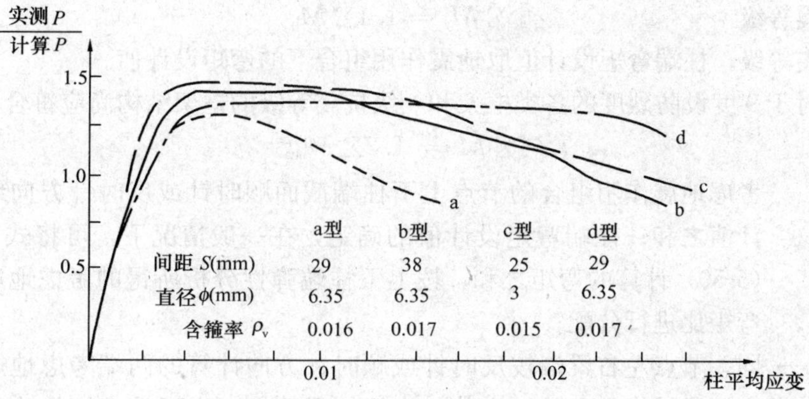

图 5-63 箍筋形式对柱延性的影响

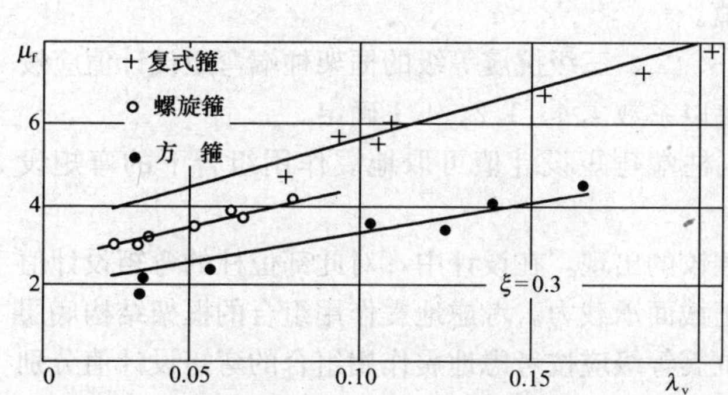

图 5-64 不同形式的箍筋及配箍率对柱延性的影响

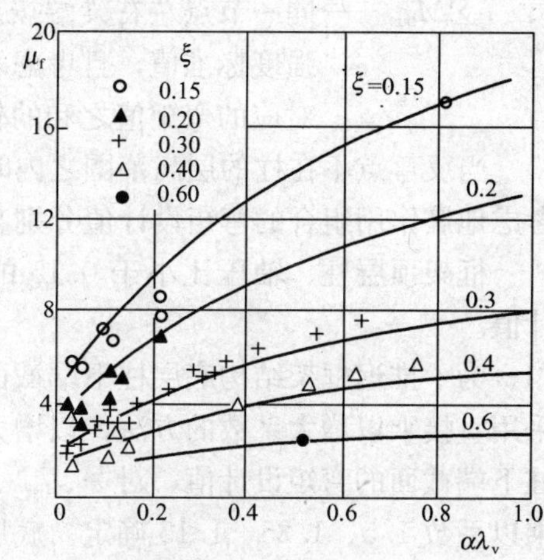

图 5-65 不同轴压比下箍筋对柱延性的影响

由以上的试验结果，可得到以下一些对设计延性柱有用的结论。复式箍约束混凝土的效果较好。随着轴压比提高，箍筋约束混凝土的效果降低，对延性的改善作用减小。因此，在中等轴压比下，可以通过增加箍筋体积配箍率，改进箍筋构造等措施提高柱的延性。当轴压比过高时，则应该采取加大柱截面尺寸或提高混凝土强度等级等措施降低轴压比。

七、抗震框架柱的承载力计算

（一）柱正截面偏心受压承载力计算

框架梁正截面偏心承载力计算方法在《结构设计原理》已作介绍。但当有地震荷载参与组合时，应考虑相应的正截面承载力抗震调整系数 γ_{RE}。

1. 节点上下柱端的弯矩设计值

考虑地震作用组合的框架柱，为了实现“强柱弱梁”的设计原则，其节点上、下柱端弯矩设计值应根据梁端弯矩来调整，以降低柱屈服的可能性。调整后柱端弯矩设计值应满足下列要求：

一级抗震等级 $$\sum M_c = 1.4\sum M_b \tag{5-47}$$

二级抗震等级 $$\sum M_c = 1.2\sum M_b \tag{5-48}$$

三级抗震等级 $$\sum M_c = 1.1\sum M_b \tag{5-49}$$

四级抗震等级，柱端弯矩设计值取地震作用组合下的弯矩设计值。

此外，对于9度设防烈度的各类框架和一级抗震等级的框架结构尚应符合下式要求

$$\sum M_c = 1.2\sum M_{bua} \tag{5-50}$$

式中 $\sum M_c$——考虑地震作用组合的节点上下柱端截面顺时针或反时针方向组合的弯矩设计值之和；柱端弯矩设计值的确定，在一般情况下，可将式（5-47）至式（5-50）计算的弯矩之和，按上下柱端弹性分析所得的考虑地震作用组合的弯矩比进行分配；

$\sum M_b$——同一节点左右梁端按反时针或顺时针方向计算的两端考虑地震作用组合的弯矩设计值之和的较大值；一级抗震等级，当两端弯矩均为负弯矩时，绝对值较小的弯矩值应取零；

$\sum M_{bua}$——同一节点左右梁端按反时针或顺时针方向，采用实配钢筋截面面积和材料强度标准值，且考虑承载力抗震调整系数计算的正截面抗震受弯承载力所对应的弯矩值之和的较大值。

当反弯点不在柱的层高范围之内时，一、二、三级抗震等级的框架柱端弯矩设计值应按考虑地震作用组合的弯矩设计值分别直接乘以系数1.4、1.2、1.1确定。

框架顶层柱、轴压比小于0.15的柱，柱端弯矩设计值可取地震作用组合下的弯矩设计值。

为了推迟框架结构底层柱下端截面塑性铰的出现，在设计中，对此部位柱的弯矩设计值采用直接乘以增大系数的方法，以增大其正截面承载力。考虑地震作用组合的框架结构底层柱下端截面的弯矩设计值，对一、二、三抗震等级应按考虑地震作用组合的弯矩设计值分别乘以系数1.5、1.25、1.15确定。底层柱纵向钢筋宜按上、下端的不利情况配置。需要说明的是，底层是指无地下室的基础以上或地下室以上的首层。

考虑到历次强震中框架角柱的震害相对较重，而且角柱还受有扭转、双向剪切等不利影响，因此，对于一、二、三抗震等级的框架角柱，其弯矩设计值应取经调整后的弯矩设计值乘以不小于1.1的增大系数。

2. 节点上、下端的轴向力设计值

节点上、下端的轴向力设计值应取地震作用组合下各自的轴向力设计值。

（二）柱斜截面受剪承载力计算

1. 柱斜截面受剪承载力计算公式

国内有关反复荷载作用下偏压柱塑性铰区的受剪承载力试验表明，反复加载使构件的承载力比单调加载降低约10%～30%，这主要是由于混凝土受剪承载力降低所致。为此，按与框架梁相同的处理原则，在考虑地震作用组合的框架柱受剪承载力计算公式中，混凝土项抗震受剪承载力相当于非抗震情况下混凝土受剪承载力的60%，而箍筋项受剪承载力与非抗震情况相同。

（1）当柱受压时：

无地震作用组合 $$V_c \leqslant \frac{1.75}{\lambda+1} f_t b h_0 + f_{yv}\frac{A_{sv}}{s}h_0 + 0.07N \tag{5-51}$$

有地震作用组合　$V_c \leqslant \frac{1}{\gamma_{RE}}\left(\frac{1.05}{\lambda+1}f_t b h_0 + f_{yv}\frac{A_{sv}}{s}h_0 + 0.056N\right)$　(5-52)

(2) 当柱受拉时：

无地震作用组合　$V_c \leqslant \frac{1.75}{\lambda+1}f_t b h_0 + f_{yv}\frac{A_{sv}}{s}h_0 - 0.2N$　(5-53)

有地震作用组合　$V_c \leqslant \frac{1}{\gamma_{RE}}\left(\frac{1.05}{\lambda+1}f_t b h_0 + f_{yv}\frac{A_{sv}}{s}h_0 - 0.2N\right)$　(5-54)

式中　λ——框架柱的计算剪跨比，取 $\lambda=M/(Vh_0)$；M 宜取与柱上、下端考虑地震作用组合的弯矩设计值的较大值，V 取与 M 对应的剪力设计值，h_0 为柱截面有效高度，当框架结构中的框架柱的反弯点在柱层高范围内时，可取 $\lambda=H_n/(2h_0)$，此处 H_n 为柱净高，当 $\lambda<1.0$ 时，取 $\lambda=1.0$；当 $\lambda>3.0$ 时，取 $\lambda=3.0$；

N——考虑地震作用组合的框架柱的轴向压力设计值［式 (5-51) 和式 (5-52)，当 $N>0.3f_cA$ 时，取 $N=0.3f_cA$］或拉力设计值［式 (5-53) 和式 (5-54)］；

V_c——框架柱的剪力设计值。

当上式右边括号内的计算值小于 $f_{yv}\frac{A_{sv}}{s}h_0$ 时，应取等于 $f_{yv}\frac{A_{sv}}{s}h_0$，且 $f_{yv}\frac{A_{sv}}{s}h_0$ 不应小于 $0.36f_t b h_0$。

2. 剪力设计值 V_c 的确定

由于按我国设计规范规定的柱端弯矩增大措施，只能适度推迟柱端截面塑性铰的出现，而不能避免柱端出现塑性铰，因此，对柱端也应提出强剪弱弯的要求，以保证在柱端塑性铰达到预期转动之前，柱端塑性铰区不发生剪切破坏。

9 度设防烈度的各类框架和一级抗震等级的框架结构

$$V_c = 1.2\frac{(M_{cua}^t + M_{cua}^b)}{H_n} \tag{5-55}$$

且不小于按式 (5-56) 求得的 V_c 值。

一级抗震等级　$V_c = 1.4\frac{(M_c^t + M_c^b)}{H_n}$　(5-56)

二级抗震等级　$V_c = 1.2\frac{(M_c^t + M_c^b)}{H_n}$　(5-57)

三级抗震等级　$V_c = 1.1\frac{(M_c^t + M_c^b)}{H_n}$　(5-58)

$$M_{cua} = \frac{1}{\gamma_{RE}}\left[0.5\gamma_{RE}Nh\left(1-\frac{\gamma_{RE}N}{\alpha_1 f_{ck} b h}\right) + f'_{yk}A'_s(h_0 - a'_s)\right] \tag{5-59}$$

四级抗震等级，取地震作用组合下的最不利剪力设计值。

式中　M_{cua}^t、M_{cua}^b——框架柱上、下端按实配钢筋截面面积、材料强度标准值，且考虑承载力抗震调整系数的正截面抗震受弯承载力所对应的弯矩值之和，应分别按顺时针和逆时针方向计算，并取其较大值，对于对称配筋的大偏心受压柱柱端正截面受弯承载力可按式 (5-59) 计算；

M_c^t、M_c^b——考虑地震作用组合，且经调整后的框架柱上、下端弯矩设计值；

N——考虑地震作用组合的框架柱的轴向压力设计值；

f_{ck}——混凝土轴心抗压强度标准值；

f'_{yk}——受压钢筋强度标准值；

A'_s——受压钢筋实配截面面积。

对于一、二、三级抗震等级的框架角柱，其剪力设计值应按上述调整后的值乘以不小于1.1的增大系数。

3. 框架柱受剪截面限制条件

为了防止框架柱发生脆性剪切破坏，保证柱内纵筋和箍筋在柱破坏时能够有效地发挥作用，必须限制柱受剪截面尺寸。

无地震作用组合时，框架柱的受剪截面同框架梁相同的截面限制条件。

有地震作用组合时，框架柱的受剪截面应符合下列条件：

（1）剪跨比 $\lambda>2$ 的框架柱

$$V_c \leqslant \frac{1}{\gamma_{RE}}(0.2\beta_c f_c b h_0) \tag{5-60}$$

（2）剪跨比 $\lambda\leqslant 2$ 的框架柱

$$V_c \leqslant \frac{1}{\gamma_{RE}}(0.15\beta_c f_c b h_0) \tag{5-61}$$

式中 β_c——混凝土强度影响系数：当混凝土强度等级不超过C50时，取 $\beta_c=1.0$；当混凝土强度等级为C80时，取 $\beta_c=0.8$；其间按线性内插法确定。

八、框架柱的构造要求

（一）截面尺寸

框架柱的截面高度和截面宽度抗震设计时均不宜小于300mm，非抗震设计时不宜小于250mm，圆柱的截面直径不宜小于350mm；柱剪跨比宜大于2；柱截面高度与宽度的比值不宜大于3。为了保证抗震框架柱的延性，一、二、三级抗震等级框架结构的框架柱，其轴压比不宜大于表5-10规定的限值。

表5-10　框架柱的轴压比限值

剪跨比 λ	一　级	二　级	三　级
$\lambda>2$	0.7	0.8	0.9
$2\geqslant\lambda>1.5$	0.65	0.75	0.85
$\lambda=1.5$	0.6	0.7	0.8

轴压比的计算在前面已作介绍。对不进行地震作用计算的框架结构，取无地震作用组合的轴向力设计值；需进行地震作用计算的框架结构，则取考虑地震作用组合的轴向压力设计值。

采取了以下几种措施时柱的轴压比限值可适当放宽：

（1）当混凝土强度等级为C65～C70时，轴压比限值宜按表中数值减小0.05；当混凝土强度等级为C75～C80时，轴压比限值宜按表中数值减小0.10。

（2）对于剪跨比小于1.5的柱，其轴压比限值应专门研究并采取特殊的构造措施。

（3）沿柱全高采用井字复合箍，且箍筋间距不大于100mm，肢距不大于200mm、直径不小于 12mm，或沿柱全高采用复合螺旋箍筋，且螺距不大于 100mm、肢距不大于 200mm、直径不小于 12mm，或沿柱全高采用连续复合矩形螺旋箍，且螺距不大于 80mm、肢距不大于 200mm、直径不小于 10mm 时，轴压比限值可按表中数值增加 0.10；上述三种箍筋的最小配筋特征值 λ_v 均应按增大的轴压比由表 5-13 确定。

(4) 当柱截面中部设置由附加纵向钢筋形成的芯柱，且附加纵向钢筋的总面积不少于柱截面面积的 0.8%时，其轴压比限值可按表中数值增加 0.05。此项措施与 (3) 的措施同时采用时，轴压比限值可按表中数值增加 0.15，但箍筋的最小配箍特征值 λ_v 仍可按轴压比增加 0.10 的要求确定。

(5) 柱经采用上述加强措施后，其最终的轴压比限值不应大于 1.05。

(二) 纵向受力钢筋

框架柱中全部纵向受力钢筋的配筋百分率不应小于表 5-11 中规定的数值，同时每一侧的配筋百分率不应小于 0.2；对于Ⅳ类场地上较高的高层建筑，最小配筋百分率应按表中的数值增加 0.1 采用。当采用 HRB400 级钢筋时，柱全部纵向钢筋的最小配筋百分率应按表中的数值减小 0.1；考虑到高强混凝土对柱抗震性能的不利影响，当混凝土强度等级为 C60 及以上时，应按表中数值增加 0.1。

表 5-11　柱全部纵向受力钢筋最小配筋百分率 (%)

柱类型	非抗震设计	抗震等级			
		一级	二级	三级	四级
框架中柱、边柱	0.6	1.0	0.8	0.7	0.6
框架角柱		1.2	1.0	0.9	0.8

柱的纵向钢筋的配置，应符合下列各项要求：

(1) 框架柱全部纵向受力钢筋配筋率不应大于 5%。

(2) 柱的纵筋宜对称配置。

(3) 截面尺寸大于 400mm 的柱，纵向钢筋的间距不宜大于 200mm。

(4) 柱净高与截面高度的比值为 3～4 的短柱试验表明，此类框架柱易发生粘结型剪切破坏和对角斜拉型剪切破坏，为减少这种脆性破坏，柱中纵筋的配筋率不宜过大。当按一级抗震等级设计，且柱的剪跨比不大于 2 时，柱每侧的纵筋的配筋率不宜大于 1.2%。

(5) 柱纵向钢筋的绑扎接头应避开柱端的箍筋加密区。

(三) 箍筋

非抗震设计时，箍筋的作用除了抗剪以外，主要是防止纵筋压屈。因此箍筋应满足以下构造规定：

(1) 柱中的周边箍筋应做成封闭式；

(2) 箍筋间距不应大于 400mm 及构件截面的短边尺寸，且不应大于 $15d$，d 为纵向受力钢筋的最小直径；

(3) 箍筋直径不应小于 $d/4$，且不应小于 6mm，d 为纵筋的最大直径；

(4) 当柱中全部纵筋的配筋率大于 3%时，箍筋直径不应大于 8mm。间距不应大于纵向受力钢筋最小直径的 10 倍，且不应大于 200mm；箍筋末端应做成 135 的弯钩且弯钩末端平直段长度不应小于箍筋直径的 10 倍；箍筋也可焊成封闭环式；

（5）当柱截面短边尺寸大于 400mm 且各边纵向钢筋多于 3 根时，或当柱截面短边尺寸不大于 400mm 但各边纵向钢筋多于 4 根时，应设置复合箍筋。

（6）在纵筋搭接处，箍筋间距要加密。

在抗震结构中，按强剪弱弯要求或约束混凝土要求计算的箍筋，都应配置在柱的塑性铰区，称为柱中箍筋加密区。

1. 箍筋加密区的范围

（1）长柱柱端，取截面高度（或圆柱直径），柱净高的 1/6 和 500mm 中的较大值。

（2）底层柱，柱根加密区长度取不小于该层柱净高的 1/3；当有刚性地面时，除柱端箍筋加密区外还应在刚性地面上、下各 500mm 的高度范围内加密。

（3）剪跨比不大于 2 的框架柱和因填充墙等形成的柱净高与柱截面高度之比不大于 4 的柱，应在柱全高范围内加密箍筋。

（4）一级、二级框架结构的角柱应在柱全高范围内加密箍筋。

2. 加密区的箍筋间距和直径

一般情况下，箍筋的最大间距和最小直径，应按表 5-12 采用。对于二级抗震等级的框架柱，当箍筋直径不小于 10mm、肢距不大于 200mm 时，除柱根外，箍筋最大间距应允许采用 150mm；三级抗震等级框架柱的截面尺寸不大于 400mm 时，箍筋最小直径应允许采用 6mm；四级抗震等级框架柱剪跨比不大于 2 时，箍筋直径不应小于 8mm。

表 5-12　柱端箍筋加密区的箍筋最大间距和最小直径

抗震等级	箍筋最大间距（采用较小值，mm）	箍筋最小直径（mm）
一级	$6d$，100	10
二级	$8d$，100	8
三级	$8d$，150（柱根 100）	8
四级	$8d$，150（柱根 100）	6（柱根 8）

注　为柱纵筋的最小直径；柱根指框架底层柱的嵌固部位。

3. 加密区的箍筋肢距

一级抗震等级不宜大于 200mm；二、三级抗震等级不宜大于 250mm 和 20 倍箍筋直径中的较大值；四级抗震等级不宜大于 300mm。此外，每隔一根纵向钢筋宜在两个方向有箍筋或拉筋约束；当采用拉筋时，拉筋宜紧靠纵向钢筋并钩住封闭箍筋。

4. 加密区的箍筋体积配箍率

为了增加柱端加密区箍筋对混凝土的约束作用，规范规定了其最小体积配筋率。考虑到不同强度等级的混凝土和不同等级钢筋的影响，加密区内箍筋的体积配筋率应符合下列要求

$$\rho_v \geqslant \lambda_v f_c / f_{yv} \tag{5-62}$$

式中　ρ_v——柱箍筋加密区的体积配筋率，一级不应小于 0.8%，二级不应小于 0.6%，三级、四级不应小于 0.4%；计算复合箍的体积配筋率时，应扣除重叠部分的箍筋体积；

λ_v——最小配箍特征值，宜按表 5-13 采用。

表 5-13 柱箍筋加密区的箍筋最小配箍特征值 λ_v

抗震等级	箍筋形式	柱轴压比								
		≤0.3	0.4	0.5	0.6	0.7	0.8	0.9	1.0	1.05
一级	普通箍、复合箍	0.10	0.11	0.13	0.15	0.17	0.20	0.23	—	—
	螺旋箍、复合或连续复合矩形螺旋箍	0.08	0.09	0.11	0.13	0.15	0.18	0.21	—	—
二级	普通箍、复合箍	0.08	0.09	0.11	0.13	0.15	0.17	0.19	0.22	0.24
	螺旋箍、复合或连续复合矩形螺旋箍	0.06	0.07	0.09	0.11	0.13	0.15	0.17	0.20	0.22
三级	普通箍、复合箍	0.06	0.07	0.09	0.11	0.13	0.15	0.17	0.20	0.22
	螺旋箍、复合或连续复合矩形螺旋箍	0.05	0.06	0.07	0.09	0.11	0.13	0.15	0.18	0.20

表 5-13 中普通箍筋指单个矩形箍筋或单个圆形箍筋；螺旋箍指单个螺旋箍筋；复合箍指由矩形、多边形、圆形箍筋或拉筋组成的箍筋；复合螺旋箍指由螺旋箍与矩形、多边形、圆形箍筋或拉筋组成的箍筋；连续复合矩形螺旋箍指全部螺旋箍为同一根钢筋加工成的箍筋。

剪跨比不大于 2 的柱宜采用复合螺旋箍或井字复合箍，其体积配箍率不应小于 1.2%，9 度时不应小于 1.5%。

计算复合螺旋箍的体积配箍率时，其非螺旋箍的箍筋体积应乘以换算系数 0.8。

5. 非加密区的箍筋构造规定

柱箍筋非加密区的体积配箍率不宜小于加密区的 50%；箍筋间距，一、二级框架柱不应大于 10 倍纵向钢筋直径，三、四级框架柱不应大于 15 倍纵向钢筋直径。

第六节 抗震框架节点区的设计及构造要求

一、抗震框架节点的破坏形态

在设计抗震延性框架时，除了保证梁、柱构件具有足够的承载力和延性以外，保证节点区的承载力，使之不过早破坏是十分重要的。

震害调查表明，节点区的破坏大部分都是由于节点区无箍筋或少箍筋，在剪压作用下混凝土出现斜裂缝，然后挤压破碎，纵向钢筋压屈成灯笼状所致。保证节点区不发生剪切破坏的主要措施是：通过抗剪验算，在节点区配置足够的箍筋，并保证混凝土的强度及密实性，实现强节点。

在竖向压力及梁端柱端弯矩、剪力作用下，节点区处于较复杂的应力状态。从图 5-66 所示的节点区受力简图中可以看到，主要是在压力和剪力作用下，节点区产生剪切变形，沿受压力的对角线出现斜裂缝，在反复荷载作用下则产生交叉状的斜裂缝。

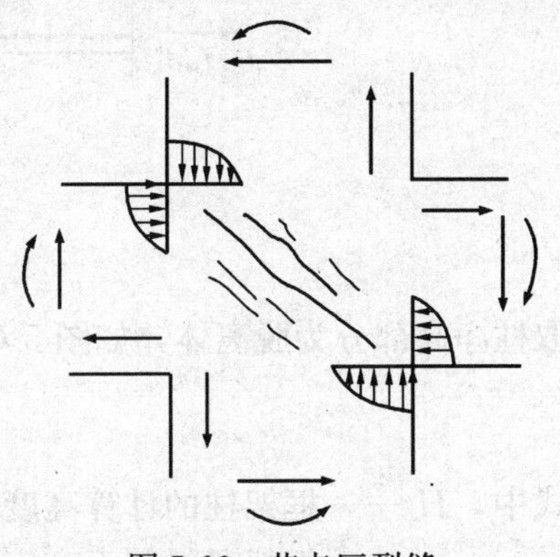
图 5-66 节点区裂缝

节点试验表明，节点的破坏过程大致可分为两个阶段：第一阶段为通裂阶段。当作用于核心的剪力达到 60%～70%时，核心区出现贯通的斜裂缝，裂缝宽度约

0.1～0.2mm，钢筋应力很小，这个阶段剪力主要由混凝土承担。第二阶段为破裂阶段。随着反复荷载逐渐加大，贯通裂缝加宽，剪力主要由箍筋承担，箍筋陆续达到屈服。在混凝土挤碎前达到最大承载能力。节点设计时以第二阶段作为极限状态。

节点试验中观察到的另一个试验现象是，梁内纵向钢筋在节点区内的滑移。在地震作用下，通过节点区的梁纵向钢筋在节点区两边应力变号。无论是正筋还是负筋，都是一侧受拉，另一侧受压，造成节点区内钢筋与混凝土的粘结应力较一般情况下为大，很容易出现粘结破坏。纵筋在节点区内的滑移不仅造成传递剪力的能力减弱，也会使梁端塑性铰区裂缝加大，从而降低梁截面后期受弯承载力及延性，使节点的耗能能力和刚度明显下降。因此，设计中应处理好纵向钢筋在节点区的锚固构造，做到强锚固。

此外，地震震害分析还表明，不同的地震烈度作用下，钢筋混凝土框架节点的破坏程度不同。对于未按抗震要求设计的节点，在 7 度地震作用下，破坏较少；在 8 度地震作用下，部分节点尤其是角柱节点发生程度不同的破坏；在 9 度以上地震作用下，多数框架节点震害严重。因此，对节点应提出不同的抗震受剪承载力要求以使其适应与其相连接的梁端和柱端塑性铰区的塑性转动要求。

规范规定，对一、二级抗震等级的框架节点必须进行抗震受剪承载力计算，而对三、四级抗震等级的框架节点按照规定配置构造箍筋，不再进行抗震受剪承载力计算。

二、节点区剪力设计值

地震作用对节点产生的剪力与框架的延性及耗能程度有关。对延性要求很严格的 9 度设防烈度的各类框架以及一级抗震等级的框架结构，考虑到节点侧边梁端已出现塑性铰，节点的剪力完全由梁端实际的屈服弯矩所决定，在其剪力设计值的计算中梁端弯矩应取实际的抗震受弯承载力所对应的弯矩值。

如图 5-67 中所示为一中柱节点，当梁端出现塑性铰后，钢筋总拉力及压区混凝土的总压力都是已知的，取节点上半部为隔离体。若忽略框架梁内的轴力，由节点上半部分平衡条件可得节点水平截面上的剪力

$$V_j = C^l + T^r - V_c = f_{yk}A_s^b + f_{yk}A_s^t - V_c \tag{5-63}$$

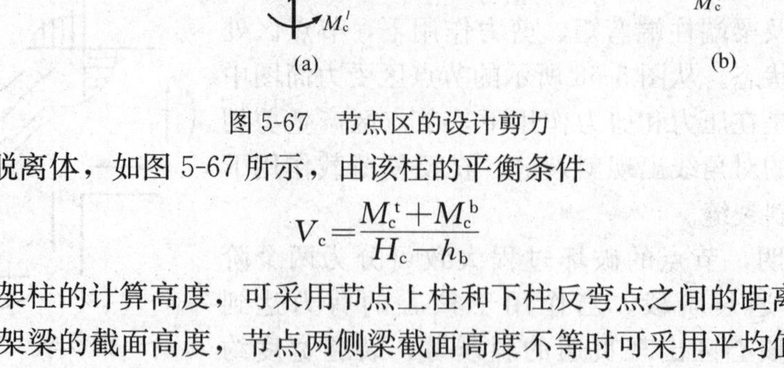

图 5-67 节点区的设计剪力

取柱净高部分为脱离体，如图 5-67 所示，由该柱的平衡条件

$$V_c = \frac{M_c^t + M_c^b}{H_c - h_b} \tag{5-64}$$

式中 H_c——框架柱的计算高度，可采用节点上柱和下柱反弯点之间的距离；

h_b——框架梁的截面高度，节点两侧梁截面高度不等时可采用平均值。

近似地取 $M_c^t + M_c^b = M_c^l + M_c^u$ 代入上式得

$$V_c = \frac{M_c^u + M_c^l}{H_c - h_b} \tag{5-65}$$

又根据节点弯矩平衡条件

$$M_c^u + M_c^l = M_b^l + M_b^r \tag{5-66}$$

将式（5-66）代入式（5-65），则有

$$V_c = \frac{M_b^l + M_b^r}{H_c - h_b} = \frac{(f_{yk}A_s^b + f_{yk}A_s^t)(h_{b0} - a')}{H_c - h_b} \tag{5-67}$$

将 V_c 代入 V_j 的计算式，可得节点设计剪力

$$V_j = (f_{yk}A_s^b + f_{yk}A_s^t)\left(1 - \frac{h_{b0} - a'}{H_c - h_b}\right) \tag{5-68}$$

式中 A_s^b、A_s^t——节点两侧梁的上部和下部的实际配筋，当两侧配筋不同时，要选左上、右下或左下、右上两种组合中的较大值。

考虑到加强系数，框架梁柱节点核心区考虑抗震等级的剪力设计值 V_j 应按下列规定计算：

1. 9 度设防烈度的各类框架和一级抗震等级的框架结构

(1) 顶层中间节点和端节点

$$V_j = 1.15\left(\frac{M_{bua}^l + M_{bua}^r}{h_{b0} - a'}\right) \tag{5-69}$$

且不应小于按式（5-71）求得的 V_j 值。

(2) 其他层中间节点和端节点

$$V_j = 1.15\left(\frac{M_{bua}^l + M_{bua}^r}{h_{b0} - a'}\right)\left(1 - \frac{h_{b0} - a'}{H_c - h_b}\right) \tag{5-70}$$

且不应小于按公式（5-72）求得的 V_j 值。

2. 其他情况

(1) 一级抗震等级：

1) 顶层中间节点和端节点

$$V_j = 1.35\left(\frac{M_b^l + M_b^r}{h_{b0} - a'}\right) \tag{5-71}$$

2) 其他层中间节点和端节点

$$V_j = 1.35\left(\frac{M_b^l + M_b^r}{h_{b0} - a'}\right)\left(1 - \frac{h_{b0} - a'}{H_c - h_b}\right) \tag{5-72}$$

(2) 二级抗震等级：

1) 顶层中间节点和端节点

$$V_j = 1.2\left(\frac{M_b^l + M_b^r}{h_{b0} - a'}\right) \tag{5-73}$$

2) 其他层中间节点和端节点

$$V_j=1.2\left(\frac{M_b^l+M_b^r}{h_{b0}-a'}\right)\left(1-\frac{h_{b0}-a'}{H_c-h_b}\right) \tag{5-74}$$

$$M_{bua}\approx\frac{1}{\gamma_{RE}}f_{yk}A_s\ (h_0-a'_s)$$

式中 M_{bua}^l、M_{bua}^r——框架节点左、右两侧的梁端按实配钢筋截面面积、材料强度标准值，且考虑承载力抗震调整系数的正截面抗震受弯承载力所对应的弯矩值；

M_b^l、M_b^r——考虑地震作用组合的框架节点左、右两侧梁端弯矩设计值；

h_{b0}、h_b——梁的截面有效高度、截面高度，当节点两侧梁高不相同时，取其平均值。

在式（5-69）和式（5-70）中，M_{bua}^l与M_{bua}^r之和，应分别按顺时针和逆时针方向进行计算，并取其较大值。式（5-71）至式（5-74）中M_b^l与M_b^r之和，也应分别按顺时针和逆时针方向进行计算，并取其较大值。对于一级抗震等级，当两端弯矩均为负弯矩时，绝对值较小的弯矩值应取零。

三、节点的受剪承载力计算

1. 核心区截面有效验算宽度 b_j

当验算方向的梁截面宽度不小于该侧柱截面宽度的 1/2 时［如图 5-68（a）所示］，可采用该侧柱截面宽度；当小于柱截面宽度的 1/2 时［如图 5-68（b）所示］可采用下列二者的较小值

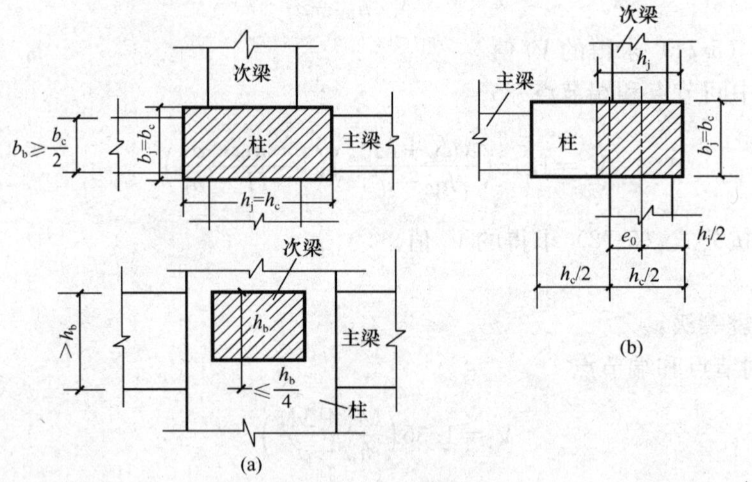

图 5-68 节点区截面示意图

$$b_j=b_b+0.5h_c \tag{5-75}$$

$$b_j=b_c \tag{5-76}$$

式中 b_b——梁截面宽度；

h_c——验算方向柱截面高度；

b_c——验算方向柱截面宽度。

当梁、柱的中线不重合且偏心距不大于柱宽的 1/4 时［如图 5-68（b）所示］，核心区的截面验算宽度可采用式（5-75）、式（5-76）和下式计算结果中的最小值，且此时柱箍筋

宜沿柱全高加密。

$$b_j=0.5\ (b_b+b_c)\ +0.25h_c-e_0 \tag{5-77}$$

式中 e_0——梁与柱中线偏心距。

2. 截面抗剪验算表达式

节点核心区的截面抗剪验算，应采用下列设计表达式：

(1) 9度设防烈度

$$V_j\leqslant\frac{1}{\gamma_{RE}}\left(0.9\eta_j f_t b_j h_j+f_{yv}A_{svj}\frac{h_{b0}-a'}{s}\right) \tag{5-78}$$

(2) 其他情况

$$V_j\leqslant\frac{1}{\gamma_{RE}}\left(1.1\eta_j f_t b_j h_j+0.05\eta_j N\frac{b_j}{b_c}+f_{yv}A_{svj}\frac{h_{b0}-a'}{s}\right) \tag{5-79}$$

式中 η_j——正交梁对节点的约束影响系数：当楼板为现浇、梁柱中线重合、四侧各梁截面高度不小于该柱截面宽度的1/2，且正交方向梁高度不小于较高框架梁高度的3/4时［见图5-68 (a)］，可采用1.5；对9度设防烈度，宜采用1.25；当不满足上述约束条件时，应采用1.0；

h_j——节点核心区的截面高度，可采用验算方向的柱截面高度，即 $h_j=h_c$；

γ_{RE}——承载力抗震调整系数，可采用0.85；

N——对应于考虑地震作用组合剪力设计值的节点上柱底部的轴向力设计值：当 N 为压力时，取轴向压力设计值的较小值，且当 $N>0.5f_cb_ch_c$ 时，取 $N=0.5f_cb_ch_c$；当 N 为拉力时，取 $N=0$；

f_{yv}——箍筋的屈服强度设计值；

A_{svj}——核心区有效验算宽度范围内同一截面验算方向各肢箍筋的总截面面积；

s——箍筋间距。

在一、二级抗震等级的框架节点区，当梁、柱截面尺寸及混凝土等级已知时，可由式(5-78)或式(5-79)计算出节点区所需的箍筋面积及间距，同时箍筋的配置还应满足构造要求。

在三、四级抗震等级的框架中，节点区不需进行抗剪验算，但应按构造要求配置箍筋。

此外，为了避免柱节点区的平均剪应力过高和过早出现斜裂缝，也为了避免过多配置箍筋，应按下式限制节点区的平均剪应力

$$V_j\leqslant\frac{1}{\gamma_{RE}}(0.30\eta_j f_c b_j h_j) \tag{5-80}$$

如不满足上式，要加大柱截面或提高混凝土等级。

四、抗震框架节点的构造要求

在节点区的混凝土强度等级应与柱的混凝土等级相同。

节点区配置的箍筋至少要与柱中箍筋加密区的箍筋数量相等，箍筋最大间距和最小直径应满足柱中箍筋加密区的要求。对一、二、三级抗震等级的框架节点核心区，配箍特征值 λ_v 分别不宜小于0.12、0.10和0.08，且箍筋的体积配箍率分别不宜小于0.6%、0.5%和0.4%。框架柱的剪跨比 $\lambda\leqslant2$ 的框架节点核心区配箍特征值不宜小于核芯区上、下柱端配箍特征值中的较大值。

框架梁和框架柱的纵向受力钢筋在框架节点区的锚固和搭接应符合下列要求：

(1) 框架中间层的中间节点处，框架梁的上部纵向钢筋应贯穿中间节点；对于一、二级抗震等级，梁的下部纵向钢筋伸入中间节点的锚固长度不应小于 l_{aE}，且伸过中心线不应小于 5d［如图 5-69 (a) 所示］。梁内贯穿中柱的每根纵向钢筋直径，对于一、二级抗震等级，不宜大于柱在该方向截面尺寸的 1/20；对圆柱截面，不宜大于纵向钢筋所在位置柱截面弦长的 1/20。

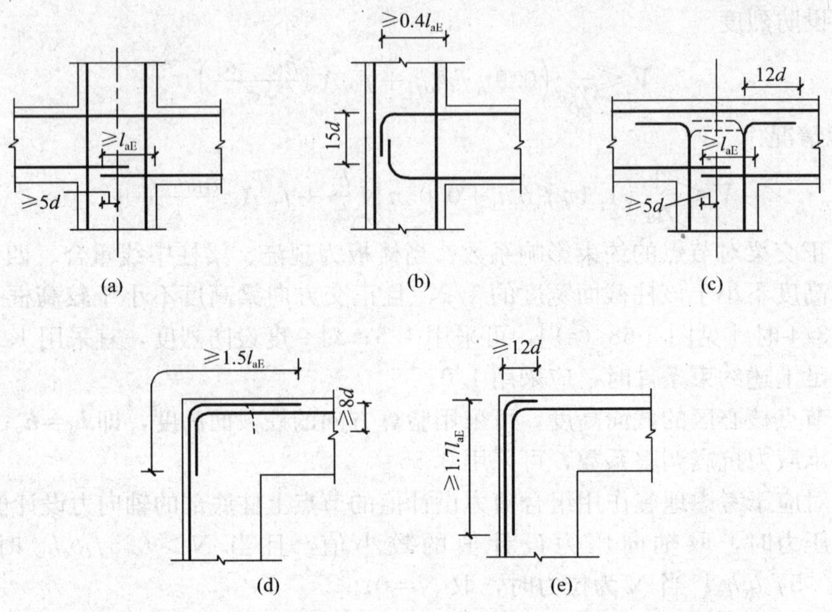

图 5-69 框架梁和框架柱的纵向受力钢筋在节点区的锚固和搭接
(a) 中间层节点；(b) 中间层端节点；(c) 顶层中间节点；
(d) 顶层端节点 (一)；(e) 顶层端节点 (二)

(2) 框架中间层的端节点处，当框架梁上部纵向钢筋用直线锚固方式锚入端节点时，其锚固长度除不应小于 l_{aE}外，尚应伸过柱中心线不小于 5d，此处，d 为梁上部纵向钢筋直径。当水平段锚固长度不足时，梁上部纵向钢筋应伸至柱外边并向下弯折，弯折前的水平投影长度不应小于 0.4l_{aE}，弯折后的竖直投影长度取 15d［见图 5-69 (b)］。梁下部纵向钢筋在中间层端节点中的锚固措施与梁上部纵向钢筋相同，但竖直段应向上弯入节点。

(3) 框架顶层中间节点处，柱纵向钢筋应伸至柱顶，当采用直线锚固方式时，其自梁底边算起的锚固长度应不小于 l_{aE}，当直线锚固长度不足时，该纵向钢筋伸到柱顶后可向内弯折，弯折前的锚固段竖向投影长度不应小于 0.5l_{aE}，弯折后的水平投影长度取 12d；当楼盖为现浇混凝土，且板的混凝土强度不低于 C20，板厚不小于 80mm 时，也可向外弯折，弯折后的水平投影长度取 12d［图 5-69 (c)］。对于一、二级抗震等级，贯穿顶层中间节点的梁上部纵向钢筋的直径，不宜大于柱在该方向截面尺寸的 1/25。梁下部纵向钢筋在顶层中间节点中的锚固措施与梁下部纵向钢筋在中间层中间节点处的锚固措施相同。

(4) 框架顶部端节点处，柱外侧纵向钢筋可沿节点外边和梁上边与梁上部纵向钢筋搭接连接［如图 5-69 (d) 所示］，搭接长度不应小于 1.5l_{aE}，且伸入梁内的柱外侧纵向钢筋截面面积不宜小于柱外侧全部柱纵向钢筋截面面积的 65%，其中不能伸入梁内的外侧柱纵向钢筋，宜沿柱顶伸至柱内边；当该柱筋位于顶部第一层时，伸至柱内边后，宜向下弯折不小于

$8d$后截断；当该柱筋位于顶部第二层时，可伸至柱内边后截断；此处，d为外侧柱纵向钢筋的直径；当楼盖为现浇混凝土，且板的混凝土强度不低于C20，板厚不小于80mm时，梁宽范围外的柱纵向钢筋可伸入板内，其伸入长度与伸入梁内的柱纵向钢筋相同。梁上部纵向钢筋大于1.2%时，伸入梁内的柱纵向钢筋应满足以上规定，且分两批截断，其截断点之间的距离不宜小于$20d$，d为梁上部钢筋的直径。当梁、柱的配筋率较高时，顶层端节点处的梁上部纵向钢筋和柱外侧纵向钢筋的搭接也可沿柱外边设置［见图5-69（e）］，搭接长度不应小于$1.7l_{aE}$，其中，柱外侧纵向钢筋应伸至柱顶，并向内弯折，弯折段的水平投影长度不宜小于$12d$。梁上部纵向钢筋及柱外侧纵向钢筋在顶层端节点上角处的弯弧内半径，当钢筋直径$d \leqslant 25$mm时，不宜小于$6d$；当钢筋直径$d > 25$mm时，不宜小于$8d$。当梁上部纵向钢筋配筋率大于1.2%时，弯入柱外侧的梁上部纵向钢筋除应满足以上搭接长度外，且宜分两批截断，其截断点之间的距离不宜小于$20d$，d为梁上部纵向钢筋的直径。梁下部纵向钢筋在顶层端节点中的锚固措施与中间层端节处梁上部纵向钢筋的锚固措施相同。柱内侧纵向钢筋在顶层端节点中的锚固措施与顶层中间节点处柱纵向钢筋的锚固措施相同。当柱为对称配筋时，柱内侧纵向钢筋在顶层端节点中的锚固要求可适当放宽，但柱内侧纵向钢筋应伸至柱顶。

（5）柱纵向钢筋不应在中间各层节点内截断。

第七节　多层多跨钢框架设计

一、框架柱的计算长度

框架柱一般按压弯构件计算。由于框架柱两端受到与其相连的其他构件的约束，因此，研究框架柱的屈曲必须取整个框架或框架的一部分进行分析。

（一）单层和多层等截面柱在框架平面内的计算长度

框架等截面柱的在框架平面内计算长度采用计算长度系数μ乘以该层柱的高度表示。下面介绍各种框架的侧移刚度系数的确定。

图5-70（a）、（b）所示为一对称的单层单跨等截面柱框架，在确定其临界荷载和计算长度时通常根据弹性稳定理论先作如下假定：①框架只承受作用于梁柱节点上的竖向荷载，忽略横梁上荷载和水平荷载产生的端弯矩的影响；②荷载按比例同时增加，各柱同时丧失稳定；③变形是微小的，失稳时框架尚处于弹性阶段；④构件无缺陷。

框架可分为有侧移框架、无侧移框架（强支撑框架）和弱支撑框架三种。框架结构中设置有较大抗侧移刚度的支撑架、剪力墙、电梯井或其他支撑结构时，这些支撑结构能阻止框架受力或失稳时框架节点的侧移，这种框架称为无侧移框架或有支撑框架。无侧移框架的支撑结构的侧移刚度S_b应满足下列要求

$$S_b \geqslant 3\left(1.2\sum N_b - \sum N_0\right) \tag{5-81}$$

式中　$\sum N_b$、$\sum N_0$——层间所有框架柱按无侧移、有侧移框架柱计算长度系数算得的轴压杆稳定承载力之和。

没有抗侧移支撑结构的纯框架，在受力或失稳时框架节点可能发生显著侧移（计算时不能忽略），称为有侧移框架或无支撑框架。当支撑结构的侧移刚度S_b不满足式（5-81）的要求时，为弱支撑框架。

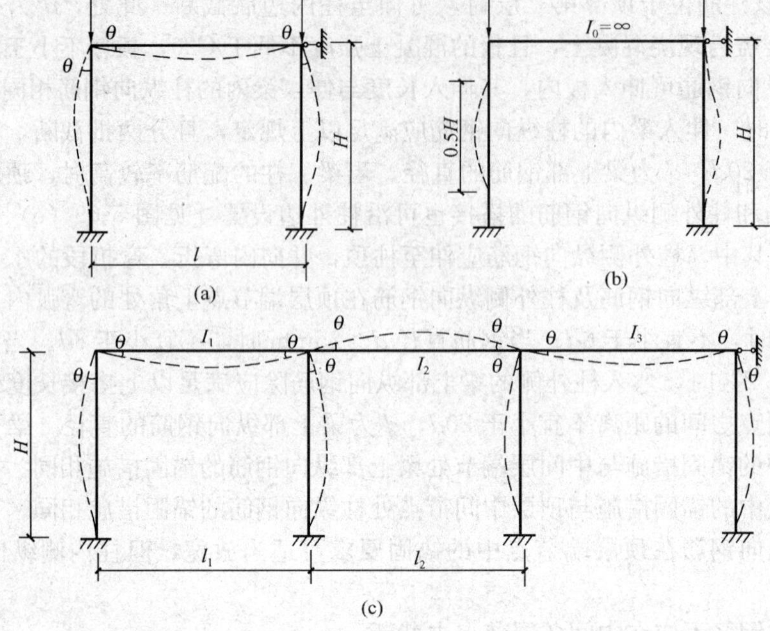

图 5-70　无侧移框架

无侧移框架屈曲失稳时，框架节点无侧移但有转角，变形呈大致左右对称的形式，故常称为对称屈曲（如图 5-70 所示）。有侧移框架屈曲失稳时，框架同层节点向同一方向发生相等侧移并有转角，变形呈大致左右反对称的形式，故常称为反对称屈曲（如图 5-71 所示）。

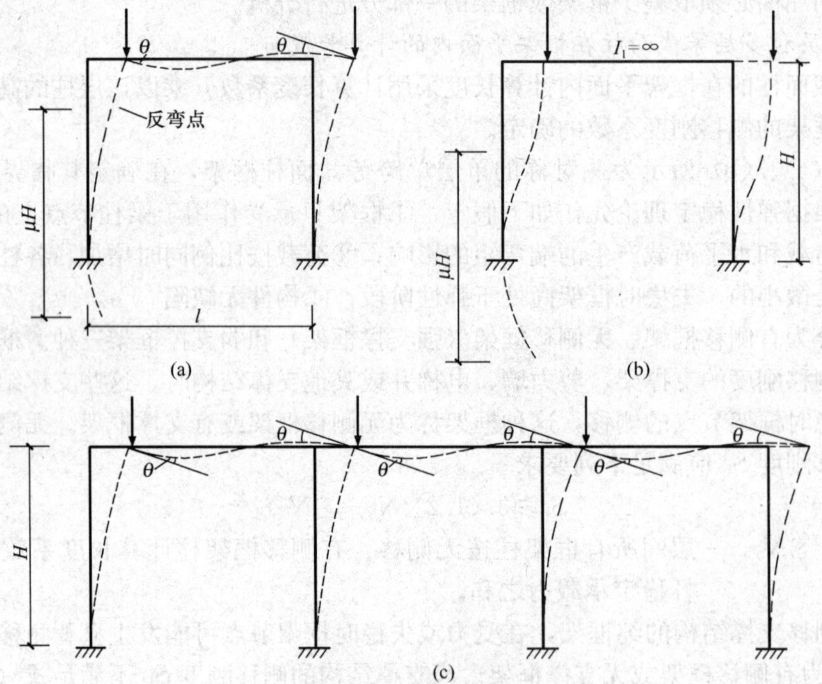

图 5-71　有侧移框架

目前关于框架柱的稳定设计有两种方法。一种是采用一阶理论，即不考虑框架变形的二阶影响，计算框架由各种荷载设计值产生的内力，然后将框架柱作为单独的压弯构件来设计。按稳定性计算柱截面时用计算长度代替实际长度来考虑与柱相连构件的约束影响。另一种方法是将框架作为整体，按二阶理论进行分析。该方法比较麻烦，不便于实际应用，因而规范提出了一种考虑 $F\text{-}u$（$P\text{-}\Delta$）效应的近似法。在进行内力分析时，考虑框架侧移而引进一个假想的水平荷载，连同框架的实际水平荷载和竖向荷载一起进行一阶分析，求解框架柱的内力设计值。按稳定性设计框架截面时，采用构件的实际几何长度来计算长细比，此法称为 $F\text{-}u$（$P\text{-}\Delta$）设计法。

1. 有侧移框架

（1）当采用一阶弹性分析方法计算内力时，有侧移框架的计算长度系数 μ 应按表 5-15 确定。

（2）当采用二阶弹性分析方法计算内力且在每层柱顶附加假想水平力 H_{ni} 时，有侧移框架柱的计算长度系数 $\mu=1.0$。假想水平力 H_{ni} 由下式计算

$$H_{ni}=\frac{\alpha_y Q_i}{200}\sqrt{0.2+\frac{1}{n_s}} \tag{5-82}$$

式中　Q_i——第 i 楼层的总重力荷载；

n_s——框架总层数，当 $\sqrt{0.2+\frac{1}{n_s}}>1$ 时，取此根号值为 1.0；

α_y——钢材强度影响系数，Q235 钢为 1.0；Q345 钢为 1.1；Q390 钢为 1.2；Q420 钢为 1.25。

2. 无侧移框架

无侧移框架的计算长度系数 μ 应按表 5-14 确定。

3. 弱支撑框架

弱支撑框架柱的轴压杆稳定系数 φ 应按下式确定

$$\varphi=\varphi_0+(\varphi_1-\varphi_0)\frac{S_b}{3(1.2\Sigma N_b-\Sigma N_0)} \tag{5-83}$$

式中　φ_1、φ_0——表 5-14 和表 5-15 给出的按无侧移和有侧移框架确定的柱子计算长度系数算得的轴心压杆稳定系数。

当遇到下列情况时，表 5-14 和表 5-15 中框架构件线刚度应进行修正：

（1）当与柱刚性连接的横梁所受轴心压力 N_b 较大时，横梁线刚度应乘以折减系数 α_N：

横梁远端与柱刚接的无侧移框架　$\alpha_N=1-N_b/N_{Eb}$

横梁远端与柱刚接的有侧移框架和弱支撑框架　$\alpha_N=1-N_b/(4N_{Eb})$

横梁远端铰支的各种框架　$\alpha_N=1-N_b/N_{Eb}$

横梁远端嵌固的各种框架　$\alpha_N=1-N_b/(2N_{Eb})$

$$N_{Eb}=\pi^2 EI_b/(\gamma_R l^2)$$

式中　I_b——横梁的截面惯性矩；

l——横梁长度。

（2）当计算框架的格构式柱和桁架式横梁的线刚度时，应考虑柱或横梁截面高度变化和缀件（或腹杆）变形的影响。

此外，下列情况的框架柱计算长度系数应予以修正：

1）当与计算柱同层的其他柱或与计算柱连续的上、下层柱的稳定承载力有潜力时，可以利用这些柱的支撑作用，对计算柱的计算长度系数进行折减，提供支持作用的柱的计算长度则应相应增大。

2）当梁与柱的连接为半刚性构造时，确定柱计算长度应考虑节点连接的特性。

3）附有摇摆柱（两端铰接柱）的有侧移框架柱和弱支撑框架柱的计算长度系数应乘以增大系数 η

$$\eta=\sqrt{1+\frac{\Sigma(N_l/H_l)}{\Sigma(N_f/H_f)}} \tag{5-84}$$

式中 $\Sigma(N_f/H_f)$——各框架柱轴心压力设计值与柱子高度比值之和；

$\Sigma(N_l/H_l)$——各摇摆柱轴心压力设计值与柱子高度比值之和。

摇摆柱的计算长度取其几何长度。

（二）框架柱在平面外的计算长度

对于平面框架，框架柱在平面外的计算长度，应取阻止框架柱平面外位移的支撑点之间的距离，这些支撑点包括柱的支座、支撑节点等。因而，侧向支撑点一经确定，其计算长度也就确定了。

对于空间框架，在双向都受有弯矩，两个方向的计算长度用同样的方法确定。

表 5-14　无侧移框架柱的计算长度系数

K_1 \ K_2	0	0.05	0.1	0.2	0.3	0.4	0.5	1	2	3	4	5	≥10
0	1.000	0.990	0.981	0.964	0.949	0.935	0.922	0.875	0.821	0.791	0.773	0.760	0.732
0.05	0.990	0.981	0.971	0.955	0.940	0.926	0.914	0.867	0.814	0.784	0.766	0.754	0.726
0.1	0.981	0.971	0.963	0.946	0.931	0.918	0.906	0.860	0.807	0.778	0.760	0.748	0.721
0.2	0.964	0.955	0.946	0.930	0.916	0.903	0.891	0.846	0.795	0.767	0.749	0.737	0.711
0.3	0.949	0.940	0.931	0.916	0.902	0.889	0.878	0.834	0.784	0.756	0.739	0.728	0.701
0.4	0.935	0.926	0.918	0.903	0.889	0.877	0.866	0.823	0.774	0.747	0.730	0.719	0.693
0.5	0.922	0.914	0.906	0.891	0.878	0.866	0.855	0.813	0.765	0.738	0.721	0.710	0.685
1	0.875	0.867	0.860	0.846	0.834	0.823	0.813	0.774	0.729	0.704	0.688	0.677	0.654
2	0.821	0.814	0.807	0.795	0.784	0.774	0.765	0.729	0.686	0.663	0.648	0.638	0.615
3	0.791	0.784	0.778	0.767	0.756	0.747	0.738	0.704	0.663	0.640	0.625	0.616	0.593
4	0.773	0.766	0.760	0.749	0.739	0.730	0.721	0.688	0.648	0.625	0.611	0.601	0.580
5	0.760	0.754	0.748	0.737	0.728	0.719	0.710	0.677	0.638	0.616	0.601	0.592	0.570
≥10	0.732	0.726	0.721	0.711	0.701	0.693	0.685	0.654	0.615	0.593	0.580	0.570	0.549

注　1. 表中的计算长度系数 μ 值系按下式算得

$$\left[\left(\frac{\pi}{\mu}\right)^2+2(K_1+K_2)-4K_1K_2\right]\frac{\pi}{\mu}\cdot\sin\frac{\pi}{\mu}-2\left[(K_1+K_2)\left(\frac{\pi}{\mu}\right)^2+4K_1K_2\right]\cos\frac{\pi}{\mu}+8K_1K_2=0$$

K_1、K_2—分别为相交于柱上端、柱下端的横梁线刚度之和与柱线刚度之和的比值。当横梁远端为铰接时，将横梁线刚度乘以 1.5；当横梁远端为嵌固时，将横梁线刚度乘以 2.0。

2. 当横梁与柱铰接时，取横梁线刚度为零。

3. 对底层框架柱：当柱与基础铰接时，取 $K_2=0$（平板支座可取 0.1）；当柱与基础刚接时，取 $K_2\geqslant10$。

表 5-15　　**有侧移框架柱的计算长度系数**

K_1 \ K_2	0	0.05	0.1	0.2	0.3	0.4	0.5	1	2	3	4	5	≥10
0	∞	6.02	4.46	3.42	3.01	2.78	2.63	2.33	2.17	2.11	2.08	2.07	2.03
0.05	6.02	4.16	3.47	2.86	2.58	2.42	2.31	2.07	1.94	1.90	1.87	1.86	1.83
0.1	4.46	3.47	3.01	2.56	2.33	2.20	2.11	1.90	1.79	1.75	1.73	1.72	1.70
0.2	3.42	2.86	2.56	2.23	2.05	1.94	1.87	1.70	1.60	1.57	1.55	1.54	1.52
0.3	3.01	2.58	2.33	2.05	1.90	1.80	1.74	1.58	1.49	1.46	1.45	1.44	1.42
0.4	2.78	2.42	2.20	1.94	1.80	1.71	1.65	1.50	1.42	1.39	1.37	1.37	1.35
0.5	2.63	2.31	2.11	1.87	1.74	1.65	1.59	1.45	1.37	1.34	1.32	1.31	1.30
1	2.33	2.07	1.90	1.70	1.58	1.50	1.45	1.32	1.24	1.21	1.20	1.19	1.17
2	2.17	1.94	1.79	1.60	1.49	1.42	1.37	1.24	1.16	1.14	1.12	1.12	1.10
3	2.11	1.90	1.75	1.57	1.46	1.39	1.34	1.21	1.14	1.11	1.10	1.09	1.07
4	2.08	1.87	1.73	1.55	1.45	1.37	1.32	1.20	1.12	1.10	1.08	1.07	1.06
5	2.07	1.86	1.72	1.54	1.44	1.37	1.31	1.19	1.12	1.09	1.07	1.07	1.05
≥10	2.03	1.83	1.70	1.52	1.42	1.35	1.30	1.17	1.10	1.07	1.06	1.05	1.03

注　1. 表中的计算长度系数 μ 值系按下式算得

$$\left[36K_1K_2-\left(\frac{\pi}{\mu}\right)^2\right]\sin\frac{\pi}{\mu}+6(K_1+K_2)\frac{\pi}{\mu}\cos\frac{\pi}{\mu}=0$$

K_1、K_2—分别为相交于柱上端、柱下端的横梁线刚度之和与柱线刚度之和的比值。当横梁远端为铰接时，应将横梁线刚度乘以 0.5；当横梁远端为嵌固时，则应乘以 2/3。

2. 当横梁与柱铰接时，取横梁线刚度为零。

3. 对底层框架柱：当柱与基础铰接时，取 $K_2=0$（平板支座可取 0.1）；当柱与基础刚接时，取 $K_2\geqslant10$。

二、多层多跨框架的外墙结构

多层框架的外墙板常采用的预制板材主要有钢板、挤压铝板、以钢板为基材用铝材罩面的复合板、夹心板、预制轻混凝土大板等。各种墙体板材的夹层或内侧应配有隔热保温材料，并由密封材料保证墙体的水密性。墙板通过连接件与楼板或直接与框架梁柱连接（见图 5-72）。

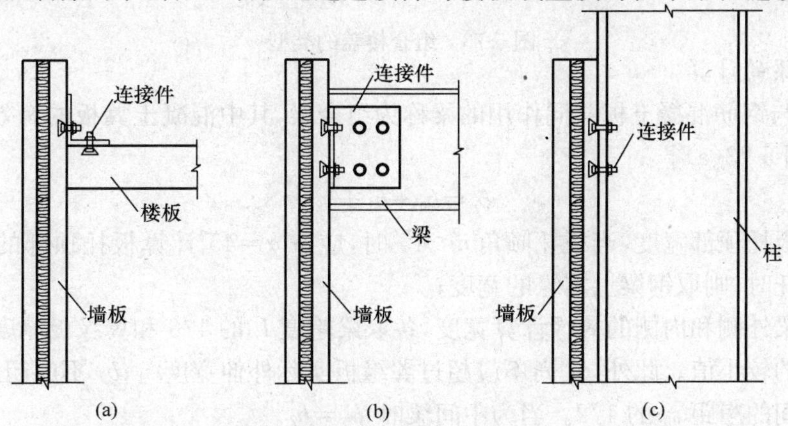

图 5-72　外墙板与结构的连接

(a)墙板与楼板的连接；(b)墙板与梁的连接；(c)墙板与柱的连接

当墙板直接与框架梁柱连接时，不仅满足建筑围护、防水和美观要求，而且由于墙板对框架梁柱的加劲作用，在一定程度上可以提高结构和构件的刚度，减小结构位移。

在连接点处，外墙把自重及固定在上面的物重（窗、安全阳台、墙面装饰物等）产生的竖向荷载以及风压和风吸力产生的水平荷载传递到建筑的结构体系上。

当墙板的支点（悬挂点）间距较大时，为提高墙面刚度，可在墙板背面设加强骨架或在框架上设墙梁。当外墙面距立柱较远时，需考虑墙面竖向荷载对悬挑梁的挠曲变形的影响。

三、楼盖结构

（一）多层框架结构的楼盖

多层框架结构的楼盖按楼板形式分类，一般有以下几种：

1. 现浇钢筋混凝土组合楼盖[见图 5-73(a)]

这类组合楼盖楼面刚度较大，但由于在现场浇筑混凝土板，施工工序复杂，需要搭设脚手架，安装模板及支架，绑扎钢筋，浇筑混凝土及拆模等作业，施工速度慢。

2. 预制钢筋混凝土板组合楼盖[见图 5-73(b)]

这类楼盖采用预制钢筋混凝土板或预制预应力钢筋混凝土板，支承于已焊有栓钉连接件的钢梁上，在有栓钉处混凝土边缘留有槽口，然后用细石混凝土浇灌槽口与板件缝隙。这类楼盖多用于宾馆及公寓建筑，因为这类建筑预埋管线少，楼板隔音效果好，一般无需吊顶。缺点是楼板施工时会干扰钢结构的吊装，且传递水平力的性能较差。

3. 压型钢板—混凝土板组合楼盖[见图 5-73(c)]

压型钢板—混凝土板组合楼盖是目前在多层乃至高层钢结构中采用最多的一类，它不仅具备很好的结构性能和合理的施工程序，而且综合经济效应显著。这种组合楼盖由压型钢板—混凝土板、剪力连接件和钢梁三部分组成。

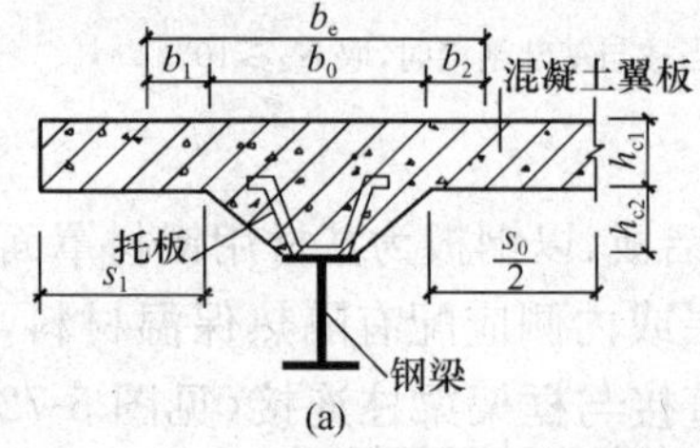

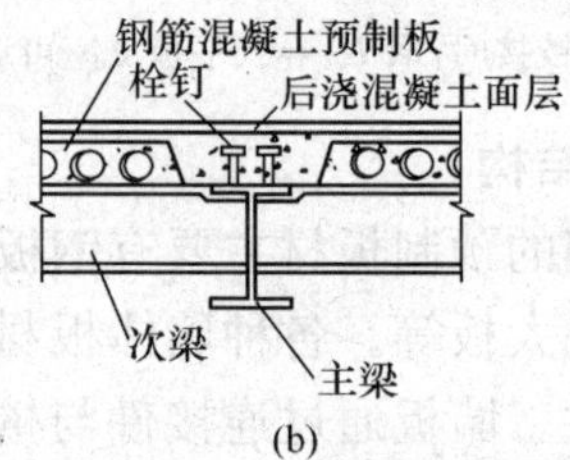

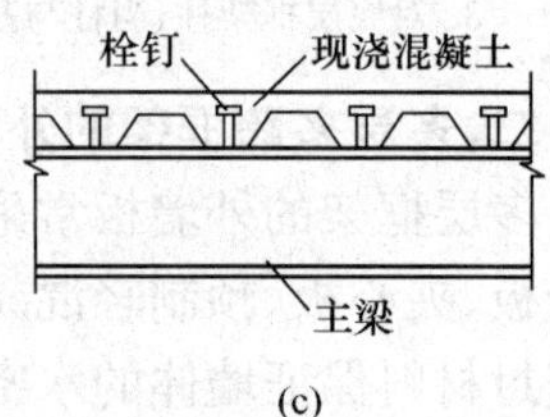

图 5-73 组合楼盖的类型

（二）组合梁的计算

考虑钢梁与钢筋混凝土板共同作用的梁称为组合梁，其中混凝土翼板的有效宽度 b_e 可按下式计算[见图 5-73(a)]

$$b_e = b_0 + b_1 + b_2 \tag{5-85}$$

式中 b_0——板托顶部宽度，当板托倾角 $\alpha < 45°$ 时，应按 $\alpha = 45°$ 计算板托顶部的宽度；当无板托时，则取钢梁上翼缘的宽度；

b_1、b_2——梁外侧和内侧的翼缘计算宽度，各取梁跨度 L 的 1/6 和翼缘板厚度 h_{c1} 的 6 倍中的较小值。此外，b_1 尚不应超过翼缘板实际外伸宽度 s_1；b_2 不应超过相邻梁板托间的净距 s_0 的 1/2。当为中间梁时，$b_1 = b_2$。

组合梁受弯时其塑性中心轴可能在混凝土翼板内或在钢梁截面内（见图 5-74），应分别计算其抗弯强度。

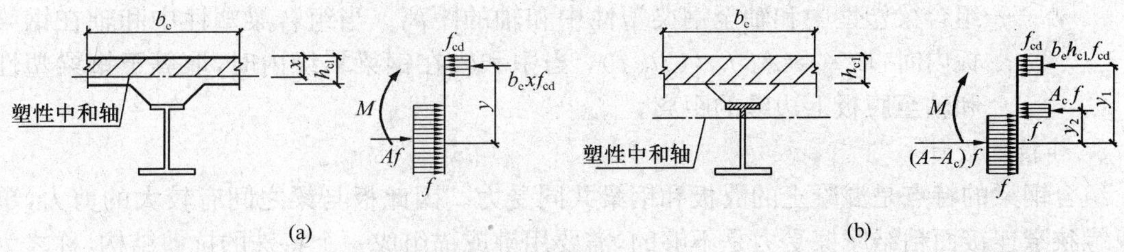

图 5-74　塑性中性轴在混凝土翼板内或在钢梁内组合梁截面及其应力

1. 正弯矩作用段

(1) 塑性中和轴在钢筋混凝土翼板内的组合梁[见图 5-74(a)]：

当 $Af \leqslant b_e h_{c1} f_c$ 时

$$M \leqslant b_e x f_c y \tag{5-86}$$

$$x = \frac{Af}{b_e f_c} \tag{5-87}$$

式中　x——组合梁截面塑性中和轴至混凝土翼缘板顶面的距离；

M——正弯矩设计值；

A——钢梁的截面面积；

y——钢梁截面应力的合力至混凝土受压区截面应力的合力间的距离；

f——钢材抗拉、抗压、抗弯强度设计值；

f_c——混凝土抗压强度设计值。

(2) 塑性中和轴在钢梁截面内的组合梁[见图 5-74(b)]：

当 $Af > b_e h_{c1} f_c$ 时

$$M \leqslant b_e x f_c y_1 + A_c f y_2 \tag{5-88}$$

$$A_c = 0.5(A - b_e h_{c1} f_c / f) \tag{5-89}$$

式中　A_c——钢梁受压区截面面积；

y_1——钢梁受拉区截面形心至混凝土翼缘受压区截面形心的距离；

y_2——钢梁受拉区截面形心至钢梁受压区截面形心的距离。

钢梁截面上的全部剪力，假定仅由钢梁腹板承受，则可按普通实腹梁的腹板受剪计算公式验算其剪应力。

2. 负弯矩作用段(见图 5-75)

$$M' \leqslant M_s + A_{st} f_{st} (y_3 + y_4/2) \tag{5-90}$$

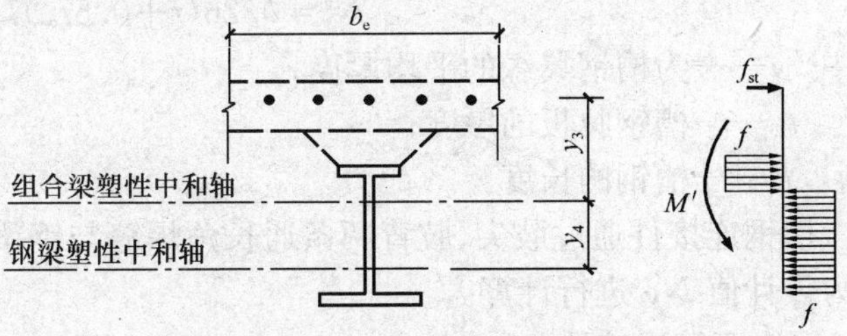

图 5-75　负弯矩作用时组合梁截面及其应力

$$M_s = (S_1 + S_2) f \tag{5-91}$$

式中　M'——负弯矩设计值；

S_1、S_2——钢梁塑性中和轴平分梁截面以上和以下截面对该轴的面积矩；

A_{st}——负弯矩区混凝土翼缘有效宽度范围内的纵向钢筋截面面积；

f_{st}——钢筋抗拉强度设计值；

y_3——纵向钢筋截面形心至组合梁塑性中心的距离；

y_4——组合梁塑性中和轴至钢梁塑性中和轴的距离。当组合梁塑性中和轴在钢梁腹板内时，取 $y_4 = A_{st} f_{st} / (2t_w f)$，当中和轴在钢梁翼缘内时，取等于钢梁塑性中和轴至腹板上边缘的距离。

3. 连接件设计

组合钢梁的特点是混凝土的翼板和钢梁共同受力。因此板与梁之间有较大的剪力，单靠梁翼缘狭窄连接面粘结摩擦受力是不够的，需要用键或锚组成一个特殊的抗剪结构，称之为连接件（见图 5-76）。

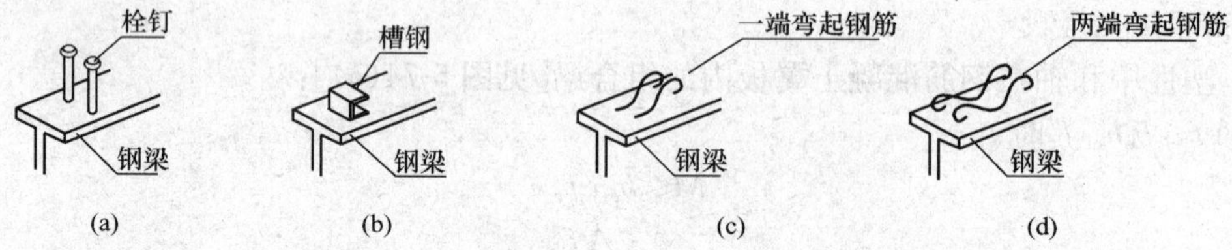

图 5-76 连接件的形式

连接件（剪力键）是钢与钢筋混凝土组合结构的重要组成部分，由于有焊接在钢梁翼缘上的连接件，才能使钢梁与钢筋混凝土板连接成为一个整体而共同发挥结构作用。连接件形式很多，主要有栓钉、槽钢和弯起钢筋等。

每个连接件的受剪承载力设计值按下列公式计算：

(1) 栓钉（圆柱头焊钉）连接件

$$N_v^c = 0.43 A_s \sqrt{E_c f_c} \leqslant 0.7 A_s \gamma f \tag{5-92}$$

式中 A_s——栓钉钉杆截面面积；

f——栓钉的抗拉强度设计值；

E_c——混凝土的弹性模量；

γ——栓钉材料抗拉强度最小值与屈服强度之比。

当栓钉材料性能等级为 4.6 级时，取 $f = 215\text{N/mm}^2$，$\gamma = 1.67$。

(2) 槽钢连接件

$$N_v^c = 0.26(t + 0.5t_w) l_c \sqrt{E_c f_c} \tag{5-93}$$

式中 t——为槽钢翼缘的平均厚度；

t_w——槽钢腹板的厚度；

l_c——槽钢的长度。

槽钢连接件通过肢尖、肢背两条通长角焊缝与钢梁连接，角焊缝按承受该连接件的抗剪承载力设计值 N_V^C 进行计算。

(3) 弯筋连接件

$$N_v^c = A_{st} f_{st} \tag{5-94}$$

式中 A_{st}——弯筋的截面面积；

f_{st}——弯筋抗拉强度设计值。

抗剪连接件的计算，应以弯矩绝对值最大点和零弯矩点为界限，划分为若干个剪跨区，逐段进行。简支组合梁上最大弯矩点至梁端区段内的连接件总数 n_f 可按下式计算

$$n_f = \frac{V_s}{N_v^c} \tag{5-95}$$

式中　V_s——每个剪跨区段内钢梁与混凝土翼板交界面的纵向剪力，应按以下规定计算：位于正弯矩区段的剪跨，V_s 取 Af 和 $b_e h_{c1} f_c$ 中的较小值；位于负弯矩区段的剪跨 $V_s = A_{st} f_{st}$；

N_v^c——一个连接件的受剪承载力设计值。

此外，位于负弯矩区段的抗剪连接件，其抗剪承载力设计值 N_V^C 应乘以折减系数 0.9（中间支座两侧）和 0.8（悬臂部分）。

（三）组合梁的构造要求

组合梁截面高度 h 一般不宜超过钢梁截面高度 h_s 的 2.5 倍，混凝土板托高度 h_{c2} 不宜超过翼板厚度 h_{c1} 的 1.5 倍，板托顶面宽度不宜小于钢梁上翼缘宽度与 $1.5h_{c2}$ 之和。钢梁顶面不得刷涂油漆，并在浇筑混凝土前除锈清灰。

栓钉连接件钉头下表面或槽钢连接件上翼缘下表面宜高出翼板底部钢筋顶面至少 30mm，连接件沿跨度方向的最大间距不应大于混凝土翼板（包括板托）厚度的 4 倍，且不大于 400mm。

栓钉长度不小于 $4d$（d 为钉直径）。布置时沿梁跨度方向间距不宜小于 $6d$，垂直于梁跨度方向间距不宜小于 $4d$。槽钢连接件的翼缘肢尖方向应与混凝土翼板对钢梁的水平剪应力方向一致，其与钢梁上翼缘之间应采用角焊缝焊接。弯起钢筋宜采用直径 d 不小于 12mm 的Ⅰ级钢筋成对布设，双侧角焊缝焊接于刚梁上翼缘，单侧焊缝长度不小于 $4d$，弯起角度一般为 45°，弯折方向应与混凝土翼板对钢梁的水平剪应力方向一致。在梁跨中纵向水平剪应力方向变化的区段，必须在两个方向均有弯起钢筋。每个弯起钢筋从弯起点算起的总长度不宜小于 $25d$（Ⅰ级钢筋另加弯钩），其中水平段长度不宜小于 $10d$。其他构造参见图 5-77。

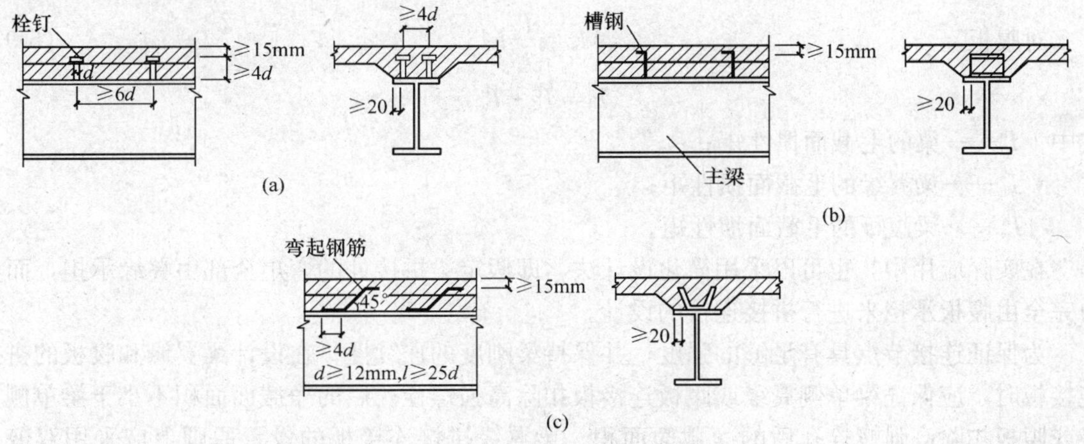

图 5-77　组合梁抗剪连接件的构造要求

四、多层多跨钢框架构造及节点设计原则

1. 梁与梁的拼接连接

梁的拼接连接节点，一般应设在内力较小的位置，为方便施工，通常设在距梁端 1m 左右的位置处。可采用翼缘和腹板完全焊透的对接焊缝连接（工厂拼接），如图 5-78（a）所示，也可采用翼缘和腹板借助拼接板的角焊缝连接，如图 5-78（b）所示，或翼缘和腹板均采用高强度螺栓连接（现场拼接），如图 5-78（c）所示。

计算时，按被连接的梁以翼缘和腹板各自分担作用于拼接连接处的弯矩 M，并以梁翼

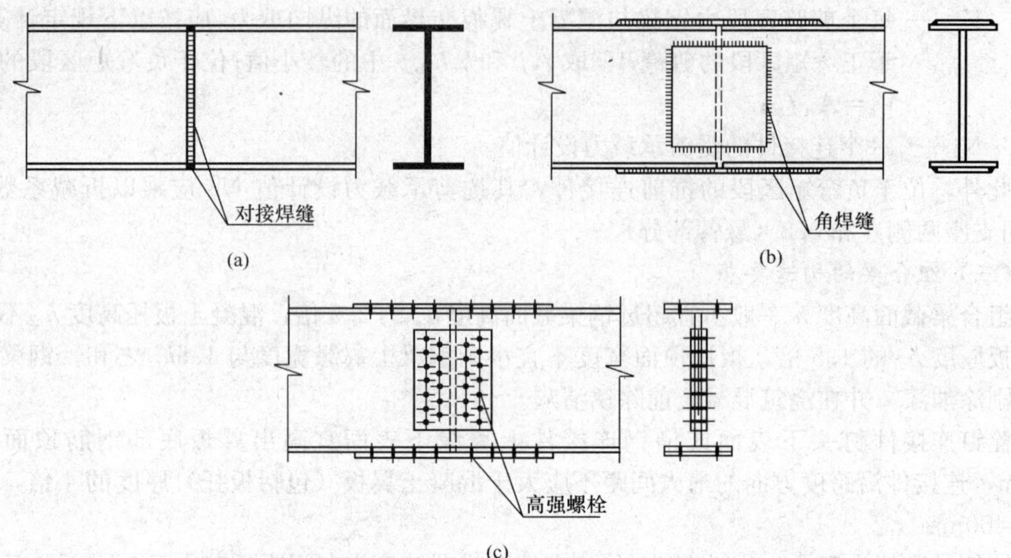

图 5-78　梁与梁的拼接连接

(a) 翼缘和腹板均采用焊透的对接焊缝连接；(b) 翼缘和腹板均采用角焊缝连接；
(c) 翼缘和腹板均采用高强螺栓连接

缘承担弯矩 M_f，腹板同时承担弯矩 M_w 和全部剪力 V 来进行拼接设计。作用在拼接连接处的弯矩 M 按下式分配：

对翼缘
$$M_f = \frac{I_f^b}{I_0^b} M \tag{5-96}$$

对腹板
$$M_w = \frac{I_w^b}{I_0^b} M \tag{5-97}$$

$$I_0^b = I_f^b + I_w^b$$

式中　I_0^b——梁的毛截面惯性矩；

I_f^b——梁翼缘的毛截面惯性矩；

I_w^b——梁腹板的毛截面惯性矩。

在实际应用中，也可以采用简化设计法，即假定梁拼接处的弯矩全部由翼缘承担，而剪力完全由腹板承担来进行拼接连接的设计。

为保证连接节点具有足够的强度，并保持梁刚度的连续性，在设计梁翼缘和腹板的拼接连接板时，应保证梁单侧翼缘或腹板连接板扣除高强螺栓孔后的净截面面积不小于梁单侧翼缘或腹板扣除高强螺栓孔后的净截面面积。梁翼缘拼接连接板的设置原则上应采用双剪连接，厚度不宜小于 8mm，当翼缘宽度较窄，构造上采用双剪连接有困难时，也可采用单剪连接，但厚度不宜小于 10mm。翼缘板的拼接连接板，一般均在腹板两侧对称布设，且其厚度不宜小于 6mm。

2. 次梁与主梁的连接

次梁与主梁多采用侧面连接，铰接（简支梁形式）和刚接（连续梁形式）之分。次梁均以主梁为支撑点，并最大程度保持建筑的净空高度，如图 5-79 所示。

次梁与主梁铰接时通常忽略次梁对主梁的扭转影响，只考虑次梁端部与主梁连接之间的剪力，但在计算连接螺栓或焊缝时，尚应考虑由于偏心所产生的附加弯矩作用；刚接连接计

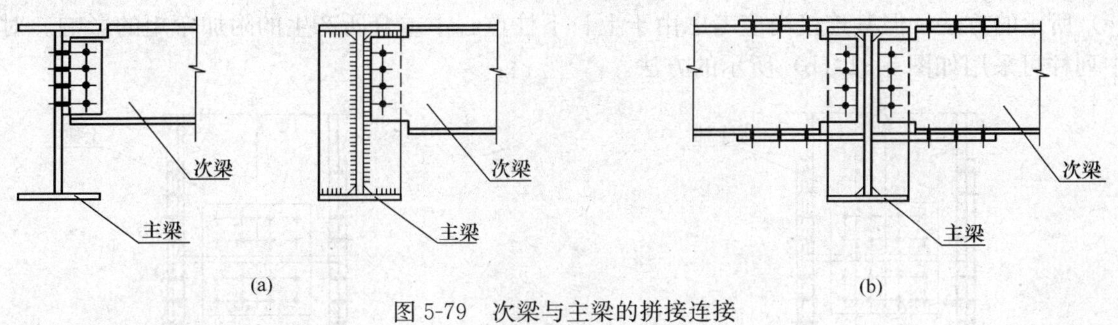

图 5-79　次梁与主梁的拼接连接

(a) 铰接连接；(b) 刚接连接

算时节点所传递内力的分配方法与梁的拼接连接相同。

3. 柱与柱的拼接连接

多层框架柱可把三层或二层柱划分为一个安装单元，柱与柱的拼接连接节点，理想位置应在内力最小处，但为了方便施工，工地拼接常设在横梁顶面以上 1.0～1.3m 处。对型钢和 H 型截面柱，拼接可用完全焊透的坡口对接焊缝或高强度焊缝连接，或翼缘用焊缝而腹板用高强螺栓连接，或者翼缘和腹板均采用高强螺栓连接，如图 5-80（a）、（b）所示。对箱形截面或管形截面采用完全焊透的坡口对接焊缝连接，如图 5-80（c）所示。

柱的拼接连接，当采用高强度螺栓连接时，翼缘和腹板的拼接连接板应尽可能成对对称设置，在有弯距作用的拼接节点处，连接板的截面面积和抵抗矩均应大于母材的截面面积和抵抗矩。为保证安装质量和施工安全，在柱的拼接处应适当设置耳板作为临时固定，耳板应按施工工况来设计，如图 5-80（c）所示。

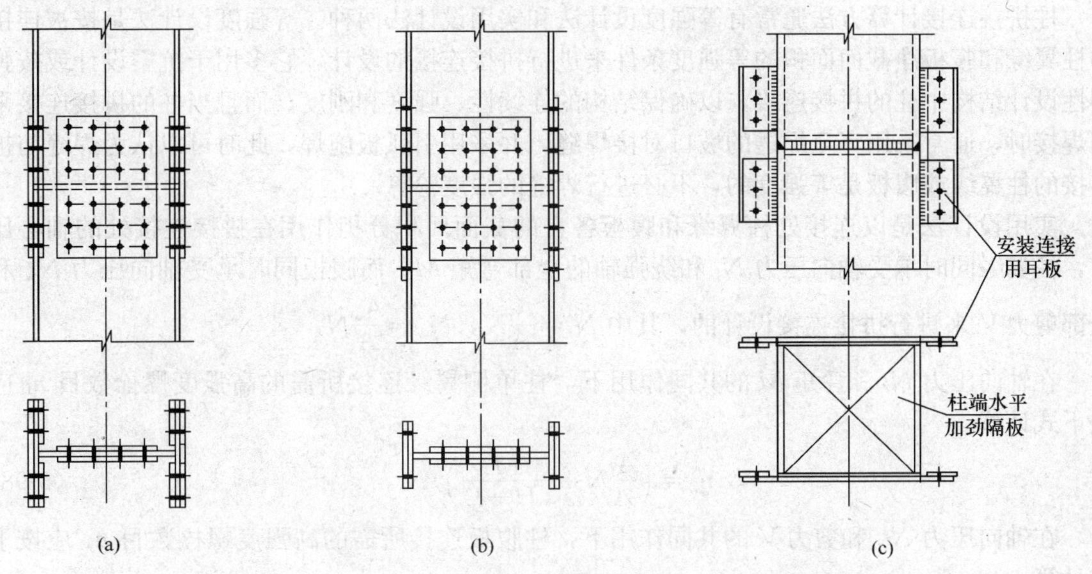

图 5-80　柱与柱的拼接连接

(a) 翼缘和腹板均为双剪连接；(b) 翼缘为单剪连接，腹板为双剪连接；

(c) 完全焊透的坡口对接焊缝连接

柱需要改变截面时，应尽可能保持截面高度不变，而采用改变截面板件厚度或翼缘宽度的方法。变截面的坡度，一般可在 1∶4～1∶6 的范围内采用。对边列柱可采用如图 5-81

(a) 所示的方法，但其连接尚应考虑由于上、下柱重心不重合所产生的附加弯矩的影响。对中列柱可采用如图 5-81 (b) 所示的方法。

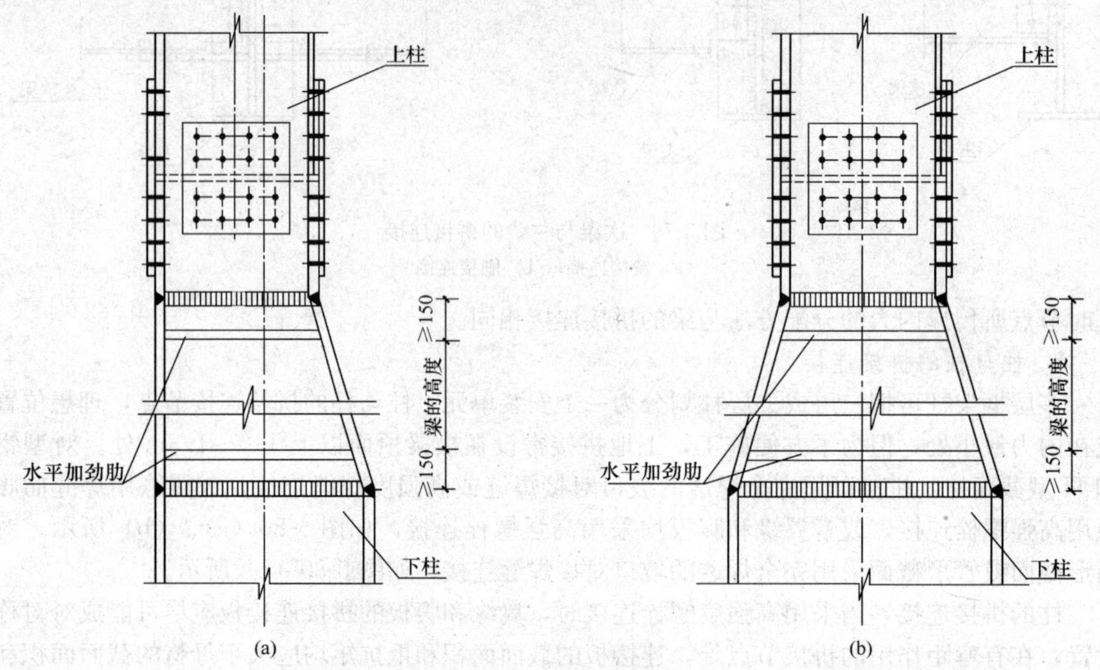

图 5-81 变截面柱的连接

(a) 边列柱；(b) 中列柱

柱拼接连接计算方法通常有等强度设计法和实用设计法两种。等强度设计法是按被连接的柱翼缘和腹板净截面面积的等强度条件来进行拼接连接的设计，它多用于抗震设计或按弹塑性设计结构中柱的拼接连接，以确保结构的连续性、强度和刚度。而且当柱的拼接连接采用焊接时，通常采用完全焊透的坡口对接焊缝，并采用引弧板施焊，此时可以认为焊缝与被连接的柱翼缘或腹板是等强度的，不必进行焊缝的强度验算。

实用设计法是以连接处柱翼缘和腹板各自的截面面积分担作用在拼接连接处的轴心压力，柱翼缘同时承受轴向压力 N_f 和绕强轴的全部弯矩 M，而腹板同时承受轴向压力 N_w 和全部剪力 V 来进行拼接连接设计的，其中 $N_f=\frac{A_f}{A}N$，$N_w=\frac{A_w}{A}N$。

在轴向压力 N_f 和弯矩 M 的共同作用下，柱单侧翼缘连接所需的高强度螺栓数目 n_{f1} 应按下式计算

$$n_{f1}=\left(\frac{A_f}{A}N+\frac{M}{(H-t)}\right)/N_v^b \tag{5-98}$$

在轴向压力 N_w 和剪力 V 的共同作用下，柱腹板连接所需的高强度螺栓数目 n_w 应按下式计算

$$n_w=\sqrt{\left(\frac{A_w}{A}N\right)^2+V^2}/N_v^b \tag{5-99}$$

式中 M——作用在拼接连接处绕强轴的弯矩设计值；

A——柱的毛截面面积；

A_f——柱单侧翼缘的毛截面面积；

N——作用在拼接连接处的轴心压力；

A_w——柱腹板的毛截面面积；

N_v^b——连接处单个螺栓的抗剪承载力设计值。

4．梁与柱的连接

如前所述，梁与柱的连接通常采用的是柱贯通型的连接形式。按梁对柱的约束刚度可分为三类：即铰接连接、半刚性连接和刚性连接，如图 5-82 所示。

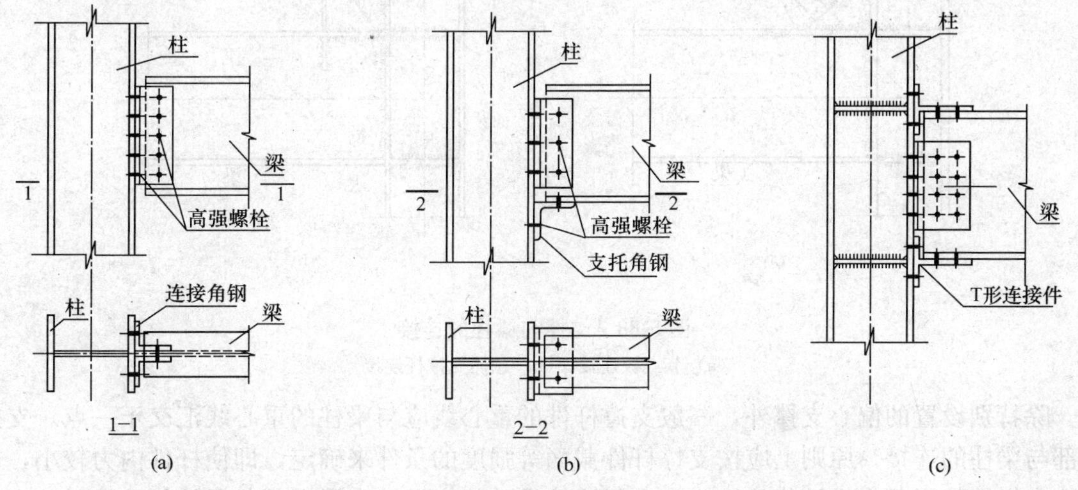

图 5-82 梁与柱的连接

（a）梁与柱的铰接连接；（b）梁与柱的半刚接连接；（c）梁与柱的刚接连接

设计梁与柱的刚性节点时，应满足以下要求：

（1）梁翼缘和腹板与柱的连接，在梁端弯矩和剪力的共同作用，应具有足够的承载力。

（2）梁翼缘的内力中以集中力作用于柱的部分，可能产生局部破坏，因此应根据情况设置水平加劲肋（对 H 形截面柱）或水平加劲板（对箱形或圆管形截面柱）。

（3）连接节点板域，即由节点处柱翼缘板和水平加劲肋或水平加劲板所包围的柱腹板区域，在节点弯矩和剪力的共同作用下，应具有足够的承载力和变形能力。

（4）按抗震设计的结构或按塑性设计的结构，采用焊缝或高强螺栓连接的梁柱连接节点，应保证梁或柱的端部在形成塑性铰时具有充分的转动能力。

梁柱刚性连接的计算方法有常用计算法和精确计算法两种。常用计算法考虑梁端内力向柱传递时，在原则上，梁端弯矩全部由梁翼缘承担，梁端剪力全部由梁腹板承担；同时梁腹板与柱的连接，除了梁端剪力要进行计算外，尚应以腹板净截面面积的抗剪承载力设计值的 1/2 或梁的左右两端作用弯矩的和除以梁净跨长度所得到的剪力来验算。梁柱连接的精确计算法，是以梁翼缘和腹板各自的截面惯性矩分担作用于梁端的弯矩 M，梁翼缘仅承担弯矩 M_f，而腹板同时承担弯矩 M_w 和梁端全部剪力 V 来进行连接设计的。

5．支撑与梁柱的连接

作为支撑构件主要是承受侧向水平荷载。支撑杆件截面通常采用双角钢或双槽钢组合截面、H 形截面或箱形截面，其与梁柱端部连接，或与梁柱的中间部位连接。采用双角钢或双槽钢组合截面的支撑，一般通过节点板与梁柱连接［见图 5-83（a）］；而既能抗拉又具有良好抗压性能的 H 形截面或箱形截面支撑通常是借助于具有相同截面、焊接在梁柱上悬伸

支承杆来实现与梁柱的连接的［见图 5-83（b）］

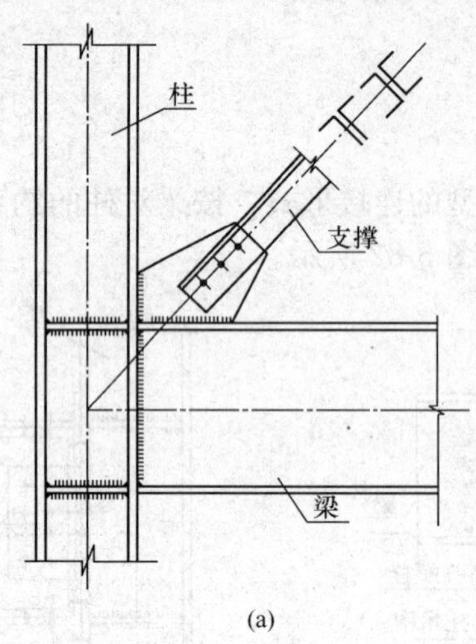

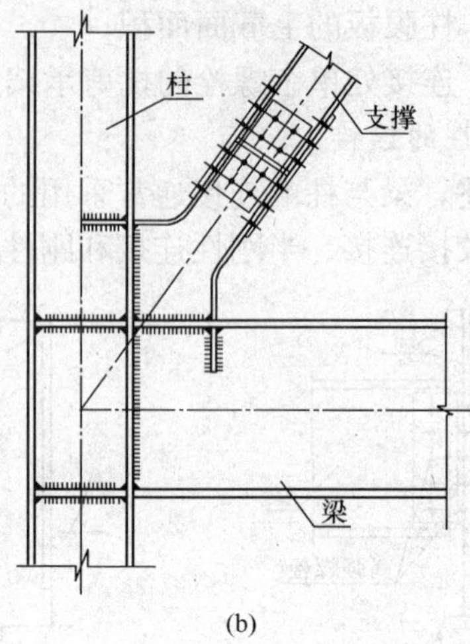

图 5-83　支撑与梁柱的连接

（a）节点板连接；（b）悬伸支撑杆连接

除特别设置的偏心支撑外，一般支撑杆件的重心线应与梁柱的重心线汇交于一点。支撑端部与梁柱的连接，原则上应按支撑杆件截面等强度的条件来确定，即使杆件内力较小，也应按支撑杆件承载力设计值的 1/2 来进行连接设计。在设计支撑端部与梁柱的连接时，应将支撑的内力（拉力或压力）分解为水平分力和垂直分力，把它们分别作用于梁的翼缘和柱的翼缘或腹板上，然后进行连接设计。

对 H 形截面的支撑或端部为 H 形截面，而中间区段为箱形截面的支撑，为使作用于支撑翼缘的内力能顺畅地传递给梁和柱，应分别在梁柱与支撑翼缘连接处设置垂直加劲肋和水平加劲肋（或水平加劲隔板），其尺寸、厚度及其连接应分别按支撑翼缘内力的垂直分力和水平分力来确定，同时应满足构造上的要求，并与梁柱截面尺寸和梁柱的补强板件相协调。

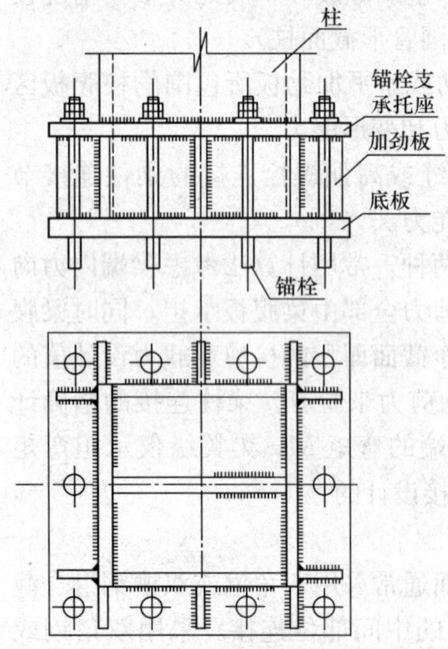

图 5-84　外露式刚接柱脚

五、框架柱柱脚

（一）框架柱柱脚的型式和构造

框架柱为压弯构件，与基础连接一般采用刚性固定的柱脚。刚接柱脚除承受轴心压力以外还承受弯矩和剪力。其构造形式可分为：外露式（见图 5-84）、埋入式（见图 5-85）和外包式（见图 5-86）。单层框架柱有时采用铰接柱脚，仅传递垂直荷载的铰接柱脚也可采用外露式（见图 5-87）。

外露式柱脚主要由底板、加劲板、锚栓及锚栓支承托座等组成，各部分板件都应具有足够的强度和刚度，而且相互之间应有可靠的连接。外露式刚性柱脚在轴心压力 N 和弯矩 M 作用下，底板对基底的压力分布是不

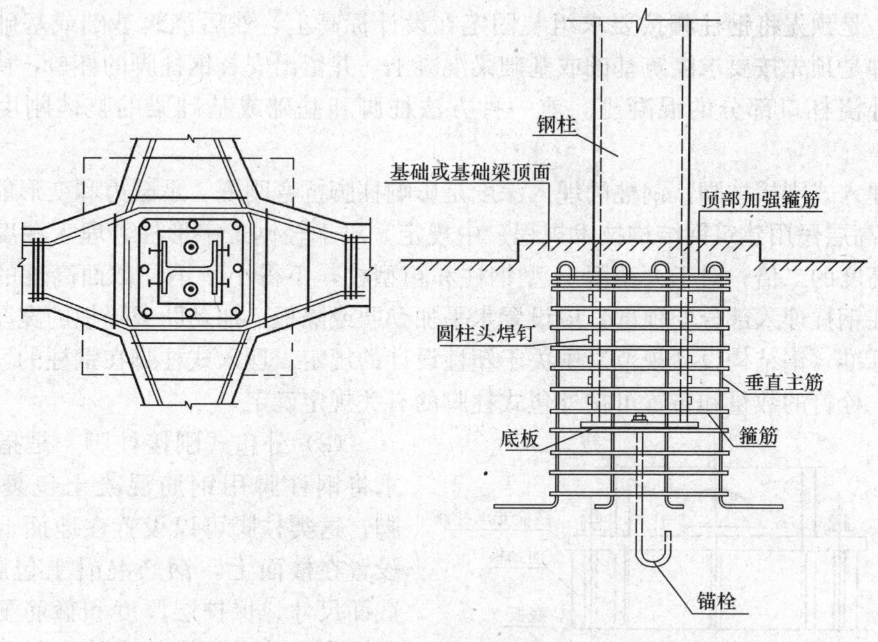

图 5-85　埋入式柱脚

均匀的。通常一部分受压，一部分受拉，后者使底板有脱离基础的趋势。这就要求锚栓不仅起固定柱脚的作用，而且要承受拉力。故锚栓的直径和数量应由计算来确定。一般情况下，柱脚每边各设置 2～4 个直径 30～75mm 的锚栓。锚栓不应直接固定在底板上，通常固定在焊于靴梁上的刚度较大的锚栓支承托座上，从而使柱脚与基础形成刚性连接。

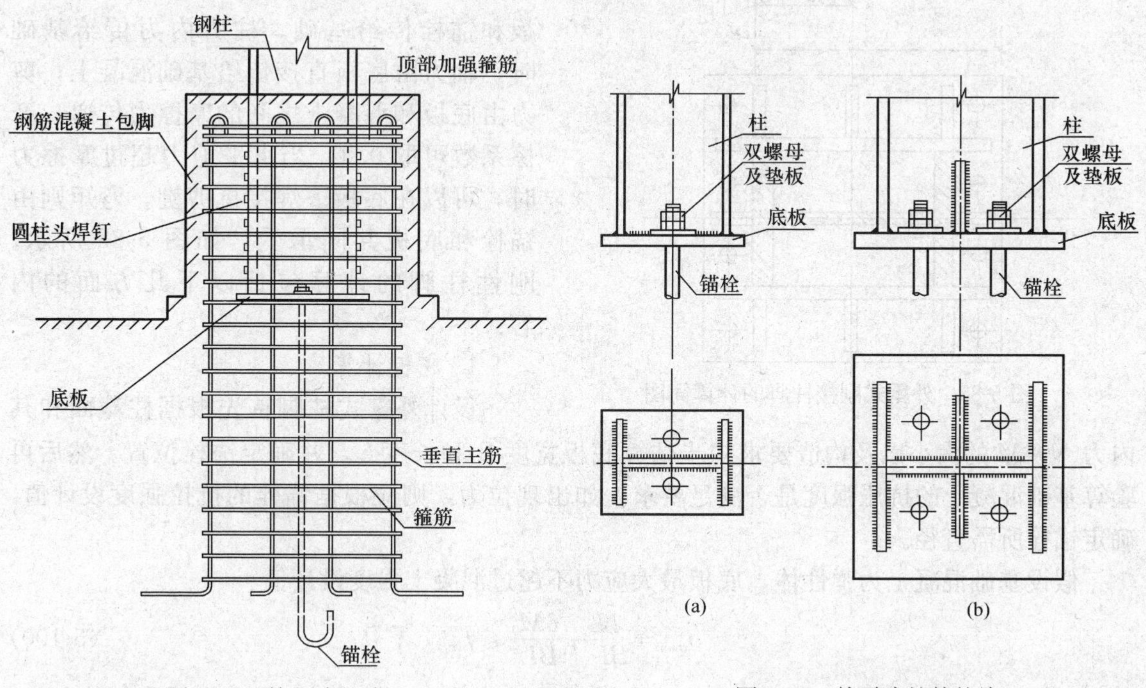

图 5-86　外包式柱脚　　　　图 5-87　外露式铰接柱脚

（1）埋入式刚接柱脚，即为直接将钢柱埋入钢筋混凝土基础或基础梁的柱脚。埋入方法有两种：一是预先将钢柱脚按要求组装固定在设计标高上，然后浇筑基础或基础梁的混凝土；另一种是预先按要求浇筑基础或基础梁混凝土，并留出安装钢柱脚的杯口，待安装好钢柱脚后再补浇杯口部分的混凝土。前一种方法柱脚和基础或基础梁的整体刚度好，采用较多。

对于埋入式刚接柱脚，钢柱的埋入深度是影响柱脚抗弯刚度、承载力和变形能力的最重要因素。《高层民用建筑钢结构技术规程》中规定，对于轻钢工字形柱，埋入深度不得小于钢柱截面高度的二倍；对于大截面H型钢柱和箱型柱，不得小于钢柱截面高度的三倍。埋入式柱脚在钢柱埋入部分的顶部，应设置水平加劲肋或隔板。加劲肋或隔板的宽厚比应符合现行国家标准《钢结构设计规范》中关于塑性设计的规定。埋入式柱脚在钢柱的埋入部分应设置栓钉，栓钉的数量和布置可按外包式柱脚的有关规定确定。

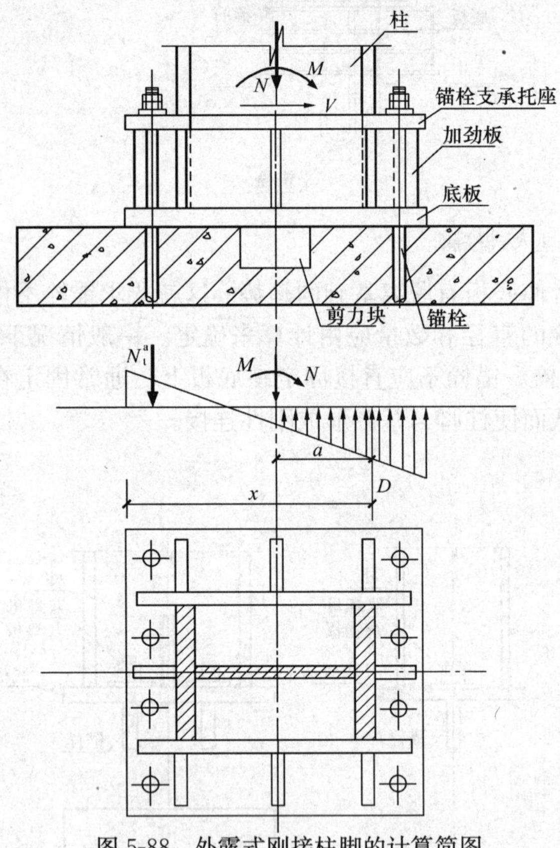

图5-88 外露式刚接柱脚的计算简图

(2) 外包式刚接柱脚，是指按一定要求将钢柱脚用钢筋混凝土包裹起来的柱脚，这类柱脚可以设置在地面上，也可以设置在楼面上。钢筋混凝土包脚的高度、截面尺寸、保护层厚度和箍筋配置，对柱脚的内力传递和恢复力特性起着重要的作用。

(二) 外露式刚接柱脚的计算

外露式柱脚在柱脚端弯矩 M、轴心压力 N、水平剪力 V 的共同作用下，柱端内力通过焊缝传给靴梁，靴梁再通过底板和锚栓传给基础。柱脚内力传给基础时，轴力由底板直接传给基础混凝土；剪力由底板和混凝土之间的摩擦力传递，摩擦系数可取0.4，当水平剪力超过摩擦力时，可以在底板下焊接抗剪键；弯矩则由锚栓和底板共同承受，如图5-88所示。刚性柱脚的计算包括以下几方面的内容：

1. 底板计算

设计外露式柱脚首先根据柱截面和其内力 N、M 的大小以及构造要求初步估算底板宽度 B 和长度 L，并确定锚栓位置。然后再验算基础混凝土的抗压强度是否满足要求。如出现拉力，则应根据锚栓的抗拉强度设计值，确定锚栓所需直径。

假设基础混凝土为弹性体，底板最大应力不超过混凝土强度设计值

$$\sigma_{max}=\frac{N}{BL}+\frac{6M_0}{BL^2}\leqslant f_{cc} \tag{5-100}$$

式中 M_0、N——以底板面积形心为准的柱脚内力，当此形心与柱截面形心重合时 $M_0=M$，有偏心距 c 时，$M_0=M\pm N_c$；

B、L——柱脚底板的宽度和弯矩作用方向的长度；

f_{cc}——混凝土抗压强度设计值，一般按混凝土结构设计规范采用混凝土局部抗压强度设计值 βf_c，β 为局部抗压强度提高系数，约取 1.1～1.2，f_c 为混凝土的轴心抗压强度。

设计时一般先按构造选取 B，然后用上式求得 L。

另一侧的压应力为

$$\sigma_{min}=\frac{N}{BL}-\frac{6M_0}{BL^2} \tag{5-101}$$

2. 锚栓计算

若求得 σ_{min} 为负值，说明底板与基础间出现拉力，此拉力由固定锚栓承受。根据基础底板受力图（见图 5-88），求出压力图形心至轴心压力 N 和受拉锚栓的距离 a 及 x，对压力图形心取矩，即得锚栓所承受的拉力

$$N_t^a=\frac{M-Na}{x} \tag{5-102}$$

式（5-102）是一个近似计算公式，算出 N_t^a 的偏大。也可按图 5-88 的应力分布图进行计算，即

$$N_t^a=\frac{M-Na'}{\frac{2}{3}l_0+\frac{d}{2}} \tag{5-103}$$

式中　a'——底板中心至受压区合力的距离；

d——锚栓孔直径；

l_0——底板边缘至锚栓孔边缘的距离。

然后再按

$$A_n=N_t^a/f_t^a \tag{5-104}$$

确定所需锚栓直径。其中 A_n 为锚栓所需面积，f_t^a 为锚栓抗拉强度设计值。

3. 底板厚度、靴梁、隔板和肋板的计算

底板平面尺寸和锚栓直径确定后，柱脚其他部分的设计与轴心受压柱的柱脚相似。但为确定底板厚度而计算某一区格的弯矩时，应按不均匀分布的底板压力来进行。底板厚度一般不小于 20mm。设计靴梁、格板、肋板及其连接焊缝时，也应按底板不均匀压应力所产生的实际荷载计算。锚栓的支承托座及其与靴梁的连接竖焊缝应按承受一个锚栓拉力 $T_1=f_t^aA_e$ 的悬臂构件计算（A_e 为一个锚栓的有效截面面积）。计算柱身与靴梁的连接竖焊缝时，应按传递压力 $Ma'_2/h'+M/h'$ 计算，其中 h' 为两侧竖向连接焊缝间距，a'_2 为柱截面形心至受压较小竖焊缝的距离。

锚栓埋置在混凝土基础中的深度应保证通过锚栓与混凝土之间的粘结力能可靠传递其内力。如埋置深度受到限制，则锚栓应牢固地固定在锚板或锚梁上。

（三）埋入式柱脚的设计要求

以下内容参照《高层建筑民用建筑钢结构技术规程》进行介绍。埋入式柱脚通过混凝土对钢柱的承压力传递弯矩（见图 5-89）。埋入式柱脚的混凝土承压应力应小于混凝土轴心抗压强度设计值，可按下式计算（见图 5-90）

$$\sigma=\left(\frac{2h_0}{d}+1\right)\left[1+\sqrt{1+\frac{1}{(2h_0/d+1)^2}}\right]\frac{V}{b_fd} \tag{5-105}$$

式中 V——柱脚剪力；

h_0——柱反弯点到柱脚底板的距离；

d——柱脚埋深；

b_f——钢柱翼缘宽度。

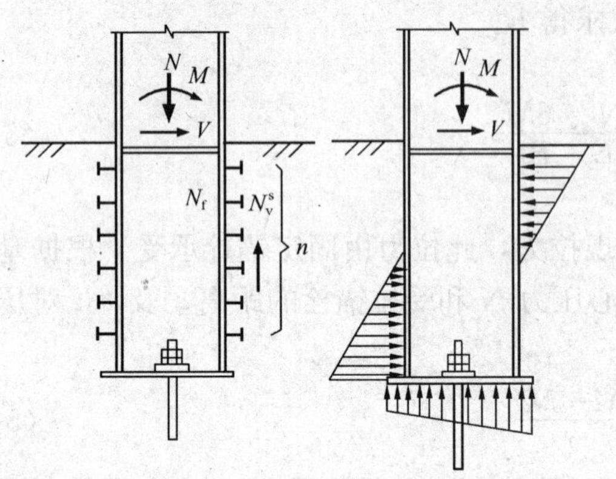

图 5-89 埋入式柱脚的受力状态

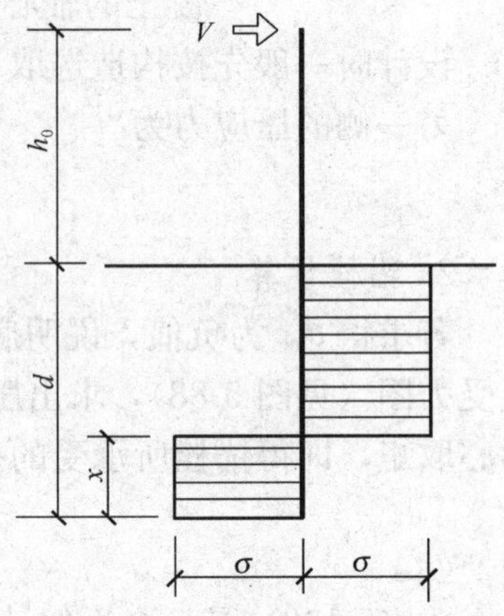

图 5-90 埋入式柱脚的计算简图

如图 5-91 所示，埋入式柱脚钢柱翼缘的保护层厚度，应符合下列规定：

(1) 对中间柱不得小于 180mm［图 5-91 (a)］；

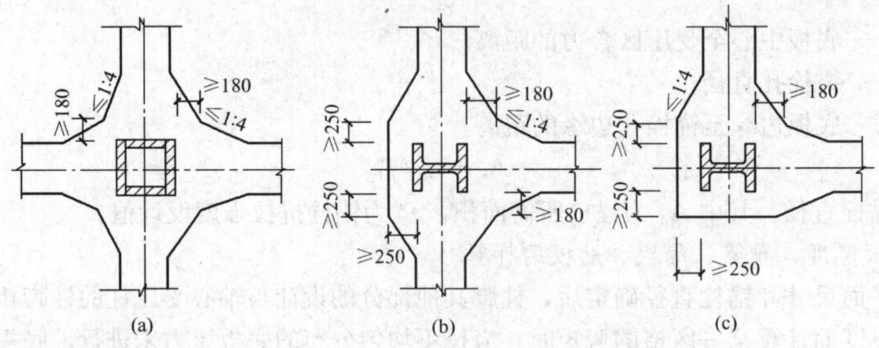

图 5-91 埋入式柱脚的保护层厚度

(2) 对边柱和角柱的外侧不宜小于 250mm［图 5-91 (b)、(c)］；

(3) 埋入式柱脚钢柱的承压翼缘到基础梁端部的距离，应符合下列要求（图5-92、图 5-93）

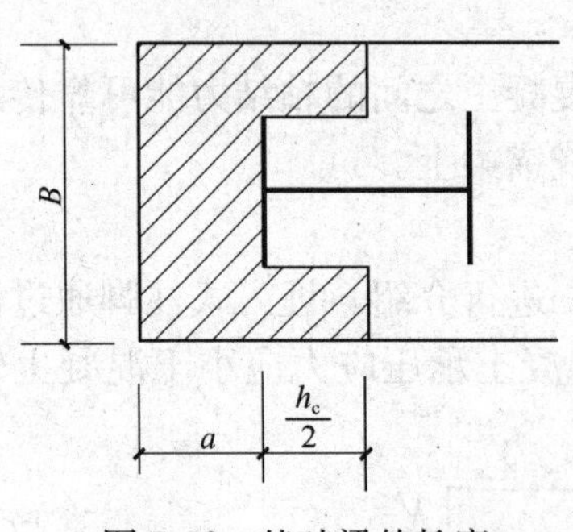

图 5-92 基础梁的长度

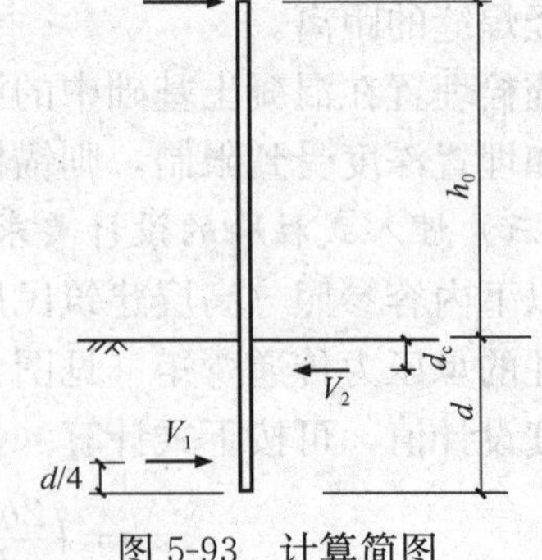

图 5-93 计算简图

$$V_1 = f_{ct}A_{cs} \tag{5-106}$$

$$V_1 = (h_0 + d_c)\ V/_{\text{,}}\ (3d/4 - d_c) \tag{5-107}$$

$$A_{cs} = B(a + h_c/2) - b_f h_c/2 \tag{5-108}$$

以上各式中

V_1——基础梁端部混凝土的最大抵抗剪力；

V——柱脚的设计剪力；

b_f、h_c——分别为钢柱承压翼缘宽度和截面高度；

a——自钢柱翼缘外表面算起的基础梁长度；

B——基础梁宽度，等于 b_f 加两侧保护层厚度；

f_{ct}——混凝土的抗拉强度设计值；

h_0、d——见图 5-93；

d_c——钢柱承压区合力作用点至混凝土顶面的距离。

混凝土对钢柱的压力通过位于柱脚上部的加劲肋和柱腹板传递，如图 5-94 所示，钢柱承压区及其承压力合力至混凝土顶面的距离 d_c，应按下列公式确定

$$d_c = \frac{b_f b_{e,s} d_s + d^2 b_{e,w}/8 - b_{e,s} b_{e,w} d_s}{b_f b_{e,s} + d b_{e,w}/2 - b_{e,s} b_{e,w}} \tag{5-109}$$

式中　b_f——钢柱承压翼缘宽度；

$b_{e,s}$——位于柱脚上部的钢柱横向加劲肋有效承压宽度；

$b_{e,w}$——柱腹板的有效承压宽度；

d_s——加劲肋中心至混凝土顶面的距离；

d——柱脚埋深。

埋入式柱脚的钢柱四周应设置主筋和箍筋。主筋的截面面积应按下列公式计算

$$A_s = M/\ (d_0 f_{sy}) \tag{5-110}$$

$$M = M_0 + Vd \tag{5-111}$$

式中　M——作用于钢柱脚底部的弯矩；

M_0——柱脚的设计弯矩；

V——柱脚的设计剪力；

d——钢柱埋深；

d_0——受拉侧与受压侧纵向主筋合力点间的距离；

f_{sy}——钢筋抗拉强度设计值。

主筋的最小含钢率为 0.2%，其配筋不宜小于 4ϕ22，并在上端设弯钩。主筋的锚固长度不应小于 35d（d 为钢筋直径），当主筋的中心距大于 200mm 时，应设置 ϕ16 的架立筋。

箍筋宜为 ϕ10@100，在埋入部分的顶部，应配置不小于 3ϕ12@50 的加强箍筋。

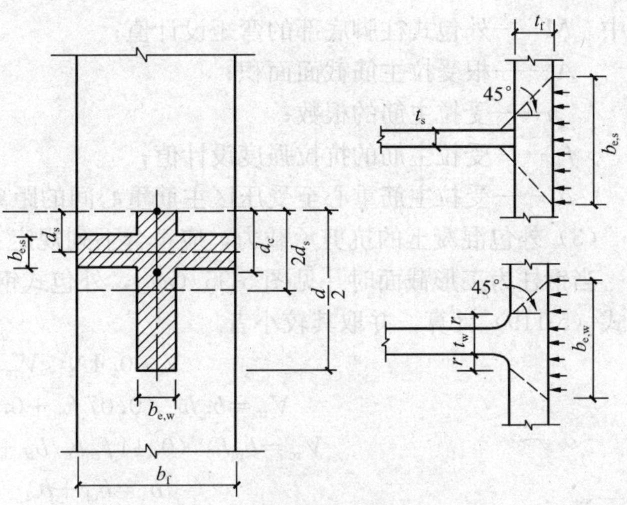

图 5-94　钢柱承压面积合力位置

（四）外包式柱脚的设计要求

外包式柱脚（见图5-86）的混凝土外包高度与埋入式柱脚的埋入深度要求应相同。外包式柱脚的抗震第一阶段设计，应符合下列规定：

（1）在计算平面内，钢柱一侧翼缘上的圆柱头栓钉数目，应按下列公式计算。柱轴向的栓钉间距不得大于200mm（图5-86）。

$$n=N_f/N_v^s \quad (5\text{-}112)$$

$$N_f=M/(h_c-t_f) \quad (5\text{-}113)$$

式中 n——钢柱脚一侧翼缘需要的圆柱头栓钉数目；

N_f——钢柱一侧抗剪栓钉传递的翼缘轴力；

M——外包混凝土顶部箍筋处的钢柱弯矩设计值；

h_c——钢柱截面高度；

t_f——钢柱翼缘高度；

N_v^s——一个圆柱头栓钉的受剪承载力设计值，按以下方法计算，栓钉直径不得小于16mm。

$$N_v^s=0.43A_{st}\sqrt{E_c f_c} \quad (5\text{-}114)$$

$$N_v^s\leqslant 0.7A_{st}f_u \quad (5\text{-}115)$$

式中 A_{st}——栓钉钉杆截面面积；

f_u——栓钉钢材的极限抗拉强度最小值；

E_c——混凝土弹性模量；

f_c——混凝土轴心抗拉强度设计值。

此外，当遇到下列情况时，应对栓钉的抗剪承载力设计值 N_v^s 进行折减。位于连续梁中间支座上负弯矩段时，应乘以折减系数0.93；位于悬臂梁负弯矩区段时，应乘以折减系数0.8。

（2）外包式柱脚底部的弯矩全部由外包钢筋混凝土承受，其抗弯承载力应按下式进行验算。受拉主筋的锚固长度，应符合现行国家标准《钢筋混凝土结构设计规范》的规定

$$M\leqslant nA_s f_{sy}d_0 \quad (5\text{-}116)$$

式中 M——外包式柱脚底部的弯矩设计值；

A_s——根受拉主筋截面面积；

n——受拉主筋的根数；

f_{sy}——受拉主筋的抗拉强度设计值；

d_0——受拉主筋重心至受压区主筋重心间的距离。

（3）外包混凝土的抗剪承载力，应符合下列规定：

当钢柱为工形截面时［见图5-95（a）］，外包式钢筋混凝土的受剪承载力宜按式(5-118)和式（5-119）计算，并取其较小者

$$V-0.4N\leqslant V_{rc} \quad (5\text{-}117)$$

$$V_{rc}=b_{rc}h_0(0.07f_{cc}+0.5f_{ysh}\rho_{sh}) \quad (5\text{-}118)$$

$$V_{rc}=b_{rc}h_0(0.14f_{cc}b_e/b_{rc}+0.5f_{ysh}\rho_{sh}) \quad (5\text{-}119)$$

$$b_e=b_{e1}+b_{e2}$$

$$\rho_{sh}=A_{sh}/b_{rc}s$$

式中　V——柱脚的剪力设计值；

N——柱最小轴力设计值；

V_{rc}——外包钢筋混凝土所分配到的受剪承载力；

b_{rc}——外包钢筋混凝土的总宽度；

b_e——外包钢筋混凝土的有效宽度（图 5-95）；

f_{cc}——混凝土轴心抗压强度设计值；

f_{ysh}——水平箍筋抗拉强度设计值；

ρ_{sh}——水平箍筋配筋率，当 $\rho_{sh}>0.6\%$时，取 0.6%。

A_{sh}——单支水平箍筋的截面面积；

s——箍筋的间距；

h_0——混凝土受压区边缘至受拉钢筋重心的距离。

当钢柱为箱形截面时［图 5-95（b）］，外包钢筋混凝土的受压承载力为

$$V_{rc}=b_e h_0\ (0.07f_{cc}+0.5f_{ysh}\rho_{sh}) \tag{5-120}$$

$$\rho_{sh}=A_{sh}/b_e s$$

式中　b_e——钢柱两侧混凝土的有效宽度之和，每侧不得小于 180mm；

ρ_{sh}——水平箍筋的配筋率，当 $\rho_{sh}>1.2\%$时，取 1.2%。

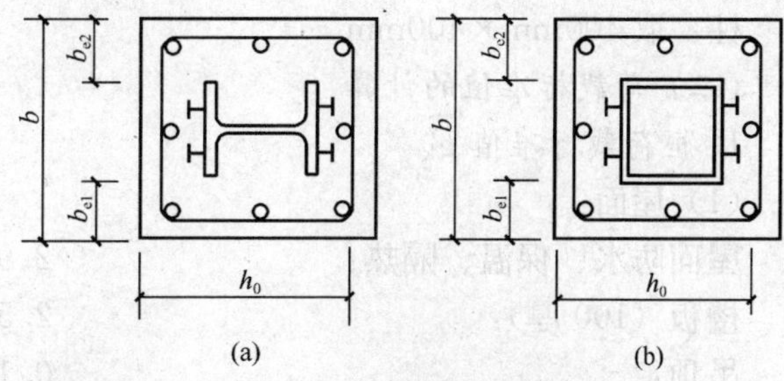

图 5-95　外包式柱截面
（a）工字形柱；（b）箱形柱

第八节　多层钢筋混凝土框架结构设计实例

某三层工业厂房柱网平面布置如图 5-96 所示，采用现浇框架结构、横向承重方案。根据房屋使用要求，层高为 4.5m。底层高度由基础顶面算至一层楼板面。计算简图如图 5-97 所示。楼面活荷载 3.0kN/m^2，屋面活荷载标准值 0.5kN/m^2（按不上人屋面考虑），基本风压 $w_0=0.35\text{kN/m}^2$。

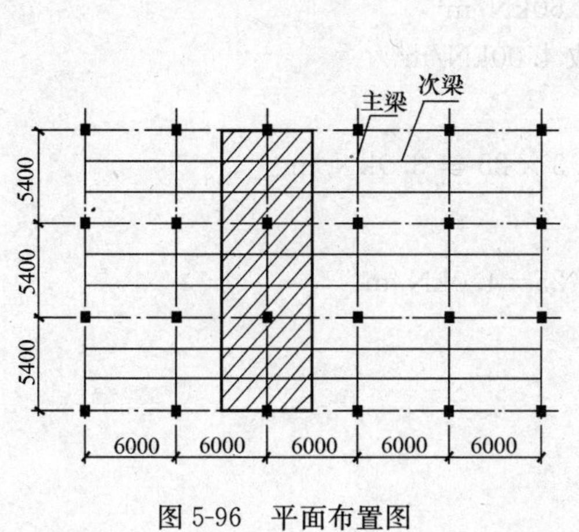

图 5-96　平面布置图

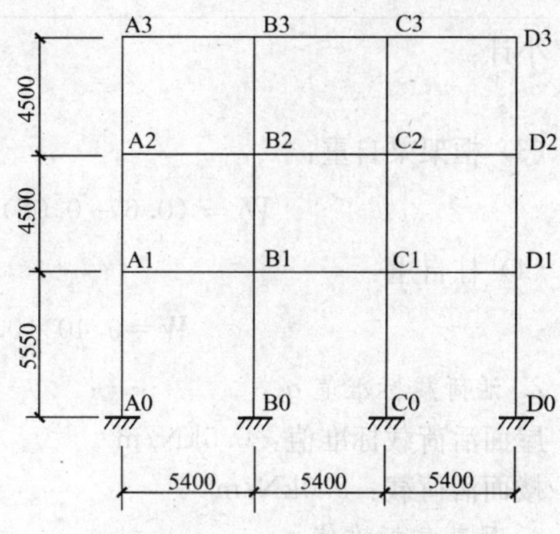

图 5-97　框架立面图

（一）材料指标

C30 混凝土：$f_c=14.3\text{N/mm}^2$，$f_t=1.43\text{N/mm}^2$，$f_{tk}=2.01\text{N/mm}^2$，$E_c=3.0\times10^4\text{N/mm}^2$；HPB335 钢筋，$f_y=f'_y=300\text{N/mm}^2$。

（二）估计梁柱截面尺寸

主梁跨度为 5.4m，次梁为 6m，主梁每跨内布置两根次梁，板的跨度为 1.8m。

板：按高跨比的要求，$h\geqslant l/40=1800/40=45\text{mm}$，同时对工业建筑的楼板要求 $h\geqslant 80\text{mm}$，取板厚 $h=80\text{mm}$；

次梁：按高跨比的要求，$h=l/15\sim l/12=400\sim500\text{mm}$，宽为高的 1/3～1/2，取 $h=400\text{mm}$，$b=200\text{mm}$；

主梁：按高跨比的要求，$h=l/12\sim l/8=450\sim675\text{mm}$，宽为高的 1/3～1/2，$h=600\text{mm}$，$b=300\text{mm}$；

柱：取 400mm×400mm

（三）荷载标准值的计算

1. 恒荷载标准值 g_k

（1）屋面：

屋面防水、保温、隔热：	2.91kN/m^2
楼板（100 厚）：	2.50kN/m^2
吊顶：	0.12kN/m^2
小计：	5.53kN/m^2
	取 6.00kN/m^2

（2）楼面：

20 厚地砖面层：	$25\times0.020=0.50\text{kN/m}^2$
10 厚粘合层：	$20\times0.010=0.20\text{kN/m}^2$
25 厚楼面面层：	$20\times0.025=0.5\text{kN/m}^2$
80 厚现浇板	$25\times0.080=2.00\text{kN/m}^2$
20 厚顶棚抹灰：	$20\times0.020=0.40\text{kN/m}^2$
小计：	3.60kN/m^2
	取 4.00kN/m^2

（3）框架梁自重：

$$W=(0.6-0.08)\times0.3\times25=3.9\text{kN/m}$$

（4）柱自重：

$$W=0.40\times0.40\times25=4.0\text{kN/m}$$

2. 活荷载标准值 q_k

屋面活荷载标准值：0.5kN/m^2

楼面活荷载：3.0kN/m^2

3. 风荷载标准值

基本风压：$w_0=0.35\text{kN/m}^2$

（四）框架计算简图

荷载由板传给次梁，次梁再传给主梁，主梁传给柱。

1. 恒载作用下的框架计算简图（见图 5-98）

（1）标准层恒载：

次梁传给主梁的楼面板自重：$G=6\times1.8\times4.00=43.2\text{kN}$

次梁自重：$G=6\times1.6+0.02\times2\times17\times6\times(0.4-0.08)=10.9\text{kN}$

每层柱子的自重：$G=4.0\times(4.5-0.08)+0.02\times4\times17\times0.4\times4.5=20.128\text{kN}$

（2）顶层恒载作用：

次梁传给主梁的屋面板自重：$G=6\times1.8\times6=64.8\text{kN}$

次梁自重：$G=6\times1.6+0.02\times2\times17\times6\times(0.4-0.08)=10.9\text{kN}$

女儿墙自重：$G=7\times0.24\times1.2\times6=12.1\text{kN}$

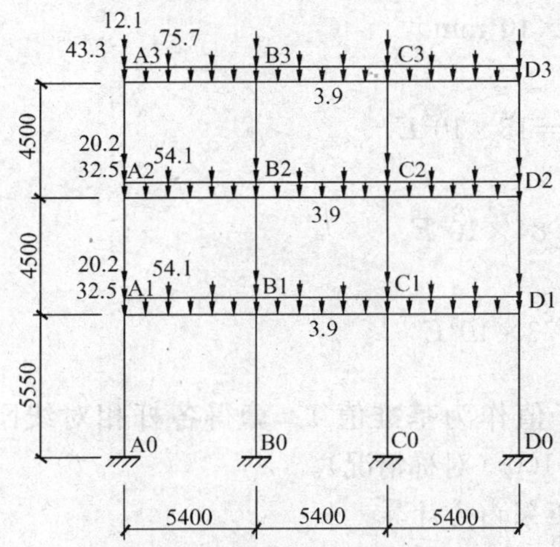

图 5-98 恒载作用下的计算简图

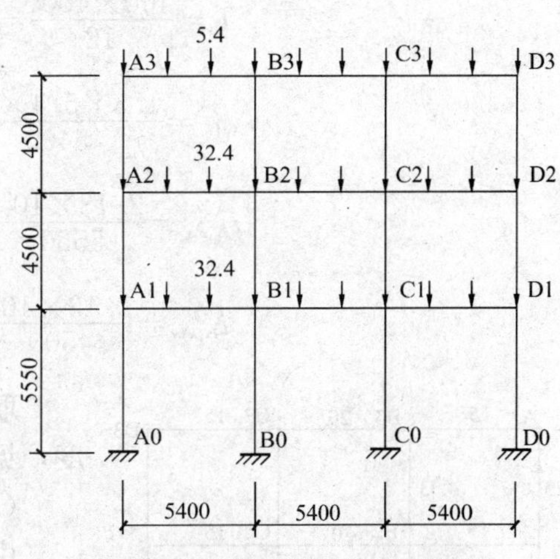

图 5-99 活载作用下的计算简图

2. 活载作用下的框架计算简图（见图 5-99）

考虑满跨布置

楼面：$Q=3.0\times1.8\times6=32.4\text{kN}$

屋顶：$Q=0.5\times1.8\times6=5.4\text{kN}$

3. 风荷载作用下的框架计算简图

设此建筑物主导风向为东南，本建筑物坐北朝南。基本风压 0.35kN/m^2，地面粗糙度 B，厂房在城市近郊。风荷载标准值的计算式为：$W_{iz}=\beta_z\mu_z B_i\mu_{si}w_0\cos\alpha_i$。

风载体型系数：$\mu=0.8-(-0.5)=1.3$

风压高度系数：按 B 类地区，查表用插入法，见表 5-16。

表 5-16 风压高度系数表

离地高度（m）	5	10	15
μ_z	1.00	1.00	1.14

风振系数：房屋高度不超过 30m，$\beta_z=1.0$。

按上述公式计算，作用于各楼面处的集中风荷载标准值 F

3 层：$F_{w3k}=1.0\times1.3\times1.098\times0.35\times6\times\dfrac{4.5}{2}=6.74\text{kN}$

2 层：$F_{w2k}=1.0\times1.3\times1.0\times0.35\times6\times4.5=12.285\text{kN}$

1 层：$F_{w1k}=1.0\times1.3\times1.0\times0.35\times6\times4.5=12.285\text{kN}$

4. 梁柱线刚度计算

根据梁柱的截面惯性矩及其长度，可求得梁柱线刚度 $i=EI/l$。

在内力分析时，只需要梁柱的相对线刚度，在侧移验算时，需要实际数值。

因为本框架采用相同的混凝土强度等级，故在计算相对线刚度时，不必计入 E 值，在算出所有各杆的线刚度后，以其中某一值作为基准，求出各杆的相对线刚度。考虑现浇楼板对框架截面惯性矩的影响，中框架取 $I=2I_0$，边框架取 $I=1.5I_0$，即得

梁 $$I_b=\frac{bh^3}{12}=\frac{300\times600^3}{12}=5.4\times10^9\text{mm}^4$$

柱 $$I_c=\frac{400\times400^3}{12}=2.13\times10^9\text{mm}^4$$

$$i_{A_1B_1}=\frac{1.5\times5.4\times10^9}{5400}E=15\times10^5E$$

$$i_{A_0A_1}=\frac{2.13\times10^9}{5550}E=3.84\times10^5E$$

$$i_{A_1A_2}=\frac{2.13\times10^9}{4500}=4.73\times10^5E$$

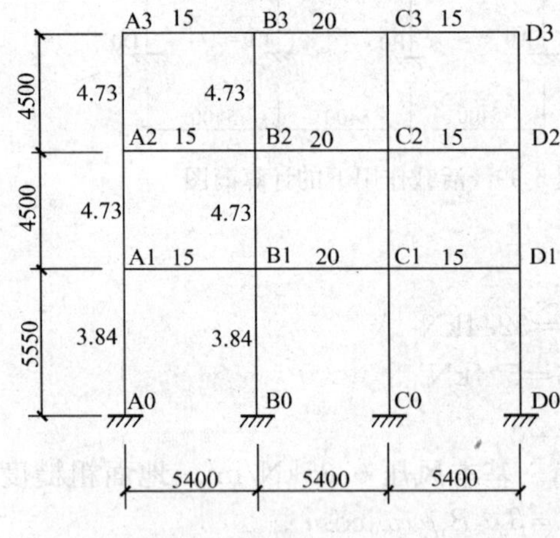

图 5-100 梁柱相对线刚度

取10^5E 值作为基准值 1。算得各杆相对线刚度，见图 5-100（对称情况）。

（五）框架内力计算

由于是对称框架，正对称荷载，所以只需计算半榀框架的内力。

在本题中，恒荷载作用下的内力采用二次弯矩分配法计算；活荷载作用下，没有考虑其不利位置的影响，采用二次弯矩分配法；风荷载作用下的内力采用 D 值法进行计算。二次弯矩分配法考虑了每层梁上的荷载对其他层梁内力的影响，比分层法分配更准确，但两者很接近，在实际计算时都可以采用。

1. 恒载作用下的内力

因为框架对称，且恒荷载为正对称荷载，所以取半榀框架进行计算。

由结构力学梁端弯矩的公式得到：

标准层结点弯距

$$M_{AB}=-M_{BA}=-\frac{ql^2}{12}-\sum\frac{F_pab^2}{l^2}$$

$$=-\frac{3.9\times5.4^2}{12}-\frac{54.1\times1.8\times3.6^2}{5.4^2}-\frac{54.1\times3.6\times1.8^2}{5.4^2}$$

$$=-74.397\text{kN}\cdot\text{m}$$

顶层结点弯距

$$M_{AB}=-M_{BA}=-\frac{ql^2}{12}-\sum\frac{F_p ab^2}{l^2}$$

$$=-\frac{3.9\times5.4^2}{12}-\frac{75.7\times1.8\times3.6^2}{5.4^2}-\frac{75.7\times3.6\times1.8^2}{5.4^2}$$

$$=-100.317\text{kN}\cdot\text{m}$$

采用二次弯矩分配法见图 5-101。

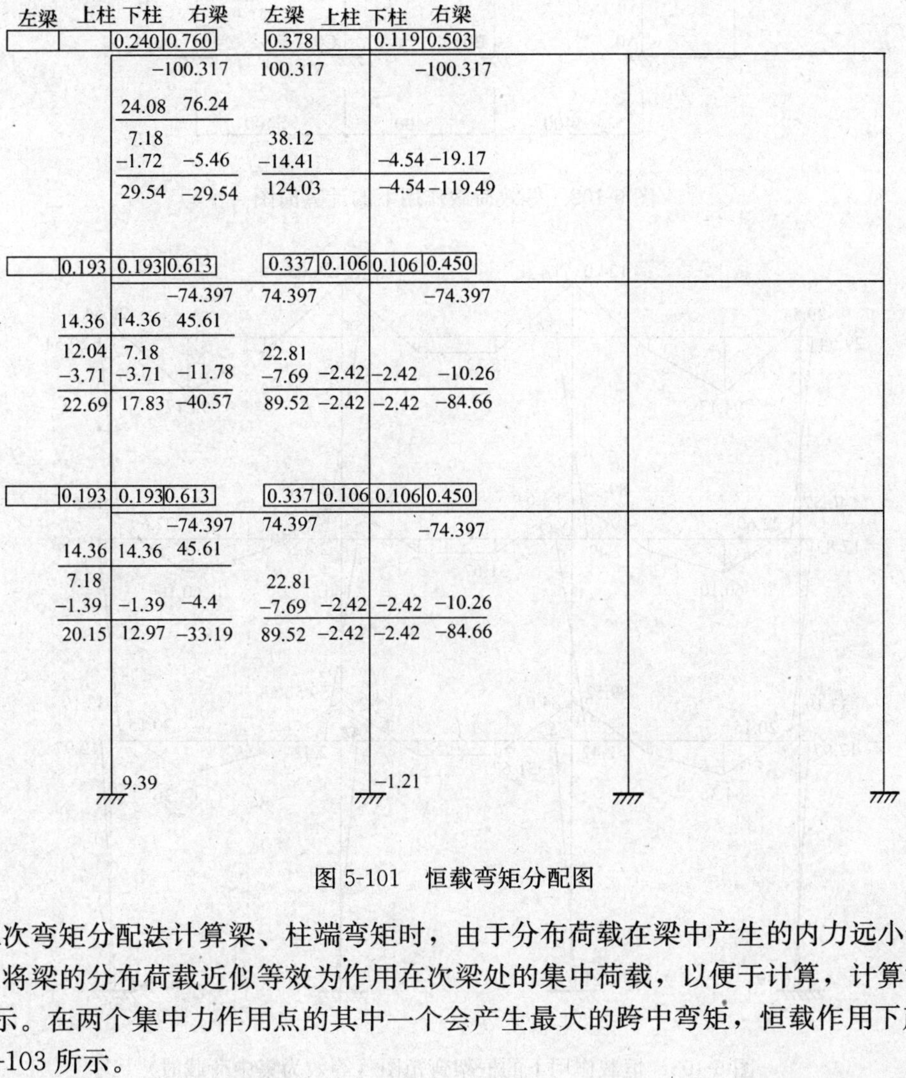

左梁	上柱	下柱	右梁	左梁	上柱	下柱	右梁
		0.240	0.760	0.378		0.119	0.503
			−100.317	100.317			−100.317
		24.08	76.24				
		7.18		38.12			
		−1.72	−5.46	−14.41		−4.54	−19.17
		29.54	−29.54	124.03		−4.54	−119.49
	0.193	0.193	0.613	0.337	0.106	0.106	0.450
			−74.397	74.397			−74.397
	14.36	14.36	45.61				
	12.04	7.18		22.81			
	−3.71	−3.71	−11.78	−7.69	−2.42	−2.42	−10.26
	22.69	17.83	−40.57	89.52	−2.42	−2.42	−84.66
	0.193	0.193	0.613	0.337	0.106	0.106	0.450
			−74.397	74.397			−74.397
	14.36	14.36	45.61				
	7.18			22.81			
	−1.39	−1.39	−4.4	−7.69	−2.42	−2.42	−10.26
	20.15	12.97	−33.19	89.52	−2.42	−2.42	−84.66
		9.39				−1.21	

图 5-101　恒载弯矩分配图

用二次弯矩分配法计算梁、柱端弯矩时，由于分布荷载在梁中产生的内力远小于集中荷载，所以将梁的分布荷载近似等效为作用在次梁处的集中荷载，以便于计算，计算简图如图 5-102 所示。在两个集中力作用点的其中一个会产生最大的跨中弯矩，恒载作用下产生的弯矩如图 5-103 所示。

在竖向荷载作用下，梁端截面有较大的负弯矩，设计时应进行弯矩调幅，降低负弯矩，以减少配筋面积。对于现浇框架，支座弯矩调幅系数为 0.85（在内力组合的表中进行梁端调幅计算）。

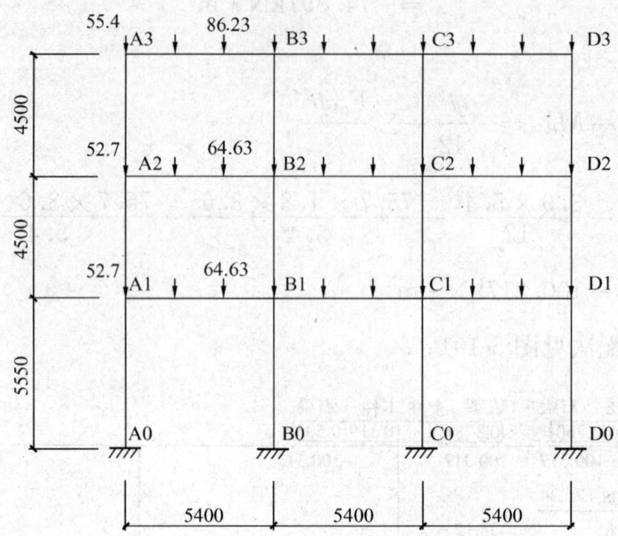

图 5-102 等效荷载作用下的计算简图

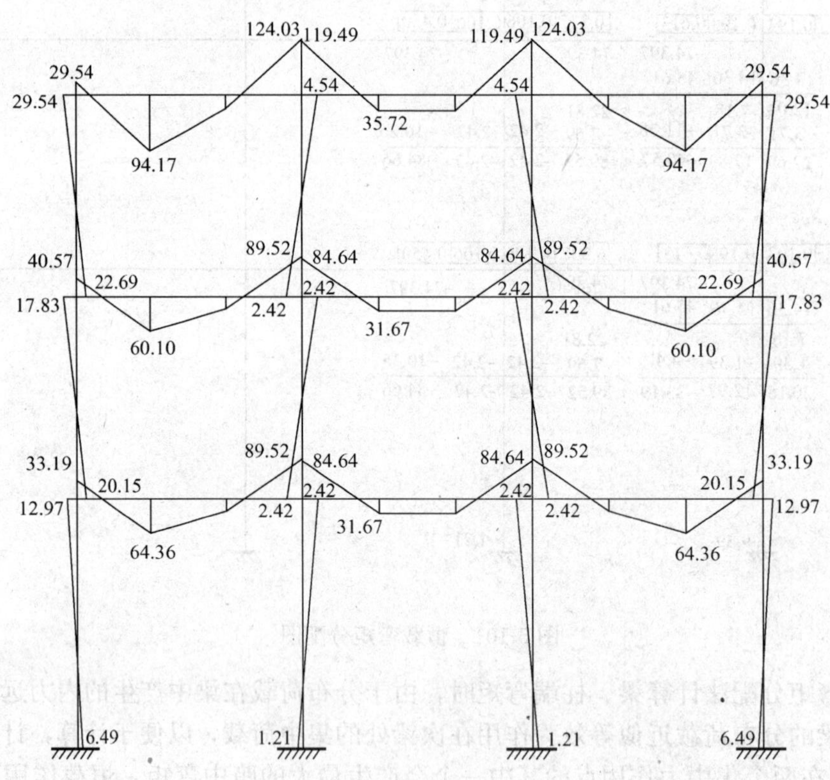

图 5-103 恒载作用下的框架弯矩图（等效为集中荷载时）

恒载下框架的梁端剪力由两部分组成，一部分由荷载（等效后的集中力）引起的剪力，一部分是由弯矩引起的剪力。两部分的剪力叠加起来等于框架的梁端剪力，具体计算结果见表 5-17。

表 5-17　　恒载作用下的剪力

楼层	荷载引起的剪力						弯矩引起的剪力	
	AB 跨		*BC* 跨		*CD* 跨		*AB* 跨	
	V_A	V_B	V_B	V_C	V_C	V_D	V_A	V_B
3	86.23	−86.23	86.23	−86.23	86.23	−86.23	−17.5	−17.5
2	64.63	−64.63	64.63	−64.63	64.63	−64.63	−9.1	−9.1
1	64.63	−64.63	64.63	−64.63	64.63	−64.63	−10.43	−10.43

楼层	弯矩引起的剪力				恒载作用下的剪力					
	BC 跨		*CD* 跨		*AB* 跨		*BC* 跨		*CD* 跨	
	V_B	V_C	V_C	V_D	V_A	V_B	V_B	V_C	V_C	V_D
3	0	0	17.5	17.5	68.73	−103.73	86.23	−86.23	103.73	−68.73
2	0	0	9.1	9.1	55.53	−73.73	64.63	−64.63	73.73	−55.53
1	0	0	10.43	10.43	54.20	−75.06	64.63	−64.63	75.06	−54.20

柱轴力包括柱传下轴力和柱自重，恒载作用下的框架梁的剪力以及柱的轴力见图 5-104。

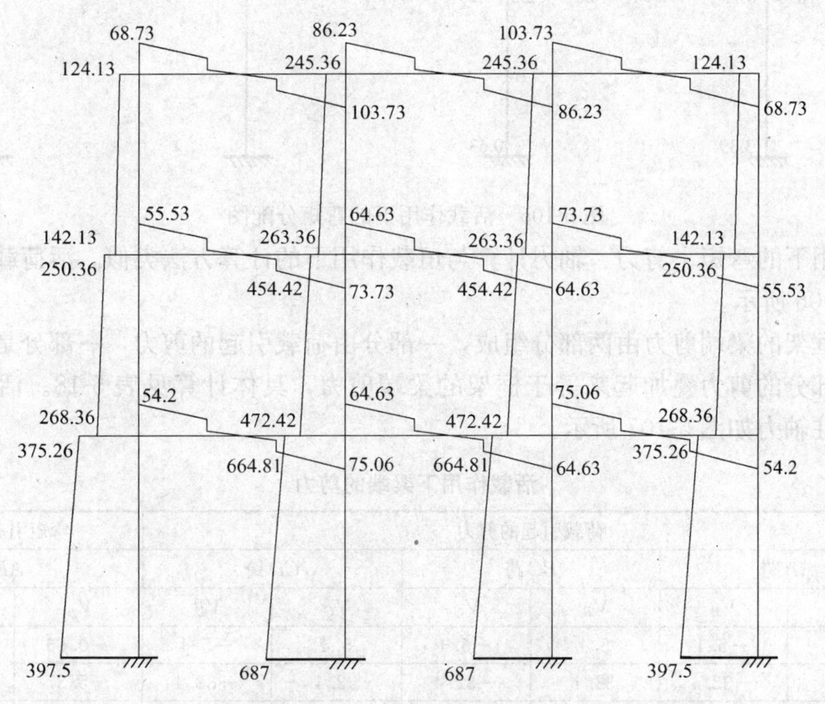

图 5-104　恒载作用下的框架梁的剪力以及柱的轴力图

2. 活载作用下的内力

活荷载按满跨布置，不考虑活荷载的最不利布置。此时，求得的跨中弯矩比最不利荷载位置法的计算结果偏小，故对梁跨中弯矩乘以 1.2 的增大系数。梁端弯矩应进行弯矩调幅，乘以调幅系数 0.85。在内力组合的表中进行跨中弯矩增大和梁端调幅计算。

方法同恒载作用下的内力计算，计算过程见图 5-105。

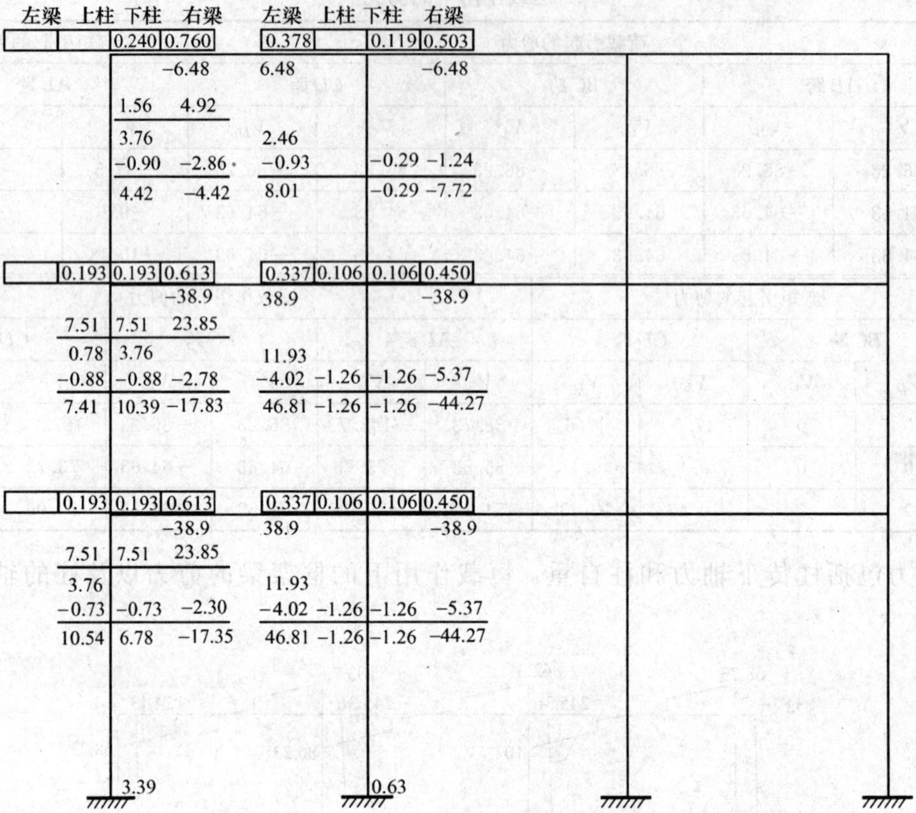

图 5-105　活载作用下的弯矩分配图

活载作用下的弯矩、剪力、轴力计算与恒载作用下的计算方法类似。活荷载作用下框架弯矩如图 5-106 所示。

活载下框架的梁端剪力由两部分组成，一部分由荷载引起的剪力，一部分是由弯矩引起的剪力。两部分的剪力叠加起来等于框架的梁端剪力，具体计算见表 5-18。活荷载作用下梁端剪力和柱轴力如图 5-107 所示。

表 5-18　　活载作用下梁端的剪力

楼层	荷载引起的剪力						弯矩引起的剪力	
	AB 跨		*BC* 跨		*CD* 跨		*AB* 跨	
	V_A	V_B	V_B	V_C	V_C	V_D	V_A	V_B
3	5.4	−5.4	5.4	−5.4	5.4	−5.4	−0.66	−0.66
2	32.4	−32.4	32.4	−32.4	32.4	−32.4	−5.37	−5.37
1	32.4	−32.4	32.4	−32.4	32.4	−32.4	−5.46	−5.46

楼层	弯矩引起的剪力				活载作用下的剪力					
	BC 跨		*CD* 跨		*AB* 跨		*BC* 跨		*CD* 跨	
	V_B	V_C	V_C	V_D	V_A	V_B	V_B	V_C	V_C	V_D
3	0	0	0.66	0.66	4.74	−6.06	5.4	−5.4	6.06	−4.74
2	0	0	5.37	5.37	27.03	−37.77	32.4	−32.4	37.77	−27.03
1	0	0	5.46	5.46	26.94	−37.86	32.4	−32.4	37.86	−26.94

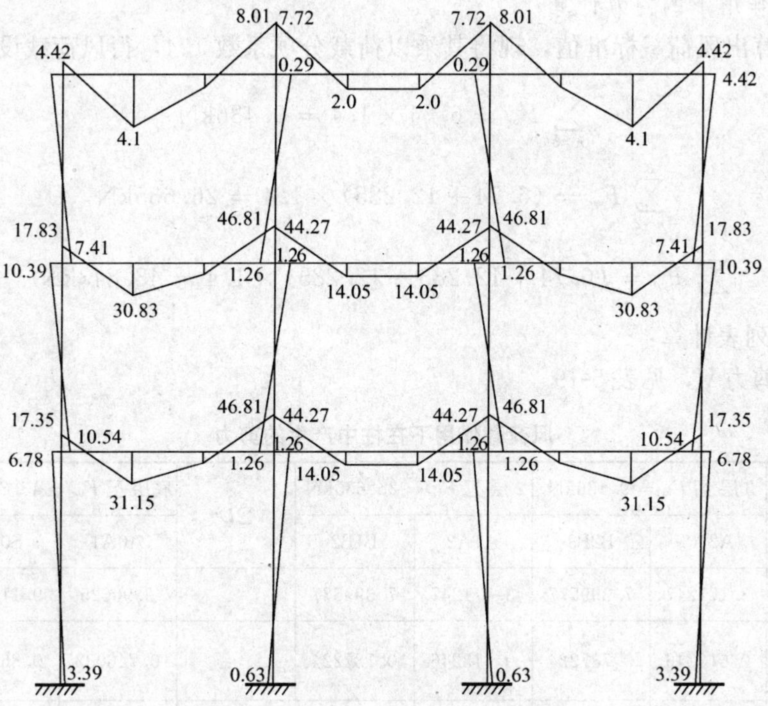

图 5-106 活载作用下的框架弯矩图

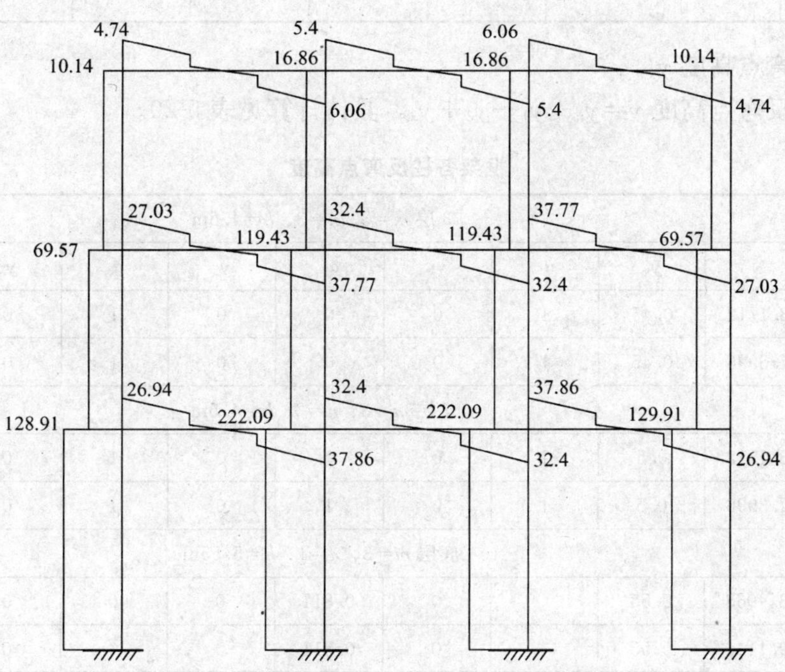

图 5-107 活载作用下框架梁端剪力和柱轴力图

3. 风荷载作用下的内力计算

前面已计算出风荷载标准值，现将其乘以荷载分项系数 1.4，得风荷载设计值 F_w

$$\sum_{n=3}^{3} F_w = 6.74 \times 1.4 = 9.436\text{kN}$$

$$\sum_{n=2}^{3} F_w = (6.74 + 12.285) \times 1.4 = 26.635\text{kN}$$

$$\sum_{n=1}^{3} F_w = (6.74 + 12.285 + 12.285) \times 1.4 = 43.843\text{kN}$$

用 D 值法列表计算：

（1）各柱剪力 V，见表 5-19。

表 5-19　　风荷载作用下在柱中产生的剪力

系　数	3层 $\sum F_w = 9.436$kN		2层 $\sum F_w = 26.635$kN		$\sum D$	底层 $\sum F_w = 43.834$kN		$\sum D$
	A2A3	B2B3	A1A2	B1B2		A0A1	B0B1	
$\bar{i}$	3.171247	7.399577	3.171247	7.399577		3.90625	9.114583	
$\alpha = \frac{\bar{i}}{2+\bar{i}}$	0.613246	0.787224	0.613246	0.787224		0.746032	0.865042	
$D = \alpha \frac{12 i_c}{h^2}$	$2.90 \frac{12}{h^2}$	$3.72 \frac{12}{h^2}$	$2.90 \frac{12}{h^2}$	$3.72 \frac{12}{h^2}$	$13.25 \frac{12}{h^2}$	$2.86 \frac{12}{h^2}$	$3.32 \frac{12}{h^2}$	$12.37 \frac{12}{h^2}$
$V = \frac{D}{\sum D} \sum F_w$(kN)	2.065945	2.652055	5.831543	7.485957		10.14899	11.76801	

（2）求反弯点高度 y：

各层柱的反弯点高度 $y = y_n + y_1 + y_2 + y_3$，具体计算见表 5-20。

表 5-20　　框架各柱反弯点高度

层数	3层 $m=3$、$n=3$、$h=4.5$m								
柱号	$\bar{i}$	y_n	α_1	y_1	α_2	y_2	α_3	y_3	y
A3A2	3.1712	0.45	1	0	0	0	1	0	2.025
B3B2	7.3996	0.45	1	0	0	0	1	0	2.025
层数	2层 $m=3$、$n=2$、$h=4.5$m								
A2A1	3.1712	0.5	1	0	1	0	1	0	2.25
B2B1	7.3996	0.5	1	0	1	0	1	0	2.25
层数	底层 $m=3$、$n=1$、$h=5.55$m								
A1A0	3.9063	0.55		0	0.811	0	0	0	3.0525
B1B0	9.1146	0.55		0	0.811	0	0	0	3.0525

（3）求风荷载作用下的框架内力：

根据各柱的剪力和反弯点高度即可求出柱端弯矩和梁端弯矩。右风作用下的框架弯矩图

及剪力图如图 5-108 所示（左风作用下内力与该图相反）。

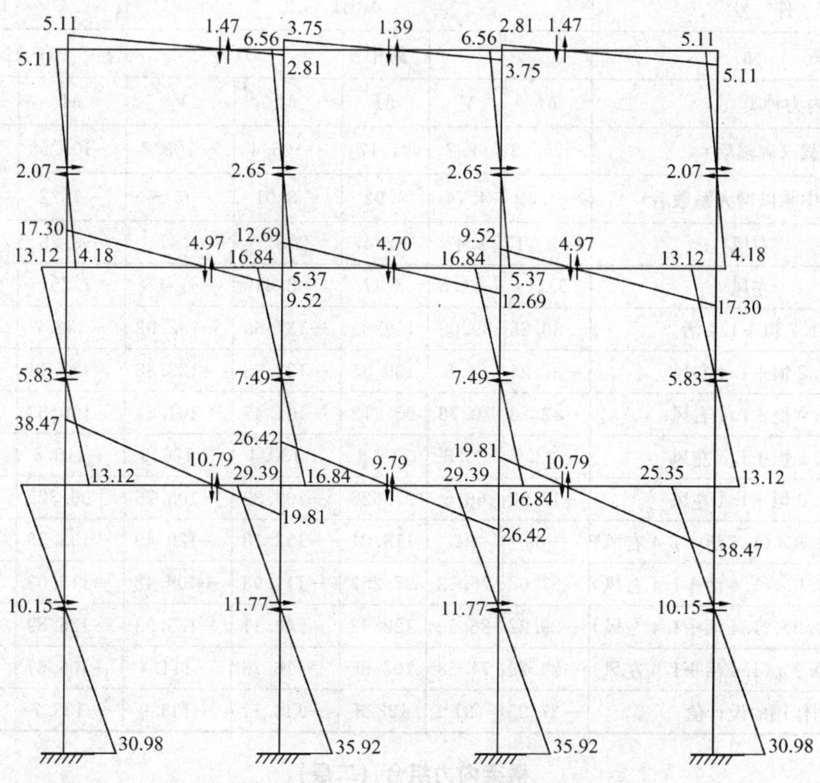

图 5-108　右风作用下的框架弯矩、剪力图

（六）内力组合

本例为非地震区且无吊车荷载的多层框架，所以考虑如下三种荷载（未考虑恒荷载起有利作用的情况，且假定均为活荷载起控制作用）：

(1) 1.2 恒＋1.4 活

(2) 1.2 恒＋1.4 风

(3) 1.2 恒＋0.9（1.4 活＋1.4 风）

在进行内力组合时，风荷载分别考虑左风和右风，活荷载按满跨布置的形式考虑。内力组合原则是：组合针对每一控制截面进行，并考虑框架的对称性。

梁的控制截面：端截面、跨中截面

梁端：$+M_{max}$、$-M_{max}$、V_{max}

跨中：$+M_{max}$

柱的控制截面：上、下截面

最不利的内力组合：$|M_{max}|$ 及相应的 N，V

N_{max} 及相应的 M，V

N_{min} 及相应的 M，V

V_{max} 及相应的 M，N

1. 横梁内力组合（见表 5-21～表 5-23）

表 5-21 横梁内力组合（顶层）

杆件号		A3B3					B3C3		
截面		A3		跨中	B3 左		B3 右		跨中
内力种类		*M*	*V*	*M*	*M*	*V*	*M*	*V*	*M*
恒荷载（调幅后）		−25.08	68.7	94.17	−105.4	−103.7	−101.58	86.23	35.7
活荷载（跨中乘以增大系数后）		−4.42	4.74	4.92	−8.01	−6.06	−7.72	5.4	2.4
风荷载	右风	−5.11	1.47	−2.47	2.81	1.47	−3.75	1.39	0
	左风	5.11	−1.5	2.47	−2.81	−1.47	3.75	−1.39	0
内力组合	1.2恒+1.4活	−36.28	89.08	119.89	−137.69	−132.92	−132.7	111	46.2
	1.2恒+1.4右风	−37.24	84.5	109.55	−122.55	−122.38	−127.14	105.4	42.84
	1.0恒+1.4右风	−32.23	70.76	90.712	−101.47	−101.64	−106.83	88.18	35.7
	1.2恒+1.4左风	−22.9	80.3	116.5	−130.4	−126.5	−116.6	102	42.8
	1.0恒+1.4左风	−17.92	66.6	97.628	−109.33	−105.76	−96.325	84.28	35.7
	1.2恒+0.9×(1.4活+1.4右风)	−39	91	118.24	−132.78	−129.49	−133.73	112.8	47.12
	1.0恒+0.9×(1.4活+1.4右风)	−37.08	76.52	97.257	−111.95	−109.48	−116.03	94.79	38.72
	1.2恒+0.9×(1.4活+1.4左风)	−29.22	86.52	122.32	−140.11	−133.93	−126.89	108.5	45.86
	1.0恒+0.9×(1.4活+1.4左风)	−24.79	74.58	103.85	−116.76	−111.4	−106.67	93.04	39.98
起控制作用的设计值		−37.25	91	122.3	−140.11	−133.9	−133.7	112.8	47.12

表 5-22 横梁内力组合（二层）

杆件号		A2B2					B2C2		
截面		A2		跨中	B2 左		B2 右		跨中
内力种类		*M*	*V*	*M*	*M*	*V*	*M*	*V*	*M*
恒荷载（调幅后）		−34.48	55.53	60.1	−76.092	−73.73	−71.944	64.63	31.67
活荷载（跨中乘以增大系数后）		−17.83	27.03	36.996	−46.81	−37.77	−44.27	32.4	16.86
风荷载	右风	−17.3	4.97	−8.36	9.52	4.97	−12.69	4.7	0
	左风	17.3	−4.97	8.36	−9.52	−4.97	12.69	−4.7	0
内力组合	1.2恒+1.4活	−66.34	104.5	123.91	−156.84	−141.35	−148.31	122.9	61.61
	1.2恒+1.4右风	−65.6	73.59	60.416	−77.982	−81.518	−104.1	84.14	38
	1.0恒+1.4右风	−58.7	62.49	48.396	−62.764	−66.772	−89.71	71.21	31.67
	1.2恒+1.4左风	−17.2	59.7	83.82	−104.6	−95.43	−68.57	71	38
	1.0恒+1.4左风	−10.26	48.57	71.804	−89.42	−80.688	−54.178	58.05	31.67
	1.2恒+0.9×(1.4活+1.4右风)	−78.16	106.4	112.47	−140.46	−130.33	−152.27	123.9	60.51
	1.0恒+0.9×(1.4活+1.4右风)	−78.75	95.85	96.181	−123.08	−115.06	−143.71	111.4	52.91
	1.2恒+0.9×(1.4活+1.4左风)	−42.05	94.43	129.27	−162.29	−142.33	−126.12	112.5	59.25
	1.0恒+0.9×(1.4活+1.4左风)	−40.12	86.37	115.5	−142.38	−124.53	−115.04	102.5	54.17
起控制作用的设计值		−78.7	106	129.2	−162.3	−142.3	−152.3	122.9	61.6

表 5-23 **横梁内力组合(一层)**

杆件号		A1B1					B1C1		
截面		A1		跨中	B1左		B1右		跨中
内力种类		M	V	M	M	V	M	V	M
恒荷载(调幅后)		−28.21	54.2	64.36	−76.092	−75.06	−71.944	64.63	31.67
活荷载(跨中乘以增大系数后)		−17.35	27.03	37.38	−46.81	−37.86	−44.27	32.4	16.86
风荷载	右风	−38.47	10.79	−19.02	19.81	10.79	26.42	9.79	0
	左风	38.47	−10.8	19.02	−19.81	−10.79	−26.42	−9.79	0
内力组合	1.2恒+1.4活	−58.14	102.9	129.56	−156.84	−143.08	−148.31	122.9	61.61
	1.2恒+1.4右风	−87.71	80.15	50.604	−63.576	−74.966	−49.345	91.26	38
	1.0恒+1.4右风	−82.07	69.31	37.732	−48.358	−59.954	−34.956	78.34	31.67
	1.2恒+1.4左风	20	49.9	103.9	−119	−105.2	−123.3	63.9	38
	1.0恒+1.4左风	25.647	39.09	90.988	−103.83	−90.166	−108.93	50.92	31.67
	1.2恒+0.9×(1.4活+1.4右风)	−89.08	110.1	108.47	−131.2	−126.8	−117.08	128.5	60.51
	1.0恒+0.9×(1.4活+1.4右风)	−98.54	101.9	87.494	−110.11	−109.17	−94.435	117.8	52.91
	1.2恒+0.9×(1.4活+1.4左风)	−7.243	85.5	148.3	−175.25	−151.37	−175.4	106	59.25
	1.0恒+0.9×(1.4活+1.4左风)	−14.19	79.81	129.84	−151.64	−131.21	−150.24	97.9	54.17
起控制作用的设计值		−98.5	110	148.3	−175.3	−151.4	−175.4	128.5	61.6
		25.6							

注 弯矩 M 以梁下边缘受拉为正，剪力 V 以使杆端顺时针转动为正。

2. 柱内力组合

框架柱基本为偏心受压构件，其主要内力是轴力和弯矩。考虑结构的对称性，选取 A 轴(表 5-24)和 B 轴(5-25)进行计算。

表 5-24 **A 轴的柱内力组合**

杆件	截面	内力	恒载	活载	右风	左风
A3	上	M	29.54	4.42	5.11	−5.11
		N	124.13	10.14	1.47	−1.47
	剪力	V	−11.6067	−2.62889	−2.07	2.07
	下	M	−22.69	−7.41	−4.18	4.18
		N	142.13	10.14	1.47	−1.47
A2	上	M	17.83	10.39	13.12	−13.12
		N	250.36	69.57	6.44	−6.44
	剪力	V	−8.44	−4.65111	−5.83	5.83
	下	M	−20.15	−10.54	−13.12	13.12
		N	268.36	69.57	6.44	−6.44
A1	上	M	12.97	6.78	25.35	−25.35
		N	375.26	128.91	17.23	−17.23
	剪力	V	−3.50631	−1.83243	−10.15	10.15
	下	M	−6.49	−3.39	−30.98	30.98
		N	397.5	128.91	17.23	−17.23

续表

杆件	截面	内力	恒载起不利影响			恒载起有利影响	
			1.2恒+1.4活	1.2恒+1.4风	1.2恒+0.9×(1.4活+1.4右风)	1.0恒+1.4风	1.0恒+0.9×(1.4活+1.4左风)
A3	上	*M*	41.64	42.6	47.456	22.39	28.67
		N	163.2	151	163.58	122.1	135.1
	剪力	*V*	−17.6	−16.8	−19.85	−8.71	−12.3
	下	*M*	−37.6	−33.1	−41.83	−16.8	−26.8
		N	184.8	172.6	185.18	140.1	153.1
A2	上	*M*	35.94	39.76	51.019	−0.54	14.39
		N	397.8	309.4	396.2	241.3	329.9
	剪力	*V*	−16.6	−18.3	−23.33	−0.28	−6.95
	下	*M*	−38.9	−42.5	−53.99	−1.78	−16.9
		N	419.4	331	417.8	259.3	347.9
A1	上	*M*	25.06	51.05	56.048	−22.5	−10.4
		N	630.8	474.4	634.45	351.1	516
	剪力	*V*	−6.77	−18.4	−19.31	10.7	6.974
	下	*M*	−12.5	−51.2	−51.09	36.88	28.27
		N	657.5	501.1	661.14	373.4	538.2

杆件	截面	内力	*M*最大		*N*最大		*N*最小		*V*最大	
			组合项目	组合值	组合项目	组合值	组合项目	组合值	组合项目	组合值
A3	上	*M*	1.2恒+0.9×(1.4活+1.4风)	47.46	1.2恒+0.9×(1.4活+1.4风)	47.46	1.0恒+1.4风	22.39	1.2恒+0.9×(1.4活+1.4风)	47.46
		N		163.6		163.6		122.1		163.6
	剪力	*V*		−19.8		−19.8		−8.71		−19.8
	下	*M*		−41.8		−41.8		−16.8		−41.8
		N		185.2		185.2		140.1		185.2
A2	上	*M*	1.2恒+0.9×(1.4活+1.4风)	51.02	1.2恒+1.4活	35.94	1.0恒+1.4风	−0.54	1.2恒+0.9×(1.4活+1.4风)	51.02
		N		396.2		397.8		241.3		396.2
	剪力	*V*		−23.3		−16.6		−0.28		−23.3
	下	*M*		−54		−38.9		−1.78		−54
		N		417.8		419.4		259.3		417.8
A1	上	*M*	1.2恒+0.9×(1.4活+1.4风)	56.05	1.2恒+0.9×(1.4活+1.4风)	56.05	1.0恒+1.4风	−22.5	1.2恒+0.9×(1.4活+1.4风)	56.05
		N		634.4		634.4		351.1		634.4
	剪力	*V*		−19.3		−19.3		10.7		−19.3
	下	*M*		−51.1		−51.1		36.88		−51.1
		N		661.1		661.1		373.4		661.1

表 5-25　　B 轴的柱内力组合

杆件	截面	内力	恒　载	活　载	右　风	左　风
B3	上	*M*	−4.45	−0.29	2.81	−2.81
		N	245.36	16.86	1.39	−1.39
	剪力	*V*	1.526667	0.344444	−2.65	2.65
	下	*M*	2.42	1.26	−5.37	5.37
		N	263.36	16.86	1.39	−1.39
B2	上	*M*	−2.42	−1.26	16.84	−16.84
		N	454.42	119.43	6.09	−6.09
	剪力	*V*	1.075556	0.56	−7.49	7.49
	下	*M*	2.42	1.26	−16.84	16.84
		N	472.42	119.43	6.09	−6.09
B1	上	*M*	−2.42	−1.26	29.39	−29.39
		N	664.81	222.09	15.88	−15.88
	剪力	*V*	0.654054	0.340541	−11.77	11.77
	下	*M*	1.21	0.63	−35.92	35.92
		N	687	222.09	15.88	−15.88

杆件	截面	内力	恒载起不利影响					恒载起有利影响			
			1.2 恒＋1.4 活	1.2 恒＋1.4 右风	1.2 恒＋1.4 左风	1.2 恒＋0.9×（1.4 活＋1.4 右风）	1.2 恒＋0.9×（1.4 活＋1.4 左风）	1.0 恒＋1.4 右风	1.0 恒＋1.4 左风	1.0 恒＋0.9×（1.4 活＋1.4 右风）	1.0 恒＋0.9×（1.4 活＋1.4 左风）
B3	上	*M*	−5.75	−1.41	−9.274	−2.16	−9.246	−0.52	−8.38	−1.27	−8.36
		N	318	296.4	292.49	317.4	313.92	247.3	243.4	268.4	264.9
	剪力	*V*	2.314	−1.88	5.542	−1.07	5.605	−2.18	5.237	−1.38	5.3
	下	*M*	4.668	−4.61	10.422	−2.27	11.258	−5.1	9.938	−2.76	10.77
		N	339.6	318	314.1	339	335.52	265.3	261.4	286.4	282.9
B2	上	*M*	−4.67	20.67	−26.48	16.73	−25.71	21.16	−26	17.21	−25.2
		N	712.5	553.8	536.78	703.5	688.11	462.9	445.9	612.6	597.2
	剪力	*V*	2.075	−9.2	11.777	−7.44	11.434	−9.41	11.56	−7.66	11.22
	下	*M*	4.668	−20.7	26.48	−16.7	25.71	−21.2	26	−17.2	25.23
		N	734.1	575.4	558.38	725.1	709.71	480.9	463.9	630.6	615.2
B1	上	*M*	−4.67	38.24	−44.05	32.54	−41.52	38.73	−43.6	33.02	−41
		N	1109	820	775.54	1098	1057.6	687	642.6	964.7	924.6
	剪力	*V*	1.262	−15.7	17.263	−13.6	16.044	−15.8	17.13	−13.7	15.91
	下	*M*	2.334	−48.8	51.74	−43	47.505	−49.1	51.5	−43.3	47.26
		N	1135	846.6	802.17	1124	1084.2	709.2	664.8	986.8	946.8

续表

<table>
<tr><th rowspan="2">杆件</th><th rowspan="2">截面</th><th rowspan="2">内力</th><th colspan="2">M最大</th><th colspan="2">N最大</th><th colspan="2">N最小</th><th colspan="2">V最大</th></tr>
<tr><th>组合项目</th><th>组合值</th><th>组合项目</th><th>组合值</th><th>组合项目</th><th>组合值</th><th>组合项目</th><th>组合值</th></tr>
<tr><td rowspan="5">B3</td><td rowspan="2">上</td><td>M</td><td rowspan="5">1.2恒+0.9×(1.4活+1.4左风)</td><td>−9.25</td><td rowspan="5">1.2恒+1.4活</td><td>−5.7</td><td rowspan="5">1.0恒+1.4左风</td><td>−8.38</td><td rowspan="5">1.2恒+0.9×(1.4活+1.4左风)</td><td>−9.2</td></tr>
<tr><td>N</td><td>313.9</td><td>318</td><td>243.4</td><td>314</td></tr>
<tr><td>剪力</td><td>V</td><td>5.605</td><td>2.31</td><td>5.237</td><td>5.61</td></tr>
<tr><td rowspan="2">下</td><td>M</td><td>11.26</td><td>4.67</td><td>9.938</td><td>11.3</td></tr>
<tr><td>N</td><td>335.5</td><td>340</td><td>261.4</td><td>336</td></tr>
<tr><td rowspan="5">B2</td><td rowspan="2">上</td><td>M</td><td rowspan="5">1.2恒+1.4左风</td><td>−26.5</td><td rowspan="5">1.2恒+1.4活</td><td>−4.7</td><td rowspan="5">1.0恒+1.4左风</td><td>−26</td><td rowspan="5">1.2恒+1.4左风</td><td>−26</td></tr>
<tr><td>N</td><td>536.8</td><td>713</td><td>445.9</td><td>537</td></tr>
<tr><td>剪力</td><td>V</td><td>11.78</td><td>2.07</td><td>11.56</td><td>11.8</td></tr>
<tr><td rowspan="2">下</td><td>M</td><td>26.48</td><td>4.67</td><td>26</td><td>26.5</td></tr>
<tr><td>N</td><td>558.4</td><td>734</td><td>463.9</td><td>558</td></tr>
<tr><td rowspan="5">B1</td><td rowspan="2">上</td><td>M</td><td rowspan="5">1.2恒+1.4左风</td><td>−44.1</td><td rowspan="5">1.2恒+0.9×(1.4活+1.4风)</td><td>−4.7</td><td rowspan="5">1.0恒+1.4左风</td><td>−43.6</td><td rowspan="5">1.0恒+1.4左风</td><td>−44</td></tr>
<tr><td>N</td><td>775.5</td><td>1109</td><td>642.6</td><td>643</td></tr>
<tr><td>剪力</td><td>V</td><td>17.26</td><td>1.26</td><td>17.13</td><td>17.1</td></tr>
<tr><td rowspan="2">下</td><td>M</td><td>51.74</td><td>2.33</td><td>51.5</td><td>51.5</td></tr>
<tr><td>N</td><td>802.2</td><td>1135</td><td>664.8</td><td>665</td></tr>
</table>

（七）框架梁柱配筋

1. 横梁配筋

根据横梁控制截面内力设计值，利用受弯构件正截面承载力和斜截面受剪承载力计算公式，算出所需纵筋和箍筋，并进行配筋。

(1) 框架梁的基本设计参数：

混凝土 C30　$f_t=1.43\text{MPa}$　$f_c=14.3\text{MPa}$　$\alpha=\beta_c=1.0$；

纵筋：HRB335 钢筋，$f_y=f'_y=300\text{MPa}$；

箍筋：HPB235 钢筋，$f_{yv}=210\text{MPa}$；

梁设计参数：$b=300\text{mm}$，$h=600\text{mm}$，取 $a=a'=35\text{mm}$，$\xi_b=0.55$；

梁端受拉钢筋 $\rho_{max}=2.5\%$，且 $\xi\leqslant0.35$，$\gamma_{RE}=\begin{cases}\text{正截面 }0.75\\\text{斜截面 }0.85\end{cases}$；

贯通纵筋$\begin{cases}\text{根数和直径}\geqslant2\Phi14\\\text{面积}\geqslant A_s/4\end{cases}$，跨中非抗震 $\rho_{min}=\max\begin{cases}0.2\%\\0.45\dfrac{f_t}{f_y}=0.215\%\end{cases}$；

最小箍筋直径Φ 8 取梁端配置箍筋

$$\begin{cases}\text{加密区长度 }\max\begin{cases}1.5h_b=1.5\times650=975\text{mm}\\500\text{mm}\end{cases}\\\text{双肢箍}\Phi8@100\end{cases}$$

(2) 框架梁的正截面设计：

以 AB 轴间梁顶层为例，介绍计算梁的截面设计过程。

梁端 A

A　　　　　　　　　　B

$M=-37.25\text{kN}\cdot\text{m}$　$M=122.3\text{kN}\cdot\text{m}$　$M=-140.11\text{kN}\cdot\text{m}$

$V=91\text{kN}$　　　　$V=-133.9\text{kN}$

$$\alpha_s=\frac{M}{\alpha_1 f_c b h_0^2}=\frac{37.25\times10^6}{14.3\times300\times565^2}=0.0272$$

$$\xi=1-\sqrt{1-2\alpha_s}=1-\sqrt{1-2\times0.0272}=0.0276<\xi_b=0.55(\text{满足要求})$$

$$\gamma_s=0.5(1+\sqrt{1-\alpha_s})=0.993$$

$$A_s=\frac{M}{f_y\gamma_s h_0}=\frac{36.28\times10^6}{300\times0.993\times565}=216\text{mm}^2$$

$$\rho=\frac{A_s}{bh}=0.12\%<\rho_{\min}=0.215\%$$

$$A_s=\rho_{\min}bh=0.215\%\times300\times600=387\text{mm}^2$$

选配 3 Φ 14，实配 $A_s=461\text{mm}^2$

梁端 B

$$\alpha_s=\frac{M}{\alpha_1 f_c b h_0^2}=\frac{140.11\times10^6}{14.3\times300\times565^2}=0.1023$$

$$\xi=1-\sqrt{1-2\alpha_s}=1-\sqrt{1-2\times0.1023}=0.1081<\xi_b=0.55(\text{满足要求})$$

$$\gamma_s=0.5(1+\sqrt{1-\alpha_s})=0.974$$

$$A_s=\frac{M}{f_y\gamma_s h_0}=\frac{140.11\times10^6}{300\times0.974\times565}=849\text{mm}^2$$

$$\rho=\frac{A_s}{bh}=0.47\%>\rho_{\min}$$

配筋 2 Φ 14 和 2 Φ 20，$A_s=936\text{mm}^2$

AB 跨中：

考虑混凝土现浇板翼缘受压，按 T 型截面梁计算

$$h'_f=80\text{mm}$$

按梁的计算跨度计算　$b'_f=l_0/3=(5400-400)/3=1667\text{mm}$

按翼缘高度考虑　$h'_f/h_0=80/565=0.142>0.1$

按梁肋净距考虑　$b'_f=b+S_n=300+5700=6000\text{mm}$

所以　$b'_f=1667\text{mm}$

截面类型判断

$$\begin{aligned}\alpha_1 f_c b'_f h'_f(h_0-0.5h'_f)&=14.3\times1667\times80\times(565-0.5\times80)\\&=1001.2\text{kN}\cdot\text{m}>M=122.3\text{kN}\cdot\text{m}\end{aligned}$$

属于第一类 T 型截面

配筋计算

$$\alpha_s=\frac{M}{\alpha_1 f_c b'_f h_0^2}=\frac{122.3\times10^6}{14.3\times1667\times565^2}=0.01607$$

$$\xi=1-\sqrt{1-2\alpha_s}=1-\sqrt{1-2\times0.01607}=0.0162$$

$$\gamma_s=0.5(1+\sqrt{1-\alpha_s})=0.996$$

$$A_s = \frac{M}{f_y \gamma_s h_0} = \frac{122.3 \times 10^6}{300 \times 0.996 \times 565} = 724\text{mm}^2$$

配筋 2Φ14+2Φ18，$A_s = 817\text{mm}^2$

其他梁正截面配筋此处从略。

(3)斜截面强度验算：

根据上述组合情况，梁的最大剪力设计值 $V_{max} = 133.9\text{kN}$

验算截面的尺寸

$$h_w = h_0 = 565\text{mm}$$

$$\frac{h_w}{b} = \frac{565}{300} = 1.883 < 4$$

$$0.25\beta_c f_c b h_0 = 0.25 \times 1 \times 14.3 \times 300 \times 565 = 606\text{kN} > V_{max} = 133.9\text{kN}$$

符合要求。

验算是否需要计算配置箍筋

$$0.7 f_t b h_0 = 0.7 \times 1.43 \times 300 \times 565 = 169.7\text{kN} > V = 133.9\text{kN}$$

所以不需要计算配箍。

选用双肢箍Φ8@200。

$$0.7 f_t b h_0 + 1.25 f_{yv} \frac{A_{sv}}{s} h_0 = 169.7 \times 10^3 + 1.25 \times 210 \times \frac{2 \times 50.3}{200} \times 565$$

$$= 244.3\text{kN} > V = 133.9\text{kN}$$

满足要求。

配箍率 $\rho_{sv} = \frac{n \cdot A_{sv1}}{bs} = \frac{2 \times 50.3}{300 \times 200} = 0.167\%$

最小配箍率 $\rho_{svmin} = 0.24 \frac{f_t}{f_{yv}} = 0.24 \times \frac{1.43}{210} = 0.163\%$

$\rho_{sv} > \rho_{svmin}$，满足要求

其他框架梁配筋可用此方法，用 excel 列表计算。此处从略。

2. 柱的截面配筋计算

以底层 A 轴线为例，其最不利的内力组合如图，M 最大和 N 最大是在同一工况下产生的。以此种内力组合为例进行截面配筋计算。

(1)纵筋计算：

底层柱的计算长度 $l_0 = H = 5.55\text{m}$

$l_0/h = 5550/400 = 13.88$

柱端 A1：

	M. N 最大	N 最小
A1	$M = 56.05\text{kN} \cdot \text{m}$	$M = -22.5\text{kN} \cdot \text{m}$
	$N = 634.4\text{kN}$	$N = 351.1\text{kN}$
	$V = -19.3\text{kN}$	$V = 10.7\text{kN}$
A0	$M = 51.1\text{kN} \cdot \text{m}$	$M = 36.88\text{kN} \cdot \text{m}$
	$N = 661.1\text{kN}$	$N = 373.4\text{kN}$

$$e_0 = M/N = \frac{56.05\times10^6}{634.4\times10^3} = 88.4\text{mm}$$

$$e_a = \max(20, 400/30) = 20\text{mm}$$

$$e_i = e_0 + e_a = 88 + 20 = 108\text{mm}$$

$$\zeta_1 = \frac{0.5 f_c A}{N} \leqslant 1.0 \quad 取 1.0$$

$$\zeta_2 = 1.15 - 0.01(l_0/h)^2 \leqslant 1.0 \quad 取 1.0$$

$$\eta = 1 + \frac{1}{1400\, e_i/h_0}\left(\frac{l_0}{h}\right)^2 \zeta_1\zeta_2 = 1.465$$

$\eta e_i = 1.465\times108 = 158\text{mm} > 0.3h_0 = 109.5\text{mm}$ 属于大偏心受压

$$x = \frac{N}{\alpha_1 f_c b} = \frac{634.4\times10^3}{14.3\times400} = 110.9\text{mm} \leqslant \xi_b h_0 = 200.75\text{mm}$$

$$x = 110.9\text{mm} > 2a' = 70\text{mm}$$

$$e = \eta e_i + \frac{h}{2} - a = 1.465\times108 + \frac{400}{2} - 35 = 323.22\text{mm}$$

按对称配筋

$$A_s = A'_s = \frac{Ne - \alpha_1 f_c bx(h_0 - x/2)}{f'_y(h_0 - a')}$$

$$= \frac{634.4\times10^3\times323.2 - 14.3\times400\times110.9\times\left(365 - \frac{110.9}{2}\right)}{300\times(365-35)} = 87.6\text{mm}^2$$

$\frac{A_s}{bh} = \frac{A'_s}{bh} = \frac{87.6}{400\times400} = 0.05\% < \rho_{min} = 0.2\%$，故按最小配筋率配筋

$A_s = A'_s = \rho_{min}bh = 0.2\%\times400\times400 = 320\text{mm}^2$

选用 3Φ14，$A_s = A'_s = 461\text{mm}^2$

柱端 A0：

$$e_0 = M/N = \frac{51.1\times10^6}{661.1\times10^3} = 77.3\text{mm}$$

$$e_a = \max(20, 400/30) = 20\text{mm}$$

$$e_i = e_0 + e_a = 77 + 20 = 97\text{mm}$$

$$\zeta_1 = \frac{0.5 f_c A}{N} \leqslant 1.0 \quad 取 1.0$$

$$\zeta_2 = 1.15 - 0.01(l_0/h)^2 \leqslant 1.0 \quad 取 1.0$$

$$\eta = 1 + \frac{1}{1400\, e_i/h_0}\left(\frac{l_0}{h}\right)^2 \zeta_1\zeta_2 = 1.518$$

$\eta e_i = 1.518\times97 = 147\text{mm} > 0.3h_0 = 109.5\text{mm}$　属于大偏心受压

$$x = \frac{N}{\alpha_1 f_c b} = \frac{661.1\times10^3}{14.3\times400} = 115.6\text{mm} \leqslant \xi_b h_0 = 200.75\text{mm}$$

$$x = 115.6\text{mm} > 2a' = 70\text{mm}$$

$$e = \eta e_i + \frac{h}{2} - a = 1.518\times97 + \frac{400}{2} - 35 = 312.2\text{mm}$$

按对称配筋

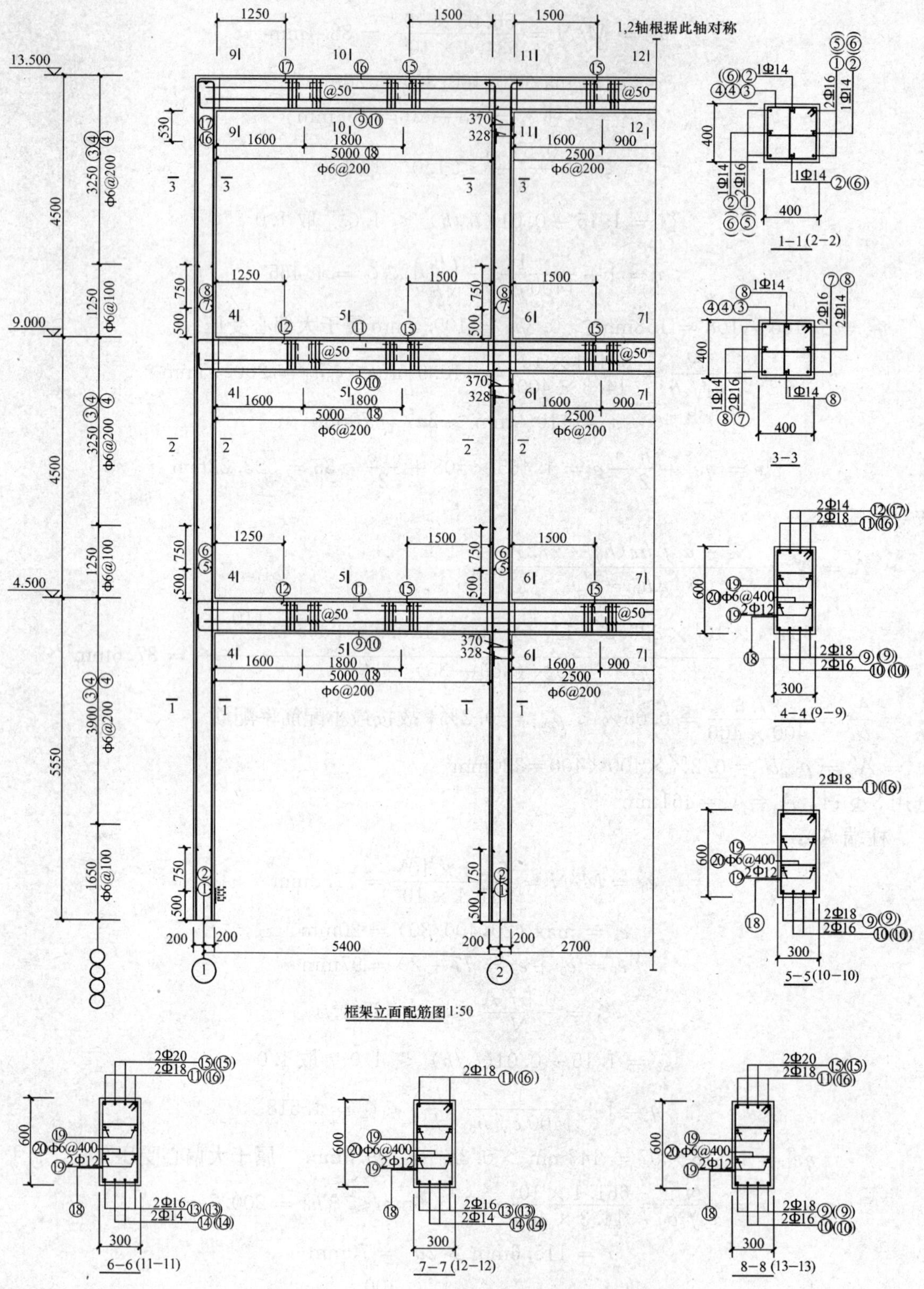

图 5-109 框架梁柱配筋图

$$A_s = A'_s = \frac{Ne - \alpha_1 f_c bx(h_0 - x/2)}{f'_y(h_0 - a')}$$

$$= \frac{661.1\times10^3\times321.2 - 14.3\times400\times115.6\times\left(365-\frac{115.6}{2}\right)}{300\times(365-35)} = 93.1\text{mm}^2$$

$\frac{A_s}{bh} = \frac{93.1}{400\times400} = 0.06\% < 2\%$，故按最小配筋率配筋

$A_s = A'_s = 320\text{mm}^2$，选用 3 Φ 14，$A_s = A'_s = 461\text{mm}^2$

用类似方法，再通过计算 N 最小的工况下，柱的正截面配筋情况进行对比，最后确定柱正截面的实配钢筋。

（2）斜截面计算

$$剪跨比\ \lambda = \frac{H_n}{2h_0} > 3,所以取\ \lambda = 3$$

$$当\ N = 634.4\text{kN} < 0.3f_cA = 0.3\times14.3\times400\times400 = 686.4\text{kN}$$

$$V = \frac{1.75}{\lambda+1}f_t bh_0 + 0.07N = 35.7\text{kN} > V_{max} = 19.3\text{kN}$$

按构造配筋，取井字箍Φ 6@200。

其他梁柱的计算过程从略，图 5-109 所示为用 PKPM 计算绘制的梁柱配筋详图。

思　考　题

1. 框架结构有何特点？适用情况如何？

2. 框架结构有哪几种结构布置方法？每种布置方式有何特点？

3. 如何确定框架的计算简图？

4. 框架结构在竖向荷载作用下的内力计算方法有哪些？各有何特点？

5. 用分层法计算框架在竖向荷载作用下的内力时，采用哪些基本假定？应注意哪些计算要点？

6. 框架结构在水平荷载作用下的内力计算方法有哪些？各有何特点？每一种方法的适用情况如何？

7. 用反弯点法和 D 值法计算水平荷载作用下的内力时，各采用哪些基本假定？试结合基本假定分析两种方法的适用情况。

8. 框架梁、柱的控制截面如何确定？每一处控制截面的最不利内力组合如何确定？

9. 为什么要进行框架结构的侧移验算？如何验算？

10. 对于非抗震设计的钢筋混凝土框架结构，如何设计梁、柱截面？节点应满足哪些构造要求？

11. 地震作用下钢筋混凝土梁、柱、梁柱节点的破坏形态分别有哪些？

12. 如何实现钢筋混凝土延性框架的设计？

13. 影响钢筋混凝土柱延性的主要因素有哪些？

14. 地震区钢筋混凝土梁、柱的设计与非地震区有哪些不同？

15. 何时需进行钢筋混凝土梁柱节点的抗剪承载力计算？

16. 地震区的钢筋混凝土梁、柱和节点的构造与非地震区有哪些不同?
17. 钢框架结构有哪些结构形式?
18. 钢框架的支撑体系有哪些类型?
19. 何谓框架柱计算长度?在实际设计时如何确定?
20. 实腹钢框架梁、柱有哪些主要连接形式?应如何设计?
21. 钢框架梁的拼接有哪些方式?柱的拼接又有哪些方式?
22. 实腹钢框架柱的柱脚有哪些构造形式?如何进行这几类柱脚的设计?

习　　题

1. 已知:某6层钢筋混凝土框架,其轴线尺寸及风荷载设计值如图5-110所示,梁截面尺寸为250mm×800mm;柱截面为600mm×600mm。梁柱混凝土强度等级采用C20。底层柱的反弯点距柱脚 $0.8h_1$(边柱)及 $0.65h_1$(中柱)。

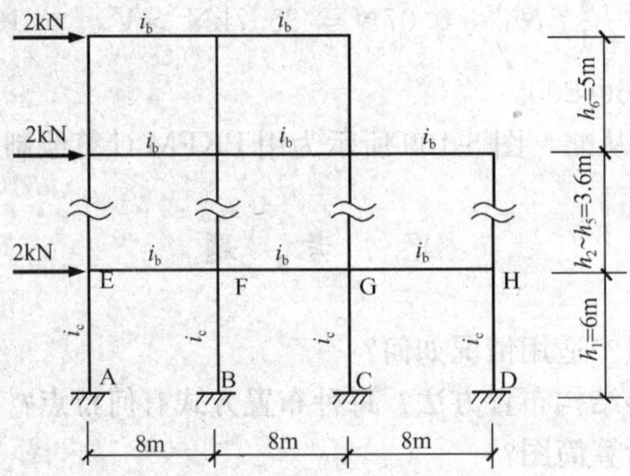

图5-110　习题1图　框架计算简图

要求:假定楼板在自身平面内的刚度无穷大,分别用反弯点法和D值法计算并绘出风荷载作用下底层框架柱的弯矩图。

提示:$D=\alpha\cdot\dfrac{12i_c}{h_c^2}$;刚度修正系数 $\alpha=\dfrac{0.5+\bar{i}}{2+\bar{i}}$,对于边柱 $\bar{i}=i_b/i_c$,对于中柱 $\bar{i}=2i_b/i_c$;钢筋混凝土的弹性模量为 E,惯性矩 $I=bh^3/12$,梁柱线刚度 $i=EI/l$(对于横梁 l 为相邻柱轴线之间的距离,对于柱 l 为层高)。

2. 某学生宿舍欲采用框架结构设计,其建筑平面图和剖面图如图5-111、图5-112所示。建设地点位于某城市郊区,底层为食堂,屋高5.0m,2~6层为学生宿舍,层高4.2m,室内外高差为0.6m。基本风压 $w_0=0.30\text{kN/m}^2$,基本雪压 $s_0=0.25\text{kN/m}^2$。试设计其中一榀框架。不考虑抗震设防。

其他设计条件如下:

(1)楼面和屋面采用现浇钢筋混凝土肋形楼盖结构,板厚120mm;

(2)屋面采用柔性防水,屋面构造层的恒载标准值为 3.24kN/m^2;屋面为上人屋面,活荷载标准值为 2.0kN/m^2;

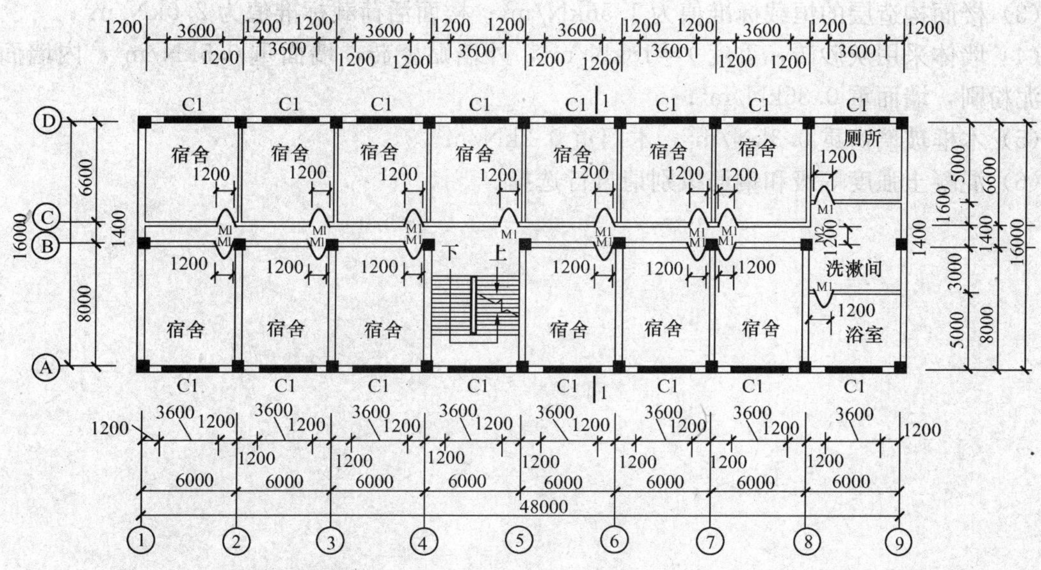

图 5-111　习题 2-1 图　标准层建筑平面布置图

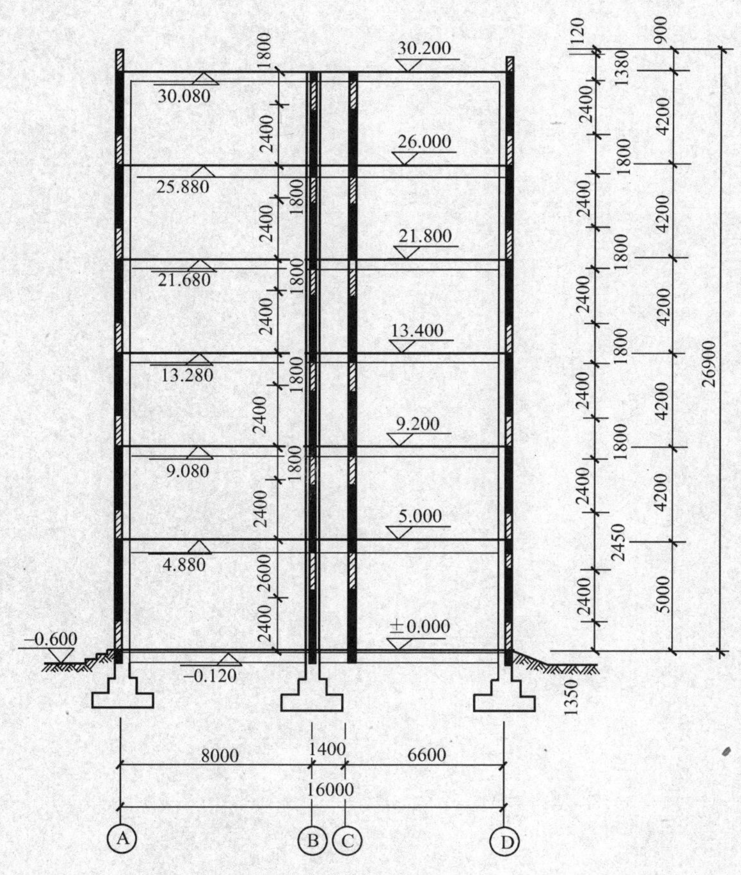

图 5-112　习题 2-2 图　1-1 剖面图

（3）楼面构造层的恒载标准值为 $1.56kN/m^2$；楼面活荷载标准值为 $2.0kN/m^2$；

（4）墙体采用灰砂砖，重度 $\gamma=18kN/m^3$，外墙贴瓷砖，墙面重 $0.5kN/m^2$，内墙面采用水泥粉刷，墙面重 $0.36kN/m^2$；

（5）木框玻璃窗重 $0.3kN/m^2$，木门重 $0.2kN/m^2$；

（6）混凝土强度等级和钢筋级别请自行选择。

第六章　混合结构房屋设计

在房屋结构中，当屋盖、楼盖等水平结构构件采用钢筋混凝土或木材，而墙、柱等竖向结构构件采用砌体材料，基础也采用砌体材料，即主要承重构件由不同的材料组成，这类房屋通常称为混合结构房屋。

本章主要介绍砌体材料的力学性能，砌体构件的计算，混合结构房屋的结构布置、结构分析方法以及过梁、墙梁、挑梁等水平构件的设计和砌体房屋的构造要求，重点讲述混合结构房屋的静力计算方法。

第一节　砌体材料的力学性能及构件承载力计算

在混合结构房屋中，竖向结构体系采用砌体结构构件，水平结构体系一般采用钢筋混凝土结构构件。砌体是混合结构房屋中垂直方向的主要承重结构。本节主要讨论砌体材料的力学性能及砌体构件的承载力计算。

一、砌体材料的力学性能

(一) 块体和砂浆

砌体由块体和砌筑砂浆构成，了解块体和砂浆的性能，将有助于理解和掌握各类砌体的基本性能。

1. 块体

建筑工程中目前常用的块体有烧结普通砖、烧结多孔砖，蒸压粉煤灰砖、蒸压灰砂砖，混凝土和轻骨料混凝土空心砌块，料石、毛石等。

抗压强度是块体力学性能的基本指标，《砌体结构设计规范》(以下简称《砌体规范》)是按标准试验方法得到的，以 MPa 表示的块体极限抗压强度平均值作为该类块材的强度等级。砖的极限应变很小，属于脆性材料，它的弹性模量为$(2\sim3)\times10^3$MPa，泊松比约为0.03～0.1。目前，常用的烧结普通砖和烧结多孔砖的外形尺寸见图 6-1。

烧结普通砖、烧结多孔砖等的强度等级分为五级：MU30、MU25、MU20、MU15和MU10。

蒸压粉煤灰砖、蒸压灰砂砖的强度等级分为四级：MU25，MU20，MU15 和 MU10。

混凝土空心砌块的强度等级分为五级：MU20，MU15，MU10，MU7.5 和 MU5。

混凝土小型空心砌块外形尺寸见图 6-2。

砌块强度等级的划分是根据单块砌块的破坏荷载，按毛截面积计算的抗压强度确定的。

确定蒸压粉煤灰砖和掺有 15%以上粉煤灰混凝土砌块的强度等级时，其抗压强度应乘以自然炭化系数，当无自然炭化系数时，可取人工炭化系数的 1.15 倍。

天然石材按表观密度大小可分重石与轻石两种。表观密度大于 $18kN/m^3$ 者为重石，表观密度低于 $18kN/m^3$ 者为轻石。石材的强度等级分为七级：MU100、MU80、MU60、MU50、MU40、MU30 和 MU20。

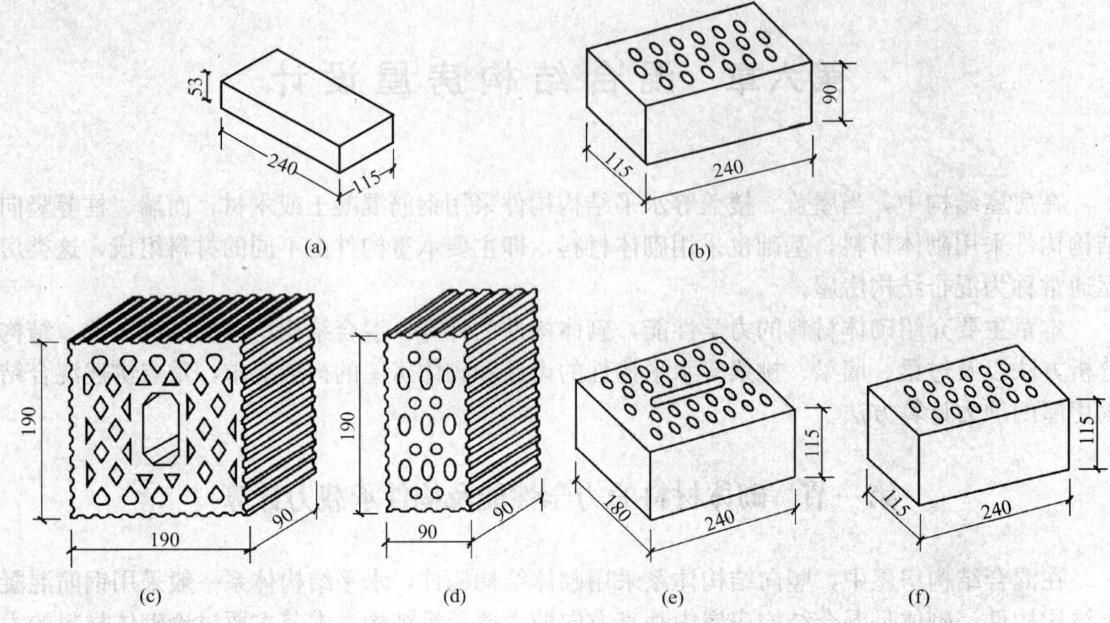

图 6-1 烧结普通砖和烧结多孔砖

(a) 烧结普通砖（标准砖）；(b) KP1 型砖；(c) KM1 型砖；

(d) KM1 型配砖；(e) KP2 型砖 ；(f) KP2 型配砖

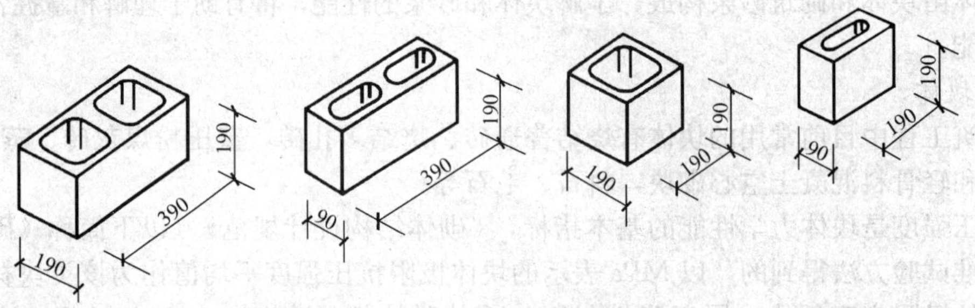

图 6-2 混凝土小型空心砌块

石材强度等级的划分，是根据标准试验方法（即采用边长为 70mm 的立方试块作为标准试块）测得的抗压强度确定的。

2. 砂浆

砂浆在砌体中的作用是将单个块体粘连成整体，垫平块体的上、下表面，使块体的应力分布较为均匀，并填满块材间隙，以提高砌体的防风、防水、保温等围护功能。目前常用的砂浆按成分可分为：无塑性掺合料的纯水泥砂浆、有塑性掺合料（石灰浆或黏土浆）的混合砂浆及不含水泥的石灰砂浆、黏土砂浆和石膏砂浆等非水泥砂浆。

砂浆的强度等级是用龄期 28d 的标准立方试块（70.7mm×70.7mm×70.7mm）采用同类块体为砂浆试块的底模，以 MPa 为单位的抗压强度来划分的。砂浆的强度等级分为五级：M15、M10、M7.5、M5、和 M2.5。

当验算施工阶段砂浆尚未硬化的新砌体强度时，砂浆强度按 0 考虑。

砂浆的变形性能与其强度有很大关系，砂浆强度愈高变形愈小。砂浆弹性模量比砖的弹性模量小很多，具有很大的塑性，其横向变形比砖大，故对砌体的强度有不利影响。

（二）砌体的种类

砌体是由砖或块体用砂浆砌筑而成的整体。砌体中的块体在砌筑时都必须上下错缝，才能使砌体较均匀地承受外力作用，主要是压力，否则重合的灰缝将使砌体分割成彼此间无联系的几个部分，因而不能很好地承受外力作用，同时将会削弱甚至破坏建筑物的整体性。砌体的种类主要由所用的块体决定，根据块材的类别将砌体分为以下几类。

1. 砖砌体

当使用普通烧结砖或烧结多孔砖砌筑时，可砌成 240mm、370mm、490mm、620mm、740mm、870mm、990mm 等厚度。在特殊情况下，还可侧砌形成 180mm、300mm、420mm 等厚度。

砖砌体的砌筑方法一般有一顺一丁、梅花丁、三顺一丁等多种砌法（见图 6-3）。试验结果表明，如用同样强度等级的砖和砂浆砌成的砌体，上述几种砌法的砌体抗压强度没有明显的差异。但如果顺砖层数超过五层，则砌体在压力较大时将可能沿纵向竖缝开裂，并过早丧失稳定，从而使砌体的抗压强度明显降低。

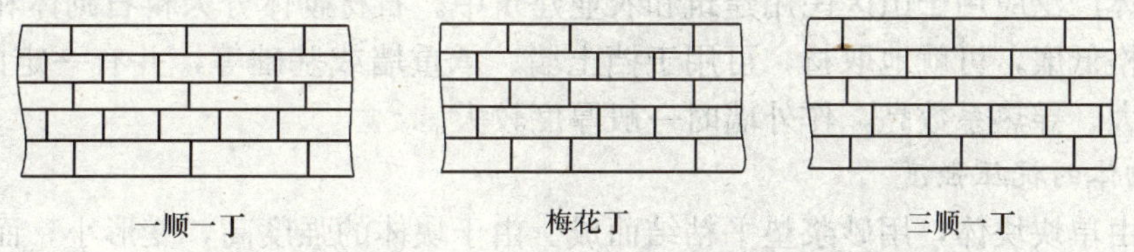

一顺一丁　　梅花丁　　三顺一丁

图 6-3　砖砌体的砌筑方法

若将部分或全部砖立砌并留有空斗，即可形成空斗墙砌体。空斗墙砌体的砌筑方法有一眠一斗、一眠多斗或无眠空斗等几种方式。这种砌体虽有自重轻、节约块材和砂浆以及造价较低等优点，但抗剪能力、耐久性能较差，且施工速度慢，人工用量较大，应用受到限制。

2. 砌块砌体

砌块砌体多用于民用房屋及工业厂房的墙体。由于砌块重量较大，故必须用吊装机具，以提高施工机械化水平和加快施工进度。在确定砌块的规格尺寸和型号时，既要考虑起重能力，又要与房屋的建筑设计相协调，以使砌块类型不致过多。

目前国内使用的实心砌块高度一般在 40～150mm 之间。在一些住宅、学校及小型工业建筑中，广泛采用的硅酸盐砌块的规格有：880mm×380mm×190mm、580mm×380mm×190mm、430mm×380mm×190mm、280mm×380mm×190mm 四种。

目前国内采用较普遍的混凝土小型空心砌块如图 6-2 所示。可利用不同组合建造多种常用建筑墙体（图 6-4）。有时为了隔热，也可在孔洞内填以密度小的隔热材料。这种砌体的特点是强度较高、壁薄、孔洞率较高，可采用机械化加工，在加快建设速度、减轻劳动量和提高劳动生产率、减轻结构自重、降低造价等方面都具有较好的技术经济效果。采用砌块砌体是墙体改革的一项重要措施和途径。

3. 配筋砌体和组合砌体

在砖砌体中配置一定数量的钢筋就形成配筋砖砌体。当需要在砖砌体截面尺寸和原材料

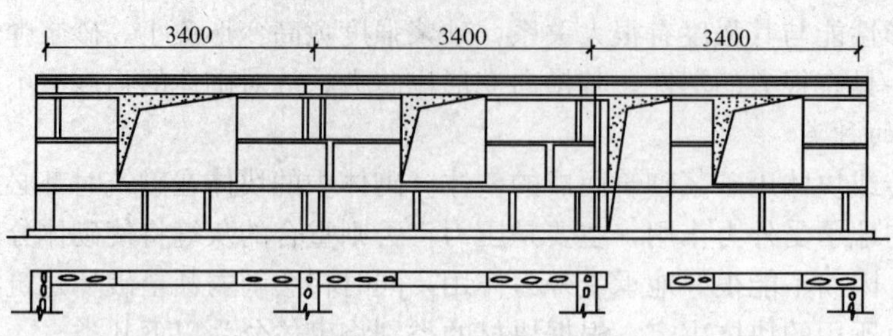

图 6-4 砌块砌体

不变的前提下提高砌体的抗压强度时，可在水平灰缝中每隔几皮砖放置一层钢筋网，称为横向配筋砖砌体或网状配筋砖砌体。在大偏心受压构件中，有时为了有效地提高砌体的承载能力，可在竖向灰缝内或在垂直于弯矩作用方向的两个侧面预留的竖向凹槽内，配置纵向钢筋和浇筑混凝土，形成组合砌体构件。由混凝土构造柱与圈梁形成约束边框使其中的砖砌体与构造柱和圈梁组成一个整体受力构件，称为砖砌体与混凝土构造柱组合墙。

在砌块砌体中配置钢筋就形成配筋砌块砌体，此部分内容将在后面详述。

4. 石砌体

石材砌体广泛应用于山区民用建筑和农业建筑中。石材砌体分为料石砌体和毛石砌体两类。石材价格低廉，可就地取材，可用于挡土墙、承重墙或基础等，并有一定的装饰作用。石砌体自重大、导热系数高，作外墙时一般厚度较大。

（三）砌体的抗压强度

砌体是由单块块体，用砂浆垫平粘结而成。由于块体的强度高，变形小，而砂浆的变形大，强度低，砌筑时水平灰缝较饱满，竖向灰缝饱满度很差，因而砌体的受压工作与匀质的整体结构构件有很大差别。由于砂浆形成的灰缝厚度和密实性的不均匀，以及块体和砂浆的相互作用等原因，使块体的抗压强度不能充分发挥，即砌体的抗压强度将低于块体的抗压强度。为了正确地了解砌体的受压工作性能，通常通过普通烧结砖砌体的轴心抗压试验，研究荷载作用下砌体的破坏特征并分析砌体破坏前砌体内单块砖的应力状态。

1. 砖砌体的抗压试验研究

根据国内对 240mm×370mm×1000mm 的砖砌体在轴心压力下的试验研究和对房屋破坏时的观察，砖砌体的受压破坏可分为三个阶段。

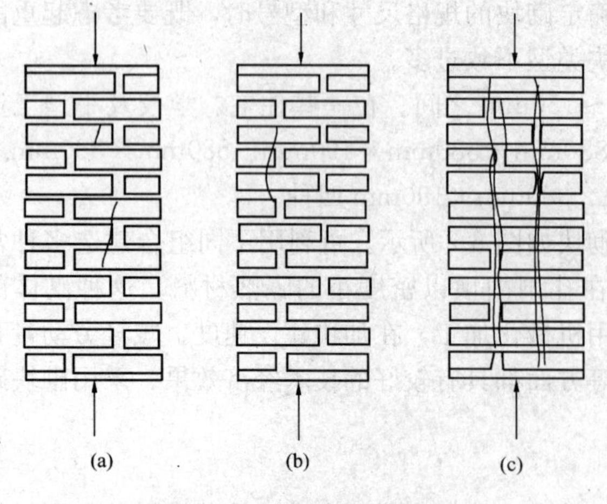

图 6-5 砖砌体抗压试验

第一阶段，砖柱从开始加载到个别砖出现第一批裂缝。其特征是裂缝在单块砖内出现，如图 6-5（a）所示，当荷载不增加，裂缝不扩大。出现第一批裂缝的荷载与砖和砂浆的质量有关，约为破坏荷载的 50%～70%。

第二阶段，当荷载继续增加，裂缝不断扩展。其特征是单块砖内的裂缝已经形成穿过若干皮砖的连续裂缝，即使荷载不再增加，裂缝仍继续扩展，如图 6-5（b）

所示。这时的荷载约为破坏荷载的80%～90%，相当于长期荷载作用下的破坏荷载。

第三阶段，砖柱完全破坏的瞬间为第三阶段。其特征是继续增加荷载，裂缝急剧扩展，并连成几条贯通的裂缝，如图6-5（c）所示。砖柱已被分成若干独立小柱，小柱侧向突出，其中某些部分被压碎，这时砖柱由于丧失承载能力而破坏。

2. 砖砌体受压应力状态的分析

由于每块砖的外形不可能十分规则，加之所铺砂浆的厚度和成分不可能非常均匀，水平灰缝的饱满度往往也不太高，因此每块砖在砌体内相当于支承在既不均匀又不饱满的垫层上。当砌体承受轴心压力时，每块砖在砌体中不能均匀受压，而是处在压、弯、剪和局部受压等复合受力状态下，如图6-6所示。由于砖的厚度小，又是脆性材料，它的抗弯、抗剪能力差，因此砌体最初的裂缝是由于单块砖的受弯和受剪破坏引起的。

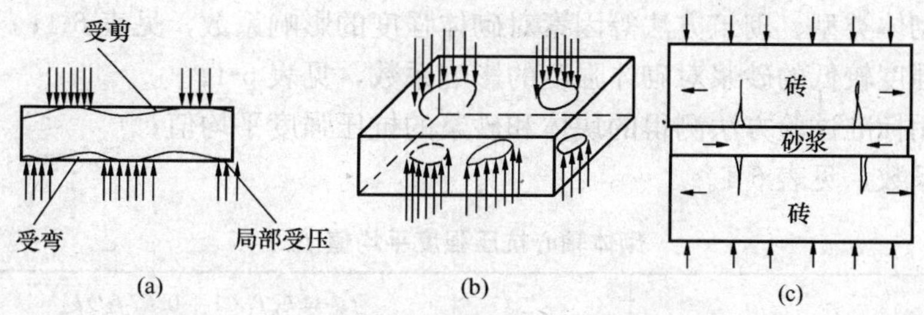

图6-6　砌体中单块砖的受力状态

单块砖在砌体内除了有受弯、受剪作用外还有受拉作用，这是因为砌体受压时要产生横向变形，当砖的强度等级较高而砂浆的强度等级较低时，由于砂浆的弹性模量和剪切模量都比砖小，故砂浆在压力作用下的自由横向变形比砖大，在砖与砂浆之间由于粘结力与摩擦力的影响，砖将阻止砂浆的横向变形，砂浆受到横向压力，砖受到横向拉力，如图6-6（c）所示。这便是砖在较低压力下提早开裂的原因。

另外，因砌体的竖向灰缝不饱满，同时竖向灰缝内砂浆和砖的粘结力也不能保证砌体的整体性，因此，在竖向灰缝上的砖内将发生横向拉力和剪应力的集中，从而加快砖的开裂，引起砌体强度的降低。

3. 影响砌体抗压强度的因素

由各类砌体的试验结果及上面的分析可知，砌体的抗压强度主要取决于块体的强度。但试验结果表明，块体的抗弯强度较低时，砌体的抗压强度也较低，由此可见，块体的抗弯强度对砌体的抗压强度起很大作用。

块体的高度越高，抗弯能力越强，砌体的抗压强度提高越多。这是因为，块体的高度越高，弯矩和剪力在块体中引起的拉应力就越小，加之水平灰缝数量减少，块体受弯、剪、拉等不利的受力状态也相应减少，从而使砌体抗压强度得到相应的提高。但事实上，块体的高度要根据建筑尺寸、施工条件来确定，不能无限制地增加。随着块体高度加大，长度一般也相应增加，竖向灰缝数量随之减少，对提高砌体强度有利；但往往随着长度的增加，弯、剪等不利因素亦增加，反而对提高砌体强度不利。

块体的外形规则使块体内附加弯矩和剪力的影响相对较小，从而使砌体强度相对提高。

砂浆强度等级越高，块体在砌体中受砂浆横向变形的不利影响越小，故砌体强度相对较高。

砂浆的和易性与保水性对施工质量影响很大。砂浆的和易性与保水性越好，铺砌厚度越均匀，灰缝饱满度越高，块体在砌体内的受力就越均匀，抗压强度也就相应提高；由于纯水泥砂浆的和易性较差，因此《砌体规范》规定用纯水泥砂浆砌筑的砌体，其抗压强度应适当折减（一般可考虑10%～20%）。

4. 砌体抗压强度的标准值与设计值

（1）砌体轴心抗压强度平均值。近年来，我国对各类砌体的抗压强度做了较为广泛的系统试验，通过大量试验结果的分析，并考虑到影响砌体抗压强度的主要因素（如块体与砂浆的强度等级、砌体类型、块材高度等），《砌体规范》给出了物理概念明确，各类砌体都适用的、较为接近国际标准的抗压强度平均值 f_m 的通用表达式

$$f_m = k_1 f_1^{\alpha}(1 + 0.07 f_2)k_2 \tag{6-1}$$

式中 k_1——砌体类型、砌筑方法等因素对砌体强度的影响系数，见表6-1；

k_2——强度较低的砂浆对砌体强度的影响系数，见表6-1；

f_1、f_2——用标准试验方法测得的块体和砂浆的抗压强度平均值；

α——系数，见表6-1。

表6-1 砌体轴心抗压强度平均值 f_m

砌体种类	$f_m = k_1 f_1^{\alpha}(1 + 0.07 f_2)k_2$		
	k_1	α	k_2
烧结普通砖、烧结多孔砖、蒸压灰砂砖、蒸压粉煤灰砖	0.78	0.5	当 $f_2<1$ 时，$k_2=0.6+0.4f_2$
混凝土砌块	0.46	0.9	当 $f_2=0$ 时，$k_2=0.8$
毛料石	0.79	0.5	当 $f_2<1$ 时，$k_2=0.6+0.4f_2$
毛石	0.22	0.5	当 $f_2<2.5$ 时，$k_2=0.4+0.24f_2$

注 1. k_2 在表列条件以外时均等于1；

2. 式中 f_1 为块体的抗压强度等级值或平均值，f_2 为砂浆抗压强度平均值；

3. 混凝土砌块砌体的轴心抗压强度平均值，当 $f_2>10$MPa时，应乘以系数 $1.1-0.01f_2$，MU20的砌体应乘以系数0.95，且满足 $f_1 \geqslant f_2$，$f_1 \leqslant 20$MPa。

由式（6-1）可见，块体的抗压强度 f_1 是影响砌体轴心抗压强度的主要因素，而砂浆强度 f_2 对砌体虽然也有影响，但影响程度要小得多。因此，只要把块体和砂浆用标准试验方法求得的平均抗压强度 f_1、f_2 和表6-1的系数 k_1、k_2、α 代入式（6-1），即求得各类砌体的轴心抗压强度平均值。

（2）砌体轴心抗压强度的标准值。各类砌体抗压强度的标准值 f_k，统一规定取其抗压强度平均值 f_m 的概率密度分布函数0.05的分位值，即其保证率为95%。这意味着强度标准值是一个可能出现的偏低强度值。按照《设计统一标准》的要求，强度标准值 f_k 与强度平均值 f_m 的关系为

$$f_k = f_m(1 - 1.645\delta_f) \tag{6-2}$$

式中 δ_f——各类砌体的抗压强度变异系数，见表6-2。

表 6-2 砌体强度变异系数 δ_f

砌体类别	砌体抗压强度	砌体抗拉、抗弯、抗剪强度
烧结普通砖	0.17	0.20
混凝土小型砌块		
毛料石		
毛 石	0.4	0.26

除毛石外，各类砌体的抗压强度标准值由下式确定

$$f_k = 0.72 f_m \tag{6-3}$$

将式（6-1）求得的块体与砂浆强度等级不同的各类砌体的抗压强度平均值代入式(6-3)，即求得该种砌体的抗压强度标准值。

（3）砌体轴心抗压强度的设计值。除毛石砌体外，各类砌体的抗压强度设计值 f 可由下式求得

$$f = f_k / \gamma_f \tag{6-4}$$

式中 γ_f——砌体结构的材料性能分项系数，对各类砌体和各种强度，当施工控制等级为B级时，取 $\gamma_f = 1.6$；当为C级时，取 $\gamma_f = 1.8$。

当施工控制等级按B级考虑时

$$f = f_k / 1.6 = 0.625 f_m \tag{6-5}$$

根据上式求出的各类砌体抗压强度设计值见表 6-3～表 6-8。

表 6-3 烧结普通砖和烧结多孔砖砌体的抗压强度设计值 MPa

砖强度等级	砂浆强度等级					砂浆强度
	M15	M10	M7.5	M5	M2.5	0
MU30	3.94	3.27	2.93	2.59	2.26	1.15
MU25	3.60	2.98	2.68	2.37	2.06	1.05
MU20	3.22	2.67	2.39	2.12	1.84	0.94
MU15	2.79	2.31	2.07	1.83	1.60	0.82
MU10	—	1.89	1.69	1.50	1.30	0.67

表 6-4 蒸压灰砂砖和蒸压粉煤灰砖砌体的抗压强度设计值 MPa

砖强度等级	砂浆强度等级				砂浆强度
	M15	M10	M7.5	M5	0
MU25	3.60	2.98	2.68	2.37	1.05
MU20	3.22	2.67	2.39	2.12	0.94
MU15	2.79	2.31	2.07	1.83	0.82
MU10	—	1.89	1.69	1.50	0.67

表 6-5　单排孔混凝土和轻集料混凝土砌块砌体的抗压强度设计值　MPa

砌块强度等级	砂浆强度等级				砂浆强度
	Mb15	Mb10	Mb7.5	Mb5	0
MU20	5.68	4.95	4.44	3.94	2.33
MU15	4.61	4.02	3.61	3.20	1.89
MU10	—	2.79	2.50	2.22	1.31
MU7.5	—	—	1.93	1.71	1.01
MU5	—	—	—	1.19	0.70

注　1. 对错孔砌筑的砌体，应按表中数值乘以 0.8；

2. 对独立柱或厚度为双排组砌的砌块砌体，应按表中数值乘以 0.7；

3. 对 T 形截面砌体，应按表中数值乘以 0.85；

4. 表中轻集料混凝土砌块为煤矸石和水泥煤渣混凝土砌块。

表 6-6　孔洞率不大于 35%的轻集料混凝土砌块砌体的抗压强度设计值　MPa

砌块强度等级	砂浆强度等级			砂浆强度
	Mb10	Mb7.5	Mb5	0
MU10	3.08	2.76	2.45	1.44
MU7.5	—	2.13	1.88	1.12
MU5	—	—	1.31	0.78

表 6-7　毛料石砌体的抗压强度设计值　MPa

毛料石强度等级	砂浆强度等级			砂浆强度
	M7.5	M5	M2.5	0
MU100	5.42	4.80	4.18	2.13
MU80	4.85	4.29	3.73	1.91
MU60	4.20	3.71	3.23	1.65
MU50	3.83	3.39	2.95	1.51
MU40	3.43	3.04	2.64	1.35
MU30	2.97	2.63	2.29	1.17
MU20	2.42	2.15	1.87	0.95

注　对下列各类料石砌体，应按表中数值分别乘以系数：

细料石砌体　1.5

半细料石砌体　1.3

粗料石砌体　1.2

干砌勾缝石砌体　0.8

表 6-8　毛石砌体的抗压强度设计值　MPa

毛石强度等级	砂浆强度等级			砂浆强度
	M7.5	M5	M2.5	0
MU100	1.27	1.12	0.98	0.34
MU80	1.13	1.00	0.87	0.30
MU60	0.98	0.87	0.76	0.26
MU50	0.90	0.80	0.69	0.23
MU40	0.80	0.71	0.62	0.21
MU30	0.69	0.61	0.53	0.18
MU20	0.56	0.51	0.44	0.15

（四）砌体抗拉、抗弯和抗剪强度的标准值与设计值

砌体大多用来承受压力，以充分利用其抗压性能；但也有用于受拉、受弯、受剪的情况，比如圆形水池的池壁上存在拉力，挡土墙受到土侧压力形成的弯矩作用，砌体过梁在自

重和楼面荷载作用下受到的弯、剪作用，拱支座处的剪力作用等。

试验表明，砌体在轴心受拉［见图 6-7（a)］、受弯［见图 6-7（b)］和受剪［见图 6-7（c)］时的破坏，一般发生在砂浆和块体的结合面上。因此，砌体的受拉、弯、剪强度将主要取决于灰缝与块体的粘结强度，即取决于砂浆本身的强度。从破坏形态上看，则由于受力方向不同，有沿通缝截面、沿齿缝截面、沿竖向灰缝和块体截面破坏的三种情况。当砌体的块体强度等级较低，而砂浆强度等级较高时，则可能产生沿竖向灰缝和块体的破坏，这时砌体的强度只取决于块体的强度，而与砂浆无关，因《砌体规范》中给出的块体之强度比砂浆的强度高，从而避免了这种破坏的发生。

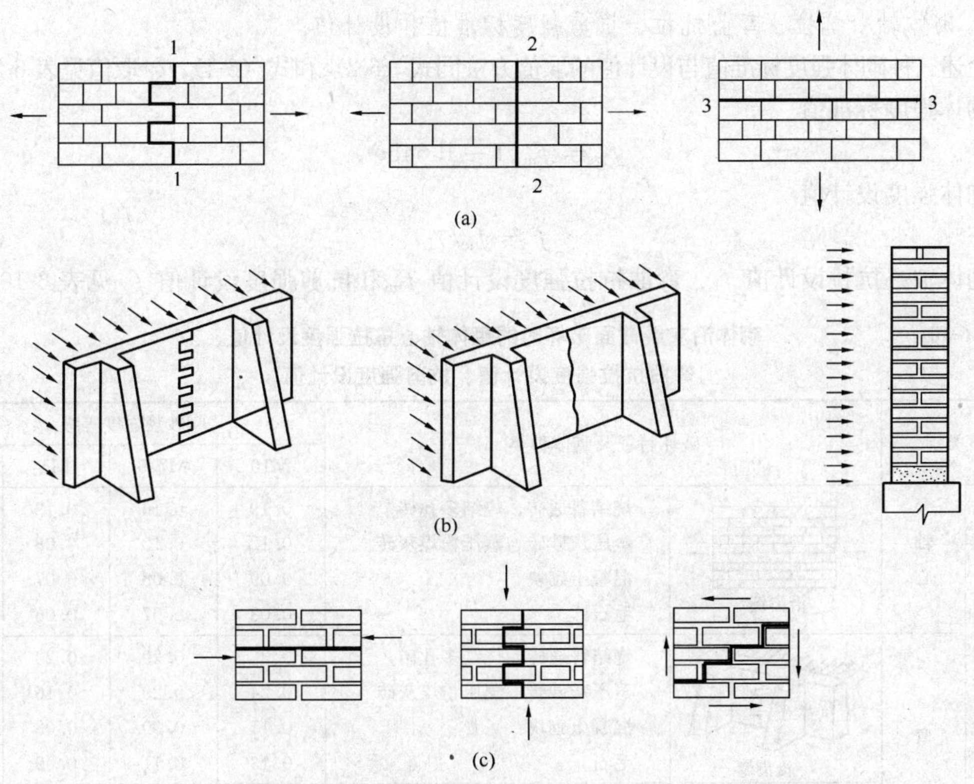

图 6-7 砌体轴心受拉 、弯曲受拉、受剪破坏形态

（a）砌体轴心受拉破坏；（b）砌体弯曲受拉破坏；（c）砌体受剪破坏

1. 砌体轴心抗拉、抗弯及抗剪强度平均值

国内做过大量普通砖砌体的抗拉、抗弯、抗剪试验，其他各类砌体沿水平通缝抗剪的试验资料也比较多，但轴心抗拉和弯曲抗拉的试验数据较少。鉴于这三种破坏都直接与灰缝砂浆的粘结力有关，故可以借助普通砖砌体沿灰缝破坏的轴心抗拉、弯曲抗拉与抗剪强度的比值，来确定其他各类砌体沿灰缝破坏的抗拉、抗弯强度，并予以适当降低。

各类砌体沿灰缝破坏的轴心抗拉、弯曲抗拉和抗剪强度平均值，分别用 $f_{t,m}$、$f_{tm,m}$、$f_{v,m}$表示

$$f_{t,m} = k_3\sqrt{f_2} \tag{6-6}$$

$$f_{tm,m} = k_4\sqrt{f_2} \tag{6-7}$$

$$f_{\mathrm{v,m}} = k_5\sqrt{f_2} \tag{6-8}$$

式中 k_3、k_4、k_5——系数，取值见表 6-9。

表 6-9　系数 k_3、k_4、k_5

砌体种类	k_3	k_4		k_5
		沿齿缝	沿通缝	
烧结普通砖、烧结多孔砖	0.141	0.250	0.125	0.125
蒸压灰砂砖、蒸压粉煤灰砖	0.09	0.18	0.09	0.09
混凝土砌块	0.069	0.081	0.056	0.069
毛石	0.075	0.113	—	0.188

2. 砌体轴心抗拉、弯曲抗拉、抗剪强度标准值和设计值

上述三种砌体强度标准值与设计值的取值方法同式（6-2）和式（6-4），δ_{f} 取值见表 6-2。

砌体强度标准值

$$f_{\mathrm{k}} = f_{\mathrm{m}}(1 - 1.645\delta_{\mathrm{f}}) \tag{6-9}$$

砌体强度设计值

$$f = f_{\mathrm{k}}/\gamma_{\mathrm{f}} \tag{6-10}$$

砌体轴心抗拉设计值 f_{t}、弯曲抗拉强度设计值 f_{tm}和抗剪强度设计值 f_{v} 见表 6-10。

表 6-10　砌体沿灰缝截面破坏时的砌体轴心抗拉强度设计值、弯曲抗拉强度设计值、抗剪强度设计值

强度类别		破坏特征	砌体种类	砂浆强度等级 M10	M7.5	M5	M2.5
抗拉	轴心	沿齿缝	烧结普通砖、烧结多孔砖	0.19	0.16	0.13	0.09
			蒸压灰砂砖、蒸压粉煤灰砖	0.12	0.10	0.08	0.06
			混凝土砌块	0.09	0.08	0.07	—
			毛石	0.08	0.07	0.06	0.04
	弯曲	沿齿缝	烧结普通砖、烧结多孔砖	0.33	0.29	0.23	0.17
			蒸压灰砂砖、蒸压粉煤灰砖	0.24	0.20	0.16	0.12
			混凝土砌块	0.11	0.09	0.08	—
			毛石	0.13	0.11	0.09	0.07
		沿通缝	烧结普通砖、烧结多孔砖	0.17	0.14	0.11	0.08
			蒸压灰砂砖、蒸压粉煤灰砖	0.12	0.10	0.08	0.06
			混凝土砌块	0.08	0.06	0.05	—
抗剪			烧结普通砖、烧结多孔砖	0.17	0.14	0.11	0.08
			蒸压灰砂砖、蒸压粉煤灰砖	0.12	0.10	0.08	0.06
			混凝土和轻骨料混凝土砌块	0.09	0.08	0.06	—
			毛石	0.21	0.19	0.16	0.11

注　在某些特定情况下，表中强度值可作适当调整。详见《砌体规范》3.2.2。

（五）砌体强度设计值的调整

应当注意，砌体强度设计值在某些情况下需要进行调整。例如，受吊车动力荷载影响以及受力复杂的砌体，要适当考虑承载能力的降低；截面面积较小的无筋砌体及网状配筋砌体，由于局部破损或缺陷对承载力影响较大，也要考虑承载能力的降低；房屋中的砌体进行

施工阶段验算时，可考虑适当放宽安全度的限制。《砌体规范》规定，下列情况的各类砌体强度设计值应乘以调整系数 γ_a。

(1) 有吊车房屋，跨度不小于 9m 的梁下烧结普通砖，跨度不小于 7.5m 的梁下烧结多孔砖、蒸压灰砂砖、蒸压粉煤灰砖砌体、混凝土和轻骨料混凝土砌块砌体，取 $\gamma_a=0.9$。

(2) 对无筋砌体，当构件截面面积 A 小于 0.3m^2 时，$\gamma_a=A+0.7$；对配筋砌体构件，当其中砌体截面面积 A 小于 0.2m^2 时，$\gamma_a=A+0.8$。截面面积 A 以 m^2 计。

(3) 各类砌体，当用水泥砂浆砌筑时，对于抗压强度设计值，$\gamma_a=0.9$；对于抗拉、抗弯、抗剪强度设计值，$\gamma_a=0.8$。

(4) 当施工控制质量为 C 级（配筋砌体不允许采用 C 级）时，$\gamma_a=0.89$。

(5) 当验算施工中房屋的构件时，破坏概率则可适当放大，故取 $\gamma_a=1.1$。

(六) 砌体的变形模量及其他性能

1. 砌体的变形模量

通过各类无筋砌体轴心受压试验发现，各类砌体的应力应变曲线虽不完全相同，但从总的趋势看，都具有混凝土应力—应变曲线的特点。图 6-8 所示为几组砖砌体的应力—应变曲线。从图中可见，当应力较小时，可以近似地认为砌体具有弹性性质，随着应力的增大，其应变增长速度逐渐加快，表现出越来越明显的非线性性质。

根据应力与应变取值的不同，砌体的变形模量一般有三种表示方法。见图 6-9。

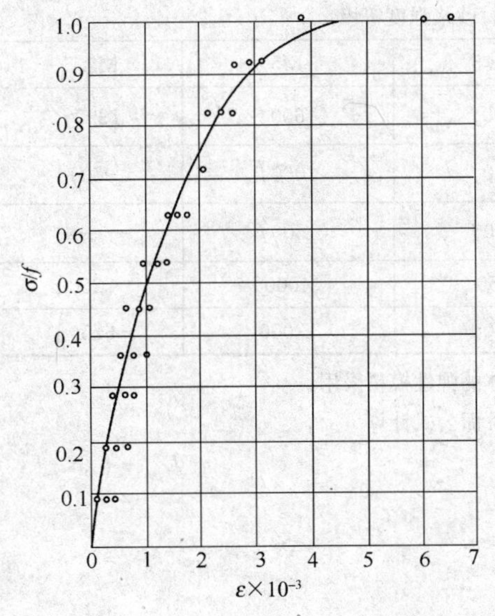

图 6-8　砖砌体应力应变曲线

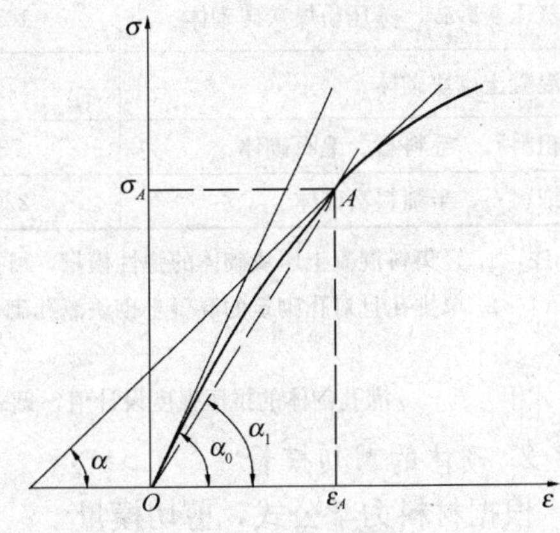

图 6-9　砌体模量

(1) 初始弹性模量（原点弹性模量）。在应力—应变曲线的原点作曲线的切线，该切线的斜率即为原点弹性模量。

$$E_0=\tan\alpha_0 \tag{6-11}$$

式中　α_0——砌体压应力—应变曲线上原点的切线与横坐标的夹角。

(2) 割线模量。在应力应变曲线上自原点至某一点 A（应力为 σ_A）作割线，割线的正切值即为割线模量。

$$E_s = \sigma_A / \varepsilon_A = \tan\alpha_1 \quad (6\text{-}12)$$

式中 α_1——A 点处的割线与横坐标的夹角。

(3) 切线模量。通过应力—应变曲线上某点 A 作曲线的切线，A 点处的应力增量与应变增量之比即为相应于 σ_A 的切线模量。

$$E_t = d\sigma_A / d\varepsilon_A = \tan\alpha \quad (6\text{-}13)$$

式中 α——A 点处的切线与横坐标的夹角。

当砌体受压后，由于塑性变形的发展，砌体割线模量及切线模量是变量，它们随应力的增大而减小；工程设计中，需要既能反映砌体的受力性能而取值标准又明确的弹性模量，显然应力越小，E 值越能反映砌体的弹性性能。《砌体规范》规定，取应力为 $0.43f_m$ 时的砌体割线模量作为砌体的弹性模量 E，满足工程设计要求。

各类砌体的弹性模量取值见表 6-11，表中的 f 为砌体的轴心抗压强度设计值。从表中可以看出，混凝土砌块砌体、粗料石、细料石砌体的弹性模量要高些，而蒸压粉煤灰砖、蒸压灰砂砖的弹性模量比普通砖砌体的弹性模量低。一般，砌体的强度越高，弹性模量越高；灰缝越多，砌体的弹性模量越低；砂浆强度等级越低，弹性模量越低。由于石材的弹性模量和强度比砂浆的弹性模量和强度高得多，而砌体的受压变形主要取决于水平灰缝内砂浆的变形，因此对于石砌体，可仅按砂浆强度等级来确定其弹性模量。

表 6-11 **砌体的弹性模量 E** MPa

砌 体 类 别	砂浆强度等级			
	≥M10	M7.5	M5	M2.5
烧结普通砖、烧结多孔砖砌体	$1600f$	$1600f$	$1600f$	$1390f$
蒸压灰砂砖、蒸压粉煤灰砖砌体	$1060f$	$1060f$	$1060f$	$960f$
混凝土砌块砌体	$1700f$	$1600f$	$1500f$	—
粗料石、毛料石、毛石砌体	7300	5650	4000	2250
细料石、半细料石砌体	22000	17000	12000	6750

注 1. 轻集料混凝土压块砌体的弹性模量，可按表中混凝土砌块砌体的弹性模量采用；

2. 单排孔且对孔砌筑的混凝土砌块灌孔砌体的弹性模量，应按下面公式计算

$$E = 1700 f_g$$

式中 f_g——灌孔砌体的抗压强度设计值，见式 (6-73)。

2. 砌体的剪切模量

根据材料力学公式，剪切模量

$$G = \frac{E}{2(1+\nu)} \quad (6\text{-}14)$$

式中 ν——泊桑比。

根据国内外的试验资料，砖砌体的泊桑比为 0.1～0.2，平均值可取 0.15，砌块砌体的泊桑比一般取 $\nu=0.3$，故砌体的剪切模量

$$G = (0.43 \sim 0.38)E \quad (6\text{-}15)$$

《砌体规范》取 $G=0.4E$。

3. 砌体的线膨胀系数与摩擦系数

砌体的线膨胀系数及砌体与常用材料间的摩擦系数见表 6-12、表 6-13，可用于砌体的温度变形验算以及抗剪强度验算等。

表 6-12　砌体的线膨胀系数和收缩率

砌体类别	线膨胀系数 (10^{-6}/℃)	收缩率 (mm/m)
烧结黏土砖砌体	5	−0.1
蒸压灰砂砖、蒸压粉煤灰砖砌体	8	−0.2
混凝土砌块砌体	10	−0.2
轻集料混凝土砌块砌体	10	−0.3
料石和毛石砌体	8	—

表 6-13　摩　擦　系　数

砌体类别	摩擦面情况	
	干燥的	潮湿的
砌体沿砌体或混凝土滑动	0.70	0.60
木沿砌体滑动	0.60	0.50
钢沿砌体滑动	0.45	0.35
砌体沿砂或卵石滑动	0.60	0.50
砌体沿砂质黏土滑动	0.55	0.40
砌体沿黏土滑动	0.50	0.30

二、受压构件的承载力计算

受压为砌体结构最普遍的受力形式。混合结构房屋中的墙、柱承受轴心或偏心压力，构件截面常为方形、矩形、T 形、十字形等几种。受压构件按高厚比的不同，可分为受压短构件和受压长构件。

（一）受压短构件的承载力计算

1. 受压短构件（$\beta \leqslant 3$）的受力状态

根据大量试验研究资料分析，砌体受压短构件的受力状态有以下几个特点。

（1）当构件承受轴心压力时，砌体截面上产生均匀的压应力；构件破坏时，正截面所能承受的最大压应力即为砌体的轴心抗压强度 f，如图 6-10（a）所示。

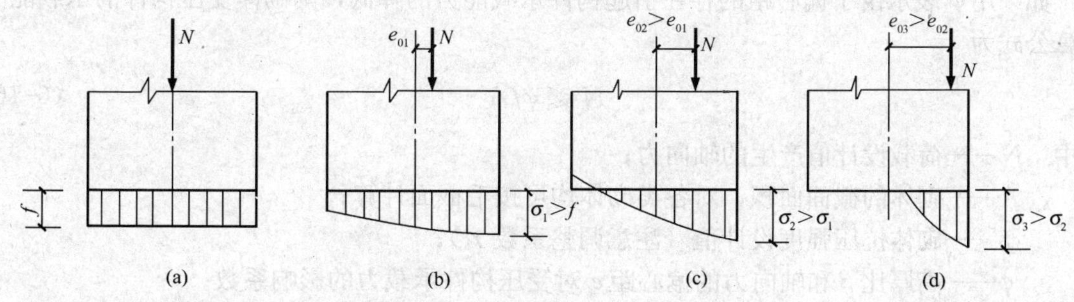

图 6-10　砌体受压时的截面应力分布

（2）当构件承受偏心压力时，砌体截面上产生的压应力是不均匀的，压应力分布随着偏心距 e_0 的变化而变化；当偏心距不大时，整个截面受压，应力图形呈曲线分布，这时破坏将发生在压应力较大一侧，破坏时该侧压应变比轴心受压时的均匀应变略高，而边缘压应力也比轴心抗压强度略大，如图 6-10（b）所示。

（3）随着偏心距 e_0 的增大，在远离荷载的截面边缘，由受压逐步过渡到受拉，但只要在受压边压碎之前受拉边的拉应力尚未达到通缝的抗拉强度，则截面的受拉边就不会开裂，直至破坏为止，仍会全截面受力，如图 6-10（c）所示。

（4）若偏心距再继续增大时，砌体受拉区将出现沿截面通缝的水平裂缝，已开裂的截面脱离工作，实际受压区面积减小，受压区应力的合力将与作用的偏心压力保持平衡，这种平衡随裂缝的不断展开被打破而达到新的平衡，见图 6-10（d）。剩余截面的压应力进一步加大，并出现竖向裂缝，最后由于受压区的承载能力耗尽而破坏；破坏时，虽然砌体受压一侧的极限变形和极限强度都比轴压构件高，但由于压应力不均匀的加剧和受压面的减少，构件的承载力将随偏心距的增大而降低。

2. 受压短构件的承载力计算

图 6-11 所示矩形、T 形、十字形和环形截面偏心受压短构件的试验结果，从图中散点可见，受压构件承载力影响系数 φ 与偏心距 e 和截面回转半径 i 的比值大致接近反二次抛物线的关系，φ 为偏心受压构件与轴心受压构件承载能力的比值。从图中曲线可看出，破坏压力随偏心距 e 的增大而不断降低的规律。

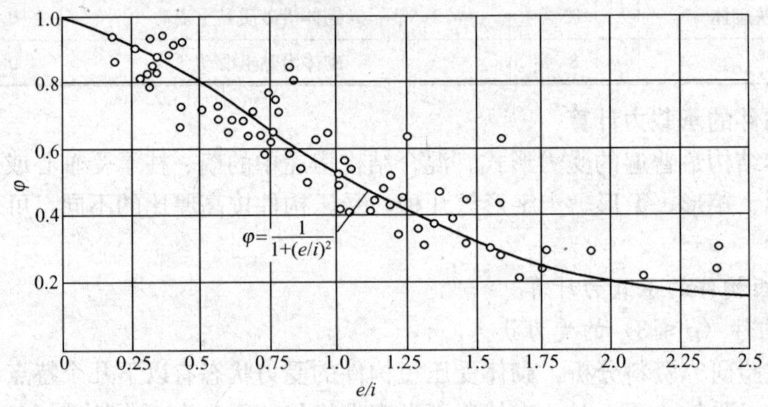

图 6-11 影响系数 φ 的实验曲线图

如果用 φ 表示由于偏心距的存在引起构件承载能力的降低，则砌体受压构件的承载能力计算公式为

$$N \leqslant \varphi f A \tag{6-16}$$

式中 N——荷载设计值产生的轴向力；

A——砌体的截面面积，对各类砌体均可按毛截面计算；

f——砌体抗压强度设计值（注意调整系数 γ_a）；

φ——高厚比 β 和轴向力的偏心距 e 对受压构件承载力的影响系数。

参照图 6-11 中绘出的试验曲线，当 $\beta \leqslant 3$ 时

$$\varphi = 1/[1+(e/i)^2] \tag{6-17}$$

式（6-17）中的轴向力偏心距 e 由弯矩设计值和轴向力设计值求得

$$e = M/N \tag{6-18}$$

式中 M、N——由荷载设计值求得的弯矩设计值和轴向力设计值。

规范规定，e 的计算值不应超过 $0.6y$（y 为截面重心到轴向力所在偏心方向截面边缘的距离），当 $e > 0.6y$ 时，则应采取措施减少轴向力的偏心距，如改变截面尺寸、设置垫块或采用组合砌体等。

考虑到在砌体结构受压构件中矩形截面出现较多，故可把矩形截面 $i = h/\sqrt{12}$ 的关系代入

式（6-17），则得矩形截面的表达式

$$\varphi=\frac{1}{1+12\ (e/h)^2} \tag{6-19}$$

式中　h——矩形截面轴向力偏心方向的边长，当轴心受压时为截面较小边长。

对T形截面可按下式计算

$$\varphi=1/[1+12\ (e/h_{\mathrm{T}})^2] \tag{6-20}$$

式中　h_{T}——T形截面折算厚度，可近似取 $h_{\mathrm{T}}=3.5i$。

（二）受压长构件的承载力计算

1. 受压长构件（$\beta>3$）的受力特点

细长构件在偏心压力作用下会产生侧向挠曲，随着构件高厚比的增大，细长构件在偏心压力下的侧向挠曲现象越来越明显，如图6-12所示。在偏心压力下，细长构件在原有荷载偏心距 e 的基础上将产生附加偏心距 e_{i}，构件破坏时，实际的偏心距已达 $e+e_{\mathrm{i}}$。

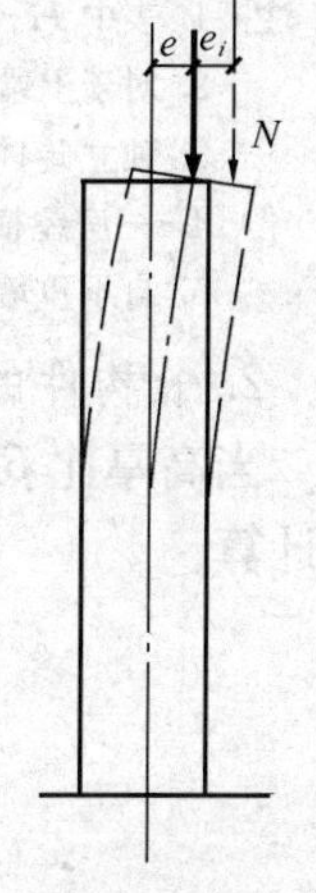

图6-12　受压长构件

轴心受压的细长构件，由于材料不均匀等原因，荷载也会偏离形心，产生一定的初始偏心，同时，由于砌体的弹性模量在构件的整个工作过程中随应力的增大而降低，因此，砌体的临界应力将大大降低。这样，对于细长构件，不论是轴心受压还是偏心受压，由于构件高厚比 β 的变化将影响砌体的承载能力，所以《砌体规范》规定，当 $\beta>3$ 时，应考虑构件纵向弯曲的影响。

大量的试验和调查表明，砌体类型对构件的承载能力也有很大影响。由于各类砌体在极限承载力下的变形值有较大差异，例如小型砌块砌体的变形大于砖砌体，石砌体由于灰缝较大，变形也大，这将使细长构件的承载能力发生相应的变化。因此，《砌体规范》规定在计算 φ 或查表求 φ 时，对构件的高厚比 β 按下列公式确定，以考虑砌体类型对受压构件承载力的影响。

矩形截面
$$\beta=\gamma_\beta\frac{H_0}{h} \tag{6-21}$$

T形截面
$$\beta=\gamma_\beta\frac{H_0}{h_{\mathrm{T}}} \tag{6-22}$$

式中　γ_β——不同材料砌体高厚比修正系数，按表6-14采用；

H_0——受压构件计算高度，按表6-15采用；

h——矩形截面轴向力偏心方向的截面边长，轴心受压时为截面较小边长；

h_{T}——T形截面的折算厚度，可近似取 $h_{\mathrm{T}}=3.5i$；

i——截面回转半径，$i=\sqrt{I/A}$。

表6-14　　高厚比修正系数 γ_β

砌体材料类别	γ_β	砌体材料类别	γ_β
烧结普通砖、烧结多孔砖	1.0	蒸压灰砂砖、蒸压粉煤灰砖、细料石、半细料石	1.2
混凝土及轻骨料混凝土砌块	1.1	粗料石、毛石	1.5

表 6-15 **受压构件的计算高度 H_0**

房屋类别			柱		带壁柱墙或周边拉结的墙		
			排架方向	垂直排架方向	$s>2H$	$2H\geqslant s>H$	$s\leqslant H$
有吊车的单层房屋	变截面柱上段	弹性方案	$2.5H_u$	$1.25H_u$	$2.5H_u$		
		刚性、刚弹性方案	$2.0H_u$	$1.25H_u$	$2.0H_u$		
	变截面柱下段		$1.0H_l$	$0.8H_l$	$1.0H_l$		
无吊车的单层和多层房屋	单跨	弹性方案	$1.5H$	$1.0H$	$1.5H$		
		刚弹性方案	$1.2H$	$1.0H$	$1.2H$		
	多跨	弹性方案	$1.25H$	$1.0H$	$1.25H$		
		刚弹性方案	$1.10H$	$1.0H$	$1.1H$		
	刚性方案		$1.0H$	$1.0H$	$1.0H$	$0.4s+0.2H$	$0.6s$

注 1. 表中 H_u 为变截面柱的上段高度；H_l 为变截面柱的下段高度。

2. 对于上端为自由端的构件，$H_0=2H$；

3. 独立砖柱，当无柱间支撑时，柱在垂直排架方向的 H_0 应按表中数值乘以 1.25 后采用；

4. s—房屋横墙间距。

5. 自承重墙的计算高度应根据周边支承或拉结条件确定。

2. 长构件的承载力计算

当高厚比 $\beta>3$ 时，考虑构件纵向弯曲引起的附加偏心距 e_i 的影响，构件的承载力按下式计算

$$N\leqslant \varphi fA \tag{6-23}$$

$$\varphi=\frac{1}{1+\left(\frac{e+e_i}{i}\right)^2} \tag{6-24}$$

对矩形截面

$$\varphi=\frac{1}{1+12\left(\frac{e+e_i}{h}\right)^2} \tag{6-25}$$

式中 e_i——构件纵向弯曲引起的附加偏心距。

e_i 可按下式计算

$$e_i=\frac{h}{\sqrt{12}}\sqrt{\frac{1}{\varphi_0}-1} \tag{6-26}$$

将式（6-26）代入式（6-25），可得 φ 的计算式

$$\varphi=\frac{1}{1+12\left\{\frac{e}{h}+\sqrt{\frac{1}{12}\left(\frac{1}{\varphi_0}-1\right)}\right\}^2} \tag{6-27}$$

$$\varphi_0=\frac{1}{1+\alpha\beta^2} \tag{6-28}$$

式中 φ_0——轴心受压构件的稳定系数；

α——与砂浆强度等级有关的系数。当砂浆强度等级大于或等于 M5 时，α 等于 0.0015，当砂浆强度等级等于 M2.5 时，α 等于 0.002；当砂浆强度等级 f_2 等于 0 时，α 等于 0.009；

β——受压构件的高厚比。

设计时可根据砂浆强度等级、高厚比β及e/h直接查表6-16～表6-18。若e/h或e/h_T超过表中数值，则按公式计算φ值。当砌体构件的高厚比$\beta \leqslant 3$时，则不考虑纵向弯曲引起的附加偏心距，即取$e_i = 0$。

表 6-16　影响系数 φ（砂浆强度等级≥M5）

β	$\frac{e}{h}$或$\frac{e}{h_T}$												
	0	0.025	0.05	0.075	0.1	0.125	0.15	0.175	0.2	0.225	0.25	0.275	0.3
≤3	1	0.99	0.97	0.94	0.89	0.84	0.79	0.73	0.68	0.62	0.57	0.52	0.48
4	0.98	0.95	0.90	0.85	0.80	0.74	0.69	0.64	0.58	0.53	0.49	0.45	0.41
6	0.95	0.91	0.86	0.81	0.75	0.69	0.64	0.59	0.54	0.49	0.45	0.42	0.38
8	0.91	0.86	0.81	0.76	0.70	0.64	0.59	0.54	0.50	0.46	0.42	0.39	0.36
10	0.87	0.82	0.76	0.71	0.65	0.60	0.55	0.50	0.46	0.42	0.39	0.36	0.33
12	0.82	0.77	0.71	0.66	0.60	0.55	0.51	0.47	0.43	0.39	0.36	0.33	0.31
14	0.77	0.72	0.66	0.61	0.56	0.51	0.47	0.43	0.40	0.36	0.34	0.31	0.29
16	0.72	0.67	0.61	0.56	0.52	0.47	0.44	0.40	0.37	0.34	0.31	0.29	0.27
18	0.67	0.62	0.57	0.52	0.48	0.44	0.40	0.37	0.34	0.31	0.29	0.27	0.25
20	0.62	0.57	0.53	0.48	0.44	0.40	0.37	0.34	0.32	0.29	0.27	0.25	0.23
22	0.58	0.53	0.49	0.45	0.41	0.38	0.35	0.32	0.30	0.27	0.25	0.24	0.22
24	0.54	0.49	0.45	0.41	0.38	0.35	0.32	0.30	0.28	0.26	0.24	0.22	0.21
26	0.50	0.46	0.42	0.38	0.35	0.33	0.30	0.28	0.26	0.24	0.22	0.21	0.19
28	0.46	0.42	0.39	0.36	0.33	0.30	0.28	0.26	0.24	0.22	0.21	0.19	0.18
30	0.42	0.39	0.36	0.33	0.31	0.28	0.26	0.24	0.22	0.21	0.20	0.18	0.17

表 6-17　影响系数 φ（砂浆强度等级 M2.5）

β	$\frac{e}{h}$或$\frac{e}{h_T}$												
	0	0.025	0.05	0.075	0.1	0.125	0.15	0.175	0.2	0.225	0.25	0.275	0.3
≤3	1	0.99	0.97	0.94	0.89	0.84	0.79	0.73	0.68	0.62	0.57	0.52	0.48
4	0.97	0.94	0.89	0.84	0.78	0.73	0.67	0.62	0.57	0.52	0.48	0.44	0.40
6	0.93	0.89	0.84	0.78	0.73	0.67	0.62	0.57	0.52	0.48	0.44	0.40	0.37
8	0.89	0.84	0.78	0.72	0.67	0.62	0.57	0.52	0.48	0.44	0.40	0.37	0.34
10	0.83	0.78	0.72	0.67	0.61	0.56	0.52	0.47	0.43	0.40	0.37	0.34	0.31
12	0.78	0.72	0.67	0.61	0.56	0.52	0.47	0.43	0.40	0.37	0.34	0.31	0.29
14	0.72	0.66	0.61	0.56	0.51	0.47	0.43	0.40	0.36	0.34	0.31	0.29	0.27
16	0.66	0.61	0.56	0.51	0.47	0.43	0.40	0.36	0.34	0.31	0.29	0.26	0.25
18	0.61	0.56	0.51	0.47	0.43	0.40	0.36	0.33	0.31	0.29	0.26	0.24	0.23
20	0.56	0.51	0.47	0.43	0.39	0.36	0.33	0.31	0.28	0.26	0.24	0.23	0.21
22	0.51	0.47	0.43	0.39	0.36	0.33	0.31	0.28	0.26	0.24	0.23	0.21	0.20
24	0.46	0.43	0.39	0.36	0.33	0.31	0.28	0.26	0.24	0.23	0.21	0.20	0.18
26	0.42	0.39	0.36	0.33	0.31	0.28	0.26	0.24	0.22	0.21	0.20	0.18	0.17
28	0.39	0.36	0.33	0.30	0.28	0.26	0.24	0.22	0.21	0.20	0.18	0.17	0.16
30	0.36	0.33	0.30	0.28	0.26	0.24	0.22	0.21	0.20	0.18	0.17	0.16	0.15

表 6-18 影响系数 φ（砂浆强度 0）

β	$\frac{e}{h}$ 或 $\frac{e}{h_T}$												
	0	0.025	0.05	0.075	0.1	0.125	0.15	0.175	0.2	0.225	0.25	0.275	0.3
≤3	1	0.99	0.97	0.94	0.89	0.84	0.79	0.73	0.68	0.62	0.57	0.52	0.48
4	0.87	0.82	0.77	0.71	0.66	0.60	0.55	0.51	0.46	0.43	0.39	0.36	0.33
6	0.76	0.70	0.65	0.59	0.54	0.50	0.46	0.42	0.39	0.36	0.33	0.30	0.28
8	0.63	0.58	0.54	0.49	0.45	0.41	0.38	0.35	0.32	0.30	0.28	0.25	0.24
10	0.53	0.48	0.44	0.41	0.37	0.34	0.32	0.29	0.27	0.25	0.23	0.22	0.20
12	0.44	0.40	0.37	0.34	0.31	0.29	0.27	0.25	0.23	0.21	0.20	0.19	0.17
14	0.36	0.33	0.31	0.28	0.26	0.24	0.23	0.21	0.20	0.18	0.17	0.16	0.15
16	0.30	0.28	0.26	0.24	0.22	0.21	0.19	0.18	0.17	0.16	0.15	0.14	0.13
18	0.26	0.24	0.22	0.21	0.19	0.18	0.17	0.16	0.15	0.14	0.13	0.12	0.12
20	0.22	0.20	0.19	0.18	0.17	0.16	0.15	0.14	0.13	0.12	0.12	0.11	0.10
22	0.19	0.18	0.16	0.15	0.14	0.14	0.13	0.12	0.12	0.11	0.10	0.10	0.09
24	0.16	0.15	0.14	0.13	0.13	0.12	0.11	0.11	0.10	0.10	0.09	0.09	0.08
26	0.14	0.13	0.13	0.12	0.11	0.11	0.10	0.10	0.09	0.09	0.08	0.08	0.07
28	0.12	0.12	0.11	0.11	0.10	0.10	0.09	0.09	0.08	0.08	0.08	0.07	0.07
30	0.11	0.10	0.10	0.09	0.09	0.09	0.08	0.08	0.07	0.07	0.07	0.07	0.06

对于矩形截面构件，当纵向力偏心方向的截面边长大于另一方向的边长时，除按偏心受压计算外，尚应对较小边长方向按轴心受压进行承载力验算。

【例题 6-1】 某轴心受压砖柱，承受轴向力设计值 $N=260\text{kN}$（含自重），截面尺寸为 490mm×490mm，$A=0.2401\text{m}^2$，计算高度 $H_0=4200\text{mm}$，试选择烧结普通砖和砂浆的强度等级。

解

因为 $A<0.3\text{m}^2$，所以砌体抗压强度设计值应乘以调整系数 γ_a

$$\gamma_a=0.7+A=0.7+0.2401=0.9401$$

高厚比 $$\beta=\gamma_\beta\frac{H_0}{h}=1.0\times4200/490=8.57>3$$

计算 φ

初步选定 M5 的混合砂浆，$\alpha=0.0015$。

由式（6-28）得轴心受压稳定系数 $\varphi_0=\dfrac{1}{1+\alpha\beta^2}=1/(1+0.0015\times8.572)=0.9007$。

由式（6-27）得偏心力影响系数

$$\varphi=\frac{1}{1+12\left\{\frac{e}{h}+\sqrt{\frac{1}{12}\left(\frac{1}{\varphi_0}-1\right)}\right\}^2}=\frac{1}{1+12\left\{0+\sqrt{\frac{1}{12}\left(\frac{1}{0.9007}-1\right)}\right\}^2}=0.9$$

查表 6-16，$\varphi=0.899\approx0.9$

由式（6-23）可得

$$f=N/\gamma_a\varphi A=260\times10^3/(0.9401\times0.9\times240100)=1.28\ \text{N/mm}^2$$

查表 6-3 可选择 MU10 烧结普通砖，M2.5 混合砂浆，砌体强度设计值 $f=1.30\text{MPa}>1.28\text{MPa}$，满足要求。

【例题 6-2】 一矩形截面偏心受压柱，截面尺寸为 370mm×620mm，计算高度 $H_0=$

6000mm，承受永久荷载产生的轴向力设计值 $N_1=80\text{kN}$，可变荷载产生的轴向力设计值 $N_2=40\text{kN}$，沿长边方向作用的弯矩设计值 $M=15\text{kN}\cdot\text{m}$，砖的强度等级为 MU10，M5 混合砂浆。试验算该柱的承载能力是否足够。

解

1. 验算柱长边方向的承载力

偏心距　$e=M/N=15000000/(80000+40000)=125\text{mm}$

$y=h/2=620/2=310\text{mm}$

$0.6y=0.6\times310=186\text{mm}>e=125\text{mm}$

相对偏心距　$e/h=125/620=0.2016$

高厚比　$\beta=\gamma_\beta\dfrac{H_0}{h}=1.0\times6000/620=9.68$

查表 6-16 得轴向力影响系数 $\varphi=0.466$

$A=370\times620=229400\text{mm}^2=0.2294\text{m}^2<0.3\text{m}^2$

$\gamma_a=0.7+A=0.7+0.2294=0.9294$

轴向力设计值　$N=N_1+N_2=80+40=120\text{kN}$

查表 6-3 得砌体强度设计值 $f=1.50\text{MPa}$

由式（6-23）得受压承载力

$\varphi(\gamma_a f)A=0.466\times0.9294\times1.50\times229400=149\text{kN}>N=120\text{kN}$，承载能力足够。

2. 验算垂直弯矩作用方向的承载力

构件高厚比　$\beta=\gamma_\beta\dfrac{H_0}{h}=1.0\times6000/370=16.22$

查表 6-16 得影响系数 $\varphi=0.715$

受压承载力 $\varphi(\gamma_a f)A=0.715\times0.9294\times1.50\times229400=229\text{kN}>N=120\text{kN}$，承载能力足够。

【例题 6-3】　某单层单跨厂房，其纵墙窗间墙截面尺寸如图 6-13 所示。墙的计算高度 $H_0=6000\text{mm}$，MU10 烧结普通砖，M2.5 混合砂浆，承受轴向力设计值 $N=360\text{kN}$，弯矩设计值 $M=45\text{kN}\cdot\text{m}$，轴向力作用点位于翼缘一侧。试验算窗间墙的承载力。

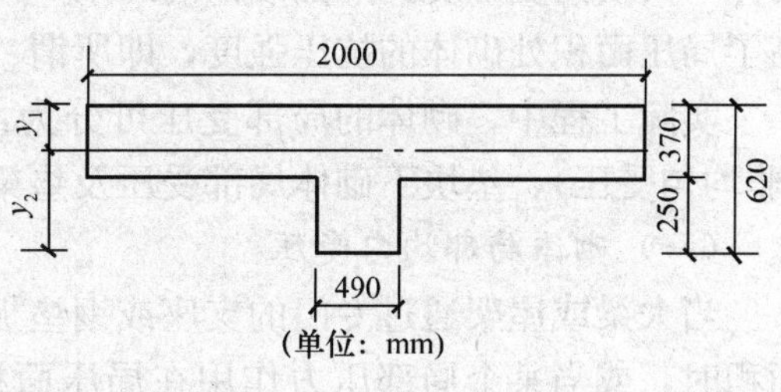

图 6-13　［例题 6-3］图

解

截面面积　$A=2000\times370+(620-370)\times490=862500\text{mm}^2$

形心位置　$y_1=\{2000\times370\times370/2+490\times(620-370)\times[370+(620-370)/2]\}/862500=229\text{mm}$

$y_2=620-229=391\text{mm}$

惯性矩　$I=2400\times229^3/3+(2000-490)\times(370-229)^3/3+490\times391^3/3=207.82\times10^8\text{mm}^4$

回转半径　$i=\sqrt{I/A}=\sqrt{207.82\times10^8/862500}=155.23\text{mm}$

折算厚度　$h_T=3.5i=3.5\times155.23=543.3\text{mm}$

偏心矩　$e=M/N=45\times10^6/(360\times10^3)=125\text{mm}$

$0.6y_1=0.6\times229=137.4\text{mm}>e=125\text{mm}$

相对偏心距

$$e/h_T=125/543.3=0.23$$

高厚比　$$\beta=\gamma_\beta\frac{H_0}{h}=1.0\times6000/543.3=11.04$$

查表 6-16 得，$\varphi=0.385$

查表 6-3 得，砌体的抗压强度设计值 $f=1.3\text{MPa}$

由式（6-23）得

$\varphi fA=0.385\times1.3\times862500=431.68\text{kN}>N=360\text{kN}$,满足要求。

三、局部受压构件的承载力计算

在混合结构房屋的墙体中，经常遇到压力仅仅作用在砌体部分面积上的局部受压状态。如钢筋混凝土柱支承在砖墙或砖基础上；强度较高的上层墙体压在下层墙体上；钢筋混凝土梁或屋架支承在砖墙或砖柱上。这三种情况的共同特点是砌体支承着比自身强度高的上层构件，上层构件的总压力通过局部受压面积传递给本层构件。

在实际工程中，往往砌体按全截面受压验算时强度是足够的，但在局部承压面下几皮砖处却出现砌体局部压碎的裂缝，这是因为局部承压不足而造成的破坏现象。因此，在砌体结构设计时，应对所有局部受压部位进行验算。

当砌体局部受压时，在较小的承压面积 A_l 上承受着较大的压力，单位面积上的压应力较高；但砌体局部受压时其强度高于砌体的抗压强度。这是因为直接位于局部受压面积下的砌体，其横向变形受到周围砌体的约束，该处砌体处于侧向受压的约束状态；从而较大地提高了局压面积处砌体的抗压强度，即所谓“套箍强化”作用的结果。

实际工程中，砌体的局部受压可分为：砌体局部均匀受压、梁端支承处砌体局部受压（非均匀受压）、垫块下砌体局部受压及垫梁下砌体局部受压等几种情况。

（一）砌体局部均匀受压

当大梁或屋架通过专门的支座或钢垫板，将支承反力均匀地传给砌体墙顶或柱顶的局部面积时，或当某个局部压力作用在局压面积上时，即属于砌体局部均匀受压。在房屋结构中，这种情况出现不多，但其设计计算方法可作为其余几种局部受压计算的基础。

砌体局部均匀受压时承载力可按下列公式计算

$$N_l\leqslant\gamma fA_l \tag{6-29}$$

$$\gamma=1+0.35\sqrt{\frac{A_0}{A_l}-1} \tag{6-30}$$

式中　γ——砌体局部抗压强度提高系数；

N_l——局部受压面积上的轴向力设计值；

A_l——局部受压面积；

A_0——影响砌体局部抗压强度的计算面积，按图 6-14 计算。

（1）图 6-14(a)$A_0=(a+c+h)h$，$\gamma\leqslant2.5$；多孔砖或灌孔砌块砌体 $\gamma\leqslant1.5$。

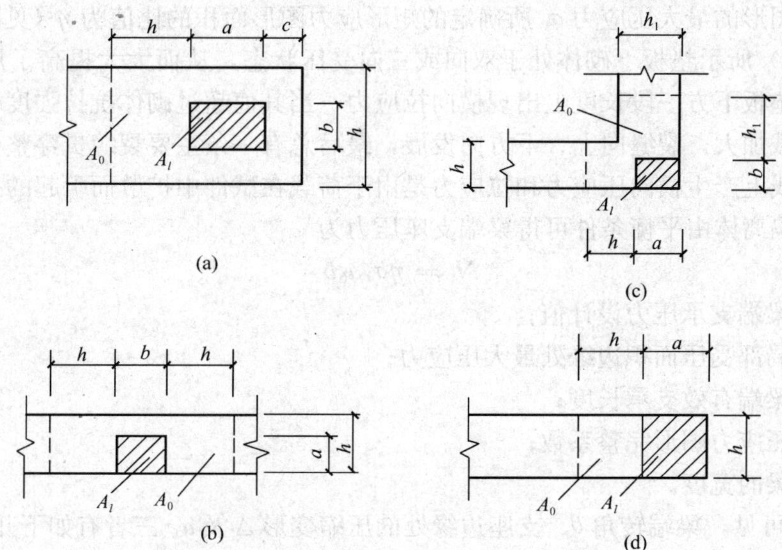

图 6-14　A_0 计算图

(2) 图 6-14(b)$A_0=(b+2h)h$，$\gamma\leqslant2.0$；多孔砖或灌孔砌块砌体 $\gamma\leqslant1.5$。

(3) 图 6-14(c)$A_0=(a+h)h+(b+h_1-h)h_1$，$\gamma\leqslant1.5$；多孔砖或灌孔砌块砌体 $\gamma\leqslant1.5$。

(4) 图 6-14(d)$A_0=(a+h)h$，$\gamma\leqslant1.25$；多孔砖或灌孔砌块砌体 $\gamma\leqslant1.25$。

由式 (6-29) 可看出，砌体的局部受压承载力主要取决于砌体原有的轴心抗压强度和周围砌体对局部受压区的约束程度。在砌体截面中心局部受压时，周围砌体的截面面积 A 与局部受压面积 A_l 的比值，即 A/A_l 越大，则周围砌体的约束作用就越强。因此，在 A/A_l 未超出某个限值的范围内，砌体的局部抗压强度随 A/A_l 的增加而提高，但 A/A_l 越大，提高的幅度越小。在实际工程中，局压面积绝大多数都可能不在砌体截面中心，可能出现图 6-14 中的几种典型情况，根据不同情况，规范规定了影响砌体局部抗压强度的计算面积 A_0。试验表明，当 A/A_l 较大时，压力达到一个较高的数值，使周围砌体的环向拉应力达到砌体沿水平方向的抗拉强度，从而使砌体沿竖向突然劈裂，构件破坏。为避免这种情况的发生，规范对 γ 值予以限制，见图 6-14。

(二) 梁端支承处砌体局部受压

梁端支承处砌体局部受压与砌体局部均匀受压相比，不同的是梁的挠曲变形及梁端支承处砌体的压缩变形，将使梁端产生转动，造成砌体承受的局部压应力为曲线分布，其最大压应力大于平均压应力，即局部受压面积上的应力是不均匀的；且梁端下面传递压力的长度 a_0 可能出现小于梁端伸入墙或柱内的实际支承长度 a，一般将 a_0 称为梁的有效支承长度，它随梁的刚度、梁伸入支座的长度 a 和砌体弹性模量的不同而可能出现 $a_0=a$ 或 $a_0<a$ 的情况。砌体局部受压面积为 $a_0\times b$。

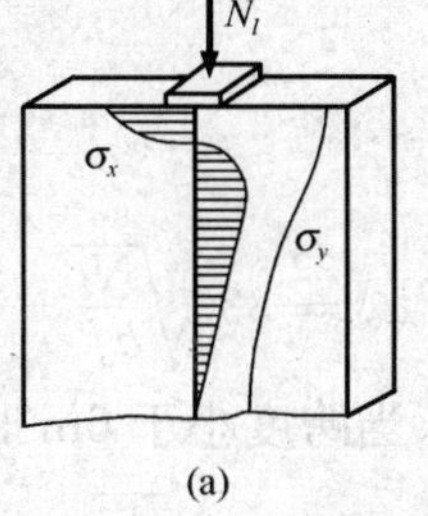

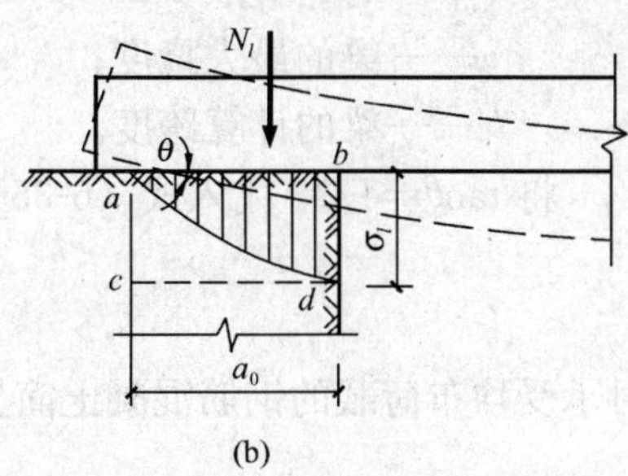

图 6-15　梁端支承处砌体应力图
(a) 局压时的应力分布；(b) 梁端支承情况

1. 梁端有效支承长度 a_0

假设梁端下实际压应力分布图

形的面积与该图形的最大压应力 σ_1 所确定的矩形应力图形面积的比值为 η（见图 6-15）。

图 6-15（a）所示垫板下砌体处于双向或三向受压状态，从而大大提高了局压面积处砌体的强度。在垫板下方一段长度上出现横向拉应力，当其值超过砌体抗拉强度时将出现竖向裂缝；随着荷载加大，裂缝向上、下方向发展，最后总有一条主要裂缝贯穿整个试件，砌体破坏。试件中线上产生横向压应力和拉应力是由于荷载在试件中扩散而引起的。

根据梁端隔离体由平衡条件可得梁端支座压力为

$$N_l = \eta\sigma_1 a_0 b \tag{6-31}$$

式中 N_l——梁端支承压力设计值；

σ_1——局部受压面积边缘处最大压应力；

a_0——梁端有效支承长度；

η——压应力图形完整系数；

b——梁的宽度。

由图 6-15 可见，梁端转角 θ、支座边缘处的压缩变形 Δ 及 a_0 三者有如下几何关系：

$$\Delta = a_0 \tan\theta \tag{6-32}$$

假设砌体的压缩刚度系数为 k，试验表明，可将 σ_1 与 Δ 的关系近似表示为

$$\sigma_1 = k\Delta \tag{6-33}$$

将式（6-32）、式（6-33）代入式（6-31），整理后可得

$$a_0 = \sqrt{\frac{N_l}{\eta k b \tan\theta}} \tag{6-34}$$

由式（6-34）可以得到 $\eta \cdot k = \frac{N_l}{a_0^2 b \tan\theta}$，当通过试验测得 N_l、a_0 和 $\tan\theta$ 的值以后，即可得到 ηk 的值。试验表明 ηk 的值变化不大，可近似取 $\eta k = 0.0007f$，于是式（6-34）变成

$$a_0 = 38\sqrt{\frac{N_l}{bf\tan\theta}} \leqslant a \tag{6-35}$$

式中 a_0——梁端有效支承长度，mm；

a——梁端实际支承长度，mm；

b——梁的截面宽度，mm；

N_l——梁端支承压力设计值，kN；

$\tan\theta$——梁变形时，梁端轴线倾角的正切，对承受均布荷载的简支梁，当 $\omega/l_0 = 1/250$ 时，可取 $\tan\theta = 1/78$。

ω——梁的最大挠度；

l_0——梁的计算跨度。

将 $\tan\theta = 1/78$ 代入式（6-35），则

$$a_0 = 336\sqrt{\frac{N_l}{bf}}$$

对承受均布荷载的钢筋混凝土简支梁，当跨度小于 6m 时，可近似取

$$a_0 = 10\sqrt{\frac{h_c}{f}} \tag{6-36}$$

式中 h_c——梁的截面高度，mm；

f——砌体抗压强度设计值，N/mm²。

为简化计算，《砌体规范》统一规定，梁的有效支承长度均按式（6-36）计算。

2. 梁端支承处砌体局部受压承载力计算

梁端支承处的砌体除了承受梁端的支承压力 N_l 之外，还可能承受上部墙体传来的均布荷载产生的压应力 σ_0（见图 6-16）。根据应力叠加原理，梁端支承处砌体局部受压的承载力可按下式计算

$$\psi N_0 + N_l \leqslant \eta\gamma f A_l \tag{6-37}$$

式中 ψ——上部荷载的折减系数，$\psi=1.5-0.5A_0/A_l$，当 $A_0/A_l\geqslant3$ 时，取 $\psi=0$；

N_0——局部受压面积内上部轴向力设计值，$N_0=\sigma_0 A_l$；

σ_0——上部平均压应力设计值，N/mm²；

N_l——梁端支承压力设计值；

η——梁端底面压应力图形完整系数，一般取 0.7，对于过梁和墙梁取 1.0；

A_l——局部受压面积，$A_l=a_0 b$；

a_0——梁端有效支承长度，mm，当 $a_0>a$ 时，取 $a_0=a$（a 为梁端实际支承长度 mm）；

b——梁的宽度。

通过实验表明，由上部砌体传来的压力并不是对梁端局部受压面积的承载能力起不利作用。当梁开始受荷后，梁支座的压力将迫使支座下面的砌体产生压缩，而使梁端顶面与上部砌体脱开，这时，由上部砌体传给梁端支承面的压力 N_0 将传给梁端周围的砌体，形成所谓“卸载拱作用”，如图 6-16 所示；这样，这部分压力不仅不会加重梁端支承面的局部压力，反而还会通过梁端周围的砌体增加对梁端支承处局部受压砌体的侧向约束作用，使局部抗压强度略有提高，故将 N_0 乘以上部荷载的折减系数 ψ。这种“卸载拱作用”将随 A_0/A_l 的逐渐减小而减弱，当 $A_0/A_l=1$ 时，$\psi=1$。此时，上部砌体传来的压力将全部作用在梁端局部受压面积上。

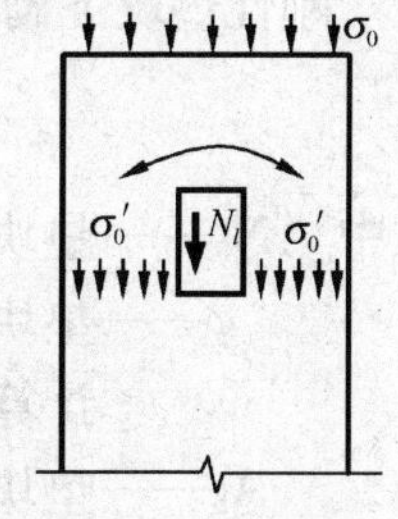

图 6-16 卸载拱示意图

（三）梁端下设有垫块的砌体局部受压

当梁端支承处砌体局部受压承载力不足时，可通过梁端放大或在梁端下部设置混凝土或钢筋混凝土垫块，以增大梁下砌体的局部受压面积，防止局部受压破坏。这两类垫块下砌体的局部受压性能不同，其承载力计算方法亦有区别。

梁端下设置刚性垫块时，为均匀地分布梁端支承反力，必须保证垫块有足够的刚度。因此，垫块应符合下列要求（图 6-17）：

（1）垫块的厚度 $t_b\geqslant180$mm，并应尽量符合砖的模数。

（2）垫块的宽度不宜小于 180mm。

（3）垫块自梁两侧边挑出的长度 $t_c\leqslant t_b$。

（4）对跨度大于 6m 的屋架及跨度大于 4.8m 的梁，其支承面下的砌体应设置混凝土或钢筋混凝土垫块。当墙中设有圈梁时，垫块与圈梁宜浇成整体。当梁的荷载不大时，钢筋混凝土垫块可只在下部配钢筋［图 6-18（a）］。对于砖柱顶部和变截面处及屋架、大梁或吊车梁下面的钢筋混凝土梁垫，由于所受纵向力较大，而且还起着大梁、屋架与砖墙、砖柱的连接作用，因此对平面接近正方形的梁垫，应上、下配置钢筋网［图 6-18（b）］。一般情况

下，两层钢筋网的总配筋体积不应小于垫块体积的0.05%，当采用绑扎骨架时，钢筋一般做成笼状骨架［图6-18（b）］。对于梁形梁垫，可以在挑出方向上下布置钢筋，在垂直方向布置封闭钢箍［图6-18（c）］。挑出方向的受拉钢筋可以把梁垫挑出的部分看成是一个悬臂短梁，通过计算确定。

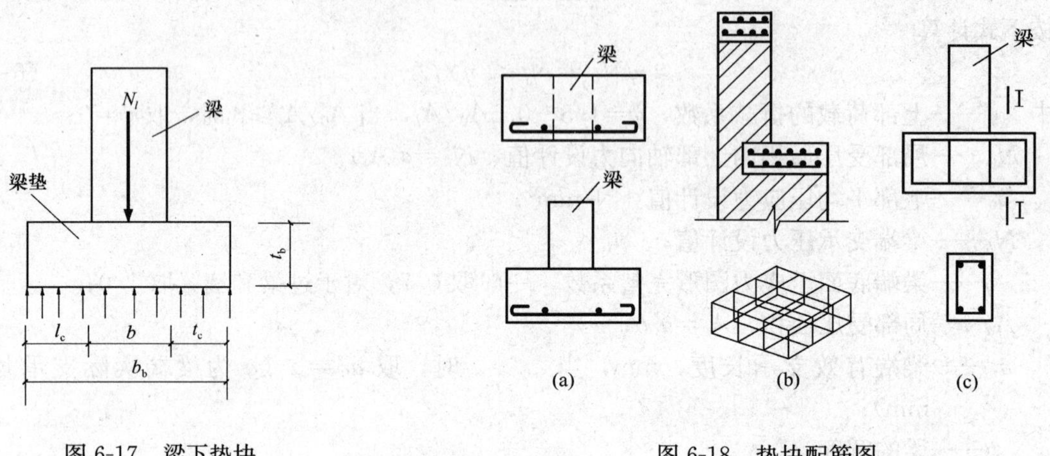

图6-17 梁下垫块

图6-18 垫块配筋图

刚性垫块下砌体的局部受压承载力可按下式计算

$$N_0 + N_l \leqslant \varphi \gamma_1 f A_b \tag{6-38}$$

式中 N_0——垫块面积 A_b 内上部轴向力设计值，$N_0=\sigma_0 A_b$；

φ——垫块上 N_0 及 N_l 合力的影响系数，可查表6-16～表6-18，也可按式（6-17）计算，均取 $\beta \leqslant 3$ 的 φ 值；

A_b——垫块面积，$A_b=a_b b_b$；

γ_1——垫块底面积以外的砌体对局部受压的有利影响系数，但考虑到垫块尺寸已较梁端支承面明显加大，为了偏于安全，取 $\gamma_1=0.8\gamma \geqslant 1.0$；$\gamma$ 为局部抗压强度提高系数，按式（6-30）计算，但以 A_b 代替 A_l，则

$$\gamma_1 = 0.8 + 0.28\sqrt{\frac{A_0}{A_b} - 1} \tag{6-39}$$

式中 a_b——垫块伸入墙内的长度；

b_b——垫块的宽度。

在求垫块上 N_0 及 N_l 合力的影响系数 φ 时，垫块上 N_l 的合力作用点到墙内边缘的距离取为 $0.4a_0$（屋面梁取 $0.33a_0$）。a_0 为刚性垫块上梁的有效支承长度，按下式计算

$$a_0 = \delta_1 \sqrt{\frac{h_c}{f}} \tag{6-40}$$

式中 h_c、f——与式（6-34）相同；

δ_1——刚性垫块影响系数，根据上部平均压应力设计值 σ_0 与砌体抗压强度设计值 f 的比值按表6-19取用。

表 6-19　　刚性垫块影响系数 δ_1

σ_0/f	0	0.2	0.4	0.6	0.8
δ_1	5.4	5.7	6.0	6.9	7.8

考虑到垫块面积较大，“卸载拱”作用较小，故上部荷载不予折减。

当在带壁柱墙的壁柱内设置刚性垫块时，局压承载力偏低，其计算面积 A_0 应取壁柱面积，不计算翼缘部分；同时，壁柱上垫块伸入翼墙内的长度不应小于 120mm（图 6-19）。

当梁垫与梁端浇筑成整体时，梁端支承处砌体的局部受压承载力仍按式（6-38）进行验算。

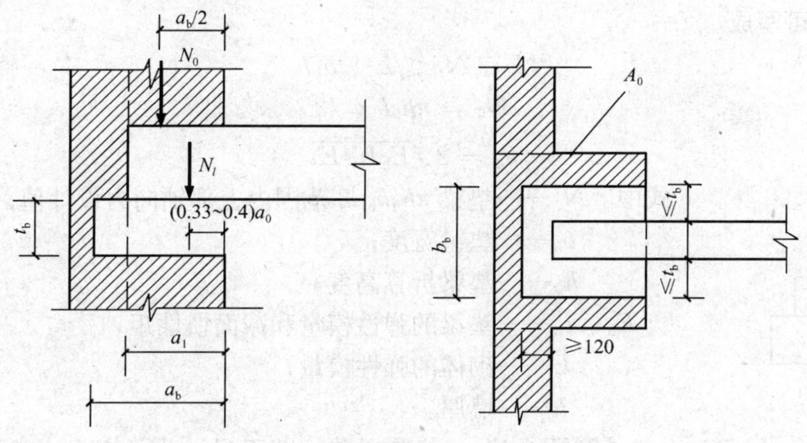

图 6-19　刚性垫块下砌体局部受压计算简图

（四）梁端下设有垫梁的砌体局部受压

当梁支承在钢筋混凝土垫梁上（如圈梁），则可利用垫梁把大梁传来的集中荷载分散到一定宽度的墙体上去。此时，可把垫梁看做一根承受集中荷载的弹性地基梁。试验表明，垫梁下砌体的竖向力分布范围较大，当垫梁下砌体发生局压破坏时，竖向压应力峰值与砌体强度之比均在 1.5 以上。《砌体规范》参照弹性地基梁理论，规定垫梁下砌体可提供压应力的范围控制在 πh_0 宽度内，其应力分布按三角形考虑。见图 6-20。

根据图 6-20，垫梁下砌体局部受压强度验算条件为

$$\sigma_{ymax} \leqslant 1.5f \tag{6-41}$$

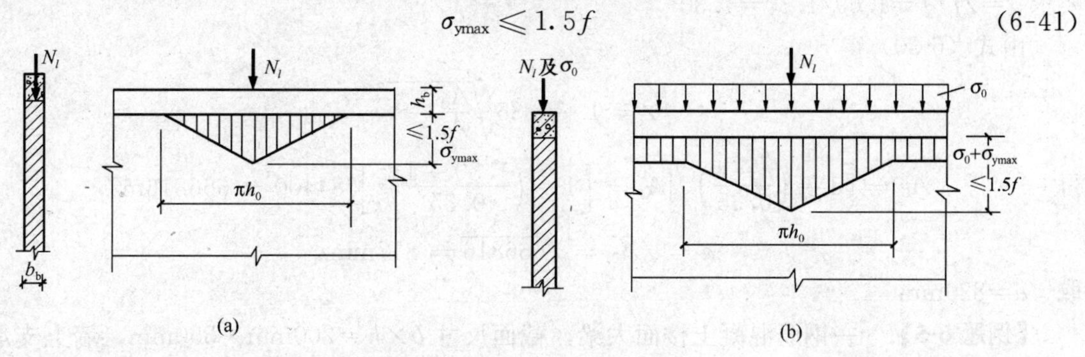

图 6-20　垫梁下砌体局部受压

（a）无 σ_0 作用；（b）有 σ_0 作用

由于

$$N_l \leqslant (\sigma_{ymax} \pi h_0 b_b)/2 \tag{6-42}$$

则

$$2N_l/\pi h_0 b_b \leqslant 1.5f \tag{6-43}$$

$$N_l \leqslant 1.5\pi h_0 b_b f/2 \approx 2.4 f b_b h_0 \tag{6-44}$$

有时除楼面大梁传来的集中力 N_l 外，还有上部墙体传来的平均压应力 σ_0。因此，垫梁下砌体的局部受压承载力验算应满足的条件为

$$\sigma_0 + \sigma_{ymax} \leqslant 1.5f \tag{6-45}$$

$$\sigma_0 + (2N_l/\pi h_0 b_b) \leqslant 1.5f \tag{6-46}$$

即

$$(\pi h_0 b_b/2)\sigma_0 + N_l \leqslant 2.4 f b_b h_0 \tag{6-47}$$

式（6-47）也可写成

$$N_0 + N_l \leqslant 2.4 f b_b h_0 \tag{6-48}$$

$$N_0 = \pi h_0 b_b \sigma_0/2 \tag{6-49}$$

$$h_0 = 2\sqrt[3]{E_b I_b/Eh} \tag{6-50}$$

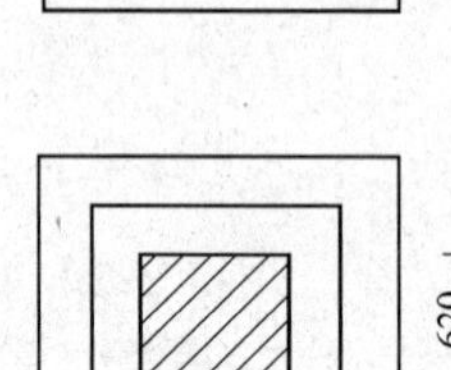

式中 N_0——垫梁 $\pi h_0 b_b/2$ 范围内上部轴向力设计值；

b_b——垫梁宽度；

h_0——垫梁折算高度；

E_b、I_b——垫梁的弹性模量和截面惯性矩；

E——砌体的弹性模量；

h——墙厚。

图 6-21 ［例题 6-4］图

【例题 6-4】 某普通砖柱截面尺寸为 620mm×620mm（图 6-21），烧结普通砖的强度等级为 MU10，砂浆的强度等级为 M5，承受轴向力设计值 N_l=650kN，柱下基础用 MU10 砖，M2.5 砂浆砌筑。试确定基础顶面尺寸。

解

已知 N_l=650kN，A_l=620×620=384400（mm²），基础砌体的抗压强度，查表 6-3 得 f=1.30MPa。

由式（6-31）计算需基础承受的局部抗压强度

$$\gamma f = N_l/A_l = 650000/384400 = 1.69\text{MPa}$$

要求 $\gamma = \gamma f/f = 1.69/1.30 = 1.30$

由式（6-30）得

$$\gamma = 1 + 0.35\sqrt{\frac{A_0}{A_l} - 1}$$

得

$$A_0 = \left[1 + \left(\frac{r-1}{0.35}\right)^2\right]A_l = \left[1 + \left(\frac{1.30-1}{0.35}\right)^2\right]384400 = 666816\text{m}^2$$

$$a = \sqrt{A_0} = \sqrt{666816} = 817\text{mm}$$

取 a=820mm

【例题 6-5】 一钢筋混凝土楼面大梁，截面尺寸 $b \times h$=200mm×550mm，墙上支承长度为 240mm，梁端承受的支承压力设计值 N_l=76kN，上部荷载产生的轴向力设计值 N_u=300kN，窗间墙截面积为 1400mm×370mm（图 6-22），用 MU10 砖、M2.5 混合砂浆砌筑。

试验算房屋外纵墙在梁端支承处砌体的局部受压承载力。

解

砌体抗压强度设计值：$f=1.30\text{MPa}$

梁端有效支承长度

$$a_0=10\sqrt{\frac{h_c}{f}}=10\sqrt{\frac{550}{1.30}}=206\text{mm}<a=240\text{mm}$$

局部受压面积 $A_l=a_0b=206\times200=41200\text{mm}^2$

影响砌体局部抗压强度的计算面积

$$A_0=370\times(2\times370+200)=347800\text{mm}^2$$

$$A_0/A_l=347800/41200=8.4>3$$

不考虑上部荷载作用，折减系数 $\varphi=0$。

梁底压应力图形完整系数 $\eta=0.7$。

局部抗压强度提高系数

$$\gamma=1+0.35\sqrt{\frac{A_0}{A_l}-1}=1+0.35\times\sqrt{8.4-1}=1.95<2.0$$

局部受压承载力

$\eta\gamma fA_1=0.7\times1.95\times1.30\times41200=73.19\text{kN}<N_l=76\text{kN}$，不满足要求。

为了保证砌体的局部受压承载力，可采取两种措施。

(1) 设置混凝土刚性垫块。垫块尺寸 $a_b=240\text{mm}$，$b_b=500\text{mm}$，$t_b=180\text{mm}$，$t_c=150\text{mm}<t_b$（图 6-23）。

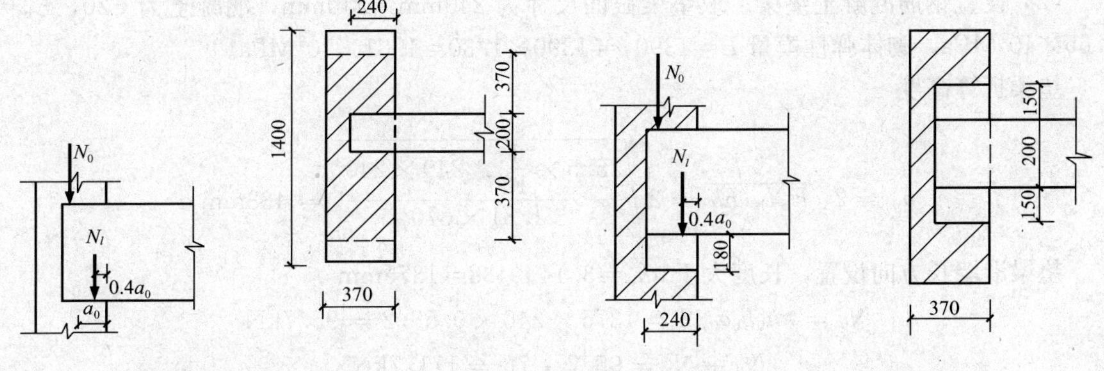

图 6-22 ［例题 6-5］图　　图 6-23 ［例题 6-5］垫块设置图

垫块面积 $A_b=a_bb_b=240\times500=120000\text{mm}^2$

影响砌体局部抗压强度的计算面积

$$A_0=370\times(500+2\times370)=458800\text{mm}^2$$

$$A_0/A_b=458800/120000=3.82$$

由式（6-39）得

$$\gamma_1=0.8+0.28\sqrt{\frac{A_0}{A_b}-1}=0.8+0.28\times\sqrt{3.82-1}=1.27$$

窗间墙平均压应力设计值

$$\sigma_0 = N/A = 300000/(1400 \times 370) = 0.58\text{MPa}$$

垫块面积 A_b 内上部轴向力设计值

$$N_0 = \sigma_0 A_b = 0.58 \times 120000 = 69.6\text{kN}$$

刚性垫块上梁端有效支承长度 a_0

$$\sigma_0 / f = 0.58/1.30 = 0.45$$

查表 6-19 得，$\delta_1 = 6.2$

由式（6-40）得

$$a_0 = \delta_1 \sqrt{\frac{h_c}{f}} = 6.2 \times \sqrt{550/13} = 128\text{mm}$$

支承压力对垫块重心的偏心距

$$e_l = a_b/2 - 0.4a_0 = 240/2 - 0.4 \times 128 = 68.8\text{mm}$$

全部轴向力设计值

$$N_0 + N_l = 69.6 + 80 = 149.6\text{kN}$$

轴向力对垫块重心的偏心距

$$e = N_l e_l / (N_0 + N_l) = 76 \times 68.8/145.6 = 35.91\text{mm}$$

$$e/h = 35.91/240 = 0.150$$

$$\varphi = 1/[1 + 12\,(e/h)^2] = 1/[1 + 12 \times (0.150)^2] = 0.79$$

按式（6-38）有

$$\varphi \gamma_1 f A_b = 0.79 \times 1.27 \times 1.30 \times 120000 = 157\text{kN} > N_0 + N_l = 69.6 + 76 = 145.6\text{kN}$$

满足要求。

（2）设置钢筋混凝土垫梁。取垫梁截面尺寸为 240mm×240mm，混凝土为 C20，$E_b = 2.55 \times 10^4$ MPa，砌体弹性模量 $E = 1390f = 1390 \times 1.30 = 1.81 \times 10^3$ MPa。

垫梁折算高度

$$h_0 = 2\sqrt[3]{E_b I_b / Eh} = 2\sqrt[3]{\frac{25.5 \times \frac{1}{12} \times 240 \times 240^3}{1.81 \times 370}} = 438\text{mm}$$

垫梁沿墙长方向设置，长度大于 $\pi h_0 = 3.14 \times 438 = 1375$mm

$$N_0 = \pi h_0 b_b \sigma_0 / 2 = 1375 \times 240 \times 0.58/2 = 95.7\text{kN}$$

$$N_0 + N_l = 95.7 + 76 = 171.7\text{kN}$$

$$2.4 h_0 b_b f = 2.4 \times 438 \times 240 \times 1.30 = 328\text{kN} > N_0 + N_l = 171.7\text{kN}$$

满足要求。

四、受拉、受弯和受剪构件的承载力计算

（一）轴心受拉构件

在砌体圆形水池设计中，由于内部液体的压力在池壁中产生的环向水平拉力将使池壁砌体的垂直截面处于轴心受拉状态（图 6-24）。砌体轴心受拉构件的承载力按下式计算

$$N_t \leqslant f_t A \tag{6-51}$$

式中 N_t——轴心拉力设计值；

f_t——砌体轴心抗拉强度设计值，按表 6-10 查用；

A——砌体截面面积。

（二）受弯构件

实际工程中，砖砌平拱过梁和挡土墙均属受弯构件。在挡土墙中土压力将使墙壁既在水平方向受弯，又在垂直方向受弯（图 6-25）。在弯矩作用下砌体可能沿齿缝截面［图 6-25(b)］，因弯曲受拉而破坏。此外，在拱支座处还存在着较大的剪力，因而还应对受剪承载力进行验算。

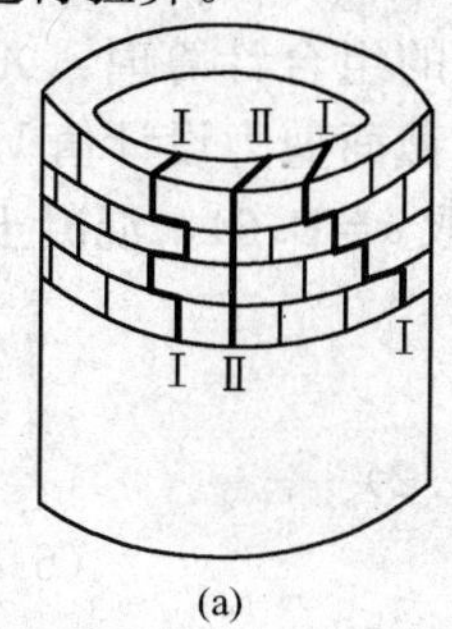

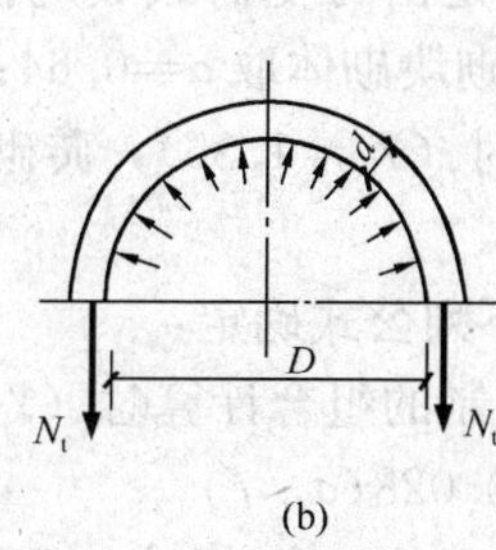

图 6-24　砌体圆形水池

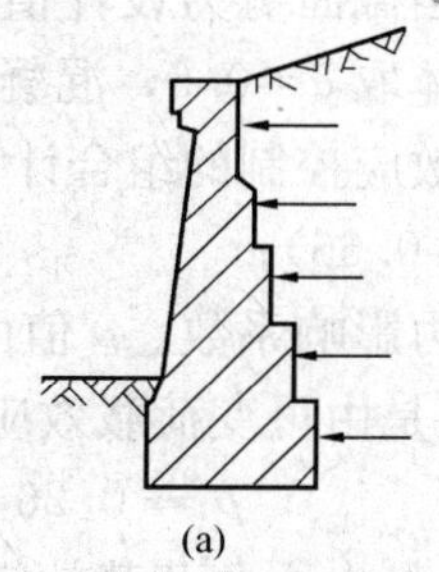

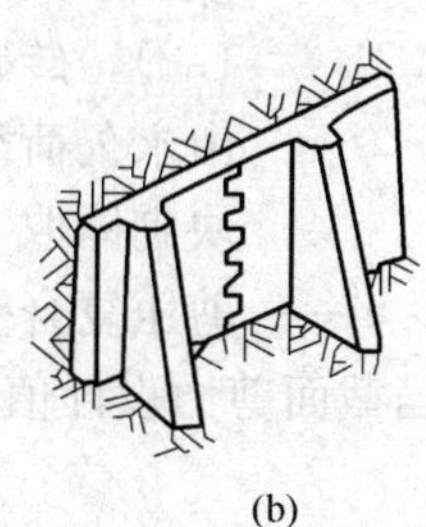

图 6-25　砌体挡土墙

1. 受弯构件受弯承载力的计算

$$M \leqslant f_{tm} W \tag{6-52}$$

式中　M——弯矩设计值；

f_{tm}——砌体的弯曲抗拉强度设计值，按表 6-10 查用；

W——截面抵抗矩。

2. 受弯构件受剪承载力的计算

$$V \leqslant f_v b z \tag{6-53}$$

$$z = I/S$$

式中　V——剪力设计值；

f_v——砌体的抗剪强度设计值，按表 6-10 查用；

b——截面宽度；

z——内力臂，矩形截面时，$z=2h/3$；

I——截面惯性矩；

S——截面面积矩；

h——截面高度。

（三）砌体受剪构件

砌体无拉杆拱的支座截面处，由于拱的水平推力，将使支座沿水平灰缝受剪（图 6-26）。这时，抵抗水平推力的是砌体沿通缝的抗剪承载力和作用在截面上的压力所产生的摩擦力的总和。因随着剪力的增加，砂浆将产生很大的剪切变形，一层砌体相对另一层砌体开始移动，有压力时，内摩擦力将阻止滑移。另外，因砌体竖向灰缝抗剪强度很低，可将阶梯形截面受剪破坏近似按其水平投影的水平截面来计算。因此，沿通缝或

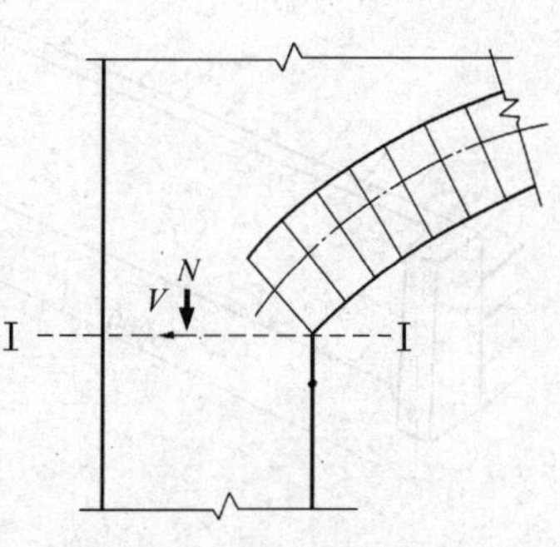

图 6-26　无拉杆的拱砌体

阶梯形截面破坏的受剪构件的承载力可按下式计算

$$V \leqslant (f_v + \alpha\mu\sigma_0)A \quad (6\text{-}54)$$

式中 V——截面剪力设计值；

f_v——砌体抗剪强度设计值；

A——水平截面面积；

σ_0——永久荷载设计值产生的水平截面平均压应力；

α——修正系数（当截面剪力设计值 V 是由可变荷载效应控制的组合计算时（$\gamma_G=1.2$），砖砌体取 $\alpha=0.6$，混凝土砌块砌体取 $\alpha=0.64$；当截面剪力设计值 V 是由永久荷载效应控制的组合计算时（$\gamma_G=1.35$），砖砌体取 $\alpha=0.64$，混凝土砌块砌体取 $\alpha=0.66$）；

μ——剪压复合受力影响系数。μ 值由下列公式确定：

当截面剪力设计值 V 是由可变荷载效应控制的组合计算时（$\gamma_G=1.2$）

$$\mu = 0.26 - 0.028(\sigma_0/f) \quad (6\text{-}55)$$

当截面剪力设计值 V 是由永久荷载效应控制的组合计算时（$\gamma_G=1.35$）

$$\mu = 0.23 - 0.065(\sigma_0/f) \quad (6\text{-}56)$$

【例题 6-6】 某地一圆形砖砌水池，壁厚 370mm，采用 MU10 砖，M10 水泥砂浆砌筑，B 级质量控制池壁承受环向拉力设计值 $N_T=50$kN，试验算池壁的受拉承载力。

解

查表 6-10，得砖砌体轴心抗拉强度设计值 $f_t=0.19$MPa。取圆形池壁的单位高度 $b=1000$mm，则截面面积 $A=1000\times370=370000\text{mm}^2$。采用水泥砂浆，故 f_t 应乘以调整系数 $\gamma_a=0.8$。

由式（6-51）得 $\gamma_a f_t A=0.8\times0.19\times370000=56240\text{N}=56.24\text{kN}>N=50\text{kN}$，满足要求。

【例题 6-7】 有一厚 370mm、支承间距 6m 的砖墙，如图 6-27 所示，采用 MU10 砖，M2.5 混合砂浆砌筑，承受均布荷载。求所能承受的荷载值。

解

查表 6-10，砖砌体沿齿缝的弯曲抗拉强度设计值 $f_{tm}=0.17$MPa，抗剪强度设计值 $f_v=0.08$MPa。取单位宽度 $b=1000$mm。则

截面抵抗矩 $W = bh^2/6 = 1000\times370^2/6 = 22.82\times10^6\text{mm}^3$

截面内力臂 $z = 2h/3 = 2\times370/3 = 246.7\text{mm}$

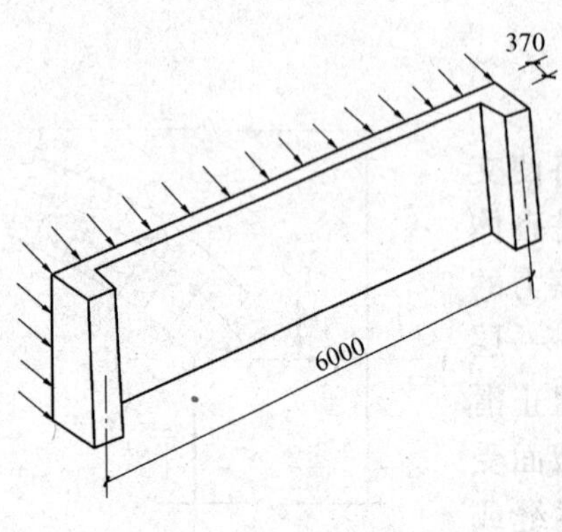

图 6-27 ［例题 6-7］图

由式（6-52）得受弯承载力

$$M_1 = f_{tm}W = 0.17\times22.82\times10^6 = 3879400\text{N}\cdot\text{mm}$$

由式（6-53）得受剪承载力

$$V_1 = f_v bz = 0.08\times1000\times246.7 = 19733\text{N}$$

由受弯承载力求墙体所能承受的均布荷载

$$q_1 = 8M_1/l^2 = 8\times3879400/6000^2 = 0.86\text{N/mm} = 860\text{N/m}$$

由受剪承载力求墙体所能承受的均布荷载

$$q_2 = 2V_1/l = 2\times19733/6000 = 6.6\text{N/mm} = 6.6\text{kN/m}$$

比较 q_1 与 q_2 该墙所能承受的均布荷载为 860N/m。

【例题 6-8】　有一拱式过梁，如图 6-28 所示。已知过梁宽度为 370mm，窗间墙宽 490mm，受剪截面面积 $A=370\text{mm}\times490\text{mm}$。墙体用 MU10 砖，M5 混合砂浆砌筑。在拱座（脚）处由永久荷载效应控制的组合，计算出水平推力设计值为 16kN（$\gamma_G=1.35$），作用在受剪面上由永久荷载设计值引起的纵向力 $N=36.3\text{kN}$。试验算拱式过梁之受剪承载力。

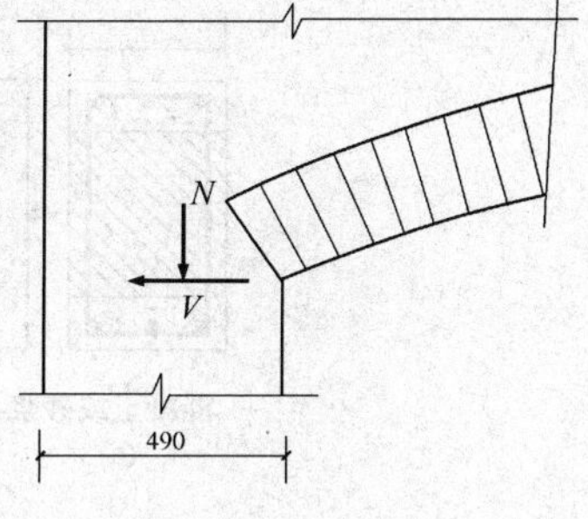

图 6-28　［例题 6-8］图

解

查表 6-10，砖砌体抗剪强度设计值 $f_v=0.11\text{MPa}$；

查表 6-3 得，砖砌体抗压强度设计值 $f=1.5\text{MPa}$。

$$A=490\times370=181300\text{mm}^2=0.1813\text{m}^2<0.3\text{m}^2$$

强度调整系数

$$\gamma_a=0.7+A=0.7+0.1813=0.8813$$

永久荷载设计值产生的平均压应力

$$\sigma_0=N/A=36300/(370\times490)=0.2\text{MPa}$$

$$\sigma_0/f=0.2/1.5=0.133$$

$$\mu=0.23-0.065(\sigma_0/f)=0.23-0.065\times0.133=0.22$$

取

$$\alpha=0.64$$

由式（6-54）计算受剪承载力

$$V_u=(f_v+\alpha\mu\sigma_0)A=(0.11\times0.8813+0.64\times0.22\times0.2)\times181300$$
$$=22.68\text{kN}>V=16\text{kN}$$

满足要求。

五、配筋砖砌体构件的承载力计算

如果在砖砌体中配置钢筋或钢筋混凝土，则称为配筋砖砌体。砌体结构中，当构件上承受的荷载很大，或荷载偏心距很大而截面尺寸受到限制，又不能提高材料的强度等级时，可考虑采用配筋砖砌体。

我国目前采用的配筋砖砌体类型主要有两种：网状配筋砖砌体和组合砖砌体。网状配筋砖砌体是将钢筋网放在砖的水平灰缝内，如图 6-29。组合砖砌体是将砖砌体的部分截面改用钢筋混凝土，成为组合构件，二者共同受力，如图 6-30。由混凝土构造柱与圈梁形成约束边框使其中的砖砌体与构造柱和圈梁组成一个整体受力构件，称为砖砌体与混凝土构造柱组合墙。

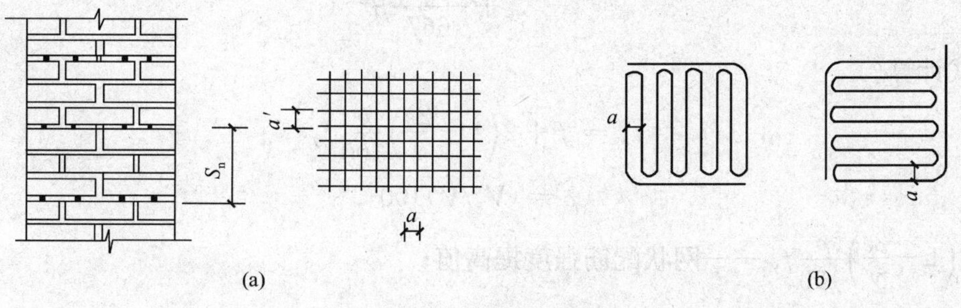

图 6-29　网状配筋砖砌体

（a）方格网；（b）连弯钢筋网

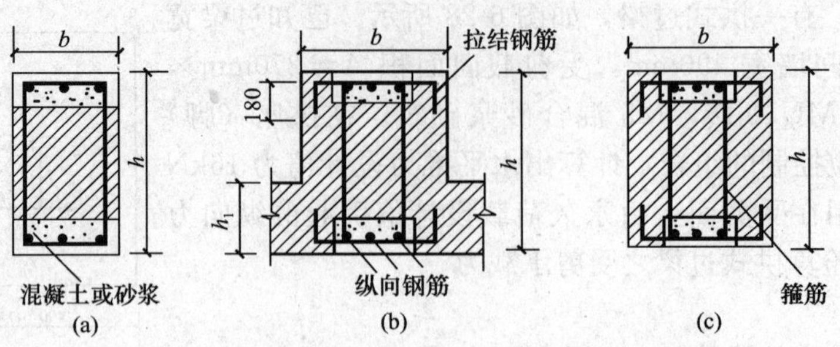

图 6-30 组合砖砌体构件截面

（一）网状配筋砖砌体

网状配筋砌体又称间接配筋砌体。试验表明，当网状配筋砖砌体上作用纵向压力时，由于钢筋与砖砌体共同工作，而钢筋的弹性模量又大于砖砌体的弹性模量，砖砌体的横向变形受到钢筋的约束，网状配筋在砖砌体中起着“箍”的作用，使砖砌体处于三向受力状态，从而使砖砌体的破坏发生质和量的变化。对网状配筋砖砌体进行轴压试验时可观察到，在加荷初期，由于钢筋承受横向拉力而减小了砖块中的拉应力，而延缓了砖砌体中裂缝的出现；随着荷载的增加，在个别砖块上出现裂缝，但裂缝沿砖砌体高度的展开为钢筋网所阻碍，不能形成上下贯通的裂缝，仅在两片钢筋网间形成较短的裂缝，但裂缝数目较多；破坏时，整皮砖层被压碎；网状配筋砖砌体的承载力比无筋砖砌体高，而且配筋量愈大，承载能力愈高。

网状配筋砖砌体受压构件的承载力，可按下式计算

$$N \leqslant \varphi_n f_n A \tag{6-57}$$

$$\varphi_n = \frac{1}{1+12\left\{\frac{e}{h}+\sqrt{\frac{1}{12}\left(\frac{1}{\varphi_{0n}}-1\right)}\right\}^2} \tag{6-58}$$

式中 N——荷载设计值产生的轴向力；

A——截面面积；

φ_n——高厚比和配筋率以及轴向力的偏心距对网状配筋砖砌体受压构件承载力的影响系数，φ_n 可按式（6-58）计算，也可查表；

f_n——网状配筋砖砌体的抗压强度设计值。

式中稳定系数

$$\varphi_{0n} = \frac{1}{1+\frac{1+3\rho}{667}\beta^2} \tag{6-59}$$

f_n 按下式计算

$$f_n = f + 2\left(1-\frac{2e}{y}\right)\frac{\rho}{100}f_y \tag{6-60}$$

$$\rho = (V_s/V)100 \tag{6-61}$$

式中 $2\left(1-\frac{2e}{y}\right)\frac{\rho}{100}f_y$ ——网状配筋强度提高值；

e——轴向力的偏心距，按荷载设计值计算；

ρ——配筋率（体积比）；

V_s，V——钢筋和砌体的体积；

f_y——受拉钢筋的设计强度，当 $f_y>320$MPa 时，取 $f_y=320$MPa。

当采用截面面积为 A_s 的钢筋组成的方格网［图 6-29（a）］，网格尺寸为 a，钢筋网的间距为 s_n 时

$$\rho=\frac{2A_s}{as_n}\times 100$$

矩形截面构件，当轴向力偏心方向的截面边长大于另一方向的边长时，除按偏心受压计算外，还应对较小边长方向按轴心受压进行验算。

当网状配筋砖砌体构件下端与无筋砖砌体交接时，尚应验算无筋砖砌体的局部受压承载力。

网状配筋砖砌体的适应范围如下：

（1）偏心距不宜超过截面核心范围，对于矩形截面要求 $e<0.17h$。因为，当偏心距较大时，砌体截面应力分布不均匀，产生不均匀的横向变形，并使钢筋网中间的拉力不均匀，使网状配筋的效果明显降低。试验表明，横向配筋的效果将随偏心距的增大而降低。对任意形状的截面，当 $e>0.5y$ 时，式（6-60）中的 $(1-2e/y)=0$，$f_n=f$，相当于无筋砖砌体的强度，网状配筋效果等于零。

（2）当偏心距未超过截面核心范围时，构件高厚比 β 宜小于 16。因为网状配筋砖砌体应力较高，灰缝较厚，砌体受压后变形较大；因此，它的弹性模量比砖和砂浆强度等级相同的无筋砖砌体要小，这对高厚比较大的受压构件是很不利的。因为，高厚比大，纵向弯曲系数 φ_n 将降低，网状配筋的效果将得不到充分发挥。

网状配筋砖砌体的构造要求，应符合下列规定：

（1）网状配筋砖砌体中的配筋率，不应小于 0.1%，也不应大于 1%。因为配筋率过低，钢筋的效果将不明显；如果过高，不仅不能无限提高砌体的承载能力，而且施工麻烦。

（2）为使钢筋与砂浆很好地粘结，并避免钢筋锈蚀，要求砂浆不应低于 M7.5。钢筋网应设置在砌体的水平灰缝中，灰缝厚度应保证钢筋上下至少各有 2mm 厚的砂浆层。但灰缝不宜太厚，否则会增加砌体的变形。

（3）钢筋网的间距 s_n 不应大于五皮砖，也不应大于 400mm，以保证钢筋网的约束作用。

（4）采用钢筋网时，钢筋直径宜采用 3～4mm，钢筋的间距 a 不应大于 120mm，也不应小于 30mm。间距太大，钢筋网的横向约束作用将降低，间距过小，灰缝中的砂浆不易密实。

（5）当采用连弯钢筋网时，钢筋直径不应大于 8mm，钢筋网的钢筋方向应相互垂直，沿砌体高度交错设置，s_n 取同一方向网的间距。

施工时为便于检查钢筋网是否错设或漏设，可在钢筋中留出标记，如将钢筋网中的少许钢筋的末端伸出砌体表面 5mm 方便检查。

（二）组合砖砌体构件

当构件所受轴向力的偏心距 e 超过 $0.6y$ 或偏心距虽小但垂直荷载很大，而截面尺寸又受到限制时，或因抗震需要及对已建成的砖砌体结构进行加固时，可采用砖砌体和钢筋混凝土面层或钢筋砂浆面层组成的组合砖砌体构件（图 6-30）。

组合砖砌体在轴心压力作用下，常在砌体与面层混凝土或面层砂浆的连接处产生第一批

裂缝，随着压力增大，砖砌体内逐渐产生竖向裂缝。由于两侧的钢筋混凝土或钢筋砂浆对砖砌体有横向约束作用，砌体内裂缝的发展较为缓慢。最后，砌体内的砖和面层混凝土或面层砂浆严重脱落甚至被压碎，或竖向钢筋在箍筋范围内压屈，组合砌体完全破坏。

组合砌体构件分为轴心受压、小偏心受压和大偏心受压三种受力情况。

1. 轴心受压组合砖砌体的承载力

轴心受压构件的承载力按下式计算

$$N \leqslant \varphi_{com}(fA + f_c A_c + \eta_s f'_y A'_s) \tag{6-62}$$

式中 φ_{com}——组合砖砌体构件的稳定系数，按表 6-20 采用；

A——砖砌体的截面面积；

f——砌体的抗压强度设计值，查表 6-3；

f_c——混凝土或面层砂浆的轴心抗压强度设计值（可取为同强度等级混凝土的轴心抗压强度设计值的 70%，当砂浆为 M7.5 时其值取 2.6MPa，当砂浆为 M10 时其值取 3.5MPa，当砂浆为 M15 时其值取 5.2MPa）；

A_c——混凝土或砂浆面层的截面面积；

η_s——受压钢筋的强度系数，当为混凝土面层时可取 1.0，当为砂浆面层时可取 0.9；

f'_y——受压钢筋的抗压强度设计值；

A'_s——受压钢筋的截面面积。

表 6-20　组合砖砌体的稳定系数 φ_{com}

高厚比 β	配筋率 ρ（%）					
	0	0.2	0.4	0.6	0.8	≥1.0
8	0.91	0.93	0.95	0.97	0.99	1.00
10	0.87	0.90	0.92	0.94	0.96	0.98
12	0.82	0.85	0.88	0.91	0.93	0.95
14	0.77	0.80	0.83	0.86	0.89	0.92
16	0.72	0.75	0.78	0.81	0.84	0.87
18	0.67	0.70	0.73	0.76	0.79	0.81
20	0.62	0.65	0.68	0.71	0.73	0.75
22	0.58	0.61	0.64	0.66	0.68	0.70
24	0.54	0.57	0.59	0.61	0.63	0.65
26	0.50	0.52	0.54	0.56	0.58	0.60
28	0.46	0.48	0.50	0.52	0.54	0.56

注　组合砖砌体构件截面的配筋率 $\rho = A'_s/bh$。

2. 偏心受压组合砖砌体的承载力

偏心受压构件的承载力，按下式计算

$$N \leqslant fA' + f_c A'_c + \eta_s f'_y A'_s - \sigma_s A_s \tag{6-63}$$

或

$$Ne_N \leqslant fS_s + f_c S_{c,s} + \eta_s f'_y A'_s (h_0 - a') \qquad (6\text{-}64)$$

受压区高度 x 按下式确定

$$fS_N + f_c S_{c,N} + \eta_s f'_y A'_s e'_N - \sigma_s A_s e_N = 0 \qquad (6\text{-}65)$$

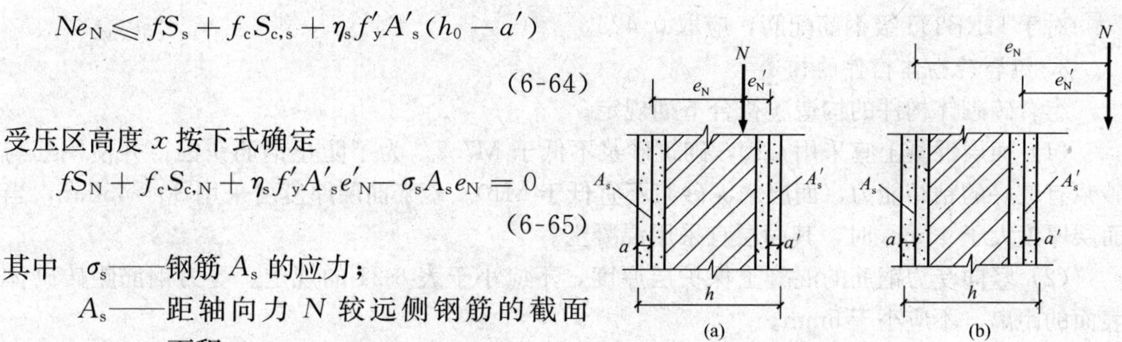

图 6-31　组合砖砌体偏心受压构件

(a) 小偏心受压；(b) 大偏心受压

其中　σ_s——钢筋 A_s 的应力；

A_s——距轴向力 N 较远侧钢筋的截面面积；

A'——砖砌体受压部分的面积；

A'_c——混凝土或砂浆面层受压部分的面积；

S_s——砖砌体受压部分的面积对钢筋 A_s 重心的面积矩；

$S_{c,s}$——混凝土或砂浆面层受压部分的面积对钢筋 A_s 重心的面积矩；

S_N——砖砌体受压部分的面积对轴向力 N 作用点的面积矩；

$S_{c,N}$——混凝土或砂浆面层受压部分的面积对轴向力 N 作用点的面积矩；

e'_N，e_N——钢筋 A'_s 和 A_s 重心至轴向力 N 作用点的距离。e'_N，e_N 按下列公式计算

$$e'_N = e + e_a - (h/2 - a') \qquad (6\text{-}66)$$

$$e_N = e + e_a + (h/2 - a) \qquad (6\text{-}67)$$

$$e_a = \frac{\beta^2 h}{2200}(1 - 0.022\beta) \qquad (6\text{-}68)$$

式中　e——轴向力的初始偏心距，按荷载标准值计算，当 $e<0.05h$ 时，则取 $e=0.05h$；

e_a——组合砖砌体构件在轴向力作用下的附加偏心距；

h_0——组合砖砌体构件截面的有效高度，$h_0=h-a$；

a'、a——钢筋 A'_s 和 A_s 重心至截面较近边的距离。

组合砖砌体钢筋 A_s 的应力 σ_s（单位为 MPa，正值为拉应力，负值为压应力）可按下列规定计算：

（1）小偏心受压（$\xi>\xi_b$）

$$\sigma_s = 650 - 800\xi \qquad (6\text{-}69)$$

$$-f'_y \leqslant \sigma_s \leqslant f_y$$

（2）大偏心受压（$\xi \leqslant \xi_b$）

$$\sigma_s = f_y \qquad (6\text{-}70)$$

式中　ξ——组合砖砌体构件截面受压区的相对高度，$\xi=x/h_0$；

f_y——受拉钢筋的抗拉强度设计值；

ξ_b——组合砖砌体构件的界限相对受压区高度。

对于 HPB235 级钢筋配筋，应取 0.55；

对于 HRB335 级钢筋配筋，应取 0.425。

3. 组合砖砌体构件的构造

组合砖砌体构件的构造应符合下列规定。

（1）面层混凝土宜采用 C20，砌筑砂浆不低于 M7.5。为了防止钢筋锈蚀，并使钢筋与砂浆有较好的粘结能力，面层水泥砂浆不宜低于 M10。砂浆面层厚度可采用 30～45mm，当面层厚度大于 45mm 时，其面层宜采用混凝土。

（2）竖向受力钢筋的混凝土保护层厚度，不应小于表 6-21 的规定。受力钢筋距砖砌体表面的距离，不应小于 5mm。

表 6-21　受力钢筋保护层厚度

构件类别＼环境条件	室内正常环境	露天或室内潮湿环境
墙	15	25
柱	25	35

注　当面层为水泥砂浆时，对于柱，保护层可减小 5mm。

（3）竖向受力钢筋的材料、直径、间距和配筋率见表 6-22，箍筋的要求见表 6-23。

表 6-22　竖向受力钢筋的构造要求

面层材料	砂　浆	混　凝　土
受力钢筋	HPB235	HPB235、HRB335
受力钢筋直径	≥8	≥8
受力钢筋净间距	≥30	≥30
受压钢筋配筋率	≥0.1	≥0.2
受拉钢筋配筋率	≥0.1	≥0.1

表 6-23　箍筋的构造要求

	直　径	钢筋净间距
箍　筋	≥0.2d ≥4mm ≤6mm	≤20d ≤500mm ≥120mm

注　d 为受压钢筋直径。

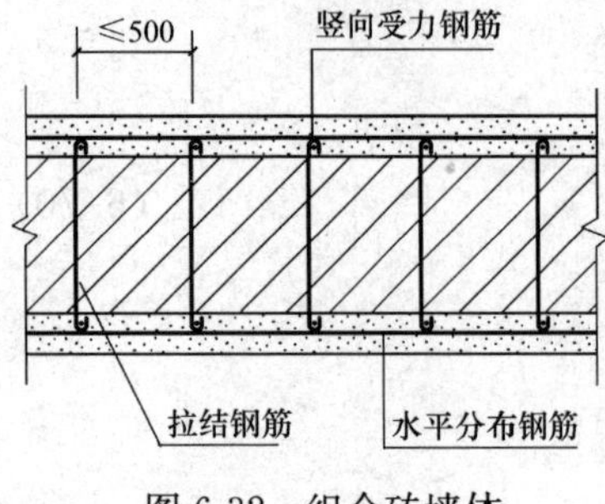

图 6-32　组合砖墙体

（4）当组合砖砌体构件一侧的受力钢筋多于 4 根时，应设置附加箍筋或拉结钢筋。对于截面长短边相差较大的构件如墙体等，应采用穿通墙体的拉结钢筋作为箍筋，同时设置水平分布钢筋。水平分布钢筋的竖向间距及拉结钢筋的水平间距，均不应大于 500mm（图6-32）。

（5）组合砖砌体构件的顶部、底部及牛腿部位，必须设置钢筋混凝土垫块（图 6-33）。受力钢筋伸入垫块的长度，必须满足锚固要求。

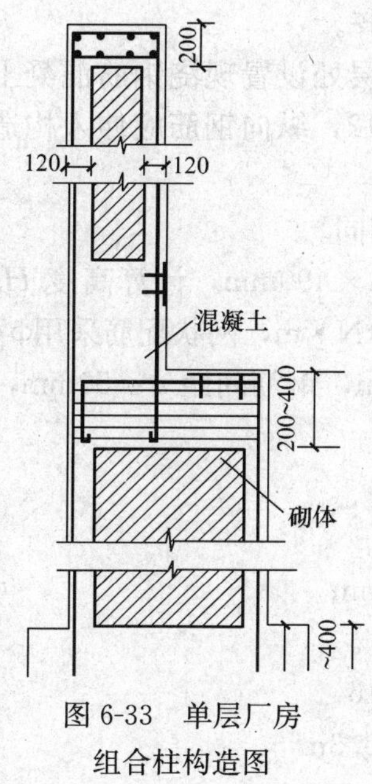

图 6-33 单层厂房组合柱构造图

（三）砖砌体与钢筋混凝土构造柱组合墙的承载力

在混合结构房屋中，由混凝土构造柱与圈梁形成约束边框，使其中的砖砌体与构造柱和圈梁组成一个整体受力构件，称为砖砌体与混凝土构造柱组合墙（简称砖柱组合墙）。试验表明，砖柱组合墙由构造柱和被约束的墙体共同承担荷载，其承载力比无筋砖砌体墙要高得多。轴心受压组合墙可取图 6-34 所示的计算单元，按下列公式计算其承载力

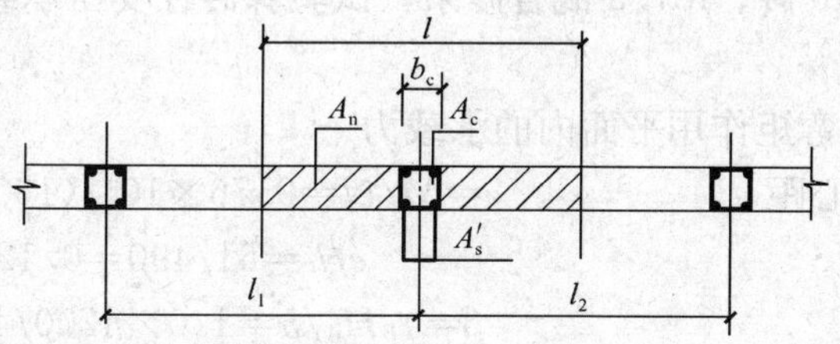

图 6-34 砖砌体与构造柱组合墙

$$N \leqslant \varphi_{com}[fA_n + \eta(f_cA_c + f'_yA'_s)] \tag{6-71}$$

$$\eta = \left[\frac{1}{(l/b_c) - 3}\right]^{\frac{1}{4}} \tag{6-72}$$

$$l = (l_1 + l_2)/2$$

式中 φ_{com}——组合砖砌体构件的稳定系数，按表 6-20 采用；

η——强度系数。当 $l/b_c < 4$ 时，取 $l/b_c = 4$；

l——沿墙长方向构造柱的间距；

b_c——沿墙长方向构造柱的宽度；

A_n——砖砌体的净截面面积；

A_c——构造柱的净截面面积；

f——砌体的抗压强度设计值，查表 6-3；

f_c——混凝土轴心抗压强度设计值；

f'_y——受压钢筋的抗压强度设计值；

A'_s——受压钢筋的截面面积。

砖砌体与混凝土构造柱组合墙应满足下列构造要求：

（1）砂浆的强度等级不应低于 M5，构造柱混凝土强度等级不宜低于 C20。

（2）构造柱内竖向受力钢筋的混凝土保护层厚度，应符合表 6-21 的要求。

（3）构造柱的截面尺寸不宜小于 240mm×240mm，其厚度不应小于墙厚。边柱、角柱的截面尺寸宜适当加大柱内竖向受力钢筋，对于中柱不少于 4Φ12；对于边柱、角柱不宜少于 4Φ14。构造柱内竖向受力钢筋直径也不宜大于 16mm。柱内箍筋，一般部位宜采用Φ6@200，楼层上下 500mm 范围内宜采用Φ6@100。构造柱内竖向受力钢筋应在基础梁和楼层圈梁中锚固，并应满足受拉钢筋的锚固长度要求。

（4）组合砖砌体结构房屋，应在纵横墙交接处、墙端部和较大洞口的洞边设置构造柱，

其间距不宜大于4m。各层洞口宜设置在同一位置，并宜上下对齐。

(5) 组合砖墙砌体结构房屋应在基础顶面、有组合墙的楼层处设置现浇钢筋混凝土圈梁。圈梁的截面高度不宜小于240mm，纵向钢筋不宜少于4Φ12，纵向钢筋应伸入构造柱内，并应符合受拉钢筋的锚固长度。圈梁箍筋宜采用Φ6@200。

(6) 构造柱与墙体的连接及施工方法、要求与一般构造柱相同。

【例题6-9】 某矩形截面网状配筋砖柱，截面尺寸370mm×490mm，计算高度$H_0=4200$mm，承受轴向力设计值$N=160$kN，弯矩设计值$M=9.76$kN·m，网状配筋采用Φ_4^b冷拔低碳钢丝焊接网（$f_y=430$MPa），网距为四皮砖，$s_n=260$mm，钢筋间距$a=50$mm，采用MU10砖、M7.5混合砂浆，试验算砖柱受压承载力是否足够。

解

1. 弯矩作用平面内的承载力

偏心距 $e=M/N=9.76\times10^6/(160\times10^3)=61\text{mm}$

$$e/h=61/490=0.124<0.17$$

$$\beta=\gamma_\beta H_0/h=1.0\times4200/490=8.57<16$$

截面积 $A=370\times490=181300\text{mm}^2=0.1813\text{m}^2<0.3\text{m}^2$

强度调整系数 $\gamma_a=0.7+A=0.7+0.1813=0.8813$

配筋率 $\rho=2A_s/as_n\times100=2\times12.6/(50\times260)=0.194\%>0.1\%<1\%$

稳定系数按式（6-59）计算

$$\varphi_{0n}=\frac{1}{1+\frac{3\rho}{667}\beta^2}=\frac{1}{1+\frac{1+3\times0.194}{667}\times8.57^2}=0.852$$

影响系数按式（6-58）计算

$$\varphi_n=\frac{1}{1+12\left\{\frac{e}{h}+\sqrt{\frac{1}{12}\left(\frac{1}{\varphi_{0n}}-1\right)}\right\}^2}=\frac{1}{1+12\left\{0.124+\sqrt{\frac{1}{12}\left(\frac{1}{0.852}-1\right)}\right\}^2}=0.583$$

$$f_y=430\text{MPa}>320\text{MPa},取\ f_y=320\text{MPa}$$

配筋砌体的抗压强度按式（6-60）计算

$$f_n=f+2\left(1-\frac{2e}{y}\right)\frac{\rho}{100}f_y$$

$$=1.69+2(1-2\times61/245)\times(0.194/100)\times320=2.31\text{N/mm}^2$$

配筋砌体的受压承载力按式（6-57）计算

$$\varphi_n\gamma_a f_n A=0.583\times0.8813\times2.31\times181300=215\text{kN}>N=160\text{kN}$$

承载力足够。

2. 垂直弯矩作用平面的承载力验算

高厚比 $\beta=\gamma_\beta H_0/h=1.0\times4200/370=11.35<16$

偏心距 $e=0$

配筋率 $\rho=0.194\%$

由式（6-58）计算得，$\varphi_n=0.767$

$$f_n=f+2\left(1-\frac{2e}{y}\right)\frac{\rho}{100}f_y=1.69+2(1-2\times0)\times(0.194/100)\times320=2.93\text{MPa}$$

$$\varphi_n \gamma_a f_n A = 0.767 \times 0.8813 \times 2.93 \times 181300 = 359\text{kN} > N = 160\text{kN}$$

满足要求。

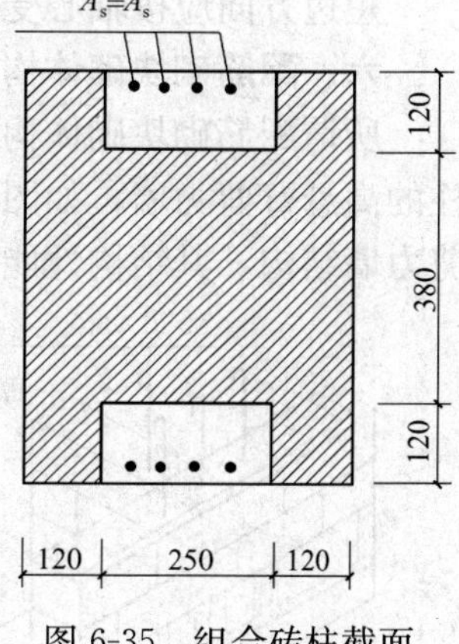

图 6-35　组合砖柱截面

【例题 6-10】　有一截面尺寸为 490mm×620mm 的组合柱，见图 6-35。计算高度 H_0=6000mm，采用 MU10 砖、M5 混合砂浆，C20 混凝土，HRB335 级钢筋，对称配筋，$a=a'=35$mm，作用有偏心距 e=510mm 的轴向压力设计值 N=380kN，求钢筋截面面积。

解

因偏心距很大，故先假定为大偏心受压，钢筋 A_s 达到抗拉强度设计值 f_y=300MPa。故 $\sigma_s=f_y=f'_y$。

高厚比　$\beta=\gamma_\beta H_0/h=1.0\times6000/620=9.68$

附加偏心距按式（6-68）计算

$$e_a = \frac{\beta^2 h}{2200}(1-0.022\beta) = 9.682^2 \times 620/2200$$

$$\times(1-0.022\times9.68) = 20.78\text{mm}$$

由式（6-68）、式（6-69）得

$$e'_N = e + e_a - (h/2 - a') = 510 + 20.78 - (620/2) + 35 = 255.8\text{mm}$$

$$e_N = e + e_a + h/2 - a = 510 + 20.78 + 620/2 - 35 = 805.8\text{mm}$$

采用混凝土面层时，受压钢筋的强度系数 η_s=1.0。

设 $A_s=A'_s$，所以 $\eta_s f'_y A'_s=\sigma_s A_s$，由式（6-63）有

$$N \leqslant fA' + f_c A'_c$$

假定 120mm<x<500mm

$$A'_c = 250 \times 120 = 30000\text{mm}^2$$

$$A' = 490x - 250 \times 120 = 490x - 30000$$

查表 6-3，f=1.50MPa。

C20 混凝土　f_c=9.6MPa。

则　$380000\leqslant1.50\times(490x-30000)+9.6x30000$

解得　x=186mm，120mm<x<500mm，符合原假定。

$$\xi=x/h_0=186/(620-35)=0.318<\xi_b=0.425$$

故属大偏心受压（与假定相符）。

$$S_s = 120 \times 240 \times (620-35-120/2) + (186-120) \times 490 \times [620-35-(186-120)/2]$$

$$= 32971680\text{mm}^3$$

$$S_{cs} = 120 \times 250 \times (620-35-120/2) = 15750000\text{mm}^3$$

由式（6-64）得

$$A_s = \frac{N_{eN} - fS_s - f_c S_{c,s}}{\eta_s f'_y (h_0 - a')} = \frac{380000 \times 805.8 - 1.50 \times 32971680 - 9.6 \times 15750000}{1 \times 300 \times (585-35)}$$

$$= 639\text{mm}^2$$

每边用 4Φ16，A_s=804mm²

$$\rho=A_s/bh=804/(490\times620)=0.0027>0.002$$

满足要求。

短边方向应按轴心受压进行验算（从略）。

六、配筋砌块砌体构件的承载力计算

所谓配筋砌块砌体构件是指由混凝土小型空心砌块砌筑，并在竖向孔洞中配筋、灌注芯柱的高悬臂剪力墙，如图 6-36 所示。此类构件作为房屋的竖向承重结构体系称为配筋砌块剪力墙结构，其结构性能类似于钢筋混凝土剪力墙结构。配筋砌块砌体构件在配筋砌块剪力墙结构中承受结构的竖向和水平方向的作用，因此它是承受压、弯、剪的复合受力构件。配筋砌块砌体在截面受压承载力计算时根据轴向力 N 的作用线与构件截面形心轴线是否重合分为轴心受压和偏心受压。当轴向力 N 沿墙厚方向偏心时，墙体将可能发生出平面外压弯破坏，其承载力可采用式（6-16）计算，式中的砌体抗压强度按式（6-73）计算取用。当轴向力 N 沿墙截面长边方向偏心时，墙体将可能发生平面内压弯破坏或斜截面受剪破坏。下面讲述配筋砌块砌体构件轴心受压承载力、偏心受压承载力和斜截面受剪承载力的计算方法。

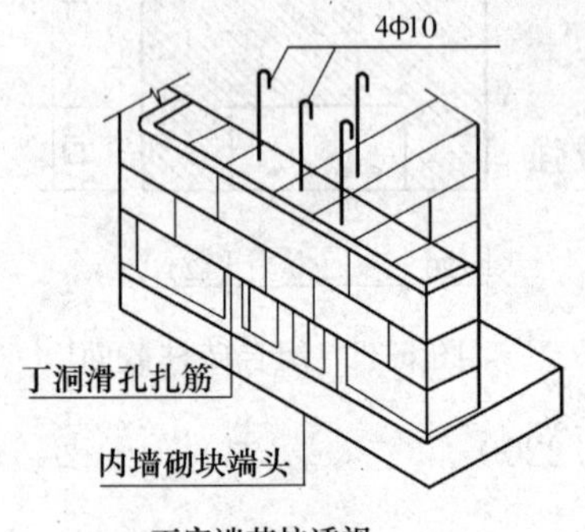

图 6-36 配筋砌块砌体墙

（一）正截面受压承载力计算

试验表明，配筋砌块砌体构件正截面受压的力学性能和破坏形态与钢筋混凝土剪力墙相似，参照钢筋混凝土剪力墙的计算方法，对配筋砌块砌体构件正截面受压承载力计算作如下假定：

（1）截面应变保持平面；

（2）竖向钢筋与其毗邻的砌体、灌孔混凝土的应变相同；

（3）不考虑砌体、灌孔混凝土的抗拉强度；

（4）根据材料选择砌体、灌孔混凝土的极限压应变，且不应大于 0.003；

（5）根据材料选择钢筋的极限拉应变，且不应大于 0.01。

根据上述假定，规范建议配筋砌块砌体构件正截面受压承载力计算仍可采用“矩形应力”图形，即采用砌体受压区应力图形为矩形，受压区砌体抗压强度取灌孔砌体抗压强度设计值 f_g；受压钢筋屈服。大偏心受压时，受压区分布钢筋在（$h_0-1.5x$）范围内达到屈服。截面计算简图如图 6-37。

1. 轴心受压构件承载力计算

轴心受压时，构件全截面受压，在承载力达到极限状态时，受压钢筋达到屈服强度，砌体达到灌孔砌体抗压强度设计值 f_g，构件破坏。

灌孔砌体抗压强度设计值 f_g 按下列公式计算

$$f_g = f + 0.6\alpha f_c \tag{6-73}$$

$$\alpha = \delta\rho \tag{6-74}$$

式中 f_g——灌孔砌体抗压强度设计值，不大于 $2f$；

f——未灌孔砌体抗压强度设计值，按表 6-5 取用；

f_c——灌孔混凝土轴心抗压强度设计值；

α——砌块砌体中灌孔混凝土面积和砌体毛面积的比值；

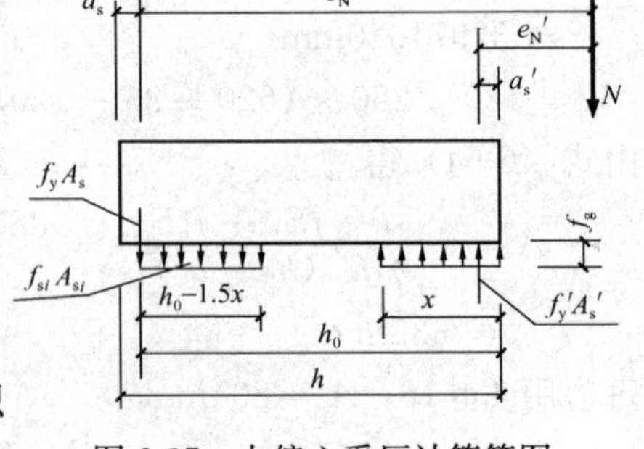

图 6-37 大偏心受压计算简图

δ——混凝土砌块的孔洞率；

ρ——混凝土砌块砌体的灌孔率，即截面灌孔混凝土面积和截面孔洞面积的比值，不应小于33%。

轴心受压构件承载力按下列公式计算

$$N \leqslant \varphi_{0g}(f_g A + 0.8 f'_y A'_s) \tag{6-75}$$

$$\varphi_{0g} = \frac{1}{1 + 0.001\beta^2} \tag{6-76}$$

式中　N——轴向力设计值；

f_g——灌孔砌体抗压强度设计值；

f_y——钢筋抗压强度设计值；

A——构件的毛截面面积；

A'_s——全部竖向钢筋截面面积；

φ_{0g}——轴心受压构件的稳定系数；

β——构件高厚比。

当无箍筋或水平分布钢筋时，仍可采用式（6-75）计算，但应使 $f'_y A'_s = 0$。

2. 偏心受压构件承载力计算

对于偏心受压构件，按受压区高度的大小不同分为大偏心受压和小偏心受压两种情况。

（1）大偏心受压构件承载力。当受压区高度满足下列条件时为大偏心受压

$$x \leqslant \xi_b h_0 \tag{6-77}$$

式中　x——截面受压区高度；

ξ_b——界限相对受压区高度，按表6-24取值；

h_0——截面有效高度。

表6-24　界限相对受压区高度 ξ_b

钢　筋	HPB235	HRB335
ξ_b	0.60	0.53

大偏心受压构件破坏时，受压区砌体达到灌孔砌体抗压强度设计值 f_g，受压钢筋屈服，受压区分布钢筋在（$h_0 - 1.5x$）范围内达到屈服。截面计算简图如图6-37。

大偏心受压构件承载力可按下列公式计算

$$N \leqslant f_g bx + f'_y A'_s - f_y A_s - \sum f_{si} A_{si} \tag{6-78}$$

$$Ne_N \leqslant f_g bx(h_0 - x/2) + f'_y A'_s(h_0 - a'_s) - \sum f_{si} S_{si} \tag{6-79}$$

式中　N——轴向力设计值；

f_g——灌孔砌体抗压强度设计值；

b——截面宽度；

f_{si}——竖向分布钢筋的抗拉强度设计值；

f'_y——钢筋抗压强度设计值；

A'_s——竖向受压钢筋截面面积；

f_y——钢筋抗拉强度设计值；

A_s——竖向受拉钢筋截面面积；

A_{si}——单根竖向分布钢筋截面面积；

S_{si}——第 i 根竖向分布钢筋对受拉主钢筋的面积矩；

e_N——轴向力作用点到竖向受拉钢筋合力点之间的距离。

式（6-78）和（6-79）的适用条件是 $2a_s' \leqslant x \leqslant \xi_b h_0$。当 $x < 2a_s'$时，取 $x = 2a_s'$并对受压钢筋合力点取矩，即其承载力按下式计算

$$Ne_N' \leqslant f_y A_s (h_0 - a_s') \tag{6-80}$$

e_N'——轴向力作用点到竖向受压钢筋合力点之间的距离。

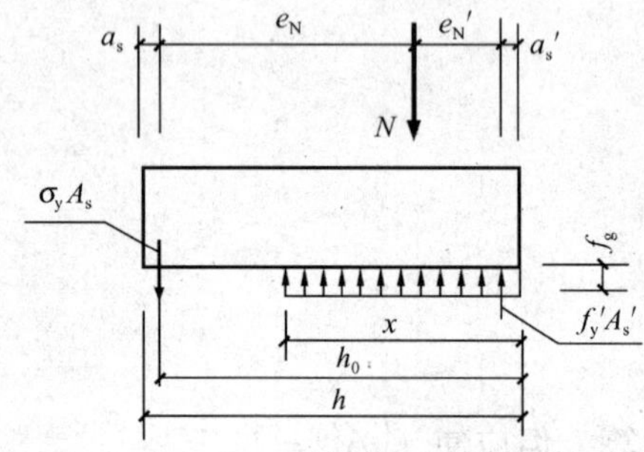

图 6-38 小偏心受压计算简图

（2）小偏心受压构件承载力。当受压区高度满足下列条件时为小偏心受压

$$x > \xi_b h_0 \tag{6-81}$$

式中 x，ξ_b，h_0——含义与式（6-77）相同。

小偏心受压破坏时，受压区砌体达到灌孔砌体抗压强度设计值 f_g；受压钢筋屈服；受拉区分布钢筋的应力 σ 可能受拉，也可能受压。截面计算简图见图 6-38。

小偏心受压构件承载力按下列公式计算

$$N = f_g bx + f_y' A_s' - \sigma_s A_s \tag{6-82}$$

$$Ne_N = f_g bx(h_0 - x/2) + f_y' A_s'(h_0 - a_s') \tag{6-83}$$

$$\sigma_s = \frac{f_y}{\xi_b - 0.8}\left(\frac{x}{h_0} - 0.8\right) \tag{6-84}$$

按上式进行配筋计算时，需三个方程联立求解，手算比较烦琐。在实际工程中常采用矩形截面对称配筋的砌块砌体小偏心受压构件，可采用下列近似公式计算

$$\xi = \frac{N - \xi_b f_g b h_0}{\dfrac{Ne_N - 0.43 f_g b h_0^2}{(0.8 - \xi_b)(h_0 - a_s')} + f_g b h_0} + \xi_b \tag{6-85}$$

$$A_s = A_s' = \frac{Ne_N - f_g b h_0^2 \xi(1 - 0.5\xi)}{f_y'(h_0 - a_s')} \tag{6-86}$$

（二）配筋砌块砌体斜截面受剪承载力

配筋砌块砌体构件斜截面受剪承载力的主要影响因素，主要有灌孔砌块砌体的材料强度、剪跨比 λ 以及水平钢筋的配置情况等。其中剪跨比 λ 影响较大。一般剪跨比越小则受剪承载力越高。

配筋砌块砌体剪跨比 λ 可按下式计算

$$\lambda = M/Vh_0 \tag{6-87}$$

式中 M——计算截面的弯矩设计值；

V——计算截面的剪力设计值；

h_0——计算截面的有效高度；

λ——计算截面的剪跨比。当 $\lambda < 1.5$ 时，取 $\lambda = 1.5$；当 $\lambda > 2.2$ 时，取 $\lambda = 2.2$。

当轴向力为压力且压力值在一定范围内时，砌体受剪承载力提高；当轴向力为拉力时，砌体受剪承载力降低。水平钢筋的配置提高了配筋砌块砌体的变形能力和抗剪能力，极限状态时水平钢筋参与受力并达到屈服。《砌体规范》规定配筋砌块砌体斜截面受剪承载力按下

列方法计算。

1. 截面限制条件

斜截面受剪承载力计算时，配筋砌块砌体的截面尺寸应满足下式要求

$$V \leqslant 0.25 f_g hb \tag{6-88}$$

式中　V——计算截面的剪力设计值；

f_g——灌孔砌体抗压强度设计值；

h——计算截面高度；

b——计算截面的宽度或T形、倒L形截面腹板宽度。

2. 偏心受压时斜截面受剪承载力计算

偏心受压时配筋砌块砌体的斜截面受剪承载力按下式计算

$$V \leqslant \frac{1}{\lambda - 0.5}\left(0.6 f_{vg} b h_0 + 0.12 N \frac{A_w}{A}\right) + 0.9 f_{yh} \frac{A_{sh}}{s} h_0 \tag{6-89}$$

式中　f_{vg}——灌孔砌体抗剪强度设计值，$f_{vg} = 0.2 f_g^{0.55}$；

N——计算截面的轴向力设计值，当 $N > 0.25 f_g hb$，取 $N = 0.25 f_g hb$；

b——配筋砌块砌体截面的宽度或T形、倒L形截面腹板宽度；

h_0——配筋砌块砌体的截面有效高度；

A——配筋砌块砌体的截面面积；

A_w——T形或倒L形截面腹板的截面面积，对于矩形截面取 $A_w = A$；

λ——计算截面的剪跨比，按式（6-87）计算；

A_{sh}——配置在同一截面内的水平分布筋的全部截面面积；

s——水平分布筋的竖向间距；

f_{yh}——水平钢筋的抗拉强度设计值。

3. 偏心受拉时截面受剪承载力计算

偏心受拉时配筋砌块砌体的斜截面受剪承载力按下式计算

$$V \leqslant \frac{1}{\lambda - 0.5}\left(0.6 f_{vg} b h_0 - 0.22 N \frac{A_w}{A}\right) + 0.9 f_{yh} \frac{A_{sh}}{s} h_0 \tag{6-90}$$

式中各符号含义同式（6-89）。

如果配筋砌块砌体构件按剪力墙设计时，尚应满足一定的构造要求，详见第四节。

第二节　混合结构房屋的结构布置

一、混合结构房屋的结构布置方案

混合结构房屋主要采用砌体混合结构的形式，包括砌体—混凝土结构及砌体—木结构等。目前常用的是砌体—混凝土结构，即水平构件［梁、楼（屋）面板］等采用钢筋混凝土，墙体、柱采用砌体。通常将砌体墙、柱作为竖向承重构件的建筑物统称为砌体结构。

砌体结构构件所用块体材料主要类型为：烧结普通砖、烧结多孔砖、蒸压灰砂砖和蒸压粉煤灰砖，混凝土小型砌块、石材等。

混合结构房屋根据竖向荷载承重结构的布置情况可分为横墙承重方案、纵墙承重方案、

纵横墙承重方案、内框架承重方案和底部框架上部砌体承重方案等，见图 6-39。

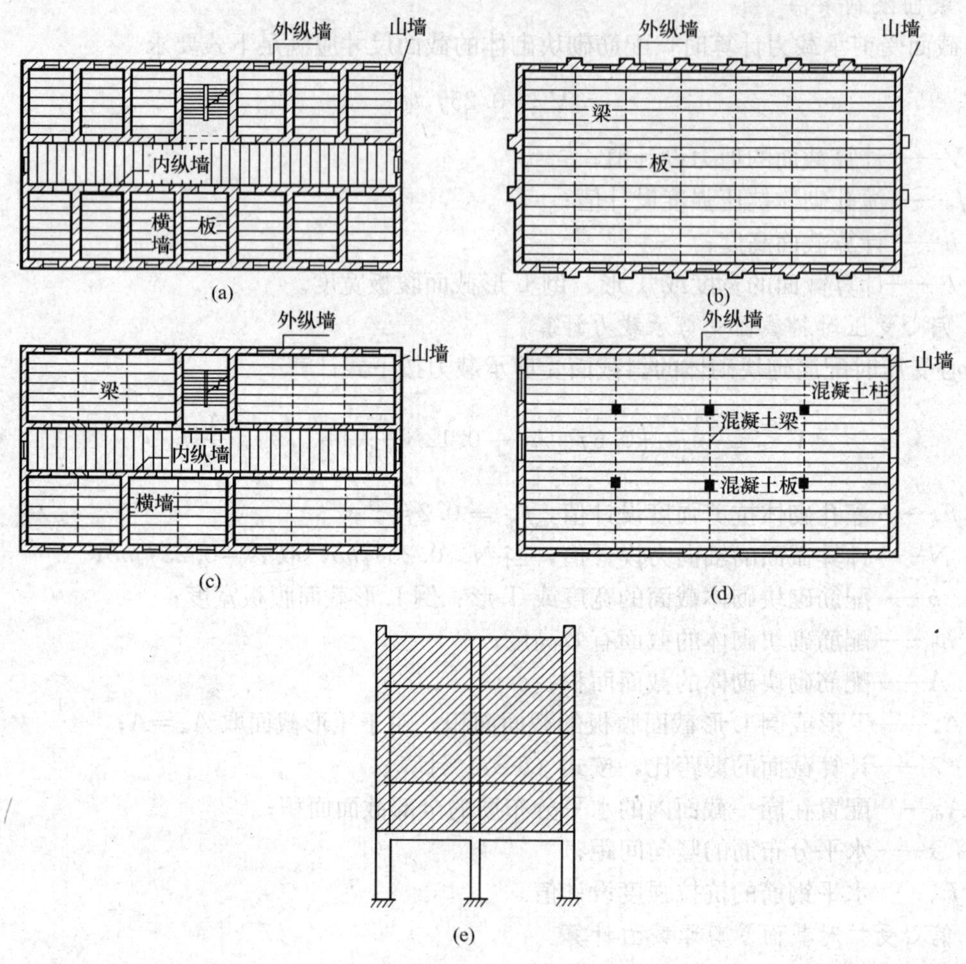

图 6-39 混合结构房屋承重方案

(a) 横墙承重方案；(b) 纵墙承重方案；(c) 纵横墙承重方案

(d) 内框架承重方案；(e) 底部框架承重方案

(1) 横墙承重方案：竖向荷载主要由横墙承担的房屋结构方案。楼面竖向荷载通过楼板直接传递给横墙，见图 6-39 (a)，而纵墙仅承担墙体自重（内纵墙要承担走道板传来的荷载）。受楼板经济跨度的限制（一般为 3～4.5m），房间大小固定，横墙间距比较密，加之有纵墙的拉结，房屋的空间刚度大，整体性好，对抵抗风荷载、地震等水平作用和抵抗地基不均匀沉降比较有利，抵抗偶然损坏的能力较强。楼（屋）盖结构简单，施工方便，材料省，但墙体用料多。外纵墙不承重，可开设较大门窗洞口，建筑立面较易处理。适用于宿舍、住宅、简易办公楼、招待所等平面布置比较规则的房屋。此方案房屋的建筑层数可以较高，我国在 70 年代后在重庆就已建有 10～12 层的砌体墙承重房屋。

横墙承重方案竖向荷载的传递路线为：板→横墙→基础→地基。

(2) 纵墙承重方案：楼屋面竖向荷载主要通过楼（屋）面梁传给纵墙，见图 6-39 (b)。横墙的设置主要是为了满足房屋空间刚度和整体性的要求，因此间距可以比较大，位置相对灵活。与横墙承重方案相比，房屋的空间刚度和整体性较差。由于纵墙承受较大的竖向荷载，故设置在纵墙上的门窗大小和位置受到一定限制。纵墙承重方案的楼（屋）盖用料较多，墙体用料较少。这种承重方案可以用于教学楼、实验楼、办公楼、图书馆、医院、食堂、仓库、中小型工业厂房等要求有较大空间的房屋。

纵墙承重方案竖向荷载的传递路线为：板→梁（或屋架）→纵墙→基础→地基。

(3) 纵横墙承重方案：此种方案往往是为了建筑上的功能需要和结构上的合理而采用纵横墙混合承重，其纵墙和横墙均为承重墙，房屋刚度大，空间布置较灵活，见图 6-39 (c)。

纵横墙承重方案竖向荷载的传递路线为：

$$\text{板}\to\left\{\begin{matrix}\text{横墙}\to\text{横墙基础}\\ \text{梁}\to\text{纵墙}\to\text{纵墙基础}\end{matrix}\right\}\to\text{地基}$$

(4) 内框架承重方案：见图 6-39 (d)，与一般全框架结构的区别在于省去边柱，而由砌体墙承重。与纵墙承重方案相比，能得到较大空间而不需要增加梁的跨度，适合于商店、多层工业厂房等建筑。由于横墙较少，房屋的空间刚度较差。此外，由于墙下基础与柱下基础的差异，施工较复杂，且容易产生地基不均匀沉降。

内框架承重方案竖向荷载的传递路线为：

$$\text{板}\to\text{梁}\to\left\{\begin{matrix}\text{外纵墙}\to\text{纵墙基础}\\ \text{柱}\qquad\to\text{柱基础}\end{matrix}\right\}\to\text{地基}$$

(5) 在沿街建筑中，为了在底层开设商店，需要大空间，采用框架结构，而上面各层用作住宅，采用砌体结构。这类结构方案称为底层框架砌体房屋，见图 6-39 (e)。在抗震设防区，为了满足上、下层刚度比的要求，在底层常常需要布置剪力墙。

混合结构房屋设计中，墙体承重方案的选择十分重要，应考虑建筑功能、使用及结构合理、经济适用等各种条件和因素，进行比较后确定。

二、混合结构房屋的组成与布置

1. 混合结构房屋的组成

房屋结构包括上部结构和基础。上部结构由竖向承重构件和水平承重构件组成。竖向承重构件包括砌体墙和砌体独立柱。混合结构房屋中一般布置有钢筋混凝土圈梁和构造柱，此外，根据需要还有过梁、挑梁和墙梁等构件。

为了增强房屋结构的整体性，防止由于地基不均匀沉降或较大振动荷载等对房屋引起的不利影响，在房屋的檐口、基础顶面和适当的楼层处布置有钢筋混凝土圈梁。当房屋中部沉降较两端为大时，位于基础顶面部位的圈梁作用大；当房屋两端沉降较中部为大时，则位于檐口部位的圈梁作用大。

为提高房屋的延性，地震设防区的混合结构房屋，在外墙四角、纵横墙交接处等部位应设置钢筋混凝土构造柱或芯柱（对砌块砌体而言），构造柱要求先砌墙后浇柱，且墙要砌成马牙槎。

为了将门窗洞口上方的荷载传递给洞口侧边的墙体，需要设置过梁。过梁分钢筋混凝土过梁、钢筋砖过梁、砖砌平拱过梁和砖砌弧拱过梁（详见图 6-69）。

挑梁是指嵌固在砌体中的悬挑式钢筋混凝土梁，一般有阳台挑梁、雨篷挑梁和外走廊挑梁。当悬挑梁与混凝土圈梁连成整体时，则不称其为挑梁。

当房屋因底部大空间的需要，部分墙体不能落地时，需设置钢筋混凝土托梁（大梁），钢筋混凝土托梁和托梁上的墙体共同组成墙梁。另外，单层工业厂房围护结构中的基础梁与墙体、连系梁与墙体也构成墙梁。墙梁分简支墙梁、连续墙梁和框支墙梁等（见图 6-73）。

混合结构房屋的基础类型有墙下刚性基础、墙下条形基础、筏板基础和桩基础。

刚性基础是指基础宽度在刚性角以内，台阶宽高比满足一定要求的基础（详见基础工程）。刚性基础比较经济，当场地土情况较好时，可以采用这种基础。基础材料可用毛石、毛石砌体、砖砌体和混凝土。过去也有采用灰土、三合土作基础材料的。

墙下条形基础采用钢筋混凝土，抵抗地基不均匀沉降的能力比刚性基础强，是目前常用的砌体基础形式。当地质条件较差时可以采用筏板基础或桩基础。

2. 混合结构房屋结构布置的一般原则

处于抗震设防区的多层混合结构房屋应优先采用横墙承重或纵横墙承重方案的结构体系，纵横墙的布置宜均匀对称，沿平面内宜对齐，沿竖向应上下连续。砌体房屋的总高度、层数和高宽比不应超过表 6-25、表 6-26 的规定。对医院、教学楼等横墙较少的房屋总高度应比表中规定的数值降低 3m，层数应相应减少一层。石砌体的房屋层高不宜超过 3m；砖和砌块砌体房屋的层高不宜超过 3.6m；底部框架—抗震墙房屋的底部和内框架房屋的层高不应超 4.5m。抗震横墙的间距不应超过表 6-27 的要求，墙体的局部尺寸应满足表 6-28 的限值条件。

底层框架—抗震墙房屋的纵横两个方向，第二层与底层抗侧刚度的比值，抗震烈度在 6、7 度时不应大于 2.5；8、9 度时不应大于 2.0，且均不宜小于 1。底部两层框架—抗震墙房屋的纵横两个方向，底层与底部第二层抗侧刚度应接近，第三层与底部第二层抗侧刚度的比值，6、7 度时不应大于 2.0；8、9 度时不应大于 1.5，且均不宜小于 1.0。

表 6-25　　房屋层高和层数限值

房屋类别		最小厚度/mm	设防烈度							
			6		7		8		9	
			高度	层数	高度	层数	高度	层数	高度	层数
多层砌体	普通粘土砖	240	24	8	21	7	18	6	12	4
	多孔砖	240	21	7	21	7	18	6	12	4
	多孔砖	190	21	7	18	6	15	5	不宜采用	
	混凝土小砌块	190	21	7	21	7	18	6	12	4
	细、半细料石		16	5	13	4	10	3	不宜采用	
	粗料石及毛料石		13	4	10	3	7	2	不宜采用	
底部框架-抗震墙		240	22	7	22	7	19	6	10	3
多排柱内框架		240	16	5	16	5	13	4	7	2
配筋砌块砌体剪力墙		190	60	—	55	—	45	—	30	—

表 6-26　　房屋最大高宽比

烈　度	6	7	8	9
最大高宽比	2.5	2.5	2.5	1.5

表 6-27　　房屋抗震横墙最大间距　　m

房屋类别		设防烈度			
		6	7	8	9
砖、砌块砌体	现浇和装配整体式钢筋混凝土	18	18	15	11
	装配式钢筋混凝土	15	15	11	7
	木	11	11	7	4
石砌体	现浇和装配整体式钢筋混凝土	10	10	7	—
	装配式钢筋混凝土	7	7	4	—
底部框架-抗震墙	上部各层	同多层砌体房屋			
	底层及底部两层	21	18	15	11
多排柱内框架		25	21	18	15

表 6-28　　房屋的局部尺寸限值　　m

部位	设防烈度			
	6	7	8	9
承重窗间墙最小宽度	1.0	1.0	1.2	1.5
承重外墙尽端至门窗洞边的最小距离	1.0	1.0	1.2	1.5
非承重外墙尽端至门窗洞边的最小距离	1.0	1.0	1.0	1.0
内墙阳角至门窗洞边的最小距离	1.0	1.0	1.5	2.0
无锚固女儿墙（非出入口处）的最大高度	0.5	0.5	0.0	0.0

车间、仓库、食堂等空旷的单层砌体房屋，当墙厚 $h \leqslant 240$mm 时，应按下列规定设置现浇钢筋混凝土圈梁：

（1）砖砌体房屋，檐口标高为 5～8m 时应设置一道，檐口标高大于 8m 时宜适当增设；

（2）砌块及料石砌体房屋，檐口标高为 4～5m 时应设置一道，檐口标高大于 5m 时宜适当增设；

（3）对有吊车或较大振动设备的砌体单层工业厂房，除在檐口或窗顶标高处设置圈梁外，宜在吊车梁标高或其他适当位置增设。

住宅、宿舍、办公楼等多层砌体民用房屋，当墙厚 $h \leqslant 240$mm，且层数为 3～4 层时，应在檐口标高处设置一道圈梁；当层数超过 4 层或设有墙梁时宜在所有纵横墙上每层设置。

砌体多层工业厂房宜每层设置圈梁。

抗震设防区的混合结构房屋，其圈梁的设置要求尚应满足表 6-29 的要求。砖砌体房屋和砌块砌体房屋应根据表 6-30 和表 6-31 的要求设置钢筋混凝土构造柱和芯柱。

表 6-29　　砖房现浇钢筋混凝土圈梁设置要求

墙类	设防烈度		
	6、7	8	9
外墙和内纵墙	屋盖处及每层楼盖处	屋盖处及每层楼盖处	屋盖处及每层楼盖处
内横墙	同上；屋盖处间距不应大于 7m；楼盖处间距不应大于 15m；构造柱对应部位	同上；屋盖处沿所有横墙且间距不应大于 7m；楼盖处间距不应大于 7m；构造柱对应部位	同上，各层所有横墙

表 6-30 **砖房构造柱设置要求**

<table>
<tr><th colspan="4">房屋层数</th><th colspan="2" rowspan="2">设置部位</th></tr>
<tr><th>6度</th><th>7度</th><th>8度</th><th>9度</th></tr>
<tr><td>四、五</td><td>三、四</td><td>二、三</td><td></td><td rowspan="3">外墙四角，错层部位横墙与外纵墙交接处，较大洞口两侧，大房间内外墙交接处</td><td>7、8度时，楼、电梯间的四角，每隔15m左右的横墙与纵墙交接处</td></tr>
<tr><td>六、七</td><td>五</td><td>四</td><td>二</td><td>隔开间横墙（轴线）与外墙交接处，山墙与内纵墙交接处，7～9度时，楼、电梯间的四角</td></tr>
<tr><td>八</td><td>六、七</td><td>五、六</td><td>三、四</td><td>内墙（轴线）与外墙交接处，内墙的局部较小墙垛处，7～9度时，楼、电梯间的四角，9度时内纵墙与横墙（轴线）交接处</td></tr>
</table>

表 6-31 **混凝土小型砌块房屋芯柱设置要求**

<table>
<tr><th colspan="4">房屋层数</th><th rowspan="2">设置部位</th><th rowspan="2">设置数量</th></tr>
<tr><th>6度</th><th>7度</th><th>8度</th><th>9度</th></tr>
<tr><td>四、五</td><td>三、四</td><td>二、三</td><td></td><td>外墙转角，楼梯间四角，大房间内外墙交接处；隔15m或单元横墙与外纵墙交接处</td><td rowspan="2">外墙转角，灌实3个孔；内外墙交接处，灌实4个孔</td></tr>
<tr><td>六</td><td>五</td><td>四</td><td>二</td><td>外墙转角，楼梯间四角，大房间内外墙交接处，山墙与内纵墙交接处；隔开间横墙（轴线）与外纵墙交接处</td></tr>
<tr><td>七</td><td>六</td><td>五</td><td>三</td><td>外墙转角，楼梯间四角，各内墙（轴线）与外纵墙交接处；8、9度时，内纵墙与横墙（轴线）交接处和洞口两侧</td><td>外墙转角灌实5个孔；内外墙交接处灌实4个孔；内墙交接处灌实4～5个孔；洞口两侧各灌实1个孔</td></tr>
<tr><td></td><td>七</td><td>六</td><td>四</td><td>同上；横墙内芯柱间距不宜大于2m</td><td>外墙转角灌实7个孔；内外墙交接处灌实5个孔；内墙交接处灌实4～5个孔；洞口两侧各灌实1个孔</td></tr>
</table>

第三节　混合结构房屋结构设计

混合结构房屋所受的作用可以分为静力荷载和地震作用。静力荷载包括竖向荷载和水平荷载。

一、混合结构房屋的静力计算

1. 计算单元和计算简图的确定

计算单元的选取，如果结构某一部分的受力状态和整个房屋的受力状态相同，就可以用这一部分代替整个房屋作为计算的对象，所选部分则称为计算单元。

现以图 6-40（a）所示的外纵墙承重的单层房屋为例，讨论计算单元的确定方法。

该房屋采用钢筋混凝土屋面板和屋面大梁，两端没有山墙（端横墙）。纵墙上的窗洞沿纵向均匀布置。竖向荷载下的传递路线为：屋面板→屋面大梁→纵墙→基础→地基。在水平荷载下，整个房屋将发生侧移，屋盖处具有相同的水平位移［图 6-40（c)］。水平荷载的传递路线为：纵墙→基础→地基。可见，在竖向荷载和水平荷载下，图中标出的部分均与整个结构的受力状态相同，因而可以将这部分取为计算单元［图 6-40（b)］。

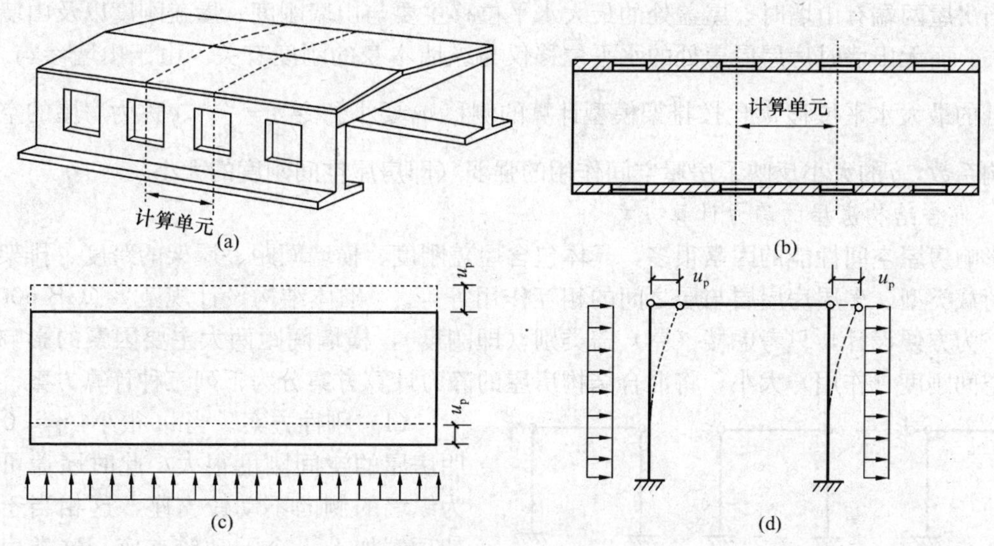

图 6-40　单层房屋纵墙承重方案的计算单元和计算简图

相对于房屋纵墙而言，钢筋混凝土屋盖的刚度很大，屋面梁搁置在砌体墙上，无法传递弯矩，因而可用平面排架作为该单元的计算简图，如图 6-40（d）所示，墙体相当于排架柱。水平荷载下，屋盖处的水平侧移可以根据这一排架模型计算，用 u_p 表示，见图 6-40（c)。

2. 混合结构房屋的空间作用

在图 6-40 中的房屋两端加上山墙后，如图 6-41 所示，水平荷载的传递路线将发生本质的变化。设置山墙后，屋盖结构相当于两端支承在山墙上、刚度很大的水平构件，其跨度为山墙间距。在水平荷载作用下，纵墙一端支承在基础，另一端支承在屋盖。纵墙上的风荷载，一部分通过纵墙基础直接传给地基，另一部分则通过屋盖传给两端的山墙，其传递路线为：

$$\text{风荷载}\rightarrow\text{纵墙}\rightarrow\left\{\begin{array}{l}\text{屋盖}\rightarrow\text{山墙}\rightarrow\text{山墙基础}\\\text{纵墙基础}\end{array}\right\}\rightarrow\text{地基}$$

因此，水平荷载下屋盖处的水平位移是不同的，中间大，两端小。在房屋两端，屋盖处的水平位移等于山墙顶部的侧移 u_{max}；而在房屋的中部，屋盖处的水平位移 u_s 是山墙顶部

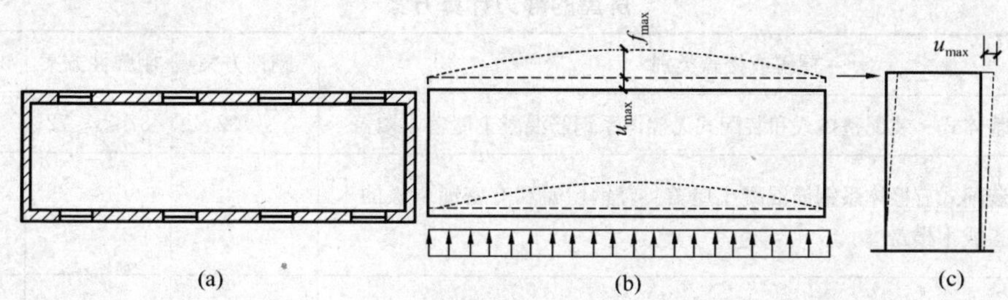

图 6-41　混合结构房屋的空间作用

侧移 u_{max} 与屋盖在自身平面内的水平挠度 f_{max} 之和。

由此可见，在设置山墙后，风荷载的传力体系不再是平面受力体系，即风荷载不只是在纵墙和屋盖组成的平面排架内传递，而是在屋盖和山墙组成的空间结构中传递，结构存在整体空间作用。

当房屋两端有山墙时，屋盖处的最大水平位移主要与山墙刚度、屋盖刚度以及山墙的间距有关。而无山墙时房屋屋盖处的水平位移仅与纵墙本身的刚度有关。由于山墙参与工作，屋盖处的最大水平位移 u_s 比按排架模型计算的侧移 u_p 要小。令 $\eta=\frac{u_s}{u_p}$，η 称为房屋的空间性能影响系数，η 的大小反映了房屋空间作用的强弱（即房屋空间刚度的大小）。

3. 混合结构房屋的静力计算方案

影响房屋空间性能的因素很多，具体包含屋盖刚度、横墙间距、屋架的跨度、排架的刚度、荷载类型、多层房屋层与层之间的相互作用等等。《砌体结构设计规范》（GB 50003—2001）为方便设计，只考虑楼（屋）盖类别（即刚度），横墙间距两大主要因素的影响，按房屋空间刚度（作用）大小，将混合结构房屋的静力计算方案分为下列三种计算方案。

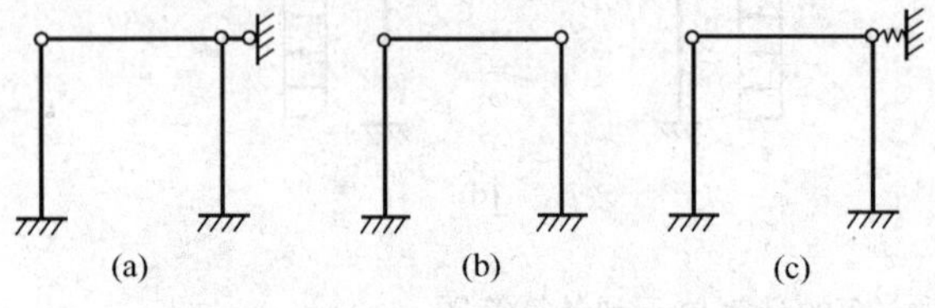

图 6-42 混合结构房屋的静力计算方案
（a）刚性方案；（b）弹性方案；（c）刚弹性方案

（1）刚性方案。当 u_s 很小，$\eta\approx 0$，说明房屋的空间刚度很大，此时屋盖可以作为纵墙的侧向不动铰支座，这相当于在排架顶端加上一个不动铰支座，这类房屋称为刚性方案房屋。计算简图见图 6-42（a）所示。

（2）弹性方案。当 $u_s\approx u_p$，$\eta\approx 1$，说明房屋的空间刚度很小，结构的空间作用很弱，墙、柱的内力可按不考虑空间作用的平面排架模型计算，这类房屋称为弹性方案房屋。计算简图见图 6-42（b）所示。

（3）刚弹性方案。当 $0<u_s<u_p$，$0<\eta<1$，其受力性能介于刚性方案和弹性方案之间，称为刚弹性方案房屋，其计算简图可在排架的顶端加上一个弹簧铰支座。见图 6-42（c）所示。

在实际设计中，η 在一定范围内即认为属于某一种静力计算方案。例如：对于第一类屋盖（见表 6-33），规范规定，当 $\eta<0.33$ 时按刚性方案计算；当 $\eta>0.77$ 按弹性方案计算；当 $0.33\leqslant\eta\leqslant 0.77$ 则按刚弹性方案计算。

由于楼（屋）盖刚度和横墙间距是结构侧移 u_s 的主要因素，规范根据这两个主要因素作为划分房屋静力计算方案的依据，具体划分见表 6-32。

表 6-32 房屋的静力计算方案

屋盖或楼盖类别		刚性方案	刚弹性方案	弹性方案
1	整体式、装配整体式和装配式无檩体系钢筋混凝土屋盖或楼盖	$s<32$	$32\leqslant s\leqslant 72$	$s>72$
2	装配式有檩体系钢筋混凝土屋盖、轻钢屋盖和有密铺望板的木屋盖或木楼盖	$s<20$	$20\leqslant s\leqslant 48$	$s>48$
3	冷摊瓦木屋盖和石棉水泥瓦轻钢屋盖	$s<16$	$16\leqslant s\leqslant 36$	$s>36$

表 6-33　房屋各层的空间性能影响系数 η

屋（楼）盖类别	横墙间距 s/m														
	16	20	24	28	32	36	40	44	48	52	56	60	64	68	72
1	—	—	—	—	0.33	0.39	0.45	0.50	0.55	0.60	0.64	0.68	0.71	0.74	0.77
2	—	0.35	0.45	0.54	0.61	0.68	0.73	0.78	0.82	0.82	—	—	—	—	—
3	0.37	0.49	0.60	0.68	0.75	0.81	—	—	—	—	—	—	—	—	—

4. 刚性方案和刚弹性方案房屋对横墙的要求

混合结构房屋的空间刚度除了与楼（屋）盖类别和横墙间距有关外，还与横墙本身的刚度有关。按刚性方案和刚弹性方案计算时需要利用房屋的空间作用，因而横墙应满足一定的要求。规范规定：

（1）横墙中开有洞口时，洞口的水平截面面积不超过横墙全截面面积的 50%；

（2）横墙厚度不宜小于 180mm；

（3）单层房屋横墙长度不宜小于其高度，多层房屋不宜小于其总高的一半；

此外，纵横墙应同时砌筑，如不能同时砌筑时，应采取其他措施，以保证房屋的整体刚度。

如果上述（1）、（2）、（3）条不能同时满足，则要求对横墙的刚度进行验算，如其最大水平位移满足 $u_{\max} \leqslant \frac{H}{4000}$（$H$ 为横墙总高），仍可视为刚性和刚弹性方案房屋的横墙。

计算横墙侧移时忽略轴向变形的影响，仅考虑弯曲变形和剪切变形的影响。当墙顶作用水平荷载 P_1 时，见图 6-43（b），墙顶侧移为

$$u_{\max} = \frac{P_1 H^3}{3EI} + \frac{\tau}{G}H = \frac{nPH^3}{6EI} + \frac{2nPH}{EA} \tag{6-91}$$

$$P_1 = \frac{n}{2}P$$

$$P = W + R$$

式中　τ——水平截面上的平均剪应力，$\tau = \frac{\xi p_1}{A}$；

ξ——剪应力分布不均匀系数，对于弹性材料的矩形截面取 1.2，此处近似取 $\xi = 2.0$；

G——砌体剪切模量，可近似取 $G = E/2$；

P_1——横墙顶端承受的集中水平荷载；

n——与该横墙相邻的两横墙间的开间数［图 6-43（a）］；

W——每开间中作用于屋架下弦，由屋面风荷载（包括屋盖下弦以上一段女儿墙上的风荷载）产生的风力；

R——假定排架无侧移时，每开间柱顶的反力；

H——横墙高度；

E——砌体弹性模量；

I——横墙的惯性矩，为简化计算，近似取横墙毛截面惯性矩，当横墙与纵墙连接时，可按 I 型或┏┓型截面考虑，与横墙共同工作的纵墙的计算长度 S，每边近似取 $S = 0.3H$；

A——横墙水平截面面积，可近似按毛截面面积计算。

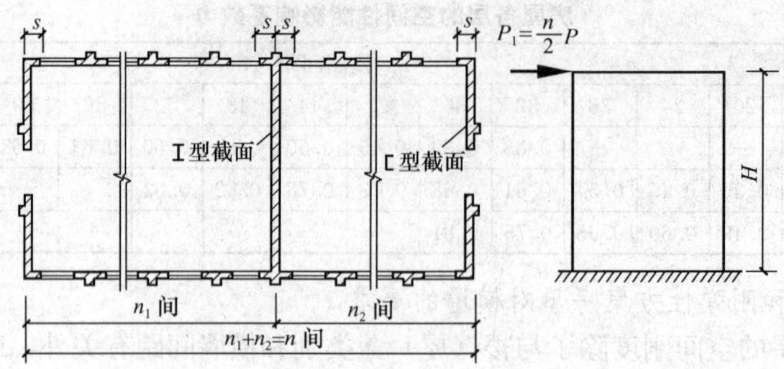

图 6-43 横墙的侧移计算图

多层房屋也可仿照上述方法计算其侧移。

$$u_{\max}=\frac{n}{6EI}\sum_{i=1}^{m}P_iH_i^3+\frac{2n}{EA}\sum_{i=1}^{m}P_iH_i \tag{6-92}$$

m——房屋总层数；

H_i——第 i 层楼面至基础顶面的高度；

P_i——假定每开间框架各层均为不动铰支座时，第 i 层的支座反力。

二、刚性方案房屋承重墙体的计算

（一）刚性方案房屋承重纵墙的计算

1. 单层刚性方案房屋承重纵墙的计算

对于单层刚性方案房屋，承重纵墙顶端的水平位移在静力计算时可以认为为 0，内力分析时可作如下两点假定：

（1）纵墙、柱下端在基础顶面为固接，上端与屋面大梁（或屋架）铰接；

（2）屋盖结构可作为纵墙上端的不动铰支座。

根据上述假定，计算简图如图 6-44 所示。每片纵墙便可按上端支承在不动铰支座和下端支承在固定支座上的竖向构件单独进行计算，计算工作大为简化。

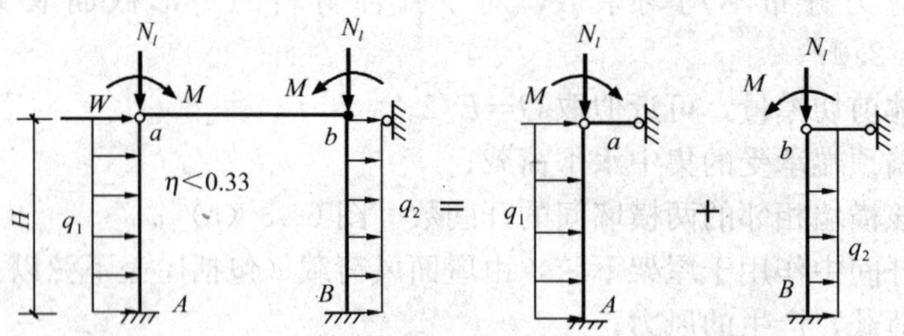

图 6-44 单层刚性方案房屋纵墙计算简图

排架上作用的荷载包括：

（1）屋面荷载：包括屋盖构件自重，屋面活载（或雪载），这些荷载通过屋架或屋面大梁作用于纵墙顶端。由于屋架支承反力 N_l 作用点对墙体中心可能有一个偏心距 e_l，因此墙体顶端的荷载由轴心压力 N_l 和弯矩 N_le_l 组成，据此便可计算出排架的内力。见图 6-45。

$$R_a = -R_A = -\frac{3M}{2H}$$

$$M_a = M$$

$$M_A = -\frac{M}{2}$$

$$M_x = \frac{M}{2}\left(2 - 3\frac{x}{H}\right) \quad (6\text{-}93)$$

式中　x——墙、柱顶端至计算截面的距离，m。

（2）风荷载：墙面上的均布风荷载包括迎风面上的 q_1（风压）、背风面上的 q_2（风吸），屋面上（含女儿墙）的风荷载一般简化为作用于墙、柱顶端的集中荷载 W。刚性方案房屋之风荷载已通过屋盖传给横墙再传给基础后传给地基。

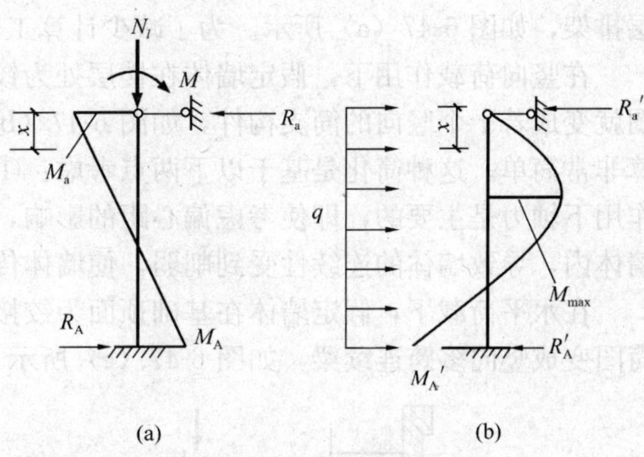

图 6-45　屋盖及风载作用下墙体的内力图

$$R'_a = \frac{3q}{8}H$$

$$R'_A = \frac{5q}{8}H$$

$$M'_A = \frac{q}{8}H^2$$

$$M_x = -\frac{qH}{8}x\left(3 - 4\frac{x}{H}\right) \quad (6\text{-}94)$$

当 $x = \frac{3}{8}H$ 时，$M_{max} = -\frac{9qH^2}{128}$

（3）墙体自重：墙砌体、内外粉刷及门窗的自重，作用于墙体轴线上。如果是等截面墙时，自重不产生弯矩；如果是变截面墙时，上阶部分自重 G_1 对下阶轴线将产生偏心力矩 G_1e_1，e_1 为上下阶柱轴线之间距离。在施工阶段应按悬臂构件计算（未安装屋架前）。

（4）墙、柱控制截面及内力组合：在承重墙、柱设计时，应先求出多种荷载作用下产生的内力，再根据《建筑结构荷载规范》考虑多种荷载组合，求出墙、柱控制截面的最不利内力组合值，最后对控制截面进行承载能力验算。

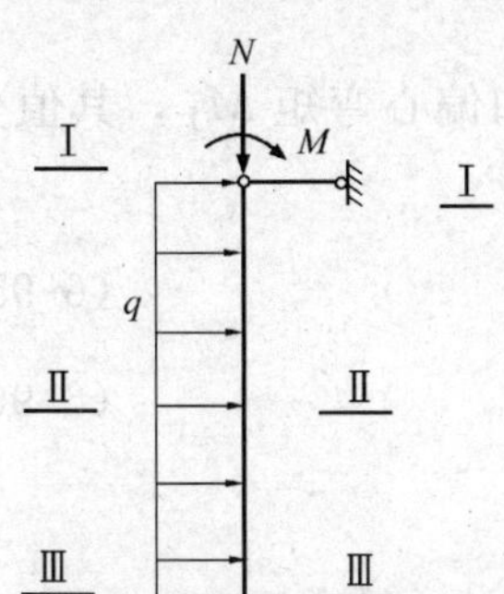

图 6-46　墙、柱控制截面

承重墙、柱设计时一般取三个控制截面：墙、柱顶端Ⅰ-Ⅰ截面，该截面同时承受弯矩 M 和轴力 N，按偏心受压验算承载能力，同时验算梁端下部砌体局部受压承载能力；墙、柱下端Ⅲ-Ⅲ截面，该截面按偏心受压验算承载能力；风荷载作用下与最大弯矩 M_{max} 对应的Ⅱ-Ⅱ截面，该截面按偏心受压验算承载能力。见图 6-46 所示。

2. 多层刚性方案房屋承重纵墙的计算

（1）计算单元和计算简图的确定。对于多层刚性方案混合结构房屋，承重纵墙的计算简图是在每层加上一个不动铰支座的多层排架，如图 6-47（a）所示。为了减少计算工作量，可作进一步的简化。

在竖向荷载作用下，假定墙体在楼层处为铰接，在基础顶面也假定为铰接，于是计算简图就变成若干个竖向的简支构件，如图 6-47（b）所示，变超静定问题为静定问题，内力计算非常简单。这种简化是基于以下两点考虑：①简化计算主要引起弯矩的误差，而竖向荷载作用下轴力是主要的，即使考虑偏心距的影响，弯矩也较小；②楼（屋）盖中的梁或板嵌入墙体内，导致墙体的连续性受到削弱，使墙体传递弯矩的能力大为减小。

在水平荷载下，假定墙体在基础顶面为铰接，楼（屋）盖作为连续梁的支承，于是计算简图变成竖向多跨连续梁，如图 6-47（c）所示，计算工作大大简化。

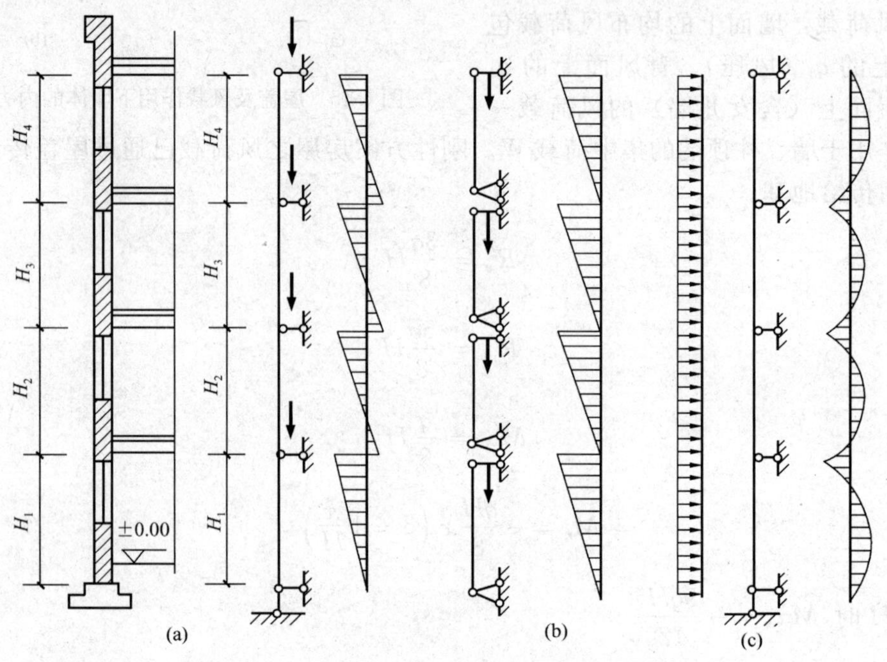

图 6-47 多层刚性方案房屋计算简图

为什么在基础顶面，单层和多层刚性方案房屋采用了不同的假定？即前者假定为固接，而后者假定为铰接？因为在多层房屋中，基础顶面墙体的轴力比较大，弯矩相对较小，按轴心受压和偏心受压的计算结果相差不大，故墙、柱底端与基础考虑为铰接；而单层房屋的层高一般较大，基础顶面墙体由风荷载引起的弯矩相对较大，且轴力相对较小，忽略弯矩将会引起较大的误差，故墙、柱底端与基础考虑为固接。

图 6-48 所示的竖向荷载作用下，墙体上端截面存在轴力 N_{I} 和偏心弯矩 M_{I}，其值分别为

$$N_{\mathrm{I}} = N_l + N_{\mathrm{u}} \tag{6-95}$$

$$M_{\mathrm{I}} = N_l e_l - N_{\mathrm{u}} e_{\mathrm{u}} \tag{6-96}$$

$$e_l = \frac{h_2}{2} - 0.4a_0$$

$$e_{\mathrm{u}} = (h_2 - h_1)/2$$

式中 N_l——本层楼盖梁或板传来的荷载；

e_l——N_l 对墙体截面形心线的偏心距；

N_u——由上面各层通过墙体传来的荷载；

e_u——N_u 对本层墙体截面形心的偏心距；

h_1、h_2——分别为上层和本层的墙厚。

下端截面没有弯矩（铰接假定），轴力为上端截面轴力加上本层墙体自重 N_d

$$\left.\begin{aligned} N_{\text{II}} &= N_l + N_u + N_d \\ M_{\text{II}} &= 0 \end{aligned}\right\} \tag{6-97}$$

如果多层刚性方案房屋的外墙满足以下三个条件时可不考虑风荷载：

1）洞口水平截面面积不超过全截面面积的 2/3；

2）层高和总高不超过表 6-34 的规定；

3）屋面自重不小于 0.8kN/m^2。

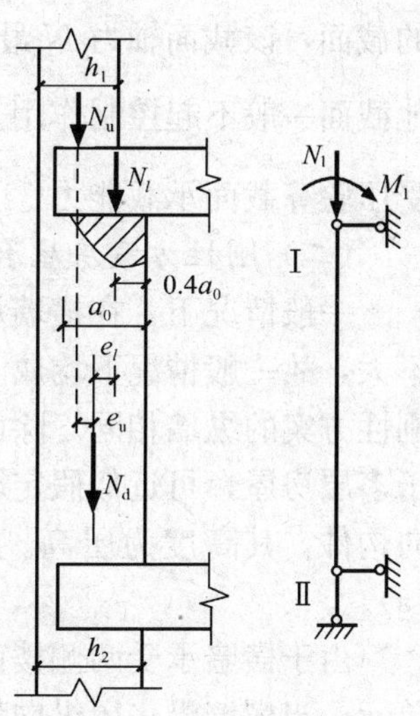

图 6-48 竖向荷载作用下墙体的计算简图

表 6-34 **外墙不考虑风荷载时的最大高度**

基本风压值(kN/m^2)	层高(m)	总高(m)
0.4	4.0	28
0.5	4.0	24
0.6	4.0	18
0.7	3.5	18

注 多层砌体房屋 190mm 厚的外墙，当层高不小于 2.8m，总高不大于 19.6m，基本风压不大于 0.7kN/m^{2}时，可不考虑风荷载的影响。

当墙体必须考虑风荷载作用下所引起的控制截面之内力时，可把墙体看作承受风荷载的竖向连续梁进行计算（图6-49），风荷载引起的支座与跨中弯矩，一般均可近似取

$$M = \frac{1}{12} q H_i^2 \tag{4-98}$$

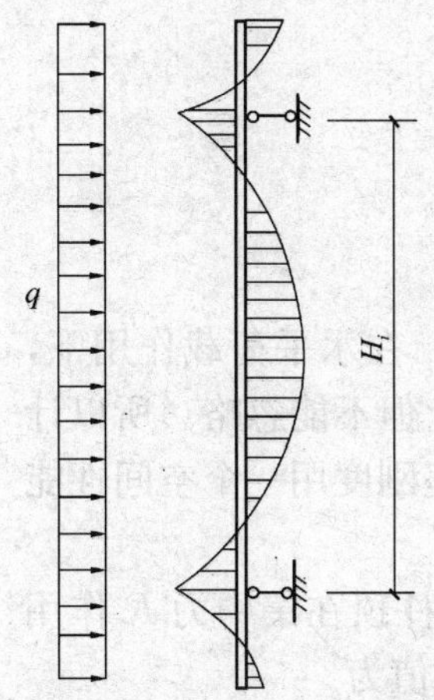

图 6-49 水平风荷载作用下墙体的计算简图

式中 q——沿楼层高度均布风荷载设计值，kN/m；

H_i——第 i 层墙体高度（即层高），m。

计算风荷载时应考虑两种风向（风压或风吸），风荷载引起的截面内力与竖向荷载产生的截面内力组合后，应大于仅考虑竖向荷载时的截面内力，否则不应考虑风荷载的影响。

（2）控制截面及截面承载能力验算。墙体截面承载力验算时，每层墙体取两个控制截面。上截面可取墙体顶部位于大梁（或板）底的砌体截面Ⅰ-Ⅰ，该截面承受最大弯矩 M 和轴力 N，需按偏心受压和梁下砌体局部受压验算其承载能力；下截面可取墙体下部位于大梁（或板）底稍上的砌体截面Ⅱ-Ⅱ；底层墙体则取基础顶面处

的截面，该截面轴力 N 最大，如果只考虑竖向荷载时其弯矩为零，故按轴心受压验算；其他截面一般不起控制作用。如果考虑风荷载时，则该截面有弯矩 $M=\frac{1}{12}qH_i^2$，尚需按偏心受压验算截面承载能力。

（二）刚性方案房屋承重横墙的计算

一般情况下，在横墙承重的房屋中，横墙间距较小，纵墙间距（即房间的进深）一般也不大，故一般情况下均属于刚性方案的房屋。此时，楼盖是横墙的不动铰支座，计算简图与刚性方案的纵墙相同。除山墙外，内横墙承受由两侧楼面传来的竖向荷载。同纵墙一样，对于多层房屋，可近似假定墙体在楼盖处为铰接，计算简图为每层横墙视为两端不动铰接的竖向构件，其高度为层高。当顶层为坡屋顶时，则取层高加上山尖高度的一半，见图 6-50（a）。

由于横墙承受两侧楼面传来的荷载一般为均布荷载，常取宽度 $B=1\text{m}$ 的横墙作为计算单元。当横墙沿房屋纵向均匀布置，且楼面的构造和使用荷载相同时，内横墙两边楼面传来的竖向荷载大小相等，作用位置对称，墙体按轴心受压验算截面承载能力，此时控制截面可取墙体的底部，因该截面承受的轴向力最大。当两边的荷载大小不等或作用点不对称时，则墙体按偏心受压验算截面承载能力。见图 6-50（b）。

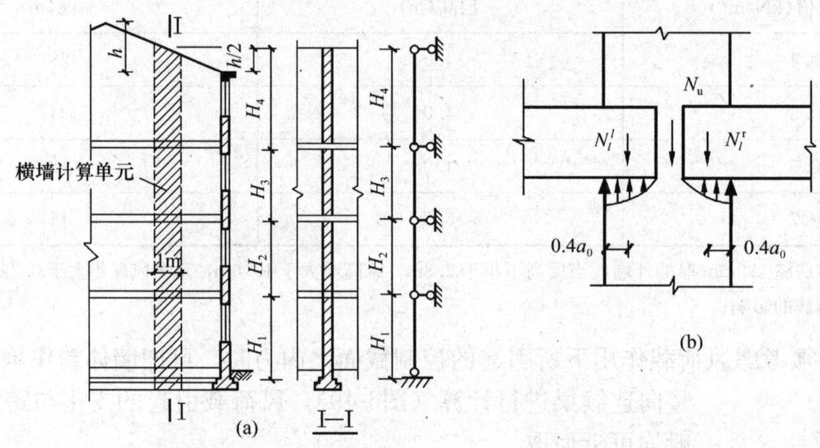

图 6-50 横墙的计算单元及计算简图

三、刚弹性方案房屋的内力计算

1. 单层刚弹性方案房屋承重纵墙的计算

对于刚弹性方案房屋，其刚度虽小于刚性方案但又大于弹性方案。在水平荷载作用下，刚弹性方案房屋在墙体顶端将产生水平位移，其侧移值较弹性方案小，但不能忽略。所以计算简图采用在排架柱的顶端加上一个弹性支座，见图 6-51（a）。该支座刚度用一个空间性能影响系数 η 反应，以考虑房屋的空间工作情况。

当水平集中力 R 作用于排架柱顶时，由于空间工作的作用，排架柱顶在集中力 R 作用下，其柱顶水平位移 $u_s=\eta\cdot u_p$，较平面排架的柱顶位移 u_p 小，其差值为

$$u_p-u_s=(1-\eta)u_p \tag{6-99}$$

设 x 为弹性支座反力，根据位移与内力成正比的关系则可求得

$$u_p : (1-\eta)u_p = R : x \tag{6-100}$$

$$x = (1-\eta)R \tag{6-101}$$

因此，对于单层刚弹性方案，只需在单层弹性方案的计算简图上加上一个由空间作用引起的弹性支座反力 $(1-\eta)R$，即当柱顶作用一水平力 R 时，该排架本身承担的水平力为 ηR，见图 6-51（b）。

单层刚弹性方案房屋墙、柱的内力计算可按以下步骤进行（见图 6-52）。

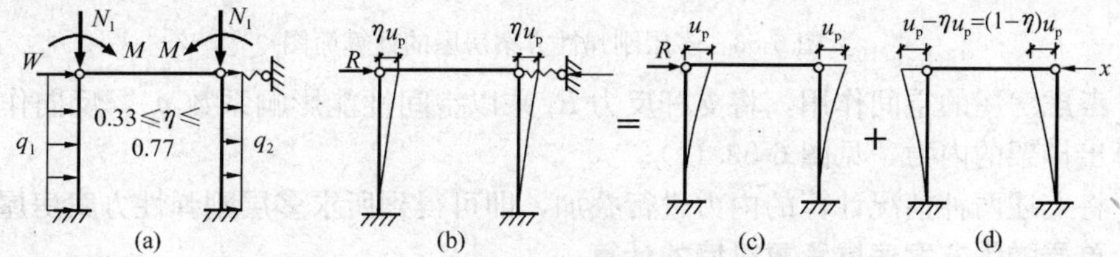

图 6-51　单层刚弹性方案房屋的内力计算简图

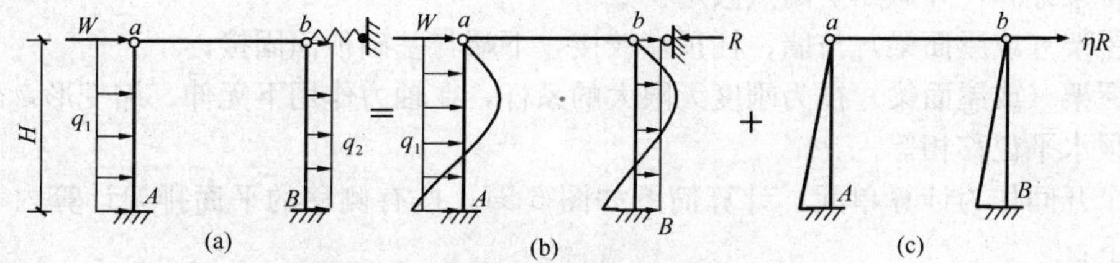

图 6-52　单层刚弹性方案房屋的内力计算

（1）首先在柱顶加上一个不动铰支座（此时原来的弹性铰不起作用），求出不动铰支座的反力 R 和相应截面内力（与单层厂房排架计算相似）；

（2）将反力 R 反向作用于带弹性铰支座的排架柱顶端，并与柱顶支座反力 $(1-\eta)R$ 进行叠加，其结果相当于在排架柱顶端反向作用 $R-(1-\eta)R=\eta R$ 反力，然后求其墙、柱内力；η 为空间性能影响系数，可查表 6-33。

对于多跨等高的房屋，由于刚度比单跨房屋好，故 η_i 仍取单跨房屋的使用。

（3）将上述两种情况的内力叠加，即得到刚弹性方案房屋的内力。

2. 多层刚弹性方案房屋承重纵墙的计算

多层房屋与单层房屋的空间工作性能有所不同。单层房屋由于屋盖和纵、横墙的联系，在纵向各开间之间存在相互制约的空间作用。而多层房屋由屋（楼）盖和纵、横墙组成空间承重体系，除了在纵向各开间之间存在空间作用外，且上、下各层之间也存在相互联系、相互制约的空间作用。

在水平风荷载作用下，多层刚弹性方案房屋墙、柱的内力分析，可仿照单层刚弹性方案房屋的方法进行，考虑空间性能影响系数 η（取值与单层取值相同），取一个开间的多层房屋为计算单元，作为平面排架的计算简图，见图 6-53（a）。

具体内力计算按下述方法进行：

（1）在平面计算简图的多层横梁与柱连接处加一水平铰支杆，计算在水平荷载作用下无侧移时的内力和各支杆的反力 $R_i(i=1,2,3,\cdots,n)$，见图 6-53（b）；

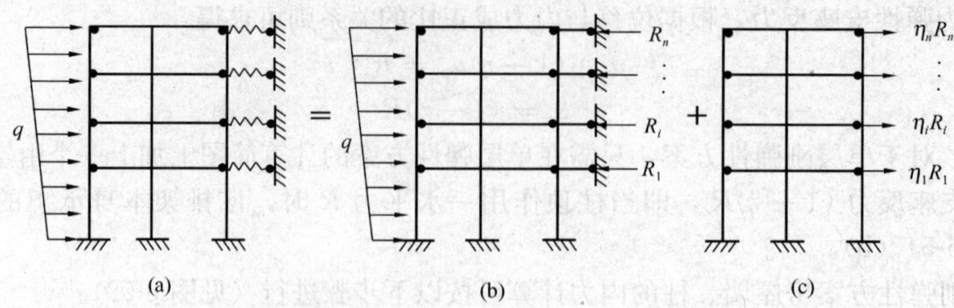

图 6-53 多层刚弹性方案房屋的计算简图

(2) 考虑房屋的空间作用，将支杆反力 R_i 乘以空间性能影响系数 η_i ，反向作用于节点上，计算出排架的内力，见图 6-53（c）；

(3) 将上述两种情况计算的内力进行叠加，即可得到所求多层刚弹性方案房屋的内力。

四、单层弹性方案房屋承重纵墙的计算

由于单层弹性方案房屋的横墙间距一般比较大，空间刚度很小，所以墙、柱内力按有侧移的平面排架计算，并做如下两点假定：

(1) 屋架（或屋面梁）与墙、柱顶端铰接，下端与基础顶面固接；

(2) 屋架（或屋面梁）视为刚度无限大的系杆，在轴力作用下无伸、缩变形，故在荷载作用下柱顶水平位移相等。

取一个开间作为计算单元，计算简图如图 6-54，按有侧移的平面排架计算内力。其计算步骤如下：

(1) 在排架顶端加上一个水平的不动铰支座，形成无侧移的平面排架［图 6-56（b)］内力计算同刚性方案，求出支座反力 R 及内力；

(2) 把已求的支座反力 R 反向作用于排架顶端，并求其内力；

(3) 将上述两种情况下的内力叠加，抵消了附加的柱顶反力，仍为有侧移的平面排架，便可得到按弹性方案计算的结果。

下面以单层单跨等截面墙体的弹性方案房屋为例，说明其计算方法。

1. 屋盖竖向荷载

当屋盖荷载对称作用时，排架柱顶将不产生侧移，因此内力计算方法同单层刚性方案房屋，简图如图 6-55 所示。

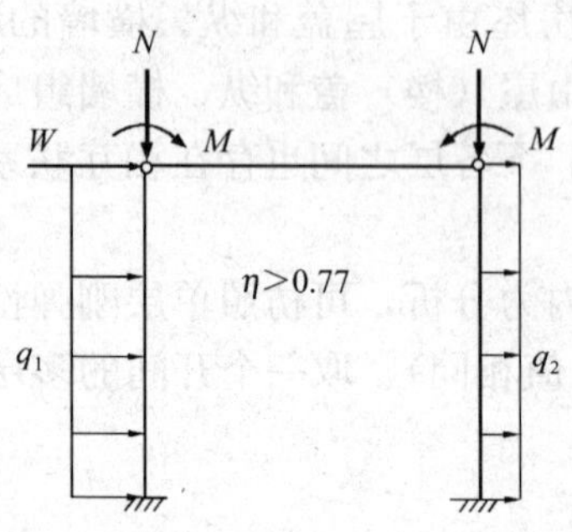

图 6-54 单层弹性方案房屋的计算简图

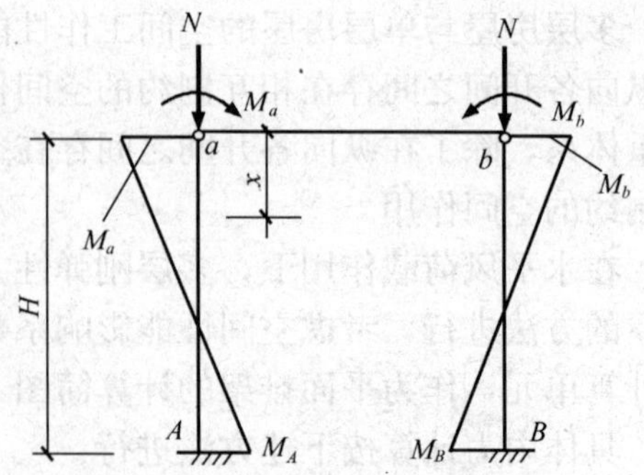

图 6-55 屋盖荷载作用下的内力图

$$R_a = -R_A = -\frac{3M}{2H}$$

$$M_a = M_b = M$$

$$M_A = M_B = -\frac{M}{2}$$

$$M_x = \frac{M}{2}\left(2 - 3\frac{x}{H}\right) \tag{6-102}$$

2. 风荷载

排架在风荷载作用下将产生侧移，现假定在排架柱顶端添加一个不动铰支座［图 6-56（b）］，则与刚性方案相同，由图 6-56（b）可得

$$\begin{aligned} R &= W + \frac{3}{8}(q_1 + q_2)H \\ M_{A(a)} &= \frac{q_1}{8}H^2 \\ M_{B(b)} &= \frac{q_2}{8}H^2 \end{aligned} \tag{6-103}$$

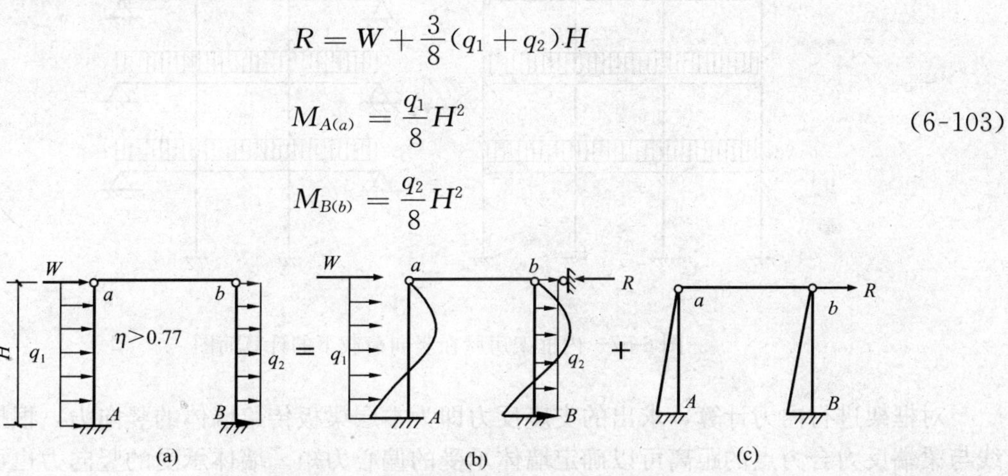

图 6-56　风荷载作用下的内力计算图

现将反力 R 反向作用于排架顶端，由图 6-56（c）可得

$$\begin{aligned} M_{A(c)} &= \frac{1}{2}RH = \frac{H}{2}\left[W + \frac{3}{8}(q_1 + q_2)H\right] \\ &= \frac{W}{2}H + \frac{3}{16}H^2(q_1 + q_2) \\ M_{B(c)} &= -\frac{R}{2}H = -\left[\frac{W}{2}H + \frac{3}{16}H^2(q_1 + q_2)\right] \end{aligned} \tag{6-104}$$

将图 6-56（b）和图 6-56（c）叠加后可得到内力

$$\begin{aligned} M_A &= M_{A(b)} + M_{A(c)} = \frac{WH}{2} + \frac{5}{16}q_1H^2 + \frac{3}{16}q_2H^2 \\ M_B &= M_{B(b)} + M_{B(c)} = -\left(\frac{WH}{2} + \frac{3}{16}q_1H^2 + \frac{5}{16}q_2H^2\right) \end{aligned} \tag{6-105}$$

$$V_A = \frac{W}{2} + \frac{13q_1H}{16} + \frac{3q_2H}{16}$$

$$V_B = \frac{W}{2} + \frac{3q_1 H}{16} + \frac{13q_2 H}{16} \tag{6-106}$$

单层弹性方案房屋墙、柱的控制截面为柱顶Ⅰ-Ⅰ截面及柱底Ⅱ-Ⅱ截面，承载力验算方法同刚性方案。

五、内框架和底部框架混合结构房屋的内力计算

1. 内框架混合结构房屋

在内框架混合结构房屋中，外墙（柱）与钢筋混凝土水平构件铰接，钢筋混凝土梁与柱一般是刚性连接，因而其计算简图为框-排架。在竖向荷载作用下，可将墙体简化为竖向不动铰支座，如图 6-57 所示。

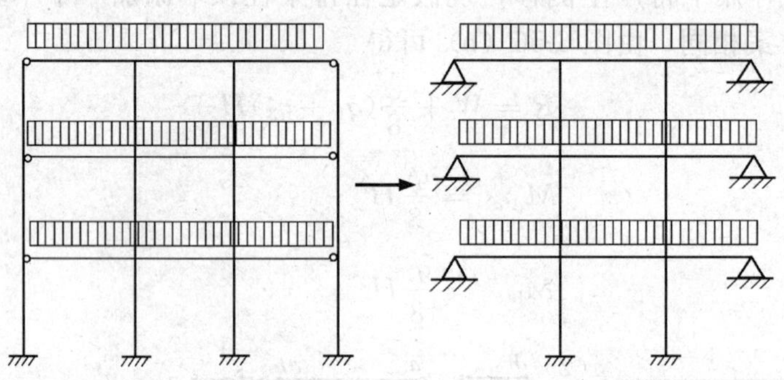

图 6-57　内框架房屋在竖向荷载下的计算简图

对框架进行内力计算，求出的支座反力即为本层梁板传给墙体的竖向力，根据墙体中心线与梁端反力合力点的距离可以确定墙体承受的偏心力矩。墙体承受的竖向力也可以近似按受荷面积确定，参见框架柱在竖向荷载作用下柱轴力的近似计算方法。水平静荷载（风荷载）作用下的内力计算可根据楼盖类别和横墙间距，确定相应的计算方案。当横墙间距符合刚性方案要求时，可认为楼层处无侧移，纵墙的计算简图为一竖向连续梁；当为柔性方案时，可按框—排架进行内力计算，为了简化计算，也可不考虑墙体的抗侧刚度，假定水平荷载完全由框架柱承担。

2. 底部框架混合结构房屋

底部框架混合结构房屋，可将上部砌体和下部框架分别计算。砌体部分的计算同一般多层混合结构房屋；框架部分需承受上部各层的竖向荷载和水平荷载，其中水平荷载可以等效成作用于框架顶部的集中水平力和倾覆力矩进行计算。

六、混合结构房屋的抗震设计要点

多层混合结构房屋、底部框架房屋和多层内框架房屋的抗震计算均可采用底部剪力法。

（一）多层混合结构房屋地震剪力的计算

在多层混合结构房屋中，屋盖和楼盖如同水平隔板一样，将作用在房屋上的水平地震剪力传给各抗侧力构件墙或柱。根据不同的楼（屋）盖刚度，横向水平地震剪力分别按下列原则进行分配。

1. 刚性楼盖剪力计算

对于现浇和装配整体式钢筋混凝土楼盖，如横墙间距符合表 6-27 的规定，可认为楼盖

在平面内的刚度无限大，水平地震剪力按各抗侧力构件的抗侧刚度进行分配，即

$$V_{ik}=\frac{D_{ik}}{\sum\limits_{k=1}^{m}D_{ik}}V_i \tag{6-107}$$

$$D_{ik}=\frac{1}{\dfrac{h_i^3}{12E_iI_{ik}}+\dfrac{\mu_{ik}h_i}{G_iA_{ik}}} \tag{6-108}$$

式中 V_i——第 i 楼层的水平地震剪力；

V_{ik}——第 i 楼层第 k 片墙所承担的水平地震剪力；

D_{ik}——第 i 楼层第 k 片墙的抗侧刚度；

h_i——第 i 楼层的高度；

I_{ik}——第 i 楼层第 k 片墙的截面惯性矩；

A_{ik}——第 i 楼层第 k 片墙的截面面积；

E_i——第 i 楼层墙的弹性模量；

G_i——第 i 楼层墙的剪切模量；

μ_{ik}——第 i 楼层第 k 片墙的剪应力分布不均匀系数，对于矩形截面可以取 1.2。

设计时墙段宜按门窗洞口划分。对于开有小洞口的墙段，抗侧刚度按毛截面积计算后，根据开洞率乘以墙段洞口影响系数进行调整，影响系数见表 6-35。

表 6-35 墙段洞口影响系数

开洞率	0.10	0.20	0.30
影响系数	0.98	0.94	0.88

若墙的高宽比大于 4 时，则不考虑该墙的抗侧刚度，当墙的高宽比小于 1 时，可不考虑墙体弯曲变形的影响，其抗侧刚度可近似取为

$$D_{ik}=\frac{G_iA_{ik}}{\mu_{ik}h_i} \tag{6-109}$$

若假定各片墙的截面形状相同，则 μ_{ik} 相同，于是便可得到

$$V_{ik}=\frac{A_{ik}}{\sum\limits_{k=1}^{m}A_{ik}}V_i \tag{6-110}$$

现设每片墙的厚度为 t_{ik}，长度为 b_{ik}，则 $A_{ik}=t_{ik}b_{ik}$， $I_{ik}=\frac{t_{ik}b_{ik}^3}{12}=\frac{A_{ik}b_{ik}^2}{12}$，式（6-108）可表示为

$$D_{ik}=\frac{A_{ik}}{\dfrac{h_i^3}{E_ib_{ik}^2}+\dfrac{\mu_{ik}h_i}{G_i}} \tag{6-111}$$

当每片墙的长度 b_{ik} 相等，且取相同的 μ_{ik} 值，则上式中的分母为常数，代入式（6-107）后也可以得到式（6-112），所以可按每片墙的截面面积分配水平地震剪力。

2. 柔性楼盖剪力计算

混合结构房屋中的木楼盖等柔性楼盖，可忽略其平面内的刚度。每片墙相当于单独振动

而不受楼盖的约束，因而各片墙承担的水平地震剪力与该墙负荷范围内的重力荷载代表值成正比，如果假定荷载在楼层均匀分布，则重力荷载代表值与负荷面积成正比，因而水平地震剪力可按各片墙的负荷面积分配，即

$$V_{ik}=\frac{S_{ik}}{\sum_{k=1}^{m}S_{ik}}V_i \tag{6-112}$$

式中 S_{ik}——第 i 楼层第 k 片墙所负担的重力荷载面积。

3. 中等刚性楼盖剪力计算

混合结构房屋中的装配式钢筋混凝土楼盖等中等刚性楼盖，可近似取刚性楼盖和柔性楼盖剪力分配的平均值，即

$$V_{ik}=\frac{1}{2}\left(\frac{S_{ik}}{\sum_{k=1}^{m}S_{ik}}+\frac{A_{ik}}{\sum_{k=1}^{m}A_{ik}}\right)V_i \tag{6-113}$$

考虑到楼盖沿纵向的水平刚度较横向的水平刚度大得多，故纵向水平地震剪力均可按墙体抗侧刚度进行分配。

当房屋的质量和刚度分布很不均匀时，尚应考虑地震作用引起的扭转效应。

（二）其他混合结构房屋的水平地震剪力计算

对于配筋砌块砌体剪力墙房屋的水平地震剪力计算可以参考高层剪力墙结构的计算方法。底部框架—抗震墙房屋的底部，计算抗震墙承担的水平地震剪力时，将全部纵横向地震剪力按抗侧刚度分配给该方向的抗震墙；计算框架柱承担的地震剪力时，按各抗侧力构件（包括墙、柱）的有效抗侧刚度进行分配。有效抗侧刚度的取值：框架不折减；混凝土墙折减系数取0.3；粘土砖墙折减系数取0.2。框架柱的轴力尚应考虑地震倾覆力矩引起的附加轴力。

对于底部框架—抗震墙房屋的上部，仍然可按多层混合结构房屋分配各片墙体承担的水平地震剪力。

多层内框架房屋中各柱的地震剪力按下式确定

$$V_{ci}=\frac{\psi_c}{n_b n_s}(\xi_1+\xi_2\lambda)V_i \tag{6-114}$$

式中 V_i——第 i 楼层的水平地震剪力；

V_{ci}——第 i 楼层框架柱承担的水平地震剪力；

ψ_c——柱类型系数，钢筋混凝土内柱取0.012，外墙组合砖柱取0.0075；

n_b——抗震横墙间的开间数；

n_s——内框架的跨数；

λ——抗震横墙间距与房屋总宽度的比值，当 $\lambda<0.75$ 时，取 $\lambda=0.75$；

ξ_1，ξ_2——计算系数，按表6-36采用。

表 6-36 计 算 系 数

房屋总层数	2	3	4	5
ξ_1	2.0	3.0	5.0	7.5
ξ_2	7.5	7.0	6.5	6.0

（三）地震剪力设计值的调整

对于配筋砌块砌体剪力墙的地震剪力设计值，在底部加强区（参见高层剪力墙结构）范围内，根据不同的抗震等级，地震剪力设计值应进行调整。对一级抗震等级提高50%，二级抗震等级提高20%。

底部框架-抗震墙房屋的底部，地震剪力设计值根据底层与上部抗侧刚度的比值，应分别提高20%和50%。

第四节　混合结构房屋墙、柱设计

混合结构房屋中的墙、柱一般只进行承载能力极限状态的计算，包括承载力和稳定验算。规范采用验算高厚比的方法来保证墙、柱之稳定性。

一、墙、柱的受压承载力计算

1. 墙、柱控制截面的选择

所谓构件的控制截面是指通过荷载组合其荷载效应较大而截面抗力较小，构件的破坏往往最先从这些截面开始，对整个构件的可靠度起控制作用的截面，见图6-58。

在图6-58中，Ⅰ-Ⅰ截面在N_l作用下局部受压，且弯矩M最大；Ⅱ-Ⅱ截面轴力最大，且窗下砌体抗剪能力较弱，压应力分布不均匀；Ⅲ-Ⅲ、Ⅳ-Ⅳ截面由于开有窗洞墙体受到削弱，抗力较低；因而这四个截面都是控制截面。但规范规定：对于有门窗洞口的墙体，承载力计算时一律取窗间墙面积。于是只需取Ⅰ-Ⅰ、Ⅱ-Ⅱ截面作为计算截面。

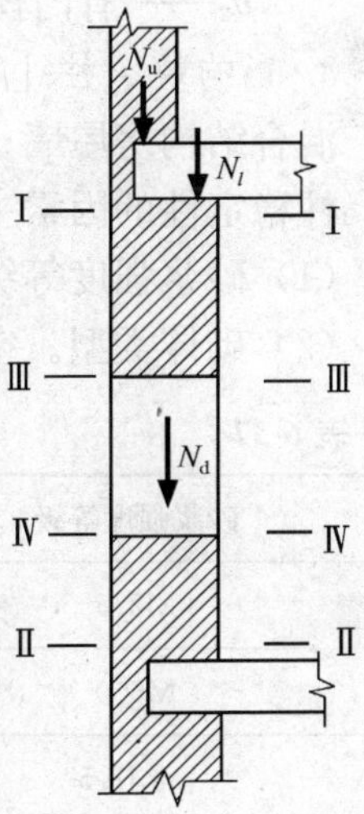

图6-58　墙、柱控制截面

2. 承载力验算

混合结构房屋的墙、柱属偏心受力构件，需要进行偏心受压的承载力验算，当墙体承受楼面大梁传来的集中荷载时，尚应对大梁底面支承处墙体进行局部受压承载力的验算。受压构件沿水平灰缝的受剪承载力一般不起控制作用，可以不予验算。

对于图6-58中的Ⅰ-Ⅰ截面应分别按M_{max}、N_{min}进行偏心受压承载力验算和按N_u、N_l进行局部受压承载力验算；对于Ⅱ-Ⅱ截面按N_{max}、M_{min}进行偏心受压承载力验算。

3. 荷载效应组合

计算控制截面的内力时，应考虑以下两种荷载组合方式：

（1）1.2×恒载的内力标准值＋1.4×其中一项活载较大的内力标准值＋其余活载的内力组合值。

（2）1.35×恒载的内力标准值＋全部活载的内力标准值。

在上述组合结果中取其大值进行截面承载力验算。

二、墙、柱的高厚比验算

1. 墙柱的稳定性

混合结构房屋中墙、柱除了满足承载力要求外，还必须保证其有足够的稳定性。墙、柱高厚比验算，就是保证墙体稳定和房屋空间刚度的一项重要构造措施，以防止墙、柱在施工和使用期间因偶然的撞击或振动等因素出现歪斜、臌肚以致倒塌等失稳现象。

墙、柱高厚比是指墙、柱的计算高度 H_0 与墙厚或柱截面边长 h 的比值，用 $\beta = H_0/h$ 表示。β 越大稳定性越差。

2. 墙、柱高厚比验算公式

砌体墙、柱的高厚比应满足下式要求

$$\beta = \frac{H_0}{h} \leqslant \mu_1 \mu_2 [\beta] \tag{6-115}$$

式中 H_0——墙、柱的计算高度，按表 6-15 确定；

h——墙厚或矩形柱与 H_0 相对应的边长；当为梯形截面时取 $h = h_T$，$h_T = 3.5i$，（i 截面最小回转半径）$i=\sqrt{\dfrac{I}{A}}$；

$[\beta]$——允许高厚比，与砂浆强度有关，见表 6-37；

μ_1——非承重墙 $[\beta]$ 的修正系数（承重墙 $\mu_1=1$）；

μ_2——有门窗洞口墙 $[\beta]$ 的修正系数（无门窗洞口墙 $\mu_2=1$）。

3. 影响墙、柱 $[\beta]$ 的因素

混合结构房屋墙、柱高厚比的验算是为了保证墙、柱在施工和使用期的稳定性。影响墙、柱稳定性的因素主要包括下述几方面：

（1）砂浆强度等级。砂浆强度高，砌体的弹性模量高，因而稳定性好。

（2）砌体类型。空斗砌体与毛石砌体的稳定性差些，组合砌体则好些。

表 6-37　墙、柱的允许高厚比 $[\beta]$

砂浆强度等级	墙	柱
M2.5	22	15
M5.0	24	16
≥M7.5	26	17

注 1. 毛石墙、柱允许高厚比阴比表中数值降低 20%；
2. 组合砖砌体构件的允许高厚比可按表中数值提高 20%，但不得大于 28；
3. 验算施工阶段砂浆尚未硬化的新砌体高厚比时，允许高厚比对墙取 14，对柱取 11。

（3）横墙间距及纵横墙之间的拉结。横墙间距小或与周边有很好拉结，稳定性好，独立砖柱则差些。计算高度的取值考虑了这些因素。

（4）支承条件。墙或柱下端与基础刚接，上端与楼（屋）盖连接。房屋刚性大，楼盖处侧移小，稳定性好。计算高度的取值与静力计算方案有关，而静力计算方案考虑了楼（屋）盖的刚度。

（5）砌体截面形式。墙上开有门窗洞口时，会减小截面的惯性矩，降低其稳定性。计算中用允许高厚比修正系数 μ_2 来考虑这一因素，$\mu_2 = 1 - 0.4\dfrac{b_s}{s} \geqslant 0.7$，当 $\mu_2 < 0.7$ 时，取 $\mu_2 = 0.7$。其中，s 为相邻窗间墙或壁柱之间的距离，b_s 为在宽度 s 范围内的门窗洞口之宽度，见图 6-59。

(6) 构件使用性质。对于非承重墙，仅承受墙体自重，与墙顶承受荷载的承重墙相比，稳定性提高。对非承重墙，允许高厚比用 μ_1 进行修正。对于 240mm 墙：$\mu_1=1.2$；90mm 墙：$\mu_1=1.5$；当墙厚在 90mm 和 240mm 之间时，μ_1 按线性内插取值。

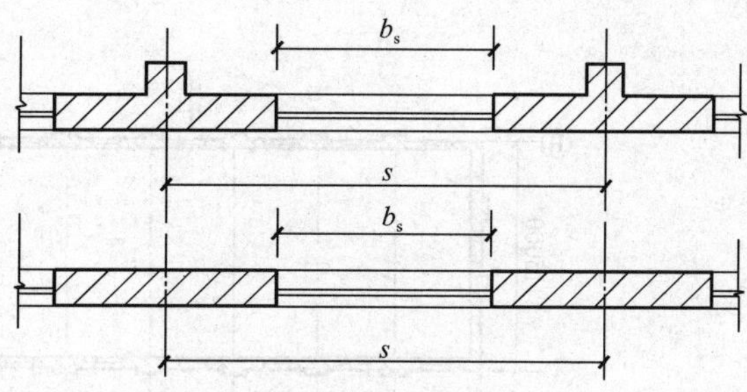

图 6-59　门窗洞口宽度取值图

4. 高厚比验算

高厚比验算的内容包括整片墙的高厚比验算和壁柱间墙的高厚比验算。验算整片墙的高厚比，查表 6-15 确定计算高度 H_0 时，墙长取相邻横墙的间距 l。计算墙体折算厚度时所取截面范围，当有门窗洞口时可取窗间墙宽度；当无门窗洞口时可取相邻壁柱间的距离，且不大于壁柱宽度加 2/3 墙高。见图 6-60。

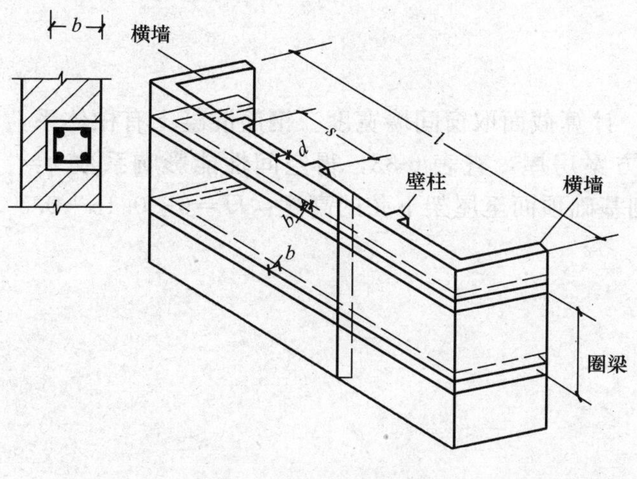

图 6-60　相邻横墙间距

壁柱的存在提高了墙体的稳定性。对于带壁柱墙，除了对整片墙进行验算外，还需对壁柱间墙的高厚比进行验算，此时墙长取相邻壁柱间的距离 s。壁柱间墙计算高度的取值一律按刚性方案考虑。

验算带构造柱墙的高厚比时，式 (6-25) 中的 h 取墙厚，墙的允许高厚比可乘以提高系数 μ_c：

$$\mu_c = 1+\gamma\frac{b_c}{l} \tag{6-116}$$

式中　γ——系数。对细料石、半细料石砌体，$\gamma=0$；对混凝土砌快、粗料石、毛料石及毛石砌体，$\gamma=1.0$；其他砌体，$\gamma=1.5$；

b_c——构造柱沿墙长方向的宽度；

l——构造柱的间距。

当 b_c/l 大于 0.25 时，取 $b_c/l=0.25$；当 b_c/l 小于 0.05 时，取 $b_c/l=0$。

对设有钢筋混凝土圈梁的带壁柱墙，当圈梁截面宽度与横墙间距的比值大于等于 1/30 时，圈梁可以作为壁柱间墙的不动铰支点。如受条件限制，不允许增加圈梁宽度时，可根据等刚度原则增加圈梁的高度，以满足壁柱间墙不动铰支承的要求。

【例题 6-11】　一 15m 跨单层房屋，见图 6-61，纵墙承重。纵墙的窗洞尺寸为 3.6m×3.6m，采用钢筋混凝土有檩体系屋架结构，支座底面标高为 +6.00m，屋面出檐 500mm；屋面荷载合力作用点偏离轴线内 150mm。檐口处设一道 240mm×240mm 钢筋混凝土圈梁。该房屋的结构安全等级为二级，该地区的基本风压 $w_0=0.45\text{kN/m}^2$，地面粗糙度类别为 B；屋盖恒荷载标准值 $g_k=1.5\text{kN/m}^2$（水平投影），屋面活荷载标准值 $q_k=0.75\text{kN/m}^2$。墙体用 MU10 砖，M5 混合砂浆砌筑，试对纵墙进行设计。

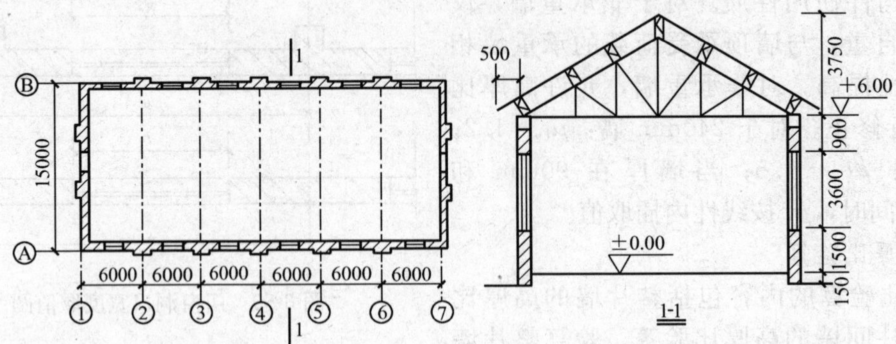

图 6-61 ［例题 6-11］房屋平面及剖面图

解

1. 确定计算简图

取一个开间，即 6m 宽作为计算单元，计算截面取窗间墙宽度。钢筋混凝土有檩体系，横墙间距 $s=36$m，查表 6-32，属刚弹性方案房屋，查表 6-33，得空间性能影响系数 $\eta=0.68$。设地面至基础顶面埋深为 0.5m，则基础顶面至屋架下弦的高度：$H=6+0.15+0.5=6.65$m。计算简图如图 6-62 所示。

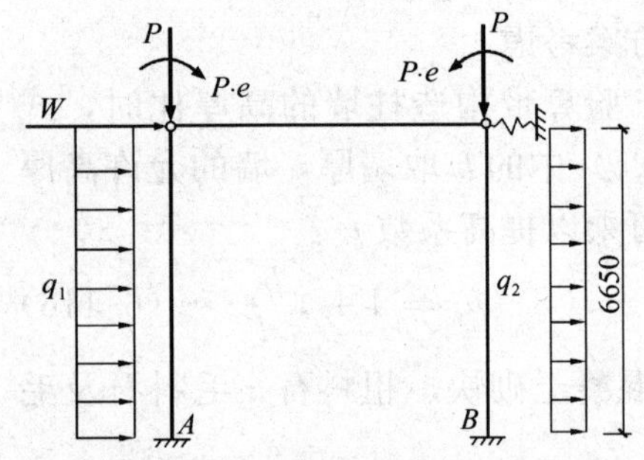

图 6-62 ［例题 6-11］计算简图

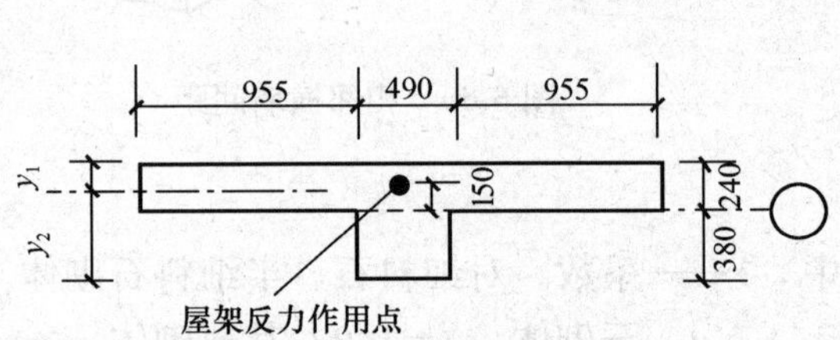

图 6-63 ［例题 6-11］计算截面图

2. 计算截面特征值

截面面积

$$A=2.4\times0.24+0.49\times0.38=0.7622\text{m}^2$$

截面形心（见图 6-63）

$$y_1=\frac{(2.4-0.49)\times0.24\times0.12+0.49\times0.62\times0.31}{0.7622}=0.196$$

$$y_2=0.62-y_1=0.424\text{m}$$

截面惯性矩

$$I=\frac{1.91\times0.24^3}{12}+1.91\times0.24\times(0.196-0.12)^2+\frac{0.49\times0.62^3}{12}$$
$$+0.49\times0.62\times(0.31-0.196)^2=0.018528\text{m}^4$$

折算厚度

$$h_T = 3.5 \times i = 3.5 \times \sqrt{\frac{0.018528}{0.7622}} = 0.546\text{m}$$

3. 墙体高厚比验算

由 M5 混合砂浆，查表 6-37，允许高厚比 $[\beta]=24$。

(1) 整片墙验算：

承重墙 $\mu_1=1.0$；$\mu_2=1.0-0.4\times\frac{6.0-2.4}{6}=0.76>0.7$，取 $\mu_2=0.76$。

单跨、刚弹性方案，计算高度

$$H_0=1.2H=1.2\times6.65=7.98\text{m}$$

高厚比

$$\beta=\frac{H_0}{h}=\frac{7.98}{0.546}=14.6<\mu_1\mu_2\,[\beta]=1\times0.76\times24=18.24$$

满足要求。

(2) 壁柱间墙：

验算壁柱间墙高厚比时，一律按刚性方案考虑。壁柱间距 $s=6\text{m}$，柱高 $H=6.65\text{m}$，$s<H$，查表 6-37，计算高度 $H_0=0.6s=0.6\times6=3.6\text{m}$。

$$\beta=\frac{H_0}{h}=\frac{3600}{240}=15<\mu_1\mu_2[\beta]=1\times0.76\times24=18.24$$

满足要求。

4. 荷载计算

(1) 屋面荷载。

屋面荷载包括屋盖自重、屋面活荷载。屋面荷载对墙体截面形心有偏心，将其等效成作用于截面形心的集中力和偏心力矩，偏心矩 $e=0.196-0.09=0.106\text{m}$。

由屋盖自重引起的屋架支承反力标准值

$$p_k=1.5\times6\times(7.5+0.5)=72\text{kN}$$

偏心力矩标准值

$$Mp=P_k\times e=7.632\text{kN}\cdot\text{m}$$

由屋面活荷载引起的屋架支承反力标准值

$$Q_k=0.75\times6\times(7.5+0.5)=36\text{kN}$$

偏心力矩标准值

$$M_Q=Q_k\times e=3.186\text{kN}\cdot\text{m}$$

(2) 墙体自重。

240 墙双面粉刷的自重为 5.24kN/m^2，粘土砖的自重为 19kN/m^3，钢窗的自重为 0.45kN/m^2。

窗间墙重量：$5.24\times6.65\times2.4+19\times0.49\times0.38\times6.65=107.2\text{kN}$

窗上方墙体重量：$5.24\times3.6\times0.9=17.0\text{kN}$

钢窗重量：$0.45\times3.6\times3.6=5.8\text{kN}$

基础顶面处墙体自重引起的竖向荷载标准值为

$$G_k=107.2+17.0+5.8=130\text{kN}$$

(3) 风荷载。

风荷载包括墙体迎风面均布荷载 q_{1k}、背风面均布荷载 q_{2k} 和檐口处的屋面集中风荷载 W_k。

风振系数 $\beta_z=1.0$；风荷载体型系数 μ_s，可查《建筑结构荷载规范》（GB 50009—2001）。室外地面至屋脊的高度 $H=0.2+6+3.75=9.95\text{m}<10\text{m}$，对于 B 类地面，风压高度变化系数 $\mu_z=1.0$。

屋面风压标准值

$$w_k=\beta_z\mu_s\mu_z w_0=1.0\times(0.5-0.14)\times1.0\times0.45=0.162\text{kN/m}^2$$

作用在檐口处的屋面集中风荷载标准值

$$W_k=Bhw_k=6\times3.75\times0.162=3.645\text{kN}$$

墙体迎风面均布荷载标准值

$$q_{1k}=B\beta_z\mu_{s1}\mu_z w_0=6\times1\times0.8\times1\times0.45=2.16\text{kN/m}$$

墙体背风面均布荷载标准值

$$q_{2k}=B\beta_z\mu_{s2}\mu_z w_0=6\times1\times0.5\times1\times0.45=1.35\text{kN/m}$$

5. 内力计算

图 6-64（b）、（c）计算简图的内力可分解成两种情况的叠加：即排架顶端加一铰支座的内力和支座反力乘以空间性能影响系数 η 后反向作用于排架柱顶端的内力的叠加。

（1）恒荷载作用下：

柱顶截面的轴力 $N_1=72\text{kN}$

柱底截面的轴力 $N_2=72+130=202\text{kN}$

在屋面恒荷载的偏心力矩 M_p 作用下，由于对称，不动铰支座的反力为零，弯矩分布如图 6-64（a）所示。

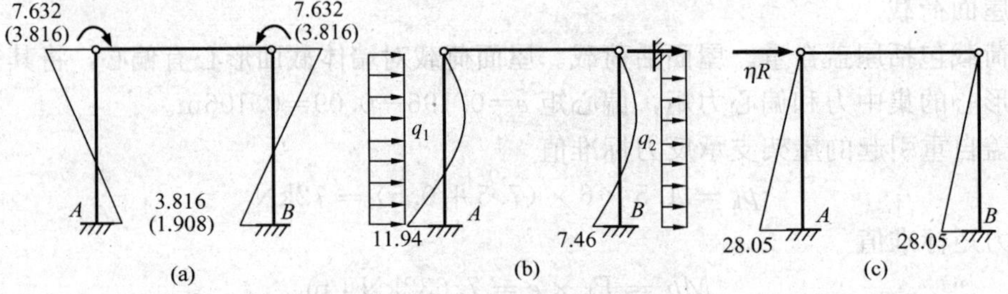

图 6-64 ［例题 6-11］弯矩图

（2）屋面活荷载作用下：

柱顶截面和柱底截面的轴力：$N_1=N_2=36\text{kN}$

弯矩分布如图 6-64（a）所示（括号内的数字）。

（3）风荷载作用下：

集中风荷载作用下不动铰支座的支座反力

$$R_w=W_k=3.645\text{kN}$$

弯矩为 0。

均布风荷载作用下不动铰支座的支座反力

$$R_{Aq}=\frac{3}{8}q_{1k}H=\frac{3}{8}\times2.16\times6.65=5.39\text{kN}$$

$$R_{Bq}=\frac{3}{8}q_{2k}H=\frac{3}{8}\times1.35\times6.65=3.37\text{kN}$$

A 柱柱底弯矩

$$M_{Aq}=\frac{1}{2}q_{1k}H^2-R_{Aq}H=\frac{1}{8}q_{1k}H^2=\frac{1}{8}\times 2.16\times 6.65^2=11.94\text{kN}\cdot\text{m}$$

B 柱柱底弯矩

$$M_{Bq}=\frac{1}{2}q_{2k}H^2-R_{Bq}H=\frac{1}{8}q_{2k}H^2=\frac{1}{8}\times 1.35\times 6.65^2=7.46\text{kN}\cdot\text{m}$$

均布风荷载下的弯矩图如图 6-64（b）所示。

不动铰支座总反力

$$R=R_w+R_{Aq}+R_{Bq}=3.654+5.39+3.37=12.405\text{kN}(\rightarrow)$$

现将支座反力乘以 η 后反向作用于排架顶端，可求得柱底弯矩［图 6-64（c）］

$$M_{AR}=M_{BR}=\frac{1}{2}\eta RH=1/2\times 0.68\times 12.405\times 6.65=28.05\text{kN}\cdot\text{m}$$

最后将上述弯矩叠加，便得到柱底弯矩

$$M_{Ak}=M_{Aq}+M_{AR}=11.94+28.05=39.99\text{kN}\cdot\text{m}$$
$$M_{Bk}=M_{Bq}+M_{BR}=7.46+28.05=35.51\text{kN}\cdot\text{m}$$

6. 内力组合

风荷载的组合值系数为0.6，屋面活荷载的组合值系数为0.7。控制截面为柱顶截面和柱底截面。因排架对称，A 柱和 B 柱的力、内力相同。但考虑到风荷有左风和右风，右风下 A 柱内力等于左风下的 B 柱力。内力组合表 6-38 中列出了 B 柱内力，而不再列出右风下 A 柱内力。

表 6-38　内 力 组 表

荷载情况		A 柱				B 柱			
		柱顶截面		柱底截面		柱顶截面		柱底截面	
		M	N	M	N	M	N	M	N
恒荷载①		7.632	72	−3.16	202	7.632	72	−3.816	202
屋面活荷载②		3.816	36	−1.908	36	3.816	36	−1.908	36
风荷载③		0	0	39.99	0	0	0	−35.51	0
组合 1	1.2×①+1.4×②+1.4×0.6×③	14.5	136.8	26.34	292.8	14.5	136.8	−37.08	292.8
组合 2	1.2×①+1.4×③+1.4×0.7×②	12.90	121.68	49.54	277.68	12.90	121.68	−56.16	277.68
组合 3	1.35×①+②+③	14.12	133.2	32.93	308.7	14.12	133.2	−42.57	308.7

7. 墙体承载力验算

墙体承载力验算包括受压承载力和柱顶截面的局部受压承载力。

（1）受压承载力验算。柱顶截面 3 组内力的偏心矩相同，故只需选轴力最大的一组内力进行验算。柱底截面共有 6 组内力，A 柱与 B 柱的轴力相等，故只需考虑弯矩较大的 B 柱之 3 组内力，其中第 1 组的偏心矩和轴力均比第 3 组小，第 1 组可不验算，最后验算第 3 组内力。

根据砌体为 MU10 砖、M5 砂浆，查表可得砌体抗压强度设计值 $f=1.5\text{MPa}$，高厚比 $\beta=14.6$。在正弯矩作用下轴向力偏向翼缘，$y=y_1=0.196\text{m}$；负弯矩作用下轴向力偏向肋部，$y=y_2=0.424\text{m}$。3 组内力的验算结果列于表 6-39。

表 6-39　承载力计算结果

序号	内　力	$e=M/N$	e/y	e/h_T	φ	$N_u=\varphi fA$	结　果
1	$N=136.8$，$M=14.5$	0.106	0.54<0.6	0.194	0.395	445.58	>136.8
2	$N=277.68$，$M=-56.16$	0.202	0.48<0.6	0.370	0.227	259.43	>227.68
3	$N=308.70$，$M=-42.57$	0.138	0.33<0.6	0.253	0.324	370.29	>308.70

(2) 柱顶截面的局部受压承载力验算。

钢筋混凝土圈梁可以作为柔性垫梁。$N_0=0$，$N_1=136.8\text{kN}$。C20 混凝土的弹性模量 $E_c=25500\text{MPa}$，垫梁截面惯性矩 $I_b=274.5\times10^6\text{mm}^4$。砌体弹性模量 $E=1500f=2220\text{MPa}$。

垫梁折算高度

$$h_0=2\sqrt[3]{\frac{E_c I_b}{Eh}}=2\times\sqrt[3]{\frac{25500\times274.5\times10^6}{2220\times240}}=472\text{mm}$$

$$2.4\delta_2 fb_b h_0=2.4\times0.5\times1.48\times240\times427$$
$$=201185\text{N}=201.2\text{kN}>N_0+N=136.8\text{kN}$$

满足要求。

【例题 6-12】 某单位一四层混合结构办公楼，平面尺寸和外墙剖面如图 6-65 所示。

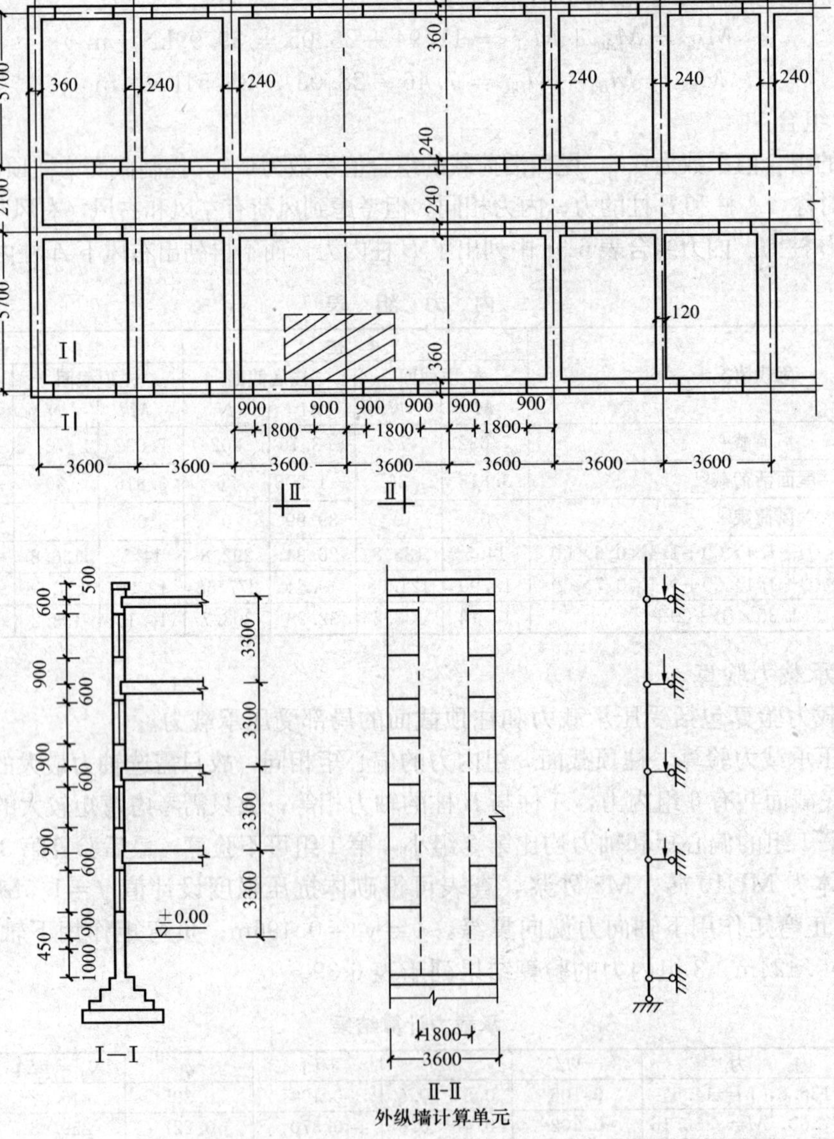

图 6-65 ［例题 6-12］平面布置及计算简图

屋盖和楼盖均为钢筋混凝土梁、板结构，进深梁截面尺寸为200mm×500mm，梁为双面抹灰。砖的强度等级为 MU10，砂将的强度等级为 M2.5。试验算外纵墙的承载力是否足够。

解

1. 荷载计算

（1）屋面荷载：

三毡四油防水层	0.35kN/m^2
200mm 厚 1∶2.5 水泥浆找平层	0.02×20kN/m^3＝0.40kN/m^2
50mm 厚 1∶2.5 水泥珍珠岩保温层	0.02×5kN/m^3＝0.25kN/m^2
125mm 厚预应力钢筋混凝土圆孔板	2.00kN/m^2
20mm 厚板下纸筋灰抹面	0.02170kN/m^3＝0.34kN/m^2
屋面恒荷载标准值	3.34kN/m^2
屋面恒荷载设计值	3.34×1.2＝4.01kN/m^2
屋面活荷载标准值	0.7kN/m^2
屋面活荷载设计值	0.70×1.4＝0.98kN/m^2
屋面荷载标准值	3.34＋0.70＝4.04kN/m^2
屋面荷载标准值	4.01＋0.98＝4.99kN/m^2

（2）楼面荷载：

40mm 厚细石混凝土整浇层	0.04×25kN/m^3＝1.00kN/m^2
125mm 厚预应力钢筋混凝土圆板	2.00kN/m^2
20m 厚板下纸筋灰抹面	0.02×170kN/m^3＝0.34kN/m^2
楼面恒荷载标准值	3.34kN/m^2
楼面恒荷载设计值	3.34×1.2＝4.01kN/m^2
楼面活荷载标准值	2.00kN/m^2
楼面活荷载设计值	2.00×1.4＝2.80kN/m^2
楼面荷载标准值	3.34＋2.00＝5.34kN/m^2
楼面恒载设计值	4.01＋2.80＝6.81kN/m^2

（3）进深梁自重（含 20mm 抹面重）：

标准值　［0.2×0.5×25＋0.02（2×0.5×0.2）×20］×5.7/2＝8.49kN

设计值　8.49×1.2＝10.19kN

（4）计算单元的墙体荷载：

240 砖墙（双面抹面 20mm 厚）	0.24×19＋0.02×202＝5.36kN/m^2
360 砖墙（双面抹面 20mm 厚）	0.36×19＝0.02×20×2＝7.64kN/m^2
木窗	0.30kN/m^2

1）女儿墙自重

标准值	0.5×3.6×5.36＝9.45kN
设计值	9.45×1.2＝11.58kN

2）屋面梁高度范围的墙体自重

标准值　　$0.5\times3.6\times7.64=13.75\text{kN}$

设计值　　$13.75\times1.2=16.50\text{kN}$

3）每层墙体自重（窗口尺寸为1800mm×1800mm）

标准值　　$(3.3\times3.6-1.8\times1.8)\times7.64+1.8\times1.8\times0.3=71.11\text{kN}$

设计值　　$71.11\times1.2=85.33\text{kN}$

2. 高厚比验算

（1）外纵墙高厚比验算：横墙最大间距　　$s=3\times3.6=10.8$（m）

底层层高 $H=3.3+0.45+0.50=4.25\text{m}$，所以 $s>2H=2\times4.25=8.50\text{m}$，根据刚性方案由表6-15可得

$$H_0=1.0H=4.25\text{m}$$

外纵墙为承重墙，故 $\mu_1=1.0$。

外纵墙每开间开有尺寸为1800mm×1800mm的窗洞，由下式可得

$$\mu_2=1-0.4\frac{b_s}{s}=1-0.4\frac{1.8}{3.6}=0.8>0.7$$

从表6-37查得砂浆强度等级为M2.5时，墙的允许高厚比 $[\beta]=22$，由式（6-115）得

$$\beta=\frac{H_0}{h}=\frac{4250}{360}=11.81\leqslant\mu_1\mu_2[\beta]=1.0\times0.8\times22=17.6$$

满足要求。

（2）内横墙高厚比验算。

纵墙间距 $s=7.5\text{m}$；墙高 $H=4.25\text{m}$，所以 $H<s<2H$。根据刚性方案由表6-15得

$$H_0=0.4s+0.2H=0.4\times5.7+0.20\times4.25=3.13\text{m}$$

因内横墙为承重墙，故 $\mu_1=1.0$，$\mu_2=1.0$，由式（6-115）得

$$\beta=\frac{H_0}{h}=\frac{3130}{240}=13.04\leqslant\mu_1\mu_2[\beta]=1.0\times1.0\times22=22$$

满足要求。

（3）隔断墙高厚比验算。

在砌承重墙时应在墙中预埋拉结筋，以便在主体结构完成后砌筑隔断时使职断墙与承重墙拉结。但在施工中，经常有遗漏或位置不准的情况，因此隔断墙按两端无拉结的情况考虑。此外，隔断墙的顶部在施工中采用斜放立砖的形式，使砖能够顶紧楼板，所以隔断墙顶端可按不动铰考虑。

隔断墙高 $H=2.80\text{m}$，由于按两端无拉结的情况考虑，故 $s=5.7-0.24=5.46\text{m}$，$H<s<2H$。由表6-15得

$$H_0=0.4s+0.2H=0.4\times5.46+0.20\times2.8=2.84\text{m}$$

隔断墙为非承重墙 $h=120$，用内查法可得 $\mu_1=1.44$；该墙上无洞口，故 $\mu_2=1.0$。由式（6-115）得

$$\beta=\frac{H_0}{h}=\frac{2840}{120}=23.7\leqslant\mu_1\mu_2[\beta]=1.44\times1.0\times22=31.68$$

满足要求。

3. 墙体承载力验算

每层取上、下梁支承截面作为控制截面，现以顶层为例说明纵墙承载力验算。

顶层墙体承载力的验算。

1）内力计算。根据梁、板的平面布置及计算单元的平面尺寸，可得层盖传来的竖向荷载如下：

标准值　　$4.04\times3.6\times5.7/2+8.49=49.94\text{kN}$

设计值　　$4.99\times3.6\times5.7/2+10.19=61.39\text{kN}$

由 MU10 砖和 M2.5 混合砂浆砌筑的砌体，其抗压强度 $f=1.30\text{MPa}$。

已知梁高 $h=500\text{mm}$，则梁的有效支承长度

$$a_0 = 10\sqrt{\frac{h}{f}} = 10\times\sqrt{\frac{500}{1.3}} = 196\text{mm} < 240\text{mm}$$

屋盖竖向荷载作用于墙顶的偏心距

$$e_0 = \frac{h}{2} - 0.33a_0 = \frac{360}{2} - 0.33\times196 = 115(\text{mm})$$

由于女儿墙厚 240mm，而外墙厚 360mm，因此女儿墙自重对计算截面的偏心距

$$e = (360-240)/2 = 60\text{mm} = 0.06\text{m}$$

顶层屋面梁支承处截面由荷载设计值引起的弯矩

$$M = 61.39\times0.115 - 11.58\times0.06 = 6.36\text{kN}\cdot\text{m}$$

该截面由荷载设计值引起的轴力

$$N = 11.58 + 16.50 + 61.39 = 89.47\text{kN}$$

顶层墙体下端支点截面处由荷载设计值引起的轴力

$$N = 89.49 + 85.33 = 174.80\text{kN}$$

2）承载力验算：

①墙体上端支承处截面。砌体截面尺寸，取窗间的水平截面面积，即

$$A = 0.36\times1.8 = 0.648\text{m}^2 > 0.3\text{m}^2$$

砌体强度设计值不调整，调整系数 $\gamma_a=1.0$。

荷载设计值引起的偏心距

$$e = \frac{M}{N} = \frac{6.36}{89.47} = 0.0711\text{m}$$

$$\frac{e}{h} = \frac{0.0711}{0.360} = 0.1975$$

构件的高厚比

$$\beta = \frac{H_0}{h} = \frac{3300}{360} = 9.17 > 3$$

查表（或计算）可得

$$\varphi = 0.460$$

将 φ 值代入承载力计算公式得砌体的承载力

$$N = \gamma_a\varphi fA = 1\times0.460\times1.3\times0.648\times10^6 = 0.3875\times10^6\text{N} = 387.5\text{kN} > N = 89.47\text{kN}$$

满足要求。

②墙体下端支承处截面。荷载设计值引起的偏心距

$$e = \frac{M}{N} = 0$$

查表得

$$\varphi = 0.856$$

将 φ 值代入承载力计算公式得砌体的承载力

$$[N] = \gamma_a \varphi f A = 1 \times 0.865 \times 1.3 \times 0.648 \times 10^6 = 0.721 \times 10^6 \text{N} = 721.0\text{kN}$$

$$[N] > N = 336.70\text{kN}$$

满足要求。

三、混合结构房屋墙体抗震承载力验算

位于地震区的房屋墙体需考虑抗震设防，即除了要满足静荷载下的承载力外，尚需进行抗震承载力验算。

1. 无筋砌体构件

无筋砌体构件，考虑地震作用组合的受压承载力计算，可按非抗震情况的方法进行，但其抗力应除以承载力抗震调整系数。

在地震力作用下，砖砌体和石墙体的截面受剪承载力按下式计算

$$V \leqslant \frac{f_{VE} A}{\gamma_{RE}} \eta_k \tag{6-117}$$

式中 V——考虑地震作用组合的墙体剪力设计值；

f_{VE}——砌体沿阶梯形截面破坏的抗震抗剪强度设计值；

A——砌体横截面面积；

γ_{RE}——承载力抗震调整系数，见表 6-40；

η_k——烧结多孔砖砌体孔洞率折减系数，当孔洞率不大于 25%时，取 1.0；当孔洞率大于 25%时，取 0.9。

表 6-40　　承载力抗震调整系数

结构构件类别	受力状态	γ_{RE}
无筋、网状配筋和水平配筋砖砌体剪力墙	受剪	1.0
两端均设构造柱、芯柱的砌体剪力墙	受剪	0.9
组合砖墙、配筋砌块砌体剪力墙	偏心受压受拉和受剪	0.85
自承重墙	受剪	0.75
无筋砖柱	偏心受压	0.9
组合砖柱	偏心受压	0.85

注　本章的剪力墙即为《建筑抗震设计规范》(GB 50011) 中的抗震墙。

混凝土小型空心砌块墙体的截面受剪承载力按下式计算

$$V \leqslant \frac{1}{\gamma_{RE}} [f_{VE} A + (0.3 f_t A_c + 0.05 f_y A_s) \xi_c] \tag{6-118}$$

式中 f_t——灌孔混凝土的轴心抗拉强度设计值；

A_c——灌孔混凝土或芯柱截面总面积；

f_y——芯柱钢筋的抗拉强度设计值；

A_s——芯柱钢筋截面总面积；

ξ_c——芯柱参与工作系数，按表 6-41 采用。

表 6-41 芯柱参与工作系数

灌孔率 ρ	$\rho<0.15$	$0.15\leqslant\rho\leqslant0.25$	$0.25\leqslant\rho<0.5$	$\rho\geqslant0.5$
ξ_c	0.0	1.0	1.10	1.15

通过理论分析和试验表明，当同时作用剪力和压力时，砌体的抗剪强度不仅与材料本身的强度有关，还与压力产生的摩擦力大小有关。砌体沿阶梯形截面破坏的抗震抗剪强度设计值可按下式确定

$$f_{VE}=f_V+\alpha\mu\sigma_0 \tag{6-119}$$

$$\mu=0.31-0.12\frac{\sigma_0}{f}$$

式中 f_V——砌体的抗剪强度设计值；

α——修正系数，对砖砌体及料石砌体取 0.325，对砌块砌体取 0.65；

μ——剪压复合受力影响系数；

σ_0——对应于重力荷载代表值的水平截面平均压应力；

f——砌体抗压强度设计值。

2. 配筋砖砌体构件

采用网状配筋或水平配筋的烧结普通砖、烧结多孔砖墙的截面抗震承载力按下式验算：

$$V\leqslant\frac{1}{\gamma_{RE}}(f_{VE}+\zeta_s f_y\rho_V)A \tag{6-120}$$

式中 ρ_V——按层间墙体竖向截面计算的水平钢筋面积配筋率，应不小于 0.07%，且不大于 0.17%；水平分布钢筋间距不应大于 400mm；

ζ_s——钢筋参与工作系数，与墙体高宽比有关，按表 6-42 取用；

A——墙体横截面面积，多孔砖取毛截面面积。

表 6-42 钢筋参与工作系数

墙体高宽比	0.25	0.4	0.5	0.6	0.7	0.8	1.0	1.2
ζ_s	0.07	0.10	0.11	0.12	0.13	0.14	0.15	0.12

砖砌体和钢筋混凝土构造柱组合墙的截面抗震承载力按下式验算

$$V\leqslant\frac{1}{\gamma_{RE}}\left(\eta_c f_{VE}A_n+0.056\sum_{i=1}^{n}\psi_{ci}f_cA_{ci}+0.08f_yA_s\right) \tag{6-121}$$

式中 A_n——扣除构造柱后的组合墙净截面面积（$A_n=A-A_c$）；

A_{ci}——第 i 根构造柱的截面面积；

A_s——所有构造柱的纵向钢筋面积之和；

η_c——墙体约束的修正系数，一般情况取 1.0，构造柱间距不大于 2.8m 时取 1.10；

ψ_{ci}——第 i 根构造柱混凝土参与抗剪工作系数，对于端部构造柱可取 0.68，对于中部构造柱可取 1.0。

四、配筋砌块砌体剪力墙的承载力计算

配筋砌块砌体剪力墙是在混凝土小型空心砌块砌体基础上发展起来的一种新型结构。通过在小型空心砌块砌体芯柱和水平灰缝中配置一定数量的钢筋，使墙体的承载力、整体性及延性大为提高，显著改善了砌块砌体墙的抗震性能。配筋砌块砌体剪力墙的承载力计算包括

正截面承载力和斜截面承载力。正截面承载力分轴心受压、偏心受压和偏心受拉的承载力计算；斜截面受剪承载力分偏心受压和偏心受拉的承载力计算。

1. 正截面承载力计算

轴心受压配筋砌块砌体剪力墙，当配有箍筋或水平分布钢筋时，其正截面承载力按下列公式计算

$$N \leqslant \varphi_0 (f_G A + 0.8 f'_y A'_s) \tag{6-122}$$

式中 N——轴向力设计值；

φ_0——剪力墙轴心受压稳定系数，取 $\varphi_0 = \dfrac{1}{1+0.0018\beta^2}$；

f_G——灌孔砌体的抗压强度设计值；

A——构件毛截面面积；

f'_y——竖向钢筋的抗压强度设计值；

A'_s——全部竖向钢筋的截面面积；

β——高厚比，计算高度可取层高。

配筋砌块砌体剪力墙的偏心受压、偏心受拉正截面承载力计算方法同混凝土剪力墙，需将公式中的 $\alpha_1 f_c$ 换成灌孔砌体的抗压强度 f_G。

当荷载组合包含地震作用效应时，抗力需除以承载力抗震调整系数 γ_{RE}。

2. 斜截面承载力计算

配筋砌块砌体剪力墙在偏心受压和偏心受拉时的斜截面承载力分别按下列公式计算：

偏心受压

$$V \leqslant \frac{1.5}{\lambda + 0.5}\left(0.1\sqrt{f_G} b h_0 + 0.12 N \frac{A_w}{A}\right) + f_{yh}\frac{A_{sh}}{s}h_0 \tag{6-123}$$

偏心受拉

$$V \leqslant \frac{1.5}{\lambda + 0.5}\left(0.1\sqrt{f_G} b h_0 - 0.18 N \frac{A_w}{A}\right) + f_{yh}\frac{A_{sh}}{s}h_0 \tag{6-124}$$

式中 λ——计算截面的剪跨比，$\lambda = M/Vh_0$。当 λ 小于 1.0 时，取 1.0；当 λ 大于 2.0 时，取 2.0；

M、N、V——计算截面的弯矩、轴力和剪力设计值；

A——剪力墙的截面面积，其中翼缘计算宽度，对于 T 形、I 形截面，取 1/3 计算高度、腹板间距、墙厚加 12 倍翼缘厚度和翼缘实际宽度中的较小值；对于 L 形截面，取 1/6 计算高度、1/2 腹板间距、墙厚加 6 倍翼缘厚度和翼缘实际宽度中的较小值；

A_w——剪力墙的腹板截面面积，对于矩形截面 $A_w = A$；

b、h_0——剪力墙的厚度和截面有效高度；

A_{sh}——同一水平截面内水平分布筋的截面面积；

f_{yh}——水平分布钢筋的抗拉强度设计值；

s——水平分布钢筋的竖向间距。

当荷载组合中包含地震作用效应时，剪力墙的斜截面承载力取无地震作用 0.8，并考虑承载力抗震调整系数 γ_{RE}。

剪力墙的截面尺寸应符合下列要求：

无地震作用组合时

$$V \leqslant 0.5\sqrt{f_G}bh \tag{6-125}$$

有地震作用组合时

$$V \leqslant \frac{0.4}{\gamma_{RE}}\sqrt{f_G}bh \tag{6-126}$$

剪力墙连续梁当采用钢筋混凝土时按钢筋混凝土连续梁设计；当采用配筋砌块砌体时，设计方法可参照《砌体结构设计规范》。

【例题 6-13】　某混合结构办公楼，场地类别为Ⅱ类。抗震设防烈度为 7 度，经荷载清理已求得各层的重力荷载代表值：$G_6=5914.0$kN；$G_5=G_4=G_3=8888$kN，$G_2=10015$kN，$G_1=11800$kN，如图 6-66（a）所示。试进行水平地震力作用下墙体的承载力验算。

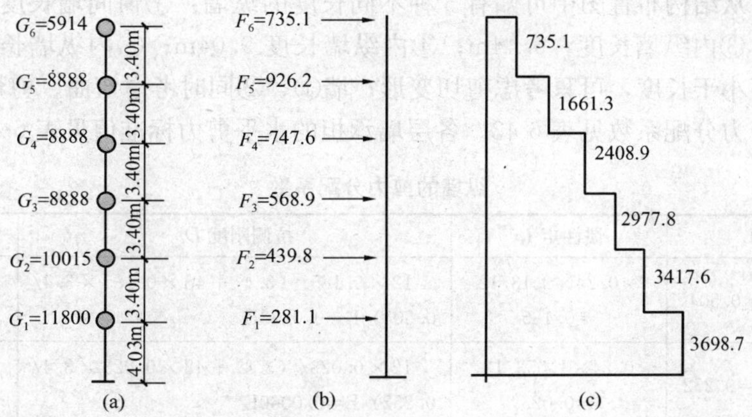

图 6-66　［例题 6-13］图

解

1. 求楼层剪力

底部剪力

$$G_{eq} = 0.85\sum_{i=1}^{n} G_{ii} = 0.85 \times (11800 + 10015 + 3 \times 8888 + 5914) = 46234\text{kN}$$

$$F_{EK} = \alpha_{max}G_{eq} = 3698.7\text{kN}$$

地震作用沿高度的分布

$$F_1 = \frac{G_1 \times H_1}{\sum_{i=1}^{6} G_iH_i} \times 3698.7 = \frac{11800 \times 4.03}{625766} \times 3698.7 = 281.1\text{kN}$$

$$F_2 = \frac{10015 \times 7.43}{625766} \times 3698.7 = 439.8\text{kN}$$

$$F_3 = \frac{8888 \times 10.83}{625766} \times 3698.7 = 568.9\text{kN}$$

$$F_4 = \frac{8888 \times 14.23}{625766} \times 3698.7 = 747.6\text{kN}$$

$$F_5 = \frac{8888 \times 17.63}{625766} \times 3698.7 = 926.2\text{kN}$$

$$F_6=\frac{5914\times21.03}{625766}\times3698.7=735.1\text{kN}$$

各层水平地震作用及各层水平地震剪力如图 6-66（b）、（c）所示。

2. 单片墙承受的水平剪力

（1）横墙。对于刚性楼盖，各片墙墙长基本相同，近似按墙体面积进行分配（不考虑翼缘的作用）。

内横墙剪力分配系数

$$\eta_1=\frac{A_1}{A}=\frac{6.24\times0.24}{(14.24-1.2)\times0.24\times2+6.24\times0.24\times12}=0.0618$$

该墙各层承受的水平剪力标准值见表 6-43。

（2）纵墙。从结构布置图中可知有 5 种不同长度的纵墙：①窗间墙长度 2.1m；②端纵墙长度 1.05m；③内纵墙长度，6.44m；④内纵墙长度 9.04m；⑤内纵墙长度 12.64m。墙③、④、⑤高度小于长度，可只考虑剪切变形；墙①、②同时考虑弯曲、剪切变形。各片墙的抗侧刚度及剪力分配系数见表 6-43。各层墙承担的水平剪力标准值见表 6-44。

表 6-43　　纵墙的剪力分配系数

纵墙	面积 A_i	惯性矩 I_i	抗侧刚度 D_i	分配系数 η_i
①	2.1×0.24=0.504	0.24×2.13/12=0.185	12×0.185/（3.4^3+48×0.185×3.4/0.504）E=0.0223E	0.0223/2.166=0.0103
②	1.05×0.24=0.252	0.24×1.053/12=0.023	12×0.023/（3.4^3+48×0.023×3.4/0.252）E=0.0060E	0.0060/2.166=0.0028
③	6.32×0.24=1.517	—	1.517E/（4×3.4）=0.1115E	0.0515
④	8.92×0.24=2.141	—	2.141E/（4×3.4）=0.1574E	0.0727
⑤	12.52×0.24=3.005	—	3.005E（4×3.4）=0.2210E	0.1020

注　计算剪力分配系数 η_i 中的分母 28×0.0223E+4×0.006E+4×0.1115E+4×0.1574E+2×0.2210E=2.166E。

表 6-44　　各层墙体承担的水平剪力标准值（单位：kN）

位置	楼层剪力	内横墙剪力	①纵墙剪力	②纵墙剪力	③纵墙剪力	④纵墙剪力	⑤纵墙剪力
六层	735.10	45.43	7.57	2.06	37.86	53.44	74.98
五层	1661.30	102.67	17.11	4.65	85.56	120.78	169.45
四层	2408.90	148.87	24.81	6.74	124.06	175.13	245.71
三层	2977.80	184.03	30.67	8.34	153.36	216.49	303.74
二层	3417.60	211.21	35.20	9.57	176.01	248.46	348.60
底层	3698.70	228.58	38.10	10.36	190.48	268.90	377.27

3. 墙体承载力验算

计算底层、三层、五层墙顶截面的抗剪承载力。计算结果列于表 6-45 中。

表 6-45　墙体抗震承载力验算

截面		σ_0	f_A	f_{VE}	A	$f_{VE}A\eta_k/\gamma_{RE}$	1.3V	结果
五层	内墙	[(4.54＋5.19)×3.6＋5.24×3.4]/0.24＝220.2	110	130.9	1.498	164.78	133.47	满足
	①纵墙	[(4.54＋5.19)×10.8＋5.24×2.1×3.4]/(2.1×0.24)＝282.7	110	136.4	0.504	68.75	22.24	满足
	②纵墙	5.24×3.4/0.24＝74.2	110	117.3	0.252	39.41	6.05	满足
	③纵墙	[(4.54＋5.19)×14.4＋5.24×6.32×3.4]/(6.32×0.24)＝166.6	110	126.1	1.517	191.22	111.23	满足
	④纵墙	[(4.54＋5.19)×28.8＋5.24×8.92×3.4]/(8.92×0.24)＝205.13	110	129.6	2.141	277.38	157.01	满足
	⑤纵墙	[(4.54＋5.19)×28.8＋5.24×12.52×3.4]/(12.52×0.24)＝167.5	110	126.1	3.005	379.04	220.29	满足
三层	内墙	[(4.54＋15.57)×3.6＋5.24×10.2]/0.24＝524.4	140	186.4	1.498	279.30	239.24	满足
	①纵墙	[(4.54＋15.57)×10.8＋5.24×2.1×10.2]/(2.1×0.24)＝653.6	140	195.9	0.504	98.75	39.87	满足
	②纵墙	5.24×10.2/0.24＝222.7	140	161.3	0.252	54.19	10.84	满足
	③纵墙	[(4.54＋15.57)×14.4＋5.24×6.32×10.2]/(6.32×0.24)＝413.6	140	177.7	1.517	269.57	199.37	满足
	④纵墙	[(4.54＋15.57)×28.8＋5.24×8.92×10.2]/(8.92×0.24)＝493.24	140	184.0	2.141	394.04	281.44	满足
	⑤纵墙	[(4.54＋15.57)×28.8＋5.24×12.52×10.2]/(12.52×0.24)＝415.4	140	177.8	3.005	534.43	394.86	满足
底层	内墙	[(4.54＋25.95)×3.6＋5.24×13.6＋7.62×3.4]/0.24＝559.3	140	189.1	2.3094	436.68	297.15	满足
	①纵墙	[(4.54＋25.95)×10.8＋5.24×2.1×13.6＋7.62×2.1×3.4]/(2.1×0.37)＝682.57	140	198.0	0.777	153.81	49.53	满足
	②纵墙	(5.24×13.6＋7.62×3.4)/0.37＝262.6	140	164.9	0.3885	85.40	13.47	满足
	③纵墙	[(4.54＋25.95)×14.4＋5.24×6.32×13.6＋7.62×6.63×3.4]/(6.32×0.37)＝453.82	140	180.9	2.3387	423.17	247.62	满足
	④纵墙	[(4.54＋25.95)×28.8＋5.24×8.92×13.6＋7.62×8.92×3.4]/(8.92×0.37)＝528.69	140	186.8	3.3008	616.51	349.57	满足
	⑤纵墙	[(4.54＋25.95)×28.8＋5.24×12.52×13.6＋7.62×12.52×3.4]/(12.52×0.37)＝452.19	140	180.8	4.6327	837.64	490.45	满足

第五节 混合结构房屋水平构件设计

过梁、墙梁及挑梁等水平构件是混合结构房屋中重要的组成部分。

一、过梁的计算与构造

（一）过梁种类与构造

过梁是混合结构房屋中门窗洞口上的常用构件，其作用是将洞口上方的荷载传递给洞口两边的墙体。过梁的种类主要有砖砌过梁和钢筋混凝土过梁两大类，其中砖砌过梁又可分为砖砌弧拱过梁、砖砌平拱过梁和钢筋砖过梁，见图 6-67。

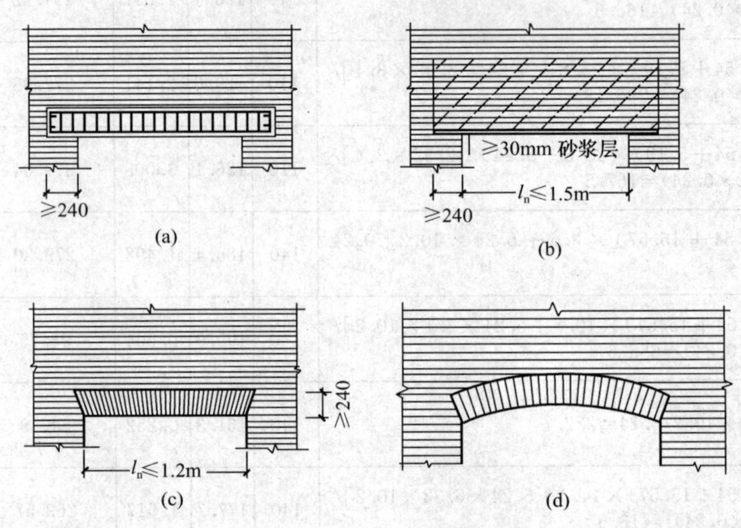

图 6-67 砌体过梁的种类

（a）钢筋混凝土过梁；（b）钢筋砖过梁；（c）砖砌平拱过梁；（d）砖砌弧拱过梁

钢筋混凝土过梁可承受较大荷载，跨度不受限制，故是目前最为常用的过梁。钢筋混凝土过梁可预制也可现浇，端部在墙体上的支承长度不宜小于 240mm。

当房屋采用清水墙时，采用砖砌过梁可以使过梁与墙体保持同一种风貌，同时砖砌弧拱过梁还可以满足建筑造型的要求。此外，由于过梁和墙体采用同一种材料，可以避免因温度变化引起的附加应力。但砖砌过梁对振动荷载和地基不均匀沉降比较敏感，在这些场合不宜采用。砖砌过梁的跨度也不宜过大，对钢筋砖过梁，跨度不宜超过 1.5m；对砖砌平拱过梁，跨度不宜超过 1.2m。砖砌过梁截面计算高度内的砂浆强度不宜低于 M5。

钢筋砖过梁底面砂浆层处的钢筋，其直径不应小于 5mm，间距不宜大于 120mm，钢筋伸入支座砌体内的长度不宜小于 240mm，砂浆层的厚度不宜小于 30mm。

砖砌平拱过梁竖砖砌筑部分高度不应小于 240mm。砖砌弧拱过梁竖砖砌筑高度不应小于 115mm。弧拱最大跨度：当矢高等于 1/8～1/12 跨度时为 2.5～3.5m；当矢高等于 1/5～1/6 跨度时为 3～4m。

（二）过梁计算

1. 过梁受力特点

图 6-68 所示的砖砌过梁受载后，在跨中上部受压，下部受拉。当跨中竖向截面或支座

斜截面的拉应变达到砌体的极限拉应变时，将出现竖向裂缝和阶梯形斜裂缝。对钢筋砖过梁，过梁下部的拉力将由钢筋承受；对砖砌平拱过梁，下部的拉力将由两端砌体提供的推力来平衡。最后可能有三种破坏形式：第一种是过梁中截面受弯承载力不足而破坏；第二种是过梁支座附近斜截面受剪承载力不足而破坏；第三种是过梁支座边沿水平灰缝发生破坏（钢筋砖过梁不会发生）。

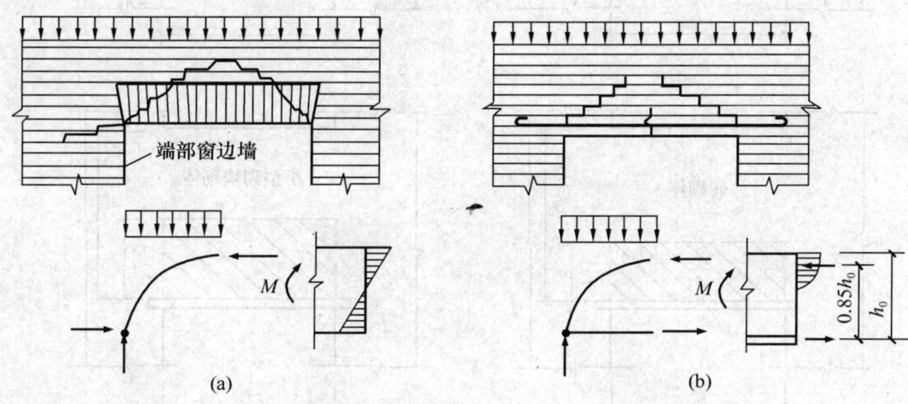

图 6-68　砖砌过梁的受力特点

2. 过梁荷载

过梁承受的荷载包括两种情况：一种是只承受墙体自重；另一种除墙体自重外，还将承受上层楼面梁、板传来的荷载。

由于存在内拱作用（梁端砌体局部受压时已涉及），并不是所有的砌体荷载均由过梁承担。试验发现，作用于过梁上的墙体当量荷载仅相当于高度为 1/3 跨度的墙体重量。试验还表明，当在砌体高度等于 0.8 倍跨度左右的位置施加荷载时，过梁挠度变化极小。可以认为，当梁板处于 1.0 倍跨度的高度以外时，梁板荷载并不由过梁承担。为了简化计算，规范对过梁荷载的取值规定如下：

（1）梁、板荷载。对砖和小型砌块，当梁、板下的墙体高度 $h_w<l_n$ 时（l_n 为过梁的净跨），应计入梁、板荷载；当梁、板下的墙体高度 $h_w \geqslant l_n$ 时，可不考虑梁、板荷载，见图 6-69。

（2）墙体自重。对砖砌体，当过梁上的墙体高度 $h_w < l_n/3$ 时，应按实际墙体高度计算荷载；当墙体高度 $h_w \geqslant l_n/3$ 时，仅考虑 $l_n/3$ 高墙体的荷载。见图 6-70（a）。

对混凝土砌块砌体，当过梁上的墙体高度 $h_w < l_n/2$ 时，应按实际墙体高度计算荷载；当墙体高度 $h_w \geqslant l_n/2$ 时，仅考虑 $l_n/2$ 高墙体的荷载。见图 6-70（b）。

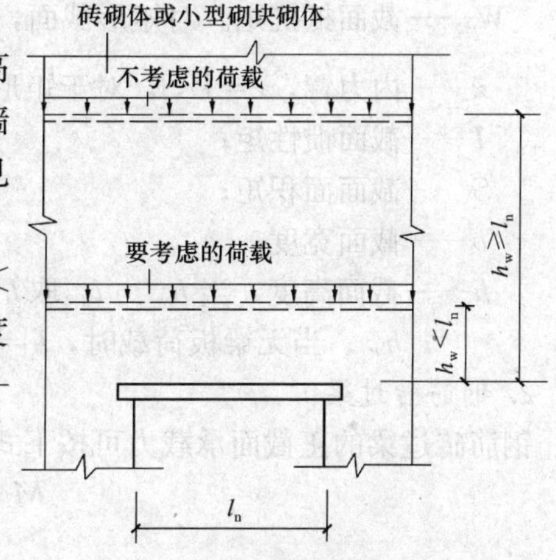

图 6-69　过梁上的梁板荷载

（三）承载力计算公式

1. 砖砌平拱过梁

砖砌平拱过梁不考虑支座水平推力对抗弯承载

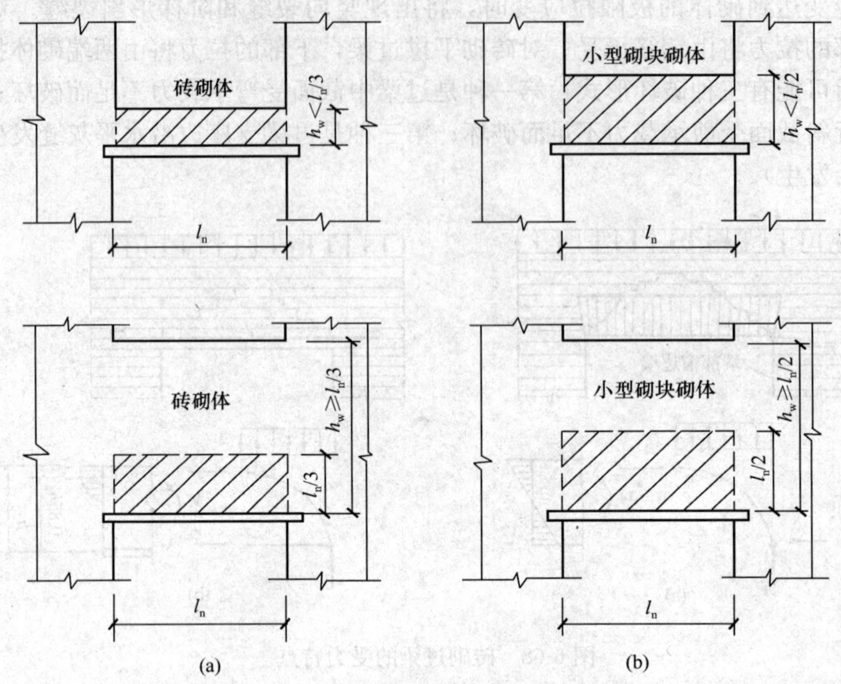

图 6-70　过梁上的墙体荷载

力的提高，而仅将砌体抗拉强度取为沿齿缝的强度，分别按下列公式进行砌体受弯构件正截面和斜截面承载力计算

$$M \leqslant f_{tm} W \tag{6-127}$$
$$V \leqslant f_v b z$$

式中　M——过梁跨中的弯矩设计值；

V——过梁支座边的剪力设计值；

f_{tm}——砌体弯曲抗拉强度设计值。取沿齿缝破坏和沿块体破坏的较小值；

f_v——砌体的抗剪强度设计值；

W——截面抵抗矩。对矩形截面，$W=\frac{bh^2}{6}$；

z——内力臂，$z=I/S$，对于矩形截面 $z=2h/3$；

I——截面惯性矩；

S——截面面积矩；

b——截面宽度；

h——截面高度，当 $h_w > l_n$，取 $h=l_n/3$；当 $l/3 \leqslant h_w < l_n$ 时，如果有梁板荷载，$h=h_w$；当无梁板荷载时，$h=l_n/3$；当 $h_w<l_n/3$，取 $h=h_w$。

2. 钢筋砖过梁

钢筋砖过梁的正截面承载力可按下式计算

$$M \leqslant 0.85 h_0 f_y A_s \tag{6-128}$$
$$h = h - a$$

式中　h——过梁计算高度；

a——钢筋重心至底边缘距离。

斜截面承载力按式（6-127）计算。

3. 砖砌弧拱过梁

砖砌弧拱过梁需按两铰拱进行内力计算。

4. 钢筋混凝土过梁

钢筋混凝土过梁按钢筋混凝土受弯构件进行正截面和斜截面承载力计算，并进行过梁下支承处砌体的局部受压承载力计算。进行局部受压承载力计算时，可不考虑上层荷载的影响，即取 $\psi=0$。局部受压强度提高系数 γ 可取 1.25；压应力图形的完整性系数 η 取为 1.0；有效支承长度 a_0 可取实际支承长度。

【例题 6-14】　试设计某混合结构房屋中底层外纵墙的窗过梁。过梁不承受梁、板传来的荷载，可考虑采用钢筋砖过梁，窗洞净跨度 $l_n=1.5$m，墙体高度 $h_c=0.8$m，MU10 砖，M7.5 砂浆，墙厚 370mm，墙体双面粉刷自重取 7.62kN/m^2。

解

1. 荷载计算

因过梁不承受梁、板荷载，采用钢筋砖过梁，净跨 $l_n=1.5$m，墙体高度 $h_c=0.8\text{m}>l_n/3=0.5$m，故只考虑 0.5m 高的墙体自重。

$$q=1.35\times7.62\times0.5=5.14\text{kN/m}$$

2. 过梁的正截面承载力计算

计算跨度取 $l_0=1.05l_n=1.05\times1.5=1.58$m，过梁截面高度取 $h=500$mm。

$$M=\frac{ql_0^2}{8}=\frac{5.14\times1.58^2}{8}=1.6\text{kN}\cdot\text{m}$$

由式（6-128）得

$$A_s=\frac{M}{0.85h_0f_y}=\frac{1.6\times10^6}{0.85\times485\times210}=18.5\text{mm}^2$$

选用 3Φ6，$A_s=84.5\text{mm}^2$。

3. 过梁的斜截面承载力计算

$$V=\frac{ql_n}{2}=\frac{5.14\times1.5}{2}=3.86\text{kN}$$

M7.5 砂浆，查表得 $f_v=0.14$MPa。$z=2/3h=333.3$mm。由式（6-127）得

$$f_vbz=370\times333.3\times0.14=17.310^3\text{N}=17.3\text{kN}>3.68\text{kN}$$

满足要求。

二、墙梁的计算与构造

（一）概述

墙梁是指钢筋混凝土托梁和梁上计算高度范围内的砌体墙组成的组合构件。托梁上的砌体既是托梁上荷载的一部分，又构成结构的一部分，与托梁共同工作。墙梁广泛应用于工业建筑的围护结构中，如基础梁、连系梁。在民用建筑如商住楼（上层为住宅，底层为商店）、旅馆（上层为客房，底层为餐厅）等多层房屋中，采用墙梁解决上层为小房间，下层为大房间的矛盾。在底部框架房屋中，框架梁和上部墙体构成墙梁。

墙梁可以分为自承重墙梁和承重墙梁。自承重墙梁仅承担墙体荷载，如围护结构中的基

础梁、连系梁；承重墙梁除承担墙体荷载外，还要承担楼面荷载。承重墙梁根据其支座情况又可以分为简支墙梁、连续墙梁和框支墙梁，见图 6-71。

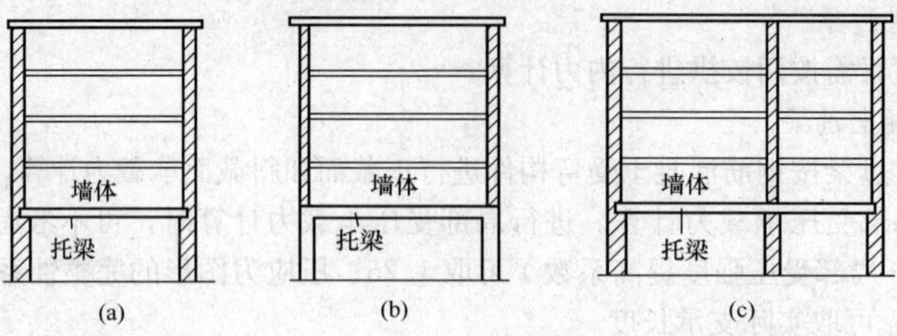

图 6-71 墙梁的种类

将墙梁按一般钢筋混凝土梁进行设计存在以下问题：一是墙梁中的砌体受压，而托梁处于偏心受拉，如将托梁按受弯构件计算，忽略了砌体的作用，致使托梁的配筋过多；二是由于没有验算砌体强度，而可能导致砌体不安全。

（二）墙梁的受力特点与破坏形态

墙梁与一般钢筋混凝土梁相比，其差别在于：①墙梁是组合梁，由混凝土和砌体两种材料组成；②墙梁是深梁。

对于弹性材料的浅梁，材料力学分析时采用了平截面假定。对于图 6-72（a）所示的边界条件的梁，弹性力学进一步论证了平截面假定是完全成立的，截面正应力沿高度线性分布；对于通常的边界条件，如图 6-72（b）所示，正应力不再是线性分布，正应力沿截面高度的变化 $\sigma_x = \dfrac{M}{I}y + q\dfrac{y}{h}\left(4\dfrac{y^2}{h^2} - \dfrac{3}{5}\right)$，其中括号内为非线性修正项，对于一般的浅梁，修正项可以忽略，但对于深梁，忽略修正项将导致较大的误差。当高度等于跨度时，修正项占主要项的 26%。

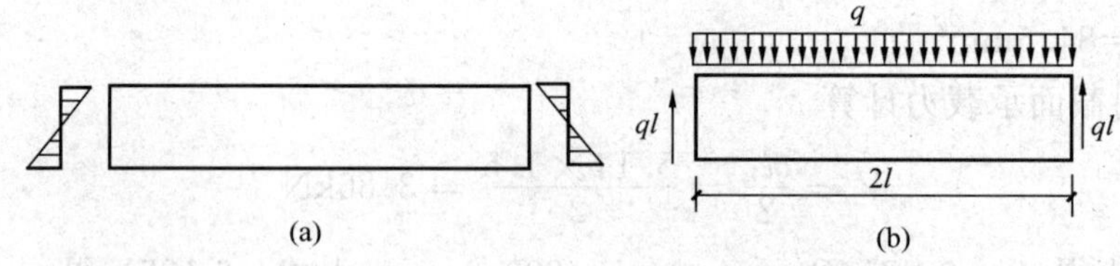

图 6-72 墙梁的边界条件

组合梁的分析在材料力学中采用按弹性模量之比等效成单一材料梁的方法。

借助于有限元分析可以了解墙梁内的应力分布情况。

1. 应力分布

图 6-73 是一高跨比大于 0.5，无洞口墙梁在梁顶面作用均布荷载时，竖向截面正应力 σ_x、水平截面正应力 σ_y 和剪应力 τ_{xy} 以及主应力迹线示意图。

从 σ_x 沿竖向截面的分布可以看出，墙体大部分受压，托梁的全部或大部分受拉，中和轴一开始就在墙中，或随着荷载的增加，裂缝的出现和开展逐步上升到墙中，视托梁高度的大小而定。在交界处 σ_x 有突变。沿水平截面分布的 σ_y，靠近顶面较均匀，愈靠近托梁愈向支座附近集中。从 τ_{xy} 的分布可以看出，托梁和墙体共同承担剪力，在交界面和支座附近变

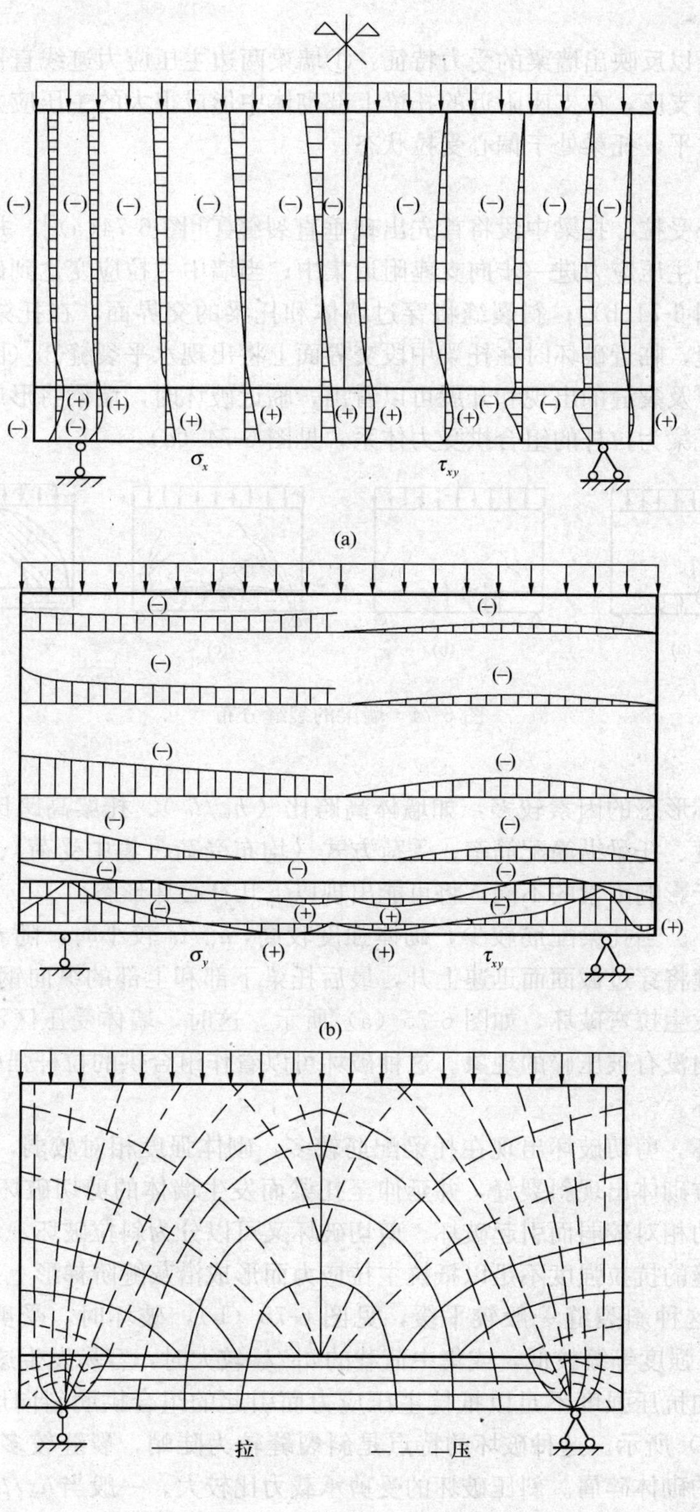

图 6-73　墙梁的应力分布图

(a) 垂直截面应力；(b) 水平截面应力；(c) 主应力轨迹线

化较大。

主应力迹线可以反映出墙梁的受力特征：①墙梁两边主压应力迹线直接指向支座，而中间部分呈拱形指向支座，在支座附近的托梁上部砌体中形成很大的主压应力；②托梁中段主拉应力迹线几乎水平，托梁处于偏心受拉状态。

2. 裂缝开展

托梁处于偏心受拉，托梁中段将首先出现垂直裂缝①[图 6-74(a)]，并向上扩展，托梁刚度的减小将引起主压应力进一步向支座附近集中；当墙中主拉应变达到砌体极限拉应变时将出现裂缝②[(图 6-74(b)]；斜裂缝将穿过墙体和托梁的交界面，在托梁端部形成较陡的上宽下窄的斜裂缝，临近破坏时在托梁中段交界面上将出现水平裂缝③[(图 6-74(c)]。

由应力分析以及裂缝的出现和开展可以看出，临近破坏时，墙梁将形成以支座上方斜向墙体为拱肋，以托梁为拉杆的组合拱受力体系，见图 6-74（d）。

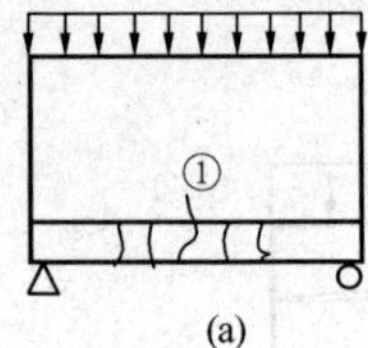

(a)

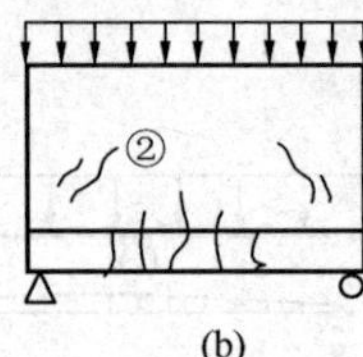

(b)

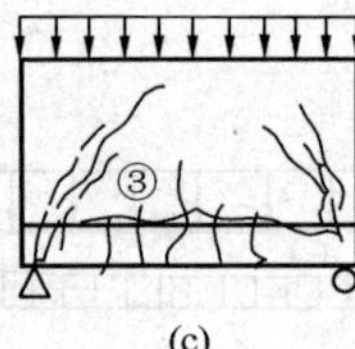

(c)

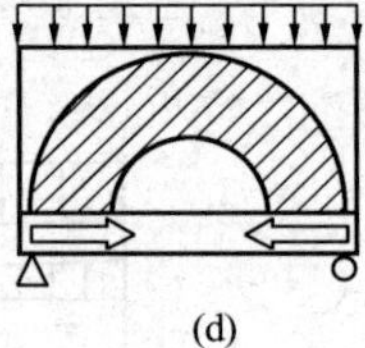
(d)

图 6-74 墙梁的裂缝分布

3. 破坏形态

影响墙梁破坏形态的因素较多，如墙体高跨比（h_w/l_0）、托梁高跨比（h_b/l_0）、砌体强度、混凝土强度、托梁纵筋配筋率、受荷方式（均布受荷、集中受荷）、墙体开洞情况和有无翼墙等。由于影响因素的不同，将可能出现以下几补心坏形态。

（1）弯曲破坏。当托梁配筋较少，砌体强度较高，h_w/l_0 较小时，随着荷载的增加，托梁中段的垂直裂缝将穿过截面而迅速上升，最后托梁下部和上部的纵向钢筋先后达到屈服，沿跨中垂直截面发生拉弯破坏，如图 6-75（a）所示。这时，墙体受压区不大，破坏时受压区砌体沿水平方向没有被压碎的现象。这种破坏可以看作组合拱的拉杆强度相对于砌体拱肋较弱而导致的破坏。

（2）剪切破坏。剪切破坏出现在托梁配筋较多，砌体强度相对较弱，h_w/l_0 适中的情况下。由于支座上方砌体出现斜裂缝，并延伸至托梁而发生墙体的剪切破坏，即与拉杆相比，给合拱的砌体拱肋相对较弱而引起破坏。剪切破坏又可以分为斜拉破坏、斜压破坏。

当砌体沿齿缝的抗拉强度不足以抵抗主拉应力而形成沿灰缝阶梯形上升的斜裂缝，最后导致斜拉破坏。这种斜裂缝一般较平缓，见图 6-75（b），破坏时，受剪承载力较低。当 $h_w/l_0<0.4$，砂浆强度等级较低，或集中荷载的 a_F/l_0 较大时，容易发生这种破坏。

由于砌体斜向抗压强度不足以抵抗主压应力而引起的组合拱肋斜向压坏，称为斜压破坏，如图 6-75（d）所示。这种破坏的特点是斜裂缝较为陡峭，裂缝较多且穿过砖和灰缝；破坏时有被压碎的砌体碎屑。斜压破坏的受剪承载力比较大。一般当 $h_w/l_0\geqslant0.4$，或集中荷载的 a_F/l_0 较小时容易发生这种破坏。

此外，在集中荷载作用下，斜裂缝多出现在支座垫板与荷载作用点的连线上。斜裂缝出现突然，延伸较长，有时伴有响声，开裂不久，即沿一条上下贯通的主要斜裂缝破坏。破坏荷载和开裂荷载比较接近，破坏没有预兆，如图 6-75（c）所示。这种破坏属于劈裂破坏。

托梁本身的剪切破坏仅当墙体较强，而托梁端部较弱时才会出现。破坏截面靠近支座，斜裂缝较陡，且上宽下窄。

（3）局部受压破坏。当支座上方的墙体中的集中压应力超过砌体的局部抗压强度时，将产生支座上方较小范围内砌体的局部压碎现象，称为局部受压破坏，如图 6-75（f）所示。一般当托梁较强，砌体相对较弱，且 $h_w/l_0 \geqslant 0.75$ 时可能出现这种破坏。

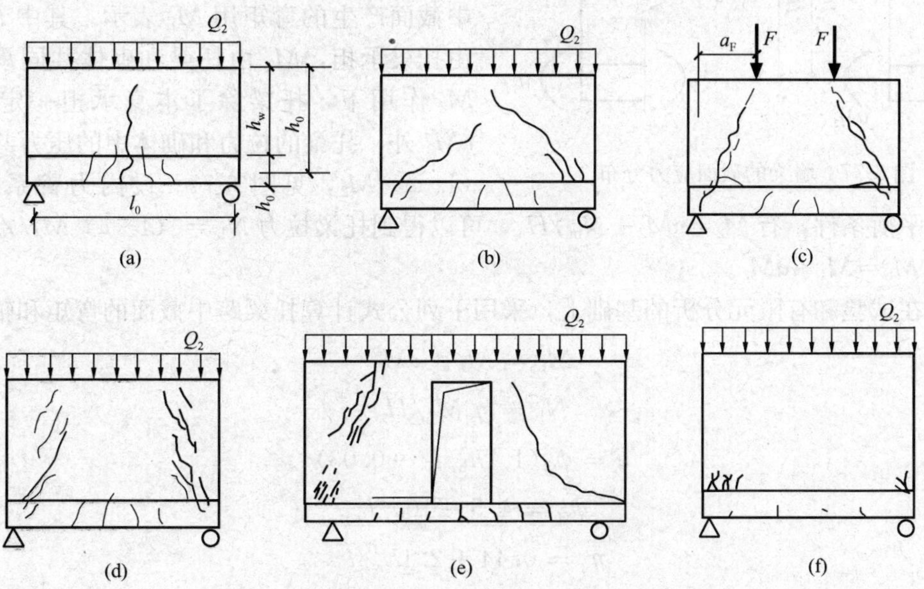

图 6-75　墙梁的破坏形态

（a）弯曲破坏；（b）斜拉破坏；（c）劈裂破坏；（d）斜压破坏；（e）有洞口斜压破坏；（f）局压破坏

此外，由于纵向钢筋的锚固不足，支座面积或刚度较小，都可能引起托梁或砌体的局部破坏。这些破坏一般通过相应的构造措施加以防止。

（三）墙梁的计算要点

墙梁的计算内容包括使用阶段的正截面抗弯承载力、斜截面承载力、托梁支座上部砌体局部受压承载力和施工阶段的托梁抗弯、抗剪承载力验算。自承重墙梁可以不验算墙体受剪承载力和砌体局部受压承载力。下面以简支墙梁为例，介绍墙梁的计算要点。

1. 计算简图

简支墙梁的计算简图如图 6-76 所示。墙梁的计算跨度对于简支和连续墙梁 l_0 取 $1.1l_n$ 或 l_c 中的较小值，其中 l_n 为净跨，l_c 为支座中心线的距离；对框支墙梁取框架柱中心线的距离。墙梁跨中截面的计算高度取 $H_0=h_w+$

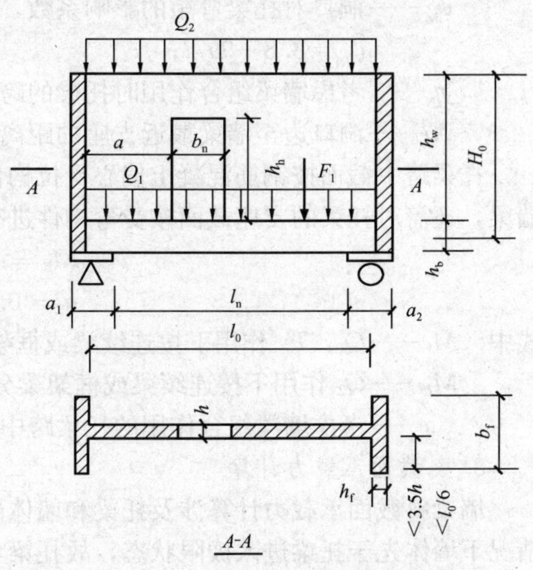

图 6-76　简支墙梁的计算简图

$h_b/2$，其中 h_w 取托梁顶面的一层墙高，当 $h_w > l_0$ 时取 $h_w = l_0$，h_b 为托梁高度。

翼墙计算宽度取窗间墙宽度或横墙间距的 2/3，且每边不大于 3.5h（h 为墙厚）和 $l_0/6$。

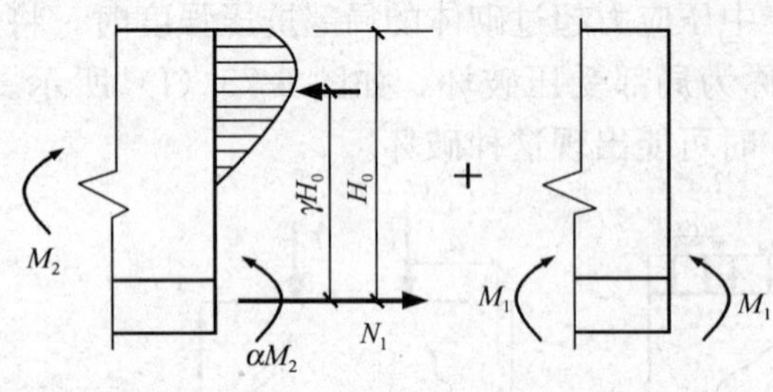

图 6-77 墙梁的截面应力分布

2. 正截面承载力计算

简支墙梁，跨中截面弯矩最大。Q_2 在跨中截面产生的弯距用 M_2 表示；Q_1、F_1 在跨中截面产生的弯矩用 M_1 表示。其中 M_1 完全由托梁承担，M_2 由托梁和砌体共同承担，在 M_2 作用下，托梁除了本身承担一定的弯矩 αM_2 外，托梁的拉力和砌体中的压力共同承担（$1-\alpha$）M_2，见图 6-77。设内力臂系数为 γ，根据力矩平衡条件，有 $M_2 = \alpha M_2 + N_{bt}\gamma H_0$，可以得到托梁拉力 $N_{bt} =$（$1-\alpha$）$M_2/\gamma H_0$ 托梁的弯矩为 $M_b = M_1 + \alpha M_2$。

规范在试验和有限元分析的基础上，采用下列公式计算托梁跨中截面的弯矩和轴力

$$M_b = M_1 + \alpha M_2 \tag{6-129}$$

$$N_b = \eta_N M_2 / H_0 \tag{6-130}$$

$$\alpha = \psi_M (1.7h_b/l_0 - 0.03) \tag{6-131}$$

$$\psi_M = 4.5 - 10a/l_0 \tag{4-132}$$

$$\eta_N = 0.44 + 2.1h_w/l_0 \tag{6-133}$$

式中 M_1——Q_1，F_1 作用下跨中截面的弯矩设计值；

M_2——Q_2 作用下跨中截面弯矩设计值；

α——考虑墙梁组合作用时托梁的跨中弯矩系数，对自承重简支墙梁乘以 0.8，对连续墙梁和框支墙梁 $\alpha = \psi_M$（$2.7h_b/l_0 - 0.08$）；

ψ_M——洞口对托梁弯矩的影响系数，对无洞口墙梁取 1.0，对连续墙梁和框支墙梁，$\psi_M = 3.8 - 9a/l$；

η_N——考虑墙梁组合作用时托梁的跨中轴力系数；

a——洞口边至墙梁最近支座的距离，当 $a > 0.35l_0$ 时，取 $a = 0.35l_0$。

托梁跨中截面按钢筋混凝土偏心受拉构件进行正截面承载力计算。对于框支墙梁和连续墙梁，还需对托梁的支座截面按受弯构件进行正截面承载力计算，其弯矩按下式计算

$$M_b = M_1 + \alpha M_2 \tag{6-134}$$

$$\alpha = 0.75 - a/l_0 \tag{6-135}$$

式中 M_1——Q_1，F_1 作用下按连续梁或框架梁分析得到的托梁支座截面弯矩设计值；

M_2——Q_2 作用下按连续梁或框架梁分析得到的托梁支座截面弯矩设计值；

α——考虑墙梁组合作用的托梁跨中弯矩系数，无洞口墙梁取 0.4。

3. 斜截面承载力计算

墙梁斜截面承载力计算涉及托梁和墙体两部分。试验表明，墙梁发生剪切破坏时，一般情况下墙体先于托梁进入极限状态，故托梁与墙体可分别进行受剪承载力计算。

(1) 墙体受剪承载力计算。墙体的斜拉破坏发生在 $h_w/l_0 < 0.4$ 的情况下，通过构造措

施（见表 6-46）可以避免。墙体的受剪承载力计算是针对斜压破坏模式的。

从墙体中截取任一个可能发生剪切破坏的单元，都处于复合受力状态。根据复合受力状态下砌体的抗剪强度以及墙体单元的应力状态，分别对无洞口墙梁及有洞口墙梁的墙体进行理论分析。通过对按正交设计的墙梁受剪承载力试验结果进行方差分析，找出影响受剪承载力最显著的因素，再进行回归分析，获得与试验结果比较符合的计算公式。规范采用简化公式对墙体的受剪承载力进行计算

$$V_2 \leqslant \xi_1 \xi_2 (0.2 + h_b/l_0 + h_t/l_0) h h_w f \tag{6-136}$$

式中 V_2——Q_2 作用下支座边缘的剪力设计值；

ξ_1——翼墙或构造柱影响系数，对单层墙梁取 1.0；对多层墙梁，当 $b_f/h=3$ 时，取 1.3；当 $b_f/h=7$ 或设置构造柱时 1.5；当 $3<b_f/h<7$ 时，按线性内插取值；

ξ_2——洞口影响系数，无洞口墙梁取 1.0；多层有洞口取 0.9；单层有洞口取 0.7；

h_t——墙梁顶面圈梁截面高度。

（2）托梁受剪承载力计算。托梁的斜截面受剪承载力按钢筋混凝土受弯构件计算，其剪力设计值按下式取

$$V_b = V_1 + \beta_V V_2 \tag{6-137}$$

式中 V_1——Q_1，F_1 作用下按简支梁、连续梁或框架梁分析得到的托梁支座截面剪力设计值；

V_2——同式（6-136）；

β_V——考虑组合作用的托梁剪力系数，无洞口墙梁边支座取 0.6，中支座取 0.7；有洞口墙梁边支座取 0.7，中支座取 0.8；自承重墙梁，无洞口时取 0.45，有洞口时取 0.5。

4. 托梁上部砌体局部受压承载力计算

试验表明，当 $h_w/l_0>0.75\sim0.8$，且无翼墙，砌体强度较低时，易发生托梁支座上方竖向应力集中而引起的砌体局部受压破坏。为保证砌体局部受压承载力，应满足 $\sigma_{ymax} h \leqslant \gamma f h$（$\sigma_{ymax}$ 为最大竖向压应力，γ 为局部受压强度提高系数）。令 $C=\sigma_{ymax} h/Q_2$ 称为应力集中系数，则上式变成 $Q_2 \leqslant \gamma f h/C$。规范采用下列公式计算托梁上部砌体局部受压承载力

$$Q_2 \leqslant \xi f h \tag{6-138}$$

$$\xi = 0.25 + 0.08 b_f/h \tag{6-139}$$

式中 ξ——砌体局部受压系数。当 $\xi>1$ 时，取 $\xi=1$。

翼墙和构造柱可以约束墙体，减少应力集中，改善局部受压性能。当 $b_f/h \geqslant 5$ 或墙梁支座处设置上、下贯通的落地混凝土构造柱时，可不验算局部受压承载力。

5. 托梁在施工阶段的验算

施工阶段砌体中砂浆尚未硬化，不考虑共同工作，托梁按受弯构件进行正截面、斜截面承载力计算。荷载包括：①托梁自重及本层楼盖的自重；②本层楼盖的施工荷载；③墙体自重，可取高度为 1/3 跨度的墙体重量。

（四）墙梁构造

1. 一般要求

采用烧结普通砖和烧结多孔砖砌体和配筋砌体的墙梁应符合表 6-46 的规定。墙梁计算高度范围内每跨允许设置一个洞口；洞口边至支座中心的距离 a，距边支座不应小于

$0.15l_0$；距中支座不应小于$0.07/l_0$。对多层房屋的墙梁，各层洞口宜设置在相同位置，并宜上、下对齐。

表 6-46 墙梁的一般规定

墙梁类别	房屋层数	总高度（m）	跨度（m）	墙高 h_w/l_0	托梁高 h_b/l_0	洞宽 h_b/l_0	洞高 h_h
承重墙梁	≤7	≤22	≤9	≥0.4	≥1/10	≤0.3	$\leqslant 5h_w/6$ 且 $h_w-h_h\geqslant 0.4$m
自承重墙梁		≤18	≤12	≥1/3	≥1/15		

2. 材料

托梁的混凝土强度等级不应低于C25；纵向钢筋宜采用HRB335、HRB400或RRB400级钢筋；承重墙梁的块体强度等级不应低于MUl0，计算高度范围内墙体的砂浆强度等级不应低于M7.5。

3. 墙体

框支墙梁的上部砌体房屋，以及设有承重的简支或连续墙梁的房屋，应满足刚性方案房屋的要求。

墙梁计算高度范围内的墙体厚度，对砖砌体不应小于240mm，对混凝土小型砌块砌体不应小于190mm。

墙梁洞口上方应设置钢筋混凝土过梁，其支承长度不应小于240mm，洞口范围内不应施加集中荷载。

承重墙梁的支座处应设置落地翼墙，翼墙厚度，对砖砌体不应小于240mm，对混凝土小型砌块砌体不应小于190mm；翼墙宽度不应小于翼墙厚度的3倍，并与墙梁砌体同时砌筑。当不能设置翼墙时，应设置落地且上、下贯通的混凝土构造柱。当墙梁墙体的洞口靠近支座时，支座处也应设置落地且上、下贯通的混凝土构造柱，并与每层圈梁连接。

墙梁计算高度范围内的墙体，每天的砌筑高度不应超过1.5m，否则应加设临时支撑。

4. 托梁

有墙梁的房屋托梁处采用现浇钢筋混凝土楼盖，并适当加大楼板厚度。

承重墙梁的托梁纵向受力钢筋的配筋率不应小于0.5%。托梁的纵向受力钢筋宜通长设置，不应在跨中段弯起或截断。钢筋接长应采用机械连接或焊接。托梁距边支座$l_0/4$范围内，上部纵向钢筋面积不应小于跨中下部纵向钢筋面积的1/3，连续墙梁或多跨框支墙梁的托梁中支座上部附加纵向钢筋从支座边算起每边延伸不应少于$l_0/4$。当托梁高度$h_b\geqslant$500mm时，应沿梁高设置通长水平腰筋，直径不应小于12mm，间距不应大于250mm。

承重墙梁托梁支承长度不应小于350mm。纵向受力钢筋伸入支座的长度不应小于受拉钢筋的最小锚固长度。

墙梁偏开洞口的宽度和两侧各一个梁高范围内，以及从洞口边至支座边的托梁箍筋直径不宜小于8mm，间距不应大于100mm。

【例题 6-15】 某商住楼的局部平面、剖面如图6-78所示。托梁的截面尺寸$b_h\times h_b=$250mm×600mm，墙梁顶面设置240mm×240mm的钢筋混凝土圈梁，混凝土强度等级为C25；主筋采用HRB335钢筋，箍筋采用HPB235钢筋；墙体采用MU10砖，M7.5混合砂浆。屋面活荷载标准值为0.5kN/m^2，楼面活荷载标准值为1.5kN/m^2；240厚砖墙双面粉刷，自重标准值为 5.24kN/m²；180 厚砖墙双面粉刷，自重标准值为 4.10kN/m²。荷载清理结果屋面恒荷载标准值为 4.6kN/m²；三～五层楼面恒荷载标准值为 2.95kN/m²；二层楼面恒荷载标准值为 3.95kN/m²。试设计该墙梁。

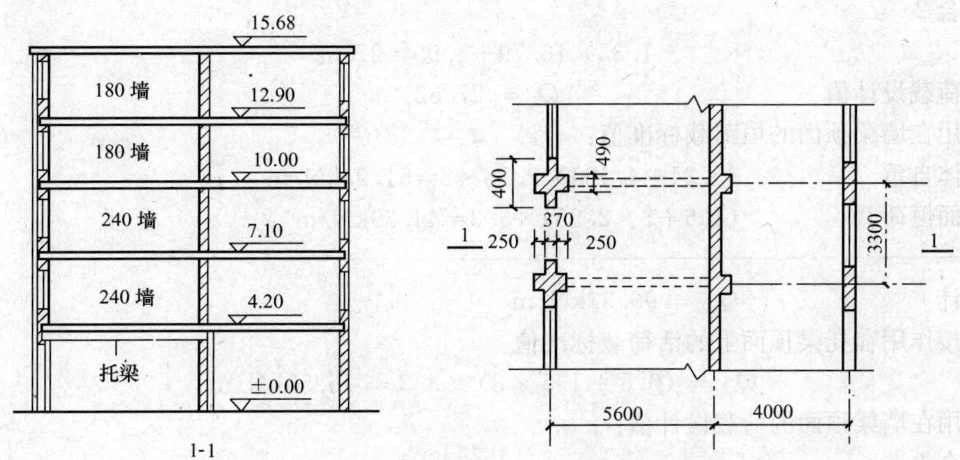

图 6-78　商住楼剖面、局部平面图

解

1. 计算简图

该墙梁为承重简支墙梁，净跨 $l_n=5600-370-250=4980$mm，$1.1l_n=5478$mm，支座中心线的距离为 5600mm，故取计算跨度 $l_0=5478$mm$=5.48$m。墙梁计算高度 $H_0=2.9-0.12+0.6/2=3.08$m。计算简图见图 6-79。

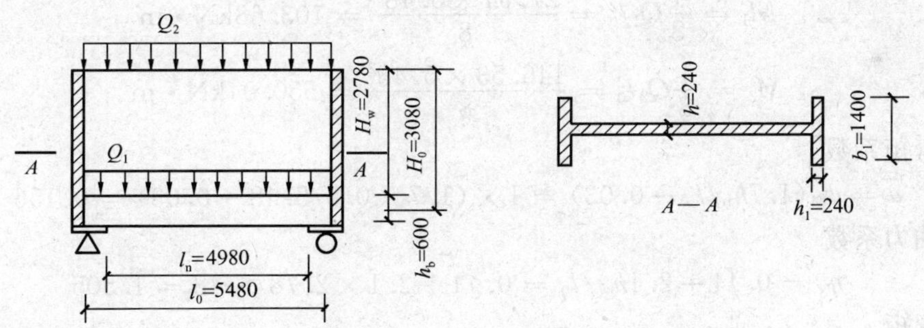

图 6-79　墙梁计算简图

2. 荷载计算

直接作用在托梁顶面上的恒荷载标准值：

托梁自重　　$25\times0.25\times0.6=3.75$kN/m

二层楼盖　　$3.95\times3.3=13.04$kN/m

合计　　$Q_{g1}=16.79$kN/m

直接作用在托梁顶面上的活荷载标准值

$$Q_{q1}=1.5\times3.3=4.95\text{kN/m}$$

直接作用在托梁顶面上的荷载设计值

组合 1

$$1.2\times16.79+1.4\times4.95=27.08\text{kN/m}$$

组合 2

$$1.35\times16.79+4.95=27.62$$

取荷载设计值 $Q_1=27.62$

作用在墙梁顶面的恒荷载标准值：

墙体自重 $(5.24+4.10)\times2.78\times2=51.93\text{kN/m}$

楼面恒荷载 $(4.6+3\times2.95)\times3.3=44.39\text{kN/m}$

合计 $Q_{g2}=96.32\text{kN/m}$

直接作用在托梁顶面上的活荷载标准值

$$Q_{q2}=(0.5+1.5\times3)\times3.3=16.50\text{kN/m}$$

作用在墙梁顶面的荷载设计值：

组合 1

$$1.2\times96.32+1.4\times16.50=138.68\text{kN/m}$$

组合 2

$$1.35\times96.32+16.50=146.53\text{kN/m}$$

取荷载设计值 $Q_2=146.53\text{kN/m}$

3. 使用阶段正截面承载力计算

跨中弯矩

$$M_1=\frac{1}{8}Q_1l_0^2=\frac{27.64\times5.48^2}{8}=103.68\text{kN}\cdot\text{m}$$

$$M_2=\frac{1}{8}Q_2l_0^2=\frac{146.53\times5.48^2}{8}=550.04\text{kN}\cdot\text{m}$$

跨中弯矩系数

$$a=\psi_M(1.7h_b/l_0-0.03)=1\times(1.7\times0.6/5.48-0.03)=0.156$$

跨中轴力系数

$$\eta_N=0.44+2.1h_w/l_0=0.44+2.1\times2.78/5.48=1.505$$

托梁弯矩

$$M_b=M_1+aM_2=103.68+0.156\times550.04=189.49\text{kN}\cdot\text{m}$$

托梁轴力

$$N_{bt}=\eta_NM_2/H_0=1.505\times550.04/3.08=368.77\text{kN}$$

偏心距

$$e_0=M_b/N_b=0.705\text{m}>\frac{1}{2}(h_b-a_s-a'_x)=0.265\text{m}$$

故托梁属于大偏拉构件。

$$e=e_0-\frac{h}{2}+a_s=705-600/2+35=440\text{mm}$$

$$e'+\frac{h}{2}-a_s=705+600/2-35=970\text{mm}$$

取受压区高度 $x_b = \xi_b h_0$，则

$$A'_s = \frac{N_b e - a_{smax} a_1 f_c b h_0^2}{f_y (h_0 - a's)} = \frac{268770 \times 440 - 0.396 \times 1 \times 11.9 \times 250 \times 565^2}{300 \times 530} < 0$$

按构造配筋。选配 2 Φ 14，$A' = 308\text{mm}^2 > 0.2\% bh = 0.002 \times 250 \times 600 = 300\text{mm}^2$

A'_s 已知，根据 $N_b e = a_1 f_c x\left(h_0 - \frac{x}{2}\right) + f_y A'_s\ (h_0 - a'_s)$，可求出

$$a_s = \frac{N_b e - f_y A'_s (h_0 - a'_s)}{a_1 f_c h b_0^2} = 0.073$$

查表得 $\xi = 0.076$。$\xi h_0 = 43\text{mm} < 2a'_s = 70\text{mm}$，对 A'_s 合力点取矩，可求得

$$A_s = \frac{N_b e}{f_y (h_0 - a'_s)} = \frac{268770 \times 970}{300 \times 530} = 1639.7\text{mm}^2$$

另外取 $A'_s = 0$，重求 x。

$$a_s = \frac{N_b e}{a_1 f_c h b_0^2} = 0.125\text{，查得 } \xi = 0.135\text{。} x = \xi h_0 = 76.4\text{mm}$$

$$A_s = \frac{N_b + a_1 f_c b x}{f_y} = \frac{268770 + 11.9 \times 250 \times 76.3}{300} = 1652.5\text{mm}^2$$

取两种情况中的较小值，$A_s = 1639.7\text{mm}^2$。选配 2 Φ 25＋2 Φ 20（1610m^2）。另设两道水平腰筋，直径Φ 12。

4. 使用阶段斜截面受剪承载力计算

（1）墙体斜截面承载力

$$V_2 = \frac{Q_2 l_n}{2} = \frac{146.53 \times 4.98}{2} = 364.9\text{kN}$$

$b_f/h = 1400/240 = 5.8$，翼墙系数 $\xi_1 = 1.44$；洞口影响系数 $\xi_2 = 1.0$。MU10 砖，M7.5 砂浆，砌体抗压强度设计值 $f = 1.68\text{MPa}$。

$$\begin{aligned}
&\xi_1 \xi_2\ (0.2 + h_b/l_0 + h_l/l_0) f h h_w \\
&= 1.44 \times 1 \times (0.2 + 0.6/5.48 + 0.24/5.48) \times 1.68 \times 240 \times 2780 \\
&= 570 \times 10^3\text{N} \\
&= 570\text{kN} > V_2 = 364.9\text{kN}
\end{aligned}$$

满足要求。

（2）托梁斜截面承载力

$$V_b = V_1 + \beta_V V_2 = \frac{4.98}{2} \times (27.62 + 0.6 \times 146.53) = 287.7\text{kN} < 0.25\beta_c f_c b h_0 = 420.2\text{kN}$$

截面尺寸满足要求。

$$\frac{A_{SV}}{s} \geqslant \frac{V_b - 0.7 f_t b h_0}{1.25 f_{yv} h_0} = \frac{287700 - 0.7 \times 1.27 \times 250 \times 565}{1.25 \times 210 \times 565} = 1.09$$

选配双肢箍筋Φ 10@140（跨中 $l_n/2$ 区段采用Φ 10@200），$A_{sv}/s = 1.12 > 1.09$，满足要求。

5. 使用阶段托梁支座上部砌体局部受压承载力计算

因 $b_f/h = 5.8 > 5$，局部受压承载力可以不验算。

6. 施工阶段托梁承载力计算

安全等级降低一级，故 $\gamma_0 = 0.9$。荷载设计值为

$$Q = 0.9 \times \left(27.62 + \frac{1}{3} \times 5.48 \times 0.24 \times 19 \times 1.35\right) = 35.0\text{kN/m}$$

$$M = \frac{1}{8} \times 35 \times 5.48^2 = 131.4\text{kN} \cdot \text{m}$$

$$a_s = \frac{M}{a_1 f_c b h_0^2} = 0.138，查表得$$

$$\gamma_s = 0.925；A_s = \frac{131400000}{300 \times 0.925 \times 565} = 855.3\text{mm}^2 < 1610\text{mm}^2$$

$$V = \frac{35 \times 4.98}{2} = 87.15\text{kN} < 287.7\text{kN}$$

使用阶段托梁的正截面承载力和斜截面承载力均满足要求。

三、挑梁设计

（一）挑梁的受力特点

混合结构房屋中埋置在砌体中的悬挑构件，实际上是与砌体共同工作的。在悬挑端集中荷载及砌体上荷载作用下，挑梁经历了弹性阶段、截面水平裂缝发展及破坏三个受力阶段。弹性阶段，在砌体自重及上部荷载作用下，挑梁的埋置部分上下界面将产生压应力 σ_0［图 6-80（a)］；在悬挑端施加集中荷载后，界面上将形成图 6-80（b）所示的竖向正应力分布。

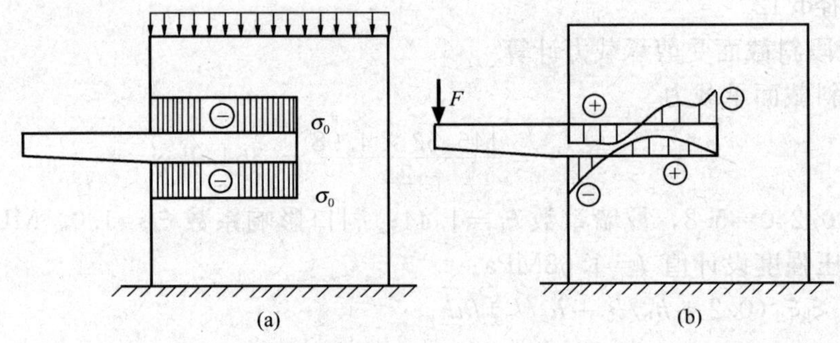

图 6-80　挑梁的应力分布

当挑梁与砌体的上界面墙边竖向拉应力超过砌体沿通缝的抗拉强度时，将出现图 6-81 所示的水平裂缝①，随着荷载的增加，水平裂缝①不断向内发展。随后在挑梁埋入端下界面出现水平裂缝②，并随荷载的增大向墙边发展，这时挑梁有向上翘的趋势。随后在挑梁埋入端上角出现阶梯形斜裂缝③，试验发现这种裂缝与竖向轴线的夹角平均为 57°左右。水平裂缝②的发展使挑梁下砌体受压区面积不断减少，有时会出现局部受压裂缝④。最后，挑梁可能发生以下三种破坏形态：

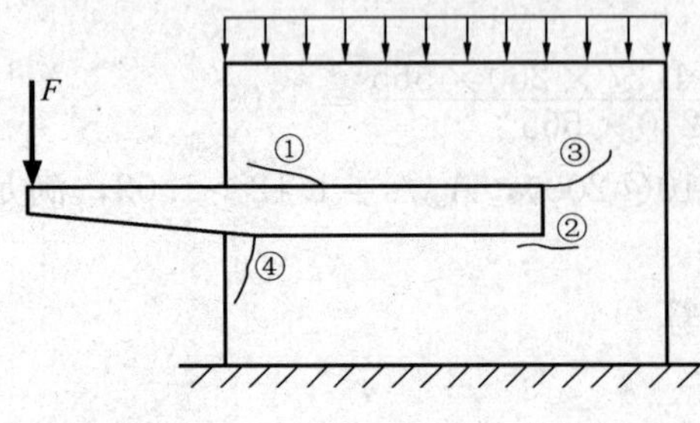

图 6-81　挑梁的裂缝分布图

（1）绕 x_0 点倾覆破坏，即刚体失稳；

（2）挑梁下砌体局部受压破坏；

（3）挑梁本身的正截面或斜截面破坏。

（二）计算要点

根据挑梁的受力特点和破坏形态，挑梁应进行抗倾覆验算、挑梁下砌体局部受压承载力验算和挑梁的正截面、斜截面承载力计算。

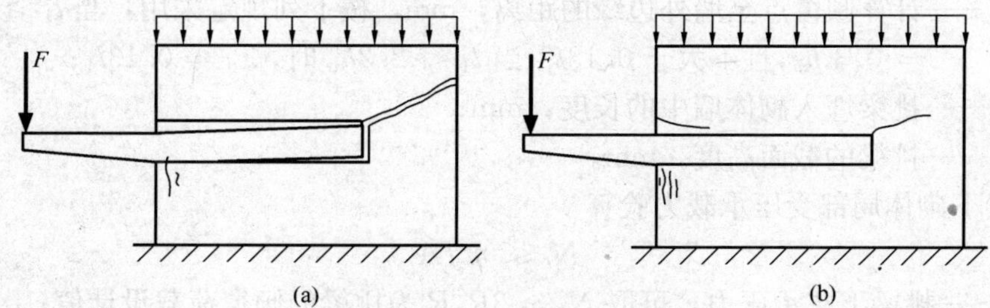

图 6-82　挑梁破坏形态

(a) 倾覆破坏；(b) 局部受压破坏

1. 倾覆验算

砌体墙中钢筋混凝土挑梁的抗倾覆可按下列公式进行验算

$$M_{0v} \leqslant M_r \tag{6-140}$$

$$M_r = 0.8G_r(l_2 - x_0) \tag{6-141}$$

式中　M_{0v}——挑梁的荷载设计值对计算倾覆点产生的倾覆力矩；

M_r——挑梁的抗倾覆力矩设计值；

G_r——挑梁的抗倾覆荷载，为挑梁尾端上部 45°扩展角范围内本层的砌体与楼面恒荷载标准值之和，见图 6-83；

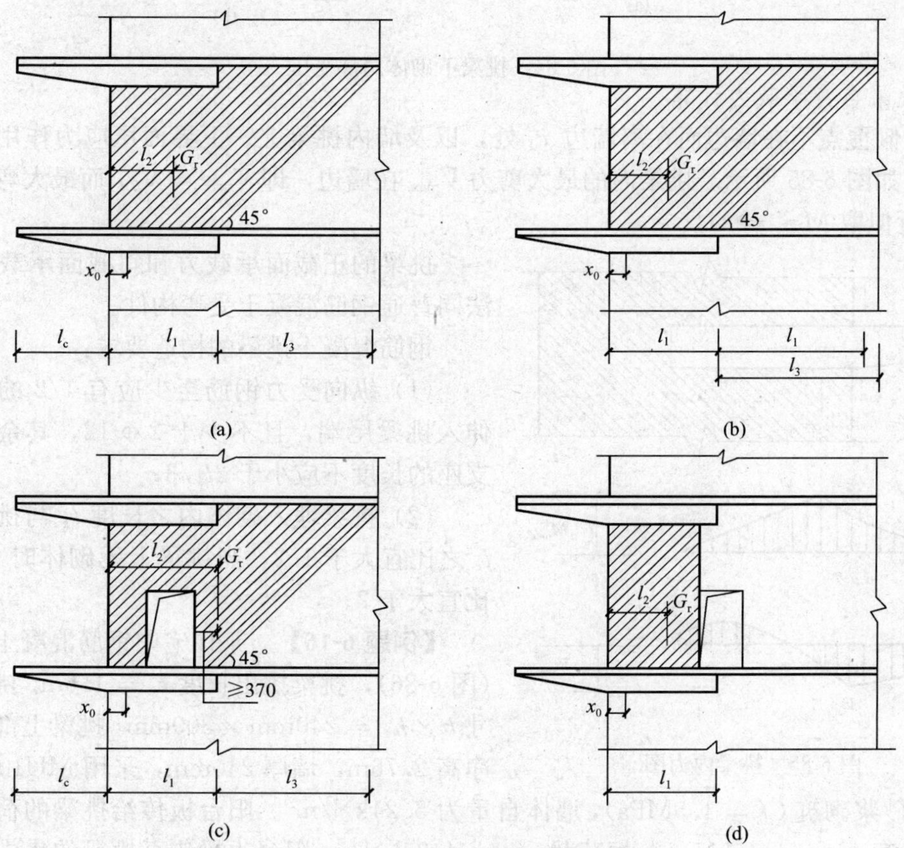

图 6-83　抗倾覆荷载的取值范围

(a) $l_3 \leqslant l_1$；(b) $l_3 > l_1$；(c) 洞在 l_1 之内；(d) 洞在 l_1 之外

x_0 ——计算倾覆点至墙外边缘的距离，mm，按下列规定采用：当 $l_1 \geqslant 2.2h_b$ 时，$x_0 = 0.3\,h_b$，且不大于 $0.13l_1$；当 $l_1 < 2.2h_b$ 时，$x_0 = 0.13l_1$；

l_1 ——挑梁埋入砌体墙中的长度，mm；

h_b ——挑梁的截面高度，mm。

2. 挑梁下砌体局部受压承载力验算

$$N_l \leqslant \eta\gamma f A_l \tag{6-142}$$

式中 N_l ——挑梁下支承压力，可取 $N_l = 2R$，R 为挑梁的倾覆荷载设计值；

η ——梁端底面压应力图形完整系数，可取 0.7；

γ ——局部承压强度提高系数，对一字墙取 1.25［图 6-84（a）］，对丁字墙取 1.5［图 6-84（b）］；

A_l ——挑梁下砌体局部受压面积，可取 $A_l = 1.2\,bh_b$。

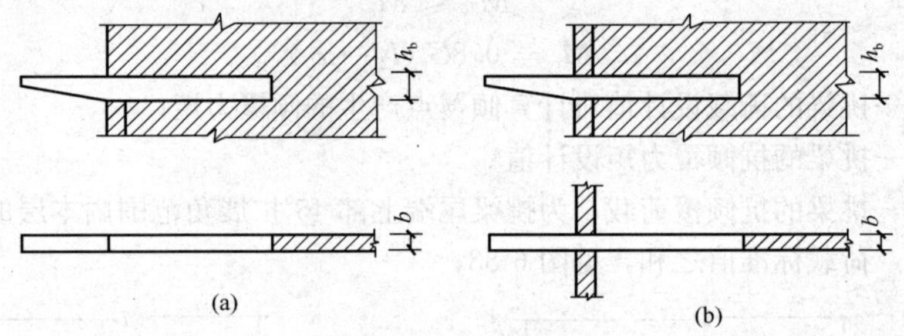

图 6-84 挑梁下砌体局部受压

3. 挑梁自身承载力计算

由于倾覆点不在墙边而在离墙边 x_0 处，以及墙内挑梁上、下界面压应力作用，挑梁的内力分布如图 6-85 所示。挑梁内的最大剪力 V_{max} 在墙边，即 $V_{max} = V_0$，而最大弯矩在接近 x_0 处，近似取 $M_{max} = M_{ov}$。

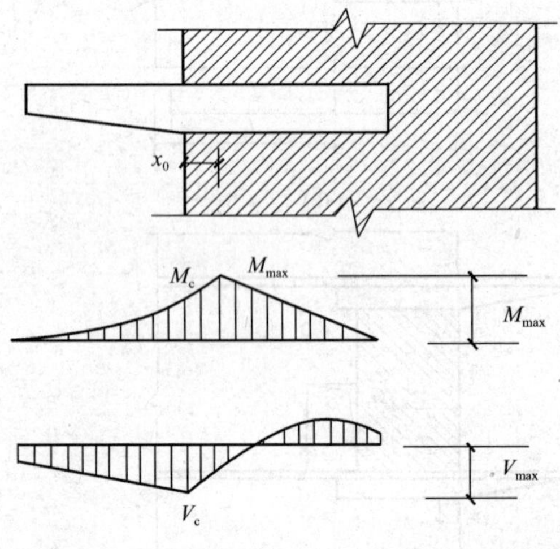

图 6-85 挑梁内力图

挑梁的正截面承载力和斜截面承载力计算方法同普通钢筋混凝土受弯构件。

钢筋混凝土挑梁的构造要求：

（1）纵向受力钢筋至少应有 1/2 的钢筋面积伸入挑梁尾端，且不少于 2Φ12，其余钢筋伸入支座的长度不应小于 $2l_1/3$；

（2）挑梁埋入砌体内之长度 l_1 与挑出之长度 l_c 之比宜大于 1.2，当挑梁上无砌体时 l_1 与 l_c 之比宜大于 2。

【例题 6-16】 某住宅中钢筋混凝土阳台挑梁（图 6-86），挑梁挑出长度 $l_c = 1.6$m。挑梁截面尺寸 $b \times h_b = 240\text{mm} \times 300\text{mm}$，挑梁上部一层墙体净高 2.76m，墙厚 240mm，采用 MU10 粘土砖和 M5 混合砂浆砌筑（$f = 1.5$MPa），墙体自重为 5.24kN/m²。阳台板传给挑梁的荷载标准值为：活荷载 $q_{1k} = 4.15\text{kN/m}^2$，恒荷载 $g_{1k} = 4.85$kN/m。阳台边梁传至挑梁的集中荷载标值为：活荷截 $F_k = 4.48$kN，恒截 $F_{Gk} = 17.0$kN，本层楼面传给埋入段的荷截：活荷截 $q_{2k} =$

5.4kN/m，恒载 $g_{2k}=12$kN/m。挑梁自重为 $g=1.8$kN/m。试验算该挑梁的抗倾覆及挑梁下砌体局部受压承载力。

解

1. 抗倾覆验算

(1) 计算倾覆点

$l_1=2.0\text{m}>2.2h_b=2.2\times0.3=0.66\text{m}$，该挑梁为弹性挑梁。

$$x_0=0.3h_b=0.3\times300=90\text{mm}=0.09\text{m}$$

$$0.13l_1=0.13\times2.0=0.26\text{m}>0.09\text{m}$$

取 $x_0=0.09$m。

(2) 倾覆力矩计算。挑梁的倾覆力矩由作用在挑梁外伸段上的恒荷载和活荷载及挑梁自重的设计值对计算倾覆点的力矩组成，即

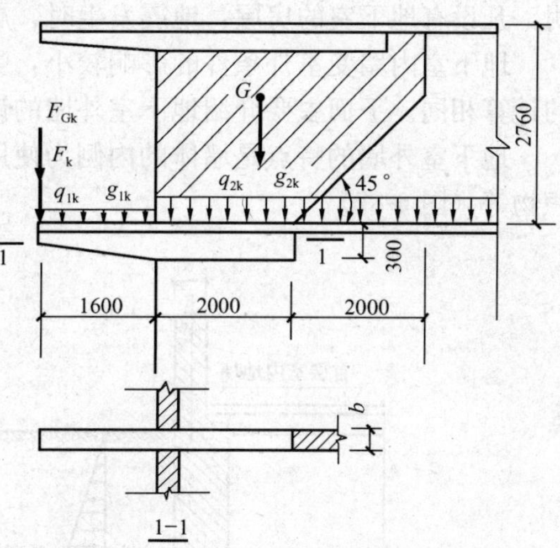

图 6-86　[例题 6-16] 计算简图

$$M_{0v}=(1.2\times17.0+1.4\times4.48)\times1.69+\frac{1}{2}\times[1.2\times(4.85+1.8)+1.4\times4.15]\times1.69^2$$

$$=64.77\text{kN}\cdot\text{m}$$

(3) 抗倾覆验算。挑梁的抗倾覆力矩由挑梁埋入段自重标准值、楼面传给埋入段的恒荷载标准值以及挑梁尾端上部 45°扩散角范围内墙体的标准值对倾覆点的力矩组成。由式 (6-141) 有

$$M_r=0.8G_r(l_2-x_0)=0.8\times\Big[(12+1.8)\times2\times(1-0.09)$$

$$+4\times2.76\times5.24\times\left(\frac{4}{2}-0.09\right)-\frac{1}{2}\times2\times2\times5.24\times\left(2+\frac{4}{3}-0.09\right)\Big]$$

$$=96.59\text{kN}\cdot\text{m}$$

$$M_r=96.59\text{kN}\cdot\text{m}>M_{0v}=64.77\text{kN}\cdot\text{m}$$

安全。

2. 挑梁下砌体局部承压验算

由式 (6-142)

$$N_l=2R=2\times\{1.2\times17.0+1.4\times4.48+[1.2\times(4.85$$

$$+1.8)+1.4\times4.15]\times1.60\}$$

$$=97.47\text{kN}$$

$$\eta\gamma A_l f=0.7\times1.5\times1.2\times240\times300\times1.5$$

$$=136080\text{N}=136.1\text{kN}>N_l$$

梁端支承处砌体局部受压承载力满足要求。

第六节　地下室墙体的设计

在修建多层混合结构房屋时，根据使用要求有时需要设置地下室。设有地下室的房屋不仅能满足人防要求，而且由于加大了房屋的地下深度，对房屋抗震非常有利。震害调查表

明，凡设有地下室的房屋，地震发生时，震害一般较轻。

地下室内墙受室外条件的影响较小，受力情况与一般楼层相同，因此其计算与楼层内墙的计算相同。下面主要介绍地下室外墙的计算。

地下室外墙的特点是墙体的内侧为使用房间，外侧为回填土，有时还有地下水，地面堆积物等（图 6-87）。

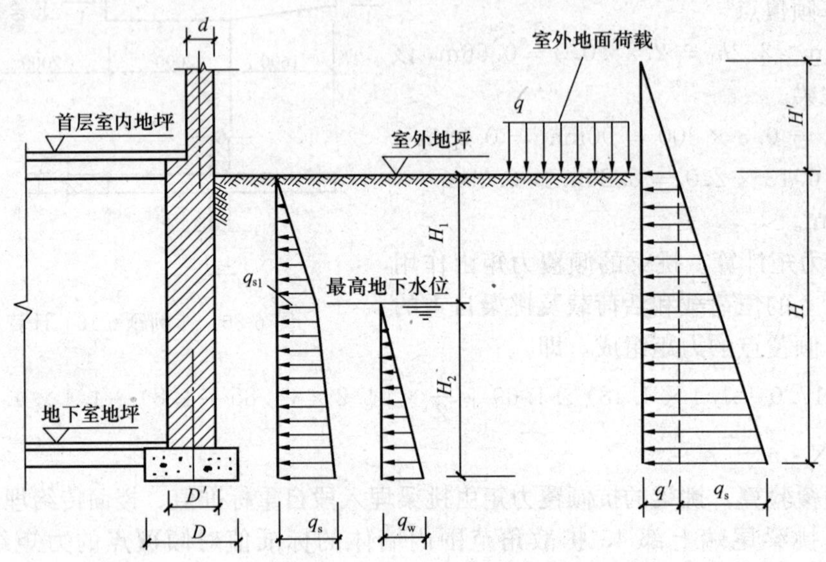

图 6-87　地下室墙体荷载图

实际工程中，地下室顶板一般为现浇钢筋混凝土楼盖，底板一般为现浇素混凝土地面；有地下水时底板一般采用现浇钢筋混凝土抗渗板；地下室外墙由于要承受侧向压力，故其厚度通常不小于上部结构的外墙厚度。另外，为了保证地下室及上部结构有较好的空间刚度，避免形成过多的梁托墙结构，地下室横墙的数量一般不应少于上部结构的横墙数量，纵横墙之间应做好拉结。因此地下室外墙可按刚性方案考虑。

地下室外墙与地面上一般墙体在计算上的区别是：

（1）地下室外墙的厚度较大，且地下室层高较小，一般可不进行高厚比的验算；

（2）进行强度计算时，作用于墙体上的荷载，除自重、首层梁板及上部墙体传来的荷载外，还有土的侧压力、静水压力（有地下水时）及室外地面荷载。

一、地下室外墙的荷载

由首层梁、板及上部墙体传来的荷载，其计算方法与上部墙体荷载的计算方法相同，下面仅讨论土的侧压力、静水压力（有地下水时）及室外地面荷载的计算方法。

1. 土的侧压力

作用于地下室外墙上的土的侧压力一般可按静止土压力计算，其分布为三角形（图 6-87），基础底面处的土侧压力可按下式计算

$$q_s = \gamma BH \tan^2\left(45° - \frac{\varphi}{2}\right) \tag{6-143}$$

式中 γ——回填土的天然容重，kN/m^3；

H——室外地面至基础底面的距离，m；

B——计算单元的宽度，m；

φ——回填土的内摩擦角，对于黏性土，通常应考虑粘聚力的影响，称为等值内摩擦角，一般取 30°～50°（实际应按地质堪探资料确定）。

位于地下水位以下的土压力应考虑水的浮力影响。地下水位以下土的容重应取浮容重，地下水位处的侧向土压力 q_{s1} 及基础底面处的侧向土压力 q_s 分别为

$$q_{s1} = \gamma B H_1 \tan^2\left(45° - \frac{\varphi}{2}\right) \tag{6-144}$$

$$q_s = [\gamma H_1 + (\gamma_s - \gamma_w) H_2] B \tan^2\left(45° - \frac{\varphi}{2}\right) \tag{6-145}$$

式中　γ_s——回填土的饱和容重，kN/m^3；

γ_w——地下水的容重，γ_w 一般取 $10kN/m^3$；

H_1——室外地面至最高地下水位处的距离，m；

H_2——基础底面至最高地下水位处的距离，m。

2. 静水压力

静水压力 q_w 按下式计算

$$q_w = \gamma_w B H_2 \tag{6-146}$$

3. 室外地面活荷载

室外地面上的堆放物、车辆荷载等应按实际情况取值，可简化为等效的均布可变荷载 q，一般取 $4\sim10kN/m^2$。如堆放物是煤或建筑材料等，可取 $10kN/m^2$。

均布可变荷载 q 对下室外墙产生的侧压力 q_l，可近似认为从基础底面到室外地面是均匀分布的（图 6-87），其值为

$$q_l = qB \tan^2\left(45° - \frac{\varphi}{2}\right) \tag{6-147}$$

二、地下室外墙的计算简图和截面验算

（一）使用阶段

地下室墙体的上端支承于地下室顶板底面水平处，当地下室墙体基础的宽度较小时，其计算简图和刚性方案房屋上部楼层间的墙体一样，可以按两端铰支的竖向构件计算。墙体上端铰支于地下室顶盖梁底处，墙体的下端支承于基础上，计算高度取地下室层高。支座的性质与地下室外墙的厚度 D' 及基础底宽 D 之比有关。

（1）当地下室墙体基础的宽度 D 较小（$D'/D \geqslant 0.7$）时，下端支座可以认为是铰接。当地下室的地面刚度较大，譬如现浇钢筋混凝土地面，回填土时间较晚，则认为下端支点在混凝土地面上皮水平处；如果不是刚性地面，或在施工期间混凝土尚未硬化就进行回填，此时取混凝土地面上皮水平处作为不动铰支点是不安全的，应取基础底面处靠摩擦支承作为不支铰支点（图 6-88）。

（2）当地下室墙体基础的宽度 D 很大（$D'/D \leqslant 0.7$）时，由于基础的宽度比较大，墙体下端支座可按部分嵌固考虑。这时，墙体的计算简图即为上端铰接、下端部分嵌固的竖向单跨梁。下端支点的位置可取基础底面水平处。其嵌固弯矩按下式计算

$$M = \frac{M_0}{1 + \frac{3E}{CH}\left(\frac{D'}{D}\right)^3} \tag{6-148}$$

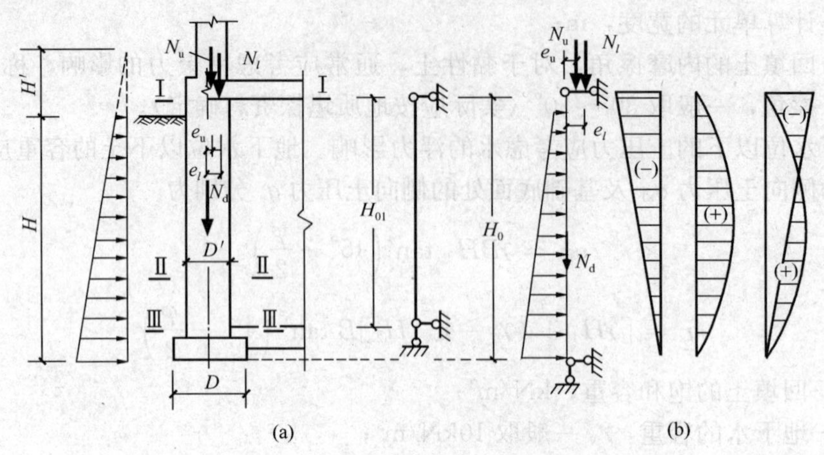

图 6-88　地下室墙体计算简图

式中　M_0——按地下室下端支点完全固定时计算的固端弯矩，kN·m；

E——墙本的弱性模量，kPa；

D'——地下室墙体的厚度，m；

D——基础底面宽度，m；

H——地下室顶盖底面至基础底面的距离，m；

C——地基的刚度系数，kPa，按表 6-47 采用。

表 6-47　　地基的刚度系数 C

地基承载力特征值（kPa）	地基的刚度系数 C（kPa）	地基承载力特征值（kPa）	地基的刚度系数 C（kPa）
150 以下	30000 以下	600 以上	100000 以上
300	60000	龄期在两年以上的填土	100000 以上
600	100000		

在上部墙体荷载 N_u，首层梁、板传来的荷载 N_l 作用下，墙体中产生轴力和弯矩。弯矩在地下室顶板底面处最大，其值 $M=N_ue_u+N_le_l$。

在土的侧压力、静水压力（有地下水时）及室外地面荷载作用下，根据基础条件的不同，在墙体支座处的跨中产生弯矩。

一般对地下室外墙需进行三个截面的承载力验算，见图 6-88。

1）Ⅰ-Ⅱ截面，即地下室外墙上部截面，按偏心受压和局部受压验算承载力；

2）Ⅱ-Ⅱ截面，即跨中最大弯矩截面，按跨中最大弯矩和相应轴力进行偏压承载力的验算；

3）Ⅲ-Ⅲ截面，即地下室外墙下部截面，按轴心受压验算其承载力。当基础的强度低于墙体的强度时，还应验算基础顶面的局部受压承载力。

如果地下室外墙上有门窗洞口时，由于该处截面突然被削弱，尚应对洞口上皮及下皮截面的承载力进行验算。

采用砌体墙不能满足地下室防水要求或需满足人防要求时，地下室外墙在室外地面以下部分经常采用钢筋混凝土墙体。此时地下室外墙的砌体部分不受土的侧压力、静水压力（有地下水时）及室外地面荷载的作用，其下端应取至钢筋混凝土墙底面水平处，按两端铰接验算，其计算方法与楼层外墙的计算相同。

（二）施工阶段

在施工阶段，当进行回填土时，土对地下室外墙产生侧向土压力，如果这时上部结构产生的轴力较小时，应验算基础底面的抗滑能力。

基础底面的抗滑能力按下式验算

$$1.2V_s + 1.4V_l \leqslant 0.8\mu N \tag{6-149}$$

式中　V_s——填土侧压力的合力，kN；

V_l——室外地面施工活荷载产生的侧向压力的合力，kN；

N——回填土时地下室外墙上实际存在的轴力，kN；

u——基础底面与地基的摩擦系数，见表 6-48。

如果在进行回填土时，地下室顶板未施工时，尚应按悬臂墙验算地下室外墙的承载力。

表 6-48　基础底面与地基的摩擦系数

砌体类别	摩擦面情况	
	干　燥	潮　湿
砌体沿砂或卵石滑动	0.60	0.50
砌体沿砂质黏土滑动	0.55	0.40
砌体沿黏土滑动	0.50	0.30

【例题 6-17】　某招待所地下室墙如图 6-89 所示。墙体承受首层墙体传来的轴力标准值 $N_{uk}=90\text{kN/m}$，设计值 $N_u=120\text{kN/m}$；承受首层楼面梁传来的支座压力标准值 $N_{lk}=10.8\text{kN/m}$，设计值 $N_l=14.0\text{kN/m}$；楼盖板厚 $h=120\text{mm}$，地下室层高 2.2m，外墙厚 370mm，基础宽度为 800mm，埋深 600mm，地下室横墙间距为 4m，用 MU10 砖和 M5 水泥混合砂浆砌筑，砌体抗压强度 $f=1.50\text{MPa}$，不考虑室内混凝土面的作用；室外填土的内摩擦角 $\varphi=30°$，土的容重 $\gamma=18\text{kN/m}^3$，室外地面活荷截 $q=10\text{kN/m}^2$，无地下水，试验算地下室外纵墙的承截力是否满足承载力要求。

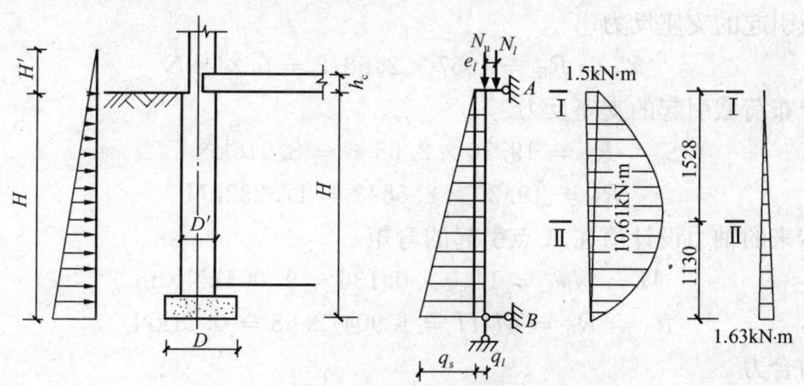

图 6-89　［例题 6-17］计算简图

解

1. 不考虑基础嵌固作用时的计算

(1) 计算单元。取 $B=1\text{m}$ 宽为计算单元，上端支点在地下室顶板底面，下端支点取在基础底面处，墙体从顶板底面至基础底面的高度 $H=2.20+0.60-0.12=2.68\text{m}$。

（2）土的侧压力计算。室外地面活荷载 q 对地下室外墙产生的侧压力为：

标准值 $q_{lk}=qB\tan^2\left(45°-\dfrac{\varphi}{2}\right)=10\times1\times\tan^2\left(45°-\dfrac{30°}{2}\right)=3.33\text{kN/m}$

设计值 $q_l=1.4q_{lk}=4.67\text{kN/m}$

室外回填土的侧压力呈三角形分布，基础底面处的土侧压力为：

标准值

$$q_{sk}=\gamma BH\tan^2\left(45°-\frac{\varphi}{2}\right)=18\times1\times2.68\times\tan^2\left(45°-\frac{30°}{2}\right)=16.08\text{kN/m}$$

设计值 $q_s=1.2q_{sk}=19.30\text{kN/m}$

（3）竖向压力计算。

1）首层墙体传来的轴力标准值 $N_{uk}=90\text{kN/m}$，设计值 $N_u=120\text{kN/m}$；偏心距 $e_u=0$。

2）楼面梁传来的轴力标准值 $N_{lk}=10.8\text{kN/m}$，设计值 $N_l=14.0\text{kN/m}$。

有效支承长度

$$a_0=10\sqrt{\frac{h}{f}}=10\sqrt{\frac{180}{1.50}}=110\text{mm}$$

偏心距

$$e_l=\frac{h}{2}-0.40a_0=\frac{360}{2}-0.40\times110=136\text{mm}=0.136\text{m}$$

3）墙体自重（双面 20mm 厚水泥砂浆抹面）：

标准值 $G_k=0.36\times19+0.02\times20\times2=7.64\text{kN/m}$

设计值 $G=1.2G_k=1.2\times7.64=9.17\text{kN/m}$

（4）跨中最大弯矩及其截面位置。剪力 $V=0$ 的位置即为跨中最大弯矩的位置。以上端支点 A 为坐标原点，剪力 $V=0$ 的位置距原点的距离为 y。

均布荷载引起的支座反力

$$R_A=R_B=4.67\times2.68/2=6.244\text{kN}$$

三角形分布荷载引起的支座反力

$$R_A=19.30\times2.68/6=8.616\text{kN}$$

$$R_B=19.30\times2.68/3=17.232\text{kN}$$

楼面梁传来的轴力设计值在 A 点引起的弯矩

$$M=N_le_l=14.0\times0.136=1.904\text{kN}\cdot\text{m}$$

$$R_A=R_B=M/H=1.904/2.68=0.71\text{kN}$$

支座反力合力

$$R_A=6.244+8.616+0.71=15.57\text{kN}$$

令 $\Sigma V=0$，并解一元二次方程得

$$15.57-4.67y-\frac{19.30y^2}{2\times2.68}=0$$

$$y^2+1.30y-4.32=0$$

$$y=1.528\text{m}$$

最大弯矩设计值

$$M_{max}=15.57\times1.528-\frac{1}{2}\times4.67\times1.528^2-\frac{19.30}{6}\times\frac{1.528^3}{2.68}-1.862$$

$$=12.17\text{kN}\cdot\text{m}$$

(5) 内力计算。对地下室外墙顶部截面Ⅰ-Ⅰ、跨中最大弯矩截面Ⅱ-Ⅱ、地下室外墙底部截面Ⅲ-Ⅲ三个截面进行内力计算，内力计算见表 6-49。

表 6-49 **内力计算表**

截　面	Ⅰ-Ⅰ	Ⅱ-Ⅱ	Ⅲ-Ⅲ
y	0.000	1.528	2.680
M(kN/m)	1.862	12.170	0.00
截　面	Ⅰ-Ⅰ	Ⅱ-Ⅱ	Ⅲ-Ⅲ
$e=M_K/N_K$(m)	0.0139	0.0822	0.00
N(kN)	N_u+N_l $=120+14$ $=134$	N_u+N_l+Gy $=120+14+9.17\times1.528$ $=148.01$	N_u+N_l+Gy $=120+14+9.17\times2.68$ $=158.58$

(6) 截面承载力验算。横墙间距 $s=4$m，墙高 $H=2.68$m，所以 $H<s<2H$，根据刚性方案由表 6-15 得

$$H_0=0.4s+0.2H=0.4\times4+0.20\times2.68=2.14\text{m}$$

墙体材料为烧结普通砖，故 $\gamma_\beta=1.0$

高厚比 $$\beta=\gamma_\beta\frac{H_0}{h}=\frac{2140}{360}=5.94>3$$

截面面积 $$A=0.36\times1=0.36\text{m}^2$$

截面承载力验算见表 6-50。

表 6-50 **截面承载力验算表**

截　面	Ⅰ-Ⅰ	Ⅱ-Ⅱ	Ⅲ-Ⅲ
N (kN)	134	148.01	158.58
e (m)	0.0139	0.0822	0.00
e/h	0.0386	0.228	0.00
φ	0.862	0.473	0.934
φfA(kN)	$0.862\times1.30\times0.36$ $=403.42>134$	$0.473\times1.30\times0.36$ $=221.38>148.01$	$0.934\times1.30\times0.36$ $=437.1>158.58$
结论	满足要求	满足要求	满足要求

2. 考虑基础部分嵌固作用时的计算

因基础宽度为 800mm，地下室外墙的厚度 D' 和基础底宽 D 之比

$$\frac{D'}{D}=\frac{360}{800}=0.45<0.7$$

因此可以考虑纵墙基础的部分嵌固作用。

在土侧压力和室外地面荷载的共同作用下，墙体底部支座处的固端弯矩设计值

$$M_0 = -\left(\frac{1}{15} \times 19.30 \times 2.68^2 + \frac{1}{8} \times 4.67 \times 2.68^2\right) = -13.43\text{kN} \cdot \text{m}$$

砖墙砌体的弹性模量

$$E = 1600f = 1600 \times 1.50 = 2400\text{MPa}$$

地基的刚度系数 $C=37.500\text{MPa}$ 。

基础底的部分嵌固弯矩设计值

$$M_B = \frac{M_0}{1 + \frac{3E}{CH}\left(\frac{D'}{D}\right)^3} = \frac{-13.43}{1 + \frac{3 \times 2400}{37.5 \times 2.68} \times \left(\frac{0.36}{0.80}\right)^3} = -1.784\text{kN} \cdot \text{m}$$

Ⅱ-Ⅱ截面的弯矩设计值

$$M = 12.17 - \frac{1.528}{2.68} \times 1.784 = 11.15\text{kN} \cdot \text{m}$$

相应的轴力设计值，$N = 148.01\text{kN}$

$$e = \frac{M}{N} = \frac{11.15}{148.01} = 0.0753\text{m}$$

$$\frac{e}{h} = \frac{0.0753}{0.36} = 0.209$$

$$\varphi = 0.514$$

$$\varphi f A = 0.514 \times 1.5 \times 0.36 = 277.56\text{kN}$$

$$277.56\text{kN} > 148.01\text{kN}$$

满足要求。

第七节　混合结构房屋的构造措施

混合结构房屋墙体结构计算时，所取计算简图是对实际结构的一种简化，此时忽略了一些次要因素，且有些因素根本没有考虑，如墙角、温度变化、地基不均匀沉降等。再者多层砖房在强烈地震作用下极易倒塌，而多层砖房的抗倒塌不是依靠罕遇地震下的抗震变形验算来保障，而是通过房屋的总体布置及构造措施等，以做好概念设计来解决。因此这些尚需通过构造措施加以弥补和处理。

一、墙体开裂及其防止措施

混合结构房屋的墙体经常由于结构布置或构造处理不当而产生裂缝。产生裂缝的主要原因有：①外界温度变化而引起的温度变形；②材料的收缩变形；③地基的不均匀沉降等。

1. 防止温度和收缩变形引起的墙体裂缝

由于各种材料的温度膨胀系数不同（钢筋混凝土的温度线膨胀系数为 10×10^{-6} ，砖砌体的温度线膨胀系数为 5×10^{-6} ，两者相差 1 倍），而房屋中的各部分构件相互联结成为一个空间整体，当温度变化时，各部分必然会因相互制约而产生附加内力。如果构件中产生的拉应力超过混凝土或砌体的抗拉强度，就会出现裂缝。

混凝土比砌体的收缩值大得多，收缩值的不一致也会产生附加内力。

房屋的长度愈长，在墙体中由于温度和收缩引起的拉应力就愈大。因此，当房屋过长时可设置伸缩缝将房屋划分成若干长度较小的单元以减小墙体因温度和收缩产生的拉应力，从而避免或减少墙体开裂。砌体结构房屋伸缩缝的最大间距详见《砌体结构设计规范》中表6.3.1。

为了防止或减轻房屋顶层墙体的裂缝，可根据情况采取下列措施：

(1) 屋面设置有效的保温、隔热层；

(2) 屋面保温、隔热层或屋面刚性面层及砂浆找平层应设置分隔缝，分隔缝间距不宜大于6m，并与女儿墙隔开，其缝宽不宜小于30mm；

(3) 采用装配式有檩体系钢筋混凝土屋盖和瓦材屋盖；

(4) 7度及7度以下抗震设防区，在钢筋混凝土屋面板与墙体圈梁的接触面处设置水平滑动层，滑动层可采用两层油毡夹滑石粉或橡胶片等；对于长纵墙，可只在其两端的2～3个开间内设置，对于横墙可只在其两端各1/4墙长范围内设置；

(5) 顶层屋面板下设置现浇钢筋混凝土圈梁，并沿内外墙拉通；

(6) 顶层挑梁末端下墙体灰缝内设置3道焊接钢筋网片或2φ6拉结筋，钢筋网片或拉结筋应自挑梁末端伸入两边墙体不少于1m；

(7) 顶层墙体门窗洞口，在过梁上的水平灰缝内设置2～3道焊接钢筋网片或2φ6拉结筋，并伸入过梁两端墙内不小于600mm；

(8) 顶层及女儿墙砂浆强度等级不低于M5；

(9) 女儿墙宜设置构造柱，构造柱间距不宜大于4m，构造柱应伸至女儿墙顶并与现浇钢筋混凝土压顶整浇在一起；

(10) 房屋顶层端部墙体内适当增设构造柱。

2. 防止地基不均匀沉降引起墙体开裂的措施

当地基不均匀沉降时，整个房屋就像梁一样，在受弯的同时还将受剪，因而在墙体内将引起较大的附加应力，当产生的拉应力超过砌体的抗拉强度时，墙体就会出现裂缝。

防止或减轻地基不均匀沉降引起墙体开裂的措施包括设置沉降缝、采用合理的建筑体型和结构形式、加强房屋整体刚度和强度。

在下列情况下应设置沉降缝：

(1) 在地基土质有显著差异处；

(2) 在房屋的相邻部分高差较大或荷载、结构刚度、地基处理方法和基础类型有显著差异处；

(3) 在平面形状复杂的房屋转角处和过长房屋的适当部位；

(4) 在分期建造的房屋交接处。

采用合理的建筑体型和结构形式，软土地区房屋的体型应力求简单，尽量避免立面高低起伏和平面凹凸曲折；房屋的长高比不宜过大；邻近建筑物或地面荷载引起的地基附加变形对建筑物的影响应予考虑。

通过合理布置承重墙，尽量将纵墙拉通，避免断开和转折；设置圈梁；不在墙体上开过大的洞等措施加强房屋整体刚度和强度。

二、圈梁的构造要求

圈梁的设置应符合下列要求：

(1) 圈梁宜连续设置在墙体的同一水平面上，并尽可能形成封闭式。当圈梁因门窗洞口被切断时，应在门窗洞口上部墙体中增设相同截面的附加圈梁，附加圈梁与圈梁搭接长度不应小于其中到中垂直距离的2倍，且不少于1m。

(2) 纵横墙交接处的圈梁应有可靠的连接。刚弹性和弹性方案房屋，圈梁应与屋架、大梁等构件可靠连接。横墙为墙梁时，墙梁顶面应设置贯通圈梁。

(3) 钢筋混凝土圈梁的宽度宜与墙厚相同，当墙厚≥240mm时，不宜小于2/3墙厚。圈梁高度不应小于120mm，常取180mm。纵向钢筋不宜小于4φ10，绑扎接头的搭接长度按受拉钢筋考虑，箍筋间距不宜大于300mm。

(4) 圈梁兼作过梁时，圈梁部分的钢筋用量应按过梁计算用量单独配置。

三、墙、柱的一般构造要求

1. 材料要求

五层及五层以上房屋的墙，以及受振动或层高大于6m的墙、柱所用材料的最低强度等级应满足：砌块为MU7.5，石材为MU30，砂浆为M5。地面以下或防潮层以下的砌体，潮湿房间的墙，所用材料的最低强度等级应符合表6-51的要求。

表6-51 地面以下或防潮层以下、潮湿房间墙所用材料的最低强度等级

基土的潮湿程度	烧结普通砖、蒸压灰砂砖		混凝土砌块	石材	水泥砂浆
	严寒地区	一般地区			
稍潮湿	—	—	MU7.5	MU30	M5
很潮湿	MU15	—	MU7.5	MU30	M7.5
含水饱和	MU20	MU15	MU10	MU40	M10

注 有冻胀环境和条件的地区，地面以下或防潮层以下的砌体不宜采用多孔砖。当采用混凝土小型空心砌块时，其孔洞应用不低于C15的混凝土灌实。

2. 最小截面尺寸

承重的独立砖柱截面尺寸不应小于240mm×370mm。毛石墙的厚度不宜小于350mm，毛料石柱较小边长不宜小于400mm。

3. 支承

跨度大于6m的屋架和以下三种情况下，应在支承处砌体上设置混凝土或钢筋混凝土垫块，当墙中设有圈梁时，垫块与圈梁宜浇成整体。

(1) 对砖砌体梁跨度大于4.8m；

(2) 对砌块和料石砌体梁跨度大于4.2m；

(3) 对毛石砌体梁跨度大于3.9m。

对厚度小于或等于240mm的墙，当梁跨度大于或等于下列数值时，其支承处宜加设壁柱或构造柱：

(1) 对240mm厚的砖墙为6m；

(2) 对砌块、料石墙和厚度小于240mm的砖墙为4.8m。

预制钢筋混凝土板的支承长度，在墙上不宜小于100mm；在钢筋混凝土圈梁上不宜小于80mm；当利用板端伸出钢筋和混凝土灌缝时，其支承长度可为40mm，但板端缝宽不宜小于80mm，灌缝混凝土不宜低于C20。

4. 连接

支承在墙、柱上的吊车梁、屋架及跨度大于等于下列数值的预制梁的端部，应采用锚固件与墙、柱上的垫块锚固：① 对砖砌体为 9m；② 对砌块和料石砌体为 7.2m。

填充墙、隔墙应分别采取措施与周边构件可靠连接。山墙处的壁柱宜砌至山墙顶部，檩条应与山墙可靠拉结。

5. 墙体的搭接

砌块砌体应分皮错缝搭砌，上、下皮搭砌长度不得小于 90mm。当搭砌长度不满足上述要求时，应在水平灰缝内设置不少于 2Φ4 的焊接钢筋网片，网片每端均应超过该垂直缝，其长度不得小于 300mm。

砌块墙与后砌隔墙交接处，应沿高度每 400mm，在水平灰缝内设置不少于 2Φ4 的焊接钢筋网片。

6. 砌块灌孔

混凝土小型空心砌块房屋。宜将纵横墙交接处，距墙中心线每边不少于 300mm 范围内的孔洞，用不低于 C20 的混凝土灌实，灌实高度应为墙身全高。

下列部位的孔洞，如未设圈梁或混凝土垫块，也应用不低于 C20 的混凝土灌实：

(1) 搁栅、檩条和钢筋混凝土楼板的支承面下，高度不应小于 200mm 的砌体；

(2) 屋架、梁等构件的支承面下，高度不应小于 600mm，长度不应小于 600mm 的砌体；

(3) 挑梁支承面下，纵横墙交接处，距墙中心线每边不应小于 300mm，高度不应小于 600mm 的砌体。

7. 夹芯墙

(1) 混凝土小型空心砌块的强度等级不应低于 MU10；夹芯墙的夹层厚度不宜大于 100mm；夹芯墙的有效厚度可取各叶墙厚度的平方和开方；夹芯墙外叶墙的最大横向支承间距不宜大于 9m；

(2) 叶墙应用经防腐处理的拉结件或钢筋网片连接；当采用环形拉结件时，钢筋直径不应小于 4mm，当采用 Z 形拉结件时，钢筋直径不应大于 6mm。拉结件应沿竖向梅花型布置，拉结件的水平和竖向最大间距分别不宜大于 800mm 和 600mm。当有振动或有抗震设防要求时，其水平和竖向间距分别不宜大于 800mm 和 400mm；

(3) 当采用钢筋网片做拉结件时，网片横向钢筋的直径不应小于 4mm，其间距不应大于 400mm；网片的竖向间距不宜大于 600mm，当有振动或有抗震设防要求时，不宜大于 400mm；

(4) 拉结件在叶墙上的搁置长度，不应小于叶墙厚度的 2/3，并不应小于 60mm；门窗洞口周边 300mm 范围内应附加间距不大于 600mm 的拉结件。

思　考　题

1. 普通烧结砖的强度等级是如何确定的？
2. 普通烧结砖砌体的抗压强度为什么低于普通烧结砖的抗压强度？
3. 砂浆强度等级变化对砌体强度的影响有什么规律？
4. 影响砌体抗压强度的主要因素有哪些？

5. 试分析砌体强度的平均值、标准值和设计值三者之间的关系。

6. 试写出砌体偏心受压构件承载力的计算公式，并分析影响其承载力的因数。

7. 偏心距 e_0 的限值是多少？当 e_0 超过限值时应怎么处理？

8. 为什么要进行砌体局部抗压承载力计算？

9. 砌体局部抗压强度提高系数［γ］的物理意义是什么？

10. 梁端有效支承长度 a_0 的取值范围是什么？其影响因素是什么？

11. 上部荷载折减系数 ψ 有何意义？

12. 砌体受拉、受弯、受剪破坏时的形态各有什么特点？

13. 在何种情况下考虑采用配筋砖砌体？配筋砖砌体有哪几种类型？

14. 网状配筋砌体和组合砌体各自的受力特点是什么？

15. 分析比较配筋砌块砌体剪力墙与现浇钢筋混凝土剪力墙有何异同点？

16. 砌体过梁有哪几种？适用范围是什么？

17. 过梁上的荷载如何确定？

18. 挑梁有何破坏特点？挑梁的破坏形态有哪些？

19. 挑梁设计有哪些内容？都有哪些构造措施？

20. 墙梁的受力特点是什么？墙梁的设计包括哪些计算内容？

21. 托梁为什么要进行施工阶段的承载力计算？

22. 引起墙体开裂的主要因素是什么？

23. 防止或减轻房屋顶层墙体的裂缝有哪些措施？

24. 混合结构房屋中设置钢筋混凝土圈梁及构造柱的作用是什么？各自的构造要求主要有哪些？

25. 单层混合结构房屋的静力计算方案有哪几种？如何判别？

26. 刚性方案单层混合结构房屋的静力计算简图中，底部支座处为什么简化为固接？

27. 刚性方案多层混合结构房屋的静力计算简图中，底部支座处为什么简化为铰接？

28. 刚弹性方案房屋内力计算时，房屋空间工作性能影响系数 η 有什么作用？

29. 单层房屋的荷载组合及控制截面如何确定？

30. 单层房屋的纵、横向抗震验算有何区别？

31. 多层混合结构房屋墙、柱承载力验算时，怎样选取控制截面？

32. 为什么要进行墙、柱高厚比验算？墙、柱高厚比的影响因素主要有哪些？

33. 什么是抗震的概念设计？包括哪些内容？

34. 试述多层混合结构房屋墙体抗震验算的方法与步骤。

35. 混合结构房屋的哪些部位为抗震薄弱部位？抗震设计时如何考虑加强？

36. 地下室墙体结构计算时有哪些特点？应考虑哪些荷载作用？

习 题

1. 矩形砖柱的截面尺寸为 490mm×370mm，计算高度 H_0＝4.5m，承受轴心压力设计值 N＝170kN（含自重），现采用 MU10 的普通烧结砖。试确定其承载力满足要求时的砂浆强度等级。

2. 一截面尺寸为490mm×370mm的普通烧结砖柱，采用MU10普通烧结砖，M5的混合砂浆砌筑，柱的计算高度为4.8m，柱顶承受轴向力设计值N=85kN，弯矩设计值M=10kN·m，弯矩沿截面长边作用，试验算该柱的承载力是否满足要求。

3. 已知钢筋混凝土梁截面尺寸$b\times h$=200mm×500mm，梁端支承长度a=240mm，梁端支承反力设计值N_l=60kN，墙体上部荷载设计值σ_0=8.0N/mm²。试验算梁端下砌体局部抗压承载力是否足够。

4. 某四层职工宿舍楼，平面布置见图6-90，墙体采用240厚M10普通烧结砖，M5混合砂浆砌筑。层高为3m，屋（楼）面构造做法及相应荷载可查图集或规范。空心板自重2.5kN/mm²，墙体双面粉刷自重5.24kN/mm²，铝合金窗自重0.25kN/mm²。试验算承重墙的高厚比和横墙的承载力。

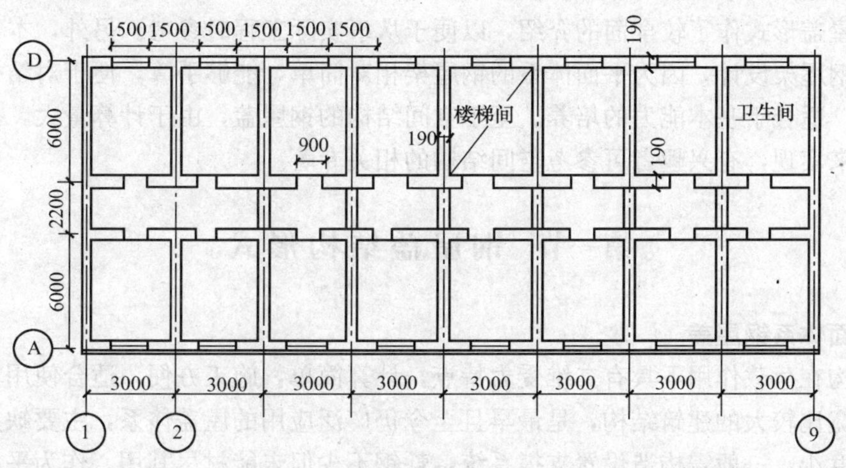

图6-90　习题4图

5. 某混合结构房屋入口处钢筋混凝土雨篷，尺寸见图6-91。雨篷板承受均布恒荷载2.4kN/m²，均布可变荷载0.8kN/m²，集中可变荷载1.0kN，门洞净跨度2.0m，雨篷梁在墙内每端支承长度0.5m，雨篷板采用C20混凝土，HPB235钢筋。试设计该雨篷梁和板的钢筋用量。

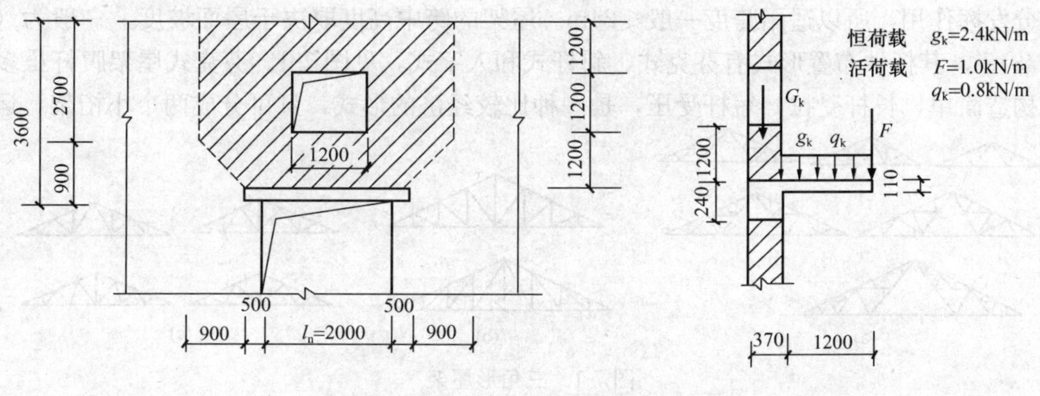

图6-91　习题5图

第七章 钢 屋 盖

钢屋盖因其自重轻、基础造价低、适用于软弱地基、安装容易、施工快、周期短、投资回收快、施工污染环境少、抗震性能好等综合优势而受到广泛应用。钢屋盖形式多种多样，但从受力特性来看不外乎两类：平面体系和空间体系。钢屋盖到底采用哪一类体系？什么形式最合适？这就是设计时首先面临的结构选型问题。一般而言，钢屋盖选型主要应考虑建筑物使用功能的空间要求、全寿命经济性要求、计算手段及施工技术水平等因素。为此，本章对已有的钢屋盖形式作了较全面的介绍，以便于从事实际工程时参考。另外，本章重点讲述平面体系的钢屋架设计，因为平面体系的钢屋架相对简单，能够手算，便于对结构受力性能的深刻理解，适合于基本能力的培养。至于空间结构的钢屋盖，由于计算量大，一般都需要借助计算机来实现，有兴趣者可参考空间结构的相关专著。

第一节 钢屋盖结构形式

一、平面体系钢屋盖

平面结构在荷载作用下具有二维受力特点，计算简单，施工方便，适合使用功能平面为矩形，且长宽比较大的建筑结构，是最早且至今仍广泛应用的屋盖体系，主要缺点是单向受力，侧向刚度小，一般需构造设置支撑系统，耗钢不少但未能材尽其用。作为平面结构的钢屋盖广义划分有平面桁架、门式刚架、拱、梁式屋架和平行索系悬索结构等。

1. 平面桁架

平面桁架形式主要与房屋跨度、屋面材料及排水坡度要求、外观造型等因素有关，杆件截面可以是相并角钢、圆（矩）形钢管等，桁架形式通常有：

（1）三角形屋架。当屋面坡度较大时（$i \geqslant 1/3$）采用，一般用于有檩屋盖。这种屋架通常与承重构件（如柱子）只能铰接，房屋的整体横向刚度较低，竖向均布荷载下的弯矩图与屋架外形差异较大，致使屋架杆件受力不均，支座处内力较大，跨中内力较小，弦杆截面不能充分发挥作用，所以适用跨度一般≤24m。屋架的跨中高度取决于屋面坡度，一般为（1/6～1/3）l，其杆件布置形式有芬克式、斜杆式和人字式，见图 7-1。芬克式屋架腹杆虽多但节点构造简单，长杆受拉，短杆受压，是一种比较经济的形式，且可分成两个小桁架，运输

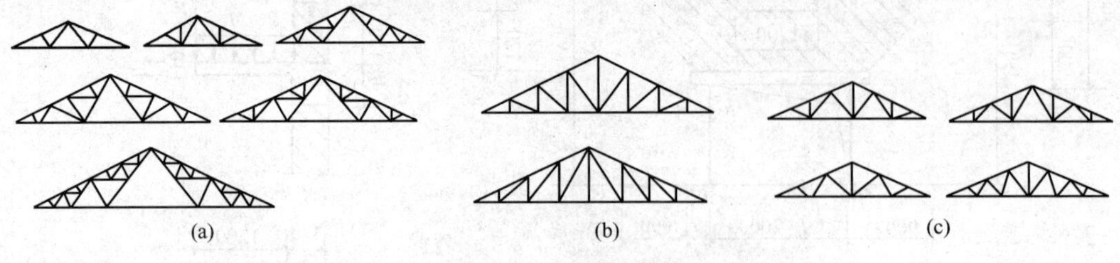

图 7-1 三角形屋架

(a) 芬克式；(b) 斜杆式；(c) 人字式

比较方便。斜杆式屋架腹杆较长，节点数较多，杆件交角很小，构造处理不易，只适用于下弦需要设置天棚的屋架，一般很少使用。人字式屋架腹杆的节点较少，但受压腹杆较长，一般用于屋架跨度不大的厂房（$l \leqslant 18$m），因为它能较方便地布置下弦节点位置，所以常用于有悬挂运输设备的厂房中，另外人字式屋架的抗震性能优于芬克式屋架，所以在地震作用高烈度区尽管跨度大于 18m 也常用人字式腹杆的屋架。

（2）梯形屋架。有平坡和陡坡两种。平坡上弦坡度 $i=1/12 \sim 1/8$，用于油毡防水屋面，陡坡上弦坡度 $i=1/7 \sim 1/4$，常用于瓦楞铁屋面。梯形屋架跨中高度为（1/6～1/10）l，跨度越大比值越小，屋面荷载越大比值越大，适用跨度≤36m。但在我国空间结构尚不发达的年代，也有用于大跨度的，如 1959 年建成的北京人民大会堂中曾采用 60.9m 跨度、高 7m 的钢屋架，在一些工业厂房中也曾建造了跨度达 72m 的梯形钢屋架。梯形屋架与柱的连接可以做成铰接也可以做成刚接（见图 7-2）。铰接与简支受弯构件的弯矩图形比较接近，弦杆受力较为均匀。刚性连接可提高建筑物的横向刚度。梯形屋架的腹杆体系可采用单斜式、人字式和再分式（见图 7-3）。人字式按支座斜杆与弦杆组成的支承点在下弦或在上弦分为下承式和上承式两种。一般情况下，与柱刚接的屋架宜采用下承式；与柱铰接时则下承式或上承式均可。由于下承式使排架柱计算高度减小又便于在下弦设置屋盖纵向水平支撑，故以往多采用之，但上承式使屋架重心降低，支座斜杆受拉，且给安装带来很大的方便，近年来逐渐推广使用。当桁架下弦要做天棚时，需设置吊杆或者采用单斜式腹杆。当上弦节间长度为 3m，而大型屋面板宽度为 1.5m 时，常采用再分式腹杆将节间减小至 1.5m，有时也采用 3m 节间而使上弦承受局部弯矩，虽然构造较简单但耗钢量增多，一般很少采用。

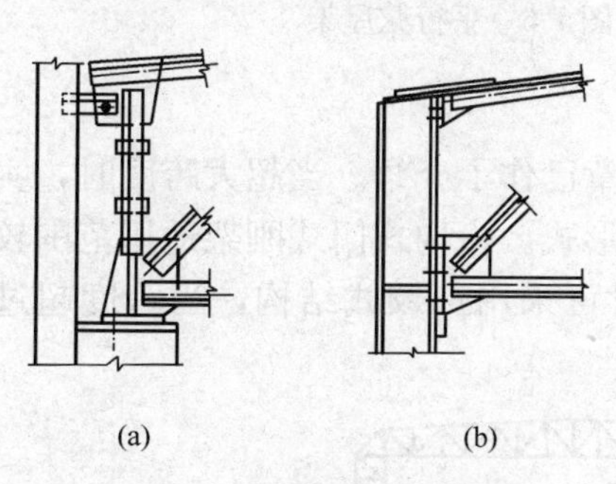

图 7-2 梯形屋架与柱的连接

（a）铰接；（b）刚接

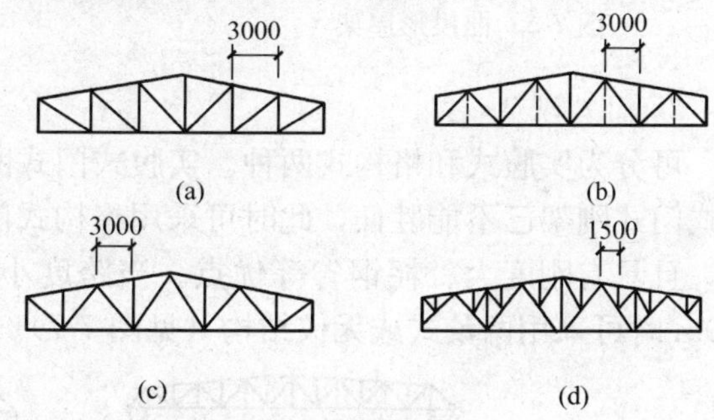

图 7-3 梯形屋架

（a）单斜式；（b）下承人字式·设吊杆；（c）上承人字式；（d）再分式

（3）人字形屋架。上、下弦可以是平行的，坡度为 1/20～1/10，节点构造较为统一；也可以上、下弦具有不同坡度或者下弦有一部分水平段，以改善屋架受力情况。人字形屋架有较好的空间观感，制作时可不再起拱，多用于较大跨度（见图 7-4）。人字形屋架一般宜采用上承式，这种形式不但安装方便而且可使折线拱的推力与上弦杆的弹性压缩互相抵消，

图 7-4 人字形屋架

在很大程度上减小了对柱的不利影响。人字形和梯形屋架的中部高度主要取决于经济要求，一般为（1/10～1/8）l，与柱刚接的梯形屋架，端部高度一般为（1/16～1/12）上，通常取为2.0～2.5m。与柱铰接的梯形屋架，端部高度可按跨中经济高度和上弦坡度来决定。人字形屋架跨中高度一般为2.0～2.5m，跨度大于36m时可取较大高度但不宜超过3m；端部高度一般为跨度的1/18～1/12，人字形屋架可适应不同的屋面坡度，但与柱刚接时，屋架轴线坡度大于1/7，就应视为折线横梁进行框架分析；与柱铰接时，即使采用了上承式也应考虑竖向荷载作用下折线拱的推力对柱的不利影响，设计时它要求在屋面板及檩条等安装完毕后再将屋架支座焊接固定。

（4）曲拱形屋架。上弦为曲线形，一般采用抛物线形，为制作方便，也可采用折线形，但应使折线的节点落在抛物线上，腹杆体系多为单斜杆式，矢跨比一般为1/6～1/8（见图7-5）。曲拱形屋架外形合理，杆件内力均匀，自重轻、经济指标良好。但屋架端部屋面坡度太陡，这时可在上弦上部加设短柱而不改变屋面坡度，使之适合于卷材防水。

（5）平行弦屋架。即上下弦平行放置的屋架（见图7-6），可用于单坡屋架、吊车制动桁架、栈桥和支撑构件等。腹杆布置通常采用人字式，用作支撑桁架时腹杆常采用交叉式。平行弦桁架在构造方面有突出的优点，弦杆及腹杆分别等长、节点形式相同、能保证桁架的杆件重复率最大，且可使节点构造形式统一，便于制作工业化。

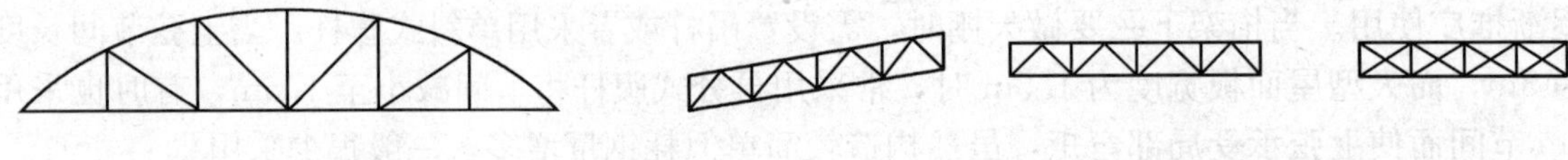

图7-5 曲拱形屋架　　图7-6 平行弦屋架

2. 门式刚架

可分为实腹式和格构式两种。实腹式门式刚架在第四章已作了介绍。当超大跨度时，实腹式门式刚架已不能胜任，此时可采用格构式门式刚架的形式。格构式门式刚架适用范围较大，且具有刚度大、耗钢省等优点。当跨度小于120m时可采用三铰式结构，当跨度超过120m时可采用两铰式或无铰结构（见图7-7）。

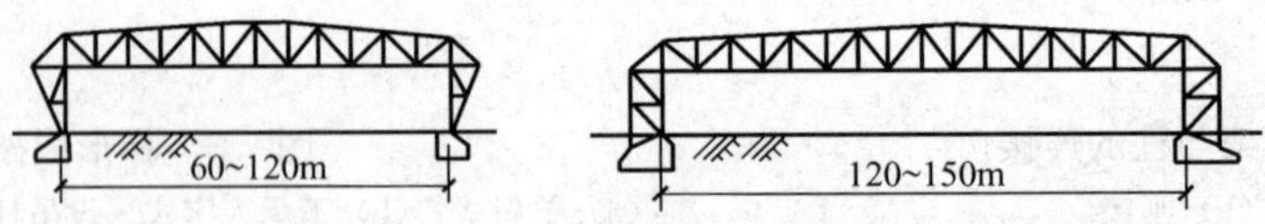

图7-7 格构门式刚架

3. 拱

钢结构拱有实腹式和格构式两种。实腹式可采用相并角钢、T形及I形截面冷弯成弧形，适用于12m以下的小跨度。格构式因用材省，故应用较多，跨度较大时一般采用分段制作现场吊装或组装（见图7-8）。

4. 梁式屋架

梁式屋架有实腹梁、框架梁、平面张弦梁等形式。

（1）实腹梁。实腹梁的重量较桁架要大，但其制作方便。为了节省钢材，其屋面一般用轻型材料，而且根据受力情况，实腹梁可分段采用变截面（见图7-9）。实腹梁的腹板比较薄，厚度一般为6～8mm，梁高取屋盖跨度的1/15左右，梁高与腹板厚度之比较大，因而

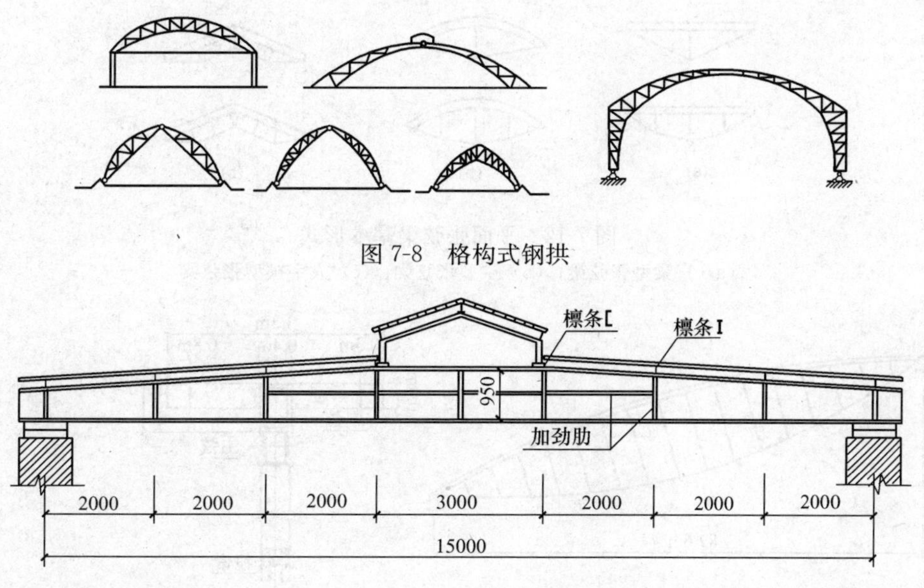

图 7-8 格构式钢拱

图 7-9 实腹梁钢屋架

在梁腹板上常配置横向和纵向加劲肋，以保证腹板的局部稳定。实腹梁一般适用于跨度不大的轻型屋盖。

（2）框架梁。框架采用工字钢或 T 形钢，为防止横向推力，在框架下面设置拉杆，拉杆一般采用圆钢或角钢，拉杆的重量可由吊杆吊在框架上，框架式屋架的跨度可达 30m 左右（见图 7-10）。

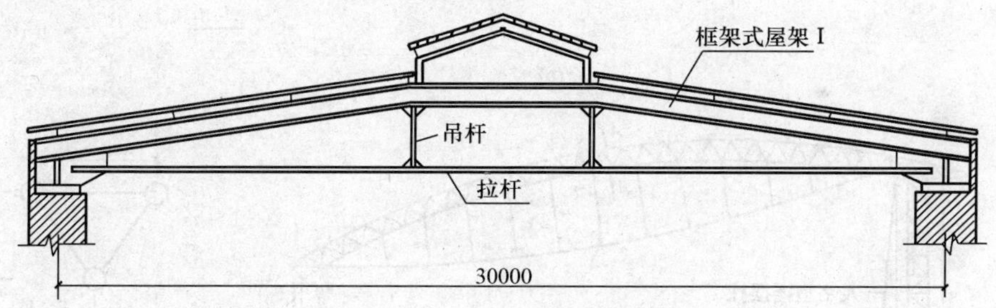

图 7-10 带拉杆的框架梁屋架

（3）平面张弦梁。张弦梁故名思义是“弦通过撑杆对梁进行张拉”（见图 7-11），基本受力特性是通过张拉下弦高强度拉索使得撑杆产生向上的分力，导致上弦构件产生与外荷载作用下相反的内力和变形，从而降低上弦构件的内力，减小结构的变形。平面张弦梁结构为其构件位于同一平面内，且以平面内受力为主的结构，根据上弦构件的形状可分为 3 种基本形式：直梁型张弦梁、拱型张弦梁和人字拱型张弦梁结构（见图 7-12）。

平面张弦梁结构在我国的工程应用始于 20 世纪 90 年代，代表性工程有 3 个（见图7-13）。

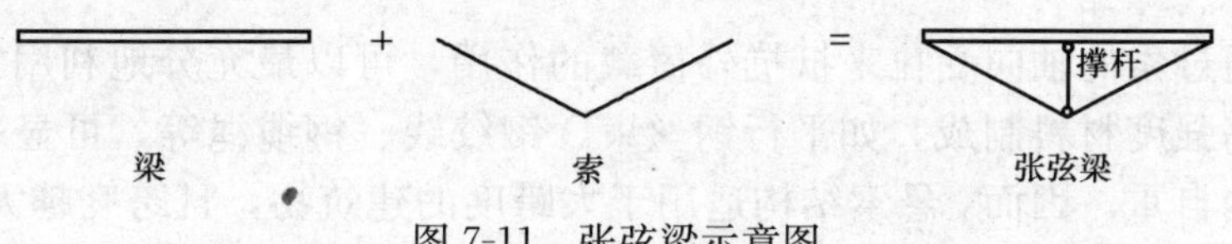

图 7-11 张弦梁示意图

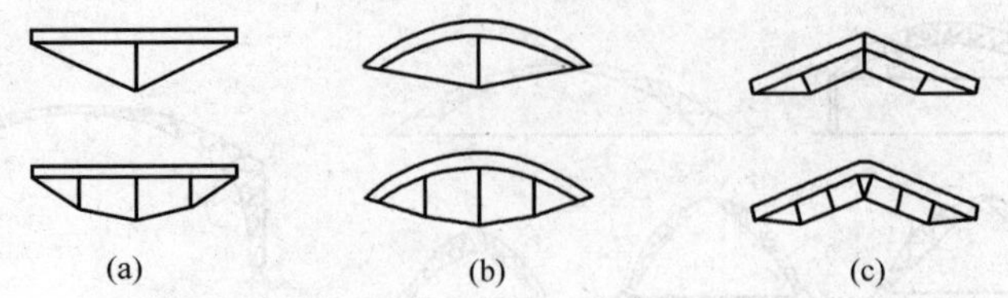

图 7-12 平面张弦梁基本形式

（a）直梁型张弦梁；（b）拱型张弦梁；（c）人字拱型张弦梁

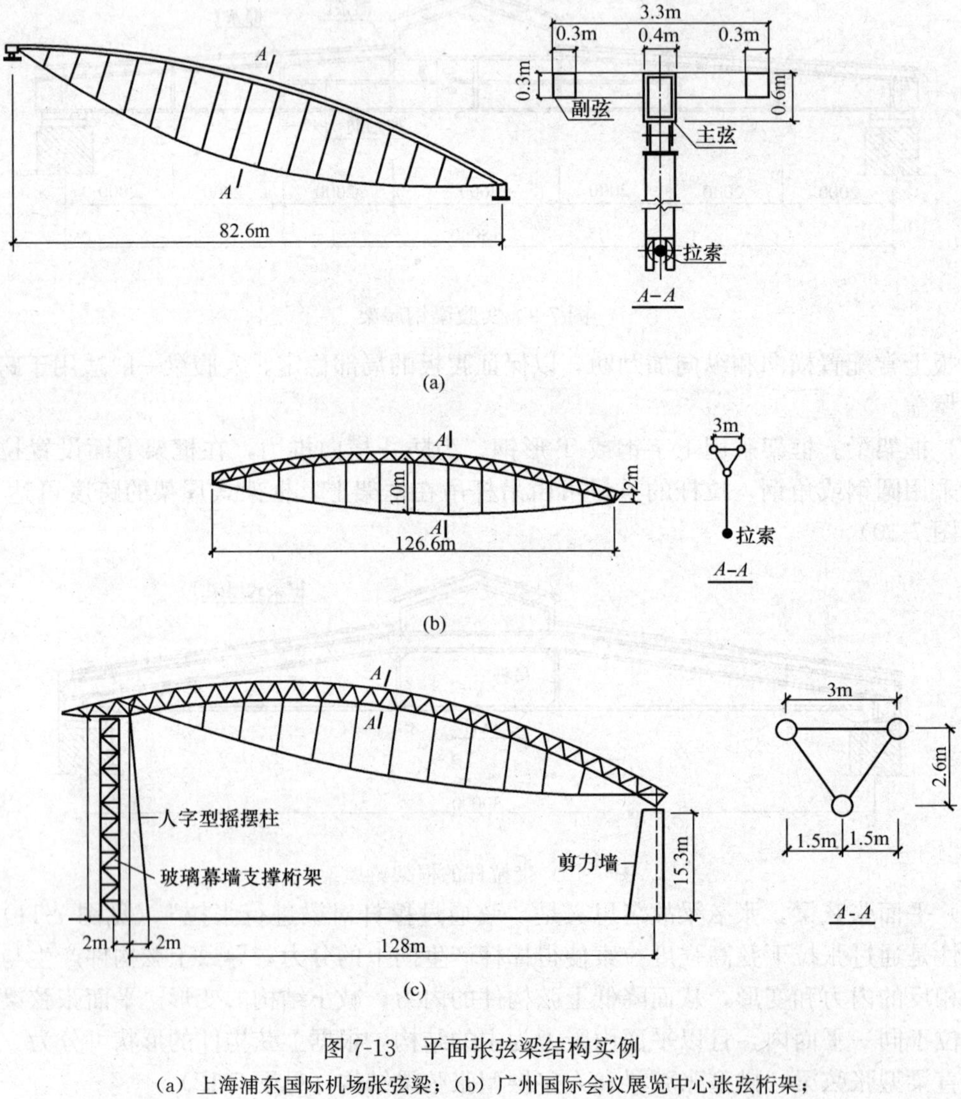

图 7-13 平面张弦梁结构实例

（a）上海浦东国际机场张弦梁；（b）广州国际会议展览中心张弦桁架；

（c）黑龙江国际会展体育中心张弦桁架

5．平行索系悬索结构

悬索结构通过索的轴向受拉来抵抗外荷载的作用，可以最充分地利用钢材的强度。索一般都是采用高强度材料制成，如平行钢丝束、钢绞线、钢缆绳等，可显著减少材料用量并相应减轻结构自重。因而，悬索结构适用于大跨度的建筑物，且跨度越大经济效益越好。

悬索结构属柔性结构，索的形状会随荷载形式的不同而改变，且具有几何非线性的特点。悬索结构的形式有多种，其中平行索系悬索结构具有平面体系特征，具体有以下两种（见图7-14）。

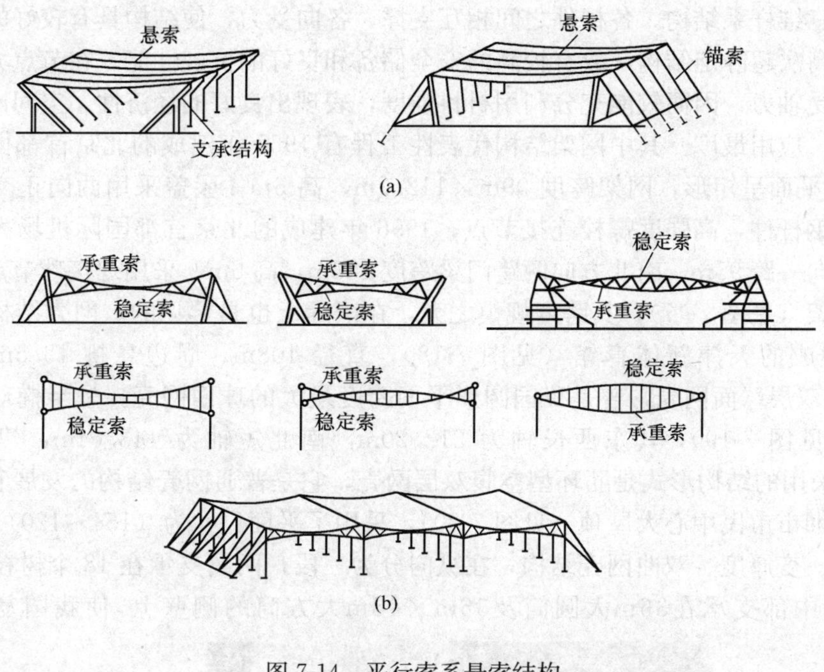

图 7-14 平行索系悬索结构

(a) 单层平行索系；(b) 双层平行索系

(1) 单层平行索系。又称单曲面单层拉索体系，它由许多平行的单根拉索组成。屋盖表面为筒状凹面，一般需从端山墙处排水。拉索两端的支点可以是等高的，也可以是不等高的；拉索可以是单跨的，也可以是多跨连续的。单层平行索系的优点是传力明确、构造简单，缺点是屋面稳定性差、抗风（上吸力）能力小，索的水平拉力不能在上部结构实现自平衡，必须通过适当的形式传至基础。

(2) 双层平行索系。又称单曲面双层拉索体系或索桁架，它由许多平行的承重索和相反曲率的稳定索通过受拉钢索或受压撑杆组成。双层平行索系稳定性好，整体刚度大，反向曲率的索系可以承受不同方向的荷载作用，通过调整承重索、稳定索或腹杆的长度，可以对整个屋盖体系施加预应力，增强了屋盖的整体性。因此，双层悬索体系适宜于采用轻屋面，如铁皮、铝板、石棉板等屋面材料和轻质高效的保温材料，以减轻屋盖自重、节约材料、降低造价。承重索的垂度一般取跨度的 1/15～1/20，稳定索的拱度则取 1/20～1/25。与单层平行索系一样，双层平行索系两端也必须锚固在侧边构件上，或通过锚索固定在基础上。

二、空间体系钢屋盖

空间体系钢屋盖在荷载作用下具有三维受力特点，相对于平面结构而言，受力更合理，相同跨度重量更轻，造价更低，适用范围更广，诸如体育场馆、展览馆、大型商场、车站、飞机库等各类大、中、小跨度建筑都适合应用。作为空间体系的钢屋盖广义划分有空间网格结构、立体桁架、空间张弦梁、空间悬索结构、金属拱形波纹屋盖和组合空间结构等。

(一) 空间网格结构

空间网格结构是平板网架结构（简称网架）与曲面网壳结构（简称网壳）的总称。它由许多杆件根据建筑形体要求，按照一定的规律进行布置，通过节点连接（见图 7-15）组成的一种网状三维杆系结构。各杆件之间相互支撑，各向受力，使结构具有较好的空间整体性能。由于属高次超静定结构，故有较高的安全储备和良好的抗震性能。在节点力作用下，各杆件主要承受轴力，因而较能充分利用材料强度，表现出良好的经济性。空间网格结构在我国发展最快，应用最广。其中网架结构代表性工程有 1967 年建成的北京首都体育馆（见图 7-16），建筑平面呈矩形，网架跨度 99m×112.2m，高 6m，屋盖采用两向正交斜放平板网架结构，角钢杆件，高强度螺栓连接节点；1996 年建成的北京首都国际机场大型客机检修库，东西方向一跨 95m，南北方向两跨门梁跨度 153m，高 6m，采用焊接球节点三层斜放四角锥平板网架（见图 7-17），其跨度规模之大，在国际上也是罕见的。网壳结构代表性工程有 1994 年建成的天津新体育馆（见图 7-18），直径 108m，周边悬挑 13.5m，总直径达 135m，采用双层球面网壳，曾是我国圆形平面跨度最大的球面网壳；呈半椭球形的中国国家大剧院（见图 7-19），其东西长轴为 212.20m，南北短轴为 143.64m，建筑总高度为 46.285m，采用的结构形式是肋环型空腹双层网壳，它是普通网壳结构的发展和创新；2004 年建成的深圳市市民中心大屋顶（见图 7-20），采用了平面尺寸为（154～120）m×486m 的大鹏展翅形、变厚度、双曲网壳结构，在纵向分为三段，两翼支承在 18 个树枝形（双向 W 形）柱帽上，中部支承在36m大圆筒及36m×48m大方筒的侧壁上，使我国复盖建筑面积

(a)

(b)

图 7-15 网格节点连接

(a) 螺栓球节点；(b) 焊接空心球节点

图 7-16 北京首都体育馆

最大的网壳结构再创新的纪录。

图 7-17 北京首都国际机场大型客机检修库

图 7-18 天津新体育馆

图 7-19 施工中的国家大剧院

图 7-20 深圳市市民中心

1. 网架形式

网架从支承情况来分，有周边支承、多点支承、四点支承、无限连续以及悬臂支承等；从网格来分，可分为两大类，第一类为交叉桁架体系，第二类为角锥体系。网格尺寸的确定与网架的短向跨度、柱距、结构型式和屋面构造等因素有关，一般不宜超过 3m，否则板的吊装困难，配筋增大，在实际设计时往往先确定两个方向的网格数，网格数确定后网格尺寸自然也就确定了。网架的高度主要取决于网架的短向跨度，也与荷载大小、节点形式、平面形状、支承条件等因素有关，一般情况下可参考表 7-1 取用。对于网架结构的具体形式，因与各构件的布置有关，为了便于说明网架结构各构件的布置，图 7-22～图 7-27 中网架平面杆件的表示方法如图 7-21 所示，第一象限表示上弦杆件，第二象限表示网架平面，第三象限表示下弦杆件，第四象限的虚线表示腹杆。

表 7-1 网 架 高 度

网架短向跨度 L_2	<30m	30～60m	>60m
网架高度	(1/10～1/14) L_2	(1/12～1/16) L_2	(1/12～1/20) L_2

(1) 交叉桁架体系。交叉桁架体系由互相交叉的桁架组成，整个网架上下弦杆位于同一垂直平面内，并用同一平面内的腹杆将其连接起来。互相交叉的桁架有两向和三向的，两向交叉可以正交 90°和不正交（任意角度），三向交叉的交角为 60°。两向正交正放网架是由两个方向的桁架互相交叉成 90°并与相应的周边平行放置（见图 7-22）。在周边支承的网架中，这种形式用得不多，但对四点支承的网架较为有利。两向正交斜放网架是由两个方向的桁架互相交叉成 90°，并与周边成 45°放置的（见图 7-23）。它对周边支承比对四点支承有利，其角部的短桁架对与它垂直的长桁架起部分嵌固作用，产生负弯矩使跨中弯矩得到衰减，因此它较正放的网架刚度大而且经济。三向网架（见图 7-24）是三个方向的桁架交叉而成，它较前面所说的几种两向网架刚度大，对于非对称荷载应力较均匀，一般跨度较大的网架多采用这种形式。它适用于三角形、六边形、梯形、八边形、圆形平面，但周边的杆件布置不规则，计算构造都比较麻烦，这种网架的节点间距都比较大，可达 5～6m，故腹杆可采用再分式。

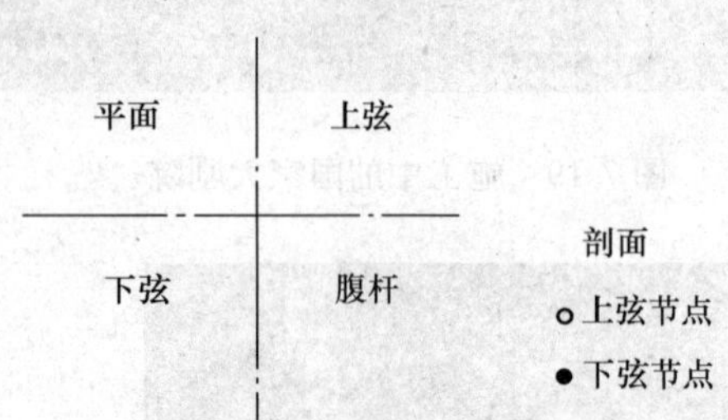

图 7-21 网架结构布置图例

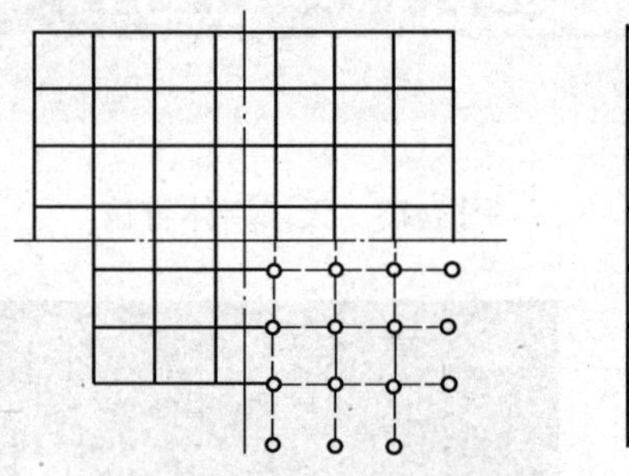

图 7-22 两向正交正放网架

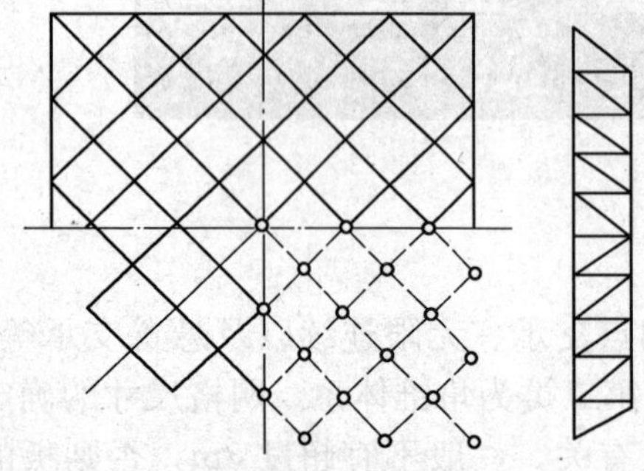

图 7-23 两向正交斜放网架

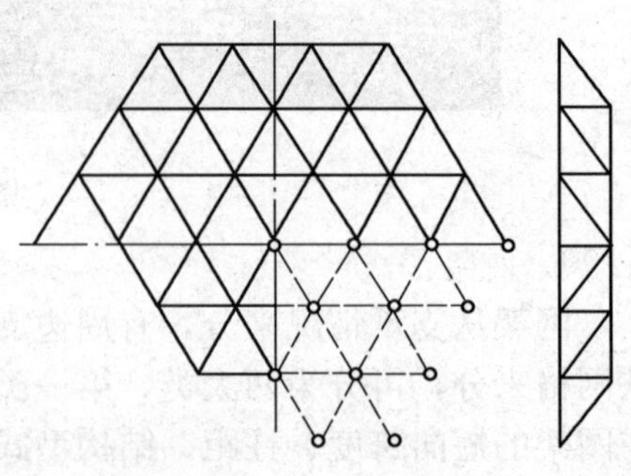

图 7-24 三向网架

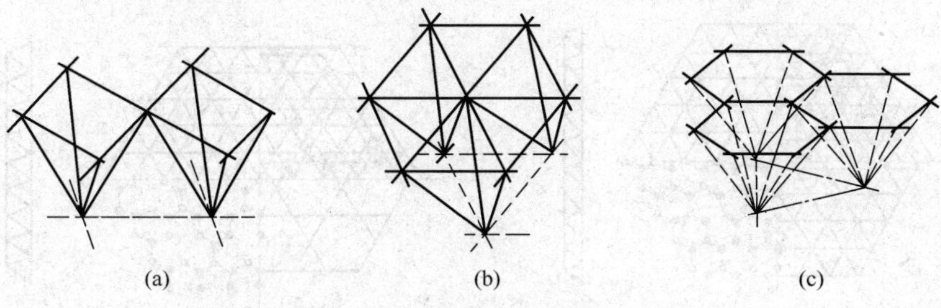

图 7-25　角锥单元

（a）四角锥单元；（b）三角锥单元；（c）六角锥单元

（2）角锥体系。角锥体系网架是由四角锥单元、三角锥单元或六角锥单元（见图 7-25）所组成的空间网架结构，分别称作四角锥网架、三角锥网架、六角锥网架。角锥体系网架比交叉桁架体系网架刚度更大，受力性能更好。若由工厂预制标准锥体单元，则堆放、运输、安装都很方便。角锥可并列布置，也可抽空跳格布置，以降低用钢量。四角锥网架根据锥体的连接方式不同又可分正放四角锥、正放抽空四角锥、斜放四角锥和棋盘形四角锥等形式（见图 7-26）。三角锥网架是由三角锥单元组成的，它的刚度较前述的各种网架形式都好，是目前大跨度中广泛采用的一种新形式，对梯形、六边形和圆形建筑平面的工程易于布置，常见的形式有三角锥、抽空三角锥和蜂窝三角锥三种（见图 7-27）。至于六角锥网架，由于杆件多、节点构造复杂等原因，在实际工程中较少采用。

2. 网壳形式

网壳结构兼有薄壳结构和网架结构的优点，往往跨度超过 100m 就很少采用网架结构，

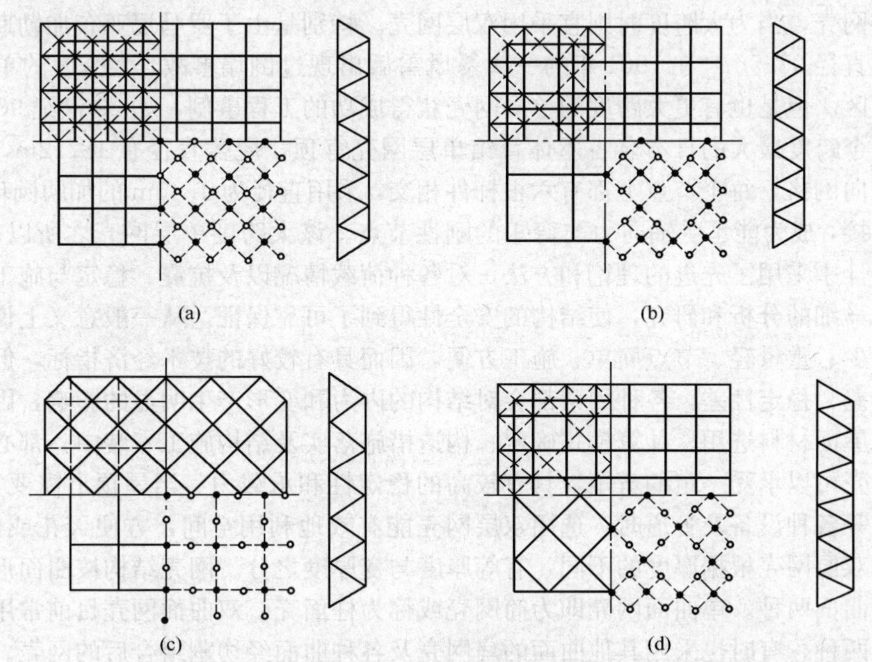

图 7-26　四角锥网架形式

（a）正放四角锥网架；（b）正放抽空四角锥网架；（c）斜放四角锥网架；

（d）棋盘形四角锥网架

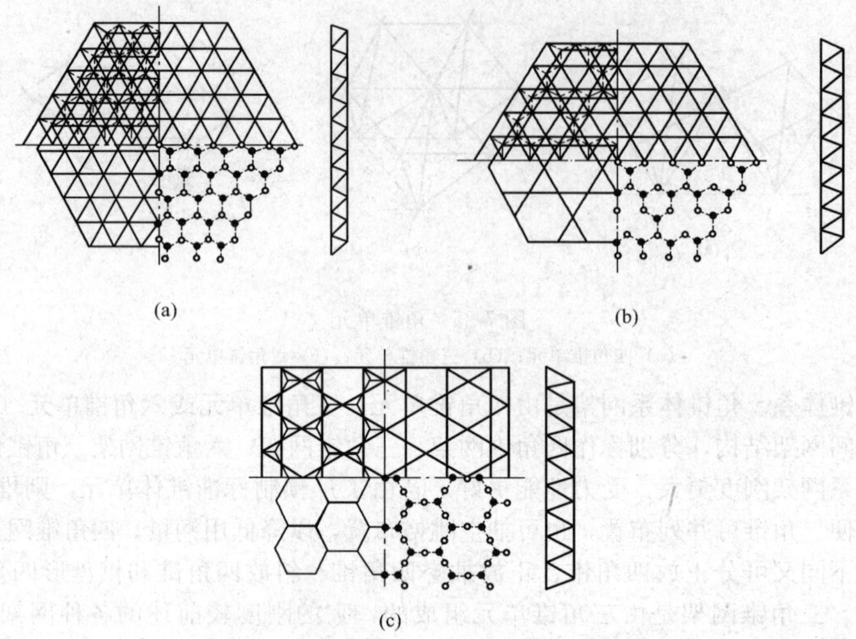

图 7-27 三角锥网架形式
(a) 三角锥网架；(b) 抽空三角锥网架；(c) 蜂窝三角锥网架

而较多地采用网壳结构，因此网壳结构是一种很有竞争力的大跨度空间结构。网壳结构按杆件的布置方式分类一般有单层网壳和双层网壳两种形式。一般认为中小跨度（40m 以下）可采用单层网壳，当为大跨度时则宜采用双层网壳。特别是由于罗马尼亚布加勒斯特穹顶的单层网壳（直径 93.5m）在 1961 年的一次暴风雪后出现过倒塌事故，大跨度的单层网壳一直被视为禁区。但是也有更大跨度的单层网壳获得成功的工程事例，如 20 世纪 90 年代建成的世界上迄今跨度最大的日本名古屋体育馆单层网壳穹顶，屋盖直径有 187.2m，采用以钢管构成的三向网格，每个节点上都有六根杆件相交，采用直径为 1.45m 的加肋圆环，钢管杆件与圆环焊接，成为能承受轴向力与弯矩的刚性节点。该大跨度单层网壳之所以获得成功，主要是在设计中采用了先进的理论和方法，对各种荷载情况以及抗震、稳定与施工过程中的缺陷进行了详细的分析和研究，使结构的安全性得到了可靠保证。从一般意义上说，单层网壳由于杆件少、重量轻、节点简单、施工方便，因而具有较好的技术经济指标，但单层网壳曲面外刚度差、稳定性差，各种因素都会对结构的内力和变形产生明显的影响，因此在结构杆件布置、屋面材料选用、计算模式确定、构造措施落实及结构施工安装中，都必须加以注意。双层网壳可以承受一定的弯矩，具有较高的稳定性和承载力。当屋顶上需要安装照明、音响、空调等各种设备及管道时，选用双层网壳能有效地利用空间，方便天花或吊顶构造，经济合理。双层网壳根据厚度的不同，有等厚度与变厚度之分。网壳结构按曲面形式分类有单曲面和双曲面两种。单曲面网壳即为筒网壳或称为柱面壳，双曲面网壳目前常用的有球网壳和扭网壳两种，有时也采用其他曲面的扁网壳及各种曲面经切割组合后的网壳。已建成的网壳工程以筒网壳和球网壳最多。

（1）筒网壳。筒网壳是一种特别适用于建筑平面为矩形的屋盖形式。筒网壳有单层和双层之分。单层筒网壳以网格的形式及其排列方式分类有联方网格型、纵横斜杆型、纵横交叉斜杆型、三向网格型和米字网格型（见图 7-28）。联方型网壳受力明确，屋面荷载从两个斜向拱的方向传至基础，简捷明了，室内呈菱形网格，犹如撒开的渔网，美观大方，缺点是稳定性较差。纵横斜杆型筒网壳结构形式简单，用钢量少，多用于小跨度或荷载较小的情况。纵横交叉斜杆型、三向网格型和米字网格型筒网壳具有相对较好的刚度和稳定性，构件比较单一，设计及施工都比较简单，可适用于跨度较大和不对称荷载较大的屋盖中。双层筒网壳其刚度和稳定性均优于单层网壳，构成形式一般与网架相似，故与各形网架结构有相同的名称。

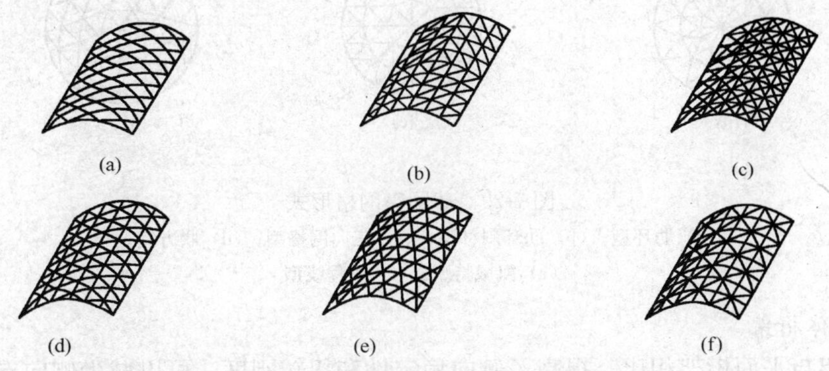

图 7-28　单层筒网壳形式

（a）联方网格型；（b）纵横斜杆型；（c）纵横交叉斜杆型；
（d）三向网格Ⅰ型；（e）三向网格Ⅱ型；（f）米字网格型

（2）球网壳。球网壳是适于圆形建筑平面的屋盖形式，有单层和双层之分，当跨度大于40m 时，不管是从稳定性还是从经济性的方面考虑，双层网壳要比单层网壳好得多。双层球壳是由两个同心的单层球面通过腹杆连接而成，各层网格的形成与单层网壳相同。球网壳的关键在于球面的划分。球面划分的基本要求有二：其一杆件规格尽可能少，以便制作与装配；其二形成的结构必须是几何不变体。单层球网壳的主要网格形式有肋环型、肋环斜杆型、三向网格型、联方型、凯威特型和短程线型等形式（见图 7-29）。肋环型网壳杆件种类少，每个节点只汇交四根杆件，构造简单，一般为刚性连接，但由于刚度较差，网格大小又不均匀，通常用于中小跨度的穹顶。肋环斜杆型网壳刚度较大，能承受较大的非对称荷载，可用于大中跨度的穹顶。三向网格型网壳由竖平面相交成 60°的三族竖向网肋构成，特点是杆件种类少，受力比较明确，可用于中小跨度的穹顶。联方型网壳没有径向杆件，规律性明显，造型美观，刚度较好，从室内仰视象葵花一样，缺点是网格周边大中间小不够均匀，可用于大中跨度的穹顶。凯威特型网壳先用 n 根（n 为偶数，且不小于 6）通长的径向杆将球面等分成 n 个扇形曲面，然后在每个扇形曲面内用纬向杆和斜向杆划分成比较均匀的三角形网格，在每个扇区中各左斜杆相互平行，各右斜杆也相互平行，这种网格由于大小均匀，避免了其他类型网格由外向内大小不均的缺点，且内力分布均匀，刚度好，故常用于大中跨度的穹顶中。短程线型网壳的网格由全等的二十个球面正三角形通过若干二次划分的三角形、菱形、六角形等形成，网格规整均匀，杆件和节点种类在各种球面网壳中是最少的，适合于在工厂大批量生产，其受力性能好，内力分布均匀，传力路线短，刚度大稳定性好，具有良好的应用前景。

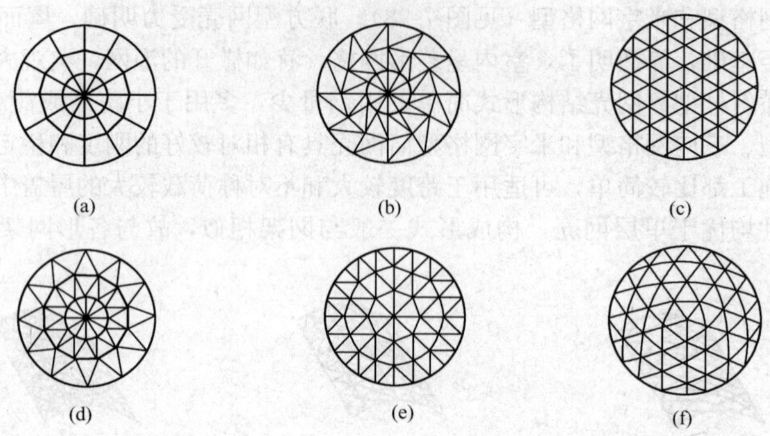

图 7-29 球网壳网格形式

(a) 肋环型；(b) 肋环斜杆型；(c) 三向网格型；(d) 联方型；
(e) 凯威特型；(f) 短程线型

(二) 立体桁架

立体桁架与平面桁架相比，提高了侧向稳定性和扭转刚度，可以减少侧向支撑构件，对于小跨度结构可以不设侧向支撑，其截面形式可为矩形、正三角形和倒三角形，桁架结构形状有折线形、直线形、梭形和曲线形等多种（见图 7-30）。立体桁架由于具有较大的平面外刚度，有利于吊装和使用，节省用于支撑的钢材，因而具有较大的优越性。但三角形截面的立体桁架杆件的空间角度非整数，节点构造复杂，焊缝要求高，制作有一定难度。三角形截面分正三角和倒三角截面两种，两种截面形式各有优缺点。倒三角形截面上弦有两根杆件，通常上弦是受压构件，从杆件稳定性考虑比较合理，另外两根上弦贴靠屋面，下弦只有一根杆件，使人感觉这种形式的屋架更轻巧，并且还减少了檩条的跨度。因此，实际工程中大量采用的是倒三角截面形式的桁架。正三角截面，主要优点表现为上弦是一根杆件，檩条和天窗架支柱与上弦的连接比较简单。当今的立体桁架多采用圆形钢管直接相贯焊接的构造技术，即在相贯节点处只有上下弦主管贯通，其余支管杆件通过端部相贯线加工后直接焊接在贯通杆件的外表。非贯通杆件在节点部位可能有一定间隙，也可能部分重叠。相贯线是一条封闭的空间曲线，切割加工曾被视为难度较高的制造工艺，但随着多维数控切割技术的发展，这些难点已被克服。目前国内一些企业已掌握了这一技术。

(三) 空间张弦梁

所谓空间张弦梁结构，也就是以平面张弦梁结构为基本组成单元，通过不同形式的空间布置而形成以空间受力为主的屋盖结构。2003 年 10 月落成的浙江大学紫金港校区图书馆前厅屋盖采用了空间张弦梁结构（见图 7-31）。

空间张弦梁可分为以下几种形式：

(1) 单向张弦梁。是在平行布置的平面张弦梁之间设置纵向支承索（见图 7-32）。纵向支承索一方面可以提高整体结构的纵向稳定性，保证每榀平面张弦梁的平面外稳定，同时通过对纵向支承索进行张拉，为平面张弦提供弹性支承。这种空间张弦梁适用于大跨度矩形平面。

(2) 双向张弦梁。是由平面张弦梁结构沿纵横向交叉布置而成（见图 7-33）。两个方向

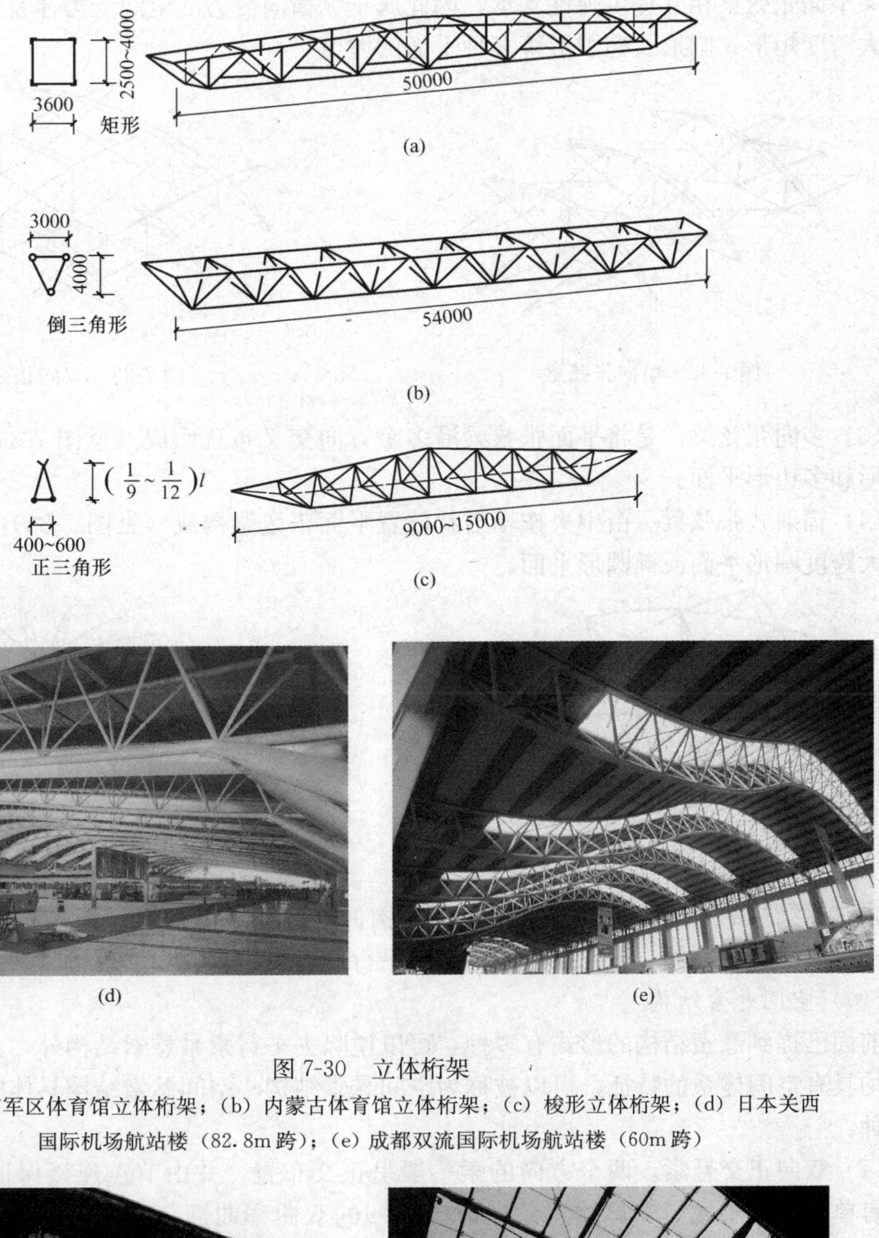

3600 矩形 2500~4000 50000

(a)

3000 4000 倒三角形 54000

(b)

$(\frac{1}{9}\sim\frac{1}{12})l$ 400~600 正三角形 9000~15000

(c)

(d)　(e)

图 7-30　立体桁架

(a) 北京军区体育馆立体桁架；(b) 内蒙古体育馆立体桁架；(c) 梭形立体桁架；(d) 日本关西国际机场航站楼（82.8m 跨）；(e) 成都双流国际机场航站楼（60m 跨）

图 7-31　浙江大学新校区图书馆前厅屋盖

的交叉平面张弦梁相互提供弹性支承，因此属于纵横向受力的空间受力体系。该结构形式适用于大跨度矩形、圆形及椭圆形等多种平面的屋盖。

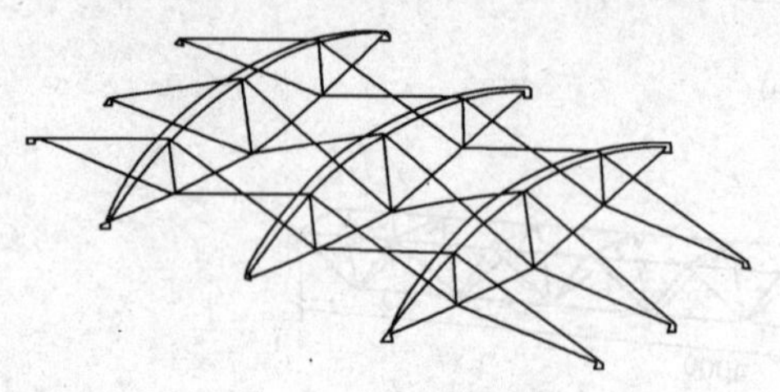

图 7-32 单向张弦梁

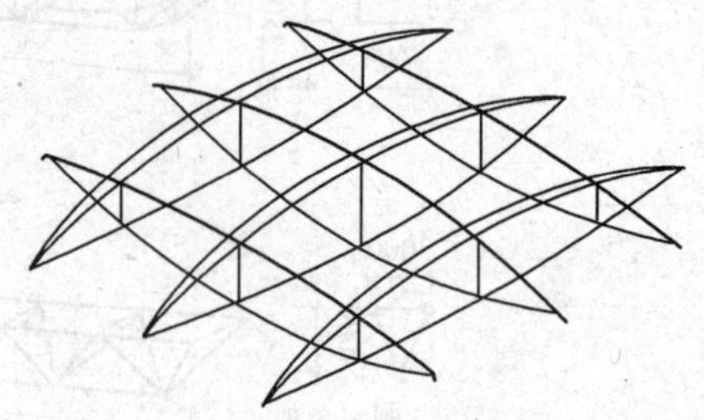

图 7-33 双向张弦梁

（3）多向张弦梁。是将平面张弦梁沿多个方向交叉布置而成（见图 7-34）。适用于大跨度圆形和多边形平面。

（4）辐射式张弦梁。由中央按辐射状放置平面张弦梁构成（见图 7-35）。该结构形式适用于大跨度圆形平面或椭圆形平面。

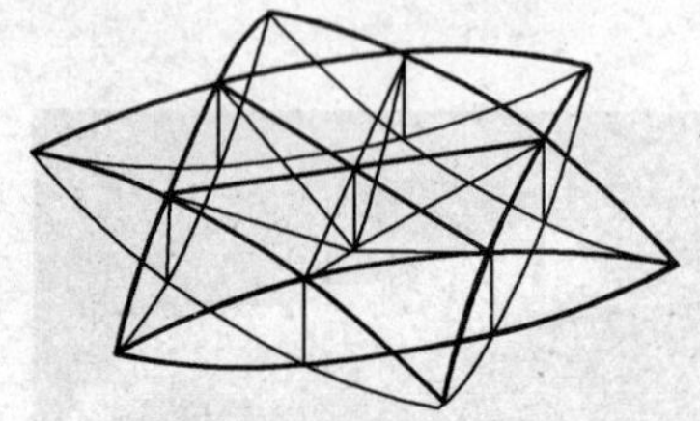

图 7-34 多向张弦梁

图 7-35 辐射式张弦梁

张弦梁结构的上弦构件通常采用实腹式构件（包括矩形钢管、H 型钢等）、平面桁架、立体桁架或格构式构件。下弦拉索采用高强平行钢丝束居多，当然也可以采用钢绞线。

（四）空间悬索结构

前面已提到悬索结构的形式有多种，可以说除去平行索系悬索结构外，其他形式的悬索结构均具有空间体系的特征，可以被称为空间悬索结构。空间悬索结构具体的形式可分为以下几种：

（1）双向正交悬索。两个方向的索一般呈正交布置，并由节点连接保证不产生相对滑动，有单层和双层之分。单层索系形成向下凹的双曲率曲面（见图 7-36），室内声学效果好，但在风力作用下稳定性较差，可用于中小跨度的圆形、多边形和矩形平面；对于圆形平面，由于下凹的屋面不便于排水，工程上较少采用。双层索系由两个方向正交的索桁架构成（见图 7-37），凸向下者为承重索，凸向上者为稳定索；由于设置了相反曲率的稳定索及相

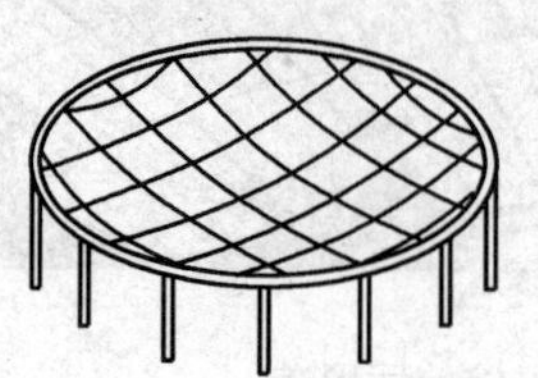

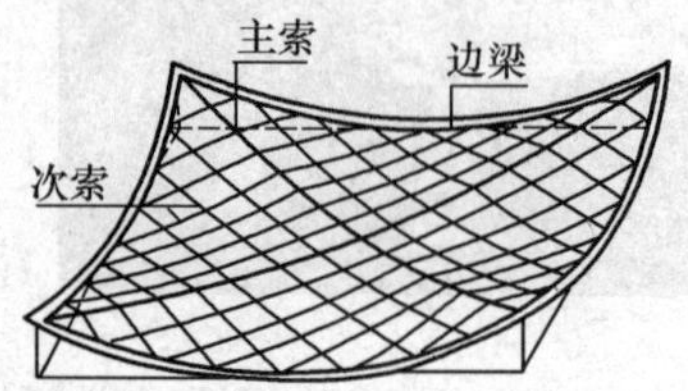

图 7-36 双向单层悬索结构

应连杆，不仅能够有效地抵抗风吸力作用，而且可以对体系施加预应力，使屋盖刚度和稳定性得到提高，一般可用于大跨度圆形、多边形和矩形平面。

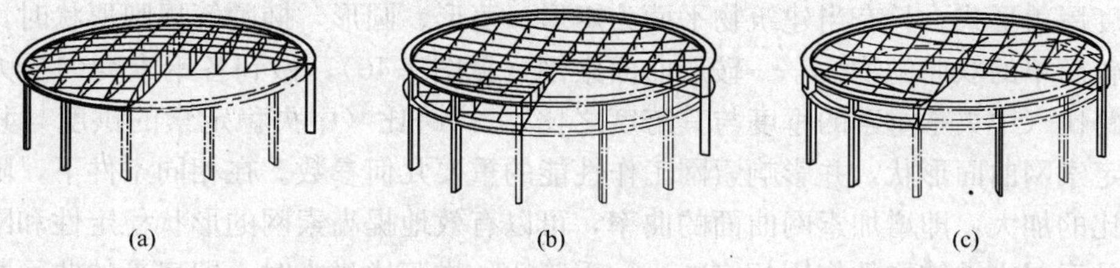

图 7-37 双向双层预应力悬索结构

(a) 凸形网格；(b) 凹形网格；(c) 凹凸形网格

(2) 辐射式悬索。一般用于圆形平面或椭圆形平面，其特点为在中央设置中心环（钢质），在外围设置外环梁（多为钢筋混凝土结构），径向按辐射方式布置索，索的一端锚在中心环上，另一端锚在外环梁上，且有单层和双层之分。单层辐射式布置形成下凹的双曲率碟形屋面，显然下凹的屋面不便于排水；当房屋中央容许设支柱时，利用支柱升起为悬索提供中间支承，做成伞形屋面，由于刚度和稳定性差，一般可用于中小跨度屋盖（见图 7-38）。双层辐射式布置由于增加了一层稳定索，可能要设置二层外环梁或二层内环梁，形成的屋面可为凸形、凹形和凹凸形（见图 7-39）；双层辐射式悬索结构由于施加预应力使屋面刚度和稳定性加强，可以采用轻屋面，适用于大跨度屋盖。

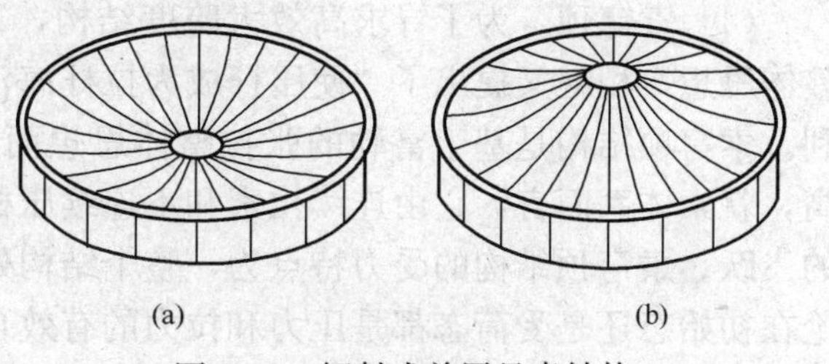

图 7-38 辐射式单层悬索结构

(a) 碟形；(b) 伞形

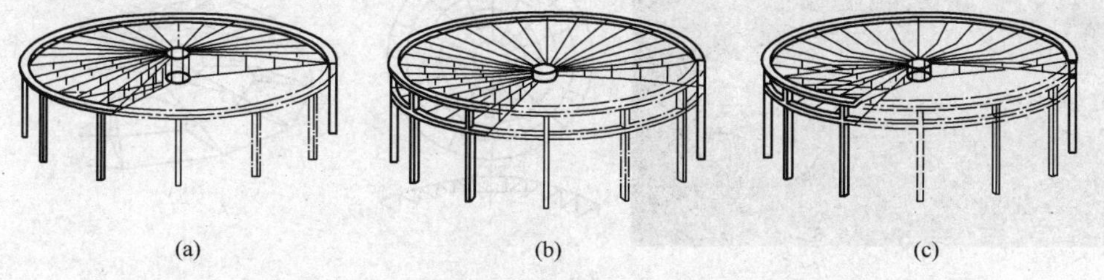

图 7-39 辐射式双层预应力悬索结构

(a) 凸形布置；(b) 凹形布置；(c) 凹凸形布置

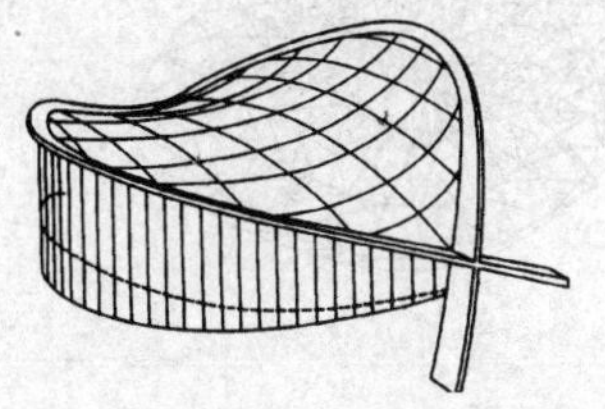

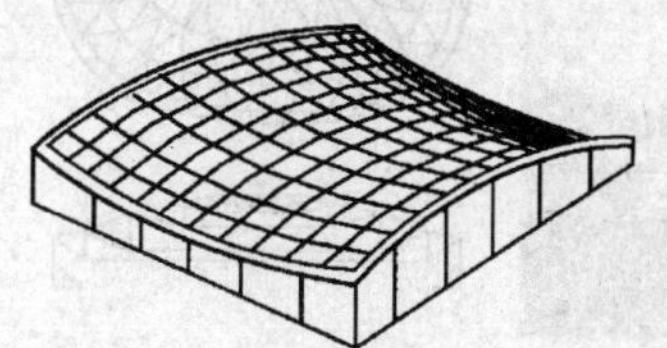

图 7-40 预应力鞍形曲面索网

(3) 鞍形索网。索网结构是同一曲面上两组曲率相反的单层悬索系统相交而成，凹向下为承重索，凸向上的稳定索，索网周边悬挂在强大的边缘构件上，可以作为覆盖任意平面形状的大跨度屋盖形式。只有当建筑物平面为矩形、菱形、圆形，椭圆等规则形状时，才有可能作成比较简单的双曲抛物面——鞍形曲面索网（见图 7-40），做到各钢索均匀受力。索网曲面的垂跨比（中央承重索的垂度与其跨度之比）、拱跨比（中央稳定索的拱度与其跨度之比）是确定索网曲面形状，并影响索网工作性能的重要几何参数。在相同条件下，随着垂跨比、拱跨比的加大，即增加索网曲面的曲率，可以有效地提高索网的形状稳定性和刚度，并使索拉力及索对支承结构的作用相应减小。垂跨比、拱跨比过小时，即扁平的曲面索网，一般需要施加很大的预应力才能达到结构的形状稳定性和刚度要求，否则在荷载作用下，索网将产生很大的位移，并且易发生索的松弛。因此索网曲面必须满足一定的曲率要求，根据经验，一般垂跨比宜在 1/20～1/10，拱跨比宜在 1/30～1/15 间选取。

(4) 索穹顶。为了寻求高效大跨度结构，20 世纪 40 年代产生了富勒（Fuiier）的张拉整体思想，相继又提出了"使压杆成为拉杆海洋中的孤岛"的设想，并于 1962 年申请了专利。索穹项结构是基于富勒的张拉整体思想而产生的预应力索与膜的杂交结构，结构效率高，就索体系而言，它由连续拉索和不连续压杆组成，实现了大跨度结构从重屋盖到轻屋盖的飞跃。索穹顶结构的受力特点为，整个结构处于全张力状态，由拉索预应力提供刚度，无论在初始态还是受荷态都是压力和拉力的有效自平衡体系。索穹顶结构形式主要有肋环型和葵花形两种（见图 7-41）。肋环形首先由美国工程师盖格尔（Geiger）成功应用于 1988 年汉城奥运会体操馆（圆形平面 $D=119.8$m,）和击剑馆（圆形平面 $D=89.9$m），故又称为 Geiger 型。葵花形首先由美国工程师列维（Levy）成功应用于 1996 年亚特兰大奥运会主赛馆（椭圆平面 193m×240m），故又称为 Levy 型。肋环形索穹顶是由中心受拉环、径向布置

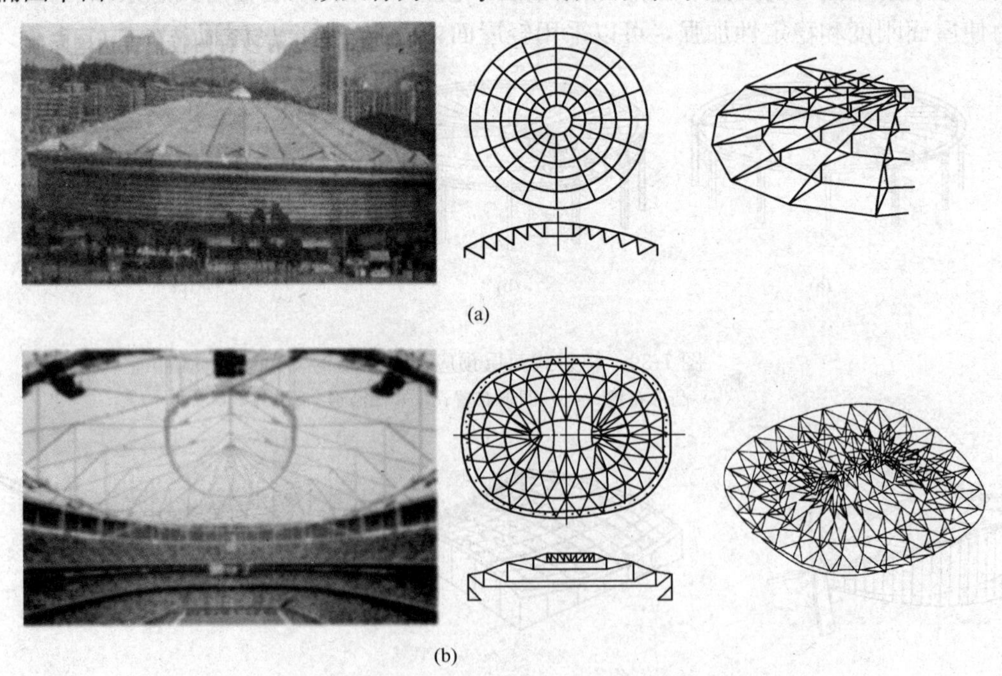

(a)

(b)

图 7-41　索穹顶结构形式

(a) Geiger 设计的汉城体操馆肋环形穹顶；(b) Levy 设计的佐治亚葵花形穹顶

的脊索、斜索、压杆和环索组成，并支承于周边受压环梁上。由于它的几何形状接近平面桁架系结构，总的来说桁架系平面外刚度较小，在不对称荷载作用下容易出现失稳。葵花型索穹顶是将辐射状布置的脊索改为葵花型（三角化型）布置，使屋面膜单元呈菱形的双曲抛物面形状，较好地解决了肋环型穹顶存在的索网平面内刚度不足容易失稳的问题，但在构造上仍然存在脊索网格划分不均的缺点。

（五）金属拱形波纹屋盖

金属拱形波纹屋盖结构是用彩色镀锌卷钢板在工地二次成型安装而成的。第一次成型将钢板轧制成U形或梯形波纹直槽板（见图7-42），第二次成型将直槽型轧成拱形槽板，再用自动锁边机将若干拱形槽板连成整体，吊装到屋顶圈梁上，安装就位而成轻钢屋盖结构。常用的彩色镀锌卷板材料有：热镀锌钢板、热镀锌合金钢板、热镀铝钢板及电镀锌钢板等，这种预涂层卷板可涂成五颜六色，其强度指标在210～550N/mm²之间，使用寿命可达40～50年。彩色钢板厚度0.6～1.5mm，可轧制成截面高115～125mm、宽度300～450mm的槽板，适用于矢跨比为0.1～0.5、跨度为8～40m的屋盖。由于设备的不同，其轧制成型的尺寸也略有差异，施工时一部成型机采用液压传动，成型动力22kW，轧制线速度22m/min，每日可生产800m²屋盖，成型设备可用车载至工地进行施工。自动锁边机连接两相邻槽板，自重仅35kg，将槽板连成不透风、不漏水的密封状态。拱形波纹屋盖工程造价低，施工周期短，镀锌钢板强度高、耐腐蚀，机械锁边连接不需焊接或螺栓，水密性和气密性都很好，适用于工业厂房、仓库、车库、冷库、展览厅、商场、集贸市场、体育馆、飞机库等（见图7-43）。主要不

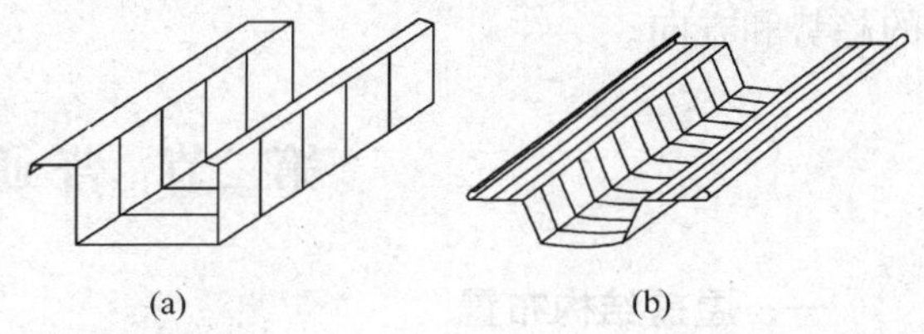

图7-42　波纹直槽板

(a) U形；(b) 梯形

(a)

(b)

图7-43　金属拱形波纹屋盖

(a) 仓库；(b) 飞机库

足之处是造型单一，都是圆弧形，而且轧制的槽板截面只有一种，沿跨度都是等截面。

（六）组合空间结构

组合空间结构是由上述不同形式的结构经过合理的布置组合而成。例如网架与拱式结构的组合，索网与拱式结构的组合，悬索与刚架结构的组合，斜拉索与其他屋盖结构的组合等。它利用不同型式的结构受力性能的不同，或利用不同材料的强度性能的不同，使各种结构充分发挥各自的特长，使各种材料取长补短共同工作，有时还可使承重结构与围护结构合二为一，达到材尽其用之目的。组合空间结构不仅传力合理、技术先进，而且更能满足建筑多样化、多功能的要求，在大跨度建筑中已得到越来越广泛的应用，并将引导结构形式发展的趋势和方向。

第二节 普通钢屋架设计

一、屋盖结构布置

普通钢屋架屋盖结构主要由屋面板、檩条、屋架、托架、天窗架和支撑等构件组成。屋架的跨度和间距取决于柱网布置，而柱网布置则取决于建筑物使用功能和经济性要求。当屋架跨度较大时，为了采光和通风需要，屋盖上常设置天窗。当柱网间距较大，超出屋面板长度时，应设置中间屋架和柱间托架，中间屋架的荷载通过托架传给柱。屋架与屋架之间应布置支撑，以增强屋架的侧向刚度，传递水平荷载和保证屋盖体系的整体稳定。因此，屋盖支撑是屋盖结构中不可缺少的组成部分。根据屋面材料和屋面布置情况，屋盖可分为无檩屋盖和有檩屋盖两种（见图 7-44）。当屋面采用大型屋面板时，屋面荷载可直接通过大型屋面板传递给屋架，这种屋盖体系称为无檩屋盖。当屋面采用轻型材料如石棉瓦、瓦楞铁、压型钢板和铁丝网水泥槽板等时，屋面荷载要通过檩条再传递给屋架，这种屋盖体系称为有檩屋盖。无檩屋盖体系和有檩屋盖体系各有优缺点。无檩屋盖体系的优点是屋盖横向刚度大，整体性好，构造简单，施工方便等；其缺点是屋盖自重大，不利于抗震，多用于有桥式吊车的厂房屋盖中。有檩屋盖体系的优点是构件重量轻，用料省；其缺点是屋盖构件数量较多，构造较复杂，整体刚度较差。天窗的形式可分为纵向天窗、横向天窗和井式天窗等。一般采用纵向天窗，纵向天窗的天窗架形式一般有多竖杆式、三铰拱式和三支点式（见图 7-45）。多竖杆式天窗架构造简单，传给屋架的荷载较为分散，安装时通常与屋架在现场拼装后再整体吊装，可用于天窗高度和宽度不太大的情况。三铰拱式天窗架由两个三角形桁架组成，它与屋架的连接点最少，制造简单，但由于顶铰的存在，安装时稳定性较差，当与屋架分别吊装时宜进行加固处理，一般很少用于钢屋架上。三支点式天窗架由支于屋脊节点和两侧柱的桁架做成，它与屋架连接的节点较少，常与屋架分别吊装，施工较方便。天窗架的宽度和高度应根据工艺和建筑要求确定，一般宽度为厂房跨度的 1/3 左右，高度为其宽度的（1/5～1/2）。总之，屋盖结构的布置要根据建筑物使用或工艺要求，并综合考虑经济因素来确定。

二、屋盖支撑体系

屋架在其自身平面内为几何不可变体系并具有较大的刚度，能承受屋架平面内的各种荷载。但是，平面屋架本身在垂直于屋架平面的侧向（称为屋架平面外）刚度和稳定性则很差，不能承受水平荷载。因此，为使屋架结构有足够的空间刚度和稳定性，必须在屋架间设置支撑系统。

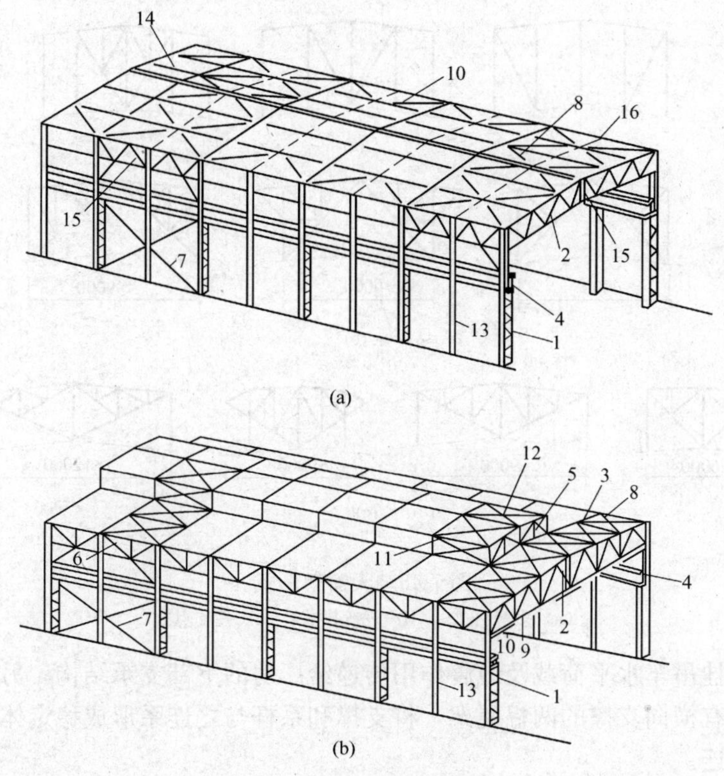

图 7-44　屋盖结构布置

(a) 有檩屋盖；(b) 无檩屋盖

1—排架柱；2—钢屋架；3—中间屋架；4—吊车梁；5—天窗驾；6—托架；7—柱间支撑；8—上弦横向支撑；9—下弦横向支撑；10—纵向支撑；11—天窗架垂直支撑；12—天窗架横向支撑；13—墙架柱；14—檩条；15—屋架垂直支撑；16—檩条间撑杆

屋架跨度≥18m 时；或屋架跨度≤18m，但屋架下弦设有悬挂吊车时；厂房内设有吨位较大的桥式吊车或其他振动设备时；山墙抗风柱支承于屋架下弦时；都应设置下弦横向水平支撑。下弦横向水平支撑应与上弦横向水平支撑在同一柱间内，以便形成稳定的空间体系。

当厂房内设有重级工作制吊车或起重吨位较大的中、轻级工作制吊车时；厂房内设有锻锤等大型振动设备时；屋架下弦设有纵向或横向吊轨时；屋盖设有托架和中间屋架时；厂房较高，跨度较大，空间刚度要求高时；都应设置下弦纵向水平支撑。下弦纵向水平支撑应设在屋架下弦端节间内，与下弦横向水平支撑组成封闭的支撑体系，提高屋盖的整体刚度。屋盖支撑的主要作用如下：①保证屋盖结构的整体稳定；②增强屋盖的刚度；③增强屋架的侧向稳定；④承担并传递屋盖的水平荷载；⑤便于屋盖的安装与施工。设置支撑时一般先将屋盖两端的两榀相邻屋架用支撑连成稳定体系，然后用檩条或大型屋面板以及系杆将其余中间屋架与这两端稳定体系连接起来，形成几何不变的屋盖结构体系。如果沿屋盖结构的长度方向较长时，还应在中间设置 1～2 道横向支撑。支撑可作为屋架弦杆的侧向支承点，减小弦杆在平面外的计算长度，增强受压上弦杆的侧向稳定，并使受拉下弦杆保持足够的侧向刚度，减小其在某些动力荷载作用下产生的屋架平面外的受迫振动。屋盖支撑还可将作用于山

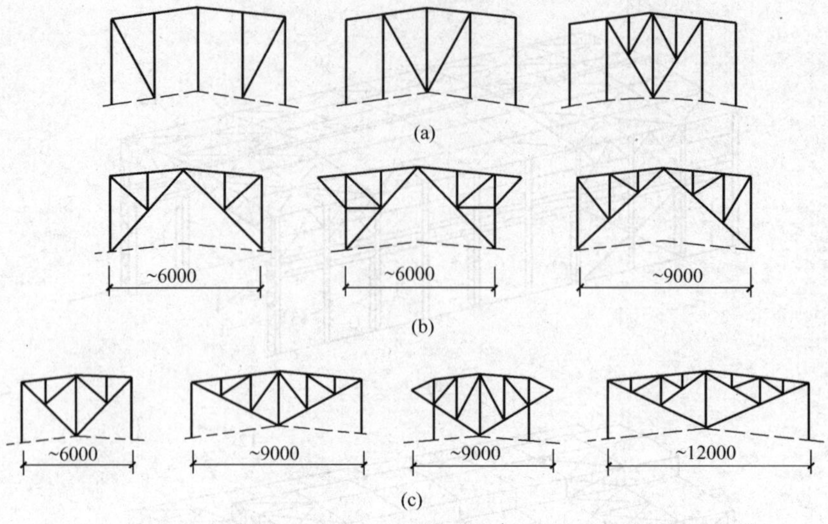

图 7-45 天窗架形式
(a) 多竖杆式；(b) 三铰拱式；(c) 三支点式

墙的风荷载、悬挂吊车水平荷载及地震作用传递给厂房的下部支承结构。另外，在安装钢屋架时，首先吊装有横向支撑的两榀屋架，将支撑和系杆与之连系形成稳定体系，然后再吊装其他屋架与之相连。

屋盖支撑根据布置的位置可分为五种：上弦横向水平支撑、下弦横向水平支撑、下弦纵向水平支撑、垂直支撑和系杆（见图 7-46）。

在有檩屋盖体系或无檩屋盖体系中，一般都应设置屋架上弦横向水平支撑，当有天窗架

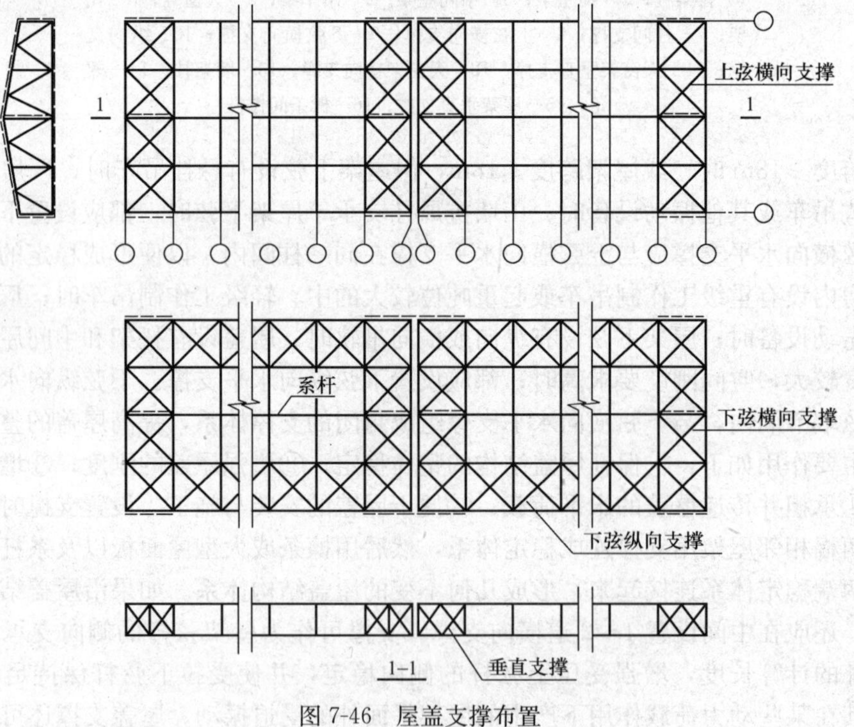

图 7-46 屋盖支撑布置

时，天窗架也应设置横向水平支撑。上弦横向水平支撑布置在房屋两端或在温度缝区的两端的第一柱间或第二柱间。横向支撑的间距不宜超过 60m，当厂房长度超过 60m 时，在厂房长度中间还应设置一道或几道支撑。

垂直支撑是使相邻两榀屋架形成空间几何不变体系的有效构件，保证屋架在使用和安装时的侧向稳定。垂直支撑应设置在设有上弦横向支撑的柱间内，在屋架跨度方向还要根据屋架形式及跨度大小在跨中设置一道或几道。对于梯形屋架，当跨度≤30m 时，应在屋架跨中和两端的竖杆平面内各布置一道垂直支撑；当跨度＞30m 时，在无天窗时，应在屋架跨度 1/3 处和两端的竖杆平面内各布置一道垂直支撑，有天窗时，垂直支撑应布置在天窗架侧柱的两侧。对于三角形屋架，当跨度≤24m 时，应在跨中竖杆平面内设置一道垂直支撑；当跨度＞24m 时，应根据具体情况布置两道垂直支撑（见图 7-47)。垂直支撑除了在有上弦横向水平支撑的柱间设置外，为了保证屋架安装时的稳定，每隔 4～5 个柱间还应设置一道垂直支撑。

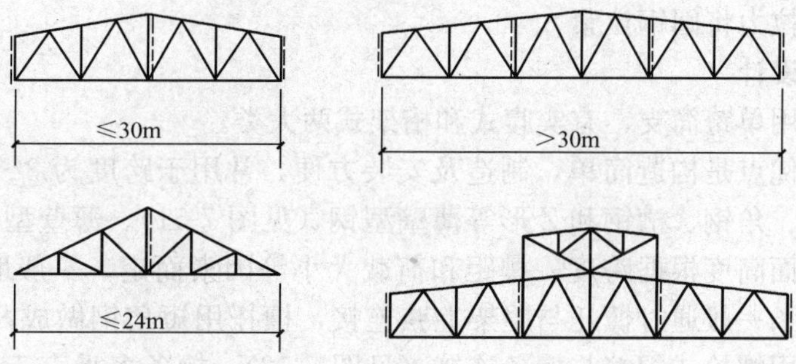

图 7-47　垂直支撑布置

系杆的作用是充当屋架上下弦的侧向支撑点，保证无横向支撑的其他屋架的侧向稳定。系杆有刚性系杆和柔性系杆。能承受压力的为刚性系杆，只能承受拉力的为柔性系杆。上弦平面内，檩条和大型屋面板均可起刚性系杆作用，因而可在屋架的屋脊和支座节点处设置刚性系杆。下弦平面内，可在屋架下弦的垂直支撑处设置柔性系杆。当房屋处于地震区时，支撑应有所加强，具体应按抗震规范的规定设置。

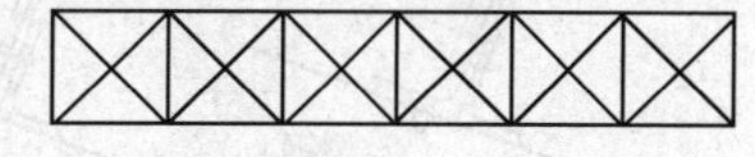

图 7-48　平行弦行架

除系杆外屋盖支撑一般均为平行弦桁架形式（见图 7-48)。桁架的腹杆采用十字交叉形式，一般用于上弦横向、下弦横向及下弦纵向水平支撑见图 7-49（a)。屋架的纵横向水平支撑桁架的节间，以组成正方形为宜，一般为 6m×6m，但也可根据实际情况组成长方形，如 6m×3m。垂直支撑的腹杆形式可根据桁架的宽高比例确定。当宽高较接近时，可用交叉斜杆见图 7-49（b)；当高度较小时，可用 V 式及 W 式斜杆见图 7-49（c)，(d)，以避免弦杆与斜杆间的交角小于 30°。屋盖支撑受力较小，杆件截面通常可按容许长细比来选择。交叉斜杆和柔性系杆按拉杆设计，可用单角钢；非交叉斜杆、弦杆、竖杆以及刚性系杆按压杆设计，可采用

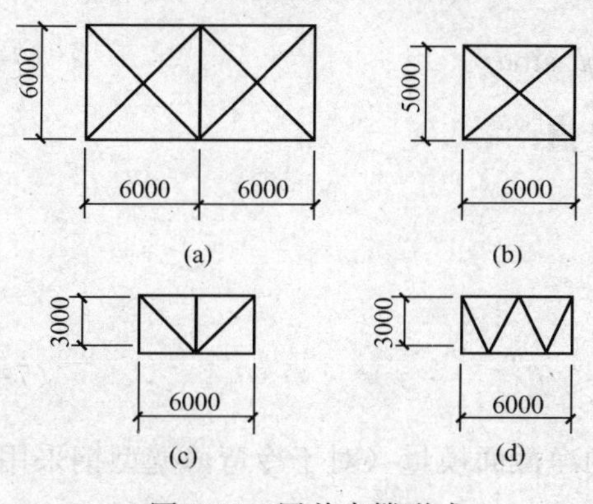

图 7-49　屋盖支撑形式

双角钢组成十字形或 T 形截面。

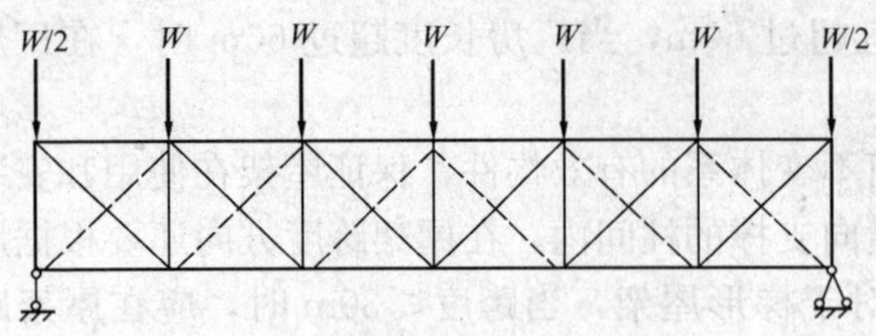

图 7-50 水平荷载作用下支撑内力计算简图

当屋架跨度较大、房屋较高且基本风压也较大时，杆件截面应按桁架体系计算出的内力确定。计算支撑杆件内力时，可假定在水平荷载作用下，交叉斜杆中的压杆退出工作，仅由拉杆受力，这样，使原来的超静定体系简化为静定体系（见图 7-50）。图中 W 为水平节点荷载，由风荷载或吊车荷载引起。

支撑与屋架的连接构造应尽量简单方便。角钢支撑与屋架一般用粗制螺栓连接，螺栓用 M20，支撑杆件每端至少两个螺栓。在有重级工作制吊车或有较大振动设备的厂房，除粗制螺栓外，还应施加安装焊缝，焊缝长度≥80mm，焊脚尺寸≥6mm。当采用圆钢作支撑时，应用花篮螺栓预加拉力将圆钢拉紧。

三、屋盖檩条设计

钢檩条一般采用单跨简支，有实腹式和桁架式两大类。

实腹式檩条的优点是构造简单，制造及安装方便，常用于跨度为 3～6m 的情况。截面形式有普通工字钢、角钢、槽钢和 Z 形等薄壁型钢（见图 7-51）。薄壁型钢的壁较薄，用钢量较省。檩条的截面高度根据跨度、檩距和荷载大小等因素而定，一般取檩条跨度的 1/35～1/50。实腹式檩条一般通过檩托与屋架上弦连接，檩托用短角钢做成，先焊在屋架上弦，待屋架吊装就位后用螺栓或焊缝与檩条连接（见图 7-52）。檩条多垂直于屋架坡度放置。在竖向荷载作用下，檩条产生双向弯曲，在檩条的两个主轴方向分别受到 q_x 和 q_y 作用（见图 7-53）。按简支梁计算，两个方向弯矩分别为

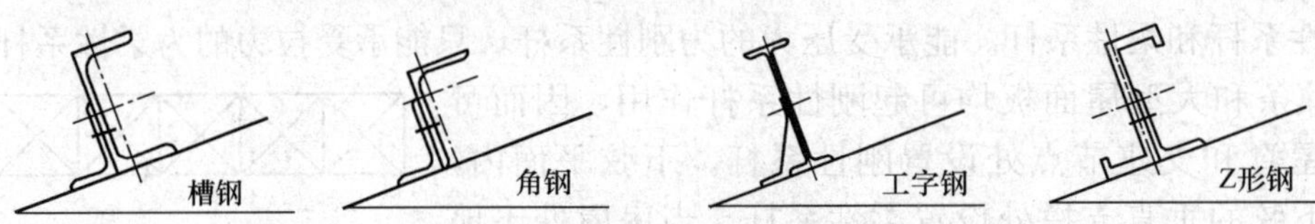

图 7-51 实腹式檩条截面形式

$$M_x = \frac{1}{8}q_y l^2 = \frac{1}{8}ql^2\cos\alpha \tag{7-1}$$

$$M_y = \frac{1}{8}q_x l^2 = \frac{1}{8}ql^2\sin\alpha \tag{7-2}$$

式中 q——檩条承受的屋面荷载（包括自重）设计值；

l——檩条跨度；

α——屋面倾斜角度。

檩条受弯曲的强度验算公式

$$\frac{M_x}{\gamma_x W_{nx}} + \frac{M_y}{\gamma_y W_{ny}} \leqslant f \tag{7-3}$$

式中 W_{nx}，W_{ny}——分别为对 $x-x$ 轴和 $y-y$ 轴的净截面模量（对于冷弯薄壁型钢采用有效净截面模量）；

γ_x，γ_y ——截面塑性发展系数（对于冷弯薄壁型钢均取 1.0）。

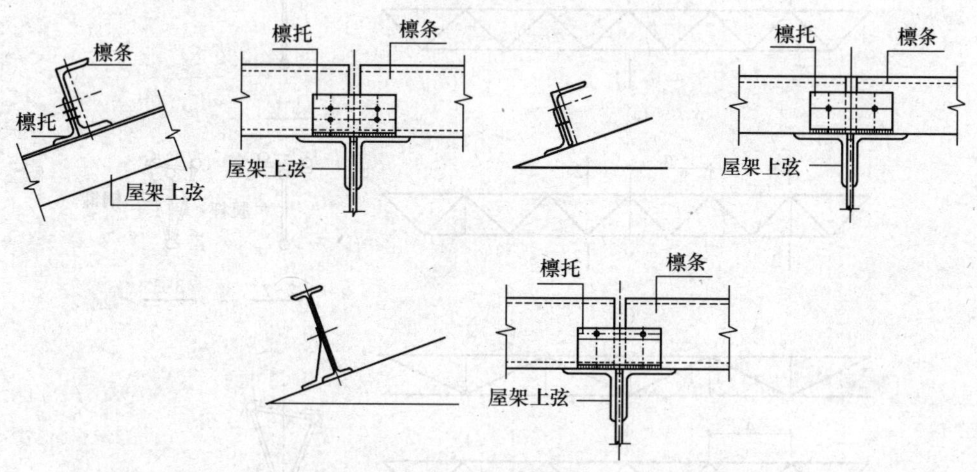

图 7-52 实腹式檩条与屋架上弦的连接

按弹性方法验算挠度。当有拉条时，可只验算垂直于屋面坡度的挠度，当无拉条时，应验算竖向总挠度。有拉条时挠度验算公式为

$$w=\frac{5q'_y l^4}{384EI_x}\leqslant[w] \tag{7-4}$$

式中 I_x——截面对 $x-x$ 轴的惯性矩；

$[w]$——容许挠度，对无积灰的瓦楞铁、石棉瓦等屋面为 $l/150$；对压型钢板、积灰的瓦楞铁、石棉瓦等屋面为 $l/200$；对其他屋面为 $l/200$；

q'_y——檩条所承担的屋面荷载标准值。

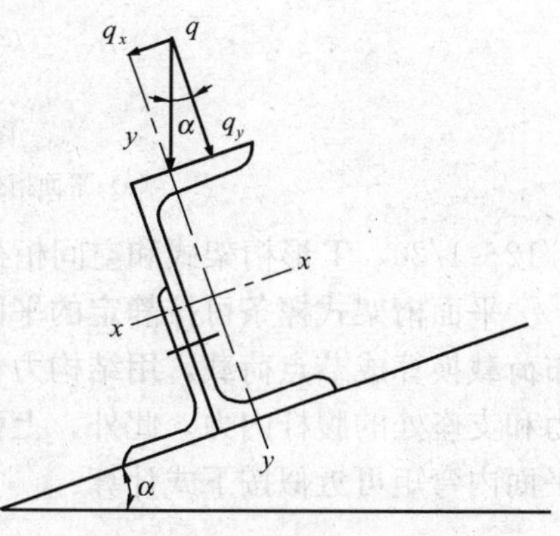

图 7-53 实腹式檩条计算

一般情况下，檩条截面的 I_y 比 I_x 小得多，因此要选择合理、经济的截面，应沿屋面对檩条设置拉条以减少檩条在最小刚度平面内的计算跨度。另外，檩条的整体稳定，当与屋面的连系有足够的保证时，可不必验算。

当檩条的跨度较大（>6m）时，再用实腹式檩条不太经济，应考虑桁架式檩条。桁架式檩条可分为平面桁架式、T 形桁架式和空间桁架式三种（见图 7-54）。

平面桁架式檩条的上弦采用小角钢或槽钢，下弦用小角钢或圆钢，腹杆用圆钢组成。这种檩条受力明确，用料省，但侧向刚度较差，必须设置拉条。

T 形桁架式檩条由于上弦杆和腹杆不在同一平面，整体性较差，应沿跨度全长设置几道钢箍，跨度为 3～4m 时设 3 道，跨度为 4～6m 时设 4 道。钢箍可采用直径 $d\geqslant 10$mm 的圆钢，在受力时以保证腹杆平面与上弦平面的相对位置。

空间桁架式檩条是由三个平面桁架组成的空间结构，檩条横截面为三角形。这种檩条整体刚度好，承载力大，不必设置拉条，安装方便，但费工费时，适用于跨度较大和荷载较大的情况。

桁架式檩条的节间划分可根据计算确定，一般取 40～80cm，檩条的高度一般为跨度的

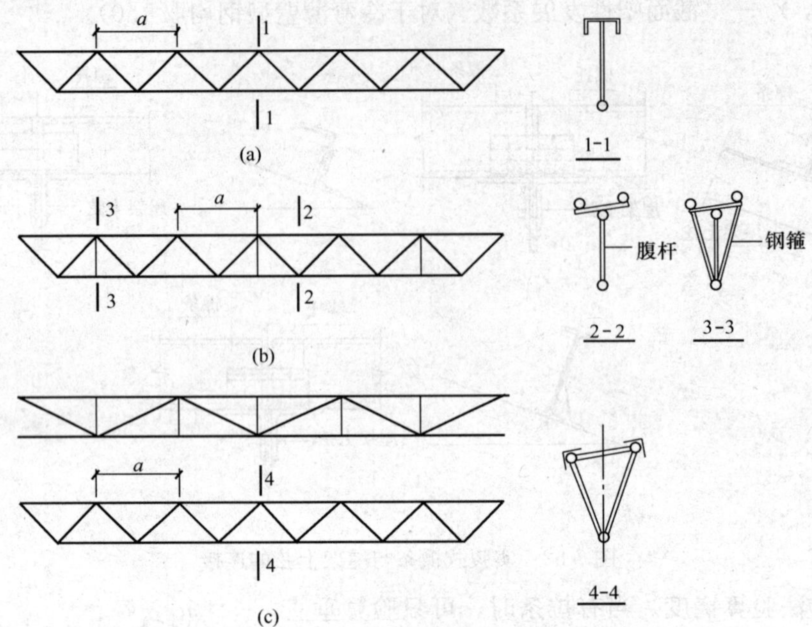

图 7-54 桁架式檩条的形式

(a) 平面桁架式；(b) T 形桁架式；(c) 空间桁架式

1/12～1/20，T 形桁架式和空间桁架式檩条截面的宽高比一般取 1/1.5～1/2.0。

平面桁架式檩条可按静定的平面桁架计算，各节点均假定为铰接。计算时，将上弦的均布荷载换算成节点荷载，用结构力学的方法计算杆件内力，一般只需计算跨中上、下弦杆内力和支座处的腹杆内力。此外，上弦节间还应考虑由节间均布荷载引起的局部弯矩，在檩条平面内弯矩可近似按下式计算：

$$M_x = \frac{1}{10}q_y a^2 = \frac{1}{10}qa^2\sin\alpha \tag{7-5}$$

式中 a——上弦节间长度。

在檩条平面外，当有拉条时，拉条处的弯矩为

$$M_y = \frac{1}{10}q_x l_y^2 = \frac{1}{10}q l_y^2 \cos\alpha \tag{7-6}$$

式中 l_y——拉条间距。

T 形桁架式檩条近似地将上弦两个角钢集中到腹杆平面内后按平面桁架计算内力。

空间桁架式檩条将空间桁架分解为高度等于 h_1 和 h_2 的两榀平面桁架进行计算，两榀桁架的荷载分别为 q_1 和 q_2，其值可根据总荷载按刚度进行分配（见图 7-55）

$$q_1 = q\frac{h_1^2}{h_1^2 + h_2^2} \tag{7-7}$$

$$q_2 = q\frac{h_2^2}{h_1^2 + h_2^2} \tag{7-8}$$

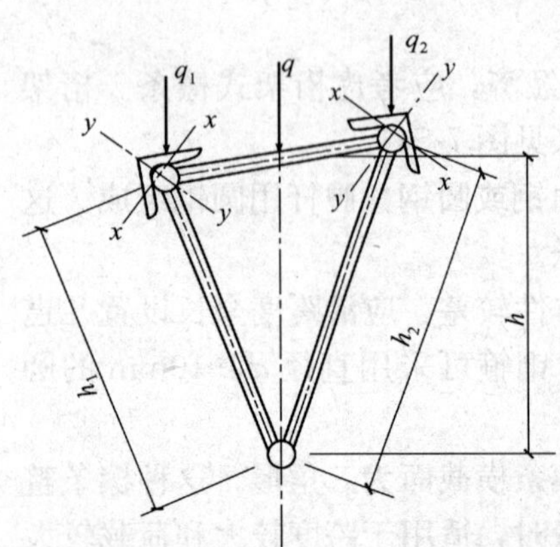

图 7-55 空间桁架式檩条的计算简图

上弦单肢角钢的弯矩按近似计算取为

$$M_x = \frac{1}{10}q_y a^2 = \frac{1}{10}qa^2 \sin\alpha \tag{7-9}$$

$$M_y = \frac{1}{10}q_x a^2 = \frac{1}{10}qa^2 \cos\alpha \tag{7-10}$$

式中　a——上弦节间长度。

檩条的下弦内力等于两榀平面桁架算得的下弦内力之和。檩条的上弦按双向压弯构件验算其强度，同时按双向压弯构件公式验算其整体稳定。下弦按轴心受拉验算其强度。

为了给檩条提供侧向支承，减小檩条沿屋面坡度方向的跨度，减少檩条在施工和使用阶段的侧向变形和扭转，除了侧向刚度较大的空间桁架式檩条和T形桁架式檩条以外，在实腹式檩条和平面桁架式檩条之间需设置拉条。拉条的布置原则如下：

（1）檩条跨度为4～6m时，至少在跨中布置一道拉条（见图7-56），跨度大于6m时宜布置两道拉条（见图7-57）。

（2）当屋盖有天窗时，应在天窗两侧檩条之间设置斜拉条和直撑杆（见图7-57）。

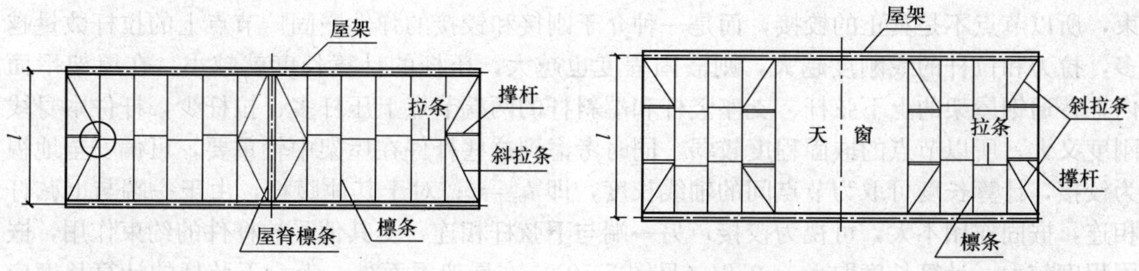

图7-56　拉条的布置　　图7-57　斜拉条和直撑杆的布置

拉条一般采用圆钢，其直径视荷载和檩距大小取8～12mm。撑杆的作用是限制檐檩的侧向弯曲，撑杆可采用角钢和钢管，其长细比按压杆要求不能大于200。

拉条和檩条、撑杆和檩条的连接构造如图7-58所示。

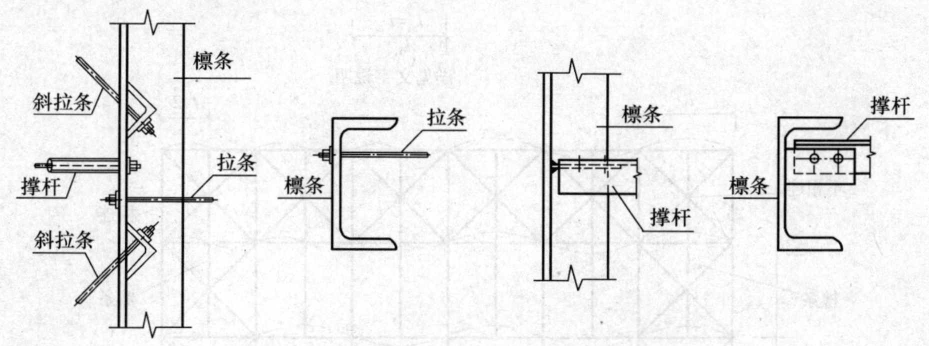

图7-58　拉条和檩条、撑杆和檩条的连接构造

四、屋架设计

选定屋架形式并做出结构布置方案后，便进入屋架的设计阶段，需要解决的问题如下。

1. 确定屋架主要尺寸

屋架主要尺寸指跨度、高度、节间长度。屋架的跨度首先应满足使用和工艺的要求，同时要考虑结构布置的合理性，一般以3m为模数。因此，屋架的跨度为3m的倍数，有12m，

15m，18m，21m，24m，27m，30m，36m 等几种，也有更大的跨度。有檩屋盖结构中的三角形屋架跨度比较灵活，不受 3m 模数的限制，可以任意决定。屋架的计算跨度是屋架两端支座反力的距离，一般取支柱轴线之间的距离减去 300mm。屋架的高度应按经济、刚度、运输界限及屋面坡度等因素确定。三角形屋架高度 $h=(1/6\sim1/3)\ l$。梯形屋架，当上弦坡度为 1/8～1/12 时，跨中高度一般为（1/10～1/6）l，跨度大（或屋面荷载小）时取小值，反之则取大值。梯形屋架的端部高度按下列不同情况取用：当屋架与柱铰接时为 1.6～2.2m，刚接时为 1.8～2.4m；端弯矩大时取大值，反之取小值。在确定端部高度后，可根据屋面坡度计算出屋架的跨中高度，但最大高度取决于运输界限，如铁路运输界限为 3.85m。屋架上弦节间的划分应根据屋面材料而定，要尽量使屋面荷载直接作用在屋架节点上，避免上弦杆产生局部弯矩。当采用大型屋面板时，上弦节间长度应等于屋面板的宽度，一般取 1.5m 或 3m；当采用檩条时，则根据檩条的间距而定，一般取 0.8～3.0m。

2. 杆件计算长度与长细比

屋架各杆件是通过节点板焊接在一起的，节点具有一定的刚度，再加上受拉杆件的约束，所以节点不是真正的铰接，而是一种介于刚接和铰接的弹性嵌固。节点上的拉杆数量越多，拉力和拉杆的线刚度越大，则嵌固程度也越大，压杆的计算长度就越小。在屋架平面内，普通钢屋架的上下弦杆、支座竖杆和端斜杆的两端节点上压杆多、拉杆少，杆件本身线刚度又大，所以节点的嵌固程度较弱，同时考虑到这些杆件在屋架中较重要，可偏安全地视为铰接，计算长度可取为节点间的轴线长度，即 $l_{0x}=l$；对于其他腹杆，由于一端与上弦杆相连，嵌固作用不大，可视为铰接，另一端与下弦杆相连，受其他受拉杆件的约束作用，嵌固程度较大，计算长度取 $l_{0x}=0.8l$（见图 7-59）。在屋架平面外，上、下弦杆的计算长度应

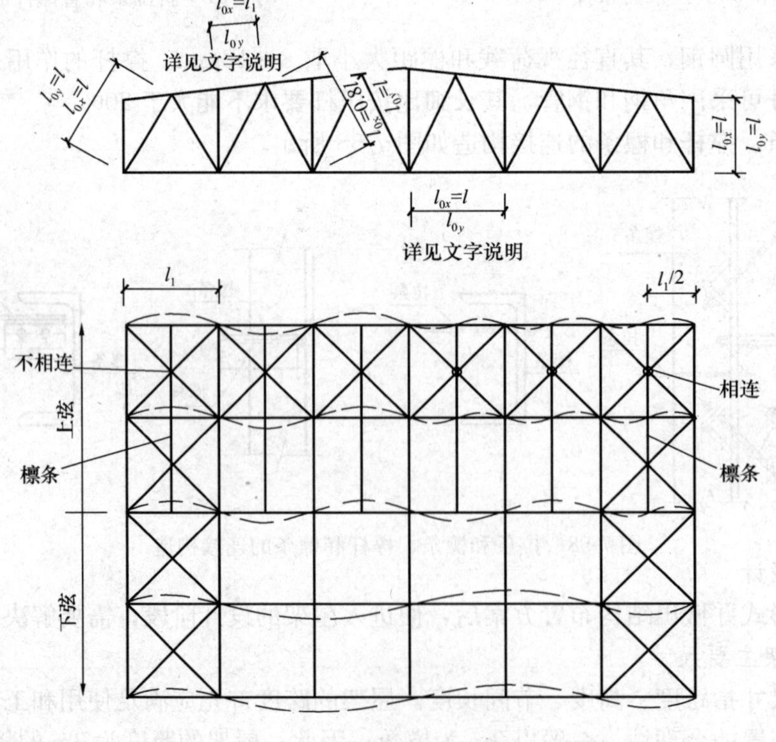

图 7-59 屋架杆件的计算长度

取屋架侧向支撑节点之间的距离。对于上弦杆，在有檩屋盖中檩条与支撑的交叉点不相连时（见图7-59），此距离为 $l_{0y}=l_1$，l_1 是支撑节点的距离；当檩条与支撑交叉点相连时，则 $l_{0y}=l_1/2$，即檩距。在无檩屋盖中，根据施工情况，当不能保证大型屋面板与屋架上弦的焊点质量时，上弦杆在平面外的计算长度可偏安全地取为支撑节点之间的距离；反之，上弦杆在平面外的计算长度可取两块屋面板宽，但不大于3m。屋架下弦杆的计算长度取 $l_{0y}=l_1$，l_1 是侧向支撑节点的距离，视下弦支撑及系杆设置而定。由于节点板在屋架平面外的刚度很小，当腹杆平面外屈曲时，只起板铰作用，腹杆在屋架平面外的计算长度取其两端节点间距 $l_{0y}=l$。当屋架弦杆侧向支承点间的距离为节间长度的两倍且两个节间弦杆的内力不相等时（见图7-60），弦杆在平面外的计算长度按下式计算

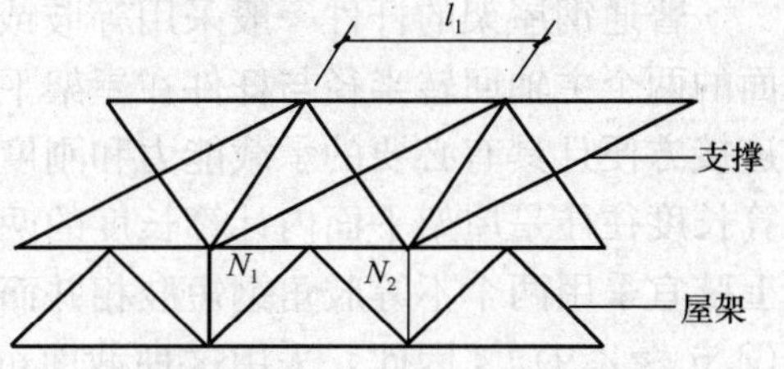

图 7-60 弦杆轴心压力在侧向支承点间有变化的屋架简图

$$l_{0y}=l_1\left(0.75+0.25\frac{N_2}{N_1}\right) \tag{7-11}$$

式中 N_1——较大的压力；

N_2——较小的压力或拉力，计算时取压力为正，拉力为负。

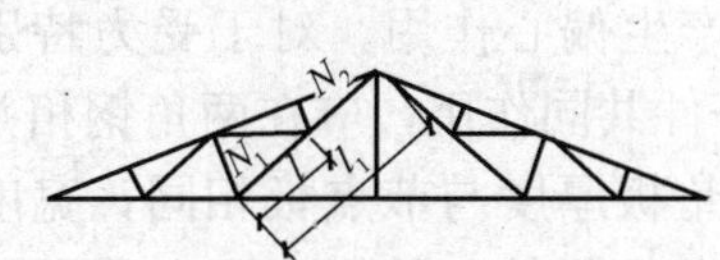

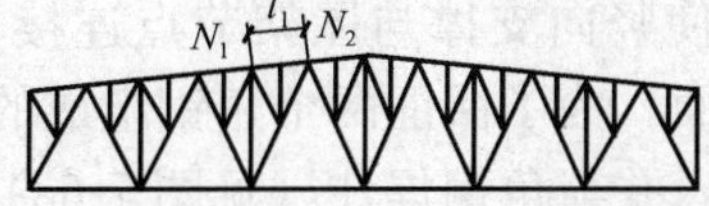

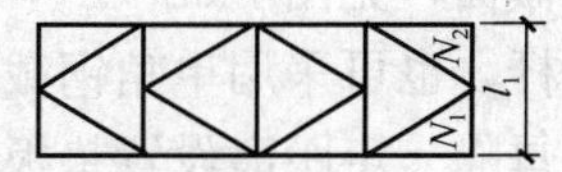

图 7-61 其他杆件在屋架平面外的计算长度简图

按式（7-11）算得的 $l_{0y}<0.5l_1$ 时，取 $l_{0y}=0.5l_1$。同时，对于芬克式屋架和再分式腹杆体系中的受压杆件及K形腹杆体系中的竖杆（见图7-61）在屋架平面外的计算长度也按式（7-11）计算。但在屋架平面内的计算长度则取节间长度。对于单角钢杆件和双角钢组成的十字形杆件，由于主轴不在屋架平面内，有可能发生斜平面屈曲，考虑到杆件两端对其有一定的嵌固作用，故其计算长度取 $l_0=0.9l$。当为交叉腹杆时，在屋架平面内的计算长度应取节点中心到交叉点间的距离。在屋架平面外的计算长度则与杆件的受力性质和交叉点的连接构造有关，可按规定采用：①压杆：相交的另一杆受压，且两杆在交叉点均不中断时，$l_0=l\sqrt{\frac{1}{2}\left(1+\frac{N_0}{N}\right)}$；相交的另一杆受压，两杆中有一杆在交叉点中断但与节点板搭接时，$l_0=l\sqrt{1+\frac{\pi^2}{12}\times\frac{N_0}{N}}$；相交的另一杆受拉，两杆在交叉点均不中断时，$l_0=l\sqrt{\frac{1}{2}\left(1+\frac{3}{4}\times\frac{N_0}{N}\right)}\geqslant 0.5l$；相交的另一杆受拉，两杆中有一杆在交叉点中断但与节点板搭接时，$l_0=l\sqrt{1+3\times\frac{N_0}{N}}\geqslant 0.5l$。② 拉杆：均取 l。l 为节点中心间的距离，但须注意交叉点不作为节点考虑；N 为所计算杆的内力；N_0 为相交另一杆的内力，以压力为正，拉力为负。两杆均受压时，$N_0\leqslant N$，两杆截面应相同。当确定交叉腹杆中单角钢杆件斜平面内的长细比时，计算长度应取节点中心至交叉点间的距离。为了保证钢屋架杆件在运输、安装和使用阶段的正常工作，无论压杆或拉杆，

都应满足一定的刚度要求，即符合规范规定的容许长细比。钢屋架杆件的容许长细比，对压杆一般为150，支撑的受压杆件一般为200，拉杆为350，支撑的受拉杆件为400。

3. 杆件截面形式选择

普通钢屋架的杆件一般采用等肢或不等肢角钢组成的T形截面或十字形截面。这些截面的两个主轴回转半径与杆件在屋架平面内和平面外的计算长度相配合，以满足用料经济、连接方便且具有必要的承载能力和刚度等几方面的要求。对于屋架上弦杆，因屋架平面外计算长度往往是屋架平面内计算长度的两倍，要满足等稳性要求，即 $\lambda_x \approx \lambda_y$，必须使 $i_y \approx 2i_x$，上弦宜采用两个不等肢角钢短肢相并而成的 T 形截面形式见图7-62(b)，因为其特点是 $i_y \approx (2.6 \sim 2.9)i_x$，因此，采用这种截面可使两个方向的长细比比较接近。当有节间荷载作用时，为提高上弦在屋架平面内的抗弯能力，宜采用不等肢角钢长肢相并的T形截面见图7-62（c）。对于受拉下弦杆，平面外的计算长度比较大，此时可采用两个不等肢角钢短肢相并或等肢角钢组成的T形截面，见图7-62（b）或图7-62（a）。对于屋架的支座斜杆及竖杆，由于它在屋架平面内和平面外的计算长度相等，应使截面的 $i_y \approx i_x$，因而可采用两个不等肢角钢长肢相并而成的T形截面，见图7-62（c），因其特点是 $i_y \approx (0.75 \sim 1.0)i_x$，这样可使两个方向的长细比比较接近。屋架中其他腹杆，因为 $l_{0x} = 0.8l$，$l_{0y} = l$，即 $l_{0y} = 1.25l_{0x}$，所以宜采用两个等肢角钢组成的T形截面，见图7-62（a），因其特点是 $i_y \approx (1.3 \sim 1.5)i_x$，这样可使两个方向的长细比比较接近。与竖向支撑相连的竖腹杆宜采用两个等肢角钢组成的十字形截面，见图7-62（d），使竖向支撑与屋架节点连接不产生偏心作用。对于受力特别小的腹杆，也可采用单角钢截面。为了保证两个角钢组成的杆件共同作用，应在两角钢相并肢之间每隔一定距离设置垫板，并与角钢焊住（见图7-63）。垫板厚度与节点板相同，宽度一般取50～80mm，长度比角钢肢宽大15～20mm，以便于与角钢焊接。垫板间距在受压杆件中不大于 $40i$，在受拉杆件中不大于 $80i$。在T形截面中，i 为一个角钢对平行于垫板自身重心轴1-1的回转半径见图7-63（a），在十字形截面中，i 为一个角钢的最小回转半径见图7-63（b）。在杆件的计算长度范围内至少设置两块垫板，且相互正交，如果只在中央设置一块，则垫板处剪力为零而不起作用。目前在国内外的实际工程中也有用焊接或轧制的T形截面或用H型钢一分为二取代双角钢组成的T形截面，特别是屋架的弦杆，见图7-62（e）。该截面的优点在于翼缘的宽度大，可达到等稳性要求，另外可减小节点板尺寸和省去垫板等，因而比较经济。除了上述截面外，一些跨度和荷载较大的桁架往往采用钢管和宽翼缘H型钢截面，近年来在国内外也得到了广泛的应用。

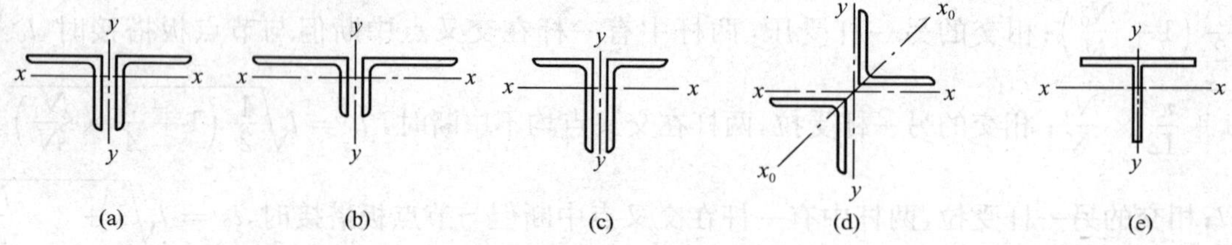

图7-62 杆件的截面形式

4. 杆件截面构造要求

选择屋架杆件截面时，应注意选用肢宽而壁薄的角钢，以增大其回转半径，但须保证其局部稳定。屋架弦杆一般采用等截面，但对跨度大于24m且弦杆内力相差较大的屋架，为

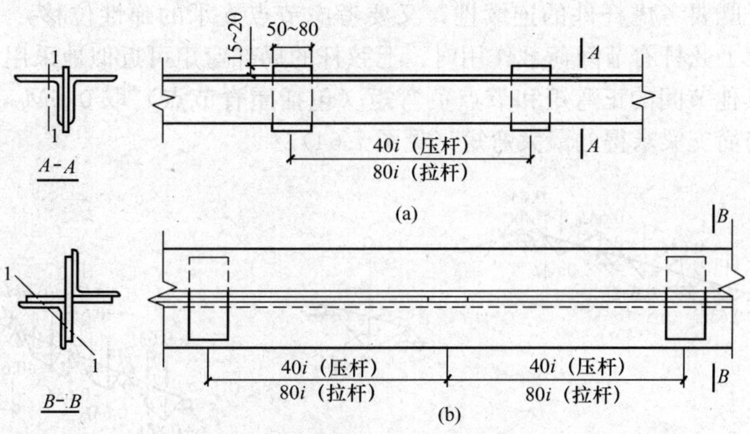

图 7-63 屋架杆件的垫板布置

了节省钢材，可根据内力大小，在适当节间处改变弦杆截面，但以改变一次为宜，否则制造工作量加大，反而不经济。改变弦杆截面时，可保持角钢厚度不变而改变肢宽，以方便弦杆连接的构造处理。普通钢屋架中所采用的角钢规格不宜小于 L45×5 或 L56×36×4。为了便于钢材备料，在同一榀屋架中角钢规格不宜过多，一般为五六种。

5. 屋架内力分析和杆件承载力

钢屋架的计算应考虑下列荷载：

（1）永久荷载 包括屋盖结构自重及支承于屋架上的设备、管道、天棚等自重；

（2）可变荷载 包括屋面均布活荷载、雪荷载、风荷载、积灰荷载及悬挂吊车和重物等，有雪荷载时，活荷载和雪荷载取两者中的较大者；

（3）屋架端内力 当屋架与柱刚接时，应考虑框架内力分析所得的屋架端弯矩和柱顶剪力对屋架杆件内力的影响。

屋架设计时，一般应考虑下面三种荷载组合：

（1）全跨永久荷载＋全跨可变荷载；

（2）全跨永久荷载＋半跨可变荷载；

（3）全跨屋架、天窗架和支撑自重＋半跨屋面板自重＋半跨屋面活荷载。

一般情况下，第一种荷载组合是确定各种屋架弦杆内力及部分腹杆内力最大值；第二种和第三种荷载组合可确定跨中斜腹杆内力变号或内力增大，当设计图纸注明施工中采用两侧对称均匀铺设屋面板时，则可不作第三种荷载组合验算。

屋架与柱铰接且屋面倾角 $\alpha \leqslant 30^\circ$时，一般可不考虑风荷载的作用；当 $\alpha > 30^\circ$时以及对于瓦楞铁等轻型屋面、开敞式房屋和风荷载$\geqslant$0.50kN/m^{2}时，均应计算风荷载作用下屋架杆件内力。

一般钢屋架和支撑的自重可按：0.12＋0.011×跨度（m）计算（量纲 kN/m^2 $\underline{\downarrow}$）。屋架和支撑自重当屋架下弦未设天棚时，假定全部作用于上弦节点，当设天棚时则假定平均作用于上、下弦节点上。

屋架杆件轴力可按铰接桁架用结构力学方法求得，有节间荷载作用的屋架，除了把节间荷载分配到相邻节点并按节点荷载求解杆件内力外，还应计算节间荷载引起的局部弯矩。局部弯矩的计算，既要考虑杆件的连续性，又要考虑节点支承的弹性位移，一般采用简化计算。例如当屋架上弦杆有节间荷载作用时，上弦杆的局部弯矩可近似地采用：端节间的正弯矩取 $0.8M_0$，其他节间的正弯矩和节点负弯矩（包括屋脊节点）取 $0.6M_0$，M_0 为将相应弦杆节间作为单跨简支梁求得的最大弯矩（见图 7-64）。

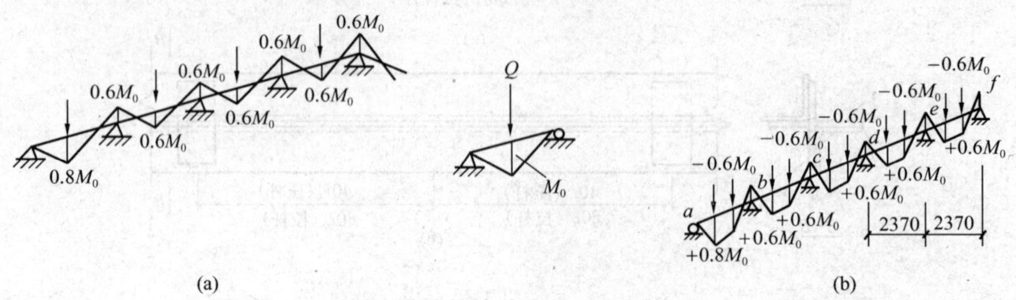

图 7-64　上弦杆局部弯矩
（a）节间一个集中力；（b）节间两个集中力

杆件内力确定之后，首先对各受力杆件根据受力性质按相应公式作承载力验算（对于屋架中内力很小的腹杆和按构造需要设置的杆件，可按容许长细比来选择截面而无须验算），然后作节点设计。

6. 屋架节点设计

（1）节点设计应做到传力可靠，构造简单。在普通钢屋架中一般采用节点板把汇交的各杆件连接在一起，各杆件的内力通过与节点板的焊缝取得互相平衡。节点设计的一般要求：

1）为避免杆件偏心受力，焊接屋架各杆件的重心线应尽量与屋架的几何轴线重合，在节点处应交于一点。但考虑到制造方便，角钢肢背到屋架轴线的距离可取 5mm 的倍数。螺栓连接的屋架可采用靠近杆件重心线的螺栓准线为轴线。

2）当屋架弦杆沿长度改变截面时，为便于安装屋面构件，应使肢背齐平，并使两个角钢重心线之间的中线与屋架的轴线重合以减小偏心作用（见图 7-65）。如轴线变动不超过较大弦杆截面高度的 5%，在计算时可不考虑由此引起的偏心弯矩。

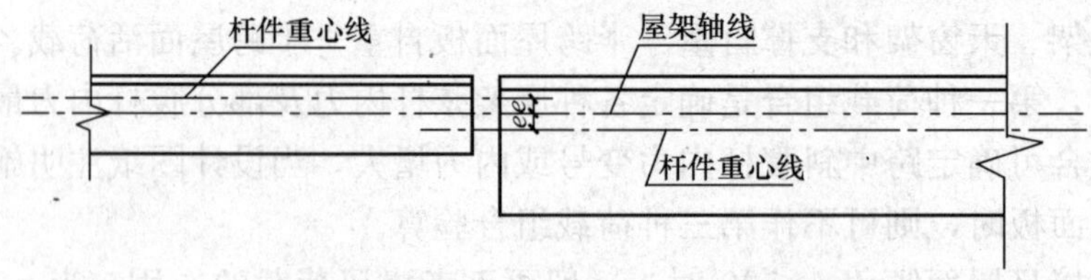

图 7-65　弦杆截面变化时的轴线位置

当不符合上述要求时或节点处有较大的偏心弯矩时，应根据交汇于节点的各杆件线刚度按式（7-12）将偏心弯矩分配到各杆件（见图 7-66）。

$$M_i = \frac{K_i}{\sum K_i} M \tag{7-12}$$

式中　M_i——所计算杆件承担的弯矩；

K_i——所计算杆件的线刚度，$K_i = I_i / l_i$；

$\sum K_i$——汇交于该节点的各杆件线刚度之和；

M——节点偏心弯矩，$M=(N_1+N_2)e$。

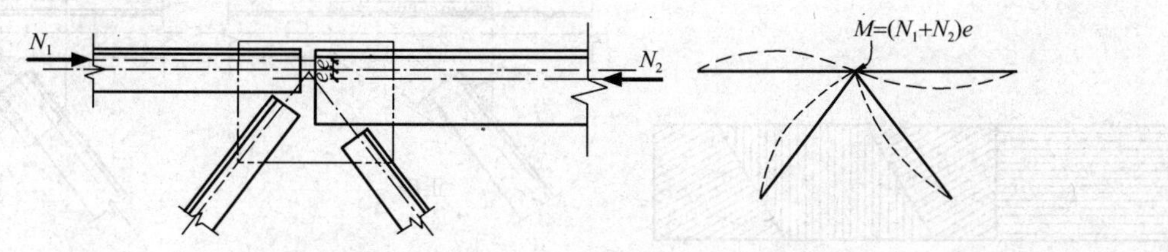

图 7-66　弦杆轴线偏心较大时的计算简图

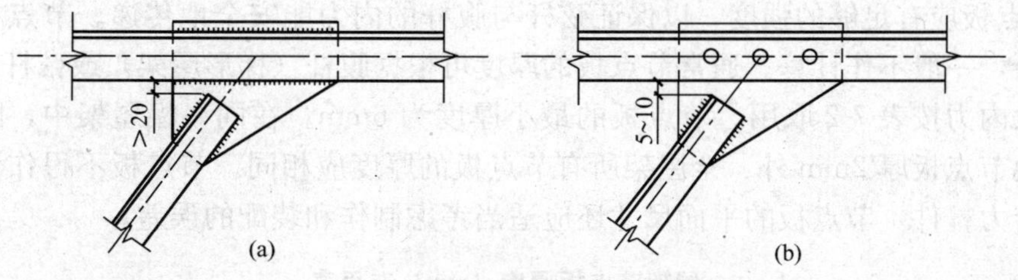

图 7-67　用节点板连接时屋架杆件间的距离

(a) 焊接连接；(b) 螺栓连接

在算得各 M_i后，按压弯杆件或拉弯杆件计算各杆的承载力。

3）屋架杆件用节点板连接时，弦杆与腹杆、腹杆与腹杆之间的净距，不宜小于 20mm［见图 7-67（a）］或 5～10mm［见图 7-67（b）］。

4）直接支承大型钢筋混凝土屋面板而角钢肢又较薄的上弦角钢可按图 7-68 所示方法予以加强。

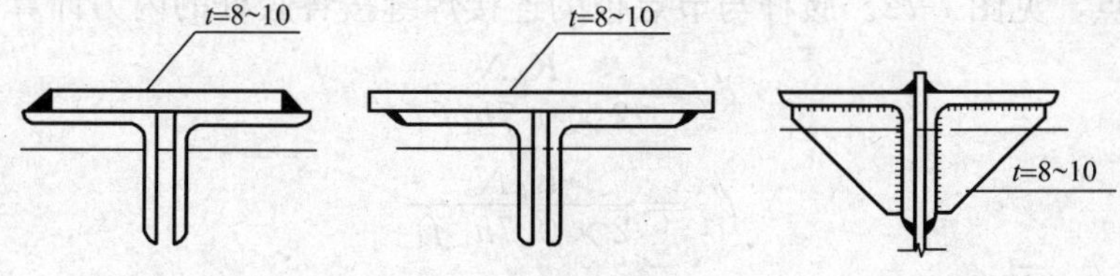

图 7-68　屋架上弦节点的加强

5）屋架杆件端部切割宜与其轴线垂直见图 7-69（a）。为了减小节点板的尺寸，也可采用斜切，见图 7-69（b）、（c），但绝不容许采用图 7-69（d）所示的切割形式。

6）节点板的形状和尺寸根据所连杆件及所需连接焊缝长度确定。为了节约钢材和减少切割工作量，节点板的形状应尽量简单规则，如采用矩形、梯形或平行四边形等（见图 7-70），一般至少有两条边平行。节点板不应有凹角，以免有严重的应力集中。

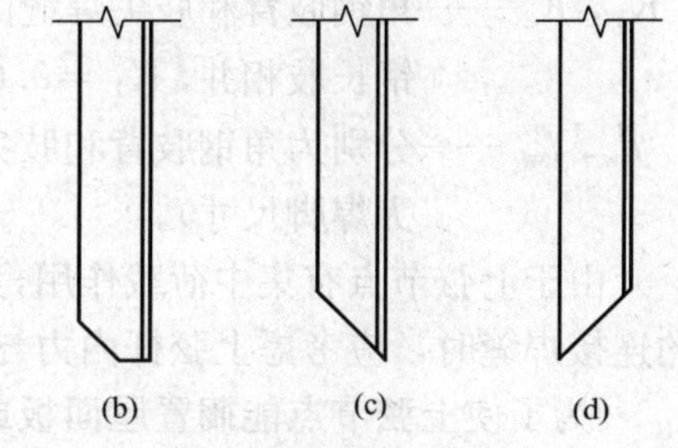

图 7-69　角钢端部的切割形式

7）节点板的尺寸应尽量使连接焊缝中心受力，否则节点板左侧边缘应力可能过大，且焊缝受力有偏心（见图 7-71）。

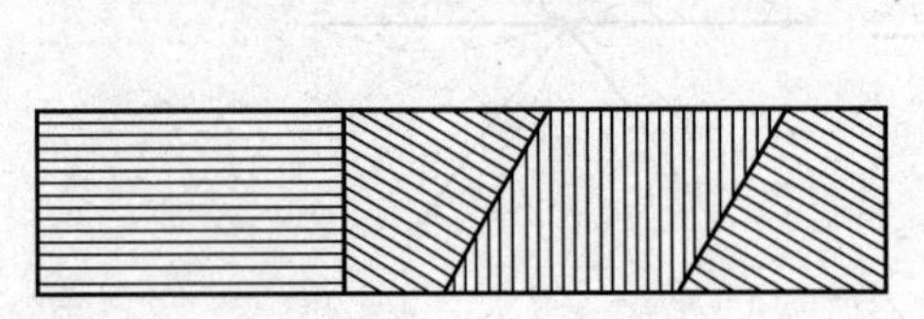

图 7-70　节点板的形状

≥15°
≥15°
正确
不正确

图 7-71　节点板的焊缝位置

8）节点板应有足够的强度，以保证弦杆与腹杆的内力能安全地传递。节点板上应力分布比较复杂，一般不作计算。通常节点板的厚度可根据腹杆（梯形屋架）或弦杆（三角形屋架）的最大内力按表 7-2 取用。节点板的最小厚度为 6mm。在同一榀屋架中，除支座处节点板比其他节点板厚 2mm 外，全屋架所有节点板的厚度应相同。节点板不得作为拼接弦杆用的主要传力杆件。节点板的平面尺寸还应适当考虑制作和装配的误差。

表 7-2　　屋架节点板厚度（mm）选用表

		梯形屋架腹杆或三角形屋架弦杆最大内力（kN）							
钢号	Q235	≤190	200～310	320～500	510～690	700～940	950～1190	1200～1560	1570～1950
	Q345	≤250	260～380	390～560	570～750	760～1000	1010～1250	1260～1630	1640～2000
节点板厚度		6	8	10	12	14	16	18	20

（2）节点的计算与构造。节点设计包括确定节点板的形状尺寸、焊脚尺寸、连接焊缝长度计算和节点构造。屋架各典型节点的计算如下：

1）上弦节点，见图 7-72。腹杆与节点板的连接焊缝按各腹杆的内力计算：

肢背
$$l'_{w}=\frac{K_{1}N}{2\times 0.7h_{f}f_{f}^{w}} \tag{7-13}$$

肢尖
$$l''_{w}=\frac{K_{2}N}{2\times 0.7h_{f}f_{f}^{w}} \tag{7-14}$$

式中　N——腹杆的轴力；

f_{f}^{w}——角焊缝的强度设计值；

h_{f}——角焊缝的焊脚尺寸；

K_{1}，K_{2}——角钢肢背和肢尖焊缝内力分配系数：等肢角钢 $K_{1}=0.7$，$K_{2}=0.3$；不等肢角钢长肢相并，$K_{1}=0.65$，$K_{2}=0.35$；短肢相并，$K_{1}=0.75$，$K_{2}=0.25$；

l'_{w}，l''_{w}——分别为角钢肢背和肢尖的焊缝计算长度，对每条焊缝取其实际长度减 $2h_{f}$（h_{f} 为焊脚尺寸）。

由于上弦节点有集中荷载作用，例如檩条传来的集中荷载，因而在计算上弦杆与节点板的连接焊缝时，应考虑上弦杆内力与集中荷载的共同作用。

为了使上弦节点能搁置屋面板或檩条，常常将节点板顶部凹进在弦杆角钢背面以下并采用塞焊缝连接，见图 7-72，这时塞焊缝可作为两条角焊缝计算，其强度设计值乘以 0.8 的折减系数。计算时可假定节点荷载 P 由塞焊缝来承受，弦杆内力差 $\Delta N = N_1 - N_2$ 由节点板与上弦角钢肢尖的角焊缝承受，并同时考虑由此产生的偏心力矩 $M=(N_1-N_2)e$，e 是上弦角钢肢尖到弦杆轴线的距离。

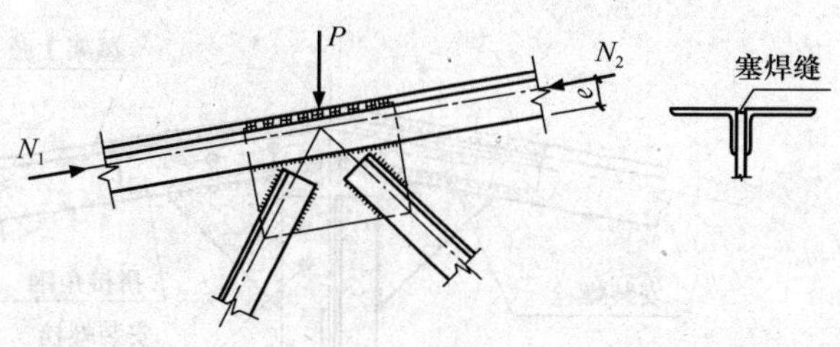

图 7-72　屋架上弦节点

上弦肢背塞焊缝计算

$$\sigma_{\mathrm{f}} = \frac{P/1.22}{2 \times 0.7 h'_{\mathrm{f}} l'_{\mathrm{w}}} \leqslant 0.8 f_{\mathrm{f}}^{\mathrm{w}} \tag{7-15}$$

上弦肢尖角焊缝计算

$$\tau_{\mathrm{f}}^{N} = \frac{\Delta N}{2 \times 0.7 h''_{\mathrm{f}} l''_{\mathrm{w}}} \tag{7-16}$$

$$\sigma_{\mathrm{f}}^{M} = \frac{6M}{2 \times 0.7 h''_{\mathrm{f}} l''^{2}_{\mathrm{w}}} \tag{7-17}$$

$$\sqrt{(\sigma_{\mathrm{f}}^{M}/\beta_{\mathrm{f}})^2 + (\tau_{\mathrm{f}}^{N})^2} \leqslant f_{\mathrm{f}}^{\mathrm{w}} \tag{7-18}$$

式中　h'_{f}，l'_{w}——角钢肢背塞焊缝的焊脚尺寸和每条焊缝长度；

h''_{f}，l''_{w}——角钢肢尖角焊缝的焊脚尺寸和每条焊缝长度。

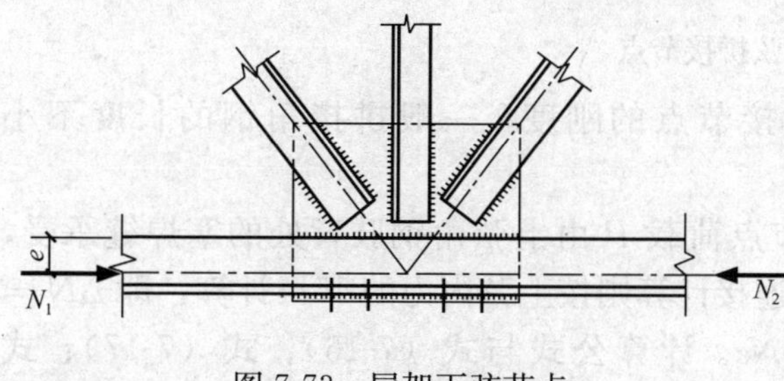

图 7-73　屋架下弦节点

2）下弦节点见图 7-73。腹杆与节点板的连接焊缝计算与上弦节点相同。弦杆与节点板的连接焊缝，当节点上无外荷载时，由于弦杆的大部分轴力由角钢传递，因而仅传递下弦相邻节间的内力差 $\Delta N = N_1 - N_2$，通常 ΔN 很小，所需焊缝可按构造要求在节点板范围内进行满焊。

3）弦杆拼接节点见图 7-74、图 7-75。屋架弦杆的拼接有两种：工厂拼接和工地拼接。前者是当角钢长度不足时而设的杆件接头，宜设在杆件内力较小的节间。后者是由于屋架过长受运输条件限制而设的安装接头，通常设在节点处。屋架上弦一般都在屋脊节点处用两根与上弦截面相等的拼接角钢在工地拼接，见图 7-74。两拼接角钢需热弯成型，当屋面坡度较大且角钢肢较宽不易弯折时，可将拼接角钢的竖肢切口再弯曲后对焊。为了使拼接角钢和弦杆之间能贴紧而便于施焊，需将拼接角钢的棱角铲去，还要把竖向肢切去 $\Delta = t + h_{\mathrm{f}} + 5\mathrm{mm}$（$t$ 为拼接角钢的肢厚）。拼接角钢的截面削弱可由节点板来补偿。

拼接角钢的长度由焊缝长度计算确定。焊缝计算长度按被连弦杆的最大内力计算，并平均分配给四条连接焊缝。每条焊缝的计算长度为

$$l_{\mathrm{w}} = \frac{N}{4 \times 0.7 h_{\mathrm{f}} f_{\mathrm{f}}^{\mathrm{w}}} \tag{7-19}$$

焊缝的实际长度应为计算长度加 $2h_{\mathrm{f}}$，因而拼接角钢的长度应为两倍的焊缝实际长度加

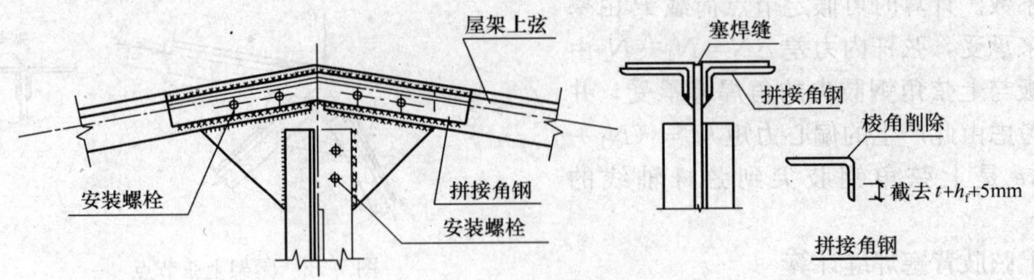

图 7-74 上弦拼接节点

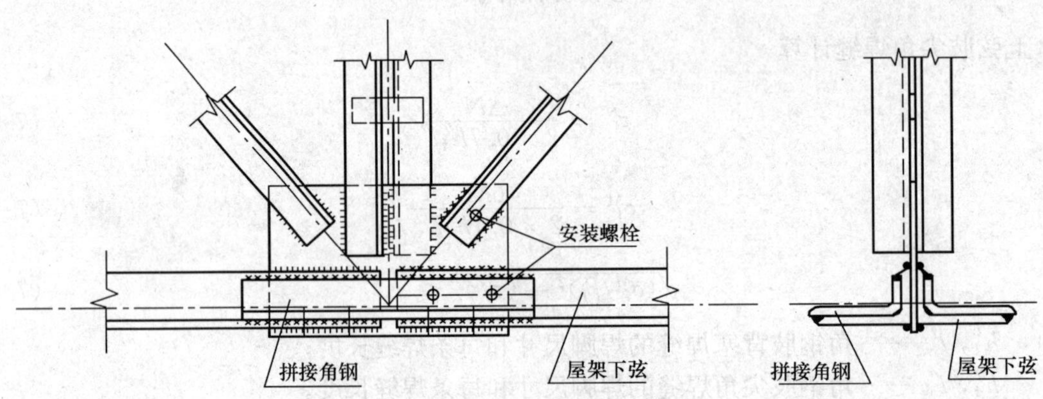

图 7-75 下弦拼接节点

上 10mm，此 10mm 是空隙尺寸。考虑到拼接节点的刚度，一般拼接角钢的长度不小于 600mm。

计算上弦与节点板的连接焊缝时，假定节点荷载 P 由上弦角钢肢背处的塞焊缝承受，按式（7-15）计算。上弦角钢肢尖与节点板的连接计算则按上弦内力的 15%计算，即 $\Delta N=0.15N$ 且考虑该力所产生的弯矩 $M=0.15Ne$。计算公式与式（7-16）、式（7-17）、式（7-18）相同。

当屋架跨度较大时，一般将屋架分成两个单元运输，如果左半边的上弦杆、竖杆和斜杆与节点板的连接用工厂拼接，则右半边的上弦杆、斜杆与节点板的连接用工地拼接。拼接角钢与上弦的连接全用工地拼接。为了便于现场拼装，拼接节点需设置临时性的安装螺栓。

下弦的拼接节点一般用与下弦杆规格尺寸相同的角钢来拼接，见图 7-75。拼接方式与上弦的拼接节点相同，拼接角钢也需切竖肢、铲棱角，截面的削弱由节点板补偿。如果下弦的内力很大，为了避免增加节点板的负担，可采用比下弦角钢肢厚大一级的拼接角钢。拼接角钢与下弦的连接焊缝按下弦截面面积等强度计算，在拼接节点一边每条焊缝的计算长度为

$$l_w=\frac{Af}{4\times 0.7h_f f_f^w} \tag{7-20}$$

式中 A——下弦角钢截面面积总和；

f——下弦角钢强度设计值。

计算下弦与节点板的连接焊缝时，可按两侧下弦较大内力的 15%和两侧下弦的内力差两者中的较大值来计算，但当拼接节点处有外荷载作用（如悬挂吊车荷载）时，则按该较大

值与外荷载的合力进行计算。

4）支座节点见图 7-76、图 7-77。屋架与柱的连接既可做成简支（见图 7-76），也可做成刚接（见图 7-77）。支承于钢筋混凝土柱或砖柱上的屋架多为简支，而支承于钢柱上的屋架为刚接。现将简支屋架的支座节点设计介绍于后。

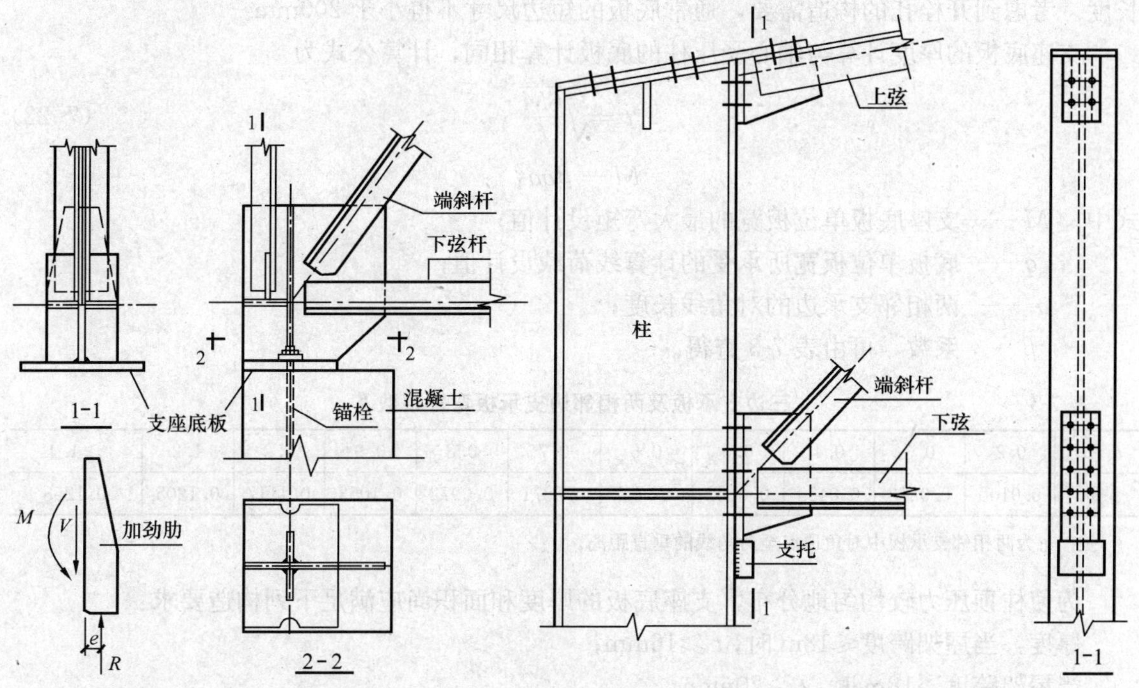

图 7-76 梯形屋架简支支座节点 图 7-77 梯形屋架与柱的刚接节点

简支屋架的支座节点包括节点板、加劲肋、支座底板和锚栓等几部分。加劲肋的作用是加强支座底板的刚度，以便均匀地传递支座反力并提高支座节点的侧向刚度。加劲肋一般设在支座节点的中心处，使其轴线与支座反力作用线重合。加劲肋高度和厚度应分别与节点板的高度和厚度相同。为了便于节点焊缝施焊，下弦角钢水平肢与支座底板间的净距应不小于下弦水平肢的宽度，也不小于 130mm。

锚栓预埋于钢筋混凝土柱中（或混凝土垫块中），以固定底板。锚栓的直径一般取 20～24mm；为便于安装时调整位置，底板上的锚栓孔直径一般取锚栓直径的 2～2.5 倍，可开成圆孔或半圆带矩形开口孔。当屋架安装完毕后，将垫圈套在锚栓上与底板焊牢以固定屋架，垫圈的孔径比锚栓直径大 1～2mm，厚度可与底板相同。

简支屋架支座节点的传力路径是：屋架杆件的内力通过连接焊缝传给节点板，然后由节点板和加劲肋把力传给支座底板，最后传给柱子。因而支座节点的计算包括底板计算、加劲肋及其焊缝计算以及底板焊缝计算。

底板计算包括底板面积与厚度的确定。支座底板所需的净面积可按下式计算

$$A_{\mathrm{n}} = \frac{R}{f_{\mathrm{c}}} \tag{7-21}$$

式中 R——屋架支座反力设计值；

f_c——混凝土轴心受压强度设计值。

支座底板所需的毛面积为

$$A = A_n + \text{锚栓孔面积}$$

采用方形底板时，边长为$a \geqslant \sqrt{A}$，矩形底板可先假定一边的长度，即能求得另一边的长度。考虑到开栓孔的构造需要，通常底板的短边尺寸不得小于 200mm。

支座底板的厚度计算与轴心受压柱的底板计算相同，计算公式为

$$t = \sqrt{\frac{6M}{f}} \tag{7-22}$$

$$M = \beta q a_1^2$$

式中 M——支座底板单位板宽的最大弯矩设计值；

q——底板单位板宽所承受的计算线荷载设计值；

a_1——两相邻支承边的对角线长度；

β——系数，可由表 7-3 查得。

表 7-3 三边支承板及两相邻边支承板弯矩系数 β

b_1/a_1	0.2	0.3	0.4	0.5	0.6	0.7	0.8	0.9	1.0	1.2	≥1.4
β	0.0100	0.0273	0.0439	0.0602	0.0747	0.0871	0.0972	0.1053	0.1117	0.1205	0.1258

注 b_1为两相邻支承板中对角顶点至对角线的垂直距离。

为使柱顶压力较均匀地分布，支座底板的厚度和面积尚应满足下列构造要求：

厚度：当屋架跨度≤18m 时，$t \geqslant 16$mm；

当屋架跨度>18m 时，$t \geqslant 20$mm。

面积：宽度一般取 200～360mm，长度（垂直于屋架方向）取 200～400mm。

加劲肋计算：加劲肋与节点板的垂直连接焊缝可假定按传递支座反力的 1/4 计算，并考虑焊缝为偏心受力见图 7-76：

焊缝所受剪力 $V = R/4$

焊缝所受弯矩 $M = \frac{R}{4}e$

每块加劲肋与支座节点板的连接焊缝的计算公式为

$$\sqrt{\left(\frac{V}{2\times 0.7h_f l_w}\right)^2 + \left(\frac{6M}{2\times 0.7h_f l_w^2 \times 1.22}\right)^2} \leqslant f_f^w \tag{7-23}$$

式中 h_f——加劲肋与节点板连接焊缝的焊脚尺寸；

l_w——焊缝计算长度。

节点板、加劲肋与支座底板的水平连接焊缝的计算公式为

$$\sigma_f = \frac{R}{1.22\times 0.7h_f \sum l_w} \leqslant 1.22 f_f^w \tag{7-24}$$

式中 $\sum l_w$——节点板、加劲肋与支座底板的水平连接焊缝的总长度。

屋架与柱的刚接构造见图 7-77，限于篇幅，设计计算从略。

五、普通钢屋架设计实例

1. 设计条件

某影剧院观众厅屋盖采用 24m 跨度梯形钢屋架，端部高度 2.0m，跨中高度 3.0m，屋面坡度 $i=1/12$，屋架间距 6m，屋架两端与钢筋混凝土柱连接见图 7-78。屋架上、下弦连有横向支撑和竖向支撑。采用大型屋面板 1.5m×6m，120mm 厚泡沫混凝土保温层、防水层及找平层。屋面雪荷载为 0.40kN/m²。柱混凝土强度等级为 C20，钢材为 Q235，焊条采用 E43 型。

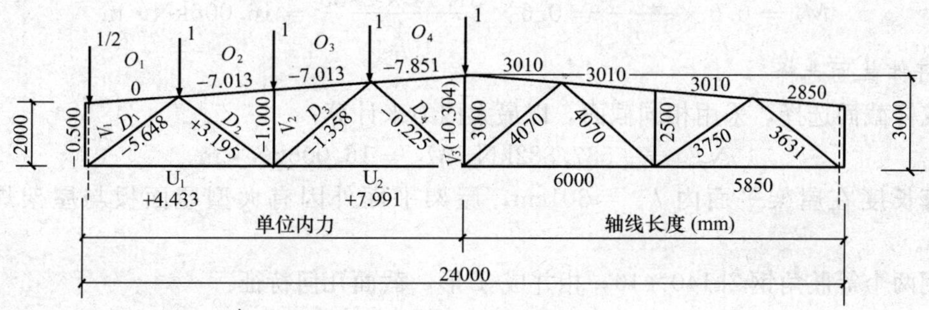

图 7-78　屋架内力及轴线长度

2. 屋架内力计算

大型屋面板　1.2×1.4=1.68kN/m²（恒载的分项系数 1.2）

20mm 防水层及找平层　1.2×0.75=0.90kN/m²

80mm 厚泡沫混凝土保温层 1.2×0.50=0.60kN/m²

屋架和支撑自重　1.2×0.35=0.42kN/m²

屋面雪荷载　1.4×0.40=0.56kN/m²（活载的分项系数 1.4）

屋架上弦荷载计算

$$P=(1.68+0.90+0.60+0.42+0.56)\times 3\times 6=74.88\text{kN}$$

半跨雪荷载时的荷载组合在本屋架计算中不起控制作用，故计算从略，只计算永久荷载加全跨可变活载的荷载组合（见表 7-4）。

表 7-4　屋架杆件内力表

杆件		轴线长度 (mm)	单位荷载内力	P 荷载作用内力 (kN)	杆件		轴线长度 (mm)	单位荷载内力	P 荷载作用内力 (kN)
上弦杆	O_1	2860	0	0	斜杆	D_1	3631	−5.648	−422.922
	O_2	3010	−7.013	−525.133		D_2	3750	+3.195	+239.242
	O_3	3010	−7.013	−525.133		D_3	4040	−1.358	−101.687
	O_4	3010	−7.851	−587.882		D_4	4070	−0.225	−16.848
下弦杆	U_1	5850	+4.433	+331.943	竖杆	V_1	2013	−0.500	−37.440
						V_2	2500	−1.000	−74.880
	U_2	6000	+7.991	+598.366		V_3	3000	+0.304	+22.764

上弦节间因屋面板 1.5m 宽，故有节间荷载引起的弯矩，端节间的正弯矩 $M_1=0.8M_0$（M_0 为简支梁计算出来的弯矩），其他中间节间的正弯矩和节点负弯矩均为 $M_2=0.6M_0$。

节间屋面板的集中荷载为

$$\frac{1}{2}P=\frac{1}{2}\times 74.88=37.44\text{kN}$$

$$M_1=0.8\times\frac{\frac{1}{2}Pd}{4}=0.8\times\frac{37.44\times 2.85}{4}=21.341\text{kN}\cdot\text{m}$$

$$M_2=0.6\times\frac{\frac{1}{2}Pd}{4}=0.6\times\frac{37.44\times 2.85}{4}=16.006\text{kN}\cdot\text{m}$$

3. 杆件截面选择

上弦杆截面选择，采用相同截面，以最大内力来计算：

$$N_{\max}=-587.882\text{kN},\ M_2=16.006\text{kN}\cdot\text{m}$$

计算长度在屋架平面内 $l_{0x}=301\text{cm}$，屋架平面外因有大型屋面板与屋架焊牢，$l_{0y}=151\text{cm}$。

选用两个等肢角钢 2L140×10，相并成 T 形，截面几何特征：

$$A=2\times 27.373=54.746\text{cm}^2$$

$$i_x=4.34\text{cm},\ i_y=6.19\text{cm}(\text{节点板厚 12mm})$$

$$\lambda_x=\frac{l_{0x}}{i_x}=\frac{301}{4.34}=69.35<150,\ \lambda_y=\frac{l_{0y}}{i_y}=\frac{151}{6.19}=24.39<150$$

b 类截面轴心受压构件的稳定系数 $\varphi_x=0.755$；$\varphi_y=0.956$。

双角钢在弯矩作用平面内最大纤维净截面模量为

$$W_{\max}=2\times 134.73=269.46\text{cm}^3$$

截面塑性发展系数 $\gamma_x=1.05$ 。强度验算

$$\frac{N}{A}+\frac{M_x}{\gamma_x W_{nx}}=\frac{587882}{5474.6}+\frac{16006\times 10^3}{1.05\times 269.46\times 10^3}=163.95\text{N/mm}^2<215\text{N/mm}^2\ \text{满足要求。}$$

验算弯矩平面内的稳定：

欧拉临界力 $$N'_{\text{Ex}}=\frac{\pi^2 EA}{1.1\lambda_x^2}=\frac{\pi^2\times 2.06\times 10^4\times 54.746}{1.1\times 69.35^2}=2101.8\text{kN}$$

弯矩等效系数 $\beta_{mx}=0.85$。

$$\frac{N}{\varphi_x A}+\frac{\beta_{mx}M_x}{\gamma_x W_{1x}\left(1-0.8\dfrac{N}{N'_{\text{Ex}}}\right)}=\frac{587882}{0.755\times 5474.6}+\frac{0.85\times 16006\times 10^3}{1.05\times 269.46\times 10^3\times\left(1-0.8\times\dfrac{587.882}{2101.8}\right)}$$

$$=142.2+61.95=204.15\text{N/mm}^2<f=215\text{N/mm}^2\ \text{满足要求。}$$

验算弯矩平面外的稳定：

受弯构件的整体稳定系数

$$\varphi_b=1-0.0017\lambda_y\sqrt{\frac{f_y}{235}}=1-0.0017\times 24.23\sqrt{\frac{235}{235}}=0.959$$

等效弯矩系数（节间有横向力使构件段产生同向曲率时）$\beta_{tx}=1.0$。

$$\frac{N}{\varphi_y A}+\eta\frac{\beta_{tx}M_x}{\varphi_b W_{1x}}=\frac{587882}{0.956\times 5474.6}+1.0\times\frac{1.0\times 16006\times 10^3}{0.959\times 269.46\times 10^3}=112.3+61.9$$

$$=174.2\text{N/mm}^2<f=215\text{N/mm}^2\ \text{满足要求。}$$

上弦杆 O_1 虽然弯矩较大，但轴力等于零，可不验算。

下弦杆截面选择，采用相同截面，以最大内力来计算：$N_{max}=+598.366$kN。

计算长度因有水平横向支撑和纵向支撑，跨中还有通长系杆，$l_{0x}=l_{0y}=600$cm。

所需截面积为　$A_n=\dfrac{N}{f}=\dfrac{598366}{215}=2783\text{mm}^2=27.83\text{cm}^2$

选用 2L80×10，相并成 T 形，截面几何特性：

$$A=2\times15.126=30.252\text{cm}^2>27.83\text{cm}^2$$

$$i_x=2.42\text{cm},\quad i_y=3.81\text{cm}$$

$$\lambda_x=\frac{l_{0x}}{i_x}=\frac{600}{2.42}=247.9<[\lambda]=350,\ \lambda_y=\frac{l_{0y}}{i_y}=\frac{600}{3.81}=157.5<[\lambda]=350$$

其他杆件均为轴心受拉或轴心受压杆，其截面选择结果见表 7-5。

表 7-5　　腹杆截面选择一览表

杆件		计算内力 (kN)	截面规格	面积 (cm²)	计算长度 (cm)		回转半径 (cm)		长细比		容许比细比 [λ]	稳定系数		应力 (N/mm²)
					l_{0x}	l_{0y}	i_x	i_y	λ_x	λ_y		φ_x	φ_y	
斜杆	D_1	−422.922	2L140×90×8	36.078	363.1	363.1	4.50	3.70	80.7	98.1	150	0.682	0.682	206.7
	D_2	+239.242	2L63×5	12.286	300	375	1.94	3.04	154.6	123.4	350	—	—	194.7
	D_3	−101.687	2L75×5	14.824	325.6	407	2.33	3.51	139.7	116.0	150	0.346	0.346	198.3
	D_4	−16.848	2L75×5	14.824	325.6	407	2.33	3.51	139.7	116.0	150	0.346	0.346	32.8
竖杆	V_1	−37.440	2L50×5	9.606	201.3	201.3	1.53	2.53	131.6	79.6	150	0.380	0.380	102.6
	V_2	−74.880	2L63×5	12.286	200	250	1.94	3.04	103	82.2	150	0.536	0.536	113.7
	V_3	+22.764	2L50×5	9.606	240	300	1.53	2.53	156.8	118.6	350	—	—	23.7

4. 屋架节点设计

(1) 下弦支座节点。支座反力设计值 $R=4P=4\times74.880=299.520$kN，支座底板的平面尺寸 $280\times372=104160\text{mm}^2$，如仅考虑有加劲肋部分的底板承受支座反力，则承压面积为 $280\times212=59360\text{mm}^2$（见图 7-79）。

验算柱顶混凝土的局部承压强度（忽略局部受压时的强度提高）

$$\frac{R}{A_n}=\frac{299520}{59360}=5\text{N/mm}^2<f_c=9.6\text{N/mm}^2$$

满足要求。

底板的厚度按屋架反力作用下的弯矩计算，节点板和加劲肋将底板分成 4 块，每块为两相邻边固定，另两边自由的板，单位宽度最大弯矩为

$$M=\beta q a_1^2$$

式中　q——底板所受均布反力，$q=R/A=5\text{N/mm}^2$；

a_1——两边对角线长度，

$$a_1=\sqrt{\left(140-\frac{12}{2}\right)^2+100^2}=167\text{mm};$$

β——系数，由 b_1/a_1 查表 7-3 确定；

b_1——两支承边的相交点到对角线 a_1 的垂直距离，由相似三角形的关系得：

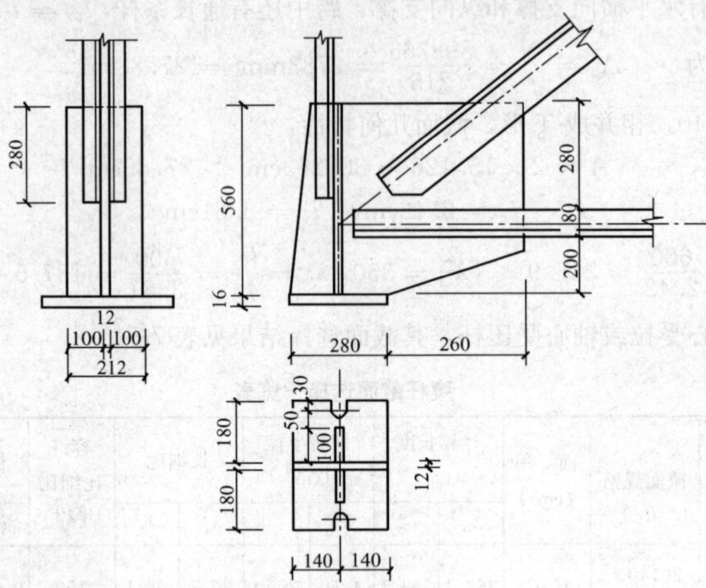

图 7-79 下弦支座节点

$$b_1 = 100 \times \frac{134}{167} = 80\text{m}$$

$$b_1/a_1 = 80/167 = 0.48;\ \beta = 0.055$$

$$M = \beta q a_1^2 = 0.055 \times 5 \times 167^2 = 7669\text{N} \cdot \text{mm}$$

底板厚度 $t = \sqrt{\dfrac{6M}{f}} = \sqrt{\dfrac{6 \times 7669}{215}} = 14.6\text{mm}$，取 16mm

加劲肋与节点板的连接焊缝计算，与牛腿焊缝相似，假定一个加劲肋的受力为屋架支座反力的 1/4，即

$$\frac{1}{4} \times 299.520 = 74.880\text{kN}$$

则焊缝受剪力 $V = 74.880\text{kN}$，弯矩 $M = 74.880 \times 50 = 3744\text{kN} \cdot \text{mm}$，设焊缝 $h_f = 5\text{mm}$，焊缝计算长度 $l_w = 560 - 2 \times 5 = 550\text{mm}$，焊缝应力为

$$\sqrt{\left(\frac{74880}{2 \times 0.7 \times 5 \times 550}\right)^2 + \left(\frac{6 \times 3744000}{2 \times 0.7 \times 5 \times 550^2 \times 1.22}\right)^2} = \sqrt{378.3 + 75.61}$$

$$= 21.3\text{N/mm}^2 < f_f^w = 160\text{N/mm}^2$$

节点板、加劲肋与底板的连接焊缝计算，设焊缝传递全部支座反力，$R = 299.520\text{kN}$，其中每块加劲肋各传递的力为 $R/4$，节点板传递的力为 $R/2$。

节点板与底板的连接焊缝 $\sum l_w = 2 \times (280 - 2 \times 5) = 540\text{mm}$。所需焊脚尺寸为

$$h_f = \frac{R/2}{0.7 \sum l_w f_f^w} = \frac{149760}{0.7 \times 540 \times 160 \times 1.22} = 2.03\text{mm}，采用\ h_f = 5\text{mm}$$

每块加劲肋与底板的连接焊缝长度为

$$\sum l_w = (100 - 5 - 2 \times 5) \times 2 = 170\text{mm}$$

所需焊脚尺寸为

$$h_f=\frac{R/4}{0.7\sum l_w f_f^w}=\frac{74880}{0.7\times170\times160\times1.22}=3.22\text{mm}，采用 h_f=5\text{mm}$$

下弦杆与支座斜杆和竖杆焊缝计算，采用 $h_f=5$mm，下弦杆 $N=+331.943$kN，所需焊缝长度为

肢背 $l'_w=\frac{0.7N}{2h_e f_f^w}=\frac{0.7\times331943}{2\times0.7\times5\times160}=207.4\text{mm}$，采用 $l'_w=22\text{cm}$

肢尖 $l''_w=\frac{0.3N}{2h_e f_f^w}=\frac{0.3\times331943}{2\times0.7\times5\times160}=88.9\text{mm}$，采用 $l''_w=10\text{cm}$

支座斜杆　$N=-422.922$kN，所需焊缝长度为：

肢背 $l'_w=\frac{0.7N}{2h_e f_f^w}=\frac{0.7\times422922}{2\times0.7\times5\times160}=264.3\text{mm}$，采用 $l'_w=28\text{cm}$

肢尖 $l''_w=\frac{0.3N}{2h_e f_f^w}=\frac{0.3\times422922}{2\times0.7\times5\times160}=113.28\text{mm}$，采用 $l''_w=14\text{cm}$

支座竖杆 $N=-37.44$kN，所需焊缝长度为

肢背 $l'_w=\frac{0.7N}{2h_e f_f^w}=\frac{0.7\times37440}{2\times0.7\times5\times160}=23.4\text{mm}$，采用 $l'_w=l''_w=10\text{cm}$

下弦支座节点各焊缝长度均满足构造要求。

(2) 下弦 U_1U_2 节点（见图 7-80）。首先计算腹杆与节点板连接焊缝尺寸，然后按比例绘出节点板形状和尺寸，最后验算下弦杆与节点板的连接焊缝。

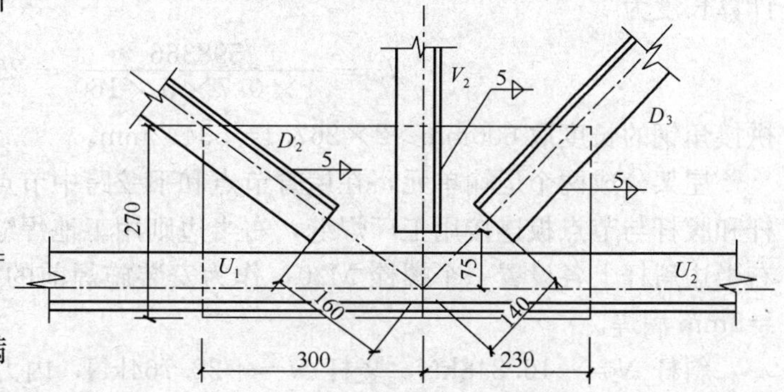

图 7-80　下弦 U_1U_2 节点

假定所有焊缝均为 $h_f=5$mm，则腹杆所需焊缝长见表 7-6，所取焊缝长度按构造规定要不小于 $8h_f$ 和 40mm。根据腹杆焊缝长度，绘出节点板尺寸为 530×270×12。下弦与节点板连接的焊缝长度为 53cm，$h_f=5$mm，焊缝所受力为 $\Delta N=U_1-U_2=598.366-331.943=266.423$kN，受力较大的肢背处焊缝应力为

$$\tau_f=\frac{0.7\times266423}{2\times0.7\times5\times(530-2\times5)}=51.24\text{N/mm}^2<f_f^w=160\text{N/mm}^2$$

表 7-6　腹杆所需焊缝及所取焊缝长度

杆　件	位　置	分配系数	N (N)	$2h_e$ (mm)	f_f^w (N/mm²)	所需长度 l_w (mm)	所取长度 (cm)
D_2	肢背	0.7	239242	2×0.7×5	160	149.5	16
	肢尖	0.3	239242	2×0.7×5	160	64.1	8
V_2	肢背	0.7	74880	2×0.7×5	160	46.8	6
	肢尖	0.3	74880	2×0.7×5	160	20.1	4
D_3	肢背	0.7	101687	2×0.7×5	160	63.6	8
	肢尖	0.3	101687	2×0.7×5	160	27.3	4

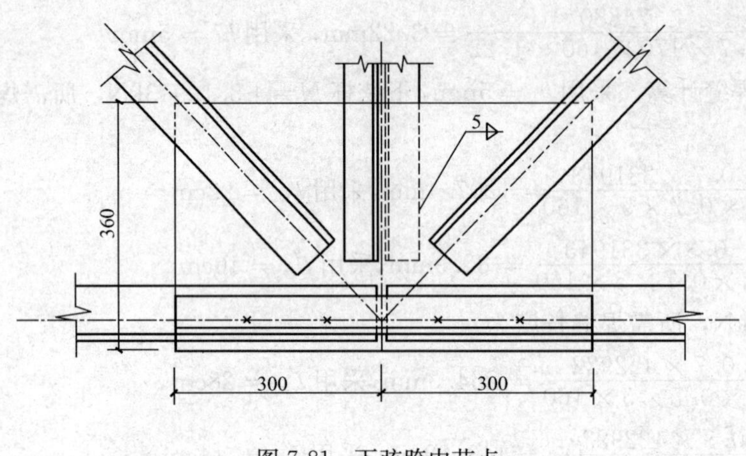

图 7-81 下弦跨中节点

（3）下弦跨中节点。下弦跨中节点采用同号角钢拼接，为使拼接角钢与弦杆之间密合，并便于施焊，需将拼接角钢的尖角削除，且截去垂直肢一部分宽度（一般为$t+h_f+5$mm），拼接角钢这部分削弱，可以靠节点板来补偿。接头一边的焊缝长度按弦杆内力计算（见图7-81）。设焊缝 $h_f=5$mm，$N=598366$kN，则所需一条焊缝计算长度为

$$l_w=\frac{598366}{4\times0.7\times5\times160}=267.1\text{mm}$$

拼接角钢的长度取 600mm＞2×267.1＝534.2mm。

屋架分成两个运输单元，在屋脊节点和下弦跨中节点处设置工地焊缝拼接。左半边的弦杆和腹杆与节点板连接用工厂焊缝，右半边则用工地焊缝，为便于工地拼接，在拼接角钢与右半边斜杆上各设置一个螺栓 M20，作为安装施焊前的定位之用。下弦与节点板之间用 $h_f=5$mm 满焊。

斜杆 $N=-16.848$kN，竖杆 $N=+22.764$kN，内力均很小，可取 $h_f=5$mm，肢背与肢尖焊缝长度均用 $l_w=6$cm。

采用节点板 600×360×12，所有焊缝均满焊，构造焊缝长度均大于所需焊缝长度。

（4）上弦节点 O_1O_2。为了便于在上弦节点搁置屋面板，节点板的上边缘可缩进上弦肢背 8mm，用塞焊缝把上弦角钢与节点板连接起来，槽焊缝作为 2 条焊缝计算，这时强度设计值应乘以 0.8 的折减系数，计算时可略去屋架上弦坡度的影响，而假定集中荷载 P 与上弦垂直（见图 7-82）。

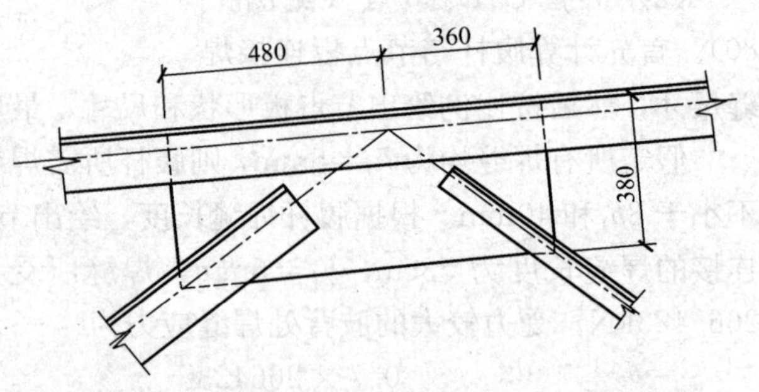

图 7-82 上弦节点 O_1O_2

上弦肢背槽焊缝内（$h_f=5$mm，节点板长度为 480＋360＝840mm）的应力验算

$$\sigma_f=\frac{P/1.22}{2\times0.7h'_fl'_w}=\frac{74880/1.22}{2\times0.7\times5\times(840-2\times5)}$$

$$=10.56\text{N/mm}^2<0.8f_f^w=128\text{N/mm}^2 \text{ 满足要求。}$$

上弦肢尖角焊缝的应力验算

$$\Delta N=N_1-N_2=0+525.133=525.133\text{kN}$$

$$M = \Delta N e = 525.133 \times (140 - 38.21) = 53458.54\text{kN} \cdot \text{mm}$$

$$\tau_f^N = \frac{\Delta N}{2 \times 0.7 h''_f l''_w} = \frac{525.133 \times 10^3}{2 \times 0.7 \times 5 \times (840 - 2 \times 5)}$$

$$= 90.38\text{N/mm}^2$$

$$\sigma_f^M = \frac{6M}{2 \times 0.7 h''_f l''^2_w} = \frac{6 \times 53458.54 \times 10^3}{2 \times 0.7 \times 5 \times (840 - 2 \times 5)^2}$$

$$= 66.51\text{N/mm}^2$$

$$\sqrt{\left(\frac{\sigma_f^M}{\beta_f}\right)^2 + (\tau_f^N)^2} = \sqrt{\left(\frac{66.51}{1.22}\right)^2 + 90.38^2} = 105.55\text{N/mm}^2$$

$$< f_f^w = 160\text{N/mm}^2 \quad \text{满足要求。}$$

腹杆焊缝长度已知，由此可决定节点板尺寸。

(5) 上弦节点 O_3O_4。节点两边弦杆内力差别很小，$N_1 = 587.882$kN，$N_2 = 525.133$kN，肢背塞焊缝承受节点荷载，肢尖焊缝承受内力差值，均可不必验算。节点板根据腹杆焊缝长度按比例绘制，其尺寸为：长 320 + 240 = 560mm，宽 280mm，厚度 12mm。

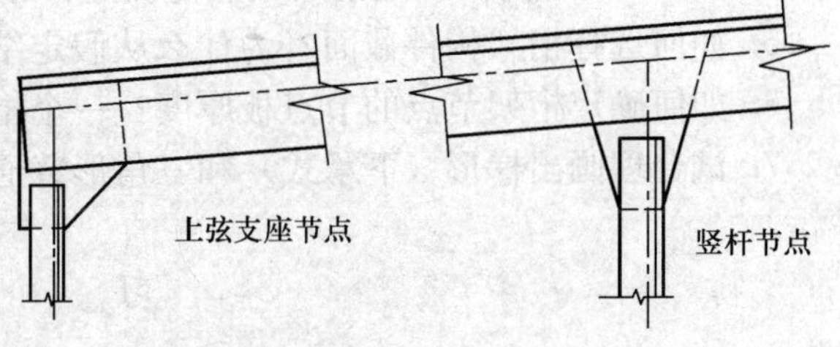

图 7-83　上弦支座节点和竖杆节点

(6) 上弦支座节点与竖杆节点。这两个节点的弦杆内力或节点两边弦杆内力差值均等于零。因此弦杆肢背焊缝承受节点力均可不必验算，肢尖焊缝也不受力，采用构造焊缝（见图 7-83）。

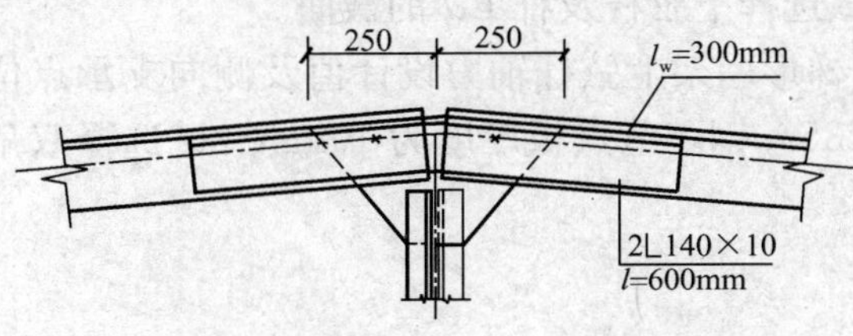

图 7-84　屋脊节点

(7) 屋脊节点。屋脊节点构造与下弦跨中节点相似，用同号角钢进行拼接，接头一边的焊缝长度按弦杆内力计算（见图 7-84）。

$$l_w = \frac{N}{4 \times 0.7 h_f f_f^w} = \frac{587882}{4 \times 0.7 \times 5 \times 160}$$

$$= 262.4\text{mm}, \text{采用 } l_w = 300\text{mm}$$

拼接角钢的长度取 600mm > 2 × 262.4 = 524.8mm。

上弦杆与节点板之间的塞焊缝，假定承受节点荷载，可不必验算。上弦肢尖与节点板的连接焊缝，应按上弦内力的 15% 计算，设肢尖焊缝 $h_f = 5$cm，节点板长度为 50cm，则节点一侧弦杆焊缝的计算长度为 $l_w = \frac{500}{2} - 20 - 2 \times 5 = 220$cm，焊缝应力为

$$\tau_f^N = \frac{0.15 \times 587882}{2 \times 0.7 \times 5 \times 220} = 57.3\text{N/mm}^2$$

$$\sigma_f^M = \frac{0.15 \times 587882 \times 90 \times 6}{2 \times 0.7 \times 5 \times 220^2} = 140.6\text{N/mm}^2$$

$$\sqrt{(\tau_f^N)^2+\left(\frac{\sigma_f^M}{\beta_f}\right)^2}=\sqrt{57.3^2+115.2^2}=128.7\text{N/mm}^2<f_f^w=160\text{N/mm}^2$$

满足要求。

根据上述计算所得的屋架杆件截面尺寸及节点构造和焊缝尺寸即可绘制屋架施工图。

思 考 题

1. 三角形和梯形钢屋架各自的适用跨度为多少？为什么三角形屋架的适用跨度不如梯形屋架大？

2. 当采用大型屋面板时，为什么普通钢屋架的上弦节间长度取 1.5m 比取 3m 合理？

3. 悬索结构的屋盖与其他屋盖形式相比，为什么说跨度越大经济效果越好？

4. 对于平面为正六边形的大跨度房屋，若选用网架作屋盖结构，则适合采用哪一种网架构成形式？网架高度和网格尺寸如何确定？

5. 如何选择桁架构件截面？为什么从假定结构长细比着手？

6. 如何确定桁架节点的节点板厚度？一个桁架的所有节点板厚度是否相同？

7. 试合理画出梯形（下承式）和三角形普通钢屋架的支座节点构造示意图。

习 题

1. 在如图 7-85 所示的三角形屋架中，下弦 Ab 杆轴力设计值为 $N_{ab}=146.12$kN，竖杆 Ed 为零杆，且在竖杆 Ed 处有垂直支撑，下弦 A 及 d 点有水平系杆。连接支撑的螺栓孔设在节点板上，节点板预先焊于杆件上，所以各杆截面无削弱。因运输条件限制，需拆成两个小桁架运输。厂房内无吊车，材料为 Q235A。试选择下弦杆及杆 Ed 的截面。

2. 在全部节点设计荷载 $P=61$kN 作用下，梯形屋架上弦杆轴力设计值及侧向支承点位置如图 7-86 所示，上弦截面无削弱，材料为 Q235A 钢，节点板厚度为 10mm。试选择双角钢上弦截面。

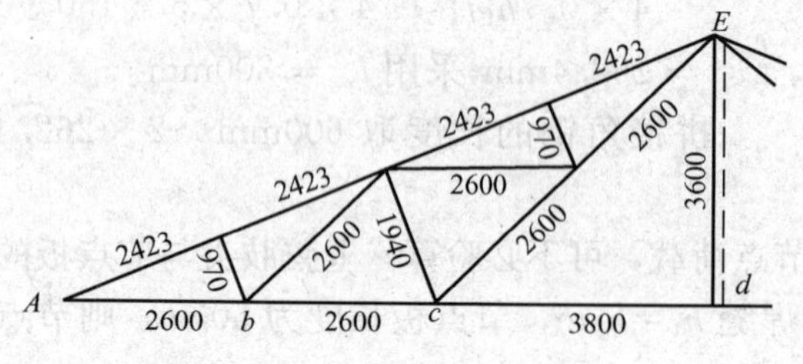

图 7-85 三角形屋架节间长度

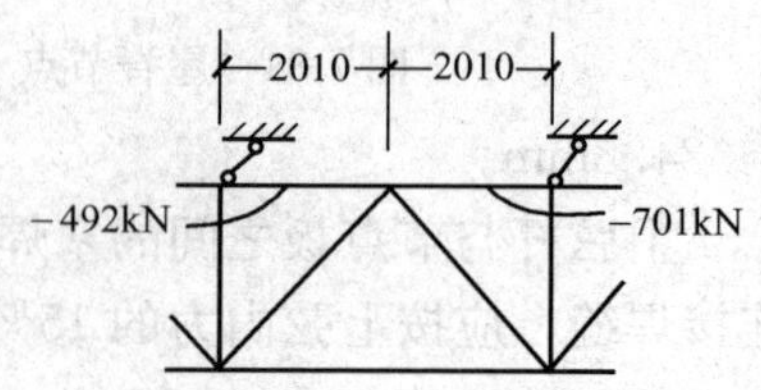

图 7-86 上弦轴力及侧向支撑

附　　录

附录1　常 用 材 料 自 重

附表 1.1　　常 用 材 料 自 重

名　　称	自重/（kN/m^3）	备　　注
杉木	4	随含水率而不同
普通木板条、椽檩木料	5	随含水率而不同
刨花板	6	
钢	78.5	
石棉	10	压实
石棉	4	松散，含水量不大于15%
石膏	13～14.5	粗块堆放，$\varphi=30°$；细块堆放，$\varphi=40°$
粘土	16	干，$\varphi=40°$，压实
粘土	18	湿，$\varphi=35°$，压实
粘土	20	很湿，$\varphi=25°$，压实
砂土	17	干，细砂
砂夹卵石	18.9～19.2	湿
卵石	16～18	干
砂岩	23.6	
花岗岩、大理石	28	
普通砖	19	机器制
灰砂砖	18	砂：白灰＝92：8
煤渣砖	17～18.5	
矿渣砖	18.5	硬矿渣：烟灰：石灰＝75：15：10
水泥空心砖	10.3	300mm×250mm×110mm（121块/m^3）
蒸压粉煤灰砖	14～16	干重度
混凝土空心小砌块	11.8	390mm×190mm×190mm
水泥砂浆	20	
石灰砂浆	17	
钢筋混凝土	24～25	

附录2 楼面和屋面活荷载

附表 2.1　　民用建筑楼面均布活荷载标准值及其组合值、频遇值和准永久值系数

项次	类别	标准值/(kN/m^2)	组合值系数 ψ_c	频遇值系数 ψ_f	准永久值系数 ψ_q
1	(1) 住宅、宿舍、旅馆、办公楼、医院病房、托儿所、幼儿园			0.5	0.4
	(2) 教室、试验室、阅览室、会议室、医院门诊室	2.0	0.7	0.6	0.5
2	食堂、餐厅、一般资料档案室	2.5	0.7	0.6	0.5
3	(1) 礼堂、剧场、影院、有固定座位的看台	3.0	0.7	0.5	0.3
	(2) 公共洗衣房	3.0	0.7	0.6	0.5
4	(1) 商店、展览厅、车站、港口、机场大厅及其旅客等候室	3.5	0.7	0.6	0.5
	(2) 无固定座位的看台	3.5	0.7	0.5	0.3
5	(1) 健身房、演出舞台	4.0	0.7	0.6	0.5
	(2) 舞厅	4.0	0.7	0.6	0.3
6	(1) 书库、档案库、储藏室	5.0	0.9	0.9	0.8
	(2) 密集柜书库	12.0			
7	通风机房、电梯机房	7.0	0.9	0.9	0.8
8	汽车通道及停车库：				
	(1) 单向板楼盖（板跨不小于 2m)				
	客车	4.0	0.7	0.7	0.6
	消防车	35.0	0.7	0.7	0.6
	(2) 双向板楼盖和无梁楼盖（柱网尺寸不小于 6m×6m)				
	客车	2.5	0.7	0.7	0.6
	消防车	20.0	0.7	0.7	0.6
9	厨房				
	(1) 一般的	2.0	0.7	0.6	0.5
	(2) 餐厅的	4.0	0.7	0.7	0.7
10	浴室、厕所、盥洗室：				
	(1) 第 1 项中的民用建筑	2.0	0.7	0.5	0.4
	(2) 其他民用建筑	2.5	0.7	0.6	0.5
11	走廊、门厅、楼梯：				
	(1) 宿舍、旅馆、医院病房、托儿所、幼儿园、住宅	2.0	0.7	0.5	0.4
	(2) 办公楼、教室、餐厅、医院门诊部	2.5	0.7	0.6	0.5
	(3) 消防疏散楼梯、其他民用建筑	3.5	0.7	0.5	0.3

续表

项　次	类　　别	标准值/(kN/m²)	组合值系数 ψ_c	频遇值系数 ψ_f	准永久值系数 ψ_q
12	阳台： (1) 一般情况 (2) 当人群有可能密集时	2.5 3.5	0.7	0.6	0.5

注　1. 本表所给各项活荷载适用于一般使用条件，当使用荷载较大或情况特殊时，应按实际情况采用。

2. 第6项书库活荷载当书架高度大于2m时，书库活荷载尚应按每米书架高度不小于2.5kN/m² 确定。

3. 第8项中的客车活荷载只适用于停放载人少于9人的客车；消防车活荷载是适用于满载总重为300kN的大型车辆；当不符合本表的要求时，应将车轮的局部荷载按结构效应的等效原则，换算为等效均布荷载。

4. 第11项楼梯活荷载，对预制楼梯踏步平板，尚应按1.5kN集中荷载验算。

5. 本表各项荷载不包括隔墙自重和二次装修荷载，对固定隔墙的自重应按恒荷载考虑，当隔墙位置可灵活自由布置时，非固定隔墙的自重应取每延米长墙重（kN/m）的1/3作为楼面活荷载的附加值（kN/m²）计入，附加值不小于1.0kN/m²。

附表2.2　　屋面积灰荷载

<table>
<tr><th rowspan="3">项次</th><th rowspan="3">类　别</th><th colspan="3">标准值（kN/m²）</th><th rowspan="3">组合值系数 ψ_c</th><th rowspan="3">频遇值系数 ψ_f</th><th rowspan="3">准永久值系数 ψ_q</th></tr>
<tr><th rowspan="2">屋面无挡风板</th><th colspan="2">屋面有挡风板</th></tr>
<tr><th>挡风板内</th><th>挡风板外</th></tr>
<tr><td>1</td><td>机械厂铸造车间（冲天炉）</td><td>0.50</td><td>0.75</td><td>0.30</td><td rowspan="8">0.9</td><td rowspan="8">0.9</td><td rowspan="8">0.8</td></tr>
<tr><td>2</td><td>炼钢车间（氧气转炉）</td><td>—</td><td>0.75</td><td>0.30</td></tr>
<tr><td>3</td><td>锰、铬铁合金车间</td><td>0.75</td><td>1.00</td><td>0.30</td></tr>
<tr><td>4</td><td>硅、钨铁合金车间</td><td>0.30</td><td>0.50</td><td>0.30</td></tr>
<tr><td>5</td><td>烧结室、一次混合室</td><td>0.50</td><td>1.00</td><td>0.20</td></tr>
<tr><td>6</td><td>烧结厂通廊及其他车间</td><td>0.30</td><td>—</td><td>—</td></tr>
<tr><td>7</td><td>水泥厂有灰车间（窑房、磨房、联合储库、烘干房、破碎房）</td><td>1.00</td><td>—</td><td>—</td></tr>
<tr><td>8</td><td>水泥厂无灰源车间（空气压缩机站、机修间、材料库、配电站）</td><td>0.50</td><td>—</td><td>—</td></tr>
</table>

注　1. 表中的积灰布荷载，仅应用于屋面坡度 $\alpha \leqslant 25°$；当 $\alpha \geqslant 45°$ 时，可不考虑积灰荷载；当 $25° < \alpha < 45°$ 时，可按插值法取值。

2. 清灰设施的荷载另行考虑。

3. 对于1～4项的积灰荷载，仅应用于距烟囱中心20m半径范围内的屋面；当临近建筑在该范围内时，其积灰荷载对第1、3、4项应按车间屋面无挡风板的采用，对第2项应按车间屋面挡风板外的采用。

附录3 屋面积雪分布系数

附表3.1 **屋面积雪分布系数**

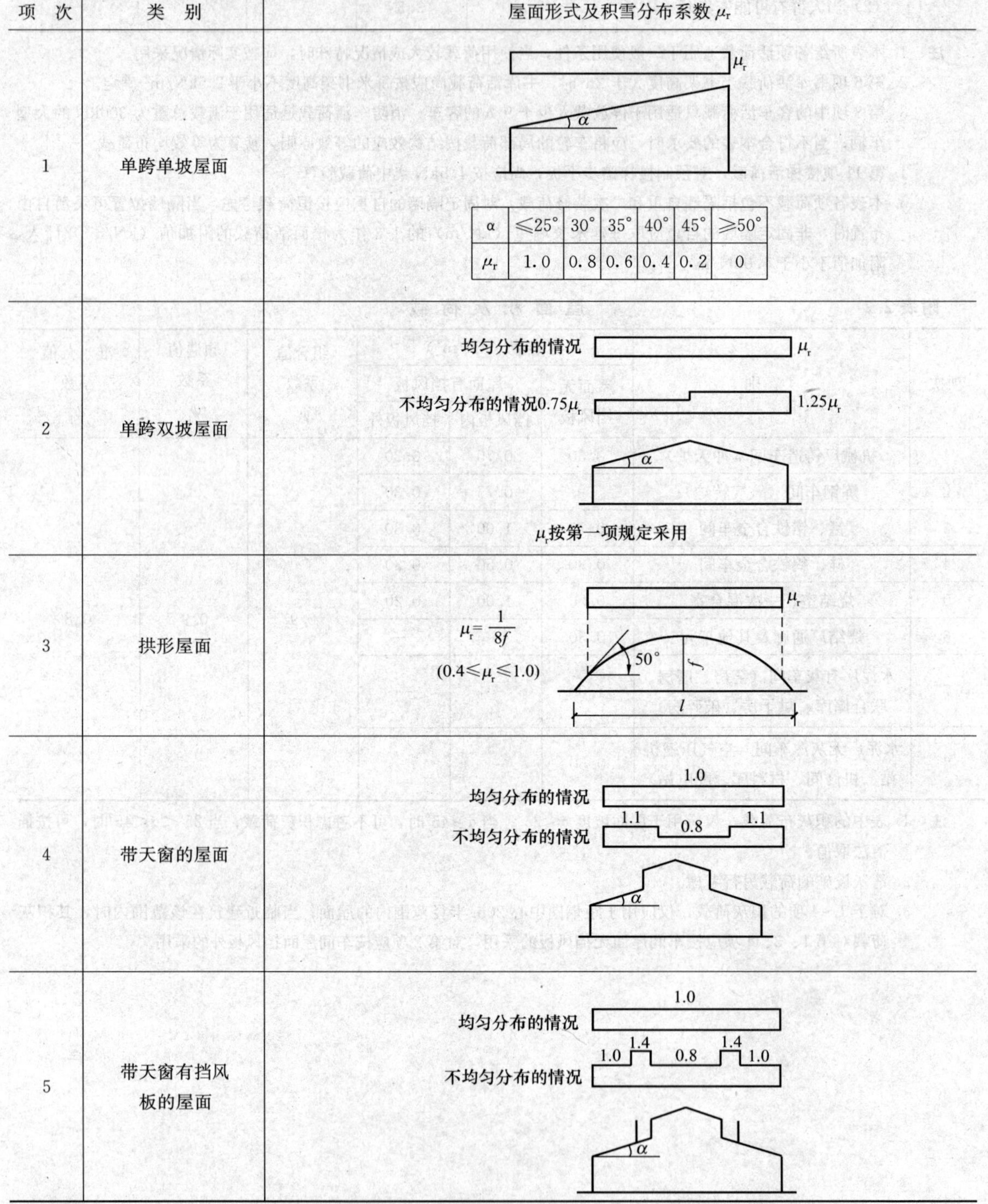

项次	类别	屋面形式及积雪分布系数μ_r
1	单跨单坡屋面	μ_r；α α：≤25°，30°，35°，40°，45°，≥50° μ_r：1.0，0.8，0.6，0.4，0.2，0
2	单跨双坡屋面	均匀分布的情况 μ_r 不均匀分布的情况 $0.75\mu_r$ $1.25\mu_r$ α μ_r按第一项规定采用
3	拱形屋面	$\mu_r=\frac{1}{8f}$ $(0.4\leqslant\mu_r\leqslant1.0)$ μ_r；50°；f；l
4	带天窗的屋面	均匀分布的情况 1.0 不均匀分布的情况 1.1 0.8 1.1 α
5	带天窗有挡风板的屋面	均匀分布的情况 1.0 不均匀分布的情况 1.0 1.4 0.8 1.4 1.0 α

续表

项次	类别	屋面形式及积雪分布系数 μ_r
6	多跨单坡屋面（锯齿形屋面）	均匀分布的情况 1.0 不均匀分布的情况 0.6 1.4 0.6 1.4 0.6 1.4 $l/2$ $l/2$ α l l
7	双跨双坡或拱形屋面	均匀分布的情况 1.0 不均匀分布的情况 μ_r 1.4 μ_r α f l l μ_r按第1或第3项规定采用
8	高低屋面	1.0 2.0 1.0 a h $a=2h$,但不小于4m,不大于8m

注 1. 第 2 项单跨双坡屋面仅当 20°≤α≤30°时，可采用不均匀分布情况。

2. 第 4、5 项只适用于坡度 α≤20°的一般工业厂房屋面。

3. 第 7 项双跨双坡或拱形屋面，当 α≤25°或 f/l≤0.1 时，只采用均匀分布情况。

4. 多跨屋面的积雪分布系数，可参照第 7 项的规定采用。

附录4 等截面等跨连续梁在常用荷载作用下的内力系数表

1. 均布及三角形荷载作用下

$$M=表中系数\times ql_0^2\ (或\times gl_0^2)$$
$$V=表中系数\times ql_0\ (或\times gl_0)$$

2. 在集中荷载作用下

$$M=表中系数\times Ql_0\ (或\times Gl_0)$$
$$V=表中系数\times Q\ (或\times G)$$

3. 内力正负号规定

M——截面上部受压、下部受拉为正；

V——对临近截面所产生的力矩沿顺时针方向者为正。

附表 4.1 **两 跨 梁**

荷载图	跨内最大弯矩		支座弯矩	剪力		
	M_1	M_2	M_R	V_A	$V_{B左}$ $V_{B右}$	V_C
g; A B c; l_0 l_0	0.070	0.070	−0.125	0.375	−0.625 0.625	−0.375
q; 1 2	0.096	—	−0.063	0.437	−0.563 0.063	0.063
q	0.048	0.048	−0.078	0.172	−0.328 0.328	−0.172
q	0.064	—	−0.039	0.211	−0.289 0.039	0.039
G	0.156	0.156	−0.188	0.312	−0.688 0.688	−0.312
Q	0.203	—	−0.094	0.406	−0.594 0.094	0.094
Q	0.222	0.222	−0.333	0.667	−1.333 1.333	−0.667
Q	0.278	—	−0.167	0.833	−1.167 0.167	0.167

附表 4.2　　三　跨　梁

荷载图	跨内最大弯矩		支座弯矩		剪力			
	M_1	M_2	M_B	M_C	V_A	$V_{B左}$ $V_{B右}$	$V_{C左}$ $V_{C右}$	V_D
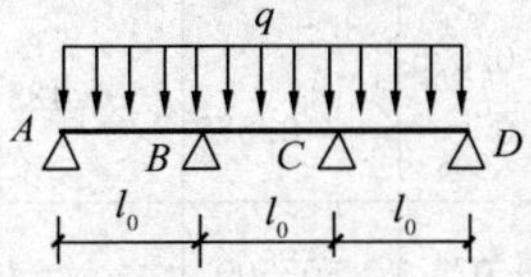 q; A B C D; l_0 l_0 l_0	0.080	0.025	−0.100	−0.100	0.400	−0.600 0.500	−0.500 0.600	−0.400
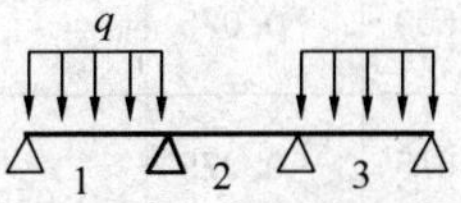 q; 1 2 3	0.101	—	−0.050	−0.050	0.450	−0.550 0	0 0.550	−0.450
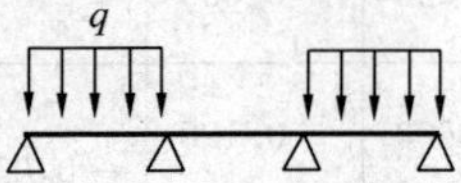 q	—	0.075	−0.050	−0.050	0.050	−0.050 0.500	−0.500 0.050	0.050
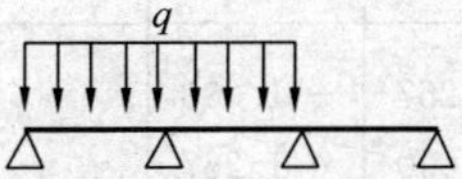 q	0.073	0.054	−0.117	−0.033	0.383	−0.617 0.583	−0.417 0.033	0.033
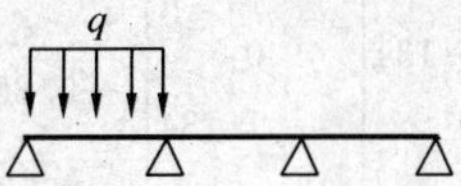 q	0.094	—	−0.067	0.017	0.433	−0.567 0.083	−0.083 −0.017	−0.017
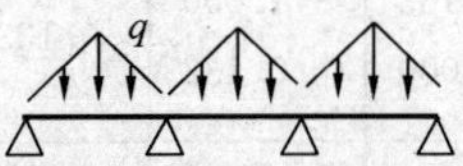 q	0.054	0.021	−0.063	−0.063	0.183	−0.313 0.250	−0.250 0.313	−0.188
 q	0.068	—	−0.031	−0.031	0.219	−0.281 0	0 0.281	−0.219
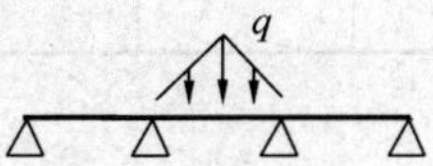 q	—	0.052	−0.031	−0.031	0.301	−0.031 0.250	−0.250 0.051	0.031
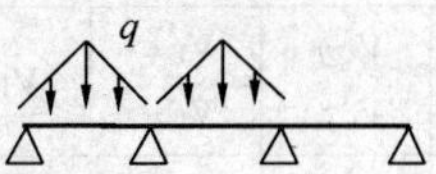 q	0.050	0.038	−0.073	−0.021	0.177	−0.323 0.302	−0.198 0.021	0.021
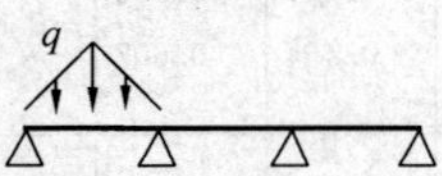 q	0.063	—	−0.042	0.010	0.208	−0.292 0.052	0.052 −0.010	−0.010
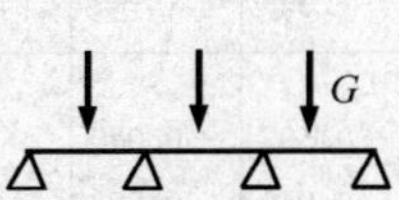 G	0.175	0.100	−0.150	−0.150	0.350	−0.650 0.500	−0.500 0.650	−0.350

续表

荷载图	跨内最大弯矩		支座弯矩		剪力			
	M_1	M_2	M_B	M_C	V_A	$V_{B左}$ $V_{B右}$	$V_{C左}$ $V_{C右}$	V_D
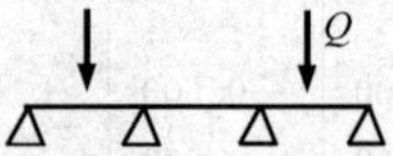 Q	0.213	—	−0.075	−0.075	0.425	−0.575 0	0 0.575	−0.425
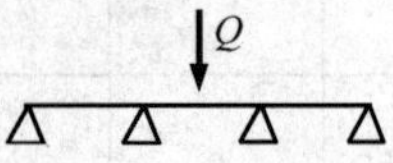 Q	—	0.175	−0.075	−0.075	−0.075	−0.075 0.500	−0.500 0.075	0.075
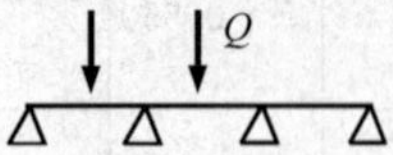 Q	0.162	0.137	−0.175	−0.050	0.325	−0.675 0.625	−0.375 0.050	0.050
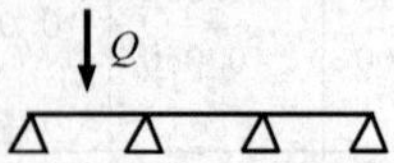 Q	0.200	—	−0.100	0.025	0.400	−0.600 0.125	0.125 −0.125	−0.025
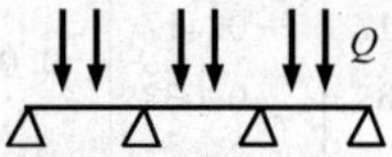 Q	0.244	0.067	−0.267	−0.267	0.733	−1.267 1.000	−1.000 1.267	−0.733
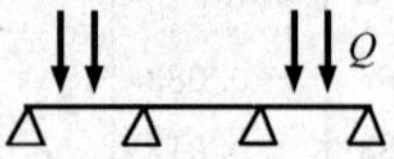 Q	0.289	—	−0.133	−0.133	0.866	−1.134 0	0 1.134	−0.866
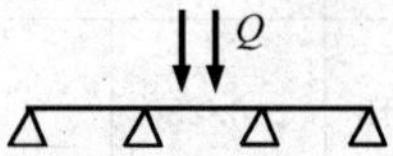 Q	—	0.200	−0.133	−0.133	−0.133	−0.133 1.000	−1.000 0.133	0.133
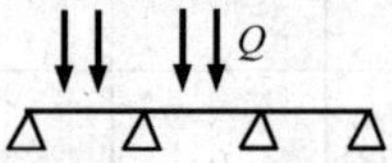 Q	0.229	0.170	−0.311	−0.089	0.689	−1.311 1.222	−0.778 0.089	0.089
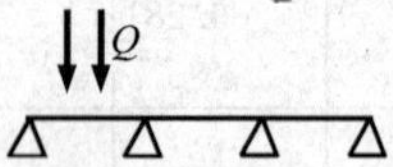 Q	0.274	—	−0.178	0.044	0.822	−1.178 0.222	0.222 −0.044	−0.044

附表 4.3 **四跨梁**

荷载图	跨内最大弯矩				支座弯矩			剪力				
	M_1	M_2	M_3	M_4	M_B	M_C	M_D	V_A	$V_{B左}$ $V_{B右}$	$V_{C左}$ $V_{C右}$	$V_{D左}$ $V_{D右}$	V_E
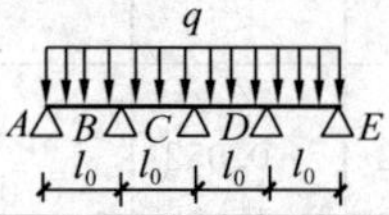 q A B C D E l_0 l_0 l_0 l_0	0.077	0.036	0.036	0.077	−0.107	−0.071	−0.107	−0.393	−0.607 0.536	−0.464 0.464	−0.536 0.607	−0.393
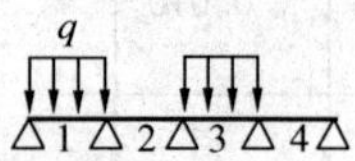 q 1 2 3 4	0.100	—	0.081	—	−0.054	−0.036	−0.054	0.446	−0.554 0.018	0.018 0.482	−0.518 0.054	0.054
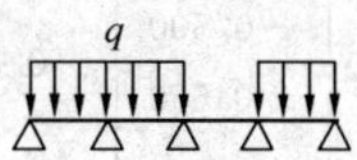 q	0.072	0.061	—	0.098	−0.121	−0.018	−0.058	0.380	−0.620 0.603	−0.397 0.040	−0.040 0.558	−0.442

续表

荷载图	跨内最大弯矩				支座弯矩			剪力				
	M_1	M_2	M_3	M_4	M_B	M_C	M_D	V_A	$V_{B左}$ $V_{B右}$	$V_{C左}$ $V_{C右}$	$V_{D左}$ $V_{D右}$	V_E
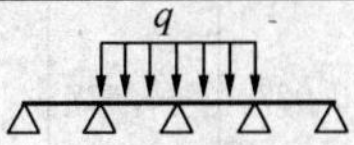	—	0.056	0.056	—	0.036	0.107	−0.036	−0.036	−0.036 0.429	−0.571 0.571	−0.429 0.036	0.036
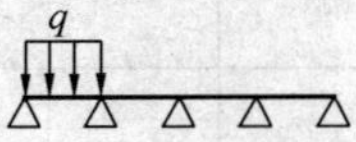	0.094	—	—	—	−0.067	0.018	−0.004	0.433	−0.567 0.085	0.085 −0.022	−0.022 0.004	0.004
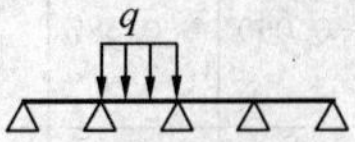	—	0.074	—	—	−0.049	−0.054	0.013	−0.049	−0.049 0.496	−0.504 0.067	0.067 −0.013	−0.013
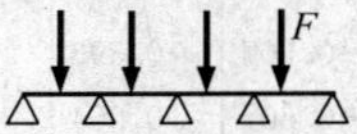	0.169	0.116	0.116	0.169	−0.161	−0.107	−0.161	0.339	−0.661 0.554	−0.446 0.446	−0.554 0.661	−0.339
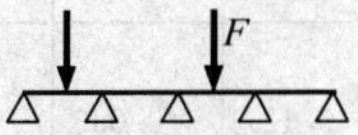	0.210	—	0.180	—	0.089	−0.054	−0.080	0.420	−0.580 0.027	0.027 0.473	−0.527 0.080	0.080
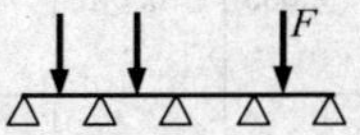	0.159	0.146	—	0.206	−0.181	−0.027	−0.087	0.319	−0.681 0.654	−0.346 0.060	−0.060 0.587	−0.413
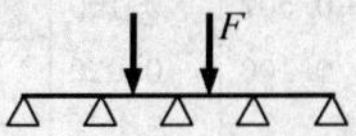	—	0.142	0.142	—	−0.054	−0.161	−0.054	0.054	−0.054 0.393	−0.607 −0.607	−0.393 0.054	0.054
	0.062	0.028	0.028	0.052	−0.067	−0.045	−0.067	0.183	−0.317 0.272	−0.228 0.228	−0.272 0.317	−0.183
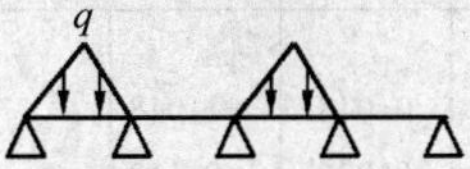	0.067	—	0.055	—	−0.084	−0.022	−0.034	0.217	−0.234 0.011	0.011 0.239	−0.261 0.034	0.034
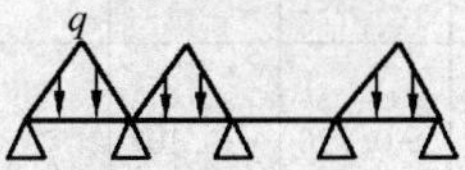	0.049	0.042	—	0.066	−0.075	−0.011	−0.036	0.175	−0.325 0.314	−0.186 −0.025	−0.025 0.286	−0.214
	—	0.040	0.040	—	−0.022	−0.067	−0.022	−0.022	−0.022 0.205	−0.295 0.295	−0.205 0.022	0.022
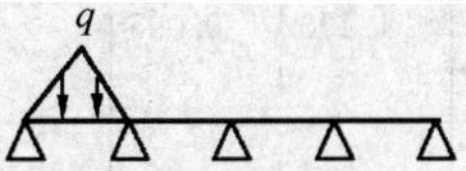	0.088	—	—	—	−0.042	0.011	−0.003	0.208	−0.292 0.053	0.063 −0.014	−0.014 0.003	0.003
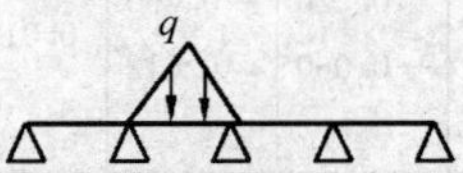	—	0.051	—	—	−0.031	−0.034	0.008	−0.031	−0.031 0.247	−0.253 0.042	0.042 −0.008	−0.008
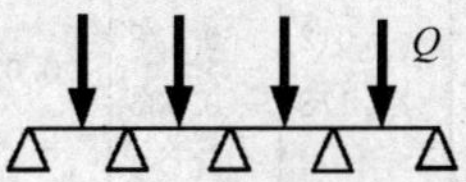	0.169	0.116	0.116	0.169	−0.161	−0.107	−0.161	0.339	−0.661 0.554	−0.446 0.446	−0.554 0.661	−0.339

续表

荷载图	跨内最大弯矩				支座弯矩			剪力				
	M_1	M_2	M_3	M_4	M_B	M_C	M_D	V_A	$V_{B左}$ $V_{B右}$	$V_{C左}$ $V_{C右}$	$V_{D左}$ $V_{D右}$	V_E
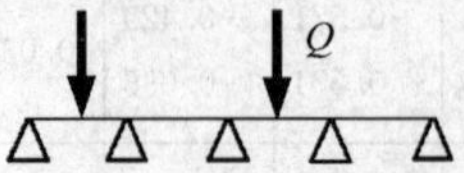 Q	0.210	—	0.180	—	−0.089	−0.054	−0.080	0.420	−0.580 0.027	0.027 0.473	−0.527 0.080	0.080
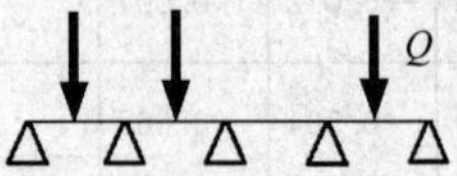 Q	0.159	0.146	—	0.206	−0.181	−0.027	−0.087	0.319	−0.681 0.654	−0.346 −0.060	−0.060 0.587	−0.413
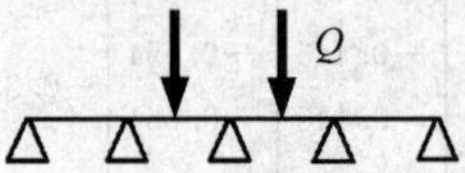 Q	—	0.142	0.142	—	−0.054	−0.161	−0.054	0.054	−0.054 0.393	−0.607 −0.607	−0.393 0.054	0.054
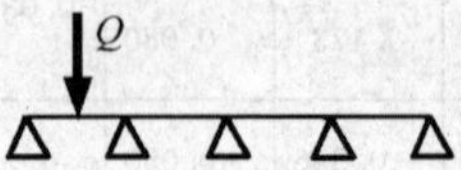 Q	0.200	—	—	—	−0.100	0.027	−0.007	0.400	−0.600 0.127	0.127 −0.033	−0.033 0.007	0.007
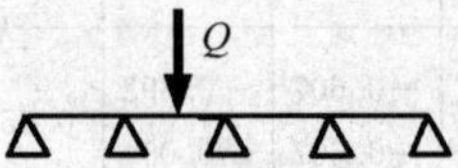 Q	—	0.173	—	—	−0.074	−0.080	0.020	−0.074	−0.074 0.493	−0.507 0.100	0.100 −0.020	−0.020
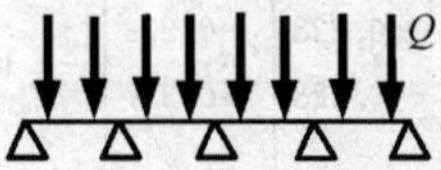 Q	0.238	0.111	0.111	0.238	−0.286	−0.191	−0.286	0.714	−1.286 1.095	−0.905 0.905	−1.095 1.286	−0.714
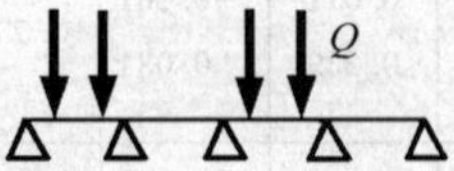 Q	0.286	—	0.222	—	−0.143	−0.095	−0.143	0.857	−1.143 0.048	0.048 0.952	−1.048 0.143	0.143
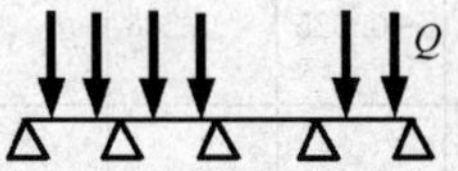 Q	0.226	0.194	—	0.282	−0.321	−0.048	−0.155	0.679	−1.321 1.274	−0.726 −0.107	−0.107 1.155	−0.845
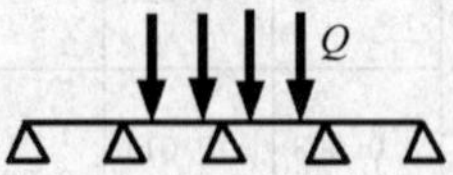 Q	—	0.175	0.175	—	−0.095	−0.286	−0.095	−0.095	−0.095 0.810	−1.190 1.190	−0.810 0.095	0.095
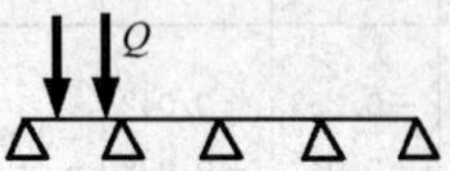 Q	0.274	—	—	—	−0.178	0.048	−0.012	0.822	−1.178 0.226	0.226 −0.060	−0.060 0.012	0.012
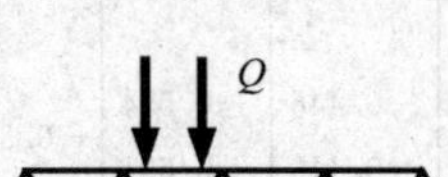 Q	—	0.198	—	—	−0.131	−0.143	0.036	−0.131	−0.131 0.988	−1.012 0.178	0.178 −0.036	−0.036

附表 4.4　　　　五 跨 梁

荷载图	跨内最大弯矩			支座弯矩				剪力					
	M_1	M_2	M_3	M_B	M_C	M_D	M_E	V_A	$V_{B左}$ $V_{B右}$	$V_{C左}$ $V_{C右}$	$V_{D左}$ $V_{D右}$	$V_{E左}$ $V_{E右}$	V_F
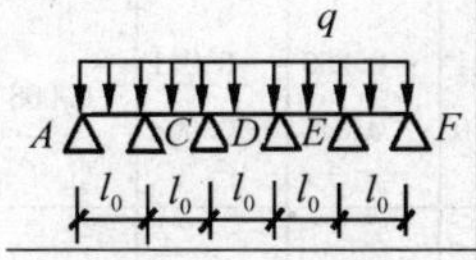	0.078	0.033	0.046	−0.105	−0.079	−0.079	−0.105	0.394	−0.606 0.526	−0.474 0.500	−0.500 0.474	−0.526 −0.606	−0.394
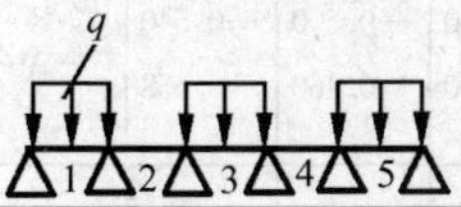	0.100	—	0.085	−0.053	−0.040	−0.040	−0.053	0.447	−0.553 0.013	0.013 0.500	−0.500 0.013	−0.013 0.553	−0.447
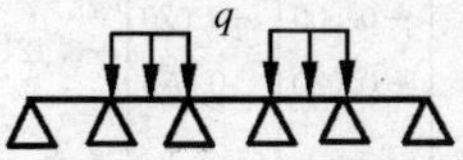	—	0.079	—	−0.053	−0.040	−0.040	−0.053	−0.053	−0.053 0.513	−0.487 0	0 0.487	−0.513 0.053	0.053
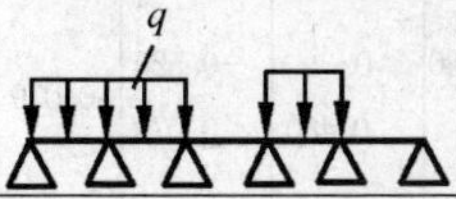	0.073	②0.059 0.078	—	−0.119	−0.022	−0.044	−0.051	0.380	−0.620 −0.598	−0.402 −0.023	−0.023 0.493	−0.507 0.052	0.052
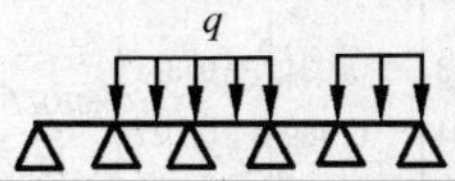	①— 0.098	0.055	0.064	−0.035	−0.111	−0.020	−0.057	−0.035	−0.035 0.424	−0.576 0.591	−0.409 −0.037	−0.037 0.557	−0.443
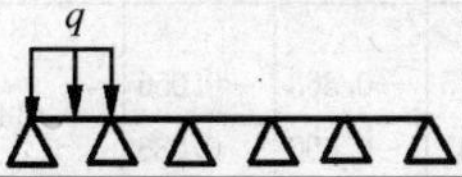	0.094	—	—	−0.067	0.018	−0.005	0.001	0.443	−0.567 0.085	0.085 −0.023	−0.023 0.006	0.006 −0.001	−0.001
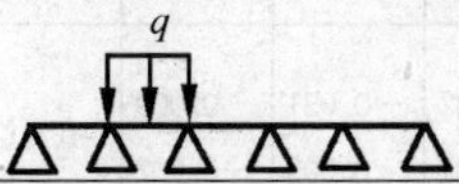	—	0.074	—	−0.049	−0.054	0.014	−0.004	−0.049	−0.049 0.495	−0.505 0.068	0.068 −0.018	−0.018 0.004	0.004
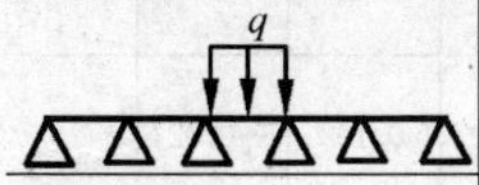	—	—	0.072	0.013	−0.053	−0.053	0.013	0.013	0.013 −0.066	−0.066 0.500	−0.500 0.066	0.066 −0.013	−0.013
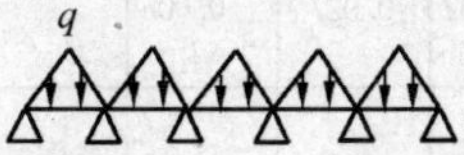	0.053	0.026	0.034	−0.066	−0.049	0.049	0.066	0.184	−0.316 0.266	−0.234 0.250	−0.0250 0.234	−0.266 0.3316	0.184
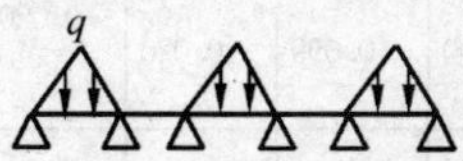	0.067	—	0.059	−0.033	−0.025	−0.025	0.033	0.217	0.283 0.008	0.008 0.250	−0.0250 −0.006	−0.008 0.283	0.217
	—	0.055	—	−0.033	−0.025	−0.025	−0.033	0.033	−0.033 0.258	−0.242 0	0 0.242	−0.258 0.033	0.033
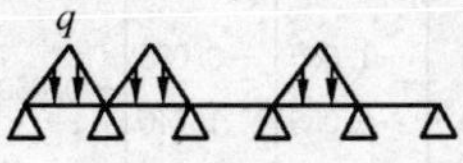	0.049	②0.041 0.053	—	−0.075	−0.014	−0.028	−0.032	0.175	0.325 0.311	−0.189 −0.014	−0.014 0.246	−0.255 0.032	0.032
	①— 0.063	0.039	0.044	−0.022	−0.070	−0.013	−0.036	−0.022	−0.022 0.202	−0.298 0.307	−0.198 −0.028	−0.023 0.286	−0.214
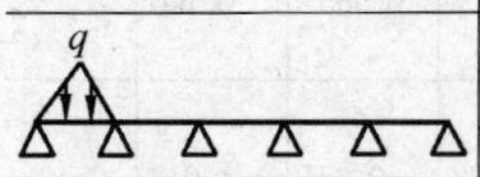	0.063	—	—	−0.042	0.011	−0.003	0.001	0.208	−0.292 0.053	0.053 −0.014	−0.014 0.004	0.004 −0.001	−0.001
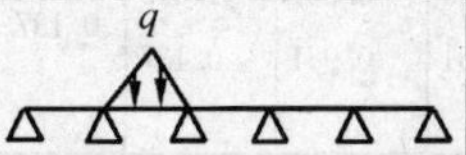	—	0.051	—	−0.031	−0.034	0.009	−0.002	−0.031	−0.031 0.247	−0.253 0.043	−0.049 −0.011	−0.011 0.002	0.002

续表

荷载图	跨内最大弯矩			支座弯矩				剪力					
	M_1	M_2	M_3	M_B	M_C	M_D	M_E	V_A	$V_{B左}$ $V_{B右}$	$V_{C左}$ $V_{C右}$	$V_{D左}$ $V_{D右}$	$V_{E左}$ $V_{E右}$	V_F
	—	—	0.050	0.008	−0.033	−0.033	0.008	0.008	0.008 −0.041	−0.041 0.250	−0.250 0.041	0.041 −0.008	−0.008
	0.171	0.112	0.132	−0.158	−0.118	−0.118	−0.158	−0.342	−0.658 0.540	−0.460 0.500	−0.500 0.460	−0.540 0.658	−0.342
	0.211	—	0.191	−0.079	−0.059	−0.059	−0.079	0.421	−0.579 0.020	0.020 0.500	−0.500 −0.020	−0.020 0.579	−0.421
	—	0.181	—	−0.079	−0.059	−0.059	−0.079	−0.079	−0.079 0.520	−0.480 0	0 0.480	−0.520 0.079	0.079
	0.160	②0.144/0.178	—	−0.179	−0.032	−0.066	−0.077	0.321	−0.679 0.647	−0.353 −0.034	−0.034 0.489	−0.511 0.077	0.077
	①—/0.207	0.140	0.151	−0.052	−0.167	−0.031	−0.086	−0.052	−0.052 0.385	−0.615 0.637	−0.363 −0.056	−0.056 0.586	−0.414
	0.200	—	—	−0.100	0.027	−0.007	0.002	0.400	−0.600 0.127	0.127 −0.031	−0.031 0.009	0.009 −0.002	−0.002
	—	0.173	—	−0.073	−0.081	0.022	−0.005	−0.073	−0.073 0.493	−0.507 0.102	0.102 0.027	−0.027 0.005	0.005
	—	—	0.171	0.020	−0.079	−0.079	0.020	0.020	0.020 −0.099	−0.099 0.500	−0.500 0.099	0.099 −0.020	−0.020
	0.240	0.100	0.122	−0.281	−0.211	−0.211	−0.281	0.719	−1.281 1.070	−0.930 1.000	−1.000 0.930	−1.070 1.281	−0.719
	0.287	—	0.228	−0.140	−0.105	−0.105	−0.140	0.860	−1.140 0.035	0.035 1.000	−1.000 −0.035	−0.035 1.140	−0.860
	—	0.216	—	−0.140	−0.105	−0.105	−0.140	−0.140	−0.140 1.035	−0.965 0	0.000 0.965	−1.035 0.140	0.140
	0.227	②0.189/0.209	—	−0.319	−0.057	−0.118	−0.137	0.681	−1.319 1.262	−0.738 0.061	−0.061 0.981	−1.019 0.137	0.137

续表

荷载图	跨内最大弯矩			支座弯矩				剪力					
	M_1	M_2	M_3	M_B	M_C	M_D	M_E	V_A	$V_{B左}$ $V_{B右}$	$V_{C左}$ $V_{C右}$	$V_{D左}$ $V_{D右}$	$V_{E左}$ $V_{E右}$	V_F
F	①— 0.282	0.172	0.198	-0.093	-0.297	-0.054	-0.153	-0.093	-0.093 0.796	-1.204 1.243	-0.757 -0.099	-0.099 1.153	-0.847
F	0.274	—	—	-0.179	0.048	-0.013	0.003	0.821	-1.179 0.227	0.227 -0.061	-0.061 0.016	0.016 -0.003	-0.003
F	—	0.198	—	-0.131	-0.144	-0.038	-0.010	-0.131	-0.131 0.987	-1.013 0.182	0.182 -0.048	-0.048 0.010	0.010
F	—	—	0.193	0.035	-0.140	-0.140	0.035	0.035	0.035 -0.175	-0.175 1.000	-1.000 0.175	0.175 -0.035	-0.035

注　① 分子及分母分别为 M_1 及 M_5 的弯矩系数；

② 分子及分母分别为 M_2 及 M_4 的弯矩系数。

附录5 双向板计算系数

符号说明：

B_c——板的抗弯刚度，$B_c=\dfrac{Eh^3}{12\times(1-\mu^2)}$；

E——混凝土弹性模量；

h——板厚；

μ——混凝土泊松比；

f，f_{max}——分别为板中心点的挠度和最大挠度；

m_x，$m_{x,max}$——分别为平行于 l_{0x} 方向板中心点单位板宽内的弯矩和板跨内最大弯矩；

m_y，$m_{y,max}$——分别为平行于 l_{0y} 方向板中心点单位板宽内的弯矩和板跨内最大弯矩；

m'_x——固定边中点沿 l_{0x} 方向单位板宽内的弯矩；

m'_y——固定边中点沿 l_{0y} 方向单位板宽内的弯矩。

==== 代表简支边；ɯɯɯ 代表固定边。

正负号的规定：

弯矩——使板的受荷面受压者为正；

挠度——变形与荷载方向相同者为正。

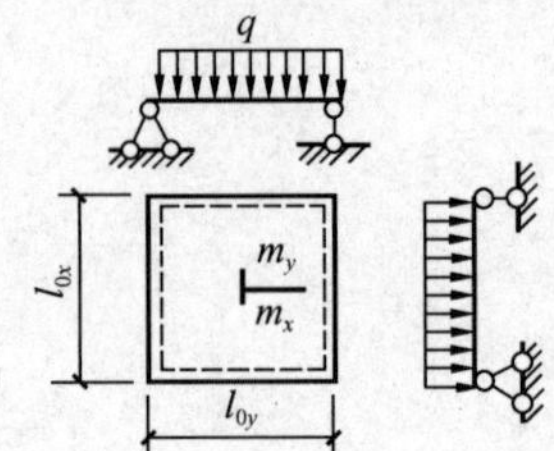

挠度＝表中系数×$\dfrac{ql_0^4}{B_c}$

$\mu=0$，弯矩＝表中系数×ql_0^2；

式中 l_0 取用 l_{0x} 和 l_{0y} 中较小者。

附表5.1　　四边简支双向板计算系数

l_{0x}/l_{0y}	f	m_x	m_y	l_{0x}/l_{0y}	f	m_x	m_y
0.50	0.01013	0.0965	0.0174	0.80	0.00603	0.0561	0.0334
0.55	0.00940	0.0892	0.0210	0.85	0.00547	0.0506	0.0348
0.60	0.00867	0.0820	0.0242	0.90	0.00496	0.0456	0.0353
0.65	0.00796	0.0750	0.0271	0.95	0.00449	0.0410	0.0364
0.70	0.00727	0.0683	0.0296	1.00	0.00406	0.0368	0.0368
0.75	0.00663	0.0620	0.0317				

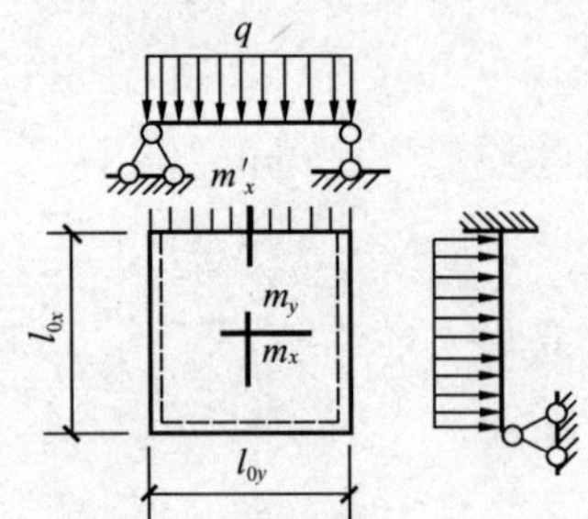

挠度＝表中系数×$\dfrac{ql_0^4}{B_c}$；

$\mu=0$，弯矩＝表中系数×ql_0^2；

式中 l_0 取用 l_{0x} 和 l_{0y} 中较小者。

附表 5.2　　三边简支一边固定双向板计算系数

l_{0x}/l_{0y}	l_{0y}/l_{0x}	f	$f_{\max}$	m_x	$m_{x,\max}$	m_y	$m_{y,\max}$	m_y^x
0.50		0.00488	0.00504	0.0588	0.0646	0.0060	0.0063	−0.1212
0.55		0.00471	0.00492	0.0563	0.0618	0.0081	0.0087	−0.1187
0.60		0.00453	0.00472	0.0539	0.0589	0.0104	0.0111	−0.1158
0.65		0.00432	0.00448	0.0513	0.0559	0.0126	0.0133	−0.1124
0.70		0.00410	0.00422	0.0485	0.0529	0.0148	0.0154	−0.1087
0.75		0.00388	0.00399	0.0457	0.0496	0.0168	0.0174	−0.1048
0.80		0.00365	0.00376	0.0428	0.0463	0.0187	0.0193	−0.1007
0.85		0.00343	0.00352	0.0400	0.0431	0.0204	0.0211	−0.0965
0.90		0.00321	0.00329	0.0372	0.0400	0.0219	0.0226	−0.0922
0.95		0.00299	0.00306	0.0345	0.0369	0.0232	0.0239	−0.0880
1.00	1.00	0.00279	0.00285	0.0319	0.0340	0.0243	0.0249	−0.0839
	0.95	0.00316	0.00324	0.0324	0.0345	0.0280	0.0287	−0.0882
	0.90	0.00360	0.00368	0.0328	0.0347	0.0322	0.0330	−0.0926
	0.85	0.00409	0.00417	0.0329	0.0347	0.0370	0.0378	−0.0970
	0.80	0.00464	0.00473	0.0326	0.0343	0.0424	0.0433	−0.1014
	0.75	0.00526	0.00536	0.0319	0.0335	0.0485	0.0494	−0.1056
	0.70	0.00595	0.00605	0.0308	0.0323	0.0553	0.0562	−0.1096
	0.65	0.00670	0.00680	0.0291	0.0306	0.0627	0.0637	−0.1133
	0.60	0.00752	0.00762	0.0268	0.0289	0.0707	0.0717	−0.1166
	0.55	0.00838	0.00848	0.0239	0.0271	0.0792	0.0801	−0.1193
	0.50	0.00927	0.00935	0.0205	0.0249	0.0880	0.8880	−0.1215

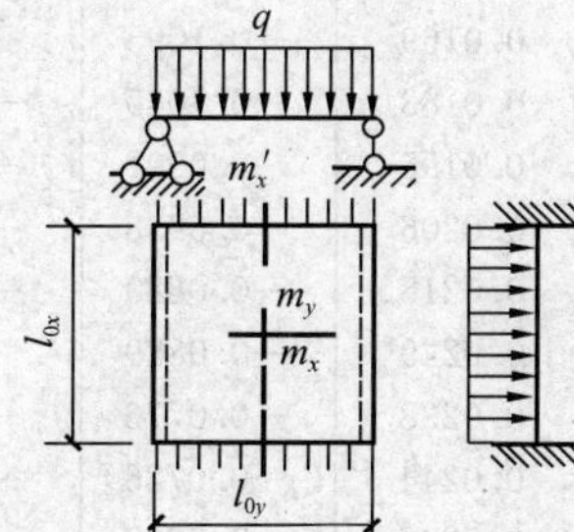

挠度＝表中系数$\times\dfrac{ql_0^4}{B_c}$；

$\mu=0$，弯矩＝表中系数$\times ql_0^2$；

式中 l_0 取用 l_{0x} 和 l_{0y} 中较小者。

附表 5.3　　两对边简支两对边固定双向板计算系数

l_{0x}/l_{0y}	l_{0y}/l_{0x}	f	m_x	m_y	m_x^y
0.50		0.00261	0.0416	0.0017	−0.0843
0.55		0.00259	0.0410	0.0028	−0.0840
0.60		0.00255	0.0402	0.0042	−0.0843
0.65		0.00250	0.0392	0.0057	−0.0826
0.70		0.00243	0.0379	0.0072	−0.0814
0.75		0.00236	0.0366	0.0088	−0.0799
0.80		0.00228	0.0351	0.0103	−0.0782
0.85		0.00220	0.0335	0.0118	−0.0763
0.90		0.00211	0.0319	0.0133	−0.0743
0.95		0.00201	0.0302	0.0146	−0.0721
1.00	1.00	0.00192	0.0285	0.0158	−0.0698
	0.95	0.00223	0.0296	0.0189	−0.0746
	0.90	0.00260	0.0306	0.0224	−0.0797
	0.85	0.00303	0.0314	0.0266	−0.0850

续表

l_{0x}/l_{0y}	l_{0y}/l_{0x}	f	m_x	m_y	m_x^y
	0.80	0.00354	0.0319	0.0316	−0.0904
	0.75	0.00413	0.0321	0.0374	−0.0959
	0.70	0.00482	0.0318	0.0441	−0.1013
	0.65	0.00560	0.0308	0.0518	−0.1066
	0.60	0.00647	0.0292	0.0604	−0.1114
	0.55	0.00743	0.0267	0.0698	−0.1156
	0.50	0.00844	0.0234	0.0798	−0.1191

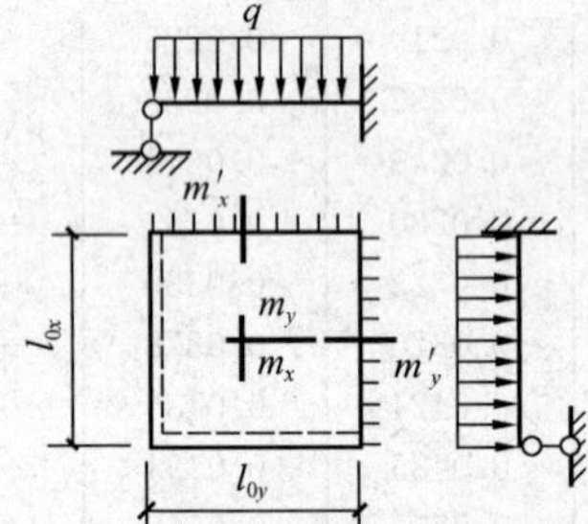

挠度=表中系数$\times\frac{ql_0^4}{B_c}$；

$\mu=0$，弯矩=表中系数$\times ql_0^2$；

式中 l_0 取用 l_{0x}和 l_{0y} 中较小者。

附表 5.4　两邻边简支两邻边固定双向板计算系数

l_{0x}/l_{0y}	f	$f_{\max}$	m_x	$m_{x,\max}$	m_y	$m_{y,\max}$	m_x^y	m_y^x
0.50	0.00468	0.00471	0.0559	0.0562	0.0079	0.0135	−0.1179	−0.0786
0.55	0.00445	0.00454	0.0529	0.0530	0.0104	0.0153	−0.1140	−0.0785
0.60	0.00419	0.00429	0.0496	0.0498	0.0129	0.0169	−0.1095	−0.0782
0.65	0.00391	0.00399	0.0461	0.0465	0.0151	0.0183	−0.1045	−0.0777
0.70	0.00363	0.00368	0.0426	0.0432	0.0172	0.0195	−0.0992	−0.0770
0.75	0.00335	0.00340	0.0390	0.0396	0.0189	0.0206	−0.0938	−0.0760
0.80	0.00308	0.00313	0.0356	0.0361	0.0204	0.0218	−0.0883	−0.0748
0.85	0.00281	0.00286	0.0322	0.0328	0.0215	0.0229	−0.0829	−0.0733
0.90	0.00256	0.00261	0.0291	0.0297	0.0224	0.0238	−0.0776	−0.0716
0.95	0.00232	0.00237	0.0261	0.0267	0.0230	0.0244	−0.0726	−0.0698
1.00	0.00210	0.00215	0.0234	0.0240	0.0234	0.0249	−0.0667	−0.0677

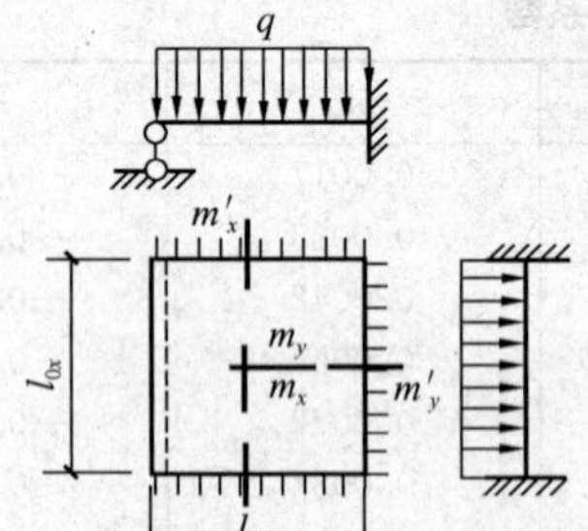

挠度=表中系数$\times\frac{ql_0^4}{B_c}$；

$\mu=0$，弯矩=表中系数$\times ql_0^2$；

式中 l_0 取用 l_{0x}和 l_{0y} 中较小者。

附表 5.5　三边固定一边简支双向板计算系数

l_{0x}/l_{0y}	l_{0y}/l_{0x}	f	$f_{\max}$	m_x	$m_{x,\max}$	m_y	$m_{y,\max}$	m_x^y	m_y^x
0.50		0.00257	0.00258	0.0408	0.0409	0.0028	0.0089	−0.0836	−0.0569
0.55		0.00252	0.00255	0.0398	0.0399	0.0042	0.0093	−0.0827	−0.0570
0.60		0.00245	0.00249	0.0384	0.0386	0.0059	0.0105	−0.0814	−0.0571
0.65		0.00237	0.00240	0.0368	0.0371	0.0076	0.0116	−0.0796	−0.0572

续表

l_{0x}/l_{0y}	l_{0y}/l_{0x}	f	f_{max}	m_x	$m_{x,max}$	m_y	$m_{y,max}$	m_x^y	m_y^x
0.70		0.00227	0.00229	0.0350	0.0354	0.0093	0.0127	−0.0774	−0.0572
0.75		0.00216	0.00219	0.0331	0.0335	0.0109	0.0137	−0.0750	−0.0572
0.80		0.00205	0.00208	0.0310	0.0314	0.0124	0.0147	−0.0722	−0.0570
0.85		0.00193	0.00196	0.0289	0.0293	0.0138	0.0155	−0.0693	−0.0567
0.90		0.00181	0.00184	0.0268	0.0273	0.0159	0.0163	−0.0663	−0.0563
0.95		0.00169	0.00172	0.0247	0.0252	0.0160	0.0172	−0.0631	−0.0558
1.00	1.00	0.00157	0.00160	0.0227	0.0231	0.0168	0.0180	−0.0600	−0.0550
	0.95	0.00178	0.00182	0.0229	0.0234	0.0194	0.0207	−0.0629	−0.0599
	0.90	0.00201	0.00206	0.0228	0.0234	0.0223	0.0238	−0.0656	−0.0653
	0.85	0.00227	0.00233	0.0225	0.0231	0.0255	0.0273	−0.0683	−0.0711
	0.80	0.00256	0.00262	0.0219	0.0224	0.0290	0.0311	−0.0707	−0.0772
	0.75	0.00286	0.00294	0.0208	0.0214	0.0329	0.0354	−0.0729	−0.0837
	0.70	0.00319	0.00327	0.0194	0.0200	0.0370	0.0400	−0.0748	−0.0903
	0.65	0.00352	0.00365	0.0175	0.0182	0.0412	0.0446	−0.0762	−0.0970
	0.60	0.00386	0.00403	0.0153	0.0160	0.0454	0.0493	−0.0773	−0.1033
	0.55	0.00419	0.00437	0.0127	0.0133	0.0496	0.0541	−0.0780	−0.1093
	0.50	0.00449	0.00463	0.0099	0.0103	0.0534	0.0588	−0.0784	−0.1146

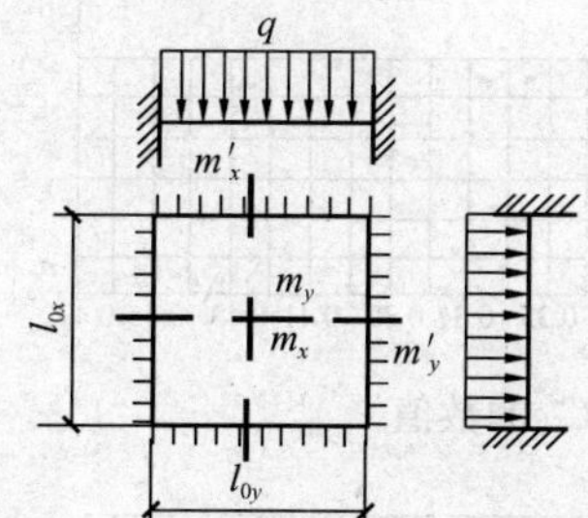

挠度＝表中系数×$\dfrac{ql_0^4}{B_c}$；

$\mu=0$，弯矩＝表中系数×ql_0^2；

式中 l_0 取用 l_{0x} 和 l_{0y} 中较小者。

附表 5.6　　　　四边固定双向板计算系数

l_{0x}/l_{0y}	f	m_x	m_y	m'_x	m'_y
0.50	0.00253	0.0400	0.0038	−0.0829	−0.0570
0.55	0.00246	0.0385	0.0056	−0.0814	−0.0571
0.60	0.00236	0.0367	0.0076	−0.0793	−0.0571
0.65	0.00224	0.0345	0.0095	−0.0766	−0.0571
0.70	0.00211	0.0321	0.0113	−0.0735	−0.0569
0.75	0.00197	0.0296	0.0130	−0.0701	−0.0565
0.80	0.00182	0.0271	0.0144	−0.0664	−0.0559
0.85	0.00168	0.0246	0.0156	−0.0626	−0.0551
0.90	0.00153	0.0221	0.0165	−0.0588	−0.0541
0.95	0.00140	0.0198	0.0172	−0.0550	−0.0528
1.00	0.00127	0.0176	0.0176	−0.0513	−0.0513

附录6 单阶柱柱顶反力和水平位移系数值

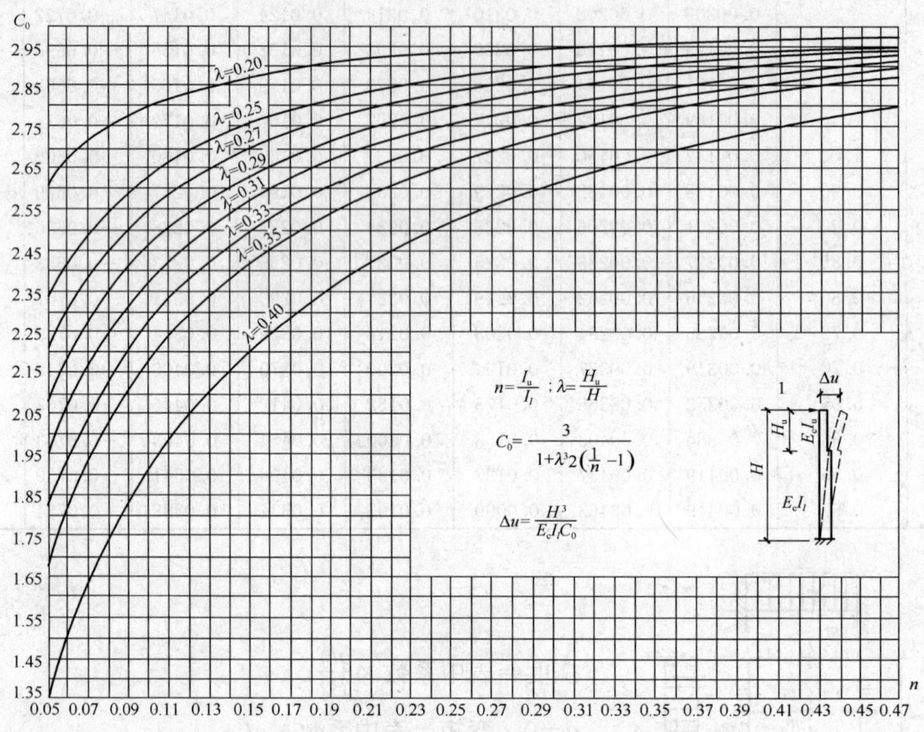

附图6.1 柱顶单位集中荷载作用下系数 C_0 的数值

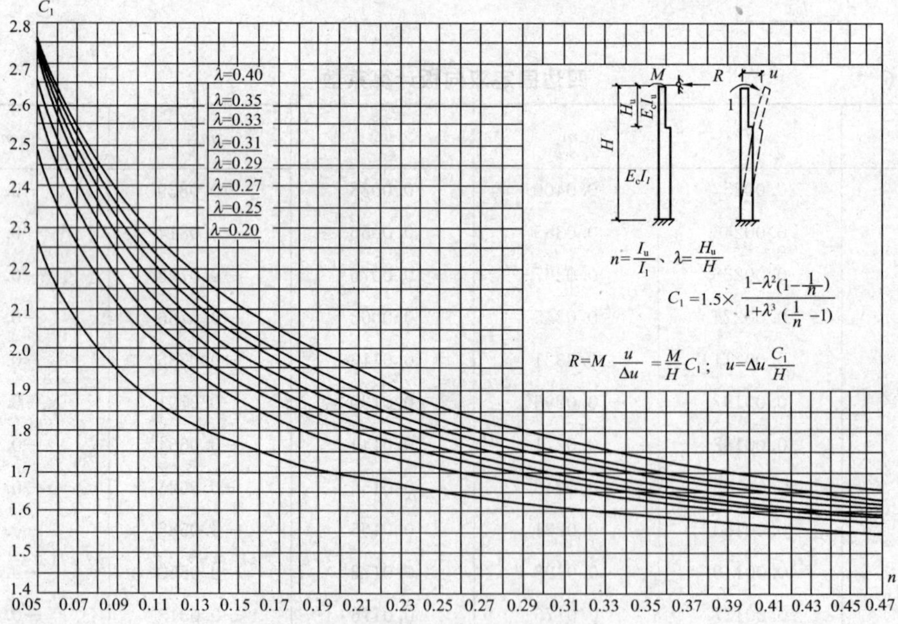

附图6.2 柱顶力矩作用下系数 C_1 的数值

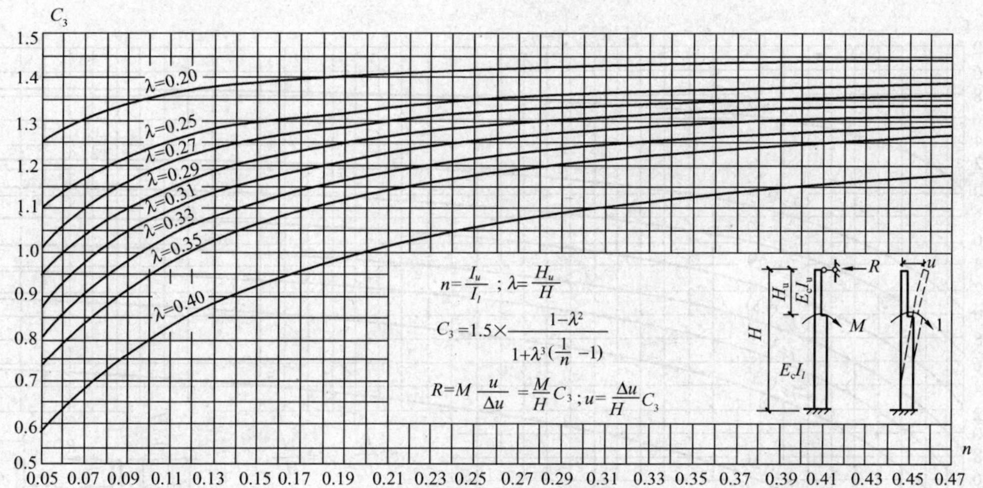

附图 6.3　力矩作用在牛腿顶面时系数 C_3 的数值

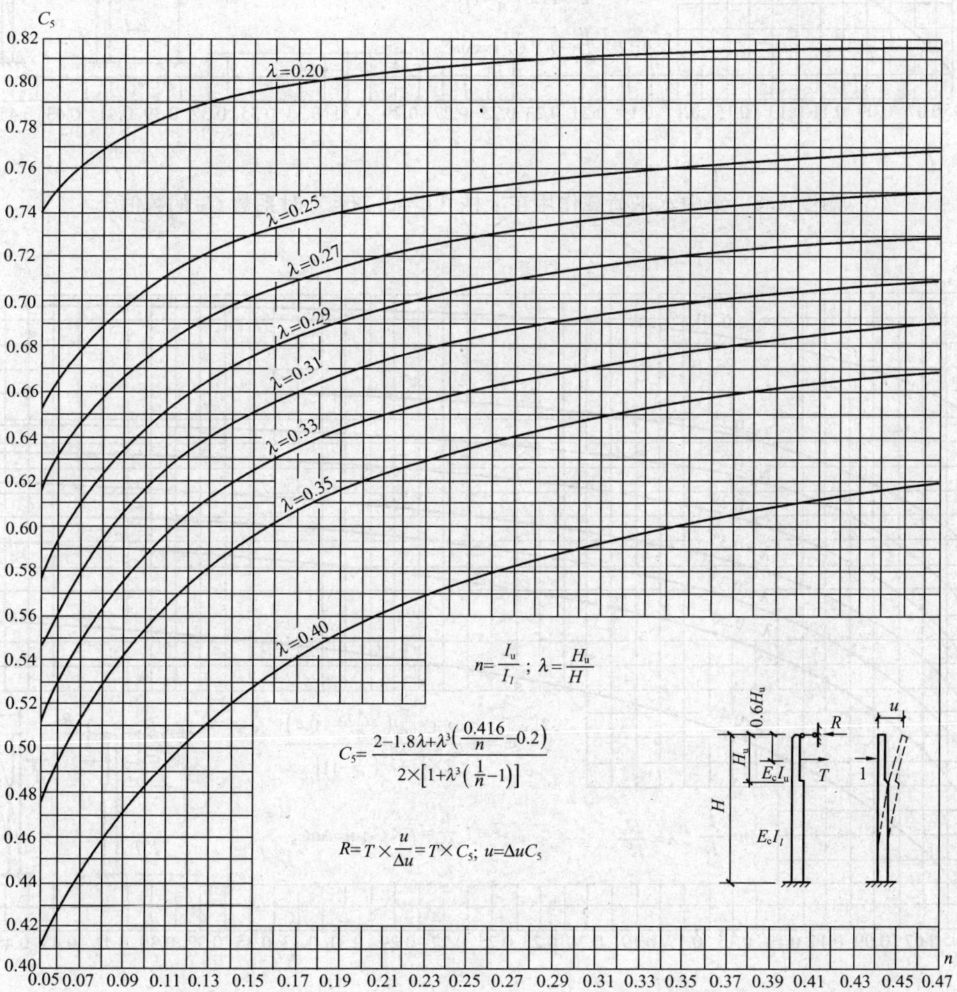

C_5

λ=0.20　λ=0.25　λ=0.27　λ=0.29　λ=0.31　λ=0.33　λ=0.35　λ=0.40

$n=\frac{I_u}{I_l}$；$\lambda=\frac{H_u}{H}$

$$C_5=\frac{2-1.8\lambda+\lambda^3\left(\frac{0.416}{n}-0.2\right)}{2\times\left[1+\lambda^3\left(\frac{1}{n}-1\right)\right]}$$

$R=T\times\frac{u}{\Delta u}=T\times C_5$；$u=\Delta u C_5$

n

0.05 0.07 0.09 0.11 0.13 0.15 0.17 0.19 0.21 0.23 0.25 0.27 0.29 0.31 0.33 0.35 0.37 0.39 0.41 0.43 0.45 0.47

附图 6.4　集中水平荷载作用在上柱（$y=0.6H_u$）时系数 C_5 的数值

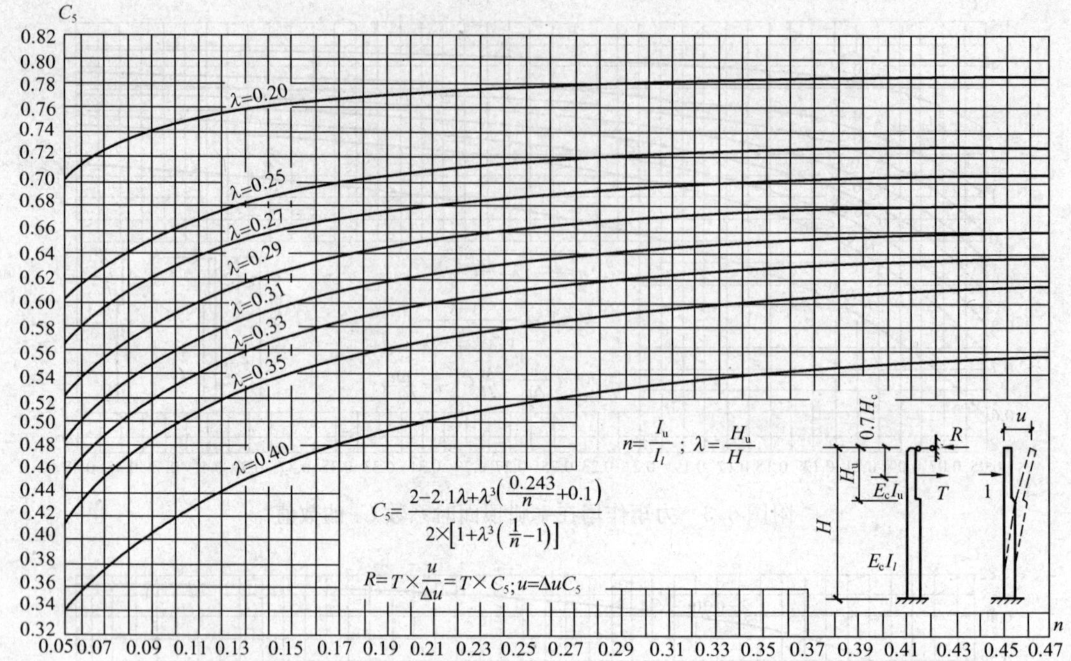

附图 6.5 集中水平荷载作用在上柱（$y=0.7H_u$）时系数 C_5 的数值

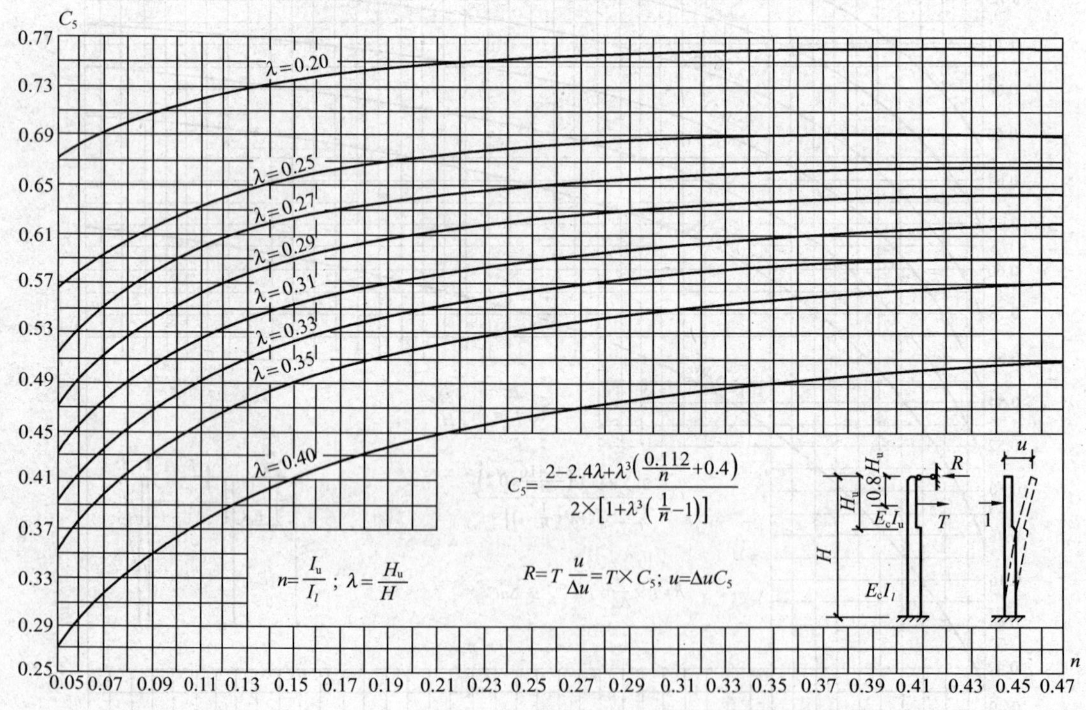

附图 6.6 集中水平荷载作用在上柱（$y=0.8H_u$）时系数 C_5 的数值

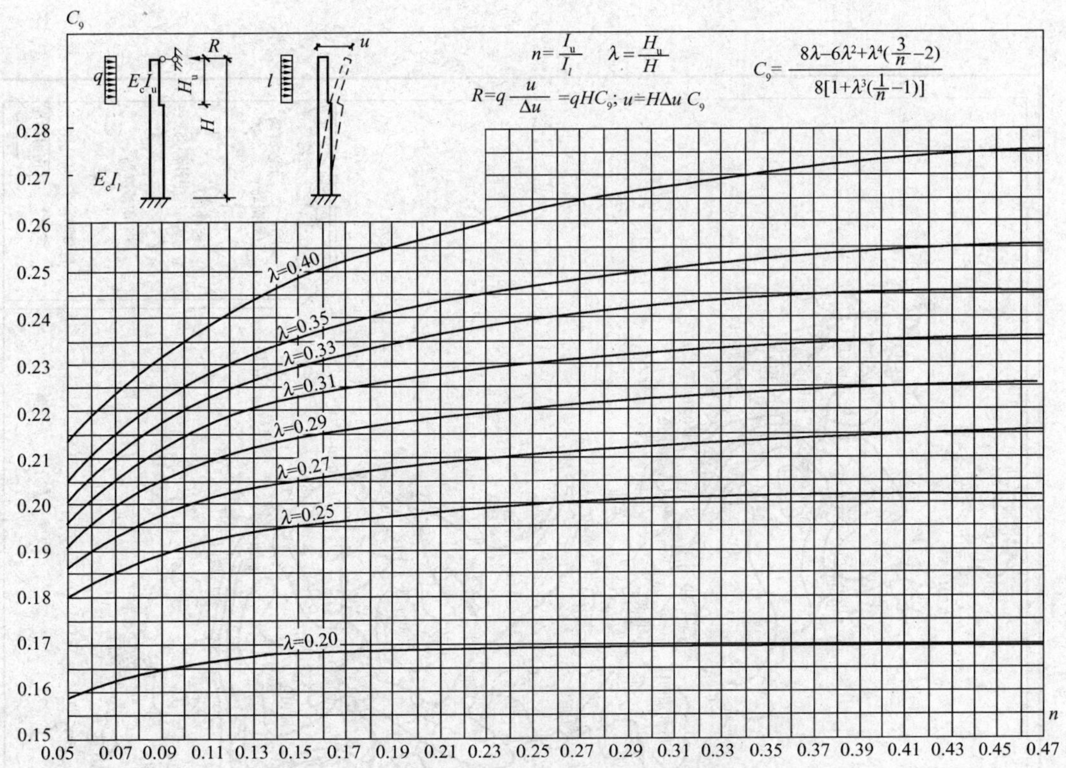

附图 6.7 水平均布荷载作用在整个上柱时系数 C_9 的数值

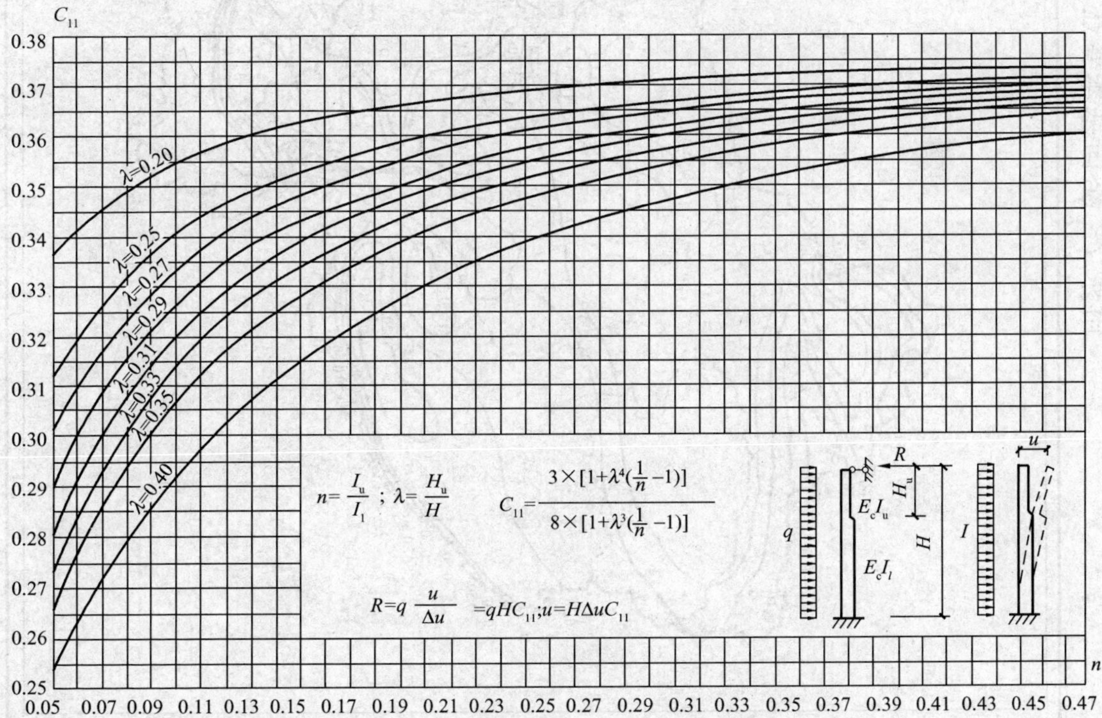

附图 6.8 水平均匀荷载作用在整个上、下柱时系数 C_{11} 的数值

附录 7 全国基本雪压分布图（单位：kN/m^2）

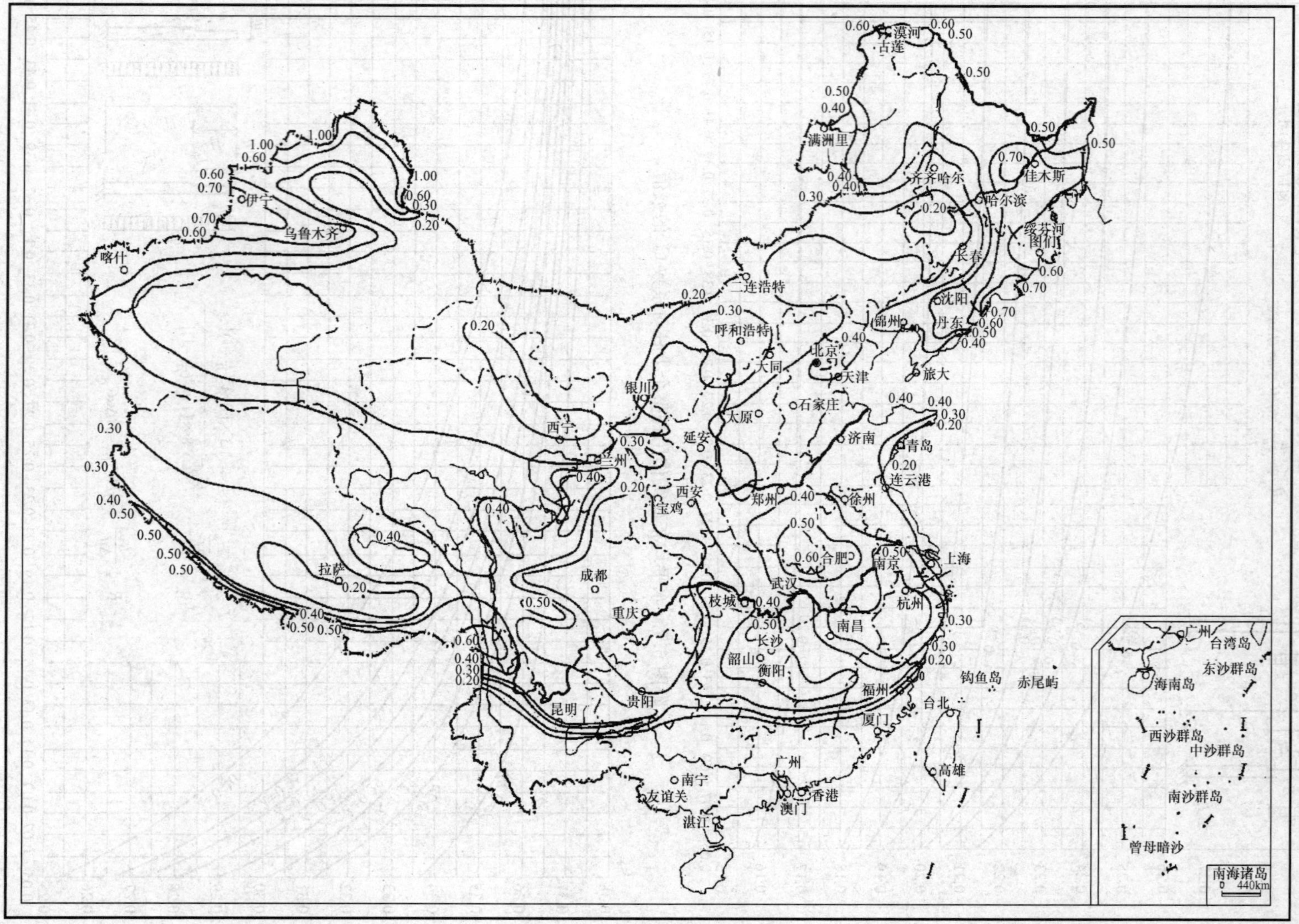

附录8 雪荷载准永久值系数分区图

分区	准永久值系数
Ⅰ	0.5
Ⅱ	0.2
Ⅲ	0

附录9 全国基本风压分布图

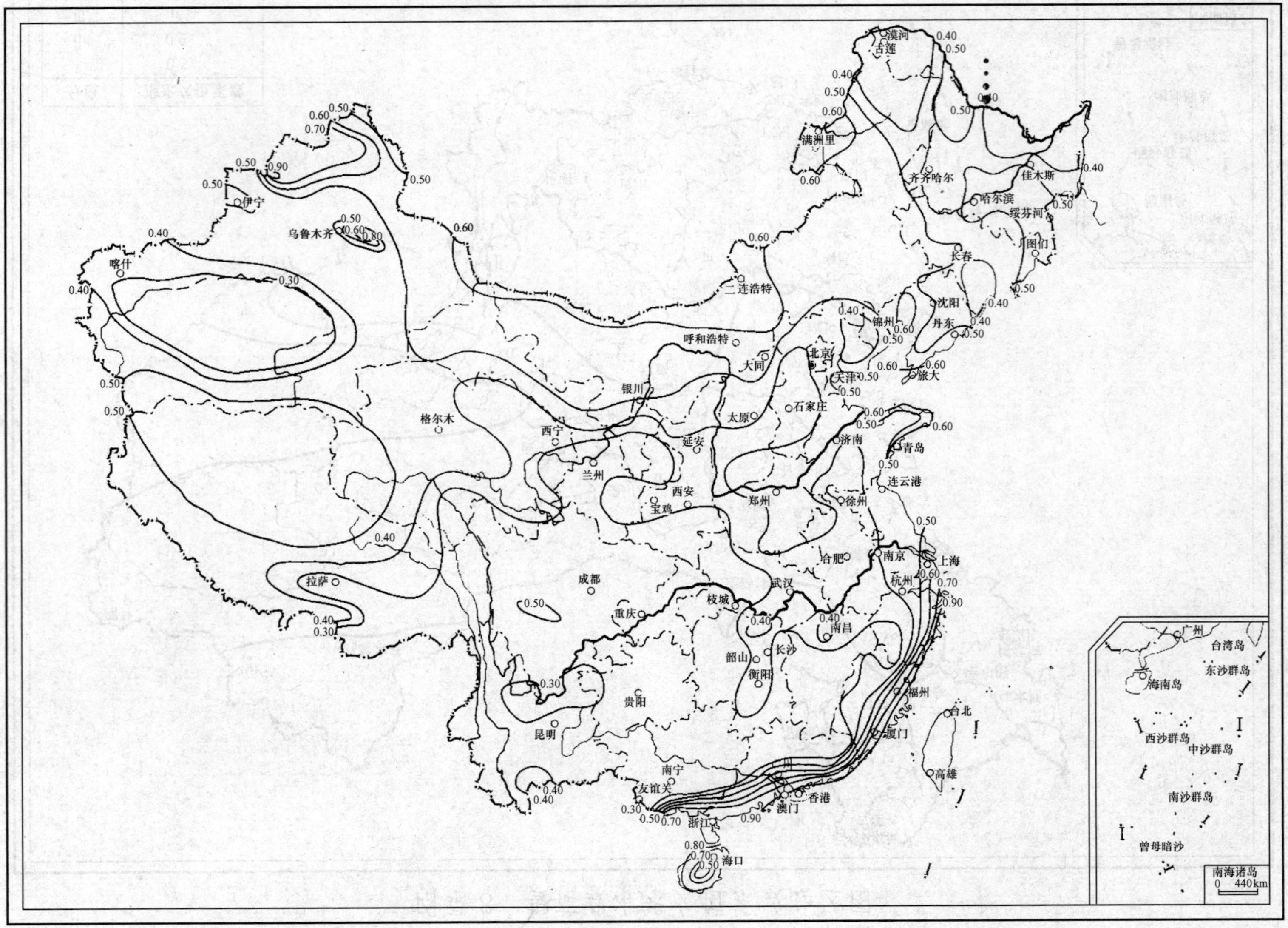

附录10 常用构件代号

序号	名 称	代号	序号	名 称	代号
1	板	B	28	屋架	WJ
2	屋面板	WB	29	托架	TJ
3	空心板	KB	30	天窗架	CJ
4	槽形板	CB	31	框架	KJ
5	折板	ZB	32	刚架	GJ
6	密肋板	MB	33	支架	ZJ
7	楼梯板	TB	34	柱	Z
8	盖板或沟盖板	GB	35	框架柱	KZ
9	挡雨板或檐口板	YB	36	构造柱	GZ
10	吊车安全走道板	DB	37	承台	CT
11	墙板	QB	38	设备基础	SJ
12	天沟板	TGB	39	桩	ZH
13	梁	L	40	挡土墙	DQ
14	屋面梁	WL	41	地沟	DG
15	吊车梁	DL	42	柱间支撑	ZC
16	单轨吊车梁	DDL	43	垂直支撑	CC
17	轨道连接	DGL	44	水平支撑	SC
18	车挡	CD	45	梯	T
19	圈梁	QL	46	雨篷	YP
20	过梁	GL	47	阳台	YT
21	连系梁	LL	48	梁垫	LD
22	基础梁	JL	49	预埋件	M
23	楼梯梁	TL	50	天窗端壁	TD
24	框架梁	KL	51	钢筋网	W
25	框支梁	KZL	52	钢筋骨架	G
26	屋面框架梁	WKL	53	基础	J
27	檩条	LT	54	暗柱	AZ

参考文献

1. 中国建筑科学研究院. 建筑结构可靠度设计统一标准(GB 50068—2001). 北京：中国建筑工业出版社，2001
2. 中华人民共和国建设部. 建筑抗震设计规范(GB 50011—2001). 北京：中国建筑工业出版社，2001
3. 中华人民共和国建设部. 砌体结构设计规范(GB 50003—2001). 北京：中国建筑工业出版社，2002
4. 中华人民共和国建设部. 混凝土结构设计规范(GB 50010—2002). 北京：中国建筑工业出版社，2002
5. 重庆建筑大学. 钢筋混凝土连续梁和框架考虑内力重分布设计规程(CECS51：93). 北京：中国计划出版社，1993
6. 湖北省计划委员会. 冷弯薄壁型钢结构技术规范(GB 50018—2002). 北京：中国计划出版社，2002
7. 中国建筑标准设计研究所. 门式刚架轻型房屋钢结构技术规程(CECS 102：2002). 北京：中国计划出版社，2003
8. 中国建筑技术研究院. 高层民用建筑钢结构技术规程(JCJ99—98). 北京：中国建筑工业出版社，1998
9. 北京钢铁设计研究总院. 钢结构设计规范(GB 50017—2003). 北京：中国建筑工业出版社，2001
10. 中华人民共和国建设部. 建筑结构荷载规范(第二版)(GB 50009－2001). 北京：中国建筑工业出版社，2006
11. 罗福午. 土木工程概论. 武汉：武汉工业大学出版社，2000
12. 王肇民. 建筑钢结构. 上海：同济大学出版社，2001
13. 徐占发. 建筑结构构件设计. 北京. 中国建材工业出版社，1996
14. 邱洪兴，舒赣平，曹双寅，穆保岗. 建筑结构设计. 南京：东南大学出版社，2002
15. 天津大学等. 混凝土结构(下册). 北京：中国建筑工业出版社，1998
16. 熊峰，李章政，贾正甫，李碧雄. 结构设计原理. 北京：科学出版社，2002
17. 沈蒲生. 混凝土结构设计. 北京：高等教育出版社，2005
18. 周克荣，顾祥林，苏小卒. 混凝土结构设计. 上海：同济大学出版社，2001
19. 日本建筑构造技术者协会. 王跃译. 图说建筑结构. 北京：中国建筑工业出版社，2000
20. 清华大学等. 混凝土结构(下册)第二版. 北京：中国建筑工业出版社，1998
21. 滕智明，张惠英. 混凝土结构及砌体结构(下册). 北京：中央广播电视大学出版社，1995
22. 张其林. 轻型门式刚架. 济南：山东科学技术出版社，2004
23. 陈绍蕃. 钢结构下册房屋建筑钢结构设计. 北京：中国建筑工业出版社，2003
24. 《轻型钢结构设计指南(实例与图集)》编辑委员会. 轻型钢结构设计指南(实例与图集)第二版. 北京：中国建筑工业出版社，2005
25. 包头钢铁设计研究院，中国钢结构协会房屋建筑钢结构协会，宋曼华. 钢结构设计与计算. 北京：机械工业出版社，2003
26. 包世华，方鄂华. 高层建筑结构设计. 北京：清华大学出版社，1990
27. 熊丹安. 建筑结构. 广州：华南理工大学出版社，2006
28. 彭刚等. 混凝土结构设计. 北京：北京大学出版社，2006
29. 王肇民. 建筑钢结构设计. 上海：同济大学出版社，2001
30. 陈载赋. 建筑结构设计手册. 成都：四川科学技术出版社，1994
31. 陈章洪. 建筑结构选型手册. 北京：中国建筑工业出版社，2000
32. 蓝天，张毅刚. 大跨度屋盖结构抗震设计. 北京：中国建筑工业出版社，2000

33. 浙江大学建筑工程学院，浙江大学建筑设计研究院. 空间结构. 北京：中国计划出版社，2003
34. 张建荣. 建筑结构选型. 北京：中国建筑工业出版社，1999
35. 魏明钟. 钢结构. 武汉：武汉工业大学出版社，2000
36. 东南大学等. 砌体结构. 北京：中国建筑工业出版社，1995
37. 苑振芳. 砌体结构设计手册(第三版). 北京：中国建筑工业出版社，2002
38. 施楚贤. 砌体结构理论与设计(第二版). 北京：中国建筑工业出版社，2003
39. 刘立新. 砌体结构. 武汉：武汉工业大学出版社，2001
40. 卫军. 砌体结构. 广州：华南理工大学出版社，2004
41. 李砚波等. 砌体结构设计. 天津：天津大学出版社，2003
42. 唐岱新. 砌体结构. 北京：高等教育出版社，2003